한국산업인력관리공단 출제기준에 따른 수험대비서

◉ 적중 예상문제 상세 해설

최근 기출문제 수록

승강기기사
산업기사

공학박사 정 재 수 저

승강기 개론 / 승강기 설계
전기 제어 공학 / 일반 기계 공학

도서출판 남양문화

Preface

현대의 시대는 학력도 아니며, 그렇다고 경력도 아니다. 오로지 자격증 시대이다. 시대가 요구하고 현재의 법이 있는 한 자격증은 그 가치를 높이 평가 받을 것이다. 특히, 우리나라는 땅이 좁고 연구는 많다. 한정된 땅 위에 할 수 있는 고층 빌딩, 고층 APT가 필요한 것이다. 고층 건물, 고층 APT에 걸어서는 다닐 수가 없다. 법적 의무 조항이 승강기 설치이며, 승강기의 설치, 제작, 관리, 보수, 정비는 자격증 소유자가 필요하기 때문에 99. 3. 28일 한국산업인력관리공단에서 승강가가사, 산업기사 자격 출제기준을 발표하였다. 또 승강기는 지구상에 존재하는 기구 중 가장 위험한 가계이다.

본서는 출제가준에 따라 수험생의 입장에서 한줄 한줄, 한 문제 한 문제마다 정성을 다했으며 본서의 특정은 다음과 같다.

> 1. 한국산업인력관리공단 승강기기사, 산업기사 출제기준에 맞게 엮은 국내 최초 수험서이다.
> 2. 본문의 내용에 맞게 한 문제도 소흘함없이 간결한 해설로 역점을 두었다.
> 3. 각 장, 단원마다 자격증 취득key를 사용하여 중요점을 강조하였다.
> 4. 문제의 중복을 피했으며, 필요 이상의 시간낭비를 없애기 위해 출제될 수 있는 문제, 오직 합격될 수 있는 문제만 수록하였다.
> 5. 본문을 검토 후 예상문제는 100% 적중에 비중을 두었다.

아울러 본서는 승강기가사·산업기사 수험생을 위한 시험대비서이며 또한 합격을 위해서 엮었으므로 부족한 부분, 잘못된 부분, 충설치 못한 부분은 독자 및 선배제현의 질책을 기다리며 계속 증보시마다 새로운 내용, 충실한 내용, 100% 적중합격 지침서가 되도록 노력하겠다.

끝으로 오늘이 오기까지 함께하시는 살아계신 하나님께 영광을 돌리며, 어제, 오늘, 내일도 남편위해 기도하는 아내와 아들 딸에게 항상 고맙게 생각하고 특히 남양문화 임직원께 감사드리며 이 책을 구독하는 수험생에게 하나님의 축복과 합격의 영광이 있기를 기도하겠다.

정 재 수

승강기기사 · 산업기사 시험안내

1. 자격개요
건물이 고층화되고 고급화됨에 따라 엘리베이터나 에스컬레이터 등 승강기를 설치하는 곳이 늘고 있다. 이러한 승강기를 설계, 제조, 설치하거나 유지, 보수를 하기 위해서는 기계, 건축, 전자, 전기분야에 대한 지식과 기능을 필요로 한다. 이에 따라 전문지식과 풍부한 실무경험을 갖춘 기술인력을 양성하여 시민의 안전을 도모하고자 자격제도 제정.

2. 수행직무
승강기의 기본원리에 대한 공학적 기술이론지식을 바탕으로 승강기설비의 계획, 설계, 제작, 설치, 검사, 점검, 유지 및 운용과 시설관리 등의 업무를 수행
각종 승강기를 설계 및 제작하고 점검·보수 및 시운하는 직무
- 승강기를 설계·제작하는 일과 승강기를 새로 설치하고 설치운영중인 승강의 운행장치를 점검하여 문제 발생시 수리·교체하는 일을 수행
- 승강기의 구조·원리 및 각종 관련기구의 선택·사용능력이 요구되는 일

3. 취득방법
1. 시행처 : 한국산업인력관리공단
2. 검정방법

종목	검정방법
기사	• 필기 : 객관식 4지 택일형, 과목당 20문항(과목당 30분) • 실기 : 복합형 [필답형(1시간 40분) + 작업형(3시간정도)]
산업기사	• 필기 : 객관식 4지 택일형, 과목당 20문항(과목당 30분) • 실기 : 복합형 [필답형(1시간 40분) + 작업형(3시간정도)]

3. 응시자격

종목	응시자격
기사	• 산업기사 취득 후 + 실무경력 1년 • 기능사 취득 후 + 실무경력 3년 • 대졸(관련학과) • 2년제전문대졸(관련학과)후 + 실무경력 2년 • 3년제전문대졸(관련학과)후 + 실무경력 1년 • 실무경력4년 등 • 동일 및 유사직무분야의 다른 종목 기사등급이상 취득자

산업기사	• 기능사취득후 + 실무경력 1년 • 대졸(관련학과) • 전문대졸(관련학과) • 실무경력 2년 등 • 동일 및 유사직무분야의 다른 종목 산업기사등급이상 취득자

4. 자격취득 방법

종목	합격기준
기사	• 필기 : 100점을 만점으로 하여 과목당 40점 이상, 전과목 평균 60점 이상 • 실기 : 100점을 만점으로 하여 60점 이상
산업기사	• 필기 : 100점을 만점으로 하여 과목당 40점 이상, 전과목 평균 60점 이상 • 실기 : 100점을 만점으로 하여 60점 이상

5. 시험과목

종목	과목명	문제수	주요항목
필기	승강기 개론	20	1. 승강기개요 2. 승강기의 주요 장치 3. 승강기안전장치 4. 승강기의 도어시스템 5. 승강로와 기계실 6. 승강기의 제어 7. 승강기의 부속장치 8. 유압승강기의 주요장치 9. 에스컬레이터 및 수평 보행기 10. 덤웨이터 11. 소형승강기 12. 휠체어 리프트 13. 비상용 승강기 14. 기계식 주차장치 15. 유희시설 16. 리프트 17. 기계실이 없는 엘리베이터 18. 안전관리

	승강기 설계	20	1. 승강기설계의 기본
			2. 승강로 관련 기준
			3. 카 및 승강장 관련 기준
			4. 기계실관련 기준
			5. 기계요소 설계
			6. 전기설비설계
			7. 재해대책 설비
	일반기계 공학	20	1. 기계재료
			2. 기계의 요소
			3. 기계공작법
			4. 유체기계
			5. 재료역학
	전기제어 공학	20	1. 직류회로
			2. 정전용량과 자기회로
			3. 교류회로
			4. 전기기기
			5. 전기계측
			6. 제어의 기초
			7. 제어계의 요소 및 구성
			8. 블록선도
			9. 시퀀스제어
			10. 피드백제어
			11. 제어의 응용
			12. 제어기기 및 회로
실기	승강기 실무	복합형	1. 계획 및 설계
			2. 제작 및 설치
			3. 검사
			4. 유지관리

4. 진로 및 전망

기사 주로 승강기 또는 승강기부품 제조업체 및 수입업체, 승강기보수·유지·점검 업체, 승강기검사 대행기관 등으로 진출할 수 있다.「건설기술관리법」에 의한 감리전문회사의 감리원,「산업안전보건법」에 의한 지정검사기관의 검사자,「승강기제조 및 관리에 관한법률」에 의한 승강기검사 대행기관의 기술인력으로 고용될 수 있다.

- 최근 승강기공업분야는 건축물의 고층화현상에 따른 엘리베이터나 에스컬레이터의 수요증가, 주차공간의 효율적 이용을 위한 기계식 주차장치의 증가 등에 의해 지속적인 성장을 보이고 있다. 참고로 최근 5년간 승강기 설치대수추이(기계식주차장치 제외)를 보면 1994년 15,733대, 1995년 17,534대, 1996년 18,406대, 1997년 20,976대, 1998년 16,265대, 1998년을 제외하고 매년 증가를 보이고 있고, 1999년 3월 현재 160,000여대의 승강기가 전국에 설치·운행 중이다. 동시에 고층빌딩과 호텔, 공항, 백화점, 아파트 및 특수건물에 설치된 승강기의 안전에 대한 일반인의 인식도 한층 고조되고 있다. 또한 최근 건설경기가 회복세를 보임에 따라 더 많은 건축물들이 신축될 것으로 보여 승강기의 수요는 앞으로도 꾸준할 전망이다. 이처럼 승강기수요의 증가에 따라 승강기 이용자의 안전확보와 건물의 효율적 공간활용, 에너지 절감, 무인자동화 등을 위한 지속적인 기술개발이 요구된다. 이에 따라 기계, 건축, 전기, 전자분야에 대한 전문지식을 갖춘 승강기분야 전문기술인력에 대한 수요가 증가할 것으로 전망된다.

산업기사 주로 승강기 또는 승강기부품 제조업체 및 수입업체, 승강기보수·유지·점검 업체, 승강기검사 대행기관 등으로 진출할 수 있다.「건설기술관리법」에 의한 감리전문회사의 감리원,「산업안전보건법」에 의한 지정검사기관의 검사자,「승강기제조 및 관리에 관한 법률」에 의한 승강기검사 대행기관의 기술인력으로 고용될 수 있다.

- 최근 승강기공업분야는 건축물의 고층화현상에 따른 엘리베이터나 에스컬레이터의 수요 증가, 주차공간의 효율적 이용을 위한 기계식 주차장치의 증가 등에 의해 지속적인 성장을 보이고 있다. 참고로 최근 5년간 승강기 설치대수추이(기계식주차장치 제외)를 보면 1994년 15,733대, 1995년 17,534대, 1996년 18,406대, 1997년 20,976대, 1998년 16,265대, 1998년을 제외하고 매년 증가를 보이고 있고, 1999년 3월 현재 160,000여대의 승강기가 전국에 설치·운행 중이다. 동시에 고층빌딩과 호텔, 공항, 백화점, 아파트 및 특수건물에 설치된 승강기의 안전에 대한 일반인의 인식도 한층 고조되고 있다. 또한 최근 건설경기가 회복세를 보임에 따라 더 많은 건축물들이 신축될 것으로 보여 승강기의 수요는 앞으로도 꾸준할 전망이다. 이처럼 승강기수요의 증가에 따라 승강기 이용자의 안전확보와 건물의 효율적 공간활용, 에너지 절감, 무인자동화 등을 위한 지속적인 기술개발이 요구된다. 이에 따라 기계, 건축, 전기, 전자분야에 대한 전문지식을 갖춘 승강기분야 전문기술인력에 대한 수요가 증가할 것으로 전망된다.

목 차

❖ 1 과목

승강기 개론

제1장　승강기 개요
- 1 승강기의 적용 범위 ················· 1-3
- 2 승강기의 역사 및 발명자 ········· 1-3
- 3 승강기의 종류 ························ 1-3
  - ■ 예상 문제 ·························· 1-6

제2장　승강기의 구조 및 원리
- 1 승강기의 일반구조 및 안전 장치 ······· 1-8
  - ① 승용 승강기 ····················· 1-8
  - ② 지체 부자유용 승용 승강기 ····· 1-8
  - ③ 비상용 승강기 ·················· 1-9
  - ④ 에스컬레이터 ··················· 1-9
- 2 권상기 ·································· 1-11
  - ① 권상기의 형식 2가지 ········· 1-11
  - ② 제동기(브레이크) ············· 1-11
  - ③ 전동기 ···························· 1-12
- 3 주 로프 ································· 1-13
  - ① 와이어 로프 ····················· 1-13
  - ② 꼬임의 호칭법 ·················· 1-15
  - ③ 와이어 로프의 가공방법 및 판정법 ··· 1-16
- 4 가드 레일 ····························· 1-17
  - ① 개요 ······························· 1-17
  - ② 가드 레일의 설치 조건 ······· 1-17
  - ③ 레일 사이즈 결정시 고려 사항 ······· 1-17
  - ④ 레일 사이즈 및 규격 ········· 1-18
- 5 비상정지 장치 ······················· 1-18
  - ① 개요 ······························· 1-18
  - ② 비상정지 장치의 종류········· 1-18
  - ③ 비상정지 장치의 작동 시험법 ······· 1-19
- 6 조속기 ································· 1-20
  - ① 개요 ······························· 1-20
  - ② 조속기의 종류 ·················· 1-20
  - ③ 가바나 머신의 일반적인 설명 ··· 1-20
  - ④ 세프티의 구조 및 기능 ······ 1-23
- 7 완충기 ································· 1-23
  - ① 개요 ······························· 1-23
  - ② 종류 ······························· 1-24
  - ③ 피트에서의 검사 ·············· 1-25
- 8 케이지 실과 케이지 틀
  - ① 케이지 실 ······················· 1-25
  - ② 케이지 틀 ······················· 1-26
  - ③ 케이지 ···························· 1-26
- 9 균형 추 ································· 1-27
  - ① 개요 ······························· 1-27
  - ② 카운터 헤이트의 구조········ 1-28
  - ③ 카와 카운터 웨이트의 와이어로프 조립도 ·························· 1-28
  - ④ 권상비 ···························· 1-29
- 10 균형 체인 및 균형 로프 ········ 1-29
  - ① 설치 목적 ······················· 1-29
  - ② 설치 개요 ······················· 1-29
  - ■ 예상 문제 ························ 1-30

제3장　승강기의 도어 시스템
- 1 도어 시스템의 종류 및 원리 ······· 1-46
  - ① 도어 시스템의 종류············ 1-46
  - ② 도어 시스템의 원리············ 1-46
- 2 도어 머신 장치 ······················ 1-47
  - ① 개요 ······························· 1-47
  - ② 도어머신 장치의 구비조건··· 1-47
  - ③ 안전 운전 방법 및 승객 구출 요건 ··· 1-47

④ 목적에 따른 전동기 사용 방식 …… 1-47	④ 출입문 연동장치 …………… 1-61
3 도어 인터록 및 클로저 ………………… 1-48	⑤ 완충장치 …………………… 1-61
① 도어 인터록 …………………… 1-48	2 신호 장치 ……………………………… 1-61
② 클로저 ………………………… 1-48	① 승장의 신호장치 …………… 1-61
4 보호 장치 ……………………………… 1-49	② 카내부 위치표시기
① 개요 …………………………… 1-49	(카포지션인디케이터) ……… 1-62
② 종류 …………………………… 1-49	3 비상전원 장치 ………………………… 1-62
■ 예상 문제 ……………………… 1-49	4 기타 승강기의 안전장치 및 사용자
	안전 대책 ……………………………… 1-62
제4장 승강로와 기계실	① 종류 …………………………… 1-62
1 승강로의 구조 및 원리 ……………… 1-53	② 사용자 안전 대책…………… 1-62
① 구조 …………………………… 1-53	■ 예상 문제 ……………………… 1-63
② 깊이 …………………………… 1-53	
③ 출입구의 간격 ………………… 1-54	**제7장 유압 승강기**
④ 카문턱 끝과 승강로 벽간의 여유 간격 1-54	1 유압 승강기의 구조와 원리 ………… 1-65
⑤ 출입구 ………………………… 1-54	① 원리 …………………………… 1-65
2 기계실 ………………………………… 1-54	② 특징 …………………………… 1-65
① 기계실의 구조 ………………… 1-54	2 유압 승강기의 종류 ………………… 1-65
② 기계실의 구비 조건 ………… 1-55	① 직접식 승강기 ……………… 1-65
■ 예상 문제 ……………………… 1-56	② 간접식 승강기 ……………… 1-65
	3 유압 회로 ……………………………… 1-66
제5장 승강기의 제어	① 유압 회로의 종류…………… 1-66
1 직류 승강기의 제어시스템 …………… 1-59	② 유압 회로도의 설명 ………… 1-66
① 개요 …………………………… 1-59	4 펌프와 밸브 …………………………… 1-68
② 종류 …………………………… 1-59	① 펌프 …………………………… 1-68
2 교류 승강기의 제어시스템 …………… 1-59	② 밸브 …………………………… 1-69
① 개요 …………………………… 1-59	5 실린더와 플런저 ……………………… 1-71
② 종류 …………………………… 1-59	① 개요 …………………………… 1-71
■ 예상 문제 ……………………… 1-60	② 실린더의 구조 ……………… 1-71
	③ 플런저의 구조 ……………… 1-71
제6장 승강기의 부속장치	■ 예상 문제 ……………………… 1-72
1 안전 장치 ……………………………… 1-61	
① 조속기 ………………………… 1-61	**제8장 에스컬레이터**
② 급정지 장치 ………………… 1-61	1 에스컬레이터의 구조 및 원리 ……… 1-76
③ 과부하 방지장치 ……………… 1-61	① 구조 …………………………… 1-76

목 차

  ② 종류 ……………………………… 1-76
  ③ 경사각과 층고 높이 ………………… 1-77
 2 구동 장치 ……………………………… 1-77
 3 계단과 계단식 체인 및 난간과 핸드레일 1-78
  ① 계단 ……………………………… 1-78
  ② 계단 체인 ………………………… 1-78
  ③ 난간과 핸드 레일(이동 손잡이) …… 1-78
 4 안전장치의 종류 및 기능 …………… 1-79
  ① 구동체인 안전장치 ……………… 1-79
  ② 머신 브레이크 …………………… 1-79

  ③ 조속기 …………………………… 1-79
  ④ 계단 체인 안전장치 ……………… 1-79
  ⑤ 핸드레일 인입구 안전장치 ……… 1-79
  ⑥ 핸드레일 안전장치 ……………… 1-79
  ⑦ 스커트 가드 안전장치 …………… 1-79
  ⑧ 비상 정지장치 …………………… 1-80
  ⑨ 셔터 연동장치 …………………… 1-80
  ⑩ 삼각부 가드판 …………………… 1-80
  ■ 예상 문제 ………………………… 1-81

❖ 2 과목

승강기 설계

제1장 승강기(에스컬레이터 포함)설계의 기본

 1 설비 계획에 따른 제량 산출 및 계획 … 2-3
  ① 면적의 계산 ……………………… 2-3
   (1) 직선이 있는 평면 …………… 2-3
   (2) 곡선이 있는 평면 …………… 2-5
  ② 체적의 계산 ……………………… 2-7
   (1) 각주, 원주, 구 ……………… 2-7
   (2) 각추와 원추 ………………… 2-9
 2 승강기 시스템의 위치 선정 ………… 2-11
  ① 일 …………………………………… 2-11
   (1) 일의 정의 …………………… 2-11
   (2) 작업과 효율 ………………… 2-12
  ② 지렛대의 계산 …………………… 2-14
   (1) 지레의 원리 및 계산 ……… 2-14
  ③ 도르래의 계산 …………………… 2-15
   (1) 도르래의 원리 및 계산법 … 2-15
   (2) 힘의 모우멘트 및 계산법 … 2-17
 3 카 및 승장의 환경 …………………… 2-18

  ① 엘리베이터의 구조 ……………… 2-18
   (1) 기계실 ……………………… 2-19
   (2) 차 …………………………… 2-19
   (3) 승강로 ……………………… 2-20
  ② 승장 ……………………………… 2-21
   (1) 승장의 구조 ………………… 2-21
  ■ 예상 문제 ………………………… 2-22

제2장 승강장 관련 기준 총칙
 1 총칙 …………………………………… 2-31
  ■ 예상 문제 ………………………… 2-33

제3장 승강기 제작 기준 및 안전기준
 1 로프식 승강기 ………………………… 2-34
 2 유압식 승강기 ………………………… 2-44
 3 에스컬레이터 ………………………… 2-46
  ■ 예상 문제 ………………………… 2-49

제4장 승강기 검사 기준
 1 승강기 설계 검사 …………………… 2-59

2 완성 검사 및 정기 검사 ········· 2-60	① 화재 발생시의 운전 ············ 2-136
3 검사 준비 및 검사 방법 ········ 2-69	② 지진 ······························ 2-136
■ 예상 문제 ······················ 2-72	2 감시반 설비 ························· 2-137
	① 갇힘 사고 ······················· 2-137
제5장 기계요소 설계	② 갇힘 사고의 관리적 원인 ··· 2-137
1 승강기 구동기계 장치 ··········· 2-79	3 방범 설비 ····························· 2-137
① 승강기의 정의 ·················· 2-79	① 승강기 안전장치 ··············· 2-137
② 승강기의 관리 ·················· 2-83	② 정전등 및 각층 강제 정전장치 ··· 2-138
2 기계 요소별 구조 원리 ········· 2-84	4 접지 설비 ····························· 2-139
① 와이어 로프 ····················· 2-84	① 권상기 수동동작에 의한 구출 방법 2-139
② 와이어 로프의 사용과 취급요령 ··· 2-86	② 승객구출 작업 순서 ··········· 2-139
③ 로프의 장력 변화 ·············· 2-92	5 비상용 승강기 ······················ 2-141
④ 로프의 안전율 ·················· 2-95	① 카내 승객 구출 방법 ········· 2-141
⑤ 로프의 수명 ····················· 2-97	② 구조대 연락 및 안전 ········· 2-141
⑥ 체인의 안전 ····················· 2-98	③ 승객 구출 방법 ················ 2-142
■ 예상 문제 ······················ 2-101	④ 갇힘 구출 순서도 ············· 2-144
	■ 예상 문제 ······················ 2-146
제6장 재해대책 설비	
1 지진, 화재, 정전시의 운전 ······ 2-136	

❖ 3 과목

전기제어공학

제1장 직류 회로	3 전기 저항 ···························· 3-10
1 전압과 전류 ··························· 3-3	① 고유 저항과 도전율 ············ 3-10
① 직류회로의 전압과 전류 ······· 3-3	② 저항의 온도 계수 ·············· 3-11
② 오옴의 법칙 ······················ 3-4	③ 특수 저항 ························ 3-11
③ 저항의 접속 ······················ 3-5	④ 저항기 ···························· 3-12
④ 전원의 단자전압과 전압강하 ··· 3-6	⑤ 저항값의 측정 ·················· 3-12
⑤ 배율기와 분류기 ················ 3-7	⑥ 도체와 부도체 ·················· 3-13
2 전력과 열량 ··························· 3-8	4 전류의 화학작용과 전지 ········ 3-13
① 전력 및 전력량 ·················· 3-8	① 패러데이의 법칙 ················ 3-13
② 전열 ································ 3-9	② 전지 ······························· 3-14

목 차

    ③ 키르히호프의 법칙 ············· 3-16
    ■ 예상 문제 ························· 3-16

제2장   정전 용량과 자기회로

1 정전기와 콘덴서 ····················· 3-32
    ① 정전기 ····························· 3-32
    ② 콘덴서 ····························· 3-32

2 전계와 자계 ·························· 3-34
    ① 자기 ································ 3-34
    ② 전류의 자기 작용 ············· 3-35

3 자기회로 ······························ 3-35
    ① 자속과 투자율 ·················· 3-35
    ② 자기 회로와 옴의 법칙 ······ 3-36

4 전자력과 전자 유도 ··············· 3-36
    ① 전자력 ····························· 3-36
    ② 전자 유도 ························ 3-37
    ③ 맴돌이 전류 ····················· 3-39
    ■ 예상 문제 ························· 3-40

제3장   교류회로

1 교류 회로의 기초 ··················· 3-54
    ① 교류 회로 기초 ················· 3-54
    ② 교류의 표시 ····················· 3-55

2 R.L.C 회로 ························· 3-56
    ① R.L.C 회로의 특징 ············ 3-56
    ② 공진 회로 ························ 3-58

3 3상 교류 회로 ······················· 3-61
    ① 3상 교류의 종류 ··············· 3-61
    ② 교류 전력 ························ 3-61
    ③ 3상 교류의 결선 ··············· 3-62
    ④ 교류 전류에 대한 R.L.C의 작용 ····· 3-63
    ■ 예상 문제 ························· 3-66

제4장   전기기기

1 직류기 ································· 3-76
    ① 직류 발전기 ····················· 3-76
    ② 직류 전동기 ····················· 3-78

2 변압기 ································· 3-79
    ① 변압기의 원리와 구조 ······· 3-79
    ② 변압기의 종류 ·················· 3-80
    ③ 변압기 효율과 전압 변동률 ······ 3-80
    ④ 변압기의 결선 ·················· 3-81

3 유도기 ································· 3-81
    ① 3상 유도 전동기 ··············· 3-81
    ② 단상 유도 전동기 ············· 3-82

4 정류기 및 동기기 ··················· 3-83
    ① 정류기 ····························· 3-83
    ② 동기기 ····························· 3-83
    ③ 전동기의 설치 및 취급 ······ 3-86
    ■ 예상 문제 ························· 3-87

제5장   전기 계측

1 전류, 전압, 저항의 측정 ········· 3-103
    ① 전류의 측정 ···················· 3-103
    ② 전압의 측정 ···················· 3-103
    ③ 저항의 측정 ···················· 3-104

2 전력 및 전력량의 측정 ·········· 3-104
    ① 전력 측정 ······················· 3-104
    ② 전력량 측정 ···················· 3-105

3 절연 저항의 측정 ················· 3-106
    ① 전기 회로 및 기기의 절연 저항 측정 3-106
    ■ 예상 문제 ························ 3-106

제6장   제어의 기초

1 제어의 개념 ························ 3-113
2 목표치, 제어량에 의한 자동 제어 ··· 3-113
3 제어 동작과 자동 동작 ·········· 3-115
4 서보 메카니즘과 프로세스 제어계 및 조절계 ························· 3-116
    ■ 예상 문제 ························ 3-118

Contents

제7장 제어계의 요소 및 구성
1 제어계의 종류 ………………… 3-123
- 1 제어와 제어량 ……………… 3-123
- 2 제어의 종류 ………………… 3-123
- 3 신호와 제어 ………………… 3-123

2 제어계의 구성과 자동 제어 ……… 3-124
- 1 자동 제어의 장점 …………… 3-124
- 2 자동 제어의 종류 …………… 3-124
- 3 자동 제어계의 일반적인 구성과 용어 3-124
- ■ 예상 문제 …………………… 3-127

제8장 블록 선도
1 블록선도의 개요 및 궤도 제한의 표준 3-132
- 1 블록선도의 등가 변환 ……… 3-132

2 블록선도의 흐름 및 선도 ……… 3-132
- 1 블록선도의 흐름 …………… 3-132
- ■ 예상 문제 …………………… 3-134

제9장 시퀀스 제어
1 제어 요소의 동작과 표현 ……… 3-139
- 1 시퀀스 제어의 종류 ………… 3-139
- 2 시퀀스 제어의 구성 ………… 3-139

2 부울대수의 기본 정리 ………… 3-139
- 1 기본 정리 …………………… 3-139

3 논리 회로 ……………………… 3-140
- 1 AND 회로 …………………… 3-140
- 2 OR 회로 ……………………… 3-140
- 3 NOT 회로 …………………… 3-140
- 4 NOR 회로 …………………… 3-141
- 5 NAND 회로 ………………… 3-141

4 유·무 접점 회로 ………………… 3-141
- 1 접점 ………………………… 3-141
- 2 수동 스위치 ………………… 3-141
- 3 검출 스위치 ………………… 3-142
- 4 전자계산기 ………………… 3-142
- 5 무접점 계전기 ……………… 3-142
- ■ 예상 문제 …………………… 3-146

제10장 피이드백 제어
1 피이드백 제어 ………………… 3-150
- 1 시퀀스 구성도 ……………… 3-150
- 2 입출력 회로 ………………… 3-150
- 3 신호 변환 …………………… 3-150

2 피이드백 제어의 방법 ………… 3-151
- 1 무접점 시퀀스 제어의 타임 릴레이 3-151

3 피이드백의 구성 ……………… 3-152
- 2 RS 플립플롭 회로 ………… 3-152
- 2 다이오드 행렬 ……………… 3-152
- ■ 예상 문제 …………………… 3-154

제11장 제어의 응용
1 속도제어 및 프로그램 제어 ……… 3-158
- 1 자기 유도 회로 ……………… 3-158
- 2 선행 우선 회로 ……………… 3-158
- 3 순차 동작 회로 ……………… 3-158
- 4 정역 제어 회로 ……………… 3-158
- 5 시간지연 동작 회로 ………… 3-158

2 최적 제어 및 컴퓨터 제어 ……… 3-158
- 1 건전암 기동 운전 회로 …… 3-158
- 2 전동기의 정·역회전 운전회로 … 3-159
- 3 유도전동기의 Y-Δ 기동운전 … 3-159
- 4 리액터 기동 회로 …………… 3-159

3 전동기제어 회로 및 수치제어 …… 3-159
- ■ 예상 문제 …………………… 3-160

제12장 제어기기 및 회로
1 조작용 기기 …………………… 3-163
- 1 릴레이 시퀀스 제어의 기본회로 … 3-163
- 2 시퀀스도 표시법 …………… 3-164

2 검출용 기기 …………………… 3-165

목 차

1 시퀀스 도면의 종류 ········· 3-165
2 전동기의 실용 기본 운전 회로 ··· 3-166
3 제어용 기기 ················· 3-167
1 타이머를 이용한 기동 운전 회로 ··· 3-167
2 3상 유도전동기의 정·역 운전 회로 3-167
3 3상 유도전동기의 자동 y-Δ 기동 운전 회로 ·················· 3-169
4 3상 유도전동기의 극수변환 운전 제어 회로 ·················· 3-169
■ 예상 문제 ·················· 3-171

❖ 4 과목

일반 기계 공학

제1장 기계재료
1 철과 강 ···················· 4-3
1 철강 재료의 분류 ············ 4-3
  (1) 철강 재료의 종류 ········ 4-3
  (2) 철강 재료의 제조법 ······ 4-3
2 순철 및 탄소강 ·············· 4-6
  (1) 순철 ···················· 4-6
  (2) 탄소강 ················· 4-6
3 합금강 ····················· 4-11
  (1) 합금강의 분류 ·········· 4-11
  (2) 합금 원소의 영향 ······· 4-11
  (3) 구조용 합금강 ·········· 4-12
  (4) 공구용 합금강 ·········· 4-13
  (5) 내식, 내열용 합금강 ···· 4-14
  (6) 특수 용도용 합금강 ····· 4-15
4 주철 및 주강 ················ 4-16
  (1) 주철 ··················· 4-16
  (2) 주강 ··················· 4-22
2 비철금속 ··················· 4-22
1 구리와 그 합금 ·············· 4-22
  (1) 구리 ··················· 4-22
  (2) 황동 ··················· 4-23
  (3) 청동 ··················· 4-24
2 경금속과 그 합금 ············ 4-26
  (1) 알루미늄과 그 합금 ····· 4-26
  (2) 알루미늄 합금 ·········· 4-27
  (3) 마그네슘과 그 합금 ····· 4-28
  (4) 티탄과 그 합금 ········· 4-29
  (5) 아연과 그 합금 ········· 4-29
  (6) 납과 그 합금 ··········· 4-30
  (7) 주석과 그 합금 ········· 4-30
  (8) 저용융점 합금 ·········· 4-31
  (9) 베어링용 합금 ·········· 4-31
  (10) 니켈과 그 합금 ········ 4-31
  (11) 코발트와 그 합금 ······ 4-33
  (12) 고융점 금속과 그 합금 ·· 4-33
  (13) 귀 금속, 희유금속과 그 밖의 금속 ················· 4-33
3 비금속 재료 ··············· 4-35
1 공구 재료 ·················· 4-35
2 내열 재료 ·················· 4-36
3 플라스틱 ··················· 4-37
4 유리 ······················· 4-37
5 시멘트 ····················· 4-37
6 윤활유 ····················· 4-37
7 절삭유 ····················· 4-37
8 도료 ······················· 4-37
4 표면 열처리 및 열처리 ······ 4-38

① 표면 열처리의 분류 ········· 4-38	(2) 마찰차의 설계 ············· 4-96
② 강의 열처리의 종류 ········· 4-39	② 기어 전동장치 ················ 4-97
(1) 담금질(소임) ············· 4-39	(1) 기어의 개요 ············· 4-97
(2) 뜨임(소려) ··············· 4-41	(2) 기어의 설계 ············ 4-102
(3) 풀림(소둔) ··············· 4-41	(3) 기어의 강도 ············ 4-104
(4) 불림(소준) ··············· 4-42	③ 벨트 전동 장치 ············· 4-104
③ 항온 열처리 ·················· 4-42	(1) 벨트 전동 ··············· 4-104
■ 예상 문제 ······················ 4-44	(2) V-벨트 전동 ············ 4-108
	④ 체인 전동 장치 ············· 4-109
제2장 기계의 요소	(1) 체인의 종류 ············ 4-109
1 결합용 기계 요소 ············ 4-61	(2) 스프로킷 휠 ············ 4-110
① 나사, 너트, 볼트 ··········· 4-61	(3) 체인 전동의 설계 ······ 4-111
(1) 나사 ······················ 4-61	⑤ 로프 전동 ····················· 4-111
(2) 볼트와 너트 ············· 4-65	(1) 로프의 종류 ············ 4-111
(3) 나사의 기본 설계 ······ 4-70	(2) 로프를 꼬는 방법 ····· 4-112
② 키, 핀, 코터 ················ 4-71	(3) 로프를 거는 방식 ····· 4-112
(1) 키 ·························· 4-71	(4) 로프 풀리 ··············· 4-113
(2) 핀 ·························· 4-73	⑥ 링크와 캠장치 ··············· 4-113
(3) 코터 ······················ 4-74	(1) 링크 장치 ··············· 4-113
③ 리벳 이음 ···················· 4-75	(2) 캠 기구 ··················· 4-115
④ 수축 결합 및 확대 결합 ·· 4-79	(3) 그 밖의 장치 ··········· 4-117
⑤ 용접 이음 ···················· 4-80	**4 제어용 기기 요소** ········· 4-118
2 축관계 기계 요소 ·········· 4-83	① 브레이크 ····················· 4-118
① 축 ······························· 4-83	(1) 브레이크의 종류 ······ 4-118
② 축이음(커플링 & 클러치) ·· 4-85	(2) 브레이크의 역학 ······ 4-119
(1) 커플링 ···················· 4-85	② 스프링 ························· 4-121
(2) 클러치 ···················· 4-86	(1) 스프링의 용도 ········· 4-121
③ 저널과 베어링 ··············· 4-87	(2) 스프링의 종류 ········· 4-121
(1) 저널의 종류 ············· 4-88	(3) 스프링의 재료 ········· 4-122
(2) 베어링의 종류 ·········· 4-88	(4) 스프링의 용어 ········· 4-122
(3) 미끄럼 베어링 ·········· 4-88	(5) 스프링의 설계 ········· 4-122
(4) 구름 베어링 ············· 4-90	③ 진동, 완충장치 ············· 4-123
(5) 저널의 기본 설계 ····· 4-94	(1) 진동 ······················ 4-123
3 전동용 기계 요소 ·········· 4-95	(2) 완충 장치 ··············· 4-124
① 마찰 전동 장치 ············· 4-95	■ 예상 문제 ···················· 4-125
(1) 마찰 전동 ················ 4-95	

목 차

제3장　기계 공작법

1 주조 …………………………… 4-148
　① 목형 ………………………… 4-148
　　(1) 목형 재료 ………………… 4-148
　　(2) 목형의 종류 및 제작 …… 4-149
　　(3) 목형의 검사 및 정리 …… 4-150
　② 주조 ………………………… 4-151
　　(1) 주형 및 주물사 ………… 4-151
　　(2) 주형 제작 ……………… 4-153
　　(3) 주형 제작용 공구 및 시설 … 4-154
　　(4) 용해와 주입 …………… 4-155
　　(5) 주물의 뒤처리와 검사 … 4-156
　　(6) 특수 주철 및 강주물 …… 4-156

2 측정 …………………………… 4-158
　① 측정 ………………………… 4-158
　② 측정기의 종류 …………… 4-159
　　(1) 실장 측정기 …………… 4-159
　　(2) 비교 측정기 …………… 4-161
　　(3) 기준 게이지 …………… 4-164
　　(4) 각도의 측정 …………… 4-166
　　(5) 면의 측정 ……………… 4-168
　　(6) 나사의 측정 …………… 4-168
　　(7) 기타 게이지 …………… 4-169

3 소성 가공법 ………………… 4-169
　① 소성 가공 ………………… 4-169
　　(1) 소성가공의 기초 ……… 4-169
　　(2) 소성가공의 종류 ……… 4-171
　② 단조 ………………………… 4-171
　　(1) 단조의 개요 …………… 4-171
　　(2) 단조 설비 ……………… 4-172
　　(3) 단조 작업 ……………… 4-175
　③ 압연, 전조, 압출, 인발 …… 4-176
　　(1) 압연 …………………… 4-176
　　(2) 전조 …………………… 4-177
　　(3) 압출 …………………… 4-178
　　(4) 인발 …………………… 4-179

4 공작기계의 종류 및 특성 … 4-179
　① 기계 공작과 공작 기계 …… 4-179
　② 절삭공구 재료 …………… 4-182
　③ 절삭유와 윤활제 ………… 4-185
　　(1) 절석유 ………………… 4-185
　　(2) 윤활제 ………………… 4-186
　④ 절삭 이론 ………………… 4-187
　　(1) 칩의 종류 ……………… 4-187
　　(2) 구성 인선 ……………… 4-188
　　(3) 절삭 저항의 3분력 …… 4-189
　　(4) 절삭 동력 ……………… 4-190
　　(5) 공구 수명 ……………… 4-190

5 용접 …………………………… 4-191
　① 용접의 개요 ……………… 4-191
　　(1) 용접의 원리와 종류 …… 4-191
　　(2) 용접 시공 ……………… 4-193
　　(3) 용접부의 시험과 검사 … 4-195
　② 아아크 용접 ……………… 4-196
　　(1) 피복 아아크 용집 …… 4-196
　　(2) 피복 아아크 용접 기기 … 4-197
　　(3) 피복 아아크 용접봉 …… 4-198
　　(4) 피복 아아크 용접법 …… 4-200
　　(5) 특수 아아크 용접법 …… 4-200
　③ 그 밖의 용접법 …………… 4-202
　④ 납땜법 ……………………… 4-205
　■ 예상 문제 ………………… 4-207

제4장　유체기계

1 유체기계 기초 이론 ………… 4-234
　① 유체기계의 분류 ………… 4-234
　② 펌프 ………………………… 4-235

2 유압 기기 …………………… 4-236
　① 밸브와 콕 ………………… 4-236
　　(1) 밸브 …………………… 4-236

(2) 콕 ········· 4-238	(5) 탄성 계수 ········· 4-256
② 유압 장치 ········· 4-238	(6) 푸아송의 비 ········· 4-256
3 공압 기기 ········· 4-241	② 재료의 성질 및 안전율 ········· 4-257
① 파이프 ········· 4-241	(1) 응력 집중 ········· 4-257
(1) 파이프의 종류 ········· 4-241	(2) 열 응력 ········· 4-257
(2) 파이프 이음의 종류 ········· 4-242	(3) 크리프 ········· 4-257
(3) 배관 ········· 4-242	(4) 피로 한도 ········· 4-257
② 압력 용기 ········· 4-243	(5) 허용응력과 안전율 ········· 4-257
■ 예상 문제 ········· 4-245	(6) 탄성 에너지 ········· 4-257
	(7) 충격 응력 ········· 4-258
제5장 재료역학	**2 보속의 응력과 처짐** ········· 4-258
1 응력과 변형 및 안전율 ········· 4-253	① 보의 굽힘 응력 ········· 4-258
① 응력과 변형율 ········· 4-253	② 기둥 ········· 4-259
(1) 하중 ········· 4-253	**3 비틀림** ········· 4-260
(2) 응력 ········· 4-254	① 비틀림 강성 ········· 4-260
(3) 변형률 ········· 4-254	② 굽힘과 비틀림을 동시에 받는 경우 4-261
(4) 응력과 변형율과의 관계 ········· 4-255	■ 예상 문제 ········· 4-263

부록

❖ 과년도 출제문제 ········· 3

1 과목
승강기 개론

제1장   승강기의 개요_1-3
제2장   승강기의 구조 및 원리_1-8
제3장   승강기의 도어 시스템_1-46
제4장   승강기의 기계실_1-53
제5장   승강기의 제어_1-59
제6장   승강기의 부속장치_1-61
제7장   유압 승강기_1-65
제8장   에스컬레이터_1-76

제1장 승강기의 개요

1. 승강기의 적용 범위(정의)

건물의 공작물에 부착되어 일정한 승강로를 통하여 사람이나 화물을 운반하는 데 사용되는 시설을 말하며 종류로는 엘리베이터, 에스컬레이터, 전동 덤웨이터 등이 안전검사에 적용된다.

2. 승강기의 역사 및 발명자

B.C 236년 로마의 과학자 아르키메데스가 드럼식 권상기 발명에 이어 1852년 미국 오더스에 의해 현재의 방호장치를 갖춘 승강기 시스템이 개발되었다.

3. 승강기의 종류

구 분	용 도	승강기 종류	분 류 기 준
엘리베이터	승객용	승객용 엘리베이터	• 사람의 운송에 적합하게 제작된 엘리베이터를 말한다.
		침대용 엘리베이터	• 병원의 병상운반에 적합하게 제작된 엘리베이터로 평상시에는 승객용으로도 사용이 가능하다.
		화물용 엘리베이터	• 화물운반 전용에 적합하게 제작된 엘리베이터로 조작자 1인이 탑승할 수 있다.
	화물용	승객·화물용 엘리베이터 (공용)	• 승객·화물 겸용에 적합하게 제작된 엘리베이터로 조작자 1인이 탑승할 수 있다.
		자동차용 엘리베이터	• 주차장의 자동차 운반에 적합하게 제작된 엘리베이터를 말한다.
		전동 덤웨이터	• 서적·음식물 등 소형화물 운반에 적합하게 제작된 엘리베이터(승강기의 유효면적이 $1m^2$ 이하이고 천장높이가 1.2m 이하)로 사람은 탑승할 수 없다.
에스컬레이터	승객및 화물용	에스컬레이터	• 발판을 동력에 의해 구동시켜 오르내리게 한 것을 말한다.
		수평보행기	• 발판을 동력에 의해 구동시켜 수평 이동시키는 것을 말한다.

자격 취득 Key

1 엘리베이터의 일반적인 분류 방법

(1) 동력원에 의한 방법(전동기)
    ① 2단 속도 제어 방식
    ② 교류 방식
    ③ VVVF 방식
    ④ Feed back(치환) 제어 방식

(2) 직류 방식
    ① 제너 레이터를 이용한 워드 레오나드 방식
    ② 정류기를 이용한 전지형 레오나드 방식

(3) 승강기의 일반적인 종류 5가지
    ① 조작방식에 의한 분류
            { 자동식
              운전자 운행식
              병용방식(자동식＋운전자 운행식)
    ② 속도에 따른 분류
            { 저속 : 45m/min 이하
              중속 : 45～125m/min
              고속 : 120～300m/min
              초고속 : 300m/min 이상
    ③ 동력 전달 방식에 의한 분류
            { 로프(Rope)식
              플런저(Planger)식
              랙크-피니언(Rack and Pinion)식
    ④ 용도에 의한 분류
    ⑤ 동력원에 의한 분류

2 엘리베이터(Elevator) 표시법

(1) P 25 - Co - 200

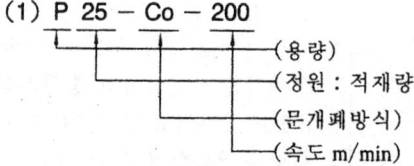

(2) 설명
    P25 - Co - 200은 승용승강기 정원 25명, 중앙개폐 방식문, 속도 200m/min의 Elevator이다.

요점정리

1 "승강기"라 함은 동력을 사용하여 운전하는 것으로서 가드 레일을 따라 승강하는 운반구 또는 카에 사람이나 화물을 상·하 또는 좌·우로 이동·운반하기 위하여 제작된 기계·설비로서 탑승장을 가진 다음 각목의 것을 말한다.

① 승용 엘리베이터 : 사람의 수직 수송을 주목적으로 하는 승강기를 말한다.
② 인화 공용 엘리베이터 : 사람과 화물의 수직수송을 주목적으로 하되 짐을 싣고 내리는 데 필요한 인원과 운전자만의 탑승이 허용되는 승강기를 말한다.
③ 침대용 엘리베이터 : 병원이나 양호시설 등에서 침대나 음식물·의료용구 등의 운반을 주목적으로 하는 승강기를 말한다.
④ 화물용 엘리베이터 : 화물의 수송을 주목적으로 하며 사람의 탑승이 금지되는 승강기를 말한다.
⑤ 차량용 엘리베이터 : 차량의 운반을 주목적으로 하며 차량과 함께 탑승하는 차량의 운전자 또는 엘리베이터 운전자 외의 사람의 탑승이나 차량 외의 화물의 운반이 금지되는 승강기를 말한다.
⑥ 에스컬레이터 : 동력에 의하여 운전되는 것으로서 사람을 운반하는 연속 계단이 동력에 의해 수평 이동시키는 것도 있다.

2 승강기 문의 종류

(1) 가로로 열리는 문(門)

문의 종류	용 도	비 고
한쪽 개폐 1장문 한쪽 개폐 2장문 한쪽 개폐 3장문	주택용 인화용, 화물용 화물용	소형 출입구 폭이 넓을 때
중앙 개폐 2장문 중앙 개폐 4장문	일반승용(승객용) 승용 엘리베이터	전면폭이 넓을 때

(2) 세로로 열리는 문(門)

문의 종류	용 도	비 고
상향 개폐 방식(1.2.3)장문 상하향 개폐방식 2장문	화물용, 자동차 엘리베이터 화물용, 자동차 엘리베이터	상향 작동 상하 작동

예상문제

문제 1. 승강기의 역사상 최초로 승강기를 발명한 사람은?
㉮ 오더스 ㉯ 아르키메데스 ㉰ 하잇릿히 ㉱ 벨

풀이 승강의 발명자
① B.C 236년 : 로마의 과학자 아르키메데스가 드럼식 발명
② 1852년 : 미국의 오더스에 의해 현재의 승강기가 개발되었다.

문제 2. 보통 승강기의 분류 방법이 아닌 것은?
㉮ 동력의 종류 ㉯ 운행속도
㉰ 케이지의 무게 ㉱ 운행 조작 방법 및 용도

풀이 승강기의 분류 방법 3가지
① 운행조작 방법 및 용도
② 운행 속도
③ 동력의 종류

문제 3. 승객용 승강기로 분류할 수 없는 것은?
㉮ 승객용 ㉯ 침대용 ㉰ 화물용 ㉱ 자동차용

풀이 (1) 승객용 승강기의 종류
① 승객용 엘리베이터
② 침대용 엘리베이터
③ 화물용 엘리베이터
(2) 화물용 승강기의 종류
① 승객·화물용
② 자동차용
③ 전동 덤웨이터

문제 4. 동력원에 의한 승강기의 분류 방법이 아닌 것은?
㉮ 교류 방식 ㉯ VVVF 방식 ㉰ 직류 방식 ㉱ 치환 제어방식

풀이 (1) 동력원에 의한 방법(전동기)
① 2단 속도 제어 방식
② 교류 방식
③ VVVF 방식
④ Feed back(치환) 제어방식
(2) 직류 방식
① 제너레이터를 이용한 워드 레오나드 방식
② 정류기를 이용한 전지형 레오나드 방식

해답 1. ㉯ 2. ㉰ 3. ㉱ 4. ㉰

문제 5. 승강기의 속도에 따라 저속용 승강기는?
㉮ 45m/min 이하   ㉯ 45~125m/min
㉰ 120~300m/min   ㉱ 300m/min 이상

[도움] 속도에 따른 분류
① 저속 : 45m/min 이하
② 중속 : 45~125m/min
③ 고속 : 120~300m/min
④ 초고속 : 300m/min 이상

문제 6. 조작 방식에 의한 승강기가 아닌 것은?
㉮ 자동식   ㉯ 운전자 운행식   ㉰ 병용방식   ㉱ 로프식

[도움] 조작방식에 의한 분류
① 자동식
② 운전자 운행식
③ 병용방식(자동식+운전자 운행식)

문제 7. 동력전달 방식에 의한 승강기를 분류하였다. 잘못된 것은?
㉮ 로프식   ㉯ 플런저식   ㉰ 랙크-피니언식   ㉱ 기어식

[도움] 동력 전달 방식
① 로프(Rope)식
② 플런저(Planger)식
③ 랙크-피니언(Rack and Pinion)식

문제 8. 가변 전압과 가변 주파수로 엘리베이터를 제어하는 방식은?
㉮ VVVF 방식   ㉯ 교류 1단 제어법
㉰ 워드 레오나드방식   ㉱ 교류 귀환 제어법

[도움] VVVF(Variable Voltage Variable Frequency) 방식이란 일명 인버어드제어라고도 불리우며 유도 전동기에 인가되는 제어방식으로 가변전압, 가변주파수 제어이다.

[해답] 5. ㉮ 6. ㉱ 7. ㉱ 8. ㉮

1. 승강기의 일반구조 및 안전장치

1 승용 승강기

(1) 일반 구조

① 승강기는 안전한 구조로 하여야 하며, 그 승강로의 주변 및 개구부는 방화상 지장이 없는 구조로 한다.
② 승강기의 각 부분은 내부에 탄 사람 또는 물건이 부딪쳤을 때 부서지거나 고장이 나지 않도록 견고하여야 한다.
③ 비상시 승강기의 외부에서 구출할 수 있는 비상 구출구를 설치하여야 한다.
④ 승강기(침대용 승강기를 제외한다)에는 하나의 출입구만을 설치하여야 한다.
⑤ 승강기의 전동기, 제어기 및 권상기는 승강기마다 따로 설치하여야 한다.

(2) 승강기의 안전 장치 설치 조건

① 승강기 및 승강로의 출입문이 모두 닫히지 아니하면 승강기가 움직이지 않는 장치
② 승강기가 제위치에 정지하지 않을 때에는 승강로의 출입문이 열리지 않는 장치
③ 승강기의 속도가 비정상적으로 빨라지는 경우에는 동력을 자동적으로 끊는 장치
④ 동력이 차단된 경우에는 원동기의 회전을 막는 장치
⑤ 승강기의 하강속도가 비정상적으로 빨라지는 경우에는 자동적으로 하강을 막는 장치
⑥ 승강기가 승강로의 바닥에 충돌하는 경우에는 승강기 내부의 사람을 안전하게 할 수 있는 충격 완화 장치
⑦ 비상시에 승강기 내부에서 외부로 연락할 수 있는 장치
⑧ 적재 하중을 초과하면 경보가 울리고 출입문 닫힘을 자동적으로 막는 장치
⑨ 정전시에 카 바닥면의 조도가 1lux 이상으로 비출 수 있는 예비 조명장치
⑩ 승강기 제조 및 관리에 관한 법률 규정에 의한 형식승인 기준에 적합한 것

2 지체 부자유용 승용 승강기

(1) 승용 승강기의 일반구조 및 안전장치 설치 조건에 적합할 것
(2) 승강기의 안팎에 장치하는 모든 스위치는 바닥으로부터 0.8m 이상, 1.2m 이하의 높이에 설치할 것
(3) 승강기 출입문의 너비는 0.9m 이상으로 할 것
(4) 승강기 밖의 바닥과 승강기 바닥 사이의 틈의 너비는 3cm 이하로 할 것
(5) 승강기 출입문과 평행한 너비는 1.6m 이상, 이와 직각 방향의 면의 너비는 1.35m 이상

으로 할 것
(6) 카 출입문과 마주보는 벽면에는 출입문의 개폐여부를 확인할 수 있는 견고한 재질의 거울을 설치할 것

3 비상용 승강기

(1) 승용 승강기의 구조 및 안전장치에 적합할 것
(2) 외부와 연락할 수 있는 전화장치를 설치할 것
(3) 정전시에는 다음 기준에 따라 예비전원에 의하여 승강기를 가동할 수 있도록 할 것
　① 60초 이내에 승강기 운행에 필요한 전력 용량을 자동적으로 발생시키도록 하되 수동으로 전원을 바꿀 수 있도록 할 것
　② 2시간 이상 작동할 수 있도록 할 것
(4) 승강기의 운행속도는 60m/min 이상으로 할 것

4 에스컬레이터

(1) 사람 또는 물건이 에스컬레이터의 각 부분 사이에 끼거나 부딪치는 일이 없도록 안전한 구조로 하고 비상시에는 작동을 정지시킬 수 있는 장치를 설치할 것
(2) 경사도는 30° 이하로 할 것
(3) 디딤바닥의 양쪽에 난간을 설치하고 난간 윗부분과 디딤바닥 부분이 같은 속도로 움직일 것
(4) 디딤바닥의 속도는 30m/min 이하일 것
(5) 승강기 제조 및 관리에 관한 법률 규정에 의한 형식 승인의 기준에 적합할 것

자격 취득 key

〔승강기 사용 목적에 따른 분류〕

① 승용 : 사람만을 운반하기 위한 것
② 화물용 : 화물만을 운반하기 위한 것
③ 인화 공용 : 사람과 화물을 함께 운반하기 위한 것
④ 비상용 : 비상시 이용하기 위한 것(소방용 등)

● 〔엘리베이터의 구조도(기어드형식의 일례)〕

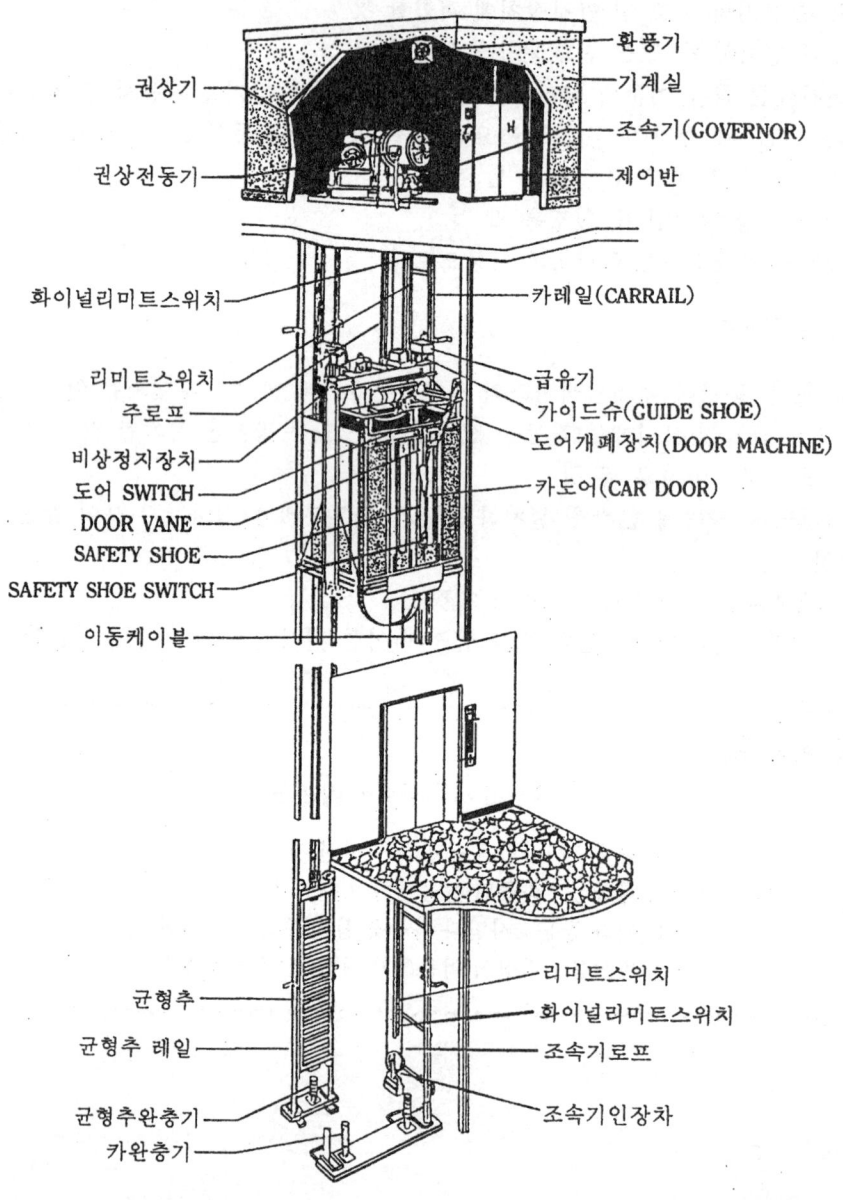

2. 권상기 (Traction machine)

1 권상기의 형식 2가지

(1) 기어드(Geard) 방식 : 전동기의 회전을 감속시키기 위하여 웜기어와 헬리컬 기어를 사용하는 방식이다.
(2) 기어레스(Gearless) 방식
  ① 전동기의 회전축에 메인 시브를 부착시킨 방식이다.
  ② 고속 엘리베이터에 적용되며 속도는 120(m/min) 이상이다.
  ③ 동력원은 직류 방식과 VVVF 방식이 사용된다.

자격 취득 key

(1) Worm gear 권상기 방식의 특징
  ① 속도가 느리다.(105m/min 이하)
  ② 소음이 작다.
  ③ 효율이 극히 낮다.
  ④ 역구동이 불가능하다.

(2) helical gear의 특징
  ① 속도가 고속이다.(240m/min 이하)
  ② 소음이 대체로 크다.
  ③ 효율이 매우 높다.
  ④ 역구동이 가능하다.(부하측으로 구동하는 방식)

---

2 제동기(브레이크)

(1) 기어드 권상용 브레이크
(2) 기어레스용 인터널 브레이크
(3) 브레이크는 권상기에 부수되어 있어 모터측에 직결한 브레이크 커플링을 승강기 가동시 마그넷트 코일을 여자하여 늦추고, 정지시는 기계적인 스프링 힘에 의해 제동하여 카를 소정의 층에 정지시켜 그 후의 정지상태를 유지하기 위한 것이다.
(4) 브레이크의 구비 조건
  ① 전동기의 관성 및 균형추 등 전장치의 관성을 제동함은 물론 정지시에도 반드시 제동 능력이 있어야 한다.
  ② 가속도는 중력가속도의 $[9.8(m/sec^2)]g$의 1/10 정도가 적당하다.
  ③ 정격속도는 물론 하강 중에도 안전하게 감속해야 한다. (승용 125%, 화물용 120%)

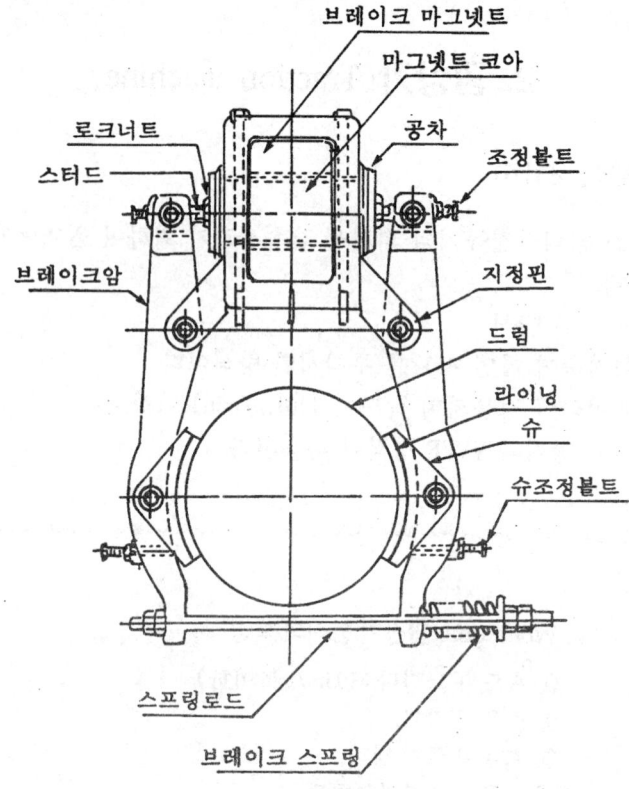

〔브레이크(제동기) 구조〕

3 전동기

(1) 승강기 전동기의 특징 및 요구 조건

① 가동 빈도가 높으므로 설계시 발열량에 충분한 주의를 요한다.
(시간당 사용 빈도 중저속형 180~300회 정도)
② 제동력이 확실해야 한다. (역구동〔braking〕 경우가 발생)
③ 최소 필요 회전력은 (+100)~(-70%) 이상이어야 가능하다.
(오차는 〔+5〕~〔-10〕%)

(2) 용량 계산

$$P = \frac{LVS}{6120\eta} \text{ (kW)}$$

P : 엘리베이터 전동기의 용량〔kW〕
L : 정격적재 하중〔kg〕
V : 정격 속도〔m/min〕
S : 1-F(F : 오버 밸랜스율)
W : 균형추의 무게(W=게이지 자중+L·F)
η : 종합 효율
η_1 : 권상기의 효율 { 웜기어 : 55~75(%)
　　　　　　　　　　 헬리컬 기어 : 95(%)
η_2 : 로프거는 방식 : (1:1 방식이 2:1 방식보다 효율이 우수하다.)
η_3 : 게이지슈 등 주행 중에 발생되는 손실

> **자격 취득 key**
>
> 〔종 합 효 율〕
> ① 기어레스 권상기 : 82%
> ② 헬리컬기어 권상기 : 80%
> ③ 웜기어 권상기 : 5~60%

3. 주 로프(Main rope)

🔲 와이어 로프(Wire rope)

(1) 로프의 종류 및 단면 형상

호별	1 호	2 호	3 호	4 호	5 호	6 호
단면						
구성	7 구루선 6 꼬임 중심섬유	12 구루선 6 꼬임 중심섬유 각각 중심섬유	19 구루선 6 꼬임 중심섬유	24 구루선 6 꼬임 각각 중심섬유	30 구루선 6 꼬임 각각 중심섬유	37 구루선 6 꼬임 중심섬유
구성기호	6×7	6×12	6×19	6×24	6×30	6×37

호별	7 호	8 호	9 호	10 호	11 호	12 호
단면						
구성	61 구루선 6 꼬임 중심섬유	7 구루선 6 꼬임 각각 삼각심 중심섬유	24 구루선 6 꼬임 삼각심 중심섬유	19 구루선 6 꼬임 중심섬유심	19 구루선 6 꼬임 중심섬유심	26 구루선 6 꼬임 중심섬유심
구성기호	6×61	6×F(⊿+7)	[6×F(⊿×12+12)]	6×S(19)	6×W(19)	6×F(19+6)

(2) 와이어 로프의 개요

로프 풀리에 로프를 걸어서 전동하는 것으로 주로 옥외 작업의 동력전달에 쓰이며 여러 가닥의 로프를 감아 쓰면 큰 힘을 전달할 수 있는 것이 특징이다.

> **자격 취득 key**
> ① 주 로프(main rope)는 직경이 12(mm) 이상 3본 이상의 rope를 사용해야 안전하다.
> ② 미끄럼 방지를 위하여 시브 직경은 주로프 직경의 40배 이상이 좋다.

(3) 와이어 로프의 호칭과 기호

와이어로프의 호칭과 구성, 꼬임방법, 꼬임방향, 도금의 유무, 로프유의 종류, 로프의 공칭 직경, 종별, 길이로서 표시한다.

① 구 성
  (로프 중의 스트랜드의 수)×(스트랜드를 구성하는 소선의 수)
  6×19, 8×19, 6×24 등

② 형 : 실(Seal)형, 위링톤(Warrington)형, 휠-라(Filler)형, 후랏트(Flattened Stand)형 로프에 있어서는 그것들의 머리 문자의 S, W, Fi, F 등을 사용한다.
  6×S(19), 8×W(19), 6×Fi(19+6) 등

③ 꼬임 방법 : 랭꼬임 : L, 보통 꼬임 : O

④ 꼬임 방향 : 통상은 Z 꼬임이므로 Z는 생략하고 S 꼬임에만 S를 부가한다.

⑤ 도금의 구별 : 무도금의 경우는 생략하고 도금 와이어의 경우는 G로서 나타낸다.

⑥ 유(油)의 종류 : 검은 기름은 C, 붉은 기름은 O로써 표시한다.

⑦ 종별 : 도금종, A종, B종, 승강기종

⑧ 직경 : 로프의 직경은 mm로 표시한다.

⑨ 길이 : 1조의 길이는 m로 표시한다.

(4) 측정 방법

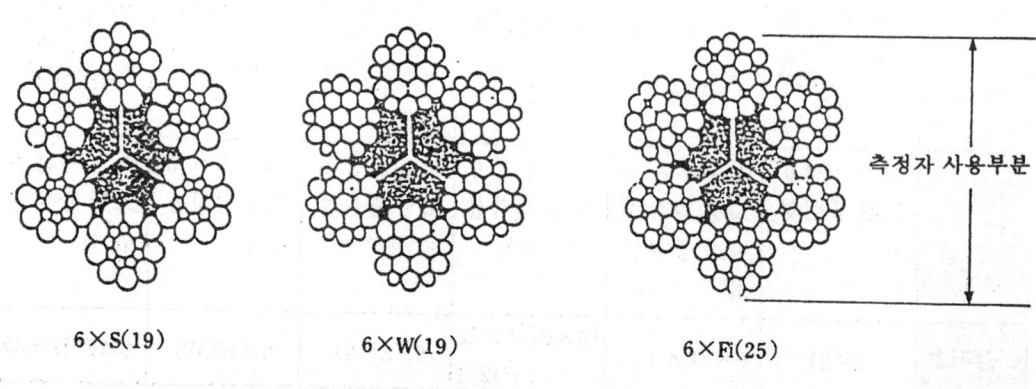

[rope의 측정방법]

> **자격 취득 key**
>
> 〔승강기 rope와 일반 rope의 비교〕
>
> ① 탄소 함유량이 비교적 적다. (유연성 우수)
> ② 파단 강도는 135kg/mm² 정도이다.
> ③ 초고층용 승강용 rope는 150kg/mm² 정도이다.

2 꼬임의 호칭법

(1) 꼬임 방법

① 보통 꼬임 : 로프의 꼬임 방향과 스트랜드의 꼬임 방향이 반대로 되어 있는 것으로 랭꼬임에 비해 와이어의 꼬임이 경사가 급하기 때문에 소선표면의 짧은 부분만이 강하게 닳아 마모의 정도가 크며 내구력의 점에서는 랭꼬임에 비하여 불리하다. 그러나 꼬임이 안정되어 있기 때문에 킹크를 일으키는 일이 적고 취급이 용이하므로 일반적으로 사용되고 있다.

② 랭 꼬임 : 로프의 꼬임 방향과 스트랜드의 꼬임 방향이 반대로 되어 있는 것으로 와이어 꼬임의 경사가 느슨하여 외부와의 접촉면이 길고 로프 전체가 평균으로 마찰을 받기 때문에 보통 꼬임에 비하여 마모에 의한 손상의 정도가 적으며 오래 사용에 견딘다. 또 유연성에 있어서도 보통 꼬임에 비하여 낮지만 꼬임이 되돌아갈 성질이 있어 로프의 일단이 자유로이 회전하는 곳이나 킹크가 되기 쉬운 사용개소에는 부적당하다.

③ 로프의 꼬임 방향에는 Z 꼬임과 S 꼬임이 있고, 일반적으로 Z 꼬임이 사용되며 S 꼬임은 강한 용도의 경우에만 사용된다.

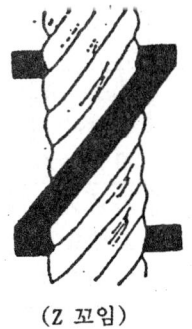

(Z 꼬임)　　　　　　　(S 꼬임)

〔로프의 Z꼬임과 S꼬임〕

(2) 로핑 방법

① 감속기 시브에 rope 거는 방법

㉮ 싱글랩 방식 : 중속, 저속 승강기용

㉯ 더블랩 방식 : 고속 엘리베이터용
② 로핑 방식
  ㉮ 1 : 1 로핑(승객용)
  ㉯ 2 : 1 로핑(일반 화물용)
  ㉰ 3 : 1, 4 : 1, 6 : 1(대용량 화물 : 속도 30m/min 이하)
③ 1 : 1 방식에 비해 2 : 1, 3 : 1, 4 : 1, 6 : 1 방식의 특징
  ㉮ 수명이 짧다.
  ㉯ 효율이 떨어진다.
  ㉰ 신축성이 크다.

3 와이어 로프의 가공방법 및 판정법

(1) 가공법

그 림	명 칭	효 과	특 징	결 점	비 고
	약식 묶음법	30~50%	간단하여 응급 사용 목적	극히 위험하고 본격적인 사용은 불가	공구가 없고 긴급시 적용
	수편이음 (사스마법)	60~90%	기계 필요 없고 현장 작업 가능	숙련에 따라 불안전하고 위험	고대적인 방식
	U bolt 클립법	약 80%	간단히 부착되며 점검이 용이	볼트조임 조절이 어렵고 지나치면 위험	높은 시설물 등에 직접 부착시 적용
	크램프법 (lock 가공법)	약 100%	미려하고 극히 안전함	특수 고압 기계가 필요함	구미 여러 나라에서 많이 적용, 안전 관리상, 경제상, 작업 환경상 우수함
	소켓법	약 100%	효율 좋고 사용상 안전함	소켓 부분의 손상이 쉽고 작업 불편	금구끼리 연결용
	본계수	약 100%	색도및 endless 필요	가공 기술 필요하고 세물만 가공 기능	endless 용으로 가공

(2) 로프의 사용 판정기준

항 목	사 용 금 지 사 항
소 선 절 단	1피치 간에 소선 수의 10% 이상 절단된 것
지 름 감 소	지름 감소가 공칭 지름의 7%를 초과한 것
기 타	① 킹크(kink)된 것 ② 부식이 심한 것 ③ 국부 또는 전체 변형이 심한 것

4. 가드 레일(Guide Rail)

1 개 요

(1) 승강기가 주행할 경우 수평방향에서 구속하고 카 또는 카운터 웨이트에 조립되어 있는 가드 슈(또는 로라가드)를 안내하는 궤도이다.
(2) 통상의 승강기는 카측 및 카운터 웨이트측 각각 2본의 레일이 사용된다. 종류는 레일 각 1m 당 중량으로 표시한다.

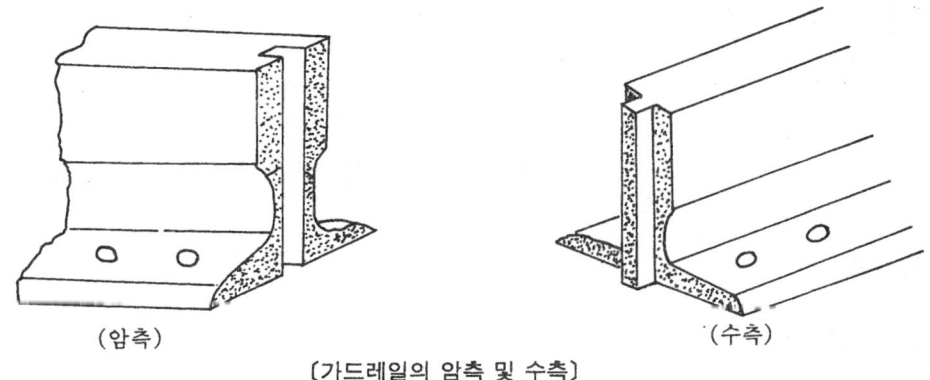

(암측)   (수측)
〔가드레일의 암측 및 수측〕

2 가드 레일의 설치 조건

(1) 카와 균형추를 승강로 평면내에서 일정한 궤도상에서 위치를 규제한다.
(2) 비상정지 장치 작동시 수직하중을 감당하기 위하여 설치한다.
  ① T형 레일 : 승강로 내에 수직으로 설치(비상장치 필요)
  ② 뎀웨이트
  ③ 간이 리프트 } 산(山) 형강, 구형강에 설치

3 레일 사이즈 결정시 고려 사항

(1) 비상정지 장치 작동시 수직하중으로 휘어짐이 있는지 점검(check)한다.

(2) 지진 발생시 건물(빌딩)의 수평 진동으로 인하여, 카나 균형추가 흔들려 레일과 가드 슈 간에 수평 진동을 받아 레일(Rail)의 비틀림이 한도를 넘거나 응력이 탄성 한계를 초과하여 카나 균형추가 이탈 염려가 없는지 점검(check)한다.

(3) 카내에 불평형 대하중 적재시 회전 모멘트가 발생할 때 회전 모멘트를 레일이 지탱하는지 점검한다.

4 레일 사이즈 및 규격

(1) 레일 사이즈의 규격은 1[m]당 공칭하중으로 분류한다.
(2) T형 레일은 8K, 13K, 18K, 24K 등이 사용되며 대용량에는 37K, 50K 등이 쓰인다.
(3) 강판을 성형하여 만든 3K, 5K 레일은 속도 60[m/min] 이하에 사용되며, 내부는 방음물질로 채워야 하며, 균형추에 비상정지 장치가 있는 경우는 사용할 수 없다.
(4) 레일의 표준 길이는 제조상, 설치시 승강로의 반입문제 등이 있기 때문에 5000[mm]이다.
(5) 가드 레일의 공칭 규격

공칭 규격(mm)	8K	13K	18K	24K	30K
A	56	62	89	89	108
B	78	89	114	127	140
C	10	16	16	16	19
D	26	32	38	50	51
E	6	7	8	12	13

5. 비상정지 장치

1 개 요

(1) 설치 목적
  ① 승강기 속도가 규정 속도 이상 하강시 급정지 목적으로 안전장치인 비상정지 장치를 설치한다.
  ② 비상정지 장치는 로프식 엘리베이터나, 간접식 유압엘리베이터의 카측에 설치하는 것을 원칙으로 한다.

(2) 유의 사항
  승강로 피트 하부가 사무실이나 통로로 사용될시 및 사람의 출입구라면 균형추측에도 비상정지 장치를 꼭 설치해야 한다.

2 비상정지 장치의 종류

(1) F.G.C(Flexible Guide Clamp)형

① 레일을 죄는 힘이 처음부터 정지시까지 일정하다(순차적 비상 정지장치)
② 구조가 간단하며 수리가 쉽다.
③ 설치 공간이 작아도 가능하다.

(2) F.W.C(Flexible Wedge Clamp)형
① 레일을 죄는 힘이 초기는 약하나, 하강하여 감에 따라 강해진 후 일정해지는 순차적 비상정지 장치이다.
② 구조가 복잡하여 잘 사용되지 않는다.

> **자격 취득 key**
> FGC와 FWC는 순차적 비상정지 장치이다.

(3) 순간 정지식 비상정지 장치
① 속도 45m/min 이하에 주로 사용된다.
② 동작 특성의 관계는 아래 그림과 같다.

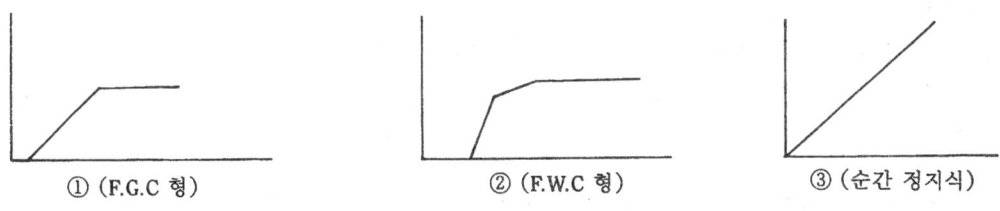

① (F.G.C 형)   ② (F.W.C 형)   ③ (순간 정지식)

〔순차적 비상정지 장치 및 순간 정지식 비상정지 장치〕

3 비상정지 장치의 작동 시험법

준공 검사의 경우는 카에 적재하중의 100%의 하중을 싣고 고속으로 다음 (1)~(3)의 사항을 검사한다. 다만 공장시험, 기타에 의하여 사전에 그 안전성이 인정된 것에 대하여서는, 정기 검사의 경우에 준한다.

정기 검사의 경우는 원칙적으로 카에 65kg의 하중을 싣고 가능한한 최저 속도로, 다음 (1) 및 (2)의 사항을 검사한다.

(1) 카의 하강 중 조속기의 캣치를 손으로 움직여서 카를 일단 정지시킨 다음, 다시 카를 하강시키게 권상기를 조작한다. 도르레가 회전하여도 카가 하강하지 않게 됨으로서, 비상정지 장치가 작동된 것을 확인한다. 다만 조속기를 설치하지 않은 방식의 비상정지 장치에 대하여서는, 비상정지 장치를 작동시킨 채로 균형추를 매어 달고 카 끝의 주삭이 늘어짐으로 인하여, 비상정지 장치가 작동한 것을 확인한다.

(2) 비상정지 상태가 작동된 상태에서 다음 ① 및 ②의 각 항에 대하여 검사한다.
① 기계장치 및 가바나 로프에는 아무런 손상이 없어야 한다.
② 비상 정지는 좌우 양측 다같이 균등하게 작용하고, 카 바닥의 수평도를 수준기로

측정하였을 경우 어느 부분에서나 1/30 이내이어야 한다.
(3) 비상정지 장치의 작동시초부터 완전 정지까지의 거리는 레일면상에서 4개의 흔적을 측정하여, 그 거리의 평균치가 60m/min인 경우 2m 이하이어야 한다.

> **자격 취득 key**
>
> 균형추의 비상정지 장치는 카 또는 균형추를 각각 균형추 또는 카로 바꾸어 검사한다.

6. 조속기(Governor)

1 개 요

(1) 조속기(governor)는 카와 동일한 속도로 움직이는 조속기 로프로 회전하며 카의 속도를 검출하는 장치이다.
(2) 제1의 동작은 카의 속도가 정격속도의 1.3배(속도 45m/min) 이하의 엘리베이터 경우는 63m/min를 넘지 않은 범위내에서 스위치가 작동하여 전원을 차단하므로써 상승, 하강 모두 작동이 된다.
(3) 제2의 동작은 정격속도의 1.4배(속도 45m/min) 이하의 엘리베이터 경우는 68m/min을 넘지 않는 범위에서 기계적인 장치를 작동시켜 조속기 로프를 작동시키는 비상정지 장치다.(하강만 작동)

> **자격 취득 key**
>
> 조속기의 1동작은 상하 작동, 제2 동작은 하강만 한다.

2 조속기의 종류

(1) GR 형 : 1A, AB
(2) GD 형 : 1A, 1B, 2A, 2B
(3) GF 형 : 1A, 2B

3 가바나 머신의 일반적인 설명

(1) GR형 가바나

 카속도 45m/min 이하의 저속용 승강기에 적용되며「즉시 작동세프티」에 사용된다.
 승강기가 어떤 원인으로 과속이 되었을 경우 정격속도의 140% 이내에 가바나(조속기)에 의해 모터의 전기회로를 차단하고 전자브레이크를 작동시킨다. 동시에 가바나시브의 회전을 정지시켜 가바나시브 홈과 로프와의 마찰력으로 카세프티를 작동시켜 카를 비상 정지시킨다.

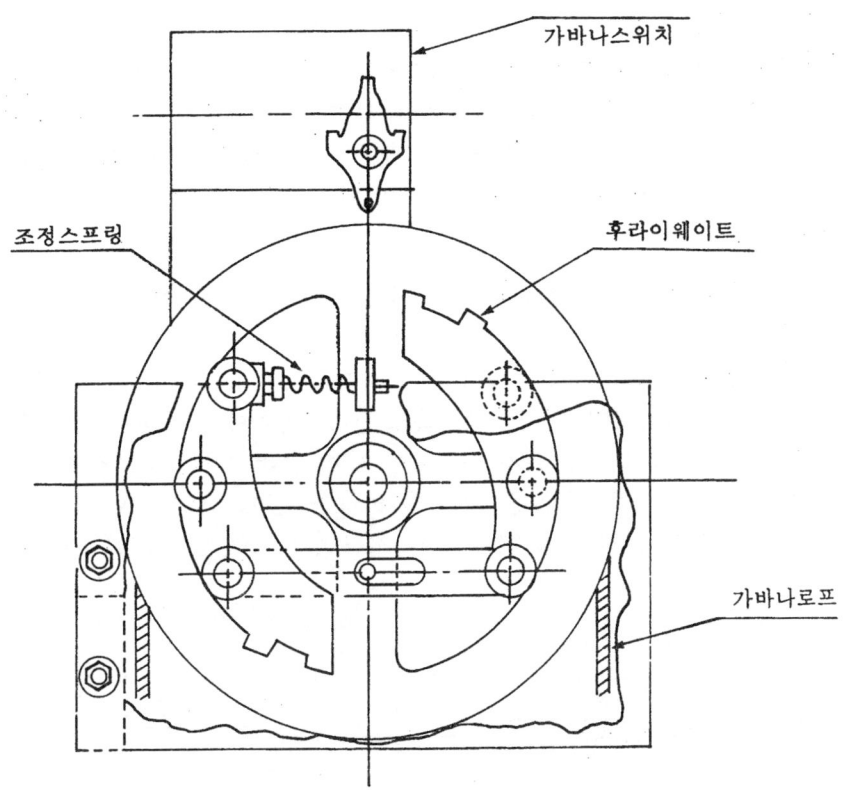

〔GR-1A형 가바나 머신〕

(2) GF형 가바나

카 속도 120m/min 이상의 고속용 승강기에 적용되며 「순차 작동 세프티」에 사용된다.

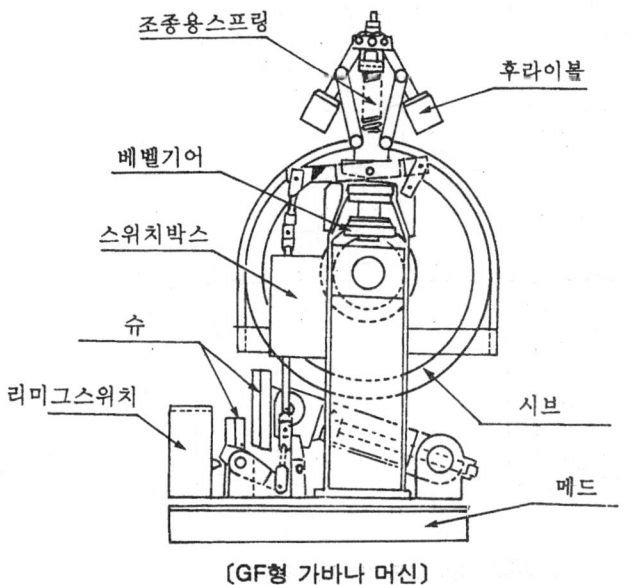

〔GF형 가바나 머신〕

승강기가 어떤 원인으로 과속이 되어 정격속도의 130% 이내에서 가바나는 제1의 동작에서 모터에의 전기회로를 차단하고 전자브레이크를 작동시킨다. 이 시점에서 승강기는 정지하는 것이지만 만일 정지하지 않고 더 가속하여 140% 이내에 가바나는 제2의 동작에 옮겨 로프 "켓치"를 작동시켜 가바나로프 및 가바나시브를 정지시켜 카세프티를 작동시킨다. 또한 작동속도에 연속성이 있는 후라이 볼을 채용하고 있다.

(3) GD형 가바나

카 속도 60m/min~105m/min의 중속용 승강기에 적용되며 통상「순차 작동 세프티」에 사용된다.

승강기가 어떤 원인으로 과속이 되어 정격속도의 130% 이내에서 가바나는 제1의 동작이므로 모터에의 전기회로를 차단하고 전자브레이크를 작동시킨다. 이 시점에서 승강기는 정지하게 되지만 만일 정지하지 않고 더 가속되어 140% 이내에 가바나는 제2의 동작에 옮겨 로프 "켓치"를 동작시켜 가바나 로프 및 가바나 시브를 정지시켜 카 세프티를 작동시킨다. 또한 작동속도에 연속성이 있는 디스크상의 후라이 웨이트가 사용되고 있다.

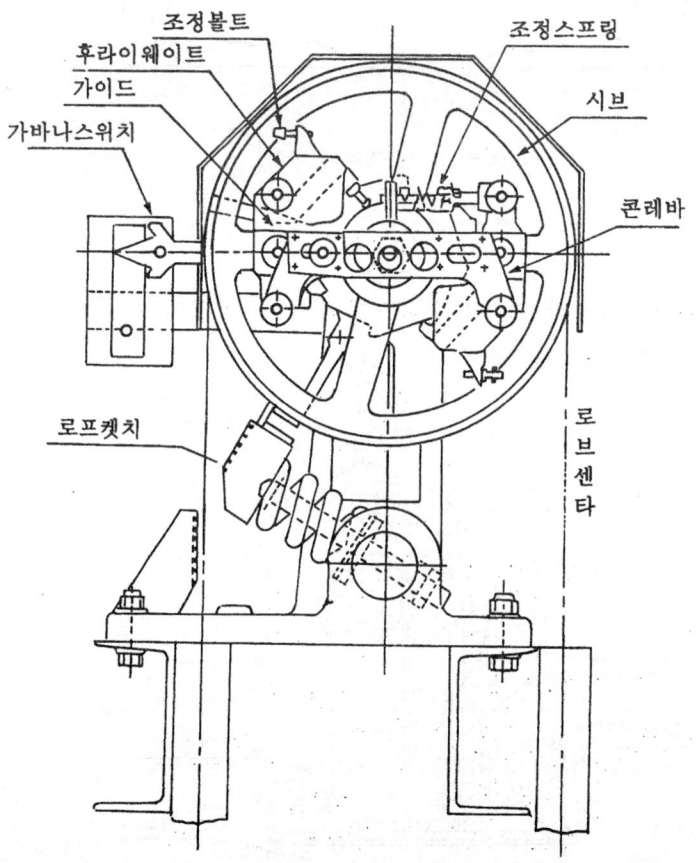

〔GD-2A · 2B 가바나 머신〕

4 세프티의 구조 및 기능

승강기용 세프티는 통상 승강기 카에 2조가 취부되어 카의 속도가 정격속도를 넘었을 경우 또는 승강기 로프의 절단 등으로 카가 낙하할 경우에 가바나 세프티 링크와 연동하여 카를 비상 정지시키는 것이 목적이다.

이것들의 세프티에는 승강기의 정격속도가 45m/min 이하의 것에 사용하는 「즉시 작동형」(롤 세프티)과 60m/min 이상에 사용하는 「점차 작동형」(후렉시블 가드 크램프 세프티)의 2종류가 있다.

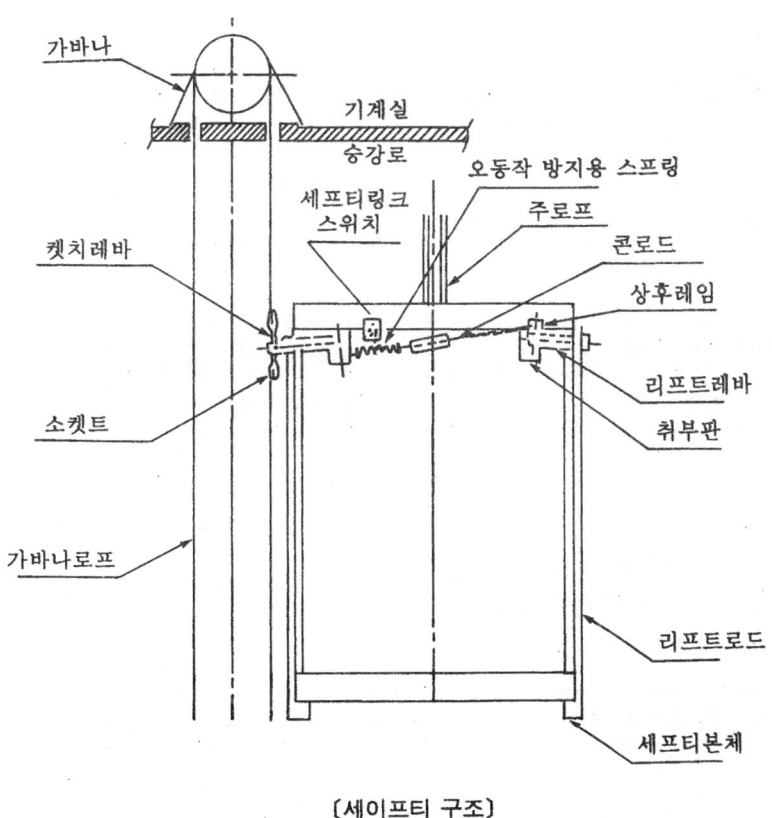

〔세이프티 구조〕

7. 완충기(Buffer)

1 개 요

(1) 카가 어떠한 원인이든 최하층을 통과하여 피트(pit)에서 급속하강시 충격을 완화시키기 위하여 설치하는 것이 완충기다.
(2) 카와 같은 이유로 급속 상승시에 대비하여 균형추 밑에 완충기를 설치한다.
(3) 자유 낙하시는 일차에 비상정지 장치작동, 2차에 완충기가 작동한다.

2 종 류

(1) 스프링(spring) 완충기
 ① 특 징
  ㉮ 정격 속도 60(m/min) 이하에 사용한다.
  ㉯ 스트로크는 정격속도의 115(%) 충돌시는 평균감속도 1(g) 이하도 정지하는 데 충분한 길이어야 한다.
  ㉰ 순간 최대 감속도는 어떠한 경우라도 205(g)을 넘는 감속도가 1/25초를 넘어서는 안된다.
 ② 최소 행정 및 정격 속도

최 소 행 정 (mm)	정 격 속 도 (m/min)
38	30 미만
64	30~45
100	46~60 이하

 ③ 적용중량

카 완 충 키	카 자중 + 정격 하중
균형추 완충기	균형추 자중

(2) 유입 완충기
 ① 특 징
  ㉮ 정격 속도 60(m/min) 초과시 사용한다.
  ㉯ 기타 스프링 완충기와 동일하다.
 ② 최소 행정 및 정격 속도

최 소 행 정 (mm)	정 격 속 도 (m/min)
152	90
207	105
270	120
422	150
608	180
827	210
1080	240
1687	300

 ③ 적용 중량

최소적용중량	카 자중+65
최대적용중량	카 자중+적재 하중
균형추적용중량	균형추의 중량

3 피트(pit)에서의 검사

(1) 피트에는 침수가 없이 청결하여야 한다.
(2) 밑부분 리미트 스위치류의 설치는 튼튼하고, 확실히 작동하는 관계 위치에 있으며, 그 작동상태가 정확하여야 한다.
(3) 카가 최하층에 수평으로 정지되어 있을 경우, 카와 완충기의 거리에 완충기의 충격정도를 더한 수치는 균형추의 꼭대기 부분 간격보다 작아야 한다.
(4) 완충기의 설치는 튼튼하며, 그 기능은 양호하게 유지되어야 한다. 스프링 완충기의 경우 녹, 부식등의 결점이 없으며, 유입 완충기의 경우는 더욱 유량이 적절하여야 한다.
(5) 카가 최상층에 수평으로 정지되었을 때의 균형추와 완충기와의 거리는 다음 표의 규정에 합격하여야 한다.

정격 속도 (m/min)		최소 거리(mm)		최대 거리(mm)	
		교류승강기	직류승강기	카 측	균형추 측
스프링 완충기	7.5 이하	75	150	600	900
	7.5 초과 15 이하	150			
	15 초과 30 이하	225			
	30 초과	300			
유압완충기		규정하지 않음			

(6) 밑부분 화이날 리미트 스위치(Final Limit Switch)는 카가 완충기에 도달하기 이전에 작동하여야 한다. 다만 완충기가 스프링 복귀식 유입형의 경우는 그 충정(衝程)의 1/4 이내까지는 압축되어도 괜찮다.
(7) 이동 케이블은 손상의 염려가 없어야 한다.
(8) 가바나 로프의 텐숀장치 및 기타의 텐숀장치는 정확히 움직여야 한다.

자격 취득 key
● 플런지 복귀 시간이란 : 압축에서 복귀까지 시간을 말하며 90초 이하이다.
● 화이날 리미트 스위치란 : 카가 끝층을 지나치면 작동하고 카의 승강을 자동적으로 제지시키는 리미트 스위치를 말한다.

---

8. 케이지실과 케이지틀

1 케이지(cage) 실

(1) 개 요
　① 케이지실은 출입도어, 케이지 바닥, 바닥에 고정된 벽, 천정, 비상구 부분으로 구성되어 있다.

② 사람과 물건을 안전하게 보호하는 것이 목적이며 승용 승강기에는 일종의 장식적인 면도 있다.

(2) 재 질
① 1.2(mm) 이상의 강판을 사용한다.
② 표면 보호를 위하여 도장, 멜라민화장판, 비닐계 피막처리화장판이 사용된다.
③ 화물용 승강기는 도장강판이 많이 사용된다.

(3) 도 어
① 승용과 인하용 엘리베이터는 한 cage에 1개의 도어를 사용한다.
② 화물용, 침대용, 자동차용에는 한 cage에 2개의 도어가 사용 가능하다.
③ 2개의 도어가 동시에 열려 통로로 사용해서는 안된다.

(4) 비상 구출구
① 고장이나 정전시 승객이 갇히는 것을 방지하기 위해 천정에 설치한다.
② 비상출구는 외부에서만 열려야 한다.
③ 2대 이상인 경우 벽면에 비상구출구를 설치하여도 가능하다.

2 케이지틀

(1) 개 요
① 카바닥의 하부 중앙에 2개의 기둥으로 하중을 지탱하는 장치이다.
② 상부 빔(Top beam)은 카의 하중을 로프에 전달하는 기능을 갖고 있다.

(2) 재 질
① 구형강
② 강판을 접어서 사용(경량화 목적) } 강도 유지

3 케이지

(1) Cage frame은 하부, 중부, 상부 후레임 및 Cage platform과 Side brace로 구성되며 Side brace는 Cage platform에 편하중이 걸렸을 때 지지한다.
(2) Cage Platform은 하부 Frame과의 사이에 방진고무를 놓아 고정하고 주위에는 걸레받이를 붙인다.
(3) Cage 내면의 판넬은 출입구측, 측판, 막판, 천정의 각 조립으로 나누어지며 카내의 상부는 종후레임과의 사이에 고무의 지지에 수직이 되도록 유지한다.
(4) Cage에는 케이지 도어 장치가 부착되어 있다.
(5) Cage 위에서는 보수 작업상 위험이 없도록 황색의 Hand rail이 붙어 있다.

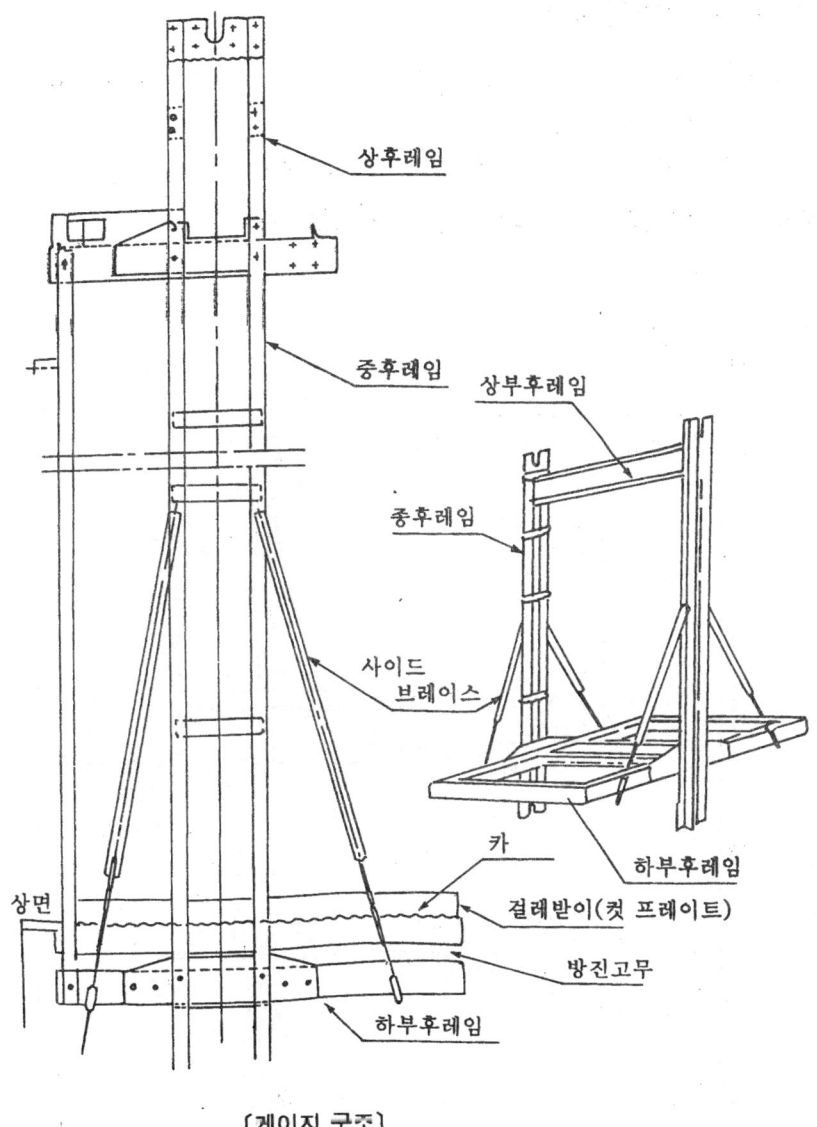

〔게이지 구조〕

9. 균형 추(Counter weight)

개 요

(1) 균형추의 틀은 구형강으로 만들며 상부의 가드레일에 따라 이동하게 되어 있다.
(2) 웨이트는 보통 주철로 제작하나 콘크리트로 제작된 것도 있다.
(3) 추는 충격에 파손되어서는 안된다.(웨이트가 파손되어 이탈하지 않는 구조로 설계할 것)

2 카운터 웨이트의 구조

(1) C/W 중량=케이지 자중+적재 하중+0.45
(2) C/W 메인 웨이트와 서브 웨이트가 있다.
(3) 튀어 오르는 것을 방지하기 위하여 눌림쇠가 붙어 있다.

3 카와 카운터 웨이트의 와이어 로프 조립도

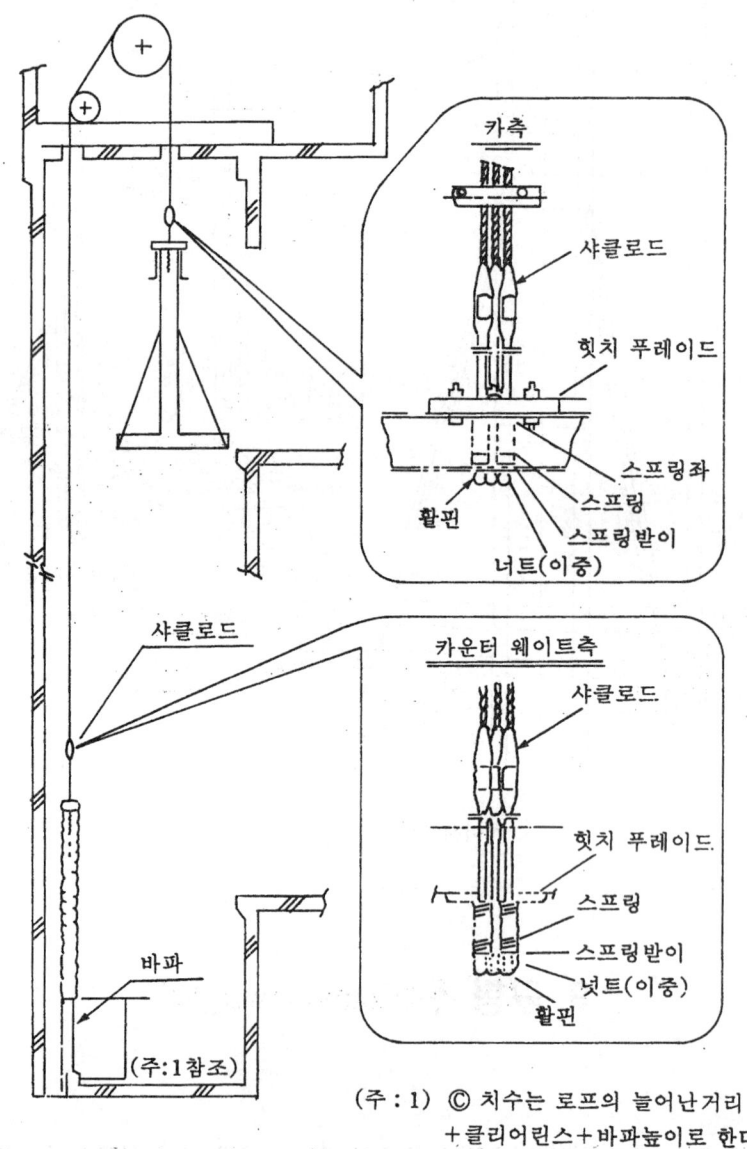

(주 : 1) ⓒ 치수는 로프의 늘어난거리
 +클리어린스+바파높이로 한다.

> **자격 취득 key**
>
> 〔Over blance율 이란〕
>
> ① 균형추의 총 중량은 카 중에 엘리베이터의 사용 현황에 따라 적재 하중의 35~55(%)를 더한 값이다.
> ② 승용 : 45%
> ③ 화물 : 55%

4 권상비(Traction)

(1) 카측 Rope에 인가된 중량과 균형추의 로프에 인가된 중량비를 권상비(traction)라 한다.
(2) 무부하와 전부하의 상승과 하강 방향을 점검하여 값이 1에 가깝고 두 값의 차가 작을수록 로프와 주시브간의 마찰력이 작아지고 로프 수명이 길며 모터의 용량이 작은 것을 채택할 수 있다.

10. 균형 체인 및 균형 로프

1 설치 목적

로프의 무게를 보상하는 것이 목적이다.

2 설치 개요

(1) 주 로프와 단위 길이당 중량이 같은 로프를 사용시 100(%) 보상이 된다.
(2) 등가의 균형체인 사용시 90(%) 보상이 가능하다.
(3) 고속 고층의 승강기는 소음의 문제가 있으므로 rope를 사용하며, 속도는 240(m/min) 정도에 알맞다.

예상문제

문제 1. 승강기는 몇 개의 출입구를 설치하여야 하는가?
㉮ 1개　　㉯ 2개　　㉰ 3개　　㉱ 4개

[풀이] 침대용을 제외한 승강기는 하나의 출입구만을 설치한다.

문제 2. 승강기는 정전시 몇 lux 이상의 예비 조명장치가 필요한가?
㉮ 1lux　　㉯ 2lux　　㉰ 3lux　　㉱ 4lux

[풀이] 정전시에 카 바닥면의 조도가 1lux 이상 비출수 있는 예비조명 장치가 필요하다.

문제 3. 승강기의 안전장치 설치 조건으로 부적당한 것은?
㉮ 승강기 및 승강로의 출입문이 모두 닫히지 아니하며 승강기가 움직이지 않는 장치
㉯ 동력을 차단된 경우에는 회전을 막는 장치
㉰ 비상시에는 승강기 안에서 외부로 연락할 수 없어야 한다.
㉱ 적재 하중을 초과하며 경보가 울리는 장치

[풀이] 승강기의 일반 안전 조건
① 승강기 및 승강로의 출입문이 모두 닫히지 아니하면 승강기가 움직이지 않는 장치
② 승강기가 제위치에 정지하지 않을 때에는 승강로의 출입문이 열리지 않는 장치
③ 승강기의 속도가 비정상적으로 빨라지는 경우에는 동력을 자동적으로 끊는 장치
④ 동력이 차단된 경우에는 원동기의 회전을 막는 장치
⑤ 승강기의 하강속도가 비정상적으로 빨라지는 경우에는 자동적으로 하강을 막는 장치
⑥ 승강기가 승강로의 바닥에 충돌하는 경우에는 승강기 안의 사람을 안전하게 할 수 있는 충격 완화 장치
⑦ 비상시에 승강기 안에서 외부로 연락할 수 있는 장치
⑧ 적재 하중을 초과하면 경보가 울리고 출입문 닫힘을 자동적으로 막는 장치
⑨ 정전시에 카 바닥면의 조도가 1lux 이상으로 비출 수 있는 예비 조명장치

문제 4. 정격 속도가 50m/분이고, 적재 하중이 500kg, 밸런스율이 50%, 종합효율이 0.4인 엘리베이터 전동기 용량은 얼마인가?
㉮ 2.1kW　　㉯ 3.1kW　　㉰ 4.1kW　　㉱ 5.1kW

[풀이] 전동기 용량 $= \dfrac{500 \times 50 \times (1-0.5)}{6120 \times 0.4} = 5.1 \text{kW}$

문제 5. 엘리베이터의 표시 방법이 잘못된 것은? (예, P14~Co40)
㉮ P-승용　　　　　　　　㉯ 14-층수
㉰ Co-중앙 열림식(센터 오픈방식)　㉱ 40-속도

[풀이] 14는 인승을 나타냄

문제 6. 지체 부자유용 승강기의 출입구 너비는 몇 m 이상인가?
㉮ 0.5m　　㉯ 0.7m　　㉰ 0.9m　　㉱ 1m

해답 1. ㉮　2. ㉮　3. ㉰　4. ㉱　5. ㉯　6. ㉰

[풀이] ① 출입문의 너비 : 0.9m
② 스위치는 바닥에서 0.8m 이상, 1.2m 이하

[문제] 7. 승강기의 밖의 바닥과 승강기 바닥 사이의 틈의 너비는 몇 cm 이하인가?
㉮ 1cm ㉯ 2cm ㉰ 3cm ㉱ 4cm

[풀이] ① 틈의 너비는 3cm 이하
② 출입문과 평행한 면의 너비 1.6m 이상
③ 출입문과 직각 방향의 면의 너비 : 1.35m 이상

[문제] 8. 비상용 승강기는 정전시 몇 시간 작동할 수 있어야 하는가?
㉮ 2시간 ㉯ 4시간 ㉰ 6시간 ㉱ 8시간

[풀이] 비상용 승강기는 2시간 작동해야 한다.

[문제] 9. 비상용 승강기의 운행 속도는 몇 m/min 이상인가?
㉮ 20m/min ㉯ 40m/min ㉰ 60m/min ㉱ 80m/min

[풀이] 비상용 승강기의 안전 조건
(1) 외부와 항상 연락할 수 있는 전화장치를 설치할 것
(2) 정전시에는 다음 기준에 따라 예비전원에 의하여 승강기를 가동할 수 있도록 할 것
 ① 60초 이내에 승강기 운행에 필요한 전력 용량을 자동적으로 발생시키도록 하되 수동으로 전원을 바꿀 수 있도록 할 것
 ② 2시간 이상 작동할 수 있도록 할 것
(3) 승강기의 운행 속도는 60m/min 이상으로 할 것

[문제] 10. 에스컬레이터의 경사도는 몇 도 이하가 적당한가?
㉮ 10° ㉯ 20° ㉰ 30° ㉱ 40°

[풀이] ① 경사도는 30° 이하
② 디딤바닥의 속도는 30m/min 이하

[문제] 11. 다음 승강기 용도 중 사람과 물건을 함께 운반할 수 있는 것은?
㉮ 승용 ㉯ 화물용 ㉰ 인화 공용 ㉱ 비상용

[풀이] ① 승용 : 사람만을 운반하기 위한 것
② 화물용 : 화물만을 운반하기 위한 것
③ 인화 공용 : 사람과 화물을 함께 운반하기 위한 것
④ 비상용 : 비상시 이용하기 위한 것(소방용 등)

[문제] 12. 급유가 필요하지 않는 곳은?
㉮ 메인 로프 ㉯ 브레이크 드럼 ㉰ 가이드 레일 ㉱ 웜기어

[풀이] 브레이크는 어떠한 경우에도 급유해서는 안된다.

[문제] 13. 권상기의 형식 중 웜기어와 헬리컬 기어를 사용하는 방식은?
㉮ Geard 방식 ㉯ Gearless 방식 ㉰ 직류 방식 ㉱ 교류 방식

[해설] Geard(기어드)방식 : 전동기의 회전을 감속시키기 위하여 웜기어 헬리컬 기어를 사용하는 방식이다.

[해답] 7. ㉰ 8. ㉮ 9. ㉰ 10. ㉰ 11. ㉰ 12. ㉯ 13. ㉮

문제 14. 권상기의 형식 중 기어레스 방식의 특징이 아닌 것은?
㉮ 전동기의 회전축에 매인시브를 부착시킨 방식
㉯ 고속 엘리베이터에 사용
㉰ 동력원은 직류 방식이다.
㉱ 동력원 교류 방식이다.

[풀이] Gearless(기어레스)방식
① 전동기의 회전축에 메인시브를 부착시킨 방식이다.
② 급속 엘리베이터에 적용되며 속도는 120[m/min] 이상이다.
③ 동력원은 직류방식과 VVVF 방식이 사용된다.

문제 15. 웜기어의 특징이 아닌 것은?
㉮ 속도가 느리다.   ㉯ 소음이 크다.
㉰ 효율이 극히 낮다.   ㉱ 역구동이 불가능하다.

[풀이] Worm gear 권상기 방식의 특징
① 속도가 느리다.(105m/min 이하)
② 소음이 작다.
③ 효율이 극히 낮다.
④ 역구동이 불가능하다.

문제 16. 헬리컬 기어의 속도는 몇 m/min 이하인가?
㉮ 240m/min 이하   ㉯ 120m/min 이하
㉰ 100m/min 이하   ㉱ 80m/min 이하

[풀이] helical gear의 특징
① 속도가 고속이다.(240m/min 이하)
② 소음이 대체로 크다.
③ 효율이 매우 높다.
④ 역구동이 가능하다.(부하측으로 구동하는 방식)

문제 17. 브레이크는 중력 가속도의 몇 분의 1 이 적당한가?
㉮ $\frac{1}{2}$ ㉯ $\frac{1}{5}$ ㉰ $\frac{1}{10}$ ㉱ $\frac{1}{20}$

[풀이] 브레이크의 구비 조건
① 전동기의 관성 및 균형추 등 전장치의 관성을 제동함은 물론 정지시에도 반드시 제동 능력이 있어야 한다.
② 가속도는 중력가속도의 (9.8[m/sec²])g의 1/10 정도가 적당하다.
③ 정격속도는 물론 하중 중에도 안전하게 감속해야 한다. (승용 : 125%, 화물용 : 120%)

문제 18. 엘리베이터의 정격속도 60m/분, 적재 하중 1000kg, 오버 밸런스 45%, 종합효율이 0.7인 전동기의 용량은?
㉮ 7.7   ㉯ 7.9   ㉰ 8.7   ㉱ 8.9

[풀이] $P = \frac{LVS}{6120\,\eta} = \frac{1000 \times 60 \times (1-0.45)}{6120 \times 0.7} = 7.7\,kW$

해답 14. ㉱ 15. ㉯ 16. ㉮ 17. ㉰ 18. ㉮

- P : 엘리베이터 전동기의 용량(kW)
- L : 정격 적재 하중(kg)
- V : 정격 속도(m/min)
- S : 1-F(F : 오버 밸런스율)
- W : 균형추의 무게(W=게이지 자중+L·F)
- η : 종합 효율
- η_1 : 권상기의 효율 { 웜기어 : 55~75(%)
                              헬리컬 기어 : 95(%)
- η_2 : 로프거는 방식(1 : 1 방식이 2 : 1 방식보다 효율이 우수하다.)
- η_3 : 게이지슈 등 주행 중에 발생되는 손실

문제 19. 전동기의 요구 조건이 잘못된 것은?
㉮ 설계시 발열량에 주의를 요한다.
㉯ 제동력은 늦추어도 된다.
㉰ 최소 필요 회전력은 (+100)~(-70)% 이상이어야 한다.
㉱ 사용빈도 중저속형 180~300회 정도

[도움] ① 가동빈도가 높으므로 설계시 발열량에 충분한 주의를 요한다.
       (시간당 사용빈도 중저속형 180~300회 정도)
② 제동력이 확실해야 한다. (역구동[braking] 경우가 발생)
③ 최소 필요 회전력은 (+100)~(-70)% 이상이어야 가능하다.
   (오차는 [+5]~[-10]%)

문제 20. 다음 T형 가이드 레일 8K, 13K, 18K, 24K 레일 중 8, 13, 18, 24 숫자가 의미하는 것은?
㉮ 가이드 레일의 1미터의 무게   ㉯ 가이드 레일 1가닥(본)당 길이
㉰ 가이드 레일 1가닥당 무게   ㉱ 가이드 레일의 모양

[도움] 길이 1m당 중량을 파운드 번호로 하여 (킬로 레일)을 붙여서 쓴다.

문제 21. 엘리베이터 시브의 직경은 주로프 직경의 몇 배가 되어야 하는가?
㉮ 25   ㉯ 30   ㉰ 35   ㉱ 40

[도움] ① 주로프의 직경은 40배 이상이어야 안전하다.
② rope의 직경은 12mm 이상이어야 안전하다.

문제 22. 다음 로프의 직경을 측정하는 방법 중 옳은 것은?

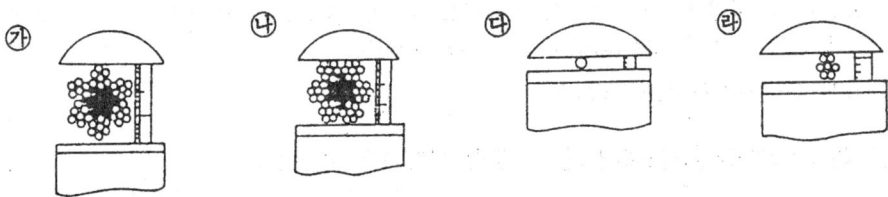

[도움] 로프를 측정할 때는 버어니어 캘리퍼스의 중앙에 로프의 직경이 닿아야 한다.

해답 19. ㉯ 20. ㉮ 21. ㉱ 22. ㉮

문제 23. 다음 중 일반적으로 사용하는 로프 꼬임 방법은?

㉮　　　　　㉯　　　　　㉰　　　　　㉱

[풀이] ① rope의 꼬임방법은 Z 꼬임과 S 꼬임이 있고 일반적으로 Z 꼬임이 사용된다.
② S 꼬임은 강한 용도에 사용한다.
③ ㉮는 S 꼬임이다.

문제 24. 다음 중 기어레스 권상기의 종합 효율은?
㉮ 85%　　㉯ 95%　　㉰ 100%　　㉱ 50%

[풀이] ① 기어레스 권상기 : 85%
② 헬리컬기어 권상기 : 80%
③ 웜기어 권상기 : 50~65%

문제 25. Main rope의 직경은 몇 mm 이상이어야 안전한가?
㉮ 10　　㉯ 11　　㉰ 12　　㉱ 14

[풀이] ① 주로프(main rope)는 직경이 12(mm) 이상 3본 이상의 rope를 사용해야 안전하다.
② 미끄럼 방지를 위하여 시브 직경은 주로프 직경의 40배 이상이 좋다.

문제 26. 와이어 rope의 구성 중 6×19가 의미하는 것은?
㉮ (스트랜드의 수)×(스트랜드의 지름)
㉯ (스트랜드의 수)×(스트랜드를 구성하는 소성의 수)
㉰ (스트랜드 지름)×(스트랜드 소선수)
㉱ (소선의 수)×(스트랜드 수)

[풀이] ① rope의 개요 : 와이어 로프의 호칭과 구성, 꼬임방법, 꼬임방향, 도금의 유무, 로프유의 종류, 로프의 공칭직경, 종별, 길이로서 표시한다.
② 구 성
(로프 중의 스트랜드의 수)×(스트랜드를 구성하는 소선의 수)
6×19, 8×19, 6×24 등

문제 27. 와이어 rope의 형은 S, W, Fi, F 등의 머리 글자로 표시한다. S형은?
㉮ 실형　　㉯ 워링톤형　　㉰ 휠라형　　㉱ 후랏트형

[풀이] 형 : 실(Seal)형, 워링톤(Warrington)형, 휠라(Filler)형, 후랏트(Flattened Stand)형 로프에 있어서는 그것들의 머리 문자의 S, W, Fi, F 등을 사용한다.
6×S(19), 8×W(19), 6×Fi(19+6), 등

문제 28. 와이어 rope는 도금을 해서 쓴다. 도금한 로프의 기호는?
㉮ E　　㉯ F　　㉰ G　　㉱ H

[풀이] ① 꼬임 방법 : 랭꼬임-L, 보통 꼬임-O
② 꼬임 방향 : 통상은 Z 꼬임이므로 Z는 생략하고 S 꼬임에만 S를 부가한다.

해답 23. ㉯　24. ㉮　25. ㉰　26. ㉯　27. ㉮　28. ㉰

③ 도금의 구별 : 무도금의 경우는 생략하고 도금 와이어의 경우는 G로서 나타낸다.

문제 29. rope에는 기름을 칠한다. 색이 붉은 오일의 표시 문자는?
㉮ A   ㉯ G   ㉰ M   ㉱ O

[도움] ① 유의 종류 : 검은 기름은 C, 붉은 기름은 O로써 표시한다.
② 종별 : 도금종, A종, B종, 승강기종
③ 직경 : 로프의 직경은 mm로 표시한다.
④ 길이 : 1조의 길이는 m로 표시한다.

문제 30. 일반적인 승강기 rope의 파단 강도는 몇 kg/mm² 정도인가?
㉮ 105   ㉯ 135   ㉰ 150   ㉱ 175

[도움] 승강기 rope와 일반 rope의 비교
① 탄소 함유량이 비교적 적다.(유연성 우수)
② 파단 강도는 135kg/mm² 정도이다.
③ 초고층용, 승강용 rope는 150kg/mm² 정도이다.

문제 31. rope의 꼬임은 S와 Z 꼬임이 있다. S 꼬임의 용도는?
㉮ 일반용   ㉯ 강성용   ㉰ 연성용   ㉱ 소성용

[도움] 로프의 꼬임 방향에는 Z 꼬임과 S 꼬임이 있고, 일반적으로 Z 꼬임이 사용되며 S 꼬임은 강한 용도의 경우에만 사용된다.

문제 32. 감속기 시브에 로프거는 방법 중 더블랩 방식에 적합한 승강기의 용도는?
㉮ 중속용   ㉯ 저속용   ㉰ 고속용   ㉱ 일반용

[도움] 감속기 시브에 rope 거는 방법
① 싱글랩 방식 : 중속, 저속 승강기용
② 더블랩 방식 : 고속 엘리베이터 용

문제 33. 로프의 로핑방법 중 1 : 1 로핑의 용도는?
㉮ 승객용   ㉯ 화물용   ㉰ 침대용   ㉱ 소방용

[도움] 로핑 방법
① 1 : 1 로핑(승객용)
② 2 : 1 로핑(일반 화물용)
③ 3 : 1, 4 : 1, 6 : 1(대용량 화물 : 속도 30m/min 이하)

문제 34. 1 : 1 방식에 비해 2 : 1, 3 : 1, 4 : 1, 6 : 1 방식의 특징이 아닌 것은?
㉮ 수명이 길다.   ㉯ 수명이 짧다.
㉰ 효율이 떨어진다.   ㉱ 신축성이 크다.

[도움] 1 : 1 방식에 비해 2 : 1, 3 : 1, 4 : 1, 6 : 1 방식의 특징
① 수명이 짧다.
② 효율이 떨어진다.
③ 신축성이 크다.

문제 35. 로프의 가공법 중 가장 효율이 우수한 가공법은?

해답 29. ㉱ 30. ㉯ 31. ㉯ 32. ㉰ 33. ㉮ 34. ㉮

㉮ 약식 묶음법 ㉯ 수편 이음
㉰ U-bolt 클립법 ㉱ 본 계수

[토의] 로프 가공법에 따른 효과
① 사스마법(수편 이음) : 60~90%
② 약식 묶음법 : 30~50%
③ U-bolt 클립법 : 약 80%
④ 크램프법 : 100%
⑤ 소켓트법 : 100%
⑥ 본계수 : 100%

문제 36. 다음에서 사용할 수 없는 rope가 아닌 것은?
㉮ 1피치간의 소선의 수가 8% 이상 절단된 것
㉯ 킹크된 것
㉰ 부식이 심한 것
㉱ 국부 또는 전체 변형이 심한 것

[토의] 로프의 사용 금지 사항
① 1피치 간에 소선 수의 10% 이상 절단된 것
② 지름 감소가 공칭 지름의 7%를 초과한 것
③ 킹크(kink)된 것
④ 부식이 심한 것
⑤ 국부 또는 전체 변형이 심한 것

문제 37. 다음 중 균형추의 중량을 구하는 것은? (단, F : 오버밸런스율)
㉮ 균형추의 중량=카자중+정격 적재 하중÷F
㉯ 균형추의 중량=카자중+정격 적재 하중+F
㉰ 균형추의 중량=카자중+정격 적재 하중×F
㉱ 균형추의 중량=카자중+정격 적재 하중×$\frac{F}{100}$

문제 38. 가드 레일의 중량은 몇 m당 중량으로 표시하는가?
㉮ 1 ㉯ 2 ㉰ 3 ㉱ 4

[토의] ① 승강기가 주행할 경우 수평방향에서 구속하고 카 또는 카운터 웨이트에 취부되어 있는 가드 슈(또는 로라가드)를 안내하는 궤도이다.
② 통상의 승강기는 카측 및 카운터 웨이트측 각각 2본의 레일이 사용된다.
③ 종류는 레일 각 1m당 중량으로 표시한다.

문제 39. 가드 레일의 종류가 아닌 것은?
㉮ T형 레일 ㉯ D형 레일 ㉰ 덤웨이트 ㉱ 간이 리프트

[토의] 가드 레일의 종류
① T형 레일 : 승강로 내에 수직으로 설치(비상장치 필요)
② 덤웨이트
③ 간이 리프트

문제 40. 레일이 비틀림 한도를 받을 때 점검해야 할 한계는?
㉮ 소성 한계 ㉯ 임계 구역 ㉰ 경계 한계 ㉱ 탄성 한계

해답 35. ㉱ 36. ㉮ 37. ㉰ 38. ㉮ 39. ㉯ 40. ㉱

[풀이] 레일 사이즈 결정시 고려 사항
① 비상 정지 장치 작동시 수직 하중으로 휘어짐이 있는지 점검한다.
② 지진 발생시 건물(빌딩)의 수평 진동으로 인하여, 카나 균형추가 흔들려 레일과 가드 슈 간에 수평진동을 받아 레일의 비틀림이 한도를 넘거나 응력이 탄성한계를 초과하여 카나 균형추가 이탈 염려가 없는지 점검한다.
③ 카내에 불평형 대하중 적재시 회전 모멘트가 발생할 때 회전 모멘트를 레일이 지탱하는지 점검한다.

문제 41. 레일의 표준 길이는 몇 mm인가?
㉮ 1000　　㉯ 3000　　㉰ 5000　　㉱ 7000

[풀이] 레일의 표준 길이는 제조상, 설치시 승강로의 반입문제 등이 있기 때문에 5000(mm)이다.

문제 42. 레일 사이즈의 규격은 몇 m당 공칭 하중으로 표시하는가?
㉮ 4　　㉯ 3　　㉰ 2　　㉱ 1

[풀이] ① 레일 사이즈의 규격은 1(m)당 공칭 하중으로 분류한다.
② T형 레일은 8K, 13K, 18K, 24K 등이 사용되며 대용량에는 37K, 50K 등이 쓰인다.

문제 43. 강판을 성형하여 만든 레일의 적당한 속도는?
㉮ 50m/min　　㉯ 60m/min　　㉰ 70m/min　　㉱ 80m/min

[풀이] 강판을 성형하여 만든 3K, 5K, 레일은 속도 60m/min 이하에 사용되며, 내부는 방음물질로 채워야 하며, 균형추에 비상정지 장치가 있는 경우는 사용할 수 없다.

문제 44. 승강기의 안전 장치는?
㉮ 비상정지 장치　　㉯ 덮개　　㉰ 울　　㉱ 방호벽

[풀이] 비상정지 장치 설치 목적
① 승강기 속도가 규정 속도 이상 하강시 급정지 목적으로 안전장치인 비상정지 장치를 설치한다.
② 비상정지 장치는 로프식 엘리베이터나, 간접식 유압 엘리베이터의 카측에 설치하는 것을 원칙으로 한다.

문제 45. F.G.C 형의 비상정지 장치 특징이 아닌 것은?
㉮ 순차적 비상정지 장치다.　　㉯ 구조가 산난하다.
㉰ 수리가 어렵다.　　㉱ 설치 공간이 작아도 가능하다.

[풀이] F.G.C(Flexible Guide Clamp)형의 특징
① 레일을 죄는 힘이 처음부터 정지시까지 일정하다.(순차적 비상 정지)
② 구조가 간단하며 수리가 쉽다. ┐ 산(山) 형강, 구형강에 설치
③ 설치 공간이 작아도 가능하다. ┘

문제 46. F.W.C형의 비상 정지 장치 특징은?
㉮ 구조가 간단하다.　　㉯ 구조가 복잡하다.
㉰ 설치 공간이 작다.　　㉱ 급정지 장치이다.

[풀이] F.W.C(Flexible Wedge Clamp)형의 비상 정지 장치 특징
① 레일을 죄는 힘이 초기는 약하나, 하강하여 감에 따라 강해진 후 일정해지는 순차적 비상정지 장치이다.

해답 41. ㉰　42. ㉱　43. ㉯　44. ㉮　45. ㉰　46. ㉯

② 구조가 복잡하여 잘 사용되지 않는다.

문제 47. 순간 정지식 비상정지 장치의 적당한 속도는?
㉮ 30m/min   ㉯ 45m/min   ㉰ 55m/min   ㉱ 60m/min

토의 ① 순간 정지식 비상정지 장치는 45m/min 이하에 사용된다.
② FGC, FWC는 순차적 비상정지 장치이다.

문제 48. 비상정지 장치 정기검사시 카에 싣는 하중은 몇 kg인가?
㉮ 45   ㉯ 70   ㉰ 65   ㉱ 100

토의 정기 검사는 65kg을 카에 싣고 최저 속도로 검사한다.

문제 49. 비상정지 장치는 카바닥을 수준기로 측정했을 때 몇 분의 1인가?
㉮ $\frac{1}{10}$ ㉯ $\frac{1}{20}$ ㉰ $\frac{1}{30}$ ㉱ $\frac{1}{40}$

토의 ① 기계장치 및 가바나 로프에는 아무런 손상이 없어야 한다.
② 비상정지는 좌우 양측 다 같이 균등하게 작용하고, 카 바닥의 수평도를 수준기로 측정하였을 경우 어느 부분에서나 1/30 이내이어야 한다.

문제 50. 비상정지 장치는 작동 시초부터 정지시까지 레일 면상에서 몇 개의 흔적을 측정하는가?
㉮ 2개   ㉯ 4개   ㉰ 6개   ㉱ 8개

토의 비상정지 장치의 작동 시초부터 완전 정지까지의 거리는 레일면상에서 4개의 흔적을 측정하여, 그 거리의 평균치가 60m/min인 경우 2m 이하이어야 한다.

문제 51. 엘리베이터 카 문턱 끝과 승강로 벽간 거리는 몇 cm가 적당한가?
㉮ 11.5cm   ㉯ 12.5cm   ㉰ 13.5cm   ㉱ 14.5cm

토의 ① 벽간거리 12.5cm
② 벽간거리 초과시 금속제 보호판 사용

문제 52. 다음 중 승강기의 기계실에 대한 설명 중 옳지 못한 것은?
㉮ 기계실의 면적은 승강로 수평투영 면적의 2배 이상이어야 한다.
㉯ 기계실은 50Lux 이상의 조명과 적절한 환기와 40℃ 이하의 온도를 유지해야 한다.
㉰ 기계실의 높이는 정격속도와 상관없다.
㉱ 기계실을 돌출시키지 않기 위해 사이드머신 타입과 베이스먼트 타입을 이용한다.

토의 기계실의 조명은 항상 100룩스 이상 유지해야 한다.

문제 53. 조속기(governor)의 제1 동작은 카의 정격속도의 몇 배인가?
㉮ 1.1배   ㉯ 1.2배   ㉰ 1.3배   ㉱ 1.4배

토의 ① 조속기는 카와 동일한 속도로 움직이는 조속기 로프도 회전하며 카의 속도를 검출하는 장치이다.
② 제1의 동작은 카의 속도가 정격속도의 1.3배(속도 45m/min) 이하의 엘리베이터 경우는 63m/min를 넘지 않은 범위내에서 스위치가 작동하여 전원을 차단하므로써 상승, 하강 모두 작동이 된다.

해답 47. ㉯ 48. ㉰ 49. ㉰ 50. ㉯ 51. ㉯ 52. ㉯ 53. ㉰

문제 54. 조속기의 제2 동작시 엘리베이터의 경우 속도는 몇 m/min을 넘지 못하는가?
㉮ 45 ㉯ 65 ㉰ 66 ㉱ 68

풀이 제2의 동작은 정격속도의 1.4배(45m/min) 이하의 엘리베이터 경우는 68m/min을 넘지 않는 범위에서 기계적인 장치를 작동시켜 조속기 로프를 작동시키는 비상정지 장치다. (하강만 작동)

문제 55. 조속기 중 하강만 하는 동작은?
㉮ 제1 동작 ㉯ 제2 동작 ㉰ 제3 동작 ㉱ 제4 동작

풀이 조속기의 1동작은 상하 작동, 제2 동작은 하강만 한다.

문제 56. 다음 장치에 대한 설명 중 옳지 않은 것은?
㉮ B.G.M : 카 내부 스피커를 통해 승객에게 방송이나 음악을 전달한다.
㉯ 방범창 : 일반 유리를 사용하여 설치한다.
㉰ 파킹장치 : 야간이나 절전 목적으로 엘리베이터를 사용하고자 할 때 사용한다.
㉱ 비상전원 장치 : 비상전원 장치의 용량은 모터 출력과 피트 값을 고려해야 한다.

풀이 승강기의 보조장치
① 정전등(비상등) : 정전시에 밝게하여 승객의 불안감을 덜어주는 역할을 한다. 밝기는 1럭스 이상으로 30분 이상 유지되어야 한다.
② 정전시 구출 운전장치 : 정전시에 카가 정지하여 승객이 카 안에 있을 때 이를 구출하기 위해 배터리를 사용하여 자동차용 소형 모터를 권상기에 부착시켜 가장 가까운 층으로 저속으로 운행하여 승객을 구출하는 장치이다.
③ B.G.M(Back Ground Music)장치 : 카 내부에 설치된 스피커를 통해 즉, 내부 스피커를 통해 방송이나 음악을 승객에게 전달하기 위한 장치이다.
④ 파킹(parking)장치 : 야간이나 엘리베이터의 절전을 목적으로 선별하여 사용할 때 기준 층에 파킹스위치를 설치한다.
⑤ 방범창 : 주거용 건물의 엘리베이터의 승장에서 카의 내부가 보일 수 있도록 망입강화 유리를 사용하여 설치하는 방범 장치이다.
⑥ 비상전원 장치 : 정전 등 비상시에 엘리베이터를 1대씩 움직여 승객을 구출해야 하기 때문에 주로 대형건물에 설치된다. 또한 비상용 엘리베이터가 설치된 건물은 이를 위한 비상전원 장치를 마련해야 하는 데 이때 비상전원 장치의 용량은 모터의 출력과 기동시의 피트값을 충분히 고려해야 한다.

문제 57. 조속의 종류 중 1A, AB의 형은?
㉮ GR형 ㉯ GD 형 ㉰ GF 형 ㉱ GS 형

풀이 조속기(Governor)의 종류
① GR형 : 1A, AB
② GD형 : 1A, 1B, 2A, 2B
③ GF형 : 1A, 2B

문제 58. GD형의 가바나의 용도는?
㉮ 고속용 ㉯ 중속용 ㉰ 초고속용 ㉱ 저속용

풀이 GD형의 조속기는 카 속도 60m/min~105m/min의 중속용 승강기에 적용되며 통상 「순차작동 세프티」에 사용된다.

해답 54. ㉱ 55. ㉯ 56. ㉯ 57. ㉮ 58. ㉯

문제 59. 저속용에 적합한 가바나의 형은?
　㉮ GD 형　　　　㉯ GF 형　　　　㉰ GR 형　　　　㉱ GS 형

토을 GR형 가바나
　① 카속도 45m/min 이하의 저속형 승강기에 적용되며 「즉시 작동 세프티」에 사용된다.
　② 승강기가 어떤 원인으로 과속이 되었을 경우 정격속도의 140% 이내에 가바나(조속기)에 의해 모터에의 전기회로를 차단하고 전자브레이크를 작동시킨다.
　③ 가바나 시브의 회전을 정지시켜 가바나 시브홈과 로프와의 마찰력으로 카세프티를 작동시켜 카를 비상정지시킨다.

문제 60. 유압식 엘리베이터에서 130%의 하중을 싣고 상승할 때 유압회로 중 작동하지 않는 것은 어느 것인가?
　㉮ 펌프　　　　　　　　　　　　㉯ 체크밸브
　㉰ 안전밸브　　　　　　　　　　㉱ 상승용 유량 제어밸브

토을 ① 체크밸브는 역류를 방지하기 위한 밸브이다.
　　② 오일이 한쪽으로 흐르는 장치이다.

문제 61. 다음 중 직접식 유압 엘리베이터에 대한 설명 중 옳지 않은 것은?
　㉮ 승강로 소요면적이 작다.
　㉯ 구조가 간단하다.
　㉰ 비상정지 장치가 필요하다.
　㉱ 실린더를 넣은 보호관을 땅속에 설치해야 한다.

토을 ① 직접식 엘리베이터는 비상정지 장치가 필요없다.
　　② 직접식 엘리베이터는 구조가 간단하고 간접식은 복잡하다.

문제 62. GF형 가바나는 속도 몇 m/min 이상에 적합한가?
　㉮ 120m/min 이상　　　　　　　㉯ 100m/min 이상
　㉰ 80m/min 이상　　　　　　　　㉱ 60m/min 이상

토을 GF형 가바나의 특징
　① 카 속도 120m/min 이상의 고속용 승강기에 적용되며 「순차 작동 세프티」에 사용된다.
　② 승강기가 어떤 원인으로 과속이 되어 정격속도의 130% 이내에서 가바나는 제1의 동작에서 모터에의 전기회로를 차단하고 전자브레이크를 작동시킨다.

문제 63. 승강기용 세프티 중 정격속도가 45m/min 이하에 적합한 Safety는?
　㉮ 즉시 작동형　　㉯ 점차 작동형　　㉰ 마지막 작동형　　㉱ 시각 작동형

토을 세프티의 구조 및 기능
　① 승강기용 세프티는 통상 승강기 카에 2조가 취부되어 카의 속도가 정격속도를 넘었을 경우 또는 승강기 로프의 절단 등으로 카가 낙하할 경우에 가바나 세프티 링크와 연동하여 카를 비상정지시키는 것이 목적이다.
　② 세프티에는 승강기의 정격속도가 45m/min 이하의 것에 사용하는 「즉시 작동형」(를 세프티)과 60m/min 이상에 사용하는 「점차 작동형」(후렉시블 가드 크램프 세프티)의 2종류가 있다.

해답 59. ㉰　60. ㉯　61. ㉰　62. ㉮　63. ㉮

문제 **64. 다음 완충기(buffer)의 설명이 잘못된 것은?**
㉮ 카가 어떠한 원인이든 최하층을 통과하여 피트(pit)에서 급속 하강시 충격을 완화시키기 위하여 설치하는 것이 완충기다.
㉯ 카와 같은 이유로 급속 상승시에 대비하여 균형추 밑에 완충기를 설치한다.
㉰ 자유 낙하시는 일차에 비상정지 장치 작동, 2차에 완충기가 작동한다.
㉱ 자유 낙하시는 2차에 비상정지 장치가 작동한다.
풀이 완충기는 "1차에 비상정지" 작동 "2차에 완충기" 작동

문제 **65. 다음 중 운전원이 직접 조작하는 방식은?**
㉮ 군승합 방식 ㉯ 승합 전자동식
㉰ 단식 자동방식 ㉱ 시그널 방식
풀이 수동식 운전원 조작방법 2가지
① 시그널 방식
② 카 스위치 방식

문제 **66. 다음 단식 자동식 조작방식의 용도는?**
㉮ 승객용 ㉯ 침대용 ㉰ 건물용 ㉱ 자동차용
풀이 ① 단식 자동식은 자동차용이나 화물용에 적합하다.
② 단식 자동식은 먼저 눌러진 호출에 응답하여 운행 중 다른 호출에 응답하지 않는다.

문제 **67. 엘리베이터를 동력 전달 방식에 따라 분류한 것이 아닌 것은?**
㉮ 유압식 ㉯ 로프식 ㉰ 랙 피니언 ㉱ 교류 방식
풀이 동력 전달 방식의 분류
① 유압식 ② 로프식 ③ 랙피니언 기어식 ④ 스크류식

문제 **68. 스프링식 완충기의 정격 속도는?**
㉮ 30m/min ㉯ 40m/min ㉰ 50m/min ㉱ 60m/min
풀이 스프링(spring) 완충기의 특징
① 정격 속도 60(m/min) 이하에 사용한다.
② 스트로크는 정격 속도의 115(%) 충돌시에 평균감속도 1(g) 이하도 정지하는 데 충분한 길이이어야 한다.
③ 순간 최대 감속도는 어떠한 경우라도 205(g)을 넘는 감속도가 1/25초를 넘어서는 안된다.

문제 **69. 스프링식 완충기의 최소 행정이 64mm일 때 정격 속도(m/min)는?**
㉮ 30 미만 ㉯ 30~45 ㉰ 45~60 이하 ㉱ 60 이상
풀이 스프링식의 완충기의 최소 행정 및 정격 속도

최 소 행 정 (mm)	정 격 속 도 (m/min)
38	35 미만
64	30~45
100	45~60 이하

해답 64. ㉱ 65. ㉱ 66. ㉱ 67. ㉱ 68. ㉱ 69. ㉯

문제 70. 카 완충기의 공식은?
㉮ 카 자중+정격 하중 ㉯ 균형추 무게+정격 하중
㉰ 카 자중×정격 하중 ㉱ 균형추 무게-정격 하중

[토의] 스프링식 완충기의 적용 중량 : 정하중에서 총무게의 2배에 견딜 것

카 완 충 기	카 자중+정격 하중
균형추 완충기	균형추 자중

문제 71. 유압식 완충기는 정격 속도 몇 m/min 초과시 사용하는가?
㉮ 40 ㉯ 50 ㉰ 60 ㉱ 70

[토의] 유압 완충기의 특징
 ① 정격 속도 60(m/min) 초과시 사용한다.
 ② 기타 스프링 완충기와 동일하다.

문제 72. 유압식 완충기의 최소 행정이 270mm일 때 정격 속도는?
㉮ 90m/min ㉯ 105m/min ㉰ 120m/min ㉱ 150m/min

[토의] 유압식 완충기의 최소 행정 및 정격 속도

최 소 행 정(mm)	정 격 속 도(m/min)
152	90
207	105
270	120
422	150
608	180
827	210
1080	240
1687	300

문제 73. 유압식 완충기의 최소 적용 중량이란?
㉮ 카 자중+10 ㉯ 카 자중+30 ㉰ 카 자중+45 ㉱ 카 자중+65

[토의]

최 소 적 용 중 량	카 자중+65
최 대 적 용 중 량	카 자중+적재 하중
균 형 추 적 용 중 량	균형추의 중량

문제 74. 피트(pit) 검사가 잘못된 것은?
㉮ 피트에는 침수가 약간 있어도 된다.
㉯ 밑부분 리미트 스위치류의 설치는 튼튼하고, 확실히 작동하는 관계 위치에 있으며, 그 작동상태가 정확하여야 한다.
㉰ 카가 최하층에 수평으로 정지되어 있을 경우, 카와 완충기의 거리에 완충기의 충격정도를 더한 수치는 균형추의 꼭대기 부분 간격보다 작아야 한다.
㉱ 완충기의 설치는 튼튼하며, 그 기능은 양호하게 유지되어야 한다. 스프링 완충기의 경우 녹, 부식등의 결점이 없으며, 유입 완충기의 경우는 더욱 유량이 적절하여야 한다.

[해답] 70. ㉮ 71. ㉰ 72. ㉰ 73. ㉱ 74. ㉮

[도움] 피트에는 침수가 없이 청결해야 한다.

[문제] 75. 스프링식 완충기의 정격 속도가 7.5m/min 이하일 때 직류 승강기의 최소거리 (mm)는?
㉮ 75　　　　㉯ 80　　　　㉰ 150　　　　㉱ 225

[도움]

정격속도 (m/min)		최소거리 (mm)		최대거리 (mm)	
		교류승강기	직류승강기	카 측	균형추 측
스프링 완충기	7.5 이하	75	150	600	900
	7.5 초과, 15 이하	150			
	15 초과, 30 이하	225			
	30 초과	300			
유압완충기		규정하지 않음			

[문제] 76. 플런저 복귀시간은 몇 초 이하를 말하는가?
㉮ 60　　　　㉯ 70　　　　㉰ 80　　　　㉱ 90

[도움] 플런저 복귀시간이란 압축에서 복귀까지 시간을 말하며 90초이하다.

[문제] 77. 케이지(cage)실의 구성 요소가 아닌 것은?
㉮ 출입 도어　　㉯ 안전 장치　　㉰ 천정　　㉱ 비상구

[도움] 케이지실의 구성
① 케이지실은 출입 도어, 케이지 바닥, 바닥에 고정된 벽, 천정, 비상구 부분으로 구성되어 있다.
② 사람과 물건을 안전하게 보호하는 것이 목적이며 승용 승강기에는 일종의 장식적인 면도 있다.

[문제] 78. 케이지 실의 강판은 몇 (mm) 이상을 사용하는가?
㉮ 1.0　　　　㉯ 1.2　　　　㉰ 1.3　　　　㉱ 1.5

[도움] 케이지실의 재질
① 1.2(mm) 이상의 강판을 사용한다.
② 표면 보호를 위하여 도장, 멜라민화 장판, 비닐계 피막처리화 장판이 사용된다.
③ 화물용 승강기는 도장강판이 많이 사용된다.

[문제] 79. 다음 중 한 cage에 반드시 1개의 도어를 사용해야 되는 엘리베이터는?
㉮ 인화용　　㉯ 화물용　　㉰ 침대용　　㉱ 자동차용

[도움] 케이지 실의 도어
① 승용과 인하용 엘리베이터는 한 cage에 1개의 도어를 사용한다.
② 화물용, 침대용, 자동차용에는 한 cage에 2개의 도어가 사용 가능하다. 2개의 도어가 동시에 열려 통로로 사용해서는 안된다.

[문제] 80. 비상구 출구는 어느 쪽으로 열려야 하는가?
㉮ 내부　　㉯ 내쪽　　㉰ 옆쪽　　㉱ 외부

[해답] 75. ㉰　76. ㉱　77. ㉯　78. ㉯　79. ㉮　80. ㉱

[토의] 비상 구출구
① 고장이나 정전시 승객이 갇히는 것을 방지하기 위해 천정에 설치한다.
② 비상출구는 외부에서만 열려야 한다.
③ 2대 이상인 경우 벽면에도 비상구출구를 설치하여도 가능하다.

[문제] 81. 케이지 틀은 몇 개의 기둥으로 지탱하는가?
㉮ 1개　　　㉯ 2개　　　㉰ 3개　　　㉱ 4개

[토의] ① 카 바닥의 하부 중앙에 2개의 기둥으로 하중을 지탱하는 장치이다.
② 상부 빔(Top beam)은 카의 하중을 로프에 전달하는 기능을 갖고 있다.

[문제] 82. 케이지의 설명이 잘못된 것은?
㉮ Cage frame은 하부, 중부, 상부 후레임 및 Cage platform과 Side brace로 구성되며 Side brace는 Cage platform에 편하중이 걸렸을 때 지지한다.
㉯ Cage Platform은 하부 Frame과의 사이에 방진고무를 놓아 고정하고 주위에는 걸레 받이를 붙인다.
㉰ Cage 내면의 판넬은 출입구측, 측판, 막판, 천정의 각 조립으로 나누어지며 카내의 상부는 종후레임과의 사이에 고무의 지지에 수직이 되도록 유지한다.
㉱ Cage에는 케이지 도어 장치가 부착되어 있지 않다.

[토의] 케이지에는 케이지 도어장치가 부착되어 있어야 한다.

[문제] 83. 케이지 틀 제작시 강판을 접어서 사용하는 목적은?
㉮ 인성 유지　　　㉯ 소성 유지　　　㉰ 연성 유지　　　㉱ 경량화

[토의] 강판을 접어서 사용하는 목적은 강도와 경량화가 목적이다.

[문제] 84. C/W 중량이란?
㉮ 케이지 자중 + 적재 하중 + 0.45　　　㉯ 적재 하중 + 0.45
㉰ 케이지 자중 + 0.45　　　㉱ 서브웨이트 + 0.45

[토의] ① C/W 중량 = 케이지 자중 + 적재 하중 + 0.45
② C/W는 메인 웨이트와 서브 웨이트가 있다.
③ 튀어 오르는 것을 방지하기 위하여 눌림쇠가 붙어 있다.

[문제] 85. 균형 추의 설명이 잘못된 것은?
㉮ 균형추의 틀은 구형강으로 만들며 상부의 가드레일에 따라 이동하게 되어 있다.
㉯ 웨이트는 보통 주철로 제작하나 콘크리트로 제작된 것도 있다.
㉰ 추는 충격에 파손되어서는 안된다.
㉱ 추는 충격 파손되어야 한다.

[문제] 86. 승용 승강기의 오버 밸런스율은?
㉮ 30%　　　㉯ 45%　　　㉰ 60%　　　㉱ 70%

[토의] Over blance율
① 균형추의 총 중량은 카 중에 엘리베이터의 사용 현황에 따라 적재 하중의 35~55%를 더한 값이다.
② 승용 : 45%

[해답] 81. ㉯　82. ㉱　83. ㉱　84. ㉮　85. ㉱　86. ㉯

③ 화물 : 55%

문제 87. 균형추의 설치 목적은?
㉮ 로프 무게 보상㉯ 로프 강도 유지
㉰ 체인의 보강㉱ 체인의 강도 유지

[해설] 균형추의 설치 목적은 로프(rope)의 무게를 보상하는 것이다.

해답 87. ㉮

제3장 승강기의 도어 시스템

1. 도어 시스템(door system)의 종류 및 원리

1 도어 시스템의 종류

(1) 작동방식에 의한 분류(측면작동방식)
   ① 1S ② 2S ③ 2Co ④ 4Co

(2) 상하 작동방식에 의한 분류
   ① 상개식(2매 업 슬라이딩식)
   ② 상하개식(2매 상하 열림식)

(3) 스윙 도어 방식에 의한 분류
   ① 1매 스윙 방식
   ② 2매 스윙 방식

(4) 용도에 따른 분류
   ① 승용 : 센터 오픈 방식(Co)
   ② 침대용 : 사이드 오픈 방식(S)
   ③ 자동차용 : 상하 작동 방식
   ④ 대형 화물용 : 상하 작동 방식

> **자격 취득 key**
>
> ① S : 사이드 오픈 방식
> ② Co : 센터 오픈 방식

2 도어 시스템의 원리

(1) 구성 요소
   ① 구동 장치
   ② 전달 장치
   ③ 도어 판넬

(2) 도어를 개방시키는 데 필요한 힘
   ① 정지 중인 카 안에 승객이 갇혀 구출시 도어 개방식 : 5(kgf)~30(kgf)

② 클로즈(close) 방식으로 전류를 공급하여 카 안에서 강제로 도어를 개폐시킬 경우 : 20(kgf)

2. 도어 머신(door machine) 장치

1 개 요

(1) 전동기의 회전을 감속하여 암과 로프를 구동시켜 도어를 개폐시키는 장치를 도어 머신이라 한다.
(2) 감속 방식
 ① 웜 감속기 사용 방식
 ② 체인 사용 방식
 ③ 벨트 사용 방식

2 도어 머신 장치의 구비 조건

(1) 동작이 정숙하며 작동이 원활할 것
(2) 소형 경량화일 것(카 위에 설치하기 때문에 중량이 가벼워야 한다.)
(3) 유지 보수가 쉬울 것(엘리베이터 기동수 2배)
(4) 경제적이며 설치 비용이 저렴할 것

3 안전 운전 방법 및 승객 구출 요건

승객이 카 안에 갇혀 있을 때 구출자가 손으로 개방이 가능해야 한다.(고장 및 정전 시)

4 목적에 따른 전동기 사용 방식

(1) DC 전동기 사용 목적
 ① 동작 정숙
 ② 소형 가능
(2) 감속기 부착 목적
 ① 소형 경량 가능
 ② 유지 보수 용이
(3) AC 전동기(인버터 제어) 사용 목적
 ① 유지 및 보수가 쉽다.
 ② 경제적이다.

> **자격 취득 key**
>
> (1) 전동기 사용 가능한 종류
>   ① DC 전동기
>   ② AC 전동기
>   ③ VVVF 방식
>
> (2) 이 유
>   반 정도 가속, 반 정도 감속 운행

3. 도어 인터록(door interlock) 및 클로저(closer)

1 도어 인터록(door interlock)

(1) 개 요
  ① 승강기의 안전장치이며 승강기에서 가장 중요한 장치이다.
  ② 도어 인터록 장치는 카가 정지하고 있지 않을 때 층의 승강도어가 열리지 않도록 하는 장치이다.

(2) 기 능
  ① 승강기의 록(lock) 기능을 갖고 있어 승강도어가 완전히 닫혀 있는지 열려 있는지를 제어반에 전달하는 기능을 갖고 있다.
  ② 한 층의 승강도어라도 닫혀있지 않으며 인터록 스위치가 ON되지 않으며 안전회로를 차단시켜 운행을 중지한다.

(3) 구 조
  ① 가동 혹에 단락편을 붙여 록이 걸리며 인터록 스위치가 ON이 되도록 설계되어 있다.
  ② 밖에서 록을 풀 때는 전용키로만 사용되도록 되어 있다.

2 클로저(Closer)

(1) 개 요
  ① 승강도어가 자동으로 닫혀있지 않으면 안되는 데 문의 자동잠금 안전장치이다.
  ② 승강도어의 자동 잠금장치가 클로저이다.

(2) 방식에 따른 구분 및 구성
  ① 스프링 클로저 방식 : 레버시스템+코일스프링+체크
  ② 웨이트 클러저 방식 : 코드+웨이트

> **자격 취득 key**
> 스프링 클로저 방식보다 웨이트 클로저 방식이 간편하고 사용하기 편리하다.

4. 보호장치

1 개 요

승객의 출입이 있을 경우 충돌사고를 방지하기 위하여 도어에 검출장치를 부착하여 물체가 검출되면 닫힘을 중단하고 반전하여 열리는 장치이다.

2 종 류

(1) 세프티 쇼(safety shoe)

카 도어의 끝단에 가동의 세프티를 설치하여 물체가 접촉되면 닫힘을 중지하고 반전시키는 장치이다.

(2) 세프티 레이(safety ray)

① 광선을 발생시키는 투광기와 센서의 수광기로 구성되어 있다.
② 비접촉식 보호장치이다.
③ 방식은 세프티 쇼와 동일하다.

(3) 초음파 도어 센서(ultra sonic door sensor)

① 초음파의 감지 각도를 조정하여 승장쪽의 물체나 사람을 검출하여 도어를 반전시키는 장치이다.
② 용도는 유모어, 휠체어 등의 보호장치이다.

예상문제

문제 1. 도어 시스템의 작동방식이 아닌 것은?
㉮ 1S ㉯ 2S ㉰ 3S ㉱ 4Co

[해설] (1) 도어 시스템 작동방식의 종류 4가지
① 1S ② 2S ③ 2Co ④ 4Co
(2) S : 사이드 오픈 방식
(3) Co : 센터 오픈 방식
(4) 1, 2 숫자는 문짝수를 뜻한다.

문제 2. 도어의 상하 작동방식에 의한 분류 중 2매 업 슬라이딩 방식은?
㉮ 상개식 ㉯ 상하개식 ㉰ 사이드오픈 방식 ㉱ 센터 오픈 방식

[해설] 도어의 상하 작동방식에 의한 분류
① 상개식(2매 업 슬라이딩 식)
② 상하개식(2매 상하 열림식)

문제 3. 도어를 용도에 따라 분류하였다. 침대용 및 인화용에 쓰이는 방식은?
㉮ 승용 ㉯ S ㉰ 상하 작동방식 ㉱ F형

[해설] 도어를 용도에 따른 분류
① 승용 : 센터 오픈 방식(Co)
② 침대용 : 사이드 오픈 방식(S)
③ 자동차용 : 상하 작동 방식
④ 대형 화물용 : 상하 작동 방식

문제 4. 도어의 구성 요소가 아닌 것은?
㉮ 구동 장치 ㉯ 전달 장치 ㉰ 도어 판넬 ㉱ 안전 장치

[해설] 도어의 구성 요소
① 구동 장치 ② 전달 장치 ③ 도어 판넬

문제 5. 정지 중인 도어를 강제로 개폐시키는 데 필요한 힘은? (클로즈 방식)
㉮ 5kgf ㉯ 10kgf ㉰ 15kgf ㉱ 20kgf

[해설] 도어를 개방시키는 데 필요한 힘
① 정지 중인 카 안에 승객이 갇혀 구출시 도어 개방식 : 5(kgf)~30(kgf)
② 클로즈(close) 방식으로 전류를 공급하여 카 안에서 강제로 도어를 개폐시킬시킬 경우 : 20(kgf)

문제 6. 도어를 개폐시키는 장치를 무엇이라 하는가?
㉮ 도어 머신 ㉯ 도어록 ㉰ 도어 장쇠 ㉱ 도어 통

[해설] 도어 머신 : 전동기의 회전을 감속하여 암과 로프를 구동시켜 도어를 개폐시키는 장치를 도어 머신(door machine)이라 한다.

[해답] 1. ㉰ 2. ㉮ 3. ㉯ 4. ㉱ 5. ㉱ 6. ㉮

문제 7. 도어 머신의 감속방식이 아닌 것은?
  ㉮ 웜 감속기 사용방식
  ㉯ 헬리컬기어 방식
  ㉰ 체인 사용방식
  ㉱ 벨트 사용방식

  [풀이] 도어 머신의 감속방식은 헬리컬기어 방식은 안된다.

문제 8. 다음은 도어 머신의 구비 조건이다. 잘못된 것은?
  ㉮ 동작이 정숙하며 작동이 원활할 것
  ㉯ 소형 경량화일 것(카 위에 설치하기 때문에 중량이 가벼워야 한다.)
  ㉰ 유지 보수가 쉬울 것(엘리베이터 기동수 2배)
  ㉱ 경제적이며 설치 비용이 고가일 것

  [풀이] 무엇이든지 경제적이고 설치 비용이 저렴해야 한다.

문제 9. DC 전동기의 사용 목적은?
  ㉮ 소형 경량
  ㉯ 유지 보수 용이
  ㉰ 경제적
  ㉱ 오래 사용

  [풀이] DC 전동기의 사용 목적 : 동작 정숙 및 소형 가능

문제 10. 감속기 사용 목적은?
  ㉮ 경제적
  ㉯ 강도 유지
  ㉰ 오래 쓸 수 있다.
  ㉱ 유지 보수 용이

  [풀이] 감속기 사용 목적 : 소형 경량 가능 및 유지 보수 용이

문제 11. 도어 머신의 사용 가능한 전동기가 아닌 것은?
  ㉮ DC ㉯ AC ㉰ VVVF 방식 ㉱ AAF 방식

  [풀이] 전동기 사용 가능한 종류
    ① DC 전동기
    ② AC 전동기
    ③ VVVF 방식

문제 12. 다음은 도어 인터록의 설명이다. 잘못된 것은?
  ㉮ 승강기의 안전장치이며 안전에서 가장 중요한 장치이다.
  ㉯ 도어 인터록장치는 카가 정지하고 있지 않을 때 층의 승강도어가 열리도록 하는 장치이다.
  ㉰ 승강기의 록(lock) 기능을 갖고 있어 승강도어가 완전히 닫혀 있는지 열려 있는지를 제어반에 전달하는 기능을 갖고 있다.
  ㉱ 한 층의 승장도어라도 닫혀 있지 않으며 인터록 스위치가 ON되지 않으며 안전회로를 차단시켜 운행을 중지한다.

  [풀이] 도어 인터록은 정지하고 있지 않을 때 열려서는 안된다.

문제 13. 승강도어의 자동잠금 안전장치는 무엇인가?
  ㉮ 도어록 ㉯ 도어 인터록 ㉰ 클로저 ㉱ 체인 도어

[해답] 7. ㉯ 8. ㉱ 9. ㉮ 10. ㉱ 11. ㉱ 12. ㉯ 13. ㉯

[풀이] 클로저
① 승강도어가 자동으로 닫혀 있지 않으면 안되는 데 자동잠금 안전장치이다.
② 승강도어의 자동 잠금장치가 클로저이다.

[문제] 14. 웨이트 클로저 방식이란?
㉮ 코드+웨이트
㉯ 코드+체크
㉰ 스프링+체크
㉱ 웨이트+체크

[풀이] ① 스프링 클로저 방식 : 레버시스템+코일스프링+체크
② 웨이트 클로저 방식 : 코드+웨이트

[문제] 15. 세프티 레이의 설명이 잘못된 것은?
㉮ 광선을 발생시키는 투광기와 센서의 수광기로 구성되어 있다.
㉯ 비접촉식 보호장치이다.
㉰ 방식은 세프티 동일하다.
㉱ 접촉식은 보호장치이다.

[풀이] 모든 안전장치가 접촉식으로 설계해서는 안된다.

1. 승강로의 구조 및 원리

1 구 조

(1) 외부에서 사람이나 물체가 운전 중인 카나 균형추에 추락방지 목적과 화재시 연통구실을 방지하기 위해 외부와 차단되어 있다.
(2) 승강로 내에는 엘리베이터에 필요한 배관 및 배선 이외에 설치하여서는 안된다.
  (엘리베이터의 운행에 지장을 주거나 설비관련 보수자의 출입을 막기 위해 사용)
(3) 피트 바닥 내부를 통로로 설치할 목적이라면 균형추에도 비상정지 장치를 설치하고 피트 하부바닥은 충분한 강도를 유지해야 한다.

2 깊 이

(1) 상부 여유거리 : 승강기 보수공이 카 상부에 타고 작업시 승강로 천정과 충돌을 방지하기 위하여 속도별로 최소값을 규정한 것을 상부 여유거리라 한다.
(2) 피트(pit) 깊이 : 정격 속도가 빠를수록 행정거리(strock)가 긴 완충기를 사용하여 충격을 흡수해야 한다.
(3) 정격 속도별 최소 상부 여유거리와 피트 깊이

정격속도 (m/min)	상부여유거리 (m)	피트깊이 (m)
45 이하	1.2 이상	1.2 이상
45 초과, 60 이하	1.4 이상	1.5 이상
60 초과, 90 이하	1.6 이상	1.8 이상
90 초과, 120 이하	1.8 이상	2.1 이상
120 초과, 150 이하	2.0 이상	2.4 이상
150 초과, 180 이하	2.3 이상	2.7 이상
180 초과, 210 이하	2.7 이상	3.2 이상
210 초과, 240 이하	3.3 이상	3.8 이상
240 초과	4.0 이상	4.0 이상

> **자격 취득 key**
> ① 상부 여유거리는 카가 최상층에 정지하였을 경우 카 천정과 승강로 천정 사이의 거리이다.
> ② 피트 깊이는 카가 최하층에 정지하였을 경우 카 바닥과 승강로 바닥 사이의 거리이다.

3 출입구의 간격
(1) 카의 문틱 끝단과 승강로 문턱 끝단의 간격은 40(mm) 이하이다.
(2) 카의 간격이 넓으면 이물질이 떨어져 승객에게 불안감을 조성한다.

4 카 문턱 끝과 승강로 벽간의 여유 간격
(1) 카 문턱 끝과 승강로 벽간의 거리 : 12.5cm 이하
(2) 12.5cm 초과 사용시 금속제 보호판 설치

5 출입구
(1) 승객용 및 인하용 엘리베이터는 한 개의 카에 1개의 출입구 밖에 설치할 수 없다.
(2) 승장쪽 역시 1개층에 2개 이상 출입구를 설치해서는 안된다.
(3) 화물용이나 자동차용은 안전상 지장이 없으며 1개층에 2개까지 출입구를 설치할 수 있으나 양쪽 도어가 동시에 열려 통로로 사용해서는 안된다.

2. 기 계 실

1 기계실의 구조

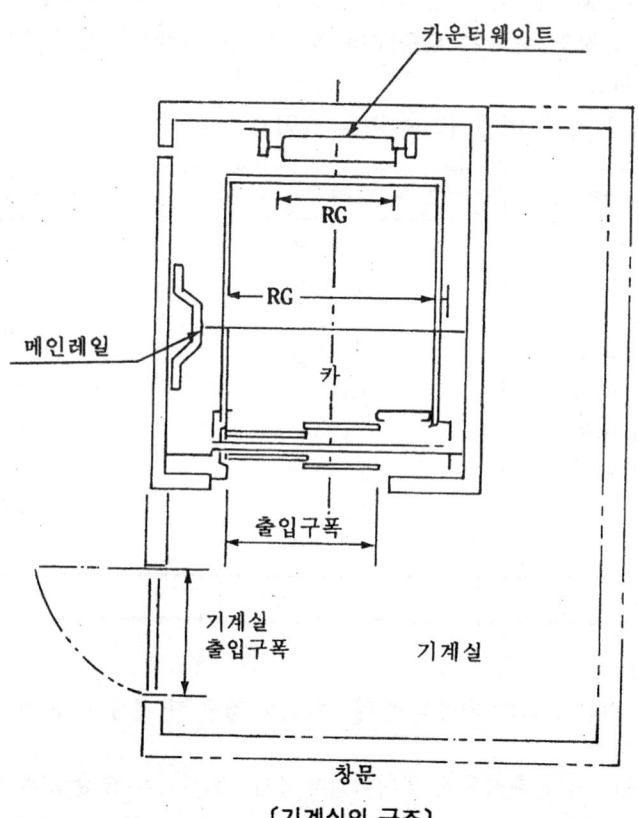

〔기계실의 구조〕

2 기계실의 구비 조건

(1) 기계실은 승강로의 2배 이상의 넓이가 필요하다. (단, 유압 승강기의 경우는 예외)
(2) 바닥면에서 천정까지의 수직거리는 2.0m 이상으로 한다.
(3) 기계실 출입구의 크기는 0.7×1.8m 이상으로 하고 자물쇠가 있는 철제문을 둔다.
(4) 기계실 내의 온도는 40℃ 이하가 유지되도록 환기장치를 한다.
(5) 기계실의 통로는 안전한 경사 계단이 필요하므로 계단의 높이가 23cm 이하, 폭은 15cm 이상으로 하고 계단의 양쪽에 측벽을 두든지 혹은 Hand rail 장치를 한다. 따라서 수직 trap은 불가능하다. 기계실에는 Moter, 권상기, Floor selector, Governor, 제어반이 설치된다.
(6) Moter, 제어반(Control Pannel), 권상기(Traction Machine)는 승강기마다 두어야 한다.
(7) 권상기, 제어반의 주위는 보수관리 혹은 수리에 지장이 없도록 적어도 0.3m 이상 띄워야 한다.
(8) 승강기 이외의 설비는 없어야 한다.

예상문제

문제 1. 승강로의 구조로서 가장 적합한 것은?
  ㉮ 외부와 차단   ㉯ 외부와 연락
  ㉰ 외부+내부   ㉱ 내부 연락
  [풀이] 승강로의 구조는 추락방지 목적과 화재시 연통 구실 방지 목적 및 외부와 차단되어 있어야 한다.

문제 2. 다음은 승강로 구조 설명이 잘못된 것은?
  ㉮ 외부에서 사람이나 물체가 운전 중인 카나 균형추에 추락방지 목적과 화재시 연통구실을 방지하기 위해 외부와 차단되어 있다.
  ㉯ 승강로 내에는 엘리베이터의 필요한 배관 및 배선 이외에 설치하여서는 안된다.
  (엘리베이터의 운행에 지장을 주거나 설비 관련 보수자의 출입을 막기 위해 사용)
  ㉰ 피트 바닥내부를 통로로 설치할 목적이라면 균형추에도 비상정지 장치를 설치하고 피트 하부 바닥은 충분한 강도를 유지해야 한다.
  ㉱ 승강로의 내부에는 급유관을 설치한다.
  [풀이] 급유관을 설치해서는 안된다.

문제 3. 다음은 승강기 보수공이 카 상부에 타고 작업시 승강로 천정과 충돌을 방지하기 위하여 속도별로 최소 값을 규정한 것을 무엇이라 하는가?
  ㉮ 상부 여유 거리   ㉯ 하부 여유 거리
  ㉰ 피트 깊이   ㉱ 피트 거리
  [풀이] 피트(pit) 깊이 : 정격속도가 빠를 수록 행정거리(strock)가 긴 완충기를 사용하여 충격을 흡수해야 한다.

문제 4. 정격 속도가 45m/min 이하일 때 상부 여유 거리는?
  ㉮ 1.2m 이상   ㉯ 1.4m 이상   ㉰ 1.6m 이상   ㉱ 1.8m 이상

문제 5. 다음 중 상부 여유 거리와 1.4m 이상이라면 피트 깊이는 몇 m인가?
  ㉮ 1.2m   ㉯ 1.5m   ㉰ 1.8m   ㉱ 2.1m

문제 6. 다음 중 카의 문턱 끝단과 승강로 문턱 끝단의 간격은 몇 mm인가?
  ㉮ 10mm 이하   ㉯ 20mm 이하   ㉰ 30mm 이하   ㉱ 40mm 이하
  [풀이] ① 카의 문턱 끝단과 승강로 문턱 끝단의 간격은 40(mm) 이하이다.
  ② 카의 간격이 넓으면 이물질이 떨어져 승객에게 불안감을 조성한다.

문제 7. 카의 문턱 끝과 승강로 벽간의 거리는 몇 cm 이하가 적당한가?
  ㉮ 10.5cm   ㉯ 11.5cm   ㉰ 12.5cm   ㉱ 13.5cm
  [풀이] ① 카 문턱 끝과 승강로 벽간의 거리 : 12.5cm 이하
  ② 12.5cm 초과 사용시 금속제 보호판 설치

해답 1. ㉮ 2. ㉱ 3. ㉮ 4. ㉮ 5. ㉯ 6. ㉱ 7. ㉰

제4장 승강로와 기계실

문제 8. 정격 속도가 240m/min 이상일 때 적당한 피트 깊이는 몇 m인가?
㉮ 1m ㉯ 2m ㉰ 3m ㉱ 4m

[풀이] 정격속도, 상부 여유거리, 피트 깊이의 관계

정격속도(m/min)	상부 여유거리(m)	피트 깊이(m)
45 이하	1.2 이상	1.2 이상
45 초과, 60 이하	1.4 이상	1.5 이상
60 초과, 90 이하	1.6 이상	1.8 이상
90 초과, 120 이하	1.8 이상	2.1 이상
120 초과, 150 이하	2.0 이상	2.4 이상
150 초과, 180 이하	2.3 이상	2.7 이상
180 초과, 210 이하	2.7 이상	3.2 이상
210 초과, 240 이하	3.3 이상	3.8 이상
240 초과	4.0 이상	4.0 이상

문제 9. 다음 중 승강기의 출입구 설명이 잘못된 것은?
㉮ 승객용 및 인하용 엘리베이터는 한 개의 카에 1개의 출입구 밖에 설치할 수 없다.
㉯ 승장쪽 역시 1개층에 2개 이상 출입구를 설치해서는 안된다.
㉰ 화물용이나 자동차용은 안전상 지장이 없다며 1개층에 2개까지 출입구를 설치할 수 있으나 양쪽 도어가 동시에 열려 통로로 사용해서는 안된다.
㉱ 자동차용 도어는 2개 이상 설치하여 1개는 편리하게 통로로 사용한다.

[풀이] 출입구는 어떠한 경우라도 통로로 사용해서는 안된다.

문제 10. 다음 중 기계실의 온도 범위는?
㉮ -10~40℃ ㉯ -5~30℃ ㉰ 10~40℃ ㉱ 5~30℃

[풀이] ① 기계실은 승강로의 2배 이상의 넓이가 필요하다. (단, 유압 승강기의 경우는 예외)
② 바닥면에서 천정까지의 수직거리는 2.0m 이상으로 한다.
③ 기계실 출입구의 크기는 0.7×1.8m 이상으로 하고 자물쇠가 있는 철제문을 둔다.
④ 기계실 내의 온도는 40℃ 이하가 유지되도록 환기 장치를 한다.

문제 11. 다음은 승강기 기계실의 설명이 잘못된 것은?
㉮ 기계실의 통로는 안전한 경사계단이 필요하므로 계단의 높이가 23cm 이하, 폭은 15cm 이상으로 하고 계단의 양쪽에 측벽을 두든지 혹은 Hand rail 장치를 한다. 따라서 수직 trap은 불가하다. 기계실에는 Moter, 권상기, Floor selector, Governor, 제어반이 설치된다.
㉯ Moter, 제어반(Controll Pannel), 권상기(Traction Machine)는 승강기마다 두어야 한다.
㉰ 권상기, 제어반의 주위는 보수관리 혹은 수리에 지장이 없도록 적어도 0.2m 이상 떨어야 한다.
㉱ 승강기 이외의 설비는 없어야 한다.

[풀이] 권상기 제어반 주위는 0.3m 이상 떨어야 한다.

해답 8. ㉱ 9. ㉱ 10. ㉰ 11. ㉰

문제 12. 기계실은 승강로의 몇 배 이상의 넓이가 필요한가?
　㉮ 1배　　　㉯ 2배　　　㉰ 3배　　　㉱ 4배

문제 13. 기계실에서 바닥면과 천정까지의 수직거리는?
　㉮ 1m　　　㉯ 2m　　　㉰ 3m　　　㉱ 4m

해답　12. ㉯　13. ㉯

제5장 승강기의 제어

1. 직류 승강기의 제어 시스템

1 개 요

(1) 직류 승강기는 속도 제어가 용이하며 승차감이 탁월하여 중·고속용에 적합하다.
(2) 속도 { 기어드(geared) 방식 : 90(m/min), 105(m/min) 감속기 사용
       { 기어레스(gearless) 방식 : 120(m/min) 이상

2 종 류

(1) 워드 레오나드(Ward leonard) 방식
(2) 정지 레오나드 방식
   ① 사이리스터를 사용하여 교류를 직류로 변환시켜 전동기에 공급하고 사이리스터의 점호각을 제어하여 직류·전압을 가변시켜 전동기의 속도를 제어하는 방식이다.
   ② 워드 레오나드 방식에 비해 손실이 적으며 유지보수가 용이하다.

2. 교류 승강기의 제어 시스템

1 개 요

(1) 유도 전동기를 사용하는 방식이며 승강기의 절반 이상이 교류 방식이다.
(2) 초기에는 속도 60(m/min) 이하의 교류 1단, 교류 2단 속도 제어 방식이 사용되었다.
(3) 1965년 교류 귀환제어방식 출현으로 속도 90(m/min), 105(m/min)까지 사용 가능해졌다.
(4) 1985년부터 초고속용까지 실용화되었다.

2 종 류

(1) 교류 1단 속도 제어방식
(2) 교류 2단 제어 방식
(3) 교류 귀환 제어 방식
(4) VVVF(Variable Voltage Variable Frequency) 제어방식

예상문제

문제 1. 속도 제어가 용이하여 중 고속에 적합한 제어방식은?
㉮ 교류 승강기　　　　　　　㉯ 직류 승강기
㉰ 직·교류 승강기　　　　　㉱ 혼합 승강기

[풀이] 직류 승강기는 전동 발전기(M.G)를 이용한 전압 제어방식이다.

문제 2. 직류 승강기는 제어 시스템에서 기어레스 방식의 속도는?
㉮ 90m/min　　　　　　　　㉯ 105m/min
㉰ 120m/min　　　　　　　㉱ 140m/min

[풀이] 직류 승강기의 속도
① 기어드(geared) 방식 : 90(m/min), 105(m/min) 감속기 사용
② 기어레스(gearless) 방식 : 120(m/min) 이상

문제 3. 교류 제어시스템의 종류가 아닌 것은?
㉮ 1단 속도 제어　　　　　　㉯ 2단 속도 제어
㉰ 3단 속도 제어　　　　　　㉱ VVVF

[풀이] 교류제어 시스템의 종류
① 교류 1단 속도 제어방식
② 교류 2단 속도 제어방식
③ 교류 귀환 제어방식
④ VVVF(Variable Voltage Variable Frequency) 제어방식

문제 4. 교류 제어 시스템 승강기의 설명이다. 잘못된 것은?
㉮ 유도 전동기를 사용하는 방식이며 승강기의 절반 이상이 직류 방식이다.
㉯ 초기에는 속도 60(m/min) 이하의 교류 1단, 교류 2단 속도제어 방식이 사용되었다.
㉰ 1965년 교류 귀환 제어방식 출현으로 속도 90(m/min), 105(m/min)까지 사용 가능해졌다.
㉱ 1985년 부터 초고속용까지 실용화되었다.

[풀이] 교류 제어는 무조건 교류이다.

해답 1. ㉯　2. ㉰　3. ㉰　4. ㉮

제6장 승강기의 부속장치

1. 안전장치

1 조속기(GOVERNOR)

운반구와 같은 속도로 움직이는 조속기 로프에 의해서 회전하며 운반구의 속도를 감지하여 과속 발생시 이를 감지하여 급정지 장치를 작동시켜 운반구를 정지시키도록 하는 안전장치이다. 조속기의 종류에는 플라이 웨이트(FLY WEIGHT)식과 플라이 볼(FLY BALL)식이 있다.

2 급정지 장치

승강기에서 이상 발생등으로 운반구가 급강하시 운반구를 정지시켜 주는 안전장치를 말한다. 급정지 장치의 종류에는 클램프식과 롤러식이 있다.

3 과부하 방지 장치

운반구에 정격하중을 초과하는 하중 적재시 운반구의 작동을 자동으로 정지시키는 안전장치이다. 과부하 방지장치의 종류에는 기계식, 전기시, 전자식 등이 있다.

4 출입문 연동장치

운반구 또는 승강로의 모든 출입문이 닫혀 있지 않은 상태에서는 운반구의 작동이 되지 않도록 하는 안전장치이다.

5 완충 장치

조속기 및 급정지 장치등의 안전장치가 작동되지 않아 운반구가 하강하여 최하층 피트로 추락시 이때의 충격을 완화시켜 주는 최후의 안전장치이다.

2. 신호장치

1 승장의 신호장치

(1) 승장에는 카의 위치를 알려주는 인디케이터(indicator)가 출입구 상부 혹은 승장버튼과 일체식으로 대부분 설치되어 있다.
(2) 승장의 신호장치는 방향등, 만원등이 있다.
(3) 화물용은 사용중 등이 있다.
(4) 비상용 엘리베이터의 비상운전중 등이 있다.

2 카 내부 위치 표시기(카 포지션 인디케이터)

(1) 카 도어 상부나 카 조작반 상부에 부착된다.
(2) 표시하는 방법은 아나로그(램프) 방식과 디지털 방식이 있다.
(3) 정전시에도 사용이 가능해야 하므로 충전베터리를 사용한다.

3. 비상 전원 장치

(1) 정전시 승객을 구출하기 위한 장치이다.
(2) 용량은 모터의 출력(kW)이 기동시 피크값을 감안하여 안전한 용량을 사용해야 한다.

4. 기타 승강기의 안전장치 및 사용자 안전 대책

1 종 류

(1) 정전시 승객 구출 안전장치
(2) parking(파킹) 장치
(3) 정전등(비상등) : 비상 조명 장치이며 1Lux 이상으로 30분 이상 유지되어야 한다.
(4) B.G.M 장치 : 방송 음악 장치

2 사용자 안전 대책

(1) 운반구 안에서 출입문을 빨리 열거나 닫기 위하여 열림 또는 닫힘 버튼을 마구 누르는 행동을 해서는 안된다.
(2) 운반구 내에서 장난을 하거나 운반구 벽에 충격을 가하여서는 안된다.
(3) 승강기가 서지 않는다고 승강기 문을 발로 차거나 강제로 문을 열어서는 안된다.
(4) 상승, 하강 버튼 등을 함부로 조작해서는 안된다.
(5) 순조롭게 진행중임을 무시하고 진행방향을 바꾸기 위해 스위치나 출입문을 난폭하게 두드리는 행동을 해서는 안된다.
(6) 승강기에서 나오거나 승강기내로 들어갈 때에는 항상 승강기가 정지하자마자 즉시 행동을 취하지 말고 승강기가 정지되어 문이 열린 다음 잠시 동안 승강기의 외부나 내부를 살핀 후에 들어가거나 나오도록 한다.
(7) 승강기내에 탑승 중 정전이나 고장등으로 인하여 승강기가 멈춘 경우에는 당황하여 억지로 나오려 하지 말고 경보장치 등을 통해 외부에 연락하고 침착하게 구조를 기다린다.
(8) 화재시에는 승강기의 통로가 연도역할을 하게 되고 정전 등으로 인해 가동 중 정지될 위험이 크므로 절대로 사용해서는 안된다.
(9) 승강기는 용도에 맞도록 사용한다. 즉, 사람이 타는 승강기에 과중한 화물을 싣거나 화물용 승강기에 사람이 타는 행동을 해서는 안된다.
(10) 사용중지, 고장 또는 점검중이라는 표시가 붙은 승강기는 절대 사용해서는 안된다.

예상문제

문제 1. 조속기의 역할은?
㉮ 과속감지 안전장치   ㉯ 저속 안전장치
㉰ 중량물 운반장치   ㉱ 인화용 공용장치

문제 2. 다음 중 조속기의 종류는?
㉮ 플라이 볼식   ㉯ 플라이 게이트식
㉰ 플라이 역전식   ㉱ 플라이 개선식

[풀이] 조속기(governor)
① 운반구와 같은 속도로 움직이는 조속기 로프에 의해서 회전하며 운반구의 속도를 감지하여 과속 발생시 이를 감지하여 급정지 장치를 작동시켜 운반구를 정지시키도록 하는 안전장치이다.
② 조속기의 종류에는 플라이 웨이트(fly weight)식과 플라이 볼(fly ball)식이 있다.

문제 3. 승강기의 부속장치인 급정지 장치의 종류는?
㉮ 개조식   ㉯ 요약식   ㉰ 서울식   ㉱ 롤러식

[풀이] 급정지 장치의 종류는 클램프식과 롤러식이 있다.

문제 4. 승강기에서 정격하중 초과시 운반을 자동 정지시키는 장치는?
㉮ 조속기   ㉯ 급정지 장치
㉰ 과부하방지 장치   ㉱ 연동 장치

[풀이] 하중 초과 안전장치 : 과부하방지 장치

문제 5. 다음 중 과부하방지 장치 종류가 아닌 것은?
㉮ 기계식   ㉯ 전기식   ㉰ 전자식   ㉱ 에어식

[풀이] 과부하방지 장치의 종류 3가지
① 기계식 ② 전기식 ③ 전자식

문제 6. 운반구 또는 승강로의 모든 출입문이 닫혀 있지 않은 상태에서는 운반구의 작동이 되지 않도록 하는 안전장치를 무엇이라 하는가?
㉮ 조속기   ㉯ 급정지 장치
㉰ 출입문 연동장치   ㉱ 과부방지 장치

[풀이] 문이 닫혀지지 않으며 움직이지 않는 장치 : 연동 장치

문제 7. 모든 안전장치가 작동하지 않아 운반구가 피트로 추락시 최후 안전장치는?
㉮ 완충 장치   ㉯ 조속 장치
㉰ 급정지 장치   ㉱ 연동 장치

[풀이] 완충 장치 : 조속기 및 급정지 장치등의 안전장치가 작동되지 않아 운반구가 하강하여 최하층 피트로 추락시 이때의 충격을 완화시켜 주는 최후의 안전 장치이다.

[해답] 1. ㉮ 2. ㉮ 3. ㉱ 4. ㉰ 5. ㉱ 6. ㉰ 7. ㉮

문제 8. 다음은 승장의 신호장치 설명이다. 잘못된 것은?

㉮ 승장에는 카의 위치를 알려주는 인디케이터(indicator)가 출입구 상부 혹은 승장버튼과 일체식으로 대부분 설치되어 있다.
㉯ 승장의 신호장치는 방향등, 만원등이 있다.
㉰ 화물용은 사용중 등이 있다.
㉱ 비상용 엘리베이터의 비상운전중 등이 없다.

[토의] 승장에 비상운전등이 없다면 승강기는 사용할 수 없다.

문제 9. 카 조작반에 사용되는 전력은?

㉮ 직류
㉯ 교류
㉰ 충전 바테리
㉱ 직류+교류식

[토의] ① 표시하는 방법은 아나로그(램프) 방식과 디지털 방식이 있다.
② 정전시에도 사용이 가능해야 하므로 충전베터리를 사용한다.

문제 10. 승강기 안전장치 중 B.G.M이란?

㉮ 정전 안전 장치
㉯ 파킹 장치
㉰ 방송음악 장치
㉱ 비상등

[토의] 승강기 안전장치 종류
① parking(파킹) 장치
② 정전등(비상등) : 비상조명 장치이며 1Lux 이상으로 30분 이상 유지되어야 한다.
③ B.G.M 장치 : 방송음악 장치

문제 11. 다음은 승강기 사용시 안전대책이다. 잘못된 것은?

㉮ 운반구 안에서 출입문을 빨리 열거나 닫기 위하여 열림 또는 닫힘 버튼을 마구 누르는 행동을 해서는 안된다.
㉯ 운반구 내에서 장난을 하거나 운반구 벽에 충격을 가하여서는 안된다.
㉰ 승강기가 서지 않는다고 승강기 문을 발로 차거나 강제로 문을 열어서는 안된다.
㉱ 상승, 하강 버튼 등을 수시로 조작한다.

[토의] 버튼을 함부로 조작해서는 안된다.

제7장 유압 승강기

1. 유압 승강기의 구조와 원리

1 원리

(1) 모터 펌프를 작동시켜 입력 오일이 실린더를 통하여 플런저(plunger)를 밀어 올려 카를 상승시키는 방식이다.
(2) 하강시에는 모터가 작동하지 않으며 오일이 밸브를 통하여 제어되어 탱크로 돌려 보내진다.

2 특 징

(1) 기계실의 위치가 자유롭다.
(2) 승강로 상부에 기계실을 설치하지 않아도 되며 상부 여유 거리가 작아도 된다.
(3) 건물의 층수나 속도에 한계가 있다.
(4) 모터의 용량과 소비전력이 크다.
(5) 높이 7층 이하, 속도는 60(m/min) 이하에 적용된다.

2. 유압승강기의 종류

1 직접식 승강기

(1) 소요승강로 평면이 작으며 구조가 간단하다.
(2) 부하에 의한 카의 바닥 빠짐이 작다.
(3) 비상 정지장치가 필요 없다.
(4) 실린더를 설치하기 위한 보호관을 땅에 묻어야 하기 때문에 설치가 곤란하다.

2 간접식 승강기

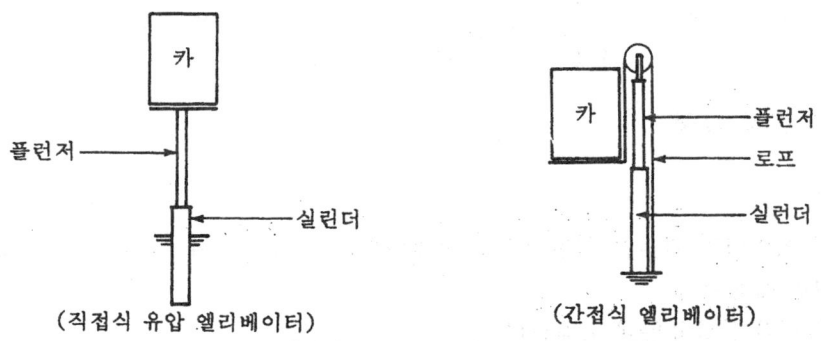

〔직접식, 간접식 엘리베이터의 종류〕

(1) 실린더를 설치할 보호관이 필요없으므로 설치가 용이하다.
(2) 실린더의 점검이 간단하다.
(3) 비상정지 장치가 있어야 한다.
(4) 로프의 늘어남과 오일의 압축성 때문에 부하의 크기에 카 바닥의 빠짐이 크다.

3. 유압회로

1 유압회로의 종류

(1) 미터인 회로(meter-in circute)
  ① 유량제어 밸브를 주회로에 넣어서 유량을 직접 제어한다.
  ② 정확한 제어가 가능하다. (장점)
  ③ 효율이 낮다. (단점)

(2) 블리드 오프 회로(bleed off circute)
  ① 유량제어 밸브를 주회로에서 분기된 바이 패스(by pass)에 넣는 회로이다.
  ② 정확한 제어가 불가능하다. (단점)
  ③ 효율이 높다. (장점)

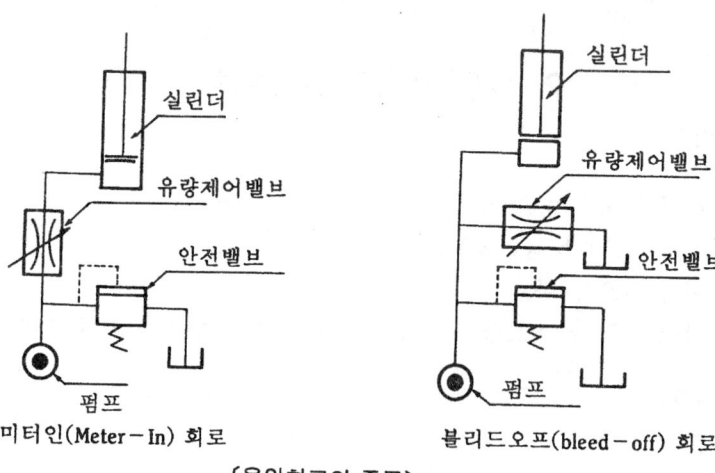

〔유압회로의 종류〕

2 유압 회로도의 설명

(1) 펌프(pump)
  ① 유압 엘리베이터의 펌프는 일반적으로 압력맥동이 작고 진동과 소음이 작은 스크류 펌프가 널리 사용된다.
  ② 펌프의 출력을 토출유량에 비례한다.

③ 토출량은 50~1500ℓ/분이다.
④ 구동 전동기의 용량은 2~50kW이다.

(2) 안전 밸브(relief valve)

① 일종의 압력 조절밸브로서 회로의 압력이 설정값에 도달하면 밸브를 열어 오일을 탱크로 돌려보냄으로써 압력이 과도하게 상승하는 것을 방지한다.
② 통상 사용압력의 125%에 설정한다.
③ 작동 압력 설정 후 봉인해야 한다.

(3) 상승용 유량제어 밸브

① 펌프로부터 압력을 받은 오일의 대부분은 실린더로 올라가지만 일부는 상승용 전자 밸브에 의해서 조정되는 유량제어 밸브를 통하여 탱크에 되돌아 온다.
② 탱크에 되돌아오는 유량을 제어하여 실린더측의 유량을 간접적으로 제어하는 밸브이다.

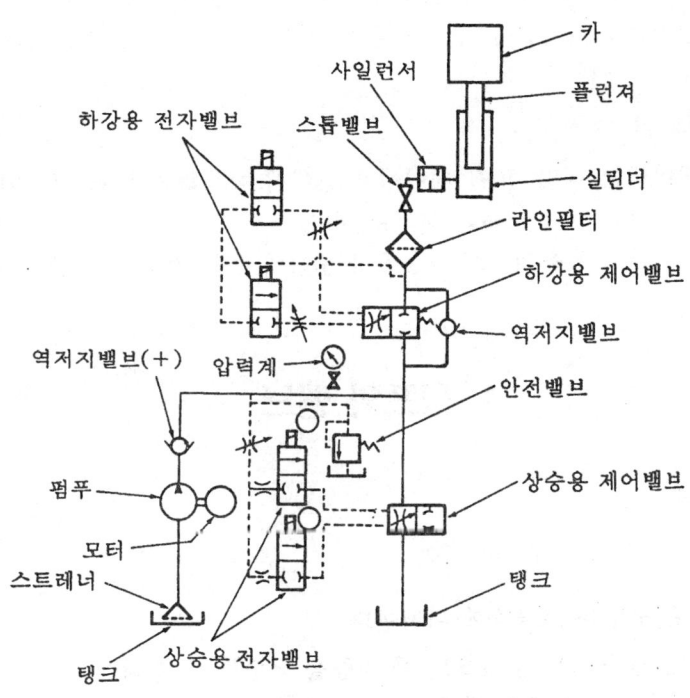

〔엘리베이터용 유압 회로〕

(4) 역정지 밸브(check valve)

① 한쪽 방향으로만 오일이 흐르도록 하는 밸브로서 정전이나 그 이외의 원인으로 펌프의 토출압력이 떨어져서 실린더 내의 오일이 역류하여 카가 자유낙하는 것을 방지할 목적으로 설치했다.
② 기능은 로프식 엘리베이터의 전자브레이크와 유사하다.

(5) 하강용 유량 제어 밸브
　① 하강용 전자밸브에 의해 열림정도가 제어되는 밸브로서 실린더에서 탱크에 되돌아 오는 유량을 제어한다.
　② 하강용 유량제어 밸브에는 수동하강 밸브가 부착되어 있어 만일 정전이나 다른 원인으로 카가 층 중간에 정지하였을 경우 이 밸브를 열어 안전하게 카를 하강시켜 승객을 구출할 수 있다.

(6) 필터(Filter)
　① 유압장치에 쇳가루, 모래 등 고형 이물질이 혼입되면 기기의 수명도 짧아지고 고장의 원인이 되기 때문에 이를 방지하기 위하여 각종 필터가 사용된다.
　② 일반적으로 펌프의 흡입측에 붙는 것을 스트레너라고 하고 배관 도중에 조립되어 있는 것을 라인 필터라고 한다.

(7) 스톱 밸브(stop valve)
　① 유압 파워유니트에서 실린더로 통하는 배관 도중에 설치되는 수동조작 밸브로써 이 밸브를 닫으면 실린더의 오일이 탱크로 역류하는 것을 방지한다.
　② 밸브는 유압장치의 보수, 점검, 수리할 때에 사용되며 게이트밸브(gate valve)라고도 한다.

(8) 사일런서(silencer)
　① 유압 엘리베이터는 유압 펌프, 제어밸브 등에서 발생하는 압력 맥동이 카를 진동시키는 요인이 되기도 하며 소음의 원인도 된다.
　② 사일런서는 이런 작동유의 압력맥동을 흡수하여 진동 소음을 저감시키기 위해 사용한다.

4. 펌프와 밸브

1 펌 프(pump)

(1) 펌프의 특징
　① 펌프의 출력은 유압과 토출량에 비례한다.
　② 동일 플런저일 경우 유압이 높으며 큰 하중을 담당할 수 있다.
　③ 토출량이 많으며 속도가 빨라진다.
　④ 펌프로 구동할 수 있는 엘리베이터의 하중은 30~10000(kg)이며 속도는 10~60(m/min)이다.

(2) 펌프의 종류
　① 원심식
　② 가변 토출량식
　③ 강제 송류식(많이 사용됨)

㉮ 기어 펌프
㉯ 밴 펌프
㉰ 스크류 펌프

> **자격 취득 key**
>
> 펌프는 맥동과 소음이 적은 스크류 펌프가 많이 사용된다.

2 밸 브(valve)

(1) 글로브 밸브(Glove Valve) : 옥형변(Stop Valve)

유체의 저항이 크며 주로 유량 조절용으로 사용된다. 유체의 흐름방향과 평행으로 개폐되며 디스크의 모양은 평면형, 원뿔형, 부분원형이 있다.

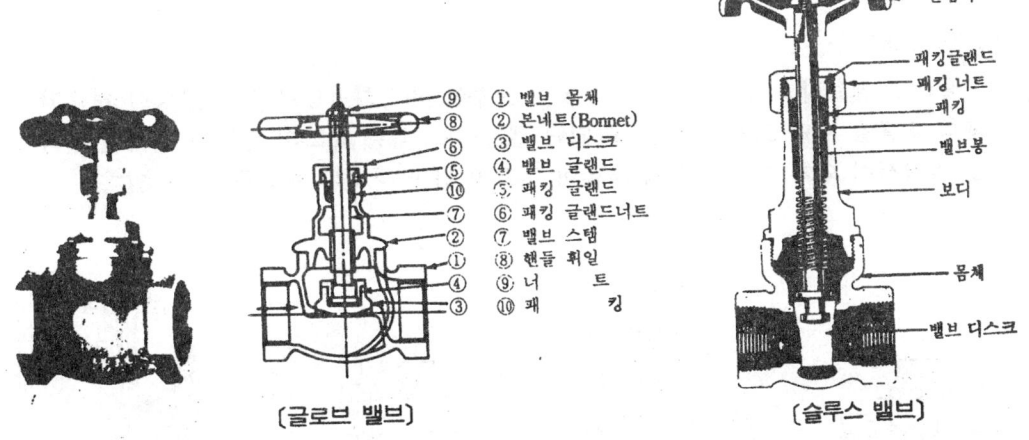

① 밸브 몸체
② 본네트(Bonnet)
③ 밸브 디스크
④ 밸브 글랜드
⑤ 패킹 글랜드
⑥ 패킹 글랜드너트
⑦ 밸브 스템
⑧ 핸들 휘일
⑨ 너 트
⑩ 패 킹

〔글로브 밸브〕   〔슬루스 밸브〕

(2) 앵글 밸브(Angle Valve)

엘보와 글모우브 밸브를 조합한 형식으로 유체의 흐름방향을 직각으로 바꿀 때 사용한다.

(3) 니이들 밸브(Needle Valve)

글로우브 밸브의 일종으로 디스크의 모양을 원뿔 모양으로 바꾼 것으로 유량이 적거나 고압 상태에서 유량 조절을 누설없이 정확히 행할 때 사용한다.

(4) 슬루우스 밸브(Sluice Valve) : 사절변(Gate Valve)

유체의 저항이 작으며 주로 관로 개폐용으로 쓰인다. 밸브의 개폐는 유체의 흐름방향과 직각으로 개폐되어 찌꺼기(drain)가 체류해서는 않되는 배관에 적합하다.
● 종류 : 웨지게이트 밸브, 패럴렐 슬라이드 밸브, 더블디스크 밸브

(5) 체크 밸브(Check Valve) : 역지변

유체의 흐름을 한쪽 방향으로만 흐르게 하고 역류를 방지할 목적으로 사용된다.

- 종류 : 리프트식(수평 배관용), 스윙식(수직, 수평 배관용)
- 펌프흡입관 하부에 사용하는 푸우트 밸브도 역지밸브의 일종이다.

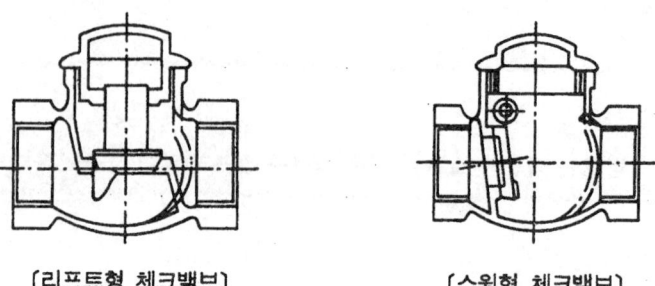

〔리프트형 체크밸브〕 〔스윙형 체크밸브〕

　스윙형 체크 밸브는 핀을 축으로 회전하여 개폐하므로 유체의 마찰저항이 리프트형 보다 적고, 수평·수직관의 어느 배관에도 설치할 수 있으며, 이에 비해 리프트형은 수평관에만 사용한다. 설치시엔 유체의 흐름 방향에 주의해야 하며 10~50A의 것은 청동 나사이음형, 50~200A의 것은 주철제 또는 주강제 플랜지형으로 되어 있다.

(6) 콕(Cock)

　플러그 밸브라고도 하며, 구멍이 뚫린 원추를 90° 회전함에 따라 구멍이 개폐되어 유체의 흐름을 차단 또는 조절할 수 있는 밸브이다. 콕은 유로의 면적이 관의 단면적과 같고 일직선이 되기 때문에 유체 저항이 적으며 가장 신속한 개폐를 할 수 있다.

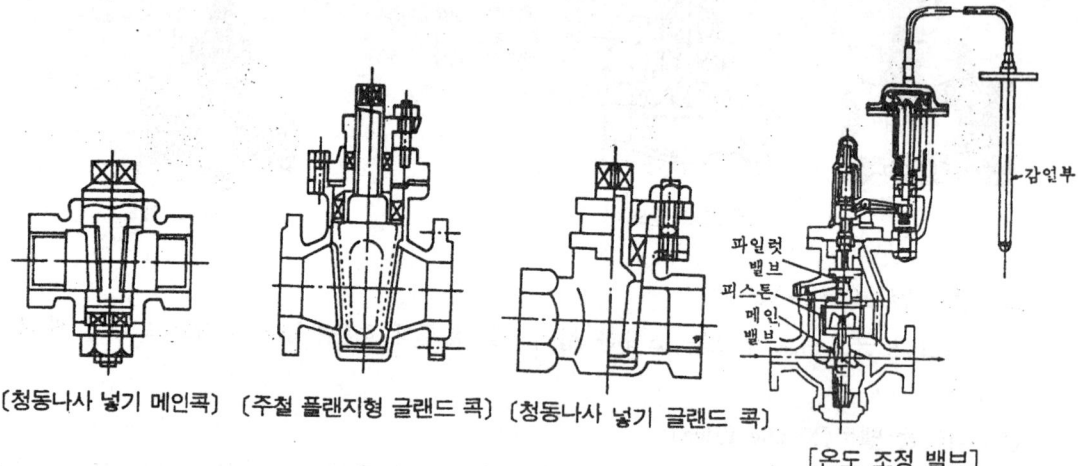

〔청동나사 넣기 메인콕〕 〔주철 플랜지형 글랜드 콕〕 〔청동나사 넣기 글랜드 콕〕

〔온도 조정 밸브〕

(7) 온도 조정밸브

　열 교환기나 가열기 등에 사용하며 기구속의 온도를 감온부에 의해 자동적으로 조정하는 자동 제어밸브이다. 유량 조정장치를 감압밸브에 부착한 것으로 다이아프램 및 벨로즈와 감온체가 도관에 의해 연결되어 감온체 내의 액체가 기구속 온도에 따라 팽창하면 이 압력에 따라 다이아프램 및 벨로즈가 작동하여 밸브를 개폐하면서 기구속에 유입되는 기체 또는 액체의 유량을 조정한다.
　감온 부분의 방식에 따라 바이메탈식, 증기 압력식, 전기 저항식이 있다.

5. 실린더(cylinder)와 플런저(plunger)

1 개 요

(1) 승강기의 구동매체는 액체이다.
(2) 파스칼의 원리를 이용한 플런저를 실린더에 밀어 올리는 장치이다.
(3) 실린더는 승강선과 완전히 일직선이 되도록 설치해야 한다.

2 실린더의 구조

(1) 실린더의 길이는 직접식에는 승강행정과 동일하다.
(2) 간접식 실린더의 길이는 (1 : 2, 1 : 4등) 로핑방법에 따라 1/2, 1/4 등이 필요하다.
(4) 안전율은 4 이상이 요구된다.
(5) 실린더는 보호관 안에 설치해야 한다.

3 플런저의 구조

(1) 재질은 높은 압력에 견딜 수 있는 두꺼운 강관이 필요하다.
(2) 직접식 승강기는 플런저를 플랫홈 하부틀에 설치하여야 하므로 직접 고정방법과 방진재료를 끼워서 고정시키는 방법이 있다.
(3) 오일의 누설이 고장 원인이므로 패킹을 끼워야 한다.

예상문제

문제 1. 유압 승강기의 특징이 잘못 표현된 것은?
㉮ 기계실의 위치가 고정되어 있다.
㉯ 건물의 층수나 속도에 한계가 있다.
㉰ 모터 용량과 소비 전력이 크다.
㉱ 높이 7층 이하 속도는 60(m/min) 이하에 적용된다.

[토의] ① 유압식의 특징은 기계실의 위치가 자유롭다.
② 승강로 상부에 기계실은 설치 않아도 되며 상부 여유거리가 작아도 된다.

문제 2. 직접식 유압 승강기의 특징이 아닌 것은?
㉮ 비상정지 장치가 필요하다.
㉯ 실린더의 설치가 용이하다.
㉰ 부하에 의한 카의 바닥 빠짐이 작다.
㉱ 설치가 곤란하다.

[토의] 비상정지 장치가 필요없다.

문제 3. 간접식 유압 승강기의 특징이다. 잘못된 것은?
㉮ 실린더를 설치할 보호관이 필요없으며 설치가 용이하다.
㉯ 실린더의 장점이 간단하다.
㉰ 비상정지 장치가 필요없다.
㉱ 로프의 늘어남과 오일의 압축성 때문에 부하의 크기에 카 바닥의 빠짐이 크다.

[토의] ① 직접식 유압 승강기 : 비상정지 장치가 필요하다.
② 간접식 유압 승강기 : 비상정지 장치가 필요없다.

문제 4. 유압회로 중 미터인 회로의 장점은?
㉮ 효율이 좋다.   ㉯ 정확한 제어가 가능하다.
㉰ 효율이 높다.   ㉱ 정확한 제어가 불가능하다.

[토의] 미터인 회로(meter-in circute)의 특징
① 유량제어 밸브를 주회로에 넣어서 유량을 직접 제어한다.
② 정확한 제어가 가능하다. (장점)
③ 효율이 낮다. (단점)

문제 5. 블리드 오프 유압회로의 단점은 어느 것인가?
㉮ 정확한 제어 가능   ㉯ 정확한 제어 불가능
㉰ 효율 제어 불가능   ㉱ 효율 제어 불가능

[토의] 블리드오프 회로(bleed off circute)의 특징
① 유량제어 밸브를 주회로에서 분기된 바이 패스(by pass)에 넣는 회로이다.
② 정확한 제어가 불가능하다.(단점)
③ 효율이 높다.(장점)

해답 1. ㉮ 2. ㉮ 3. ㉰ 4. ㉯ 5. ㉯

문제 6. 유압 승강기에 가장 많이 사용되는 간접식은?
  ㉮ 1 : 1   ㉯ 1 : 2   ㉰ 1 : 4   ㉱ 2 : 4

  [토의] 유압 승강기는 2 : 4 간접식이 많이 사용된다.

문제 7. 유압 엘리베이터에 가장 많이 사용되는 펌프는?
  ㉮ 기어 펌프   ㉯ 벤 펌프   ㉰ 전기 펌프   ㉱ 스크류 펌프

문제 8. 스크류 펌프의 가장 큰 특징은 무엇인가?
  ㉮ 진동과 소음이 작다.   ㉯ 진동이 많고 소음이 크다.
  ㉰ 압력 맥동이 크다.   ㉱ 펌프가 크다.

  [토의] 승강기 펌프(pump)의 특징
  ① 유압 엘리베이터의 펌프는 일반적으로 압력 맥동이 작고 진동과 소음이 작은 스크류 펌프가 널리 사용된다.
  ② 펌프의 출력은 토출유량에 비례한다.
  ③ 토출량은 50~1500 ℓ/분이다.
  ④ 구동 전동기의 용량은 2~50kW이다.

문제 9. 압력이 설정값 이상으로 과도하게 상승시 방지하기 위한 밸브는?
  ㉮ 안전 밸브   ㉯ 체크 밸브   ㉰ 유량 제어 밸브   ㉱ 역지 밸브

  [토의] 안전 밸브(relief valve)의 특징
  ① 일종의 압력 조절밸브로서 회로의 압력이 설정 값에 도달하면 밸브를 열어 오일을 탱크로 돌려보냄으로써 압력이 과도하게 상승하는 것을 방지한다.
  ② 통상 사용압력의 125(%)에 설정한다.
  ③ 작동압력 설정 후 봉인해야 한다.

문제 10. 안전밸브는 통상 사용 압력의 몇 %에 설정하는가?
  ㉮ 100%   ㉯ 110%   ㉰ 115%   ㉱ 125%

문제 11. 다음 중 실린더측의 유량을 간접식으로 제어하는 밸브는?
  ㉮ 안전 밸브   ㉯ 체크 밸브
  ㉰ 상승용 유량 제어밸브   ㉱ 스톱 밸브

  [토의] 상승용 유량제어 밸브의 특징
  ① 펌프로부터 압력을 받은 오일이 대부분은 실린더로 올라가지만 일부는 상승용 전자밸브에 의해서 조정되는 유량제어 밸브를 통하여 탱크에 되돌아 온다.
  ② 탱크에 되돌아오는 유량을 제어하여 실린더측의 유량을 간접적으로 제어하는 밸브이다.

문제 12. 유압장치에 이물질의 혼입을 방지하기 위하여 필터를 설치한다. 필터를 설치하는 부분은?
  ㉮ 안전밸브 중간   ㉯ 펌프 흡입구
  ㉰ 펌프의 흡입구와 배관 중간   ㉱ 안전밸브 끝

  [토의] 필터(Filter)의 특징
  ① 유압장치에 쇳가루, 모래 등 고형 이물질이 혼입되면 기기의 수명도 짧아지고 고장의 원인이 되기 때문에 이를 방지하기 위하여 각종 필터가 사용된다.

해답 6. ㉱ 7. ㉱ 8. ㉮ 9. ㉮ 10. ㉱ 11. ㉰ 12. ㉰

② 일반적으로 펌프의 흡입측에 붙는 것을 스트레너라고 하는 배관도중에 부착하는 것을 라인 필터라고 한다.

문제 13. 다음 중 한쪽 방향으로만 오일이 흐르도록 하는 밸브는?
㉮ 역정지 밸브　　㉯ 스톱 밸브　　㉰ 릴리이프 밸브　　㉱ 유량제어 밸브

토의 역정지 밸브(check valve)의 특징
① 한쪽 방향으로만 오일이 흐르도록 하는 밸브로서 정전이나 그 이외의 원인으로 펌프의 토출압력이 떨어져서 실린더 내의 오일이 역류하여 카가 자유낙하하는 것을 방지할 목적으로 설치했다.
② 기능은 로프식 엘리베이터의 전자브레이크와 유사하다.

문제 14. 다음 중 유압장치의 보수 점검수리에 사용되며 일명 gate valve라 부르는 것은?
㉮ 체크 밸브　　㉯ 스톱 밸브　　㉰ 유량 제어 밸브　　㉱ 릴리이프 밸브

토의 스톱 밸브(stop valve)의 특징
① 유압 파워 유니트에서 실린더로 통하는 배관 도중에 설치되는 수동조작 밸브로써 이 밸브를 닫으면 실린더의 오일이 탱크로 역류하는 것을 방지한다.
② 밸브는 유압장치의 보수, 점검, 수리할 때에 사용되며 게이트밸브(gate valve)라고도 한다.

문제 15. 다음 밸브 중 정전으로 인하여 카의 정지시 주로 사용되는 밸브는?
㉮ 하강용 유량 제어 밸브　　㉯ 스톱 밸브
㉰ 릴리이프 밸브　　㉱ 체크 밸브

토의 하강용 유량 제어 밸브의 특징
① 하강용 전자밸브의 의해 열림 정도가 제어되는 밸브로서 실린더에서 탱크에 되돌아오는 유량을 제어한다.
② 하강용 유량제어 밸브에는 수동 하강밸브가 부착되어 있어 만일 정전이나 다른 원인으로 카가 층중간에 정지하였을 경우 이 밸브를 열어 안전하게 카를 하강시켜 승객을 구출할 수 있다.

문제 16. 유압 엘리베이터에서 사일런서(silencer)의 설치 목적은?
㉮ 효율 감소　　㉯ 밸브의 정상 작동
㉰ 안전 장치　　㉱ 진동 소음 저감

토의 사일런서(silencer)의 특징
① 유압 엘리베이터는 유압펌프, 제어밸브 등에서 발생하는 압력맥동이 카를 진동시키는 요인이 되기도 하며 소음의 원인도 된다.
② 사일런서는 이런 작동유의 압력맥동을 흡수하여 진동소음을 저감시키기 위해 사용한다.

문제 17. 다음 중 유압 승강기에 사용되는 오일의 온도는?
㉮ 5℃ 이하　　㉯ 60℃ 이상
㉰ −3℃~20℃ 정도　　㉱ 5℃~60℃ 이하

토의 유압 승강기에 적합한 오일(oil)의 온도는 5℃ 이상, 60℃ 이하를 해야 정상 작동한다.

문제 18. 다음 중 유압 승강기에 사용되는 펌프(pump)가 아닌 것은?
㉮ 원심식　　㉯ 가변 토출량식　　㉰ 강제 송류식　　㉱ 일변 일지식

해답 13. ㉮ 14. ㉯ 15. ㉮ 16. ㉱ 17. ㉱ 18. ㉱

제7장 유압 승강기 **1-75**

문제 **19.** 다음 중 펌프의 특징이 아닌 것은?
㉮ 펌프의 출력은 유압과 토출량에 반비례한다.
㉯ 동일 플런저일 경우 유압이 높으며 큰 하중을 담당할 수 있다.
㉰ 토출량이 많으면 속도가 빨라진다.
㉱ 펌프로 구동할 수 있는 엘리베이터의 하중은 30~10000(kg)이며 속도는 10~60(m/min)이다.

풀이 펌프의 출력은 유압과 토출량에 비례한다.

문제 **20.** 유압 승강기의 펌프 중 가장 많이 사용되는 펌프는?
㉮ 강제 송류식   ㉯ 일반 송류식   ㉰ 원심식   ㉱ 토출식

풀이 펌프의 종류 및 특징
 (1) 원심식
 (2) 가변 토출량식
 (3) 강제 송류식(많이 사용됨)
  ① 기어 펌프 ② 밴 펌프 ③ 스크류 펌프

문제 **21.** 실린더(cylinder)의 특징이 아닌 것은?
㉮ 승강기의 구동매체는 액체이다.
㉯ 파스칼의 원리를 이용한 플런저를 실린더에 밀어 올리는 장치이다.
㉰ 실린더는 승강선과 완전히 일직선이 되도록 설치해야 한다.
㉱ 승장의 모든 구동 매체는 기체이다.

풀이 승강기의 매체는 액체 뿐이다.

문제 **22.** 실린더의 오일 압력은 몇(kg/cm²)인가?
㉮ 1~5   ㉯ 5~10   ㉰ 10~60   ㉱ 60~80

풀이 ① 실린더의 길이는 직접식에는 승강행정과 동일하다.
 ② 간접식 실린더의 길이는 (1:2, 1:4등) 로핑방법에 따라 1/2, 1/4 등이 필요하다.
 ③ 오일의 압력은 10~60(kg/cm²)이기 때문에 강도가 필요하다.

문제 **23.** 실린더의 안전율은 얼마가 적합한가?
㉮ 1   ㉯ 2   ㉰ 3   ㉱ 4

풀이 ① 안전율 4 이상이 요구된다.
 ② 실린더는 보호관 안에 설치해야 한다.

문제 **24.** 플런저(plunger) 설치시 오일의 누설방지 목적으로 사용되는 것은?
㉮ 필터   ㉯ 패킹   ㉰ 코킹   ㉱ 보링

풀이 플런저의 구조 및 특징
 ① 재질은 높은 압력에 견딜 수 있는 투꺼운 강관이 필요하다.
 ② 직접식 승강기는 플런저를 플랫폼 하부틀에 설치하여야 하므로 직접 고정방법과 방진재료를 끼워서 고정시키는 방법이 있다.
 ③ 오일의 누설이 고장원인이므로 패킹을 끼워야 한다.

해답 19. ㉮ 20. ㉮ 21. ㉱ 22. ㉰ 23. ㉱ 24. ㉯

제8장 에스컬레이터

1. 에스컬레이터의 구조 및 원리

1 구 조

(1) 철골구조의 트러스(Truss)를 상하층에 걸쳐 설치한다.
(2) 중앙 부분에 좌우 2본의 무단연속 스텝 체인(step chain)에 일정한 간격으로 스텝을 설치한다.
(3) 체인의 구동으로 스텝이 구동되어 사람을 운반한다.
(4) 수직 이동을 주로 하므로 환자나 화물수송에 부적당하나 운반능력이 크다.

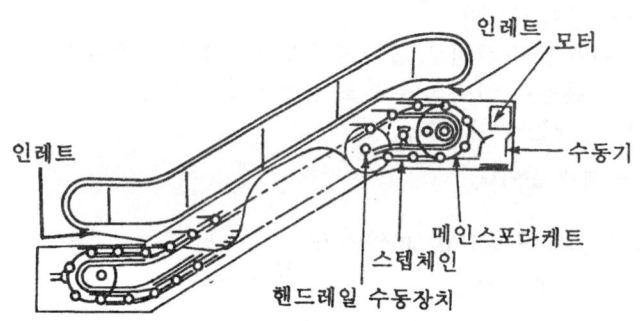

〔에스컬레이트 구조도〕

2 종 류

(1) 난간 폭, 수송능력에 의한 구분

① 1200형과 800형이 있다.

② 수송능력 1200형은 $\frac{9000명}{시간}$, 800형은 $\frac{6000명}{시간}$ 을 수송할 수 있다.

(2) 난간(의장)에 의한 구분

① 투명형(유리) : 쇼핑센타 설치
② 스테인리스 패널형 : 지하철 역사에 설치

(3) 속도에 의한 구분

① 정격속도 30m/분 이하로 제한되고 있는 데 대부분 30m/분이다.
② 27(m/min)용도 있다.

(4) 양정에 의한 구분
   ① 10m 정도까지의 중양정
   ② 고양정(10m 이상)

3 경사각과 층고 높이

(1) 경사는 30° 이하이다.
(2) 층고가 6(m) 이하의 높이에는 35°까지 해도 된다.

2. 구 동 장 치

(1) 구동장치는 스텝을 구동시키는 메인 구동장치와 핸드레일을 구동시키는 핸드레일 구동장치가 있다.
(2) 계단 구동장치와 핸드레일 구동장치는 서로 연동되어서 같은 속도로 이동해야 한다.
(3) 구동장치에는 전자식 브레이크 장치를 설치해야 한다.
(4) 감속기어로는 웜기어가 사용되었으나 요즘은 헬리컬 기어를 많이 사용한다.

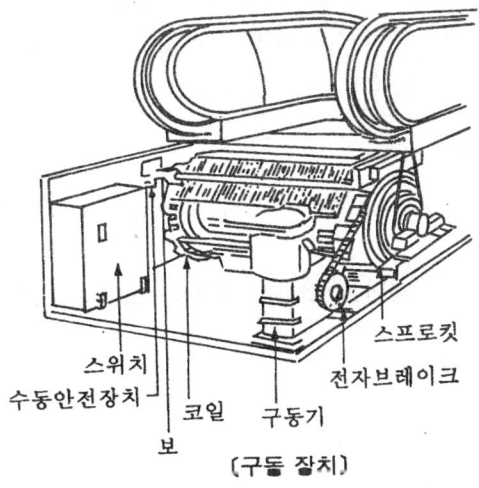

〔구동 장치〕

〔자격 취득 문제 예〕

에스컬레이터용 모터의 용량 계산은 1시간당 수송 인원에 의해 아래와 같이 결정된다.

1분간의 수송능력 : 9000/60 = 150명/분 (1200형의 경우)
1명의 중량 : 60(kg)
계고 : 3.6(m), 에스컬레이터 총효율 0.6인 경우

$$\text{모터의 용량(kW)} = \frac{150 \times 68 \times 3.6}{6120 \times 0.6} = 10(kW)$$

$$\text{즉, 소요동력} = \frac{\text{1분간 수송인원} \times \text{1명의 중량} \times \text{계고}}{6120 \times \eta} (kW)$$

여기서, η : 에스컬레이터 총효율

3. 계단과 계단식 체인 및 난간과 핸드레일(이동 손잡이)

1 계 단

(1) 계단의 재료는 알루미늄 다이케스팅이나 스테인리스 철판이 사용되며 디딤판은 수평이어야 한다.
(2) 계단디딤판의 진행방향 깊이는 400mm 이상이고 발판 사이의 높이는 100mm 이하이다.
(3) 계단디딤판 폭은 560mm~1020mm 이하이다.
(4) 계단디딤판의 홈의 간격이 10mm 이하, 계단의 진행방향과 평행으로 폭이 7mm, 깊이 10mm의 홈이 있어야 한다.
(5) 계단의 좌우전방 끝을 경고색으로 칠하거나 플라스틱을 끼운다.

2 계단 체인

(1) 일종의 롤러 체인으로 에스컬레이터의 폭이 넓을수록, 에스컬레이터의 양정이 높을수록 체인강도는 높아야 하고 계단체인의 안전장치는 하부, 반전부에 설치한다.
(2) 좌우체인의 링 간격을 일정하게 유지하기 위하여 일정간격으로 롤러를 연결해야 한다.

3 난간과 핸드레일(이동 손잡이)

(1) 계단이 움직일 때 승객이 추락하지 않도록 설치한 벽을 난간이라 하고 그 위의 이동 손잡이가 핸드레일이다.
(2) 패널형 에스컬레이터에서 하부의 계단과 접하는 부분을 스커트 가드(skirt guard)라고 한다.
(3) 위에 있는 것을 데크보드라고 한다.

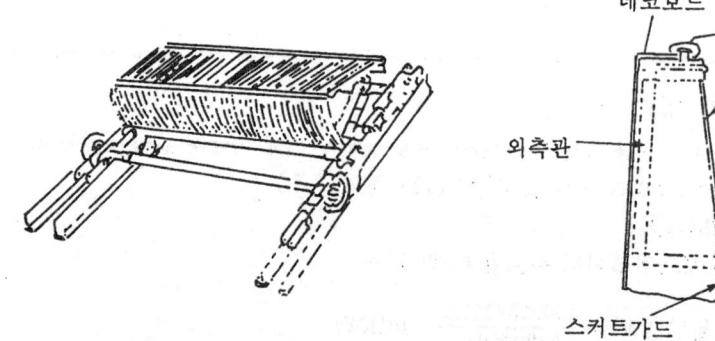

〔계단과 계단체인〕　　　〔난간과 핸드레일(이동 손잡이)〕

4. 안전장치의 종류 및 기능

1 구동체인 안전장치

(1) 구동기와 메인 드라이브간에 구동체인이 끊어지면 에스컬레이터가 자체 하중으로 미끄러져 위험을 초래하는 데 이를 방지하기 위해 구동장치를 순차적으로 정지시키는 장치로서 상승이나 하강시 모두 적용된다.
(2) 승객의 위험을 방지하기 위하여 반드시 순차적으로 정지해야 한다.

2 머신 브레이크

(1) 구동기의 검사나 보수시 또는 정전시 에스컬레이터가 관성으로 움직이는 것을 방지하기 위한 장치이다.
(2) 기계적인 방호(안전) 장치이다.

3 조 속 기

(1) 정격 하중보다 많이 탔거나 전원의 일부가 단선된 경우 모터가 토크 부족으로 상승 중 하강하거나 하강 중에도 하강속도나 올라가는 데 이를 방지하기 위해 모터측에 연결한다.
(2) 조속기가 동작하면 전원이 차단되고 머신브레이크가 걸린다.

4 계단 체인 안전장치

(1) 계단체인이 끊기거나 하중이 늘어나면 계단과 사이에 틈이 발생하여 위험을 초래한다.
(2) 위험을 방지하기 위해 설치하는 전원 차단 안전장치이다.

5 핸드 레일(Hand rail) 인입구 안전장치

(1) 핸드 레일 인입구에 이물질 등이 끼었을 때 에스컬레이터를 정지시키는 장치이다.
(2) 즉시 작동해야 한다.

6 핸드 레일(Hand rail) 안전장치

(1) 핸드 레일이 늘어날 경우에만 동작한다.
(2) 핸드 레일의 이동 속도와 계단의 이동 속도가 틀려지는 것을 방지하기 위한 안전장치이다.
(3) 핸드 레일의 와이어나 철로 보강된 경우는 설치하지 않아도 된다.
(4) 속도를 일정하게 하는 안전장치이다.

7 스커트 가드(skirt guard) 안전장치

(1) 스커트가드와 계단체인 사이에 약간의 틈(2mm~5mm)에 발이나 이물질이 끼었을 때의 위험을 방지하기 위해 설치되는 장치이다.
(2) 어린이용 안전장치이다.

8 비상 정지 장치

(1) 만일의 사고가 발생시 급히 에스컬레이터를 정지시킬 때 사용하며, 상하부 승강구에 설치해야 한다.
(2) 장난 및 부주의를 방지하기 위해 스위치 커버를 설치한다.

9 셔터 연동장치

(1) 승강구 셔터가 달혀 있는 경우는 에스컬레이터를 정지시키는 장치이다.
(2) 대형 사고를 방지할 수 있다.

10 삼각부 가드판

(1) 손이나 머리가 끼거나 충돌하는 것을 방지하기 위해 에스컬레이터와 층바닥이 교차되는 곳에 1000mm 이상 떨어진 곳에서 플라스틱 삼각판을 설치한다.
(2) 충돌방지 안전장치이다.

예상문제

문제 1. 에스컬레이터는 몇 본의 스텝 체인을 설치하는가?
  ㉮ 1본   ㉯ 2본   ㉰ 3본   ㉱ 4본

  토믈 에스컬레이터의 구조 및 원리
  ① 철골 주조의 트러스(Truss)를 상하층에 걸쳐 설치한다.
  ② 중앙 부분에 좌우 2본의 무단연속 스텝 체인(step chain)에 일정한 간격으로 스텝을 설치한다.
  ③ 체인의 구동으로 스텝이 구동되어 사람을 운반한다.
  ④ 수직 이동을 주로 하므로 환자나 화물 수송에 부적당하나 운반능력이 크다.

문제 2. 다음 중 800명 에스컬레이터의 1시간 수송 능력은?
  ㉮ 2000명   ㉯ 4000명   ㉰ 6000명   ㉱ 8000명

  토믈 ① 1200형용 : 시간당 9000명
  ② 800형용 : 시간당 6000명

문제 3. 에스컬레이터의 정격속도는 m/분인가?
  ㉮ 10   ㉯ 20   ㉰ 30   ㉱ 40

  토믈 에스컬레이터의 속도에 의한 구분
  ① 정격속도 30m/분 이하로 제한되고 있는 데 대부분 30m/분이다.
  ② 27(m/min)용도 있다.

문제 4. 에스컬레이터는 몇 m 이상을 고양정이라 하는가?
  ㉮ 6   ㉯ 8   ㉰ 9   ㉱ 10

  토믈 에스컬레이터의 양정
  ① 10m 정도까지의 중양정
  ② 고양정(10m 이상)

문제 5. 다음 중 에스컬레이터의 경사 각도는?
  ㉮ 10°   ㉯ 20°   ㉰ 30°   ㉱ 40°

  토믈 경사각과 층고 높이
  ① 경사는 30° 이하이다.
  ② 층고가 6(m) 이하의 높이에는 35°까지 해도 된다.

문제 6. 계단 디딤판의 진행방향 깊이는?
  ㉮ 100mm   ㉯ 200mm   ㉰ 300mm   ㉱ 400mm

문제 7. 계단 발판 사이의 높이는 몇 mm 이하인가?
  ㉮ 50   ㉯ 100   ㉰ 150   ㉱ 200

해답 1. ㉯ 2. ㉰ 3. ㉰ 4. ㉱ 5. ㉰ 6. ㉱ 7. ㉯

[토음] 계단의 특징
① 계단의 재료는 알루미늄 다이케스팅이나 스테인리스 철판이 사용되며 디딤판은 수평이어야 한다.
② 계단 디딤판의 진행방법 깊이는 400mm 이상이고 발판 사이의 높이는 100mm 이하이다. 또한 계단 디딤판 폭은 560mm~1020mm 이하이다.
③ 계단 디딤판의 홈 간격이 10mm 이하, 계단 진행방향과 평행으로 폭이 7mm, 깊이 10mm의 홈이 있어야 한다.
④ 계단의 좌우 전방 끝은 경고색을 칠하거나 플라스틱을 끼운다.

[문제] 8. 체인은 에스컬레이터의 폭이 넓을수록, 양정이 높을수록 체인의 강도는?
㉮ 낮아야 한다.   ㉯ 높아야 한다.
㉰ 길어야 한다.   ㉱ 짧아야 한다.

[토음] 계단 체인의 특징
① 일종의 롤러 체인으로 에스컬레이터의 폭이 넓을수록, 에스컬레이터의 양정이 높을수록 체인강도는 높아야 하고 계단체인의 안전장치는 하부, 반전부에 설치한다.
② 좌우체인의 링간격을 일정하게 유지하기 위하여 일정간격으로 롤러를 연결해야 한다.

[문제] 9. 계단이 움직일 때 승객이 추락하지 않도록 설치한 벽을 무엇이라 하는가?
㉮ 난간   ㉯ 울   ㉰ 핸드 레일   ㉱ 데크보드

[토음] 난간과 핸드레일(이동 손잡이)의 특징
① 계단이 움직일 때 승객이 추락하지 않도록 설치한 벽을 난간이라 하고 그 위의 이동 손잡이가 핸드 레일이다.
② 패널형 에스컬레이터에서 하부의 계단과 접하는 부분을 스커트 가드(skirt guard)라고 한다.
③ 위에 있는 것을 데크보드라고 한다.

[문제] 10. 구동기의 검사, 보수, 정전시 에스컬레이터의 움직이는 것을 방지하는 장치는?
㉮ 조속기   ㉯ 비상정지 장치
㉰ 머신 브레이크   ㉱ 체인 안전장치

[토음] 머신 브레이크의 특징
① 구동기의 검사나 보수시 또는 정전시 에스컬레이터가 관성으로 움직이는 것을 방지하기 위한 장치이다.
② 기계적인 방호(안전)장치이다.

[문제] 11. 승강기에서 정격 하중 초과시 사용하는 안전장치는?
㉮ 머신 브레이크   ㉯ 경보 장치
㉰ 핸드 레일   ㉱ 조속기

[토음] 조속기의 특징
① 정격하중보다 많이 탔거나 전원의 일부가 단선된 경우 모터가 토크 부족으로 상승 중 하강하거나 하강 중에도 하강속도가 올라가는 데 이를 방지하기 위해 모터측에 연결한다.
② 조속기가 동작하면 전원이 차단되고 머신 브레이크가 걸린다.

[해답] 8. ㉯ 9. ㉮ 10. ㉮ 11. ㉱

문제 12. 다음 중 일종의 계단 사이의 틈, 안전장치로서 전원 안전 차단장치는?
㉮ 조속기　　　　　　　　　　　㉯ 계단체인 안전장치
㉰ 핸드 레일　　　　　　　　　　㉱ 머신 브레이크

풀이 계단체인 안전장치의 특징
① 계단 체인이 끊기거나 하중이 늘어나면 계단과 계단 사이에 틈이 발생하여 위험을 초래한다.
② 위험을 방지하기 위해 설치하는 전원 차단 안전장치이다.

문제 13. 핸드 레일(Hand rail)의 안전장치 설명이다. 잘못된 것은?
㉮ 핸드 레일이 늘어날 경우에만 동작한다.
㉯ 핸드 레일의 이동속도와 계단의 이동속도가 틀려지는 것을 방지하기 위한 안전장치이다.
㉰ 핸드 레일의 와이어나 철로 보강된 경우는 설치하지 않아도 된다.
㉱ 무게를 일정하게 하는 안전장치이다.

풀이 핸드 레일은 속도를 일정하게 하는 안전장치이다.

문제 14. 다음 중 계단의 안전장치에서 일종의 어린이용 안전장치는?
㉮ 스커트 가드 안전장치　　　　㉯ 비상정지 장치
㉰ 조속기　　　　　　　　　　　㉱ 연동장치

풀이 Skirt guard 안전장치 특징
① 스커트가드와 계단체인 사이에 약간의 틈(2mm~5mm)에 발이나 이물질이 끼었을 때의 위험을 방지하기 위해 설치되는 장치이다.
② 어린이용 안전장치이다.

문제 15. 다음 안전장치 중 에스컬레이터의 상하부에 설치하는 것은?
㉮ 비상정지 장치　　㉯ 연동장치　　㉰ 조속기　　㉱ 가드판

풀이 비상정지 장치의 특징
① 만일의 사고가 발생시 급히 에스컬레이터를 정지시킬 때 사용하며, 상하부 승강구에 설치해야 한다.
② 장난 및 부주의를 방지하기 위해 스위치 커버를 설치된다.

문제 16. 다음 승강구 셔터가 닫혀 있는 경우는 에스컬레이터를 정지시키는 장치이며 대형 사고를 방지할 수 있는 안전장치는?
㉮ 비상정지 장치　　　　　　　　㉯ 조속기
㉰ 셔터 연동장치　　　　　　　　㉱ 핸드 레일

문제 17. 다음 중 충돌 안전장치는?
㉮ 외측판　　　　　　　　　　　㉯ 데크 보드
㉰ 내측판　　　　　　　　　　　㉱ 삼각부 가드판

풀이 삼각부 가드판의 특징
① 손이나 머리가 끼거나 충돌하는 것을 방지하기 위해 에스컬레이터와 층바닥이 교차되는 곳에 1000mm 이상 떨어진 곳에서 플라스틱 삼각판을 설치한다.
② 충돌방지 안전장치이다.

해답 12. ㉯　13. ㉱　14. ㉮　15. ㉮　16. ㉰　17. ㉱

문제 18. 균형 추의 설명이 잘못된 것은?
㉮ 균형추의 틀은 구형강으로 만들며 상부의 가드 레일에 따라 이동하게 되어 있다.
㉯ 웨이트는 보통 주철로 제작하나 콘크리트로 제작된 것도 있다.
㉰ 추는 충격에 파손되어서는 안된다.
㉱ 추는 충격 파손되어야 한다.

문제 19. 승용 승강기의 오버 밸런스율은?
㉮ 30% ㉯ 45% ㉰ 60% ㉱ 70%

[도움] Over blance율
① 균형추의 총 중량은 카 중에 엘리베이터의 사용 현황에 따라 적재 하중의 35~55(%)를 더한 값이다.
② 승용 : 45%
③ 화물 : 55%

문제 20. 균형 추의 설치 목적은?
㉮ 로프 무게 보상   ㉯ 로프 강도 유지
㉰ 체인의 보강   ㉱ 체인의 강도 유지

[도움] 균형추의 설치 목적은 로프(rope)의 무게를 보상하는 것이다.

2 과목
승강기 설계

제 1장   승강기 설계의 기본 _ 2-3
제 2장   승강장 관련기준 총칙 _ 2-31
제 3장   승강기 제작기준 및 안전기준 _ 2-34
제 4장   승강기 검사 기준 _ 2-59
제 5장   기계요소 설계 _ 2-79
제 6장   재해대책 설비 _ 2-136

제1장 승강기(에스컬레이터) 설계의 기본

1. 설비계획에 따른 제량 산출및 계획

📖 면적의 계산

(1) 직선이 있는 평면

① 기본도형의 면적계산

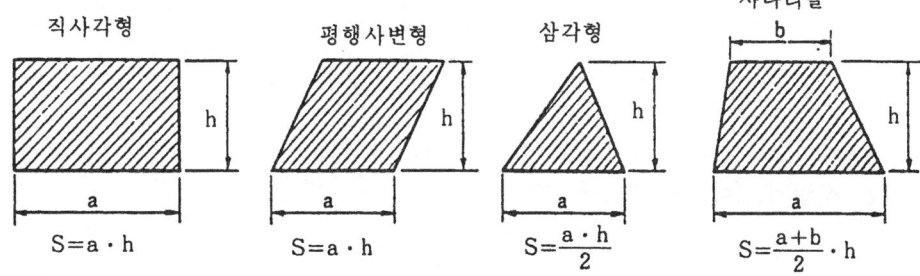

[기본 도형의 면적]

② 단위의 사용방법

$1cm = 10mm$, $(1cm^2) = (10mm)^2$,   ∴ $1cm^2 = 100mm^2$

$1m = 100cm$, $(1m)^2 = (100cm)^2$,   ∴ $1m^2 = 10,000cm^2$

그러므로 $1m^2 = 1,000,000mm^2$이 된다. 예를 들어 계산하면 다음과 같다.

$550mm^2 = 5.5m^2$ $1,200mm^2 = 12cm^2$

$3,000cm^2 = 0.3m^2$ $4.8m^2 = 48,000cm^2$

$0.025m^2 = 250cm^2 = 25,000mm^2$

$750,000mm^2 = 7,500cm^2 = 0.75m^2$

③ 정육각 및 정오각형의 면적계산

㉮ 다음 그림과 같은 정육각형이 있을 때 이것의 면적은 그림에서와 같이 △OBC의 면적 6개를 합한 것과 같다. 또한 그림에서 △OBC의 높이 $\overline{OE}$는 $\overline{AE}$의 반인 $6\sqrt{3}$cm가 되므로 △OBC의 면적은

$$\frac{밑변 \times 높이}{2} = \frac{12cm \times 6\sqrt{3} cm}{2} ≒ 62.35cm^2$$

따라서 구하고자 하는 정육각형의 면적은

$S = 62.35cm^2 \times 6$

$= 374.1cm^2$이다.

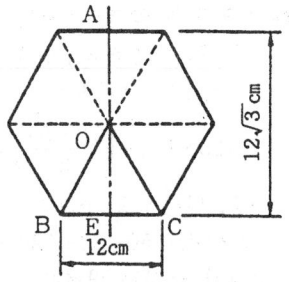

[정육각형의 면적]

㉴ 그림의 경우 오각형의 면적은 삼각형 A의 면적과 사다리꼴 B의 면적을 합한 것과 같으므로 구하고자 하는 오각형의 면적은

$$S = A + B$$
$$= \frac{7cm \times 2.8cm}{2} + \frac{7cm + 5cm}{2} \times 3.2cm$$
$$= 9.8cm^2 + 19.2cm^2$$
$$= 29cm^2 이다.$$

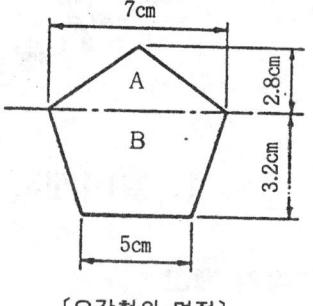

〔오각형의 면적〕

예제 1. 밑변의 길이 50mm, 높이 35mm인 평행사변형의 면적을 구하라.

풀이 구하는 면적을 S라고 하면
S = 밑변 × 높이
= 50mm × 35mm
= 1,750mm² = 17.5cm²

예제 2. 어떤 공작편을 그림에서와 같이 $\overline{AH} = \overline{GF}$가 되도록 가공하였다. 이 공작편의 단면적을 구하라. (단, △ABH = △EFG)

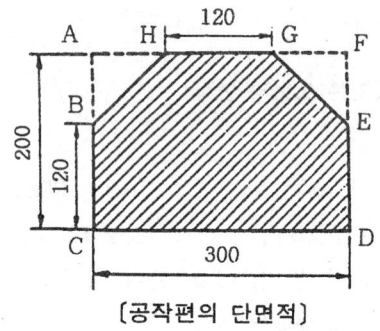

〔공작편의 단면적〕

풀이 단면적을 S라 할 때
S = □HBEG + □BCDE 또는 S = □ACDF - 2△ABH로 부터 구할 수 있는데 두번째 식으로부터 구하여 보자. 그림에서 $\overline{AB}$ = 80mm, $\overline{AH}$ = 90mm가 되므로 구하는 면적은
$$S = (300 \times 200) - 2\left(\frac{90 \times 80}{2}\right) = 52,800mm^2 = 528cm^2$$

예제 3. 두께 5mm인 어떤 철판의 모습이 그림과 같을 때 이 철판의 표면적을 구하라.

풀이 표면적은 앞면적 + 뒷면적 + 옆면적이므로 구하는 면적을 S라고 하면
   S = 2 × 앞면적 × 옆면적
앞면적부터 구하면
$$(120 \times 90) + \left(\frac{70 \times 50}{2}\right) = 12,550mm^2$$
다음, 옆면적을 구하면
   5 × (85 + 50 + 90 + 120 + 140) = 2,425mm²
따라서 구하는 면적은
   S = 2 × 12,550mm² + 2,425mm² = 27,525mm² = 275.25cm²

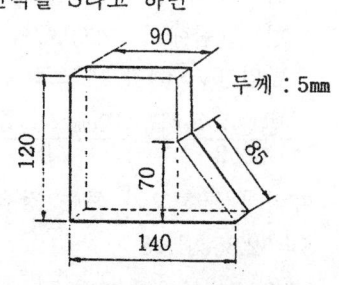

〔철판의 표면적 계산〕

예제 4. 그림에서와 같이 철판을 다듬질하여 가로 100mm, 세로 80mm인 사각 구멍을 내었다. 이 구멍의 윗면만 가공하여 구멍의 면적을 10% 늘리려면 세로의 길이는 얼마나 늘어나야 하겠는가?

풀이 사각 구멍의 면적 $=100 \times 80 = 8,000 mm^2$. 이것의 10%는 $800mm^2$이므로 늘어난 면적은
$800mm^2 = (100mm) \times x$ ∴ $x = 8mm$

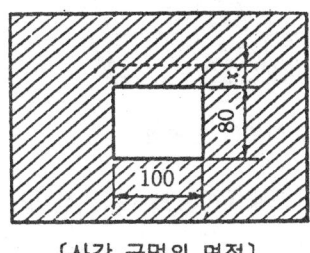

[사각 구멍의 면적]

(2) 곡선이 있는 평면
  ① 기본도형의 면적과 둘레계산

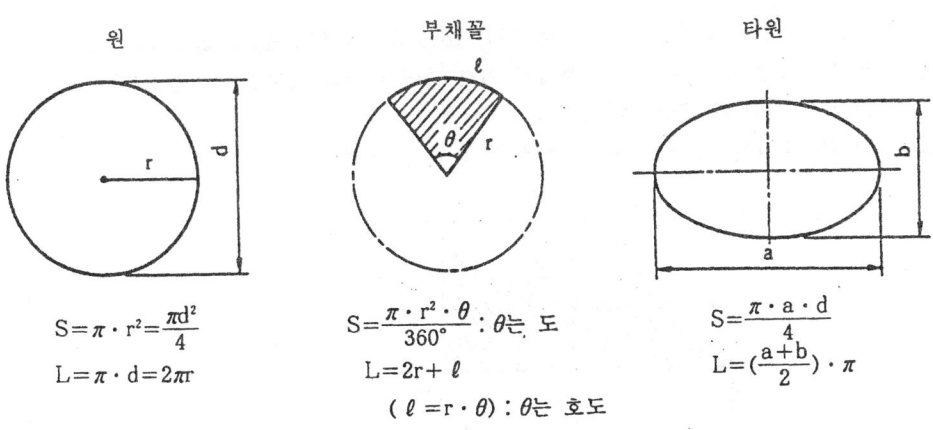

원
$S = \pi \cdot r^2 = \dfrac{\pi d^2}{4}$
$L = \pi \cdot d = 2\pi r$

부채꼴
$S = \dfrac{\pi \cdot r^2 \cdot \theta}{360°}$: θ는 도
$L = 2r + \ell$
($\ell = r \cdot \theta$) : θ는 호도

타원
$S = \dfrac{\pi \cdot a \cdot d}{4}$
$L = (\dfrac{a+b}{2}) \cdot \pi$

[기본 도형의 면적과 둘레]

② 응용도형의 면적과 둘레계산

그림과 같은 외경 18mm, 내경 12mm인 와셔가 있을 때, 이것의 면적은
$S = A - B$
인데 A의 반지름은 9mm, B의 반지름은 6mm이므로 구하는 면적은
$S = \pi(9)^2 - \pi(6)^2$
$≒ 3.14 \times 45$
$= 141.3mm^2$이다.

또한 이것의 바깥 둘레를 계산하면
$L = \pi(18) ≒ 3.14 \times 18 = 56.52mm$이다.

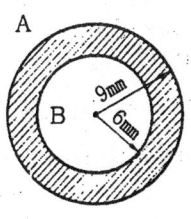

[와셔의 면적]

예제 1. 두 철판의 끝이 60°가 되도록 가공한 후 아래 그림에서와 같이 용접하였다. 용접부의 단면적과 호 $\overarc{AB}$의 길이를 구하라.

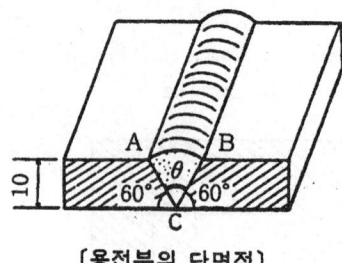

[용접부의 단면적]

풀이 용접부의 단면 ▽ABC는 부채꼴이므로 우선 한 변($\overline{AC}=\overline{BC}$)을 구하면

$$\sin 60° = \frac{10}{\overline{BC}} = \frac{\sqrt{3}}{2} \qquad \therefore \overline{BC} = \frac{10 \times 2}{\sqrt{3}} = 11.6\,\text{mm}$$

또한 ∠ACB=180°-60°-60°=60°이므로 이것을 θ라 하면 구하는 단면적은

$$S = \frac{\pi \cdot r^2 \cdot \theta}{360°} = \frac{(3.14)(11.6)^2(60°)}{360°} = 70.4\,\text{mm}^2 \text{이다.}$$

다음, 호 $\overarc{AB}$의 길이는 $\ell = r \cdot \theta = (11.6\,\text{mm}) \times 60° = (11.6\,\text{mm}) \times (\pi/3) = 12.1\,\text{mm}$

참고 부채꼴의 호를 구할 때 θ는 60분법에 의한 각이 아니라 호도법에 의한 각이므로 반드시 라디안으로 환산한 후 계산하여야 한다.

예제 2. 아래 그림과 같은 철판의 면적과 둘레를 구하라.

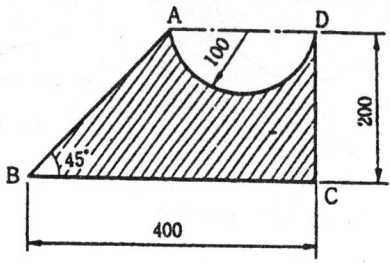

풀이 구하는 면적은 □ABCD에서 반 원을 뺀 것과 같으므로

$$S = \frac{(400+200)}{2} \times 200 - \frac{\pi \cdot (100)^2}{2}$$
$$= 60,000\,\text{mm}^2 - 15,700\,\text{mm}^2$$
$$= 44,300\,\text{mm}^2$$
$$= 443\,\text{cm}^2$$

또한 구하는 둘레는 $L = \overline{AB} + \overline{BC} + \overline{CD} + \overarc{AD}$인데 $\overline{AB}$를 먼저 구하면

$$\sin 45° = \frac{200}{\overline{AB}} = \frac{\sqrt{2}}{2} \qquad \therefore \overline{AB} = \frac{400}{\sqrt{2}} = 283\,\text{mm}$$

다음, 호 $\overarc{AD} = \frac{\pi \cdot d}{2} = \frac{(3.14)(200)}{2} = 314\,\text{mm}$

그러므로 구하는 둘레는 $L = \overline{AB} + \overline{BC} + \overline{CD} + \overarc{AD}$
$$= 283 + 400 + 200 + 314$$
$$= 1,197\,\text{mm} = 120\,\text{cm}$$

2 체적의 계산

(1) 각주, 원주, 구

① 각주, 원주, 구의 체적과 표면적 : 각주와 원주의 체적 V는 아래 그림에서와 같이 밑면적×높이로부터 구해진다.

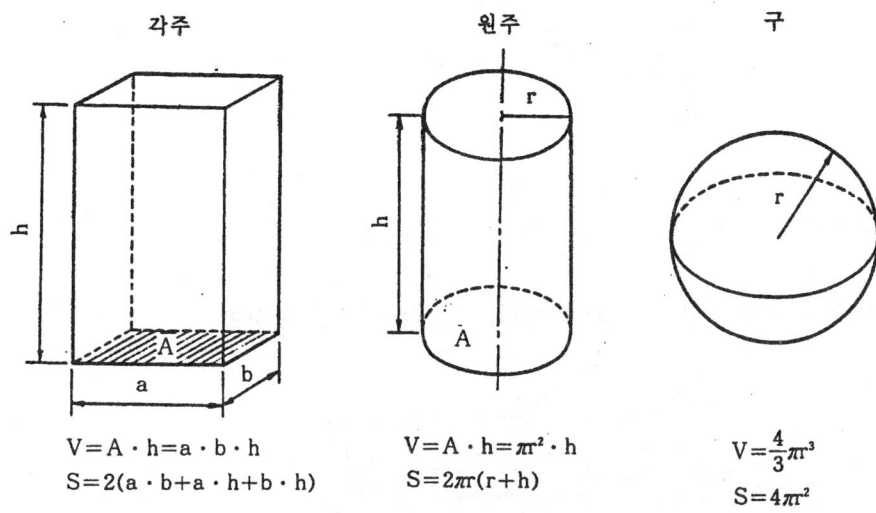

$V = A \cdot h = a \cdot b \cdot h$
$S = 2(a \cdot b + a \cdot h + b \cdot h)$

$V = A \cdot h = \pi r^2 \cdot h$
$S = 2\pi r(r+h)$

$V = \dfrac{4}{3}\pi r^3$
$S = 4\pi r^2$

〔각주, 원주, 구의 체적과 표면적〕

② 단위 환산 방법

$1\text{cm} = 10\text{mm}$, $(1\text{cm})^3 = (10\text{mm})^3$ ∴ $1\text{cm}^3 = 1{,}000\text{mm}^3$

$1\text{m} = 100\text{cm}$, $(1\text{m})^3 = (100\text{cm})^3$ ∴ $1\text{m}^3 = 1{,}000{,}000\text{cm}^3$

그러므로 $5{,}000\text{mm}^3 = 5\text{cm}^3$이고 $7.8\text{m}^3 = 7{,}800{,}000\text{cm}^3$이다.

체적의 단위로는 이 밖에도 ℓ, cc 등이 사용되는 데 이들의 크기는 다음과 같다.

$1\ell = 1{,}000\text{cm}^3$ $1\text{m}\ell = 1\text{cm}^3 = 1\text{cc}$ ∴ $1\ell = 1{,}000\text{cc}$

따라서 $0.5\ell = 500\text{cc} = 500\text{m}\ell = 500\text{cm}^3$가 된다.

다음 그림에서와 같이 사각 기둥이 있을 때 이 기둥의 밑 면적은

$A = \dfrac{(150+120)}{2} \times 100 = 13{,}500\text{mm}^2$

따라서 이 기둥의 체적은

$V = A \cdot h$
$= (13{,}500) \times (200)$
$= 2{,}700{,}000\text{mm}^3$
$= 2{,}700\text{cm}^3$이다.

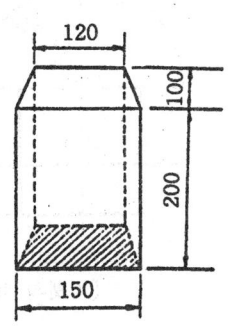

〔사각 기둥의 체적〕

예제 1. 아래 그림과 같은 L형강의 체적을 구하라.

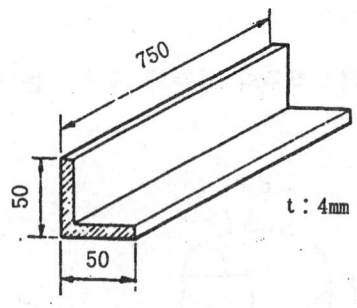

[L형강의 체적]

풀이 $V = A \cdot h = (50 \times 4 + 4 \times 46) \cdot (750) = 288,000 mm^3 = 288 cm^3$

예제 2. 아래 그림과 같은 공작물이 있다. 이것의 체적을 구하라.

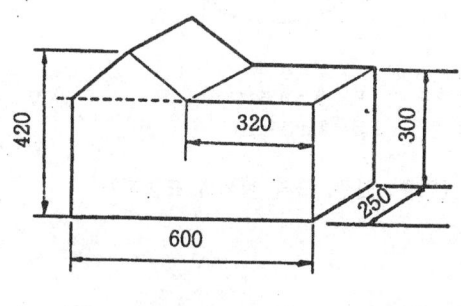

[공작물의 체적]

풀이 공작물의 단면적을 A라 할 때 A=△면적+□면적이므로
$$A = \frac{(600-320) \cdot (420-300)}{2} + (600) \cdot (300) = 196,800 mm^2$$
따라서 구하는 체적 $V = A \cdot h = (196,800) \cdot (250) = 49,200,000 mm^3 = 49.2 \ell$

예제 3. 그림과 같은 리벳의 체적을 구하라.

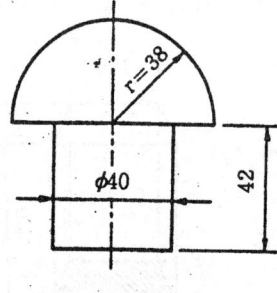

[리벳의 체적]

풀이 그림에서 리벳의 체적을 V라고 하면
V=반구의 체적+원기둥의 체적

반구의 체적 $=\frac{4}{3}\pi r^2 \times \frac{1}{2} = \frac{4}{6}(3.14)(38)^3 = 114,865 mm^3$

원기둥의 체적 $=\pi \cdot r^2 \cdot h = (3.14)(20)^2(42) = 52,752 mm^3$

∴ $V = 114,865 mm^3 + 52,752 mm^3 = 167,617 mm^3 ≒ 168 cm^3$

예제 4. 중공(가운데가 빈) 원주가 그림과 같이 있을 때 이 원주의 체적을 구하라.

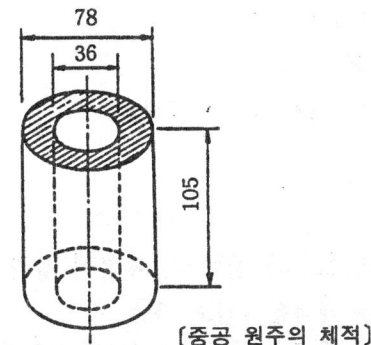

[중공 원주의 체적]

풀이 이 원주의 체적을 V라 할 때

$V = 단면적 \times 높이$

그런데 단면적은 $A = 큰 원의 면적 - 작은 원의 면적$

$= \pi \cdot (39)^2 - \pi \cdot (18)^2$

$= 3.14(1,521 - 324) = 3,759 mm^2$

∴ $V = A \cdot h = (3,759)(105) = 394,695 mm^3 ≒ 395 cm^3$

예제 5. 반경이 10mm인 베어링의 체적을 구하라.

풀이 베어링은 구형이므로 구의 체적 공식을 이용하면 된다.

베어링의 체적을 V라고 하면

$V = \frac{4}{3}\pi \cdot r^3$

$≒ \frac{4}{3}(3.14)(10)^3 = 4,186.7 mm^3 ≒ 4.187 cm^3$

(2) 각추와 원추

① 각추, 원추, 체적의 계산

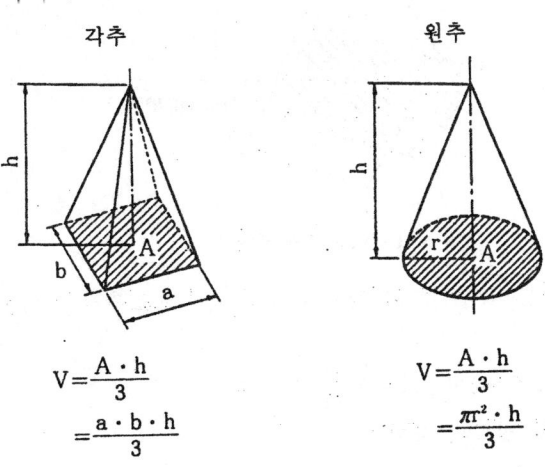

각추
$V = \frac{A \cdot h}{3}$
$= \frac{a \cdot b \cdot h}{3}$

원추
$V = \frac{A \cdot h}{3}$
$= \frac{\pi r^2 \cdot h}{3}$

[각추, 원추의 체적]

각추와 원추의 경우에도 mm³, cm³(=CC, mℓ), ℓ 등의 단위를 사용할 수 있다. 아래 그림에서와 같이 윗면의 직경이 42mm이고, 높이가 67mm인 추의 체적을 구하면

$$V = \frac{\pi \cdot r^2 \cdot h}{3}$$
$$≒ \frac{(3.14)(21)^2(67)}{3}$$
$$= 30,925 \text{mm}^3$$
$$≒ 31 \text{cm}^3$$

과 같이 됨을 알 수 있다.

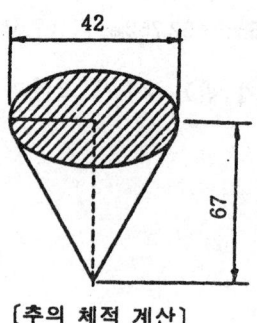

〔추의 체적 계산〕

예제 1. 아래 그림과 같이 윗 부분이 잘려나간 어떤 원추의 체적을 구하라.

풀이 구하는 체적을 V라고 하면
V = 전체 원추의 체적 − 잘려나간 원추의 체적
$$= \frac{\pi(10)^2(9+13.5)}{3} - \frac{\pi(4)^2 \cdot 9}{3}$$
$$= 2,355(\text{mm}^3) - 151\text{mm}^3$$
$$= 2,204\text{mm}^3 ≒ 2.2\text{cm}^3$$

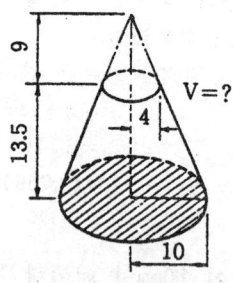

〔절단된 원추의 체적〕

예제 2. 체적이 416,700m³인 아래 그림과 같은 피라밋트의 높이를 구하라.

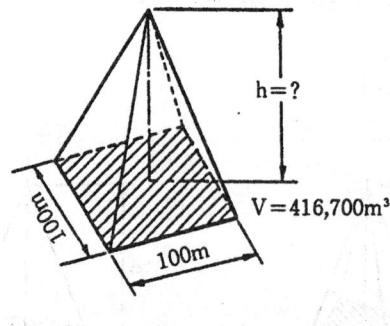

〔피라밋트의 높이〕

풀이 피라밋트의 형태는 각추이므로 각추의 체적 공식으로부터 높이를 구하면 된다. 각추의 체적은

$$V = \frac{a \cdot b \cdot h}{3}$$ 이므로 높이는 $h = \frac{3 \cdot V}{a \cdot b}$ 가 된다.

따라서 구하는 피라밋트의 높이는
$$h = \frac{3(416,700)}{(100)(100)} = 125\text{m} 이다.$$

2. 승강기 시스템의 위치선정

🗐 일

(1) 일의 정의

 일이란 어떤 힘에 의해 물체의 이동이 있을 때에 정의되는 개념이다. 이 때에는 반드시 힘의 **방향**과 이동 **방향**이 일치하여야 한다. 따라서 힘이 들지 않는 일이란 존재할 수 없고 힘은 들지만 이동이 없거나 이동이 된다 하더라도 힘의 방향과 이동 방향이 일치하지 않는다면 역시 일로 볼 수 없다.

 아래 그림에서와 같이 어떤 힘 F에 의해 물체가 힘의 방향으로 S만큼 이동하였다면 이 때 행하여진 일의 값은

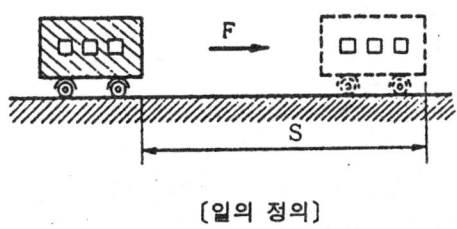

〔일의 정의〕

$$\boxed{W = F \cdot S}$$

로 정의된다. 이 식으로부터 일의 단위를 구하면 N·m 또는 kgf·m등이 얻어진다. 특히 MKS 단위계로 N·m를 간단히 J(주울)이라고 하며 CGS 단위계로는 dyn·cm가 얻어지는 데 이것을 간단히 erg(에르그)라고 한다. 1J이란 1N의 힘으로 1m를 이동하였을 때 행하여진 일의 값을 의미한다. 따라서 다음의 관계가 성립된다.

$1J = 1N \cdot m = (1 kgm/sec^2)(m) = 1 kgm^2/sec^2$

$1erg = 1dyn \cdot cm = (1 gcm/sec^2)(cm) = 1 gcm^2/sec^2 \quad \therefore \ 1J = 10^7 erg$

예제 1. 어떤 물체를 그림에서와 같이 8N의 힘을 가하여 10m이동시켰다. 행한 일의 값을 구하라.

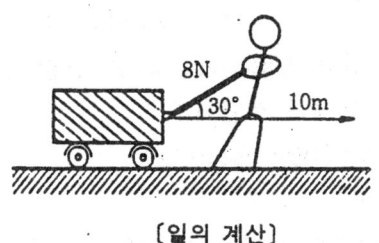

〔일의 계산〕

풀이 물체는 수평 방향으로 이동하였으므로 가한 힘으로부터 수평 방향의 힘을 찾아야만 일을 구할 수 있다.

 수평력 : $F = (8N)(\cos 30°) = 4\sqrt{3} N$

 따라서 행한 일은 $W = (4\sqrt{3} N)(10m)$
 $= 40\sqrt{3} N \cdot m$
 $\fallingdotseq 69 J$

예제 2. 발동기를 이용하여 아래 그림에서 처럼 질량 100kg의 물체를 5m 들어 올렸다. 발동기가 한 일을 구하라.

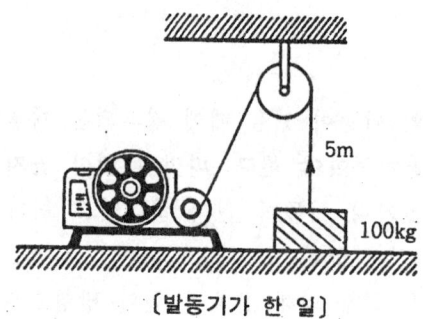

〔발동기가 한 일〕

풀이 발동기가 물체를 잡아 당길 때 가한 힘은 물체의 중량과 같으므로
 $F=(100kg)(9.8m/sec^2)=980N$
따라서 행한 일의 값은
 $W=(980N)(5m)=4,900J$ 이다.

(2) 작업과 효율

① 정의 : 어떤 기계 A, B가 있을 때 A는 3시간에 150J의 일을 하였고, B는 2시간에 120J의 일을 하였다. 이 때 이 두 기계의 능력을 서로 비교하려면 1시간당 행한 일의 값을 각각 구하면 된다.

 A의 경우 : $\dfrac{150J}{3h}=50J/h$ B의 경우 : $\dfrac{120J}{2h}=60J/h$

따라서 같은 1시간에 B가 A보다 10J의 일을 더 할 수 있는 능력을 갖고 있음을 알 수 있다. 이와 같이 능력은 행한 일을 일한 시간으로 나누어 보면 알 수 있게 되는데 이것을 **일률(공률)** 또는 **작업율**이라 하며 단위 시간당 행한 일로 다음과 같이 정의된다.

$$P=\dfrac{W}{t}(=\dfrac{F \cdot s}{t}=F \cdot v) \quad \begin{array}{l} s : 이동\ 거리 \\ v : 이동\ 속도 \end{array}$$

이것으로부터 작업율의 단위 J/sec, erg/sec를 얻을 수 있는데 특히 J/sec를 watt (와트)라고 하며 다음의 관계가 성립한다.

 $1watt(=W)=1J/sec=(1kgm^2/sec^2)/sec$
 $\qquad =1kgm^2/sec^2$

작업율의 단위에는 이 외에도 마력이 있는데 마력은 불란서식 마력(PS)과 영국식 마력 (HP 또는 ℍℙ)으로 나누어지며 그 크기는 다음과 같다.

 영국식 : $1HP(마력)=746watt(=76kg중 \cdot m/sec)$
 불란서식 : $1PS(마력)=736watt(=75kg중 \cdot m/sec)$

공학에서는 불란서식 마력을 자주 사용하므로 1마력의 값을 736watt로 기억한다.
어떤 기계가 있을 때 이 기계가 얼마나 효율적으로 일할 수 있는지 알아 보고자 할때에는 **효율**이라는 개념을 이용할 수 있다. 효율을 η(이타)라고 표시할 때 이것은 다음과 같이 정의된다.

$$\eta = \frac{\text{행한 작업율(출력)}}{\text{공급된 작업율(입력)}} \times 100\%$$
$$= \frac{P}{I} \times 100\%$$

행한 작업율은 공급된 작업율보다 항상 작게 되므로 효율은 항상 100% 미만이 된다.

예제 1. 어떤 기중기가 340kgf의 물체를 5초 동안에 3m 끌어 올렸다. 이 기중기의 작업율을 구하라.

풀이 이 기중기의 작업율을 P라 하면

$$P = \frac{W}{t}$$
$$= \frac{(340\text{kg})(9.8\text{m/sec}^2)(3\text{m})}{5\text{sec}}$$
$$= 1{,}999.2 \text{ kgm}^2/\text{sec}^3$$
$$= 1{,}999.2 \text{ watt}$$
$$= \frac{1{,}999.2}{736} \text{PS} \fallingdotseq 2.72\text{PS(마력)}$$

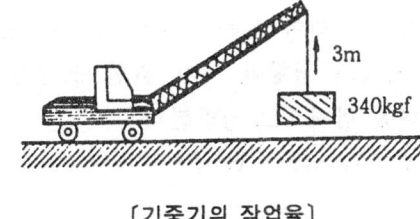

〔기중기의 작업율〕

예제 2. 효율이 87%인 어떤 모터에 3kW의 전력이 공급되었다면 이 모터의 작업율은 얼마나 되겠는가?

풀이 효율은 $\eta = P/I$이므로 구하는 모우터의 작업율은
$$P = \eta I = (0.87)(3\text{kW})$$
$$= 2.61\text{kW}이다.$$

예제 3. 저수지의 물을 그림에서와 같이 20m 높은 곳에 있는 5m³짜리 탱크에 퍼올려 1분만에 가득 채우려한다. 몇 마력짜리 양수 펌프를 사용하여야 하겠는가?

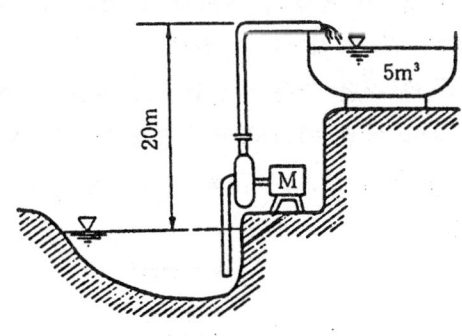

〔펌프의 작업율〕

풀이 탱크에서 들어 갈 물의 무게는
5,000kg × 9.8m/sec² = 49,000N
이 만큼의 물을 퍼올리는 데 소요되는 일 값은

$$W = (49{,}000\text{N})(20\text{m}) = 980{,}000\text{J}$$

이것을 1분간에 행하여야 하므로 모터의 작업율은

$$P = \frac{W}{t} = \frac{980{,}000\text{J}}{60\text{sec}} \fallingdotseq 16{,}333\text{watt} \fallingdotseq 22.2\text{PS(마력)}$$

2 지렛대의 계산

(1) 지레의 원리 및 계산

① 지레의 원리

㉮ 무거운 물체를 옮길 때나 시이소오를 탈 때, 집게를 사용할 때에는 받침점을 기준으로 하여 적은 힘으로부터 큰 힘을 얻게 되는 지레의 원리가 적용된다.

㉯ 지레가 평형이 되기 위한 조건은 아래 그림에서와 같이 고려하여 볼 때 항상 다음 법칙으로 정리된다.

$$\ell_1 \cdot W_1 = \ell_2 \cdot W_2$$

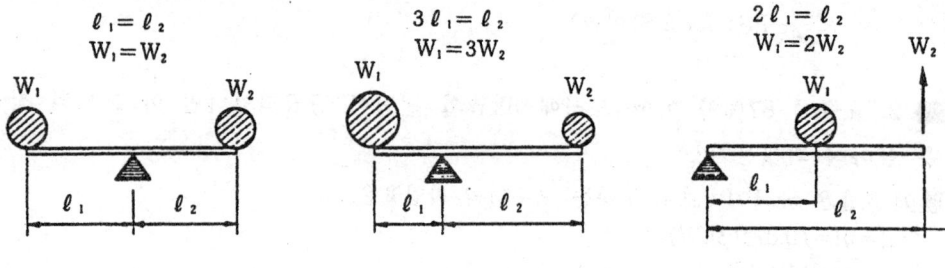

[지레의 평형]

㉰ ℓ_1, ℓ_2는 지레에 가해지는 힘 W_1, W_2로부터 지레 받침대까지의 거리이다.

㉱ 식의 좌변과 우변이 같을 때 평형이 되므로 ℓ_1보다 ℓ_2가 크다면 평형이 이루어지기 위해서는 W_1보다 W_2가 작아져야 한다.

㉲ W_1과 같은 큰 힘을 W_2와 같은 작은 힘으로부터 만들 수 있게 된다.

예제 1. 아래 그림에서와 같이 어떤 지레의 받침점으로부터 43cm 떨어진 곳에 84kgf인 물체가 놓여 있을 때 반대 방향으로 75cm 지점에는 중량이 얼마인 물체를 놓아야 평형이 유지되겠는가?

풀이 $\ell_1 \cdot W_1 = \ell_2 \cdot W_2$에서

$(43\text{cm})(84\text{kgf}) = (75\text{cm}) \cdot W_2$

$$\therefore W_2 = \frac{(43\text{cm})(84\text{kgf})}{75\text{cm}} = 48.16\text{kgf}$$

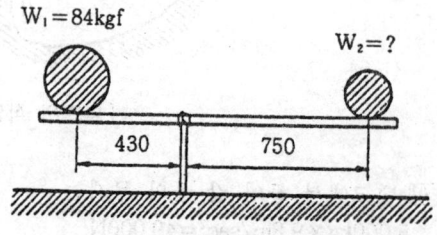

[지렛대에 작용하는 힘]

예제 어떤 집게에 50kgf의 힘을 가하여 아래 그림에서와 같이 어떤 물체를 잡고 있다. 물체가 받는 힘을 구하라.

풀이 집게의 경우도 지렛대의 원리가 적용되므로
$$(4cm) \cdot W_1 = (12cm)(50kgf)$$
$$\therefore W_1 = \frac{(12cm)(50kgf)}{4cm}$$
$$= 150kgf$$
즉, 가해준 힘보다 3배나 큰 힘이 작용한다.

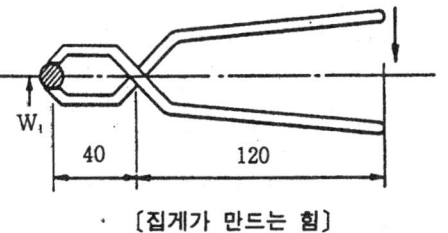

[집게가 만드는 힘]

예제 3. 막대를 이용하여 A, B 두 사람이 100kgf되는 짐을 매달아 어깨에 매고 있다. 이 때 A, B 두 사람이 받는 힘과 짐을 B쪽으로 1m 옮겼을 때 각각 받게 되는 힘을 구하라.

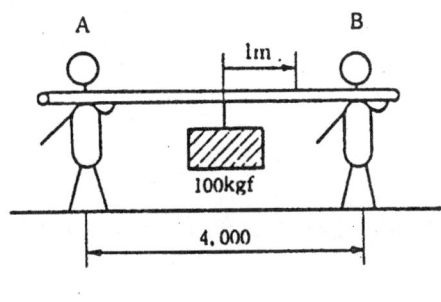

[짐 운반의 예]

풀이 짐이 A, B 중앙에 있을 때 각자는 중량의 반인
  100kgf ÷ 2 = 50kgf의 힘을 받는다.
  B쪽으로 1m 옮기면 A는 x만큼 무게를 덜 받게 되고 B는 x만큼 더 받게 되므로 $\ell_1 \cdot W_1 = \ell_2 \cdot W_2$에서
$$(3m)(50kgf - x) = (1m)(50kgf + x)$$
$$150kgf - 3x = 50kgf + x$$
$$4x = 100kgf \qquad \therefore x = 25kgf$$
그러므로 A가 받게 되는 힘은 50kgf - 25kgf = 25kgf
       B가 받게 되는 힘은 50kgf + 25kgf = 75kgf

3 도르래의 계산

(1) 도르래의 원리 및 계산법

① **도르래의 원리** : 도르래를 이용하면 지레에서와 같이 적은 힘으로 무거운 물체를 이동시킬 수가 있다. 도르래의 종류에는 **고정 도르래, 이동 도르래(움직 도르래), 혼합 도르래** 등이 있다. 도르래에 매달린 하중을 W, 이것을 끌어 당기는 데 소요되는 힘을 F라고 할 때 다음 식이 성립한다.

$$F = \frac{W}{2 \cdot n}$$ n : 이동 도르래의 갯수

따라서 이동 도르래가 2개 설치되어 있을 때에는

$$F = \frac{W}{2 \cdot n} = \frac{W}{2 \times 2} = \frac{W}{4}$$

로서 4배의 힘의 이득이 발생함을 알 수 있다. 즉, 100kgf의 물체를 그 하중의 1/4인 25kgf의 힘만으로 울릴 수 있게 된다. 그러므로 적게 들이기 위해서는 여러 개의 이동 도르래를 사용하면 된다. 물론 도르래 자체의 무게는 무시한다는 것을 가정으로 한다.

또한 이동 도르래를 이용하여 물체를 옮길 때에는 고정 도르래에서와는 달리 도르래 수에 비례하여 줄의 이동 거리가 길어진다. 즉 힘의 이득이 발생하는 만큼 줄을 많이 잡아 당겨야 한다는 뜻이다. 이동 도르래에서 물체의 이동 거리를 S_1, 줄의 이동 거리를 S_2라고 하면 다음의 관계가 성립한다.

$$S_2 = 2n \cdot S_1$$ n : 이동 도르래의 갯수

따라서 이동 도르래 2개를 이용하여 물체를 1m 끌어 올리려면

$$S_2 = 2 \cdot n \cdot S_1 = (2)(2)(1m) = 4m$$

의 줄을 잡아 당겨야 한다.

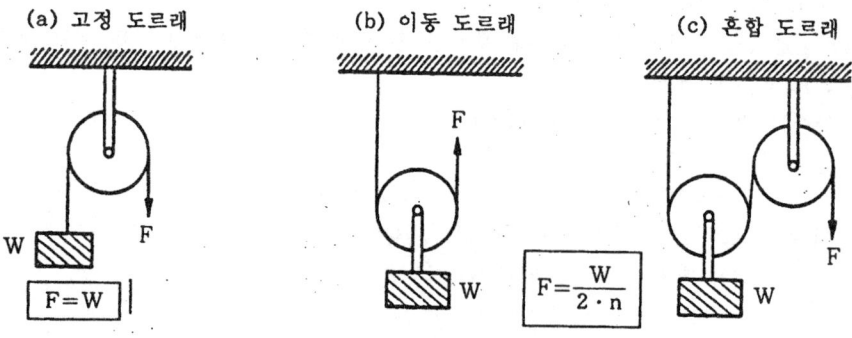

〔도르래의 종류〕

예제 1. 고정 도르래 1개를 이용하여 50kgf의 물체를 3m 높이까지 끌어 올리려면 몇 kgf의 힘과 몇 m의 줄을 당겨야 하겠는가?

풀이 고정 도르래에서는 힘의 이득이 없으므로 50kgf의 힘이 필요하다. 또한 물체의 이동 거리와 당긴 줄의 길이도 같으므로 3m를 당겨야 한다.

예제 2. 다음 그림과 같은 혼합 도르개가 있다. 이 도르래에 180kgf의 물건을 매달고

2m 높이로 이동시키려 한다면 최소한 몇 N의 힘을 주어야 하겠는가? 또한 도르래의 줄은 몇 m나 잡아 당겨야 하겠는가? 그림에서 이동 도르래는 2개이다.

풀이 잡아 당기는 데 필요한 힘은

$$F = \frac{W}{2 \cdot n} = \frac{180 \text{kgf}}{2 \times 2} = 45 \text{kgf}$$ 이다.

이것을 N단위로 환산하면

$45 \text{kgf} = 45 \text{kg} \times 9.8 \text{m/sec}^2$
$= 441 \text{N}$ 이다.

또한 줄의 이동은

$S_2 = 2n \cdot S_1 = (2 \times 2)(2\text{m}) = 8\text{m}$ 가 되어야 한다.

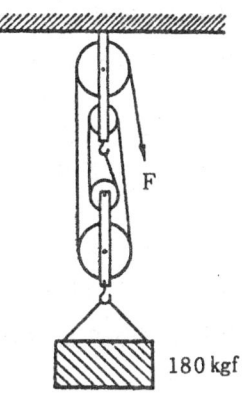

[도르래의 계산]

(2) 힘의 모우멘트 및 계산법

① 정의 : 아래 그림에서와 같이 길이 r인 어떤 막대 끝 A에 힘 F를 가할 때 이 막대가 O점을 회전축으로 하여 회전한다고 하자. 이 때 O점에서의 회전 효과, 즉 회전이 얼마나 크게 이루어지는가 하는 정도를 힘의 모우먼트 또는 회전 모우먼트(토오크)라고 하며, T로 표시하는 데 이것의 크기는 다음과 같이 정의된다.

〈회전축〉 〈육각 보울트 조이기〉

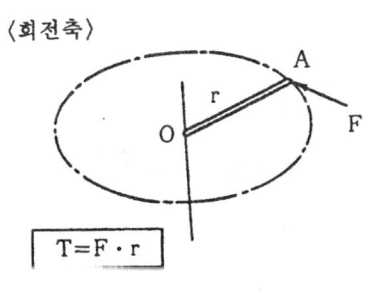 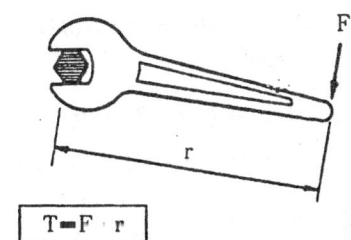

[토오크의 정의] [스페너의 토오크]

위 식을 통하여 알 수 있는 바와 같이 토오크가 클려면 회전하는 막대에 가해지는 힘이 크거나 막대의 길이가 길어야 한다. 따라서 위의 그림에서와 같이 스페너를 이용하여 보울트를 쉽게 조이려면 스페너에 가하는 힘을 크게 하거나 스페너의 길이가 길면 된다. 이 원리는 드라이버와 같은 공구에도 적용될 수 있는데 드라이버의 손잡이가 굵으면 r값이 증가하게 되어 토오크도 증가하고 나사를 조이는 데 힘이 덜 들게 된다.

토오크의 단위는 앞의 식으로부터 힘의 단위×거리의 단위가 될 것이므로 N·m 또는 kgf·m, kg·cm, kg·m와 같이 된다.

예제 1. 길이가 30cm인 스페너를 이용하여 어떤 보울트를 조이고 있다. 스페너에 20 kgf의 힘을 가할 때의 토오크를 구하여라. 또한 스페너에 파이프를 끼워 스페너의 길이가 75cm가 되었다면 같은 힘에 대한 토오크의 증가는 얼마나 되겠는가?

풀이 구하는 토오크는 T=F·r
 =(20kgf)(0.3m)=6kgf·m이다.
또한 파이프를 끼웠을 때의 토오크는
 T=F·r
 =(20kgf)(0.75m)=15kgf·m이다.
따라서 토오크의 증가는 15kgf·m−6kgf·m=9kgf·m이다.

예제 2. 그림과 같은 다이스 지지쇠를 양손으로 회전시키고 있다. 왼손으로 가한 힘 F_1은 400N, 오른손으로 가한 힘 F_2는 480N이었다. 회전시의 토오크를 구하라.

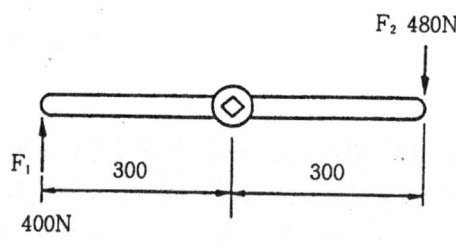

[다이스 지지쇠의 토오크]

풀이 구하는 토오크는 F_1에 의한 토오크+F_2에 의한 토오크이므로
T=F_1·r+F_2·r
 =(400N)(0.3m)+(480N)(0.3m)
 =264N·m

예제 3. 원형 핸들을 한 손으로 15kgf의 힘을 가하여 조작할 때 발생된 토오크가 9kgf·m이었다면 이 핸들의 반경은 얼마이겠는가?

풀이 T=F·r에서 r=$\frac{T}{F}$=$\frac{9kgf·m}{15kgf}$=0.6m=60cm이다.

3. 카 및 승장의 환경

1 엘리베이터의 구조

1) 일반 사람은 엘리베이터 카에 타기만 할뿐이기 때문에, 사람이나 화물을 싣는 카실의 부분을 엘리베이터라 부르고 있지만, 엘리베이터란 구조도 전체를 말하는 것으로 수십종류의 기기로 구성되어 있고, 복잡하고 정교한 전기기기와 기계구조 및 건축물로 구성된 교통수단이다. 더구나 인명에 관계된 수송기계로서 많은 안전장치가 법칙으로 규정되어 있다.

2) 현재의 엘리베이터는 거의 권상기 쉬브와 로프사이의 마찰력으로 구동하는 트랙션 타입을 사용하고 있고, 이외에도 유압 엘리베이터가 있다. 유압 엘리베이터는 승강로 상부에 기계실을 설치할 필요가 없는 이점이 있지만, 플런져 길이에 제한이 있기 때문에, 행정 20m 이하의 자동차용, 침대용, 승용등으로 사용되고 있다.
3) 트랙션타입의 엘리베이터는 카와 균형추가 로프에 의해 두레박식으로 연결되어, 각각 전용의 T자형 레일에 안내되어 수직으로 승강한다. 권상기 및 제어기기류가 설치되어 있는 기계실은 승강로의 직상부에 설치하는 것이 보통이지만, 건축상의 사정으로 승강로의 아래쪽 측부에 설치하는 것도 있다. 기계실의 제어기기류는 승강하는 카와 이동케이블로써 전기적으로 접속되어 있다.

(1) 기계실

① **권상기(트랙션머신)** : 트랙션타입의 권상기는 전동기, 전자브레이크, 감속기, 쉬브 등으로 구성되어 있고 종류는 다음과 같다.

㉮ 교류 기어드 권상기(AC 기어식)

㉯ 직류 기어드 권상기(DC 기어식)

㉰ 직류 기어레스 권상기(DC 무기어식)

② **제어기기** : 수전반, 제어반, 릴레이반 등으로 구성되어 있다.

③ **층상 선택기(floor selector)** : 정지할 층을 선택해 감속신호를 보내주는 장치로 위치표시기에 카위치를 표시하는 기능도 있다.

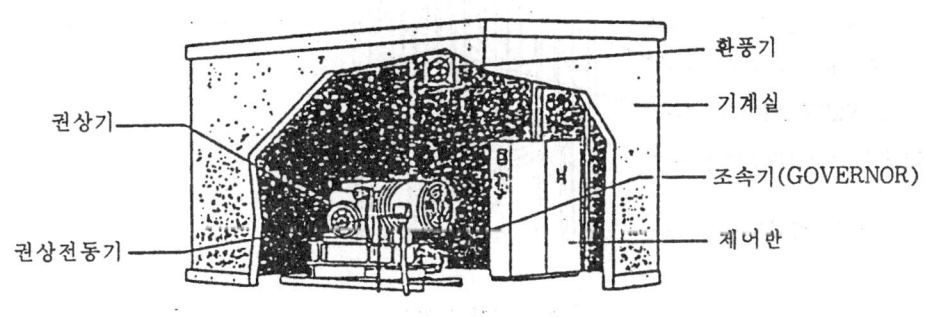

〔기계실의 구조〕

(2) 카

① **정의** : 카실은 대부분 불연재로 만들어져 있고, 카내의 승객이 바깥과 접촉되지 않는 구조로 되어 있지만 밀폐구조는 아니므로 갇혔을 때 질식될 염려는 전혀 없다.

㉮ 카틀 및 카바닥 : 강재로 구성된 카의 상부틀은 로프에 매달리게 되어 있고, 하부틀은 비상정지장치가 설치되어 있다(상부틀에 설치되어 있는 것도 있다). 카틀 상하좌우에는 카가 레일에 붙어 움직이기 위한 가이드슈 또는 가이드롤러가 설치되어여 있다.

㉴ 카실(실내벽, 천정, 카도어) : 실내벽에는 조작반과 카내 위치표시기가, 천정에는 조명등, 정전등, 비상구출구등이 설치되어 있다. 자동개폐식문 끝에는 사람이나 물건에 접촉되면 문을 반전시키는 세이프티슈(safty shoe)가 설치되어 있어 틈에 끼이는 사고를 방지하고 있다. 문은 수동식도 있으므로 운전중에 문을 열면 엘리베이터는 급정지하기 때문에, 주행중에는 절대로 문에 몸을 기대거나 접촉해서는 안된다.

㉵ 문개폐장치(door operator) : 문을 자동개폐시키는 전동장치로, 전원을 끊으면 비상시에는 문을 손으로 여는 것도 가능하다.

㉶ 카상부 점검용 스위치 : 카상부에는 보수 및 점검 작업의 안전을 위하여 저속운전용 스위치나 작업등용 콘센트가 설치되어 있다.

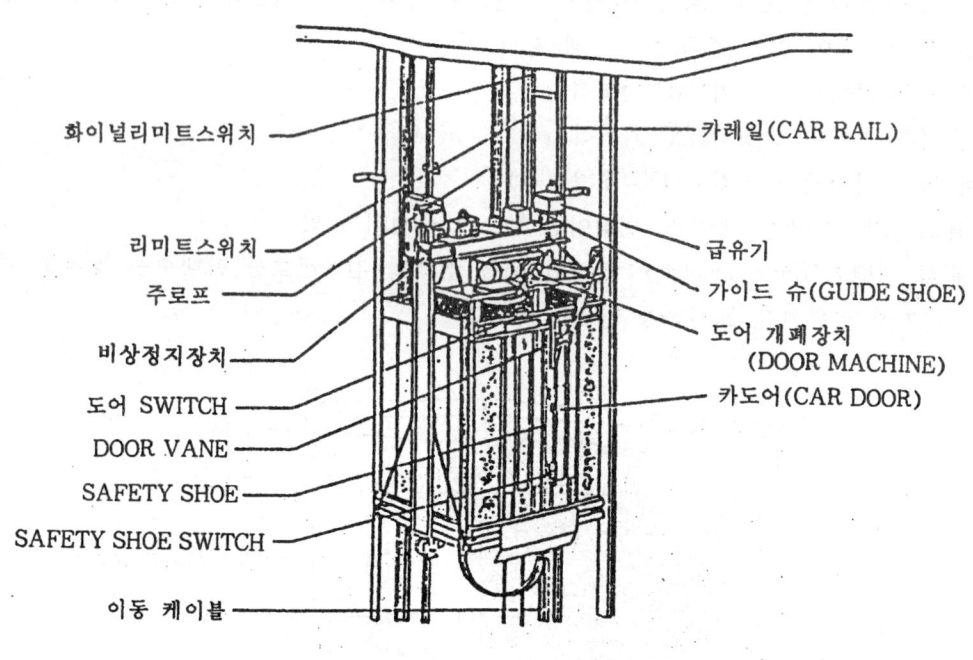

[승강기 부분 구조도]

(3) 승강로

① 레일 : 카와 균형추의 승강을 안내하기 위한 레일로 각각 승강로벽에 견고하게 부착되어 있다.

② 로프 : 카와 균형추를 매달고 있는 메인로프, 조속기와 카를 연결하는 조속기로프 등이 있으며, 각각 로프소케트등으로 고정되어 있다.

③ 균형추 : 카와 균형추는 로프에 두레박식으로 연결되어 있다. 승강행정이 높은 것은 로프의 불균형을 시정하기 위해 균형로프 또는 균형체인을 설치하는 경우도 있다.

④ 이동케이블 : 승강로내의 고정배선과 카의 기기를 전기적으로 연결하는 것으로 "테일코드"라고도 부른다.

2 승장

(1) 승장의 구조
① 도어틀 : 승장에 있는 출입구틀로써 상부와 양측부의 세 방면으로 구성되어 있다. 상부에는 승장도어용 레일이 설치되어 있는 데 레일의 문이 닫히는 끝부분에 인터록스위치가 설치되어 있다.
② 승장도어 : 승장도어는 행거에 의하여 문의 레일에 매달리고, 하부는 문턱의 홈을 따라서 개폐된다. 승장도어 뒷면에는 카도어와 연계되어 움직이는 연동장치가 설치되어져 있다. 모든 층(혹은 특정층의) 승장도어에는 비상해제장치가 설치되어 있어 특수한 해제키를 사용해 승장측에서 도어를 여는 것이 가능하다.
③ 승장버튼 : 카를 부르는 데 사용되어지는 도어가 있는 층에서 카가 정지하고 있을 때 이 버튼을 누르면 문이 곧바로 열린다.
④ 위치표시기 : 인디케이터(indicator)라고도 말한다. 현재는 램프의 점등으로 표시하는 방식이 일반적이다.

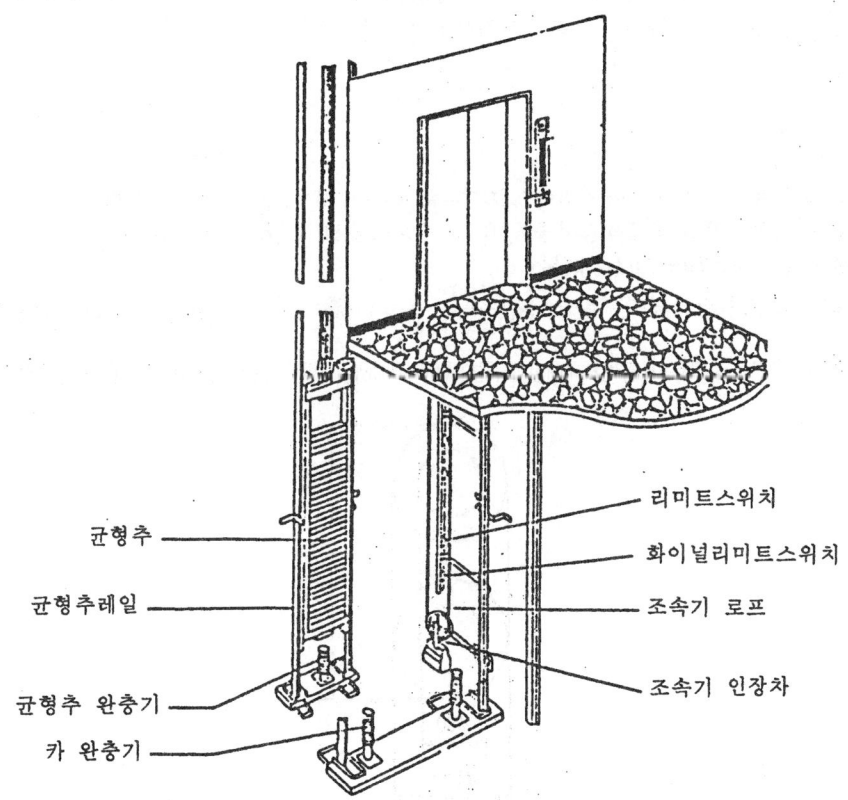

[엘리베이터의 부분 구조도]

예상문제

문제 1. 다음 그림과 같은 중량은 얼마인가?(단, 비중 7.8, 제작수량 1500개, 불량율 8%)

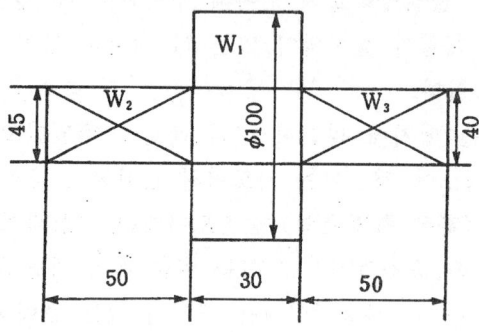

㉮ 3.15kg   ㉯ 3.25kg   ㉰ 3.45kg   ㉱ 3.85kg

풀이 $\gamma = \dfrac{W}{V}$, $W = \gamma \cdot V = \rho g v$ ∴ $\gamma = 1000 [kgf/m^3]$

중량(kg) = $\dfrac{체적(cm^3) \times 비중}{1{,}000} = \dfrac{체적(mm^3) \times 비중}{1{,}000{,}000}$

비중 : 7.8, 제작수량 : 1500EA, 불량율 : 8%

$W_1 = \dfrac{\pi d^2}{4} \times \ell \times 비중 \times 10^{-6} = \dfrac{\pi}{4} \times 100^2 \times 30 \times 7.8 \times 10^{-6} = 1.84 kg$

$W_2 = 가로 \times 세로 \times 길이 \times 비중 \times 10^{-6} = 45 \times 45 \times 50 \times 7.8 \times 10^{-6} = 0.7898$

$W_3 = 가로 \times 세로 \times 길이 \times 비중 \times 10^{-6} = 40 \times 40 \times 50 \times 7.8 \times 10^{-6} = 0.624 kg$

$W = 1.84 + 0.79 + 0.62 = 3.25 kg$

* 총소요수량 = 제작수량 $\times \left(\dfrac{100}{100 - 불량율}\right) = 1500 \times \left(\dfrac{100}{100 - 0.08}\right) = 1630.4348 ≒ 1631 EA$

문제 2. 비중 8.6, 길이 여유량 4mm, 외경여유 3mm일 때 다음 그림 소재의 중량은?

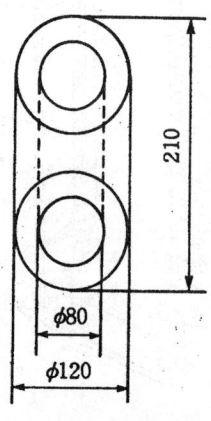

㉮ 12.61kg   ㉯ 13.61kg   ㉰ 14.61kg   ㉱ 15.61kg

해답 1. ㉯   2. ㉮

풀이 $W = \dfrac{체적(cm^3) \times 비중}{1,000} = \dfrac{체적(mm^3) \times 비중}{1,000,000}$

$= \dfrac{\pi}{4}(D^2 - d^2) \times \ell \times 비중 \times 10^{-6}$

$= \dfrac{\pi}{4}(123^2 - 80^2) \times 214 \times 8.6 \times 10^{-6} = 12.61 \text{kg}$

$W = \dfrac{\pi}{4}(12.3^2 - 8^2) \times 21.4 \times 8.6 \times 10^{-3} = 12.61 \text{kg}$

문제 3. 비중 7.85, 로스율 7% 제작수량 2,000EA, 소재중량 : 외경 4mm, 길이 4mm일 때, 가공중량, 소재중량, 총소요 중량은?

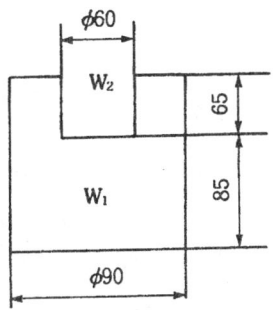

㉮ 2120   ㉯ 2130   ㉰ 2140   ㉱ 2150

풀이 ＊가공중량

$W_1 = \dfrac{\pi}{4} \times 90^2 \times 150 \times 7.85 \times 10^{-6} = 7.49 \text{kg}$

$W_2 = \dfrac{\pi}{4} \times 60^2 \times 65 \times 7.85 \times 10^{-6} = 1.44 \text{kg}$

∴ $W = W_1 - W_2 = 7.49 - 1.44 = 6.05 \text{kg}$

＊ 소재중량

$W = \dfrac{\pi}{4} \times 94^2 \times 154 \times 7.85 \times 10^{-6} = 8.39 \text{kg}$

＊ 총소요중량 = 제작수량×(1+로스율)

$= 2,000 \times (1+0.07) = 2140 \text{EA}$

문제 4. 비중 8.74일 때 다음 그림의 가공 중량은?(단, 드릴구멍은 고려치 않음)

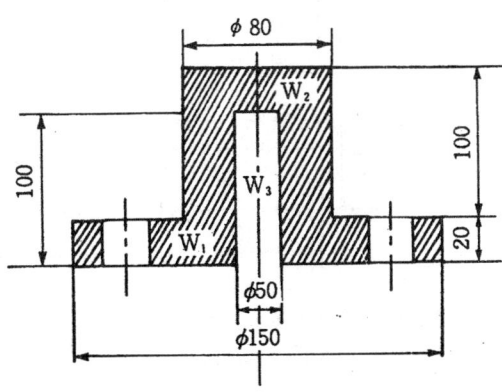

㉮ 5.56kg   ㉯ 5.66kg   ㉰ 5.76kg   ㉱ 5.86kg

해답 3. ㉰ 4. ㉰

[풀이] * 가공중량
$W = W_1 + W_2 - W_3$
$W_1 = \frac{\pi}{4} \times 길이 \times 비중 \times 10^{-6}$
$= \frac{\pi d^2}{4} \times 150^2 \times 20 \times 8.74 \times 10^{-6} = 3.09\,kg$
$W_2 = \frac{\pi}{4} \times 80^2 \times 100 \times 8.74 \times 10^{-6} = 4.39\,kg$
$W_3 = \frac{\pi}{4} \times 50^2 \times 100 \times 8.74 \times 10^{-6} = 1.72\,kg$
∴ $W = 3.09 + 4.39 - 1.72 = 5.76\,kg$

[문제] 5. 비중 7.85, 단가 1,000원/kg, 가공중량, 소재중량(가로×세로×길이) 각각 4mm일 때 다음 그림 소재의 재료비는 얼마인가?

㉮ 22,500원

㉯ 23,500원

㉰ 24,500원

㉱ 25,500원

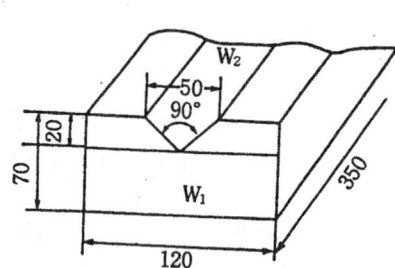

[풀이] * 가공중량 = $W_1 - W_2$
W_1 = 가로×세로×길이×비중×10^{-3}
$= 12 \times 7 \times 35 \times 7.85 \times 10^{-3} = 23.079\,kg ≒ 23.08\,kg$
W_2 = (밑변×높이)×$\frac{1}{2}$×길이×비중×10^{-3}
$= (5 \times 2) \times \frac{1}{2} \times 35 \times 7.85 \times 10^{-3} = 1.3738 ≒ 1.37\,kg$
$W = 23.08 - 1.37 = 21.71\,kg$
 * 소재중량(W) = 가로×세로×길이×비중×10^{-3}
$= 12.4 \times 7.4 \times 35.4 \times 7.85 \times 10^{-3} = 25.4992 ≒ 25.5\,kg$
재료비 = 중량×단가 = $25.5 \times 1,000 = 25,500$원

[문제] 6. 다음 물체는 비중 7.8, 가공여유 3mm, 단가 800원/kg일 때 재료비는 얼마인가?

㉮ 5,848

㉯ 5,748

㉰ 5,948

㉱ 6,048

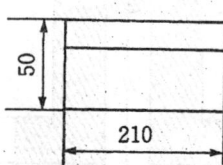 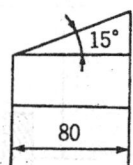

[풀이] * 소재중량(W) = 가로×세로×길이×비중×10^{-6}
$= 83 \times 53 \times 213 \times 7.8 \times 10^{-6} = 7,308\,kg ≒ 7.31\,kg$
 * 재료비 = 중량×단가
$= 7.31 \times 800 ≒ 5,848$원

[해답] 5. ㉱ 6. ㉮

문제 7. 다음 그림은 비중 2.7, 가공여유 2mm, 수량 350EA, 불량율 5%, 단가 2500원/kg일 때 소재중량, 총소요수량, 총재료비를 구하라.?

㉮ 26,315
㉯ 26,325
㉰ 26,335
㉱ 26,345

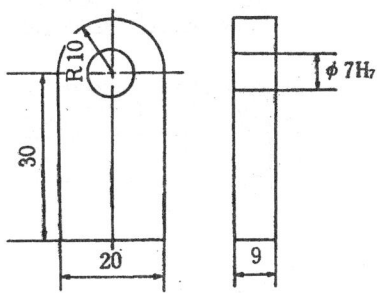

풀이 (1) 소재중량(W) = 가로 × 세로 × 길이 × 비중 × 10^{-6}
            = $22 \times 11 \times 42 \times 2.7 \times 10^{-6}$ = 0.027kg ≒ 0.03kg

(2) 총소요수량 = 제작수량 × $\left(\dfrac{100}{100-불량율}\right)$ = $350 \times \left(\dfrac{100}{100-0.05}\right)$
            = 350,1751 ≒ 351EA

(3) 총재료비 = 개당중량 × 총소요수량 × 단가
            = 0.03 × 351 × 2500 = 26,325원

문제 8. 다음 그림의 강재중량표에서 직경 100mm, 길이 1m인 환봉의 중량을 구하면 61.7 kg이다. 단, 직경 60mm, 길이 1m인 환봉의 중량은 22.2kg이다. 이때에 그림의 중량을 구하라.?

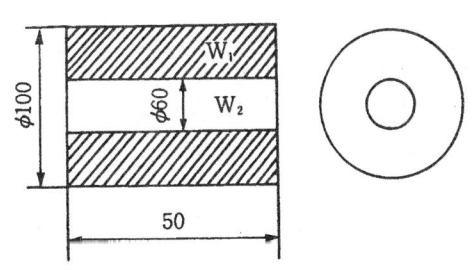

〔중량표〕

d,a,s	○ d	□ a	⬡ s
치수 d,a,s mm	단위길이당 중량 kg/m		
38	8.90	—	9.82
40	9.68	12.6	—
45	12.5	15.9	—
50	15.4	19.9	17.0
55	18.7	(23.7)	20.6
60	22.2	(28.3)	24.5
63	24.5	31.2	—
65	(26.0)	(33.2)	28.7
70	(30.2)	38.5	33.3
75	(34.7)	44.2	38.2
80	39.5	50.2	43.5
90	49.9	—	55.1
100	61.7	78.5	68.2

㉮ 1.58 ㉯ 1.48
㉰ 1.98 ㉱ 1.68

풀이 $W_1 = \phi100 = 61.7$kg/m
            = $61.7 \times 10^{-3} \times 50 = 3.085$ ≒ 3.09kg
    $W_2 = \phi60 = 22.2$kg/m
            = $22.2 \times 10^{-3} \times 50 = 1.11$kg
    $W = W_1 - W_2 = 3.09 - 1.11$ ≒ 1.98kg

문제 9. 인청동 Bush 1,500EA 제작하려 한다.(절단여유 3mm) 가공여유 내외경 0.5mm이 다. 재료비는 얼마인가?(단, 파이프 절단에 따른 손실은 계산에서 제외 파이프 체적공

해답 7. ㉯ 8. ㉰

식 mm를 cm로 나타내어라. 비중 8.6, 불량율 6%, 단가 4,500원/kg)

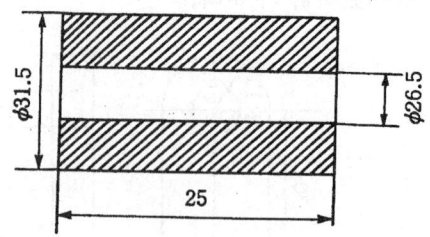

㉮ 405,270   ㉯ 405,250   ㉰ 405,230   ㉱ 405,280

[풀이] * 소재중량$(W)=\frac{\pi}{4}(3.2^2-2.6^2)\times 25 \times 8.6 \times 10^{-3}=0.0587 ≒ 0.06 kg$
* 총소요수량 = 제작수량 × $(\frac{100}{100-불량율})=1,500\times(\frac{100}{100-0.02})=1500,3001=1501 EA$
* 총재료비 = 개당중량 × 단가 × 총소요수량(제작수량) = $0.06 \times 4500 \times 1501 ≒ 405,270$원

[문제] 10. 비중 7.8, 수량 500EA, 불량율 4%일 때 그림의 중량은?

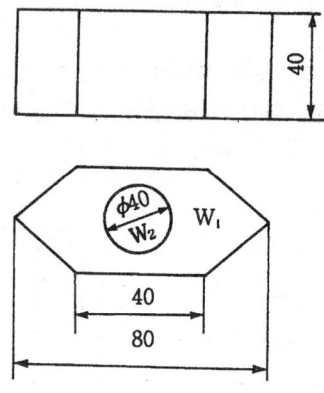

㉮ 0.91   ㉯ 1.20   ㉰ 1.10   ㉱ 1.00

[풀이] * 가공중량$(W)=W_1-W_2$
$W_1=2.6s^2\times \ell \times 비중 \times 10^{-6}=2.6\times 40^2 \times 40 \times 7.8 \times 10^{-6}=1.2979 kg ≒ 1.30 kg$
$W_2=\frac{\pi d^2}{4}\times \ell \times 비중 \times 10^{-6}=\frac{\pi}{4}\times 40^2 \times 40 \times 7.8 \times 10^{-6}=0.3919 kg ≒ 0.39 kg$
∴ $W=1.30-0.39 ≒ 0.91 kg$

[참고] 체적 $V=2.6s^2 \ell - \pi d^2/4 \ell$
* $V=2.6s^2 \ell$ or $0.866h \ell$

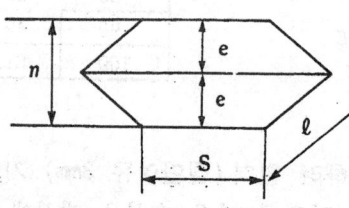

문제 11. 다음 그림은 비중 7.2일 때 소재의 중량은 얼마인가?

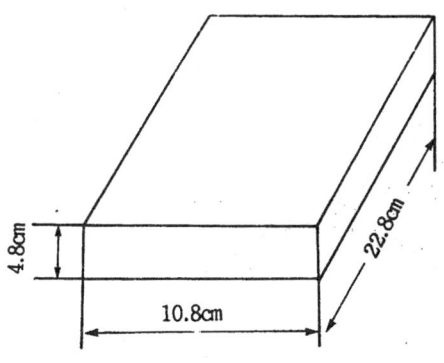

㉮ 8.31   ㉯ 8.41   ㉰ 8.51   ㉱ 8.61

[풀이] * 소재의 중량(W) = 가로 × 세로 × 길이 × 비중 × 10^{-3}
    = 10.8 × 4.8 × 22.8 × 7.2 × 10^{-3}
    = 8.5010 ≒ 8.51kg

문제 12. 다음 표에 재료비를 구하면 얼마인가?

재료명	황동
수 량	200EA
비 중	8.6
불량율	4%
가공여유	2mm
단가원/kg	2500

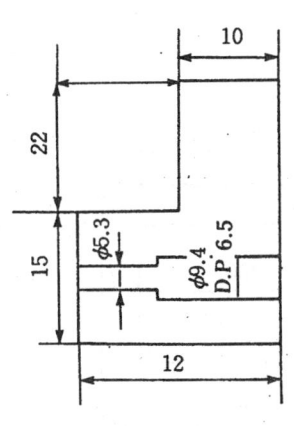
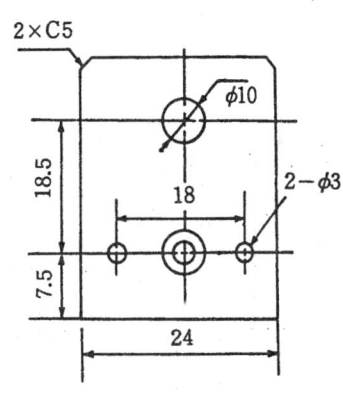

㉮ 60,300   ㉯ 60,100   ㉰ 60,200   ㉱ 60,000

[풀이] * 소재중량(W) = 가로 × 세로 × 길이 × 비중 × 10^{-6}
     = 14 × 39 × 26 × 8.6 × 10^{-6} = 0.1221 ≒ 0.12kg

* 총소요수량 = 가공수량 × ($\frac{100}{100 - 불량율}$)
    = 200 × ($\frac{100}{100 - 0.04}$) = 200.08 ≒ 201개

* 재료비 = 개당중량 × 단가 × 제작수량
    = 0.12 × 2500 × 201 ≒ 60,300원

해답 11. ㉰   12. ㉮

문제 13. 다음 그림은 소재의 중량, 총소요수량, 재료비(재료 : 기계구조용 탄소강 SM45C) 비중 7.8, 가공여유 5%, 제작수량 150EA, 불량율 3%, 단가 600원/kg일 때 소재 중량은 얼마인가?

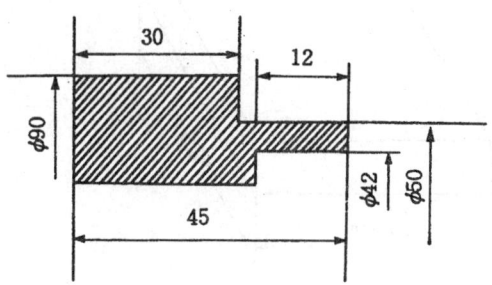

㉮ 2.48　　㉯ 2.58　　㉰ 2.68　　㉱ 2.78

풀이 * 소재중량(W) = $\frac{\pi d^2}{4} \times 길이 \times 비중 \times 10^{-6}$
   　　　　　　　 = $\frac{\pi}{4}(90 \times 1.05)^2 \times (45 \times 1.05) \times 7.8 \times 10^{-6} = 2.5836 ≒ 2.58\,kg$

* 총소요수량 = 제작수량 × ($\frac{100}{100-불량율}$) = $150 \times (\frac{100}{100-0.03}) = 154.6392 = 155\,EA$

* 재료비 = 개당중량 × 단가 × 총소요수량
   　　　 = 2.58 × 600 × 155 = 239,940원

문제 14. 전기용 플러그 단자의 도면을 보고 아래표에서 가장 적합한 재료를 선택하여라? (가공여유 5%)

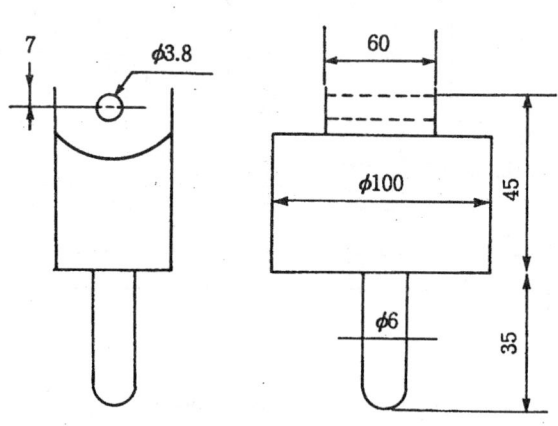

재료명	비중	단가
주철GC 20	7.8	600
합금공구강STS30	7.8	200
황동(7:3)	8.9	2500
Al	2.7	2300

㉮ 구리　　㉯ 황동　　㉰ 청동　　㉱ 연강

풀이 * 황동
   * 소재의 중량 = $\frac{\pi}{4}(100 \times 1.05)^2 \times (80 \times 1.05) \times 8.9 \times 10^{-6} = 6.4702\,kg ≒ 6.47\,kg$
   * 재료비 = 개당중량 × 단가
   　　　　 = 6.47 × 2500 ≒ 16,175원

해답 13. ㉯ 14. ㉯

문제 15. 도면과 같이 크랭크용 프레스 인청동 메탈베어링 1set를 제작하려 한다. 재료중량 재료비는?(단, 가공여유는 모든 부분편측 2mm, 비중 8.6, 단가 6,000원/kg)

㉮ 73,680

㉯ 74,080

㉰ 75,680

㉱ 76,680

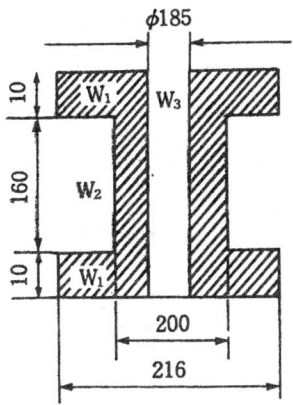

풀이 $W_1 = \frac{\pi}{4} \times 220^2 \times 14 \times 2 \times 8.6 \times 10^{-6} = 9.1490\text{kg} ≒ 9.15\text{kg}$

$W_2 = \frac{\pi}{4} \times 204^2 \times 156 \times 2 \times 8.6 \times 10^{-6} = 43.8281\text{kg} ≒ 43.83\text{kg}$

$W_3 = \frac{\pi}{4} \times 181^2 \times 184 \times 2 \times 8.6 \times 10^{-6} = 40.6952\text{kg} ≒ 40.70\text{kg}$

* 중량(W) = $W_1 + W_2 - W_3$
  = 9.15 + 43.83 - 40.70 = 12.28kg
* 재료비 = 개당중량 × 단가
  = 12.28 × 6000 = 73,680원

문제 16. 다음 그림의 소재의 중량을 구하면 얼마인가?(단, 비중 7.2)

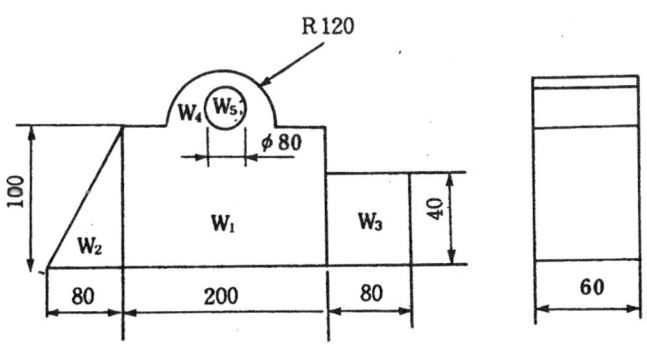

㉮ 18.35   ㉯ 19.35   ㉰ 20.45   ㉱ 21.55

풀이 $W_1 = 200 \times 100 \times 60 \times 7.2 \times 10^{-6} = 8.64\text{kg}$

$W_2 = \frac{1}{2} \times 80 \times 100 \times 60 \times 7.2 \times 10^{-6} = 1.7280\text{kg} ≒ 1.73\text{kg}$

$W_3 = 80 \times 40 \times 60 \times 7.2 \times 10^{-6} = 1.3824 ≒ 1.38\text{kg}$

$W_4 = \frac{\pi}{4} 240^2 \times 60 \times 7.2 \times 10^{-6} \times \frac{1}{2} = 9.7667 ≒ 9.77\text{kg}$

$W_5 = \frac{\pi}{4} 80^2 \times 60 \times 7.2 \times 10^{-6} = 2.1704 ≒ 2.17\text{kg}$

∴ $W = W_1 + W_2 + W_3 + W_4 - W_5 = 8.64 + 1.73 + 1.38 + 9.77 - 2.17 ≒ 19.35\text{kg}$

해답 15. ㉮ 16. ㉯

문제 17. 다음 그림의 기어 중량을 구하시오. (단, 비중 7.2이며 테이퍼와 R부위는 무시함)

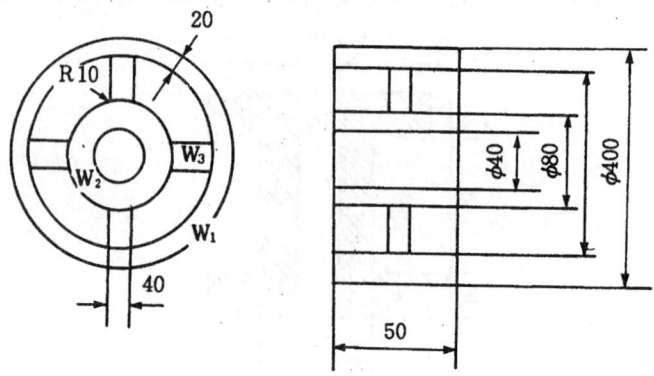

㉮ 13.05　　㉯ 15.01　　㉰ 18.01　　㉱ 20.21

풀이 ※ 기어의 중량(W) = $W_1 + W_2 + W_3$

$W_1 = \dfrac{\pi}{4}(400^2 - 360^2) \times 50 \times 7.2 \times 10^{-6} = 8.5910 ≒ 8.59\text{kg}$

$W_2 = \dfrac{\pi}{4}(80^2 - 40^2) \times 50 \times 7.2 \times 10^{-6} = 1.3565 ≒ 1.36\text{kg}$

$W_3 = \pi\gamma^2 b = \pi \times 20^2 \times 40 \times 4 \times 7.2 \times 10^{-6} = 5.0642 ≒ 5.06\text{kg}$

∴ $W = 8.59 + 1.36 + 5.06 ≒ 15.01\text{kg}$

해답 17. ㉯

1. 총 칙

제 1 조(목 적)

이 기준은 산업안전보건법(이하 "법"이라 한다) 제34조 제1항 및 제6항의 규정에 의하여 승강기의 제작기준과 안전기준 및 검사기준을 규정함으로써 근원적인 안전성을 확보하는 데 그 목적이 있다.

제 2 조(적용범위)

이 기준은 모든 승강기에 대하여 적용한다. 다만 적재하중의 1톤 미만인 화물용승강기는 제외한다.

제 3 조(용어의 정의)

① 이 기준에서 "승강기"라 함은 동법 산업안전기준에 관한 규칙 제100조 제2항 제4호의 규정에 의한 승강기를 말하며 다음 각호와 같이 구조별로 구분한다.

1. 승강기

   가. 로프식 승강기

   ㉠ 견인식 : 승강기 전용의 로프에 의해 연결되어 있는 카와 균형추를 권상기의 회전으로 승강시키는 구조의 승강기를 말한다.

   ㉡ 권동식 : 승강기 전용의 로프에 의해 연결되어 있는 카를 전동기의 동력에 의해 권상드럼에 감거나 풀어 주는 구조의 승강기를 말한다.

   나. 유압식 승강기

   ㉠ 직접식 : 유압에 의해 승강하는 플런저에 카가 직결되어 승강되는 구조의 승강기를 말한다.

   ㉡ 간접식 : 유압에 의해 승강하는 플런저와 카 사이를 로프로 연결시킨 구조의 승강기를 말한다.

2. 에스컬레이터(수평보행기를 포함한다.)

3. "주요구조부"란 강도 및 기능상 중요장치로서 다음 각목과 같다.

   가. 카프레임

   나. 기계실 지지보

   다. 가이드레일 및 프레임

   라. 방호장치

② 기타 이 기준에서 사용하는 용어의 정의는 이 기준에 특별한 규정이 있는 것을 제

외하고는 법, 동법, 시행령, 동법 시행규칙 및 산업안전기준에 관한 규칙이 정하는 바에 의한다.

예상문제

문제 1. 안전기준과 검사기준의 제정 목적은?
  ㉮ 근원적 안전성확보   ㉯ 재해예방   ㉰ 복지향상   ㉱ 산업보호

  풀이 승강기 제작기준 안전기준 제정목적 : 근원적인 안전성의 확보가 목적이다.

문제 2. 다음 승강기에서 로프식 승강기에 해당되는 것은?
  ㉮ 간접식   ㉯ 직접식   ㉰ 유압식   ㉱ 견인식

  풀이 로프식 승강기의 분류
  ① 견인식 : 승강기 전용의 로프에 의해 연결되어 있는 카와 균형추를 권상기의 회전으로 승강시키는 구조의 승강기를 말한다.
  ② 권동식 : 승강기 전용의 로프에 의해 연결되어 있는 카를 전동기의 동력에 의해 권상 드럼에 감거나 풀어 주는 구조의 승강기를 말한다.

문제 3. 다음 중 유압식 승강기는 어느 것인가?
  ㉮ 로프식   ㉯ 견인식   ㉰ 권동식   ㉱ 직접식

  풀이 유압식 승강기의 종류
  ① 직접식 : 유압에 의해 승강하는 플런저에 카가 직결되어 승강되는 구조의 승강기를 말한다.
  ② 간접식 : 유압에 의해 승강하는 플런저와 카 사이를 로프로 연결시킨 구조의 승강기를 말한다.

문제 4. 다음에서 승강기의 주요 구조부가 아닌 것은?
  ㉮ 연동장치   ㉯ 카 프레임   ㉰ 기계실 지지보   ㉱ 방호장치

  풀이 "주요 구조부"란 강도 및 기능상 중요장치이다.
  ① 카프레임
  ② 기계실 지지보
  ③ 가이드레일 및 프레임
  ④ 방호장치

해답 1. ㉮ 2. ㉱ 3. ㉱ 4. ㉮

제3장 승강기 제작기준 및 안전기준

1. 로프식 승강기

제 4 조(강도기준)

① 로프식 승강기의 구조부분에 사용하는 재료는 다음 각호에 정한 한국공업규격품 또는 동등 이상인 것이어야 한다.
  1. KS D 3503(일반구조용 압연강재)로 정한 1종 또는 2종 규격에 적합한 강재
  2. KS D 3515(용접구조용 압연강재)에 적합한 강재
  3. KS D 3566(일반구조용 탄소강 강관)에 적합한 강재
  4. KS D 3568(일반구조용 각형 강관)에 적합한 강재

② 제1항의 경우 다음 각호에 해당하는 것에는 이 기준을 적용하지 아니한다.
  1. 사다리, 울, 덮개 등 승강기 구조부분의 강도계산의 대상이 되지 않는 것(기계부분은 제외한다.)
  2. 지지보, 가이드레일, 스테이 또는 토목, 건축공사 등에 사용되는 승강기 카의 재료

③ 제1항 본문에 관계없이 구조부분(동항 단서에서 규정하는 물건은 제외)의 재료는 노동부장관이 인정할 때는 내식알미늄 합금압출형재, 내식알미늄 합금판을 재료로 할 수 있다.

④ 제1항의 강재의 정수는 다음 각호의 정한 값에 따른다.
  1. 종탄성계수 : 2,100,000(kg/cm^2)
  2. 횡탄성계수 : 810,000(kg/cm^2)
  3. 포와송비 : 0.3
  4. 신팽창계수 : 0.000012

제 5 조(와이어로프 등)

① 권상용 와이어로프는 다음 각호에 해당되어야 한다.
  1. KS D 3514(와이어로프)에 적합한 것으로 동 규격에 있어 주로 승강기용으로 되어 있는 것일 것
  2. 직경은 공칭지름 12mm(정격속도가 매분 15m 이하로 카의 바닥 면적이 1.5m^{2}이하의 승강기에 있어서는 10mm)이상일 것.
  3. 단부는 1본마다 강재 소켓에서 배빗채움, 클램프 고정 또는 이와 동등한 방법으로 고정되어 있을 것
  4. 카 1대에 대해 3본(권동식의 승강기에 있어서는 2본)이상일 것.
  5. 권동식 승강기의 권상용 와이어로프에 있어서 여유 길이는 카의 위치가 최저가 되

었을 때 권상기의 드럼에 2회 이상 감고 남는 길이일 것
② 와이어로프의 허용응력은 당해 재료의 파괴강도의 값 표1의 안전율로 나눈 값으로 한다.

[표 1]

종 류		안 전 율
권상용 와이어 로프	승 용	10
	화 물 용	6
조 속 기 로 프		4

제6조(시브 및 드럼) 승강기의 시브 또는 드럼은 다음 각호에 정한 구조로 해야 한다.
1. 직경은 주로프 직경의 40배 이상으로 할 것. 단, 시브로서 주로프의 직경에 접한 부분의 길이가 그 둘레길이가 1/4이하인 것의 직경은 주로프 직경의 36배 이상으로 할 수 있다.
2. 심한 진동이 있는 경우에는 주로프가 벗겨지지 않는 구조로 하여야 한다.

제7조(레일) 레일은 다음 각호에 정한 구조로 해야 한다.
1. 카측의 가이드레일은 KS B 8101(경량레일)에 적합한 강재일 것.
2. 제36조의 제6호에 규정된 장치가 작동할 경우에 있어서 안전한 것.
3. 승강기 카 또는 균형추가 진동 등에 의해 빠지지 않을 것.

제8조(허용응력의 계산)
① 제4조 제1항의 강재의 허용인장응력, 허용압축응력, 허용굽힘응력, 허용전단응력의 또는 허용지지압응력의 값은 각각 다음 식에 의해 계산하여 얻은 값 이하가 되어야 한다.

$$\sigma ta = \frac{\sigma}{1.7}$$
$$\sigma ca = \sigma ta$$
$$\sigma ba = \sigma ta$$
$$\tau = 0.8 \sigma ta$$
$$\sigma da = 1.42 \sigma ta$$

여기에서
σta = 허용인장응력(단위 kg/cm²)
σe = 강재의 항복점(단위 kg/cm²)
σca = 허용압축응력(단위 kg/cm²)
σba = 허용굽힘응력(단위 kg/cm²)
τ = 허용전단응력(단위 kg/cm²)
σda = 허용지지응력(단위 kg/cm²)

② 제4조 제1항의 강재의 허용좌굴응력의 값은 다음 식에 의해 계산을 하여 얻은 값 이하이어야 한다.

$\lambda < 20$일 때 $\sigma k = \sigma ca$

$20 \leq \lambda \leq 200$일 때 $\sigma k = \dfrac{1}{\omega} \sigma ca$

여기에서

σk : 허용좌굴응력(단위 : kg/cm²)

σca : 허용압축응력(단위 : kg/cm²)

ω : 별표 1에서 정하는 좌굴계수

λ : 유효세장비

제 9 조(용접부의 허용응력)

① 제4조 제1항의 강재로 구성하는 구조부분의 용접부 허용응력(허용지지압응력 또는 허용좌굴응력을 제외)의 값 및 제8조 제1항에 규정하는 각각의 값(용접가공의 방법은 필릿용접일 때는 허용전단응력의 값)은 표2의 정하는 바에 의한다.

[표 2]

계수단위(%)	용접가공방법 강재의 종류		맞대기용접		필렛용접	
			A	B	A	B
	허용인장응력	방사선 시험을 한 것	100.0	100.0	-	-
		방사선 시험을 하지 않은 것	84.0	80.0	84.0	80.0
	허용압축응력	방사선 시험을 한 것	100.0	100.0	-	-
		방사선 시험을 하지 않은 것	94.5	90.0	84.0	80.0
	허용굽힘응력	방사선 시험을 한 것	100.0	100.0	-	-
		방사선 시험을 하지 않은 것	84.0	80.0	-	-
	허용전단응력	—	84.0	80.0	84.0	80.0

비고 A : 용접구조용 압연강재, 일반구조용 탄소강관, 일반구조용 각형강관 또는 이와 동등이상의 기계적 성질을 가진 강재중 우수한 것
     B : A 이외의 강재

② 제1항 표 2의 방사선 시험을 행한 것에 규정된 계수는 KS B 0845(강용접부의 방사선 투과시험방법 및 투과사진의 등급분류 방법)로 정한 방사선 시험을 용접개소의 전장 20% 이상의 길이에 대해 행할 때 한하여 적용하는 것이다.

③ 제2항의 방사선 시험을 할 때의 용접개소는 그 보강이 모재의 표면과 동일한 면까지 같아야 한다. 다만, 보강의 중앙높이가 표 3에 의할 때는 이에 관계 없다.

[표 3]

모재의 두께 (mm)	보강의 높이 (mm)
12 이하	1.5
12초과 25 이하	2.5
25 초과	3.0

제 10 조(용접의 재료 등) 제4조의 규정에 해 사용하는 재료나 이에 구성되는 구조 부분의 용착부 허용응력 값은 당해 재료의 화학적 성분 또는 기계적 성질에 따라 한국공업

규격에 적합한 값이어야 한다.

제 11 조(허용응력 값과 최소응력 값의 비) 제9조에 규정하는 허용응력 값은 응력의 값이 수직 동하중의 위치, 크기 또는 수평동하중의 방향이나 크기에 따라 변화할 때에는 동조의 규정에 관계없이 최대응력의 값과 최소응력의 비 또는 응력값의 변화회수에 따라서 동조의 값을 감소시킨 값으로 한다.

제 12 조(허용응력 범위) 제8조에 규정하는 허용응력 값은 제16조 제1항 제2호 또는 제3호, 제4호의 조합에 의한 계산에 있어서는 각각 15%이하, 30%이하의 범위내에서 할증할 수 있다.

제 13 조(재료의 허용응력) 승강기에 사용하는 재료의 허용응력(허용전단응력, 허용지지압응력 및 허용좌굴응력은 제외)의 값은 당해 재료의 파괴강도의 값을 표 4의 안전율로 나눈 값으로 한다.

[표 4]

승 강 기 부 분		안 전 율
승용승강기(인화공용 승강기 포함)의 카		7.5
승용승강기 이외의 승강기 카		6
지 지 보	철골조의 것	4
	철근 콘크리트 구조의 것	7
보조로프		4

제 14 조(하중의 종류 등)

① 구조부분에 부하되는 하중은 다음 각호와 같다.
  1. 수직하중
  2. 수평하중
  3. 풍하중

② 제1항의 규정에 관계없이 옥외에 설치되는 승강기 이외의 승강기에 있어서는 제1항 제3호에 규정한 하중을 구조부분에 부하하는 하중으로 하지 않을 수 있다.

제 15 조(풍하중)

① 제14조 제1항 제3호의 풍하중은 다음 식에 의해 계산한다. 이 경우 폭풍시 풍속은 매초 35m, 폭풍 이외의 풍속은 매초 16m로 한다.

$W = qCA$

여기에서
  W : 풍하중(kg)
  q : 속도압(kg/m^2)
  C : 풍력계수
  A : 압력을 받는 면적(m^2)

② 제1항의 속도압의 값은 다음 식에 의해 계산한다.

$$q = \frac{V^2}{30} \cdot \sqrt[4]{h}$$

여기에서

q : 속도압(kg/m²)

V : 풍속(m/sec)

h : 바람을 받는 면의 지상으로부터의 높이(m)
  (높이가 15m 미만일 때는 15)

③ 제1항의 풍력계수의 값은 풍동시험에 의할 때를 제외하고는 다음 표 5에 정한바에 따른다.

[표 5]

바람을 받는 면의 종류		충실률	풍력계수	비 고
평면 래티스(Lattice) 또는 트러스로 구성된 면		0.1 미만	2.0	1. 충실률의 값은 바람을 받는 겉보기 면적을 당해 바람을 받는 면의 면적으로 나눈 값
		0.1~0.3 미만	1.8	
		0.3~0.9 미만	1.6	
		0.9 이상	2.0	
평판으로 구성된 구조물의 면		-	1.2	
원통면 및 강관재의 평면 래티스 또는 트러스에 의해 구성된 면	$d\sqrt{q}<1$의 경우	-	1.2	2. d : 원통형 강관의 직경(m)
	$d\sqrt{q}≥1$의 경우	-	0.7	q : 속도압(kg/m²)

④ 제1항의 압력을 받는 면적은 바람을 받는 면의 바람방향의 직각면에 대한 투영면적으로 한다. 이 경우 바람을 받는 면이 바람방향에 대하여 2면이상 겹치고 있을 때는 다음 각호에 의한다.

1. 바람받는 면이 2면으로 겹칠 때, 바람방향에 대해 제1면의 투영면적에 바람방향에 대하여 제2면 중 제1면과 겹친 부분의 투영면적의 60% 면적 및 바람방향에 대하여 제2면 중 제1면과 겹치지 않는 면의 투영면적이 합한 면적

2. 바람을 받는 면이 3면 이상 겹칠 때, 제1호의 면적이 바람방향에 대하여 제3면 이하가 되는 면 중 전방의 면과 겹치는 면의 투영면적의 50% 면적 및 바람방향에 대해 제3면 이하가 되는 면 중 전방의 면과 겹치지 않는 부분의 투영면적을 합한 면적

제 16 조(강도계산)

① 구조부분을 구성하는 부재의 단면에 생기는 응력의 값은 다음 각호에 해당하는 계산의 합이 각각 제8조에 정한 허용응력의 값을 초과해서는 안된다.

1. 정하중 계수를 곱한 수직정하중과 동하중계수를 곱한 수직동하중의 합
2. 정하중 계수를 곱한 수직정하중, 동하중계수를 곱한 수직동하중, 동하중계수를 곱한 수평동하중 및 폭풍 이외의 경우 풍하중의 합
3. 수직정하중, 수직동하중(화물의 하중은 제외) 및 폭풍시의 풍하중의 합
4. 수직동하중(화물의 하중은 제외) 및 수직정하중의 합

5. 제1항의 규정에 의한 응력값 계산은 제1항 각호 중 구조부분의 강도에 대하여 가장 불리할 때의 하중으로 계산한다.

제 17 조(구조부분의 강도) 구조부분은 당해 승강기 사용상 지장이 되는 변형이 생기지 않도록 강성이 유지되는 것이어야 한다.

제 18 조(승강로) 승강기에는 다음 각호에 정한 바에 따라 승강로를 설치하여야 한다.
1. 출입구(비상구 포함)부분과 사람이 가까이 할 염려가 있는 곳에는 견고한 벽이나 울 또는 문을 설치할 것
2. 동일한 층에 대한 출입구는 카 1대에 2개 이하로 설치할 것. 단, 출입구가 2개일 경우 동시에 열리지 않는 구조일 것.
3. 카가 정지하는 제일 높은 층에 카가 정지하였을 때의 천정의 상부로부터 승강로의 상부에 있는 바닥이나 보의 바닥까지의 수직거리(이하 "상부틈"이라 함) 또는 카가 정지하는 제일 밑층의 바닥으로부터 승강로의 바닥까지의 수직거리(이하 "피트의 깊이"라 한다.)는 정격속도에 따라 표 6에 정한 값 이상일 것

[표 6]

정격속도(m/min)	상 부 틈(m)	피트의 깊이(m)
45 이하	1.2	1.2
45 초과 ~ 60 이하	1.4	1.5
60 초과 ~ 90 이하	1.6	1.8
90 초과 ~ 120 이하	1.8	2.1
120 초과 ~ 150 이하	2.0	2.4
150 초과 ~ 180 이하	2.3	2.7
180 초과 ~ 210 이하	2.7	3.2
210 초과 ~ 240 이하	3.3	3.8
240 초과	4.0	4.0

4. 운전하는 데 필요없는 와이어로프, 배선, 파이프 등이 내부에서 설치되어 있지 않을 것
5. 승강로 내에는 레일, 브래킷, 기타 승강기의 구조상 승강로 내에 설치가 부득이한 것을 제외하고는 돌출물을 설치하지 말것
6. 카와 승강로 치수는 KSF 1506(승용엘리베이터와 승강로의 치수)에 따른다.

제 19 조(승강로의 재료)
① 승강로의 출입구에 접한 승강로비 또는 이와 유사한 부분은 전용승강기용으로 할 것. 당해 부분의 벽 또는 천정이 실내에 접하는 부분 마감은 난연재료로 하고, 그 하부를 불연재료로 만든 것으로 설치하여야 한다.
② 제18조 제1호의 벽 및 및 울 또는 제2호의 출입구 문은 불연재료(유리를 사용할 경우 강화유리 이외의 유리는 제외)로 만들어 견고하게 설치하여야 한다.

제 20 조(출입구의 간격) 승장출입구의 바닥끝부분과 카의 출입구바닥 끝부분과의 간격은 40mm 이하가 되도록 하여야 한다.

제 21 조(승강로 탑등) 승강로 탑 또는 가이드레일 지지탑은 다음 각호의 정한 바에 따른다, 다만, 제4호의 규정은 당해 승강로 또는 가이드레일 지지탑이 용이하게 점검·수리 등을 할 수 있을 때에는 적용하지 않는다.
　1. 기초부터 높이 10m 이내의 개소나 상부 가건설물에 고정되어 있거나 지지되어 있을 것. 다만, 상부는 반드시 고정할 것
　2. 기초는 부동침하에 대한 결함이 생기지 않는 것일 것
　3. 피트는 주위가 견고하게 묻혀 있을 것
　4. 사다리는 상부까지 설치되어 있을 것

제 22 조(승강로 탑 등의 고정) 승강로 탑 또는 가이드레일 지지탑의 고정은 다음 각호의 정한바에 따른다.
　1. 가공 전로에 근접하여 있지 않을 것
　2. 조속기 로프의 꾐에 있어서는 다음 각목의 정한바에 따를 것
　　㉮ 클립, 턴버클, 심블등의 용구를 이용하여 단단히 연결할 것
　　㉯ 조속기 로프용과 동등 이상으로 견고한 고정물에 확실히 붙일 것
　　㉰ 새클, 심블등의 용구를 사용하여 승강로 탑과 견고하게 연결할 것
　　㉱ 용구로서 턴버클을 사용할 때는 되풀리는 것을 방지하기 위한 조치가 강구되어 있을 것

제 23 조(승강로 탑의 사다리 구조) 승강로 탑 또는 가이드 레일 지지탑에 설치하는 다음 각호의 정한 바에 따른다.
　1. 발판은 250mm 이상 350mm 이하의 일정한 간격으로 설치할 것
　2. 발판과 가까운 고정물과 수평거리는 150mm 이상일 것
　3. 발판은 사람의 발이 옆으로 나가지 않도록 되어 있을 것

제 24 조(가이드레일의 구조) 가이드레일은 연결용구에 의해 승강로나 가이드레일 지지탑에 확실히 설치되어 있어야 하며, 제36조 제6호의 장치가 작동하였을 때에 안전한 구조인 것이어야 한다.

제 25 조(카의 구조) 카는 다음 각호의 정한 바에 따른다.
　1. 카내의 사람이나 물건에 의한 충격에 대해 견고할 것
　2. 구조상 경미한 부분을 제외하고는 불연재료로 만들 것
　3. 출입구의 부분을 제외하고 벽 또는 울이 설치되어 있을 것
　4. 출입구에는 문이 설치되어 있을 것. 단, 자동차 운반전용은 제외하나 이에 준하는 방호장치가 강구되어 있을 것
　5. 비상시 카내의 사람을 안전하게 카 밖으로 구출할 수 있는 개구부가 설치되어 있을 것
　6. 출입구를 2개 이하로 설치할 것
　7. 다음 각목에 정한 사항을 표시한 표시판이 카내의 보기쉬운 곳에 부착되어 있을 것

㉮ 용도
㉯ 적재하중(최대정원)
㉰ 비상시 조치내용

제 26 조(카의 적재하중) 적재하중의 값은 표 7에 의한 값 이상이 되어야 한다.

[표 7]

카 의 종 류		적 재 하 중 (kg)
인용 및 인화 공용	바닥면적이 1.5m² 이하인 것	바닥면적이 1m²당 370으로 계산한 값
	바닥면적이 1.5m²를 초과하고 3m² 이하인 것	바닥면적중 1.5m²를 초과한 면적에 대해서 1m²당 500으로 계산한 값에 550을 더한 값
	바닥면적이 3m²를 초과한 것	바닥면적중 3m²를 초과한 면적에 대해서 1m²당 600으로 계산한 값에 1,300을 더한 값
화 물 용		바닥면적의 1m²당 250(자동차 운반용에 대해서는 150)으로 계산한 값

제 27 조(승강문의 자동개폐) 승강기의 승강시 문이 개폐될 때 그 사이에 협착하는 재해를 방지하기 위한 전동문의 개폐력(압력)은 각 호와 같아야 한다.
  1. 완전히 닫혔을 때의 위치에서 동력으로 문이 열리는 것을 저지하는 힘은 저속측의 문으로 측정하여 15kgf 이하로 할 것.
  2. 문의 닫힘을 출입구 쪽의 중앙에서 일단 저지한 후 점진적인 지지력으로 다시 문이 닫혀지는 힘은 고속측의 문에서 15kgf 이하로 할 것

제 28 조(승강기 문의 수동개폐)
  ① 주행중에 카 저속측의 문을 손으로 여는 경우의 수압력은 20kgf 이상으로 한다.
  ② 카가 정지하거나 동력이 차단되었을 때 카 저속측의 문을 손으로 여는 경우의 수압력은 5kgf 이상 30kgf 이하로 한다.

제 29 조(승강로 출입문의 측면 및 막판) 승강로 출입문의 측면 또는 막판의 구조는 다음 각호에 적합한 것이어야 한다.
  1. 측면 또는 막판은 내화구조의 구조 내력상 주요한 부분에 공간이 생기지 않도록 견고하게 부착할 것
  2. 막판은 철재로서 철판의 두께가 1.5mm 이상의 것으로 하고 용이하게 부착 또는 개폐되지 않는 구조로 할 것
  3. 막판의 이면의 콘크리트벽에는 두께가 2.1mm 이상의 강판 또는 스테인레스의 판넬을 설치할 것. 단, 막판의 두께가 2.0mm 이상일 때는 당해 판넬의 두께는 1.6mm 이상으로 할 수가 있다.

제 30 조(기계실 지지보의 강도계산) 지지보에 가해지는 하중은 다음 식에 의해 계산한 값 이상이어야 한다.

$$p = p_1 + 2p_2$$

여기에서

p : 지지보에 가해지는 하중(kg)

p₁ : 권상기 기타 지지보에 고정부착된 전 장치의 중량(kg)

p₂ : 카 로프의 중량 및 그것에 작용한 하중(kg)

제 31 조(승강장치 등)

① 승강기는 카마다 전동기, 제어장치, 승강장치를 설치한 것이어야 한다.

② 승강장치의 드럼, 샤프트, 핀등으로서 승강장치의 기능에 영향을 주는 부품은 충분한 강도를 가져야 하며, 승강장치의 작동에 지장을 초래하는 마모, 변형, 균열 등이 없는 것이어야 한다.

제 32 조(브레이크)

① 승강장치는 카의 승강작용을 제동하기 위한 브레이크를 설치해야 한다. 다만, 수압, 유압을 동력으로 하는 승강장치에는 그러하지 아니하다.

② 제1항의 제동장치는 다음 각호에 정한 것이어야 한다.

1. 균형추를 사용하는 방식의 제동장치에는 제동토크 값이 적재하중에 상당하는 하중을 실었을 때에 당해 승강장치의 토크값 중 최대값의 1.2배 이상일 것

2. 제1호 이외의 제동장치에는 제동 토크의 값이 적재하중에 상당하는 하중을 실었을 때에 대한 당해 승강장치의 토크값 중 최대값의 1.5배 이상일 것

3. 동력이 차단되었을 때에 자동적으로 작동하는 것일 것

③ 제2항 제1호 내지 제2호의 승강장치의 토크 값 계산에는 승강장치의 저항은 없는 것으로 한다. 다만, 당해 승강장치에 75% 이하의 효율을 가진 워엄기어 기구가 사용되고 있을 때는 그 기어 기구의 저항에 의해 생기는 토크값의 1/2값의 토크에 상당하는 저항이 있는 것으로 한다.

제 33 조(권상기 드럼)

① 권상기 드럼의 홈에 와이어로프가 감길 때에 당해 와이어로프의 방향과 당해 드럼의 홈에 감기는 방향의 각도는 4도 이내가 되어야 한다.

② 권상기 드럼이 홈이 없는 것은 와이어로우프가 감길 때에는 후리트 앵글의 값은 2도 이내가 되어야 한다.

제 34 조(조임등) 권상용 와이어로우프에 카, 균형추등의 물건을 견고히 연결하고 있는 부분은 1본마다 강제 소켓에 배빗메탈로 채워 고정시켜야 한다. 다만, 권동식의 권상용 와이어로프를 권상기드럼에 연결하고 있는 부분은 1본마다 클램프로 고정해야 한다.

제 35 조(기계실) 기계실은 다음 각호에 정한 구조로 하여야 한다.

[표 8]

정 격 속 도 (m/min)	수 직 거 리 (m)
60 이하	2.0
60초과 ~ 150 이하	2.2
150초과 ~ 210 이하	2.5
210 초과	2.8

1. 바닥면적은 승강기의 바닥투영면적이 2배 이상으로 할 것. 다만, 기계의 배치관리에 지장이 없을 경우에는 제한하지 않는다.
2. 바닥면에서 천정 또는 보의 하단까지의 수직거리는 카의 정격속도에 대해서 표 8에서 정한 값 이상으로 할 것.

제 36 조(방호장치등) 승강기에는 다음 각호에 정한 방호장치를 설치해야 한다.
1. 카 또는 승강로의 모든 출입구 문이 닫히지 않았을 때는 카가 승강되지 않는 장치
2. 카가 승강로의 출입구 문위치에 정지하지 않을 때에는 특수장치를 쓰지 않으면 외부로부터의 당해 출입구 문이 열리지 않는 장치 및 특수장치를 쓰는 구멍의 지름은 10mm 이내일 것
3. 조종장치를 조정하는 자가 조작을 중지하였을 때에는 조종장치가 카를 정지시키는 상태로 자동적으로 돌아가는 장치
4. 카 내부 및 카 상부에서 동력을 차단시킬 수 있는 장치
5. 카의 속도가 정격속도의 1.3배(정격속도가 매분 45m 이하의 승강기에는 매분 60m) 이내에서 동력을 자동적으로 차단하는 장치
6. 카의 하강하는 속도가 제5호에서 규정한 장치가 작동하는 속도를 넘었을 때(정격속도가 매분 45m 이하의 승강기에는 카의 하강속도가 동호에서 규정하는 장치가 작동하는 속도에 달하거나 이를 넘을 때)에는 속도가 정격속도의 1.4배(정격속도가 매분 45m 이하의 승강기에는 매분 63m)를 넘지 않는 가운데 카의 하강을 자동적으로 제지하는 장치
7. 수압이나 유압을 동력으로 사용하는 승강기 이외의 승강기에는 카가 승강로의 상부에 있는 경우 바닥에 충돌하는 것을 방지하기 위한 장치(2차 정지 스위치)
8. 카 또는 균형추가 제6호에서 규정한 장치가 작동하는 속도로 승강로의 바닥에 충돌하였을 때에도 카내의 사람이 안전할 수 있도록 충격을 완화시킬 수 있는 장치
9. 승강기에 정격하중(최대정원) 이상 탑승시 문닫힘이 정지되고 경보벨이 울리는 장치
10. 동력의 상이 바뀌면 승강기가 역으로 운행하는 것을 방지하기 위한 장치

제 37 조(비상정지 장치) 제36조 제6호에서 규정한 장치는 순차정지식 비상정지장치이어야 한다. 다만, 정격속도가 매분 45m 이하의 승강기에는 순간정지식 비상정지장치를 설치하여야 한다.

제 38 조(파이널 리밋 스위치)
① 제36조 제7호의 화이날 리밋스위치는 다음 각호의 정한 바에 따른다.
1. 자동적으로 동력을 차단하여 작동을 제동하는 기능을 가지고 있는 것일 것
2. 용이하게 조정이나 점검을 할 수 있는 구조일 것
② 제36조 제7호의 파이널 리밋 스위치 중 전기식인 것은 제1항에 규정한 것 외에 다음 각호의 정한 바에 따른다.

1. 접점, 단자, 권선 기타 전기가 통하는 부분의 외피는 강판 기타 견고한 것이라야 하고 물이나 분진의 침입에 의해 파이널 리밋스위치 기능에 장해를 일으킬 염려가 없는 구조일 것
2. 제1호의 외피에는 보기 쉬운 곳에 화이널 리밋트스위치의 정격전압 또는 정격전류 표시판이 부착되어 있을 것
3. 접점이 개방되어 통전이 중단되는 구조일 것
4. 접점, 단자, 기타 전기를 통하는 통전부분과 제1호와 외피와의 사이에 있는 절연부분의 절연효과에 대한 시험에서 KS C 4504(교류전자 개폐기)의 절연저항 시험 또는 는 내전압 시험기준에 적합한 규격을 가지고 있을 것

제 39 조(전자접촉기 회로 등) 전자접촉기 등의 조작회로를 접지하였을 경우 당해 전자접촉기등이 폐로될 염려가 있는 것은 다음 각호로 정하는 곳에 따라 접속되어 있어야 한다.
1. 코일의 일단을 접지측의 전선에 접속할 것.
2. 코일과 접지측의 전선사이에 개폐기가 없을 것.
3. 과전류 또는 과부하시 동력을 차단시키는 과전류 방지장치를 개별 전동기마다 설치할 것.

제 40 조(회로등) 운전용 회로와 비상신호용 회로 또는 전화용 회로와는 동일의 케이블에 수용되어 있어서는 아니된다.

제 41 조(부품등) 볼트, 너트, 나사, 키, 핀 등은 풀어짐을 방지할 수 있는 것이라야 한다.

2. 유압식 승강기

제 42 조(강도기준) 유압식 승강기의 구조부분에 사용하는 재료는 제4조에 강도기에 준하여 적용한다.

제 43 조(간접식 유압승강기의 주로프) 주로프는 각호에 정한 구조로 해야 한다.
1. 제5조 제1항 제1호에 규정된 구조, 재질
2. 제5조 제1항 제2호에 규정된 구조, 재질
3. 제34조에 규정된 구조
4. 본수는 카 1대에 대해 2본 이상으로 할 것

제 44 조(재료의 허용응력) 유압 승강기의 부분에 사용하는 재료의 허용응력은 당해 재료의 파괴강도의 값을 표 9의 안전율로 나눈값으로 한다.

[표 9]

승 강 기 부 분	안 전 율
플런저, 실린더 및 압력배관	4(단, 취성금속을 사용하는 경우는 10으로 한다.)
유압 고무 호스	10
주로프 또는 체인	10

제 45 조(간접식 유압 승강기의 시브) 시브의 직경은 주 로프의 직경의 40배 이상으로 한다. 단, 주로프에 접속하는 부분의 길이가 그 둘레길이의 4분의 1 이하인 로프의 직경은 36배 이상으로 할 수 있다.

제 46 조(간접식 유압 승강기의 체인) 간접식 유압 승강기의 체인은 다음 각호의 정한 규정에 적합하여야 한다.
1. KS B 1407(전동용 롤러체인)에 적합한 것 중 호칭번호 80 이상인 것
2. 단부는 1본마다 강재로 견고히 체결할 것
3. 본수는 카 1대에 대해 2본 이상으로 할 것

제 47 조(플런저의 유효세장비) 플런저의 유효세장비를 안전상 지장이 없는 경우를 제외하고는 250 이하로 하여야 한다. 이 경우 유효세장비의 계산방법은 제8조 제2호에 의한다.

제 48 조(상부틈)
① 직접식 유압승강기의 상부틈은 플런저의 여유 스트로크에 의한 카의 주행거리에 60 cm를 더한 값 이상으로 해야 한다.
② 간접식 유압 승강기의 상부틈은 제1항의 값에 다음 식에 의해 계산된 값을 합한 값 이상으로 해야 한다.

$$H = \frac{V^2}{706}$$

여기에서
　H : 중력가속에 의한 카의 주행거리(cm)
　V : 카의 정격속도(m/분)

제 49 조(용접부의 허용능력) 제9조에 준하여 적용한다.

제 50 조(용접의 재료등) 제10조에 준하여 적용한다.

제 48 조(방호 장치등)
① 유압승강기에는 다음 각호의 안전장치를 설치하여야 한다.
1. 카의 상승시에 유압이 증대했을 경우 자동적으로 작동해서 작동 압력이(씸프에서의 분출압력을 말한다) 사용압력(적재하중을 적재시켜 정격속도로 상승 중일 때의 자동 압력을 말한다)의 1.25배를 초과하기 전에 작동하여야 하며 작동압력이 사용압력의 1.5배를 초과하지 않게 하는 장치
2. 동력이 차단되었을 때 유압잭내의 기름의 역류에 의한 카의 하강을 자동적으로 제지하는 장치
3. 카의 정지시에 있어서 자연강하를 조정하기 위해 외부문턱과 카문턱의 보정장치 (착상면을 기준으로 해서 75㎜ 이내의 위치에 두고 보정할 수가 있는 것에 한한다.)
4. 유온을 섭씨 5도 이상 섭씨 60도 이하를 유지하기 위한 장치
5. 플런저가 실린더로부터 이탈하는 것을 방지하기 위한 장치

6. 전동기의 공전을 방지하기 위한 장치
   7. 카 운전을 할 경우에 있어서 상부 안전거리 1.2m 이상을 확보하고 그 이상 카의 상승을 자동적으로 제어하기 위한 장치
   8. 카가 승강로의 밑부분에 충돌한 경우에도 카내의 사람이 안전하도록 충격을 완화하는 장치
   9. 제36조 제1호 내지 제4호, 제9호의 규정에 적합할 것.
② 간접식 유압승강기에는 다음 각호에 해당하는 방호장치를 설치해야 한다.
   1. 카의 속도가 하강정격속도의 1.4배를 초과하지 않는 범위내에서 카의 하강을 자동으로 제지하는 비상멈춤장치 다만, 하강정격속도가 분당 45m 이하인 것에서는 카의 하강속도가 분당 68m를 넘기전에 카의 하강을 자동 정지시키는 비상멈춤장치 또는 주로프 체인의 늘어짐이 발생했을 경우 카의 하강을 자동적으로 제지하는 장치
   2. 카가 승강로의 바닥에 충돌하였을 때에도 카내의 사람이 안전할 수 있도록 완화시킬 수 있는 장치
   3. 주로프 또는 체인이 늘어났을 경우에 있어서 플런저의 과전진을 방지하는 장치. 다만, 플런저의 여유스크로크 때문에 안전상 지장이 없는 경우는 제외한다.
   4. 제36조 제1호 내지 제4호, 제9호의 규정에 접합할 것.

제52조(유압파워 유닛 및 제어기) 유압파워 유닛 및 제어기(펌프유량제어 밸브, 안전밸브, 역지밸브 혹은 주모터를 주된 구성요소로 하는 유닛을 말한다)는 승강기 카마다 설치하고 또한 진동 등에 의하여 전도 또는 이동하지 않도록 하여야 한다.

제53조(압력배관) 압력배관에는 유효한 압력계를 설치하는 것 외에 진동 혹은 충격을 완화하기 위한 조치를 강구하여야 한다.

제54조(기계실) 기계실은 다음 각호의 구조에 따른다. 다만, 기계배치 및 관리에 지장이 없는 경우에는 그러하지 아니하다.
   1. 중요한 기계부분에서 기둥 또는 벽까지의 수평거리는 50cm 이상으로 할 것
   2. 바닥면에서 천정 또는 보의 하단까지의 수직거리는 2m 이상으로 할 것
   3. 기계실에는 소화설비가 갖추어져 있을 것

3. 에스컬레이터(수평보행기를 포함한다)

제55조(강도기준) 에스컬레이터의 구조부분에 사용하는 재료는 제4조에 강도기준에 준하여 적용한다.

제56조(허용응력의 계산) 제8조에 준하여 적용한다.

제57조(용접부의 허용응력) 제9조에 준하여 적용한다.

제58조(용접의 재료등) 제10조에 준하여 적용한다.

제 59 조(허용응력 값과 최소응력 값의 비) 제11조에 준하여 적용한다.

제 60 조(재료의 허용응력) 에스컬레이터에 사용하는 재료의 허용응력(허용전단 응력, 허용지지압응력 및 허용좌굴응력은 제외)의 값은 당해 재료의 파괴강도의 값을 표 10의 안전율로 나눈 값으로 한다.

[표 10]

에스컬레이터 부분	안전율
트러스 및 빔	5
디딤판 체인 및 구동 체인	10
벨트식 디딤판 및 연결부재	7

제 61 조(하중의 종류등) 구조부분에 부하되는 하중은 수직하중과 수평하중으로 구분한다.

제 62 조(구조등)

① 에스컬레이터는 다음 각호에 정한 구조에 의하여야 한다.
  1. 사람 또는 화물이 끼이거나 장해물에 충돌하지 않도록 할 것
  2. 경사도는 30° 이하로 할 것. 다만, 6cm 이하의 높이에는 35°까지 허용한다.
  3. 디딤판의 양측에 이동손잡이를 설치하고 이동손잡이의 상단부가 디딤판과 동일방향, 동일속도로 연동하도록 할 것.
  4. 디딤판에서 60cm의 높이에 있는 이동 손잡이간의 거리(내측판간의 거리)는 1.2m 이하로 할 것.
  5. 디딤판의 정격속도는 매분 30m 이하로 할 것.

② 수평보행기는 디딤판을 가지지 않는 특수한 구조의 에스컬레이터로 다음 각호에 정한 구조에 의하여야 한다.
  1. 사람 또는 화물이 끼이거나, 장해물에 충돌하지 않도록 할 것.
  2. 경사도는 12° 이하로 할 것. 단, 고무제 기타 미끄러지기 어려운 구조의 제1항 디딤판을 가진 것은 15° 이하로 할 수 있다.
  3. 제1항 제3호와 제4호는 제2항에도 적용한다.
  4. 이동손잡이의 정격속도는, 경사도 8° 이하인 것을 매분 40m 이하로 하고, 경사도가 8°를 초과하는 것은 매분 30m 이하로 할 것.
  5. 이동 손잡이간의 거리는 1.25m 이하로 할 것.

제 63 조(적재하중)

① 에스컬레이터의 적재하중은 다음 식에 의해 계산한 값 이상으로 해야 한다.

  P=270A

  여기에서,
  P=에스컬레이터의 적재하중(단위 : kg)
  A=에스컬레이터의 디딤판의 수평투영면적(단위 : m^2)

② 수평보행기의 적재하중은 디딤판의 수평투영면적에 270kg/m^2를 곱한 값 이상으로 해야 한다.

제 64 조(적재하중 등)
   ① 에스컬레이터는 다음 각호에 정한 보호장치를 설치해야 한다.
   1. 디딤판 체인이 끊어졌을 때, 동력이 차단되었을 때 또는 승강구에 있어서 바닥의 개구부를 덮는 문이 닫히려고 할 때는 디딤판의 승강을 자동적으로 저지하는 장치
   2. 승강구에 디딤판의 승강을 정지시키는 것이 가능한 장치
   3. 승강구 가까운 위치에서 사람 또는 화물이 디딤판 측면과 스커트 가드와의 사이에 끼었을 때 디딤판의 승강을 자동적으로 제지하는 장치
   4. 사람 또는 화물이 이동손잡이가 드나드는 구멍에 끼었을 때 디딤판의 승강을 자동적으로 제지하는 장치
   5. 상승 중, 비정상 역행 구동시 구동정지와 동시에 제동역할을 하는 장치
   6. 탑승구와 하강구에서 디딤판과 빗살판 사이에 끼이지 않도록 하는 장치
   7. 구동체인이 절단되었을 때 역행 및 동력을 차단하는 장치
   ② 수평보행기에는 다음 각호에 정한 방호장치를 설치해야 한다.
   1. 디딤판 체인이 절단되었을 할 때, 동력이 차단되었을 때 또는 승장입구의 문(샷다 또는 방화문)을 닫으려고 할 때 디딤판의 이동을 자동적으로 저지하는 장치
   2. 승강구에 있어서 디딤판의 이동을 정지시키는 것이 가능한 장치
   3. 사람 또는 화물이 이동손잡이 구멍에 말려들어 갔을 때 디딤판의 이동을 자동적으로 정지하는 장치

제 65 조(전자 접촉기 회로등) 제39조에 준하여 적용한다.
제 66 조(회로등) 운전용회로와 비상용회로는 동일 케이블에 수용되어 있어서는 아니된다.
제 67 조(부품등) 볼트, 너트, 나사, 키, 핀 등은 풀어짐을 방지할 수 있는 것이라야 한다.

예상문제

문제 1. 다음 중 로프식 승강기의 재료에 적합치 않는 것은?
㉮ 일반 구조용 압연강재   ㉯ 용접 구조용 압연강재
㉰ 일반 구조용 탄소용강관   ㉱ 일반 구조용 일반철강

풀이 로프식 승강기의 사용재료 및 강도기준
① KS D 3503(일반구조용 압연강재)로 정한 1종 또는 2종 규격에 적합한 강재
② KS D 3515(용접구조용 압연강재)에 적합한 강재
③ KS D 3566(일반구조용 탄소강 강관)에 적합한 강재
④ KS D 3568(일반구조용 각형 강관)에 적합한 강재

문제 2. 로프식 승강기의 강도기준의 재료에 적용되는 것이 아닌 것은?
㉮ 사다리의 기계부분 ㉯ 사다리   ㉰ 울   ㉱ 덮개

풀이 로프식 승강기의 강도기준에 제외되는 부분
① 사다리, 울, 덮개 등 승강기 구조부분의 강도계산의 대상이 되지 않는것(기계부분은 제외한다.)
② 지지보, 가이드레일, 스테이 또는 토목, 건축공사 등에 사용되는 승강기 카의 재료

문제 3. KS D 3503, 3515, 3566, 3568의 포와송비는 얼마인가?
㉮ 0.1   ㉯ 0.2   ㉰ 0.3   ㉱ 0.4

풀이 강재의 정수
① 종탄성계수 : 2,100,000(kg/cm²)
② 횡탄성계수 : 810,000(kg/cm²)
③ 포와송비 : 0.3
④ 선팽창계수 : 0.000012

문제 4. 권상용 와이어 로프의 카 1대에 대해 몇 본 이상이어야 하는가?
㉮ 1본   ㉯ 2본   ㉰ 3본   ㉱ 4본

풀이 권상용 와이어 로프의 기준
① KS D 3514(와이어로프)에 적합한 것으로 동 규격에 있어 주로 승강기용으로 되어 있는 것일 것.
② 직경은 공칭지름 12㎜(정격속도가 매분 15m 이하로 카의 바닥 면적이 1.5m² 이하의 승강기에 있어서는 10㎜) 이상일 것.
③ 단부는 1본마다 소켓에 배빗채움, 클램프 고정 또는 이와 동등한 방법으로 고정되어 있을 것.
④ 카 1대에 대해 3본(권동식의 승강기에 있어서는 2본) 이상일 것.
⑤ 권동식 승강기의 권상용 와이어로프에 있어서 여유길이는 카의 위치가 최저가 되었을 때 권상기의 드럼에 2회 이상 감고 남는 길이일 것.

문제 5. 조속기 로프의 안전율은 얼마인가?
㉮ 10   ㉯ 8   ㉰ 8   ㉱ 4

해답 1. ㉱ 2. ㉮ 3. ㉰ 4. ㉰ 5. ㉱

[표] 각종 로프의 안전율

종 류		안 전 율
권상용 와이어로프	승 용	10
	화 물 용	6
조 속 기 로 프		4

[문제] 6. 다음 중 승강기의 시브나 드럼은 주 직경 rope의 몇 배 이상인가?
㉮ 30배 　　㉯ 40배 　　㉰ 50배 　　㉱ 60배

[풀이] 시브 및 드럼의 구조 기준
① 직경은 주로프 직경의 40배 이상으로 할 것. 단, 시브로서 주로프의 직경에 접한 부분의 길이가 그 둘레길이의 1/4이하인 것의 직경은 주로프 직경의 36배 이상으로 할 수 있다.
② 심한 진동이 있는 경우에도 주로프가 벗겨지지 않는 구조로 하여야 한다.

[문제] 7. 다음 중 승강기 레일의 공업규격 기준은?
㉮ KSB 8101　　㉯ KSB 8102　　㉰ KSB 8103　　㉱ KSB 8104

[풀이] 레일의 구조
① 카측의 가이드레일은 KSB 8101(경량레일)에 적합한 강재일 것.
② 규정된 장치가 작동할 경우에 있어서 안전할 것.
③ 승강기 카 또는 균형추가 진동 등에 의해 빠지지 않을 것.

[문제] 8. 허용인장 응력의 계산방법은?
㉮ $\sigma ta = \dfrac{\sigma}{1.7}$ 　　㉯ $\sigma ca = \sigma ta$ 　　㉰ $\sigma ba = \sigma ta$ 　　㉱ $\tau = 0.8 \sigma ta$

[풀이] 허용응력의 계산방법
① $\sigma ta = \dfrac{\sigma}{1.7}$
② $\sigma ca = \sigma ta$
③ $\sigma ba = \sigma ta$
④ $\tau = 0.8 \sigma ta$
⑤ $\sigma da = 1.42 \sigma ta$
여기에서
　　σta = 허용인장응력(단위 kg/cm²)
　　σe = 강재의 항복점(단위 kg/cm²)
　　σca = 허용압축응력(단위 kg/cm²)
　　τ = 허용전단응력(단위 kg/cm²)
　　σda = 허용지지응력(단위 kg/cm²)
　　σba = 허용굽힘응력(단위 kg/cm²)

[문제] 9. 다음 중 허용좌굴응력을 옳게 표시한 것은?
㉮ $\sigma k = \dfrac{1}{\omega} \sigma ca$ 　　㉯ $\sigma k = \dfrac{2}{\omega} \sigma ca$ 　　㉰ $\sigma k = \dfrac{3}{\omega} \sigma ca$ 　　㉱ $\sigma k = \dfrac{4}{\omega} \sigma ca$

[풀이] 좌굴응력계산법
(1) $\lambda < 20$일 때 $\sigma k = \sigma ca$
(2) $20 \leq \lambda \leq 200$일 때 $\sigma k = \dfrac{1}{\omega} \sigma ca$

[해답] 6. ㉯　7. ㉮　8. ㉮　9. ㉮

여기에서
 σk : 허용좌굴응력(단위 : kg/cm²)
 σca : 허용압축응력(단위 : kg/cm²)
 ω : 별표 1에서 정하는 좌굴계수
 λ : 유효 세장비

문제 10. 다음 중 허용전단응력의 맞대기 용접의 허용전단응력값은?
㉮ 81　　㉯ 82　　㉰ 83　　㉱ 84

풀이 용접부의 허용응력

용접가공방법		맞대기용접		필렛용접	
강재의 종류		A	B	A	B
계수단위(%)	허용인장응력 방사선 시험을 한 것.	100.0	100.0	—	—
	방사선 시험을 하지 않은 것.	84.0	80.0	84.0	80.0
	허용압축응력 방사선 시험을 한 것.	100.0	100.0	—	—
	방사선 시험을 하지 않은 것.	94.5	90.0	84.0	80.0
	허용굽힘응력 방사선 시험을 한 것.	100.0	100.0	—	—
	방사선 시험을 하지 않은 것.	80.0	80.0	—	—
허용전단응력		—	84.0	80.0	84.0	80.0

비고 A : 용접구조용 압연강재, 일반구조용 탄소강관, 일반구조용 각형강관 또는 이와 동등이상의 기계적 성질을 가진 강재 중 우수한 것.
　　 B : A 이외의 강재

문제 11. 방사선 시험을 한 결과 모재의 두께가 12mm이하일 때 보강의 높이는 몇 mm인가?
㉮ 1.5　　㉯ 2.5　　㉰ 3.5　　㉱ 4.5

풀이 방사선 시험시 보강의 중앙높이

모재의 두께(mm)	보강의 높이(mm)
12 이하	1.5
12 초과 25 이하	2.5
25 초과	3.0

문제 12. 다음 승강기 보조로프의 안전율은 얼마인가?
㉮ 1　　㉯ 2　　㉰ 3　　㉱ 4

풀이 승강기 재료의 허용응력 및 안전율

승강기 부분 항목		안전율
승용승강기(인화공용 승강기 포함)의 카		7.5
승용승강기 이외의 승강기 카		6
지지보	철골조의 것	4
	철근 콘크리트 구조의 것	7
보조로프		4

문제 13. 다음 중 승강기 구조부분에 해당되는 하중이 아닌 것은?
㉮ 수직하중　㉯ 수평하중　㉰ 풍하중　㉱ 인장하중

풀이 승강기 구조부분 하중의 종류
① 수직하중　② 수평하중　③ 평하중

해답 10. ㉱　11. ㉮　12. ㉱　13. ㉱

문제 14. 다음 중 로프식 승강기의 풍하중 계산 방법은?

㉮ $W=qCA$ ㉯ $W=\dfrac{8}{CA}$ ㉰ $W=\dfrac{CA}{q}$ ㉱ $W=\dfrac{qA}{C}$

[풀이] 풍하중 계산법
$$W=qCA$$
여기에서
W : 풍하중(kg)
q : 속도압(kg/m²)
C : 풍력계수
A : 압력을 받는 면적(m²)

문제 15. 풍하중의 속도값은 어떻게 계산하는가?

㉮ $q=\dfrac{V^2}{30}\cdot\sqrt[4]{h}$ ㉯ $q=\dfrac{V^2}{30}\cdot\sqrt{h}$ ㉰ $q=\dfrac{V^2}{30}\cdot 2\sqrt{h}$ ㉱ $q=\dfrac{V^2}{30}\cdot 3\sqrt{h}$

[풀이] 풍하중 속도값 계산
$$q=\dfrac{V^2}{30}\cdot\sqrt[4]{h}$$
여기에서
q : 속도압(kg/m²)
V : 풍속(m/sec)
h : 바람을 받는 면의 지상으로부터의 높이(m)
   (높이가 15m 미만일 때는 15)

문제 16. 승강기의 구조부분의 강도계산 방법이 잘못된 것은?

㉮ 정하중 계수를 곱한 수직정하중과 동하중계수를 곱한 수직동하중의 합
㉯ 정하중 계수를 곱한 수직정하중, 동하중계수를 곱한 수직동하중, 동하중계수를 곱한 수평동하중 및 폭풍 이외의 경우 정하중의 합
㉰ 수직정하중, 수직동하중(화물의 하중은 제외) 및 폭풍시의 풍하중의 합
㉱ 수직동하중(화물의 하중은 제외) 및 수직정하중의 합

[풀이] 폭풍이외의 경우는 풍하중의 합이다.

문제 17. 승강기의 정격속도가 45m/min 이하이고, 상부틈이 1.2m일 때 피트의 깊이는 몇 (m)인가?

㉮ 1.2   ㉯ 1.5   ㉰ 1.8   ㉱ 2.1

[풀이] 정격속도 및 상부틈 피트깊이

정격속도(m/min)	상부틈(m)	피트의 깊이(m)
45 이하	1.2	1.2
45 초과 ~ 60 이하	1.4	1.5
60 초과 ~ 90 이하	1.6	1.8
90 초과 ~ 120 이하	1.8	2.1
120 초과 ~ 150 이하	2.0	2.4
150 초과 ~ 180 이하	2.3	2.7
180 초과 ~ 210 이하	2.7	3.2
210 초과 ~ 240 이하	3.3	3.8
240 초과	4.0	4.0

[해답] 14. ㉮   15. ㉮   16. ㉯   17. ㉮

문제 18. 승장출입구의 바닥끝부분과 카의 출입구바닥 끝부분과의 간격은 몇 mm 이하가 되도록 하여야 한다.
㉮ 10　　㉯ 20　　㉰ 30　　㉱ 40
[풀이] 승장출입구와 바닥 끝부분은 40mm 이하가 되도록 하여야 한다.

문제 19. 승강로 탑 또는 가이드레일 지지탑의 구조기준에 적합치 않는 것은?
㉮ 기초부터 높이 10m 이내의 개소나 상부 가건설물에 고정되어 있거나 지지되어 있을 것. 다만, 상부는 반드시 고정할 것.
㉯ 기초는 부동침하에 대한 결함이 생기지 않는 것일 것.
㉰ 피트는 주위가 견고하게 묻혀 있을 것.
㉱ 사다리는 하부까지 설치되어 있을 것.
[풀이] 사다리는 상부까지 설치되어 있어야 한다.

문제 20. 승강로 탑의 사다리 구조에서 고정물과 수평거리는 몇 mm 이상으로 하여야 하는가?
㉮ 150　　㉯ 300　　㉰ 400　　㉱ 450
[풀이] 승강로 탑의 사다리 구조
① 발판은 250mm 이상 350mm 이하의 일정한 간격으로 설치할 것.
② 발판과 가까운 고정물과 수평거리는 150mm 이상일 것.
③ 발판은 사람의 발이 옆으로 나가지 않도록 되어 있을 것.

문제 21. 승강기 카의 구조에 적합치 않는 것은?
㉮ 출입구의 부분을 제외하고 벽 또는 울이 설치되어 있을 것.
㉯ 출입구에는 문이 설치되어 있을 것. 단, 자동차 운반전용은 제외하나 이에 준하는 방호장치가 강구되어 있을 것.
㉰ 비상시 카내의 사람을 안전하게 밖으로 구출할 수 있는 개구부가 설치되어 있을 것.
㉱ 출입구를 4개 이하로 설치할 것.
[풀이] 출입구는 2개 이하로 설치한다.

문제 22. 다음 승강기의 카 내부에 표시하지 않아도 되는 것은?
㉮ 용도　　㉯ 청소요령　　㉰ 적재하중　　㉱ 비상시 조치내용
[풀이] 카내의 보기쉬운 곳에 표시사항
① 용도
② 적재하중(최대정원)
③ 비상시 조치내용

문제 23. 승강기의 승강시 문이 개폐될 때 그 사이에 협착하는 재해를 방지하기 위한 전동문의 개폐력(압력)은 얼마인가?
㉮ 5kgf　　㉯ 10kgf　　㉰ 15kgf　　㉱ 20kgf
[풀이] 승강문 자동개폐압력
① 완전히 닫혔을 때의 위치에서 동력으로 문이 열리는 것을 저지하는 힘은 저속측의 문으로 측정하여 15kgf 이하로 할 것.

[해답] 18. ㉱　19. ㉱　20. ㉮　21. ㉱　22. ㉯　23. ㉰

② 문의 닫힘을 출입구 쪽의 중앙에서 일단 저지한 후 점진적인 지지력으로 다시 문이 닫혀지는 힘은 고속측의 문에서 15kgf 이하로 할 것.

문제 24. 승강기문의 수동개폐시 주행중에 카 저속측의 문을 손으로 여는 계수의 수압력은?
㉮ 10kgf   ㉯ 15kgf   ㉰ 20kgf   ㉱ 25kgf

도움 승강기 문의 수동개폐
① 주행중에 카 저속측의 문을 손으로 여는 경우의 수압은 20kgf 이상으로 한다.
② 카가 정지하거나 동력이 차단되었을 때 카 저속측의 문을 손으로 여는 경우의 수압은 5kgf 이상 30kgf 이하로 한다.

문제 25. 기계실 지지보의 강도계산 방법은?
㉮ $p = p_1 + 2p_2$ ㉯ $p = 2p_1 + 2p_2$ ㉰ $p = 2p_2 + 2p_2$ ㉱ $p = 3P_2 + 2p_2$

도움 기계실 지지보의 강도계산
$p = p_1 + 2p_2$
여기에서
p : 지지보에 가해지는 하중(kg)
p_1 : 권상기 기타 지지보에 고정부착된 전 장치의 중량(kg)
p_2 : 카 로프의 중량 및 그것에 작용한 하중(kg)

문제 26. 권상기 드럼의 홈에 와이어 로프가 감길때 드럼의 홈에 감기는 방향의 각도는?
㉮ 1°   ㉯ 2°   ㉰ 3°   ㉱ 4°

도움 권상기 드럼의 각도기준
① 권상기 드럼의 홈에 와이어로프가 감길때에 당해 와이어로프의 방향과 당해 드럼의 홈에 감기는 방향의 각도는 4도 이내가 되어야 한다.
② 권상기 드럼의 홈이 없는 것은 와이어로프가 감길때에 후리트 앵글의 값은 2도 이내가 되어야 한다.

문제 27. 기계실에서 바닥면적으 승강기 바닥 투영면적의 몇 배 이상인가?
㉮ 1배   ㉯ 2배   ㉰ 3배   ㉱ 4배

도움 기계실 구조
① 바닥면적은 승강기의 바닥투영면적의 2배 이상으로 할 것. 다만, 기계의 배치관리에 지장이 없는 경우에는 제한하지 않는다.
② 바닥면에서 천정 또는 보의 하단까지의 수직거리는 카의 정격속도에 대해 표에서 정한 값 이상으로 할 것.

정격속도(m/min)	수직거리(m)
60 이하	2.0
60 초과 ~ 150 이하	2.2
150 초과 ~ 210 이하	2.5
210 초과	2.8

문제 28. 정격속도가 매분 45m 이하의 승강기에는 어떤 비상정지 장치를 사용하여야 하는가?
㉮ 순차정지식   ㉯ 순간정지식   ㉰ 연속정지식   ㉱ 완만정지식

도움 정격속도가 매분 45m 이하의 승강기에는 순간정지식 비상정지장치를 사용한다.

해답 24. ㉰   25. ㉮   26. ㉱   27. ㉯   28. ㉯

문제 29. 유압식 승강기에서 유압고무호스의 안전율은 얼마인가?
㉮ 5   ㉯ 10   ㉰ 15   ㉱ 20

[풀이] 유압식 승강기의 안전율

승 강 기 부 분	안 전 율
플런저, 실린더 및 압력배관	4(단, 취성금속을 사용하는 경우는 10으로 한다.)
유압 고무 호스	10
주로프 또는 체인	10

문제 30. 간접식 유압 승강기의 시브 직경은 주로프 직경의 몇 배 이상인가?
㉮ 10   ㉯ 20   ㉰ 30   ㉱ 40

[풀이] 간접식 유압 승강기의 시브
① 시브의 직경은 주 로프의 직경의 40배 이상으로 한다.
② 주로프에 접속하는 부분의 길이가 그 둘레길이의 4분의 1 이하인 로프의 직경은 36배 이상으로 할 수 있다.

문제 31. 다음 중 간접식 유압식 승강기의 호칭번호는 몇 번 이상을 사용하는가?
㉮ 80   ㉯ 82   ㉰ 84   ㉱ 86

[풀이] 간접식 유압 승강기의 체인규격
① KS B 1407(전동용 롤러체인)에 적합한 것 중 호칭번호 80 이상의 것
② 단부는 1본마다 강재로 견고히 체결할 것
③ 본수는 카 1대에 대해 2본 이상으로 할 것.

문제 32. 플런저의 유효세장비는 안전상 지장이 없다면 얼마 이하로 하는가?
㉮ 240   ㉯ 250   ㉰ 260   ㉱ 270

[풀이] 유압승강기의 플런저 유효세장비는 250 이하로 하여야 한다.

문제 33. 간접식 유압승강기의 상부틈을 계산하는 방법은?
㉮ $H=\dfrac{V^2}{702}$ ㉯ $H=\dfrac{V^2}{703}$ ㉰ $H=\dfrac{V^2}{704}$ ㉱ $H=\dfrac{V^2}{706}$

[풀이] 간접식 유압승강기의 상부틈
① 직접식 유압승강기의 상부틈은 플런저의 여유 스트로크에 의한 카의 주행거리에 60cm를 더한 값 이상으로 해야 한다.
② 간접식 유압 승강기의 상부틈은 제1항의 값에 다음 식에 의해 계산된 값을 합한 값 이상으로 해야 한다.
$$H=\dfrac{V^2}{706}$$
여기에서
H : 중력가속에 의한 카의 주행거리(cm)
V : 카의 정격속도(m/분)

문제 34. 간접식 유압승강기의 방호장치의 설명이 잘못된 것은?
㉮ 카의 상승시에 유압이 증대했을 경우 자동적으로 작동해서 작동 압력이(펌프에서의 분출압력을 말한다.)사용압력(적재하중을 적재시켜 정격속도로 상승중 일때의 자동압

[해답] 29. ㉯   30. ㉱   31. ㉮   32. ㉯   33. ㉱

력을 말한다)의 1.25배를 초과하기 전에 작동하여야 하며 작동압력이 사용압력의 1.5배를 초과하지 않게 하는 장치
㉯ 동력이 차단되었을 때 유압잭내의 기름의 역류에 의한 카의 하강을 자동적으로 제지하는 장치
㉰ 카의 정지시에 있어서 자연강하를 조정하기 위해 외부문턱과 카문턱의 보정장치(착상면을 기준으로 해서 75mm이내의 위치에 두고 보정할 수가 있는 것에 한한다.)
㉱ 유온을 섭씨 5도 이상 섭씨 100도 이하를 유지하기 위한 장치
[풀이] 유온은 섭시 5° 이상 60° 이하를 유지해야 한다.

문제 35. 간접식 유압승강기의 안전장치에서 상부안전거리는 몇 m 이상을 유지해야 하는가?
㉮ 1.1   ㉯ 1.2   ㉰ 1.3   ㉱ 1.4

[풀이] ① 플런저가 실린더로부터 이탈하는 것을 방지하기 위한 장치
② 전동기의 공전을 방지하기 위한 장치
③ 카 운전을 할 경우에 있어서 상부 안전거리 1.2m이상을 확보하고 그 이상 카의 상승을 자동적으로 제어하기 위한 장치
④ 카가 승강로의 밑부분에 충돌한 경우에도 카내의 사람이 안전하도록 충격을 완화하는 장치

문제 36. 간접식 유압승강기에서 카의 속도가 하강 정격속도의 몇 배를 초과하지 않는 범위내에서 비상멈춤 장치를 설치하는가?
㉮ 1.1   ㉯ 1.2   ㉰ 1.3   ㉱ 1.4

[풀이] 카의 속도 및 기준
① 카의 속도가 하강정격속도의 1.4배를 초과하지 않는 범위내에서 카의 하강을 자동으로 제지하는 비상멈춤장치 다만, 하강정격속도가 분당 45m 이하인 것에서는 카의 하강속도가 분당 68m를 넘기전에 카의 하강을 자동 정지시키는 비상멈춤장치 또는 주로프 체인의 늘어짐이 발생했을 경우 카의 하강을 자동적으로 제지하는 장치
② 카가 승강로의 바닥에 충돌하였을 때에도 카내의 사람이 안전할 수 있도록 완화시킬 수 있는 장치
③ 주로프 또는 체인이 늘어났을 경우에 있어서 플런저의 과전진을 방지하는 장치. 다만, 플런저의 여유스트로크 때문에 안전상 지장이 없는 경우는 제외한다.

문제 37. 간접식 유압승강기 기계실의 중요한 기계 부분에서 기둥 또는 벽까지의 수평거리는 몇 cm 이상인가?
㉮ 40   ㉯ 50   ㉰ 60   ㉱ 70

[풀이] 기계실의 기준
① 중요한 기계부분에서 기둥 또는 벽까지의 수평거리는 50cm 이상으로 할 것.
② 바닥면에서 천정 또는 보의 하단까지의 수직거리는 2m 이상으로 할 것.
③ 기계실에는 소화설비가 갖추어져 있을 것.

문제 38. 에스컬레이터의 구동체인 안전율은 얼마인가?
㉮ 5   ㉯ 8   ㉰ 9   ㉱ 10

해답 34. ㉱ 35. ㉯ 36. ㉱ 37. ㉯ 38. ㉱

에스컬레이터 부분	안전율
트러스 및 빔	5
디딤판 체인 및 구동 체인	10
벨트식 디딤판 및 연결부재	7

문제 39. 에스컬레이터의 구조가 잘못된 것은?

㉮ 경사도는 30° 이하로 할 것. 다만, 6cm 이하의 높이에는 35°까지 허용한다.

㉯ 디딤판의 양측에 이동손잡이를 설치하고 이동손잡이의 상단부가 디딤판과 동일방향, 동일속도로 연동하도록 할 것.

㉰ 디딤판에서 60cm의 높이에 있는 이동 손잡이간의 거리(내측판간의 거리)는 1.2m이하로 할 것.

㉱ 디딤판의 정격속도는 매분 40m 이하로 할 것.

풀이 정격속도는 매분 30m 이하로 한다.

문제 40. 수평보행기에서 디딤판을 가지지 않는 특수한 구조의 에스컬레이터 구조에 적합치 않는 것은?

㉮ 경사도는 14° 이하로 할 것.

㉯ 사람 또는 화물이 끼이거나 장해물에 충돌하지 않도록 할 것.

㉰ 이동손잡이의 정격속도는, 경사도 8° 이하인 것을 매분 40m 이하로 하고, 경사도가 8°를 초과하는 것은 매분 30m 이하로 할 것.

㉱ 이동 손잡이간의 거리는 1.25m 이하로 할 것.

풀이 경사는 12° 이하로 해야 한다.

문제 41. 에스컬레이터 적재하중 계산값은?

㉮ P=250A   ㉯ P=260A   ㉰ P=270A   ㉱ P=280A

풀이 에스컬레이터 적재하중

① P=270A
여기에서
P=에스컬레이터의 적재하중(단위 : kg)
A=에스컬레이터 디딤판의 수평투영면적(단위 : m²)

② 수평보행기의 적재하중은 디딤판의 수평투영면적에 270kg/m²를 곱한 값 이상으로 해야 한다.

문제 42. 에스컬레이터 방호장치 설치조건이 잘못된 것은?

㉮ 승강구에서 디딤판의 승강을 정지시키는 것이 가능한 장치

㉯ 승강구 가까운 위치에서 사람 또는 화물이 디딤판 측면과 스커트 가드와의 사이에 끼었을 때 디딤판의 승강을 자동적으로 제지하는 장치

㉰ 사람 또는 화물이 이동손잡이가 드나드는 구멍에 끼었을 때 디딤판의 승강을 자동적으로 제지하는 장치

㉱ 하강중, 비정상 역행 구동시 구동정지와 동시에 제동역할을 하는 장치

풀이 상승중, 비정상 역행 구동시 구동정지와 동시에 제동하는 장치를 설치해야 한다.

해답 39. ㉱ 40. ㉮ 41. ㉰ 42. ㉱

[문제] 43. 수평 보행기의 방호장치 설치기준이 잘못된 것은?
㉮ 디딤판 체인이 절단되었을 때, 동력이 차단되었을 때 또는 승장입구의 문(샷다 또는 방화문)을 닫으려고 할 때 디딤판의 이동을 자동적으로 저지하는 장치
㉯ 승강구에 있어서 디딤판의 이동을 정지시키는 것이 가능한 장치
㉰ 사람 또는 화물이 이동손잡이 구멍에 말려들어 갔을 때 디딤판의 이동을 자동적으로 정지하는 장치
㉱ 탑승구와 하강구에서 디딤판과 빗살판 사이에 끼이지 않도록 하는 장치
[풀이] ㉱는 에스컬레이터의 방호장치이다.

[문제] 44. 에스컬레이터의 부품 중 풀림 방지용이 아닌 것은?
㉮ 나사   ㉯ 체인   ㉰ 키   ㉱ 핀
[풀이] ① 체인은 동력전달용이다.
② 부품, 볼트, 너트, 나사, 키, 핀 등은 풀어짐을 방지할 수 있는 것이라야 한다.

[해답] 43. ㉱ 44. ㉯

1. 승강기 설계검사

제 68 조(재료)
① 제4조, 제5조, 제7조, 제10조, 제19조에서 규정한 로프식 승강기의 구조별 재료는 사용목적에 따라 설계되어야 한다.
② 제42조, 제43조, 제46조, 제50조에서 규정한 유압식 승강기의 구조별 재료는 사용목적에 따라 설계되어야 한다.
③ 제55조, 제58조에 규정한 에스컬레이터의 구조별 재료는 사용목적에 따라 설계되어야 한다.

제 69조(구조) 승강기의 안전한 설계를 위하여 부품 또는 부위별 구조 등은 다음 각호에 따라야 한다.
1. 제4조 내지 27조, 제14조, 제15조, 제17조, 제18조, 제20조 내지 25조, 제29조, 제31조 내지 제35조에서 규정한 로프식승강기의 강도기준, 구조등
2. 제42조, 제43조, 제45조, 제46조, 제48조, 제54조에서 규정한 유압식 승강기의 강도기준, 구조등
3. 제55조, 제62조에서 규정한 에스컬레이터의 강도기준, 구조 등
4. 구조를 확인할 수 있는 관계도면 검사

제 70 조(강도) 승강기의 강도계산에 필요한 허용응력, 이음부의 강도, 용접효율 등은 다음 각호에 따라 설계되어야 한다.
1. 제4조, 제5조, 제7조 내지 제9조, 제11조 내지 제13조, 제16조, 제26조, 제30조에 규정한 로프식 승강기의 강도계산, 허용응력등
2. 제42조, 제44조, 제47조, 제49조에서 규정한 유압식 승강기의 강도계산 허용응력등
3. 제55조 내지 제57조, 제59조 내지 제60조, 제63조에서 규정한 에스컬레이터의 강도계산, 허용응력등
4. 강도를 확인할 수 있는 강도계산서의 검사
5. 용접대신 볼트체결인 경우 볼트체결부에 대한 강도계산, 허용응력 등

제 71 조(방호장치 등) 승강기의 안전을 위한 방호장치등은 다음 각호에 따라 부착되도록 설계되어야 한다.
1. 제31조, 제32조, 제36조 내지 제41조에 로프식 승강기의 방호장치등
2. 제51조 내지 제53조에 규정한 유압식 승강기의 방호장치등

3. 제64조 내지 제67조에 규정한 에스컬레이터의 방호장치등
4. 상기 각호의 방호장치 중 성능검사 대상품은 성능검사 합격품을 부착하여야 한다.

제 72 조(설계검사의 방법) 설계검사는 설계도 및 강도계산서 등 제출된 자료에 대하여 검사한다.

제 73 조(설계검사의 합·부판정)
① 설계검사 결과의 합·부판정은 설계검사 항목마다 해당기준에 맞는지 여부를 판단한 후 전체적인 합·부를 결정한다.
② 제출된 검사신청서류의 미비 또는 불명확등으로 검사항목의 합·부판정이 곤란한 경우 검사기간에 지장이 없는 범위내에서 서류의 보완을 받아 합격여부를 판정할 수 있다.

2. 완성검사 및 정기검사

제 1 관   로프식 승강기

제 74 조(기계실내에서의 검사)
① 기계실의 구조 및 설비는 다음 각호의 같아야 한다.
  1. 권상기, 전동기 및 제어반은 원칙상 기둥 및 벽으로부터 300mm이상 떨어져 있을 것. 다만, 보수관리상 지장이 없을 경우는 그러하지 않는다.
  2. 주로프(rope), 조속기로프(rope). 위치검출기의 구동부분은 기계실 바닥이나 승강로의 어느 부위와도 접촉되지 않아야 하며 이송구 주변에는 5cm이상의 턱을 설치하여 물이 침투되지 않는 구조일 것.
  3. 기계실에는 소요설비 이외의 것을 설치하거나 두지 말 것.
  4. 관리검사에 지장이 없도록 조명은 100LUX 이상으로 하고 환기는 적절하여야 하며, 실내온도는 원칙적으로 40℃ 이하로 유지할 것.
  5. 출입문의 잠금(lock)장치는 양호할 것.
  6. 기계실로 가는 복도, 계단등은 유지관리상 지장이 없을 것.
  7. 비상등 이동점검용 콘센트가 설치되어 있을 것.
  8. 비상용 승강기의 기계실은 전용 승강장 이외의 부분과 방화구획이 되어 있을 것.
  9. 출입구에는 잠금장치가 견고한 철제문이 설치되어 있을 것.
② 수전반, 주개폐기, 제어반, 배관 및 배선은 다음 각호와 같아야 한다.
  1. 수전반 주개폐기는 원칙적으로 기계실 출입구 가까이에 설치되어 안전하고 용이하게 조작할 수 있을 것.
  2. 제어반, 기타 제어장치의 설치는 견고하여야 하며, 지진 또는 진동에 의해 이동, 전도되지 않는 조치가 강구되어 있을 것.

3. 제어반상의 각 스위치(Switch) 접점동작은 양호할 것.
4. 절연저항은 각 회로마다 표 11의 규정에 적합할 것. 다만, 절연저항은 개폐기 또는 과전류 차단기로 구획할 수 있는 전로(電路)마다 검사할 수 있도록 할 것.

〔표 11〕 (단위 : MΩ)

회로의 용도	회로의 사용 전압	절연저항
전 동 기 주 회 로	300V 이하의 것	0.2 이상
	300V 초과하는 것	0.4 이상
제 어 회 로 신 호 회 로 조 명 회 호	150V 이하의 것	0.1 이상
	150V 초과 300V 이하의 것	0.2 이상

5. 비상용승강기일 경우에는 예비전원이 설치되어 있을 것.
6. 비상용승강기가 비상용으로 사용될 때 타 승강기의 영향을 받지 않도록 할 것.
7. 제어반의 각 부품은 정격용량의 것을 설치해야 하며 동력케이블과 신호케이블은 완전히 구분하여 설치할 것.
8. 제어반내 전동기의 역·결상 방지장치가 구비되어 있을 것.
9. 전동기 및 제어반은 효과적으로 접지되어 있을 것.

③ 전동기·제동기 및 권상기는 다음 각호와 같아야 한다.
1. 전동기의 설치는 확실하며, 운전상태는 양호할 것.
2. 제동기의 작동 및 설치는 확실하며, 동력차단의 경우나 이상 과속시 카를 안전하게 감속 정지시킬 수 있을 것.
3. 권상기의 설치는 확실하며, 시브의 균열이 없고, 자동정지의 경우 주로프(rope)와의 사이에 심한 미끄러움이 생기지 않고, 감속기구가 있는 것은 그 톱니바퀴의 이(齒)의 두께의 7/8 이상일 것.
4. 주로프(rope)와 접촉되는 모든 시브(Sheave)나 드럼은 지진 또는 기타 진동에 의해 주로프가 벗겨지지 않도록 조치할 것.
5. 선동기는 1m 떨어진 지점에서의 측정소음이 70dB 이하일 것.
6. 감속기의 오일(oil)량은 외부에서 확인할 수 있어야 하며, 적정한 양이 채워져 있을 것.
7. 권상기는 방진고무를 부착하여 그 진동이 직접 기계실 바닥면에 전달되지 않는 구조일 것.
8. 비상시 카를 기계적인 방법으로 수동조작 할 수 있어야 하며, 이를 위한 장구를 기계실 보기 쉬운 곳에 비치할 것.

제 75 조(카 내부에서의 검사) 카 내부에서의 검사는 다음 각호와 같아야 한다.
1. 승용승강기 및 침대용승강기에 있어서는 카의 바닥앞 부분과 승강로 벽과의 수평 거리는 125mm 이하일 것.
2. 용도, 적재하중, 최대정원 및 비상시 조치내용등의 표시가 보기쉬운 위치에 있어야

하며, 그 기재내용이 적정할 것.
3. 도어스위치의 작동상태가 양호할 것.
4. 조작설비의 설치 및 작동상태가 양호하며, 또한 카내 정지스위치의 작동상태가 양호할 것.
5. 외부와의 연락장치는 기계실 및 중앙관리실과 직접 연락이 가능하고 3자 통화가 가능할 것.
6. 비상용 승강기에 있어서는 중앙관리실과 연락하는 통화장치 및 비상용으로 사용되는 장치(비상운전등, 1차 소방스위치, 2차 소방스위치)의 작동상태가 양호할 것.
7. 비상용 전등이 설치되어야 하고 바닥면에서 1Lux 이상일 것.
8. 각 부는 충격에 안전하고 불연재료이며 외부로부터 접촉위험이 없을 것.
9. 110% 하중시 경보를 발하고 카 및 승강로의 해당문이 닫힘동작이 정지할 것. 다만, 비상용승강기에서 1,2차 소방키로 운전할 때는 예외로 한다.
10. 카 내부의 치수 및 도어의 치수는 KS F 1506(승용엘리베이터와 승강로의 치수) 규격에 적합할 것.
11. 승장출입구의 바닥 끝부분과 카의 출입구 바닥 끝부분과의 간격은 40mm이내일 것.
12. 카 천정으로부터 1m 떨어진 지점에서 측정한 조도는 100Lux 이상일 것.
13. 도어는 원칙적으로 한개만 설치되어야 하고 두개일 경우 동일층에서 한개의 도어만 작동될 것.

> • 1차 소방 스위치란 : 비상시 소방활동 전용으로 전환되는 스위치를 말한다.
> • 2차 소방 스위치란 : 카의 문을 연 그 상태로 카를 승강시키는 것이 가능하도록 스위치를 말한다.

제 76 조(카 위에서의 검사) 카 위에서의 검사는 다음 각호와 같아야 한다.
1. 상부틈(Top Clearance)은 표 6의 규정에 적합할 것.
2. 비상구출구는 카안 및 밖에서 간단한 조작으로 열릴 것.
3. 카 위 비상출구 스위치의 설치는 견고하여야 하며, 비상구를 열면 카가 정지할 것.
4. 카 위의 안전 스위치의 작동상태가 양호할 것.
5. 조속기 로프의 설치가 확실할 것.
6. 비상정지의 연결기구가 확실할 것.
7. 윗부분 리밋스위치의 설치가 견고하고, 확실히 작동할 수 있는 설치위치에 설치되어 있어야 하며, 그 작동이 정확할 것.
8. 주로프(rope) 및 조속기로프는 카 위에서 카를 조금씩 승강시키면서 검사하고, 카 위에서 검사할 수 없는 부분은 기계실 및 피트에서 검사하며, 다음 각목의 규정에 적합할 것.
　㉮ 주로프의 바비트채움 끝부분은 각 가닥을 접어서 구부린 것이 명확하게 보이도록 되어 있을 것.

㉯ 주로프를 걸어맨 고정부위는 2중 너트로 견고하게 조이고, 풀림방지를 위한 분할 핀이 꽂혀 있을 것.
　　㉰ 모든 주로프는 균등한 장력을 받고 있을 것.
　　㉱ 로프소선은 1꼬임에서 소선이 10% 이상 절단되어 있지 않을 것.
　　㉲ 직경감소는 공칭지름의 7% 미만일 것.
　　㉳ 킹크가 없을 것.
　　㉴ 심한부식 또는 변형등이 없을 것.
9. 레일 및 부라켓의 설치상태는 견고하며, 녹, 변형 또는 심한 마모가 없을 것.
10. 과부하방지 장치는 작동상태가 양호할 것.
　　{ ●과부하 방지장치의 작동값은 정격적재하중의 110%를 표준으로 한다. }
11. 승장문의 잠금 및 스위치의 동작은 확실하며 스위치 접점은 먼지 등 이물질의 침투가 없는 구조일 것.
12. 승강로 내에는 승강기와 직접 관계없는 배관, 배선 등이 없어야 하며, 물이 침투하지 않는 구조일 것.
13. 각 출입구 문지방 밑부분은 승강시에 사람이나 물건이 끼일 염려가 없는 구조일 것.
14. 카 및 균형추의 가이드슈(guide shoe)는 설치가 견고하여 지진, 기타 진동에 의해 레일(rail)로부터 이탈되지 않는 조치가 되어 있어야 하며 균형추 고정상태도 양호할 것.
15. 승강로 내에는 불필요한 볼트, 철선등 돌출물이 없고 와이어로프 또는 이동케이블의 기능에 지장이 없을 것.
16. 승장문의 도어슈(door shoe)는 문턱홈에 충분히 들어가고 또한 도어행거(door hanger)의 고정상태가 양호할 것.
17. 카(car)의 프레임(Frame)조립상태는 양호할 것.
18. 비상용 승강기에 있어서는 기계실의 각 전기장치에 방수막, 배수공 등이 마련되어 있을 것.
19. 카 위에는 검사 및 점검을 위한 비상등을 설치할 것.
20. 승강로내에는 외부로부터 침수되지 않는 구조일 것.

제 77 조(피트(pit)에서의 검사) 피트에서의 검사는 다음 각호와 같아야 한다.
　1. 피트에는 침수가 없고 청결하고 돌출부 등이 없을 것.
　2. 밑부분 리미트 스위치류의 설치는 튼튼하고, 확실하게 작동하는 위치에 설치되어 있어야 하며, 그 작동상태가 정확할 것.
　3. 카가 최하층에 수평으로 정지되어 있을 경우, 카와 완충기 사이의 거리에 완충기 충격정도를 더한 수치는 균형추의 최상부분 간격보다 작을 것.
　4. 완충기는 정격하중에 카무게를 더한 하중을 견딜수 있어야 하고 완충기의 설치는 튼튼해야 하며 스프링 완충기의 경우 녹·부식 결합등이 없으며, 유입완충기는 유량이 적절할 것.

5. 카가 최상층에 수평으로 정지되었을 때의 균형추와 완충기와의 거리는 표 12의 규정에 적합할 것.

[표 12]

정격속도 (m/min)		최소거리(mm)		최대거리(mm)	
		교류승강기	직류승강기	카측	균형추측
스프링 완충기	7.5 이하	75	150	600	900
	7.5 초과 15 이하	150			
	15 초과 30 이하	225			
	30 초과	300			
유입 완충기		150mm			

6. 밑부분 파이널 리밋스위치(Final Limit Switch)는 카가 완충기에 도달하기 이전에 작동할 것. 다만, 완충기가 스프링 복귀식 유입형의 경우는 그 행정의 1/2 이내에서 밑부분 파이널 리밋스위치가 작동하면, 카가 최하층에 수평으로 정지했을 경우 행정의 1/4 이내까지는 압축되어도 가능함.

> • 파이널 리밋스위치라 함은, 카가 끝층을 지나치면 작동하고 카의 승·하강을 자동적으로 제지시키는 리밋스위치를 말한다.

7. 이동 케이블은 손상의 염려가 없을 것.
8. 조속기 로프의 긴장장치 및 기타의 텐션장치는 정확히 움직일 것.
9. 비상용 승강기의 피트(pit)에는 물이 차지 않고 배수되는 구조일 것.
10. 비상용 승강기에 있어서 최하층 바닥밑에 설치되는 스위치류가 비상용으로 쓰여질 때는 안전회로에서 분리될 수 있을 것.
11. 피트(pit)의 깊이는 표 6의 규정에 적합할 것.
12. 균형 로프(rope) 또는 균형 체인(Chain)이 사용되었을 때는 그 설치 상태가 양호할 것.
13. 비상정지 시험후 비상정지 장치에는 손상이 없어야 하며 반드시 정상 복귀될 것.
14. 피트내 완충기가 동일 목적으로 2개 이상 설치된 경우 균등한 간격 및 높이가 되도록 설치되어 있을 것.
15. 피트내에서는 비상점검용 전등 및 콘센트가 구비되어 있을 것.

제 78 조(승장에서의 검사) 승장에서의 검사는 다음 각호와 같아야 한다.
1. 승장문의 스위치 및 잠금상태는 카의 문을 닫고 조작장치를 운전상황으로 하여 각종 승장의 문을 차례로 전폐위치에 근접시켜, 카가 기동할 때의 문의 출입구를 또는 다른 문의 가장 앞의 테두리와 거리를 측정하여 다음 각목 중 어느 하나에 적합할 것.
   가. 상·하 개폐식 또는 중앙 개폐식 문의 경우는 승장문이 5cm 이내까지 닫혀졌을 때 기동하고, 또한 승장에서는 2cm 이상 열려지지 않을 것.

나. 가항 이외의 문의 경우는 승장문이 2cm 이내까지 닫혀졌을 때 기동하고, 또한 승장에서는 2cm 이상 열려지지 않아야 한다. 다만, 카안에서만 가능한 형식의 승강기로 카의 문과 승장의 문이 동시에 동력으로 개폐되는 경우는, 다음 제목에 따를 것.
　　　(1) 승장문이 5cm 이내까지 닫혔을 때 기동하고, 또한 승장에서는 2cm 이상 열려지지 않을 것.
　　　(2) 승장의 문에는 잠금 장치를 하고, 또한 닫혀지려는 문을 승장측에서 열려고 해도 10cm 이상 열리지 않는 것에 대해서는 10cm 이내까지 닫혀졌을 때 기동할 것.
　　다. 비상키를 설치한 승장에서는 고유한 키를 사용하지 않으면 문을 열 수 없을 것.
　　라. 자동적으로 동력에 의해 문을 닫는 방식에서는 문닫힘 방호장치를 설치하였을 경우 그 작동이 양호할 것.
　　마. 승장위치 표시기의 표시는 정확할 것.
　　바. 자동식 승강기에서는 승장호출 버튼을 조작하였을 때 카는 그 층에 정확히 도착할 것.
　　사. 카 내부와 외부는 소정의 장소와의 비상연락장치는 정상적으로 작동할 것.
　　아. 승강기가 착상시 카바닥면과 승강장 바닥면과는 ±10mm 이내일 것.
　2. 비상용 승강기의 각 층에는 비상용 표식 및 표시등이 설치되어 있을 것.

제 79 조(하중시험) 하중시험은 다음 각호의 경우에 대하여는 각기 정격전압 및 정격주파수의 것으로 속도 및 전류를 측정하여 표 13의 규정에 적합하여야 한다. 또한 교류 승강기에 있어서는 적재하중의 25%, 50% 및 75%의 하중을 실었을 경우의 속도 및 전류를 측정하여 기록한다.
　1. 적재 하중 이하로 실었을 경우
　2. 적재 하중의 100%의 하중을 실었을 경우
　3. 적재 하중의 110%의 하중을 실었을 경우

[표 13]

항 목	적재하중을 싣지 않았을 경우 및 적재하중의 110%의 하중을 실었을 경우	적재하중의 100%의 하중을 실었을 경우
속 도	설계도에 기재된 속도의 125% 이하	상승할 때 속도가 설계도에 기재된 속도의 90%이상 105% 이하
전 류	원동기의 정격전류치의 120% 이하	원동기의 정격전류치의 110% 이하

제 80 조(중앙관리실에서의 검사) 비상용승강기에 있어서는 비상용으로 사용되는 장치(호출스위치, 비상운전등)가 붙여 있어야 하고, 그들의 작동이 양호하며 정확하여야 한다.

제 2 관　유압식 승강기

제 81 조(기계실 내에서의 검사)
　① 기계실의 구조 및 설비는 다음 제1호 내지 제4호 이외에는 제74조 제1항 제3호 내

지 제6호에 의한다.
1. 유압파워 유닛, 오일탱크, 냉각장치 및 제어반은 기둥 및 벽에서 50cm 이상 떨어져 있을 것. 단, 보수관리에 지장이 없을 때는 그러하지 아니하다.
2. 기계실은 내화구조 또는 방화구조의 바닥, 벽 또는 천정으로 구획되어 있을 것.
3. 기계실 출입구 외부근처에 소화기 또는 소화용 모래가 보기쉬운 위치에 놓여 있을 것.
4. 기계실 내의 화기엄금 표시가 되어 있을 것.
5. 기계실은 빗물등 외부로부터 침수의 우려가 없는 구조일 것.
6. 유압유 탱크내의 유량을 볼 수 있도록 되어 있을 것.
7. 유압탱크는 보기쉬운 장소에 사용모터 및 펌프의 용량표시판을 부착해야 한다.
② 수전반, 제어반, 전기배관 및 배선검사는 제74조 제2항 제1호 내지 제4호에 의한다.
③ 유압파워 유니트, 압력배관 및 고압고무호스는 다음 각호와 같아야 한다.
1. 유압파워 유닛의 설치는 확실하고 운전상태가 양호할 것.
2. 유압파워 유닛은 승강기의 각 카마다 설치되어 있을 것.
3. 카가 상승할 때 유압이 이상 증대되는 경우 작동압력이 상용압력의 125%를 초과하기 전에 자동적으로 작동을 개시하여 작동압력이 상용압력의 150% 이상을 초과하지 않도록 하는 안전밸브가 설치되어 있을 것.
4. 유압파워 유닛의 체크밸브는 작동이 확실할 것.
5. 수동 하강밸브를 개방하였을 때의 속도는 정격하강속도 이하일 것.
6. 작동유의 온도가 5℃ 이하 또는 60℃ 이상되는 것이 예측되는 경우에는 이것을 제어하는 장치가 설치되어야 하며, 냉각에 물을 사용할 경우에는 그 관은 음료수 계통에 직결되어 있지말 것.
7. 펌프용 전동기의 공전을 방지하는 장치는 확실히 작동할 것.
8. 압력배관에는 1개 이상의 압력계가 설치되어 있을 것.
9. 압력배관은 부식방지를 위한 유효한 조치가 강구되어야 하며 확실하게 지지되어 있을 것. 또한 배관이음의 접속은 확실하여 기름의 누설이 없을 것.
10. 압력배관에는 지진, 기타의 진동 및 충격을 완화하는 장치가 설치되어야 하며, 벽 등을 관통하는 부분에는 슬리브가 설치되어 있는 것.
11. 유압고무호스의 연결부접속은 확실하여 기름의 누설이 없고 그 최소곡률반경은 표 14를 참조할 것.

[표 14] 〔고압고무 호스의 허용치수〕

호칭경	내 경(mm)	허용차(mm)	종류(kg/cm²용)		외경의 최대치/최소치 곡률반경		
					70	100	140
12	12.7	+0.5	−0.3		26/170	26/170	28/190
15	15.9	+0.7	−0.5		31/210	31/210	33/230
19	19.0	+0.7	−0.5		34/240	34/240	37/260
25	25.4	+0.7	−0.5		42/300	43/310	45/320

호칭경	내 경(mm)	허용차(mm)		종류(kg/cm²용) 외경의 최대치/최소치 곡률반경		
				70	100	140
32	31.8	+1.0	−0.7	54/380	56/400	56/420
38	38.1	+1.0	−0.7	60/510	62/530	61/550
50	50.8	+1.2	−0.7	76/660	77/680	78/700

제82조(하중시험) 하중시험은 다음과 같은 두가지 경우가 있으며, 각각 정격전압의 정격 주파수의 전원에서 속도와 전류를 측정해서 표 15의 규정에 적합하여야 한다.
1. 적재하중의 100% 하중을 싣는 경우
2. 적재하중의 110% 하중을 싣는 경우

〔표 15〕

항 목	적재하중의 100% 하중을 싣는 경우	적재하중의 110%하중을 싣는 경우
속 도	상승·하강시 속도가 설계도면에 기재되어 있는 속도의 90% 이상 105%이하	상승·하강의 속도가 설계도면에 기재되어 있는 속도의 85% 이상 110%이하
전 류	전동기의 정격 전류값의 135% 이하	전동기의 정격 전류값의 140% 이하
작동압력	설계값의 115% 이하	설계값의 120% 이하

제83조(카 내부에서의 검사) 제75조 제1호 내지 제5호의 규정은 유압식 승강기의 카내부에서의 검사에 준용한다. 다만, 바닥의 보정장치는 75mm 이내에서 확실히 작동하여야 한다.

제84조(카 위에서의 검사) 다음 제1호 내지 제7호 이외는 제76조 제2호 내지 제4호, 제6호 내지 제8호 및 제10호 내지 제13호에 의한다.
1. 시브 또는 스프로켓의 부착이 양호하고 몸체에 균열이 없을 것.
2. 주로프, 체인 또는 조속기로프는 제76조 제8호 가목 내지 사목에 의한다.
   가. 로프의 마모상태는 마모가 가장 심한 부분에서 검사를 행하고 제76조 제8호의 규정에 적합할 것.
   나. 체인은 단부를 1본마다 확실히 연결시켜 거의 균등한 장력을 받게할 것.
   다. 사용로프의 끝단은 기계적인 방법으로 절단되어야 하며 4개 이상의 클립을 체결할 것.
   라. 주 로프에는 그리스, 작동유 등이 묻어 있지 않을 것.
3. 카 위에서 운전하는 경우 상부틈(Top clearance)의 안전거리 1.2m 이상을 확보하고 그 이상의 카의 상승을 자동적으로 제어하기 위한 장치가 확실하게 작동할 것.
4. 카를 최상층에서 저속으로 상승시켜 플런저가 이탈방지장치에 의해 정지하였을 때 상부틈의 간격은 제48조에 의한다.
5. 간접식 유압승강기의 잭(Jack)에는 플런저 이탈방지장치가 맞닫기전에 작동하는 정지스위치가 설치되어야 하며 또한 그것의 부착 및 작동이 확실할 것.
6. 유압실린더는 확실하게 설치되어 있을 것.
7. 실린더 패킹(Packing)에서의 기름누설은 적절히 조치되어 있을 것.

8. 체인의 마모상태는 마모가 가장 심한 부분에서 검사를 행하고 규정에 적합할 것.
　　가. 전장이 당해 달기체인이 제조된 때의 길이의 5%를 초과하지 않을 것.
　　나. 링의 단면지름의 감소가 제조된 때의 당해 링의 지름의 10%를 초과하지 않을 것.
　　다. 심한 부식 또는 변형등이 없을 것.

제 84 조(피트에서 행하는 검사) 다음 제1호 내지 제4호 이외는 제77조; 제1호, 제2호, 제4호, 제7호, 제8호, 제11호 및 제13호에 의한다.

[표 16]

하강정격속도(m/min)	최 소 거 리 (mm)	최 대 거 리 (mm)
30 이하	70	600
30 초과시	150	

1. 카가 최하층에 수평으로 정지되어 있을 때 카와 완충기와의 거리는 자동차 운반용을 제외하고 표 16의 규정에 적합할 것.
2. 하부 리밋스위치는 카가 완충기에 도달하기 이전에 작동할 것.
3. 유압 실린더(Cylinder)는 확실하게 설치되어 있을 것.
4. 로프를 사용한 간접식 유압승강기에 대해서는 지진, 기타의 진동에 의해 주로프가 느슨하여졌을 때 시브의 홈으로부터 주로프가 이탈되지 않을 것.
5. 완충기 설치시 정격하중에 카 무게를 더한 하중을 견딜 수 있어야 하고 동일목적으로 2개 이상 설치된 경우 균등한 간격 및 높이가 되도록 설치되어 있을 것.
6. 피트내에서는 비상점검용 전등 및 콘센트가 구비되어 있을 것.

제 86 조(승강에서의 검사) 승장에서 검사는 제78조에 의한다.

　　　　　제 3 관　에스컬레이터(수평보행기를 포함한다)

제 87 조(기계실에서의 검사) 기계실에서의 검사는 다음 제1호 내지 제4호 이외는 제74조 제2항 제1호 내지 제3호 및 제74조 제3항 제1호 내지 제3호에 의한다.

1. 절연저항은 다음 회로마다 각각 표 11의 규정에 적합할 것.
　　단, 절연저항은 개폐기 또는 과전류 차단기로서 구분되어 전로(電路)마다 검사를 할 수 있어야 한다.
　　• 에스컬레이터의 측면 등을 조명하는 순시기동열음극 형광전등 회로에 대한 사용전압 구분은 1차측(저압측)의 전압으로 한다.
2. 제79조의 하중시험은 적재 하중을 싣지 않는 경우에만 검사할 것.
3. 구동기 브레이크 작동은 적절해야 하며 그 강도는 적재하중을 작용시키지 않고 상승할 때 디딤단의 정지거리는 0.1m 이상 0.6m 이하일 것.
4. 구동용 체인의 절단 정지장치의 레버는 용이하게 작동하고 안전하게 운전을 정지할 것.

제 88 조(상하승장 및 디딤판에서의 검사) 상하승장 및 디딤판에서의 검사는 다음 각호와 같아야 한다.

1. 디딤판용 체인이 절단되었을 때 작동하는 정지스위치의 설치는 견고하고 작동은

확실하며 스위치는 수동복귀형일 것.
2. 승장에 접근하여 설치한 방호 샷터가 닫히기 시작하면 에스컬레이터가 운전불가능하게 될 것.
3. 상하 승장에 기동스위치, 정지스위치, 비상정지 보턴스위치, 신호스위치 등의 작동이 양호할 것.
4. 이동용 손잡이는 디딤판과 동일속도로 승강할 것.
5. 이동용 손잡이는 하강 운전중 상부 승강에서 약 15kgf의 인력으로 수평으로 당겨도 멈추지 않을 것.
6. 이동용 손잡이가 드나드는 구멍에는 알맞은 보호장치가 있을 것.
7. 디딤판과 상하승장의 물림이 충분하여 쉽게 물체가 끼어들어가지 않을 것.
8. 이동손잡이에서 수평으로 0.5m이내 및 디딤판에서 높이 2.1m이내에 위험한 기둥이나 빔등이 있을 경우는 적절한 보호장치가 설치되어 있을 것.
9. 디딤판 상호간 및 스커트 가드(Skirt guard)와 디딤판과의 간격은 에스컬레이터의 전장에 걸쳐 2~5mm의 범위내에 있을 것.
10. 스커트 가드 스위치의 작동상태로 확실할 것.
11. 난간부와 건축측 천정부 또는 빔부와의 사이에 일어나는 3각부의 보호판 설치상태는 확실할 것.
12. 안전방책, 낙하방지망이 설치되어 있는 경우는 그 설치상태가 확실할 것.
13. 디딤판 위의 안전마크는 선명할 것.
14. 구동용 체인이 절단되었을 때 작동하는 정지스위치의 설치는 견고하고 작동은 확실하여 스위치는 수동복귀형일 것.

3. 검사준비 및 검사방법

제 89 조(검사준비) 수검자는 완성검사 또는 정기검사시 적재하중의 1.1배에 해당하는 하중을 준비하여 검사준비 미비로 인해 검사를 수행하지 못하는 일이 없도록 하여야 한다.

제 90 조(검사방법) 검사자는 검사기준에서 요구되는 검사항목 이외에도 안전상 필요시 제작기준 및 안전기준 등에서 요구되는 항목을 추가로 검사할 수 있다.

제 91 조(부분적 변경의 허용) 검사를 필한 검사대상품에 대한 부분적 변경의 허용범위는 다음 각호와 같다.
1. 제작기준 및 안전기준에서 정한 기준에 미달되지 않는 것.
2. 제3조 제1항 제3호에서 정한 주요 구조부분의 변경이 아닌 것.
3. 방호장치를 동일한 종류로서 동등급 이상으로 교체 사용하는 것.
4. 스위치, 계전전, 계기류 등의 부품을 동등급 이상으로 교체 사용하는 것.

부 칙

제 1 조(시행일) 이 고시는 고시한 날로부터 30일이 경과되는 날부터 시행한다.

제 2 조(경과조치) 이 고시 시행일 당시 해당검사기준에 의거 합격한 검사대상품은 이 고시의 해당검사기준에 의한 검사에 합격한 것으로 본다.

제 3 조(기설치 검사대상품의 정기검사 등)
① 1991. 7. 1이전에 제조·수입되어 현장에 설치·사용되고 있는 검사대상품목으로서 제3장 제2절의 정기검사기준에 따른 검사실시 및 검사결과의 판정 등이 현저히 부적합하고 해당검사기준에 따르지 않는 경우에도 안전이 확보될 수 있다고 판단되는 경우에는 해당 항목을 생략할 수 있다.
② 기설치 검사대상품의 이설시의 완성검사의 경우에 해당 검사기준에 따른 검사실시 및 검사결과의 판정 등에 대하여는 제1항의 규정을 준용한다.

제 4 조(유사기준의 인정) 승강기제조 및 관리에 관한 법률 제7조 규정에 의거 모든 승강기부품에 대해 성능시험을 받아 제작하려는 승강기의 경우 동 법률에 의한 성능시험은 이 기준에서 정하는 설계검사기준과 유사 또는 동등한 기준에 의한 시험으로 본다.

〔별표 1〕 (제8조와 관련)

① 항복점이 2,400kg/cm² 이하의 강재 허용좌굴응력의 값을 구하는 좌굴계수(ω)

λ	0	1	2	3	4	5	6	7	8	9
20	1.04	1.04	1.04	1.05	1.05	1.06	1.06	1.07	1.07	1.08
30	1.08	1.09	1.09	1.10	1.10	1.11	1.11	1.12	1.13	1.13
40	1.14	1.14	1.15	1.16	1.16	1.17	1.18	1.19	1.19	1.20
50	1.21	1.22	1.23	1.23	1.24	1.25	1.26	1.27	1.28	1.29
60	1.30	1.31	1.32	1.33	1.34	1.35	1.36	1.37	1.39	1.40
70	1.41	1.42	1.44	1.45	1.46	1.48	1.49	1.50	1.52	1.53
80	1.55	1.56	1.58	1.59	1.61	1.62	1.64	1.66	1.68	1.69
90	1.71	1.73	1.74	1.76	1.78	1.80	1.82	1.84	1.86	1.88
100	1.90	1.92	1.94	1.96	1.98	2.00	2.02	2.05	2.07	2.09
110	2.11	2.14	2.16	2.18	2.21	2.23	2.27	2.31	2.35	2.39
120	2.43	2.47	2.51	2.55	2.60	2.64	2.68	2.72	2.77	2.81
130	2.85	2.90	2.94	2.99	3.03	3.08	3.12	3.17	3.22	3.26
140	3.31	3.36	3.41	3.45	3.50	3.55	3.60	3.65	3.70	3.75
150	3.80	3.85	3.90	3.95	4.00	4.06	4.11	4.16	4.22	4.27
160	4.32	4.38	4.43	4.49	4.54	4.60	4.65	4.71	4.77	4.82
170	4.88	4.94	5.00	5.05	5.11	5.17	5.23	5.29	5.35	5.41
180	5.47	5.53	5.59	5.66	5.72	5.78	5.84	5.91	5.97	6.03
190	6.10	6.16	6.23	6.29	6.36	6.42	6.49	6.65	6.62	6.69
200	6.75									

주 : λ는 유효세장비(이하 표에서 같음)

② 항복점이 2,400kg/cm² 초과 3,400kg/cm² 이하의 강재허용좌굴응력의 값의 계산에 사용하는 좌굴계수(ω)

λ	0	1	2	3	4	5	6	7	8	9
20	1.05	1.06	1.06	1.07	1.07	1.08	1.08	1.09	1.10	1.10
30	1.11	1.11	1.12	1.12	1.13	1.14	1.15	1.16	1.17	1.17
40	1.18	1.19	1.20	1.21	1.23	1.23	1.23	1.24	1.25	1.27
50	1.28	1.28	1.29	1.31	1.32	1.33	1.35	1.36	1.37	1.38
60	1.39	1.41	1.42	1.44	1.45	1.46	1.48	1.50	1.51	1.52
70	1.54	1.56	1.58	1.60	1.61	1.63	1.65	1.67	1.69	1.71
80	1.73	1.74	1.76	1.79	1.81	1.83	1.85	1.88	1.90	1.93
90	1.95	1.98	2.01	2.03	2.05	2.07	2.11	2.15	2.20	2.24
100	2.29	2.34	2.39	2.43	2.48	2.53	2.58	2.62	2.67	2.72
110	2.77	2.82	2.88	2.93	2.98	3.03	3.09	3.14	3.19	3.24
120	3.30	3.35	3.40	3.46	3.52	3.58	3.63	3.69	3.75	3.82
130	3.88	3.94	4.00	4.06	4.12	4.18	4.24	4.30	4.37	4.43
140	4.49	4.56	4.63	4.69	4.75	4.81	4.88	4.95	5.02	5.09
150	5.16	5.22	5.29	5.36	5.43	5.50	5.57	5.64	5.72	5.79
160	5.86	5.94	6.02	6.09	6.17	6.25	6.32	5.40	6.48	6.55
170	6.62	6.70	6.78	6.86	6.94	7.02	7.10	7.17	7.25	7.34
180	7.42	6.51	7.60	7.68	7.76	7.85	7.94	8.02	8.10	8.18
190	8.27	8.36	8.45	8.54	8.62	8.70	8.79	8.88	8.98	9.08
200	9.18									

③ 항복점이 3,400kg/cm² 초과 3,800kg/cm² 이하의 강재허용좌굴응력의 값을 계산에 사용하는 좌굴계수(ω)

λ	0	1	2	3	4	5	6	7	8	9
20	1.06	1.06	1.07	1.07	1.08	1.08	1.09	1.09	1.10	1.11
30	1.11	1.12	1.13	1.13	1.14	1.15	1.15	1.16	1.17	1.18
40	1.18	1.19	1.20	1.21	1.22	1.23	1.24	1.25	1.26	1.27
50	1.28	1.29	1.31	1.32	1.33	1.34	1.36	1.38	1.38	1.40
60	1.41	1.43	1.44	1.46	1.47	1.49	1.51	1.52	1.54	1.56
70	1.58	1.60	1.62	1.64	1.66	1.68	1.70	1.72	1.74	1.76
80	1.79	1.81	1.83	1.86	1.88	1.91	1.93	1.96	1.98	2.01
90	2.05	2.10	2.14	2.19	2.24	2.29	2.33	2.38	2.43	2.48
100	2.53	2.58	2.64	2.69	2.74	2.79	2.85	2.90	2.95	3.01
110	3.06	3.12	3.18	3.23	3.29	3.35	3.41	3.47	3.53	3.59
120	3.65	3.71	3.77	3.83	3.89	3.96	4.02	4.09	4.15	4.22
130	4.28	4.35	4.41	4.48	4.55	4.62	4.69	4.75	4.82	4.89
140	4.96	5.04	5.11	5.18	5.25	5.33	5.40	5.47	5.55	5.62
150	5.70									

문제 1. 로프식 승강기의 기계실내에서 검사시, 권상기, 전동기 및 제어반은 원칙적으로 몇 mm 이상 떨어져야 하는가?
㉮ 200   ㉯ 300   ㉰ 400   ㉱ 500

[토이] 기계실내에서 검사
① 권상기, 전동기 및 제어반은 원칙상 기둥 및 벽으로부터 300mm 이상 떨어져 있을 것. 다만, 보수관리상 지장이 없을 경우는 그러하지 않는다.
② 주로프(rope), 조속기로프(rope), 위치검출기의 구동부분은 기계실 바닥이나 승강로의 어느 부위와도 접촉되지 않아야 되며 이송구 주변에는 5cm 이상의 턱을 설치하여 물이 침투되지 않는 구조일 것.
③ 기계실에는 소요설비 이외의 것을 설치하거나 두지 말 것.
④ 관리검사에 지장이 없도록 조명은 100Lux이상으로 하고 환기는 적절하여야 하며, 실내온도는 원칙적으로 40℃ 이하로 유지할 것.
⑤ 출입문의 잠금(lock)장치는 양호할 것.
⑥ 기계실로 가는 복도, 계단등은 유지관리상 지장이 없을 것.
⑦ 비상등 이동점검용 콘센트가 설치되어 있을 것.
⑧ 비상용 승강기의 기계실은 전용 승강장 이외의 부분과 방화구획이 되어 있을 것.
⑨ 출입구에는 잠금장치가 견고한 철제문이 설치되어 있을 것.

문제 2. 로프식 승강기에서 수전반, 주개폐기, 제어반, 배관 및 배선에 관한 사항이 잘못된 것은?
㉮ 수전반 주개폐기는 원칙적으로 기계실 출입구 가까이에 설치되어 안전하고 용이하게 조작할 수 있을 것.
㉯ 제어반, 기타 제어장치의 설치는 견고하여야 하며, 지진 또는 진동에 의해 이동, 전도되지 않는 조치가 강구되어 있을 것.
㉰ 제어반상에는 한개의 스위치(Switch)만 접점동작이 양호할 것
㉱ 절연저항은 각 회로마다 규정에 적합할 것. 다만, 절연저항은 개폐기 또는 과전류 차단기로 구획할 수 있는 전로(電路)마다 검사할 수 있도록 할 것.

[토이] 제어반상의 각 스위치 접점동작이 양호해야 한다.

문제 3. 로프식 승강기의 제어회로의 사용전압이 150V 이하일 때 절연저항은 몇 MΩ이상인가?
㉮ 0.1   ㉯ 0.2   ㉰ 0.3   ㉱ 0.4

[토이] 사용전압 및 절연저항

〔단위 : MΩ〕

회로의 용도	회로의 사용 전압	절연저항
전동기 주회로	300V 이하의 것	0.2 이상
	300V를 초과하는 것	0.4 이상
제 어 회 로 신 호 회 로 조 명 회 로	150V 이하의 것	0.1 이상
	150V 초과 300V이하의 것	0.2 이항

해답 1. ㉯ 2. ㉰ 3. ㉮

문제 4. 로프식 승강기의 제어반에 관한 검사기준이 잘못된 것은?

㉮ 비상용승강기일 경우에는 예비전원이 설치되어 있어서는 안된다.
㉯ 비상용승강기가 비상용으로 사용될 때 타승강기의 영향을 받지 않도록 할 것.
㉰ 제어반의 각 부품은 정격용량의 것을 설치해야 하며 동력케이블과 신호케이블은 완전히 구분하여 설치할 것.
㉱ 제어반내 전동기의 역·결상 방지장치가 구비되어 있을 것.

[풀이] 비상용 승강기일 경우 반드시 예비전원이 설치되어 있어야 한다.

문제 5. 로프식 승강기의 전동기, 제어기 및 권상기의 검사기준의 잘못된 것은?

㉮ 전동기의 설치는 확실하며, 운전상태는 양호할 것.
㉯ 제동기의 작동 및 설치는 확실하며, 동력차단의 경우나 이상 과속시 카를 안전하게 감속 정지시킬 수 있을 것.
㉰ 권상기의 설치는 확실하며 시브의 균열이 없고, 자동정지의 경우, 주로프(rope)와의 사이에 심한 미끄러움이 생기지 않고, 감속기구가 있는 것은 그 톱니바퀴의 이(齒)의 두께의 4/8 이상일 것.
㉱ 주로프와 접촉되는 모든 시브(Sheave)나 드럼은 지진 또는 기타 진동에 의해 주로프가 벗겨지지 않도록 조치할 것.

[풀이] 감속기구가 있는 것은 그 톱니바퀴의 이의 두께가 7/8 이상일 것

문제 6. 로프식 승강기에서 검사시 전동기는 1m 떨어진 지점에서의 측정소음이 몇 dB이하이어야 하는가?

㉮ 40　　㉯ 50　　㉰ 60　　㉱ 70

[풀이] 전동기는 1m 떨어진 지점에서 측정소음이 70dB 이하이어야 하는가?

문제 7. 로프식 승강기 카 내부 검사시 잘못된 것은?

㉮ 승용승강기 및 침대용승강기에 있어서는 카의 바닥앞 부분과 승강로 벽과의 수평거리는 130mm 이하일 것.
㉯ 용노, 적재하중, 최대정원 및 비상시 조치내용등의 표시가 보기쉬운 위치에 있어야 하며, 그 기재내용이 적정할 것.
㉰ 도어스위치의 작동상태가 양호할 것.
㉱ 조작설비의 설치 및 작동상태가 양호하며, 또한 카내 정지스위치 작동상태가 양호할 것.

[풀이] 승강로 벽과 수평거리는 125mm 이하일 것.

문제 8. 카 내부의 비상용 전등 설치시 바닥면에서 조도는 몇 Lux이상인가?

㉮ 1　　㉯ 2　　㉰ 3　　㉱ 4

[풀이] 카 내부 검사기준
① 외부와의 연락장치는 기계실 및 중앙관리실과 직접 연락이 가능하고 3자 통화가 가능할 것.
② 비상용 승강기에 있어서는 중앙관리실과 연락하는 통화장치 및 비상용으로 사용되는 장치(비상운전등, 1차 소방스위치, 2차 소방스위치)의 작동상태가 양호할 것.
③ 비상용 전등이 설치되어야 하고 바닥면에서 1Lux 이상일 것.
④ 각 부는 충격에 안전하고 불연재료이며 외부로부터 접촉위험이 없을 것.

[해답] 4. ㉮　5. ㉰　6. ㉱　7. ㉮　8. ㉮

문제 9. 카 내에서 검사시 카 천정으로부터 1m 떨어진 지점에서 측정한 조도는 몇 Lux 이상이어야 하는가?
㉮ 50 ㉯ 100 ㉰ 150 ㉱ 200

[토의] 카 내부 검사기준
① 110% 하중시 경보를 발하고 카 및 승강로의 해당문의 닫힘동작이 정지할 것. 다만, 비상용승강기에서 1, 2차 소방키로 운전할 때는 예외로 한다.
② 카 내부의 치수 및 도어의 치수는 KS F 1506(승용엘리베이터와 승강로의 치수)규격에 적합할 것.
③ 승장출입구의 바닥 끝부분과 카의 출입구 바닥 끝부분과의 간격은 40㎜ 이내일 것.
④ 카 천정으로부터 1m 떨어진 지점에서 측정한 조도는 100Lux 이상일 것.
⑤ 도어는 원칙적으로 한개만 설치되어야 하고 두개일 경우 동일층에서 한개의 도어만 작동될 것.

문제 10. 비상시 소방활동 전용으로 전환되는 스위치는 몇 차 스위치인가?
㉮ 1차 ㉯ 2차 ㉰ 3차 ㉱ 4차

[토의] ① 1차 소방 스위치란 : 비상시 소방활동 전용으로 전환되는 스위치를 말한다.
② 2차 소방 스위치란 : 카의 문을 연 그 상태로 카를 승강시키는 것이 가능하도록 스위치를 말한다.

문제 11. 카 위에서 검사시 검사기준의 잘못된 것은?
㉮ 비상구출구는 밖에서 간단한 조작으로 열릴 것.
㉯ 카 위 비상출구 스위치의 설치는 견고하여야 하며, 비상구를 열면 카가 정지할 것.
㉰ 카 위의 안전 스위치의 작동상태가 양호할 것.
㉱ 조속기 로프의 설치가 확실할 것.

[토의] 비상구 출구는 카의 안 밖에서 열려야 한다.

문제 12. 주로프(rope) 및 조속기 로프는 카 위에서 조금씩 승강시키면서 검사하고, 카 위에서 검사할 수 없는 부분은 기계실 및 피트에서 검사하며 다음 규정에 적합치 않는 것은?
㉮ 주로프의 바비트채움 끝부분은 각 가닥을 접어서 구부린 것이 명확하게 보이도록 되어 있을 것.
㉯ 주로프를 걸어맨 고정부위는 2중 너트로 견고하게 조이고, 풀림방지를 위한 분할 핀이 꽂혀 있을 것.
㉰ 모든 주로프는 균등한 장력을 받고 있을 것.
㉱ 로프소선은 1꼬임에서 소선이 8% 이상 절단되어 있지 않을 것.

[토의] 로프소선은 1꼬임에서 소선이 10% 이상 절단되어 있지 않으며 사용이 가능하다.

문제 13. 과부하 방지장치는 작동값이 정격하중의 몇 %를 표준으로 하는가?
㉮ 100% ㉯ 110% ㉰ 120% ㉱ 130%

[토의] 과부하 방지장치의 작동값은 정격적재하중의 110%를 표준으로 한다.

문제 14. 피트에서 검사시 검사기준에 적합치 않는 것은?
㉮ 피트에는 침수가 없고 청결하고 돌출부 등이 가급적 많을 것.

해답 9. ㉯ 10. ㉮ 11. ㉮ 12. ㉱ 13. ㉯

㉴ 밑부분 리미트 스위치류의 설치는 튼튼하고, 확실하게 작동하는 위치에 설치되어 있어야 하며 그 작동상태가 정확할 것.

㉵ 카가 최하층에 수평으로 정지되어 있을 경우, 카와 완충기 사이의 거리에 완충기 충격정도를 더한 수치는 균형추의 최상부분 간격보다 작을 것.

㉶ 완충기는 정격하중에 카 무게를 더한 하중을 견딜 수 있어야 하고 완충기의 설치는 튼튼해야 하며 스프링 완충기의 경우 녹·부식 결합등이 없으며 유입완충기는 유량이 적절할 것.

[토의] 피트에는 침수가 없고 청결해야 하며 돌출부등이 없어야 한다.

[문제] 15. 피트 검사시 스프링 완충기의 정격속도가 7.5m/min 이하일 때 카측의 최대거리는 얼마인가?

㉮ 400   ㉯ 500   ㉰ 600   ㉱ 700

[토의]

정격속도 (m/min)		최소거리(mm)		최대거리(mm)	
		교류승강기	직류승강기	카측	균형추측
스프링 완충기	7.5 이하	75	150	600	900
	7.5 초과 15 이하	150			
	15 초과 30 이하	225			
	30 초과	300			
유입 완충기		150mm			

[문제] 16. 피트내 완충기가 동일 목적으로 몇 개 이상 설치된 경우 균등한 간격 및 높이가 되도록 설치되어야 하는가?

㉮ 1개   ㉯ 2개   ㉰ 3개   ㉱ 4개

[토의] 동일 목적일 경우 완충기는 2개 이상 설치된 경우다.

[문제] 17. 승장문이 5cm 이내까지 닫혔을 때 기동하고, 또한 승장에서는 몇 cm 이상 열려지지 않아야 하는가?

㉮ 2cm   ㉯ 3cm   ㉰ 4cm   ㉱ 5cm

[토의] 승장문은 5cm 이내까지 승장에는 2cm 이상 열려지지 않아야 한다.

[문제] 18. 승강기가 착상시 카 바닥과 승강장 바닥면과는 ± 몇 mm 이내이어야 하는가?

㉮ ±5   ㉯ ±10   ㉰ ±15   ㉱ ±20

[토의] 승강기가 착상시 카 바닥면과 승강장 바닥면과는 ±10mm 이내이어야 한다.

[문제] 19. 다음 승강기의 적재하중 시험시 적재하중의 110%의 하중을 실었을 때 설계도에 기재된 속도는 몇 % 이하인가?

㉮ 100%   ㉯ 110%   ㉰ 120%   ㉱ 125%

[토의] 하중시험 항목

항목	적재하중을 싣지 않았을 경우 및 적재하중의 110%의 하중을 실었을 경우	적재하중의 100%의 하중을 실었을 경우
속도	설계도에 기재된 속도의 125% 이하	상승할 때 속도가 설계도에 기재된 속도의 90% 이상 105% 이하
전류	원동기의 정격전류치의 120% 이하	원동기의 정격전류치의 110% 이하

[해답] 14. ㉮ 15. ㉰ 16. ㉯ 17. ㉮ 18. ㉯ 19. ㉱

문제 20. 유압식 승강기를 기계실내에서 검사시 기준에 잘못된 것은?
㉮ 유압파워 유닛, 오일탱크, 냉각장치 및 제어반은 기둥 및 벽에서 6cm 이상 떨어져 있을 것. 단, 보수관리에 지장이 없을 때는 그러하지 아니하다.
㉯ 기계실은 내화구조 또는 방화구조의 바닥, 벽 또는 천정으로 구획되어 있을 것.
㉰ 기계실 출입구 외부근처에 소화기 또는 소화용 모래가 보기쉬운 위치에 놓여 있을 것.
㉱ 기계실 내의 화기엄금 표시가 되어 있을 것.
[풀이] 제어반은 기능 및 벽에서 50cm 이상 떨어져 있을 것.

문제 21. 유압식 승강기의 유압파워 유니트, 압력배관 및 고압고무호스의 검사기준이 잘못된 것은?
㉮ 카가 상승할 때 유압이 이상 증대되는 경우 작동압력이 상용압력의 125%를 초과하기 전에 자동적으로 작동을 개시하여 작동압력이 상용압력의 150% 이상을 초과하지 않도록 하는 안전밸브가 설치되어 있을 것.
㉯ 유압파워 유닛의 체크밸브는 작동이 확실할 것.
㉰ 수동 하강밸브를 개방하였을 때의 속도는 정격하강속도 이하일 것.
㉱ 작동유이 온도가 0℃ 이하 또는 60℃ 이상되는 것이 예측되는 경우에는 이것을 제어하는 장치가 설치되어야 하며, 냉각에 물을 사용할 경우에는 그 관은 음료수 계통에 직결되어 있지 말 것.
[풀이] 작동유의 온도는 5℃ 이하 또는 60℃ 이상에서 예측되어야 한다.

문제 22. 압력배관에는 몇 개 이상의 압력계가 설치되어야 하는가?
㉮ 1개 ㉯ 2개 ㉰ 3개 ㉱ 4개
[풀이] 압력배관에는 1개 이상의 압력계가 설치되어야 한다.

문제 23. 고압 고무호스의 호칭경이 "32"라면 내경은 몇 mm인가?
㉮ 25.4 ㉯ 31.8 ㉰ 38.1 ㉱ 50.8
[풀이] 고압 고무호스의 호칭치수

호칭경	내경(mm)	허용차(mm)	종류(kg/cm²용)		외경의 최대치/최소치			곡률반경
					70	100	140	
12	12.7	+0.5	−0.3		26/170	26/170	28/190	
15	15.9	+0.7	−0.5		31/210	31/210	33/230	
19	19.0	+0.7	−0.5		34/240	34/240	37/260	
25	25.4	+0.7	−0.5		42/300	43/310	45/320	
32	31.8	+1.0	−0.7		54/380	56/400	56/420	
38	38.1	+1.0	−0.7		60/510	62/530	61/550	
50	50.8	+1.2	−0.7		76/660	77/680	78/700	

문제 24. 유압승강기의 하중시험시 적재하중의 100% 하중을 싣는 경우 전동기의 정격 전류값은 얼마인가?
㉮ 115% 이하 ㉯ 125% 이하 ㉰ 135% 이하 ㉱ 145% 이하

[해답] 20. ㉮ 21. ㉱ 22. ㉮ 23. ㉯ 24. ㉰

제4장 승강기 검사 기준

문제 25. 유압승강기의 하중시험시 적재하중의 110% 하중을 싣는 경우 작동압력은 설계 값의 몇 % 이하인가?
㉮ 110 ㉯ 120 ㉰ 130 ㉱ 140

[풀이] 유압 승강기의 하중시험

항 목	적재하중의 100%하중을 싣는 경우	적재하중의 110%하중을 싣는 경우
속 도	상승·하강시 속도가 설계도면에 기재되어 있는 속도의 90% 이상 105% 이하	상승·하강의 속도가 설계도면에 기재되어 있는 속도의 85% 이상 110% 이하
전 류	전동기의 정격 전류값의 135% 이하	전동기의 정격 전류값의 140% 이하
작동압력	설계값의 115% 이하	설계값의 120% 이하

문제 26. 유압식 승강기의 카 내부에서 검사시 바닥의 보정장치는 몇 mm 이내에서 확실히 작동되어야 하는가?
㉮ 55mm ㉯ 65mm ㉰ 75mm ㉱ 95mm

[풀이] 바닥의 보정장치는 75mm 이내여야 한다.

문제 27. 유압승강기의 카 위에서 검사시 사용로프의 끝단은 기계적인 방법으로 절단되어야 하며 몇 개 이상의 클립으로 체결해야 하는가?
㉮ 1개 ㉯ 2개 ㉰ 3개 ㉱ 4개

[풀이] rope의 절단은 반드시 기계적인 방법으로 해야 하며 4개이상의 클립으로 체결해야 한다.

문제 28. 유압승강기의 카 위에서 검사시 기준에 잘못된 것은?
㉮ 간접식 유압승강기의 잭(Jack)에는 플런저 이탈방지장치가 맞닫기전에 작동하는 정지스위치가 설치되어야 하며 또한 그것의 부착 및 작동이 확실할 것.
㉯ 유압실린더는 확실하게 설치되어 있을 것.
㉰ 카 위에서 운전하는 경우 상부틈(Top clearance)의 안전거리 14m 이상을 확보하고 그 이상의 카의 상승을 자동적으로 제어하기 위한 장치가 확실하게 작동할 것.
㉱ 실린더 패킹(Packing)에서의 기름누설은 적절히 조치되어 있을 것.

[풀이] 상부틈의 안전거리는 1.2m 이상을 확보한다.

문제 29. 체인의 검사시 링의 단면지름 감소가 몇 % 이상이면 사용할 수 없는가?
㉮ 5 ㉯ 10 ㉰ 15 ㉱ 20

[풀이] 체인의 마모상태는 마모가 가장 심한 부분에서 검사를 행하고 규정에 적합할 것.
① 전장이 당해 당기체인이 제조된 때의 길이의 5%를 초과하지 않을 것.
② 링의 단면지름의 감소가 제조된 때의 당해 링의 지름의 10%를 초과하지 않을 것.
③ 심한 부식 또는 변형등이 없을 것.

문제 30. 유압승강기의 피트에서 검사시 하강 정격속도가 30[m/min] 초과시 최대거리는 얼마인가?
㉮ 70[mm] ㉯ 150[mm] ㉰ 450[mm] ㉱ 600[mm]

[풀이]

하강정격속도(mm)	최소거리(mm)	최대거리(mm)
30 이하	70	600
30 초과시	150	

[해답] 25. ㉯ 26. ㉰ 27. ㉱ 28. ㉰ 29. ㉯ 30. ㉱

문제 31. 유압승강기의 피트에서 행하는 검사에서 기준에 잘못된 것은?
㉮ 하부 리밋스위치는 카가 완충기에 도달한 후에 작동할 것.
㉯ 유압 실린더(Cylinder)는 확실하게 설치되어 있을 것.
㉰ 로프를 사용한 간접식 유압승강기에 대해서는 지진, 기타의 진동에 의해 주로프가 느슨하여졌을 때 시브의 홈으로부터 주로프가 이탈되지 않을 것.
㉱ 완충기 설치시 정격하중에 카 무게를 더한 비중을 견딜 수 있어야 하고 동일목적으로 2개 이상 설치된 경우 균등한 간격 및 높이가 되도록 설치되어 있을 것.
[풀이] 하부 리밋스위치는 카가 완충기에 도달하기 전에 작동되어야 한다.

문제 32. 에스컬레이터 구동기 브레이크 작동은 적절해야 하며 그 강도는 적재하중을 작용시키지 않고 상승할 때 디딤단의 정지거리는 얼마인가?
㉮ 0.1～0.6m 이하 ㉯ 0.6～1.0m 이하 ㉰ 1.0～1.5m 이하 ㉱ 1.5～2.0m 이하
[풀이] 디딤단의 정지거리는 0.1～0.6m 이하이다.

문제 33. 에스컬레이터에서 상하승장 및 디딤판에서 검사시 검사기준이 잘못된 것은?
㉮ 이동손잡이에서 수평으로 0.5m 이내 및 디딤판에서 높이 2.1m 이내에 위험한 기둥이나 빔등이 있을 경우는 적절한 보호장치가 설치되어 있을 것.
㉯ 디딤판 상호간 스커트 가드(Skirt guard)와 디딤판과의 간격은 에스컬레이터의 전장에 걸쳐 4mm～15mm의 범위내에 있을 것.
㉰ 스커어트 가드 스위치의 작동상태는 확실할 것.
㉱ 난간부와 건축측 천정부 또는 빔부와의 사이에 일어나는 3각부의 보호판 설치상태는 확실할 것.
[풀이] skirt guard와 디딤판의 간격은 2～5mm 범위이다.

문제 34. 에스컬레이터에서 이동용 손잡이는 하강 운전 중 상부 승강에서 약 몇 kgf의 인력으로 수평으로 당겨도 멈추지 않아야 한다.
㉮ 5   ㉯ 10   ㉰ 15   ㉱ 20
[풀이] 이동용 손잡이는 15kgf의 인력에서 멈추지 않아야 한다.

문제 35. 승강기 수검자는 완성검사 나 정기검사시 적재하중의 몇 배에 해당하는 하중을 준비해야 하는가?
㉮ 1.0   ㉯ 1.1   ㉰ 1.2   ㉱ 1.3
[풀이] · 검사준비 : 수검자는 완성검사 또는 정기검사시 적재하중의 1.1배에 해당하는 하중을 준비하여 검사준비 미비로 인해 검사를 수행하지 못하는 일이 없도록 하여야 한다.

문제 36. 승강기의 검사시 부분적 변경 허용사항이 아닌 것은?
㉮ 제작기준 및 안전기준에 정한 기준에 미달되지 않는 것.
㉯ 주요 구조부분의 변경이 아닌 것.
㉰ 방호장치를 동일한 종류로서 동등급 이상으로 교체 사용하는 것.
㉱ 스위치, 계전전, 계기류 등의 부품을 동등급 이하로 교체 사용하는 것.
[풀이] 스위치, 계전전, 계기류는 반드시 동등급 이상으로 교체해야 한다.

해답 31. ㉮ 32. ㉮ 33. ㉯ 34. ㉰ 35. ㉯ 36. ㉱

제5장 기계요소 설계

1. 승강기 구동기계 장치

승강기의 정의

일반적으로 전용 승강로에서 수직으로 설치된 레일에 의해서 승강하는 본체에 사람 또는 물건을 상하로 운반하는 것을 승강기라 한다.

통상 화물용 승강기는 매분 15m 이하의 속도로 주행되며, 정상부에 기계실을 설치하고 권상기로 승강하는 방식과 Lifter나 Hydraulic을 핏트부에 설치하여 승강하는 방식이다.

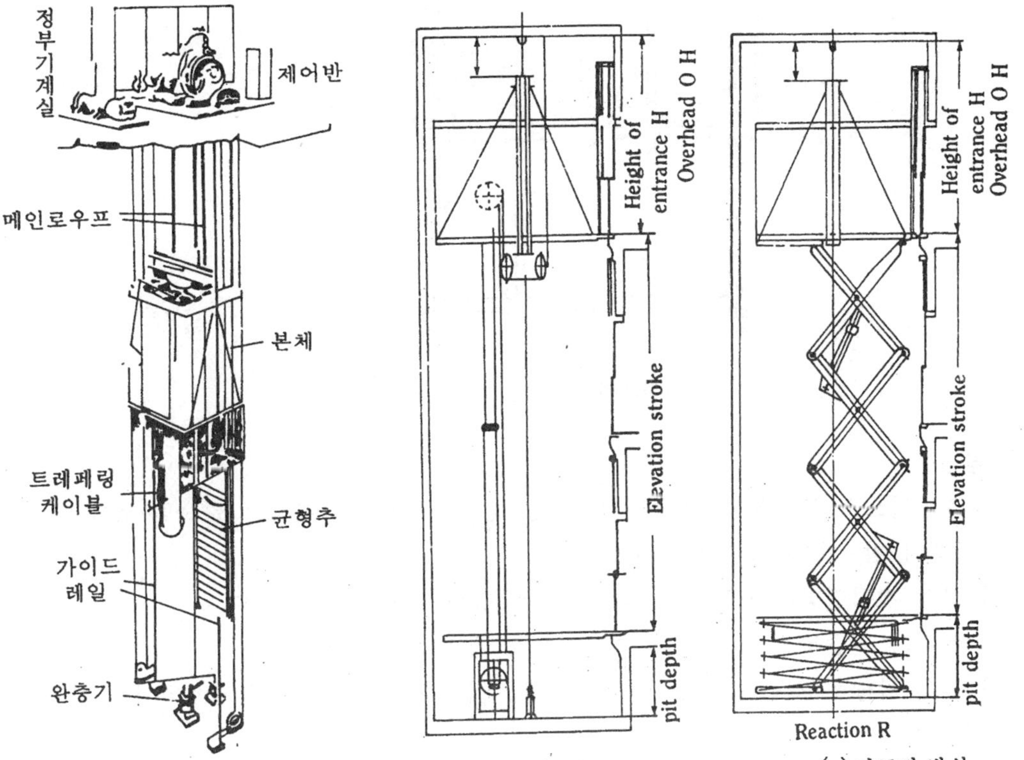

(a) 권상기 방식   (b) 액압 방식   (c) 리프터 방식

〔화물용 승강기의 종류〕

(1) 승강기의 구조

승강기는 대체로 본체, 권상장치, 가이드 레일, 탑승구, 균형추, 와이어 로프, 완충기 등의 부분으로 구성되어 있다. 출입문을 강판으로 하며, 가로 여닫이(한짝문, 두짝문, 양쪽 여닫이)이지만 하물용에는 그림과 같이 강도가 큰 중력문을 상하로 개폐하는 것도 있다.

① **본체** : 반기라고도 하는 본체는 안전성을 유지하기 위해 형강제의 골조에 강재 1.6 ㎜롤 출입문을 제외한 전부를 둘러 싼다. 이들 중에는 1.0m 이상인 부분에는 철강으로 된 것도 있다.
   ㉮ 본체의 구조
      ㉠ 동력을 운전하는 승강기의 본체는 출입에 필요한 개구부를 제외하고 전면이 방호되어야 한다.
      ㉡ 전면을 방호한 승강기는 천정에 비상구를 설치하고 비상구는 안에서 밖으로 개방할 수 있어야 한다.
      ㉢ 본체의 천정은 10㎠의 면적에 대해서 100kg의 하중을 안전하게 지탱할 수 있는 강도를 유지하여야 한다.

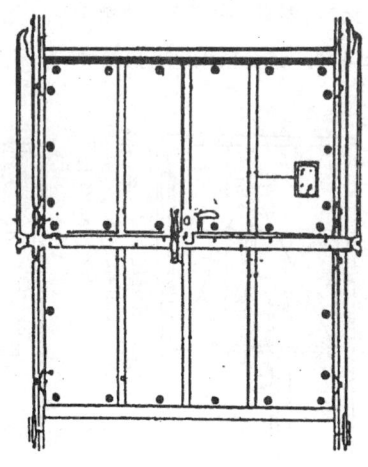

〔상하개폐 출입문〕

② 탑승문
   ㉮ 전기적으로 조작하는 본체의 문 또는 탑승구 문이 닫혀지지 않으면 본체가 작동되지 않도록 인터로크 되어야 한다.
   ㉯ 문의 전기접점은 모두 확동식(Positive action type)이라야 한다.
   ㉰ 본체가 탑승장을 통과할 때 자동적으로 개방되면 안된다.
   ㉱ 본체 탑승문 또는 탑승구가 닫혀 있을 때는 개구부를 완전히 방호하여야 한다.
③ 제어장치
   ㉮ 액압식을 제외하고 승강기는 안전장치 또는 캐치를 구비하여야 한다. 이들은 규정이상의 과속도, 본체 낙하 또는 로프가 이완된 경우 본체를 정지시킬 수 있어야 한다.
   ㉯ 본체의 안전장치는 속도조절기에 의해서 조정되어야 한다. 기어고정 또는 레치트는 충분한 안전장치로 간주할 수 없다.
   ㉰ 수동식 승강기 본체에는 상승 또는 하강시 수동 브레이크를 설치하고 조작한다.

㉣ 3층 이상 또는 10m가 넘는 승강기는 본체가 강하할 때 속도로를 조절하는 속도 조절기(조석기)를 설치한다.
　　㉤ 전기 승강기 본체에는 동력을 차단하는 비상정지장치를 설치한다.
　　㉥ 본체 하강 도중 고장발생시 자동적으로 전력을 차단하고 제동하는 슬래그 케이블 장치를 설치한다.
　④ 속도제한을 정한다.
　　㉮ 운전자가 탑승하는 화물용 승강기의 정격속도는 매분 37.5m를 초과하지 못한다.
　　㉯ 계속 누름 단추식 승강기의 정격속도는 매분 45m를 초과해서는 안된다.
　　㉰ 밸트 또는 체인으로 운전되는 하물용 승강기의 정격속도는 매분 18m를 초과해서는 안된다.
　　㉱ 수동으로 운전하는 승강기는 4층 또는 18m를 넘는 승강구간에 사용해서는 안된다.

(2) 권상장치

승강기 본체를 상하 승강시키는 데는 정상부에 권상기를 설치하여 와이어 로프로 하는 방식과 승강로 하부에 피스톤을 설치하여 상승 및 하강시키는 유압식으로 구분한다.

　① 와이어 로프 권상방식 : 와이어 로프식 권상기는 승강로 정상부에 설치되는 것이 일반적이다. 때로는 승강로 하측부에 설치되는 경우도 있다.
　　로프식 권상기의 승강기 속도는 전동기의 웜기어로 감속하는 기어드 모터와 동일축상의 로프차가 직접 회전하는 기어가 없는 것의 두 종류가 있다.
　　기어드 모터는 매분 105m 이하에 사용되고, 기어레스 직류 전동기는 매분 15m 이상의 승강기에 사용된다.
　② 유압식 : 유압식인 승강기의 권상장치는 반드시 승강로 직하부에 피스톤부가 설치되며 근래에는 로프 또는 체인과 병용해서 액압잭을 승강내부 일부쪽에 설치하는 간접식인 것도 있다.
　③ 기계설비
　　㉮ 권동(drum)의 직경은 로프 직경의 40배 이상이어야 한다.
　　㉯ 액압식 승강기는 본체가 천정의 공작물에 닿기전에 피스톤이 정지되도록 한다.
　　㉰ 액압식 승강기는 트러벨 시이브에는 금속의 가이드 레일 및 가이드 슈우를 설치하여야 한다.
　　㉱ 공기 또는 가스를 탱크에 유입시킴으로서 액압을 얻을 수 있도록 압력탱크를 사용하는 승강기는 액압식 승강기에 관한 규정을 적용한다.

(3) 가이드 레일

본체가 주행하는 데 가장 중요한 역할을 하는 것이 가이드 레일이다. 통상 본체와 승장(Car)과의 틈새가 일정한 값으로 유지되고 있는 것은 가이드레일과 본체에 장치되어 있는 가이드 슈우 부품과의 맞물림이 확실하게 되어 있기 때문이다. 로프식 엘리베이터에는 만일 로프가 절단되면 본체를 지탱하는 것이 없으므로 조속기와 비상정지장치와의 조합동작에 의해서 본체를 레일에 물리게 하여 본체의 낙하를 방지한다.

(4) 승강로

 승강로는 2층 이상의 건축물에는 모두 방화구조로 하여야 하며 승강기는 방화벽으로 축조된 곳에 설치한다. 아래 그림은 승강로의 철강방호이며 건물외부의 승강로는 3m 높이까지 방호하여야 한다.

 본체의 측면과 승강로의 간격은 20mm 이상, 본체와 균형추와의 25mm 이상 떼어야 한다. 승강로 상부는 본체가 최상층에 있을 때 본체의 정부에서 1초간의 주행거리와 같은 높이 만큼의 공간이 유지되어야 한다. 승강로를 방호하는 방호물은 30㎠에 대해 150kg 의 집중하중을 지탱할 수 있는 일정한 강도를 유지한다.

(5) 승강로의 출입구

 승강로의 출입구에는 견고한 문이 설치된다. 출입구의 문은 본체의 문과 같지만 전동식의 개폐장치를 설치하여야 한다. 희소하지만 본체의 문과 승장의 문이 별도로 여닫게 되어 있는 것도 있으나 대개의 경우 본체문과 동일기구로서 여닫게 하여야 한다.

 하물용 수동승강기의 탑승문은 본체에 의해서 조작되는 기계적 시건장치를 설치하여야 한다.

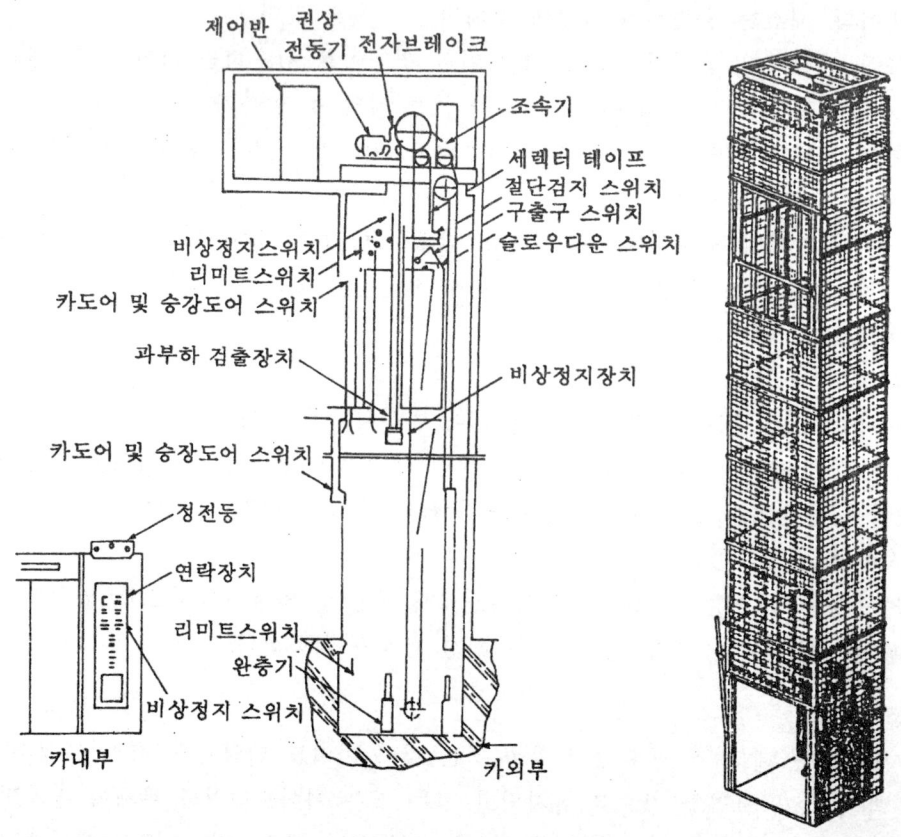

〔승강기 장치 및 승강로 방호 예〕

(6) 완충기

승강로 핏트(pit)에 설치되는 완충기는 본체가 완충기를 압축하였을 때 60cm 이상 남는 깊이로 만든다. 안전기준의 완충기는 매분 60m 이하인 승용 승강기는 오일 스프링, 또는 공기식 완충기(air buffer), 매분 60m 이상인 승강기는 유압식 완충기(oil buffer)를 사용하며, 매분 15m 하물용 승강기는 고형의 buffer를 사용한다.

균형추의 완충기도 본체 완충기와 같다.

(7) 주 와이어 로프

주 와이어 로프는 권상시 2개 이상 적용하며 균형추도 같다. 단일 와이어 로프의 안전율은 12 이상이며, 지름은 12mm이다.

2 승강기의 관리

(1) 안전한 승강기 관리방법

① 올바른 사용방법 : 승강기의 정기점검은 1개월에 1회 이상으로 규정되어 있으므로 항상 100%의 양호한 상태로 유지시킨다 하여도 사용방법이 올바르지 않으면 사고를 예방하기 곤란하다. 특히 승강로나 탑승구가 올바르게 방호되지 않은 시설에서 협착, 추락의 재해가 발생하는 경우는 우선 물적 방호가 추진되고 기능이 인터로크 장치로 개선되어야 한다.

② 규칙의 엄수 : 승강기에는 용도별의 규칙이 있다. 하물용 승강기는 일반 작업자가 타서는 안되며, 지명운전가가 운전하여야 한다. 기강이 문란한 운전이 되면 승강기의 고장은 물론 재해의 위험성을 증가시킨다. 그러므로 승강기 탑승구에는 정격하중과 운전규정을 게시해 두어야 한다.

③ 기능의 유지 : 승강기는 본래의 목적인 양중력, 속도 등과 법에서 규정한 과부하방지장치가 항상 완벽하게 작동되도록 하는 것이 근본적인 문제지만, 승강기는 기계장치이므로 영구적인 안전성을 확보하기는 매우 힘든 일이지만 승강기는 구조가 상당히 복잡하여 보수유지에 상당한 숙련과 사전 위험방지 조치가 필요로 하고 있다.

  ㉮ 보수계약 : 승강기의 보수는 직접 메이커에 의뢰하던가 또는 메이커 직속의 전문업자 또는 전문검사기관에 대행시키는 것이 좋다. 보수계약 형태는 여러가지 있지만 이것은 사업장 사정에 따라서 체결하여야 한다.

  ㉯ 정기검사 : 승강기의 업자에 의한 보수는 월 1회 이상 정기검사를 실시한다. 반드시 업자에 의뢰하는 것이 아니고 사업장의 숙련자로 하여금 실시할 수도 있다. 그러나 반드시 산업안전보건법 시행규칙 제168조 제2항에 의거 기계·기구 자체검사기준 별표 3의 3 "하물용 승강기"의 점검항목을 적용하여야 하고 검사결과는 3년 이상 보관하여야 한다.

(2) 승강기의 점검
① **승강장의 문 시설** : 승강장 사고의 대부분이 탑승구의 문에서 발생하고 있으므로 매일 아침 본체에 타고 점검하여야 한다. 이때 약간의 미비사항이 있으면 전문업자에 문의해서 완전히 보완후 사용하도록 한다.
② **조작장치 기계** : 본체내의 조작반 각 스위치류의 작동과 스위치를 조작했을 때 정확한 형태를 점검확인한다. 특히 중요한 것은 행선층계 단추의 적정함과 정지단추가 확실하게 작동하는가 점검한다.
③ **핏트의 청결** : 본체를 최하층에서 1m 정도 위에 정지시키고 핏트내를 점검한다. 핏트내에 물이 고이는 것은 승강로내와 본체의 전장부품의 손상을 촉진하고, 휴지나 먼지는 레일의 주유에 흡수되어서 화재발생의 위험이 있으므로 핏트는 항상 청결하고 건조한 상태로 유지하여야 한다.

2. 기계요소별 구조원리

1 와이어 로프

(1) 정의

 와이어 로프는 하역작업에서 가장 중요한 위치를 차지하는 필수품이다. 하역분야에서는 와이어 로프로 인하여 일어나는 재해가 많을 뿐 아니라 안전사고에 미치는 영향이 지대하나 일반적으로 하역작업원들의 로프에 대한 관심이나 지식이 부족하므로 여기에서 기본적인 것만을 기술하기로 한다.
① **구조** : 와이어 로프는 3개의 기본적인 요소로 이루어진다.

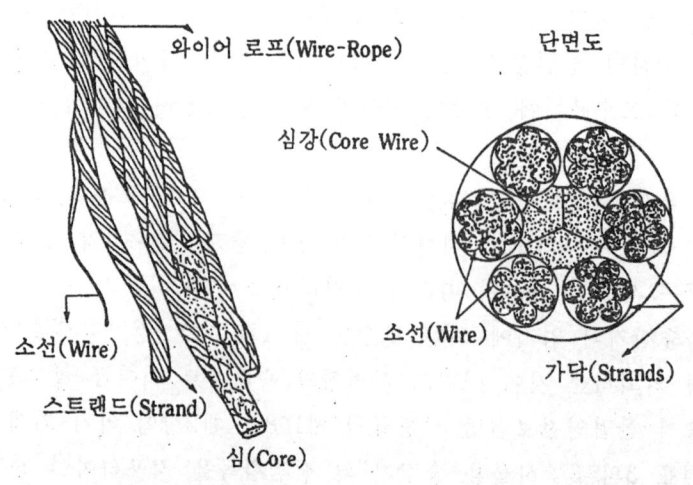

〔와이어 로프의 구성〕

㉮ 가닥(Strand)내의 소선(Wire)
㉯ 심(Core)의 주위에 나선형으로 꼬여 있는 소선의 집합체인 가닥(Strand)
㉰ 와이어 로프의 스트랜드 형태를 유지하는 심(Core) 또는 심강(Core-Wire)흑색 및 적색 그리이스(Grease)등이 있다.

그림 와이어 로프 구성 즉, 대부분의 로프는 소선 스트랜드(Strand) 및 심(Core)으로 구성되며 로프의 사용을 원활하게 하기 위하여 도유(塗油)를 하고 있다.

> **자격취득 key** • 심의 종류 : (1) 섬유심
> (2) 철심
> (3) 스트랜드심

② 와이어 로프의 꼬임과 특성 : 와이어 로프의 꼬임은 특수 로프를 제외하고는 보통꼬임(Regulars-Lay)과 랭(Lang)꼬임으로 나누고 그 특성은 다음과 같다.

㉮ 보통꼬임(Regulars-Lay) : 스트랜드의 꼬임방향과 로프의 꼬임방향이 반대로 되어 있다. 그 특성은 다음과 같다.
 ㉠ 외부의 접촉길이가 짧아 소선의 마모가 쉽다.
 ㉡ 킹크가 잘 생기지 않는다.
 ㉢ 로프 자체의 변형이 크다.
 ㉣ 하중을 걸었을 때 저항성이 크다.
 ㉤ 취급이 용이하여 선박, 육상 등이 많이 사용한다.
㉯ 랭 꼬임(Langs-Lay) : 스트랜드의 꼬임방향과 로프의 꼬임방향이 동일하며 그 특성은 다음과 같다.
 ㉠ 소선의 외부와의 접촉길이가 같다.
 ㉡ 내마모성, 유연성 내피로성이 우수한다.
 ㉢ 꼬임이 풀리기 쉽다.
 ㉣ 킹크가 생기기 쉽다.

아래 그림에서 보는 바와 같이 꼬임 방향은 Z 꼬임과 S 꼬임이 있다.

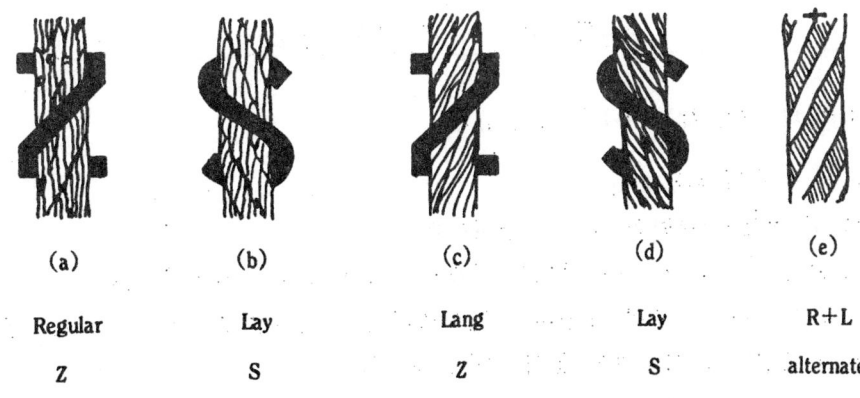

(a) Regular Z
(b) Lay S
(c) Lang Z
(d) Lay S
(e) R+L alternate

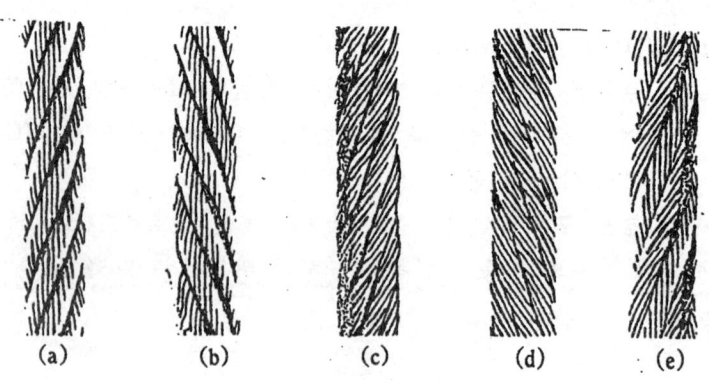

〔와이어 로프의 꼬임 방향〕

③ 와이어 로프의 구성 : 와이어 로프의 꼬임 구성은 다음과 같이 되어 있다. 즉 소선은 스트랜드의 형태로 꼬여 있고 스트랜드는 심주위에 꼬여 있다.

위의 그림에서 "a" 및 "c"는 스트랜드가 오른 나사처럼 오른쪽(Z방향)으로 꼬여 있으며 보통 연로프라고 하며 이에 대하여 왼쪽(S방향)으로 꼬여 있는 "c" "d"는 랭 연로프라고 한다.

보통 연로로프에서는 소선이 로프축과 평행하게 보이며 랭연에서는 로프 축과 수직으로 이룬다. 이 외관상의 차이는 제조기술의 변화에서 온다. 즉 보통연 로프는 스트랜드의 소선 연방향과 로프에서의 스트랜드 연방향이 반대이며 랭 연 로프는 연방향이 동일하다. 그림에서 "e"는 알터네이트 로프로서 보통 연과 랭(Lands)연 스트랜드를 조합하여 만든 것이다.

따라서 그림과 같이 보통 연 로프의 마모면적이 적다.

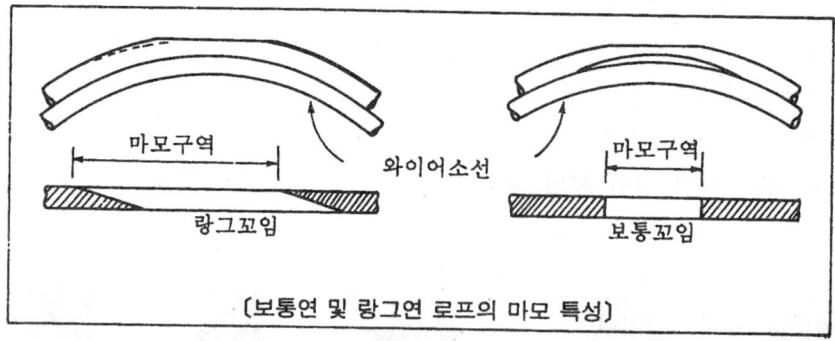

〔보통연 및 랑그연 로프의 마모 특성〕

2 와이어 로프의 사용과 취급 요령

(1) 와이어 로프의 취급방법

① 와이어 로프의 운반과 하역시 취급요령

㉮ 로프는 기계의 한 요소이므로 기계와 동일하게 취급하여야 한다.

㉯ 로프는 높은 곳에서 내릴때는 떨어뜨려서는 안되면 크레인 및 지게차를 이용하거나 널판자를 이용하여 굴러 내리도록 한다.

㉰ 로프를 울퉁불퉁 땅위에 굴리거나 끌게 되면 홈 또는 마모가 생기므로 주의하
　　　도록 한다.
　　㉱ 로프 취급시 외력에 의해 손상을 입게 되면 수명이 단축되므로 항상 주의한다.
② **로프의 보관상의 주의**
　　㉮ 습기가 없고 지붕이 있는 곳을 택할 것.
　　㉯ 로프가 직접 지면에 **닿지 않도록** 침목 등으로 받쳐서 300mm 이상의 간격을 두
　　　어 보관할 것.
　　㉰ 직사광선 또는 열 및 해풍을 피할 것.
　　㉱ 산이나 황산가스에 주의하여 보관시에는 부식 또는 그리이스의 변질을 막을 것.
　　㉲ 한번 사용한 로프를 보관시에는 표면에 묻은 모래, 먼지, 오물 등을 제거한 다
　　　음 로프 그리이스를 바르고 잘 감아서 보관하여야 한다.
③ **와이어 로프 선택시 고려할 사항**
　　㉮ 내 파단강도　　　　　　㉱ 내 마모성
　　㉯ 내굽힘 피로성　　　　　㉲ 내형 파괴성
　　㉰ 내진동 피로성　　　　　㉳ 잔류강도

　상기의 특성을 전부 만족시키는 와이어 로프는 없으며 한 가지의 특성이 가장 양호하면 나머지는 그 성능이 떨어진다. 로프를 선택할 때 설비에서 가장 필요한 특성을 파악하여 선택하는 것이 중요하다. 이것은 최고의 효율을 얻기 위해서 조금 부족한 특성은 다소 포기하더라도 가장 중요한 특성에 알맞은 로프를 선택해야 한다.

(2) 와이어 로프의 검사방법

　단선이 있거나 스트랜드의 변형 지름의 변화 또는 정상적인 외관과의 차이가 있을 때 로프의 상태가 의심스럽거나 요구하는 성능보다 떨어진다고 생각이 들면 로프는 교체하는 것이 좋다. 와이어 로프의 검사는 다음과 같은 기본적인 항목을 점검해야 한다.

　　① 로프 지름의 감소량　　　　⑤ 압착
　　② 로프 뻣치 및 쇠임상태　　　⑥ 부식
　　③ 외부 마모　　　　　　　　　⑦ 소선의 단선
　　④ 내부 마모

　간혹 와이어 로프는 판별이 불가능하여 예고없이 절단된다. 이런 현상은 단말가공 부분이나 부움, 호이스트, 또는 시이브를 가장 많이 거치는 부분에서 자주 일어난다. 이것은 사용상 일어나는 결함으로 외부 마모뿐 아니라 파단지점이 보이지 않는다. 이런 조건하에서 인접 스트랜드간의 찍힘으로 심이 약해지며 이때 골 부분의 단선이 일어난다. 단말가공 부위에서 골 부분의 단선이 한개라도 보이거나 어느 지점이든지 2개 이상의 골 부분 단선이 보이면 이 로프는 즉시 교체하여야 한다.

　만약 예방점검을 적절하게만 한다면 로프의 수명은 연장시킬 수 있으며 심(Core)의 약화 골 부분의 단선외 여러 요인에 의한 결함이 일어나기 전에 로프의 단말가공 부위

를 잘라냄으로서도 수명을 연장할 수 있다.

(3) 와이어 로프 손상의 발생원인 및 형태

손상의 종류	손상형태	발 생 원 인	손상된 형상
피 로	단선형태가 수직이나 Z형으로 절단된다.	너무 작은 지름이 물체에서 굽힘을 받았거나 진동 또는 끌림, 시이브의 진동, 너무 작은 지름의 로라, 반복굴곡, 축에 감겼는지, 너무 작은 홈 지름으로 로프가 조이는지, 드럼 및 로프 구성의 부적당, 설치방법의 부적당 등을 점검할 것.	
인 장	단선의 형태가 Cup 및 Cone 형태이다.	과하중 서투른 조작이나 급속정지 및 시동, 물체의 걸림, 느슨한 권치, 파손된 시이브 플랜지, 잘못된 로프 치수 및 로프 강도 불량 등을 점검할 것.	Cup 모양 Cone 모양
마 모	외측소선이 칼날처럼 닳아 파탄되며 다른 요인과 복합적으로 마모된 단선은 복합파단을 일으킨다.	로프나 시이브의 치수를 확인하고, 하중의 변화, 과하중, 회전하지 않는 시이브, 연역한 시이브, 로라및 드럼, 시이비 위치의 부정확, 킹크, 오물 및 모래, 물체에 끼인 로프 등을 점검하여야 한다.	
회전이나 비틀림	선의 끝이 비틀림 현상이 보이거나, 나사처럼 꼬여 있다.	상기의 모든 기계적인 결함을 점검하고, 비정상적이거나 사용도중 충격하중을 피하고, 보관시 주의하여야 한다.	
늘 림 (Mashing)	선이 납작하게 되고, 파단부위가 넓다.	상기의 모든 기계적인 결함을 점검하고, 비정상적이거나 사용도중 충격하중을 피하고, 보관시 주의하여야 한다. 이 현상은 통상 드럼(Drum)에서 일어난다.	
부 식	선 표면이 인장피로나 마모보다도 심한 파단현상이 나타난다.	도유 및 저장의 부적당을 나타내며, 주의환경이 부식되기 쉬운가 점검할 것.	

(4) 활차(sheave)에서 와이어 로프 효율

활차 위에서 사용되는 와이어 로프의 강도비율은 활차 수에 따라 달라진다. 이 강도 저하는 하중을 들어 올릴 때 꼭 필요한 것이며 다수 tackle bloo system에서는 이 강도 저하율이 아주 크게 나타난다. 정하중 하에서의 견인력은 다음 공식과 같이 하중을 로프의 가닥수로 나누어서 간단히 구할 수 있다.

$$\boxed{견인력 = \frac{총하중(슬링, 블록의 무게포함)}{활차에 걸리는 로우프의 가닥수}}$$

예 활차가 4개일 때(아래 그림④) 6000kg을 들어 올리기 위해서 필요한 견인력은

$$견인력 = \frac{6,000}{4} = 1,500 \text{kg 이상}$$

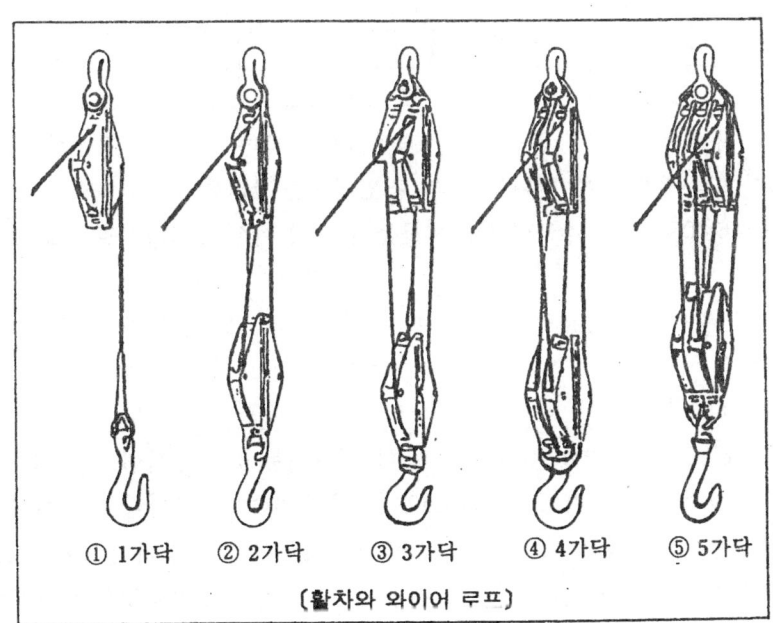

① 1가닥　② 2가닥　③ 3가닥　④ 4가닥　⑤ 5가닥

〔활차와 와이어 로프〕

그림에서 ① 견인력은 들어올리는 하중과 동일
　　　　② 견인력은 하중의 1/2
　　　　③ 견인력은 하중의 1/3
　　　　④ 견인력은 하중의 1/4
　　　　⑤ 견인력은 하중의 1/5

만약 이 설비에서 시이브의 베어링이 볼 베어링 또는 로라 베어링 타입이면 그 견인력은 다음과 같다.

$$\boxed{견인력 = 견인상수 \times 하중}$$

견인상수는 다음 견인상수표에서 와이어 가닥수와 베어링 종류에 따라 활차의 수에 맞

는 견인상수를 찾아 하중과 곱하면 된다. 베어링을 사용시 최초 작동시의 견인력을 구하여 본다.

〔견인상수 표〕

로프 가닥수	미끄럼 베어링을 가진 시이브	로라 베어링을 가진 시이브
1	1.09	1.04
2	0.568	0.530
3	0.395	0.360
4	0.309	0.275
5	0.257	0.225
6	0.223	0.191
7	0.119	0.167
8	0.181	0.148
9	0.167	0.135
10	0.156	0.123
11	0.147	0.114

① "그림"과 같이 시이브가 없을 때의 견인력을 구하여 보면 그림에서 와이어 로프 4가닥과 미끄럼 베어링이 만나는 것의 견인상수는 0.309
  ㅇ 견인력=6,000×0.309=1,854kg 예를들면 하중이 6,000kg : 로우프 4가닥 설비 미끄럼

② 그림에서와 같이 보조 활차가 있을 때의 견인력은 보조활차가 있는 4가닥의 경우이다. 이런 경우 보조활차는 미끄럼 베어링의 1.09(로라 베어링의 경우 1.04)를 곱하여 산출한다.
  ㅇ 견인력=6,000×0.309×1.09=2,020kg이 최초작동시 견인력이 발생된다.

③ 2개의 보조활차가 있으며 5가닥의 로프가 걸린 미끄럼 베어링 활차에서의 견인력의 견인상수는 표의 수치에서 보면 0.257이고 2개의 보조활차가 있으므로 0.257× 1.09=0.305 이 때 6,000kg의 하중이 걸릴 때 견인력은 600×0.305=1830kg이 초초작동시 견인력이 된다.

이상과 같이 견인력을 구하면 그 수치에 알맞는 와이어로프 외의 하역 도구, 장비 등을 적절히 사용하므로써 사고를 예방할 수 있다.

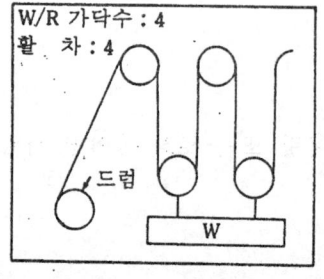

〔활차의 설비〕

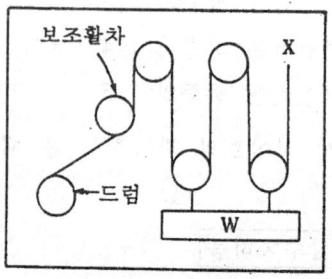

〔보조활차가 있는 설비〕

(5) 와이어 로프의 단말(Ending)처리 및 절단

① 단말처리 : 와이어 로프를 짐걸이 용구로 사용하려면 단말처리 방법이 문제가 된다. 아래 그림과 같은 여러가지 단말처리 방법이 있으며, 이음효율이 표시되어 있다.

그러나 최근 흔히 사용되는 압축멈춤은 고열작업으로 인하여 마심(麻芯)이 소손하여 빠질 위험이 있기 때문에 약심의 와이어 로프를 사용하고, 또 압축멈춤 끝부분은 피로에 의한 강도조화가 큰 것 등의 결함요인이 있으므로 주의가 필요하다. U볼트 조임은 간단하여 현장에서 흔히 사용되지만 U볼트의 사용법과 U볼트수, U볼트 간격 등은 다음 표의 기준에 따라야 하며, 사용중에는 자주 조여야 한다. 아이스프라이스는 상호연결하는데 기능의 차이가 있어서 이음효율에 크게 영향을 주기 때문에 숙련자가 하여야 한다.

["U"볼트 사용수량과 크립 간격]

로프직경(d)	클립의 수	클립 간격(L)	로프직경(d)	클립의 수	클립간격(L)
9~16	4	80mm	28	5	180mm
18	5	110	32	6	200
22	5	130	36	7	230
24	5	150	38	8	250

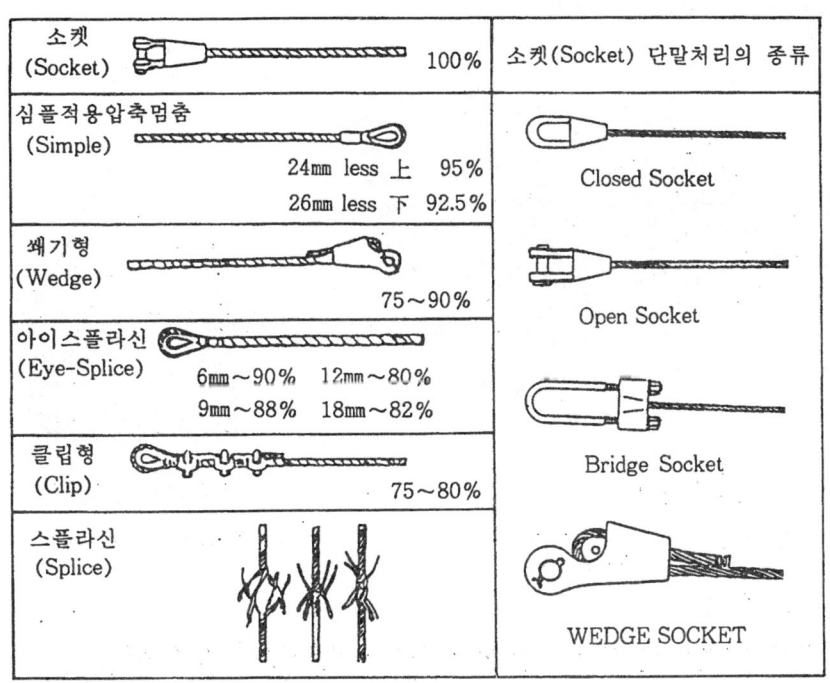

[와이어 로프 단말처리의 종류 및 소켓]

② Wire-Rope의 절단 : 와이어 로프를 재단하여 고리걸 이용구를 제작할 때에는 반드시 기계적인 방법 다음 그림과 유압식 절단과 저석절단에 의하여 절단하여야 하

며 가스용단 등의 방법에 의하여 절단하여서는 안된다. 또한 절단시는 Wire-Rope 를 단말매듭(Seizing)을 한 후 절단하여야 한다.

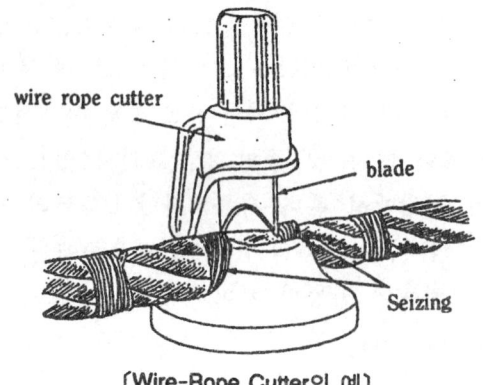

〔Wire-Rope Cutter의 예〕

3 로프의 장력 변화

(1) 슬링 로프에 걸리는 장력의 변화

하역작업 중 와이어 로프를 이용하여 화물을 들어 올릴 때 슬링 로프에 걸리는 하중과 와이어 로프에 걸리는 장력의 변화는 하역사고 중 가장 큰 요인의 하나이다.

① 슬링 로프에 걸리는 하중 :

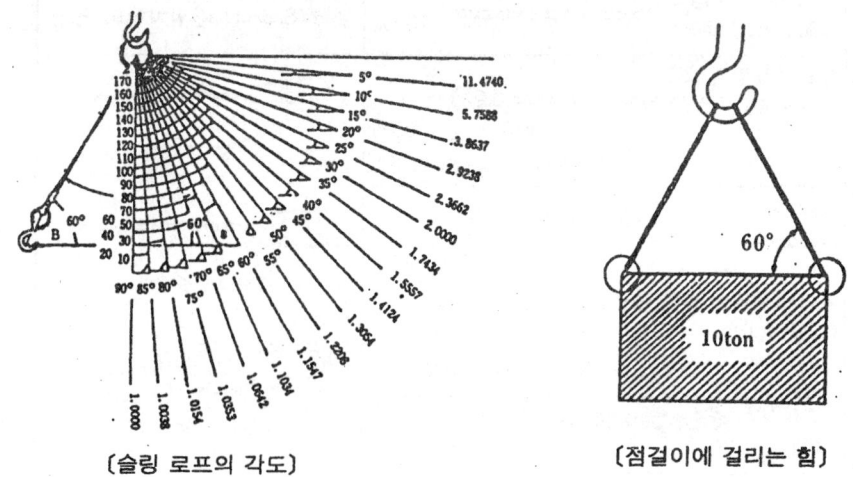

〔슬링 로프의 각도〕　　〔점걸이에 걸리는 힘〕

> ○ 슬링 로프간의 각도 : A
> ○ 수평각 : B
> ○ 슬링 로프에 걸리는 하중계수 : C(로프 지름의 결정에 사용한다.)

예제 2본의 슬링 로프를 사용하여 10ton의 하중을 수평각 60°로써 권양할 경우 한쪽 슬링 로프에 걸리는 인장하중을 구하여라.

풀이 경사진 로프 1본에 걸리는 하중 = 1/2 × 수직전하중 × 하중의 계수(C)
= 1/2 × 10ton × 1.1547 = 5.774ton

〔와이어 로프의 안전하중 (단위 ton)〕　　　　　(안전율 : 6기준)

와이어로프직경(mm)	절단 하중 (ton)	2본 슬링				4본 슬링			
		0°	30°	60°	90°	0°	30°	60°	90°
10	5.02	1.68	1.62	1.45	1.19	3.35	3.23	2.90	2.37
12.5	7.84	2.62	2.53	2.27	1.85	5.23	5.05	4.53	3.70
14	9.83	3.28	3.17	2.84	2.32	6.55	6.33	5.68	4.63
16	12.8	4.26	4.14	3.70	3.02	8.53	8.24	7.39	6.03
18	16.2	5.40	5.22	4.68	3.82	10.80	10.43	9.35	7.64
20	20.1	6.70	6.47	5.80	4.73	13.40	12.94	11.60	9.48
25	31.3	10.44	10.08	9.04	7.38	20.87	20.16	18.07	14.76
28	39.3	13.10	12.65	11.35	9.27	26.20	25.30	22.69	18.53
30	45.1	15.35	14.52	13.02	10.63	30.17	29.04	25.04	21.26

* 1본 슬링시는 본래의 무게 2본 슬링의 1/2 무게로 계산한다.

○ 와이어 로프의 안전하중 계산법

예제 와이어 로프 직경 20mm 2본 혹은 4본 슬링시 각도에 따라 슬링 로프에 걸리는 안전하중(안전율 6일 때)을 계산하라

풀이 ① 각도 60° : 슬링 로프 2본일 때

　　　안전하중 = 20.1 × 2본 ÷ 1.1547 × 6 = 40.2 ÷ 6.9282 = 5.75ton

② 각도 60° 슬링 로프 4본일 때

　　　안전하중 = 20.1 × 4 ÷ 1.1547 × 6 = 80.4 ÷ 6.9282 = 11.6t

② 경사진 화물에 걸리는 슬링 로프 하중 : 다음 그림에서와 같이 콩크릴 파일등과 같이 장척화물을 경사시켜서 권양할 경우 슬링 로프에 걸리는 인장하중은 표의 삼각함수표 아래와 같다.

〔삼각함수표〕

각 도 (α, β)	sin
0	0.0000
5	0.0872
10	0.1737
15	0.2588
20	0.3420
25	0.4226
30	0.5000
35	0.5736
40	0.6428
45	0.7071
50	0.7660
55	0.8192
60	0.8660
65	0.9063
70	0.9397
75	0.9559
80	0.9848
85	0.9967
90	1.0000

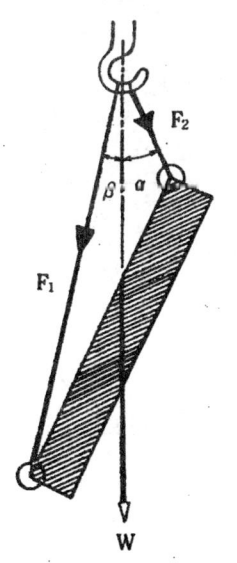

〔경사진 화물에 걸리는 슬링 로프〕

$$F_1 = \frac{W \cdot \sin \alpha}{\sin(\alpha+\beta)}$$
$$F_2 = \frac{W \cdot \sin \beta}{\sin(\alpha+\beta)}$$

예제 하중 $W=10\text{ton}$, $\sin \alpha=20°$, $\sin \beta=15°$일 때 F_1, F_2에 걸리는 인장하중은?

풀이 식 F_1, F_2식을 이용하여 구하면 표에서 각도 α, β의 $\sin$값을 찾아서 대입하면

$$F_1 = \frac{10 \times 0.3420}{(0.3420+0.2588)} = \frac{3.42}{0.6008} = 5.69\text{ton}$$

$$F_2 = \frac{10 \times 0.2588}{(0.3420+0.2588)} = \frac{2.588}{0.6008} = 4.31\text{ton}$$

즉 F_1에 걸리는 인장하중이 5.69ton F_2의 하중은 4.31ton이므로 안전율을 각각 곱하여 인장하중이 많이 걸리는 쪽을 택하여 로프를 선택한다.

③ **슬링 로프에 걸리는 하중** : 다음 그림과 같이 2가닥 걸이의 경우, 인양에서 매다는 각도가 증가하면 로프에 인가되는 인장력이 증가한다. 로프의 수명은 활차부에 의한 피로, 단선 등에 결정된다. 그림 (a)는 활차나 드럼(Drum)의 직경D와 와이어 로프 소선지름d의 비(比)로 와이어 로프의 수명 관계를 나타낸다.

그림에서 알 수 있듯이 $\left(\frac{D}{d}\right)$값과 수명과는 밀접한 관계가 있다.

예를 들면 D/d의 비가, 크레인에서 24×6 꼬임의 와이어 로프 일 경우는 20이상 엘레베이터에서는 40 이상으로 정해져 있다. 그림 (b)는 단선에 의한 강도 저하 및 절단에너지의 저하모양을 나타낸 것이다.

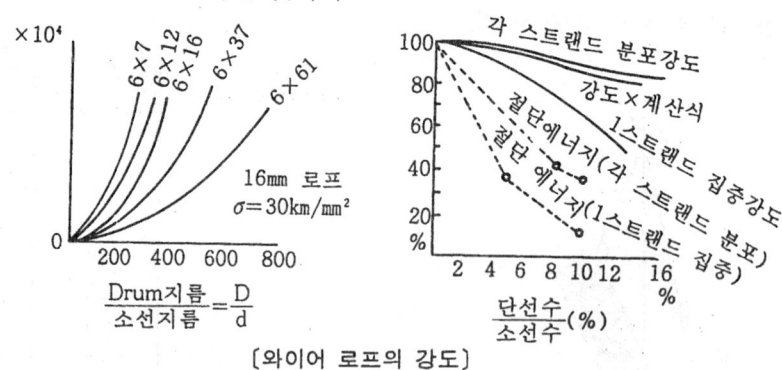

〔와이어 로프의 강도〕

④ **슬링 로프사용시 주의사항**
  ㉮ 예리한 모서리나 손상되기 쉬운 부분에는 지지물을 설치하여 로프의 손상을 예방하도록 한다.(지지물은 목재, 금속이 좋으며 목재는 연한 것으로 하고 로프의 접촉부는 둥글고 면은 매끄럽게 하다.)
  ㉯ 수평각도는 60°가 이상적이거나 최저 45°이하로는 하지 않는다.
  ㉰ 권양강하시 일단 안전한가 목측한다.
  ㉱ 로프가 얽힐 때는 즉시 풀어 준다.
  ㉲ 권양 강하시는 절대로 충격을 피하도록 할 것.

[슬링의 현상]

4 로프의 안전율(Factor of Safety)

(1) 와이어 로프의 안전율
  ① 와이어 로프 안전율의 정의
    ㉮ 안전율이란 와이어 로프의 공칭강도가 그 로프에 걸리는 총하중의 비를 말한다.
    ㉯ 안전율은 로프의 사용수명을 결정하는 중요한 사항으로 취급되고 있다.
    ㉰ 과하중, 연속하중, 간헐적인 하중 등에 따라 로프의 수명은 달라진다.
    ㉱ 로프 지름 및 인장강도를 결정할 때 정하중 및 정적인 상태하에서 결정하는 것은 위험한 일이다.
    ㉲ 기계는 정하중 위에 동하중이 가해지기 때문이며 이것은 재료의 탄성한계를 초과할 경우도 있기 때문이다.
    ㉳ 안전율은 5로 잡고 있으며 아래 그림의 와이어 로프 상대 수명곡선은 사용수명이 하중의 증가에 따라 어떻게 변하는가 하는 것을 표시한다.
    ㉴ 안전율이 5에서 3으로 변하면 수명은 100에서 60으로 떨어져 40%의 수명감소가 된다.

$$\text{안전율} = \frac{\text{절단하중} \times \text{와이어 로프 가닥수}}{\text{정격하중 ton} + \text{HOOK BLOCK(ton)}}$$

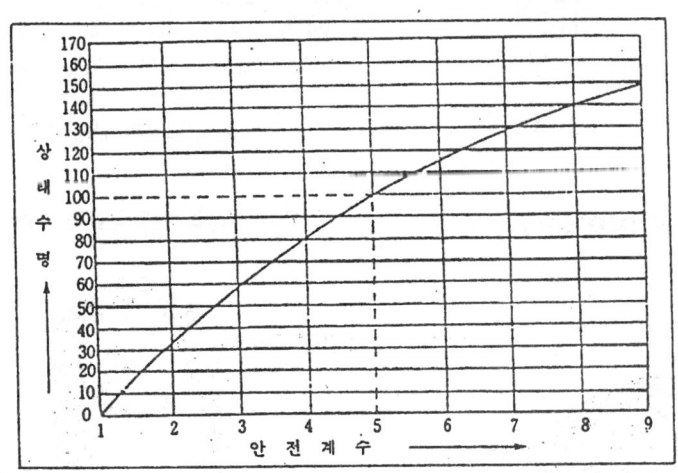

[와이어 로프의 수명 곡선]

  ② 섬유 로프의 안전율과 파단강도
    ㉮ 안전율

구 분	Rope 제품	안 전 율
섬유 제품 Rope	마 니 라	5
	사 이 잘	5
화 학 제 품 Rope	나 이 론	9
	폴리에스텔	9
	폴리프로필렌	6

㉯ 섬유 및 화학제품 로프의 파단강도의 안전율

직 경	마 니 라	사 이 잘	나 이 론	폴리에스텔	폴리프로필렌
7mm	370kg	330kg	1,020kg	770kg	740kg
8	540	480	1,350	1,020	960
10	710	635	2,080	1,590	1,425
12	1,070	950	3,000	2,270	2,030
16	2,030	1,780	5,300	4,100	3,500
18	2,440	2,130	6,700	5,100	4,450
20	3,250	2,840	8,300	6,300	5,370
24	4,570	4,060	12,000	9,100	7,600
추천하는 안전율	5	5	9	9	6

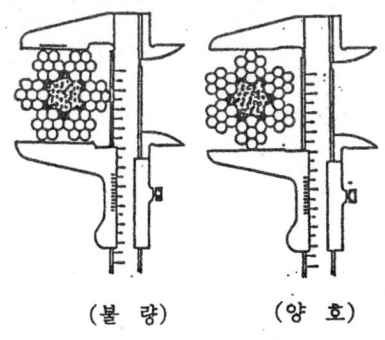

(불 량)   (양 호)

〔와이어 로프 공칭지름 측정〕

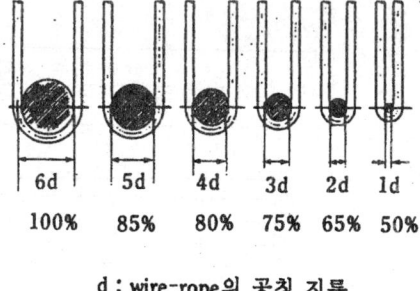

d : wire-rope의 공칭 지름
% : 효율

〔Wire-Rope "R" 굽힘과 효율〕

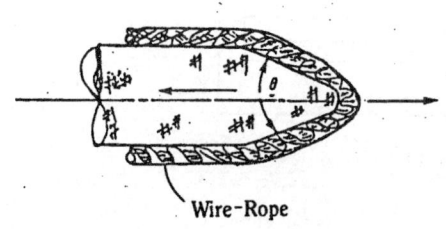

〔Wire-Rope "R" 굽힘 각도〕

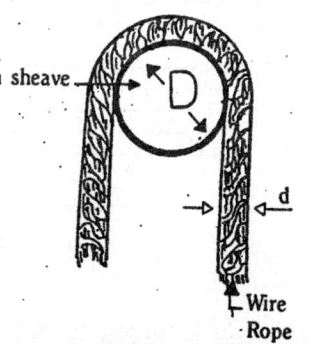

〔로프의 굽힘〕

5 로프의 수명

(1) 와이어 로프의 수명 판정방법
　① 마모 : 마모에 의한 절단하중 감소율을 추정하는 경우, 손상부위의 지름을 측정하여 이 측정치로서 감소율을 구한다.(동시마모, 편심마모)
　② 부식 : 부식에 의한 절단하중의 감소는 표준과 비교하여 감소율을 구한다. (소선의 표면상태, 로프의 외관상태)
　③ 파단선 : 단선이 많이 발생된 지점에서 3핏치 내의 단선수를 조사한다. (단선분포 거리 1strand(스트랜드)에 집중된 상태)
　④ 형상붕괴 : 로프의 찌그러짐, 굴곡·킹크(kink)핀, 핏치 변화 등을 신제품과 비교한다.
　⑤ 편심 : 편심에 의한 전단하중의 감소율은 마모 및 단선된 곳을 조사 측정한다.
　⑥ 수명 판정시의 자세
　　㉮ 공칭지름을 정확히 측정할 것.
　　㉯ 와이어 로프를 먼저 만져 볼 것.
　　㉰ 꼬임방향(Z.S) 반대방향으로 서서히 3~5핏치 훑어 볼 것.
　　㉱ 수명 및 사용판정을 위한 측정을 할 것.
　　㉲ 수명 판정 기준 산업안전 보건법 시행규칙 제167조에 준할 것.

(2) 수명판정 기준
　① 직경감소 7%, 단면감소 15% 초과할 때(단 7% 이상 마모된 것을 사용시 시이브 마모 가급증)
　② 1핏치 내의 소선 단선수가 10%를 초과할 때
　③ 평균 사용시간이 500~600시간을 초과할 때
　④ 길이의 변화가 20%를 초과할 때(정격 안전율 사용시)
　⑤ 이음매가 있는 것.
　⑥ 심하게 변형·부식된 것.
　　이상의 변화가 있을 때 와이어 로프를 교환하도록 하여야 한다.

(3) 수명에 영향을 미치는 요인
　① 원형굽힘에 의한 인장력 저하는 다음 그림과 같이 원형 시이브(sheave)에 로프를 걸고, 절단하중 시험을 하면 아래 표와 같이 절단하중이 저하된다.

〔Rope의 원형굽힘에 의한 절단하중〕

D/d	10	12	14	16	18	24	26	30
저하율(%)	21	19	14	12	10	9	7	5

〔각 변화와 절단하중〕

각도(α)	120	90	60	45
저하율(%)	30	35	47	47

　② 각(角)에 의한 와이어 로프의 인장력 저하는 다음 그림과 같은 경우로 예리하고 각(θ)의 변화에 따라 표에서와 같은 절단하중 저하가 초래된다.

③ 로프 사용시 드럼(Drum)이나 시이브(sheave)에서 굴곡이 생기게 되며 이때의 S 골곡이 불가피할 때는 시이브 거리를 최소로 하고 로프 핏치 10배 이상 거리를 두어야 하며 시브 지름도 30% 정도 크게 된다.

④ Kink에 의한 강도저하

상 태	잔존강도	와이어 로프 현상(Kink)
(1) 원상태로 로프	100%	
(2) Kink를 일으킨 수정한 Rope	83~80%	
(3) 꼬임 걸리는 쪽의 Kink를 일으킨 상태의 Rope	65~55%	
(4) 꼬임이 복귀되는 쪽의 Kink을 일으킨 상태의 Rope	45~40%	

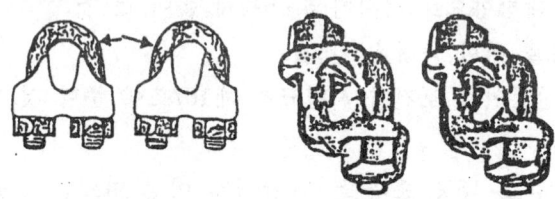

U-볼트(U-bolt) 크립   트윈베이스(twin-Base) 크립

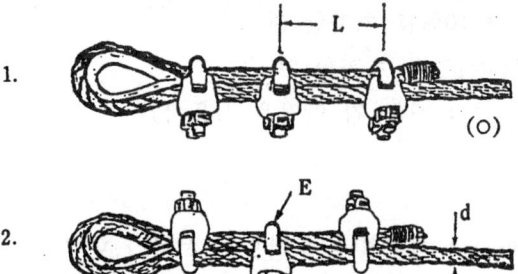

〔와이어 로프 단말처리용 볼트와 사용 예〕

6 체인의 안전

(1) 체인의 강도와 수명

① 신장이 제조시 길이의 5%를 초과하지 않을 것. [그림 (a)] 단, 5개 Ring 이상측정
② 링의 단면 직경의 감소가 링 제조 당시의 직경 10%을 초과한 것. [그림 (b)] (또는 링의 단면직경 d가 0.9이하)

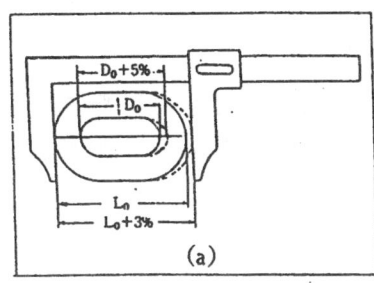
(a)

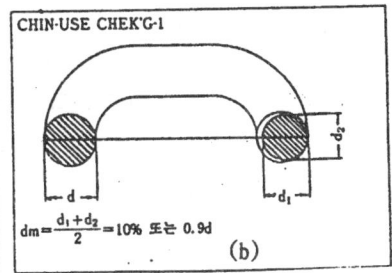
(b)

③ 균열이 있는 것.
④ 체인의 슬링용도 안전율은 5이다.
⑤ 체인의 강도
⑥ 체인 안전율 5에 의한 보증하중(ISO)은 아래 표와 같다.

[체인의 강도(ISO)]

직경 (mm)	보증하중 (ton)	최대사용하중 (ton)	직경 (mm)	보증하중 (ton)	최대사용하중 (ton)
6.3	1.25	0.63	18	10.2	5.0
7.1	1.58	0.8	20	12.6	6.3
8	2.01	1.0	22.4	15.8	8.0
9	2.54	1.25	25	19.7	10.0
10	3.14	1.6	28	24.6	12.5
11.2	3.94	2.0	32	32.2	16.0
12.5	4.92	2.5	36	40.7	20.0
14	6.18	3.2	40	50.3	25.0
16	8.04	4.0	45	63.7	32.0

(2) 체인 및 HOOK의 점검
다음 그림은 체인 및 HOOK의 변형 등을 점검하는 측정 검사용구이다.

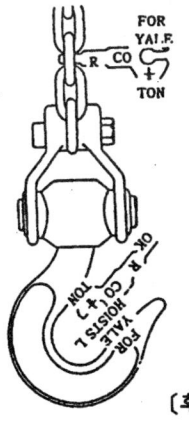
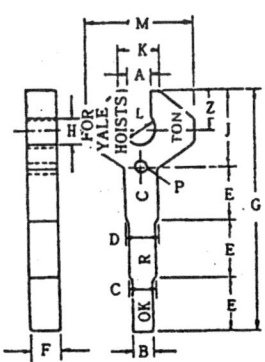

[후크 및 체인의 점검용 측정구]

HOOK의 인가되는 하중을 W, 목 단면적 A, 단면계수 Z, 하중의 작업선에 단면의 그림 중심까지 거리를 R로 하면 다음 식으로 응력을 계산할 수 있다.

$$\sigma_t = \frac{WR}{Z} + \frac{W}{A}$$

또는 $W = \sigma \sqrt{R} + \frac{Z+1}{A}$

여기서 $\sigma_t < \frac{\sigma}{S}$(인장강도)이어야 한다. 그러나 HOO의 위험은 변형에 의한 신장외에 특히 나사상크(shank)부의 반복하중에 의한 피로파괴 및 균열(crack)에 있으므로 특히 주의하여야 하고 점검을 게을리해서는 안된다.

예상문제

문제 1. 체인 전동의 특성이 아닌 것은?
㉮ 속도비가 일정하며 미끄럼이 없다.
㉯ 큰 동력을 전달할 수 있으며 효율은 90% 이상이 된다.
㉰ 체인의 탄성에 의하여 어느 정도의 충격에 견딘다.
㉱ 고속 회전이 필요한 곳에 사용하면 적합하다.

[풀이] 체인(chain) : 미끄럼을 없애고 회전을 확실히 전달시키려고 할 때 체인 전동 장치가 사용되며 체인은 스프로킷 휠에 걸려서 이송되므로 대동력도 확실하게 전달된다.
① 체인의 특성
 ㉮ 슬립이 없는 일정한 속도를 얻을 수 있다.
 ㉯ 대동력이 전달되고 효율은 95% 이상이다.
 ㉰ 체인의 탄성으로 충격하중을 흡수할 수 있다.
 ㉱ 고속 회전에는 부적당하다.
 ㉲ 내열, 내유, 내습성 있다.

문제 2. 바깥지름 192mm, 원주 피치가 9.4248mm인 스퍼 기어의 잇수는 얼마인가?
㉮ 64   ㉯ 62   ㉰ 60   ㉱ 58

[풀이] ① 원주피치 : 피치원상에 있는 이에서 서로 인접하고 있는 이까지 거리
$$P = \frac{\text{피치원의 둘레}}{\text{잇수}} = \frac{\pi D}{Z} (mm)$$
② 모듈 : 모듈은 이의 크기를 표시하는 단위
$$M = \frac{\text{피치원의 지름}}{\text{잇수}} = \frac{D}{Z} (mm)$$
③ 원주피치와 모듈과의 관계
$$P = \pi M, \quad M = \frac{P}{\pi} (mm)$$
윗식에 대입하면,
 ㉮ P = 바깥지름 − (M×2)
   = 186mm
 ㉯ $M = \frac{9.4248}{3.14} = 3.001$ ∴ M = 3mm
그러므로 잇수 = $\frac{\text{피치원의 지름}}{\text{모듈}}$
잇수 = $\frac{186}{3} = 62$

문제 3. 스퍼 기어의 피치원 위의 원주속도가 3m/sec, 기어를 돌리는 힘이 70kg일 때 전달동력은 몇 kW인가?
㉮ 약 1kW   ㉯ 약 2kW
㉰ 약 3kW   ㉱ 약 4kW

[풀이] ① 기어 굽힘 강도피치원의위 원주속도 V(m/sec)
   기어의 전달동력 P(kW)
   기어를 돌리는 힘 F

해답 1. ㉱ 2. ㉯ 3. ㉯

$$P=\frac{FV}{102}(kW)$$

∴ 피치원의 원주속도 3m/sec=V, 기어를 돌리는 힘 70kg=F

$$P=\frac{70\times 3}{102}=2(kW)$$

문제 4. $d=\sqrt{\frac{2W}{\sigma}}$ 식에서 축방향의 하중과 비틀림이 동시에 작용할 때 인장 또는 압축하중이 (1+1/3)Wkg으로 작용한다면 나사막대의 바깥지름의 d mm를 구하는 식으로 옳은 것은?[단, σ는 나사의 허용인장응력(kg/mm²)이다.]

㉮ $d=\sqrt{\frac{4W}{3\sigma}}$ ㉯ $d=\sqrt{\frac{8W}{3\sigma}}$

㉰ $d=\sqrt{\frac{5W}{3\sigma}}$ ㉱ $d=\sqrt{\frac{7W}{3\sigma}}$

풀이 ① 축방향에만 하중이 작용하는 경우

$W\fallingdotseq\frac{1}{2}\sigma\cdot d^2$ ∴$d=\sqrt{\frac{2W}{\sigma}}$

② 축방향에 하중과 비틀림이 동시에 작용하는 경우

$W\fallingdotseq\frac{3}{8}\sigma\cdot d^2$ ∴$d=\sqrt{\frac{8W}{3\sigma}}$

③ 전단하중을 받는 경우

$W=\tau\frac{\pi}{4}d^2$ ∴$d=2\sqrt{\frac{W}{\pi\tau}}$

문제 5. 길이 10mm의 원통코일 스프링에 Wkg의 추를 달았더니 110mm가 되었다. 추의 무게는 얼마인가?(단, 스프링상수 k≒1kg/mm이다.)

㉮ 10kg ㉯ 15kg

㉰ 20kg ㉱ 30kg

풀이 ① 스프링 상수(spring constant) : 스프링의 억센 정도를 나타내는 것.

㉮ 스프링상수(k)=$\frac{하중(W)}{변위량(\delta)}$

㉯ 스프링지수(c)=$\frac{코일의 평균 지름(D)}{소선의 지름(d)}$

㉰ 스프링의 종횡비(k)=$\frac{코일의 평균지름(D)}{자유높이(H)}$

㉱ 스프링 상수 계산식
• 병렬 접속 : $k=k_1+k_2$
• 직렬 접속

$k=\cfrac{1}{\cfrac{1}{k_1}+\cfrac{1}{k_2}}$

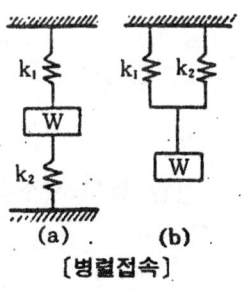

[병렬접속]

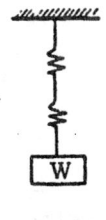

[직렬접속]

② 식 풀이

㉮ $W=k(l'-l)$
    $=1(110-100)$
    $=10kg$

㉯ 위 1식에 대하여
    $W=k\times\delta$
    $=k\times(l_0-l)$
    $=1\times(110-100)=1\times 10=10kg$

해답 4. ㉯ 5. ㉮

문제 6. 관용 테이퍼 나사의 테이퍼는?
  ㉮ 1/10   ㉯ 2/25   ㉰ 1/16   ㉱ 1/20

  풀이 관용나사 : 파이프에 사용하며 기밀, 수밀, 유밀 유지를 하기 위하여 테이프는 1/16 정도가 가장 알맞다.

문제 7. 탭의 드릴 구멍의 지름을 d, 나사의 지름을 D, 피치를 P라 할 때 올바른 것은?
  ㉮ d=2D−3P   ㉯ d=3D−2P
  ㉰ d=D−P   ㉱ d=D−2P

  풀이 ① 나사작업
    암나사−탭 { 분할다이스−지름조정가능
    수나사−다이스 단체다이스−지름조정 불가능
   ② 탭작업 요령
    인치나사 : $d = 25.4 \times D - \dfrac{25.4}{N}$

문제 8. 다음 V-벨트 중 인장강도를 가장 많이 받을 수 있는 벨트는?
  ㉮ D형   ㉯ A형   ㉰ B형   ㉱ C형

  풀이 ① 크기는 작은 것부터, M, A, B, C, D, E 형의 6가지 규격이 있다.

형 별	a	b
M	10.0	5.5
A	12.5	9.0
B	16.5	11.0
C	22.0	14.0
D	31.5	19.0
E	38.5	25.5

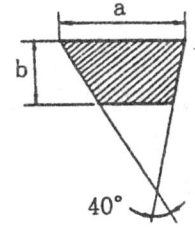

  ② 특징 : 허용인장응력은 약 0.18kg/mm²이다. 풀리의 지름이 작아지면 풀리의 홈 각도는 40°보다 작게한다.(34°, 36°, 38°의 3종류 있다) 속도비는 1 : 7이다.
   • 미끄럼이 적고 전동 회전비가 크다.
   • 수명이 길다.
   • 운전이 조용하고 진동·충격의 흡수 효과가 있다.
   • 축간 거리가 짧은 데 쓴다.(5m 이하)
  ③ 길이는 단면의 중앙을 지나는 유효둘레를 호칭 번호로 나타내며 유효둘레와 호칭 번호의 관계식은 다음과 같다.
    호칭번호 = $\dfrac{\text{벨트의 유효둘레(mm)}}{25.4}$

문제 9. 작은 나사를 그릴 때에 옳은 설명은?(단, 머리의 홈을 평면도로 도시할 때)
  ㉮ 머리의 홈은 중심선에 대하여 45°방향의 굵은 실선
  ㉯ 머리의 홈은 중심선에 대하여 45°방향의 가는 실선
  ㉰ 머리의 홈은 중심선에 대하여 45°방향의 가는 실선
  ㉱ 머리의 홈은 중심선에 대하여 30°방향의 굵은 실선

  풀이 작은나사 : 비교적 축직경이 작은 (8mm 이하)나사로 머리모양에 따라 등근머리, 납작머리, 둥근납작머리, 접시머리, 냄비머리 작은나사가 있고 머리홈에 따라 홈붙이 작은나사(−홈), 십자머리 작은나사(+)의 2종류가 있다.
   ① 홈붙이(−홈) 작은나사 : 머리의 홈을 평면도에서 45°방향으로 하나의 굵은 실선으로 그리며 정면도에서는 중심에 일치하게 굵은 실선을 그려서 나타낸다.

해답 6. ㉰   7. ㉰   8. ㉮   9. ㉮

② 십자홈(+홈)의 경우: 평면도에 X를 그리고 정면도에서는 나타내지 않으며 불완전 나사부와 모떼기는 생략한다.

문제 10. 미끄럼 접촉을 하는 나사에 비하여 마찰이 매우 작은 나사는 어느 것인가?
㉮ 둥근 나사 ㉯ 톱니 나사
㉰ 볼 나사 ㉱ 사다리꼴 나사

도움 ① 둥근나사(너클나사): 아주 큰 힘을 받는 곳, 모래, 먼지 등이 들어가도 지장이 없는 매몰용으로 사용한다.
② 톱니나사: 힘이 한 방향으로 작용. 힘의 전달용으로 사용한다.
③ 사다리꼴나사(애크미나사): 동력전달용, 정밀가공을 할 수 있다.

문제 11. 마찰브레이크에서 브레이크에 작용하는 수직압력을 p(kg)마찰계수를 μ 이라 할 때, 마찰력 f를 구하는 공식은 다음 중 어느 것인가?
㉮ $f = \pi\mu p$ ㉯ $f = \mu p$
㉰ $f = 0.25\mu p$ ㉱ $f = \mu/p$

문제 12. 회전속도 V, 마찰계수 U, 힘을 P할 때, 브레이크의 용량을 나타내는 식은?
㉮ UP/N ㉯ UPV^2
㉰ U/PV ㉱ UPV

문제 13. V벨트 단면 및 부분의 각도는?
㉮ 20° ㉯ 40° ㉰ 60° ㉱ 80°

도움 V벨트의 형상: 단면이 사다리꼴로 되어 있으며, V벨트 풀리의 각도보다 약간 크게 되어 있다.(40°)
특징: ① 미끄럼이 적고 전동 속도비가 크며 속도비는 보통 7:1이나 10:1까지 가능하다.
② 축 사이의 거리가 평벨트 보다 짧다. (2~5m까지 전동할 수 있다.)
③ 운전이 정숙하며 충격을 완화시킨다.
④ 베어링의 부담이 적다.

문제 14. 축 방향에 큰 하중을 받아 운동을 전달하는 데 적합하며 하중의 방향이 일정하지 않고 교번 하중을 받을 때 효과적인 나사는?
㉮ 볼나사 ㉯ 사각나사 ㉰ 톱니나사 ㉱ 너클나사

도움 ① 볼나사: 암·수나사의 홈에 강구가 들어 있어서 일반나사보다 매우 마찰계수가 작고 운동 전달이 가벼워 NC 공작기계(수치제어 공작기계)나 자동차용 스테어링 장치에 쓰인다.
② 사각나사: 나사산의 모양이 4각이며, 3각나사에 비하여 풀어지기는 쉬우나 저항이 작은 이점으로 동력전달용 잭(jeck), 나사 프레스, 선반의 피드(feed)에 쓰인다.
③ 톱니나사: 축선의 한쪽에 힘을 받는 곳에 사용(잭, 프레스, 바이스)되며, 힘을 받는면은 축에 직각이고, 받지 않는 면은 30°의 각도로 경사져 있다.
④ 너클나사: 둥근나사라고도 하며 모래, 먼지가 끼기 쉬운 전구 호스의 연결부 등에 쓰인다.

문제 15. 암나사의 호칭 지름은?
㉮ 암나사의 유효지름 ㉯ 수나사의 유효지름
㉰ 암나사의 외경 ㉱ 수나사의 외경

해답 10. ㉰ 11. ㉯ 12. ㉱ 13. ㉯ 14. ㉯ 15. ㉱

[도움] 호칭지름 : 수나사는 바깥지름으로 나타내고 암나사는 상대, 수나사의 바깥지름으로 나타낸다. 바깥지름은 원통의 크기를 나타내는 호칭지름이다.

[문제] 16. 유속을 V(m/s), 유량을 Q(m³/s)라 할 때 유관 D(mm)를 구하는 식은?
  ㉮ $D=113\sqrt{\dfrac{Q}{V}}$ ㉯ $D=113\sqrt{\dfrac{V}{Q}}$
  ㉰ $D=1128\sqrt{\dfrac{Q}{V}}$ ㉱ $D=1128\sqrt{\dfrac{Q}{\pi V}}$

[도움] 관로의 설계, 파이프의 안지름은 유량에 의해서 정해지므로 파이프의 안지름을 D(mm), 유량을 Q(m³/sec), 평균유속을 V_m(m/sec), 파이프 안의 단면적을 A(m²)라 하면

$$Q = AV_m = \dfrac{\pi}{4}\left(\dfrac{D}{1000}\right)^2 V_m \quad D = 1128\sqrt{\dfrac{D}{V_m}}$$

[문제] 17. 평균유속 1m/sec, 파이프의 안지름 20mm일 때 유량은 얼마인가?
  ㉮ 0.00314m/sec   ㉯ 0.000314m/sec
  ㉰ 0.0628m/sec   ㉱ 0.00628m/sec

[도움] $Q = A \times v_m$
$= \dfrac{\pi}{4}\left(\dfrac{D}{1000}\right)^2 \times v_m = \dfrac{3.14}{4}\left(\dfrac{20}{1000}\right)^2 \times 1$
$= 0.000314$ ∴ $Q = 0.000314$

[문제] 18. 콕(cock)에 관한 설명으로 틀린 것은 어느 것인가?
  ㉮ 전개 또는 전폐하므로 개폐시간이 길다.
  ㉯ 원통 또는 원뿔형의 플러그를 90°로 회전시킨다.
  ㉰ 원뿔형 플러그의 테이퍼는 $\dfrac{1}{5}$정도이다.
  ㉱ 유로변환이 적합하다.

[도움] 콕은 원추형의 플러그(plug)를 회전하여 개폐하는 것으로 조작이 간단하고 취급이 쉬우므로 저압용으로 지름이 작은 부분에 널리 사용되며, 물, 기름 등의 유로의 개폐를 급속히 행하는 곳에 적합하다. 대체로 플러그는 1/4(90°) 또는 1/2(180°)을 회전하면 유체가 흐르거나 차단된다.

[문제] 19. 내식성, 내압성이 특히 우수하며 가스압송관, 광산용 양수관 등에 가장 많이 사용되는 관은?
  ㉮ 강관   ㉯ 주철관
  ㉰ 비철금속관   ㉱ 비금속관

[도움] ① 강관 : ㉮ 이음매 없는 강관 인발 강관으로 바깥지름이 500mm까지 있고 압력 배관용, 보일러용, 유전용 및 기계구조용에 쓰인다.
  ㉯ 이음매 있는 강관, 일반 구조용, 배수관에 쓰인다.
② 주철관 : 강관에 비하여 무겁고 약하나 내식성이 풍부하므로 저압용의 수도 배수, 가스 등 배설관으로 쓰인다. 온도 200℃이상에서는 사용할 수 없다.
③ 비철 금속관 : 납관, 스테인리스강, 강관, Al관
④ 비금속관 : 콘크리트관, 합성수지관, 고무관

[문제] 20. 로드와 소켓의 축방향에 인장하중 Pkg을 받는 코어 이음에서, 코터에 생기는 허용전단응력을 τkg/mm²라면, 코터 중앙단면의 높이 hmm를 구하는 식으로 옳은 것은?(단, 코터 중앙단면의 나비를 bmm라 한다.)

[해답] 16. ㉰ 17. ㉯ 18. ㉮ 19. ㉯

㉮ $h=\dfrac{p}{2b\tau}$ ㉯ $h=\dfrac{p}{b\tau}$

㉰ $h=\dfrac{2b\tau}{p}$ ㉱ $h=\dfrac{b\tau}{p}$

[풀이] 코터의 전단응력은

$\tau=\dfrac{p}{2b\tau}(1\sigma/cm^2)$에서 양변에 $\dfrac{2b}{p}$를 곱하여 정리하면

$\dfrac{2b}{p}\times\tau=\dfrac{p}{2bh}\times\dfrac{2b}{p}$ $h=\dfrac{p}{2b\tau}$

문제 21. 다음 그림과 같은 브레이크 장치의 옳은 명칭은?

㉮ 단식 벤드 브레이크
㉯ 단식 블록 브레이크
㉰ 복식 벤드 브레이크
㉱ 복식 블록 브레이크

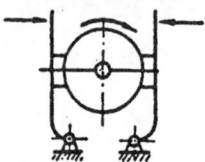

[풀이] 브레이크의 종류 : 조작부 힘의 전달방식에 따라 인력, 공기압, 전자식 브레이크가 있고 작동부의 구조에 따라 블록 브레이크(단식, 복식), 벤드브레이크(원판브레이크, 자동브레이크)가 있다.

문제 22. 코터의 나비 2cm, 높이가 4cm, 코터의 허용전단응력이 100kg/cm²라고 하면 코터에 가할 수 있는 하중은?

㉮ 200kg   ㉯ 400kg   ㉰ 800kg   ㉱ 1600kg

[풀이] $\tau=\dfrac{p}{2bh}$

$p=2bh\tau=2\times 2\times 4\times 100=1600kg$

여기서 $\begin{cases} p : 압축력, \; b : 코터의 두께 \\ \tau : 전단강도, \; h : 코터의 나비 \end{cases}$

문제 23. 2,400kg의 인장하중을 받는 코터의 전단응력이 3kg/mm²일 때 코터의 두께 b를 구한 값으로 옳은 것은?(단, 코터 중앙단면의 높이 h[mm]는 넓이 b[mm]의 4배로 한다.)

㉮ 10mm   ㉯ 20mm
㉰ 30mm   ㉱ 40mm

[풀이] 공식에 의하면 $\tau=\dfrac{P}{2bh}$ 이므로

① $b=\dfrac{P}{2h\tau}$ ② $h=4b$

∴ $b^2=\dfrac{2400}{2\cdot 4\cdot 3} \rightarrow b^2=\dfrac{2400}{24} \rightarrow b=\sqrt{\dfrac{2400}{4}}$ ∴ $b=10$

문제 24. 어느 코터 이음에서 코터의 나비×높이=10×50mm이고, 허용전단응력은 2kg/mm² 이다. 가할 수 있는 하중은 얼마로 구해지는가?

㉮ 800kg   ㉯ 1600kg
㉰ 2000kg   ㉱ 6000kg

[풀이] 위 식에서 $\tau=\dfrac{P}{2bh}$ 이므로

$P=2bh\tau=2\times 10\times 50\times 2=2000kg$

∴ $P=2000kg$

문제 25. 다음 중 리벳이음 방법이 아닌 것은?

㉮ 맞대기 이음   ㉯ 겹치기 이음
㉰ 단열리벳 이음   ㉱ 겹침맞대기 이음

해답 20. ㉮ 21. ㉱ 22. ㉱ 23. ㉮ 24. ㉰ 25. ㉱

[풀이] ① 겹치기 이음 : 강판을 겹쳐 놓고 리벳으로 연결하는 방법
② 맞대기 이음 : 강판을 맞대어 놓고 한쪽 또는 양쪽에 덮개판을 붙이고 리벳으로 연결하는 방법
③ 평행형 리벳이음과 지그재그형 리벳이음 : 리벳이음이 2열 이상일 때는 평행형 리벳이음이나 지그재그형 리벳이음으로 한다.
④ 전단면 이음 : 전단면의 수가 1개인 단수 전단면 리벳이음과 전단면의 수가 2개인 복수 전단면 리벳이음이 있다.

[문제] 26. 리벳 사용목적에 의한 분류에서, 구조용 리벳에 관한 설명에 해당되는 것은?
㉮ 주로 강도를 목적으로 하는 리벳이음으로서 차량, 철교 등에 사용한다.
㉯ 주로 수밀을 중요시하는 리벳이음으로서 저압탱크등에서 사용한다.
㉰ 강도와 기밀을 중요시하는 리벳이음으로서 압력용기 보일러, 고압탱크 등에 사용한다.
㉱ 주로 기밀을 중요시하는 리벳이음으로서 압력용기 등에 사용한다.

[풀이] 리벳 : 보일러, 차량, 선박, 철골 구조물의 강판이나 형관등을 영구적으로 결합하는 이음을 리벳이음이라 한다.
① 구조용 리벳 : 강도 요구
② 저압용 리벳 : 수밀 요구
③ 보일러용 리벳 : 강도와 기밀이 요구될 때
④ 코킹 : 기밀을 요할 때
⑤ 리벳팅 : 강판의 두께가 5mm 이하의 것에는 코킹의 효과가 없으므로 종이, 막대, 천, 석면 같은 패킹재료를 강판 사이에 끼우는 것.

[문제] 27. 지름 $D_1=200mm$, $D_2=300mm$의 내접마찰차에서 그 중심거리는?
㉮ 50mm ㉯ 100mm
㉰ 125mm ㉱ 250mm

[풀이] $C=\dfrac{D_1 \pm D_2}{2}$mm   여기서, + : 외접   − : 내접

$\therefore C=\dfrac{D_1 \pm D_2}{2}=\dfrac{200-300}{2}=\dfrac{100}{2}$

$C=50mm$

[문제] 28. 기어의 피치원 지름을 Dmm, 원주피치를 Pmm라면 기어의 잇수 Z를 구하는 식으로 옳은 것은 어느 것인가?
㉮ $Z=\dfrac{2P}{\pi D}$ ㉯ $Z=\dfrac{P}{\pi D}$
㉰ $Z=\dfrac{\pi D}{2P}$ ㉱ $Z=\dfrac{\pi D}{P}$

[풀이] 이의 크기
① 원주피치 : 피치원의 원둘레(mm) 또는 (in)을 잇수로 나눈값

$P=\dfrac{\pi D (\text{피치 원주})}{Z(\text{원주})}$

$\therefore Z=\dfrac{\pi D}{P}$

즉, 같은 기어에서는 원주피치가 클수록 잇수는 적어지고 이는 커진다.
② 모듈 $M=\dfrac{D}{Z}$(mm)
③ 지름피치 $DP=\dfrac{25.4Z}{D}$ (Z : 잇수, D : 피치원지름)

[해답] 26. ㉮ 27. ㉮ 28. ㉱

문제 29. 표준 스퍼 기어에서, 이(齒)의 물림률을 나타내는 식으로 옳은 것은?

㉮ 물림률 = $\dfrac{법선피치}{물림길이}$ ㉯ 물림률 = $\dfrac{원주피치}{접촉호의 길이}$

㉰ 물림률 = $\dfrac{물림길이}{법선피치}$ ㉱ 물림률 = $\dfrac{지름피치}{접촉호의 길이}$

[풀이] 이의 물림률 : 동시에 물릴 수 있는 이의 수
 ① 접촉원호의 길이는 한쌍의 이가 물렸다가 떨어질때까지의 서로 접촉하는 피치원의 길이로 한다.
 ② 법선피치는 기초원의 원주의 길이를 이의 수로 나눈 것.
 ③ 물림률 = $\dfrac{접촉 원호의 길이}{원주피치}$
   = $\dfrac{작용선 위에서의 물림길이}{법선 피치}$ = 1.2~1.5
 그러므로 물림률은 반드시 1이상이어야 한다.

문제 30. 밸브 콕에서 플러그는 보통 원뿔형인데 그 테이퍼는 얼마 정도인가?

㉮ 1/2   ㉯ 1/3   ㉰ 1/4   ㉱ 1/5

[풀이] 콕 : 원추형의 플러그를 회전하여 개폐하는 것으로 조작이 간단하고 취급이 용이하므로 저압용으로 지름이 작은 곳에 사용한다. 플러그를 1/4, 1/2 회전되면 유체가 흐르거나 차단된다.

문제 31. 휘트워드 나사의 호칭이 W1/2″이며, 1인치당 나사 산수가 16일 때 나사구멍 드릴의 지름은 다음 중 몇 mm가 가장 적당한가?

㉮ 12.7mm   ㉯ 14mm
㉰ 11mm   ㉱ 15.8mm

[풀이] ① 휘트 워드 나사
 ㉮ 기호 : W로 표시
 ㉯ 나사산의 각도 : 55°
 ㉰ 호칭치수 : 수나사의 바깥지름을 인치로 나타낸 값
 ㉱ 피치는 1inch(25.4mm) 사이의 산수
 ② 드릴의 지름을 구하는 식(인치나사인 경우)
   호칭 × 25.4 − $\dfrac{25.4}{산수}$
   식에 대입하면 : $\dfrac{1}{2}$ × 25.4 − $\dfrac{25.4}{16}$ = 11.113mm

문제 32. 코일 스프링의 하중 70kg 변형량 6cm일 때 스프링 상수는?

㉮ 10.6   ㉯ 12.2
㉰ 13.6   ㉱ 11.7

[풀이] 스프링 상수 k = $\dfrac{W}{\delta}$ = $\dfrac{70}{6}$ = $\dfrac{35}{3}$ = 11.66

문제 33. 계기용스프링, 시계용스프링, 완구용스프링 등은 스프링의 어떤 기능면에서 이용한 것인가 다음 중 바르게 설명한 것은?

㉮ 충격에너지를 흡수하여 완충, 방진을 목적으로 이용한 것.
㉯ 탄성 변형한 스프링의 저축에너지를 이용한 것.
㉰ 스프링에 가해지는 하중과 신장의 관계로부터 하중을 측정하는 데 이용한 것.
㉱ 스프링에 가해지는 하중을 조정하는 데 이용한 것.

[해답] 29. ㉰ 30. ㉱ 31. ㉰ 32. ㉱ 33. ㉯

[풀이] ① 스프링의 용도 : 진동 충격의 완화, 압력의 제한, 힘의 측정, 에너지의 측정
② 스프링의 종류
  ㉮ 재료에 의한 분류 : 금속 스프링, 비금속 스프링, 유체 스프링
  ㉯ 하중에 의한 분류 : 인장 스프링, 압축 스프링, 토션바 스프링, 구부림을 받는 스프링
  ㉰ 용도에 의한 분류 : 완충 스프링, 가압 스프링, 측정용 스프링, 동력 스프링
  ㉱ 모양에 의한 분류 : 코일 스프링, 스파이럴 스프링, 겹판 스프링, 링 스프링, 원반 스프링, 토션바 스프링
  ㉲ 스프링 단면의 형상 : 원형, 직사각형, 사다리꼴 등이 널리 쓰임
③ 스프링의 재료
  ㉮ 금속재료 : 스프링강, 피아노선, 인청동선, 황동선, 스테인리스강, 고속도강.
  ㉯ 비금속 재료 : 고무, 공기, 기름(완충 스프링에 쓰임)

[문제] **34.** 파이프 내의 유체를 기호로 표시한 것 중 틀린 것은?
 ㉮ 물-W ㉯ 수증기-S
 ㉰ 기름-O ㉱ 증기-J

[풀이] 유체의 종류와 기호 및 도시법

유체의 종류	기호
공 기	A
가 스	G
유 류	O
수증기	S
물	W

(a) A
(b) S과열
(c) 보일러 급수
(d) W-G-G-W

[문제] **35.** 다음 밸브의 종류 중에서 유체흐름에 대한 저항이 가장 작고 밸브판의 흐름에서 직각으로 놓여지는 밸브는?
 ㉮ 이스케이프 밸브 ㉯ 슬루스 밸브
 ㉰ 글루브 밸브 ㉱ 리프트 체크 밸브

[풀이] ① 이스케이프 밸브(escape valve) : 유로내의 압력이 규정 이상이 되었을 때 자동적으로 작동하여 유체를 흐르게 하든지 차단하는 밸브
② 슬루스 밸브(sluice valve) : 밸브판이 흐름에 대하여 직각으로 놓여지며 밸브시트에 대하여 미끄러지는 운동을 하는 구조이다. 조작이 빈번하거나 제어나 유량을 줄이는 곳에는 사용하지 않는다.
③ 리프트밸브(lift valve) : 유체의 흐름방향과 밸브시트가 평행하게 움직이는 것으로 스톱밸브, 니들 밸브가 있다.
  ㉮ 정지 밸브(stop valve) : 가장 널리 사용되는 밸브로 입구와 출구가 일직선상에 있고 흐름의 방향이 동일한 글루브밸브와 흐름의 방향이 90°로 바뀌는 앵글밸브가 있다. 두 밸브의 리프트(lift)는 안지름의 약 1/4이다.
  ㉯ 니들밸브 : 유량을 작게 줄이기 위해 밸브로드 끝이 바늘모양으로 뾰족하며 작은 힘으로 정확히 유로를 차단한다.
④ 체크 밸브(check valve) : 유체를 한 방향으로 흐르게 하는 역류방지 밸브로 유체 자신의 압력으로 조작된다.

[문제] **36.** 호칭치수 3/8인치, 1인치 사이에 24산의 유니파이 보통 나사의 표시법으로 올바른 것은 어느 것인가?
 ㉮ UN3/8 산 24 ㉯ 3/8-24UNC
 ㉰ UN-24-3/8 ㉱ 3/8-UNC-24

[해답] **34.** ㉱ **35.** ㉯ **36.** ㉯

[토의] 나사의 표시법
① 미터나사(가는나사) : 나사의 종류, 나사의 지름×피치 예, M30×15
② 피치를 산의 수로 나타내는 나사(유니파이 나사 제외)의 경우 : 나사의 종류 기호, 나사의 지름 숫자, 산, 산의 수
　예 T.20 산6
③ 유니파이 나사의 경우
　나사의 지름 숫자 또는 약호, 산의 수, 나사의 종류 기호
　예 1/3-13UNC

37. 다음 그림과 같이 회전하는 벨트 전동장치에서 벨트 ①의 부분에 작용하는 장력은 무슨 장력인가?

㉮ 인장쪽 장력
㉯ 이완쪽 장력
㉰ 압축쪽 장력
㉱ 전단쪽 장력

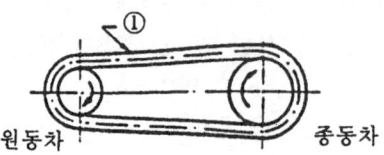

[토의] ・ 인장쪽 : 벨트가 원동차쪽으로 들어가는 쪽
・ 이완쪽 : 원동차에서 풀려나오는 쪽
・ 벨트전동의 특징 : 안전장치의 역할 구조가 간단하고 값이 싸다. 효율은 높으나 정확한 속도비를 얻을 수 없다.

38. 벨트 풀리 림(rim)의 중앙부를 약간 높게 만드는 이유 중 맞는 항목은?
㉮ 제작이 용이하기 때문
㉯ 풀리의 강도 증대와 마모를 고려하여
㉰ 벨트가 벗겨지는 것을 방지하기 위하여
㉱ 벨트 착・탈시 용이하게 하기 위하여

[토의] 벨트 풀리(belt puley) : 보통 원주형인 것이 사용되나 속도비를 변화시킬 때는 원뿔형도 사용한다.
즉, 보통 주철제(원주 속도 20m/s이하)로 하며, 암의 수는 4~8개를 달지만 지름 18cm이하에서 고속용 원판으로 한다. 벨트풀리 외주의 중앙부는 벨트의 벗겨짐을 막기 위하여 볼록하게 되어 있다.

39. 파이프 내부에 흐르는 유체의 종류별 표시 색깔이 틀리게 된 것은?
㉮ 물-파란색
㉯ 증기-어두운 파란색
㉰ 공기-흰색
㉱ 가스-노란색

[토의] ① 유체의 표시
　㉮ 관속을 흐르는 유체의 종류・상태・목적 등을 표시할 때에는 인출선을 긋고 그 위에 문자 기호를 표시하는 것을 원칙으로 한다.
　㉯ 유체의 종류를 표시하는 문자기호는 필요에 따라 관을 표시하는 선을 끊고 표시하는 경우도 있다.
　㉰ 유체의 흐르는 방향을 표시할 때는 관을 표시하는 선의 옆에 나란히 화살표로 표시한다.
　㉱ 제도상 다수의 배관에서 그 성질을 명백히 하기 위해서는 유체에 따라서 파이프에 색칠하여 구분한다.
② 배관의 구분

해답 37. ㉮　38. ㉰　39. ㉯

유체의 종류	도 색	유체의 종류	도 색
공 기	백 색	수 증 기	
가 스	황 색	물	청 색
유 류	암황적색	증 기	암 적 색
산알칼리	흰 자 색	전 기	미황적색

문제 40. 내연기관의 피스톤 저널 베어링의 저널은 다음 중 어디에 속하는가?

㉮ 레이디얼 엔드 저널
㉯ 드러스트 엔드 저널
㉰ 레이디얼 중간 저널
㉱ 드러스트 중간 저널

풀이 회전축을 지지하여 주는 기계 요소를 베어링(bearing)이라 하고 축 중에서 베어링과 접촉하고 있는 축 부분을 저널(journal)이라 하며 축 방향으로 하중이 작용하는 저널은 드러스트 베어링 저널이다.

문제 41. 다음 그림과 같이 지름이 $d$mm의 저널에 축방향의 하중 Pkg을 받는 베어링을 무슨 베어링이라 하는가?

㉮ 엔드 저널
㉯ 중간 저널
㉰ 칼라 저널
㉱ 피벗 저널

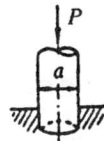

풀이 저널의 종류
① 가로저널 : 축에 직각으로 작용하며 앤드 저널과 중간 저널이 있다.
② 추력저널 : 축방향에 작용하며 피벗 저널과 칼라 저널이 있다.

문제 42. 볼 베어링에서 속도계수 $f_n=2.5$, 기본부하용량 $C=1,200$kg, 베어링 하중 $P=750$일 때 수명계수 f_n는?

㉮ 1.85
㉯ 2.5
㉰ 4.0
㉱ 10.24

풀이 ① 볼 베어링에서 회전수 N(rpm), 속도계수 f_n이라 하면
$$f_n=\left(\frac{33.3}{n}\right)^{\frac{1}{3}}$$
② 부하 용량을 C_n(kg)이라 하고, C_n과 P와의 비 f_n을 수명계수라 하며, 수명시간을 L_n로 나타내면 볼 베어링에서는
$L_n=500f_n^3$ 식에 의하여
수명계수 = 속도계수 $\times \dfrac{C}{P}$
$= 2.5 \times \dfrac{1,200}{750} = 4$

문제 43. 축방향으로 하중을 받을 때 사용되는 베어링은?

㉮ 레이디얼 베어링
㉯ 원추 베어링
㉰ 드러스트 베어링
㉱ 분할 베어링

풀이 베어링의 형식
① 하중의 작용에 따른 분류

해답 40. ㉰ 41. ㉱ 42. ㉰ 43. ㉰

㉮ 레이디얼 베어링 : 축의 직각방향
㉯ 드러스트 베어링 : 축방향
㉰ 원뿔 베어링 : 축에 직각과 방향의 하중을 동시에 작용
② 접촉 방법에 따른 분류
㉮ 미끄럼 베어링 : 축과 베어링면에 직접 접촉
㉯ 구름 베어링 : 축과 베어링면 사이에 전동체인 롤러나 볼을 끼워 구름 운동하는 베어링

문제 44. 롤링 베어링의 장점이 아닌 것은 어느 것인가?
㉮ 과열의 위험이 없다.
㉯ 규격이 정해진 품종이 풍부하고 교환성이 좋다.
㉰ 기계의 소형화가 가능하다.
㉱ 소음 및 진동이 없고, 설치와 조립이 쉽다.

풀이 ① 롤링 베어링 : 축과 베어링면 사이에 전동체인 롤러나 볼을 끼워 구름운동을 하는 베어링이다.
② 장점 : ㉮ 마찰 저항이 적다.
㉯ 동력 손실이 적다.
㉰ 윤활 방법이 편리하고 장치의 교정이 쉽다.
㉱ 저널의 길이를 짧게 할 수 있다.
③ 단점 : ㉮ 값이 비싸다.
㉯ 충격에 약하므로 취급에 유의한다.
㉰ 축 사이의 거리가 극히 작은 곳에 사용한다.

문제 45. 다음 레이디얼 볼 베어링의 안지름이 20mm인 것은?
㉮ 6204　　　㉯ 642　　　㉰ 6220　　　㉱ 6310

풀이 구름 베어링의 호칭 번호는 KS 2012에 의하여 다음과 같다.
① 형식번호(첫번째 숫자)
　1 : 복렬 자동 조심형　　　2·3 : 복렬 자동 조심형(큰나비)
　6 : 단열 홈형　　　　　　7 : 단열 앵귤러 콘택트형
　N : 원통 롤러형
② 지름 기호(두번째 숫자)
　0·1 : 특별 경하중형　　　2 : 경하중형
　3 : 중간 하중형　　　　　4 : 중하중형
③ 안지름 기호(세번째, 네번째 기호)
　00 : 안지름 10mm　　　　01 : 안지름 12mm
　02 : 안지름 15mm　　　　03 : 안지름 17mm
　6305 〔6 : 형식번호(단열홈형)　3 : 지름번호(중간하중) 05 : 안지름번호〕
④ 등급 기호(다섯째 이후의 기호)
　무기호 : 보통급　　　　　H : 상급
　P : 정밀급　　　　　　　HS : 초정밀급

문제 46. 비틀림 모멘트 4400kg·cm, 회전축 300rpm인 전동축의 전달마력은?
㉮ 18.4　　　㉯ 16.5　　　㉰ 1.65　　　㉱ 1.84

풀이 $H = \dfrac{NT}{71620} = \dfrac{4400 \times 300}{71620} = 18.4$

문제 47. 롤러지름이 2~5mm로 길이에 비하여 지름이 작은 베어링으로서 보통 리테이너가 없는 베어링은?

해답 44. ㉱　45. ㉮　46. ㉮

㉮ 원뿔형 롤러 베어링 ㉯ 구면 롤러 베어링
㉰ 원통 롤러 베어링 ㉱ 니들 베어링

[풀이] 베어링의 종류
① 원통 롤러 베어링 : 내외륜에 칼라가 있는가 없는가에 따라 구분, N, NU, NF, NJ, 복렬의 NN형－공작기계에 사용.
② 원뿔 롤러 베어링 : 내륜, 롤러, 외륜 롤러 분해가능, 충격 하중이나 합성 하중에 적합
③ 구면 롤러 베어링(자동 조심 롤러 베어링) : 극히 큰 부하용량이 있고 축의 플렉시블이나 축심이 정확하게 나오지 않을 때에도 적합
④ 니들 롤러 베어링

[문제] 48. 체인휠의 피치가 15.88mm, 잇수가 20일 때의 회전수가 600rpm이라면 체인의 평균속도는 몇 m/s인가?
㉮ 2.188m/s ㉯ 3.176m/s
㉰ 4.625m/s ㉱ 5.261m/s

[풀이] $V = \dfrac{p \cdot z \cdot n}{60 \times 1000}$

$= \dfrac{15.88 \times 20 \times 600}{60 \times 1000} = 3.176 \text{m/s}$

[문제] 49. 전동장치에서 미끄럼 접촉 전동, 구름 접촉 전동과 감아 걸기 전동으로 나눌 때 미끄럼 접촉 전동에 해당하는 것은?
㉮ 벨트 전동 ㉯ 체인 전동
㉰ 마찰 전동차 ㉱ 기어 전동

[풀이] ① 벨트전동 : 벨트와 벨트풀리 사이의 마찰에 의해 회전력을 전달하므로 하중이 갑자기 증가하는 경우 미끄러져 안전장치의 역할, 구조가 간단하고 값이 싸며 효율이 높지만 정확한 속도비를 얻을 수 없다.
② 체인전동장치 : 일정한 속도비를 얻을 수 있고 유지 및 수리가 쉽다. 대동력전달 효율 95%이상, 내열·내습·내유성이 크다. 어느 정도 충격을 흡수할 수 있다.
③ 기어전동 : 전동이 확실하고 큰 동력을 전달하며 축압력이 작으며 전동효율이 높다. 회전비가 정확하고 감속을 얻는다. 충격 흡수가 약하므로 소음과 진동이 발생한다.

[문제] 50. 축방향으로 압축력이나 인장력을 받는 봉의 결합에 사용되며 두께가 일정하고 쪽이 테이퍼(taper)져 있는 평판 모양의 쐐기로 된 기계요소는?
㉮ 코터(cotter) ㉯ 키(key)
㉰ 커플링(coupling) ㉱ 클러치(clutch)

[풀이] ① 키 : 기어나 벨트풀리 등을 회전축에 고정할 때 또는 회전을 전달하는 동시에 축방향으로 이동할 때 쓰이는 것으로 주로 전단력을 받기 때문에 재질은 축보다 강한 것이어야 한다.
② 핀 : 고정물체의 탈락 방지용 너트의 이완방지 등에 사용된다.
③ 코터 : 축방향에 인장 또는 압축하는 두 축을 연결하는데 사용한다.
④ 커플링 : 운전중에 단속할수 없는 즉, 영구적인 축이음.
⑤ 클러치 : 필요에 따라 운전중에 단속할 수 있는 축이음.

[문제] 51. 실체축에서 휨만이 작용하는 경우에 축의 지름을 구하는 식은 어느 것인가?(단, M : 축에 작용하는 휨모멘트 kg·mm, δ_b : 축에 생기는 휨응력 kg/mm²)

[해답] 47. ㉱ 48. ㉯ 49. ㉰ 50. ㉮

㉮ $d \fallingdotseq \sqrt[3]{10M/\delta_b}$ mm ㉯ $d \fallingdotseq \sqrt[4]{10M \cdot \delta_b}$ mm

㉰ $d \fallingdotseq \dfrac{10M}{\sqrt{\delta_b}}$ mm ㉱ $d \fallingdotseq 4\dfrac{10M}{\sqrt{\delta_b}}$ mm

[풀이] 축의 지름
 · 휨만을 받는 축의 지름을 구하는 식
  ① 속이 찬 축의 경우
   $d \fallingdotseq \sqrt[3]{\dfrac{10M}{\delta_b}}$ mm
  ② 속이 빈 축의 경우
   $d_2 \fallingdotseq \sqrt[3]{\dfrac{10M}{\delta_b(1-x^4)}}$ mm
 여기서, M : 축에 작용하는 휨모멘트(kg·mm)
   δ_b : 축에 생기는 휨 응력(kg/mm²)
   x : 속이 빈 축의 안지름(d_1)을 바깥지름(d_2)으로 나눈 값

[문제] 52. 비틀림 모멘트 5,000kg·cm, 회전수 250rpm일때 전동축은 몇 kW의 힘을 전달할 수 있는가?
 ㉮ 20.1   ㉯ 17.5
 ㉰ 14.5   ㉱ 12.8

[풀이] 축에 전달되는 마력
 토크 : T, 각속도 : ω(rad/sec), 전달마력 : H
 ① $H = \dfrac{T\omega}{100 \times 75} = \dfrac{NT}{71620}$ (PS)
  $H = \dfrac{NT}{97400}$ (kW)
 ② 둥근축의 경우 $T = \tau \dfrac{\pi d^2}{16}$
 축의 지름 $d = 71.5 \sqrt{\dfrac{H}{\tau H}}$ (cm)

[문제] 53. 축의 지름이 40mm, 회전수 2000rpm일 때 축의 허용 전단응력이 500kg/cm²이면 이 축이 전달할 수 있는 마력은 얼마인가?
 ㉮ 157PS   ㉯ 약 161PS
 ㉰ 약 168PS   ㉱ 약 175PS

[풀이] $T = 71620\dfrac{H}{n}$에서 $H = \dfrac{Tn}{71620}$
 $T = \dfrac{\pi}{16}d^3\tau = \dfrac{3.14 \times 4^3 \times 500}{16} = 6280$(kg·cm)
 $H = \dfrac{6280 \times 2000}{71620} = 175.4$PS

[문제] 54. 체인의 평균속도가 3m/sec 전달동력이 5kW일 때, 체인에 걸리는 하중은?
 ㉮ 170kg   ㉯ 230kg
 ㉰ 305kg   ㉱ 395kg

[풀이] $F = \dfrac{102H}{V} = \dfrac{102 \times 5}{3}$ ∴ 170kg
 여기서 F : 하중 V : 평균속도 H : 전달동력

[문제] 55. 다음 중 브레이크의 용량은?(단, 원주속도=m/sec, 접촉면적=mm²이다.)

[해답] 51. ㉮ 52. ㉱ 53. ㉱ 54. ㉮

㉮ $\dfrac{\text{마찰력} \times \text{드럼의 원주속도}}{\text{접촉면적}}$ ㉯ $\dfrac{\text{마찰력} \times \text{접촉면적}}{\text{드럼의 원주속도}}$

㉰ $\dfrac{\text{접촉면적} - \text{마찰력}}{\text{드럼의 원주속도}}$ ㉱ $\dfrac{\text{마찰력} \div \text{드럼의 원주속도}}{\text{접촉면적}}$

[풀이] $w_f = \dfrac{\mu wv}{A} = \mu pv (kg/mm^2 \cdot m/s)$

$p = \dfrac{w}{A} = \dfrac{w}{lb}(kg/mm)^2$

여기서 μpv의 값을 브레이크 용량(brake capatity)이라 하고 p를 제동압력이라 한다.
드럼의 원주속도 Vm/sec, 드럼의 블록이 Wkg으로 밀어붙이고 블록의 접촉면적을 Amm² 라 하면, 브레이크의 단위 면적당의 마찰일 w_f는 위와 같다.
- 브레이크의 종류
  ① 조작부의 힘의 전달방식에 따른 분류 : 인력, 공기압, 유압, 전차식 브레이크
  ② 작동부의 구조에 따른 분류 : 블록 브레이크, 벤드 브레이크, 원판 브레이크, 자동 브레이크

[문제] 56. 체인휠의 피치가 15mm, 잇수가 30, 회전수가 480r·p·m이라면 체인의 평균속도는?

㉮ 3.6m/sec   ㉯ 32m/sec
㉰ 5.8m/sec   ㉱ 4.8m/sec

[풀이] $V = \dfrac{p \cdot z \cdot n}{60 \times 100} = \dfrac{15 \times 30 \times 480}{60 \times 100}$

∴ V = 3.6m/sec

[문제] 57. 바하(bach)의 축 설계공식이 성립하기 위한 조건으로 옳은 것은?
㉮ 축 길이 1m에 대하여 1/4°의 비틀림각을 허용하는 조건
㉯ 축 길이 1m에 대하여 1°의 비틀림각을 허용하는 조건
㉰ 축의 지름을 d라고 할 때 축 길이 20d에 대하여 1″의 비틀림각을 허용하는 조건
㉱ 축 길이 l=100d에 대하여 1/4″를 허용하는 조건

[풀이] 바하의 축공식 : 전동축에서 축의 강도는 축의 길이 1m에 대하여 비틀림각의 한도를 1/4°로 한다.

$d ≒ 120\sqrt[4]{\dfrac{H}{N}}$ (mm) $\begin{cases} H = H(PS) \\ H' = H(kW) \end{cases}$

$d ≒ 130\sqrt[4]{\dfrac{H'}{N}}$ (mm)

[문제] 58. 양쪽, 덮개판 리벳이음의 경우 (1열일 때), 판재 두께가 8mm일 때 바하(Bach)의 경험식에 의한 리벳의 지름은?

㉮ 13mm   ㉯ 14mm   ㉰ 15mm   ㉱ 16mm

[풀이] 바하의 경험식에 의하여 리벳의 지름을 구하면
① 겹치기 이음의 경우 : $d = \sqrt{50t} - 4mm$
② 양쪽 덮개판 이음의 경우
  ㉮ 일열일 때 $d = \sqrt{50t} - 5mm$
  ㉯ 이열일 때 $d = \sqrt{50t} - 6mm$
  ㉰ 삼열일 때 $d = \sqrt{50t} - 7mm$
③ 일열일 때의 해답을 구하면 $d = \sqrt{50 \times 8} - 5$
$d = \sqrt{400} - 5$, $d = 20 - 5$ ∴ d = 15mm

[해답] 55. ㉮   56. ㉮   57. ㉮   58. ㉰

문제 59. 양쪽 덮개판 리벳이음의 경우(3열일 때) 판재 두께가 10mm일 때, 바하(Bach)의 경험식에 의한 리벳의 지름은?
㉮ 17.36mm   ㉯ 16.36mm
㉰ 15.36mm   ㉱ 14.36mm

풀이 $d = \sqrt{50t} - 7 = \sqrt{50 \times 10} - 7 = 22.36 - 7 = 15.36$mm
∴ $d = 15.36$mm

문제 60. 다음 중 원통 커플링에 속하지 않은 것은 어느 것인가?
㉮ 머프 커플링   ㉯ 반중첩 커플링
㉰ 올덤 커플링   ㉱ 셀러 커플링

풀이 원통 커플링의 종류 : 머프 커플링, 마찰원통, 커플링, 셀러, 커플링, 반 중첩 커플링

문제 61. 주철로 된 원통마찰차 중 종동차 지름이 240mm이고 속도비가 1/3일 때 두 축의 중심거리는 얼마인가?
㉮ 80   ㉯ 120   ㉰ 160   ㉱ 220

풀이 마찰 전동
  원동차, 종동차의 지름 : D_1, D_2(mm)
  원통 마찰차 : 두 축이 서로 평행한 경우
  회전수 : n_1, n_2(rpm)
  ① 원주속도 : v, 속도비 : i, 중심거리 : c
  $v = \dfrac{\pi D_1 n_1}{60 \times 10^3} = \dfrac{\pi D_2 n_2}{60 \times 10^3}$(m/s)
  $i = \dfrac{n_2}{n_1} = \dfrac{D_1}{D_2}$
  $c = \dfrac{D_1 \pm 2}{2}$(mm)   (+는 외접, −는 내접)
  ② 종동차에 허용된 최대 토크 : T
  $T = \mu F \dfrac{D_2}{2}$(kg·mm)
  전달 마찰력 : P
  $P = \dfrac{\mu Fv}{102}$(kW) $= \dfrac{\mu Fv}{75}$(PS)
  양 바퀴를 누르는 힘 : F(kg)
  전달력 : W(kg)
  면의 마찰계수 : μ
  미끄럼 없이 동력을 전하기 위해서는 $W \leq \mu F$가 되어야 한다.
  ③ 계산식
  $i = \dfrac{N_2}{N_1} = \dfrac{D_1}{D_2}$
  여기에서 $1 : 3 = x : 240 \Rightarrow 3x = 240$
                $x = 80$
  그러므로 원동차 지름 $D_1 = 80$
  $C = \dfrac{D_1 + D_2}{2} = \dfrac{80 + 240}{2} = 160$mm

문제 62. 내접, 외접하는 회전방향이 같은 2개의 원통 마찰차에서 내접 마찰차 지름이 300mm, 회전비 3일 때 두 축의 중심 거리는?
㉮ 100mm   ㉯ 200mm
㉰ 300mm   ㉱ 400mm

해답 59. ㉰   60. ㉰   61. ㉰   62. ㉯

[풀이] 마찰차의 계산

① 속도비 $i = \dfrac{n_2}{n_1} = \dfrac{D_1}{D_2}$

② 중심거리 $c = \dfrac{D_1 \pm D_2}{2}$ (mm) (+는 외접, −는 내접)

③ $i = \dfrac{N_2}{N_1} = \dfrac{D_1}{D_2} = \dfrac{3}{1} = \dfrac{D_1}{3000}$ $D_1 = 900$

$c = \dfrac{D_1 - D_2}{2}$

$c = \dfrac{900 - 300}{2} = 300$ mm

문제 63. 마찰 전동 장치에서 마찰차를 누르는 데 사용하는 장치가 아닌 것은?

㉮ 벨트 ㉯ 나사
㉰ 지레장치 ㉱ 스프링

[풀이] 원통형, 원뿔형의 바퀴를 서로 밀어 붙여서 양바퀴 접촉면의 마찰력으로 동력을 전달하는 것을 마찰 전동이라한다. 마찰 전동에 사용되는 바퀴를 마찰차라 한다.

문제 64. 나사곡선이 원통을 한바퀴 돌아서 축방향으로 나아가는 거리를 나타낸 것은?

㉮ 리드(lead) ㉯ 피치(pitch)
㉰ 바깥지름 ㉱ 골의지름

[풀이] ① 피치 : 같은 형태의 것이 같은 간격으로 떨어져 있을 때의 간격을 말한다. 나사에서는 인접하는 나사산과 나사산의 거리를 피치라 한다.

$P = \dfrac{l}{n}$ 리드(l) = 줄 수(n) × 피치(P)

② 리드 : 나사가 1회전하여 진행한 거리를 말하며, 2줄 나사의 경우는 1리드는 2피치가 된다.
③ 바깥지름 : 수나사의 산마루에 접하는 가상적인 원통의 지름
④ 유효지름 : 나사 홈의 폭이 나사산의 폭과 같이 되도록 한 가상적인 원통

문제 65. 레이디얼 저널 베어링에서 지름 $d$mm, 길이를 l저널에 Wkg의 가로 하중이 작용할 때, 베어링면을 하중 W의 방향에 수직한 평면위에 투상한 투상 면적으로 나타내는 식 중 옳은 것은?(단, 베어링 압력은 P kg/mm²)

㉮ pl ㉯ dl ㉰ wl ㉱ pd

[풀이] $W = Pdl$ 에서

$P = \dfrac{W}{dl}$ 여기서 W : 하중   P : 베어링 압력
l : 저널 길이   d : 저널의 지름

문제 66. 분할핀을 사용해서 풀림을 방지하는 것은 어느 것인가?

㉮ 이붙이 와셔 ㉯ 캡 너트
㉰ 사각 너트 ㉱ 홈붙이 너트

[풀이] 홈붙이 너트(castle nut)는 너트의 풀림을 막기 위하여 분할핀을 꽂을 수 있게 홈이 6개 또는 10개 정도로 풀림을 방지한다.

문제 67. 그림과 같은 핀이음(pin joint)에서 인장하중이 10톤이라면 봉의 지름 D_1 및 핀의 지름 D_2를 얼마로 하면 되는가?(단, 인장 허용응력은 1000kg/cm², 전단 허용 응력은 700kg/cm로 한다)

[해답] 63. ㉮ 64. ㉮ 65. ㉯ 66. ㉱

㉮ $D_1=3.569(cm)$, $D_2=3.016(cm)$
㉯ $D_1=4.067(cm)$, $D_2=3.659(cm)$
㉰ $D_1=3.796(cm)$, $D_2=4.609(cm)$
㉱ $D_1=3.016(cm)$, $D_2=3.569(cm)$

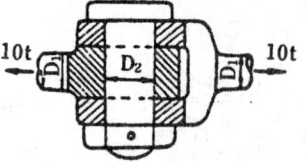

[풀이] $W=10ton=10000kg$
$\sigma=1000kg/cm^2$, $\tau=700kg/cm^2$, $D_1, D_2=?$

① 봉의 지름 D_1는

$$\sigma=\frac{W}{A}, A=\frac{W}{\sigma}=\frac{10000}{1000}=10cm^2, \frac{\pi D_1^2}{4}=10 이므로$$

∴ $D_1=3.569cm$

② 핀의 지름 D_2는

$$\tau=\frac{W}{2A}, 2A=\frac{W}{\tau}=\frac{10000}{700}=14.2857cm_2$$

$$2\times\frac{\pi D_2^2}{4}=14.2857, D_2^2=\frac{4\times14.2587}{2\pi}$$

∴ $D_2=\sqrt{\frac{4\times14.2857}{2\times3.14}}=3.016(cm)$

[문제] 68. 코터이음(cotter joint)에서 압축 하중을 받는 축에서는 로드(rod)에 무엇을 만드는가?
㉮ 라운드(round)   ㉯ 기울기
㉰ 칼라(collar)   ㉱ 테이퍼

[풀이] 코터 : 판자 모양의 쐐기를 코터라 부르고 축방향에 인장 또는 압축의 힘을 받는 봉의 연결과 고정하는 기계 요소로서 착탈은 타격에 의하고 잡아 빼냄은 마찰에 기인한 자립에 의하여야 한다. 즉 결합부분의 착탈과 조절이 쉽다는 특징이 있다. 코터에는 한편 기울기($\propto<2\rho$)(일반적으로 많이 쓰인다)와 양쪽 기울기($\propto\leq\rho$)가 있다. 기울기 각도는 가끔 분해할 필요가 있는 것은 1/5~1/10정도, 반영구적인 것은 1/50~1/100이다.
• 코터이음은 로드, 소켓, 코터 3가지로 분류된다.

[문제] 69. 코터이음에서 지브(jib)를 사용하는 경우는 어느 것인가?
㉮ 코터가 작은 하중을 전달하는 경우
㉯ 축이 약한 경우
㉰ 소켓이 갈라질 염려가 있는 경우
㉱ 로드가 갈라질 염려가 있는 경우

[풀이] 코터이음 : 코터는 인장 또는 압축하는 두축을 연결하는 것으로 분해할 필요가 있을 때 쓰이며, 로드, 소켓, 코터 등으로 구성된다. 압축하중이 작용하는 축을 연결할 때는 로드에 턱을 붙이고, 코터를 때려 박을 때 소켓이 쪼개질 염려가 있으므로 지브를 사용한다.

[문제] 70. 로프 휠, 체인 휠의 제도방식 중 틀린 것은 어느 것인가?
㉮ 로프 휠, 체인 휠의 도시는 평기어에 준한다.
㉯ 간략하게 그릴 때는 이끝원과 피치원만을 그린다.
㉰ 이끝은 굵은 실선, 피치원은 가는 일점쇄선, 이뿌리원은 가는 실선으로 긋는다.
㉱ 체인 전동장치의 위치만을 표시할 때는, 피치원과 체인만을 가는 실선으로 그린다.

[풀이] 스프로킷 휠의 제도
① 이끝원 : 굵은 실선, 피치원 : 가는 일점쇄선

[해답] 67. ㉮ 68. ㉰ 69. ㉰ 70. ㉮

이뿌리원 : 가는 실선, 이 모양은 2~3개 그린다.
② 이의 부분을 상세히 그릴때에는 단면부위를 나타내고 상세도를 그린다.
③ 간략하게 그릴때에는 이끝원과 피치원만 그린다.

문제 71. 평벨트 장치에서, 인장쪽의 장력에서 이완쪽의 장력을 뺀 것을 무엇이라고 하는가?

㉮ 유효장력　　　　　　　㉯ 마찰장력
㉰ 초기장력　　　　　　　㉱ 평행장력

[풀이] ① 유효장력 : 회전을 시작하면 인장쪽의 장력은 커지고 이완쪽의 장력은 작아진다.
② 공식
　유효장력 $(T_e) = T_1 - T_2$
　전달동력 $P = \dfrac{T_e \times V}{102}$ (kW)
　여기서 V : 벨트의 속도　T_e : 유효장력　P : 전달동력

문제 72. 헬리컬 기어의 약도에서 기어의 잇줄 각도는 비틀림 각에 관계없이 수평선에서 몇 도의 각도로 긋는가?

㉮ 10°　　　㉯ 20°　　　㉰ 30°　　　㉱ 60°

[풀이] 헬리컬 기어의 도시법
① 이 모양이 잇줄 직각 방식 또는 축 직각 방식인가를 기입한다.
② 잇줄방향은 3줄의 가는 실선으로 나타낸다.
③ 비틀림 각은 도·분·초 단위로 기입한다.

문제 73. 비틀림각이 60인 헬리컬 기어가 있다. 이 기어의 축직각 모듈이 8이라면 치 직각 모듈은 얼마인가?

㉮ 2　　　㉯ 4　　　㉰ 6　　　㉱ 8

[풀이] ① 축 직각방식 : 축과 직각인 단면의 치형으로 그 피치를 축직각 피치라 한다.
② 이직각방식 : 이에 직각인 단면의 치형으로 그 피치를 이직각 피치라 한다.
　$m = \cos \beta \times$ 모듈　　∴ $\dfrac{1}{2} \times 8 = 4$
　$m = 4$

문제 74. 두 축이 나란하지도 교차하지도 않으며 배벨기어의 축을 엇갈리게 한 것으로, 자동차의 차동기어 장치의 감속기어는?

㉮ 베벨기어　　　　　　　㉯ 웜기어
㉰ 베벨헬리컬 기어　　　　㉱ 하이포이드기어

[풀이] ① 하이프이드기어 : 평행도 아니고 교차도 없는 기어로서 이의 단면적이 크며 전동이 용이하다. 축간 거리를 일정 범위 내에서 임의로 정할 수 있다.
자동차 감속비(뒷 차축의 최종단의 감속기)또는 감속비가 별로 크지 않을 때에는 웜기어 대신으로 많이 사용한다.
② 웜기어 : 1줄 또는 2줄 이상의 줄 수를 가진 나사 모양의 것으로 큰 감속비를 얻을 수 있고, 역전에는 사용하지 않는다.
③ 베벨 헬리컬기어 : 이가 원뿔면의 모선과 경사진 기어를 말한다.
④ 베벨기어 : 원뿔면 축과 평행하게 이가 나 있는 기어이다.

문제 75. 맞물림 클러치의 종동축에서 사용하는 키는?

[해답] 71. ㉮　72. ㉰　73. ㉯　74. ㉱

㉠ 반달키   ㉡ 페더키
㉢ 안장키   ㉣ 접선키

[풀이] 키(key)의 종류
① 반달키(woodruff key)
㉠ 축에 원호상의 홈을 판다.
㉡ 홈에 키를 끼워 넣은 다음 보스를 밀어 넣는다.
㉢ 축이 약해지는 결점이 있으나 공작기계 핸들축과는 같은 테이퍼축에 사용된다.
② 페더키(feather key)
㉠ 묻힘 키의 일종으로 키는 테이퍼 없이 길다.
㉡ 축방향으로 보스의 이동이 가능하며 보스와의 간격이 있어 회전중 이탈을 막기 위해 고정하는 수가 많다.
㉢ 미끄럼 키라고도 한다.
③ 안장 키(saddle key)
㉠ 1/100의 구배를 둔다.
㉡ 축에 홈을 파지 않고 보스쪽에만 홈을 파서 회전축 마찰면에 맞추어 마찰력에 의해 고정하는 키이다.
㉢ 큰 힘의 전달에는 부적합하나 축의 강도를 감소시키지 않고 축의 어느 위치에서나 보스를 고정시킬 수 있다.
④ 접선 키(trngential key)
㉠ 축의 접선방향에 키 홈을 파서 1/100의 구배가 있는 2개의 키를 반대로 합쳐서 조합한 것으로 역회전하는 경우 2쌍을 120° 각도로 배치하여 사용한다.
㉡ 고정력이 강하고 중하중용으로 사용한다.
㉢ 케네디 키는 단면이 정사각형이고 90°로 배치된 키이다.

[문제] 76. 내압을 받는 원통의 리벳이음에서 세로 이음에 작용하는 응력은 원둘레(원주)이음에 작용하는 응력의 몇 곱이 걸리는가?
㉠ 1/2곱   ㉡ 2곱
㉢ 3곱   ㉣ 4곱

[풀이] 보일러용 리벳이음
① 세로 이음 ⇨ 강판을 원통으로 말아서 리벳으로 이음한 것을 말한다.
세로 이음에 대한 응력 : $\sigma_t = \dfrac{DP}{2t} (\text{kg/cm}^2)$
② 원주 이음 ⇨ 원통을 축방향으로 연결하여 리벳으로 결합하는 것이다.
원주 이음에 대한 응력 : $\sigma_t = \dfrac{DP}{4t} (\text{kg/cm}^2)$

[문제] 77. 다음 중 탄성 변형한 스프링의 저축 에너지를 이용하는 것이 아닌 것은?
㉠ 계기용 스프링   ㉡ 시계용 스프링
㉢ 완구용 스프링   ㉣ 조속기용 스프링

[풀이] 스프링의 용도
① 하중을 부여하는 스프링 : 안전밸브의 스프링, 내연기관의 밸브 스프링
② 충격을 완화하는 스프링 : 철도차량 자동차 승강기등의 완충방지
③ 진동을 방지하는 스프링 : 기계설치의 기초에 사용하는 스프링
④ 동력을 이용하는 스프링 : 시계 축음기 태엽
⑤ 힘을 측정하는 스프링 : 기계류 스프링

[문제] 78. 스프링을 제도할 때 무하중 상태에서 그리는 것이 아닌 것은?

[해답] 75. ㉢   76. ㉠   77. ㉡

㉮ 코일 스프링　　　　　　㉯ 벌류트 스프링
㉰ 겹판 스프링　　　　　　㉱ 스파이럴 스프링

[토어] ① 스프링 제도의 원칙 : 스프링을 그릴때는 코일스프링, 벌류트스프링, 스파이럴 스프링은 무하중 상태에서 그리는 것을 표준으로 하고 겹판 스프링은 상용하중 상태에서 그리고 하중시의 상태로 치수를 그리어 기입할 때는 하중을 명기한다.
② 도면에 표시가 없는 한 코일 스프링, 벌류트 스프링은 오른편 감기로 하고 왼편 감기일때는 감긴 방향을 왼쪽이라 표시한다.
③ 도면에 표시하기 곤란한 사항은 요목표에 기입한다.
④ 코일 부분의 정확한 형상을 그리면 곡선으로 되지만 이것은 간단히 직선으로 나타낸다.

문제 79. 다음 그림에서 같은 와이어 로프의 꼬임은 어느 것인가?

㉮ 보통 Z꼬임
㉯ 보통 S꼬임
㉰ 랭 Z꼬임
㉱ 랭 S꼬임

[토어] ① 로프의 꼬임방법 : 오른 꼬임(Z꼬임), 왼꼬임(S꼬임)으로 나눈다.
② 가닥과 로프의 꼬인 방향에서 따라서 분류하면 보통 꼬임(가닥과 로프의 꼬인 방향이 반대인 것.), 랭 꼬임(가닥과 로프의 꼬인 방향이 같은 것)이 있다.

문제 80. 두께 2mm의 황동판에 지름 20mm의 구멍을 뚫는 데 필요한 힘은 어느 정도인가? (단, 전단강도 30kg/mm²)

㉮ 2470kg　　　　　　㉯ 3768kg
㉰ 1860kg　　　　　　㉱ 2420kg

[토어] $P = \pi d t \tau = 3.14 \times 20 \times 2 \times 30 = 3768 kg$

문제 81. 두께 1.2mm, C=0.2%의 연질탄소 강판에서 지름 20mm의 구멍을 펀치(punch)로 뚫을 때의 펀치력으로 다음 중 가장 적당한 것은?(단, 재료의 전단저항 32kg/mm²이다.)

㉮ 2410kg　　　　　　㉯ 2140kg
㉰ 1820kg　　　　　　㉱ 1650kg

[토어] $P = \pi d t \tau$
$P = \pi \times 20 \times 1.2 \times 32 ≒ 2410 kg$

문제 82. 두께 3.2mm의 철판을 1m의 길이로 절단하고자 한다. 폭이 10cm일 때 길이 방향으로 절단한다면 필요한 힘은 얼마인가?(단, 전단응력은 30kg/mm², P=t·l·τ)

㉮ 96ton　　　　　　㉯ 960ton
㉰ 9600ton　　　　　㉱ 9.6ton

[토어] $P = t \cdot l \cdot \tau$
$= 3.2 \times 100 \times 30 = 9600 kg$

문제 83. 순간적으로 짧은 시간 사이에 갑자기 격렬하게 작용하는 동하중은?

㉮ 반복하중　　　　　　㉯ 교번하중
㉰ 충격하중　　　　　　㉱ 순간하중

[해답] 78. ㉰　79. ㉯　80. ㉯　81. ㉮　82. ㉱　83. ㉰

[풀이] ① 하중의 작용방법에 의한 분류 : 인장(재료의 축방향으로 늘어나게 하려는 하중), 압축(재료를 누르는 힘), 전단(재료를 가위로 자르려는 것 같은 하중), 휨(재료를 구부려 꺾으려는 하중), 비틀림(재료를 비틀어 꺾으려는 하중)등으로 분류된다.
② 하중이 걸리는 속도에 의한 분류 : 정하중(크기와 방향이 변하지 않는 하중)과 동하중(반복하중 : 연속하여 반복, 교번하중 : 방향이 바뀜, 충격하중 : 순간에 갑자기 격렬하게 작용)으로 분류한다.

[문제] 84. 핀의 용도 중 틀린 것은?
㉮ 작은 핸들을 축에 고정할 때와 같이 힘이 많이 걸리지 않는 부품의 설치
㉯ 분해 조립하는 부품의 위치 결정
㉰ 너트의 풀림 방지
㉱ 분해할 필요가 없는 부품의 영구적 이음

[풀이] 핀의 종류와 용도
① 평행핀 : 노크핀이라고도 하며 부품의 관계위치를 항상 일정하게 유지할 때.
  크기 : (바깥지름의 가는 편의 지름×길이)
② 테이퍼핀 : 축에 보스를 고정시킬 때 사용. 1/50의 테이퍼. 호칭지름은 작은 쪽의 지름. 크기 : (바깥지름×길이)
③ 분할핀 : 핀 전체가 갈라진 것으로 너트의 풀림 방지에 사용.
  크기 : 분할핀이 들어가는 구멍의 지름으로 표시.
④ 스프링핀 : 세로 방향으로 쪼개져 있어서 크기가 정확하지 않을 때 해머로 박아 고정 또는 이완을 방지할 수 있는 핀.

[문제] 85. 응력에 대한 설명 중 틀린 것은?
㉮ 수직응력에는 압축응력과 인장응력이 있다.
㉯ 굽힘 응력은 인장응력과 압축응력으로 된 조합 응력이다.
㉰ 비틀림 응력은 짝힘에 의해 생기는 응력이다.
㉱ 좌굴응력은 인장하중을 받을 때 생기는 응력이다.

[풀이] ① 단순 응력 : 물체는 외력을 받으면 물체내부에 저항력을 일으켜 외력에 의한 변형에 대응한다. 이 물체 내부의 저항력을 응력이라 한다.
 • 인장응력 : 인장외력에 대해 일어나는 내부응력
 • 압축응력 : 짓누르려는 외력에 대해 일어나는 내부응력
 • 전단응력 : 양쪽에서 자르려는 외력에 대해 일어나는 응력
② 비틀림 응력 : 축의 단면에서 일어나는 전단응력에서 축의 중심으로부터의 거리에 비례해서 커진다.

[문제] 86. 볼트와 볼트 구멍 사이의 틈새에 의하여 발생하는 전단응력 및 휨 응력을 방지하는 방법이 아닌 것은?
㉮ 리머 볼트 사용   ㉯ 테이퍼 볼트 사용
㉰ 로크너트 사용   ㉱ 볼트의 바깥쪽에 링 사용

[풀이] ① 테이퍼 볼트 : 볼트와 볼트구멍 사이에 틈새가 있으면 전단응력과 휨응력이 발생하며 볼트가 파괴된다. 이 파괴를 방지하기 위하여 사용되며, 테이퍼는 1/10~1/20정도이다.
② 리머볼트 : 다듬질면에 꼭 끼워 미끄럼을 방지한다.
③ 로크너트 : 가장 많이 사용되는 너트의 풀림방지 방법으로 2개의 너트를 조인 후에, 아래의 너트(보통 얇다)를 약간 풀어서 마찰저항면을 엇갈리게 하는 것이다.

해답 84. ㉱ 85. ㉱ 86. ㉰

문제 87. 다음 그림과 같은 명칭은?(단, d는 볼트의 지름이다.)

㉮ 혀붙이 와셔
㉯ 클로 와셔
㉰ 스프링 와셔
㉱ 둥근링 와셔

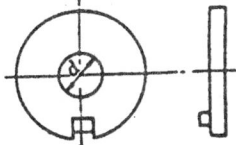

[풀이] 와셔(washer)는 너트의 아랫면에 끼워 다음 각 경우에 사용한다.
① 볼트의 구멍이 클 때
② 내압력이 작은 목재, 고무, 경합금, 등에 볼트를 사용할 때
③ 볼트 머리 및 너트를 받치는 면에 요철(凹凸)이 심할 때
④ 개스킷을 조일 때

문제 88. 두 개의 부품 사이의 거리를 일정하게 고정할 때 사용되는 볼트는?

㉮ 리머 볼트
㉯ 스테이 볼트
㉰ 슬롯 볼트
㉱ 기초 볼트

[풀이] 볼트의 종류
① 리머볼트 : 다듬질한 구멍에 꼭 끼워 미끄럼을 방지한다.
② 스테이 볼트 : 기계부품의 간격을 일정하게 유지할 필요가 있을 때 사용한다.
③ 스터드 볼트 : 자주 분해, 결합하는 경우에 사용. 양쪽에 나사를 만든다.
④ 관통 볼트 : 연결할 두 부분에 구멍을 뚫어 이에 볼트를 관통시켜 반대쪽에 너트를 끼워 결합한다.
⑤ 탭 볼트 : 죄려고 하는 부분이 두꺼워 관통 구멍을 뚫을 수 없는 경우에 사용한다. 한 부분에 구멍을 뚫고 다른 한 부분은 중간까지 나사를 죄어 이것에 머리달린 나사를 박는 것이다.
⑥ 기초 볼트 : 기계구조물을 토대로 고정하기 위한 볼트이다.

문제 89. 인장 하중 250kg을 축 방향에 받는 아이 볼트가 있다. 이 볼트의 바깥지름은 얼마 정도인가?(단, 허용 인장력은 5kg/mm²이며, 나사의 골지름은 바깥지름의 0.8배이다.)

㉮ 5mm ㉯ 10mm ㉰ 15mm ㉱ 20mm

[풀이] 볼트의 외경을 구하는 식은

$$d=\sqrt{\frac{2W}{\sigma_t}} \text{ (mm)}$$

$\begin{cases} W = 하중 \\ \sigma_t = 허용인장력 \end{cases}$

$$d=\sqrt{\frac{2 \times 25 \text{kg}}{5 \text{kg/mm}^2}} = 10 \text{mm}$$

문제 90. 다음 마찰차 중 무단 변속 마찰차에 해당되지 않는 것은?

㉮ 원뿔 마찰차
㉯ 구면 마찰차
㉰ 원판 마찰차
㉱ 원통 마찰차

[풀이] ① 마찰차의 응용 : 전달의 힘이 별로 크지 않으며, 일정속도비를 요구하지 않는 경우 또는 회전 속도가 크며, 보통 기어를 쓰기 곤란한 경우등 양축간을 자주 단속할 필요가 있을 때에 사용한다.
② 마찰차의 종류
원통 마찰차 : 두축이 평행한 경우
홈붙이 마찰차 : 두축이 평행한 경우로 큰 동력을 전달하기 위해 마찰차의 면에 홈이 파져 있다.

[해답] 87. ㉯ 88. ㉯ 89. ㉯ 90. ㉱

원뿔 마찰차 : 두축이 어떤 각도로 교차하는 경우
변속 마찰차 : 변속이 될수 있는 것으로서 마찰차의 특별한 경우.
에반스 마찰차 : 가죽, 목재, 주철

문제 91. 다음의 동력전달장치 중 정확한 회전비를 얻고자 할 때에 사용하는 기계요소가 아닌 것은?
㉮ 기어(gear)　　　　　　　　㉯ 체인(chaine)
㉰ 체인 휠(chaine wheel)　　㉱ 마찰차(friction wheel)

[풀이] ① 기어 : 계속해서 맞물리는 이에 의해서 운동을 전달하는 기계 요소의 대 또는 단체를 기어라 하고 그 형상에 따라 원통기어, 베벨기어, 웜기어 등이 있다.
② 체인 : 기어(스프로킷이라 한다)에 걸려서 전송되므로 대동력도 확실히 전동할 수 있다.
③ 마찰차 : 전달 힘이 크지 않아 일정한 속도비를 요구하지 않는 경우 회전속도가 크며, 보통기어를 쓰기가 곤란하거나 또는 양축간을 자주 단속할 필요가 있을 때 사용한다.

문제 92. 마찰차의 지름이 200mm, 회전수가 300rpm으로 100kg을 전달할 때 전달마력은?
㉮ 약 3.1 HP　　　　　　㉯ 약 3.5 HP
㉰ 약 4.1 HP　　　　　　㉱ 약 4.5 HP

[풀이] 양바퀴를 누르는 힘 : F(kg)
전달력 : W(kg)
마찰계수 μ라 하면 미끄럼 없이 동력을 전하기 위해서는 $W \leq \mu F$가 되어야 한다. 따라서 종동차에 허용된 최대토크(T) 및 전달마력(P)는 다음과 같다.

① $T = \mu F \dfrac{D}{2} (kg \cdot mm)$

② $P = \dfrac{\mu F v}{102} (kW) = \dfrac{\mu F v}{75} (PS)$

$H = \dfrac{F(\pi DN)}{75 \times 1000 \times 60}$

윗 식에 대입해 보면
$H = \dfrac{3.14 \times 100 \times 200 \times 300}{75 \times 1000 \times 60}$
$= \dfrac{18840,000}{4500000}$
$= 4.18 (HP)$

문제 93. 8m/sec의 속도로 돌아가는 원통 마찰차를 밀어 주는 힘 F=75kg이다. 마찰계수 $\mu = 0.2$이면 전달동력은 몇 PS가 옳은가?
㉮ 1.6　　　　　　㉯ 2.4
㉰ 3.2　　　　　　㉱ 4

[풀이] ① $P = \dfrac{\mu F v}{102} (kW)$

② $P = \dfrac{\mu F v}{75} (PS) = \dfrac{0.2 \times 75 \times 8}{75} = 1.6 PS$

여기서, P : 전달마력,　F : 누르는 힘
μ : 마찰계수,　v : 속도

문제 94. 유체의 유출을 방지하기 위하여 사용하는 너트는?
㉮ 아이너트　　　　　　㉯ 캡너트
㉰ T너트　　　　　　　㉱ 나비너트

해답 91. ㉱　92. ㉰　93. ㉮　94. ㉯

[도움] 너트의 종류
 ① 6각너트 : 너트의 모양이 6각인 것으로 가장 널리 사용된다.
 ② 사각너트 : 4각인 모양으로 목재에 사용한다.
 ③ 모따기 너트(chamfering nut) : 축선이 조절되어 중심위치를 정하기 쉽도록 만든 너트이다.
 ④ 플랜지 너트(flange nut) : 너트의 밑면에 6각보다 큰 지름의 와셔가 달린 너트이다.
 ⑤ 캡너트(cap nut) : 나사의 틈이나 접촉면 등에서 유체의 유출을 방지할 목적으로 사용한다.
 ⑥ 둥근너트(circular nut) : 6각 너트를 사용할 수 없을 때 사용되며 너트를 돌릴 수 있게 하기 위해 스패너를 걸 수 있다.
 ⑦ 아이너트(eye nut) : 아이볼트와 같은 목적에 사용된다.
 ⑧ 홈붙이 너트(castle nut) : 너트의 윗쪽에 분할핀을 끼워 너트의 풀림을 방지할 때 사용된다.

[문제] 95. 두 축의 중심선을 완전히 일치시키기 어려운 경우나, 진동과 전달 토크의 변동이 심할 때 사용하는 커플링은?
 ㉮ 올더 커플링   ㉯ 플랜지 커플링
 ㉰ 플렉시블 커플링   ㉱ 머프 커플링

[도움] 축의 이음 : 회전운동 전달을 위하여 축을 연결하는데 사용되는 기계축의 이음은 커플링과 클러치로 나눈다.
 커플링 : 운동 도중에 결합을 끊을 수 없는 영구 축이음.
 ㉮ 원통 커플링 : 연결할 두축이 일직선상에 있을 때 사용. 볼트 또는 키에 의해 고정
 ㉯ 플랜지 커플링 : 축 끝에 플랜지를 키에 고정하고 이 플랜지를 서로 맞대어 리머볼트로 죈 이음, 큰 축, 고속 정밀 회전축
 ㉰ 플렉시블 커플링 : 두축이 중심선이 일치되기 어려운 경우 전달회전력의 변동이 많은 원동기에서 다른 기계로 동력전달시 고속 회전으로 진동을 일으키는 경우에 사용.
 ㉱ 올더 커플링 : 두축이 평행하고 거리가 짧을때 사용. 접촉면의 마찰저항이 커서 윤활이 필요
 ㉲ 유니버설 조인트 : 두 축이 어떤 각도로 교차 하는 경우의 이음. 두축 끝에 끼운 요크 끝에 십자형의 핀을 회전할 수 있도록 연결.

[문제] 96. 그림과 같은 저널은 다음 중 어느 것인가?(단, P는 하중이다.)

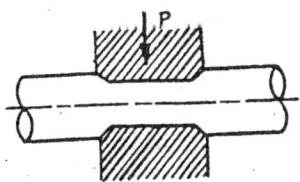

 ㉮ 엔드 저널   ㉯ 피벗 저널   ㉰ 중간 저널   ㉱ 칼라 저널
[도움] 저널의 종류 : 가로 저널, 중간저널, 엔드저널, 추력 저널, 피벗 저널, 칼라 저널이 있다.

[문제] 97. 기어의 압력각 및 치형곡선에 관한 설명으로 틀린 것은?
 ㉮ 인벌류트 치형에서 압력각이 작게 되면 이(齒)도 강해지고 맞물림률이 크게 된다.
 ㉯ 사이클로이드 치형은 잇면(齒面)의 마멸이 균일하다.
 ㉰ 기어의 치형곡선은 접점에서 공통 접선과 중심 연결선의 만나는 점이 되어야 한다.
 ㉱ 인벌류트 치형에서 피치원의 공통접선과 작용선이 이루는 각을 압력각이라 한다.

[해답] 95. ㉰ 96. ㉰ 97. ㉮

[참고] 인벌류트(involute)곡선 : ① 원기둥에 감긴 실을 당기면서 풀때 실의 1점이 그리는 원이 일부를 곡선으로 한 것이다.
② 일반적 기어에 사용한다.
③ 기어의 물림에서 다소 중심거리가 틀려도 잘 물린다.
④ 공작이 쉽고 호환성이 있다.
⑤ 이뿌리 부분이 튼튼하다.

문제 98. 사이클로이드 치형을 가장 잘 설명한 것은?
㉮ 잇면의 마멸이 균일하다.
㉯ 정밀도가 큰 치형을 만들 수 있다.
㉰ 호환성이 좋다.
㉱ 중심거리가 약간 변해도 속도비가 일정하다.

[참고] 사이클로이드(cycloid)곡선
① 한개의 원 위에서 원판의 1점이 그리는 곡선
② 곡선원을 경계로 외전 사이클로이드의 내전 사이클로이드 곡선을 이외 곡선으로 사용
③ 주로 계기나 시계류에 사용
④ 2개의 곡선으로 이루어짐
⑤ 피치원이 완전히 일치하지 않고 바르게 물리지 않는다.
⑥ 공작이 어렵고 호환성이 적다.
⑦ 이뿌리가 약하나 효율이 높고, 소음이 적고, 마멸이 적다.

문제 99. 분할핀의 호칭으로 옳은 것은?
㉮ d×h×l   ㉯ 등급 d×l재질
㉰ 종별 d×l   ㉱ d×l재질

[참고] 핀의 호칭 방법 : 명칭, 등급 d×l, 재질의 순으로 나타낸다.
  예 테이퍼 핀 2급 6×70 SM 20C

문제 100. 다음 중 벨트 전동장치에서 인장풀리(tension pulley)를 사용하는 것을 설명한 것이다. 틀린 것은 어느 것인가?
㉮ 벨트인장쪽에 사용하며 미끄럼을 적게 할 때 사용
㉯ 원동차와 종동차의 지름차가 클 때 사용
㉰ 벨트 접촉각을 크게 할 때 사용
㉱ 두축의 중심거리가 가까울 때 사용

[참고] ① 인장 풀리의 사용 : 벨트의 미끄러짐을 적게 하려면 풀리와 벨트의 접촉각을 크게 하면 되는데 이때 사용한다. 또는 이완쪽이 원동차의 위가 되게 하는 방법도 있다.
② 벨트풀리 : 풀리의 바깥면을 평평하게 하지 않고, 중앙을 볼록하게 하는데 이것은 벨트가 벗겨지는 것을 방지하기 위함이다.
③ V벨트 단면 : 사다리꼴 각도(40°)
   M, A, B, C, D, E,
   가장 작다←   →가장 크다.

문제 101. 벨트 전동장치에서 동력전달에 필요한 마찰력을 주기 위하여 정지하고 있을 때 벨트에 장력을 준 상태에서 벨트 풀리에 끼워 접촉면에 알맞는 합력이 작용하도록 하는데 이 장력을 무엇이라 하나?

해답 98. ㉮ 99. ㉯ 100. ㉮

㉮ 말기장력   ㉯ 유효장력
㉰ 피치장력   ㉱ 초기장력

[풀이] 벨트의 장력
① 초기장력 : 벨트와 풀리 사이에 마찰력을 주기 위해서 정지하고 있을 때 벨트에 장력을 준 상태
② 유효 장력 : 회전을 시작하면 인장쪽의 장력은 커지고 이완쪽의 장력은 작아지는데 이 차를 유효 장력이라 한다.
③ 벨트 : 벨트는 유연성이 있고, 인장강도가 크며 마찰계수가 커야 한다. 재료로는 가죽벨트, 고무벨트, 천 벨트가 있다.

[문제] 102. 벨트 전동장치에 관한 설명으로 옳지 않은 것은?
㉮ 정확한 속도비를 필요로 하는 경우에는 사용할 수 없다.
㉯ 효율은 70~75%로 낮은 편이다.
㉰ 하중이 갑자기 증가하는 경우에는 안전장치의 역할을 한다.
㉱ 구조가 간단하고, 값이 싸다.

[풀이] 벨트 전동장치
① 벨트와 벨트 풀리사이의 마찰에 의해 회전력을 전달한다.
② 하중이 갑자기 증가하는 경우는 미끄러져 안전장치의 역할을 한다.
③ 구조가 간단하고 값이 싸다.
④ 효율이 높으나 정확한 속도비를 얻을 수 있다.
⑤ 효율은 96~98%이다.
⑥ 일반 기계의 전동장치로 널리 사용된다.

[문제] 103. 스터브(stub gear)의 설명 중 틀린 것은 어느 것인가?
㉮ 치형 언더컷을 작게 할 수 있다.
㉯ 이 높이를 표준 스퍼기어 치수보다 높게 한 것이다.
㉰ 압력각이 20°이다.
㉱ 물림률이 낮아진다.

[풀이] 낮은이 기어의 치형 : 이 높이를 보통보다 낮게 한 것으로 이의 강도가 크다.
∴ 큰 동력 전달이나 충격이 있는 곳에 사용한다.
압력각 —14.5°, 15°, 20°, 22.5°
낮은이는 굽힘강도가 증대되고 최소잇수가 감소하는 장점이 있고, 높이는 운전성능의 향상을 원하는 치형으로 만들어 좋은 효과를 나타내고 있으나, 특수한 공구와 높은 정밀도의 제작이 필요하므로 일반적인 기어가 아니다.

[문제] 104. 전위기어의 사용 목적이 아닌 것은?
㉮ 치의 강도를 개선할 때
㉯ 중심거리를 증가시킬 때
㉰ 미끄럼률을 증가시킬 때
㉱ 언더컷을 방지할 때

[풀이] 전위기어(shifted gear) : 래크형 공구로 기어를 절삭할 때 공구의 피치선과 피절삭 기어의 기준 피치원이 접하지 않고 약간 떨어진 위치에서의 절삭된 기어를 전위기어라 한다.
① 전위기어의 장점
㉮ 언더컷을 방지한다.

[해답] 101. ㉱ 102. ㉯ 103. ㉯ 104. ㉰

　　　　㉯ 맞물림에서 미끄럼을 줄인다.
　　　　㉰ 축간거리를 조정한다.
　　　　㉱ 유효 단면을 증가시킨다.
　　　　㉲ 이 뿌리를 튼튼하게 한다.
　② 전위 기어의 단점
　　　　㉮ 표준 기어와 같은 시판 기어가 있다.
　　　　㉯ 물림 압력각이 증가되어 베어링에 걸리는 하중이 증대된다.
　　　　㉰ 호환성이 없다.

문제 105. 롤링 베어링에서 전동체를 서로 접촉하지 않고 일정한 간격을 유지하고 튀어나오지 않게 하는 부품은?
　㉮ 내륜　　　　　　　　　　㉯ 외륜
　㉰ 하우징　　　　　　　　　㉱ 리테이너

[토의] 롤링 베어링의 구성 요소
　　① 바깥바퀴(외륜) ② 안바퀴(내륜) ③ 볼(전동체) ④ 리테이너(전동체의 간격을 같은 간격으로 유지해 줌)

문제 106. 레이디얼 엔드 저널 베어링에서 저널 지름 d mm이고, 가로하중 W kg일 때, 저널의 길이 l mm를 구하는 식으로 옳은 것은?(단, 베어링 압력은 P kg/mm²이다.)
　㉮ $l = \dfrac{Pd}{2W}$　　　　　　　㉯ $l = \dfrac{Pd}{W}$
　㉰ $l = \dfrac{ZW}{Pd}$　　　　　　　㉱ $l = \dfrac{W}{Pd}$

[토의] 저널의 기본설계
　　베어링 압력 : 하중을 저널의 투영면적으로 나눈 평면 압력
　　$P = \dfrac{W}{dl}$
　　$\therefore\ l = \dfrac{W}{Pd}$
　　여기서, W : 하중
　　　　　　d : 저널의 지름
　　　　　　l : 저널의 길이
　　　　　　P : 베어링 압력

문제 107. 축간 거리가 650 mm이고, 큰 기어의 잇수가 64, 작은 기어의 잇수가 36인 외접 표준평기어의 모듈은 얼마인가?
　㉮ 6　　　　㉯ 10　　　　㉰ 13　　　　㉱ 17

[토의] $M = \dfrac{\text{피치원의 지름(D)}}{\text{잇수(Z)}}$ (mm)
　$C = \dfrac{D_1 + D_2}{2} = \dfrac{(Z_1 + Z_2)m}{2}$
　$650 = \dfrac{(64 + 36)m}{2}$
　$m = \dfrac{650}{50} = 13$

문제 108. 모듈이 4인 두 외접 스퍼 기어의 잇수를 30, 50이라 할 때 중심거리는?
　㉮ 80 mm　　㉯ 160 mm　　㉰ 320 mm　　㉱ 324 mm

[토의] ① 중심거리 $C = \dfrac{1}{2} M(Z_1 + Z_2)$
　　　　　　　　$= \dfrac{1}{2} \cdot 4^2 (30 + 50) = 160$

해답 105. ㉱　106. ㉱　107. ㉰　108. ㉯

② 공식에 의하여 $C=\dfrac{D_1 \pm D_2}{2}$

이므로 $4 \times 30 = 120 \to D_1$ $4 \times 50 = 200 \to D_2$

$C = \dfrac{120+200}{2} = 160$

문제 109. 속비가 1:5, 모듈 m=5, 피니언의 잇수 18개인 한쌍의 외접표준 평기어에서 축간거리는 얼마인가?

㉮ 180mm   ㉯ 270mm   ㉰ 290mm   ㉱ 450mm

풀이 $C = \dfrac{D_1 \pm D_2}{2}$ $i = \dfrac{n_2}{n_1} = \dfrac{D_1}{D_2} = \dfrac{5}{1} = \dfrac{D_1}{90}$

$C = \dfrac{90+450}{2} = 270$

문제 110. 피치 2mm인 3줄 나사의 리드는 몇 mm인가?

㉮ 1.5mm   ㉯ 2mm

㉰ 3mm   ㉱ 6mm

풀이 ① 피치(pitch) : 인접하는 나사산과 나사산의 거리.
② 리드(lead) : 나사가 1회전하여 진행한 거리.

$l = n \times P$, $P = \dfrac{l}{n}$

여기서 l : 리드, P : 피치, n : 줄 수

그러므로 $l = 2 \times 3 = 6$mm   ∴ $l = 6$mm

문제 111. 피치 4mm인 2줄 미터나사를 반회전시켰다. 축선상으로 움직인 거리는?

㉮ 1.2mm   ㉯ 2.0mm

㉰ 13.4mm   ㉱ 4.0mm

풀이 $l = n \times P$, n=2, P=4에서 2줄 나사인 경우에 1리드는 2피치이므로

$l = 2 \times 4 \times \dfrac{1}{2}$ ∴ P = 4.0mm

문제 112. 원뿔 클러치에 관한 설명으로 가장 옳은 것은?

㉮ 비교적 작은 힘으로 축방향에 밀어 붙여서 큰 접촉면 압력이 얻어지는 클러치이다.
㉯ 비교적 큰 힘으로 축방향에 밀어 붙여서 큰 접촉면 압력이 얻어지는 클러치이다.
㉰ 비교적 작은 힘으로 축방향에 밀어 붙여서 작은 접촉면 압력이 얻어지는 클러치이다.
㉱ 비교적 큰 힘으로 축방향에 밀어 붙여서 작은 접촉면 압력이 얻어지는 클러치이다.

풀이 (1) 클러치 설계상 유의 사항
① 접촉면의 마찰계수를 적당한 크기로 잡을 것.
② 관성을 작게 하기 위해 소형이고 가벼울 것.
③ 마찰에 의하여 생긴 열을 충분히 제거하고 늘어 붙기 등이 생기지 않을 것.
④ 단속을 원활히 할 수 있도록 할 것.
⑤ 마멸이 생겼을 때 적당히 수정할 수 있을 것.
⑥ 단속 할 때에는 큰 동력을 필요로 하지 않으며 접촉 면을 밀어 붙이는 힘이 너무 크지 않게 할 것.
⑦ 균형 상태가 좋을 것.
(2) 원판 클러치 : 접촉면이 평면 원판으로 바깥둘레 부분만을 접촉시키고 중앙부를 떼어낸 것.

해답 109. ㉯   110. ㉱   111. ㉱   112. ㉮

문제 113. 그림과 같은 스프링에서 스프링상수가 $k_1=1kg/mm$, $k_2=2kg/mm$일 때 W의 물체를 달았을 때 6cm가 늘어났다면 W는 몇 kg인가?

㉮ 18kg
㉯ 180kg
㉰ 90kg
㉱ 40kg

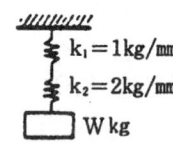

풀이 그림에서 직렬접속이므로
$$\frac{1}{k}=\frac{1}{k_1}+\frac{1}{k_2}=1+\frac{1}{2}=\frac{3}{2}$$
$$\therefore k=\frac{2}{3}$$
$$W=k\times\delta=\frac{2}{3}\times 60=40kg$$

문제 114. 원통형 코일 스프링에서 코일의 평균지름을 강선재료의 지름으로 나눈 값을 무엇이라 하는가?

㉮ 스프링 수정 계수
㉯ 스프링 지수
㉰ 스프링의 사징
㉱ 스프링의 종횡비

풀이 • 스프링 상수, 지수, 종횡비
① 스프링상수$(k)=\dfrac{하중(kg)}{휨(mm)}=\dfrac{W}{\delta}$
② 스프링지수$(c)=\dfrac{코일의\ 평균지름}{소선의\ 지름}=\dfrac{D}{d}$
③ 스프링의 종횡비 $(\lambda)=\dfrac{코일의\ 평균지름}{자유높이}=\dfrac{D}{H}$

문제 115. 니들 베어링에 대한 설명 중 옳지 않은 것은?

㉮ 단위면적당 부하 용량이 크다.
㉯ 보통 리테이너는 쓰지 않는다.
㉰ 내연기관의 피스톤핀 베어링등에 쓰인다.
㉱ 롤러의 지름이 클수록 특성이 좋다.

문제 116. 다음 기어에 대한 설명으로 틀린 것은 어느 것인가?

㉮ 기어비가 클 때 간섭(interference)현상이 나타나기 쉽다.
㉯ 전위기어에서 전위량을 증가하면, 이 뿌리부의 이두께가 감소함을 볼 수 있다.
㉰ 압력각 20°인 표준기어에서 언더컷(under cut) 한계 잇수의 이론값은 17개이다.
㉱ 언더컷을 방지하는 하나의 방법으로 스터브 기어(stub gear)를 사용한다.

풀이 (1) 기어 전동의 특성
① 전동이 확실하고 큰 동력을 전달할 수 있다.
② 축 압력이 작으며 전동 효율이 높다.
③ 회전비가 정확하고 큰 감속을 얻을 수 있다.
④ 충격을 흡수하는 성질이 약하므로 소음과 진동이 발생한다.
(2) 간섭 : 서로 맞물리는 기어의 한 쪽 이끝이 상대기어의 뿌리에 닿아 정상적인 회전을 하지 못하도록 방해하는 것을 말한다.

해답 113. ㉱ 114. ㉯ 115. ㉱ 116. ㉯

(3) 이의 간섭 방지법
① 이의 높이를 줄인다.
② 압력각을 증가시킨다.(20°이상)
③ 치형의 이끝면을 깎아낸다.(둥글게 함)
④ 피니언의 반경방향의 이뿌리 면을 파낸다.
(4) 기어의 물림률은 반드시 1 이상이어야 한다.
(5) 전위기어 : 기준 래크형 공구의 기준 피치선을 기어의 기준 피치원보다 바깥쪽 또는 안쪽으로 약간 어긋나게 절삭한 경우가 있다. 어긋나게 맞춘거리를 전위량이라 한다.

문제 117. 볼 베어링보다 롤러 베어링의 마찰력은?
㉮ 작다. ㉯ 크다.
㉰ 같다. ㉱ 아무렇지도 않다.

토의 ① 볼 베어링 : 단열과 복열의 두 종류가 있으며 볼 베어링은 볼이 구르는 홈이 비교적 깊다.
② 롤러 베어링 : 롤러는 볼에 비하여 접촉면적이 크므로 롤러 베어링은 보다 큰 하중과 충격 하중에 잘 견디며 원뿔 롤러 구, 면 롤러 베어링은 드러스트 하중을 받을 수 있다.

[볼 베어링과 롤러 베어링의 비교]

구 분	볼 베어링	롤러 베어링
하 중	비교적 경하중용	비교적 중 하중용
회전수	고속 회전에 견딘다.	비교적 적은 회전에 이용
마 찰	작다.	비교적 크다.
내충격성	아주 작다.	작다(볼 베어링 보다 크다.)

문제 118. 축을 작용하는 힘에 의해 분류했을 때, 전동축에 관한 설명으로 가장 옳은 것은?
㉮ 주로 휨 하중을 받는다.
㉯ 주로 인장과 휨 하중을 받는다.
㉰ 주로 압축 하중을 받는다.
㉱ 주로 휨과 비틀림 하중을 받는다.

토의 축의 종류와 분류
① 힘에 의한 분류
 ㉮ 차축(axle) : 주로 휨을 받는 회전 또는 정지축이다.
 ㉯ 스핀들(spindle) : 주로 비틀림을 받으며 모양이나 치수가 정밀하고 변형량이 적어야 하므로 공작기계의 주축에 쓰인다.
 ㉰ 전동축 : 주로 비틀림을 받으며 동력 전달이 주목적으로 주축, 선축, 중간축으로 구성된다.
② 모양에 의한 분류
 ㉮ 직선축 : 보통 쓰이는 곧은 축
 ㉯ 크랭크 축(Crank Shaft) : 왕복 운동기관에서 직선 운동을 회전운동으로 바꾸는데 사용되는 축
 ㉰ 플렉시블축(flexible shaft) : 축이 어느 정도 굽혀질 수 있는 축

문제 119. 스플라인의 설명 중 틀린 것은?

해답 117. ㉯ 118. ㉱

㉮ 자동차, 공작기계, 항공기, 발전용 증기터빈 등에 널리 쓰인다.
㉯ 단속 키보다 훨씬 작은 토크를 전달시킨다.
㉰ 축의 둘레에 수많은 키를 깎아 붙인 것과 같은 것이다.
㉱ 축과 보스와의 중심축을 정확하게 맞출 수 있다.

[토의] 위의 ㉮ ㉰ ㉱ 이외 특징으로는
- 축의 둘레에 4~20개의 턱을 만들어 큰 회전을 전달할 경우에 쓰인다.
- 축을 스플라인 축이라 하고 보스를 스플라인이라 한다.
  ① 사각형 스플라인 : 이의 단면이 사각형이고 인벌류트 스플라인에 비하여 정밀도와 강도가 뒤떨어진다. 홈이 수는 6개, 8개, 10개의 3가지가 있고 축방향으로 미끄러지면서 움직이는 것과 고정용이 있다.
  ② 인벌류트 스플라인 : 잇면이 인벌류트 곡선으로 만들어지고 호빙 머신으로 가공하여 정밀도와 강도가 높아 큰 동력을 전달한다.
  ③ 세레이션(serration) : 수많은 작은 삼각형의 스플라인을 특히 세레이션이라 한다. 축과 보스를 결합하는 데만 사용되며, 이의 높이가 낮고 잇수가 많으므로 면압강도가 크게 되어 같은 직경의 스플라인 축보다 큰 동력을 전달한다.

[문제] 120. 원주 피치를 p라 하고, 원주율을 π라 할 때, 모듈 m을 구하는 식으로 옳은 것은?

㉮ $m=\dfrac{\pi}{p}$　　㉯ $m=\dfrac{p}{\pi}$　　㉰ $m=\pi p$　　㉱ $m=2\pi p$

[풀이] ① 원주피치(p)$=\dfrac{\pi D}{Z}$
② 모듈(M)$=\dfrac{D}{Z}$
③ 지름피치 $(D \cdot P)=\dfrac{25.4Z}{D}$

①, ②, ③식을 정리한 잇수는 $Z=\dfrac{\pi D}{p}$
잇수(Z)의 식을 모듈(M)식에 대입하면
$M=\dfrac{D}{Z}$
$M=\dfrac{D}{\dfrac{\pi D}{p}}$　　$M=\dfrac{p \cdot D}{\pi D}$ $\left(\therefore M=\dfrac{p}{\pi}\right)$

[문제] 121. 인장 코일 스프링에 3kg의 하중을 걸었을 때 변위가 30mm이다. 스프링의 정수는?

㉮ 1/10kg/mm　　㉯ 1/5kg/mm　　㉰ 5kg/mm　　㉱ 10kg/mm

[풀이] $k=\dfrac{W(하중)}{\delta(변위량)}$　$\dfrac{3}{30}=\dfrac{1}{10}$
∴ $k=\dfrac{1}{10}$kg/mm

[문제] 122. 그림과 같은 스프링장치에서 30mm의 처짐이 생겼다. 스프링상수 $k_1=3$kg/cm, $k_2=2$kg/cm일 때, 작용하중 W는 몇 kg인가?

㉮ 1.2
㉯ 3.6
㉰ 9
㉱ 15

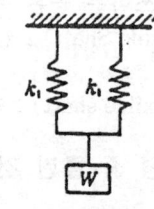

해답 119. ㉯　120. ㉯　121. ㉮　122. ㉱

[풀이] 스프링 상수(k) = $\frac{하중(W)}{변위량(\delta)}$
여기에서 W(하중) = k×δ
변위량(δ) = 30mm → 3cm
스프링 상수 k = k₁+k₂ = 3+2 = 5
W = 5×3 = 15

문제 123. 미터나사에서 지름 12mm, 피치 1.5mm의 나사를 태핑하기 위한 드릴구멍의 지름으로 가장 적당한 것은?
㉮ 9.5mm   ㉯ 10.5mm
㉰ 11.5mm   ㉱ 13.5mm

[풀이] D = (d−P)이므로
d = 12−1.5mm   ∴ d = 10.5mm

문제 124. 다음 중 삼침법이란 나사의 무엇을 측정하는 것인가?
㉮ 유효지름   ㉯ 치형곡선
㉰ 편심오차   ㉱ 피치

[풀이] ① 나사를 측정하는 것으로 나사 유효지름퍼스, 나사측정용 버니어 캘리퍼스, 나사 마이크로미터, 나사다이얼 게이지(나사의 피치측정), 삼침법(나사의 유효지름), 투영검사기 등이 있다.
② 삼침법이란 같은 지름을 가진 3개의 침상 롤러를 내부에 가지고 있는 마이크로미터로 측정한 치수로서 나사의 유효지름을 산출하는 것이다.

문제 125. 벨트 전동장치와 비교한 체인 전동장치의 장점이 아닌 것은?
㉮ 축받침에 무리가 없다.
㉯ 유지와 수리가 간단하다.
㉰ 축사이의 거리에 제한이 없다.
㉱ 진동과 소음이 없다.

[풀이] 벨트 전동은 벨트(belt)와 벨트풀리(belt pully)사이의 마찰에 의하여 회전을 전달한다. 체인전동은 체인(chain)과 스프라킷 휠(sprocket weel)의 물림에 의하여 동력을 전달하는 장치이며, 벨트 진동과 체인 전동의 장단점은 다음과 같다.
① 장점
 ㉮ 속노비가 일정하며 미끄럼이 없다.
 ㉯ 초기 장력을 줄 필요가 없으므로 축 받침에 무리가 없다.
 ㉰ 접촉각은 90°이상이면 된다.
 ㉱ 축 사이의 거리에 제한이 없다.
 ㉲ 내열, 내습, 내유성이 있다.
 ㉳ 큰 동력을 전달할 수 있으며, 효율은 90~95% 이상이 된다.
 ㉴ 체인의 탄성에 의하여 어느 정도의 충격에 견디며, 유지와 수리가 간단하다.
② 단점
 ㉮ 진동과 소음이 일어나기 쉽다. 특히 마멸되면 이 경향이 심하다.
 ㉯ 1회전하는 동안의 속도비가 일정하지 않기 때문에 고속회전을 시킬때에는 사용하지 않는다.

문제 126. 선박의 프로펠러나 수차의 축은 어떤 축에 해당하는가?
㉮ 휨만을 받는 축   ㉯ 비틀림과 압축을 동시에 받는 축
㉰ 비틀림만을 받는 축   ㉱ 비틀림과 휨을 동시에 받는 축

해답 123. ㉯ 124. ㉮ 125. ㉱ 126. ㉯

[토의] 축과 힘의 작용
① 휨만을 받는 축 : 차축과 같이 휨모멘트만이 작용하는 축의 지름
② 비틀림 만을 받는 축 : 스핀들
③ 휨과 비틀림을 동시에 받는 축 : 전동축

[문제] 127. 신축 이음과 관계가 없는 것은?
㉮ 신축밴드(expension bend)
㉯ 파평관
㉰ 미끄럼 이음
㉱ 턱걸이 이음

[토의] 신축이음
① 슬리브 이음(미끄럼 이음) : 대형관(50A 이상) 플랜지 접합, 소형관(50A 이하)나사 접합, 슬리브 너트 볼트로서 신축흡수
② 벨로즈 사용 : 벨로즈로 신축 흡수, 대형 : 플랜지 접합, 소형 : 나사 접합
③ 루프 이음 : 고온고압, 신축곡관에 사용
④ 스위블 이음 : 2개 이상의 부속(엘보우)을 사용해서 신축흡수, 고온 고압에서는 누수라는 결점이 있다.
⑤ 고무이음 : 진동흡수 용으로 냉동기 펌프의 배관에 이용된다.
⑥ 플랜지이음 : 지름이 비교적 큰 관을 가끔 분해할 필요가 있는 경우에 사용한다.
⑦ 소켓이음 : 관의 한쪽 끝을 크게 하고 여기에 다른 관의 끝을 삽입한다.
상수도 배수 가스 등의 지하 매설관 이음에 사용 생이음, 턱걸이 이음에 사용한다.

[문제] 128. 다음 베어링의 표시 608 C2 P6에서 C2의 뜻은?
㉮ 틈새기호   ㉯ 등급기호
㉰ 안지름 번호   ㉱ 계열번호

[토의] 베어링 표시
[예] 1. 608 C2 P6
   60 : 베어링 계열 번호   8 : 내경번호(베어링 내경 18mm)
   C2 : 틈새기호(2틈새)   P6 : 등급기호(6급)
   (단열 깊은홈 볼 베어링[형식기호 : 6=1단위숫자]치수계열 10)
[예] 2. NA 4916V
   NA49 : 베어링 계열기호(니들 베어링, 치수계열 49)
   16 : 내경기호(베어링 내경 180mm)
   V : 리테이너 기호(리테이너 없음)
[예] 3. 7206 CDB95
   72 : 베어링 계열기호   06 : 내경번호(베어링 내경 30mm)
   C : 접촉각 기호(호칭 접촉각 10°~20°)
   DB : 조합기호(배면 조합)   95 : 등급기호(5급)
   (단열 앵귤러 볼 베어링[형식기호 : 7]   치수계열 02)

[문제] 129. 나사의 유효지름 측정에 관계 없는 것은 어느 것인가?
㉮ 삼침법   ㉯ 나사 게이지
㉰ 공구 현미경   ㉱ 나사 마이크로미터

[토의] 나사의 측정 용구 : 계측하는 부분에 따라 달라진다.
① 외경-외측 마이크로미터, 지시마이크로미터, 한계게이지

[해답] 127. ㉯ 128. ㉮ 129. ㉯

② 유효지름 – 나사마이크로미터, 3침법
③ 피치 – 피치게이지, 공구현미경
④ 산의 각도 – 피치게이지, 공구현미경, 투영기
⑤ 총합 판정 – 나사용 한계 게이지

문제 130. 나사호칭 M10의 볼트에 생기는 전단응력이 7kg/mm²이라면, 전단하중은 몇 kg인가?(단, π는 3.14로 계산한다.)

㉮ 767.7　　㉯ 658.6　　㉰ 549.5　　㉱ 430.4

풀이 전단하중을 받는 경우 : 볼트에 생기는 전단응력을 τ라 하면

$$\tau = \frac{W}{\pi d^2/4} \quad \therefore d = \sqrt{\frac{4W}{\pi \tau}}$$

이므로 $W = \frac{\pi}{4} d^2 \cdot \tau$
$= \frac{3.14}{4} \times 10^2 \times 7$
$= 549.5 \text{kg}$

해답 130. ㉰

제6장 재해대책 설비

1. 지진·화재·정전시의 운전

1 화재 발생시의 운전

(1) 빌딩내 화재발생
① 빌딩내에서 화재가 발생한 경우, 화재원인이 엘리베이터의 기계실이나 승강로에서 떨어진 장소에 있을지라도 소화작업에 수반하는 전원차단등으로 승객이 갇히게 될 우려가 있기 때문에, 피난에는 엘리베이터를 이용하지 않고 계단을 이용해야 한다.
② 빌딩내의 카는 모두 피난층으로 불러들여, 도어를 닫고 정지시켜 두는 것이 원칙이다.
③ 비상용 엘리베이터에 한해 소화활동으로 사용하는 것이 있기 때문에 이 제한은 없다.
④ 화재시 관제운전장치부착 엘리베이터는 감시실등에 설치된 관제스위치를 조작하는 것에 의해 자동적으로 특정피난층에 되돌려, 일정시간후에 도어를 닫고 운전정지하도록 되어 있다.

(2) 기계실에서 화재발생
① 엘리베이터 기계실에서 화재가 발생해 화재가 확대되고 있을 때에는, 전기기기용 소화기등을 사용해서 소화에 주력함과 더불어, 카내의 승객과 연락을 취하면서 엘리베이터용 주전원스위치를 차단한다.
② 전원스위치는 기계실의 출입구 근처에 있을지라도 그 스위치에 접근할 수 없을 때는 전기실의 전원스위치를 차단해도 좋다.
③ 카가 층의 중간에서 멈추게되면, 원칙에 따라서 승객을 구출한다.

(3) 승강로에서 화재발생
① 엘리베이터의 승강로에 화재가 발생한 경우, 승강로에는 가연물은 거의 없기 때문에, 카내에 대량의 가연물을 가지고 있지 않는 한 그을리는 정도로서 연소가 확대될 수는 없다.
② 전선이나 레일의 윤활유로부터의 매연에 신경을 쓸 필요가 있다.

2 지진

(1) 지진발생시

① 주행인 카는 가장 가까운 층에서 정지, 승객이 피난후 도어를 닫고 전원스위치를 차단한다. 엘리베이터는 지진에 의해 멈추는 수가 있기 때문에, 층간에서 갇히게 되는 것을 방지하기 위해 피난용으로 사용하지는 않는다.
② 지진시 관제운전장치부착의 엘리베이터는, 지진감지기가 작동하면 자동적으로 카를 가장 가까운 층에 착상시켜, 일정시간후에 도어를 닫고, 운전을 정지하도록 되어 있다.
③ 지진후는 운전재개에 앞서, 진도 3정도 상당의 경우는 관리기술자의, 진도 4정도 이상의 경우는 엘리베이터 전문기술자의 점검과 이상 유무의 확인이 필요하다.

(2) 승객이 갇힌 경우
불행스럽게 승객이 갇히게 된 경우는 앞에 서술한 순서에 따라 구출하지만, 구출완료후 상기의 점검·확인이 끝날때까지 운전을 중지해 둔다.

2. 감시반 설비

1 갇힘 사고

(1) 정의
갇힘 사고의 원인은 장치의 고장도 있지만, 이용방법과 관리면이 원인이 되고 있는 것이 고장 전체의 반 이상으로 되어 있다.

(2) 이용자의 불안전한 행동
① 조작미숙 : 비상정지버튼의 오조작, 기타 조작반상의 버튼이나 스위치의 오조작
② 불필요행동 : 카내에서 뛰거나, 난폭하게 하거나, 또 주행중에 도어를 열려고 하거나, 비상정지버튼을 고의로 누름
③ 부주의 : 도어에 물건을 끼움, 정원·중량초과 등이 있다. 이와같은 때는 안전장치가 작동해, 엘리베이터는 즉시 정지한다.

2 갇힘 사고의 관리적 원인

(1) **청소불량** : 승장도어·카도어의 문턱홈이 쓰레기로 가득참
(2) **취급불량** : 주전원스위치 차단
(3) **건물기기불량** : 전원 퓨우즈 절단, 전원불량 등이 있다.

3. 방범 설비

1 승강기 안전장치

(1) **조속기**(Governor)

① 엘리베이터의 속도를 항상 감시하고 있다가 속도가 비정상적으로 증가하는 경우, 다음 두가지 동작으로 속도를 제어한다.

② 제1동작으로는, 엘리베이터의 속도가 정격속도의 1.3배(정격속도가 매분 45m/min. 이하의 엘리베이터에 있어서는 매분 63m/min)를 넘지않는 범위내에서 과속스위치를 끊어, 전동기회로를 차단함과 동시에 전자브레이크를 작동시킨다.

③ 제2동작으로는, 정격속도의 1.4배(정격속도가 매분 45m/min. 이하의 엘리베이터에 있어서는 매분 68m/min.)를 넘지않는 범위내에서 비상정지장치를 움직여 확실히 가이드레일을 붙잡아 카의 하강을 제지한다.

(2) 전자브레이크(Magnetic Brake) : 엘리베이터의 운전중에는 브레이크슈를 전자력에 의해 개방시키고 정지시에는 전동기주회로를 차단시킴과 동시에 스프링압력에 의해 브레이크슈로 브레이크휠을 조여서 엘리베이터가 확실히 정지하도록 한다.

(3) 비상정지장치(Safty Device) : 만일 로프가 절단된 경우라든가, 그외 예측할 수 없는 원인으로 카의 하강속도가 현저히 증가한 경우에, 그 하강을 멈추기 위해 가이드레일을 강한 힘으로 붙잡아 엘리베이터 몸체의 강하를 정지시키는 장치로서 조속기에 의해 작동되어 진다.

(4) 리미트스위치(Limit Switch) : 최상층 및 최하층에 근접한 때에, 자동적으로 엘리베이터를 정지시켜 과주행을 방지한다.

(5) 화이널 리미트스위치(Final Limit Switch) : 리미트스위치가 어떤 원인에 의해서 작동하지 않을 경우, 안전확보를 위해 모든 전기회로를 끊고 엘리베이터를 정지시킨다.

(6) 완충기(Buffer) : 어떤 원인으로 카가 종단층을 지나치는 경우, 충격을 완화시키는 것으로 통상 정격속도가 60m/min. 이하의 경우는 스프링완충기를 60m/min 초과하는 것에는 유입완충기를 사용한다.

(7) 도어 인터록스위치(Door Interlock Switch)

① 모든 승장도어가 닫혀있지 않을때는 카가 동작할 수 없으며, 카가 그 층에 정지하고 있지 않을때는 문을 열 수가 없도록 하기 위해 승장도어의 행거케이스내에 스위치와 자물쇠가 설치되어 있다.

② 엘리베이터의 안전상 비상정지장치와 더불어 중요한 장치이다. 또한 비상해제장치 부착 인터록스위치는 특별한 키로 해제하여 승장측에서 문을 열 수 있도록 되어 있다.

③ 카도어를 손으로 열 때(이 인터록스위치에 손이 닿을 경우)인터록을 벗겨 승장도어를 열 수가 있도록 되어 있다.

(8) 통화설비 또는 비상벨 : 카내와 빌딩관리실을 연결하는 엘리베이터 전용 통화설비 (인터폰) 혹은 비상벨이 설치되어져 있다.

2 정전등 및 각종 강제 정전장치

(1) 정전등
① 정전시에는 승객의 불안감을 완화시키기 위하여 곧바로 카내에 설치된 정전등이 점등된다.
② 정전등은 바닥면에서 1룩스 이상의 밝기를 유지하도록 되어 있는데 조도유지시간은 보수회사 및 구조대의 이동시간 등을 고려할 때 1시간 이상이 적당하다.

(2) 각층 강제 정지장치
심야등 한산한 시간에 승객을 대상으로 범죄를 예방하기 위한 것으로서 이 장치를 가동시키면 목적층에 도달하기까지 각층에 순서대로 정지하면서 운행할 수 있다.

4. 접지 설비

1 권상기 수동 동작에 의한 구출 방법

(1) 승객이 잠금장치를 벗기는 것이 곤란한 경우나 카문턱과 승장의 문턱과의 거리 차가 큰 경우에는, 보수회사의 기술자가 고장을 고치기까지 기다리는 것이 원칙이다.
(2) 긴급한 경우에는 기어가 있는 권상기에 한해, 2인 이상의 훈련된 요원에 의해 다음의 방법으로 구출한다.
(3) 위험을 동반하기 때문에 미리 충분히 기술훈련으로 경험을 쌓는 것이 필요하다.

2 승객구출 작업 순서

(1) 주전원스위치를 차단한다.
(2) 승장도어는 전층이 닫혀있는 것을 확인한다. 열려 있는 문이 있으면 닫는다.
(3) 인터폰으로 승객에게 카도어가 닫혀 있는가를 확인하고, 엘리베이터를 수동으로 움직이는 취지를 알린다.
(4) 보너샤프트 또는 플라이휠에 터닝핸들을 끼워서 양손으로 확실히 잡는다. 다른 작업자는 전자브레이크에 브레이크 개방레버를 세팅한다.

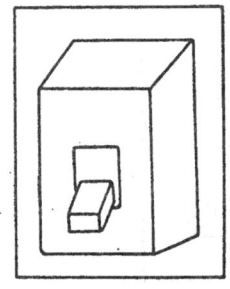
〔전원스위치 차단〕

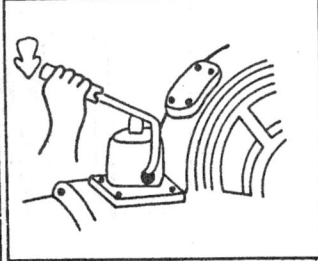

(5) 터닝핸들을 조작하는 사람의 신호에 따라 다른 한 사람은 브레이크를 조금씩 개방한다. 터닝핸들을 좌, 또는 우측의 가벼운 방향으로 돌려서 카를 움직인다. 또한 가벼운 방향으로 카를 움직였을 때 비상해제장치가 있는 승장까지의 거리가 매우 먼 경우는 반대방향(무거운 방향)으로 돌려도 좋다.

(6) 기계실에서 카의 위치를 확인하면서 비상해제장치가 붙어있는 층 근처까지 카를 움직인다. 이동거리를 알 필요가 있을 때는 권상기의 쉬브에 표시를 붙여, 표시가 이동한 거리를 측정한다.

(7) 개방레버 및 터닝핸들을 벗긴다.

(8) 기타 작업에 있어서는, 카도어, 승장도어의 모든 문이 닫혀있는가를 확인하여야 하며, 구출중에 전원이 복구되어도 엘리베이터가 움직이지 않도록 전원스위치가 확실히 차단되었는지를 확인해야 한다.

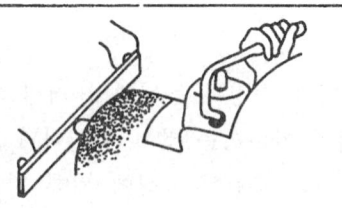

터닝핸들이 흔들리게 되는 수가 있기 때문에 반회전 정도마다 브레이크를 건다. 승객의 사람수에 따라 브레이크를 개방하는 것만으로 카가 움직이는 경우도 있기 때문에 주의를 요한다. 또한, 브레이크 개방조작은 쉬브반대측에서 행할 것.

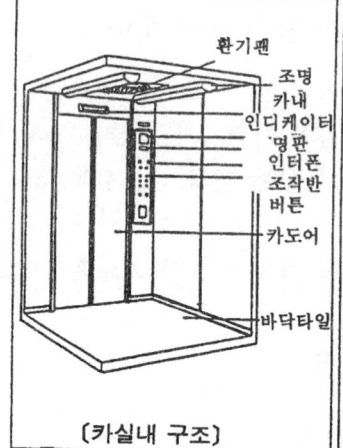

[카실내 구조]

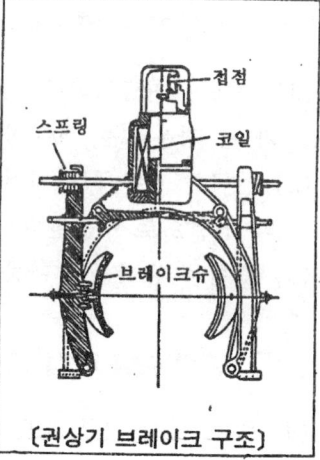

[권상기 브레이크 구조]

그림1

그림2

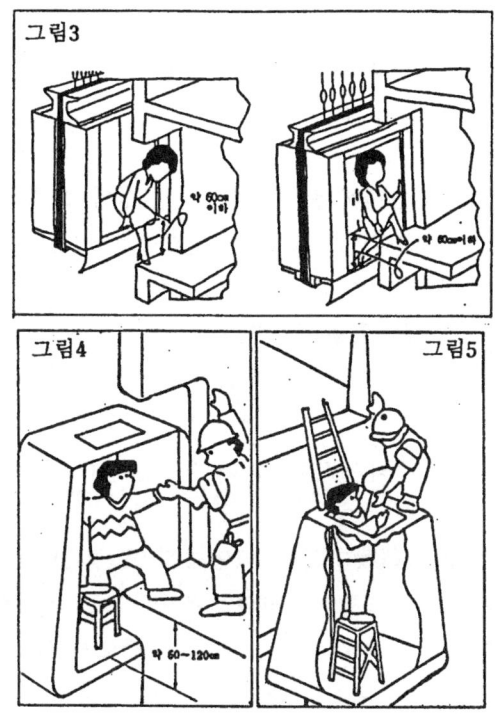

5. 비상용 승강기

1 카내 승객 구출 방법

1) 카내의 승객이 갇히게 되는 경우가 발생되면 통상 그 빌딩관리자와 목격자가 보수회사에 사고내용을 알려 그 회사의 기술자에 의해 구출하도록 하는 것이 일반적이다.
2) 인명피해가 예상되는 경우나 목격자에 의해 119번, 112번 등으로 신고가 들어오는 경우 구급대가 출동하게 되는 데 그 경우에도 인명에 위험이 없다면 보수회사전문가들의 조치를 기다리는 것이 가장 적절하다.
3) 승객을 구출하기 위하여는 엘리베이터의 안전장치 및 구조에 대한 사전지식이 필요하며 만일 지식이 없는 사람이 부주의하게 엘리베이터를 다루다가는 도리어 2차사고를 낼 수도 있으므로 주의하여야 한다.

2 구조대 연락 및 안전

(1) 구조대가 갇힘 통보를 받게되면
① 구조대가 사고통보를 받았을 때는 현장에 출동하게 되는 데 이 때에도 출동과 동시에 사고엘리베이터의 보수회사 또는 제조회사등을 파악하고 사고내용을 신속히 알려 출동을 요청한다.
② 현장에 출동한 후 그곳에 이미 보수회사의 기술자가 도착해 있으면 함께 구조활

동을 하지만 만일 현장에 보수회사의 기술자가 도착이 늦던가 도착이 곤란한 경우에는 다음과 같이 행동하는 것이 좋다.

(2) 구조대가 현장에 도착하면
① 우선 빌딩관리인을 만나 사고상황을 파악한다 : 현장에 도착하게 되면 먼저 사고 상황을 상세히 알고 있는 사람(관리인 또는 최초통보자)을 만나서 사고상황과 경위등을 듣는 것이 중요하다.
② 작업개시전에 승객에게 주의사항을 알려준다 : 카내의 승객에게 인터폰으로 알리든가 또는 구두로 직접 카가 멈춘 가장 가까운 승강에서「구출활동중이다」,「카내에 가만히 있는한 낙하할 걱정은 없으니 안전하다」라고 알리고,「지시가 없는한 도어나 구출구를 열지않도록」 주의시킨다. 또 어떤 사람이 타고 있는가, 환자는 없는가를 확인할 필요가 있다.
③ 엘리베이터 보수회사로 사고내용이 통보되었는지 재 확인한다 : 갇힘 사고당시(빌딩관리인이 마침 그 자리에 있어서) 관리인으로부터 보수회사로 연락이 이미 끝나 있을지라도 사고 빌딩명이나 사고내용등을 확실히 전했는지, 또 보수회사의 기술자는 언제쯤 현장에 도착할 수 있는지를 재 확인한다. 만약 이 처치가 끝나지 않았으면 조속히 연락을 취한다.

보수회사명과 그 전화번호, 엘리베이터 번호등은 통상 카내 및 관리실에 표시되어 있어야 한다.
④ 엘리베이터가 멈춘 원인을 조사한다 : 엘리베이터는 승객의 안전위주로 만들어져 있으므로 안전하게 주행하기 위한 조건이 준비되어 있지 않으면 움직이지를 않게 되어 있다.

예를들면, 승장의 도어가 열려있으며 움직이지 않고, 주행중이라도 안전장치가 작동할때는 정지한다. 지진이나 태풍 혹은 벼락등의 천재(天災)로 광역정전이 발생된다든지 빌딩의 화재나 전원장치등의 고장으로 전원이 차단되는 경우에는 카가 층의 중간에 정지해 버릴수도 있다.

3 승객 구출 방법

구출작업시에는 카가 멈춘 위치에 따라서 승객이나 구출자가 승강로 바닥으로 추락할 위험이 있기 때문에 각별히 주의할 필요가 있다.
(1) 정전으로 엘리베이터가 정지한 경우 : 정전시에는 곧바로 카내의 정전등이 점등된다. 정전이 단시간내 복구가능할 때는 (인터폰 또는 직접 승장측에서) 곧 복구됨을 승객에게 알려 안심시킨다. 전원이 복구되면 어떤 층의 보턴을 누르더라도 엘리베이터는 통상 동작하기 시작한다.

지금까지 정전으로 엘리베이터가 정지한 사례를 보면 80% 이상이 승장이 있는 근처였는 데, 이 경우는 승객 스스로 카도어를 열게 하면 이 때 카도어와 연동되어 움직이는 승장도어가 동시에 열리게 되어 구출하는 것이 가능하다.

그러나 이 경우에는 탈출중에 전원이 복구되어도 절대로 카가 움직일 수 없도록 하기 위해 기계실에서 엘리베이터의 전원을 차단하는 것이 안전상 필요하다.

정전이 길어질듯하면, 엘리베이터의 전원스위치를 차단해 다음의 (2) ②이후의 구출작업에 착수한다.

(2) 정전 이외의 원인으로 엘리베이터가 정지한 경우
① 카내의 승객과 연락을 취하면서 도어열림 버튼 또는 목적버튼을 누르기도 하고, 승장버튼도 눌러본다. 그러면 도어가 열리든가 엘리베이터가 움직일 수도 있다. 만약 움직이지 않으면 엘리베이터의 전원스위치를 차단한다.
② 다음으로 승장도어의 해제키를 사용해서 열든가(그림 1) 승객에게 카도어를 손으로 열게해 본다.(그림 2)

　승장도어, 카도어가 정위치에서 열리지 않는 경우 카의 문턱과 승장의 문턱과의 거리차를 확인한 후 60cm 이내에서 위 또는 아래에 있을 때에는 다음 방법으로 닫혀있는 측의 도어를 조심스럽게 열어 구출한다.(그림 3)
　㉮ 승장도어를 해제키를 사용해 연 경우는 (그림 1) 카 도어를 손으로 연다.
　㉯ 승객에게 카도어를 손으로 열게 한 경우와 승장도어의 잠금장치를 카내에서 개방할 때는, 승장도어를 손으로 열게 한다.(그림 2)
③ 카의 문턱이 승장의 문턱보다 60cm 이상 120cm 미만의 경우는 ②와 같은 상태의 방법에 의해 승장도어 및 카도어를 열어 승장에서 접사다리등을 카내에 넣어 구출한다.(그림 4)
④ 승객이 직접 잠금장치를 벗겨내는 것이 곤한한 경우나 카의 문턱과 승장의 문턱과의 거리차가 심한 경우는 보수회사의 기술자가 고장을 고치기까지 기다리는 것을 원칙으로 하지만, 상황이 긴급한 경우에는 엘리베이터가 무기어식인 경우와 유압식인 경우는 카의 구출구를 열고 직상층으로 구출한다.(그림 5) 또한, 접사다리 등은 안정되고 견고한 것을 사용한다.

　승장에서 도어를 열기 위한 해제장치는 반드시 모든 층의 도어에 설치해야 한다는 제한규정이 없기 때문에 이를 최하층, 최상층, 기준층등에 설치하고 있는 경우도 있다.

　카가 정지한 근처의 승장도어를 승장측에서 여는 것은 그곳에 해제장치가 없으면 어렵기 때문에 보수회사 기술자의 협력을 얻도록 한다. 그래도 불가능한 경우에는 해제장치가 있는 가장 가까운 상방향층의 도어를 키로 열어 줄사다리등을 사용해 카 위에 올라타고, 손으로 자물쇠를 개방시켜 승장도어를 연다.

　만약 윗방향 층의 도어에 해제장치가 설치되어 있지 않을 경우에는, 쇠지렛대나 해머를 사용해 정지위치 근처의 승장도어슈(문턱의 홈부분)를 파괴해서 구출한다.

　또한 유압식 엘리베이터에 있어서는 밸브조작에 의해 바닥높이를 조정하여 구출하는 방법도 있다.

4 갇힘 구출 순서도

(주 : 엘리베이터 기술자에 의한 구출방법은 반드시 이 순서에 의하지는 않는다.)

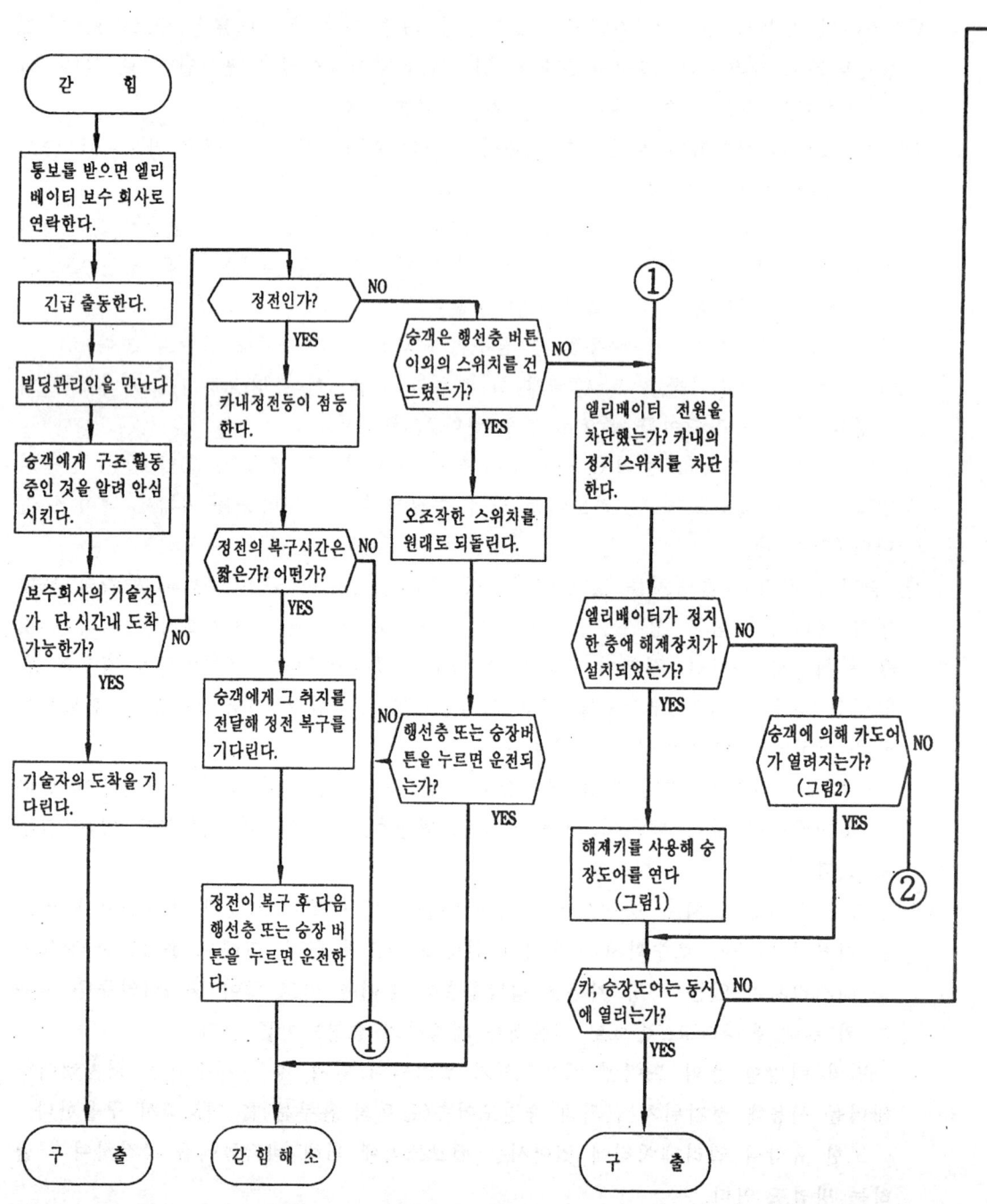

※ 1. 카문턱이 승장의 문턱보다 낮고, 그 단차가 약 120cm 이하로, 그 층에서 구출가능한 수치의 표준으로 한다.
※ 2. 카문턱이 승장의 문턱보다도 높고, 그 단차가 약 60cm 이하에서 구출할 때, 승강로에 추락할 위험이 없는 수치의 표준으로 한다.
※ 3. 승객의 많고 적음에 따라 브레이크를 개방하는 것 만으로 카가 움직이는 경우도 있기 때문에, 이 경우는 가속하지 않도록 브레이크를 천천히 걸 것.

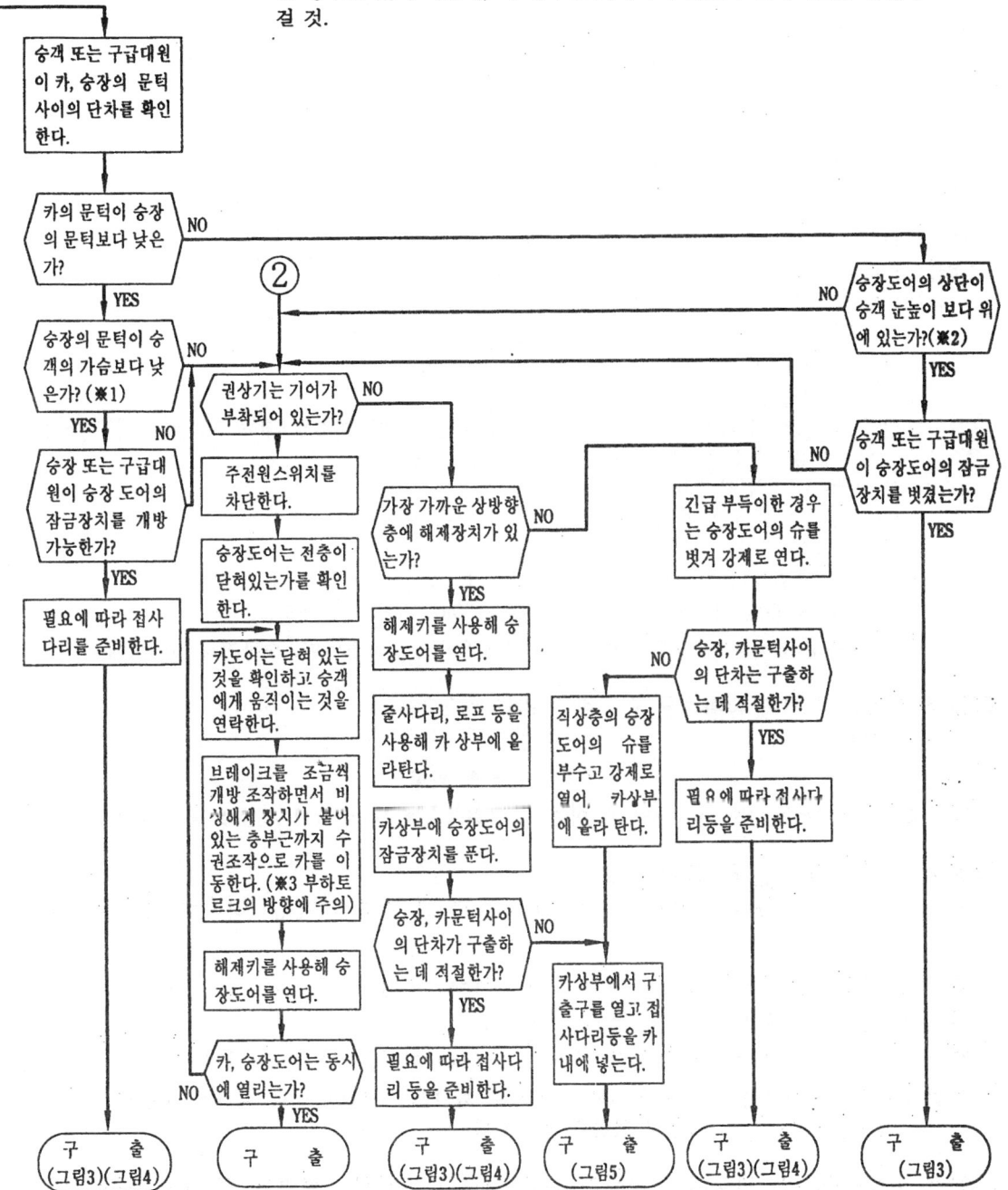

예상문제

문제 1. 빌딩내 화재발생시 피난은 어떤 곳을 이용해야 안전한가?
㉮ 엘리베이터   ㉯ 계단   ㉰ 기계실   ㉱ 승강로
[토의] 피난시에는 반드시 계단을 이용해야 한다.

문제 2. 제연 설비의 설치 기준으로 잘못된 것은?
㉮ 설비에는 자동식 수동식의 기동장치를 설치하여야 한다.
㉯ 설비의 풍도는 불연재료로 만들어야 한다.
㉰ 설비에는 비상전원을 부설하여야 한다.
㉱ 설비는 5층 이상에만 설치하여야 한다.
[토의] (1) 제연설비 설치대상 : 6층 이상 피난층 제외
　　　(2) 설치 대상
　　　　① 관람, 집회, 운동시설 무대부 : 바닥면적 200m² 이상
　　　　② 근린생활 및 위탁시설, 판매시설, 숙박시설 지하층 또는 무창층의 바닥면적이 1,000m²이상
　　　　③ 시외버스 정류장, 철도역사, 공항시설, 해운시설의 대합실 휴게실로써 지하층 또는 바닥면적 1,000m²이상의 무창층
　　　　④ 지하가 : 연면적 1,000m²이상
　　　　⑤ 특수장소에 부설된 특별계단 및 비상용 승강기 승강장
　　　(3) 설비 제외
　　　　① 공기 조화설비 제연설비 기준에 적합하고 화재시 제연설비로 전환되는 경우
　　　　② 변소, 목욕실 및 사람이 거주하지 않는 50m² 미만인 물품장고
　　　　③ 배출구 면적의 합계가 제연구역 바닥면적의 $\frac{1}{100}$이상이며, 수평거리 30m이내

문제 3. 변전실 화재의 소화제로 적당하지 않은 것은?
㉮ 이산화탄소   ㉯ 포
㉰ 분말   ㉱ 할로겐 화물
[토의] 포말소화약제는 전기화재 사용은 어렵고, 인화성액체 및 비행기 격납고 등에 설치한다.

문제 4. 다음 방화문의 구조로서 틀린 것은?
㉮ 갑종 방화문은 골재를 철재로 하고 그 양면에 각각 두께 5(mm) 이상의 철판을 붙일 것.
㉯ 갑종 방화문은 철재로서 철판의 두께가 1.5(mm) 이상인 것.
㉰ 을종 방화문은 철재 및 망입 유리로 된 것.
㉱ 을종 방화문은 철재로서 철판의 두께가 0.8(mm) 이상, 1.5(mm) 미만인 것.
[토의] 규정상 갑종방화문의 철판 규격은 양면으로 할 때는 0.5mm이상의 철판을 사용하고 한면에 사용할 때는 1.5mm 이상의 철판을 사용한다.

문제 5. 직쇄탄화수소 계열의 분자량과 발화온도와의 관계를 설명한 것이다. 옳은 것은 다음 중 어느 것인가?

해답 1. ㉯ 2. ㉱ 3. ㉯ 4. ㉮

㉮ 분자량과 발화 온도와는 관계가 없다.
㉯ 분자량 또는 탄소쇄의 길이가 길수록 일반적으로 발화온도가 높다.
㉰ 분자량 또는 탄소쇄의 길이가 길수록 발화 온도는 낮다.
㉱ 분자량이 어느 수준 이상이거나 이하이면 발화온도는 높다.

[풀이] 분자구조가 비슷한 화합물 상태에서 탄소수가 많아질수록 아래와 같은 특성변화를 볼 수 있다.
① 연소범위가 좁아진다.
② 연소열량(1몰당)이 커진다.
③ 인화점이 높아진다.
④ 증기비중(증기밀도)이 커진다.
⑤ 착화온도(발화온도)가 낮아진다.

문제 6. 연료로 사용하는 가스에 관한 설명 중 옳지 않은 것은?
㉮ 도시가스, LNG, LPG는 모두 공기보다 무겁다.
㉯ 1[m³]의 도시가스를 완전 연소시키는 데는 실제 필요 공기량은 4~5[m³]이다.
㉰ 메탄의 폭발범위는 공기중의 농도 5~15%이다.
㉱ 부탄의 폭발범위는 공기중의 농도 1.8~8.4%이다.

[풀이] LNG는 메탄이 주성분이기 때문에 공기보다 가벼우나 LPG는 C_3H_8(propane), C_4H_{10}(Butane)가 주성분이여서 공기보다 약 1.5배에서 2배 정도 무겁다.

문제 7. 우리나라에서 건축물 방화 관리를 위한 측면에서 고층건물이라고 하는 것은 다음 중 어느 것인가?
㉮ 지상층의 층수가 11층 이상인 신축물
㉯ 10층 이상의 건축물
㉰ 15[m]를 초과하는 건축물
㉱ 5층 이상의 건축물

[풀이] 고층건축물 : 지하층을 제외한 층수가 11층 이상이 되는 층

문제 8. 가연성 가스가 누출되었으나 아직 인화되지 않은 경우의 방화대책 중 틀린 것은?
㉮ 밸브의 폐쇄 등으로 가스의 흐름을 차단시킨다.
㉯ 누출 지역에 물을 분사시켜 누출 가스를 제거시킨다.
㉰ 배기 휀을 작동시켜 누출 가스를 방출시킨다.
㉱ 충분한 냉각수를 뿌려 탱크와 배관을 냉각시켜 폭발위험을 제거시킨다.

[풀이] 가연성가스가 누설은 되었으나 인화되지 않은 상태에서 조치사항 중 누출지역에 물을 뿌려서 가연성가스를 제거한다는 조치는 가장 적합하지 못하다. 그러나 아직 인화되지 않은 단계이기 때문에 가연성가스를 제거하기 위한 환기 조치 및 가스 공급차단 및 위험요소를 제거하기 위한 조치를 강구할 것.

문제 9. 자연 제연 방식에 관계없는 한 가지는 어느 것인가?
㉮ 화재에서 발생한 열기류를 이용한다.
㉯ 외부의 바람에 의한 흡출 효과와 관계가 있다.
㉰ 상부에 설치된 구획된 실에 제연기를 설치한 동력방식이다.
㉱ 평상시 환기에도 겸용할 수 있으므로 설비의 유휴화 방지에도 잇점이 있다.

[해답] 5. ㉰ 6. ㉮ 7. ㉮ 8. ㉯ 9. ㉰

[풀이] 자연제연방식

$$\rho = \frac{RM}{RT}$$

ρ : 밀도(g/l)
R : 기체상수(0.082atm · l/mol · °K)
P : 압력(atm)
T : 절대온도(°K)
M : 분자량(g/mol)

유출속도(m/sec)

$$Vs = \sqrt{2gh\frac{\rho a - \rho s}{\rho s}}$$

Vs : 연기의 유출속도
h : 연기상승높이
ρa : 공기의 밀도
ρs : 연기의 밀도

즉, 온도가 상승하면 밀도가 작아지며 화기가 부상하면 또 공기가 그 주위로 밀려드는 기류의 유동이 생긴다.
• 유휴화 : 설비를 사용하지 않는 동안에 설비가 노후되는 것을 말한다.

문제 10. 밀폐된 제연 구역에 송풍기에 의해 실내공기를 유입하고 배출기에도 실외로 배출시켜 제연하는 방식은?

㉮ 제1종 기계 제연방식
㉯ 제2종 기계 제연방식
㉰ 스모크타워 제연방식
㉱ 자연 제연방식

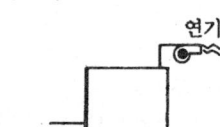
〔보기〕

[풀이] 기계적 제연방식
그림과 같이 송풍기(도면상 : ⊗)를 통하여 실외의 공기를 공급하고 실외로 시에도 배출기(도면상 : ⊙)로 표기된 설비를 말한다.

문제 11. 피난 활동을 위한 시설물이라고 보기 어려운 것은 어느 것인가?

㉮ 객석 유도등
㉯ 방화문(갑종)
㉰ 방염처리된 카텐
㉱ 특별 피난 계단

[풀이] 피난활동~화재 발생시 안전한 장소로 피난하기 위한 설비를 말한다.

문제 12. 화재 증기의 상태를 설명한 것이다. 틀린 것은?

㉮ 검은 연기로 변화되고 건물 전체에 불기가 전파되는 시기를 말한다.
㉯ 실내의 온도가 약 700~800℃이상의 급상승 시기이다.
㉰ 건물 상부의 개구부에서 화염의 분출이 된다.
㉱ 농연과 열기는 상층부로 상승하지 못한다.

[풀이] 연기수직상승<수평하중이 일어난다.

문제 13. 연기의 수평 이동속도는 다음 중 어느 것인가?

㉮ 0.5~1m/sec   ㉯ 2~3m/sec
㉰ 7~8m/sec   ㉱ 10~20m/sec

[풀이] 연기속도 { 수평이동 : 0.5~1m/sec
                수직이동 : 2~3m/sec

문제 14. 일반적인 연기의 유동속도 중 수직 이동속도는 얼마인가?

해답 10. ㉮ 11. ㉰ 12. ㉱ 13. ㉮

㉮ 2~3m/sec   ㉯ 4~5m/sec
㉰ 5~6m/sec   ㉱ 7~8m/sec

문제 15. 연소속도와 가장 밀접한 관계가 큰 것은?
㉮ 점화속도   ㉯ 열의 발생속도
㉰ 산화속도   ㉱ 환원속도

[해설] ① 정상연소 : 열의 발생속도와 분산속도 평형
② 폭발 : 급격한 폭발 형태로 발생속도>분산속도

문제 16. 방화관리를 위한 화점관리 사항을 설명한 것이다. 잘못된 것은?
㉮ 화기 사용시간의 제한
㉯ 화기 사용장소의 균일화
㉰ 화기 사용 책임자 선정
㉱ 피난시설, 유지관리

[해설] 방화관리자 업무사항 : ① 방화계획의 작성.
② 소화, 통보, 피난 훈련의 실시
③ 화기 사용의 취급에 관한 교육
④ 피난 또는 방화전 및 설비의 유지관리 수원 형성

문제 17. 화재 발생시 내부로부터 출화에 대한 예방조치 사항이다. 잘못된 것은 어느 것인가?
㉮ 불연 재료를 사용한다.
㉯ 위험물 사용의 균일화
㉰ 화기사용 개소를 줄이고 격리한다.
㉱ 열원은 될 수 있는 한 안전한 것을 선택한다.

[해설] 내부로부터의 출화에 대한 예방조치
① 불연재료 사용.
② 위험물 저장하지 않는다.
③ 화기사용 개소를 줄이고 격리한다.
④ 열원은 될 수 있는 한 안전한 것을 선택한다.

문제 18. 연기를 전송시키지 않도록 방호조치 사항들이다. 적당하지 못한 것은 다음 어느 것인가?
㉮ 고층부의 드래프트를 증가시킨다.
㉯ 계단은 반드시 전용실을 만든다.
㉰ 에스컬레이터를 전용실내에 설치한다.
㉱ 각층의 엘리베이터 홀은 가능하면 구획하여야 한다.

[해설] 연기 상승을 전송시키지 않는 방호조치
① 고층부의 드래프트를 감소시킨다.
② 계단에는 반드시 전용실을 한다.
③ 에스컬레이터는 반드시 전용실을 설치한다.
④ 각층의 엘리베이터 홀은 가능하면 구획하여야 한다.
• draft : 연돌계단에서 자연히 흐르는 공기의 움직임을 말한다.

[해답] 14. ㉯   15. ㉯   16. ㉯   17. ㉯   18. ㉮

문제 19. 제연의 목적을 가장 적절하게 설명한 것은?
㉮ 연소 생성물인 연기를 외부로 배출시켜 주는 설비이다.
㉯ 연기의 침입유동 방지하며 피난활동을 도와주는 설비를 말한다.
㉰ 연기를 일정한 장소에 모아두는 집합적인 내용을 말한다.
㉱ 연기를 옥외 안전한 장소에 배출시켜 소방대상물내에 사람이 안전한 장소로 피난함은 물론 소화활동에 원활함을 줄 수 있도록 한다.
풀이 (1) 제연 설비 : 연기를 옥외 안전한 장소에 배출시켜 소화활동 및 피난활동 등에 주지 않도록 한다.
(2) 제연설비의 종류 ① 기계적 제연(제1종 : 송풍기, 배출기, 제2종 : 송풍기 자연배기, 3종 : 자연급기 배출기)
② 자연적 제연 (온도차이에 따른 밀도의 차이 이용)

문제 20. 제연설비의 비상전원 용량은 몇 분 이상하여야 하는가?
㉮ 15분 ㉯ 20분
㉰ 25분 ㉱ 1시간
풀이 비상전원설비
① 작동시간 : 20분
② 종류 : 자가 발전 설비, 축전지 설비
③ 상용전원 중단시 자동적으로 비상 전원으로 전력공급
④ 다른 장소와 방화구획 할 것.
⑤ 비상전원을 실내에 설치할 때는 비상조명등 설치

문제 21. 예상 제연 구역의 공기 유입속도는 얼마이어야 하는가?
㉮ 5m/sec 이하 ㉯ 15m/sec 이하
㉰ 10m/sec 이하 ㉱ 20m/sec 이하
풀이 ① 유입속도 : 5m/sec 이하
② 풍로 : ⓐ 입구 : 15m/sec 이하
ⓑ 풍로내 : 20m/sec 이하
ⓒ 출구 : 20m/sec 이하
③ 흡입구 풍로입구까지 5m이상

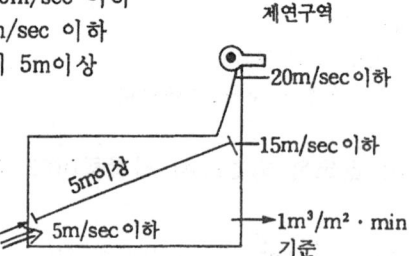

문제 22. 스모크타워 제연방식에 대한 특성 중 틀린 것은?
㉮ 배연 샤프트의 굴뚝 효과를 이용한다.
㉯ 고층 건축물에 적당하다.
㉰ 고온의 연기를 배연할 수 있는 잇점이 있다.
㉱ 기계적 통풍력에 의존하므로 기계적 제연에 속한다.
풀이 Smoke tower 방식 : Smoke tower를 설치하여 제연하는 방식으로 자연제연방식에 가깝다.
$\rho = \dfrac{PM}{RT}$ P : 압력 R : 기체 정수
M : 연기 분자량 T : 절대온도

해답 19. ㉱ 20. ㉯ 21. ㉮ 22. ㉱

문제 23. 스모크 타워 방식에 대한 설명이다. 잘못된 것은?
㉮ 배연 전용의 샤프트를 설치한다.
㉯ 난방 등에 의한 건물내외의 온도차나 화재에 의한 온도상승에 의해 생긴 부력에 의한 통풍을 이용한다.
㉰ 고층 건축물에는 부적당하다.
㉱ 샤프트의 내열성을 고려하면 어느 정도의 고온염기까지는 제연할 수 있다.
[풀이] Smoke tower 방식은 고층 건축물에 적합한 제연설비이다.

문제 24. 다음은 제연방식의 분류이다. 그 분류가 다른 하나는 무엇인가?
㉮ 제1종 기계 제연방식   ㉯ 제2종 기계 제연방식
㉰ 제3종 기계 제연방식   ㉱ 스모크 타워 제연방식
[풀이] 제연 방식의 구분
① 기계적 제연(제1종 기계 제연, 제2종 기계 제연, 제3종 기계제연)
② 자연적 제연(온도차에 따른 밀도의 차 및 외기와 바람의 흡출의 차이를 이용한다.)

문제 25. 밀폐도가 높은 벽이나 문으로서 화재를 밀폐하여 연기의 유출 및 신선한 공기의 유입을 억제하는 방연 방식으로써 집합 주택이나 호텔 등으로 구획을 작게 할 수 있는 건물에 적합한 수단은?
㉮ 자연 제연 방식   ㉯ 밀폐 방연 방식
㉰ 제1종 기계 제연방식   ㉱ 제3종 혼합 기계 제연방식
[풀이] 밀폐 방연방식 : 밀폐도가 높은 벽이나 문으로써 화재를 밀폐하여 연기의 유출 및 신선한 공기유입을 억제하는 방연방식(집합 주택, 호텔)

문제 26. 화재를 당하여 위험한 상태가 되면 개인 차이가 있지만 일반적으로 행동을 비슷하게 한다. 그 행동의 유형으로 잘못된 것은?
㉮ 발화점으로부터 조금이라도 먼 곳으로 행동한다.
㉯ 평상시 익숙한 경로를 사용한다.
㉰ 구석쪽보다는 큰 공간쪽으로 도망한다.
㉱ 군중심리에 의해 타에 추종하기 쉽게 되어 적극적인 사람이 있으면 그 사람에게 이르기 쉽게 된다.
[풀이] 화재시 행동 : ㉮ ㉯ ㉱외에 ㉰는 잘못되었고 그것은 오히려 구석진 곳으로 쪼그리기 쉬운 성질이 있다.

문제 27. 어떤 화재 공간의 연기상승 높이가 2m이고 연기의 유출온도 800℃ 외기온도 20℃일 때 연기의 속도를 구하면 몇 m/sec인가?(단, r_a 20℃ : 1.20kgf/cm³, r_s : 800℃, 0.33kgf/cm³이다.)
㉮ 1.02m/sec   ㉯ 10.2m/sec
㉰ 15m/sec   ㉱ 20m/sec

[풀이] $V_s = \sqrt{2 \times g \times h \left(\dfrac{r_a - r_s}{r_s}\right)}$ 식 이용

$= \sqrt{2 \times 9.8 \times 2 \left(\dfrac{1.2 - 0.33}{0.33}\right)}$

$= 10.2 \text{m/sec}$

g : 9.8m/sec
h : 2m
r_a : 1.2kgf/m³
r_s : 0.33kgf/m³

[해답] 23. ㉰ 24. ㉱ 25. ㉯ 26. ㉰ 27. ㉯

문제 28. 자연 제연 방식에 의한 연기의 유출속도(m/sec)를 계산하는 식으로 가장 적절한 것은? (V_s : 연기의 유출속도, r_s : 연기의 비중량, r_a : 공기의 비중량, h : 연기 상승 높이, g : 지구 중력 가속도 9.8m/sec)

㉮ $V_s = \sqrt{2gh\left(\dfrac{r_a}{r_s}-1\right)}$ (m/sec)   ㉯ $V_s = \sqrt{2gh\left(\dfrac{r_s}{r_a}-1\right)}$ (m/sec)

㉰ $V_s = \sqrt{2gh\left(1-\dfrac{r_a}{r_s}\right)}$ (m/sec)   ㉱ $V_s = \sqrt{\left(\dfrac{(r_s-r_a)}{2ghr_s}\right)}$ (m/sec)

[풀이] 연기 유출속도

$V_s = \sqrt{2gh\left(\dfrac{r_a-r_s}{r_s}\right)}$ (m/sec)

문제 29. 다음 제연 풍도에 관한 설명이다. 잘못된 것은?
㉮ 설치는 견고하고 단열재의 파손이 없어야 한다.
㉯ 풍도에 가연물이 접촉되어서는 안된다.
㉰ 방화구획 관통부는 몰탈 등으로 완전히 메꾸어져야 한다.
㉱ 방화구획의 풍도는 많은 통풍효과를 가속하기 위하여 외기와 교류가 될 수 있는 중간 공기 급기구를 둘 것.

[풀이] 제연풍도의 원칙은 ㉮, ㉯, ㉰외에 풍도는 절대 공기의 유출유입이 있으면 안되고 특히 밀폐시켜야 한다.

문제 30. 건축물에 화재시 패닉(panic)에 발생원인과 직접적인 관계가 가장 적은 것은?
㉮ 연기에 의한 시계 범위 제한
㉯ 유독가스 발생으로 인한 호흡장애
㉰ 외부와 고립 단절
㉱ 건축물의 가연성 내장재

[풀이] Panic 발생시
① 연기에 의한 시계범위 제한
② 유도가스 발생으로 인한 호흡 장애
③ 외부와 고립단절

문제 31. 다음 유리 종류 중 주로 방화 및 방재용으로 사용되는 유리는 어느 것인가?
㉮ 판 유리   ㉯ 강화 유리
㉰ 망입 유리   ㉱ 페어 유리

[풀이] ① 판유리 : 채광재 유리로 2·3·4·6mm 등으로 구분할 수 있다.
② 강화유리 : 내충격, 내압강도, 휨성이 크며 내열성도 우수하며 깨어져도 조각이 없다.
③ 망입유리 : 금속망을 삽입하고 압착하여 압축
④ 페어유리 : 방서, 방음, 단열용

문제 32. 피뢰침을 설치하여야 할 건축물의 최소 높이는?
㉮ 15m   ㉯ 20m
㉰ 25m   ㉱ 30m

[풀이] 피뢰침 설치 대상 : 건물이 20m 이상 높은 위치

해답 28. ㉮ 29. ㉱ 30. ㉱ 31. ㉰ 32. ㉯

문제 33. 피뢰침의 구성요소가 아닌 것은?
  ㉮ 돌침부   ㉯ 피뢰도선
  ㉰ 접지전극   ㉱ 개폐기
  [토의] 피뢰침은 낙뢰에 의한 피해를 방해하기 위해 설치하는 것으로 돌침부, 피뢰도선, 접지 전극으로 구성되나 개폐기는 없다.

문제 34. 열전도율의 단위는?
  ㉮ kcal/m · hr · ℃   ㉯ kcal/hr² · m · ℃
  ㉰ kcal/m   ㉱ kcal/℃
  [토의] 열전도율(kcal/m · hr · ℃)
       열전달율(kcal/m² · hr · ℃)
       전열속도(kcal/hr)

문제 35. 방화문의 구조에 대한 기술 중 틀린 것은?
  ㉮ 철재로서 철판의 두께가 1.5mm인 것은 갑종방화문이다.
  ㉯ 철재 및 망이 들어 있는 유리로 된 것은 을종방화문이다.
  ㉰ 골구를 철재로 하고 그 양면에 각각 두께 0.5mm의 철판을 붙인 것은 갑종방화문이다.
  ㉱ 골구를 방화목재로 하고 옥외면에 철판을 붙인 것은 을종방화문이다.
  [토의] 옥외면만 철판을 해서는 방화문이라 할 수 없다. 옥내면도 두께 1.2cm 이상의 석고판을 붙여야 한다.

문제 36. 방재 센터에 있어서 감시 및 제어기능의 분류 사항이다. 잘못된 것은?
  ㉮ 화재의 검지   ㉯ 연소방지
  ㉰ 피난유도   ㉱ 위험물 관리
  [토의] 방재센터의 설비와 기능
    ① 화재의 검지   ⑤ 피난유도
    ② 확인, 판단, 지령 및 통보 ⑥ 본격소화
    ③ 초기소화   ⑦ 기타 관련사항
    ④ 연소방지(방화제연)   ⑧ 방법관리

문제 37. 초기 소화를 목적으로 한 소화설비가 아닌 것은?
  ㉮ 옥내소화전 설비   ㉯ 스프링클러 소화설비
  ㉰ 포 소화 설비   ㉱ 소화 용수 설비
  [토의] 초기 소화 목적으로한 소화설비
    ① 소화기   ⑤ 포 소화설비
    ② 옥내소화전 설비   ⑥ CO_2 소화설비
    ③ 스프링클러 설비   ⑦ 할로겐 화합물 소화설비
    ④ 물분무 소화설비   ⑧ 분말 소화설비

문제 38. 방화구획에 대한 설명이다. 잘못된 것은?
  ㉮ 바닥 면적의 합이 100m² 이내마다 구획하여야 한다.
  ㉯ 3층 이하의 층은 층마다 구획한다.
  ㉰ 11층 이상인 건축물이 300m² 이상인 경우는 방화구획 대상 건축물이다.
  ㉱ 11층 이상인 건축물의 경우에는 바닥 면적이 200m² 이내마다 구획

[해답] 33. ㉱ 34. ㉮ 35. ㉱ 36. ㉱ 37. ㉱ 38. ㉯

[토의] ① 10층 이하의 층 : 1000m² 이내마다 구획할 것(자동식 스프링클러 소화설비-3000m² 이내마다 구획)
② 3층 이상의 층은 층마다 구획
③ 11층 이상 : 200m² 이내마다 구획(자동식 스프링클러 소화설비-600m² 이내 구획)
불연재료 바닥면적 500m²(자동식 스프링 클러 소화설비-1500m²이내 구획)

[문제] 39. 주요 구조부가 내화구조인 건축물로서 방화구획에 대한 설명이다. 잘못된 것은?
㉮ 바닥 면적 합계가 1000m² 이내마다 구획한다.
㉯ 지하층마다 구획한다.
㉰ 10층 이상이면 200m² 이내마다 구획한다.
㉱ 13층 건축물이면 200m² 이내마다 구획한다.
[토의] 10층이면 1000m²(바닥면적)이나 11층 이상이면 200m² 이내마다 구획할 것.

[문제] 40. 사무소의 건축물에 옥외로 주된 출구로부터 도로 또는 공지로 통하는 통로의 길이가 37m일 경우의 최소 통로 폭은?
㉮ 1m 이상   ㉯ 2m 이상
㉰ 3m 이상   ㉱ 6m 이상
[토의] 통로의 길이(소화피난)
   35m 미만 : 3m 이상
   35m 이상 : 6m 이상

[문제] 41. 연소 방지에 대한 설비로 잘못된 것은?
㉮ 방화문·방화샤터   ㉯ 방연 수직벽
㉰ 방화 댐퍼   ㉱ 옥내소화전 설비
[토의] (1) 연소방지에 대한 방제설비
   ① 방화문셔터   ② 방연수직벽
   ③ 제연설비   ④ 방화셔터 및 급기구 등
(2) 옥내소화전 설비는 초기 소화 진화 목적의 소화설비 종류이다.

[문제] 42. 방화관리 실시에 있어서 피난동선의 확보 사항으로 틀린 것은?
㉮ 건물내의 순회에 의한 피난 장해물의 제거
㉯ 비품, 집기류의 정리, 정돈
㉰ 천정에 달린 물품, 시계 확보
㉱ 화재 통보 장치의 위치 조작 훈련
[토의] (1) 피난 동선   (2) 실시 사항
   ① 건물내 순회에 의한 피난   ① 화점관리
      장해물 제거   ② 소방용 설비 점검
   ② 비품 집기류, 정리, 정돈   ③ 교육훈련
   ③ 시계확보~천정에 달린 물품   ④ 피난동선의 확보
                                      ⑤ 자위소방대 조직

[문제] 43. 화기 발생 원인 중 일반 화기의 상태분류이다. 틀린 것은?
㉮ 불티   ㉯ 흡연
㉰ 소각   ㉱ 용접불티

[해답] 39. ㉰ 40. ㉱ 41. ㉱ 42. ㉱ 43. ㉱

[토의] 화재 발생 원인
① 일반화기 : 흡연, 불티, 소각, 취사 등
② 고온물 : 화로, 건조장치, 연도 등
③ 작업장 화기 : 용접불티
④ 전기적 요인 : 과열, 누전, 지락, 단락
⑤ 기계적 요인 : 기계의 과열, 충격
⑥ 자연발화 : 자연적으로 발화하여 그 열이 축적

[문제] 44. 방화관리의 소방계획 내용에 포함되지 않는 사항은?
㉮ 자위소방 조직에 관한 것.
㉯ 화재 예방상의 자체검사에 관한 사항
㉰ 소방용설비 등의 점검 및 정비에 관한 사항
㉱ 소방용 전기설비 공사 및 보수

[토의] 소방계획 내용
① 자위소방대 조직
② 자체검사 계획
③ 설비 등의 점검정비
④ 피난시설의 유지관리 및 안내에 관한 것.
⑤ 방화상 유지관리
⑥ 방화상 교육
⑦ 소화 통보 피난 훈련

[문제] 45. 유황이 연소되어 발생하는 가스는 다음 어느 성질인지 잘못된 것은?
㉮ 폭발성
㉯ 유독성
㉰ 환원성
㉱ 부식성

[토의] $S+O_2 \rightarrow SO_2$ (이산화황, 아황산가스)
SO_2 : 유독성이 있고 물에 녹아서 아황산이 되어 장치부식의 원인이 된다. 또한 환원성 기체이다. 그러나 폭발성은 전혀 없다.

[문제] 46. 화재현장에서 제일 먼저 조치해야 하는 사항은?
㉮ 중요서류 및 간부 반출작업
㉯ 피난 및 구조업무를 통한 인명 구조
㉰ 화재 예방사항
㉱ 사인물 세서

[토의] 화재 현장에서 가장 먼저 조치사항은 인명구조이고 그 다음에 다른 조치 사항을 해 주면 된다.
※ (문제상 제시 내용)
만약 화재 현장이 없으면 화재 예방 차원

[문제] 47. 목재 건축물의 화재 단계를 나열하여라?

| a. 화재원인 | b. 진화 | c. 연소낙하 |
| d. 무염착화 | e. 발화 | f. 발염착화 | g. 최성기 |

㉮ a.b.c.d.e.f.g
㉯ a.d.f.e.g.c.b
㉰ a.g.f.e.b.c.d
㉱ a.c.d.e.f.g.b

[토의] 목재 화재 단계
화재원인 - 무염착화 - 발염착화 - 발화 - 최성기 - 연소낙하 - 진화

[해답] 44. ㉱ 45. ㉮ 46. ㉯ 47. ㉯

문제 48. 내화 건축물의 화재단계를 옳게 표시한 것은?
㉮ 초기·성장기·최성기·종기
㉯ 초기·최성기·성장기·종기
㉰ 초기·성장기·종기·쇠태기
㉱ 초기·쇠태기·종기·쇠태기

[도해] 내화 건축물 화재 단계

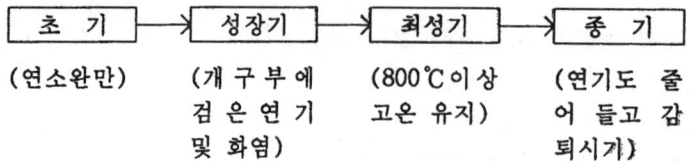

문제 49. 화재 하중을 줄일 수 있는 사항으로 틀린 것은?
㉮ 냉장재의 불연화 ㉯ 보냉재의 불연화
㉰ 가연물의 양규제 ㉱ 회분이 큰 물질 사용

[도해] 건물 전체의 불연화
① 내장재의 불연화
② 일반설비 기계 및 배관 닥트류의 보온 보냉재의 불연화
③ 연소가 용이한 수납물을 될 수 있는한 적게 한다.

문제 50. 화재시 발생하는 검은색 연기를 발생하는 요인은?
㉮ 아세틸렌, 벤젠 등의 석유류 및 유도체
㉯ 수분을 포함한 가연물
㉰ 표면 연소가 가능한 활성탄
㉱ 알콜의 연소 형태

[도해] 아세틸렌(C_2H_2)및 벤젠(C_6H_6)은 탄소수에 비해서 수소의 수가 적으므로 완전 연소시 검은 연기를 낸다.
① 수분 포함한 가연물 : 백색연기 발생
② 알콜의 연소형태 : 연기상태 확인이 어렵다.
 · 메틸알콜 : CH_3OH,
 · 에틸알콜 : C_2H_5OH
③ 표면연소의 덩어리 상태 연소는 불꽃이 없다.(연기도 없이 불꽃만 있다.)

문제 51. 다음 중 가연성 물질과 관계가 없는 것은?
㉮ 마그네슘 ㉯ 아르곤
㉰ 우라늄 ㉱ 일산화탄소

[도해] 아르곤(Ar), 네온(Ne), 헬륨(He)등은 불활성 기체이기 때문에 연소성 물질이 아니다.
 ※ 가연성 물질이 될 수 없는 조건
 ① 산소와 완전히 반응하여 더 이상 반응할 수 없는 경우(CO_2, P_2O_5, H_2O, Al_2O_3, Fe_2O_3 등)
 ② 산화반응 할 수 있으나 흡열 반응하는 질소
 ③ 불활성 기체인 0족 원소

문제 52. 다음은 설비적대응과 공간적대응의 상호 유기성 관계를 짝지은 것이다. 잘못된 것은?

[해답] 48. ㉮ 49. ㉱ 50. ㉮ 51. ㉯

㉮ 방연성능-제연설비
㉯ 방화구획-방화문, 방화셧터
㉰ 초기소화 대응력-자동화재 탐지설비
㉱ 도피성 설비-옥내소화전 설비

[토이룰] • 초기소화 대응력-자동화재 탐지설비
  자동식 소화설비(스프링클러 설비)
 • 도피성 대응력-피난유도 설비
 • 방화구획-방화문, 방화셧터
 • 방연성능-제연설비

[문제] 53. 건축물 방화 기본 계획 내용으로 가장 거리가 먼 것은?
㉮ 자동화재 탐지설비   ㉯ 비상용 승강기
㉰ 소화설비   ㉱ 휴게실

[토이룰] 건축물 방화 기본 계획에 포함되는 사항
① 소화설비의 종류 및 배치계획
② 제연 및 공조 등의 작동 및 제어, 구조 등
③ 피난을 위한 비상용 조명장치, 피난유도 등
④ 화재탐지와 통보 등의 지령, 배치 종류 등에 관한 저항.

[문제] 54. 다음 연기의 색갈이 다른 하나는 어느 것인가?
㉮ CH_4 ㉯ C_2H_2
㉰ CH_3OH ㉱ C_2H_5OH

[토이룰] 아세틸렌(C_2H_2), 벤젠(C_6H_6)은 연소기 검은 그을음을 내면서 연소한다.
CH_4(methane), CH_3OH(methanol), C_2H_5OH(ethanol)은 연소시 연한 청색염을 내면서 연소한다.

[문제] 55. 다음 물질이 물과 반응시 기체 생성물이 틀린 것은?
㉮ 마그네슘   ㉯ 나트륨
㉰ 탄화알미늄   ㉱ 수소칼슘

[토이룰] 금속+물→가연성 가스+염기
① $Mg+2H_2O+→H_2Mg(OH)_2$: 마그네슘
② $2Na+2H_2O+H_2+2NaOH$: 나트륨
③ $Al_4C_3+H_2O→4Al(OH)^3+3CH_3↑$: 탄화알미늄
④ $CaH_2+2H_2O→Ca(OH)_2+H_2↑$: 수소칼슘
※ 탄화 알미늄만 CH_4가 생기고 나머지는 수소 발생

[문제] 56. 생성물이 맞게 연결되지 못한 것은?
㉮ 황화철+물→황화수소   ㉯ 인화석회+물→아세틸렌
㉰ 탄화알미늄+물→메탄   ㉱ 마그네슘 분말+물→수소

[토이룰] 인화석회와 물과 반응하는 인화수소(PH_3) 및 수산화칼슘이 생긴다.
$Ca_3P_2+3H_2O→3Ca(OH)_2+PH_3↑$
인화석회 물   수산화칼슘 인화수소

[문제] 57. 아세틸렌의 취급, 관리시의 주의사항으로 적합하지 아니한 것은?

[해답] 52. ㉱ 53. ㉱ 54. ㉯ 55. ㉰ 56. ㉯

㉮ 고압가스이나 고압으로 충전하면 폭발할 위험이 있다.
㉯ Cu, Mg와 접촉하면 폭발성 물질을 생성한다.
㉰ 전도하거나 낙하 또는 함부로 방치하면 위험하다.
㉱ 화학적으로 안전하므로 산소용접에 사용하여도 좋다.

[풀이] 아세틸렌(C_2H_2) : 에세틸렌은 흡열화합물로 압력에 대해 매우 불안정하다. 아세틸렌은 1.5 기압 이상 기압시 분해폭발($C_2H_2 \rightarrow 2C_2 + H_2 + 54.19kcal$) 할 수 있으며, 은(Ag), 구리(Cu), 마그네슘(Mg), 수은(Hg)들과는 치환반응으로 폭발성화합물을 만들어 화합폭발한다. 또 용도상으로는 아세틸렌(C_2H_2)과 산소(O_2)가 반응하여 약 3500~3800℃로 고온을 얻을 수 있기 때문에 용접 절단용으로 사용한다.

[문제] 58. 가연성 액체의 위험도는 보통 무엇을 기준으로 하여 결정하는가?
㉮ 착화점   ㉯ 인화점
㉰ 연소범위   ㉱ 비등점

[풀이] 가연성액체가 연소하기 위해서는 공기 중에 증발하여 인화성 증기가 연소범위에 해당할 때 연소가 가능하다. 즉 연소범위에 따른

위험도 계산 = $\dfrac{연소상한 - 연소하한}{연소하한}$

[문제] 59. 가연물 등의 연소시 건축물의 붕괴 등을 고려하여 무엇을 설계하여야 하는가?
㉮ 연소하중   ㉯ 내화하중
㉰ 화재하중   ㉱ 파괴하중

[풀이] 화재하중 비교

구 분	화재하중	구 분	화재하중
창 고	1000~200kg/m²	주택, 아파트	60~30kg/m²
시장 점포	200~100kgf/m²	사무실	10~20kg/m²

[문제] 60. 일반적 화재의 정의 중 가장 적당한 것은?
㉮ 불이면 어느 것이든 화재라 할 수 있다.
㉯ 연소의 현상이면 어느 것이든 화재로 본다.
㉰ 통제속에서 강열한 연소현상을 말한다.
㉱ 통제를 벗어난 광란적인 연소확대 현상을 말한다.

[풀이] 화재란 일종에 불로 인한 재난을 의미하는 것으로 통제를 벗어난 광난적인 에너지 확대 현상을 말한다.

[문제] 61. 가솔린, 에테르, 등유 등의 인화성액체의 화재는 어느 분류에 해당할 수 있는가?
㉮ 일반화재   ㉯ 전기화재
㉰ 금속화재   ㉱ 유류화재

[풀이] 가솔린, 에테르, 등유 등은 모두 인화성 액체로 이를 유류 화재라 하며 일반적으로 공기 차단에 의한 질식소화에 가장 적당한 소화방법이다.

[문제] 62. 일반적으로 화재를 구분하였다. 주로 우리 일상 중에 일어나는 화재의 종류 중 가장 거리가 먼 것은?

[해답] 57. ㉱ 58. ㉮ 59. ㉰ 60. ㉱ 61. ㉱

㉮ 일반 가연물의 화재 ㉯ 유류 및 가스 화재
㉰ 전기 화재 ㉱ 폭발물 화재

[토의] 우리 일상 생활에서 일어나는 화재는 일반화재, 유류 및 가스 화재, 전기 화재 등이며 폭발물 화재 및 금속분 화재는 많이 없다.

[문제] 63. 건물의 화재 하중을 감소시키는 방법은?
㉮ 방화구획의 세분화 ㉯ 내장재의 불연화
㉰ 소화설비의 증가 ㉱ 건물 높이의 제한

[토의] 화재 하중이란 연소시 할 수 있는 가연물의 양을 단위 면적당 기준으로 환산한 값을 말한다.

[문제] 64. 다음 중 난연재의 물질이 아닌 것은?
㉮ 인 ㉯ 염소
㉰ 안티몬 덩어리 ㉱ 할로겐 원소

[토의] 인(P_4)은 가연성 물질이다. 특히 황린은 발화점이 약 34℃정도로 체온에 의해서도 발화될 수 있다.

[문제] 65. 분해열에 대한 설명으로 가장 맞는 것은?
㉮ 화합물이 분해할 때 발생하는 열을 말한다.
㉯ 고체가 승화할 때 발생하는 열을 말한다.
㉰ 액체가 기화할 때 발생하는 열을 말한다.
㉱ 어떤 물질이 물에 용해할 때 발생하는 열을 말한다.

[토의] 분해열이란 화합물 1몰(mole)이 성분원소로 분해할 때의 열을 말하며 이는 연소에 관련한다면 발생하는 열로 표시할 수 있다.
분해폭발물: 아세틸렌(C_2H_2)→2C(탄소)+H_2(수소)+54.19kcal

[문제] 66. 건축물의 내화현상에서 건축물 방재 설비의 기본적인 사항이 아닌 것은?
㉮ 도피성 ㉯ 회피성
㉰ 유도성 ㉱ 대향성

[토의] 건축물의 방제 { 공간적 대응 { 도피성, 회피성, 대향성
설비적대응

[문제] 67. 다음 중 소화 방법이 아닌 것은?
㉮ 질식소화 ㉯ 희석소화
㉰ 냉각소화 ㉱ 방염소화

[토의] 방염이란 화재를 방지하기 위한 표면처리를 말하는 것이지 방염소화란 잘못된 방법이다.

[문제] 68. 제연의 목적을 설명한 것 중 틀린 것은?
㉮ 연소 생성물인 연기를 외부로 배출시켜 주는 설비이다.
㉯ 연기의 침입을 방지하며, 피난 활동을 도와주는 설비이다.
㉰ 연기를 일정한 장소에 저장하는 설비이다.
㉱ 연기를 외부로 배출시켜 소방 대상물내의 사람이 안전한 장소로 피난 또는 대피할 수 있도록 도와주는 설비이다.

[해답] 62. ㉱ 63. ㉯ 64. ㉮ 65. ㉮ 66. ㉰ 67. ㉱ 68. ㉰

[토의] 제연의 목적은 연기를 일정장소에 저장하는 설비로 볼 수는 없다. 물론 방연의 의미는 연기를 흘러가지 못하도록 방지하고 안전한 구역에 모이도록 하는 설비로 제연을 위한 설비로 볼 수 있으나 제연의 목적과는 다르다.

문제 69. 건축물의 내화구조 설정에 필요없는 것은?
㉮ 파괴성 ㉯ 내화도
㉰ 난연성 ㉱ 불연성

[토의] 내화(耐火〔proof〕) : 불에 타거나 깨지지 않고 잘 견디는 것.

문제 70. 다음 중 무창층에 대한 정의로서 옳은 것은?
㉮ 지상층 중 피난 또는 소화 활동상 유효한 개구부의 면적이 당해 층의 바닥면적의 1/20 이하가 되는 층을 말한다.
㉯ 지상층 중 피난 또는 소화 활동상 유효한 개구부의 면적이 당해 층의 바닥면적의 1/30 이하가 되는 층을 말한다.
㉰ 지상층 중 피난 또는 소화 활동상 유효한 개구부의 면적이 당해 층의 바닥면적의 1/40 이하가 되는 층을 말한다.
㉱ 지상층 중 피난 또는 소화 활동상 유효한 개구부의 면적이 당해 층의 바닥면적의 1/50 이하가 되는 층을 말한다.

[토의] 무창층 : 지상층 중 피난 또는 소화활동상 필요한 개구부의 면적이 당해층의 바닥면적의 1/30 이하가 되는 층을 말한다.

문제 71. 다음 용어의 설명 중 맞지 않은 것은 어느 것인가?
㉮ 유도등이라 함은 피난구 유도등, 통로 유도등, 객석 유도등을 말한다.
㉯ 피난구 유도등이라 함은 피난구 또는 피난경로가 되는 출입구가 있다는 녹색 등화 표시를 말한다.
㉰ 통로 유도등이라 함은 복도통로 유도등, 거실통로 유도등, 계단통로 유도등을 말한다.
㉱ 객석 유도등이라 함은 객석의 통로 옆에 설치하는 유도등을 말한다.

[토의] 피난기구의 설치
① 피난구 유도등 : 피난구의 바닥으로부터 1.5m 이상의 곳에 설치한다.
② 통로 유도등 : 바닥으로부터 1m 이하에 설치한다.
③ 객석 유도등 : 객석의 통로, 바닥 또는 벽에 설치하여야 한다.
④ 유도표지 : 바닥으로부터 1.5m 이하의 위치에 설치할 것. 유도표지는 15m 이하가 되는 곳과 구부러지는 곳, 모퉁이 벽에 설치한다.

문제 72. 연소범위(폭발범위)와 관계가 없는 것은?
㉮ 상한치와 하한치의 값을 가지고 있다.
㉯ 연소에 필요한 혼합 가스의 농도를 말한다.
㉰ 연소 범위의 하한치는 그 물질의 인화점에 해당된다.
㉱ 연소 범위가 좁으면 좁을수록 위험하다.

[토의] 연소범위가 넓을수록 위험성이 크며 상한과 하한이 차이가 클수록 위험하며 또한 하한값이 적을수록 크다.

해답 69. ㉰ 70. ㉯ 71. ㉱ 72. ㉱

문제 73. 화재의 열의 이동에 가장 크게 작용하는 열(화염)의 이동 방식은?
㉮ 전도
㉯ 대류
㉰ 복사
㉱ 연관류

[풀이] 고온의 범위가 될수록 전도→대류→복사 순서로 열의 이동이 된다. 그러나 그 나머지에 대하여도 전혀 영향을 줄 수 있는 것이 없다는 것이 아니라 차지하는 비율이 적음을 말한다.

문제 74. 자연발화하는 물질과 관계가 없는 것은?
㉮ 기름종이
㉯ 석탄
㉰ 셀룰로이드
㉱ 휘발유

[풀이] 휘발유는 자연발화보다는 인화점의 위험을 먼저 생각한다.

문제 75. 자연발화의 형태 중 맞지 않는 것은?
㉮ 분해열에 의한 발화
㉯ 산화열에 의한 발화
㉰ 미생물에 의한 발화
㉱ 증발열에 의한 발화

[풀이] 자연발화의 형태
① 분해열에 의한 발화 : 셀룰로이드
② 산화열에 의한 발화 : 석탄, 건성유
③ 미생물에 의한 발화 : 퇴비, 먼지
④ 흡착열에 의한 발화 : 활성탄

문제 76. 연소의 3요소에 해당하지 않는 것은 어느 것인가?
㉮ 가연물
㉯ 산소공급원
㉰ 점화원
㉱ 온도

[풀이] 온도는 고온의 경우는 점화원으로 갈음할 수 있으나 저온의 경우는 냉각소화 효과이다. 즉 막연한 온도는 연소 3요소에 포함시키기 어렵다.

문제 77. 다음의 기체 가연물 중 가장 위험도가 큰 것은?
㉮ 수소
㉯ 아세틸렌
㉰ 부탄
㉱ 일산화탄소

[풀이] 위험도는 연소범위가 넓고 하한이 낮을수록 크다.
위험도$(C_2H_2) = \dfrac{81-2.5}{2.5} = 31.4$

문제 78. 가연물이 될 수 있는 것은?
㉮ 산소와 일부 반응한 가연물
㉯ 산소와 전부 반응한 연소물
㉰ CO_2, P_2O_5, Al_2O_3등과 같은 산화물
㉱ Ar, He, Ne등의 불활성가스

[풀이] (1) 가연물의 구비조건
① 발열량(연소열량)이 클 것.
② 산소와 화학적으로 친화력이 클 것.

[해답] 73. ㉰ 74. ㉱ 75. ㉱ 76. ㉱ 77. ㉯ 78. ㉮

③ 활성에너지(점화에너지)가 클 것.
④ 열전도율이 적을 것(기체<액체<고체)
⑤ 표면적이 넓을 것(기체>액체>고체).
(2) 가연물이 될 수 없는 조건
① 흡열반응 물질(산화반응에 관계없이)
② 더 이상 산소와 반응할 수 없는 물질(SO_2, CO_2, Fe_2O_3, H_2O등)
③ 불활성 기체(He, Ne, Ar, Kr, Xe, Rn)등
(3) 산소와 일부 반응한 일산화탄소(CO)는 가연물이다.

문제 79. 다음 중 연소의 3요소가 아닌 것은?
㉮ 가연물　　　　　　　　　㉯ 산소공급원
㉰ 점화원　　　　　　　　　㉱ 착화점

토익 정의 : 일종의 산화반응으로 그 반응이 급격하여 열과 빛을 동반한 심한 발열을 동반한 산화반응
(1) 연소의 정의 3요소
① 빛을 발산할 것(가시광선부의 파장)
② 주위온도를 가열시킬 수 있는 발열반응일 것.
③ 산소와 반응하는 산화반응일 것.
(2) 연소의 필요 3요소
① 가연물 : 환원제
② 산소공급원 산화제
③ 점화원 : 열원
(3) 완전 연소의 3요소
① 시간　② 온도　③ 산소
자격대비 : 위 3요소에 대한 비교를 확실히 익힐 것.

문제 80. 일반 소방대상물에 대한 화재하중 값들이다. 잘못된 것은?
㉮ 사무실 100~200kg/m²
㉯ 시장·점포 100~200kg/m²
㉰ 주택 아파트 30~60kg/m²
㉱ 창고 : 200~1,000kg/m²

토익 화재하중
① 사무실 10~20kg/m²　　③ 주택, 아파트 30~60kg/m²
② 시장·점포 100~200kg/m²　④ 창고 : 200~1,000kg/m²

문제 81. 다음 내화구조에 대한 종류 중 틀린 것은?
㉮ 철근 콘크리트　　　　　㉯ 유리
㉰ 석조　　　　　　　　　　㉱ 기와

토익 내화구조 : 철근콘크리트 연화조 등이며 유리는 불연재료이다.

문제 82. 다음 중 방화문의 구조에 대한 설명이다. 잘못된 것은?
㉮ 갑종 방화문은 골구를 철재로 하고 그 양면에 3mm 강판 사용
㉯ 갑종 방화문은 골구를 철재로 하고 두께가 1.5mm 이상인 것 사용.
㉰ 을종방화문은 철재 및 망입유리로 된 것.
㉱ 을종방화문은 철재로서 철판의 두께가 0.8mm 이상 1.5mm 미만인 것.

해답 79. ㉱　80. ㉮　81. ㉯　82. ㉮

[풀이] 문제 상태에서 기준을 묻는 문제이므로 갑종방화문은 1.5mm 이상이어야 한다.

[문제] 83. 도심의 고층건축물에서 화재확대의 주요원인이 아닌 것은?
㉮ 비화 ㉯ 복사
㉰ 전도 ㉱ 화염의 접촉
[풀이] 도심건축물에서 화재확대의 주요원인 ① 비화, ② 복사, ③ 화염의 접촉

[문제] 84. 다음은 일반 화재 대상물이다. 틀린 것은?
㉮ 섬유 제조공장 ㉯ 목재 가공품
㉰ 합성수지 제조공장 ㉱ 전기용품
[풀이] 일반화재 대상물 : 섬유제조공장, 목재가공품, 합성수지 제조공장, polymer 들이 있으며 분해연소물질이 많고 소화후 재를 남기며 연기상태는 화재초기에는 백색이고 화재가 세어지면 검은색이다.

[문제] 85. 다음은 목재의 발화와 연소에 대한 설명이다. 적당한 것은 어느 것인가?
㉮ 목재가 두꺼운 것은 연소 발열량이 크다.
㉯ 건조가 잘된 목재는 수분·함량이 적으므로 연소하기 쉽다.
㉰ 목재 표면이 거칠수록 연소하기 어렵다.
㉱ 목재의 연소는 증발연소에 해당한다.
[풀이] (1) 목재가 두껍다 하여 발열량이 크지 않으며 목재가 거칠수록 수분의 함량이 적을수록 연소하기 쉬워진다.
(2) 목재연소 형태 : 분해연소

[문제] 86. 공기 중에서 폭발하지 않는 것은?
㉮ 설탕분말 ㉯ 곡물분말
㉰ 시멘트분말 ㉱ 목재가공분말
[풀이] (1) 분진폭발 : 가연성고체분말이 공기중에 부유되어 있을 때 가스와 유사한 폭발이 된다. 이것을 분진폭발이라고 하며 이때 범위는 (25~45mg/l~80mg/l)이다.
(2) 분진폭발이 어려운 것 : 시멘트분말, 석회분말, 가성소다

[문제] 87. 화재시 인체에 가장 많은 피해를 주는 성분은 어느 것인지 다음에서 골라보면?
㉮ 연소시 발생하는 열 ㉯ 연소시 발생하는 유독가스
㉰ 연소시 발생하는 화염 ㉱ 연소시 발생하는 연기
[풀이] 인체에 대한 독작용이 강한 것은 연소시 발생하는 유독가스이며 이 중 가장 많은 양은 일산화탄소이다.

[문제] 88. 목재의 가장 활발한 발화 위험온도는 대체로 몇 ℃ 부근인가?
㉮ 100℃ ㉯ 160℃ ㉰ 400℃ ㉱ 700℃
[풀이] 목재의 발화온도는 대체로 420~460℃범위이나 문제에서는 400℃가 있으므로 400℃를 찾아주시고 이는 물질마다 약간씩 다르다.

[문제] 89. 내화 건축물의 화재 상황에 따른 진행순서가 가장 옳게 된 것은?
㉮ 초기, 성장기, 최성기, 종기 ㉯ 초기, 성장기, 종기
㉰ 초기, 확성기, 발달기, 종기 ㉱ 초기, 최성기, 성장기, 종기

[해답] 83. ㉰ 84. ㉱ 85. ㉯ 86. ㉰ 87. ㉯ 88. ㉰ 89. ㉮

[토음] 내화건축물 화재순서 : 초기, 성장기, 최성기, 종기 순서이다.

문제 90. 화재를 발생시키는 열원은 물리적 원인과 화학적 원인에 의해 발생하고 여러가지 열원 중에서 물리적 열원이 아닌 것은?
㉮ 마찰-충격　　　　　　　㉯ 단열압축-전기
㉰ 정전기-압축　　　　　　㉱ 기화열-중합열 축적
[토음] 화학열이란 화학반응시 발생하는 열을 점화원으로 작용시키며 여기에는 산화열 중합열, 분해열 등이 있다.

문제 91. 후레쉬오버(F.O) 현상시 가연물의 종류에 따라 다르다. 다음 중 대체적으로 온도는 몇 ℃인가?
㉮ 400~600℃　　　　　　㉯ 600~700℃
㉰ 800~1,000℃　　　　　　㉱ 1,300~1,400℃
[토음] Flash Over현상시 온도는 약간씩 다르나 대체로 800~1,000℃정도이다. Flash Over는 순발적 연소 확대 현상을 말한다.

문제 92. 화재는 대부분 실화나 방화에 의해 발생하며 화재원인을 분류하면 여러가지가 있다. 연결이 잘못된 것은?
㉮ 일반화기-불티·흡연
㉯ 고온물-화로·연소
㉰ 작업상 화기-용접이나 용접불똥
㉱ 기계적 원인-자연적 발화하여 열축적
[토음] 자연발화는 화학적 열이며 기계적 원리 : 과열, 마찰, 충격

문제 93. 연소의 단계에 포함되지 않는 내용은?
㉮ 연소　　　　　　　　　　㉯ 기화
㉰ 열분해　　　　　　　　　㉱ 액화
[토음] 연소는 액체가 기화하여 기체에 의해 연소하는 데 오히려 액화가 되어서는 연소가 어렵다.

문제 94. 다음 중 연소성에 의한 용어가 잘못된 것은?
㉮ 폭발범위　　　　　　　　㉯ 인화점
㉰ 연소의 형태분류　　　　　㉱ 유독성 분류
[토음] 연소성에 의해서 분류하면
① 폭발범위(가연범위, 연소범위, 가연한계, 연소한계, 폭발한계)
② 인화점(유도발화점)
③ 착화점(발화점 : 자동발화점)
④ 연소상태에 따라서 분류(증발연소, 자기연소, 분해연소, 표면연소)

문제 95. 전열기구의 발열에 관계있는 것은?
㉮ 정전기　　　　　　　　　㉯ 저항
㉰ 빛　　　　　　　　　　　㉱ 유도율
[토음] 전기열은 대체로 저항에 의한 열이다.
$H = I^2Rt(Joule) = 0.24I^2Rt(Cal)$　　　　I : 전류, R : 저항, t : 시간

해답 90. ㉱　91. ㉰　92. ㉱　93. ㉱　94. ㉱　95. ㉯

제6장 재해대책 설비

문제 96. 일반 고체물질의 연소시 생성되는 물질의 화합물은?
㉮ CO_2 ㉯ Cl
㉰ SO_2 ㉱ CCl_4
[풀이] 일반적으로 가연물의 경우는 탄소가 있으므로 탄산가스가 생성된다.

문제 97. 다음 연소 형태 중 연기 생성량이 제일 적은 연소 형태 물질은 어느 것인가?
㉮ 표면연소 ㉯ 증발연소
㉰ 확산연소 ㉱ 분해연소
[풀이] 표면 연소는 열분해 생성물 및 가연성 증기 증발이 없으므로 증기상태의 연소가 없어서 연기 생성량이 거의 없다.

문제 98. 제2종 인화물의 지정수량은 얼마인가?
㉮ 2000l ㉯ 3000l
㉰ 200kg ㉱ 600kg
[풀이] 제1종 200kg, 제2종 600kg의 지정수량을 갖는다.

문제 99. 계단실 내에서의 화재시 연기의 상승속도는 몇 m/sec인가?
㉮ 0.8~1 ㉯ 1.0~2.0
㉰ 3~5 ㉱ 5~7
[풀이] 연기속도 { 수평 : 0.5~1m/sec, 수직속도 : 2~3m/sec, 계단실 : 3~5m/sec }

문제 100. 현행 건축법령에서 일반 건축물은 몇 m²마다 내화구조의 벽 바닥으로 구획하여야 하는가?
㉮ 500 ㉯ 1,000
㉰ 1,500 ㉱ 2,000
[풀이] 문제상에서 구획이라 함은 방화구획을 말한다. 방화구획이다. 내화구조의 벽 및 바닥으로 구획한다.

대상종류		구획면적 및 방법	자동식 소화설비 설치시
10층 이하		1,000m²이내	3,000m²이내
3층 이상 층		층마다(지하층도 있다.)	
11층이상	내화구조	200m² 이내	600m² 이내
	불연재료	500m² 이내	1,500m² 이내

문제 101. 다음 중 피난계단 설명이다. 잘못된 것은?
㉮ 계단실의 벽 및 반자의 실내에 면하는 부분의 마감은 불연재료로 한다.
㉯ 계단실의 옥내에 면하는 개구부 등은 망입유리의 붙박이창으로 그 면적을 1m²이하로 할 것.
㉰ 계단실에는 충분히 채광이 되는 개구부 등이 있거나 비상전원에 의한 조명 설비를 할 것.
㉱ 계단은 내화구조로 하고 피난층 또는 지상층과 연결되도록 할 것.
[풀이] 피난계단의 채광
  ① 창문 ② 예비전원을 이용한다.

해답 96. ㉮ 97. ㉮ 98. ㉱ 99. ㉰ 100. ㉯ 101. ㉰

문제 102. 마른 모래는 삽을 포함하여 50ℓ 1포가 몇 단위인가?
㉮ 0.5단위   ㉯ 2.5단위
㉰ 3.5단위   ㉱ 4.5단위
[토의] 마른모래는 삽을 상비하고 50ℓ, 1포가 0.5단위이다.

문제 103. 팽창질석 팽창진주암 1단위는 삽포함한 용량은?
㉮ 160ℓ 이상   ㉯ 170ℓ 이상
㉰ 180ℓ 이상   ㉱ 190ℓ 이상
[토의] 팽창질석 진주암은 160ℓ 1포를 1단위로 한다.

문제 104. 가연성 기체, 가연성 액체의 가스 또는 증기가 혼합되었을 때 밀폐된 용기속에서 발화하여 연소할 때 압력은 대략 몇 기압 정도인가?
㉮ 2~3kgf/cm²   ㉯ 7~8kgf/cm²
㉰ 10~15kgf/cm²   ㉱ 30~40kgf/cm²
[토의] 밀폐 공간에서 폭발시 압력 7~8kgf/cm²

문제 105. 연소할 때 연소파의 전파속도는 액체의 경우 몇 m/sec인가?
㉮ 100~300m/sec   ㉯ 0.1~10m/sec
㉰ 1000~3500m/sec   ㉱ 0.1~100m/sec
[토의] 연소파 및 폭굉속도
 ① 폭굉 : 1000~3500m/sec   ② 연소파 : 0.1~10m/sec

문제 106. 염화비닐(CH_2CHCl)의 연소범위는?
㉮ 4~22%   ㉯ 1.2~44%
㉰ 4.3~45%   ㉱ 5~15%
[토의] 연소범위 비교 이산화탄소(CS_2) : 1.2~44, 황화수소(H_2S) : 4.3~45%, 메탄(CH_4) : 5~15%

문제 107. 다음 중에서 석유류 중 포함되어 불순물로서 불쾌한 냄새를 가지며 금속재료를 부식시킬 위험이 있는 것을 골라라.
㉮ 질소화합물   ㉯ 탄소화합물
㉰ 황화합물   ㉱ 수소화합물
[토의] $S+O_2 \rightarrow SO_2$
 SO_2는 악취발생 및 장치부식을 일으킨다.

문제 108. 동식물유류의 취급 및 위험성으로 맞지 않은 것은?
㉮ 옥소가 높을수록 산화되기 어렵다.
㉯ 특히 개자유는 인화점이 낮다.
㉰ 아마인유는 건성유에 속하며 자연발화의 위험이 있다.
㉱ 동식물유류는 상온 20℃에서 액체로 불연성 용기에 수납밀전되어 있는 것 이외의 것.
[토의] ① 옥소가=요오드값으로 불포화도 규정
 ② 개자유 인화점 : 46℃
 ③ 아마인유는 건성유 종류에 속하므로 자연발화기능

해답 102. ㉮ 103. ㉮ 104. ㉯ 105. ㉯ 106. ㉮ 107. ㉰ 108. ㉮

문제 109. 다음 중 기름 100g에 부가되는 요오드의 g수를 지칭하는 것은?

㉮ 비누화값 ㉯ 요오드값
㉰ 옥탄값 ㉱ 세탄값

[풀이] 요도드값에 따른 분류
건성유 : 130 이상, 반건성유 : 130~100,
불건성유 : 100이하

[해답] 109. ㉯

③ 과목
전기 제어 공학

제 1장   직류 회로 _ 3-3
제 2장   정전 용량과 자기 회로 _ 3-32
제 3장   교류회로 _ 3-54
제 4장   전기기기 _ 3-76
제 5장   전기계측 _ 3-103
제 6장   제어의 기초 _ 3-113
제 7장   제어계의 용소 및 구성 _ 3-123
제 8장   블록선도 _ 3-132
제 9장   시퀀스 제어 _ 3-139
제 10장 피이드백 제어 _ 3-150
제 11장 제어의 응용 _ 3-158
제 12장 제어기기 및 회로 _ 3-163

제1장 직류회로

1. 전압과 전류

1 직류회로의 전압과 전류

(1) 전압(전위차 : Voltage)

전류는 전기적인 위치가 높은 곳에서 낮은 곳으로 흐른다. 이때의 전기적인 높이를 전위라 하며, 전위의 차를 전위차(또는 전압)이라 한다.

$$V = \frac{W}{Q} \text{ (V)}, \quad W = QV \text{ (J)}$$

여기서 W : 일의 양(J), Q : 전하량(C)

즉, 1(C)의 전하량이 2지점 사이를 이동하여 1(J)의 일을 했다면 이 2지점 사이의 전위차는 1(V)로 표현된다.

그리고 전자와 같은 전위차를 만들어 주는 힘을 기전력이라고도 일컫는다.

(2) 전 류(Current)

전류(I)는 도체의 단면을 단위시간에 이동하는 전하량(Q)로서 표시되고 이때의 전류 I의 단위는 (A)를 사용한다. 즉 어떤 도체의 단면을 시간 t(sec) 동안에 Q(C)의 전하량이 이동했다면 흐르는 전류 I의 세기는

$$I = \frac{Q}{t} \text{ (A)}, \quad Q = It \text{ (C)}으로 표현된다.$$

즉, 1(sec) 동안에 1(C)의 전하량이 이동되었다면 이때의 전류 I는 1(A)가 흐른다.

자격 취득 Key 〔직류 회로란〕

전류의 흐름에서 전류가 전지나 충전기의 양극에서 전구를 지나 전지의 음극방향으로 일정하게 흐르는 전류를 말하며, 이와 같은 회로를 직류회로(DC circuit)라 한다.

〔직 류〕

---

(3) 전압 강하(Voltage drop)

① 일반적으로 두 점 사이에는 저항 R과 전류 I의 곱 IR만큼 전위차가 생기게 되는 데, 이것을 저항 R에서의 전압 강하라 한다.

$$IR = IR_1 + IR_2 + IR_3 = I(R_1 + R_2 + R_3) = E$$

② 전원 내부에는 내부 저항(internal resistance)이 생긴다.

$$I = \frac{E}{R+r}$$

$$\therefore E = I(R+r) = IR(\text{외부 전압 강하}) + Ir(\text{내부 전압 강하})$$

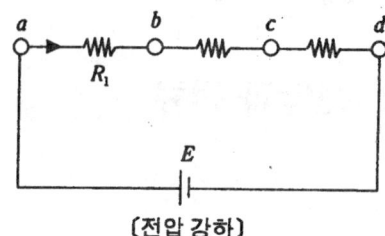

〔전압 강하〕

③ 전원의 단자 전압 : 전원의 기전력에서의 내부 전압 강하를 뺀 전압을 말한다.
④ 그림에서 a, b, c, d 각 점의 전위를 Va, Vb, Vc, Vd라 하면 Va > Vb > Vc > Vd이다.

2 오옴의 법칙

회로에 흐르는 전류 I의 세기는 전압 V에 비례하고, 저항 R에 반비례한다.

즉, $I = \frac{V}{R}$(A), $V = IR$(V), $R = \frac{V}{I}$(Ω)

여기서 I : 전류(A), E : 전압(V), R : 저항(Ω)
그리고 콘덕턴스 G는 저항 R과 쌍대관계에 있다.

$$G = \frac{1}{R} \;((\mho) : \text{mho} - \text{모우})$$

〔용어 해설〕

용 어	기 호	단 위	호 칭
전 류	I	(A)	암페어라고 부름
전 하 량	Q	(C)	쿨롱이라고 부름
시 간	t	(S)	초라고 부름
전 압	V	(V)	볼트라고 부름
에 너 지	W	(J)	주울이라고 부름
저 항	R	(Ω)	오옴이라고 부름
콘 덕 턴 스	G	(℧)	모우라고 부름

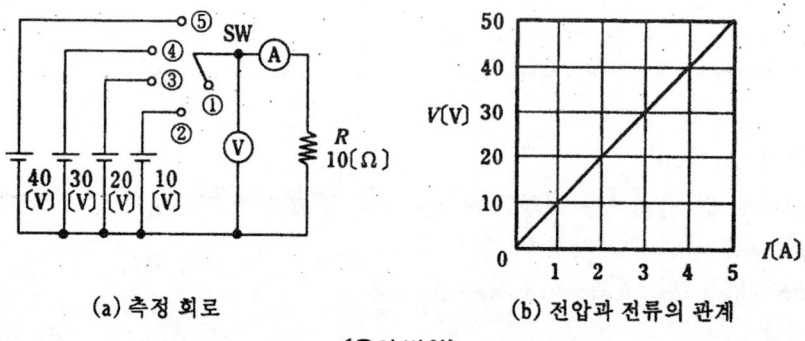

(a) 측정 회로   (b) 전압과 전류의 관계

〔옴의 법칙〕

3 저항의 접속

2개 이상의 저항을 접속하는 데는 직렬 접속과 병렬 접속, 직·병렬 접속이 있다.

(1) 직렬 접속(series connection)

다음 그림과 같이 저항이 직렬로 접속된 회로를 직렬접속 회로라고 하며 이때 각 저항에 흐르는 전류는 그 크기가 일정하다.

〔기 호〕	
종 류	기 호
접 속 점	—•— —ᴸ—
건너가는선	—⌒—
저 항	—///— ⊓⊔⊓
가 변 저 항	—///↗—
전 지	—ˈ⊦—
스 위 치	—/ — —/ —

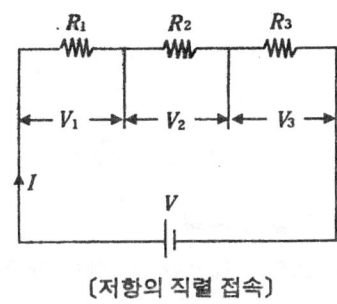

〔저항의 직렬 접속〕

저항 R_1, R_2, R_3의 양단에 걸리는 전압을 전압강하(voltage drop)라 하며 옴의 법칙에 의하여

$$V_1 = R_1 I \text{(V)}, \ V_2 = R_2 I \text{(V)}, \ V_3 = R_3 I \text{(V)}$$

이고 전체 전압강하의 합은 전원 전압과 같다.

$$V = V_1 + V_2 + V_3 = R_1 I + R_2 I + R_3 I = (R_1 + R_2 + R_3) I = RI \text{(V)}$$

즉, 합성저항은 각 저항의 합과 같다.

$$R = R_1 + R_2 + R_3, \quad I = \frac{V}{R} = \frac{V}{R_1 + R_2 + R_3} \text{(A)}$$

전압 강하는 저항에 비례하여 분배되므로 다음 식과 같다.

$$V_1 = \frac{R_1}{R_1 + R_2 + R_3} \times V \text{(V)}, \quad V_2 = \frac{R_2}{R_1 + R_2 + R_3} \times V \text{(V)}, \quad V_3 = \frac{R_3}{R_1 + R_2 + R_3} \times V \text{(V)}$$

(2) 병렬 접속(parallel connection)

다음 그림과 같이 저항을 병렬로 접속하고 전압 V(V)를 가하면 각 저항의 양단에는 같은 〔V〕가 가해져서 각각의 독립된 회로가 이루어지므로 각 저항 R_1, R_2, R_3에 흐르는 전류 I_1, I_2, I_3는

$$I_1 = \frac{V}{R_1}, \ I_2 = \frac{V}{R_2}, \ I_3 = \frac{V}{R_3}$$

이고, 전 전류 I는 각 저항에 흐르는 전류의 합과 같다.

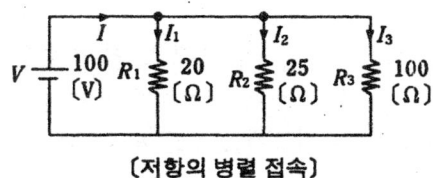

〔저항의 병렬 접속〕

$$I = I_1 + I_2 + I_3 = \frac{V}{R_1} + \frac{V}{R_2} + \frac{V}{R_3} = \left(\frac{1}{R_1} + \frac{1}{R_2} + \frac{1}{R_3}\right)V = \frac{V}{R} \text{ (A)}$$

또, $\dfrac{1}{R} = \dfrac{1}{R_1} + \dfrac{1}{R_2} + \dfrac{1}{R_3} = G_1 + G_2 + G_3$ (S)

이므로, 합성 저항 $R = \dfrac{1}{\dfrac{1}{R_1} + \dfrac{1}{R_2} + \dfrac{1}{R_3}} = \dfrac{1}{G_1 + G_2 + G_3}$ (Ω)

이며 각 저항에 대한 전류의 비는 $I_1 : I_2 : I_3 = V/R_1 : V/R_2 : V/R_3$가 된다.

따라서, 전류의 분배는 $R' = \dfrac{1}{\dfrac{1}{R_1} + \dfrac{1}{R_2} + \dfrac{1}{R_3}}$ 일 때 각각 다음과 같다.

$$I_1 = \frac{R'}{R_1} \cdot I, \quad I_2 = \frac{R'}{R_2} \cdot I, \quad I_3 = \frac{R'}{R_3} \cdot I$$

(3) 직·병렬 접속 회로

다음 그림의 (a)에서와 같이 병렬로 접속된 합성 저항을 R'라 하면

$R' = 1 / \left(\dfrac{1}{R_2} + \dfrac{1}{R_3}\right) = \dfrac{R_2 \cdot R_3}{R_2 + R_3}$ 가 되어 (b)와 같은 R_1, R'의 직렬 회로가 되므로 그 합성 저항 $R = R_1 + R'$가 된다.

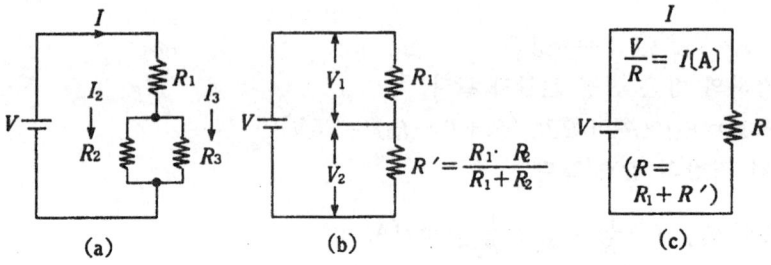

〔직·병렬회로의 합성저항 계산 방법〕

따라서, 이 회로는 다시 그림 (c)와 같이 그릴 수 있으므로 전 전류 I(A)는

$I = \dfrac{V}{R}$ (A)로 구해지고 각 분로의 전류 I_2, I_3는 다음과 같이 구할 수 있다.

$$I_2 = \frac{R'}{R_2} \cdot I = \frac{R_3}{R_2 + R_3} \cdot I$$

$$I_3 = \frac{R'}{R_3} \cdot I = \frac{R_2}{R_2 + R_3} I \text{ (A)}$$

또, $V_1 = R_1 I, \; V_2 = R'I = R_2 I = R_3 I$ (V)

4 전원의 단자 전압과 전압 강하

발전기나 전지와 같은 모든 전원은 그 내부에 매우 작은 저항을 가지고 있다. 이와 같은 저항을 전원의 내부저항이라 한다. 다음 그림은 내부저항 r, 기전력 E의 전지에 R의 도체를 사용하여 R_L의 부하를 접속한 것으로 이 회로에는 r, R, R_L등 3개의 저항이 직렬로 접속되어

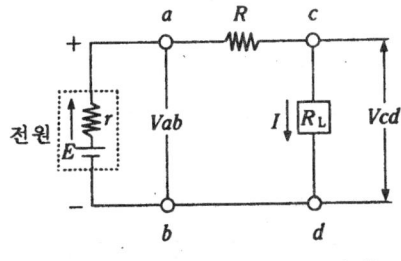

〔전지의 기전력과 단자 전압〕

있으므로 전류 I는,

$$I = \frac{E}{r+R+R_L} \text{ 가 되므로}$$

$E=(r+R+R_L)I=rI+(R+R_L)I$ 이며 $(R+R_L)I$는 전원의 a, b 단자 사이의 전압 V_{ab}를 나타내므로,

기전력 $E=rI+V_{ab}$ 이다.

$$\therefore V_{ab}=E-rI$$

즉, 전원단자의 전압 V_{ab}는 기전력 E에서 전원의 내부저항에 의한 전압강하 rI를 뺀 값이 된다. 이때 rI를 전원의 내부 강하(internal drop)라 하고 V_{ab}는 전원의 단자 전압(terminal voltage)이라 한다. 이때 부하의 단자전압 V_{cd}는 $R_L \cdot I$(V)가 되므로

$$V_{ab}=(R+R_L)I=RI+R_LI=RI+V_{cd}$$

$$\therefore V_{cd}=V_{ab}-RI \text{(V)}$$

의 관계가 있다. 이것은 V_{ab}가 부하의 단자 c, d에 이르는 동안에 도선의 저항 R 때문에 RI의 전압이 떨어지는 것을 뜻하며 이때의 RI를 R에 의한 전압 강하라고 한다.

5 배율기와 분류기

가동 코일형 계기는 구조상 수십[mA] 이하의 전류밖에 통할 수 없게 되어 있다. 따라서 이 계기를 그대로 사용하면 수십[mA]의 전류밖에 측정할 수 없으므로 이것으로 전압이나 전류를 측정하거나 측정범위를 확대하고자 하는 경우에는 배율기와 분류기를 사용하여야 한다.

(1) 배율기(multiplier)

전압계의 측정범위를 확대하기 위하여 사용하는 저항으로서 다음 그림과 같이 내부저항 r_v[Ω]의 전압계에 직렬로 R_m[Ω]의 저항을 접속하고 이것에 V[V]의 전압을 가할 때 전압계는 몇 [V]를 표시할 것인가를 조사해보자. 그림에서 전압계 Ⓥ는 이것의 내부저항의 전압강하를 지시하므로 다음과 같이 된다.

$$V_v = r_v I = \frac{r_v V}{r_v + R_m}$$

$$\therefore V = \frac{r_v + R_m}{r_v} V_v = \left(1 + \frac{R_m}{r_v}\right) V_v = m V_v$$

〔배율기의 원리〕

여기서 $m=(1+R_m/r_v)$을 배율기의 배율이라 한다. 이러한 배율기는 전압계 내부에 붙여 사용하는 것과 외부에 붙여서 사용하는 것의 두 종류가 있다.

(2) 분류기(shunt)

전류계의 측정범위를 확대하기 위하여 사용하는 저항으로서 다음 그림과 같이 내부 저항 $r_a(\Omega)$의 전류계에 병렬로 $R_s(\Omega)$의 저항을 접속하고 이것에 $I(A)$의 전류를 흘릴 때 전류계에 흐르는 전류 $I_a(A)$가 어떻게 되겠는가를 조사해보자. 이 경우

$$I_a = \frac{R_s}{R_s + R_a} I$$

$$\therefore I = \frac{R_s + r_a}{R_s} I_a = \left(1 + \frac{r_a}{R_s}\right) I_a = nI_a$$

[분류기의 원리]

즉, 전류계에 병렬로 저항 R_s를 접속하면 전류계 지시의 $n=(1+r_a/R_s)$배의 전류를 측정할 수 있다. 이때 R_s를 전류계의 분류기, n을 분류기의 배율이라 한다. 분류기나 배율기를 사용하여 1개의 계기로 두가지 이상의 전압이나 전류를 측정할 수 있는 계기를 만들 수 있다.

배전반용 계기는 일반적으로 소형 (30[A] 정도) 계기와 대형 (100[A] 정도) 계기가 있으며 분류기를 내장하고 있다. 그러나 그 이상의 전류에 대해서는 외부 설치용 분류기를 사용하며 휴대용계기 중 소전류용에는 내장 분류기, 대전류용에는 외부 설치용 분류기가 사용된다.

2. 전력(electric power)과 열량

1 전력 및 전력량

(1) 전 력

1초 동안에 운반되는 전기에너지, 즉 전기가 하는 일을 전력이라 하고, 와트(watt, [W])라는 단위로 표시한다. $R(\Omega)$의 저항에 전류 $I(A)$가 흐르고, 그 양끝의 전압이 $E(V)$이면 저항에서 소비되는 전력 $P(W)$는

$$P = EI = I^2 R = \frac{E^2}{R} \text{ (W)}$$

(2) 전력량

$P(W)$의 전력에 의하여 $t(\sec)$ 동안에 전달되는 전기에너지를 전력량이라 하며, 단위는 [Ws], [Wh], [kWh] 등이 쓰인다.

$$1\text{[kWh]} = 10^3\text{[Wh]} = 3.6 \times 10^6 \text{[J]}$$

$$1\text{[HP]} = 746\text{[W]} \fallingdotseq \frac{3}{4} \text{[kW]}$$

(3) 단 위

$1(mW) = 10^{-3}$

$1(kW) = 1000(W)$

$1(MW) = 1000000(W) = 10^6(W)$

$1(W \cdot sec) = 1(J)$

$1(Wh) = 3600(J)$

$1(kWh) = 10^3(Wh) = 3.6 \times 10^4(J)$

1마력$(HP) = 746(W) \fallingdotseq \frac{3}{4}(kW)$

(마력이란 한 마리의 말이 끄는 힘)

$1(kWh) = 860(kcal)$

(4) 용어 해설

용 어	기 호	단 위	호 칭
발 열 량	H	(cal, J)	칼로리 또는 주울
질 량	m	(g)	그램
비 열	C	(cal/g·dg)	칼로리/그램·디그리
전 력	P	(W)	와트

(5) 열과 전기

① 제벡 효과(Seeback effect):종류가 다른 금속으로 폐회로를 만들고, 두 접속점에 온도의 차이를 주면 기전력이 발생하여 전류가 흐른다. 이 때의 기전력을 열기전력, 전류를 열전류라고 하며, 이러한 장치를 열전대쌍이라 한다.

② 펠티어 효과(Peltier effect):제벡 효과의 역현상으로, 종류가 다른 금속으로 폐회로를 만들어 접합부에 전류를 흘리면 접합점 주위의 열을 흡수 또는 발열하는 현상이 일어나는 효과로서 전자냉동기 등에 이용된다.

2 전 열(electric heating)

(1) 줄의 법칙

도선에 전류가 흐르면 열이 발생하게 되는 데, 이 열은 저항과 전류의 제곱 및 흐른 시간에 비례한다. 이 법칙을 줄의 법칙(Joule' law)이라 한다

$H = 0.24 I^2 Rt (J)$

(2) 전열의 발생

$P(kW)$의 전력을 t(시간) 써서 발생하는 열량 $Q(kcal)$는 $1(kWh) = 860(kcal)$이므로

$Q = 860 Pt (kcal)$

(3) 발열체의 조건

① 고유 저항이 클 것

② 내식성이 클 것

③ 내산성이 클 것

④ 용융 온도가 높을 것

⑤ 고온에서 기계적 강도가 클 것

(4) 열 절연체와 전기 절연체

전열기의 절연재료는 고온에서 잘 견디고, 고온에서도 전기 저항이 커야 한다. 석면(800℃), 유리(400℃), 운모(500~900℃), 사기, 내화 벽돌 등은 열절연체이면서 전기 절연체이다.

3. 전기 저항

1 고유 저항과 도전율

(1) 전기 저항 : 길이에 비례하고 단면적에 반비례한다.

$$R = \rho \frac{1}{S} [\Omega] = \frac{l}{\pi \frac{D^2}{4}} [\Omega]$$ 여기서 $\begin{cases} \rho : \text{고유저항}[\Omega \cdot m] & l : \text{길이}[m] \\ S : \text{단면적}[m^2](\pi r^2) & D : \text{도체의 지름}[m] \end{cases}$

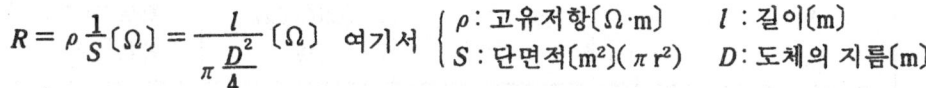

$\begin{cases} D : \text{(Diameter)}:직경 \\ r : \text{(Radius)}:반경 \end{cases}$

〔재질에 따른 저항 크기의 비교〕

(2) 고유 저항 : 단위 입방체의 맞선 2면 사이의 저항

$$\rho = \frac{RS}{l} [\Omega \cdot m]$$

$1[\Omega \cdot m] = 10^2[\Omega \cdot cm]$
$\quad\quad\quad\quad = 10^3[\Omega \cdot mm]$

(3) 도전율 : 고유저항의 역수로 표현된다.

$$\sigma = \frac{1}{\rho} = \frac{l}{RS} [\mho/m]$$

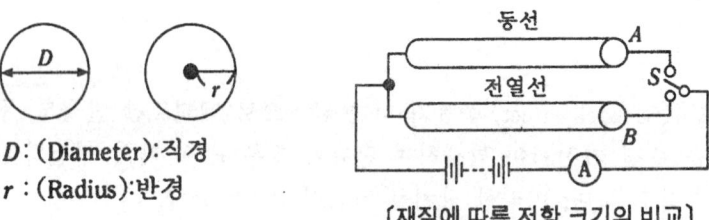

(4) 퍼센트 도전율

$$\text{퍼센트 도전율} = \frac{\sigma}{\sigma_s} \times 100$$

여기서 σ_s : 만국표준의 연동의 전도율
σ : 전선의 전도율

자격 취득 Key

- 표준 연동의 고유 저항 $= \frac{1}{58} \times 10^{-6} [\Omega \cdot M]$
- 표준 경동의 고유 저항 $= \frac{1}{55} \times 10^{-6} [\Omega \cdot M]$

(5) 용어 해설

용 어	기 호	단 위	호 칭
고 유 저 항	ρ	$[\Omega]$	로 우
면 적	S	$[m^2]$	제 곱 메 타
길 이	l	$[m]$	메 타
도 전 율	σ	$[\mho]$	모 우

2 저항의 온도 계수

저항의 온도가 1[℃] 증가할 때 본래의 저항값에 대한 저항의 증가 비율을 저항의 온도 계수라 한다.

$$온도계수 = \frac{1[℃] 온도상승에 따라 증가된 저항값}{기준이 되는 온도의 저항값}$$

$Rt_1 = R_0(1 + \alpha_0 t_1)$

$Rt_2 = R_0(1 + \alpha_0 t_2)$

$Rt_2 = Rt_1\{1 + \alpha(t_2 - t_1)\}$

$$\alpha_t = \frac{\alpha_1}{1 + \alpha_1(t_2 - t_1)}$$

단, $t = 0[℃]$ 이면

$$\alpha_t = \frac{\alpha_0}{1 + \alpha_0 t} = \frac{1}{\frac{1}{\alpha_0} + t}$$

여기서 R_0 : 0℃ 에서의 어떤 물체의 저항 α_0 : 0℃ 에서의 저항의 온도계수
R_1 : t_1℃ 에서의 어떤 물체의 저항 α_1 : t℃ 에서의 저항의 온도계수
R_2 : t_2℃ 에서의 어떤 물체의 저항

일반적으로 가장 많이 쓰이는 표준연동의 0[℃] 에서의 저항 온도계수는

$$\alpha_0 = 0.00427 = \frac{1}{234.5} \text{ 이므로}$$

금속은 온도가 올라가면 저항이 증가하나 반도체나 전해액은 저항이 감소한다.

3 특수 저항

(1) 전해액 저항(electrolyte resistance)

① 황산용액, 소금물 등의 전해액의 전기저항으로 전해액의 온도가 높아질수록 저항이 작아져 (-)의 온도계수를 갖는다.

② 순수한 물은 부도체(20℃에서 8~20[$\Omega \cdot m$]의 고유저항이 있음)이나 보통 물은 불순물 때문에 전기를 잘 통한다.

(2) 절연 저항(insulation resistance)
   ① 어떤 것이든 절대 절연체는 없으며, 그 저항값이 클 뿐이다. 이 절연체의 저항을 절연저항이라 한다.
   ② 절연물을 통해 흐르는 전류를 누설 전류(leakage current)라 한다.
   ③ 단위는 메가 옴(MΩ)을 사용한다. (1(MΩ)=10^6(Ω))

(3) 접촉 저항(contact resistance)
   ① 도선의 접속 부분이나 스위치의 접촉 부분에 생기는 저항으로 접촉 부분의 넓이에 반비례하고, 접촉면의 거칠기에 비례한다.
   ② 전기 회로의 접촉 저항은 작게 하여야 한다.
   ③ 접촉 면적, 도체의 종류, 압력, 접촉부의 표면상태 등에 따라 다르다.

4 저항기(resistor)

(1) 표준 저항기 : 정밀 측정에 사용되는 저항기로 온도변화나 화학적으로 안정된 것이어야 하며, 망간(Mn)의 합금선이 사용된다.
(2) 플러그형과 다이얼형 저항기 : 저항값을 변화시킬 수 있는 가변 저항기이다.
(3) 슬라이드 저항기 : 중공의 사기 통에 저항선을 감고, 그 표면에서 슬라이더(slider)를 이동시켜 저항값을 조절하며 구리와 니켈 합금인 콘스탄탄이나 양은을 사용한다.

5 저항값의 측정

(1) 전위 강하법 : 그림과 같은 회로에서 그 내부저항 r_A, r_V를 무시하면 옴의 법칙으로 저항 R을 구할 수 있는 데($R=E/I$), 이 방법을 말한다.

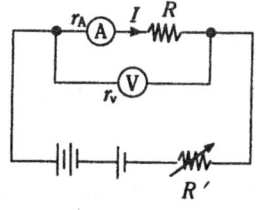

〔전위 강하법〕

(2) 휘트스톤 브리지법
   ① 4개의 저항 P, Q, R, X와 전원 E, 검류계 G를 그림과 같이 접속한 것을 말한다.
   ② P, Q, R은 저항값을 알 수 있는 저항기 X는 재고자 하는 저항기이다.
   ③ P, Q, R을 적당히 조정하면 G에 전류가 흐르지 않게 할 수 있으며, 이 때 브리지는 평형(balance)되었다고 한다.

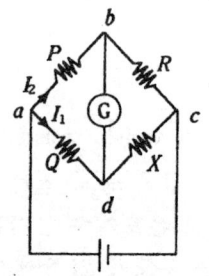

〔휘트스톤 브리지 회로〕

(3) 회로 시험계

① 보통 테스터(tester)라 하며, 최대 전류 1[mA]을 흐르게 할 수 있는 전류계에 적절한 분류기나 배율기를 접속시킨 것이다.
② 전류와 전압측정을 간단히 할 수 있다.

6 도체와 부도체

(1) 도체(conductor) : 전기를 잘 통하는 물체(금속, 전해용액, 숯, 동물체등)
(2) 부도체(non-conductor) : 절연체(insulator)라고도 하며, 전기가 거의 흐르지 않는 물체(운모, 도자기, 고무, 에보나이트, 합성수지, 파라핀, 황 등)
(3) 반도체(semi-conductor) : 도체와 부도체의 중간 성질을 가지는 물체
〔산화 제일 구리, 셀렌(Se), 게르마늄(Ge), 실리콘(Si) 등〕

자격 취득 key　　　　　〔여러가지 저항〕

(1) 저항체의 필요 조건
　① 고유 저항이 클 것
　② 저항의 온도계수가 적을 것
　③ 구리에 대한 열기전력이 적을 것

(2) 저항기의 종류
　① 고정 저항기 : 표준 저항기, 권선 저항기, 탄소피막 저항기
　② 가변 저항기 : 슬라이드 저항기, 다이얼형 저항기, 플러그형 저항기
　③ 물 저항기

---

(4) 용어 해설

용 어	기 호	단 위	호 칭
저항온도계수	α	-	알 파
절연저항	Rg	〔Ω〕	저 항

4. 전류의 화학작용과 전지

1 패러데이의 법칙

(1) 패러데이의 법칙(Faraday's law)
① 전극에서 석출되는 물질의 양은 통과한 전하량에 비례한다.
② 전해질이나 전극에 관계없이 전하량이 같을 때에는 그 물질의 전기 화학당량에 비례한다.

$Q(C)$의 전하량이 이동해서 $W(g)$의 물질이 석출하였다면
$$W=KQ(g)$$
그런데, $Q=It$이므로
$$W=KIt(g)$$
여기서, K는 1(C)의 전하량으로 석출되는 양이며, 이것을 그 물질의 전기화학당량이라 한다.

$$화학\ 당량=\frac{원자량}{원자가},\ 화학\ 당량=96500\times전기화학\ 당량$$

은의 전기화학 당량은 0.001118(g/C), 4.0247(g/Ah)이다.

(2) 전류의 화학 작용

① 전해액:전류가 흐르면 화학적 변화가 생기는 수용액 양이온(수소, 금속), 음이온(산근(SO_4, NO_3, Cl), 수산근(OH))으로 전리된다.

② 전기 분해:전해액에 전류를 흘려 전해액을 화학적으로 분해하는 현상
물의 전기 분해: $H_2O \rightleftharpoons 2H^+ + O^{-2}$
알칼리 전기 분해: $NaCl \rightleftharpoons Na^+ + Cl^-$

③ 전기 도금:전기 분해로 석출되는 금속에 의하여 다른 종류의 금속(또는 비금속)표면을 피복하여 산화방지 및 내구력 증가, 외관을 아름답게 하는 것이다.

2 전 지

(1) 건전지

탄소 막대를 (+)극, 아연통을 (-)극 사이에 MnO_2(이산화망간), NH_4Cl(염화암모늄)을 넣은 것으로 기전력은 1.5(V)이다.

(2) 납(연) 축전지

납(연) 축전지는 (+)극에 PbO_2(이산화납), (-)극에는 Pb(납)을 전극으로 하고, 전해액은 비중 1.20의 묽은 황산(H_2SO_4)을 쓴다. 기전력은 2.0(V)이며, 방전종기 전압은 1.8(V)이다.

$$\underset{(+)극}{PbO_2}+\underset{전해액}{2H_2SO_4}+\underset{(-)극}{Pb}\underset{충전}{\overset{방전}{\rightleftharpoons}}\underset{(+)극}{PbSO_4}+2H_2O+\underset{(-)}{PbSO_4}$$

(3) 전원의 단자 전압

$$V=E-Ir(V)$$

단, r : 전원의 내부 저항

그림에서 전류 $I=\dfrac{V}{R}$ (A)이다. 이때 전원의 내부에는 내부저항이 있다.

즉, 이때 흐르는 전류 $I=\dfrac{E}{r+R}$ (A)로 표시되므로
$$E=I(R+r)=IR+Ir$$
여기서, Ir : 내부 전압 강하

따라서 전원의 단자전압은 실제의 기전력 $E(V)$에서 내부전압 강하 $Ir(V)$를 뺀 것이 된다.

$$\therefore V = E - Ir = IR$$

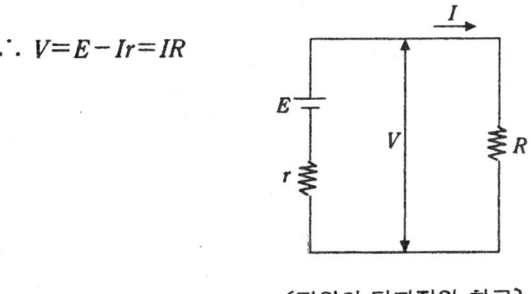

〔전원의 단자전압 회로〕

(4) 전지의 접속

① **직렬 접속** : n개의 전지를 직렬로 접속시키면 합성기전력 $E=nE$, 합성내부 저항 $r=nr$이다. 즉, 아래 그림과 같이 기전력 $E(V)$, 내부저항 $r(\Omega)$인 전지 n개를 직렬로 접속하고 여기에 저항 $R(\Omega)$을 연결하면 전류 $I(A)$는

$$I(R+nr) = nE$$

$$\therefore \frac{nE}{R+nr} \text{ (A)}$$

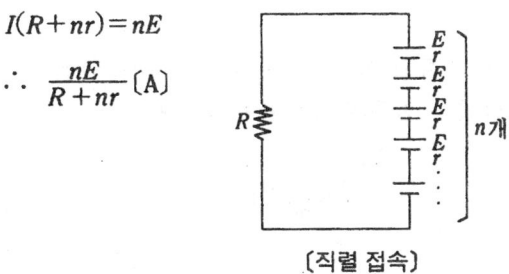

〔직렬 접속〕

② **병렬 접속** : n개의 전지를 병렬로 접속시키면 합성기전력 $E=E$, 합성내부 저항은 $r=r_1/n_0$이 된다. 즉, 기전력 $E(V)$, 내부저항 $r(\Omega)$의 전지 n개를 병렬로 접속하고 여기에 저항 R을 연결할 때 전류를 $I(A)$라고 하면 전지 한개에 흐르는 전류는

$$I_0 = I/n$$

또 전지 한개의 저항 R로 연결되는 폐회로에 키르히호프의 제2법칙을 적용하면

$I_0 r + IR = E$ (여기에서 $I_0 = \frac{I}{n}$를 대입시키면)

$\frac{I}{n} r + IR = E$ (I로 묶어내면)

$$I\left(\frac{r}{n} + R\right) = E$$

즉, $\therefore I = \dfrac{E}{\dfrac{r}{n} + R}$

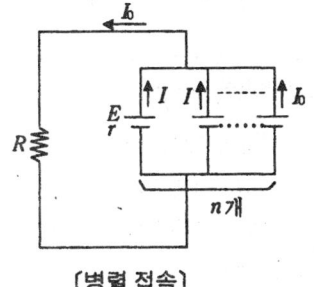

〔병렬 접속〕

③ **직·병렬 접속** : 전지 n개는 직렬로 연결 후 병렬로 m개 접속시키면 합성 기전력 $E=nE$, 합성 내부저항 $r=nr/m$, 기전력은 $E(V)$가 된다. 즉, 내부저항 $r(\Omega)$의 전지 n개를 직렬로 접속하고 이것을 다시 병렬로 m개를 접속하여 여기에 저항 $R(\Omega)$을 연결할

때 전류를 I(A)라 하면

$$I = \frac{E}{\dfrac{r}{m} + \dfrac{R}{n}} \text{(A)}$$

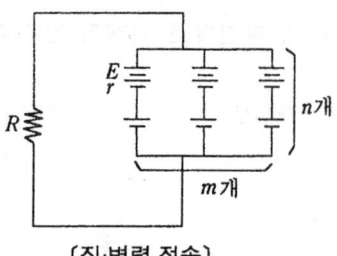

〔직·병렬 접속〕

④ 최대 전류를 얻는 전지의 접속 : 전지 n개를 직렬로 접속한 것을 병렬로 m줄 접속할 때의 전류는

$$I = \frac{E}{\dfrac{r}{m} + \dfrac{R}{n}} \text{(A)이 된다.}$$

이때 최대전류를 얻기 위해서는 I가 최대가 되어야 되기 때문에 $r/m + R/n$이 최소면 된다. 즉, $r/m = R/n$이 되도록 전지를 연결시키면 된다.

3 키르히호프의 법칙

(1) 제1법칙(전류 평형의 법칙)

임의의 접속점으로 흘러 들어오는 전류와 흘러나가는 전류의 대수합은 0이다.
즉, 임의의 점(마디)에 유입, 유출되는 전류의 대수합은 0이다.

$\Sigma I = 0$

$I_1 - I_2 + I_3 - I_4 = 0$

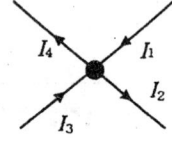

〔키르히호프의 제1법칙〕

(2) 제2법칙(전압 평형의 법칙)

임의의 폐회로에 있어서 각 회로의 전압강하의 대수합은 그 폐회로내에 존재하는 기전력의 대수합과 동일하다.

즉, $\Sigma IR = \Sigma V$

$-E_1 - E_2 + IR_1 + IR_2 = 0$

$E_1 + E_2 = I(R_1 + R_2)$

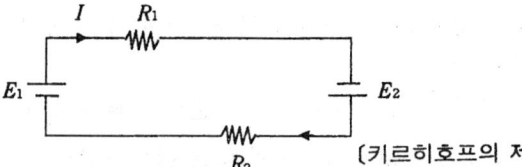

〔키르히호프의 제2법칙〕

자격 취득 key

(1) 행렬식 계산 방법

$\begin{cases} a_1 I_1 + b_1 I_2 = V_1 \cdots\cdots\text{①} \\ a_2 I_1 + b_2 I_2 = V_2 \cdots\cdots\text{②} \end{cases}$

(2) 행렬식

식 ①과 식 ②에서 I_1을 구하기 위해서는 행렬식을 풀면 된다.

즉, $I_1 = \dfrac{\begin{vmatrix} V_1 & b_1 \\ V_2 & b_2 \end{vmatrix}}{\begin{vmatrix} a_1 & b_1 \\ a_2 & b_2 \end{vmatrix}} = \dfrac{b_2 V_1 - b_1 V_2}{a_1 b_2 - b_1 a_2}$, $I_2 = \dfrac{\begin{vmatrix} a_1 & V_1 \\ a_2 & V_2 \end{vmatrix}}{\begin{vmatrix} a_1 & b_1 \\ a_2 & b_2 \end{vmatrix}} = \dfrac{a_1 V_2 - a_1 V_1}{a_1 b_2 - b_1 a_2}$

예상문제

문제 1. 3(Ω), 5(Ω), 6(Ω)의 저항 3개를 병렬로 접속하고 120(V)의 전압을 가할 때, 5(Ω)의 저항에 흐르는 전류값은?
㉮ 40(A)　　　　㉯ 24(A)　　　　㉰ 20(A)　　　　㉱ 12(A)

풀이 병렬 접속이므로 각 저항에 걸리는 전압은 모두 같다.
$I = \dfrac{E}{R}$, $I = \dfrac{120}{5} = 24$(A)

문제 2. 10(Ω)과 15(Ω)의 저항을 병렬로 연결하고, 50(A)의 전류를 통할 때 15(Ω)에 흐르는 전류는?
㉮ 10(A)　　　　㉯ 20(A)　　　　㉰ 30(A)　　　　㉱ 40(A)

풀이 합성 저항 $R = \dfrac{10 \times 15}{10 + 15} = 6$(Ω)

$I = \dfrac{E}{R}$ 에서 $50 = \dfrac{E}{6}$

∴ $E = 50 \times 6 = 300$(V)

∴ 15(Ω)에 흐르는 전류는 $I = \dfrac{300}{15} = 20$(A)

문제 3. 어떤 저항체에 100(V)의 전압을 가하니 10(A)의 전류가 흐르고 720(cal)의 열량이 발생하였다. 전류가 흐른 시간은?
㉮ 2초　　　　㉯ 3초　　　　㉰ 4초　　　　㉱ 5초

풀이 $H = 0.24 I^2 \cdot R \cdot t$

$R = \dfrac{E}{I} = 10$(Ω)

$t = \dfrac{H}{0.24 I^2 \cdot R} = 3$(초)

문제 4. 주파수 f 60(Hz), 전압 V120(V) 정격의 단상 유도전동기가 있다. 이 전동기의 출력은 7마력(HP)이고, 효율 η은 90(%)이며 역률 $\cos \theta$은 80(%)이다. 역률 $\cos \theta$을 100(%)로 개선하기 위한 병렬 콘덴서의 용량(VA)은?
㉮ 4352　　　　㉯ 2252　　　　㉰ 2667　　　　㉱ 3156

풀이 $Qc = P(\tan \theta_1 - \tan \theta_2)$

$= \dfrac{P}{\eta} \left(\dfrac{\sin \theta_1}{\cos \theta_1} - \dfrac{\sin \theta_2}{\cos \theta_2} \right)$

$= \dfrac{7 \times 746}{0.9} \left(\dfrac{0.6}{0.8} - \dfrac{0}{1} \right)$

$= 4352$(VA)

문제 5. 전기분해에 의해 음극에 금속이 석출하는 현상을 무엇이라 하는가?
㉮ 전해 연마　　　㉯ 전식　　　㉰ 전착　　　㉱ 전기 분해

해답 1. ㉯　2. ㉯　3. ㉯　4. ㉮　5. ㉰

[토의] 전기 도금, 전주, 전해 정연 등은 전착을 응용한 것이다.
① 전기 도금:금속표면에 다른 금속을 전착시켜 방식 및 내마열성을 좋게 한다.
② 전주:금속도금을 계속하여 두꺼운 금속층을 만든 다음 원형을 떼어서 복제하는 방법
③ 전해 정연:전기분해를 이용하여 순수한 금속만을 음극에서 석출하여 정제하는 것

[문제] 6. 다음의 브리지 회로가 평행되는 조건은?
㉮ $R_1R_2 = R_3R_4$
㉯ $R_1R_4 = R_2R_3$
㉰ $R_1R_3 = R_2R_4$
㉱ $R_1R_2R_4 = R_3$

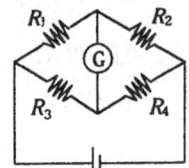

[토의] 휘트스톤 브리지는 3개의 저항을 알면, 1개의 저항을 측정할 수 있는 것으로, 측정하고자 하는 저항을 연결하면 미지의 저항을 측정할 수 있다.

[문제] 7. 어떤 부하에 100(V)의 전압을 가하면 5(A)의 전류가 흐른다. 이 부하가 1,000(J)의 일을 하는 데 몇 초 걸리는가?
㉮ 0.5   ㉯ 2   ㉰ 10   ㉱ 20

[토의] $W = E \cdot Q = E \cdot I \cdot t$ 에서
$t = \dfrac{W}{E \cdot I}$
$= \dfrac{1000}{100 \times 5} = 2 (초)$

[문제] 8. 100(V) 옥내 배선의 절연저항이 0.1(MΩ)이었다. 누설전류는 몇 (mA)인가?
㉮ 0.1   ㉯ 1   ㉰ 10   ㉱ 100

[토의] $I = \dfrac{E}{R} = \dfrac{1 \times 10^2}{0.1 \times 10^4}$
$= 10^{-2} (A) = 1 (mA)$

[문제] 9. 다음 그림은 무슨 법칙인가? ($E = IR$(V))
㉮ 렌쯔 법칙
㉯ 옴 법칙
㉰ 플레밍 법칙
㉱ 전압 법칙

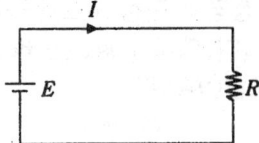

[토의] 도선 두점 사이에 전류 세기는 그 두점 사이의 전위차에 비례하고 전기 저항에 반비례한다. (옴 법칙)

[문제] 10. (J/C)와 같은 단위는?
㉮ A   ㉯ V   ㉰ H   ㉱ F

[토의] $E = \dfrac{W (J)}{Q (C)} = (V)$

[해답] 6. ㉯ 7. ㉯ 8. ㉯ 9. ㉯ 10. ㉯

[문제] 11. 저항 발열체의 조건으로 맞지 않는 것은?
㉮ 고온에서 기계적 강도가 클 것 ㉯ 내식성, 내산성이 클 것
㉰ 용융 온도가 높을 것 ㉱ 고유 저항이 작을 것

[풀이] 발열체의 조건은
① 고유 저항이 클 것   ② 내식·내산성이 클 것
③ 용융 온도가 높을 것 ④ 고온에서 기계적 강도가 클 것
⑤ 가공이 용이할 것   ⑥ 가격이 저렴할 것

[문제] 12. 다음 그림에서 G가 0(zero)을 가리킬 때 R의 값은 얼마인가?

㉮ 600Ω
㉯ 50Ω
㉰ 200Ω
㉱ 57Ω

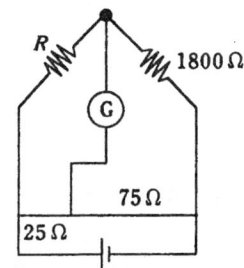

[풀이] 평형조건은 $\dfrac{R}{1800} = \dfrac{25}{75}$

∴ $R = \dfrac{25}{75} \times 1800 = 600 [\Omega]$

[문제] 13. 그림과 같은 회로의 합성 저항은?

㉮ 1[Ω]
㉯ 2[Ω]
㉰ 4[Ω]
㉱ 8[Ω]

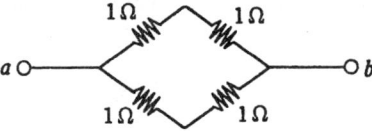

[풀이] 위 회로를 다시 그리면 다음과 같이 되므로

$R = \dfrac{2 \times 2}{2 + 2} = 1 [\Omega]$

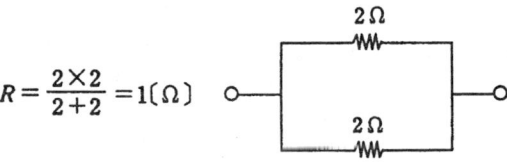

[문제] 14. 그림에서 a, b간의 합성 저항은 몇 [Ω]인가?

㉮ $\dfrac{60}{3}$
㉯ 30
㉰ $\dfrac{11}{60}$
㉱ $\dfrac{60}{11}$

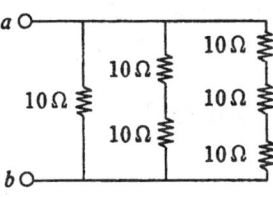

[풀이] $\dfrac{1}{R} = \dfrac{1}{10} + \dfrac{1}{20} + \dfrac{1}{30} = \dfrac{11}{60}$

∴ $R = \dfrac{60}{11} [\Omega]$

[해답] 11. ㉱ 12. ㉮ 13. ㉮ 14. ㉱

문제 15. 4(Wh)는 몇 (J)인가?
㉮ 12,000   ㉯ 14,400   ㉰ 28,800   ㉱ 36,000

[풀이] $4(Wh) = 4 \times 3,600(W \cdot S) = 4 \times 3,600(J) = 14,400(J)$
줄의 단위는 (W·S)이다.
즉, $1(J) = 1(W \cdot S)$이다.

문제 16. 500(W)의 전열기를 10분간 사용하면 2(l)의 물을 몇 (℃) 높일 수 있는가? (단, 열손실이 없다고 한다.)
㉮ 24   ㉯ 36   ㉰ 42   ㉱ 72

[풀이] 발생열량
$H = 0.24 P \cdot t$
$= 0.24 \times 500 \times 10 \times 60$
$= 72,000$ (cal)
물 2(l)를 1(℃) 높이는 데 필요한 열량이 2,000(cal)이므로 $72,000 \div 2,000 = 36$(℃)

문제 17. 10(Ω)의 저항에 100(V)의 전압을 가하였을 때, 소비되는 전력은 몇 (W)인가?
㉮ 10   ㉯ 100   ㉰ 1,000   ㉱ 10,000

[풀이] $P = E \cdot I = I^2 \cdot R$
$= \dfrac{E^2}{R} = \dfrac{100^2}{10} = 1,000$(W)

문제 18. 길이가 l(m)인 도선을 늘려서 $n \cdot l$(m)의 도선으로 만들면 전기 저항은 어떻게 변하는가? (단, 부피는 불변이다.)
㉮ nl 배   ㉯ n^2 배   ㉰ n 배   ㉱ l 배

[풀이] $R = \rho \dfrac{l}{S}$, $R' = \rho \dfrac{n \cdot l}{S'}$ 에서
부피가 일정하므로
$Sl = S' \cdot nl$, $S' = \dfrac{S}{n}$ 가 되므로
$R' = \rho \cdot \dfrac{n \cdot l}{\frac{S}{n}} = \rho \cdot \dfrac{l}{S}$

문제 19. 20(℃)에서 길이 10(m), 단면적 1(mm²)인 구리선의 저항값은 몇 (Ω)인가? (단, 20(℃)에서 구리의 고유저항은 1.69×10^{-3}(Ωm)이다.)
㉮ 0.169   ㉯ 1.69   ㉰ 16.9   ㉱ 1.69×10^{-3}

[풀이] $R = \rho \dfrac{l}{S} = 1.69 \times 10^{-3} \times \dfrac{10}{1 \times 10^{-3}} = 0.169$(Ω)

문제 20. 구리의 고유 저항이 1.69×20^{-3}(Ωm)이다. 1변이 1(cm)인 정육면체의 두 맞은면 사이의 저항은 몇 (Ω)인가?
㉮ 1.69×10^{-3} ㉯ 1.69×10^{-4} ㉰ 1.69×10^{-5} ㉱ 1.69×10^{-6}

[풀이] $R = \rho \cdot \dfrac{l}{S} = 1.69 \times 10^{-3} \times \dfrac{1 \times 10^{-2}}{1 \times 10^{-4}} = 1.69 \times 10^{-6}$

【해답】 15. ㉯   16. ㉯   17. ㉰   18. ㉯   19. ㉮   20. ㉱

문제 21. 단면적 1(mm²), 길이 1(km)의 구리선의 전기 저항은? (단, 구리선의 고유 저항은 1.69×10^{-3}(Ωm)이다.)
㉮ 1.69(Ω)　　㉯ 16.9(Ω)　　㉰ 169(Ω)　　㉱ 1,690(Ω)

풀이 $R = \rho \cdot \dfrac{l}{S} = 1.69 \times 10^{-3} \times \dfrac{1000}{1 \times 10^{-3}} = 16.9$

문제 22. 다음 중 저항 온도계수가 가장 큰 것은?
㉮ Cu　　㉯ Fe　　㉰ W　　㉱ Ni

풀이 상온에서 저항 온도계수는
　　Cu : 0.00393, W : 0.0045, Fe : 0.005, Ni : 0.006

문제 23. 표준연동의 고유 저항은?
㉮ $\dfrac{1}{35}$ ($\Omega \cdot$mm²/m)　　　㉯ $\dfrac{1}{55}$ ($\Omega \cdot$mm²/m)

㉰ $\dfrac{1}{58}$ ($\Omega \cdot$mm²/m)　　　㉱ $\dfrac{1}{64}$ ($\Omega \cdot$mm²/m)

풀이 ① 표준 연동의 고유저항 : $\dfrac{1}{58} \times 10^{-6}$($\Omega$m) = $\dfrac{1}{58}$ ($\Omega \cdot$mm²/m)

　　② 표준 경동의 고유저항 : $\dfrac{1}{55} \times 10^{-6}$($\Omega$m) = $\dfrac{1}{55}$ ($\Omega \cdot$mm²/m)

문제 24. 그림의 회로에서 2(Ω) 저항의 단자 전압은?
㉮ 2.4(V)
㉯ 4.8(V)
㉰ 7.2(V)
㉱ 12(V)

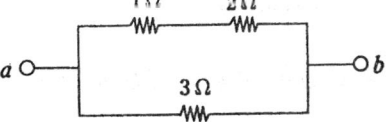

풀이 $I = \dfrac{E}{R} = \dfrac{24}{5+3+2} = 2.4$
　　$E_2 = 2.4 \times 2 = 4.8$(V)

문제 25. 그림에서 a, b간의 합성저항은 몇 (Ω)인가?
㉮ 1.5
㉯ 3
㉰ 6
㉱ 9

풀이 $R = \dfrac{1}{\dfrac{1}{1+2} + \dfrac{1}{3}} = \dfrac{1}{\dfrac{2}{3}} = \dfrac{3}{2} = 1.5$($\Omega$)

문제 26. 그림에서 3(Ω) 저항에 흐르는 전류가 12(A)였다. 4(Ω) 저항에 흐르는 전류는 몇 (A)인가?
㉮ 3
㉯ 6
㉰ 9
㉱ 12

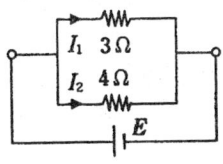

해답 21. ㉯　22. ㉱　23. ㉰　24. ㉯　25. ㉮　26. ㉰

[풀이] 기전력(저항의 단자 전압)은

$E = I_1 R_1 = 12 \times 3 = 36 [V]$, $I_2 = \dfrac{E}{R_1} = \dfrac{36}{4} = 9 [A]$

[문제] **27.** 전압이 일정하고 저항이 감소할 때, 전류는 어떻게 변화하는가?
㉮ 감소한다.   ㉯ 증가한다.
㉰ 점차로 감소한다.   ㉱ 급격히 감소한다.

[풀이] $I = \dfrac{E}{R}$ 에서 전류는 저항에 반비례한다.

[문제] **28.** 하루에 60[W] 전등 2개를 5시간, 40[W] 전등 2개를 3시간씩 사용하면 한달간 사용하는 전력량은?
㉮ 25.2[kWh]   ㉯ 35.4[kWh]   ㉰ 42[kWh]   ㉱ 84[kWh]

[풀이] 1일 사용 전력량 = $60 \times 2 \times 5 + 40 \times 2 \times 3 = 840$ [kWh]
한달간 사용 전력량 = $840 \times 30 = 25,200$ [Wh] = 25.2 [kWh]

[문제] **29.** 20[*l*]의 물을 15[℃]에서 55[℃]로 가열하려면 필요한 열량은 몇 [kcal]인가?
㉮ 600   ㉯ 800   ㉰ 1,000   ㉱ 1,200

[풀이] 1[cc]의 물을 1[℃] 높이는 데 1[cal]의 열량이 필요하며 1[*l*]의 물을 1[℃] 높이는 데 1[kcal]의 열량이 필요하다.
$20 \times (55 - 15) = 800$ [kcal]

[문제] **30.** 전지의 용량을 나타내는 단위는?
㉮ [W]   ㉯ [Wh]   ㉰ [AT]   ㉱ [Ah]

[풀이] 전지의 용량은 암페어시 [Ah]로 표시한다.
1[Ah]는 3,600[C](쿨롱)이다.

[문제] **31.** 10[Ω]의 저항선에 2[A]의 전류를 10분간 흘렸을 때 발생하는 열량은 몇 [cal]인가?
㉮ 2,400   ㉯ 3,600   ㉰ 5,760   ㉱ 24,000

[풀이] $H = 0.24 I^2 \cdot R \cdot t = 0.24 \times 2^2 \times 10 \times 600 = 5,760$ [cal]

[문제] **32.** 동일한 저항을 가진 두개의 도선을 병렬로 연결하였을 때의 합성 저항은 얼마인가?
㉮ 한 도선 저항의 2배   ㉯ 한 도선 저항의 1/2배
㉰ 한 도선 저항과 같다.   ㉱ 한 도선 저항의 2/3배

[풀이] $R_1 = R_2$ 라면

$R = \dfrac{R_1 \cdot R_2}{R_1 + R_2}$ 에서 $R = \dfrac{1}{2}$ 이 되므로 한 도선 저항의 반이 된다.

[문제] **33.** 10쿨롱의 전기가 2초간 흐르면 전류의 값은?
㉮ 5A   ㉯ 2A   ㉰ 20A   ㉱ 0.2A

[풀이] 전기량 $Q = It$에서 $Q = 10$[C], $t = 2$[S]이므로

[해답] 27. ㉯   28. ㉮   29. ㉯   30. ㉱   31. ㉰   32. ㉯   33. ㉮

$$I = \frac{Q}{t}$$
$$= \frac{10}{2} = 5(A)$$
∴ $I=5(A)$의 전류가 흐른다.

문제 34. 같은 규격의 축전지 2개를 병렬로 연결하면 어떻게 되는가?
  ㉮ 전압과 용량이 같이 2배가 된다.   ㉯ 전압과 용량이 같이 1/2배가 된다.
  ㉰ 전압은 2배, 용량은 불변이다.   ㉱ 전압은 불변, 용량은 2배가 된다.
  [풀이] 기전력 E, 내부저항 r인 전지 n개를 직렬 또는 병렬로 연결한 경우의 기전력과 내부저항과의 관계식
  ① 직렬 : $E_0 = nE$, $r_0 = nr$
  ② 병렬 : $E_0 = E$, $r_0 = \frac{r}{N}$

문제 35. 그림과 같은 회로의 a, b 단자에서 본 합성 저항은 얼마인가?
  ㉮ r
  ㉯ $\frac{3}{2}r$
  ㉰ $2r$
  ㉱ $3r$

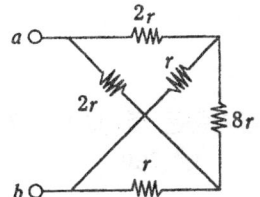

  [풀이] $R = \dfrac{1}{\dfrac{1}{2r+1} + \dfrac{1}{2r+1}} = \dfrac{3}{2}r$

문제 36. 120(Ω)의 저항 4개를 접속하여 얻을 수 있는 가장 작은 값은 얼마인가?
  ㉮ 30Ω   ㉯ 60Ω   ㉰ 120Ω   ㉱ 420Ω
  [풀이] 병렬 접속일 때 가장 작은 값을 얻을 수 있으므로
  $R_P = \dfrac{R}{n} = \dfrac{120}{4} = 30(\Omega)$

문제 37. 저항 2(Ω)과 3(Ω)을 직렬로 접속하고 전압을 가했더니 2(Ω) 저항 양단에 10(V)의 전압이 나타났다. 3(Ω) 저항의 단자전압은 몇 (V)인가?
  ㉮ 10
  ㉯ 15
  ㉰ 20
  ㉱ 30

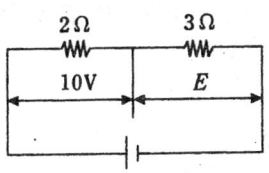

  [풀이] 저항에 흐르는 전류는 $I = \dfrac{E_1}{R} = \dfrac{10}{2} = 5(A)$
  3(Ω) 저항의 단자 전압은 $E_2 = I \cdot R_2 = 5 \times 3 = 15(V)$

문제 38. 220(V), 20(A)의 전동기가 내는 출력은 몇 마력인가? (단, 전동기 효율은 90(%)이다.)
  ㉮ 2.4   ㉯ 5.3   ㉰ 6.4   ㉱ 7.3

해답 34. ㉱ 35. ㉯ 36. ㉮ 37. ㉯ 38. ㉯

[풀이] $P = E \cdot I \cdot \eta = 220 \times 20 \times 0.9 = 3,960 \text{[W]}$
$3,960 \div 746 = 5.3 \text{[HP]}$
위상차가 60°인 경우는
$P = E \cdot I \cdot \cos\theta$
$= 220 \times 20 \times \dfrac{1}{2}$
$= 2,200 \text{[W]}$이다.

[문제] 39. 12[V]의 축전지에 10[Ω]의 저항을 연결하였을 때 소비되는 전력은?
㉮ 7.2[W]　　㉯ 14.4[W]　　㉰ 28.8[W]　　㉱ 120[W]

[풀이] $P = \dfrac{E^2}{R} = \dfrac{12^2}{10} = 14.4 \text{[W]}$

[문제] 40. 어느 도체의 단면을 30분간에 72,000[C]의 전기량이 지났다고 하면 전류의 크기는 몇 [A]인가?
㉮ 20　　㉯ 30　　㉰ 40　　㉱ 60

[풀이] $I = \dfrac{Q}{t} = \dfrac{72000}{1800} = 40 \text{[A]}$

[문제] 41. 5[A]의 전류가 1시간 동안 흐르면 전기량은 몇 [C]인가?
㉮ 12　　㉯ 150　　㉰ 720　　㉱ 18,000

[풀이] $I = \dfrac{Q}{t}$ 에서
$Q = I \cdot t = 5 \times 3,600 = 18,000 \text{[C]}$

[문제] 42. 어느 직류 전원에 의하여 전류를 흘릴 때 전원의 전압을 3배로 하여 흐르는 전류가 1.5배가 되려면 저항값은 몇 배로 되어야 하는가?
㉮ 2배　　㉯ 1.5배　　㉰ 1.25배　　㉱ 2.25배

[풀이] $I = \dfrac{E}{R}$ 에서
$1.5 = \dfrac{3}{R}$ 이므로
$R = 2$배가 되어야 한다.

[문제] 43. 그림과 같은 회로에서 저항 R_2에 흐르는 전류 I_2는 몇 [A]인가?
㉮ 0.96A
㉯ 0.096A
㉰ 0.48A
㉱ 0.048A

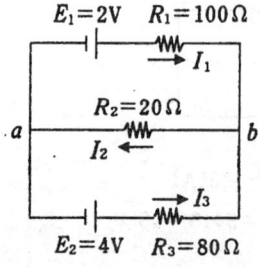

[풀이] b점에 키르히호프의 제1법칙 적용
$I_1 + I_3 = I_2$에서 $I_3 = I_2 - I_1$ ················· ①
$a - E_1 - R_1 - b - a$의 폐회로에 키르히호프 제2법칙 적용

[해답] 39. ㉯　40. ㉰　41. ㉱　42. ㉮　43. ㉱

$100I_1 + 20I_2 = 2$ ·· ②
$a-R_2-b-R_3-E_2-a$의 폐회로도 위와 동일하게 적용
$20I_2 + 80I_3 = 4$ ·· ③
①을 ③에 대입하면
$-80I_1 + 100I_2 = 4$ ··· ④
②와 ④에서 $I_2 = \dfrac{560}{11600} = 0.048 \text{(A)}$

문제 44. 25(Ω)의 저항에 전압을 가했더니 소비전력이 10(kW)이었다. 흐르는 전류는 몇 (A)인가?

㉮ 4　　　　　㉯ 20　　　　　㉰ 50　　　　　㉱ 100

[풀이] $P = I^2 \cdot R$에서 $I = \sqrt{\dfrac{P}{R}} = 20 \text{(A)}$

문제 45. 전열기의 전력 P(kW), 가열시간 t(h), 효율 η일 때, 유효 열량 Q(kcal)는?

㉮ $860Pt\eta$　　㉯ $\dfrac{Pt\eta}{860}$　　㉰ $\dfrac{860\eta}{Pt}$　　㉱ $\dfrac{860P\eta}{t}$

[풀이] 1(kWh)의 전력량이 발생하는 열량은 860(kcal)이다.

문제 46. 10(℃)의 물 10(l)를 2(kW) 전열기로 20분간 가열하면 최종 온도는 몇 (℃)인가? (단, 열의 이용률은 50(%)이다.)

㉮ 38.8　　　　㉯ 28.8　　　　㉰ 56.4　　　　㉱ 74.4

[풀이] $(x-10) \times 10 \times 10^3 = 0.24 \times 2,000 \times 20 \times 60 \times 0.5$
$x = 28.8 + 10$
$= 38.8 \text{(℃)}$

문제 47. 120(V)용 30(W) 전등을 100(V)에서 사용할 때 소비전력은 몇 (W)인가?

㉮ 20　　　　　㉯ 25　　　　　㉰ 30　　　　　㉱ 39

[풀이] $P' = \dfrac{(E')^2}{R}$　$P = \dfrac{E^2}{R}$　$P' : P = 100^2 : 120^2$
$P' = \dfrac{100^2}{120^2} \cdot P = 30 \times \dfrac{100}{144} = 20$

문제 48. 저항 20(Ω)인 도체에 2(A)의 전류가 흐르게 하려면 전압은 몇 (V)가 되어야 하는가?

㉮ 10　　　　　㉯ 20　　　　　㉰ 40　　　　　㉱ 100

[풀이] $I = \dfrac{E}{R}$에서
$E = I \cdot R = 2 \times 20 = 40 \text{(V)}$

문제 49. 10(μA)는 몇 (A)인가?

㉮ 10^{-2}　　　㉯ 10^{-6}　　　㉰ 10^{-8}　　　㉱ 10^{-11}

[풀이] 1(mA) = 10^{-3}(A), 1(μA) = 10^{-6}(A)

문제 50. 저항 R_1과 R_2를 직렬로 접속하고 V의 전압을 가할 때 저항 R_1 양단의 전압은?

[해답] 44. ㉯　45. ㉮　46. ㉮　47. ㉮　48. ㉰　49. ㉯

㉮ $\dfrac{R_1}{R+R_2}V$　　㉯ $\dfrac{R_1R_2}{R_1+R_2}V$　　㉰ $\dfrac{R_2}{R_1+R_2}V$　　㉱ $\dfrac{R_1+R_2}{R_1R_2}V$

문제 51. 다음 중 저항기의 저항체가 갖추어야 할 조건이 아닌 것은?
㉮ 고유저항이 클 것　　㉯ 저항의 온도계수가 작을 것
㉰ 구리에 대한 열기전력이 클 것　　㉱ 화학적으로 오래 변하지 않을 것
[토의] 저항기의 저항체가 갖추어야 할 조건은 ㉮, ㉯, ㉱이다.

문제 52. 기전력이 1.86[V]인 전지의 두 극을 전선으로 이어 0.45[A]의 전류를 통하였더니 두극 사이의 전위차가 1.42[V]로 되었다. 전지의 내부 저항은 몇 [Ω]인가?
㉮ 0.44　　㉯ 0.98　　㉰ 9.8　　㉱ 4.4
[토의] 전지 내부의 전압 강하는 1.86−1.42=0.44[V]

문제 53. 전기저항 온도계의 저항체가 아닌 것은?
㉮ 철　　㉯ 니켈　　㉰ 백금　　㉱ 구리
[토의] 저항체로 구리, 니켈, 백금이 쓰인다.

문제 54. 다음 중 전열기의 절연체로 사용할 수 없는 것은?
㉮ 석면　　㉯ 운모　　㉰ 자기　　㉱ 탄소
[토의] 전열기의 절연 재료는 고온에 잘 견디고 저항값이 커야 하며, 탄소는 도체이다.

문제 55. 전기로 중 열효율이 가장 좋은 것은 어느 것인가?
㉮ 제강로　　㉯ 유도로
㉰ 흑연화로　　㉱ 니크롬선 발열체로
[토의] 흑연화로는 직접 저항 가열로 피열체 자신이 직접 발열하므로 효율이 가장 좋다.

문제 56. 다음 전지와 음극의 물질이 바르게 연결되지 않는 것은 어느 것인가?
㉮ 표준전지−Cd　　㉯ 보통전지−C
㉰ 공기전지−Zn　　㉱ 내한전지−Zn
[토의] 전지의 음극과 양극은 표준전지(Cd, Hg), 보통전지(내한 건전지), 공기전지(적용 건전지), 공기습전지는 모두 음극은 Zn, 양극은 C로 되어 있다.

문제 57. 그림에서 a, b간의 합성저항은 몇 [Ω]인가?

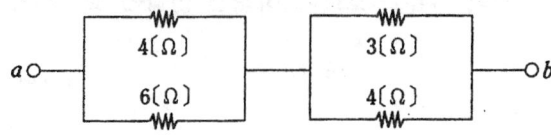

㉮ 3.8[Ω]　　㉯ 4.1[Ω]　　㉰ 8.5[Ω]　　㉱ 17[Ω]
[토의] $R=\dfrac{1}{\dfrac{1}{4}+\dfrac{1}{6}}+\dfrac{1}{\dfrac{1}{3}+\dfrac{1}{4}}=2.4+1.7=4.1[\Omega]$

문제 58. 다음 중 고유 저항의 단위가 아닌 것은?
㉮ [Ωm]　　㉯ [Ωcm]　　㉰ [Ωmm²/m]　　㉱ [℧/m]
[토의] [℧/m]는 도전율의 단위이다.

해답 50. ㉮　51. ㉰　52. ㉮　53. ㉮　54. ㉱　55. ㉰　56. ㉯　57. ㉯　58. ㉱

문제 59. 다음 중 도전율이 가장 큰 것은?
  ㉮ 금   ㉯ 백금   ㉰ 은   ㉱ 구리
  풀이 도전율은 고유 저항의 역수이다. 고유 저항이 작은 순서로는 은, 구리, 금, 백금이다.

문제 60. 120(V)의 직류 전압을 발생하는 절연 저항계로 측정하였더니 3(MΩ)이 되었다. 이 때 흐르는 누설 전류는?
  ㉮ 0.04(A)   ㉯ 20(mA)   ㉰ 40(mA)   ㉱ 40(μA)
  풀이 1(MΩ)=10⁶(Ω)이므로
  $I = \dfrac{120}{3 \times 10^6} = 0.04(mA) = 40(μA)$

문제 61. 납 축전지의 전해액은?
  ㉮ 염산   ㉯ 질산   ㉰ 묽은 황산   ㉱ 묽은 초산
  풀이 납축전지는 ⊕ 극은 PbO₂, ⊖ 극은 Pb, 전해액은 묽은 황산(2H₂SO₄)으로 되어 있다.

문제 62. 전지에서 통신용, 등화용 등에 사용되는 것은?
  ㉮ 보통 건전지 ㉯ 표준 전지   ㉰ 내한 건전지 ㉱ 공기 습전지
  풀이 보통 건전지는 통신용 및 등화용, 적충전지는 통신용, 내한용은 전기용, 공기습전지는 보청기용, 표준전지는 검정용에 사용된다.

문제 63. 저항 발열체의 구비조건이 아닌 것은 다음 중 어느 것인가?
  ㉮ 고유 저항이 클 것   ㉯ 내식성이 클 것
  ㉰ 용융점이 높을 것   ㉱ 팽창계수가 클 것
  풀이 발열체의 구비조건
    ① 내열성이 클 것   ② 내식성이 클 것
    ③ 적당한 저항값을 가질 것 ④ 가공하기 쉬울 것
    ⑤ 값이 쌀 것

문제 64. 그림에서 a, b간의 합성 저항은?
  ㉮ 2.4(Ω)
  ㉯ 4.8(Ω)
  ㉰ 3(Ω)
  ㉱ 10(Ω)

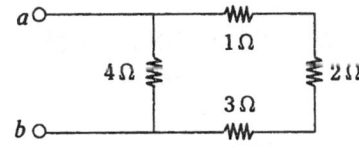

  풀이 $R = \dfrac{1}{\dfrac{1}{4} + \dfrac{1}{1+2+3}} = \dfrac{1}{\dfrac{1}{4} + \dfrac{1}{6}} = \dfrac{4 \times 6}{4+6} = 2.4(Ω)$

문제 65. 정전 도장의 장점에 속하는 것은?
  ㉮ 도료의 손실이 거의 없고, 노력도 절약된다.
  ㉯ 비위생적이다.
  ㉰ 도료의 손실이 많아 노력이 절약된다.
  ㉱ 소비전력이 적고 건식처리가 된다.
  풀이 정전도장은 객차, 자동차, 전기기기, 재봉틀, 가구 등의 도장에 쓰이며 페인트의 대부분이 피도장체에 부착하므로 도료의 손실이 거의 없고, 노력도 절약되며 위생적이다.

해답 59. ㉰ 60. ㉱ 61. ㉰ 62. ㉮ 63. ㉱ 64. ㉮ 65. ㉮

문제 **66.** 6(Ω)의 저항에서 1(kW)의 전력을 소비시키려면 몇 (V)의 전압을 가해야 하는가?
㉮ 77.5   ㉯ 80.5   ㉰ 105.2   ㉱ 120.5

풀이 $P = \dfrac{E^2}{R}$ 에서 $E^2 = P \cdot R = 6,000$
∴ $E \fallingdotseq 77.5(V)$

문제 **67.** 직렬 접속시 합성 저항은?
㉮ 12(Ω)
㉯ 15(Ω)
㉰ 30(Ω)
㉱ 50(Ω)

풀이 $R = R_1 + R_2 \cdots\cdots + R_n$

문제 **68.** 1(A)는 몇 (mA)인가?
㉮ 10   ㉯ 10^2 ㉰ 10^3 ㉱ 10^4

풀이 $1(A) = 10^2(mA)$

문제 **69.** 100(V)의 전압을 저항 양끝에 가했더니 100(J)의 일을 하였다. 이동한 전기량은 몇 (C)인가?
㉮ 0.5   ㉯ 1   ㉰ 2   ㉱ 4

풀이 $W = E \cdot Q$ 에서
$Q = \dfrac{W}{E} = \dfrac{100}{100} = 1(C)$

문제 **70.** 20(Ω)의 저항에 120(V)의 전압을 가했을 때, 이 회로에 흐르는 전류는 몇 (A)인가?
㉮ 2   ㉯ 4   ㉰ 6   ㉱ 8

풀이 $I = \dfrac{E}{R} = \dfrac{120}{20} = 6(A)$

문제 **71.** 5(V)의 기전력으로 100(C)의 전기량이 이동할 때 한 일은 몇 (J)인가?
㉮ 20   ㉯ 50   ㉰ 500   ㉱ 1,000

풀이 $E = \dfrac{W}{Q}$ 에서 $W = E \cdot Q = 5 \times 100 = 500(J)$

문제 **72.** 100(V)에서 20(A)의 전류가 흐르는 전열기를 30분간 사용할 때, 전력량은 몇 (kWh)인가?
㉮ 1   ㉯ 2   ㉰ 3   ㉱ 4

풀이 전력량 $= E \cdot I \cdot h$
$= 100 \times 20 \times \dfrac{1}{2} = 1,000(Wh) = 1(kWh)$

문제 **73.** 기전력 1.87(V)인 전지의 두 극을 전선으로 이어 0.45(A)의 전류를 통하였을 때, 두극 사이의 전위차가 1.42(V)로 되었다. 전지의 내부저항(Ω)은?
㉮ 0.98   ㉯ 1   ㉰ 4.5   ㉱ 10.45

해답 66. ㉮ 67. ㉯ 68. ㉯ 69. ㉯ 70. ㉰ 71. ㉰ 72. ㉮ 73. ㉯

[풀이] $E - V = Ir$
   $1.87 - 1.42 = 0.45r$
   $\therefore r = \dfrac{0.45}{0.45} = 1 [\Omega]$

문제 74. 질량 1(g)의 물체에 1(cm/sec²)의 가속도를 주는 힘을 무엇이라고 하는가?
   ㉮ 1[erg]   ㉯ 1[dyne]   ㉰ 1[J]   ㉱ 1[N]

[풀이] 1[J]은 일 에너지를 말하며 힘×거리이다.
   1[N]=10⁵[dyne]이며 1[J]=10⁷[erg]이다.

문제 75. 하루에 2,500kcal 식물을 연소하는 사람의 일율은 몇 W인가?
   ㉮ 80W   ㉯ 120W   ㉰ 180W   ㉱ 140W

[풀이] kWh=860[kcal]이므로
   $\dfrac{2500}{860}$ 의 값을 24로 나누면 된다.
   따라서 0.12[kW]가 된다.

문제 76. 저항 계수가 0.0039에서 상온 20[℃]이다. 온도 40[℃]일 때 동선의 저항은?
   ㉮ 4% 증가   ㉯ 8% 증가   ㉰ 12% 증가   ㉱ 4% 증가

[풀이] $R_{12} = R_{11}\left|1 + \dfrac{1}{234.5 + t_1}(t_2 - t_1)\right|$ 에서
   $R_{40} = R_{20}\left|1 + \dfrac{1}{234.5 + 20}(40 - 20)\right|$ 에서
   $R_{40} = R_{20}(1.078)$
   따라서 동선의 저항은 8% 증가한다.

문제 77. 도체가 금속일 때 전기 저항과 관계는?
   ㉮ 온도가 상승함에 따라 증가한다.   ㉯ 온도와 관계없다.
   ㉰ 온도가 상승하면 감소한다.   ㉱ 저온일 때와 고온일 때 다르다.

[풀이] 금속일 때는 정온도계수이고 반도체와 탄소 및 전해액등은 부온도 계수에 해당된다.

문제 78. 1[Ah]를 전기량으로 환산하면?
   ㉮ 60[C]   ㉯ 1[C]   ㉰ 1/3600[C]   ㉱ 3600[C]

[풀이] $Q = It$에서 1[A]×60[분]×60[초]
   =3600[C]이 된다.
   $\therefore$ 3600[C]

문제 79. 50[V]의 전압으로 30[C]의 전기량을 10초 동안에 운반했을 때, 전력은 몇 [W]인가?
   ㉮ 100   ㉯ 150   ㉰ 200   ㉱ 250

[풀이] $P = E \cdot I = E \cdot \dfrac{Q}{t} = 50 \times \dfrac{30}{10} = 150[W]$

문제 80. 기전력 1.5[V], 내부저항 0.1[Ω]인 건전지 3개를 직렬로 연결하였을 때 단락전류 [A]는?

[해답] 74. ㉯   75. ㉯   76. ㉯   77. ㉮   78. ㉱   79. ㉯

㉮ 15　　　　　㉯ 10　　　　　㉰ 12　　　　　㉱ 17

[토의] 단락은 저항이 0이 된다.

따라서 $I = \dfrac{nE}{R+mr} = \dfrac{3 \times 15}{0 + 3 \times 0.1} = 15$ (A)

∴ $I = 15$ (A)

문제 81. 내부저항 1(Ω) 기전력 6(V)의 건전지 4개를 병렬로 연결할 때 합성 내부저항 (Ω)은?

㉮ 2　　　　　㉯ 1/2　　　　　㉰ 1/4　　　　　㉱ 4

[토의] 건전지와 연결이 병렬일 때 합성 내부저항은 r_0

$= \dfrac{1}{n}$ (Ω) (단, r_0 =합성 내부 저항)

n =건전지 갯수

∴ $\dfrac{1}{4}$ (Ω)

문제 82. 2(Wh)는 몇 (J)인가?

㉮ 15000(J)　　　㉯ 7200(J)　　　㉰ 7800(J)　　　㉱ 3600(J)

[토의] 1(Wh)=3600(W·S)이므로

2(Wh)=2×3600

=7200(W·S)=7200 (J)

문제 83. 도전율이 가장 큰 것은?

㉮ 구리　　　　㉯ 알루미늄　　　　㉰ 철　　　　㉱ 텅스텐

[토의] 도전율 크기 순서는 구리>알류미늄>텅스텐>철의 순이다.

∴ 가장 도전율이 큰 것은 구리이다.

문제 84. 가동 코일형 전류계로 큰 전류를 측정하기 위해 어떤 접속 방법이 알맞나?

㉮ 코일과 직렬로 접속하고 회로도 직렬로 접속
㉯ 코일과 직렬로 접속하고 회로는 병렬 접속
㉰ 코일과 직렬로 저항을 접속
㉱ 코일과 병렬로 저항을 접속

[토의] 코일과 병렬로 분류기 저항을 접속시킬 때 가장 큰 전류를 측정할 수 있다.

문제 85. (a), (b)의 회로의 임피던스가 동일한 것과 같이 R, X를 구하면?

㉮ $R = 23/4$ (Ω), $X = 15/4$ (Ω)
㉯ $R = 24/3$ (Ω), $X = 15$ (Ω)
㉰ $R = 25/3$ (Ω), $X = 25/4$ (Ω)
㉱ $R = 14/5$ (Ω), $X = 25/5$ (Ω)

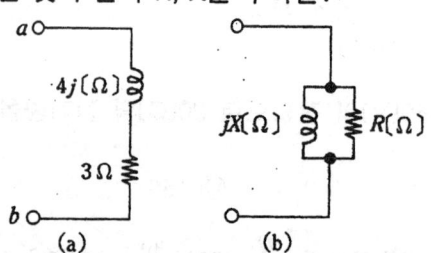

[토의] 임피던스가 동일하다는 것은 어드미턴스가 동일하다는 의미와 같다.

즉 $\dfrac{1}{R} + \dfrac{1}{jX} = \dfrac{1}{3+j4}$ 일 때 분모에 공약복소수를 취하면

해답 80. ㉮　81. ㉰　82. ㉯　83. ㉮　84. ㉱　85. ㉰

$$\frac{(3-j4)}{(3+j4)(3-j4)} = \frac{3-j4}{25}$$

즉 $R = \frac{25}{3} (\Omega)$, $X = j\frac{25}{4} (\Omega)$이 된다.

문제 86. 100(V)의 전압을 저항 10(Ω)과 15(Ω)에 가할 때 10(Ω)에 흐르는 전류 (A)는?
㉮ 30(A)   ㉯ 20(A)   ㉰ 10(A)   ㉱ 40(A)

풀이 $V = IR$에서
$I = \frac{V}{R} = \frac{100}{10} = 10(A)$가 된다.
즉 $I = 10(A)$

해답 86. ㉰

제 2 장 정전용량과 자기회로

1. 정전기와 콘덴서

1 정전기(static electricity)

(1) 정전기 : 물체에 발생된 전기가 이동하지 않고 정지되어 있는 전기를 말한다.
(2) 대전(electrification) : 정전기가 물체에 생기는 것을 대전되었다고 하며, 대전한 전기의 양을 전기량 또는 전하(electric charge)라 한다.
(3) 대전량이 큰 물체의 순서
   ① 모피→플란넬→셀락→유리→종이→옷감→손→금속→고무→황→에보나이트
   ② 위 순서에서 두 물체를 마찰시킬 때 앞에 있는 물체가 (+)로 대전된다. 순서의 차가 클수록 대전량도 커진다.
   ③ 대전한 물체 사이에 작용하는 정전력의 크기는 두 물체가 가진 전기량의 곱에 비례하고, 전기량 사이의 거리의 제곱에 반비례한다. (쿨롱의 법칙)

   $F = K \dfrac{Q_1 Q_2}{r^2}$ [N]   여기서, F : 작용력[N], $Q_1 Q_2$: 정기량, r : 거리[m]

2 콘덴서

두 도체 사이의 정전 용량을 이용하기 위하여 두 도체의 배열, 형태 등을 적당히 하여 만든 것을 축전기 또는 콘덴서라 한다.
(1) 가변 콘덴서(variable condenser) : 정전 용량을 변화시킬 수 있는 콘덴서를 말한다.
(2) 고정 콘덴서(fixed condenser) : 정전 용량이 일정한 콘덴서로서 오일 콘덴서, 전해 콘덴서, 운모 콘덴서, 종이 콘덴서 등이 있다.
(3) 콘덴서의 접속 방법
   ① 직렬 접속 방법

자격 취득 key

㉮ 각 콘덴서에 정전되는 전기량 q는 모두 같다.

$V_1 = \dfrac{q}{C_1}$, $V_2 = \dfrac{q}{C_2}$

㉯ 각 콘덴서에 걸리는 전압의 합은 전원 전압과 같다.

$V = V_1 + V_2 = q \left(\dfrac{1}{C_1} + \dfrac{1}{C_2} \right)$

㉰ 합성 정전 용량을 C라 하면

$$V = \frac{q}{C} \quad \therefore \quad \frac{1}{C} = \frac{1}{C_1} + \frac{1}{C_2}$$

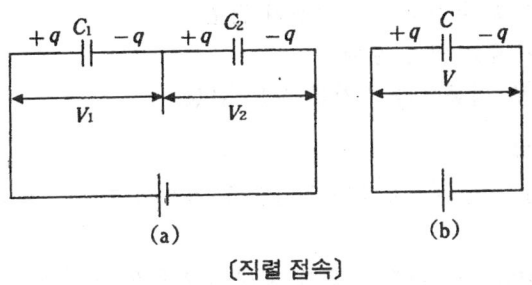

〔직렬 접속〕

② 병렬 접속

자격 취득 key

㉮ 각 콘덴서의 전기량의 합은 합성 콘덴서의 전하량과 같다.

$$q_1 + q_2 = q$$

㉯ 각 콘덴서에 걸리는 전압은 같다.

$$V_1 + V_2 = V$$

㉰ 합성 정전 용량

$$C = \frac{q}{V} = \frac{q_1}{V} + \frac{q_2}{V} \quad \therefore \quad C = C_1 + C_2$$

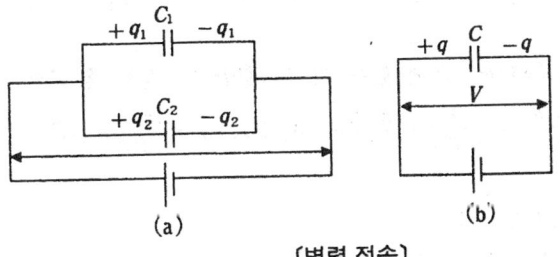

〔병렬 접속〕

(4) 정전 용량(electrostatic capacity) : 도체의 전위 V(V)는 도체의 전하 Q(C)에 비례한다. 도체의 전하 Q와 전위 V의 비례상수를 도체의 정전 용량 C라 한다. 즉, 1(V)의 전위를 높이는 데 필요한 전기량(C)은

$$C = \frac{Q}{V} \text{(F)}$$

정전 용량의 단위는 패럿 〔F〕을 쓴다.

$1\text{(F)} = 10^6 \text{(μF)} = 10^9 \text{(pF)}$

(5) 콘덴서에 저축되는 에너지

$$W = \frac{1}{2}VQ = \frac{1}{2}CV^2 \text{(J)}$$

2. 전계와 자계

1 자 기

- 자기(magnetism) : 쇠붙이를 끌어당기는 성질의 근원
- 자석(magnet) : 자기를 가지고 있는 물체
- 자화(magnetization) : 어떤 쇠붙이가 자기를 띠는 현상

(1) 물체를 자화시키는 작용

① 자기유도(magnetic induction) : 자석을 쇠붙이에 가까이 가져가면 쇠붙이가 자화되는 현상을 말한다.

② 자성체(magnetic substance) : 자기 유도에 의하여 자화되는 물체를 말한다.
  ㉮ 강 자성체 : 자화 정도가 강한 것을 말하며, 철·니켈·코발트·망간 및 그들 합금
  ㉯ 상 자성체 : 자화 정도가 보통이며, 알루미늄·백금·주석·산소·공기 등
  ㉰ 반 자성체 : N극을 가까이 하면 N극이, S극을 가까이 하면 S극으로 자화되는 물질로 탄소·인·금·은 등

③ 자장(magnetic field) : 자극의 힘이 미치는 공간을 말하며, 자계라고도 한다.
  ㉮ 자장의 세기 : 자장 안에 +1의 단위 자극을 놓았을 때에 작용하는 힘을 그 점의 자장의 세기라 한다. 단위는 [AT/m]를 쓴다.
  ㉯ 자극 m_1[Wb]로부터 r[m] 떨어진 점의 자장의 세기 H는

$$H = k\frac{m_1}{r^2} = \frac{1}{4\pi\mu_0} \cdot \frac{m_1}{r^2} = 6.33 \times 10^4 \frac{m_1}{r^2} \text{[AT/m]}$$
$$\mu = \mu_0 \mu_s$$

여기서, μ : 투자율, μ_0 : 진공의 투자율($4\pi \times 10^{-7}$[H/m]), μ_s : 비투자율(진공 중에는 1)

또 자장의 세기 H[AT/m] 안에 있는 자극 m[Wb]가 받는 힘 F는

$$F = mH = k\frac{m_1 m_2}{r^2} = \frac{1}{4\pi\mu} \cdot \frac{m_1 m_2}{r^2} = 6.33 \times 10^4 \times \frac{m_1 m_2}{\mu_s r^2} \text{[N]}$$

④ 자기 모멘트
  ㉮ 자기 모멘트 $M = ml$[Wb·m]
  ㉯ 자석의 토크 $T = MH\sin\theta = mlH\sin\theta$ [N·m]

(2) 자석의 성질

① 자석은 한쌍의 극(N극, S극)을 가진다.
② 쇠붙이를 끌어당기는 힘은 양끝이 가장 강하다. 이 양끝을 자극(magnetic pole)이라 한다.
③ 자석의 중심을 매달면 남북을 가리킨다.
④ 같은 극끼리는 서로 밀고, 다른 극끼리는 서로 끌어당긴다.

(3) 쿨롱의 법칙(Coulomb's law)

두 자극 사이에 작용하는 힘의 크기는 두 자극 사이의 거리의 제곱에 반비례하고, 두 자극의 세기의 곱에 비례한다. 이것을 쿨롱의 법칙이라 한다.

① m_1, m_2의 세기의 자극을 r의 거리에 두었을 때, 그 사이에 작용하는 힘은
$$F = k\frac{m_1 \cdot m_2}{r^2} = \frac{1}{4\pi\mu} \cdot \frac{m_1 m_2}{r^2} = 6.33 \times 10^4 \times \frac{m_1 m_2}{\mu s r^2} \text{ (N)}$$

② 진공 중에서 같은 두 자극 1[C]를 1[m] 거리에 놓았을 때, 그 작용하는 힘이 6.33×10^4[N]이 되는 자극의 세기를 단위로 하여 1웨버[Wb]라 한다.

2 전류의 자기 작용

(1) **암페어의 오른나사 법칙** : 전류가 도선에 흐르면 그 주위에 자장이 생기는데, 전류와 자장의 방향은 오른나사의 진행방향과 나사의 돌리는 방향에 각각 일치한다.

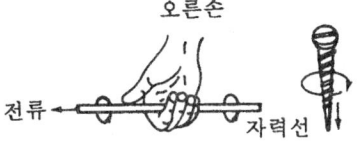

〔암페어의 오른 나사 법칙〕

(2) **직선 전류가 만드는 자장** : 도선을 중심으로 한 동심원을 그리며, 도선과 수직인 평면에 있다.

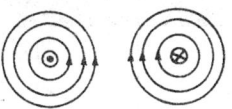

〔직선 전류에 의한 자장〕

(3) **긴 코일이 만드는 자장** : 그림과 같다.

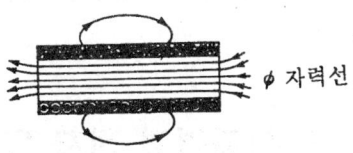

〔긴 코일이 만드는 자장〕

3. 자기 회로

1 자속과 투자율

자석의 자화 상태 등은 자력선 만으로 표시할 수 없다. 따라서 그림과 같이 자화된 철의

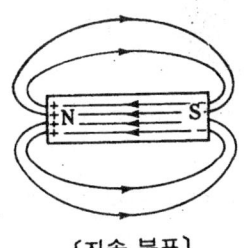

〔자속 분포〕

내부를 관통하여 자화 상태 등을 나타내는 자속(magnetic flux)이라는 자력선의 묶음을 가상하여 Φ로 나타내며, 단위는 [Wb]를 사용한다.

단면적 $A[m^2]$를 통과하는 자속을 Φ[Wb]라 하면 자속밀도 B는 다음과 같다.

$$B = \frac{\Phi}{A} [Wb/m^2], \quad B = \mu H [T]$$

2 자기회로와 옴의 법칙

표에서와 같이 전기회로와 자기회로는 그 계산방법이 비슷하여 아래와 같은 식이 계산에 활용된다.

$$\Phi = \mu H A = \frac{\mu N I A}{l}$$

$$\therefore \Phi = \frac{NI}{R_m}$$

자기저항 $R_m = \frac{l}{\mu A}$ [AT/wb]

[전기회로와 자기회로의 비교]

전 기 회 로		자 기 회 로	
저 항	R[Ω]	자기저항	R_m[AT/Wb]
전 압	V[V]	기 자 력	$F = NI$[AT]
전 류	I[A]	자 속	Φ[Wb]
$I = \frac{V}{R}$[A], $V = I \cdot R$		$\Phi = \frac{F}{R_m} = \frac{NI}{R_m}$ $\therefore F = NI = \Phi R_m$	

4. 전자력과 전자 유도

1 전자력

(1) 전자력(electromagnetic force)

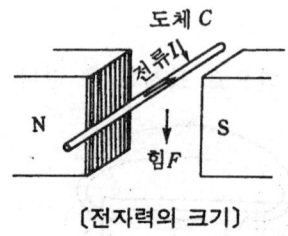

[전자력의 크기]

자속밀도 B[Wb/m²]의 자장 안에 이와 직각으로 길이 l[m]의 도선을 놓고 I[A]의 전류를 흐르게 할 때, 도선이 받는 전자력은 전자력은 다음과 같다.
① 직류 : $F=BIl$(N)
② 교류 : $F=BIl\sin\theta = \mu_0 HIl\sin\theta$ ($B=\mu_0 H$)

(2) 플레밍의 왼손 법칙(Fleming's left-hand rule)

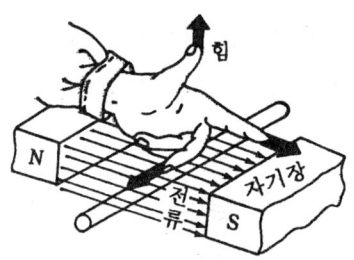

〔플레밍의 왼손법칙〕

왼손 세 손가락을 서로 직각으로 펼치고 가운데 손가락을 전류, 집게 손가락을 자장의 방향으로 하면, 엄지 손가락의 방향은 힘의 방향이 된다. 이것을 플레밍의 왼손법칙이라 하며, 이 원리를 이용한 것이 전동기이다.

(3) 평행전류 사이의 전력

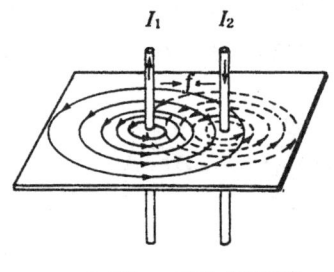

〔평행 도체의 작용력〕

① 흡인 작용 : 2개의 평행 도선에 같은 방향으로 흐르게 하면 전류간의 힘에 흡인작용이 생긴다.
② 반발 작용 : 2개의 평행 도선에 서로 반대방향으로 전류를 흐르게 할 경우에는 전류간의 힘에 반발작용이 일어난다.
③ 자장의 세기 : 자장의 세기 H(AT/m)는 암페어 법칙에 의해
$$H=\frac{I}{2\pi r}[\text{AT/m}]$$
여기서, I_1 : 전류, r : 직선 도선 위 중심에서의 반경(m), H : P점에서의 자장의 세기

2 전자 유도

(1) 전자 유도(electromagnetic induction)

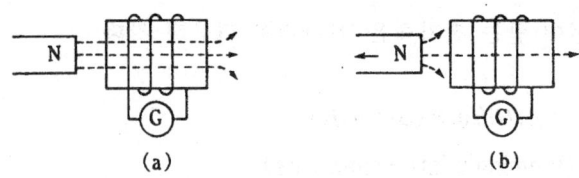

〔유도 기전력 방향〕

그림과 같이 코일을 놓고 자석을 움직이면 코일에 전류가 흐른다. 즉, 코일을 지나는 자속이 변화하면 코일에 기전력이 생기는 데, 이 현상을 전자유도 작용이라 한다.

(2) 전자 유도 법칙

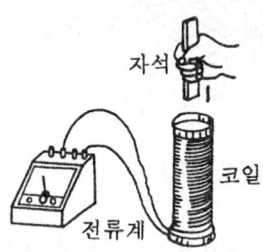

〔전자기 유도〕

① 패러데이 법칙(Faraday's law) : 전자 유도에 의하여 회로에 유도되는 기전력의 크기는 이 회로와 쇄교하는 자속의 변화량에 비례한다.
② 렌쯔의 법칙(Lenz's law) : 유도 기전력의 방향은 그 유도 전류가 만드는 자속이 원래의 자속 증감을 방해하는 방향이다.
③ 유도 기전력(e) = $\dfrac{\text{변화한 자속의 양}}{\text{자속변화에 걸린시간}} = N\dfrac{\Delta \phi}{\Delta t}$ [V]

참고 부호 $-$는 기전력의 방향임을 나타낸다.

(3) 상호 유도

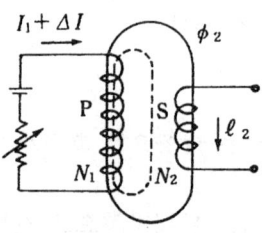

〔상호 유도 작용〕

그림과 같이 두개의 코일을 가까이 놓고 P 코일의 전류를 변화시키면 S 코일에 기전력 e_2가 유기된다. 이와 같은 현상을 상호 유도(mutual induction)라 한다.

$$e_2 = -N\dfrac{\Delta I}{\Delta t} \text{[V]}$$

여기서, M : 상호 유도계수[H], ΔI : P 코일의 전류 변화량[A]
Δt : P 코일의 전류가 변화하는 데 걸린 시간[초]

(4) 자체 유도

코일에 흐르는 전류를 변화시키면 또한 자속도 변화하게 되고, 자속의 변화를 방해하는 방향으로 코일에 유도 기전력 e가 발생한다. 이와 같은 현상을 자체 유도(self-induction)라 한다.

$$e = -L\frac{\Delta I}{\Delta t} \text{(V)}$$

여기서, ΔI : 코일의 전류 변화량(A)
L : 자체 유도 계수(H)
Δt : 코일의 전류가 변화하는 데 걸린 시간(초)

① 자체 유도 계수(self-inductance) : 코일의 크기와 모양 또는 철심의 유무에 따라 결정되는 정수로서, 단위는 헨리(henry : 기호(H))를 쓴다.
② 1헨리(H) : 1초 동안에 전류 1(A) 변화시킬 때, 1(V)의 전압이 발생하는 코일의 인덕턴스(inductance)를 말한다.

3 맴돌이 전류

(1) 다음 그림과 같이 구리판 위에서 막대자석 N, S를 가까이 하여 회전시키면 각각 N극, S극의 밑부분에 플레밍의 오른손 법칙에 의한 기전력이 유도되어, 구리판에 맴돌이 상태로 전류가 흐른다.
(2) 유도 전류를 맴돌이 전류(eddy current)라 하며, 맴돌이 전류에 의한 전력은 도체 안에서 열에너지로 변화하여 전력 손실이 된다.
 ① 맴돌이 전류 = $\dfrac{\text{유도 기전력}}{\text{맴돌이 전류회로 저항}}$
 ② 손실 전력 = 기전력 × 맴돌이 전류

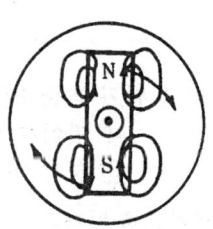

[맴돌이 전류]

예상문제

문제 1. w는 주파수이고 콘덴서의 등가회로가 그림과 같을 때 역률($\tan \delta$)는?

㉮ wRC
㉯ $\dfrac{R}{wC}$
㉰ $\dfrac{w}{R}$
㉱ $\dfrac{1}{RwC}$

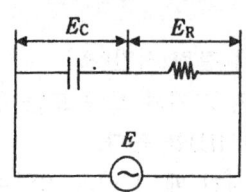

풀이 역률 $\tan \delta = \dfrac{ER}{EC}$

$= \dfrac{RI}{\dfrac{1}{wC} \times I}$

$= wCR$

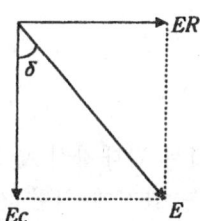

문제 2. 정전 용량 C_1, C_2가 직렬로 접속되어 있을 때의 합성 정전용량은?

㉮ $\dfrac{1}{C_1} + \dfrac{1}{C_2}$
㉯ $\dfrac{C_1 C_2}{C_1 + C_2}$
㉰ $\dfrac{1}{C_1 + C_2}$
㉱ $C_1 + C_2$

풀이 $C = \dfrac{1}{\dfrac{1}{C_1} + \dfrac{1}{C_2}} = \dfrac{C_1 C_2}{C_1 + C_2}$

문제 3. 평행한 두 도선에 서로 반대방향의 전류가 흐를 때, 두 도선 사이에 작용하는 힘은?

㉮ 당긴다.
㉯ 밀어낸다.
㉰ 힘이 작용하지 않는다.
㉱ 전류 방향에 관계없다.

풀이 두 도선에는 같은 방향으로 자장이 생기므로 반발력이 생긴다.

문제 4. 4(H)와 9(H)의 자체 인덕턴스를 갖는 두 코일의 상호 인덕턴스가 3.6(H)라면 결합계수는?

㉮ 0.5
㉯ 0.6
㉰ 0.7
㉱ 0.8

풀이 $M = k\sqrt{L_1 \cdot L_2}$, $k = \dfrac{3.6}{6} = 0.6$

문제 5. 전류 $i = 10 \sin 5t + 5\sin 10t$(A)이고, 전압 $V = 5\sin 5t + 10\sin 10t$(V)일 때 소비전력(W)은?

㉮ 55
㉯ 125
㉰ 50
㉱ 150

해답 1. ㉮ 2. ㉯ 3. ㉯ 4. ㉯ 5. ㉱

[도해] $P = VI$ 에서

$$I = \sqrt{\left(\frac{10}{\sqrt{2}}\right)^2 + \left(\frac{5}{\sqrt{2}}\right)^2}$$

$$V = \sqrt{\left(\frac{5}{\sqrt{2}}\right)^2 + \left(\frac{10}{\sqrt{2}}\right)^2}$$

문제 6. 직렬 회로의 서셉턴스는? (R : 저항, X : 리액턴스)

㉮ $\dfrac{X}{R^2+X^2}$　　㉯ $\dfrac{R}{\sqrt{R^2+X^2}}$　　㉰ $\dfrac{X}{\sqrt{R^2+X^2}}$　　㉱ $\dfrac{R}{R^2+X^2}$

[도해] 어드미턴스 $Y = \dfrac{1}{Z}$ 에서

$$Z = R + jX, \; Y = \dfrac{1}{R+jX} = \dfrac{R-jX}{(R+jX)(R-jX)}$$

$$\dfrac{R}{R^2+X^2} - j\dfrac{X}{R^2+X^2}$$

여기서　G = 콘덕턴스, B = 서셉턴스

문제 7. RL 직렬회로에 $V = 200\sqrt{2}\sin wt + 100\sqrt{2}\sin 3wt + 50\sqrt{2}\sin 5wt$[V]인 전압을 가할 때 제3고조파 전류의 실효값은? (단, $R = 8[\Omega]$, $wL = 2[\Omega]$)

㉮ 10　　㉯ 30　　㉰ 20　　㉱ 8

[도해] 제3고조파의 전류

$$V = \sqrt{\left(\dfrac{200\sqrt{2}}{\sqrt{2}}\right)^2 + \left(\dfrac{100\sqrt{2}}{\sqrt{2}}\right)^2 + \left(\dfrac{50\sqrt{2}}{\sqrt{2}}\right)^2} = 100$$

$$= \dfrac{100}{10} = 10[A]$$

따라서 제3고조파 전류는 10[A]이다.

문제 8. 다음 그림의 회로에서 합성 정전용량은 몇 [μF]인가?

㉮ 1
㉯ 2
㉰ 4
㉱ 8

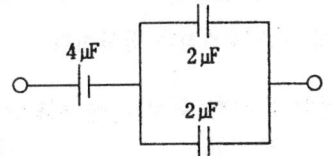

[도해] 병렬 부분의 합성은 $2 + 2 = 4[\mu F]$

전체 합성은 $C = \dfrac{4 \times 4}{4+4} = 2\,\mu F$

문제 9. 정전 용량이 각각 10[μF], 15[μF]인 두 콘덴서를 직렬로 접속하면 합성 정전 용량은?

㉮ $\dfrac{1}{25}[\mu F]$　　㉯ $\dfrac{1}{6}[\mu F]$　　㉰ 6[μF]　　㉱ 25[μF]

[도해] $\dfrac{1}{C} = \dfrac{1}{C_1} + \dfrac{1}{C_2}$ 에서

$$C = \dfrac{C_1 \cdot C_2}{C_1 + C_2} = \dfrac{15 \times 10}{15+10} = \dfrac{150}{25} = 6[\mu F]$$

해답　6. ㉮　7. ㉮　8. ㉯　9. ㉰

문제 10. 교류전압 $e = Em \sin(wt + \theta)$ (V)을 인덕턴스 L만의 회로에 흐르게 할 때 L의 전류 i(A)는?

㉮ $\dfrac{Im}{wL} \sin\left(wt + \phi - \dfrac{\pi}{2}\right)$ ㉯ $\dfrac{Em}{wL} \sin\left(wt + \phi + \dfrac{\pi}{2}\right)$

㉰ $\dfrac{Em}{wL} \sin\left(wt - \phi + \dfrac{\pi}{2}\right)$ ㉱ $\dfrac{Im}{wL} \sin\left(wt - \phi - \dfrac{\pi}{2}\right)$

풀이 전류 $I = \dfrac{e}{Z}$ 에서 $X_L = wL$ 이고, 순시전압

$e = Em \sin(wt + \phi)$ 에서

$I = \dfrac{Em \sin(wt + \phi)}{wL}$ 가 된다. 이 때 위상관계는

L이기 때문에 ELI 를 적용시키면 전압이 전류보다 $\dfrac{\pi}{2}$ 만큼 앞서기 때문에 $-\dfrac{\pi}{2}$ 가 정답이 됨

문제 11. 플레밍의 왼손 법칙에 의하여 정해지는 것은?
㉮ 힘의 방향   ㉯ 전류 방향
㉰ 자력선 방향   ㉱ 기전력 방향

풀이 플레밍의 왼손 법칙은 전동기의 원리를 나타낸다.

문제 12. 그림의 저항 R 에 화살표 방향의 전류가 흐르게 하려면 막대자석을 어떤 방향으로 이동시켜야 하겠는가?

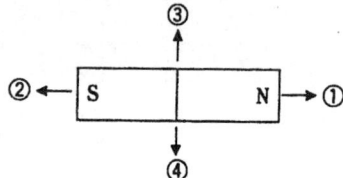   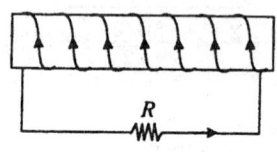

㉮ ①방향   ㉯ ②방향   ㉰ ③방향   ㉱ ④방향

풀이 유도 전류가 만드는 자속은 원래 자속의 증감을 방해하는 방향이다.

문제 13. 전등 20개의 저항이 200(Ω)인 데 병렬 접속한 회로의 전 저항은 얼마인가?
㉮ 10   ㉯ 15   ㉰ 200   ㉱ 40

풀이 병렬 접속시 합성저항 $Rt = \dfrac{R}{n} = \dfrac{200}{20} = 10 (\Omega)$

문제 14. 극수 4, 주파수 주기 0.02(sec)의 발전기에서 회전수는 얼마인가?
㉮ 1600(rpm)   ㉯ 1500(rpm)   ㉰ 1400(rpm)   ㉱ 1300(rpm)

풀이 $N = \dfrac{120 \times f}{P}$ $\begin{cases} N : \text{회전수} \\ f : \text{주파수} \\ p : \text{극수} \end{cases}$

$N = \dfrac{120 \times 50}{4}$

$= 1,500 \text{(rpm)}$

따라서 회전수는 $N = 1500 \text{(rpm)}$ 임

해답 10. ㉱ 11. ㉮ 12. ㉮ 13. ㉮ 14. ㉯

[문제] 15. 두개의 평행 금속판에 각각 $+12 \times 10^{-6}$[C] 및 -12×10^{-4}의 전기를 두었을 때 전위차가 6[V]되었다. 정전 용량은 몇 [μF]인가?
  ㉮ 2   ㉯ 4   ㉰ 6   ㉱ 12

[풀이] $C = \dfrac{Q}{V} = \dfrac{12 \times 10^{-6}}{6} = 2 \times 10^{-6}$[F] $= 2$[μF]

[문제] 16. 그림과 같은 회로에서 a, b간의 합성 정전 용량은 얼마인가?
(단, $C_1 = 2$[μF], $C_2 = 3$[nF], $C_3 = 2$[μF], $C_4 = 2.8$[μF]이다.)
  ㉮ 2[μF]
  ㉯ 3[μF]
  ㉰ 5[μF]
  ㉱ 6[μF]

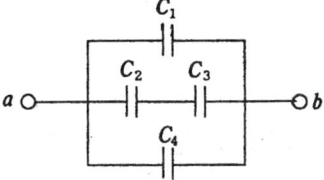

[풀이] $C_{ab} = C_1 + C_4 + \dfrac{C_1 C_2}{C_1 + C_2}$
$= 2 + 2.8 + \dfrac{3 \times 2}{3 + 2} = 6$[μF]

[문제] 17. 정전 용량이 같은 콘덴서 2개를 병렬로 접속했을 때의 합성 정전 용량은 직렬로 접속했을 때의 합성 정전 용량의 몇 배인가?
  ㉮ 1/2배   ㉯ 1/4배   ㉰ 2배   ㉱ 4배

[풀이] ① 직렬 접속시
  $C_s = \dfrac{C \times C}{C + C} = \dfrac{C}{2}$
② 병렬 접속시
  $C_p = C + C = 2C$
∴ $\dfrac{C_p}{C_s} = \dfrac{2C}{\dfrac{C}{2}} = 4$(배)

[문제] 18. 전류계 측정범위를 100배로 하기 위한 분류기의 저항은 전류계 내부저항의 몇 배인가?
  ㉮ 1/99배   ㉯ 1/100배   ㉰ 99배   ㉱ 100배

[풀이] 분류기의 배율: $1 + \dfrac{R}{R_s}$

[문제] 19. 평균 반지름이 15[cm]이고, 권수 90회인 원형 코일에 전류를 흐르게 하였을 때 그 코일 중심의 자장의 세기는 1500[AT]이었다. 이 코일에 흐르는 전류[A]는?
  ㉮ 3   ㉯ 5   ㉰ 7   ㉱ 10

[풀이] $H = \dfrac{NI}{2r}$ 에서, $I = \dfrac{2rH}{N}$
∴ $I = \dfrac{2 \times 0.15 \times 1500}{90} = 5$[A]

[해답] 15. ㉮ 16. ㉱ 17. ㉱ 18. ㉮ 19. ㉯

문제 20. 위상차가 30°이고 200(V)의 교류 전압을 가했더니 30(A)의 전류가 흐를 때 소비 전력는 몇 (kW)인가?
  ㉮ 6.2   ㉯ 4.2   ㉰ 3.2   ㉱ 5.2

풀이 $\theta = 30°$, $V=200$, $I=30$, $P=VI\cos\theta$
   $= 200 \times 30 \times \cos 30 ≒ 5.2$(kW)

문제 21. 길이 0.5(m)의 쇠 막대가 자속 밀도 1(Wb/m²)인 자장과 직각 방향으로 25(m/s)로 이동할 때 유기 전력은 얼마인가?
  ㉮ 1.25(V)   ㉯ 12.5(V)   ㉰ 125(V)   ㉱ 1250(V)

풀이 $e = BIv \sin\theta$ 에서
   $e = 1 \times 0.5 \times 25 = 12.5$(V)

문제 22. 다음 그림에서 전원에 의해 공급되는 평균 전력은?
  ㉮ 1200
  ㉯ 1300
  ㉰ 1400
  ㉱ 1500

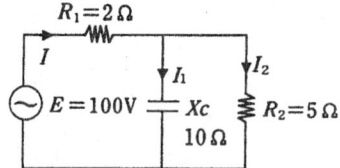

풀이 임피던스 $Z = R_1 + \dfrac{R_2 \times jX_C}{R_2 + jX_C}$

   $= 2 + \dfrac{5(-j10)}{5-j10} = \dfrac{2-j14}{1-j2}$

   $Y = \dfrac{1}{Z} = \dfrac{1-j2}{2-j14} = \dfrac{(1-j2)(2-j14)}{(2-j14)(2+j14)}$

   $= 0.15 + j0.05$
   $P = GV^2$에서 $P = 0.15 \times 100^2 = 1500$(W)
   즉, $P = 1500$(W)

문제 23. 0.02(μF)의 콘덴서에 12(μF)의 전하를 공급하면 몇 (V)의 전위차가 나타나는가?
  ㉮ 600   ㉯ 900   ㉰ 1200   ㉱ 2400

풀이 $E = \dfrac{Q}{C} = \dfrac{12 \times 10^{-6}}{0.02 \times 10^{-6}} = \dfrac{12}{0.02} = 600$(V)

문제 24. 평형 3상 회로의 정현파의 고조파에서 틀린 것은?
  ㉮ 제2 고조파와 2배수의 고조파는 각 상에 90°의 위상차가 생긴다.
  ㉯ 제3 고조파와 그 배수의 고조파는 동상이다.
  ㉰ 7, 13, 19의 고조파는 상회전이 기본파와 같다.
  ㉱ 5, 11, 17 등의 고조파는 기본파와 역방향으로 상회전한다.

문제 25. 대칭 3상 전압을 가할 때 각 전류를 같게 하려면 R은?
  ㉮ 2.5
  ㉯ 7.5
  ㉰ 5
  ㉱ 4

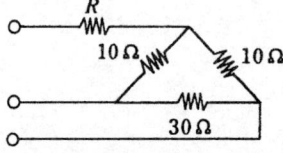

해답 20. ㉱ 21. ㉯ 22. ㉱ 23. ㉮ 24. ㉮ 25. ㉱

[풀이] $\Delta \leftrightarrow Y$ 변환을 참조하여 풀면
$Ra = \frac{100}{50} = 2$, $Rb = \frac{300}{50} = 6$, $Rc = \frac{300}{50} = 6$이 된다.
3선 각각에 흐르는 전류가 동일하게 되려면 3선 각상의 저항이 동일하면 되기 때문이다.
$\frac{100}{50} + R = \frac{300}{60}$ 에서 $R = \frac{200}{50} = 4[\Omega]$
$\therefore R = 4[\Omega]$

[문제] 26. 다음과 같은 유도 전류가 흐를 때의 동작 방향은 어느 방향인가?

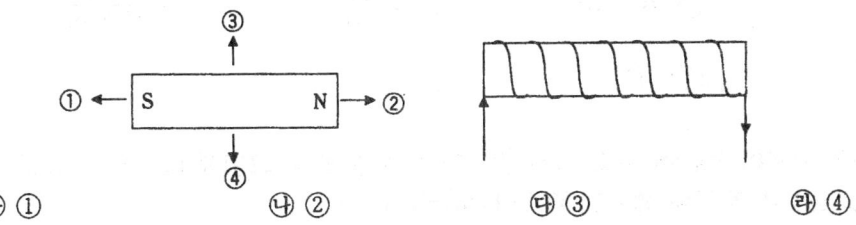

㉮ ①　　　㉯ ②　　　㉰ ③　　　㉱ ④

[풀이] 렌쯔의 법칙과 플레밍의 오른손 법칙에 의하여 유도전류의 방향을 알 수 있으며, 그림과 같이 유도 전류가 흐르면 우측이 N, 좌측이 S가 되므로 자석의 방향은 방해하는 방향이기 때문에 ②의 방향이 된다.

[문제] 27. 전류에 의한 자장의 방향을 결정하는 것은 무슨 법칙인가?
㉮ 앙페에르의 법칙　　㉯ 렌쯔의 법칙
㉰ 플레밍의 오른손 법칙　　㉱ 플레밍의 왼손 법칙

[풀이] ① ㉯는 전자 유도 현상에서 유도 기전력의 방향을 정하는 법칙
② ㉰는 발전기의 유기 기전력의 방향을 알기 위한 법칙
③ ㉱는 전동기의 회전 방향과 전자력에 관계되는 법칙이다.

[문제] 28. 유도리액턴스 4[Ω], 저항 3[Ω]이 직렬 접속될 때 회로의 역률은?
㉮ 0.8　　㉯ 0.7　　㉰ 0.6　　㉱ 0.9

[풀이] 직렬 연결일 때 역률 $\cos\theta = \frac{R}{Z}$
$= \frac{R}{\sqrt{R^2 + X_L^2}} = \frac{3}{\sqrt{4^2 + 3^2}} = \frac{3}{5}$
$= 0.6$이 된다.

[문제] 29. 구형파의 파고율은?
㉮ 1.414　　㉯ 1　　㉰ 1.732　　㉱ 3.414

[풀이] 구형파(단형파)는 파고율 및 파형은 모두 1이다.

[문제] 30. 1[V]는 어느 값과 같은가?
㉮ 1[Wb/m]　　㉯ 1[Ω/m]　　㉰ 1[C/J]　　㉱ 1[J/C]

[풀이] 1[V]란 1[C]의 전기량이 이동해서 1[J]의 일을 했을 때의 전위차이다.
즉, $E = \frac{W}{Q} [J/C]$

[해답] 26. ㉯　27. ㉮　28. ㉰　29. ㉯　30. ㉱

문제 31. 평등 전장 중에 4(Ω)의 전하를 전장의 방향과 반대로 10(cm)만큼 이동하는 데 200(J)의 일을 필요로 했다. 이 두 점간의 전위차(V)는?
㉮ 5   ㉯ 50   ㉰ 100   ㉱ 150

풀이 $E = \dfrac{W}{Q} = \dfrac{200}{4} = 50(V)$

문제 32. 반지름 r(m)인 구도체에 Q(C)의 전하를 주었을 때 이 도체의 정전 용량(F)은?
㉮ $\dfrac{\varepsilon}{4\pi r}$ ㉯ $9 \times 10^9 \varepsilon_s r$ ㉰ $\dfrac{9 \times 10^9}{\varepsilon_s r}$ ㉱ $\dfrac{\varepsilon_s r}{9 \times 10^9}$

풀이 $C = \dfrac{Q}{E} = 4\pi \varepsilon r = \dfrac{\varepsilon_s r}{9 \times 10^9}$ (F)

문제 33. 평균 반지름이 10(cm)이고 감은 횟수가 10회인 원형 코일에 5(A)의 전류를 흐르게 하면 코일 중심의 자장의 세기는 몇 (AT/m)인가?
㉮ 250   ㉯ 2500   ㉰ 500   ㉱ 5000

풀이 $H = \dfrac{IN}{2r} = \dfrac{5 \times 10}{2 \times 0.1} = 250(AT/m)$

문제 34. 자속 밀도 1.5(Wb/m²)의 자장에 수직으로 10개의 도선을 놓고 각 도선에 같은 방향으로 2(A)의 전류를 흘릴 때 전도선에 가해지는 힘(N)은? (단, 도선이 자장내에 있는 길이는 40(cm)이다.)
㉮ 0.8   ㉯ 1.2   ㉰ 8   ㉱ 12

풀이 $F = BIl \sin\theta$
　　$= 1.5 \times 0.4 \times 2 \times \sin 90°$
　　$= 1.2(N)$

문제 35. 1(MΩ)은 몇 (Ω)인가?
㉮ 10^6 ㉯ 10^4 ㉰ 10^5 ㉱ 10^3

풀이 1(MΩ)=10^6Ω이고 1(mmΩ)=10^{-3}Ω 임

문제 36. 다음 그림에서 합성 저항은?
㉮ $R = \dfrac{1}{R_1 + R_2}$
㉯ $R = \dfrac{R_1 R_2}{R_1 + R_2}$
㉰ $R = \dfrac{R_1 + R_2}{R_1 R_2}$
㉱ $R = R_1 + R_2$

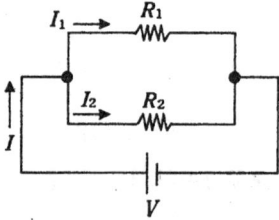

풀이 저항 2개가 병렬일 때는 콘덴서의 직렬연결의 합성과 같이 계산한다.
즉, 합성저항 $R = \dfrac{R_1 R_2}{R_1 + R_2}$

문제 37. cos θ = 0.8이면 sin θ 는?
㉮ 0.6   ㉯ 0.7   ㉰ 0.8   ㉱ 0.5

해답 31.㉯ 32.㉱ 33.㉮ 34.㉯ 35.㉮ 36.㉯ 37.㉮

[토의] 삼각함수 $\sin^2\theta + \cos^2\theta = 1$에서
$\sin\theta = \sqrt{1-\cos^2\theta} = \sqrt{1-0.8^2} = 0.6$
따라서 무효율 $\sin\theta = 0.6$이다.

문제 38. $R=4(\Omega)$, $X_L=9(\Omega)$, $X_C=6(\Omega)$이 직렬로 접속할 때 어드미턴스는?

㉮ $\dot{Y}=4+j3$ ㉯ $\dot{Y}=0.16+j0.12$ ㉰ $\dot{Y}=4-j3$ ㉱ $\dot{Y}=0.16-j0.12$

[토의] $Z=4+j(9-6)$ 이므로
$$Y=\frac{1}{Z}=\frac{1}{4+j3}=\frac{4-j3}{(4+j3)(4-j3)}$$
$$=\frac{4-j3}{4^2+3^2}=0.16-j0.12(\mho)임$$

문제 39. 같은 양의 전하가 10(cm) 떨어져 있을 때 16(N)의 힘이 작용하였다면 전기량을 변하지 않게 하고 40(cm)의 거리로 멀리하였을 때 작용하는 힘(N)은?

㉮ 0.05 ㉯ 0.5 ㉰ 1 ㉱ 5

[토의] 힘 F는 거리의 제곱에 반비례하므로 거리가 4배가 되어, 힘은 1/16배가 된다.

문제 40. 전장 중에 단위 전하를 놓았을 때 그것에 작용하는 힘은 다음 어느 값과 같은가?

㉮ 전장의 세기 ㉯ 전위차 ㉰ 전하 ㉱ 전위

[토의] 전장의 세기는 전장속의 한 점에 +1(C)의 전하를 놓았을 때, 이 전하에 작용하는 힘을 그 점에 대한 전장의 세기라 하며, 그 힘의 방향을 전장의 방향으로 정한다.

문제 41. 하나의 전력계 지시가 다른 전력계 보다 2배가 되었을 때 이 부하 역률은?

㉮ 60(%) ㉯ 70(%) ㉰ 50(%) ㉱ 86.6(%)

문제 42. 정전 용량이 같은 2개의 콘덴서를 병렬로 접속하였을 때 합성 용량은 직렬로 접속했을 때의 합성 용량의 몇 배인가?

㉮ 1/4 ㉯ 1/2 ㉰ 2 ㉱ 4

[토의] 병렬일 때 합성용량은 2(C), 직렬일 때 합성 용량은 1/2(C)가 된다.

문제 43. 콘덴서의 양단에 10(V)의 전압을 가하였더니 6×10^{-6}(C)의 전하가 충전되었다. 정전 용량은 몇 (μF)인가?

㉮ 0.4 ㉯ 0.6 ㉰ 0.9 ㉱ 1.2

[토의] $C=\dfrac{Q}{V}=\dfrac{6\times 10^{-6}}{10}=0.6\times 10^{-6}(F)=0.6(\mu F)$

문제 44. 지이멘스라는 것은?

㉮ 콘덕턴스 ㉯ 리액턴스 ㉰ 자기저항 ㉱ 도전율

[토의] 지이멘스라는 콘덕턴스를 의미하며 저항의 역수임
즉 $R=\dfrac{1}{G}$

문제 45. 최대값이 Em인 전파 정류 정현파의 평균값은?

㉮ $\sqrt{2}\,Em$ ㉯ $\dfrac{Em}{\pi}$ ㉰ $\dfrac{2Em}{\pi}$ ㉱ $\dfrac{Em}{2}$

[해답] 38. ㉱ 39. ㉰ 40. ㉮ 41. ㉯ 42. ㉱ 43. ㉯ 44. ㉮ 45. ㉰

[풀이] 전파정류 일 때 $=\frac{2}{\pi}Em$ 이고 반파정류 일 때 평균값$=\frac{Em}{\pi}$ 이다.

[문제] 46. 일정 전압 E에 대해서 L을 변화시킬 때 $wL=\frac{1}{wC}$일 때 선로 전류 I는?
㉮ 최소
㉯ 최대
㉰ 일정
㉱ 최소도 최대도 아님

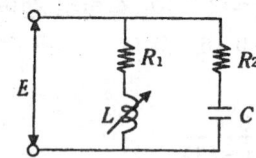

[풀이] $wL=\frac{1}{wC}$ (공진 조건)
　　　R_1과 R_2 값이 존재하면 전 역률이 1이 되어도 전 전류값 I는 최소로 되지 않는다. 따라서 최소도 최대도 되지 않음.

[문제] 47. $R=4(\Omega)$, $wL=7(\Omega)$, $1/wC=4(\Omega)$인 직렬회로의 합성 임피던스 (Ω)은?
㉮ 7　　　㉯ 5　　　㉰ 9　　　㉱ 4

[풀이] $Z=\sqrt{R^2+\left(wL-\frac{1}{wC}\right)^2}$
　　　$=\sqrt{4^2+(7-4)^2}$
　　　$=\sqrt{16+9}$
　　　$=\sqrt{25}=5$

[문제] 48. 정전 용량 $C(F)$의 평행판 콘덴서를 $E(V)$로 충전하고 전원을 제거한 다음 전극의 간격을 1/2로 접근시키면 전압은 몇 배로 되는가?
㉮ $\frac{1}{2}$배　　㉯ $\frac{1}{3}$배　　㉰ 2배　　㉱ 3배

[풀이] $E=\frac{Q}{C}$(V),　$C=\frac{\varepsilon A}{t}$ 에서　$E=\frac{Qt}{\varepsilon A}$(A)
　　　즉, E는 t에 비례한다.

[문제] 49. 그림에서 a, b간의 합성 정전 용량은 얼마인가?
㉮ $1C$
㉯ $2C$
㉰ $3C$
㉱ $4C$

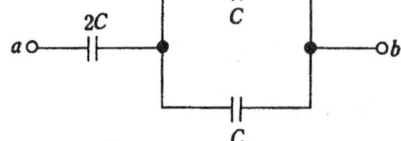

[풀이] $C_0=\dfrac{1}{\dfrac{1}{C+C}+\dfrac{1}{2C}}=\dfrac{1}{\dfrac{2}{2C}}=C$

[문제] 50. 삼각파의 최대 값이 1이라면 실효 값과 평균 값은?
㉮ $\frac{1}{\sqrt{2}}$　$\frac{1}{2}$　　㉯ $\frac{1}{\sqrt{3}}$　$\frac{1}{2}$　　㉰ $\frac{1}{\sqrt{2}}$　$\frac{1}{3}$　　㉱ $\frac{1}{\sqrt{2}}$　$\frac{1}{\sqrt{3}}$

[풀이] 삼각파의 실효값은 $\frac{1}{\sqrt{3}}$이고, 평균값은 $\frac{1}{2}$이 된다.

[해답] 46. ㉱　47. ㉯　48. ㉮　49. ㉮　50. ㉯

문제 51. 긴 직선 도선에 i의 전류가 흐를 때 이 도선으로 부터 r만큼 떨어진 곳의 자장의 세기는?

㉮ i에 반비례하고 r에 비례한다.　　㉯ i에 비례하고, r에 반비례한다.
㉰ i의 제곱에 비례하고, r에 반비례한다.　　㉱ i에 비례하고, r의 제곱에 반비례한다.

[토의] $H=\dfrac{1}{2\pi r}$ (AT/m)에 의하면 i에 비례하고, r에 반비례한다.

문제 52. 정전기에서 M.K.S 단위계로 표시한 쿨롱의 법칙은?

㉮ $6.33\times10^4 \dfrac{Q_1Q_2}{\varepsilon r^2}$ [N]　　㉯ $9\times10^9 \dfrac{Q_1Q_2}{\varepsilon_s r^2}$ [N]
㉰ $6.33\times10^4 \dfrac{Q_1Q_2}{\varepsilon_s r^2}$ [N]　　㉱ $9\times10^{-9} \dfrac{Q_1Q_2}{\varepsilon_s r^2}$ [N]

[토의] 쿨롱의 법칙: 두 물체 사이에 작용하는 힘의 크기는 두 물체가 가진 전기량의 곱에 비례하고, 두 물체 사이의 거리의 제곱에 반비례한다.

문제 53. 어떤 콘덴서에 V(V)의 전압을 가해서 Q(C)의 전하를 충전할 때 저장되는 에너지(J)는?

㉮ $2QV$　　㉯ $\dfrac{1}{2}QV^2$　　㉰ $2QV^2$　　㉱ $\dfrac{1}{2}QV$

[토의] $W=\dfrac{1}{2}CV^2=\dfrac{1}{2}QV$ (J)

문제 54. 1(kV)로 충전된 콘덴서의 에너지가 2(J)일 때 콘덴서의 크기(μF)는?

㉮ 0.4　　㉯ 4　　㉰ 40　　㉱ 400

[토의] $W=\dfrac{1}{2}CV^2$에서
　　$2=\dfrac{1}{2}C\times(1000)^2$
　　$\therefore C=4\times10^{-6}$ (F)

문제 55. 100(mH)의 인덕턴스를 갖는 코일에 10(A)의 전류를 흘릴 때 저축되는 에너지는 몇 (J)인가?

㉮ 2　　㉯ 3　　㉰ 5　　㉱ 100

[토의] $W=\dfrac{1}{2}I^2\cdot L=\dfrac{1}{2}\cdot 10^2\times 100\times 10^{-3}=5$ (J)

문제 56. 권수 60회인 코일과 쇄교하는 자속이 0.1(초) 동안에 3(Wb)에서 1(Wb)로 변화하였다면, 이 코일에 유기되는 기전력은 몇 (V)인가?

㉮ 1,200　　㉯ 1,800　　㉰ 60　　㉱ 600

[토의] $e=N\cdot\dfrac{\Delta\phi}{\Delta t}=60\times\dfrac{2}{0.1}=1,200$ (V)

문제 57. 다음 중 도체는?

㉮ 베이클라이트　　㉯ 공기　　㉰ 도자기　　㉱ 탄소

[토의] 베이클라이트, 공기, 도자기 등은 부도체(불량도체)라 부른다.

[해답] 51. ㉯　52. ㉯　53. ㉱　54. ㉯　55. ㉰　56. ㉮　57. ㉱

문제 58. 어떤 코일에 흐르는 전류를 0.04(초) 동안에 2(A)만큼 변화시켰더니, 1(V)의 기전력이 유기되었다. 자체 인덕턴스는 몇 (mH)인가?
㉮ 0.2　　　㉯ 0.8　　　㉰ 20　　　㉱ 80

[풀이] $e = L \cdot \dfrac{\Delta I}{\Delta t}$ 에서

$L = \dfrac{\Delta t}{\Delta I} \cdot e = \dfrac{0.04}{2} \times 1 = 0.02 \text{(H)}$

∴ 20(mH)

문제 59. MKS 단위계에서 자속의 단위는?
㉮ (Wb)　　　㉯ (H)　　　㉰ 가우스　　　㉱ 맥스웰

[풀이] ① (H) : 유도 계수(인덕턴스)의 단위
② 가우스 : C.G.S 단위계에서의 자속 밀도의 단위
③ 맥스웰 : C.G.S 단위계에서의 자속의 단위로 1(Wb)=10^6(맥스웰)

문제 60. 병렬공진 회로에서 코일의 인덕턴스가 240(μH), 전항 R=2(Ω)일 때 공진주파수 500(kHz)에서는 전원의 전류는 코일의 전류의 몇 배인가?
㉮ 0.377　　　㉯ 3.77　　　㉰ 37.7　　　㉱ 377

[풀이] $\dfrac{I_L}{I_R} = \dfrac{WL}{R} = \dfrac{2\pi f L}{R}$

$= \dfrac{2 \times 3.14 \times 500 \times 10^3 \times 240 \times 10^{-6}}{2}$

$= 3.14 \times 5 \times 24 = 377$

따라서 377배가 된다.

문제 61. 공기 중에서 자속 밀도 5(Wb/m²)의 평등 자장 중에 길이 20(cm)인 도선을 자장과 60°의 각도로 놓고 10(A)의 전류를 흐르게 할 때, 도선에 작용하는 힘은 몇 (N)인가?
㉮ $5\sqrt{3}$　　　㉯ $10\sqrt{3}$　　　㉰ $15\sqrt{3}$　　　㉱ $20\sqrt{3}$

[풀이] $F = BIl \cdot \sin\theta = 5 \times 10 \times 0.2 \times \dfrac{\sqrt{3}}{2} = 5\sqrt{3}$ (N)

문제 62. 자극에 의한 자계의 세기를 1/2로 하려면 자극으로부터의 거리를 몇 배로 하여야 하는가?
㉮ 1/2　　　㉯ $\sqrt{2}$　　　㉰ 2　　　㉱ 4

[풀이] $H = k \dfrac{m}{r^2}$ 에서 H는 r^2에 반비례한다.

문제 63. 주파수 60(Hz), 10(A)의 교류 전류에서 순시값은?
㉮ 14.14sin 377t　　㉯ 141.4sin 377t　　㉰ 14.14sin 314t　　㉱ 1.414sin 314t

[풀이] $I = Im \sin wt$　$Ie = \dfrac{Im}{\sqrt{2}}$, $Im = \sqrt{2} Ie = 10 \times \sqrt{2}$
$w = 2\pi f = 377$
$I = 10\sqrt{2} \sin 377t$
$= 14.14\sin 377t$(A)가 된다.

해답 58. ㉯　59. ㉮　60. ㉱　61. ㉮　62. ㉯　63. ㉮

문제 64. 6(μF)의 콘덴서를 직류 2(kV)로 충전하였을 때의 에너지는 몇 (J)인가?
㉮ 9   ㉯ 12   ㉰ 18   ㉱ 24

[도움] $W = \frac{1}{2}CV^2 = \frac{1}{2} \times 6 \times 10^{-4} \times 2{,}000^2 = 12$(J)

문제 65. 1(F)은 몇 (pF)인가?
㉮ 10^{12} ㉯ 10^6 ㉰ 10^{-6} ㉱ 10^{-12}

[도움] 1(μF)=10^{-6}(F), 1(pF)=10^{-6}(μF)=10^{-12}(F)

문제 66. 인접해 있는 두 개의 코일에서 한 코일에 흐르는 전류가 매초 30(A)의 비율로 변화할 때 다른 코일에 15(V)의 기전력이 발생하였다. 두 코일의 상호 인덕턴스는 몇 (H)인가?
㉮ 0.5   ㉯ 15   ㉰ 30   ㉱ 45

[도움] $e = M \cdot \frac{\Delta I}{\Delta t}$ 에서 $\frac{\Delta I}{\Delta t} = 30$ 이므로

$M = \frac{15}{30} = 0.5$(H)

문제 67. 단자 1과 2 사이에 3(Ω)의 저항을 접속했을 때 전류 (A)는?
㉮ 3.7
㉯ 1
㉰ 2
㉱ 1.7

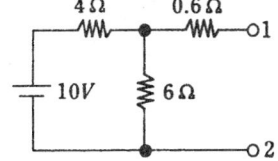

[도움] 데브난 정리에서

$V_{12} = \frac{10 \times 6}{4+6} = \frac{60}{10} = 6$

전압원을 단락시키고 단자 1과 2 사이에서 본 저항

$R = 0.6 + \frac{4 \times 6}{4+6} = 3$(Ω)

∴ $I = \frac{6}{3+3} =$ (A)

∴ $I = 1$(A)

문제 68. 길이 4(cm)의 도선을 자속밀도 4(Wb/m²)의 평등 자장 속에서 자속과 직각 방향으로 0.1(초) 동안에 10(m) 이동하였다. 이 때 유기되는 기전력은?
㉮ 1.6(V)   ㉯ 4(V)   ㉰ 16(V)   ㉱ 40(V)

[도움] $e = BlV = 4 \times 4 \times 10^{-2} \times \frac{10}{0.1} = 16$(V)

문제 69. 5(Wb/m²)의 평등 자장 중에 길이 40(cm)의 도체를 자장과 직각으로 놓고 5(A)의 전류를 흘릴 때 도체에 작용하는 힘은 몇 (N)인가?
㉮ 5   ㉯ 10   ㉰ 20   ㉱ 40

[도움] $F = BIl = 5 \times 5 \times 0.4 = 10$(N)

해답 64. ㉯ 65. ㉮ 66. ㉮ 67. ㉯ 68. ㉰ 69. ㉯

문제 70. 전류가 전압에 비례하는 것은?
㉮ 오옴의 법칙 ㉯ 주울의 법칙
㉰ 렌쯔의 법칙 ㉱ 키르히 호프의 법칙

[풀이] $V = IR$, $I = \dfrac{V}{R}$

문제 71. 자극 가까운 곳에 다른 부호의 극이, 먼 곳에는 같은 부호의 극이 생기는 자성체는?
㉮ 상자성체 ㉯ 반자성체 ㉰ 강자성체 ㉱ 비자성체

[풀이] 자화 정도가 보통인 것으로 Al, Pt, Sn, 산소, 공기 등이 있다.

문제 72. 다음 중 강자성체가 아닌 것은?
㉮ 철 ㉯ 망간 ㉰ 코발트 ㉱ 비스무트

[풀이] 비스무트는 반자성체이다. 강자성체는 자화 정도가 크다.

문제 73. 진공 중에서 1(m)의 거리로 10^{-5}(C)과 10^{-6}(C)의 두 점 전하를 놓았을 때 그 사이에 작용하는 힘(N)은?
㉮ 8×10^{-2} ㉯ 8×10^{-3} ㉰ 9×10^{-2} ㉱ 9×10^{-3}

[풀이]
$$F = 9 \times 10^9 \times \dfrac{Q_1 Q_2}{\varepsilon_s r^2}$$
$$= 9 \times 10^9 \times \dfrac{10^{-5} \times 10^{-6}}{1 \times 1}$$
$$= 9 \times 10^{-2} (N)$$

문제 74. 극성을 가지는 콘덴서는?
㉮ 종이 콘덴서 ㉯ 운모 콘덴서
㉰ 공기 콘덴서 ㉱ 전해 콘덴서

[풀이] 전해 콘덴서는 (+), (−)의 극성이 표시되어 있으므로 사용시 극성에 맞도록 접속하여야 한다.

문제 75. 자극의 세기 8×10^{-6}(Wb), 길이 5(cm)의 막대 자석을 150(AT/m)의 평등 자장내에 자장과 30°의 각도로 놓았을 때, 자석이 받는 회전력은 몇 (N·m)인가?
㉮ 3×10^{-5} ㉯ 8×10^{-6} ㉰ 1.2×10^{-7} ㉱ 4×10^{-8}

[풀이] $T = m \cdot l \cdot H \sin\theta$
$= 8 \times 10^{-6} \times 5 \times 10^{-2} \times 150 \times 1/2$
$= 3 \times 10^{-5}$ (N·m)

문제 76. 자체 유도계수가 0.5(H)인 코일에 0.2초 동안에 전류가 0(A)에서 4(A)로 증가하였다면, 유도기전력은 몇 (V)인가?
㉮ 0.4 ㉯ 4 ㉰ 10 ㉱ 40

[풀이] $e = -L\dfrac{\Delta I}{\Delta t} = 0.5 \times \dfrac{4}{0.2} = 10$ (V)

해답 70. ㉮ 71. ㉮ 72. ㉱ 73. ㉰ 74. ㉱ 75. ㉮ 76. ㉰

문제 77. $R=5[\Omega]$, $X_L=10[\Omega]$, $X_C=4[\Omega]$이 병렬일 때 40[V]의 교류전압을 가할 때 전원에 흐르는 전류는 몇 [A]인가?

㉮ 10   ㉯ 15   ㉰ 20   ㉱ 25

풀이 $V=IZ$ 이고 $=\sqrt{\frac{1}{R^2}+\left(\frac{1}{X_L}-\frac{1}{X_C}\right)^2}$

$I=\frac{V}{Z}$ 즉 $I_R=\frac{V}{R}=\frac{40}{5}=8[A]$

$I_L=\frac{V}{X_L}=\frac{40}{10}=4[A]$

$I_L=\frac{V}{X_C}=\frac{40}{4}=10[A]$

따라서 $\dot{I}=\dot{I}_R+\dot{I}_L+\dot{I}_C$
$=\sqrt{I_R^2+(I_C-I_L)^2}$
$=\sqrt{8^2+(10-4)^2}$
$=10[A]$
∴ $I=10[A]$

문제 78. 권수 10회의 코일과 쇄교하는 자속이 0.2초 사이에 3[Wb]에서 1[Wb]로 변화하였다면, 몇 [V]의 기전력이 유지되겠는가?

㉮ 10[V]   ㉯ 50[V]   ㉰ 100[V]   ㉱ 150[V]

풀이 $e=N\cdot\frac{\Delta\phi}{\Delta t}=10\times\frac{2}{0.2}=100[V]$

문제 79. 1[Wb]와 2[Wb]의 두 자극을 진공 중에서 10[cm] 거리에 둘 때, 작용하는 힘은 몇 [N]인가?

㉮ 6.33×10^4 ㉯ 1.266×10^7
㉰ 1.266×10^5 ㉱ 6.33×10^8

풀이 $F=6.33\times10^4\times\frac{m_1m_2}{r^2}$
$=6.33\times10^4\times\frac{1\times2}{0.01}$
$=1.266\times10^7[N]$

문제 80. 자장의 세기 H와 투자율 μ 및 자속밀도 B와의 관계가 맞는 것은?

㉮ $\mu HB=1$ ㉯ $H=\mu B$ ㉰ $\mu=\frac{B}{H}$ ㉱ $\mu=\frac{H}{B}$

풀이 $B=\mu H$ 이므로 $\mu=\frac{B}{H}$

문제 81. 어떤 점 전하에 의하여 생기는 전위를 처음 전위의 1/3로 하려면 전하로부터의 거리를 몇 배로 하면 되는가?

㉮ 1/3   ㉯ 3   ㉰ 1/2   ㉱ 2

풀이 V는 r에 반비례한다.

해답 77. ㉮ 78. ㉰ 79. ㉯ 80. ㉰ 81. ㉯

제 3 장 교류회로

1. 교류회로의 기초

1 교류 회로 기초

(1) 주기와 주파수

① 주기 : 1주파수의 변화에 요하는 시간을 주기라 하며, 단위로 [sec]를, 기호로는 T를 사용

즉, $T = \dfrac{1}{f}$ 로 표현된다.

② 주파수 : 1[sec] 동안에 반복하는 변화의 횟수를 주파수라 하며, 단위로는 [Hz]를, 기호로는 f 를 사용

즉, $f = \dfrac{1}{T}$ 로 표현된다.

③ 주기와 주파수의 관계

$$T = \dfrac{1}{f} \text{[sec]}, \quad f = \dfrac{1}{T} \text{[Hz]}$$

④ 파장 λ[m]와 주파수 f[Hz] 사이의 관계식

$$f\lambda = C, \quad \lambda = \dfrac{C}{f} = \dfrac{3 \times 10^8}{f} \text{[m]} \quad (\text{여기서 } C \text{:빛의 속도})$$

⑤ 각속도 : 도체가 1회전하면 1[Hz]의 변화를 하므로 1[sec] 동안의 각도의 **변화율**

$$\omega = \dfrac{2\pi}{T} = 2\pi f \text{[rad/sec]}$$

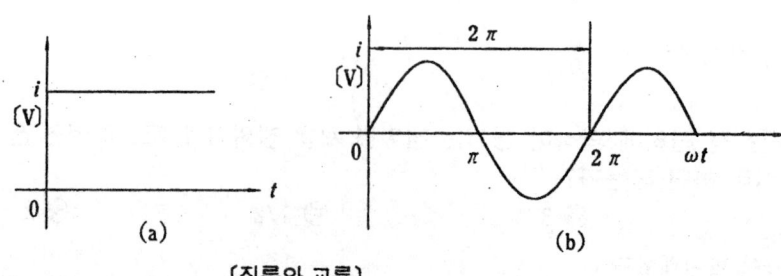

[직류와 교류]

(2) 용어 해설

용 어	기 호	단 위	호 칭
주 기	T	[s]	초
주 파 수	f	[Hz]	헤르쯔
파 장	λ	[m]	메타
빛 의 속 도	C	[m/s]	메타/초
각 속 도	ω	[rad/sec]	라디언/초

각속도 ω[rad/sec]로 발전기의 전기자가 회전될 때의 회전각 θ[rad]는 $\theta = \omega t$[rad] 로 표시된다.

2 교류의 표시

(1) 순시값 : 교류는 시간에 따라서 변하고 있기 때문에 임의의 순간에 있어서 크기
$v = Vm\sin \omega t$[V](v:순시값)
(2) 최대값 : 교류의 순시값 중에서 가장 큰 값을 최대값(Vm)이라고 한다.
$v = Vm\sin \omega t$[V](Vm:최대값)

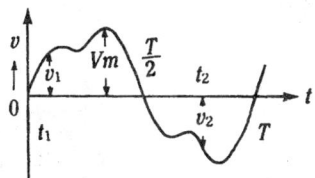

[순시값과 최대값]

(3) 위상 : 교류 기전력은 $v = Vm\sin(\omega t + \phi)$로 표시되고 위상각 ϕ를 $t=0$일 때의 위상각 또는 위상이라 2개의 같은 각속도 ω[rad/sec]를 가진 교류 기전력 v_1, v_2는
$v_1 = Vm_1\sin(\omega t + \phi_1)$[V]
$v_2 = Vm_2\sin(\omega t + \phi_2)$[V]로 표시된다.

$\psi_1 = \psi_2$인 경우 시간에 따라 변화하는 모양이 항상 같기 때문에 이들 2개의 교류를 동상이라 한다.

그리고 $\psi_1 > \psi_2$의 경우 v_1은 v_2보다 θ 만큼 위상이 앞서고, v_2는 v_1보다 θ 만큼 위상이 뒤진다.

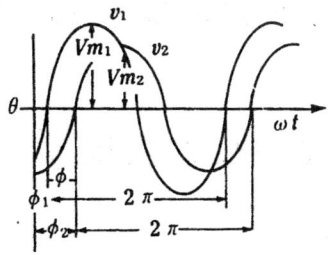

[정현파 전압의 위상차]

(4) 평균값 : 교류의 순시값이 0이 되는 시점부터 다음의 0으로 되기 까지의 양(+)의 반 주기에 대한 순시값의 평균을 평균값이라고 하며, 정현파에서 전압에 대한 평균값 V_{av} 와 전압의 최대값 V_m 사이에는

$$Vav = \frac{2}{\pi} Vm ≒ 0.637 Vm \quad (\text{전파정류일 때})$$

의 관계가 있다. (만약, 반파정류일 때의 $Vav = \frac{Vm}{\pi}$ 이다.)

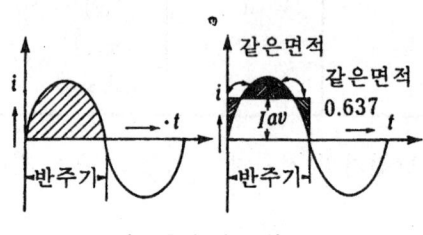

〔교류의 평균값〕

(5) 실효값 : 교류의 크기를 직류의 크기로 바꿔 놓은 값을 실효값이라 한다.

즉, 실효값 $= \sqrt{(순시값)^2 \text{ 합의 평균}}$

일반적으로 표시되는 전압 및 전류는 실효값을 나타내며 정현파 교류에서 전압에 대한 실효값 Ve와 최대값 Vm 사이는 다음과 같이 나타낼 수 있다.

즉, $Ve = \frac{1}{\sqrt{2}} Vm = 0.707 Vm$

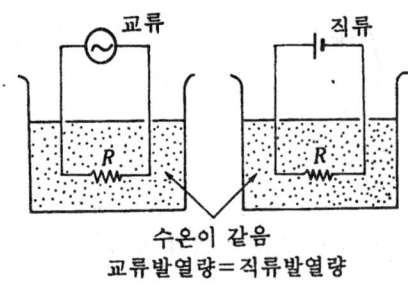

〔실효값〕

(6) 파형률 및 파고율

① 파고율 : 교류의 최대값과 실효값과의 비

$$파고율 = \frac{최대값}{실효값} = \frac{Vm}{V} = Vm \div \frac{Vm}{\sqrt{2}} = \sqrt{2} = 1.414$$

② 파형율 : 실효값과 평균값과의 비

$$파형률 = \frac{실효값}{평균값} = \frac{Vm}{\sqrt{2}} \div \frac{2}{\pi} Vm = \frac{\pi}{2\sqrt{2}} = 1.111$$

2. R.L.C 회로

1 R.L.C 회로의 특징

(1) RC 직렬 회로

전압 V(V), 각 주파수 $\omega = 2\pi f$ (rad/sec), 전류를 I(A), 저항에 가한 전압을 V_R(V), 캐패시턴스에 가해진 전압을 V_C라 하면 V_R는 I와 동상이고, V_C는 I보다 $\dfrac{\pi}{2}$ (rad)만큼 위상이 뒤지므로 즉, (ICE)는 다음과 같이 식이 성립한다.

$$V_R = RI$$
$$V_C = \frac{1}{\omega C} I$$
$$V = V_R + V_C$$
$$V = \sqrt{V_R^2 + V_C^2}$$
$$Z = R + j\frac{1}{\omega C}$$

〔전압 벡터〕

전류 I는
$$I = \frac{V}{\sqrt{R^2 + \left(\dfrac{1}{\omega C}\right)^2}} = \frac{V}{\sqrt{R^2 + \left(\dfrac{1}{2\pi fC}\right)^2}} = \frac{V}{Z} \text{(A)} \text{이다.}$$

Z는 RC 회로의 임피던스이며 이 때 위상차 θ는

$$\tan\theta = \frac{V_C}{V_R} = \frac{\dfrac{1}{\omega C}}{RI} = \frac{1}{\omega CR}$$

이므로 θ로 나타내려면 역 tan로 계산하면 된다.

즉, $\therefore \theta = \tan^{-1} \dfrac{V_C}{V_R} = \tan^{-1}\dfrac{1/\omega C}{R} = \tan^{-1}\dfrac{1}{\omega CR}$

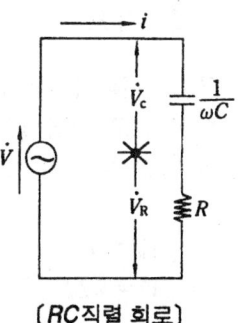

〔RC 직렬 회로〕

(2) RL 직렬 회로

전원 전압을 V(V), 각 주파수를 $\omega = 2\pi f$ (rad/sec), 전류를 I(A), 저항에 가한 전압을 V_R(V), 인덕턴스에 가한 전압을 V_L(V)라 하고, 전류를 기준으로 하면 V_R, V_L의 벡터는 다음과 같이 나타낼 수 있다.

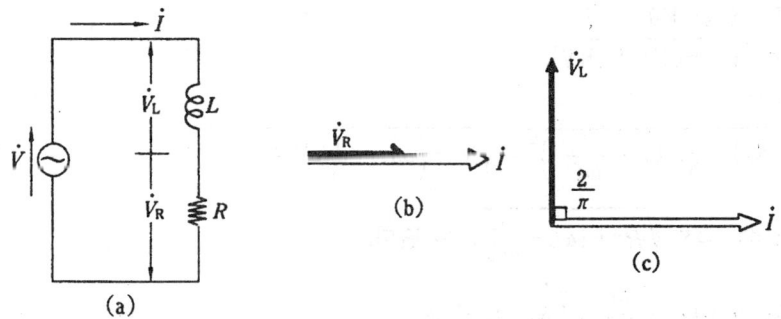

〔RL 직렬 회로〕

이 때 전류 I는 공통이므로 I를 겹쳐서 그리면 아래와 같이 표시된다.

전류 I는

$$V_R = RI$$
$$V_L = \omega LI = 2\pi fLI$$
$$V = V_R + V_L$$
$$Z = R + j\omega L$$

$$I = \frac{V}{\sqrt{R^2+(\omega L)^2}} = \frac{V}{\sqrt{R^2+(2\pi fL)^2}} = \frac{V}{Z}\text{(A)}$$

이며, 전압 V와 전류 I와의 위상차 θ는

$$\tan\theta = \frac{V_L}{V_R} = \frac{\omega LI}{RI} = \frac{\omega L}{R} \text{ 로 나타난다.}$$

즉, ∴ $\theta = \tan^{-1}\frac{V_L}{V_R} = \tan^{-1}\frac{\omega L}{R}$

이다. RL 직렬회로에 가해진 전압 V의 위상은 전류 I보다 θ만큼 앞선다. (ELI)을 암기할 것

2 공진 회로

(1) **RLC** 직렬 회로의 임피던스 : 저항 $R(\Omega)$, 인덕턴스 $L(H)$, 정전 용량 $C(F)$을 직렬로 접속하여 교류 전압 $\dot{V}(V)$를 인가할 때 회로에 흐르는 전류를 $I(A)$라 하면 각 소자의 단자전압 $\dot{V}_R$ $\dot{V}_L$ 및 $\dot{V}_C$의 크기는

$\dot{V}_R = RI$

$\dot{V}_L = \omega LI$

$\dot{V}_C = \frac{1}{\omega C}I$

$Z = R + j\left(\omega L - \frac{1}{\omega C}\right)$

① $\omega L > \frac{1}{\omega C}$ 인 경우

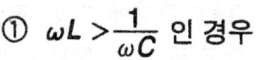

〔RLC 회로〕

㉮ 전원 전압 $V(V)$는

$V = V_R^2 + (V_L - V_C)^2$

∴ $= \sqrt{V_R^2 + (V_L - V_C)^2}\text{(V)}$

이 되므로

$$V = \sqrt{(RI)^2 + \left(\omega LI - \frac{1}{\omega C}I\right)^2} = \sqrt{R^2 + \left(\omega L - \frac{1}{\omega C}\right)^2} \cdot I$$

㉯ 임피던스 $Z = \sqrt{R^2 + \left(\omega L - \frac{1}{\omega C}\right)^2}$ 이 된다.

㉰ 위상차 $\theta = \tan^{-1}\dfrac{\omega L - \dfrac{1}{\omega C}}{R}$ 이 된다.

② $\omega L < \frac{1}{\omega C}$ 인 경우

㉮ 전원 전압 $V(V)$

$V = \sqrt{V_R^2 + (V_C - V_L)^2}\text{(V)}$

㉯ 임피던스 $V(\Omega)$는

$$Z = \sqrt{R^2 + \left(\frac{1}{\omega C} - \omega L\right)^2}\text{(}\Omega\text{)}$$

㉰ 위상차 θ 는

$$\theta = \tan^{-1}\frac{V_C - V_L}{V_R} = \tan^{-1}\frac{\frac{1}{\omega C} - \omega L}{R}$$

③ $\omega L = \dfrac{1}{\omega C}$ 일 때 (공진 조건)

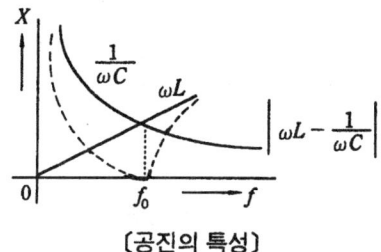

〔공진의 특성〕

$\left(\text{공진일 때는 } \omega L = \dfrac{1}{\omega C} \text{ 이기 때문에 } \left(\omega L - \dfrac{1}{\omega C}\right)^2 = 0 \text{이 된다.}\right)$

㉮ 임피던스 $Z = \sqrt{R^2 + \left(\omega L - \dfrac{1}{\omega C}\right)^2}$
$= R^2 + (0)^2$
$= R\,[\Omega]$

이다.

㉯ 전류 I_0는 $I_0 = \dfrac{V}{Z} = \dfrac{V}{R}\,[\text{A}]$

공진회로의 임피던스 Z는 $Z = R$에서 최소가 되며, 전류 i는 최대가 된다.

(2) 공진 주파수 : 공진시에 $\omega L = \dfrac{1}{\omega C}$ 의 조건이 성립하는데, 이때의 주파수를 f_0, 각 주파수를 ω_0라 하면

$$\omega_0^2 = \frac{1}{LC}$$

$$\therefore\ \omega = \sqrt{\frac{1}{LC}}\ [\text{rad/sec}]$$

$$\therefore\ f_0 = \frac{1}{2\pi\sqrt{LC}}\ [\text{Hz}]$$

여기서, f_0를 공진 주파수 또는 고유 진동수라고 한다.
공진시에는 $V_L = V_C$이므로

$$V_L = V_C = \frac{\omega_0 L}{R}V = \frac{1}{\omega_0 CR}V\,[\text{V}]$$

$$\therefore\ \frac{V_L}{V} = \frac{V_C}{V} = \frac{\omega_0 L}{R} = \frac{1}{\omega_0 CR} = Q$$

표 3-1의 R, L, C 직렬 회로의 벡터도 및 계산식과 표 3-2의 직렬 회로에서의 위상, 임피던스, 벡터도와 같이 나타낼 수 있다.

〔표 3-1〕 RLC 직렬 회로의 벡터도 계산식

$\omega L > \dfrac{1}{\omega C}$ 의 경우	$\omega L < \dfrac{1}{\omega C}$ 의 경우
$V_L = IX_L$, $V_C = IX_C$, $V_R = IR$	$V_L = I\omega L$, $V_C = IX_C$, $V_R = IR$
$I = \dfrac{E}{\sqrt{R^2 + \left(\omega L - \dfrac{1}{\omega C}\right)^2}}$ V에 대한 I의 뒤진각 θ 는 $\theta = \tan^{-1} \dfrac{\omega L - \dfrac{1}{\omega C}}{R}$ $Z = \sqrt{R^2 + \left(\omega L - \dfrac{1}{\omega C}\right)^2}$	$I = \dfrac{V}{\sqrt{R^2 + \left(\omega L - \dfrac{1}{\omega C}\right)^2}}$ V에 대한 I의 뒤진각 θ 는 $\theta = \tan^{-1} \dfrac{\dfrac{1}{\omega C} - \omega L}{R}$ $Z = \sqrt{R^2 + \left(\dfrac{1}{\omega C} - \omega L\right)^2}$

〔표 3-2〕 직렬 회로에서의 위상, 임피던스, 벡터도의 비교

회로	임 피 던 스	전류 I (공급 전압 V)	위상 (I는 V보다)	벡 터 도
R L	$\sqrt{R^2 + (\omega L)^2}\ (\Omega)$ 복소수로는 $Z = R + j\omega L$	$I = \dfrac{V}{Z}$	$\theta = \tan^{-1} \dfrac{\omega L}{R}$ 뒤짐	
R C	$\sqrt{R^2 + \left(\dfrac{1}{\omega C}\right)^2}\ (\Omega)$ 복소수로는 $Z = R + j\dfrac{1}{\omega C}$	$I = \dfrac{V}{Z}$	$\theta = \tan^{-1} \dfrac{1}{R\omega C}$ 앞섬	
R L C	$\sqrt{R^2 + \left(\omega L - \dfrac{1}{\omega C}\right)^2}$ 복소수로는 $Z = R + j\left(\omega L - \dfrac{1}{\omega C}\right)$	$I = \dfrac{V}{Z}$	$\theta = \tan^{-1} \dfrac{\omega L - \dfrac{1}{\omega C}}{R}$ 뒤짐 $\theta = \tan^{-1} \dfrac{\dfrac{1}{\omega C} - \omega L}{R}$ 앞섬	

3. 3상 교류 회로

1 3상 교류의 종류

(1) **평형 3상 회로** : 각 상에 흐르는 전류와 전원의 기전력이 각각 대칭 3상인 회로를 말하며, 이와 같지 않은 회로를 불평형 3상 회로라 한다.

(2) **3상 교류의 벡터 표시** : 3상 교류의 각 상의 기전력은 사인파이므로 벡터로 표시할 수 있다. 다음 그림과 같이 크기가 같고 위상차는 $2\pi/3$ [rad]인 경우이므로 위상은 E_a, E_b, E_c의 순서로 되며, 이것을 상순(phase sequence)이라 한다.

벡터에서는 반시계 방향을 (+)로 한다.

(3) **대칭 3상 교류** : 3상 교류 중 기전력의 크기 및 주파수가 같고, 상의 차가 $2\pi/3$ [rad]씩 간격을 가진 교류이다. 여기서 기전력, 주파수, 위상 중에서 한 가지 이상 다른 교류를 비대칭 교류라 한다.

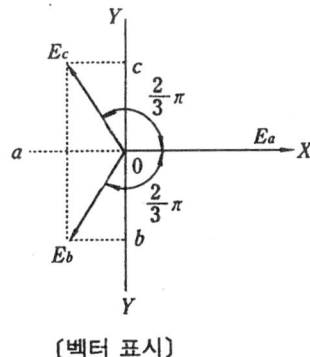

〔벡터 표시〕

2 교류 전력

(1) **교류 전력의 특성** : RL 직렬회로에 전압 $V=\sqrt{2}V\sin\omega t$ (V)를 인가했을 때 회로에 흐르는 전류 I는

$$I=\frac{\sqrt{2}V}{Z}\sin(\omega t-\theta)=\sqrt{2}I\sin(\omega t-\theta)\text{(A)}$$

이다. 여기서 $Z=\sqrt{R^2+X_L^2}$, $I=\frac{V}{Z}$, $\theta=\tan^{-1}\frac{X_L}{R}$ 이 되고, 이 회로에 있어서 각 순간에 소비되는 전력

$$P=VI=\sqrt{2}V\sin\omega t \cdot \sqrt{2}I\sin(\omega t-\theta)$$
$$=\sqrt{2}VI\sin\omega t \cdot \sin(\omega t-\theta)$$
$$=VI\cos\theta - VI\cos(2\omega t-\theta)\text{(W)}로 된다.$$

전력 P의 평균값(평균 전력) P는

$$P=VI\cos\theta\text{(W)}로 나타낸다.$$

이 평균 전력이 교류 회로의 소비 전력이며 일반적으로 교류전력이라고 한다.

(2) **역률** : 교류회로 전력 $P=VI\cos\theta$ 에서 θ는 회로에 가하는 전압 V와 전류 I의 위상차이다.

RL 회로나 RC회로와 같이 리액턴스분이 있으면 전압 V와 전류 I 사이에는 위상차 θ가 생겨 저항 R만인 회로의 $\cos\theta$ 배의 전력이 소비된다. 이 $\cos\theta$를 역률이라고 한다.
(즉, $\cos\theta^2 + \sin^2\theta = 1$을 암기할 것)

(3) 피상 전력 : 교류회로 전력 $P = VI\cos\theta$ 에서 VI는 가해진 전압 V와 전류 I의 곱으로서, 피상적인 전력으로 생각될 수 있기 때문에 이것을 피상전력이라 하며, 피상전력 Pa는 $Pa = VI$(VA)로 나타낸다.

(4) 유효 전력과 무효 전력의 특징

① 순시 전력
$$P = VI = \sqrt{2}\,V\sin\omega t \times \sqrt{2}\,I\sin(\omega t - \psi)$$
$$= VI\{\cos\psi - \cos(2\omega t - \psi)\}$$

② 유효 전력
$$P = VI\cos\theta = I^2R\,(W)$$

③ 무효 전력
$$Pr = VI\sin\theta = I^2X\,(Var)$$

④ 피상 전력
$$Pa = VI = \sqrt{P^2 + P^2r}\,(VA)$$

⑤ 역률
$$\cos\theta = \frac{P}{Pa} = \frac{R}{Z}$$

⑥ 무효율
$$\sin\theta = \frac{Pr}{Pa} = \frac{X}{Z}$$

3 3상 교류의 결선

(1) 3상식에서 각 부하가 평행인 경우 3상 전류의 합은 0이므로 3상 4선식이 된다.
(2) 3개의 코일에 유기되는 기전력을 단독으로 사용하면 3개의 단상이 된다. (3상 6선식 회로)
(3) 전류가 흐르지 않는 중심선을 없앤 회로를 3상 3선식이라 하며, 송전선·배전선에 주로 쓰인다.

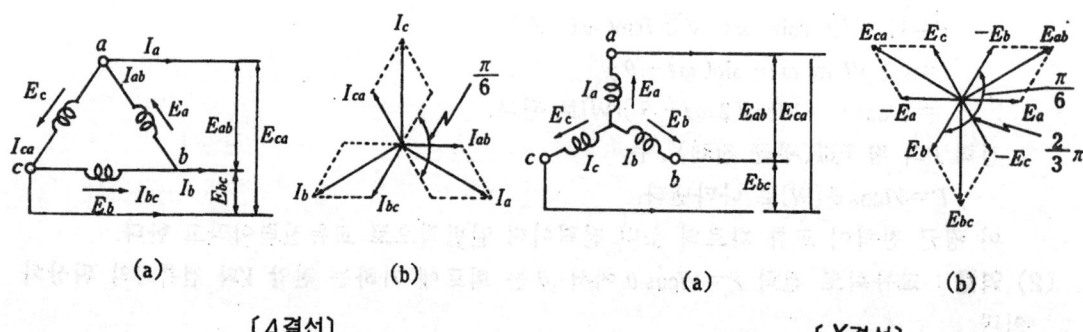

(a) (b) (a) (b)
〔Δ결선〕   〔Y결선〕

① Δ결선 : 그림과 같이 결선한 것을 말하며, 델타 결선(delta connection)이라고도 한다.
② Y결선 : 3상 성형 결선(three phase star connection)이라고도 하며, 그림과 같은 결선을 말한다.
③ V결선 회로 : 대칭 3상 기전력을 얻을 수 있으며, 주로 단상 변압기 2대로 3상 전력으로 변환할 때 이용된다.
  ㉮ V결선 변압기의 이용률 : 단상 변압기 3대를 Δ결선하면 3상 부하의 전력을 공급하는 경우 $3EI$[kVA]의 출력을 얻을 수 있다.
  ㉯ 변압기 1대의 이용률(U) : 86.7% 정도이다.
$$U = \frac{V결선으로의\ 용량}{2대의\ 허용\ 용량} = \frac{\sqrt{3}EI}{2EI} = 0.867$$

4 교류 전류에 대한 R.L.C의 작용

(1) **저항(R)의 작용** : 저항 R[Ω]만의 회로에 교류전압 $V=\sqrt{2}\ V\sin\omega t$[V]의 기전력을 가하면 전류 I[A]는 다음과 같이 된다.

$$I = \frac{V}{R} = \frac{\sqrt{2}V\sin\omega t}{R} = Im\sin\omega t = \sqrt{2}I\sin\omega t$$

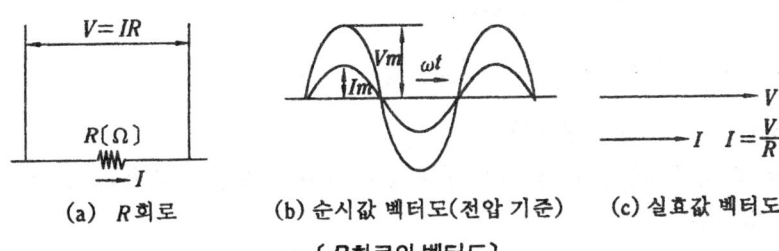

(a) R회로 (b) 순시값 벡터도(전압 기준) (c) 실효값 벡터도

〔R회로의 벡터도〕

(2) **인덕턴스(L)의 작용** : 인덕턴스 L[H]의 회로에 V[V]의 교류전압을 가하여 I[A]의 전류가 흐르는 경우 가해준 전압 V와 역기전력 V_L은 같아야 한다.

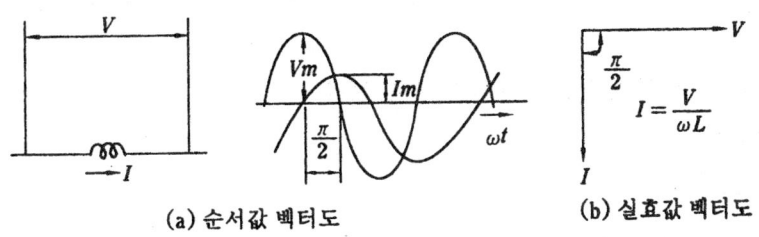

(a) 순시값 벡터도 (b) 실효값 벡터도

〔L회로의 벡터도〕

코일 L에 강하되는 전압 V_L은 다음과 같이 나타낼 수 있다.

즉, $V_L = 2\pi fLI = \omega LI$, $I = \frac{V}{\omega L}$

여기서 $X_L = \omega L$를 유도리액턴스라고 하며, L를 [H]로 표시한다. 전압을 기준으로 한 순시값은 순시 전류 $I=\dfrac{Vm}{\omega L}\sin\left(\omega t-\dfrac{\pi}{2}\right)$, 순시 전압 $V=\omega LI\sin\omega t$

요약하면 L만인 회로에서 $L(H)$의 코일에 교류 전압 $V=\sqrt{2}\,V\sin\omega t(V)$를 인가하면 전류 I는

$$I=\dfrac{\sqrt{2}\,V}{\omega L}\sin\left(\omega t-\dfrac{\pi}{2}\right)$$
$$=\sqrt{2}\,I\sin\left(\omega t-\dfrac{\pi}{2}\right)(A)$$

여기서 $I=V/\omega L$이다. 전류는 전압보다 위상이 $\pi/2$만큼 뒤진다. 즉, (ELI)를 암기할 것

주파수를 $f(Hz)$, 인덕턴스를 $L(H)$라 하면 유도 리액턴스 $X_L=\omega L=2\pi fL(\Omega)$으로 된다.

(3) 캐패시턴스(C)의 작용 : 캐패시턴스 C에 $V=\sqrt{2}V\sin\omega t$의 교류를 인가하면 전류는 다음 식과 같이 표현된다.

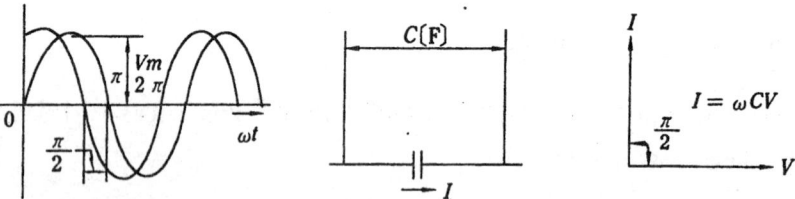

(a) 전압기준 순시값 벡터도   (b) 실효값 벡터도

〔C 회로의 벡터도〕

$$I=\dfrac{\Delta q}{\Delta t}\sqrt{2}V\omega CV\sin\left(\omega t+\dfrac{\pi}{2}\right)=\sin\left(\omega t+\dfrac{\pi}{2}\right)$$

즉, $I=\sqrt{2}\,I\sin\left(\omega t+\dfrac{\pi}{2}\right)$ 로 표현된다.

전류는 전압보다 $\dfrac{\pi}{2}(rad)$ 만큼 앞서며 전류와 전압의 실효값은 다음과 같이 표시된다. (즉, 〔ICE〕를 암기할 것)

$$I=\dfrac{V}{\dfrac{1}{\omega C}} \text{ 또는 } V=\dfrac{I}{\omega C}:\left(\omega t+\dfrac{\pi}{2}\right)$$

여기서 $XC=\dfrac{I}{\omega C}$를 용량 리액턴스라고 하며 C를 (Farad, F)로 표시할 때 단위는 저항과 같이 오옴(Ω)이다.

전압을 기준으로 한 순시값을 표시하면 다음과 같다.

$$I=\omega CVm\sin\left(\omega t+\dfrac{\pi}{2}\right)$$
$$V=\sin\omega t\dfrac{Im}{\omega C}$$

요약하면 C만인 회로에서 $C(F)$의 콘덴서에 $V=\sqrt{2}\,V\sin\omega t(V)$의 교류 전압을 가하면 전류 I는

$$I=\dfrac{\sqrt{2}\,V}{\dfrac{1}{\omega C}}\sin\left(\omega t+\dfrac{\pi}{2}\right)$$
$$=\sqrt{2}\cdot\dfrac{V}{\dfrac{1}{\omega C}}\sin\left(\omega t+\dfrac{\pi}{2}\right)=\sqrt{2}\,I\sin\left(\omega t+\dfrac{\pi}{2}\right)$$

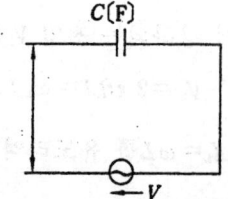

여기서 $I = \dfrac{V}{\dfrac{1}{\omega C}} = \omega CV$이다. 이 경우에는 전류가 전압보다 위상이 $\pi/2$만큼 앞선다.

위 식의 $1/\omega C$을 용량성 리액턴스라 하며 단위는 $[\Omega]$을 쓴다. 주파수 $f[\text{Hz}]$, 정전용량 $C[\text{F}]$이라 하면 용량 리액턴스 X_c는

$$X_c = \dfrac{1}{\omega C} = \dfrac{1}{2\pi f C} \ [\Omega]$$

R.L.C의 전압과 전류의 관계는 표3-3과 같다.

[표 3-3] R, L 및 C의 전압과 전류와의 관계

종류	저항 또는 리액턴스	전류 I (전압 V)	전류의 순시값 (전압 $V_m \sin \omega t$)	전압과 전류의 위상 관계	벡터그림
R	$R[\Omega]$	$\dfrac{V}{R}$ [A]	$\dfrac{V_m}{R}\sin\omega t$	동상	→ V, → I
L	$2\pi f L = \omega L[\Omega]$	$\dfrac{V}{\omega L}$ [A]	$\dfrac{V_m}{\omega L}\sin\left(\omega t - \dfrac{\pi}{2}\right)$	전류가 90° 뒤짐	V, $\dfrac{\pi}{2}$, I
C	$\dfrac{1}{2\pi f C}=\dfrac{1}{\omega C}[\Omega]$	ωCV [A]	$\omega C V_m \sin\left(\omega t - \dfrac{\pi}{2}\right)$	전류가 90° 앞섬	I, $\dfrac{\pi}{2}$, V

(4) 임피던스(Impedance) : 임피던스 $Z = R + jX_L$로 표현된다.

즉, $Z = \sqrt{R^2 + (\omega L)^2} = \sqrt{R^2 + (2\pi f L)^2} \ [\Omega]$이며, $I = \dfrac{V}{Z}$로 표현된다.

예상문제

문제 1. 3상 결선 방식에서 자주 사용하는 결선은?
㉮ $Y-Y$ 결선   ㉯ $Y-\Delta$ 결선   ㉰ $\Delta-\Delta$ 결선   ㉱ $V-V$ 결선

[풀이] 3상 결선 방식에서는 $\Delta-\Delta$ 결선방식을 많이 사용한다.

문제 2. 전도 전류 $ic = \dfrac{\rho sVm \sin \omega t}{l}$ 변위전류 $id = \dfrac{\partial ic}{\partial A}$ 일 때 id 와 ic 의 위상은?

㉮ 동위상
㉯ 45° 위상차
㉰ 역상상
㉱ 90° 위상차

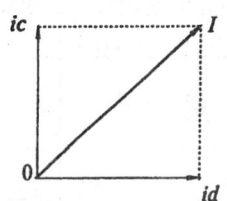

[풀이] $ic = \dfrac{\rho sVm \sin \omega t}{l}$ 에서 $id = \dfrac{\partial ic}{\partial t}$

변위전류 $= \dfrac{\omega \rho sVm \cos \omega t}{l}$

$= \dfrac{\omega \rho sVm}{l} \sin \left(\omega t + \dfrac{\pi}{2} \right)$ 가 된다.

∴ 90°의 위상차가 있다.

문제 3. R.L.C 직렬회로의 합성 임피던스는?

㉮ $\sqrt{R^2 + \left(\omega L - \dfrac{1}{\omega C} \right)^2}$ ㉯ $R + \omega L + \dfrac{1}{\omega C}$

㉰ $\sqrt{R^2 + \left(X_L + \dfrac{1}{\omega C} \right)^2}$ ㉱ $\sqrt{R^2 + \left(\omega L + \dfrac{1}{\omega C} \right)^2}$

[풀이] $Z = \sqrt{R^2 + (X_L - X_C)^2}$

$Z = \sqrt{R^2 + \left(\omega L - \dfrac{1}{\omega C} \right)^2} [\Omega]$

$Z = \sqrt{R^2 + \left(\omega L - \dfrac{1}{\omega C} \right)^2}$ 임

문제 4. 굵기와 부피를 일정하게 한 도체에서 지름을 1/2되게 늘리면 저항은 몇 배가 되나?
㉮ 15   ㉯ 16   ㉰ 10   ㉱ 18

[풀이] 원래 저항 $R_1 = \rho \dfrac{l}{S} = \rho \dfrac{l}{\dfrac{\pi D^2}{4}}$ 에서

$D = \dfrac{1}{2}$ 가 되면 $l = 4$ 배가 되기 때문에

늘어난 저항 $R_2 = \rho \times \dfrac{4l}{\dfrac{\pi \left(\dfrac{D}{2}\right)^2}{2}} = 16 R_1$

따라서 16배가 된다.

애답 - 1. ㉰ 2. ㉱ 3. ㉮ 4. ㉯

문제 5. 20[℃]에서의 구리선보다 1.2배 더 많은 저항값을 가지려 한다. 온도는 약 몇 [℃]가 되어야 하는가?
㉮ 40 ㉯ 60 ㉰ 70 ㉱ 80

[풀이] $R_{t1}=R$, $t_1=20[℃]$, $R_{t2}=1.2R$, $\alpha_{t1}=\alpha_{20}$
$$=\frac{1}{234.5+20}≒0.004$$
$1.2R=R(1+0.004(t_2-20))$, $t_2=70$

문제 6. 주파수가 50[Hz]인 교류 발전기에서 0.01[초] 사이의 회전각은 몇 [rad]인가?
㉮ $\pi/2$ ㉯ π ㉰ 2π ㉱ 4π

[풀이] 각속도 $\omega=2\pi f$, 회전각 $\theta=\omega t$이므로
$\theta=2\pi ft=2\times\pi\times50\times0.01=\pi$ [rad]

문제 7. 실효값이 100[V]인 교류에서 최대 값은?
㉮ 141.4 ㉯ 173.2 ㉰ 200 ㉱ 300

[풀이] $E=\frac{E_m}{\sqrt{2}}$ 에서
$E_m=\sqrt{2}\cdot E=1.414\times100=141.4$[V]

문제 8. 최대값 10[A]인 사인파 교류의 평균 값은?
㉮ 6.37[A] ㉯ 7.37[A] ㉰ 8.37[A] ㉱ 14.14[A]

[풀이] $I_a=\frac{2}{\pi}I_m=\frac{20}{3.14}≒6.37$[A]

문제 9. 피상 전력 100[kVA], 유효 전력 80[kW]인 부하가 있다. 무효 전력은 몇 [KVar]인가?
㉮ 20 ㉯ 60 ㉰ 80 ㉱ 100

[풀이] ① 피상전력=$\sqrt{유효전력^2+무효전력^2}$ 이므로
② 무효전력=$\sqrt{피상전력^2-유효전력^2}$
$=\sqrt{100^2-80^2}=60$

문제 10. 100[V], 12[A]의 전류가 흐르고 역률이 80%인 부하에서 무효전력은 몇 [Var]인가?
㉮ 720 ㉯ 960 ㉰ 1,200 ㉱ 1,500

[풀이] $P_r=E\cdot I\cdot\sin\theta=E\cdot I\cdot\sqrt{1-\cos^2\theta}$
$=100\times12\times0.6=720$[Var]

문제 11. 저항 4[Ω], 유도 리액턴스 3[Ω]의 직렬회로에 100[V]의 교류 전압을 가했을 때, 소비전력은 몇 [W]인가?
㉮ 1,000 ㉯ 1,200 ㉰ 1,600 ㉱ 2,000

[풀이] $P=E\cdot I\cdot\cos\theta$ 에서
$I=\frac{E}{Z}=\frac{E}{\sqrt{R^2+X^2}}=\frac{100}{\sqrt{4^2+3^2}}=20$[A]

해답 5. ㉰ 6. ㉯ 7. ㉮ 8. ㉮ 9. ㉯ 10. ㉮ 11. ㉰

$$\cos\theta = \frac{R}{Z} = \frac{4}{5} = 0.8$$
$$\therefore P = 100 \times 20 \times 0.8 = 1,600 \text{(W)}$$

문제 12. 300(C)이 2(V)로 이동한다. 한 일은 몇 (J)인가?
㉮ 300　　㉯ 800　　㉰ 600　　㉱ 900

[풀이] $W = QV$에서 $300 \times 2 = 600$(J)

문제 13. 저항 R_1, R_2가 병렬 접속일 때 합성 저항 R은 어느 것인가?

㉮ $R = \dfrac{(R_1 + R_2)^2}{R_1 R_2}$　　㉯ $R = \dfrac{R_1 + R_2}{R_1 R_2}$

㉰ $R = R_1 + R_2$　　㉱ $R = \dfrac{1}{\dfrac{1}{R_1} + \dfrac{1}{R_2}}$

[풀이] 합성 저항 $Rt = \dfrac{R_1 R_2}{R_1 + R_2}$ 임

문제 14. 역율이 0.8이고 무효전력 $Pr = Q$이면 피상 전력은?

㉮ $\dfrac{Q}{0.6}$　　㉯ $0.8Q$　　㉰ $\dfrac{Q}{0.8}$　　㉱ $0.6Q$

[풀이] $Pa = VI$, $Pr = VI\sin\theta = Q$ $\begin{cases}\cos\theta = 0.8 \\ \sin\theta = 0.6\end{cases}$
$Pa = VI = \dfrac{Q}{\sin\theta}$
$\therefore \dfrac{Q}{0.6}$

문제 15. $e = 50\sin(\omega t - 40°) + 20(3\omega t - 60°) + 10\sin(5\omega t + 100°)$에서 비정현파 교류전압의 실효치는 무엇인가?

㉮ 52.7(V)　　㉯ 57(V)　　㉰ 46.5(V)　　㉱ 38.7(V)

[풀이] $V = \sqrt{V_0^2 + V_1^2 + V_2^2 + V_3^2}$
$V = \sqrt{\left(\dfrac{50}{\sqrt{2}}\right)^2 + \left(\dfrac{20}{\sqrt{2}}\right)^2 + \left(\dfrac{10}{\sqrt{2}}\right)^2}$

문제 16. 다음의 두 개 전압의 위상차는 몇 도인가?

$V_2 = Vm\sin\omega t$,　　$V_2 = Vm\cos\omega t$

㉮ 40°　　㉯ 70°　　㉰ 90°　　㉱ 30°

[풀이] $\cos\omega t$를 $\sin\omega t$로 변환시키면 $\cos\omega t = \sin(\omega t + 90°)$이므로 V_1과 V_2의 위상차 $\theta = 90°$ 임

문제 17. $e = 100\sqrt{2}\sin\left(100\pi t - \dfrac{\pi}{6}\right)$인 교류에서 주파수는 몇 (Hz)인가?

㉮ 50　　㉯ 60　　㉰ 100　　㉱ 141

[풀이] $\omega = 2\pi f$에서 $f = \dfrac{\omega}{2\pi} = \dfrac{100\pi}{2\pi} = 50$(Hz)

해답 12.㉰　13.㉱　14.㉮　15.㉱　16.㉰　17.㉮

문제 18. 평행 상태의 교류 브리지일 때 L을 고르시오

㉮ $L = \dfrac{C}{R_1 R_2}$

㉯ $L = \dfrac{R_1 R_2}{C}$

㉰ $L = \dfrac{R_1}{R_2 C}$

㉱ $L = CR_1 R_2$

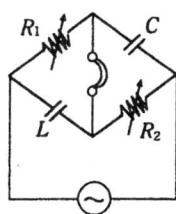

[풀이] $R_1 R_2 = j\omega L \times \dfrac{1}{j\omega C} L = CR_1 R_2$

따라서 $L = CR_1 R_2$ 임

문제 19. $80\sin(\omega t - \theta)$와 $100\sin(\omega t + \alpha)$에서 위상차는 얼마일까?

㉮ $\omega t + \theta - \alpha$　　㉯ $\omega t + \alpha - \theta$　　㉰ $\alpha + \theta$　　㉱ $\alpha - \theta$

[풀이] 위상차 $\phi = (\omega t + \alpha) - (\omega t - \theta)$
　　　　　$= \omega t - \omega t + \alpha + \theta = \alpha + \theta$
따라서 위상차 $\phi = \alpha + \theta$ 임

문제 20. 정현파 교류에서 시간에 따라서 느리고 빠름의 변화를 표시하는 것으로 상관이 없는 것은 무엇일까?

㉮ 위상각　　㉯ 주기　　㉰ 주파수　　㉱ 각속도

[풀이] 주기 $T = \dfrac{1}{f}$, 주파수 $f = \dfrac{1}{T}$, 각속도 $W = 2\pi f$ 이므로 위상각 θ 는 시간과 무관하다.

문제 21. 키르히 호프의 전압법칙 제2법칙의 적용에 대한 서술 중 옳지 않은 것은?

㉮ 이 법칙은 집중 정수회로에 적용된다.

㉯ 이 법칙은 회로 소자의 선형, 비선형에는 관계를 받지 않고 적용된다.

㉰ 이 법칙은 회로 소자의 시변·시불변성에 구애를 받지 않는다.

㉱ 이 법칙은 선형 소자로만 이루어진 회로에 적용된다.

[해설] 키르히호프 제1법칙은 전류 평형의 법칙이고, 카르히호프 제2법칙은 전압평형의 법칙이다.
　① 집중 정수 회로에 적용된다.
　② 회로 소자의 선형, 비선형에 무관하다.
　③ 회로 소자의 시변, 시불변성에 무관하다.

문제 22. 주기가 0.02[초]인 교류의 주파수는?

㉮ 20[Hz]　　㉯ 40[Hz]　　㉰ 50[Hz]　　㉱ 60[Hz]

[풀이] $f = \dfrac{1}{T} = \dfrac{1}{0.02} = 50$[Hz]

문제 23. 저항 2[Ω]의 전구에 내부저항 0.1[Ω], 기전력 1.5[V]의 전지 10개를 병렬 접속한다. 이때 전구에는 몇 [A]의 전류가 흐르나?

㉮ 0.55　　㉯ 0.75　　㉰ 0.95　　㉱ 1.25

[풀이] $R = 2$[Ω] 기전력 1.5[V] $\times 10$

[해답] 18. ㉱　19. ㉰　20. ㉮　21. ㉱　22. ㉰　23. ㉯

$r = 0.1(\Omega)$ $I = \dfrac{E}{\dfrac{r}{n}+R}$ (A)에서

$I = \dfrac{1.5}{\dfrac{0.1}{10}+2} = 0.75$ (A)

문제 24. 순수한 저항 10(Ω)에 120(V)의 교류전압을 가할 때 흐르는 전류는 몇 (A)인가?
㉮ 5   ㉯ 10   ㉰ 12   ㉱ 13

[도움] $I = \dfrac{E}{R} = \dfrac{120}{10} = 12$ (A)

문제 25. 코일만의 회로에 대한 설명으로 틀린 것은?
㉮ 유도 리액턴스 X_L은 전류의 흐름을 방해한다.
㉯ 유도 리액턴스 X_L의 단위는 (Ω)이다.
㉰ 직류에서는 $X_L = 0$이다.
㉱ 주파수가 커지면 X_L은 작아진다.

[도움] $X_L = \omega L = 2\pi fL$이므로 X_L은 f에 비례한다.

문제 26. 300(m)의 파장을 가진 전파의 주파수는?
㉮ 10^6(Hz)   ㉯ 10^2(Hz)   ㉰ 10^5(Hz)   ㉱ 10^3(Hz)

[도움] $f = \dfrac{C}{\lambda} = \dfrac{3 \times 10^8}{300} = 10^6$ (Hz)

문제 27. 왜형률이란?
㉮ 우수 고조파의 실효값/기수 고조파의 실효값
㉯ 전고조파의 평균값/기본파의 평균값
㉰ 전고조파의 실효값/기본파의 실효값
㉱ 제3 고조파의 실효값/기본파의 실효값

[도움] 왜형률 = $\dfrac{\text{전체 고조파의 실효값}}{\text{기본파의 실효값}}$
      = $\dfrac{\sqrt{E_3^2 + E_5^2 + \cdots Em^2}}{E_1}$

문제 28. 최대값 120(V)의 정현파 전압에 20(Ω)의 저항을 가하면 소비되는 유효전력은 몇 (W)인가?
㉮ 340   ㉯ 350   ㉰ 370   ㉱ 360

[도움] $V = IR$에서 $I = \dfrac{120\sqrt{2}}{20}$이므로
$P = I^2 R$, $R = \left(\dfrac{120}{20\sqrt{2}}\right) \times 20$
    $= 360$(W)

문제 29. 저항 R과 유도 리액턴스 X_L을 직렬 접속할 때 임피던스는 얼마인가?
㉮ $R + X_L$ ㉯ $\sqrt{R + X_L}$ ㉰ $R + X_L^2$ ㉱ $\sqrt{R^2 + X_L^2}$

[도움] $Z = \sqrt{R^2 + X_L^2} = \sqrt{R^2 + (\omega L)^2}$

해답 24. ㉰   25. ㉱   26. ㉮   27. ㉰   28. ㉱   29. ㉱

문제 30. 도면과 같은 회로에서 전 전류 I 는?
㉮ $\sqrt{2}$ [A]
㉯ $5\sqrt{2}$ [A]
㉰ $10\sqrt{2}$
㉱ $12\sqrt{2}$

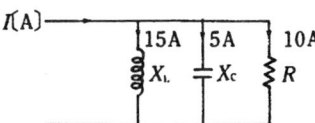

풀이 $I = \sqrt{I_R^2 + (I_L - I_C)^2}$
$= \sqrt{10^2 + (15-15)^2} = \sqrt{200} = 10\sqrt{2}$ [A]

문제 31. 10[MHz]는 몇 [Hz]인지 구하시오
㉮ 10^4 ㉯ 10^5 ㉰ 10^7 ㉱ 10^8

풀이 1M=10^6이므로 10M=10^7Hz임

문제 32. 배전선로에서 3000[V]를 6000[V]로 승압한다. 같은 전력을 수송할 때 전력 손실은?
㉮ 2배 감소 ㉯ 1/4배 증가 ㉰ 1/2배 증가 ㉱ 1/4배 감소

풀이 전압을 두배하면 전력손실은 (두배)^{2}의 반이며

즉 $P = \left(\frac{1}{2}\right)^2 r = \frac{1}{4} I^2 r$ 이므로

따라서 $\frac{1}{4}$배로 감소된다.

문제 33. 10[kHz]에 16[Ω]의 용량 리액턴스로 작용한다. 이 콘덴서의 정전용량은 몇 [μF]인가?
㉮ 1 ㉯ 2 ㉰ 0.5 ㉱ 0.1

풀이 $X_C = \frac{1}{\omega C}$, $16 = \frac{1}{2\pi f C}$, $C = 1$[μF]

문제 34. 어떤 부하에서 전압, 전류가 각각 100[V], 12[A]이고 역률이 80%일 때, 교류 전력은 몇 [W]인가?
㉮ 800 ㉯ 960 ㉰ 1,000 ㉱ 1,200

풀이 $P = E \cdot I \cdot \cos\theta = 100 \times 12 \times 0.8 = 960$ [W]

문제 35. 주파수가 50[Hz]일 때, 각속도는 몇 [rad/s]인가?
㉮ 300 ㉯ 314 ㉰ 327 ㉱ 377

풀이 $\omega = 2\pi f = 2 \times 3.14 \times 50 = 314$ [rad/s]

문제 36. △결선된 3상 평형 회로에서 부하 1상의 임피던스 $4+j3$[Ω]이고, 400[V]의 전원 전압일 때 선 전류[A]는 얼마인가?
㉮ $80\frac{1}{\sqrt{2}}$ ㉯ $80\sqrt{3}$ ㉰ 80 ㉱ $8\frac{1}{\sqrt{3}}$

풀이 상전류 $I_P = \frac{V}{Z} = \frac{400}{4+j3} = \frac{400}{\sqrt{4+j3^2}} = \frac{400}{5}$
$= 80$[A] 따라서 상전류와 선전류의 관계는 선전류 $Il=$상전류$\sqrt{3} I_P$와 같다.
$= \sqrt{3} \times 80 = 80\sqrt{3}$ [A]

해답 30. ㉰ 31. ㉰ 32. ㉱ 33. ㉮ 34. ㉯ 35. ㉯ 36. ㉯

문제 37. $X_C=4(\Omega)$ $X_L=7(\Omega)$ $R=4(\Omega)$이고 $R-L-C$ 직렬이다. 합성 임피던스(Ω)는?
㉮ 4　　㉯ 7　　㉰ 5　　㉱ 8

[풀이] $Z=\sqrt{4^2+(7-4)^2}$
$=\sqrt{4^2+3^2}=5(\Omega)$
따라서 위상차 $\theta=\tan^{-1}\dfrac{X_L-X_C}{R}$
$=\tan^{-1}\dfrac{7-4}{4}=\tan^{-1}\dfrac{3}{4}$ 이다.

문제 38. 정류기로 사용되지 않는 것은?
㉮ 전자관 정류기　　㉯ 도체 정류기
㉰ 반도체 정류기　　㉱ 수은 정류기

[풀이] 정류기 종류 : 수은 정류기, 반도체 정류기 및 전자관 정류기 등이 있다.

문제 39. 100(V), 60(Hz)의 교류 전원에 50(Ω)의 저항과 100(mH)의 자체 인덕턴스를 직렬로 연결한 회로가 있다. 이 회로의 리액턴스는?
㉮ 약 35.7(Ω)
㉯ 약 36.7(Ω)
㉰ 약 37.7(Ω)
㉱ 약 38.7(Ω)

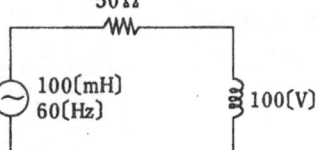

[풀이] $X_L=2\pi fL$ 에서
$X_L=2\times3.14\times60\times100\times10^{-3}\fallingdotseq37.7$

문제 40. 교류는 2주파수가 증가함에 따라 어떻게 되는가?
㉮ 콘덴서에서는 잘 흐르나 코일에서는 흐르기 곤란해진다.
㉯ 코일에서는 잘 흐르나 콘덴서에서는 흐르기 곤란해진다.
㉰ 코일, 콘덴서 다 흐르기 곤란해진다.
㉱ 코일, 콘덴서 다 흐르기 쉬워진다.

[풀이] 교류는 시간의 변화에 따라 크기와 방향이 주기적으로 변화하는 전류, 전압을 교류 전류, 교류전압이라 하고 주파수는 1초 동안에 변화되는 주파의 수를 말한다. 따라서 주파수가 증가하면 콘덴서에서는 잘 흐르나 코일에서는 잘 흐르지 않는다.

문제 41. $V=Vm\sin\left(wt-\dfrac{\pi}{6}\right)$, $i=Im\sin\left(wt-\dfrac{\pi}{4}\right)$ 일 때 위상차는 얼마일까?
㉮ $\dfrac{5}{12}\pi$　　㉯ $\dfrac{3}{12}\pi$　　㉰ $\dfrac{2}{12}\pi$　　㉱ $\dfrac{\pi}{12}$

[풀이] 위상차 $\theta=-\dfrac{\pi}{6}-\left(-\dfrac{\pi}{4}\right)$
$\theta=-\dfrac{\pi}{6}+\dfrac{\pi}{4}=\dfrac{\pi}{12}$
따라서 위상차 $\theta=\dfrac{\pi}{12}$ 임

문제 42. 역율 0.8인 22(KVA)의 무효전력은 얼마인가?
㉮ 13.2(KVA)　　㉯ 1.32(KVA)　　㉰ 13.2(KVar)　　㉱ 15.2(KVA)

해답 37. ㉰　38. ㉯　39. ㉰　40. ㉮　41. ㉱　42. ㉰

[풀이] 무효전력 $Pr = EI \sin\phi$ 에서
$\cos^2\theta + \sin^2\theta = 1$
$\sin\theta = \sqrt{1-\cos^2\theta}$
$= \sqrt{1-0.8^2}$
$= 0.6$
$= 22 \times 0.6$
$= 13.2 \text{[kVar]}$

문제 43. 주기가 0.002초이면 주파수는 얼마인가?
㉮ 100[Hz]　　㉯ 200[Hz]　　㉰ 500[Hz]　　㉱ 1000[Hz]

[풀이] $f = \dfrac{1}{T} = \dfrac{1}{0.02} = 500 \text{[Hz]}$

문제 44. 100[Ω]의 저항에 200[V]의 교류전압을 가했을 때의 전력은 얼마인가?
㉮ 140[W]　　㉯ 200[W]　　㉰ 300[W]　　㉱ 400[W]

[해설] $P = VI = \dfrac{V^2}{R}$ 에서 $P = \dfrac{200^2}{100} = 400 \text{[W]}$

문제 45. 100[V]의 전등선 전압과 사용주파수에서 교류전압 0[V]로 부터 $t=1/360$[sec] 뒤의 순시값 [V]은?
㉮ 132　　㉯ 122　　㉰ 142　　㉱ 77.8

[풀이] 순시값 $v = Vm \sin wt$[V]에서 $T = \dfrac{1}{f}$[S], $f = \dfrac{1}{t}$[Hz]
∴ $W = 2\pi f = \dfrac{2\pi}{f}$ [rad/s]
$= 141.4 \sin\left(2 \times 3.14 \times 60 \times \dfrac{1}{360}\right)$
$= 122.47$

문제 46. 단자 A, B 사이의 합성 저항은?
㉮ $R_{AB} = r$
㉯ $R_{AB} = 2r$
㉰ $R_{AB} = 3r$
㉱ $R_{AB} = 4r$

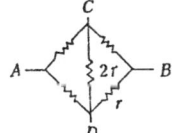

[풀이] Bridge 회로가 평형되어 있기 때문에 C~D 양단은 개방된 것과 같다. 따라서 문제의 회로를 등가 회로로 변환시키면 그림과 같이 나타난다.
∴ AB간의 합성저항은 $R_{AB} = r$임

문제 47. 실효값이 100[V]인 정현파 교류의 최대값[V]은?
㉮ 111　　㉯ 121　　㉰ 131　　㉱ 141

[풀이] $Em = \sqrt{2}E ≒ 1.414 \times 100 = 141.4$[V]

문제 48. 100[mH]의 인덕턴스를 가진 회로에 60[Hz], 100[V]의 교류전압을 가할 때 흐르는 전류와 위상은?
㉮ 3.14[A], 90° 앞선다.　　㉯ 31.4[A], 90° 뒤진다.
㉰ 2.7[A], 90° 앞선다.　　㉱ 2.7[A], 90° 뒤진다.

[해답] 43. ㉰　44. ㉱　45. ㉯　46. ㉮　47. ㉱　48. ㉱

[풀이] $I = \dfrac{E}{X_L} = \dfrac{E}{2\pi fL} = \dfrac{100}{2 \times 3.14 \times 60 \times 0.1} = 2.7 \text{(A)}$

[문제] **49.** 주파수가 100(Hz)인 교류의 주기(sec)는?
㉮ 0.01　　　㉯ 0.001　　　㉰ 0.02　　　㉱ 0.03

[풀이] $T = \dfrac{1}{f} = \dfrac{1}{100} = 0.01 \text{(sec)}$

[문제] **50.** 100(V), 60(Hz)인 교류전압이 0(V)에서 $\dfrac{1}{240}$(sec) 뒤의 순시값 (V)은?
㉮ 111　　　㉯ 121　　　㉰ 131　　　㉱ 141

[풀이] $e = Em \sin\omega t = \sqrt{2}E \sin 2\pi ft$
$\fallingdotseq 1.41 \times 100 \times \sin 2\pi \times 60 \times \dfrac{1}{240} = 141\sin\dfrac{\pi}{2} = 141 \text{(V)}$

[문제] **51.** 3상 전력을 2개의 전력계 W_1, W_2로 측정할 때 W_1의 지시값을 P_1, W_2의 지시값을 P_2라고 하면 3상 전력은 어떻게 나타나는가?
㉮ $P_1 - P_2$　　㉯ P_1/P_2　　㉰ $P_1 + P_2$　　㉱ $\dfrac{1}{P_1 + P_2}$

[풀이] 유효 전력 $= P_1 + P_2 \text{(W)}$
　　무효 전력 $= \sqrt{3}(P_2 - P_1)\text{(W)}$

[문제] **52.** 60(Hz), 100(V)의 교류전압을 50(mH)의 인덕턴스 회로에 가하면 위상과 전류는?
㉮ 90° 앞섬, 2.7(A)　　　㉯ 90° 뒤짐, 2.7(A)
㉰ 90° 앞섬, 5.3(A)　　　㉱ 90° 뒤짐, 5.3(A)

[풀이] $I = \dfrac{V}{\omega L} = \dfrac{100}{2 \times 3.14 \times 60 \times 50 \times 10^{-3}}$

[문제] **53.** 100(V), 500(W)의 선풍기를 100(V) 전원에 접속하였더니 7(A)의 전류가 흘렀다. 선풍기의 역률은 몇 %인가?
㉮ 50　　　㉯ 60　　　㉰ 70　　　㉱ 80

[풀이] $P = E \cdot I \cdot \cos\theta$,
$\cos\theta = \dfrac{P}{E \cdot I} = \dfrac{500}{100 \times 7} \fallingdotseq 0.7$

[문제] **54.** 어떤 점 전하에 의해 생기는 전위를 처음 전위의 1/2로 하려면 점 전하로부터의 거리를 몇 배로 해야 하는가?
㉮ $\sqrt{2}$배　　　㉯ 2배　　　㉰ 4배　　　㉱ 8배

[풀이] $V = k \cdot \dfrac{Q}{r}$ 이므로 전위는 거리(r)에 반비례한다.

[문제] **55.** 실효 값을 찾아라
㉮ 최대값×파형률　　　　㉯ 파형률×파고율
㉰ 평균값×파형률　　　　㉱ 최대값×파고율

[풀이] ① 순시값의 제곱을 1주기간으로 평균한 값의 평방근을 말한다.
② 정현파에서 실효값 :
　　$Il = \dfrac{1}{\sqrt{2}} Im = 0.707 Im$ 이다.

[해답] 49. ㉮　50. ㉱　51. ㉰　52. ㉯　53. ㉰　54. ㉯　55. ㉰

문제 56. $R=8(\Omega)$ $X_L=6(\Omega)$의 직렬회로에 200(V)의 교류 전압을 가할 때 소비되는 전력은 몇 (W)인가?
㉮ 2,400　　㉯ 3,200　　㉰ 4,800　　㉱ 9,600

[풀이] $P=E \cdot I \cdot \cos\theta$ 에서
$\cos\theta = \dfrac{R}{Z} = \dfrac{R}{\sqrt{R^2+X^2}} = \dfrac{8}{\sqrt{8^2+6^2}} = 0.8$
$I = \dfrac{E}{Z} = \dfrac{200}{\sqrt{8^2+6^2}} = 20(A)$

문제 57. $4+j3(\Omega)$의 임피던스를 갖는 △부하에 100(V)의 3상 교류 전원을 연결하면 선전류(A)는 얼마인가?
㉮ 34.6　　㉯ 43.3　　㉰ 54.4　　㉱ 64.3

[풀이] △결선시에는 선간전압 Vl=상전압 V_P임으로
상전류 $I_P = \dfrac{V}{Z} = \dfrac{100}{4+j3} = \dfrac{100}{\sqrt{4^2+3^2}} = 20(A)$
선전류 $Il = \sqrt{3}I_P = \sqrt{3}\times 20 = 1.732 \times 20 = 34.64(A)$
따라서 선전류 $Il=34.64(A)$이다.

문제 58. 50(Hz)의 교류 전압에 100(mH)의 자기 인덕턴스를 가지고 있는 코일을 연결하면 코일의 유도 리액턴스(Ω)는 얼마인가?
㉮ 31.4　　㉯ 20　　㉰ 42.5　　㉱ 29

[풀이] 유도 리액턴스 $X_L = W_L = 2\pi fL = 2\pi \times 50 \times 0.1 = 31.4(\Omega)$임

문제 59. 다음 그림과 같이 A, B 양 단자의 전압과 전류가 동상이 되려면 어떤 식이 성립되어야 하는가?
㉮ $\omega L^2 C^2 = 1$
㉯ $\omega^2 LC = 1$
㉰ $\omega LC = 1$
㉱ $\omega = LC$

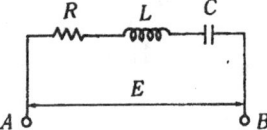

[풀이] 전압과 전류기 동상이 되려면 $Z=\sqrt{R^2(X_L-X_C)^2}$에서 $X_L=X_C$인 때이다.
즉, $\omega L = \dfrac{1}{\omega C}$에서 $\omega^2 LC = 1$

문제 60. 다음 그림의 소비 전력(W)은 얼마인가?
㉮ 500(W)
㉯ 1500(W)
㉰ 1600(W)
㉱ 2000(W)

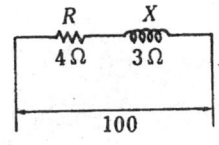

[풀이] $Z=\sqrt{R^2+X_L^2}$에서 $Z=\sqrt{4^2+3^2}=5(\Omega)$
$P = I^2 R = \left(\dfrac{100}{5}\right)^2 \times 4 = 1600(W)$

문제 61. 50(Hz)의 주파수에서 교류의 주기는 얼마인가?
㉮ 0.2　　㉯ 0.02　　㉰ 0.1　　㉱ 0.01

[풀이] 주기 $T = \dfrac{1}{f} = \dfrac{1}{50} = 0.02(s)$　따라서 주기 $T=0.02(S)$임

해답　56. ㉯　57. ㉮　58. ㉮　59. ㉯　60. ㉰　61. ㉯

제4장 전기기기

1. 직류기

1 직류 발전기

(1) 원리와 구조

자장 속에 코일을 놓고 전류를 흐르게 하면 전자력에 의해 코일이 회전하게 되나 전류 방향이 일정하면 중심부에서 정지하게 된다.

따라서, 코일이 반회전 한 후 전류방향을 바꾸게 하여 회전력을 계속 유지시키도록 한 것이 직류발전기이다.

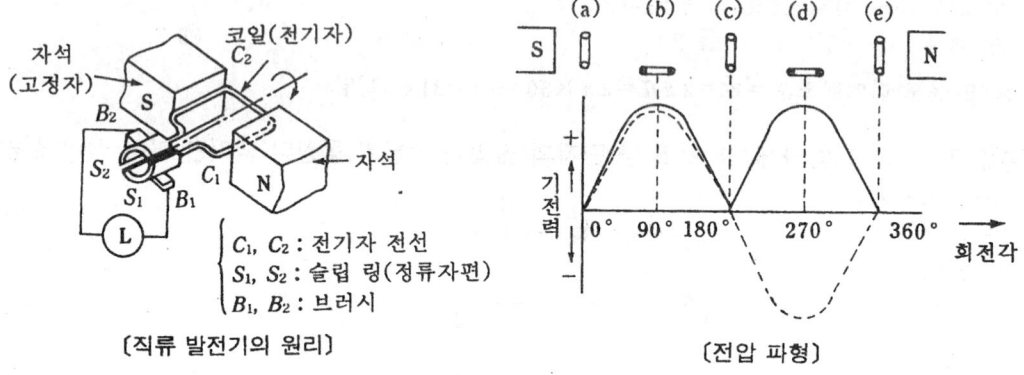

C_1, C_2 : 전기자 전선
S_1, S_2 : 슬립 링(정류자편)
B_1, B_2 : 브러시

〔직류 발전기의 원리〕 　　〔전압 파형〕

(2) 직류 발전기의 구조

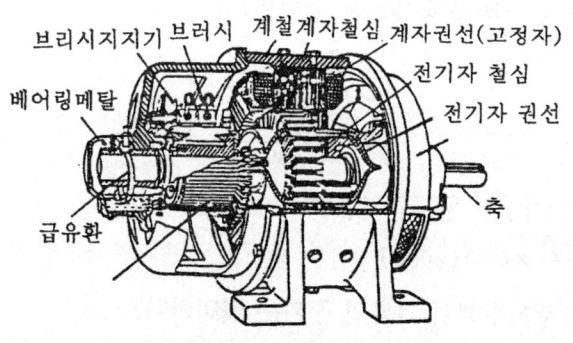

〔직류 발전기의 구조〕

① 브러시(brush) : 외부 회로와 내부 회로를 접속하는 장치
② 전기자(armatufre) : 회전하는 부분(전기자 권선과 철심으로 구성)
③ 정류자(commutator) : 코일의 반회전마다 전류의 방향을 바꾸는 장치
④ 계자(field magnet) : 자장을 만드는 부분(전자석으로 만든다.)

(3) 직류 발전기의 특성

① 부하 특성 곡선 : 부하전류의 변화에 대한 단자전압의 변화를 곡선으로 표시한 것이다.
② 분권 발전기 : 대체로 어느 일정한 전압을 필요로 할 때에 사용된다.
③ 직권 발전기 : 부하 저항이 작아져서 부하전류가 커지면 단자전압이 커지는 성질이 있다.
④ 복권 발전기 : 직권, 분권 두 계자 권선을 자속이 합해지도록 접속한 가동복권과 서로 지워지도록 접속한 차동복권이 있다. 또 접속방법에 따라 내분권과 외분권이 있는데 발전기는 내분권이 표준이다.
⑤ 플레밍의 오른손법칙(Fleming's right-hand rule) : 오른손 세 손가락을 각각 직각으로 펼치고, 집게손가락을 자속의 방향, 엄지손가락을 운동방향으로 정하면 가운데손가락이 유도 기전력의 방향이 된다. 이것을 플레밍의 오른손법칙이라 하며, 이 원리를 이용한 것이 발전기이다.

(4) 직류 발전기의 종류

① 자여자 발전기 : 발전기 자체에서 생기는 기전력에 의하여 여자(excite) 전류를 흐르게 하는 발전기를 말한다.
  ㉮ 분권 발전기 : 계자 권선과 권선이 병렬로 접속된 것
  ㉯ 직권 발전기 : 계자 권선과 전기자 권선이 직렬로 접속된 것
  ㉰ 복권 발전기 : 분권 계자와 직권 계자를 조합한 발전기이다. 이들 두 권선의 자속이 같은 방향으로 접속한 가동복권 발전기와 서로 반대방향으로 접속한 차동복권 발전기가 있다.

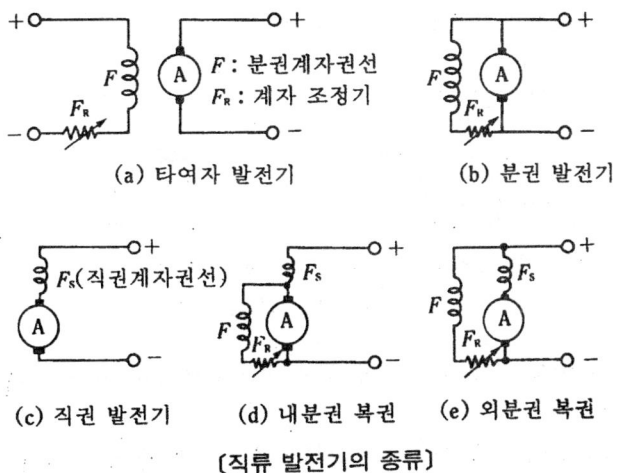

〔직류 발전기의 종류〕

② 타여자 발전기 : 여자 전류를 다른 독립된 직류 전원에서 얻는 발전기를 말한다.

(5) 기계 동력과 회전력

① 기계 동력

㉮ $P = \omega T = 2\pi n T \text{(W)}$

㉯ $EI = 2\pi n T \text{(W)}$ (공급 전력이 손실없이 기계동력으로 바뀐 경우)

여기서 $\begin{cases} P : 동력 \text{(W)} \\ n : 회전수 \\ \omega : 도선 가속도 \\ T : 회전력 \end{cases}$

② 회전력 : $T I_a \cdot B \cdot L \cdot Z \cdot r \text{(N·m)}$

여기서 $\begin{cases} r : 전기자의 반경 \\ I_a : 도선 1개에 흐르는 전류 \text{(A)} \\ Z : 도선수 \end{cases}$

2 직류 전동기

(1) 직류 전동기의 종류

① 분권 전동기 : 일정 속도 및 가변 속도를 다같이 필요로 하는 펌프, 송풍기, 선반 등에 적당하다.

② 직권 전동기 : 토크의 변화에 비하면 출력의 변화가 적다. 전차, 전기 기관차, 기중기 등에 적당하다.

③ 복권 전동기 : 기중기, 윈치, 분쇄기 등에 사용한다.

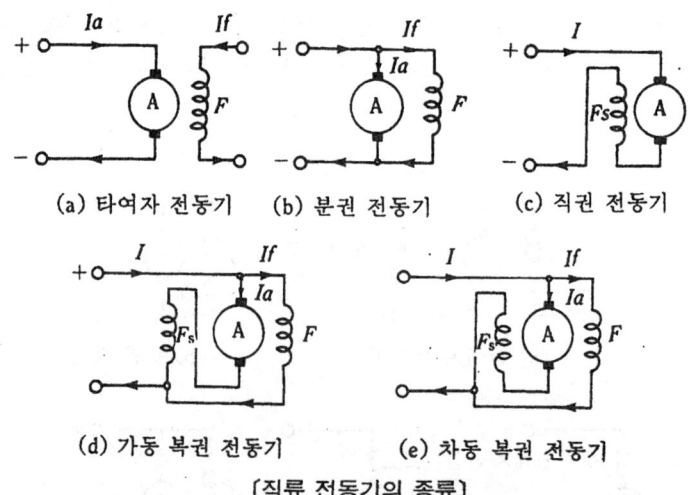

〔직류 전동기의 종류〕

(2) 직류 전동기의 구조 및 원리 : 직류 전동기는 플레밍의 왼손 법칙을 이용한 것으로, 그 구조는 다음과 같다.

① 계자(field magnet) : 자속을 얻기 위한 자장을 만들어 주는 부분으로 자극, 계자 권

선, 계철로 되어 있다.
② 전기자(armature) : 회전하는 부분으로 철심과 전기자 권선으로 되어 있다.
③ 정류자(commutator) : 전기자 권선에 발생한 교류 전류를 직류로 바꾸어 주는 부분이다.
④ 브러시(brush) : 회전하는 정류자 표면에 접촉하면서, 전기자 권선과 외부회로를 연결하여 주는 부분

(3) 전동기의 특성

① 토크와 회전수 : 직류 전동기의 토크 T와 회전수 N과의 계산은 다음과 같다.

㉮ $T = k_1 \cdot \phi \cdot I$ [N·m]
㉯ $N = k_3 \cdot \dfrac{V-IR}{\phi}$ [rpm]

여기서
$\begin{cases} T : 토크 [N·m] \\ N : 회전수 \\ I : 전기자 전류 \\ \phi : 한 자극에서 나오는 자속 [Wb] \\ R : 전기자 회로의 저항 [\Omega] \end{cases}$

② 속도 제어 : 계자, 저항, 전압제어가 있으며, 계산 방법은 다음과 같다.

$N = k_3 \cdot \dfrac{V-IR}{\phi}$

③ 정격과 효율

㉮ 정격 : 전기 기계는 부하가 커지면 손실로 된 열에 의하여 기계의 온도가 높아지고, 절연물이 열화되어 권선의 소손 등이 발생한다. 그러므로, 기계를 안전하게 운전할 수 있는 최대한도의 부하를 요구하는 데, 이것을 정격(rating)이라 한다.

㉯ 효율 : $\dfrac{출력}{입력} \times 100$ [%] $= \dfrac{출력}{출력+손실} \times 100$ [%]

④ 기전력

$E = V - I_a R_a$ [V]   여기서 $\begin{cases} I_a : 전기자 전류 [A] \\ R_a : 전기자 저항 [R] \end{cases}$

(4) 전동기의 운전방법 선택

① 전기회로에 직렬로 저항을 삽입한다.
② 동용량의 직권전동기를 여러 대 동시에 기동할 경우 전동기를 직렬 및 병렬로 바꾸어 운전한다.
③ 공급전압을 낮추어 기동한다.

2. 변압기

1 변압기의 원리와 구조

변압기의 원리는 상호유도 작용을 이용한 것이다. 이것은 1차, 2차 권선으로 되어 있으며 1차, 2차의 권수비에 의해 전압을 변동시킬 수 있는 것이다.

$$\frac{E_1}{E_2} = \frac{N_1}{N_2}$$

여기서
- E_1 : 1차 전압
- N_1 : 1차 권수
- E_2 : 2차 전압
- N_2 : 2차 권수

즉, 1차 및 2차 권선의 전압은 권수비에 비례한다.

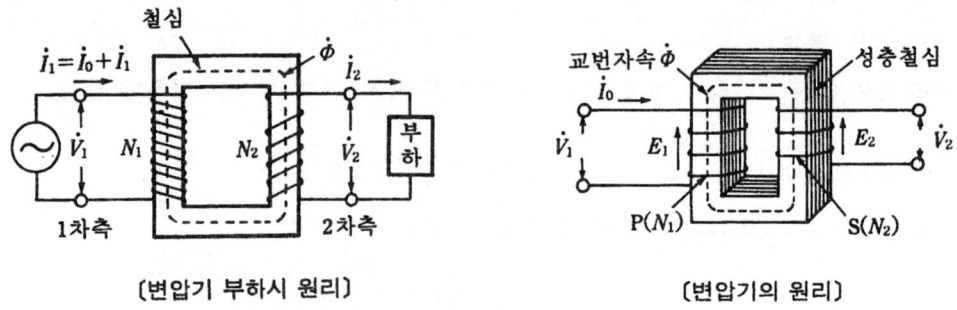

〔변압기 부하시 원리〕 〔변압기의 원리〕

2 변압기의 종류

① 누설 변압기 : 2차측에 큰 전류가 흐르면 전압이 떨어져 전력 소모가 일정하게 된다.
② 단권 변압기 : 권선의 일부가 1차와 2차의 권선을 겸한 것이다.
③ 3상 변압기 : 3개의 철심에 각각 1차와 2차의 권선을 감은 것이다.

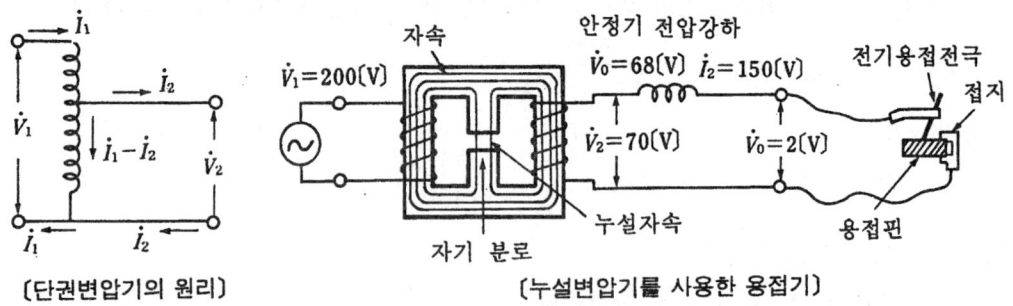

〔단권변압기의 원리〕 〔누설변압기를 사용한 용접기〕

3 변압기 효율과 전압 변동률

(1) 변압기 효율 : 변압기의 입력에 대한 출력량의 비를 말하며, 출력이 클수록 효율이 좋다.

$$효율(\eta) = \frac{출력}{입력} \times 100(\%) = \frac{출력}{출력 + 철손 + 동손} \times 100(\%)$$

$$= \frac{E_2 \cdot I_2 \cdot \cos\theta_2}{E_2 \cdot I_2 \cdot \cos\theta_2 + P_i + P_c} \times 100(\%)$$

(2) 전압 변동률 : 변압기에 부하를 걸어 줄 때, 2차 단자전압이 떨어지는 비율을 말한다.

$$전압 변동률 = \frac{E_0 - E}{E} \times 100(\%)$$

여기서
- E_0 : 무부하 단자 전압
- E : 전부하 단자 전압

4 변압기의 결선

단상 변압기 3대 또는 2대를 사용하여 3상 교류를 변압할 때의 결선 방법은 다음과 같다.

(1) Δ-Δ 결선 : 3대의 단상 변압기의 1차와 2차 권선을 각각 Δ결선한 것이다. 배전반용으로 많이 쓰이며, 전체 용량은 변압기 1대 용량의 3배이다.

(2) Δ-Y 결선 : 1차를 Δ결선, 2차를 Y결선한 것이다. 특별 고압 송전선의 송전측에 쓰인다.

(3) V-V 결선 : 단상 변압기 2대로 3상 교류를 변압하는 방법이다. 전용량은 변압기 1대 용량의 √3배이다.

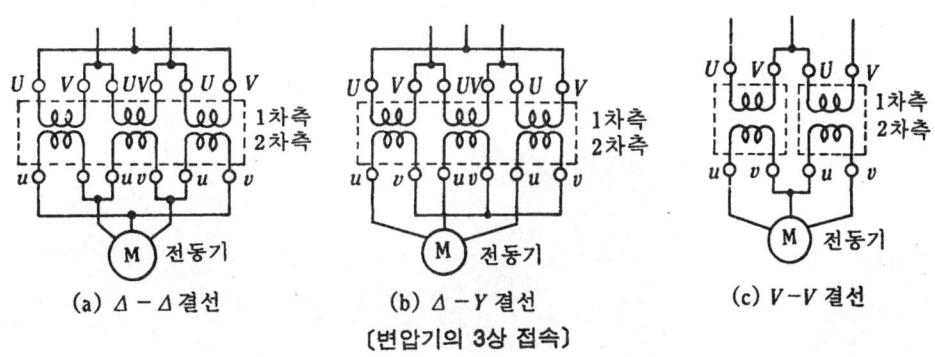

(a) Δ-Δ결선 (b) Δ-Y 결선 (c) V-V 결선

〔변압기의 3상 접속〕

3. 유도기

1 3상 유도 전동기

(1) 원리 : 고정자 권선에 교류를 흘리면, 회전 자계가 형성되어 회전자 코일에는 유도 전류가 흐르고, 전자력에 의하여 회전하게 된다.

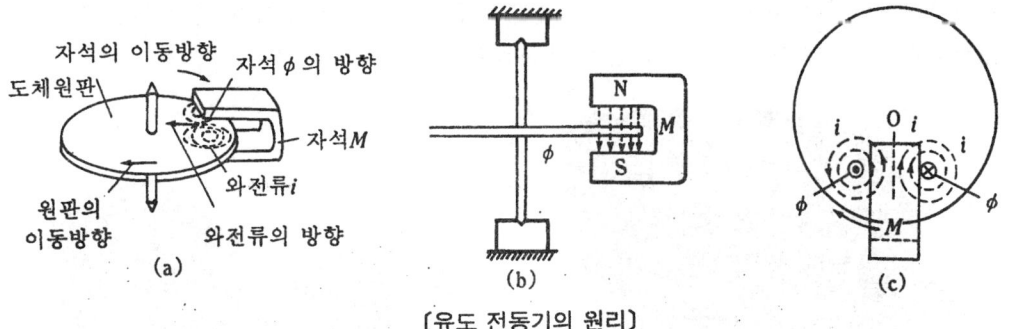

〔유도 전동기의 원리〕

① 동기 속도 : 회전 자계의 속도

$$N_s = \frac{120f}{P} \text{[rpm]}$$

여기서 $\begin{cases} N_s : \text{동기 속도[rpm]} \\ f : \text{전원 주파수[Hz]} \\ P : \text{고정자 권선에 의한 자극수} \end{cases}$

② 슬립(slip) : 전동기의 실제 속도는 동기 속도보다 다소 뒤지게 되는 데, 이 비율을 말한다.

$$S = \frac{N_s - N}{N_s} \times 100 [\%]$$ 여기서 $\begin{cases} S : 슬립 \\ N : 전동기의 회전수 [rpm] \end{cases}$

(2) 3상 유도전동기의 구조

① 고정자(stator) : 규소 강판을 성층한 철심의 안쪽에 설치된 슬롯(slot)에 코일을 끼우고 Y 또는 △결선한 것이다.
② 회전자(rotor) : 규소 강판을 성층한 원통 철심 바깥 둘레에 축방향의 슬롯을 만들고 코일을 넣은 것이다.
③ 농형 회전자 : 회전자 슬롯에 도체 봉을 끼우고, 양끝을 단락환(end ring)으로 단락시킨 것이다.
④ 권선형 회전자 : 회전자 슬롯에 권선을 넣고 Y 결선한 것이다.

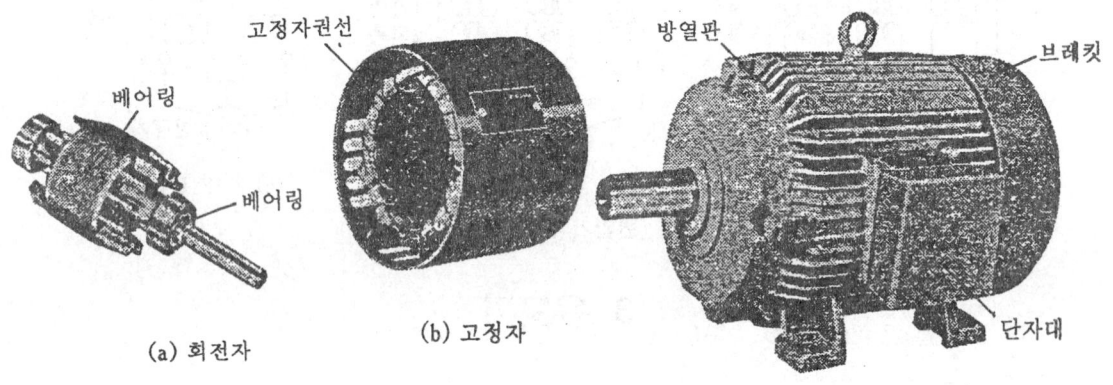

[3상 유도전동기의 구조 및 외형]

2 단상 유도 전동기

(1) 원리 : 단상에서는 회전 자장이 생기지 않으므로 기동을 시켜주어야 회전하게 된다.
(2) 종류 : 기동 방법에 따라 다음과 같이 분류된다.

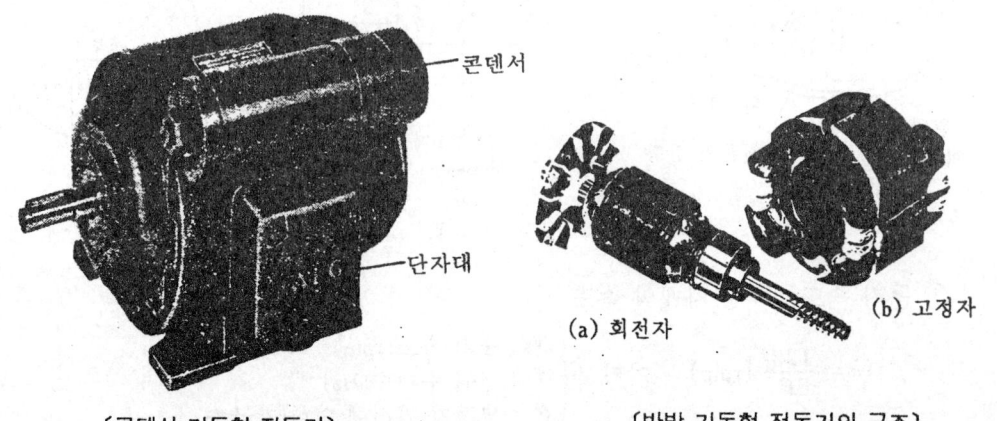

[콘덴서 기동형 전동기]   [반발 기동형 전동기의 구조]

① 콘덴서 기동형 : 보조 권선에 콘덴서를 직렬로 연결하여 주권선 전류보다 90° 앞서게 한다. 기동 토크가 크고, 기동 전류가 작다.
② 쌍 콘덴서 전동기 : 기동용 콘덴서와 운전용 콘덴서를 설치한다. 기동 토크가 크고, 운전 중 토크도 크며 역률이 좋다.
③ 영구 콘덴서 전동기 : 보조 권선에 콘덴서가 고정되어 있다. 기동 토크는 작으나 운전 중 역률이 좋다.
④ 반발 기동형 : 회전자에도 권선을 가지며, 반발 전동기로 기동하고, 기동 후에 회전자의 정류자를 단락시킨다. 기동 토크가 가장 크며, 브러시 접촉에 의한 소음이 발생하고 값이 비싸다.
⑤ 세이딩 코일형 : 주권선 자극의 일부에 끼운 단락 코일(세이딩 코일) 부분의 자속은 주자속보다 늦은 자속이 되므로, 이동 자계가 형성된다. 구조가 간단하고 견고하나 효율이 낮다.
⑥ 분상 기동형 : 주권선 외에 보조권선을 설치하는 데, 보조권선은 주권선과 90°의 전기각을 가진다.

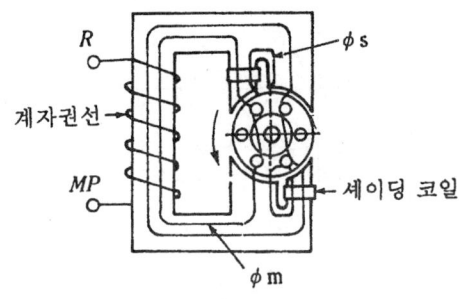

[세이딩 코일형 전동기]

4. 정류기 및 동기기

1 정류기

(1) 정류 기기 : 교류를 직류로 변환하는 장치이다.
(2) 정류 기기의 종류
① 정류기 : 수은 정류기, 반도체 정류기(셀렌 정류기, 산화동 정류기, 실리콘 정류기, 게르마늄 정류기)
② 전동 발전기 : 교류 전동기로 직류 발전기를 운전하여 직류를 얻는다.
③ 회전 변류기 : 교류 전동기와 직류 발전기가 고정자, 회전자를 공통으로 이용해 교류를 직류로 바꾼다.

2 동기기

(1) 원리와 구조

정상 상태에서 동기 속도 $N_s = \dfrac{120f}{P}$ [rpm]으로 회전하는 교류기로서 동기 발전기와 동기 전동기가 있다.

(2) 동기 발전기

① 유도 기전력(E)

$$E = 4.44 kfn\phi \text{ [V]}$$

여기서
- f : 주파수 [Hz]
- P : 극수
- ϕ : 1극의 자속 [Wb]
- n : 직렬로 접속된 코일의 권수
- k : 권선 계수 (0.9~0.95)

② 분류
- ㉮ 회전자형에 의한 분류 : 회전 계자형(고전압, 대전류용), 회전전기자형(저전압, 소용량의 특수 발전기용), 유도자형(고주파 전기로용)
- ㉯ 원동기에 의한 분류 : 수차 발전기, 터빈 발전기, 기관 발전기

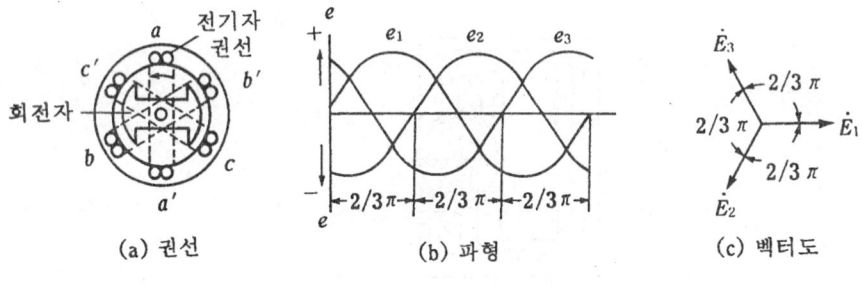

(a) 권선   (b) 파형   (c) 벡터도

[3상 동기 발전기]

[동기 발전기의 구조]

(3) 동기 전동기

① 동기 전동기의 토크

$$\tau = \frac{V_l E_l}{\omega x_s} \sin \delta_m \text{ (N·m)}$$

$$\tau' = \frac{\tau}{9.8} \text{ (kg·m)}$$

여기서 $\begin{cases} V_l : \text{선간 전압} \\ E_l : \text{선간 기전력} \\ \omega : \text{각속도} \left(\frac{2\pi N_s}{60} \text{(rad)}\right) \\ \delta_m : \text{부하각} \end{cases}$

② **위상 특선 곡선(V 곡선)** : 부하를 일정하게 하고, 계자전류의 변화에 대한 전기자 전류의 변화를 나타낸 곡선으로, V곡선이라고도 한다.

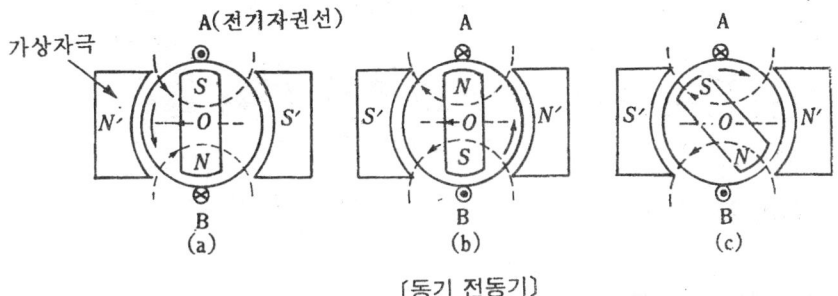

〔동기 전동기〕

(4) 동기 전동기의 특징

① 장점
- 효율이 좋다.(특히 저속도에서)
- 정속도 전동기이다.
- 역률을 1 또는 앞서는 역률로 운전할 수 있다.
- 공극이 넓으므로 기계적으로 튼튼하고 보수가 용이하다.

② 단점
- 기동 토크가 작고, 기동하는 데 손이 많이 간다.
- 직류 여자가 필요하다.
- 난조가 일어나기 쉽다.

(5) 동기기의 정격 출력

① 3상 동기 발전기의 정격 출력(피상 전력)

$$P = \sqrt{3} V_n I_n \times 10^{-3} \text{(kVA)}$$

여기서 $\begin{cases} V_n : \text{정격 전압(V)} \\ I_n : \text{정격 전류(A)} \end{cases}$

② 3상 동기 발전기가 낼 수 있는 전력(유효 전력)

$$P = \sqrt{3} V_n I_n \cos\theta \times 10^{-3} \text{(kW)}$$ 여기서, $\cos\theta$: 부하 역률

(6) 특수 동기기

① 단상 동기 발전기 : 소용량은 신호용, 실험실용, 대용량은 전기 철도
② 사인파 발전기 : 사인파 교류 기전력을 유도
③ 고주파 발전기 : 전기로의 전원용, 기기의 층간 절연시험용
④ 동기 주파수 변환기 : 동기 전동기와 동기 발전기를 직결하여 주파수 변환

$$N_S = \frac{120f_1}{p_1} = \frac{120f_2}{p_2}$$

여기서, p_1, p_2 : 주파수 f_1, f_2의 전력 계통에 접속된 두 동기의 극수

$$\therefore \frac{f_1}{p_1} = \frac{f_2}{p_2}$$

⑤ 반동 전동기 : 전기 시계, 사이클 카운터, 기계적 정류기로 사용

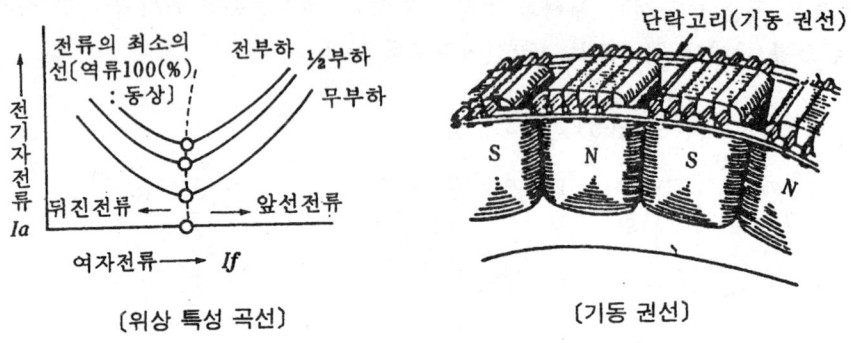

〔위상 특성 곡선〕　　〔기동 권선〕

③ 전동기의 설치 및 취급

(1) 기초 및 고정 : 전동기 설치시 설치대의 기초나 전동기 고정상태가 불안정하면 전동기의 진동 원인이 되므로 기초는 견고한 콘크리트가 바람직하며 소형인 경우는 목대도 무난하다. 기초면은 바닥면보다 높게 하여 습기·수분 등이 가능한한 스며들지 않도록 하며 통풍이 잘되는 장소를 선택하고 부근에는 방해물을 두지 않도록 한다.

(2) 배선 : 전동기의 배선은 전기설비 기준과 관계법규에 준해서 시공되어야 한다. 또 전동기의 바깥틀이나 누전의 염려가 있는 금속부분은 역시 규정에 따라 접지하여야 하며, 전동기를 안전하게 사용하려면 개폐기, 배전반 및 계기류 등의 선정에 유의해야 한다.

(3) 보수 : 전동기는 사용 장소와 부하의 상태를 고려하여 보수 점검에 관한 규정을 만들어 이를 철저히 이행함으로써 고장을 미연에 방지해야 한다. 점검의 종류는 다음과 같다.

① 매일 점검 : 베어링의 온도와 급유 상태, 권선의 온도 및 제어기, 기동기 등의 접촉 부분의 점검

② 매주 점검 : 베어링의 점검. 먼지가 많은 장소에서는 청소와 절연 저항 측정

③ 매월 또는 매분기 점검 : 베어링 유나 구리스 유의 교환 및 전폐용 이외에는 전동기의 분해 청소, 제어장치 및 기동장치의 스위치를 점검한다.

예상문제

문제 1. 전기자 반작용의 영향으로서 옳지 않은 것은 어느 것인가?
㉮ 국부적 섬락 ㉯ 전동기 속도의 저하
㉰ 중성축의 이동 ㉱ 발전기는 기전력 감소

[풀이] 편자 작용으로 전동기는 속도가 상승하고 발전기는 기전력이 감소한다.

문제 2. 수은 정류기의 전압과 효율과의 관계는?
㉮ 전압과 효율은 전혀 무관하다.
㉯ 전압이 높아지면 효율은 떨어진다.
㉰ 전압이 높아지면 효율이 좋아진다.
㉱ 어느 전압 이하에서는 전압에 관계없이 일정하다

[풀이] $\eta = \dfrac{Ed}{Ed+Ea}$ 에서 Ed가 높을수록 효율이 좋다.

문제 3. 2차 정격 전압 105(V), 무부하 2차 전압 107.1(V)인 변압기의 전압 변동률은?
㉮ 1.5(%) ㉯ 2(%) ㉰ 3(%) ㉱ 4(%)

[풀이] $\varepsilon = \dfrac{E_0 - E}{E} \times 100 = \dfrac{107.1 - 105}{105} = 2(\%)$

문제 4. 4극인 유도 전동기의 슬립이 4(%)일 때, 회전수는? (단, 전원 주파수는 50(Hz)이다.)
㉮ 1,410(rpm) ㉯ 1,440(rpm) ㉰ 1,470(rpm) ㉱ 1,500(rpm)

[풀이]
- 동기 속도 $N_s = \dfrac{120f}{P} = \dfrac{120 \times 50}{4} = 1,500$(rpm)
- 슬립 $S = \dfrac{N_s - N}{N_s}$ 에서
  $N = N_s(1-S) = 1,500(1-0.04) = 1,440$(rpm)

문제 5. 역률 80(%)인 부하의 유효전력 P는 250(kW)이다. 이때 무효전력(kW)의 값을 구하시오
㉮ 40 ㉯ 80 ㉰ 120 ㉱ 160

[풀이] 무효 전력 $P_r = P_a \sin\theta = \dfrac{P}{\cos\theta} \cdot \sin\theta$
$= \dfrac{250}{0.8} \times 0.6 = 160$(kVar)
$\cos^2 + \sin^2\theta = 1$, $\cos^2 = 0.8$이므로
$1 - \cos^2\theta = \sin^2\theta = \sin\theta\sqrt{1-\cos^2\theta}$
$= \sin\theta$ 즉, 0.6

해답 1. ㉯ 2. ㉰ 3. ㉯ 4. ㉯ 5. ㉱

문제 6. 기동 토크가 크고, 회전 속도도 가장 큰 전동기는?
㉮ 반발형 전동기   ㉯ 콘덴서 전동기
㉰ 분상 기동형 전동기   ㉱ 단상 직권 전동기

[토의] 단상 직권 전동기는 직류 직권 전동기와 비슷하다. 소형은 직류, 교류 양용이다. 연삭기, 전기 드릴, 진공 소제기 등에 사용한다.

문제 7. 가정용으로 많이 사용되는 전동기는?
㉮ 동기 전동기   ㉯ 직류 전동기
㉰ 단상 유도 전동기   ㉱ 3상 유도 전동기

[토의] 단상 유도 전동기는 이것은 선풍기, 냉장고, 세탁기 등에 쓰인다.

문제 8. 단상 유도 전동기 중 기동 토크가 가장 작은 것은?
㉮ 반발 기동형   ㉯ 콘덴서 분상형
㉰ 분상 기동형   ㉱ 쌍 콘덴서 전동기

[토의] 주권선과 보조 권선에 흐르는 전류의 위상차가 가장 작은 분상 기동형이다.

문제 9. 다음 그림의 파형률은?
㉮ 1.5
㉯ 1.155
㉰ 2
㉱ 0.7

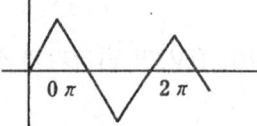

[토의] 삼각파 $V_e = \dfrac{1}{\sqrt{3}} V_m$ $V_{av} = \dfrac{1}{2} V_m$

파형율 $= \dfrac{\text{실효값}}{\text{평균값}} = \dfrac{\dfrac{1}{\sqrt{3}} V_m}{\dfrac{1}{2} V_m} = \dfrac{2}{\sqrt{3}}$

파형율 $= 1.155$

문제 10. 8극인 유도 전동기에 60[Hz]의 교류를 가할 때, 동기 속도는 몇 [rpm]인가?
㉮ 900   ㉯ 1,200   ㉰ 1,800   ㉱ 3,600

[토의] $N_s = \dfrac{120f}{P} = \dfrac{120 \times 60}{8} = 900 [\text{rpm}]$

문제 11. 정현파 교류에서 실효값은 최대값의 몇 배인가?
㉮ $\dfrac{2}{\pi}$ 배   ㉯ π 배   ㉰ $\dfrac{\sqrt{2}}{2}$ 배   ㉱ $\dfrac{1}{\sqrt{2}}$ 배

[토의] 실효값 $= \dfrac{1}{\sqrt{2}} V_m$ ∴ $\dfrac{1}{\sqrt{2}}$ 배

문제 12. 1[kW]의 전력이 소비되는 부하 10[Ω]에 흐르는 전류[A]는?
㉮ 100   ㉯ 70   ㉰ 50   ㉱ 10

[토의] $P = I^2 R = 1,000 = I^2 \times 10$ $I^2 = \dfrac{1,000}{10} = 100$
∴ $I = 10 [\text{A}]$

해답 6. ㉱   7. ㉰   8. ㉰   9. ㉯   10. ㉮   11. ㉱   12. ㉱

문제 13. 그림에서 50(V)의 전압을 가할 때 15(Ω)의 저항에 흐르는 전류 (A)는?
㉮ 2.5
㉯ 1.5
㉰ 3.5
㉱ 4.5

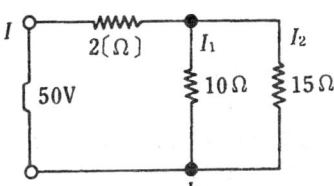

풀이) 합성저항 $Rt = 2+(10//15)$
$= 2+\dfrac{10\times 15}{10+15} = 8(\Omega)$ $i=\dfrac{E}{Rt}$

$I_1 = \dfrac{E}{Rt}$ 에서 $\dfrac{50}{8}(A) = 6.2(A)$

$I_2 = \dfrac{50}{8} \times \dfrac{10}{10+15} = 2.5(A)$

문제 14. 직류 발전기의 계자 권선에 흐르는 전류는?
㉮ 여자 전류   ㉯ 회전자 전류   ㉰ 전기자 전류   ㉱ 교류 전류

풀이) 계자 권선에 흐르는 전류를 여자 전류라고 한다.

문제 15. 축전지의 규격이 같은 것을 2개 병렬 연결하면?
㉮ 전압과 용량이 1/2배
㉯ 전압은 1/2배, 용량은 2배
㉰ 전압은 불변, 용량은 2배
㉱ 전압용량 모두 2배

풀이) $\dfrac{E+E}{2}=\dfrac{2E}{2}=E$ 병렬$=\dfrac{mE}{m}$

용량 $= A\cdot h = A\cdot 2\times h$

문제 16. 역률 0.85, 전류 60(A), 유효 기전력은 20(kW)인 3상 평형 부하의 전압(V)은?
㉮ 226   ㉯ 116   ㉰ 306   ㉱ 253

풀이) $P=\sqrt{3}V_L I_L \cos\theta$

$V_L = \dfrac{20\times 10^3}{\sqrt{3}\times 60\times 0.85} = 226(V)$

문제 17. 변압기의 1차 권수가 80회, 2차 권수가 320회, 2차측 전압이 100(V)이면, 1차 전압은 몇 (V)인가?
㉮ 25   ㉯ 50   ㉰ 100   ㉱ 400

풀이) 변압기의 전압비는 권수비에 비례하고, 전류비는 권수비에 반비례한다.
즉, $E_1 : E_2 = n_1 : n_2 = I_2 : I_1$

문제 18. 변압기의 원리는 다음 중 어느 것인가?
㉮ 자기 유도 작용   ㉯ 전자 유도 작용
㉰ 정전 유도 작용   ㉱ 쿨롱의 법칙

풀이) 전자 유도 작용에는 자체 유도와 상호 유도가 있으며, 변압기는 상호 작용을 이용한 것이다.

문제 19. 100(A)의 6상 성상전압이 있을 때, 선간 전압(V)은?
㉮ 200   ㉯ 250   ㉰ 300   ㉱ 100

해답 13. ㉮ 14. ㉮ 15. ㉰ 16. ㉮ 17. ㉮ 18. ㉯ 19. ㉱

[풀이] 선간전압 $V_l = 2V_P \times \sin\dfrac{180°}{n}$ 이므로

$$= 2 \times 100 \sin\dfrac{180°}{6}$$

$$= 200 \times \dfrac{1}{2} = 100 \text{(V)} \text{임}$$

[문제] 20. 4.7(Ω)의 부하저항에 내부저항이 0.3(Ω), 기전력 45(V)인 전지를 접속하면 전지에 흐르는 단자전압(V)과 전류(A)는?

㉮ 468, 20   ㉯ 35.6, 13   ㉰ 40.5, 5   ㉱ 42.3, 9

[풀이] 흐르는 전류 $I = \dfrac{E}{R+r}$ 에서

$$\dfrac{45}{4.7+0.3} = \dfrac{45}{5} = 9 \text{(A)}$$

전지의 단자전압 $V = E - Ir = 45 - (9 \times 0.3)$
$$= 45 - 2.7 = 42.3 \text{(V)}$$

[문제] 21. 400(kW), 역률 0.8인 단상부하의 20분간 무효 전력량은 얼마인가?

㉮ 200(KVAh)   ㉯ 100(kVarh)   ㉰ 100(KVarh)   ㉱ 200(kVarh)

[풀이] 피상 전력 = $\dfrac{P}{\text{역률}}$ 이므로

$$= \dfrac{400}{8} = 500 \text{(kVA)}$$

$Pr = 500 \times 0.6 = 300 \text{(kVar)}$

$$\therefore \ 300 \times \dfrac{20}{60} = 100 \text{(kVarh)}$$

[문제] 22. 셰이딩 코일형 단상 유도 전동기의 회전 방향은?

㉮ 셰이딩 코일이 없는 쪽에서 있는 쪽으로 회전한다.
㉯ 셰이딩 코일이 있는 쪽에서 없는 쪽으로 회전한다.
㉰ 전원을 접속하는 데 따라 정해진다.
㉱ 왼나사의 돌아가는 방향으로 회전한다.

[풀이] 셰이딩 코일이 있는 부분의 자속은 셰이딩 코일이 없는 부분의 자속보다 늦은 자속이 된다.

[문제] 23. 10(kW), 200(V)인 3상 유도 전동기의 효율 및 역률이 85(%)일 때, 전부하 전류는?

㉮ 20(A)   ㉯ 40(A)   ㉰ 60(A)   ㉱ 80(A)

[풀이] $P = \sqrt{3} E \cdot I \cdot \cos\theta \cdot \eta$ 에서

$$I = \dfrac{P}{\sqrt{3} E \cdot \cos\theta \cdot \eta}$$

$$= \dfrac{10 \times 100}{1.73 \times 200 \times 0.85 \times 0.85}$$

$$= 40 \text{(A)}$$

[문제] 24. 단자 전압 200(V), 전류 50(A), 역률 80(%), 효율 90(%)인 3상 유도 전동기의 출력은 몇 마력인가?

㉮ 10(HP)   ㉯ 12.5(HP)   ㉰ 14.3(HP)   ㉱ 16.7(HP)

[해답] 20. ㉱   21. ㉯   22. ㉮   23. ㉯   24. ㉱

[풀이] $P = \sqrt{3} \times 200 \times 50 \times 0.8 \times 0.9 = 12,456$ [W]

$= \dfrac{12456}{746} \fallingdotseq 16.7$ [HP]

[문제] 25. 최대값이 20[A]이고, $i = 10\cos\left(\omega t + \dfrac{\pi}{3}\right)$[A]보다 위상이 $\dfrac{\pi}{3}$만큼 뒤지는 전류의 순시값을 표시하는 식은?

㉮ $20\sin(\omega t - 60°)$ ㉯ $20\sin(\omega t - 30°)$
㉰ $30\sin(\omega t - 30°)$ ㉱ $30\sin(\omega t + 60°)$

[풀이] $\cos\left(\omega t - \dfrac{\pi}{3}\right) = \sin(\omega t + 90° - 60°)$이므로

위상이 $\dfrac{\pi}{3}$만큼 뒤진 전류의 위상은

$\sin(\omega t + 30° - 60°) = \sin(\omega t - 30°)$임

[문제] 26. 1/3 길이에서 끊어진 100[V]용 500[W] 니크롬선이 있다. 나머지 2/3 길이를 늘여서 사용할 때 소비전력[W]은?

㉮ 500   ㉯ 600   ㉰ 750   ㉱ 900

[풀이] $P_1 = \dfrac{V^2}{R}$ [W] $R = \dfrac{100^2}{500} = 20$ [Ω]

$R' = 20 \times \dfrac{2}{3} = 13.3$

$P_2 = \dfrac{V^2}{R \times \dfrac{2}{3}} = \dfrac{100 \times 100}{20 \times \dfrac{2}{3}} = 750$ [W]임

[문제] 27. 다음 그림과 같이 1차측에 300[V], 10[A]를 가하였을 때, 2차측에 60[V]의 전압이 발생하였다면 2차 전류 I 는?

㉮ 10[A]
㉯ 30[A]
㉰ 50[A]
㉱ 60[A]

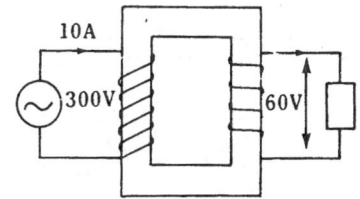

[풀이] $E_1 \cdot I_1 = E_2 \cdot I_2$이므로, $300 \times 10 = 60 \times I$

$\therefore I = \dfrac{300}{60} = 50$ [A]

[문제] 28. 2차 정격 전압 100[V], 무부하 2차 전압 105[V]인 변압기의 전압 변동률은?

㉮ 2[%]   ㉯ 5[%]   ㉰ 10[%]   ㉱ 15[%]

[풀이] 전압 변동률 $= \dfrac{E_0 - E}{E}$

$= \dfrac{105 - 100}{100} \times 100 = 5$ [%]

[문제] 29. 단상부하에서 400[kW], 역률 0.8일 때 20분간 무효 전력량은 무엇인가?

㉮ 200[KVah]   ㉯ 200[kVarh]   ㉰ 100[KVarh]   ㉱ 200[kVah]

[해답] 25. ㉯   26. ㉰   27. ㉰   28. ㉯   29. ㉯

[풀이] $P = VI\cos\theta$ (kW)

$400 = VI \times 0.8$ $VI = \dfrac{400}{0.8} = 500 \times 10^3$

$Pr = 500\sin\theta = 500 \times 0.6 = 300$ (kW)

$= 300 \times 20 \times \dfrac{1}{3} = 100$ (KVarh)

$\sin = \sqrt{1^2 - 0.8^2} = 0.6$

[문제] 30. 직류 발전기의 무부하 포화 곡선과 관계되는 것은 어느 것인가?
⑦ 부하 전류와 여자 전류 ④ 단자 전압과 부하 전류
④ 부하 전류와 회전 속도 ㉣ 유도 기전력과 계자 전류

[풀이] 무부하 특성 곡선은 유도 기전력과 계자 전류와의 관계를 나타낸다.
⑦는 계자 조정곡선, ④는 외부 특성곡선과 관계있고, 부하 특성 곡선은 단자 전압과 계자 전류에 사용한다.

[문제] 31. 2대의 직류 발전기를 병렬 운전할 때 부하 부담을 많이 받는 쪽은?
⑦ 저항이 같으면 유도 전압이 작은 쪽
④ 유도 전압이 같으면 전기자 저항이 큰 쪽
④ 유도 전압이 같으면 전기자 저항이 작은 쪽
㉣ 저항이나 유도 전압의 대소에 관계없이 같다.

[풀이] 부하 부담은 저항이 같으면 유도 전압이 큰 쪽, 유도 전압이 같으면 전기자 저항이 작은 쪽이 부하를 많이 부담한다.

[문제] 32. 전기 기계의 전기자 권선법으로 쓰이는 것은?
⑦ 단층권   ④ 환상권   ④ 개로권   ㉣ 2층권

[풀이] 전기자 철심의 홈에 상하 2층으로 권선하는 2층권이 쓰인다.

[문제] 33. A, B전압은 10(V)이다. BC간 전압은?
⑦ 5(V)
④ 25(V)
④ 35(V)
㉣ 15(V)

[풀이] $I_1 = \dfrac{V_1}{R_1} = \dfrac{10}{2} = 5$(A) $V_1 = IR_1$ $V_2 = IR_2$

$V_2 = 5 \times 3 = 15$(V)

[문제] 34. RC병렬 회로에서 합성 어드미턴스를 구하시오
⑦ $\dfrac{1}{R}(1-j\omega CR)$ ④ $\dfrac{1+j\omega CR}{R}$ ④ $\dfrac{1}{R}(1+j\omega CR)$ ㉣ $\dfrac{1-j\omega CR}{R}$

[풀이] $Y_0 = Y_1 + Y_2$

$= \dfrac{1}{R} + \dfrac{1}{\dfrac{1}{j\omega C}} = \dfrac{1}{R}(1 + j\omega CR)$

[해답] 30. ㉣ 31. ④ 32. ㉣ 33. ㉣ 34. ④

문제 35. 역률 0.7, 전압 200[V], 전류 10[A]인 3상 부하에서 전력 [W]은?
㉮ 3200 ㉯ 3425 ㉰ 2425 ㉱ 2400

[풀이] $P = \sqrt{3} V_l I_l \cos\theta$
$P = \sqrt{3} \times 200 \times 10 \times 0.7 = 2424.87$ [W]

문제 36. 전선의 고유 저항이 1.7×10^{-8} [Ω·m]일 때 길이 87[m], 지름 1[mm]되는 전선의 저항은 몇 [Ω]인가?
㉮ 3.14 ㉯ 6.51 ㉰ 1.88 ㉱ 2.41

[풀이] $R = 1.7 \times 10^{-8} \times \dfrac{87}{\dfrac{\pi}{4}} = 1.88$ [Ω]

문제 37. 변압기 3대를 $\Delta - \Delta$ 결선하여 전력을 공급하다가 $V-V$ 결선으로 바꾸었다. 전력 공급 능력은 어떻게 변하겠는가?
㉮ 30[%] 감소한다. ㉯ 1/2로 감소한다.
㉰ 57.7[%]로 감소한다. ㉱ 변동 없다.

[풀이] • $\Delta - \Delta$ 결선시 용량 : $3E \cdot I$
• $V-V$ 결선시 용량 : $\sqrt{3} E \cdot I$ 이므로
$= \dfrac{\sqrt{3} E \cdot I}{3E \cdot I} = 0.577$
원래 용량의 57.7[%]로 공급능력이 줄어든다.

문제 38. 3상 농형 유도 전동기는 대개 어떤 방법으로 기동시키는가?
㉮ $Y-\Delta$ 기동법 ㉯ 전전압 기동법 ㉰ 리액터 기동법 ㉱ 콘덴서 기동법

[풀이] $Y-\Delta$ 기동법 : 전동기의 고정자를 기동시는 Y 결선으로 바꾼다. Y 결선시는 Δ 결선의 1/3 전류가 흐른다.

문제 39. 단상 변압기 3대로 3상 전력을 공급할 때, Δ 결선했을 때보다 Y 결선으로 할 때의 공급능력은?
㉮ $\sqrt{3}$ 배 ㉯ $\dfrac{1}{\sqrt{3}}$ 배 ㉰ 3배 ㉱ 같다.

[풀이] Y 결선이든, Δ 결선이든 변압기 3대의 전용량은 1대 용량의 3배가 된다.

문제 40. 배전용으로 많이 쓰이는 변압기 결선 방법은?
㉮ $\Delta - Y$ ㉯ $Y-\Delta$ ㉰ $\Delta - \Delta$ ㉱ $Y-Y$

[풀이] $\Delta - \Delta$ 결선시 3대 중 1대가 고장이 났을 때도, 2대로써 $V-V$ 결선을 할 수 있다.

문제 41. 1.2[MΩ]의 배율기에 최고눈금 50[mV], 저항 100[Ω]인 직류 전압계를 접속해서 측정할 수 있는 전압 [V]은?
㉮ 600 ㉯ 700 ㉰ 650 ㉱ 750

[풀이] 배율기에서
$V_0 = V\left(\dfrac{Rm}{R} + 1\right)$에 적용시키면
$= 600$

해답 35. ㉰ 36. ㉰ 37. ㉰ 38. ㉮ 39. ㉱ 40. ㉰ 41. ㉮

문제 42. 전동기 운전에 있어서 급정지 또는 속도 제한의 목적으로 사용되는 제동법이 아닌 것은 어느 것인가?
㉮ 발전 제동　　㉯ 회생 제동　　㉰ 역상 제동　　㉱ 3상 제동

[풀이] 전기 제동의 종류 : 발전 제동, 회생 제동, 역상 제동
① 발전 제동 : 운전 중의 전동기를 전원으로 부터 끊고 발전기로 동작시켜 이때 발생되는 전기적 에너지를 저항에서 소비시켜 제동
② 회생 제동 : 운전 중의 전동기를 발전기로 하여금 전원보다 높은 전압을 발생시켜 전기적 에너지를 전원에 반환시키면서 제동
③ 역상 제동 : 전동기를 전원에 접속한 채 전기자의 접속을 바꾸어 회전방향과 반대의 토크를 발생하게 하여 급속히 정지 또는 역전시키는 제동(플러킹 제동)

문제 43. 직류 분권 전동기의 공급전압의 극성을 반대로 하면 회전방향은 어떻게 되는가?
㉮ 발전기로 된다.　　㉯ 회전하지 않는다.
㉰ 반대로 된다.　　㉱ 불변이다.

[풀이] 전원 극성을 반대로 하면 자속이나 전기자 전류가 모두 반대가 되므로 회전방향이 바뀌지 않는다. 회전 방향을 바꾸려면 전기자 회로를 바꾼다.

문제 44. $X_L=9(\Omega)$ $X_C=6(\Omega)$, $R=4(\Omega)$인 직렬접속 회로의 인덕턴스는 얼마인가?
㉮ $\dot{Y}=4+j8$　　㉯ $\dot{Y}=0.16-j0.12$
㉰ $\dot{Y}=4-j5$　　㉱ $\dot{Y}=0.16+j0.12$

[풀이] $Y=\dfrac{1}{Z}=\dfrac{1}{R+j(X_L-X_C)}=\dfrac{1}{4+j(9-6)}$
$=\dfrac{1}{4+j3}=\dfrac{4-j3}{(4+j3)(4-j3)}=\dfrac{4-j3}{16+9}$
$=\dfrac{4}{25}-\dfrac{j3}{25}$

문제 45. 직류 발전기에서 전기자 전류가 만드는 기자력은?
㉮ 합성 기자력　　㉯ 교차 기자력　　㉰ 편자 기자력　　㉱ 감자 기자력

[풀이] 전기자 기자력은 주자속의 방향에 대하여 수직으로 작용하므로 교차 자화작용을 한다.

문제 46. 직류기의 전기자 반작용의 영향을 보상하는 데 효과가 큰 것은?
㉮ 보극　　㉯ 보상 권선　　㉰ 탄소 브러시　　㉱ 균압 고리

[풀이] 보극은 중성점 부근의 전기자 반작용을 없애는 데 필요하지만, 전기자 전면에 분포하고 있는 보상 권선에는 비교가 못된다.

문제 47. 직류기에서 파권의 특징이 증권에 비하여 이점인 것은?
㉮ 효율이 좋다.　　㉯ 전압이 높게 된다.
㉰ 전류가 크다.　　㉱ 출력이 크다.

[풀이] 파권에서는 전도체수의 1/2이 직렬로 되므로 전압이 가장 높다. 그러나 전류는 작게 되나 출력은 변하지 않는다. 동손이나 각 도체를 흐르는 전류는 동일하므로 효율도 변하지 않는다.

[해답] 42. ㉱　43. ㉱　44. ㉯　45. ㉯　46. ㉯　47. ㉯

문제 48. 연동선의 고유 저항이 1/58이고 지름 1.0(mm)이다. 저항이 2(Ω)이 되도록 코일로 전자석을 만들려면 약 몇 (m)의 코일이 필요하냐?
㉮ 90 ㉯ 81 ㉰ 67 ㉱ 91

풀이 $R = \rho \dfrac{l}{S} = \rho \dfrac{l}{\pi \left(\dfrac{D}{2}\right)^2}$ 에서 $\begin{cases} 지름\ D=1이다. \\ 반지름\ R이다. \end{cases}$

$l = \dfrac{R \times \dfrac{\pi D^2}{4}}{\rho} = \dfrac{2 \times \dfrac{\pi\, 1.0^2}{4}}{\dfrac{1}{58}} = 91 (m)$

문제 49. 3시간 30분 동안 2(A)의 전류를 가하면 얼마의 전기량 (C)이 흐르나?
㉮ 15,200 ㉯ 27,000 ㉰ 12,800 ㉱ 25,200

풀이 전류 $I=2(A)$, 시간 $t=3.4(HR)$이므로
전기량 $Q = It = 2 \times 3,600 \times 3.5 = 25,200 (C)$

문제 50. 7200(C)의 전기량이 1시간 흐른다면 전류의 세기는 몇 (A)인가?
㉮ 10 ㉯ 5 ㉰ 2 ㉱ 20

풀이 전기량 $Q=2,000(C)$,
$Q=It$ 에서 $I = \dfrac{Q}{t} = \dfrac{7,200}{3,600}$ ($t=1시간 임$)
∴ 2(A)의 전류가 흐른다.

문제 51. 주상 변압기의 냉각 방식은 무엇인가?
㉮ 기냉식 ㉯ 유입 송풍식
㉰ 유입 수냉식 ㉱ 유입 자냉식

풀이 절연 기름을 채운 외함에 변압기 본체를 넣고 기름의 대류 작용으로 철심과 코일에서 발생한 열을 외기 중에 발생시키는 유입 자냉식이다.

문제 52. 변압기의 정격 1차 전압이란 무엇인가?
㉮ 정격 2차 전압에 권수비를 곱한 것 ㉯ 무부하일 때의 1차 전압
㉰ 부하를 걸었을 때의 1차 전압 ㉱ 정격 2차 전압에 전압을 곱한 것

풀이 정격 1차 전압은 명판에 기록되어 있는 1차 전압을 말하며, 정격 2차 전압에 권수비를 곱한 것이 되고 전부하에서 1차 전압을 말한다.

문제 53. 정현파의 파고율은?
㉮ $\dfrac{\pi}{2}$ ㉯ 2π ㉰ $\sqrt{2}$ ㉱ $\dfrac{2}{\pi}$

풀이 파고율 $= \dfrac{최대값}{실효값} = \dfrac{Vm}{\dfrac{1}{\sqrt{2}}Vm} = \sqrt{2}$

문제 54. 직류 발전기의 단자 전압을 조정하려면 다음 중 어느 것을 조정하여야 하는가?
㉮ 전기자 저항기 ㉯ 기동 저항기 ㉰ 계자 방전저항기 ㉱ 계자 저항기

해답 48. ㉱ 49. ㉱ 50. ㉰ 51. ㉱ 52. ㉮ 53. ㉰ 54. ㉱

문제 55. 출력 1[kW], 효율 80[%]인 기계의 손실은 얼마인가?
㉮ 150[W] ㉯ 200[W] ㉰ 250[W] ㉱ 300[W]

풀이 $\eta = \dfrac{출력}{입력} \times 100$에서

입력 $= \dfrac{출력}{효율} \times 100 = \dfrac{1 \times 10^3}{80} \times 100 = 1,250$[W]

∴ 손실 = 입력 - 출력 = 1,250 - 1,000 = 250[W]

문제 56. 직권 전동기의 회전수가 1/3로 감소하는 토크는 몇 배가 되는가?
㉮ 1/3배 ㉯ 3배 ㉰ 6배 ㉱ 9배

풀이 $T = K\phi I = K' \dfrac{1}{N}$

즉, 토크는 속도에 반비례한다.

문제 57. 직류 전동기의 출력이 10[kW], 회전수가 600[rpm]일 때 토크[kg·m]는?
㉮ 약 10 ㉯ 약 14 ㉰ 약 16 ㉱ 약 20

풀이 $P = 2\pi n T = EI$, $n\dfrac{N}{60}$

∴ $T = \dfrac{P_m}{2\pi n}$[N·m] $= \dfrac{P_m}{9.8 \times 2\pi \dfrac{N}{60}}$[kg·m]

$= \dfrac{10 \times 10^3}{9.8 \times 2\pi \times \dfrac{600}{60}} = 16.23$[kg·m]

문제 58. 등가회로의 전원 전압(V)과 저항 값[Ω]은? (테브난의 정리에 의해)
㉮ 60, 12
㉯ 60, 15
㉰ 60, 25
㉱ 50, 12

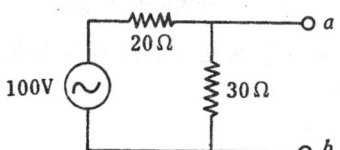

풀이 a, b 양단에서 바라보는 합성저항은 20[Ω]과 30[Ω]의 병렬 연결이므로

$R = \dfrac{20 \times 30}{20 + 30} = 12$[Ω]

$I = \dfrac{100}{20} = 5$[A] 전압 $V = 5 \times 12 = 60$

문제 59. 변압기 기름의 특성 중 알맞는 것은?
㉮ 점도가 클 것 ㉯ 포화점이 낮을 것
㉰ 절연 내력이 클 것 ㉱ 응고점이 높을 것

풀이 변압기 기름의 구비 조건
① 절연 내력이 클 것 ② 점도가 낮고 냉각효과가 클 것
③ 인화점이 높을 것 ④ 응고점이 낮을 것
⑤ 화학반응이 일어나지 않을 것 ⑥ 높은 온도에서 산화하지 않을 것

문제 60. V결선시 변압기의 이용률은 몇 [%]인가?
㉮ 78% ㉯ 82% ㉰ 87% ㉱ 100%

해답 55. ㉰ 56. ㉯ 57. ㉰ 58. ㉮ 59. ㉰ 60. ㉰

[풀이] 이용률 = $\dfrac{출력}{용량} = \dfrac{\sqrt{3}P}{3P} = \dfrac{\sqrt{3}}{2} = 0.866$

[문제] 61. 동기 속도 3600(rpm), 주파수 60(Hz)의 동기 발전기의 극수는 얼마인가?
㉮ 2극　　㉯ 4극　　㉰ 6극　　㉱ 8극

[풀이] $N_s = \dfrac{120f}{P}$ 에서 $P = \dfrac{120f}{N_s} = \dfrac{120 \times 60}{3600} = 2$극

[문제] 62. 5(HP)는 몇 (W)인지 구하시오
㉮ 3,730　　㉯ 4,780　　㉰ 3,030　　㉱ 5,720

[풀이] 1(HP)은 746(W)이므로
1 : 746 : 5 : X　　X = 3,730(W)

[문제] 63. 다음 중 직권 발전기의 회로도는?

㉮ 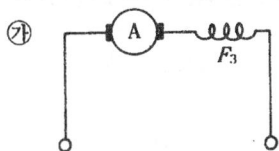　　㉯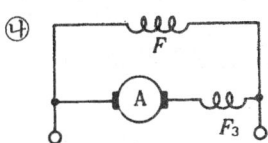

㉰ 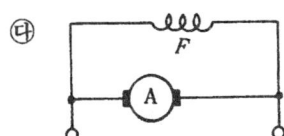　　㉱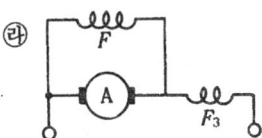

[풀이] ㉯ 내분권 복권 발전기
　　　㉰ 분권 발전기
　　　㉱ 외분권 발전기

[문제] 64. 전기 에너지를 기계적 에너지로 바꾸는 장치는?
㉮ 축전지　　㉯ 전동기　　㉰ 발전기　　㉱ 변압기

[풀이] 전기 에너지를 기계적 에너지로 바꾸는 장치가 전동기이고, 기계적 에너지를 전기 에너지로 바꾸는 장치가 발전기이다.

[문제] 65. 변압기의 권선비가 60일 때, 2차측 저항이 0.1(Ω)이며, 이것을 1차 환산하면 몇 (Ω)이 되는가?
㉮ 60Ω　　㉯ 160Ω　　㉰ 260Ω　　㉱ 360Ω

[풀이] 2차로 환산한 1차 권선의 저항
$r_1' = \dfrac{r_1}{a^2}$ 에서 $0.1 = \dfrac{r_1}{60^2}$
∴ $r_1 = 3600 \times 0.1 = 360(\Omega)$

[문제] 66. 변압기의 1차권 회수 210, 2차권수 250일 때 1차측 전압이 100(V)이면 2차측 전압 (V)은?
㉮ 100　　㉯ 114　　㉰ 119　　㉱ 130

[해답] 61. ㉮　62. ㉮　63. ㉮　64. ㉯　65. ㉱　66. ㉰

[풀이] $\dfrac{N_1}{N_2} = \dfrac{V_1}{V_2}$ 에서

$V_2 = \dfrac{N_2}{N_1} \cdot V_1 = \dfrac{250}{210} \times 100 \fallingdotseq 119 \text{(V)}$

문제 67. 동선에서 전기저항을 5배로 하고 길이를 2배로 하려면 단면적은 몇 배로인가?
㉮ 5 ㉯ 4 ㉰ 0.4 ㉱ 0.2

[풀이] $R = \rho \dfrac{l}{A}$ 에서 단면적 $A = \dfrac{\rho l}{R} = \rho \dfrac{2l}{5R}$

$= 0.4 \, \rho \dfrac{l}{R}$

문제 68. 전기자 철심을 규소 강판으로 성층하여 만드는 이유는 무엇인가?
㉮ 값이 싸기 때문에 ㉯ 가공이 용이하기 때문에
㉰ 철손이 감소하기 때문에 ㉱ 기계손이 감소하기 때문에

[풀이] 고유저항이 큰 규소 강판을 사용하면 맴돌이 전류와 히스테리시스손 즉, 철손이 감소한다.

문제 69. 200(V), 120(kW) 분전 직류 발전기의 전부하 효율(%)은? (단, 전부하 손실은 1(kW)로 한다.)
㉮ 90.2% ㉯ 93.2% ㉰ 95.2% ㉱ 100%

[풀이] $\eta = \dfrac{\text{출력}}{\text{입력}} \times 100 = \dfrac{20}{20+1} \times 100 = 95.2 \text{(\%)}$

문제 70. 저항과 캐패시턴스 직렬 연결회로의 시정수는?
㉮ $\dfrac{C}{R}$ ㉯ $\dfrac{C}{Z}$ ㉰ $\dfrac{R}{C}$ ㉱ RC

[풀이] 직렬 연결시에 시정수 $\tau = RC$

문제 71. 1.5(V) 전압에 200(Ω)의 저항을 연결하며 전류는 몇 (mA)인가?
㉮ 5.7 ㉯ 8.5 ㉰ 9.5 ㉱ 7.5

[풀이] $I = \dfrac{1.5}{200} \times 10^3 = 7.5 \text{(mA)}$

문제 72. 실용상 가장 중요한 특성 곡선은?
㉮ 속도 특성 곡선 ㉯ 부하 특성 곡선
㉰ 외부 특성 곡선 ㉱ 무부하 특성 곡선

[풀이] 부하 특성 곡선 : 부하 전류의 변화에 대한 단자 전압의 변화를 곡선으로 표시한 것

문제 73. 직권 전동기의 설명으로 틀린 것은?
㉮ 계자 권선과 전기자 권선이 직렬로 접속되어 있다.
㉯ 회전력은 부하 전류의 제곱에 비례한다.
㉰ 전기 기관차, 기중기 등에 많이 쓰인다.
㉱ 기동 회전력이 크고, 정속도 운전의 특징이 있다.

[풀이] 직권 전동기는 부하 변동에 따라 속도 변동이 심하다.

해답 67. ㉰ 68. ㉰ 69. ㉰ 70. ㉱ 71. ㉱ 72. ㉯ 73. ㉱

문제 74. 전압 200[V], 전류 10[A], 4[HP]의 3상 전력을 소비하는 전동기가 있다. 이 전동기의 역률은?

㉮ 0.86　　　㉯ 0.64　　　㉰ 0.56　　　㉱ 0.49

[풀이] $P = \sqrt{3} E \cdot I \cdot \cos\theta$ 에서

$$\cos\theta = \frac{P}{\sqrt{3} E \cdot I} = \frac{4 \times 746}{\sqrt{3} \times 200 \times 10} = 0.86$$

문제 75. $\frac{1}{\omega C} = 8.66[\Omega]$, $R = 5[\Omega]$, $V = 20\angle 45°[V]$일 때 $I[A]$는?

㉮ $2\angle 105°$
㉯ $4\angle 85°$
㉰ $5\angle 90°$
㉱ $7\angle -95°$

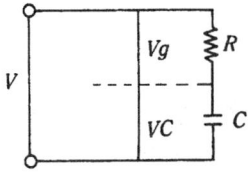

[풀이] $Z = \sqrt{R^2 + \left(\frac{1}{\omega C}\right)^2} = \sqrt{5^2 + 8.66^2} = 10[\Omega]$

$I = \frac{V}{Z} = \frac{20\angle 45}{10\angle -60} = 2\angle 105°$

문제 76. 반도체와 관계 있는 것은?

㉮ 게르마늄　　　㉯ 로듐　　　㉰ 수은　　　㉱ 몰리브덴

[풀이] 반도체 물질은 Ge, Si, Se 등이 있다.

문제 77. 출력 1[kW], 효율 80[%]인 발전기의 손실은 얼마인가?

㉮ 100[W]　　　㉯ 150[W]　　　㉰ 200[W]　　　㉱ 250[W]

[풀이] 효율 $= \frac{출력}{입력} \times 100[\%]$ 이므로

$0.8 = \frac{1000}{1000 + x}$

∴ $x = 250[W]$

문제 78. 출력 1[kW], 효율 80[%]인 발전기의 입력은 얼마인가?

㉮ 800[W]　　　㉯ 1,000[W]　　　㉰ 1,150[W]　　　㉱ 1,250[W]

[풀이] 출력 = 입력 × 효율이므로

입력 $= \frac{출력}{효율} = \frac{1000}{0.8} = 1,250[W]$

문제 79. 출력 5[kW], 회전수 1800[rpm]으로 회전하는 전동기의 토크[N·m]는?

㉮ 15.3　　　㉯ 20.5　　　㉰ 26.54　　　㉱ 35.51

[풀이] $P_m = E I_a = 2\pi n T$에서

$T = \frac{9 P_m}{2\pi n} = \frac{5000}{2 \times 3.14 \times \frac{1800}{60}} = 26.54$

문제 80. 수은 정류기의 음극점을 유지시키는 전극은?

㉮ 양극　　　㉯ 여호극　　　㉰ 점호극　　　㉱ 양광주

해답 74. ㉮　75. ㉮　76. ㉮　77. ㉱　78. ㉱　79. ㉰　80. ㉯

[토의] 여호극은 소형의 흑연 전극이며, 항상 5[A] 정도의 여자 전류를 흘려서 음극점을 유지하게 한다.

[문제] 81. 수은 정류기의 양극 재료는?
㉮ 수은   ㉯ 몰리브덴   ㉰ 카드뮴   ㉱ 인조 흑연

[토의] 음극 재료는 수은이다.

[문제] 82. 4[A]의 전류를 0.2[℧]의 콘덕턴스에 가하면 전압[V]은 얼마인가?
㉮ 8   ㉯ 10   ㉰ 16   ㉱ 20

[토의] $V = IR = \dfrac{I}{G} = \dfrac{4}{0.2} = 20[V]$

[문제] 83. 변압기를 사용할 때, 유의해야 할 최고용 온도는 몇 [℃]인가?
㉮ 90[℃]   ㉯ 80[℃]   ㉰ 70[℃]   ㉱ 60[℃]

[토의] 변압기유의 온도 상승 한도는 50[℃]이며, 기준 온도가 40[℃]이므로, 최고 허용 온도는 50+40=90[℃]이다.

[문제] 84. 3상 변압기의 설명으로 틀린 것은?
㉮ 대용량의 것에 이용된다.
㉯ 3개의 철심에 각각 1차와 2차 권선을 감는다.
㉰ 설치 면적이 좁다.
㉱ 단상 변압기 3대 사용 때보다 고장 처리가 쉽다.

[토의] 3상 변압기의 단점은 고장시 처리나 수송이 곤란하다는 점이다.

[문제] 85. 도체를 고르시오
㉮ 카아본   ㉯ 유리   ㉰ 도기   ㉱ 비닐

[토의] 직류 전동기의 브러쉬는 카본의 일종이다.

[문제] 86. 5[A]의 전류에 20[Ω]의 저항일 때 소비전력[W]?
㉮ 50[W]   ㉯ 100[W]   ㉰ 300[W]   ㉱ 500[W]

[토의] 소비 전력 $P = I^2 R = 5^2 \times 20 = 500[W]$

[문제] 87. 유도 전동기에서 동기 속도가 3,600[rpm], 회전수가 3,420[rpm]일 때 슬립은?
㉮ 5[%]   ㉯ 4[%]   ㉰ 3[%]   ㉱ 3[%]

[토의] $S = \dfrac{N_s - N}{N_s} \times 100 = \dfrac{3,600 - 3,420}{3,600} \times 100 = 5[\%]$

[문제] 88. 주파수가 55[Hz]에서 65[Hz]로 바뀌면, 3상 유도 전동기의 회전수는 어떻게 되는가?
㉮ 10[%] 정도 감소   ㉯ 10[%] 정도 증가
㉰ 50[%] 증가   ㉱ 변동 없다.

[토의] $n = \dfrac{120}{P} \cdot f$ 이므로 f에 비례한다.

해답 81. ㉱   82. ㉱   83. ㉮   84. ㉱   85. ㉮   86. ㉱   87. ㉮   88. ㉯

문제 89. 평행 3상 Y결선의 선간 전압 V_l과 상전압 V_p의 상관 관계는?
㉮ $V_l=\sqrt{3}Vp$　　㉯ $Vp=\sqrt{3}V_l$　　㉰ $V_l=3Vp$　　㉱ $V_l=2Vp$
[풀이] $V_l=\sqrt{3}Vp$

문제 90. 직류 전동기에서 전기자 회로의 저항을 $R(\Omega)$, 전기자 전류를 $I(A)$, 단자전압을 $V(V)$, 기전력을 $e(V)$라 할 때, 맞는 식은?
㉮ $V=e-I\cdot R$　　㉯ $V=e+I\cdot R$　　㉰ $V=e\cdot I+I^2\cdot R$　　㉱ $VI=e\cdot I+I^2\cdot R$
[풀이] $V\cdot I=e\cdot I+I^2\cdot R$에서
VI : 입력 에너지, $e\cdot I$: 기계적 에너지(출력), $I^2\cdot R$: 손실

문제 91. 저항 $R_1(\Omega)$이 온도 $t(℃)$일 때면 75(℃)에서의 저항은 어떻게 되나?
㉮ $\dfrac{75-t}{234.5+t}Rt$　　㉯ $\dfrac{75-t}{234.5}Rt$　　㉰ $\dfrac{234.5+t}{309.5}Rt$　　㉱ $\dfrac{309.5}{234.5+t}Rt$
[풀이] $Rt_2=Rt_1\left(1+\dfrac{1}{234.5+t_1}(75-t_1)\right)$
따라서 75(℃)에서 저항은, $\dfrac{309.5Rt}{234.5+t}$ 가 된다.

문제 92. 3상 유도 전동기에 3상 교류를 가했을 때, 각 상 전류의 위상차는?
㉮ 60°　　㉯ 90°　　㉰ 120°　　㉱ 180°
[풀이] 대칭 3상 교류의 위상차는 $\dfrac{2}{3}\pi=120°$

문제 93. 가변 전압 단권 변압기는?
㉮ 변류기　　㉯ 변성기　　㉰ 만능 변압기　　㉱ 3상 변압기
[풀이] ① 변류기 : 1차 권수는 수회, 2차 권수는 많게 한 것으로, 회로의 전류 측정에 사용된다.
② 변성기 : 전압비가 정확한 것으로 전압 측정에 사용된다.
③ 만능 변압기 : 단권 변압기의 원리를 이용한 전압 조정기이다.

문제 94. 전기 저항이 가장 큰 것을 고르시오
㉮ 동　　㉯ 알루미늄　　㉰ 납　　㉱ 철
[풀이] 전기 저항이 큰 순서는 백금<니켈<인<동이다.

문제 95. 50(kHz)의 교류 주기는 몇 (sec)인가?
㉮ 2×10^{-8}(sec)　　㉯ 2×10^5(sec)　　㉰ 2×10^{-5}(sec)　　㉱ 2×10^8(sec)
[풀이] $T=\dfrac{1}{f}=\dfrac{1}{50\times10^3}=2\times10^{-5}$

문제 96. 다음 중 변압기의 무부하손에 포함되지 않는 것은?
㉮ 철손　　㉯ 저항손　　㉰ 유전체손　　㉱ 표유 부하손
[풀이] 표유 부하손은 부하 전류에 의한 누설 자속으로 생기는 손실이다.

문제 97. 1차 권수 3,000, 2차 권수 100인 변압기에서 1차에 2,850(V)를 가하였을 때, 2차 측의 전압(V)은?
㉮ 30(V)　　㉯ 55(V)　　㉰ 95(V)　　㉱ 120(V)

[해답] 89. ㉮　90. ㉱　91. ㉱　92. ㉰　93. ㉰　94. ㉰　95. ㉰　96. ㉱　97. ㉰

[풀이] $\dfrac{E_1}{E_2}=\dfrac{n_1}{n_2}$에서 $E_2=\dfrac{n_2}{n_1}\cdot E_1=\dfrac{100}{3,000}\times 2,850=95$ (V)

문제 98. $P=2$(kW), $V=100$V인 전구는 저항이 얼마일까?
㉮ 5[Ω]   ㉯ 36[Ω]   ㉰ 63[Ω]   ㉱ 72[Ω]

[풀이] $P=\dfrac{V^2}{R}\cdot R=\dfrac{V^2}{P}=\dfrac{(100)^2}{2\times 10^3}=\dfrac{10^4}{2\times 10^3}=5$

문제 99. 최대값 100[V], 주파수 50[Hz]의 전압을 유도리액턴스 30[Ω], 저항 40[Ω]인 회로에 가할 때 전류의 순시값은 몇 i[A]인가?
㉮ $2\sin(\omega t+\psi-\theta)$ ㉯ $4\sin(\omega t+\psi+\theta)$
㉰ $2\sin(\omega t+\psi+\theta)$ ㉱ $4\sin(\omega t+\psi-\theta)$

[풀이] $Z=\sqrt{30^2+40^2}=50$[Ω]이므로
전류 $I=2\sin(\omega t+\psi-\theta)$ 전류의 전압의 위상관계는 전류가 뒤진다.

문제 100. 60[Hz]에서 회전수가 1,080[rpm]이고, 슬립이 10[%]인 유도 전동기의 극수는?
㉮ 4   ㉯ 6   ㉰ 8   ㉱ 10

[풀이] $N_s=\dfrac{N}{1-S}=\dfrac{1,080}{0.9}=1,200$
$P=\dfrac{120f}{N_s}=\dfrac{120\times 60}{1,200}=6$[극]

문제 101. 다음 중 자여자 발전기에 속하지 않는 것은?
㉮ 직권 발전기   ㉯ 분권 발전기   ㉰ 동기 발전기   ㉱ 복권 발전기

[풀이] 자여자 발전기에는 직권 발전기, 분권 발전기, 복권 발전기가 있다.

문제 102. 저항 제어에 대한 설명으로 틀린 것은?
㉮ 기동기 등의 저항을 전기자에 병렬로 접속한다.
㉯ 경제적으로 좋지 않은 방법이다.
㉰ 저항기에서의 전력 손실이 많다.
㉱ 부하 변화에 의한 속도 변화가 크다.

[풀이] 기동 저항기는 전기자에 직렬로 접속한다.

문제 103. 3상 결선하여 전력을 공급하는 데는 단상변압기 몇 대가 사용되는가?
㉮ 1~2대   ㉯ 2~3대   ㉰ 3~4대   ㉱ 4~5대

[풀이] $V-V$ 결선일 때는 2대, $\Delta-\Delta$나 $\Delta-Y$일 때는 3대가 필요하다.

문제 104. 직류 전동기의 속도 제어법 중에서 가장 이상적인 것은?
㉮ 저장 제어법   ㉯ 계자 제어법
㉰ 직·병렬 제어법   ㉱ 워드 레오너드법

[풀이] 속도 제어법에는 전압 제어, 계자 제어, 저항 제어가 있으며, 전압 제어는 다시 직·병렬 제어와 워드 레오너드법이 있다.

[해답] 98. ㉮   99. ㉮   100. ㉯   101. ㉰   102. ㉮   103. ㉯   104. ㉱

제5장 전기계기

1. 전류, 전압, 저항의 측정

1 전류의 측정

(1) 일반 사항

① 전류계는 전류의 세기를 측정하는 계기이다.
② 전류계는 내부 저항이 전압계보다 작고, 전압계는 내부 저항이 크다.
③ 전류계로 측정할 때에는 반드시 회로에 직렬로 접속한다. 만일 병렬로 접속하면 계기에 전류가 많이 흘러서 계기가 손상된다.
④ 직류용 계기에는 (+), (-)의 단자 구별이 있으므로 주의하여 접속한다.
⑤ 분류기(shunt)는 전류계의 측정범위를 넓히기 위해 전류계에 병렬로 저항을 접속하는 데, 이와 같은 저항기를 말한다.
⑥ 전압계는 전압을 측정하는 계기이며, 그 동작 원리는 전류계와 같고 회로에 병렬로 접속한다. 가동 코일형은 직류 측정에 쓰인다.

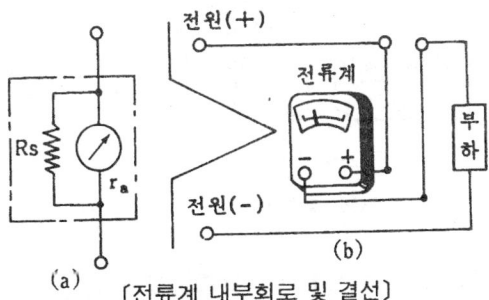

〔전류계 내부회로 및 결선〕

2 전압의 측정

(1) 배율기 : 전압의 측정 범위를 확대하기 위하여 전압계에 직렬로 접속하는 저항 상자이다.

$$배율(M) = \frac{E}{E_0} = \frac{R_v + R_m}{R_v} = 1 + \frac{R_m}{R_v}$$

$$\therefore R_m = (M-1)R_v$$

여기서
E : 측정하고자 하는 최대 전압값
E_0 : 전압계의 최대 지시값
R_v : 전압계의 내부 저항
R_a : 배율기의 저항

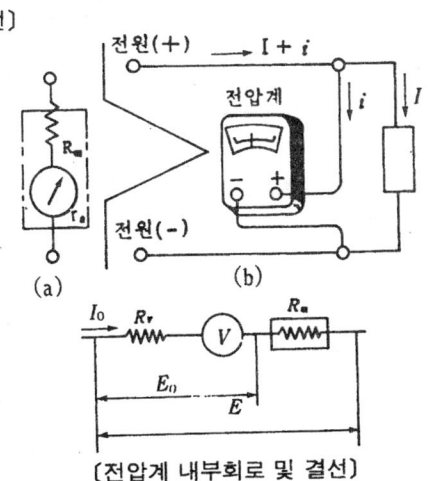

〔전압계 내부회로 및 결선〕

(2) 분류기 : 전류의 측정범위를 확대하기 위하여 전류계와 병렬로 접속하는 저항 상자이다.

$$배율(M) = \frac{I}{I_A} = \frac{R_A + R_S}{R_S} = 1 + \frac{R_A}{R_S}$$

$$\therefore R_S = \frac{R_A}{M-1}$$

여기서
$\begin{cases} I_A : \text{전류계에 흐르는 전류} \\ I : \text{측정하고자 하는 전류} \\ R_S : \text{분류기의 저항} \\ R_A : \text{전류계 내부 저항} \end{cases}$

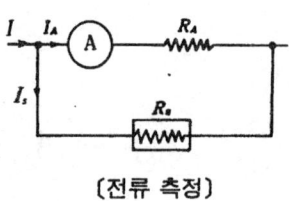

〔전류 측정〕

3 저항의 측정

저항 측정시에는 배율 선택 스위치를 측정하고자 하는 양의 적당한 위치에 놓고, 반드시 영위 조정을 하여 측정하여야 한다. 회로의 단선 여부 측정시는 ×1의 배율에 놓고, 전자 개폐기 코일 등의 저항값이 큰 것은 배율을 높여서 측정한다. 이때, 측정값은 계기의 지시값에 배율을 곱한 값이다.

또, 기기 회로의 저항을 측정할 때는 반드시 전원을 차단하고 콘덴서의 전하를 방전시킨 후 저항을 측정하여야 계기의 소손을 방지할 수 있다.

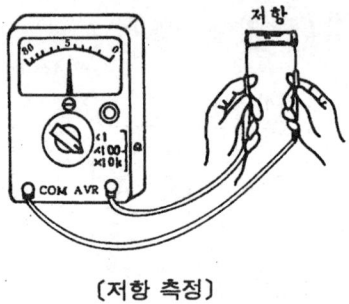

〔저항 측정〕

2. 전력 및 전력량의 측정

1 전력 측정

(1) 전압계, 전류계에 의한 직류 전력

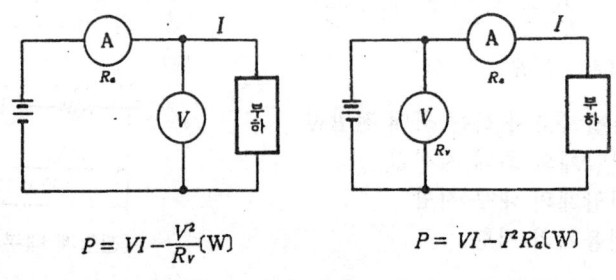

$P = VI - \frac{V^2}{R_V}$ (W) $P = VI - I^2 R_a$ (W)

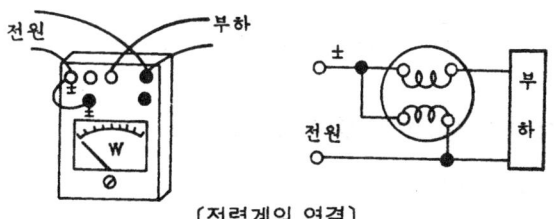

〔전력계의 연결〕

(2) 단상 교류 전력

① 3전압계법

$$P = \frac{1}{2R}(V_3^2 - V_1^2 - V_2^2)\text{[W]}$$

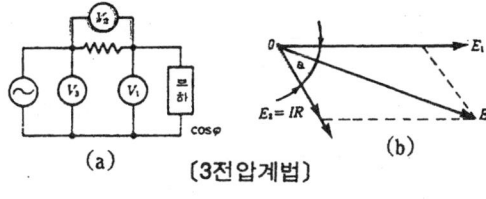

〔3전압계법〕

② 3전류계법

$$P = \frac{R}{2}(I_3^2 - I_1^2 - I_2^2)\text{[W]}$$

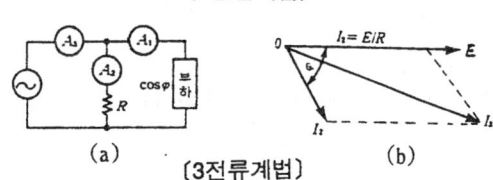

〔3전류계법〕

③ 단상 전력계법

$$P = VI\cos\theta \text{[W]}$$

2 전력량 측정(적산 전력계)

$$T = \frac{k \cdot n}{W_S}$$

$$T = \frac{3,600 \times 1,000 \times n}{P \cdot K}$$

여기서
- T : 적산 전력계가 n회전하는 데 요하는 시간
- W_S : 전력계 지시값
- n : 회전수
- k : 계기 정수(W·s/sec)
- T : 계기 정수(rev/kWh)

  전력량계 (watt hour meter)는 어느 기간 중의 전력을 적산하여 표시하는 것으로, 측정하려는 전력에 비례하는 회전력을 발생하는 구동장치와 회전 부분을 회전수에 비례하여 제동하는 제동장치 및 사용 전력량을 적산 표시하는 계량장치의 3요소로 되어 있다.

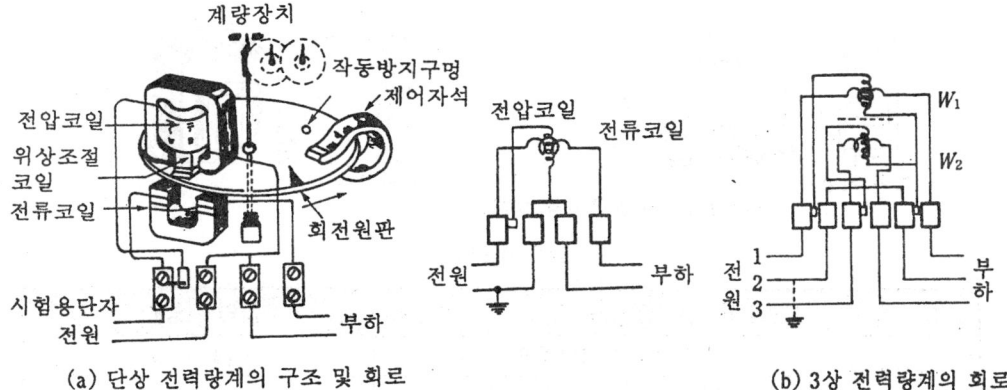

(a) 단상 전력량계의 구조 및 회로   (b) 3상 전력량계의 회로

〔전력량계의 구조와 회로〕

3. 절연 저항의 측정

1 전기회로 및 기기의 절연 저항 측정

(1) 전기 회로의 절연 저항 측정

전기회로의 절연 저항은 사용 전압에 따라서 전기설비 기술 기준에 명시하고 있다.

그림 (a)는 전선 상호간의 절연저항을 측정하는 방법으로서, 회로에 전압이 걸려 있으면 절연 저항계가 소손될 우려가 있으므로 입력 전원을 차단하고 (KS OFF), 전등 및 모든 전기 기계 기구 등의 부하를 차단한 후 (스위치 OFF) 절연 저항계의 Line 단자와 Earth 단자에 두 전로를 각각 접속하여 측정한다.

그림 (b)는 전선과 대지 사이의 절연 저항을 측정하는 방법으로서, 회로의 전원을 차단하고 (KS OFF), 전등 회로를 연결(스위치 ON)한 다음, 콘센트 회로의 기계, 기구 등의 부하를 차단하여 절연 저항계의 Line 단자에 두 전로를 같이 연결하고, Earth 단자를 대지에 연결하여 측정한다.

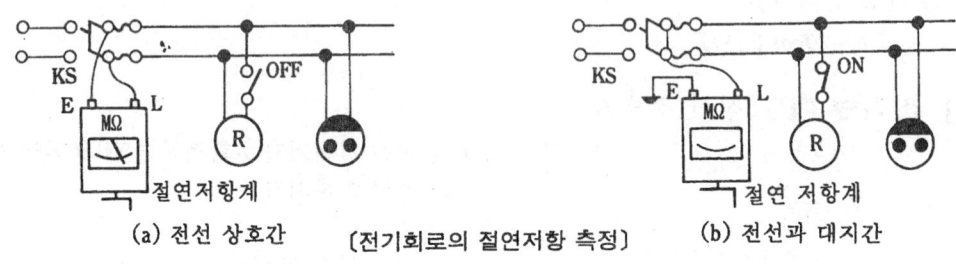

(a) 전선 상호간   [전기회로의 절연저항 측정]   (b) 전선과 대지간

(2) 전기 기기의 절연 저항 측정

전동기, 변압기 등의 절연 저항 측정은 다음 그림과 같이 Line 단자에 전동기나 변압기의 코일 단자를 연결하고, Earth 단자에 케이스(외함)를 연결하여 측정한다.

절연 저항은 무한대(∞)의 값을 갖는 것이 이상적인 데, 고압 기기에서는 3[MΩ] 이상의 절연 저항값을 가져야 한다.

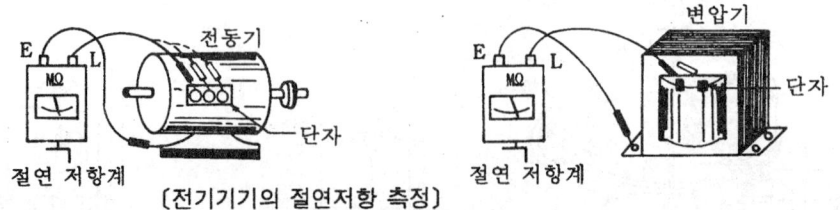

[전기기기의 절연저항 측정]

[전로의 절연 저항]

전로의 사용 전압 구분		절연 저항값
400V 이하	대지 전압이 150V 이하	0.1MΩ 이상
	대지 전압이 150V 이상	0.2MΩ 이상
400V를 넘는 것		0.4MΩ 이상

예상문제

문제 1. 계기에 오랫 동안 전류를 흘렸다가 전류를 끊으면 지침이 0점으로 되돌아 오지 못하는 이유는 무엇 때문인가?
  ㉮ 외부 자계의 영향 때문에   ㉯ 스프링의 과로 때문에
  ㉰ 자기 가열 때문에   ㉱ 정전계의 영향 때문에

  [풀이] 장시간 전류를 흘린 후 계기의 지침이 0점으로 되돌아 오지 못하는 것은 스프링의 과로 때문이다. 이것을 0위의 이동이라 한다.

문제 2. 1개의 회전축에 2개의 가동 코일을 교차로 장치하여 구동 토크와 제어 토크가 상반되도록 한 제어장치를 무슨 제어라 하는가?
  ㉮ 중력 제어   ㉯ 스프링 제어   ㉰ 전자 제어   ㉱ 와전류 제어

  [풀이] ① 중력 제어 : 지구의 중력을 이용한 것
  ② 스프링 제어 : 스프링의 장력을 이용한 것
  ③ 전자 제어 : 1개의 회전축에 2개의 가동 코일을 교차로 장치하여 구동 토크가 상반되도록 할 것
  ④ 맴돌이 전류 제어 : 영구 자석 안에 금속 원판을 삽입하여 원판이 회전하면서 전자력을 끊어 맴돌이 전류를 발생시키도록 한 것

문제 3. 표준 전지를 사용하는 목적은 무엇인가?
  ㉮ 전압을 비교하기 위하여   ㉯ 온도의 변화를 알기 위하여
  ㉰ 교류와 직류 전류를 비교하기 위하여   ㉱ 일정 전류를 알기 위해

  [풀이] 표준전지와 비교하여 직류전압을 가장 정밀하게 측정하는 장치를 전위차계라고 한다.

문제 4. 전선의 접속에서 절연내력을 갖기 위해 비닐 절연 테이프는 몇 겹 이상 감아야 하는가?
  ㉮ 2겹   ㉯ 3겹   ㉰ 4겹   ㉱ 5겹

  [풀이] 반폭씩 겹쳐서 4겹 이상 감아 주어야 한다.

문제 5. 접지 공사에서 제3종의 접지선의 굵기는?
  ㉮ 0.7mm 이상   ㉯ 1.6mm   ㉰ 2.6mm   ㉱ 4.0mm

  [풀이] 접지 공사는 4종류로 기준되어 있다.
  • 각 종별 접지선의 굵기는 다음과 같다.
  ① 제1종 : 2.6[mm]
  ② 제2종 : 2.6[mm] 또는 4.0[mm]
  ③ 제3종 : 1.6[mm]
  ④ 특별 제3종 : 1.6[mm]

문제 6. 가동 코일형 계기의 지시는 어느 값인가?
  ㉮ 실효값   ㉯ 평균값   ㉰ 최대값   ㉱ 파고값

해답 1. ㉯   2. ㉰   3. ㉮   4. ㉰   5. ㉯   6. ㉯

[토의] 평균값을 지시하며 맥류에 대해서도 평균값을 지시한다.

[문제] 7. 가동 코일형 계기로 측정할 수 없는 것은?
㉮ 직류 전류 ㉯ 교류 전압 ㉰ 직류 전압 ㉱ 직류 저항
[토의] 교류 전압을 측정하려면 정류기를 접속하여야 한다.

[문제] 8. 100(KHz), 10(V) 정도의 교류 전압을 직접 측정하기 곤란한 계기는?
㉮ 진공관 전압계 ㉯ 정전형 계기
㉰ 열전쌍형 계기 ㉱ 오실로스코프
[토의] 정전형 계기는 정전력이 약하므로 저전압 계기로는 쓰이지 않으며, 고압 계기로서는 적합하다.

[문제] 9. 정전형 전압계의 결점이 아닌 것은?
㉮ 구동 토크가 적다. ㉯ 외부 정전계의 영향이 크다.
㉰ 계기 내부 전력손실이 크다. ㉱ 전류계로 쓰지 못한다.
[토의] 정전형 계기는 일종의 콘덴서이므로 교류 측정에서는 극히 적은 전류가 흐르지만 직류 측정에서는 전류가 흐르지 않는다. 따라서 계기 내부의 전력손실은 거의 없다.

[문제] 10. 정전형 전압계는 측정하고자 하는 전압과는 어떠한 비례 관계가 성립하는가?
㉮ 측정하고자 하는 전압에 비례 ㉯ 측정하고자 하는 전압의 2승에 비례
㉰ 측정하고자 하는 전압의 3승에 비례 ㉱ 측정하고자 하는 전압의 1/2승에 비례
[토의] 회전각(θ)과 구동토크가 전압(V)의 제곱에 비례한다.

[문제] 11. 정전 전압계 ⓥ의 측정범위를 확대하기 위하여 쓰이는 적당한 회로는?

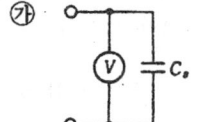 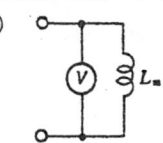 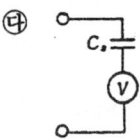 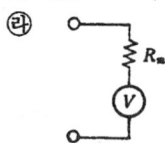

[토의] 정전 전압계의 측정범위 확대에는 용량 배율기(C_s)를 직렬 접속하여 사용한다. 정전 전압계만의 측정전압 V_m과 피측정 전압 V의 관계는 전압계의 용량을 C_0, 직렬 콘덴서의 용량을 C_s라 하면
$V = \dfrac{C_0 + C_s}{C_s} \cdot V_m$ 이 성립한다.

[문제] 12. 그림과 같은 정전형 전압계의 측정 범위를 확대하기 위해 직렬로 콘덴서를 연결하였다. 지금 정전형 전압계의 용량을 C_s라 하고 $C = \dfrac{1}{99}C_s$가 되는 콘덴서를 연결했다면 이 정전형 전압계의 측정범위는 얼마나 확대 되겠는가?

㉮ 축소된다.
㉯ 10배
㉰ 변동이 없다.
㉱ 100배

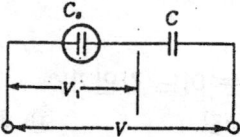

[해답] 7. ㉯ 8. ㉯ 9. ㉰ 10. ㉯ 11. ㉰ 12. ㉱

[풀이] 배율 $n = \dfrac{V}{V_V} = \dfrac{C_S + C}{C} = 1 + \dfrac{C_S}{C}$

$= 1 + \dfrac{C_S}{\frac{1}{99}C_S} = 100$

문제 13. 내부 정전 용량이 125(PF)인 정전형 전압계의 최대 눈금이 500(V)이다. 25(PF)의 용량성 배율기를 직렬로 연결하면 몇 (V)의 전압을 측정할 수 있는가?
㉮ 1000(V)　　㉯ 3000(V)　　㉰ 2000(V)　　㉱ 1500(V)

[풀이] $V = \dfrac{C + C_S}{C} V_1 = \dfrac{25 + 125}{25} \times 500 = 3000 \text{(V)}$

문제 14. 전류계로 쓸 수 없는 계기는 다음 중 어느 것인가?
㉮ 유도형　　㉯ 열전형　　㉰ 정전형　　㉱ 전류력계형

[풀이] 정전형은 전압계에만 한하고 정전형 전류계는 없다.

문제 15. 현재 사용되는 대부분의 교류 적산 전력계는?
㉮ 정류형 계기　　　　　　㉯ 가동철편형 계기
㉰ 정전형 계기　　　　　　㉱ 유도형 계기

[풀이] 유도형 계기는 구조가 간단하고 튼튼하여 오래 사용할 수 있으므로 적산 전력계(watthour meter)로 널리 사용된다.

문제 16. 이동 자장형 계기에 속하는 것은?
㉮ 반조형 검류계　　　　　㉯ 켈빈 다방 전압계
㉰ 적산 전력계　　　　　　㉱ 동기 검정기

[풀이] 대부분의 적산 적력계는 이동 자장형이 유도형 계기에 속한다.

문제 17. 교류 적산 전력계에서 영구자석의 역할은?
㉮ 위상 조정용　　　　　　㉯ 제어용
㉰ 크리핑 방지용　　　　　㉱ 경부하 조정용

[풀이] 유도형 적산 전력계의 제어장치에는 회전 알루미늄 원판에 영구자석이 공극 속에 장치되어 있는 데, 회전에 의하여 알루미늄 원판에 유기되는 맴돌이 전류와 영구자석이 자장의 상호 작용에 의하여 회전방향과 반대인 토크를 발생시킨다.

문제 18. 잠동(creeping)이 일어날 염려가 있는 계기는?
㉮ 진공관 검류계　　　　　㉯ 열전형 전류계
㉰ 가동코일형 전압계　　　㉱ 유도형 적산 전력계

[풀이] 유도형 적산계기의 원판이 무부하 상태에서 회전하는 현상을 잠동이라 한다.

문제 19. 적산 계기에 해당되는 보상장치가 아닌 것은?
㉮ 온도 보상 장치　　　　　㉯ 위상 보상 장치
㉰ 경부하 보상 장치　　　　㉱ 중부하 보상 장치

[풀이] 유도형 적산 전력계의 보상 장치
① 위상 보상 장치　② 경부하 보상 장치　③ 중부하 보상 장치

[해답] 13. ㉯　14. ㉰　15. ㉱　16. ㉰　17. ㉯　18. ㉱　19. ㉮

문제 20. 유도형 적산 전력계에서 마찰을 보상하는 것은?
㉮ 위상 보정 장치   ㉯ 경부하 보정 장치
㉰ 중부하 보정 장치   ㉱ 제동 자석

[토의] 유도형 적산 전력계는 베어링 및 계량장치의 톱니바퀴 마찰등이 매우 크므로, 대단히 작은 부하가 걸렸을 때에는 회전판의 회전이 않되므로 계량 오차가 생기는 데, 이 오차를 보상해 주는 장치를 경부하 보상 조정장치(light load compensating device)라 한다.

문제 21. 표준 전지에 사용하는 양극 재료는 무엇인가?
㉮ 백금   ㉯ 수은   ㉰ 은   ㉱ Cd 아말감

[토의] 표준 전지로서는 웨스턴 카드뮴 표준전지를 쓰며, (+)극에 수은, (-)극에는 카드뮴 아말감을 사용한다.

문제 22. 지시 계기의 구비조건이 아닌 것은?
㉮ 정밀도가 높고 오차가 작을 것   ㉯ 응답도(responsibility)가 좋을 것
㉰ 측정 범위가 넓을 것   ㉱ 튼튼하고 취급이 편리할 것

[토의] 측정범위는 인위적으로 결정하는 것이므로 계기의 구비 조건과 관계가 없다.

문제 23. 지시 계기의 구성 요소가 아닌 것은?
㉮ 구동 장치   ㉯ 유도 장치   ㉰ 제어 장치   ㉱ 제동 장치

[토의] 지시 계기의 3요소 : ① 구동 장치 ② 제어 장치 ③ 제동 장치

문제 24. 다음 중 주로 축받이(베어링)에서 생기며 지침과 눈금판이 서로 닿아서 생기는 오차는 어떤 오차인가?
㉮ 눈금의 부정확   ㉯ 온도의 영향
㉰ 마찰   ㉱ 외부자계의 영향

[토의] 마찰에 의한 오차는 주로 축받이에서 생긴다.

문제 25. 고압에 사용되는 포장 퓨즈는 2배의 전류에서 얼마만한 시간 이내에 용단되어야 하는가?
㉮ 1분   ㉯ 2분   ㉰ 3분   ㉱ 5분

[토의] 실퓨즈 또는 판퓨즈의 경우 2배의 전류에서는 1분 이내에 용단되어야 한다.

문제 26. 배선용 차단기의 정격 용량이 30[A] 이하에서 200[%]의 전류가 흐를 때 차단되어야 하는 시간은?
㉮ 30초   ㉯ 1분   ㉰ 2분   ㉱ 3분

[토의] 125[%]의 전류에서는 60분 이내에 차단되어야 한다.

문제 27. 정전형 전압계는 무슨 원리인가?
㉮ 정전력   ㉯ 전자력   ㉰ 전류력   ㉱ 줄열

[토의] 정전형 계기(electrostatic type meter)는 대전된 전극 사이에 작용하는 정전 인력 또는 반발력을 이용한 계기이다.

문제 28. 영구 자석의 자장과 코일에 흐르는 전류와의 사이에 작용하는 힘을 이용한 계기는?

[해답] 20. ㉯ 21. ㉯ 22. ㉰ 23. ㉯ 24. ㉰ 25. ㉯ 26. ㉯ 27. ㉮

㉮ 가동 코일형 계기 ㉯ 가동 철편형 계기
㉰ 유도형 계기 ㉱ 전류력 계형 계기

[풀이] 가동 코일형 계기(moving coil type instrument)는 영구자석에 의한 평등자장 속에서 가동 코일에 전류가 흐를 때, 자장과 전류 사이에 생기는 전자력을 지침의 토크로 이용한 계기이다.

문제 29. 가동 코일형 계기의 설명 중 잘못된 것은?
㉮ 강력한 영구 자석이므로 외부 자계의 영향이 적다.
㉯ 직류 전용이다.
㉰ 평등 눈금이지만 만능계기로는 적용되지 못한다.
㉱ 고감도 정밀급에 적당하다.

[풀이] 가동 코일형 계기의 눈금은 균등하며 만능 계기로 적용된다.

문제 30. 가동 코일형 계기의 영구자석 극간에 연철심을 쓰는 이유로 맞는 것은?
㉮ 제동 작용을 시키기 위하여
㉯ 제어 작용을 시키기 위하여
㉰ 가동 코일의 회전력을 균등하게 하기 위하여
㉱ 가동 코일의 회전력을 불균등하게 하기 위하여

[풀이] 자기 저항을 감소시켜 자장의 세기를 증가시킬 뿐만 아니라 자속의 방향을 반경 방향으로 이끌게 하여 방사상의 평등 자장으로 하기 위해서이다.

문제 31. 배전반용 계기에 한해서 사용되는 제어 장치는?
㉮ 전자 제어 ㉯ 중력 제어
㉰ 스프링 제어 ㉱ 맴돌이 전류 제어

[풀이] 중력 제어(gravity control)는 지구의 중력을 이용한 것으로, 구조상 계기를 바르게 세워 놓지 않으면 계기의 오차가 커진다. 주로 수직 배전반용의 계기에 적합하다.

문제 32. 가동 코일형 측정기로 측정을 완료하였을 때에 미터의 바늘을 0의 위치로 되돌리는 토크는?
㉮ 제어 토크 ㉯ 구동 토크 ㉰ 제동 토크 ㉱ 진동 토크

[풀이] 구동 토크에 반항하여 가동 부분을 원래의 위치에 복귀시키려는 회전력이 제어 토크이다.

문제 33. 지시 계기에 널리 사용되는 제동 장치는 어떤 것인가?
㉮ 공기 제동 ㉯ 액체 제동 ㉰ 전자 제동 ㉱ 와전류 제동

[풀이] 공기 제동(air damping)은 지시 계기에 제일 많이 쓰이는 방법으로, 물체가 운동할 때에 받는 공기 저항을 이용한 것이다.

문제 34. 계기에 제동 장치가 없으면 어떠한 단점이 있는가?
㉮ 지시값에 오차가 커진다. ㉯ 계기가 동작하지 않는다.
㉰ 항상 최대 눈금만 가리킨다. ㉱ 측정 시간이 오래 걸린다.

[풀이] 가동 부분의 관성에 의해서 생기는 운동 에너지와 가동 부분이 받는 공기의 마찰과 축의 마찰 등이 원인이 되어, 지시값을 읽는 데, 시간이 걸리게 된다.

문제 35. 가동 코일을 감은 가동부의 틀로서 알루미늄 또는 구리를 사용하는 이유는 무엇인가?

[해답] 28. ㉮ 29. ㉰ 30. ㉰ 31. ㉯ 32. ㉮ 33. ㉮ 34. ㉱

㉮ 제동 작용을 시키기 위하여　　㉯ 제어 작용을 시키기 위하여
㉰ 구동 작동을 시키기 위하여　　㉱ 평등 자장으로 하기 위하여

[풀이] 코일이 틀과 함께 자장속을 회전할 때 알루미늄 틀에 유기되는 맴돌이 전류로 인한 역기전력과 자장 사이에 생기는 반대 방향의 전자력 때문에 평형 위치에서 재빨리 정지하는 제동 작용을 시키기 위해서이다.

[문제] 36. 가동 코일형 계기의 눈금은?
㉮ 대수 눈금　　㉯ 지수 눈금　　㉰ 제곱 눈금　　㉱ 평등 눈금

[풀이] 가동 코일형 계기는 지침의 회전각이 전류와 비례하므로 균등(평등) 눈금으로 표시된다.

[해답] 35. ㉯　36. ㉱

제 6 장 제어의 기초

1. 제어의 개념

(1) 제어계
  ① 개루프 제어계 : 제어 동작이 출력과 관계없이 신호의 통로가 열려 있는 제어
  ② 폐루프 제어계 : 출력의 일부를 입력 방향으로 피드백시켜 목표값과 비교
(2) 피드백 제어계의 특징
  ① 정확성 증가
  ② 계의 특성 변화에 대한 입력대 출력비의 감도 감소
  ③ 비선형성과 왜형에 대한 효과의 감소
  ④ 감대폭의 증가
  ⑤ 발진을 일으키고 불안정한 상태로 되어 가는 경향성
(3) 제어량의 성질에 의한 자동제어 장치의 분류
  ① 프로세스 제어 : 온도, 압력 제어장치
  ② 서보 가구 : 추적용 레이다, 자동평형 기록계
  ③ 자동 조정 : 정전압 장치
(4) 제어 목적에 의한 자동제어 장치의 분류
  ① 정치 제어 : 제어량이 어떤 일정한 목표값
  ② 프로그램 제어 ; 미리 정해진 프로그램에 따라 제어량 변화

2. 목표치, 제어량에 의한 자동 제어

(1) 주요 개폐 접점의 기호

개폐접점명	칭	심 별	설 명	개폐접점명	칭	심 별	설 명
수동	수 동 접 점		손으로 넣고 끊는 것(유지형)	한시계전기	한시동작 접 점		한시 계전기가 동작할 때 지연시간이 생기는 접점

조작개폐기	수동조작 자동복귀 접점	(a, b 기호)	손을 떼면 복귀하는 접점이며, 버튼 스위치, 조작개폐기 등의 접점에 쓰인다. (누름형, 당김형)	접점	한시복귀 접점	(기호)	한시 계전기가 복귀할 때 타임랙 (time lack시한)을 발생하는 접점
	유지형 수동조작 접점	(a, b 기호)	1. 'a'는 무여자 상태에서 개로 되는 것 2. 'b'는 무여자 상태에서 폐로되는 것(유지형)	전자 접촉기 접점	a 접점	(기호)	무여자 상태에서 개로하고 여자상태에서 붙는 접점
전자 계전기 접점	자동 복귀 접점 (전자 릴레이 및 전자개폐기 보조접점)	(a, b 기호)	순시 접점		b 접점	(기호)	무여자 상태에서 폐로하고 여자상태에서 떨어지는 접점
	수동 복귀 또는 전자 복귀 접점 (열동 계전기)	(a, b 기호)	인위적으로 복귀되는 것(전자석으로 복귀되는 것도 포함)	제어기 접점		(기호)	1개의 접점을 나타낸다.

(2) 시퀀스도 표시에 필요한 기호

기 호	설 명	
──── 도선의 기호	단선 ─── 나전선 ≈≈≈ 연선 ⋯⋯⋯ 비닐 피복	비닐 피복으로 절연되어 있다. 각종 전선이 있다.
─┼─ 도선의 교차 접속	(납땜한다)	이 접속은 완전 고정 접속을 뜻한다.
─┼─ 연결되지 않는 선		양쪽 전선 교차부분은 절연 상태
─┤├─ 전지 또는 직류 전원	전지 + / - 위쪽은 +, 아래쪽은 - 정전압장치	

교류 전원 단상 3상	콘센트 AC 100V	R S T 3상전원
변압기		○ 트랜스라고도 하며 전압과 전류에 따라 용량이 다르다. ○ 전압의 변환은 1차 코일과 2차 코일의 변압에 의한다.
퓨즈의 일반심벌	개방형 포장형 고리형	개방형 퓨즈와 포장형 퓨즈를 구별할 때
램프		색을 표시할 때 적색 RL 백색 WL 녹색 GL 황색 YL
전 동 기 M		회전기는 동그라미 속에 M(전동기) 동그라미 속에 G(발전기) IM 이것은 유도 전동기

3. 제어 동작과 자동 동작

(1) 자동제어 기구

기구번호	기 구 이 름	기 능
2	시동 또는 닫아 주는 시한 계전기	시동 또는 닫아 주는 개시 전에 시간의 여유를 주는 것
3	조작 개폐기	기기를 조작하는 것
5	정지 스위치 또는 계전기	기기를 정지하는 것
20	보조 기계 밸브	보조 기계의 주요 밸브
21	주기계 밸브	주 기계의 주요 밸브
33	위치 스위치 또는 위치 검출기	위치와 관련하여 개폐하는 것
42	운전 차단기, 접촉기	기계를 운전 회로에 접속하는 것
43	제어 회로 전환 접촉기, 개폐기 또는 계전기	자동에서 수동으로 바꾸는 것과 같이 제어 회로를 전환하는 것
49	회전의 온도 계전기	회전기의 온도가 예정 온도보다 높거나 낮을 때 동작하는 것
52	교류 차단기 또는 접촉기	교류 회로를 차단하는 것
62	정지 또는 열어 주는 시한 계전기	정지 또는 열어 주어 개시 전에 시간의 여유를 주는 것
88	보조 기계용 접촉기 또는 개폐기	보조 기계의 운전용 접촉기 또는 개폐기

(2) 라플라스 변환의 성질 : $f \to F$로, $t \to S$로 변환
① 선형 정리 : $\mathcal{L}[af_1(t)+bf_2(t)=aF_1(S)+bF_2(S)]$
② 상사 정리 : $\mathcal{L}\left[f\left(\frac{t}{a}\right)\right]=aF(as)$
③ 시간 추이 정리 : $\mathcal{L}[f(t-a)]=e^{-as}F(S)$
④ 복소 추이 정리 : $\mathcal{L}[e^{-at}f(t)]=F(s+a)$
⑤ 실미분 정리 : $\mathcal{L}[f'(t)]=SF(S)-f(0)$
⑥ 실적분 정리 : $\mathcal{L}[\int f(t)]=\frac{1}{S}F(S)+\frac{1}{S}f^{-1}(0)$
⑦ 초기값 정리 : $\lim_{t \to 0} f(t) = \lim_{S \to \infty} SF(S)$
⑧ 최종값 정리 : $\lim_{t \to \infty} f(t) = \lim_{S \to 0} SF(S)$

4. 서보 메카니즘과 프로세스 제어계 및 조절계

(1) 라플라스 변환과 응용

$$\begin{pmatrix} f(t) \xrightarrow{\text{라플라스}} F(s) \\ f(t) \xleftarrow{\text{역라플라스}} F(s) \end{pmatrix}$$

$$\boxed{F(S)=\int_0^\infty f(t)\,e^{-st}\,dt}$$

예 $U(t)=1$ (단위 계단 함수)

$\int_0^\infty 1e^{-st}\,dt = -\frac{1}{S}(e^{-st})_0^\infty = \frac{1}{S}$

(2) 공식 정리

① 실미분 정리 : $\mathcal{L}\left[\frac{d}{dt}f(t)\right]=SF(s)-f(0)$

② 실적분 정리 : $\mathcal{L}\left[\int_0^\infty f(t)dt\right]=\frac{1}{S}F(s)+\frac{1}{S}f(0)$

③ 상사 정리 : $\begin{cases} \mathcal{L}\left[f\left(\frac{t}{a}\right)\right]=aF(as) \\ \mathcal{L}[f(at)]=\frac{1}{a}F\left(\frac{s}{a}\right) \end{cases}$

④ 시간 추이 정리 : $\mathcal{L}[f(t-a)]=e^{-as}F(s)$
⑤ 복소 추이 정리 : $\mathcal{L}[e^{at}f(t)]=F(s-a)$
⑥ 복소 미분 정리 : $\mathcal{L}[tf(t)]=-\frac{d}{dt}F(s)$

⑦ 초기값 정리($t \to 0$)

$$f(0) = \lim_{t \to 0} f(t) = \lim_{S \to \infty} SF(S) \text{ 최고 차항}$$

⑧ 최종값 정리($t \to \infty$)

$$f(\infty) = \lim_{t \to 0} f(t) = \lim_{S \to \infty} SF(S) \text{ 최저 차항}$$

시간추이 정리 → $\mathcal{L}[f(t-a)] = e^{-as}F(S)$

예
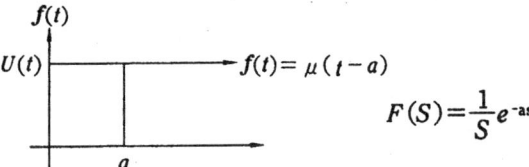

$f(t) = \mu(t-a)$

$F(S) = \dfrac{1}{S} e^{-as}$

예
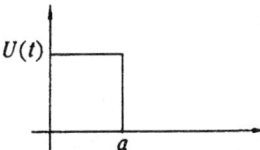

$f(t) = U(t) - \mu(t-a)$

$F(S) = \dfrac{1}{S} = \dfrac{1}{S} e^{-as} = \dfrac{1}{S}(1 - e^{-as})$

예
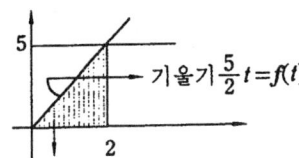

기울기 $\dfrac{5}{2} t = f(t)$

$f(t) = \dfrac{5}{2} t u(t) - 5U(t-2) - \dfrac{5}{2}(t-2)U(t-2)$

$F(s) = \dfrac{2.5}{S^2} - \dfrac{5}{S} e^{-2S} - \dfrac{2.5}{S^2} e^{-2S} = \dfrac{2.5}{S^2}(1 - 2Se^{-2S} - e^{-2S})$

예상문제

문제 1. 회전형 스위치의 용도에 따른 분류가 아닌 것은?
㉮ 전환용 ㉯ 조정용 ㉰ 누름용 ㉱ 조작용

[풀이] ① 전환용 : 2단 또는 3단 전환을 하며 손을 떼면 그 위치에서 정지한다.
② 조작용 : 손으로 돌리고 있을 때만 조작되고, 손을 떼면 스프링에 의해 자동적으로 중앙의 위치로 되돌아간다.
③ 조정용 : 발전기의 전압 등의 양을 조정할 때 사용한다.

문제 2. 원유를 증류 장치에 의하여 휘발유, 등유, 경유 등으로 분리시키는 장치는 어떤 제어인가?
㉮ 시퀀스 제어 ㉯ 프로세스 제어 ㉰ 개회로 제어 ㉱ 추종 제어

[풀이] 원유 정제 등은 공정 제어인 프로세스 제어이다.

문제 3. $10\sqrt{3}(\Omega)$의 유도리액턴스와 $10(\Omega)$의 저항을 가진 회로에 $10(A)$의 전류를 가하려면 몇 (V)의 전압이 있어야 하나?
㉮ 200 ㉯ 210 ㉰ 240 ㉱ 260

[풀이] $Z=\sqrt{R^2+X^2}$ $V=IZ$
$=\sqrt{10^2+(10\sqrt{3})^2}$
$=20$
$V=10\times 20=200(V)$

문제 4. 고유 저항이 $1(\Omega\cdot cm)$이면 몇 $(\Omega\cdot mm^2/m)$인지 고르시오
㉮ 10^6 ㉯ 10^{-6} ㉰ 10^5 ㉱ 10^{-5}

[풀이] $1(\Omega\cdot m)=100(\Omega\cdot cm)=10^6(\Omega\cdot mm^2/m)$와 같다.

문제 5. $1(kg\cdot m/s)$는 몇 (W)인지 고르시오
㉮ 9.8 ㉯ 743 ㉰ 75 ㉱ 860

[풀이] $1(kg\cdot m)=9.8\times 1=9.8(N\cdot m)=9.8(J)$이므로
$1(kg\cdot m/s)=9.8(J/s)=9.8(W)$

문제 6. 무접점 스위치에 해당되지 않는 것은?
㉮ 루프 스위치 ㉯ 빔광원 스위치
㉰ 슬라이드 스위치 ㉱ 초음파 스위치

[풀이] 토글, 로터리, 푸쉬버튼, 슬라이드, 캠, 커버나이프 스위치 등은 수동조작 스위치에 해당된다.

문제 7. 시퀀스도에 표시하는 기호 중 유도 전동기에 해당되는 것은?
㉮ Ⓘ𝐌 ㉯ Ⓖ ㉰ Ⓜ ㉱ Ⓖ𝐌

[풀이] ㉯항 : 발전기 ㉰항 : 전동기

해답 1. ㉰ 2. ㉯ 3. ㉮ 4. ㉮ 5. ㉮ 6. ㉯ 7. ㉮

문제 8. 도선의 길이를 a배, 단면적 b배로 할 때 전기 저항은?
㉮ $a \times b$배   ㉯ a/b배   ㉰ b/a배   ㉱ b/a^2

[풀이] $R = \rho \dfrac{\ell}{S}$ $\ell' = a\ell$
$s' = bs$
$R' = e \dfrac{a\ell}{bs}$ $= \dfrac{a}{b} R$
$= \dfrac{a}{b} \dfrac{\rho\ell}{s}$ $R' = \dfrac{a}{b} R$

문제 9. m개의 $R_1(\Omega)$ 저항, n개의 $R_2(\Omega)$의 저항을 직렬로 연결했을 때 합성 저항은 무엇인가?
㉮ $R_1 R_2 + mn$ ㉯ $\dfrac{R_1 + R_2}{m+n}$ ㉰ $\dfrac{R_1}{m} + \dfrac{R_2}{n}$ ㉱ $mR_1 + nR_2$

[풀이] $Rs = R_1 + R_2$ (직렬) $Rs = \dfrac{R_1 R_2}{R_1 + R_2}$ (병렬)
$Rs = mR_1 + nR_2$

문제 10. 그림은 타이머를 사용한 전등 제어 회로의 일부이다. 어떤 제어에 속하는가?
㉮ 시퀀스 제어
㉯ 공정 제어
㉰ 되먹임 제어
㉱ 닫힌 루프 제어

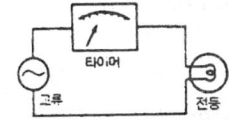

[풀이] 미리 정해진 시간에 전등이 점등 혹은 소등되므로 시퀀스 제어이다.

문제 11. 자동 제어의 단점은 무엇인가?
㉮ 작업 능률을 올린다.   ㉯ 품질의 향상을 기할 수 있다.
㉰ 고도의 기술이 필요하다.   ㉱ 작업 중 정신적 긴장감을 해소시킨다.

[풀이] 고도의 기술로 개발된 제어 기술의 뒷받침이 필요하다.

문제 12. 교류 전압을 저항 $6(\Omega)$에 가했을 때 $10(A)$의 전류가 흐른다. 이곳에 X의 용량 리액턴스를 직렬로 접속하여 같은 전압을 가했더니 $6(A)$로 전류가 감소했다. X의 용량 리액턴스(Ω)는 얼마인가?
㉮ 4   ㉯ 8   ㉰ 10   ㉱ 11

[풀이] $V = IR$에서 $V = 10 \times 6 = 60(V)$
$Z = 6 - jXC$
$I = \dfrac{60}{6 - jXC} = 5(A)$
$XC = 8(\Omega)$

문제 13. 그림에서 직·병렬회로의 등가 임피던스(Ω)는 얼마인가?
㉮ $2 + j3$
㉯ $2 - j3$
㉰ $3 + j2$
㉱ $3 - j2$

[풀이] 그림의 Ⓐ는 직렬 연결이고, Ⓑ는 병렬 연결이므로 Ⓐ와 Ⓑ를 직렬로 합성하면 된다.

[해답] 8. ㉯   9. ㉱   10. ㉮   11. ㉰   12. ㉯   13. ㉰

문제 14. $v=100\sin(\omega t+30°)-50\sin(3\omega t+60°)+25\sin(5\omega t+45°)$ (V)의 실효 전압(V)은 얼마일까?

㉮ 81   ㉯ 95   ㉰ 127   ㉱ 76

[풀이] 실효 전압 $V=\sqrt{\left(\dfrac{100}{\sqrt{2}}\right)^2+\left(\dfrac{50}{\sqrt{2}}\right)^2+\left(\dfrac{25}{\sqrt{2}}\right)^2}$
$=81$ (V)

문제 15. 전류 30(A), 전압 200(V)이며 4.8(kW)의 전력을 소비하는 회로의 리액턴스(Ω)는?

㉮ 3.5   ㉯ 3.7   ㉰ 4.0   ㉱ 4.5

[풀이] $V=IZ$ $Z=\sqrt{R^2+X^2}$
$P=IR^2$ $R=\dfrac{P}{I^2}=\dfrac{4800}{900}=5.33$ (Ω)
$Z=\dfrac{V}{I}=\dfrac{200}{30}=6.67$
∴ $6.67=\sqrt{(5.33)^2+X^2}$ 에서 $X=4.01$ (Ω)

문제 16. 직류 전동기의 회전수를 일정하게 유지시키기 위하여 전압을 변화시킨다. 회전수는 다음 어느 것에 해당하는가?

㉮ 제어 대상   ㉯ 제어량   ㉰ 조작량   ㉱ 목표값

[풀이] ㉮: 전동기 ㉯: 회전수 ㉰: 전압 ㉱: 설정 회전수

문제 17. 목표값 200(℃)의 전기로에서 열전 온도계의 지시에 따라 전압 조정기로 전압을 조절하여 온도를 일정하게 유지시킨다면 온도는 다음 어느 것에 해당되는가?

㉮ 제어량   ㉯ 조작부   ㉰ 조작량   ㉱ 검출부

[풀이] ㉮: 온도 ㉯: 전압 조정기 ㉰: 전압 ㉱: 열전 온도계

문제 18. $e=200\sin(377t-\dfrac{\pi}{3})$ (V) 파형의 주파수는 몇 (Hz)인가?

㉮ 80   ㉯ 60   ㉰ 150   ㉱ 377

[풀이] $\omega t=377t$
$\omega=377=2\pi f$
$f=\dfrac{377}{2\pi}=60$ (Hz)

문제 19. 지름 D(m), 길이 l(m), 고유 저항 ρ(Ω·m) 전선의 저항(Ω)은 무엇인가?

㉮ $\dfrac{\rho l}{\pi D^2}$ ㉯ $\rho\dfrac{l}{D^2}$ ㉰ $\dfrac{4\rho l}{\pi D^2}$ ㉱ $\dfrac{1}{\rho}\dfrac{l}{D}$

[풀이] $R=\rho\dfrac{l}{s}$ $s=\pi r^2$ $r=\dfrac{D}{2}$
$R=\rho\dfrac{l}{\pi\left(\dfrac{D}{2}\right)^2}=\dfrac{\rho l}{\dfrac{\pi D^2}{4}}=\dfrac{4\rho l}{\pi D^2}$

문제 20. RL 직렬회로에 $v=200\sqrt{2}\sin\omega t+100\sqrt{2}\sin3\omega t+50\sqrt{2}\sin5\omega t$ (V)인 전압을 가할 때 제3 고조파 전류의 실효값 (A)은 얼마인가? ($R=8$(Ω), $\omega L=2$(Ω))

㉮ 10   ㉯ 15   ㉰ 20   ㉱ 25

[해답] 14. ㉮ 15. ㉰ 16. ㉯ 17. ㉮ 18. ㉯ 19. ㉰ 20. ㉮

[풀이] $Ie = \dfrac{Ve}{Z}$　　$Z = \sqrt{R^2 + (3\omega L)^2}$　　$Ve = \dfrac{Vm}{\sqrt{2}}$
　　　　$= \dfrac{100}{10}$　　　　$= \sqrt{8^2 + (3\times 2)^2}$　　$= 100$
　　　　$= 10[A]$　　　$= 10[\Omega]$

[문제] 21. 1(eV)는 약 몇 (J)인지 구하시오
　㉮ 1.76×10 (J)　　　　　　　㉯ 1.6725×10^{-27}(J)
　㉰ 1.527×10^{-20}　　　　　　㉱ 1.602×10^{-19}(J)
　[풀이] $e = 1.602 \times 10^{-19}$(J)
　　　　 1(eV) $= 1.602 \times 10^{-19} \times 1 = 1.602 \times 10^{-19}$(J)

[문제] 22. 일정 전압의 직류 전원에 저항을 접속하고 전류값을 20(%) 증가시키기 위해서는 몇 배의 저항값을 필요로 하나?
　㉮ 약 0.83　　　㉯ 약 1.20　　　㉰ 약 1.40　　　㉱ 약 1.30
　[풀이] $V = IR$
　　　　 $R = \dfrac{V}{I}$　$R' = \dfrac{V}{1.2I} = 0.83$

[문제] 23. 자동 제어계의 출력 신호를 무엇이라 하는가?
　㉮ 조작량　　　㉯ 동작 신호　　　㉰ 제어량　　　㉱ 목표값
　[풀이] 제어량은 제어 대상에 속하는 양으로 제어계의 출력 신호가 된다. 조작량은 제어장치의 출력 신호이다.

[문제] 24. 동작 신호를 증폭하여 충분한 에너지를 가진 신호로서 제어 대상에 들어가는 신호는?
　㉮ 제어량　　　　　　　　　　　㉯ 조작량
　㉰ 외란　　　　　　　　　　　　㉱ 기준 입력 신호
　[풀이] 제어부의 출력으로 동작 신호를 제어 대상에 알맞게 증폭된 양으로 조작량이라 한다.

[문제] 25. 다음 중 프로세스 제어에 적합한 장치는?
　㉮ 자동 판매기　　　　　　　　　㉯ 석유의 정제 장치
　㉰ 비행기의 자동 조정　　　　　　㉱ 레이다의 사동 추종 장치
　[풀이] 프로세스 제어는 화학공업, 석유공업 등과 같이 프로세스 공업의 제조 공정에 있어 온도, 압력, 유량 등을 제어량으로 하는 제어계이다.

[문제] 26. 분류기의 저항은 Rs이다. 분류기의 배율을 나타낸 식은 무엇인가?
　㉮ $\dfrac{Rs}{R} + 1$　　㉯ $\dfrac{R}{R+Rs} + 1$　　㉰ $\dfrac{Rs+1}{R}$　　㉱ $\dfrac{R}{Rs} + 1$
　[풀이] 분류기의 배율 $1 + \dfrac{R}{Rs}$, 배율기의 배율 $1 + \dfrac{Rm}{R}$

[문제] 27. 콘덕턴스의 단위를 고르시오
　㉮ 모우　　　㉯ 헨리　　　㉰ 오옴　　　㉱ 암페어
　[풀이] ㉮ : 모우(℧)　㉯ : 헨리(H)　㉰ : 오옴(Ω)　㉱ : 암페어(A)
　　　　 $G = \dfrac{1}{R}$(℧)

[해답] 21. ㉱　22. ㉮　23. ㉰　24. ㉯　25. ㉯　26. ㉱　27. ㉮

문제 28. 100V의 전압을 3(Ω)과 6(Ω)의 저항을 병렬 접속한 양단에 가했을 때 소비전력 (kW)?

㉮ 0.1　　㉯ 10　　㉰ 15　　㉱ 5

풀이 $P = I^2 R = \dfrac{V}{R}$, $Rs = \dfrac{18}{3+6} = 2(\Omega)$

$\therefore P = \dfrac{100^2}{2} = 5 (kW)$

문제 29. 평형 3상 △결선에서 상전류 I_p와 선전류 I_L과의 식 중에서 맞는 것을 골라라

㉮ $I_L = \sqrt{3} I_p$　㉯ $I_L = \sqrt{3} I_p$　㉰ $I_p = I_L$　㉱ $I_p = \sqrt{3} I_L$

풀이 Y결선(성형)　$V_L = \sqrt{3} V_p$,　$I_L = I_p$
△결선(환상)　$I_L = \sqrt{3} I_p$,　$V_L = V_p$

문제 30. $10^6 \Omega (M\Omega)$ 이상의 고저항 측정법으로 알맞는 것은?

㉮ 메거에 의한 법　　　　㉯ 더블브리지법
㉰ 전위차계법　　　　　㉱ 호이스톤 브리지법

풀이 절연저항 측정기구 : 메가
휘스톤 브리지의 측정범위는 $1 \sim 10^4 \Omega$이고 더블 브리지법의 측정범위는 $10^{-4} \sim 10^2 \Omega$이며 전위차계법에 의한 측정범위는 $10^{-2} \sim 10^5 \Omega$이다.

해답 28. ㉱　29. ㉰　30. ㉮

제 7 장 제어계의 요소 및 구성

1. 제어계의 종류

1 제어와 제어량

어떤 대상물의 현재 상태를 사람이 원하는 상태로 조작하는 것을 제어(control)라 하며 제어하려는 물리량을 제어량이라 한다.

2 제어의 종류

(1) 수동 제어(manual control) : 사람이 직접 대상물을 조작하여 제어하는 것
(2) 자동 제어(automatic control) : 사람 대신에 기기(제어장치)에 의하여 제어하는 것
(3) 오토메이션(automation) : 작업의 일부 또는 전부를 자동화하는 것

3 신호와 제어

(1) 입·출력 신호 : 제어의 상태 변화를 주는 신호를 입력신호(input signal)라 하고 상태 변화(제어)의 결과를 출력신호(out put signal)라 한다.
(2) 정성적 제어와 정량적 제어 : 스위치를 열고 닫든가, 전류를 흘리든가 차단시키는 것과 같이 일정한 상태의 정성적인 제어 명령에 의한 제어를 정성적 제어, 온도의 변화와 같이 일정한 양의 정량적인 제어 명령에 의하여 이루어지는 제어를 정량적 제어라 한다.
(3) 아날로그 신호(analog signal) : 온도의 변화와 같이 정량적 제어신호로서 크기가 연속적으로 나타나는 신호를 말한다.
(4) 디지털 신호(digital signal) : 정성적 제어 신호로서 전류를 흘리든가 차단시키는 등 두 개의 상태로 구별되는 신호로만 되는 것으로 2값 신호(binary signal)라 한다. 디지털 신호는 논리 "0"과 "1" 펄스(pulse)의 유무, 5[V]와 0[V]의 높은 전압과 낮은 전압, 스위치의 on-off, 계전기 접점의 개폐상태, 반도체의 동작-부동작 상태 등으로 신호를 처리한다.

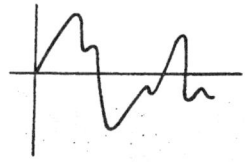

〔아날로그 신호〕   〔디지털 신호〕

2. 제어계의 구성과 자동제어

1 자동제어의 장점

(1) 생산 속도가 증가한다.
(2) 제품의 품질이 균일화되고 향상되어 불량품이 감소된다.
(3) 노동력이 줄어들어 인건비가 감소한다.
(4) 생산설비의 수명이 길어진다.
(5) 노동 조건이 향상된다.

2 자동제어의 종류

(1) 시퀀스 제어(sequence control) : 미리 정해 놓은 순서에 따라 제어의 각 단계를 차례로 행하는 제어를 말하며 디지털 신호로 이루어지는 정성적 제어로서 필요한 명령처리를 자동적으로 행한다. 이 제어는 그림과 같이 신호의 흐름이 한 방향으로만 행하여지는 열린 루프 제어(open loop control)로서 불연속적인 작업을 행하는 공정제어, 엘리베이터 제어 등이 여기에 속한다.

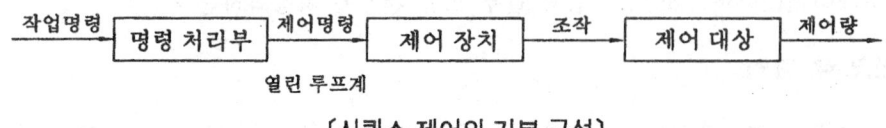

〔시퀀스 제어의 기본 구성〕

(2) 되먹임 제어(feedback control) : 폐회로를 형성하여 출력 신호를 입력 신호로 되돌리는 것을 되먹임이라 하며 되먹임에 의하여 출력값을 입력값과 비교하여 항상 출력이 목표값에 이르도록 제어하는 것을 말한다.
　　이 제어는 아날로그 신호에 의한 연속량을 대상으로 하는 정량적 제어로서 그림과 같이 신호의 흐름이 되먹임에 의하여 닫힌 루프 제어(closed loop control)가 되며 프로세스(process)제어, 서보기구, 자동조정 등이 여기에 속한다.

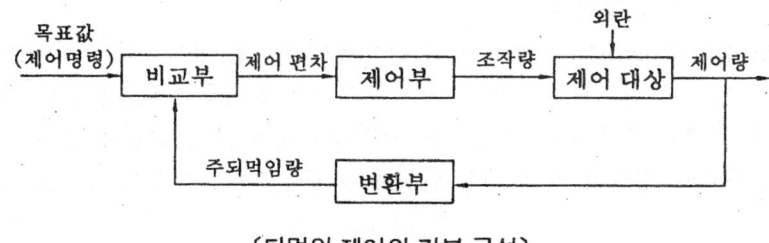

〔되먹임 제어의 기본 구성〕

3 자동 제어계의 일반적인 구성과 용어

(1) 작업 명령 : 기동, 정지 등과 같이 장치 외부에서 주어지는 입력 신호를 말한다.
(2) 제어 명령 : 전압, 변위, 온도 등과 같이 장치 내부에서 제어량을 원하는 상태로 하기 위한 입력 신호를 말한다.

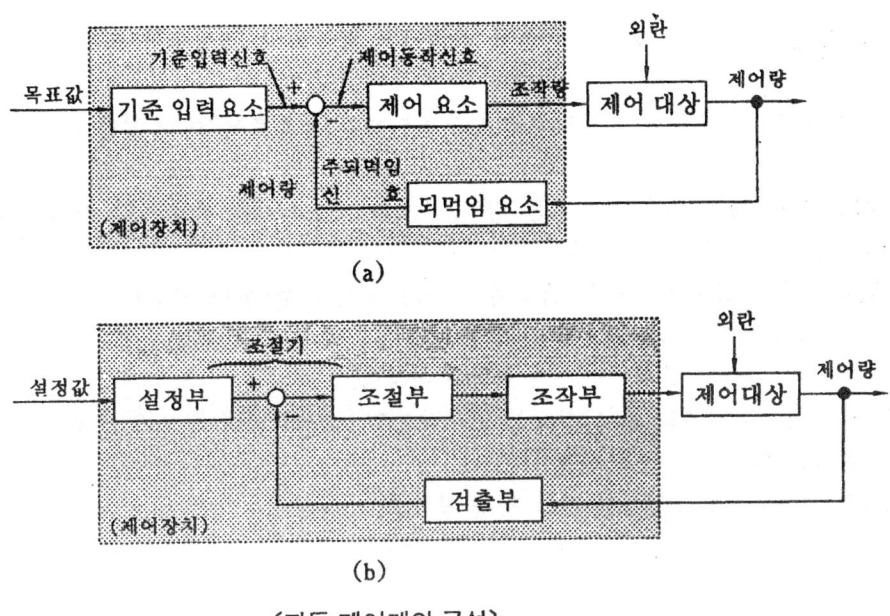

〔자동 제어계의 구성〕

(3) 명령 처리부 : 작업 명령 혹은 기준 입력 신호와 검출 신호에 의하여 제어 명령을 만드는 부분을 말한다.
(4) 제어량 : 제어 대상에 속하는 양으로, 측정되어 제어될 수 있다.
(5) 목표값 : 제어계에서 제어량이 목표값에 이를 수 있도록 외부에서 주어지는 값을 말하며, 목표값이 일정할 때에는 설정값이라고도 한다.
(6) 기준 입력 신호 : 제어계를 동작시키는 기준으로서, 직접 닫힌 루프에 주어지는 입력 신호이며, 주되먹임 신호와 비교할 수 있도록 목표값을 기준 입력 요소에 의해서 주되먹임 신호와 같은 종류의 양으로 변환된 것을 말하며, 기준 입력 요소가 없을 때에는 목표값과 일치한다.
(7) 주되먹임 신호 : 기준 입력 신호와 제어량을 비교하기 위하여 그것과 일정한 관계를 가지고 되먹임되는 신호를 말한다.
(8) 제어 동작 신호 : 기준 입력 신호와 주되먹임 신호와의 차로서, 제어동작을 시키는 주되는 신호이며, 이것을 동작 신호라고도 한다.
(9) 조작량 : 제어량을 조정하기 위하여 제어 대상에 주어지는 양으로 제어부의 출력이 된다.
(10) 외란 : 제어량의 변화를 일으킬 수 있는 신호 중에서 기준 입력 신호 이외의 것을 말한다.
(11) 제어 대상 : 제어량을 발생시키는 부분으로, 이것은 장치 전체일 수도 있고 일부분일 수도 있다.
(12) 제어 장치 : 제어를 하기 위하여 제어 대상에 부착시켜 놓은 장치로서 제어부라고도 하며 제어 명령의 신호를 증폭하여 제어 대상을 직접 제어한다.
(13) 기준 입력 요소 : 목표값을 기준 입력 신호로 변환하는 요소이며, 설정부라고도 한다.

(14) 제어 요소 : 동작 신호를 조작량으로 변환하는 요소이며, 조절부와 조작부로 되어 있다.
(15) 되먹임 요소 : 제어량을 주되먹임량으로 변환하는 요소로서, 이 부분을 검출부라고도 한다.
(16) 검출부 : 제어량을 검출하고 기준 입력 신호와 비교시키는 부분으로; 사람에 비유하면 감각기관에 해당한다.
(17) 조절부 : 기준 입력과 검출부 출력과의 차가 되는 신호(동작 신호)를 받아서 제어계가 정해진 행동을 하는 데 필요한 신호를 만들어 조작부에 보내는 부분으로, 사람에 비유하면 두뇌에 해당하며 제어장치의 중심을 이룬다.
(18) 조작부 : 조절부로부터 받은 신호를 조작량으로 바꾸어 제어 대상에 보내주는 부분으로 사람에 비유하면 손, 발에 해당한다.
(19) 조절기 : 설정부와 조절부를 합친 것을 말한다.

예상문제

문제 1. 다음 중 b접점 표시 기호는?
㉮ ㅡㅇㅡ   ㉯ ㅡ|ㅡ   ㉰ ㅡㅇ̷ㅡ   ㉱ ㅡㅇㅡㅇㅡ

[풀이] ㉮, ㉯, ㉰는 a접점, ㉱는 리밋 스위치 b접점 표시이다.

문제 2. 다음 기호 중 자동 복귀형 a접점 스위치인 것은?

[풀이] 버튼 스위치 ㉮는 a접점용, ㉯는 b접점용이다.

문제 3. 다음 중 출력 기구에 속하는 것은?
㉮ SOL   ㉯ 수동 스위치   ㉰ 타이머 소자   ㉱ 센서

[풀이]
1. 출력 기구 : MC, SV, SOL, 표시램프 등
2. 입력 기구 : 수동 스위치, 검출 스위치
3. 보조 기구 : 보조 릴레이, 각종 소자

문제 4. 다음 기호 중 조작되지 않은 상태에서 유지형 수동 스위치의 a접점용인 것은?

[해설] 차례로 유지형의 a, b접점, 릴레이 a접점, b접점이다.

문제 5. 다음 중 일반적으로 센서라 할 수 있는 것은?
㉮ 버튼 스위치   ㉯ 온도 스위치   ㉰ 리밋 스위치   ㉱ 수동 스위치

[풀이] 수동 스위치인 버튼 스위치와 기계적인 리밋 스위치를 제외한 전기적 작용, 빛의 작용 등에 의한 스위치의 기능을 갖는 것을 센서라 한다.

문제 6. 타이머의 종류에 해당되지 않는 것은?
㉮ 제동식 타이머   ㉯ 전자식 타이머   ㉰ 모터식 타이머   ㉱ 버저식 타이머

[풀이]
① 모터식 타이머 : 짧은 시간, 긴 시간의 사용이 용이하고 온도변화, 전압 변동 등의 영향이 적다. 동작 시간의 경과가 지침에 의해 표시된다.
② 전자식 타이머 : 미소 시간 조정 가능, 수명이 길다.
③ 제동식 타이머 : 공기, 기름 등을 이용하여 시간을 제어, 한시동작 방식이 가능하나 동작 시간의 정밀도가 떨어진다.

문제 7. $\dot{Z}=6+j8(\Omega)$인 평형 Y부하에 선간전압 220(V)의 대칭 3상 전압이 가해졌을 때, 선전류(A)는 얼마인가?
㉮ 12.7   ㉯ 15.2   ㉰ 10   ㉱ 17

[해답] 1. ㉱ 2. ㉮ 3. ㉮ 4. ㉮ 5. ㉯ 6. ㉱ 7. ㉮

[풀이] 상전압 $V_P = \dfrac{220}{\sqrt{3}} = 127(V)$

Y결선에서 선간전압 $I_\ell =$ 상전류 I_P 이므로
$I_\ell = I_P = \dfrac{V_P}{Z} = \dfrac{127}{\sqrt{6^2+8^2}} = \dfrac{127}{10} = 12.7(A)$ 임

[문제] 8. 1(kW)의 전열기 3개를 3시간씩 100(W)의 전구 5개, 60(W)의 전구 3개를 5시간씩 10일 사용할 때 전력량(kWh)은 얼마인가? (조건, 10일 사용한다.)
㉮ 124 ㉯ 104 ㉰ 154 ㉱ 150

[풀이] 1. 전력량 = [(소비전력×전구갯수+소비전력×전구갯수)×시간+(소비전력×전열기 갯수)×시간]×일수
2. 전력량 = [(100×5+60×3)×24+(1000×3)×24]×10 = 124(kWh)

[문제] 9. 0.2(A)의 전류를 기전력 1.8(V)의 전지의 두극을 전선으로 이어 통하였을 때, 두극 사이의 전위차가 1.4(V)로 되었다. 전지의 내부 저항(Ω)은?
㉮ 2 ㉯ 2.5 ㉰ 4 ㉱ 12

[설] $V = E - Ir$ 에서
$Ir = E - V$
$0.2 \times r = 1.8 - 1.4$
$r = \dfrac{1.8 - 1.4}{0.2} = 2(\Omega)$

따라서 전지의 내부 저항 $r = 2(\Omega)$ 이다.

[문제] 10. 보일러의 온도를 70(℃)로 일정하게 유지시키기 위하여 기름의 공급을 변화시킬 때 목표 값은?
㉮ 70(℃) ㉯ 온도 ㉰ 기름 공급량 ㉱ 보일러

[풀이] ㉮ : 목표값, ㉯ : 제어량, ㉰ : 조작량, ㉱ : 제어 대상

[문제] 11. 콘덴서의 용량을 변화시켜서 발진기의 주파수를 일정하게 유지시키고자 한다. 다음 중 제어 대상은?
㉮ 정전 용량 ㉯ 발진기 ㉰ 주파수 ㉱ 일정 주파수

[풀이] 발진기 즉 기기가 제어 대상이 된다.
㉮ : 조작량, ㉰ : 제어량, ㉱ : 목표값

[문제] 12. 시퀀스 제어의 릴레이식 기본 회로에 해당되지 않는 회로는?
㉮ ON회로 ㉯ NOR 회로 ㉰ OR 회로 ㉱ NOT 회로

[해설] NOR 회로는 논리회로에 해당된다.

[문제] 13. 100(V)의 전압을 가해서 0.25(A)의 전류가 흐른다면 소비전력은 몇 (W)인가?
㉮ 25 ㉯ 50 ㉰ 10 ㉱ 75

[풀이] $P = VI = I^2R = (0.25)^2 \times 400 = 25$
$V = IR$
$100 = 0.25R$
$R = 400$

[해답] 8. ㉮ 9. ㉮ 10. ㉮ 11. ㉯ 12. ㉯ 13. ㉮

문제 14. 내부 저항 0.3(Ω), 기전력 2(V) 전지에 부하 저항 9.7(Ω)이 접속되어 있을 때 회로에 흐르는 전류(A)는 얼마인가?
㉮ 1.2　　　　　㉯ 0.2　　　　　㉰ 1.5　　　　　㉱ 0.5

풀이 $E = I(r+R)$
$2 = I(0.3+9.7)$
$I = 0.2$

문제 15. 접지 저항의 측정방법 또는 측정기가 아닌 것은?
㉮ 메거　　　　　　　　　　㉯ 코올라우시브지리
㉰ 전압 강하법　　　　　　 ㉱ 직독식 어드테스터

풀이 메거 : 절연저항 측정

문제 16. 제어란 무엇인가?
㉮ 제어량을 어떤 상태에 있게 명령하는 것
㉯ 제어하는 목적의 물질량
㉰ 제어 대상
㉱ 어느 물리량의 상태를 원하는 대로 조절하는 것

풀이 ㉮는 명령 제어, ㉯는 제어량, ㉰는 제어계이다.

문제 17. 다음 중 시퀀스 제어에 속하는 것은?
㉮ 정량적 제어　　㉯ 정성적 제어　　㉰ 프로세스 제어　　㉱ 자동 제어

풀이 정성적 제어는 2값 제어이고 시퀀스 제어에 속한다.

문제 18. 표준 저항기에 사용되는 저항재료로 맞지 않은 것은?
㉮ 저항치가 안정되어 있을 것　　　㉯ 저항의 온도계수가 작을 것
㉰ 구리에 대한 열기전력이 작을 것　㉱ 저항의 온도계수가 클 것

풀이 표준 저항기 재료는 저항치의 안정, 온도계수가 적은 것, 구리 등에 대한 열기전력이 적어야 된다.

문제 19. 교류의 최대값이 141.4(V)이고 위상 30° 앞선 전압을 복소수로 표시하면 무엇일까?
㉮ 141.4∠30°　　㉯ 141.4∠-30°　　㉰ 100∠30°　　㉱ 100∠-30°

풀이 실효값 = $\frac{최대값}{\sqrt{2}} = \frac{141.4}{\sqrt{2}} = 100V$
앞선 전류 +30°　100∠30°

문제 20. 자동제어의 단점은 무엇인가?
㉮ 작업 능률을 올린다.
㉯ 품질의 향상을 기할 수 있다.
㉰ 작업 중 정신적 긴장감을 해소시킨다.
㉱ 고도의 기술이 필요하다.

풀이 자동 제어는 고도의 기술로 개발된 제어기술의 뒤받침이 필요하다.

해답　14. ㉯　15. ㉮　16. ㉱　17. ㉯　18. ㉱　19. ㉰　20. ㉱

문제 21. 자동 제어계의 일반적인 특성이 아닌 것은?
- ㉮ 노동 조건 향상
- ㉯ 인건비 증가
- ㉰ 제품의 균일화
- ㉱ 생산 속도 증가

[풀이] 노동력이 줄어 인건비가 감소하며 불량품이 감소하고, 생산 설비의 수명이 길어진다. 그러나 생산 설비비가 커지고 고도의 기술이 필요하다.

문제 22. $E=80+j60$ (V), $I=30+j4$ (A) 임피이던스(Z)는?
- ㉮ 약 $16\angle-12°$ 18.4′
- ㉯ 약 $20\angle-16°$ 15.6′
- ㉰ 약 $12\angle-8°$ 14.4′
- ㉱ 약 $24\angle-20°$ 12.2′

[풀이] $Z=\dfrac{E}{I}=\dfrac{80+j60}{3+j4}\cdot\dfrac{(3-j4)}{(3-j4)}=\dfrac{480-j140}{25}=19.2-j15.6$

문제 23. 브리지가 평형상태일 때 Cx는 어떤 값인가? ($P=50(\Omega)$, $Q=10(\Omega)$, $C=100(pF)$)
- ㉮ 300(pF)
- ㉯ 500(pF)
- ㉰ 400(pF)
- ㉱ 200(pF)

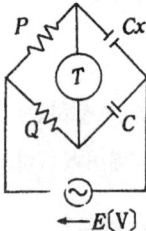

[풀이] $PC=CxQ$
$=50\times100=CxQ$
$Cx=\dfrac{50\times100}{10}=500(pF)$

문제 24. 저항 R_1, R_2, R_3가 병렬로 접속되었다. 합성 저항은?
- ㉮ $\dfrac{R_2R_3+R_1R_2+R_1R_3}{R_1+R_2+R_3}$
- ㉯ $\dfrac{R_2R_3+R_1R_2+R_1R_3}{R_1R_2R_3}$
- ㉰ $\dfrac{R_1+R_2+R_3}{R_2R_3+R_1R_2+R_1R_3}$
- ㉱ $\dfrac{R_1R_2R_3}{R_2R_3+R_1R_2+R_1R_3}$

[풀이] $\dfrac{1}{Rt}=\dfrac{1}{R_1}+\dfrac{1}{R_2}+\dfrac{1}{R_3}$

문제 25. 전자 교환기 및 일반 공업용으로 사용하기 적당한 릴레이는?
- ㉮ 차입형 수평형(HJ형) 릴레이
- ㉯ 스위칭(SW형) 릴레이
- ㉰ 수평형(W형) 릴레이
- ㉱ 와이어 스프링 릴레이

[풀이] ㉮항: 원방 감시 제어장치에 사용
㉯항: 전동기 및 차단기의 제어용으로 사용
㉱항: WA형, WG형, WJ형, WK형, WM형 등이 있다.

문제 26. 시중의 음료수 자동판매기는 동전을 투입하면 원하는 음료수가 나온다. 어떤 제어에 속하는가?
- ㉮ 프로세스 제어
- ㉯ 시퀀스 제어
- ㉰ 되먹임 제어
- ㉱ 닫힌 루프 제어

[풀이] 미리 정해 놓은 순서에 따라 제어되므로 시퀀스 제어이다.

해답 21. ㉮ 22. ㉯ 23. ㉯ 24. ㉱ 25. ㉰ 26. ㉯

문제 27. 타이머를 사용하여 어떤 목표 시간에 점등하는 회로는 무슨 제어인가?
  ㉮ 순차 제어   ㉯ 공정 제어
  ㉰ 되먹임 제어   ㉱ 폐회로 제어

  풀이 순서에 따라 정해진 단계로 제어하기 때문에 순차 제어이다.

문제 28. 시퀀스 제어의 용도로 적당하지 않은 것은?
  ㉮ 서보 기구   ㉯ 발전소   ㉰ 세탁기   ㉱ 냉장고

  풀이 서보(servo) 기구는 피드백 제어(되먹임 제어, feed back) 기능이 적용되고 있다.

해답 27. ㉮ 28. ㉮

제8장 블록선도

1. 블록선도의 개요 및 궤도제한의 표준

① 블록선도의 등가 변환

(1) 직렬 접속(곱한다)

$A(s) \longrightarrow \boxed{G_1(s)} \xrightarrow{A_1(s)} \boxed{G_2(s)} \longrightarrow B(s) \qquad A(s) \longrightarrow \boxed{G_1(s)G_2(s)} \longrightarrow B(s)$

(2) 병렬 접속(더하거나 뺀다)

$A(s) \longrightarrow \boxed{G_1(s)} \xrightarrow{B_1(s)} \pm \longrightarrow B(s) \qquad A(s) \longrightarrow \boxed{G_1(s) \pm G_2(s)} \longrightarrow B(s)$

(3) 피드백 접속

$R(s) \longrightarrow \boxed{\dfrac{G(s)}{1 \pm G(s)H(s)}} \longrightarrow$

$E(s)=R(s)\mp B(s) \quad B(S)=H(S),\ C(S) \quad C(S)=[R(S)=H(S),\ C(S)]G(S)$

2. 블록 선도의 흐름 및 선도

① 블록 선도의 흐름

(1) 신호 $\xrightarrow{a}$

(2) 전달 요소 $b = G \cdot a$ $a \longrightarrow \boxed{G} \longrightarrow b$

(3) 가합점 $c = a \pm b$

(4) 인출점 $a = b = c$

(5) 종속 접속 $c = G_1 \cdot G_2 \cdot a$ $a \longrightarrow \boxed{G_1} \xrightarrow{b} \boxed{G_2} \longrightarrow c$

(6) 병렬 접속　　$d=(G_1 \pm G_2)a$　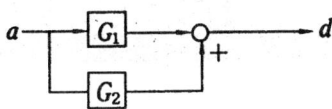

(7) 피드백 접속　$d=\dfrac{G}{1+GH}a$　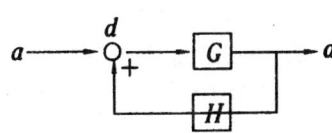

예상문제

문제 1. 10진수의 5는 BCD 코드로 얼마인가?
㉮ 0101 ㉯ 1010 ㉰ 1001 ㉱ 0110

[풀이] $(5)_{10} = (0101)_{BCD}$

문제 2. 8421 코드(Code)를 A, B, C, D라고 할 때 10진수 5는 어떻게 표기하는가?
㉮ A=D=1, B=C=0   ㉯ A=B=1, C=D=0
㉰ A=C=1, B=D=0   ㉱ B=D=1, A=C=0

[풀이] $5_{(10)} \to (0\ 1\ 0\ 1)_2$
　　　　　　　 A B C D

문제 3. 10진수인 35를 2진화 10진수로 나타냈을 때의 옳은 값은?
㉮ 00110101 ㉯ 11001010 ㉰ 11000110 ㉱ 00110011

[풀이] 10진수의 각 자리를 4자리의 2진수로 바꾸어 놓고 윗자리부터 순서적으로 놓으면 된다.
$(35)_{10} = \underbrace{0011}_{3}\ \underbrace{0101}_{5} = (00110101)_{BCD}$

문제 4. (010001010010) BCD를 10진수로 나타내면?
㉮ 542 ㉯ 442 ㉰ 452 ㉱ 552

[풀이] 2진수의 아랫 자리에서 4자리씩 끊고 각각 10진수로 고친다.
$\underbrace{0100}_{4}\ \underbrace{0101}_{5}\ \underbrace{0010}_{2}$

문제 5. 63을 8421 코드로 표시하면?
㉮ 0110 0011 ㉯ 0110 0101 ㉰ 1100 0011 ㉱ 0101 0010

[풀이] BCD 코드를 8421 코드라고도 한다.

문제 6. 10진수 $254_{(10)}$를 8진수로 변환하면?
㉮ $358_{(8)}$ ㉯ $367_{(8)}$ ㉰ $376_{(8)}$ ㉱ $384_{(8)}$

[풀이]
```
 8)254  6
 8) 31  7
 8)  3  3
     0  0
```
∴ $254_{(10)} = 376_{(8)}$

문제 7. 그림의 스위치 회로를 로직 회로로 바꾸면?
㉮ AND ㉯ OR ㉰ NOR ㉱ NAND

[풀이] a접점 직렬이므로 AND 회로이다.

해답 1. ㉮ 2. ㉱ 3. ㉮ 4. ㉰ 5. ㉮ 6. ㉰ 7. ㉮

문제 8. 그림과 같은 논리 소자의 이름은?

㉮ OR
㉯ AND
㉰ NOT
㉱ NAND

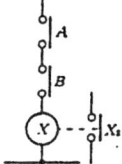

토이풀 직렬 논리 – AND 논리

문제 9. 10진수 55를 2진수로 옳게 고친 것은?

㉮ 110111　　㉯ 100111　　㉰ 110011　　㉱ 110101

토이풀
```
2 ) 55
2 ) 27 ……… 1
2 ) 13 ……… 1
2 )  6 ……… 1
2 )  3 ……… 0
     1 ……… 1
```
∴ $55_{(10)} = 11011_{(2)}$

문제 10. $0.3750_{(10)}$을 2진법으로 변환하면?

㉮ 0.010　　㉯ 0.100　　㉰ 0.011　　㉱ 0.101

토이풀
```
      0.375
  ×      2
    0.750 → 0      (0.011)₂ = (0.375)₁₀
  ×      2
    1.500 → 1
  ×      2
    1.000 → 1
```
∴ $0.375_{(10)} = 0.011_{(2)}$

문제 11. 그림과 같은 기능의 논리 소자는?

㉮ 　　㉯

㉰ 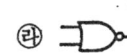　　㉱

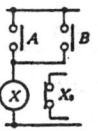

토이풀 병렬(OR) 논리에서 X_0가 b접점(NOT)이므로 NOR 논리이다.

문제 12. 그림의 타임 차트에서 입력 A, B일 때 AND회로 출력은?

㉮ ①
㉯ ②
㉰ ③
㉱ ④

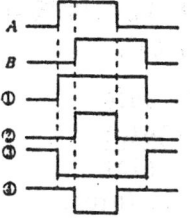

토이풀 AND 회로는 두 입력 AB가 동시에 주어질 때 출력이 생기므로 ㉯이고, ㉮는 OR, ㉰는 NOR, ㉱는 NAND 출력이다.

해답 8. ㉯　9. ㉮　10. ㉰　11. ㉱　12. ㉯

문제 13. 다음 기호 중 NAND 회로는?

㉮ ⊃D—   ㉯ ⊃D○—

㉰ ⊃D—   ㉱ ⊃D○—

[풀이] NAND = AND + NOT

문제 14. 그림의 타임 차트에서 NOR 회로의 출력은?
(단, A와 B는 입력이다.)

㉮ ①
㉯ ②
㉰ ③
㉱ ④

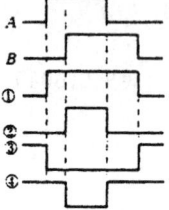

[풀이] 차례로 OR, AND, NOR, NAND 출력이다.

문제 15. 다음 2진수를 10진법의 수로 변환하면?

$$1101011.1011$$

㉮ $105.6775_{(10)}$ ㉯ $105.6875_{(10)}$ ㉰ $107.6775_{(10)}$ ㉱ $107.6875_{(10)}$

[풀이] $(1101011.1011)_2 = 1 \times 2^6 + 1 \times 2^5 + 1 \times 2^3 + 1 \times 2^1 + 1 \times 2^0 + 1 \times 2^{-1} + 1 \times 2^{-3} + 1 \times 2^{-4}$
$= (107.6875)_{10}$

문제 16. 2진수 덧셈 101과 111의 합은 2진수로 얼마인가?

㉮ 1100   ㉯ 1110   ㉰ 1101   ㉱ 1001

[풀이]
```
   101
 +111
 ────
  1100
```

문제 17. 다음은 2진법으로 표시된 수의 덧셈이다. 계산 결과가 10진법의 수로 옳게 된 것은?

$$1101 + 100101 = A$$

㉮ 46   ㉯ 43   ㉰ 50   ㉱ 52

[풀이] $1101 + 100101 = 110010_{(2)}$
∴ $110010_{(2)} = 50_{(10)}$

문제 18. 2진수의 뺄셈 $(1010 - 0101)_2$의 값은 다음 중 어느 것인가?

㉮ $(0101)_2$ ㉯ $(0110)_2$ ㉰ $(0011)_2$ ㉱ $(0100)_2$

[풀이]
```
   1010
 -)0101
 ─────
   0101
```
∴ $(0101)_2$

문제 19. 직렬 회로에서 $\dfrac{X}{R} = \dfrac{1}{\sqrt{3}}$ 이다. 이때 회로의 역률은? (R : 저항, X : 리액턴스)

[해답] 13. ㉱ 14. ㉰ 15. ㉱ 16. ㉮ 17. ㉰ 18. ㉮

㉮ $\dfrac{1}{\sqrt{3}}$ ㉯ $\dfrac{\sqrt{3}}{2}$ ㉰ $\dfrac{1}{2}$ ㉱ 1

[풀이] $\dfrac{X}{R}=\dfrac{1}{\sqrt{3}}$ 이므로 $R=\sqrt{3}X$
$\cos\theta=\dfrac{R}{\sqrt{R^2+X^2}}=\dfrac{\sqrt{3}X}{\sqrt{(\sqrt{3}X)^2+X^2}}$
$=\dfrac{\sqrt{3}X}{2X}=\dfrac{\sqrt{3}}{2}$

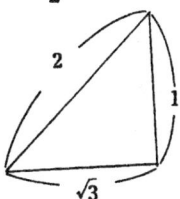

문제 20. 인덕턴스 L에서 급격히 변해서는 안되는 것은?
㉮ 없다   ㉯ 전류   ㉰ 전압   ㉱ 전류, 전압

[풀이] $e=L\dfrac{di}{dt}$에서
전류 i가 급격히 변화면 전압 e가 ∞가 됨으로 전류 i는 급격히 변할 수 없다.

문제 21. 직렬 접속하여 양단에 전압 100[V]를 가하면 저항에 흐르는 전류 [A]는 얼마인가?
㉮ 3
㉯ 4
㉰ 5
㉱ 7

[풀이] $V=IR$에서 $100=I\times 20$
∴ $I=5$[A]

문제 22. 전류계의 내부 저항이 0.12[Ω], 분류기의 저항이 0.03[Ω]이면 그 배율은 얼마인가?
㉮ 3   ㉯ 5   ㉰ 7   ㉱ 11

[풀이] 분류기의 배율 $m=\dfrac{R_A+R_S}{R_S}=\dfrac{0.12+0.03}{0.03}=\dfrac{0.15}{0.03}=5$

문제 23. 단자간의 합성 저항이 30[Ω]이라면 R_2[Ω]의 값은 얼마인가?
㉮ 75
㉯ 84
㉰ 53
㉱ 67

[풀이] $R_t=R_1/\!/R_2$에서 $R_t=30$[Ω] $R_1=50$[Ω]이므로 $R_2=75$[Ω]이다.

문제 24. 정현파 교류의 식에서 양의 최대값 Im이 통과하는 순간을 시간의 원점으로 한다고 할 경우의 순시전류 값을 구하시오?
㉮ $Im\cos(\omega t+90°)$ ㉯ $Im\cos\omega t$
㉰ $Im\cos(\omega t-90°)$ ㉱ $Im\sin\omega t$

[풀이] 순시 전류$=Im\sin(\omega t+90°)=Im\cos\omega t$

문제 25. 평균값이 382[V]일 때 이 교류전압의 실효값 [V]은 얼마인가?
㉮ 424   ㉯ 358   ㉰ 586   ㉱ 402

[해답] 19. ㉯ 20. ㉯ 21. ㉰ 22. ㉯ 23. ㉮ 24. ㉯ 25. ㉮

[풀이] $V_e = \dfrac{V_m}{\sqrt{2}}$ 이므로 $V_{av} = \dfrac{2V_m}{\pi}$

따라서 $V = \dfrac{\dfrac{\pi V_{av}}{2}}{\sqrt{2}} = \dfrac{\pi V_{av}}{2\sqrt{2}}$

$= \dfrac{3.14 \times 382}{2 \times 1.414}$

$= 424 (A)$

[문제] 26. 기자력의 강도에 대한 설명 중 옳은 것은?
㉮ 기자력의 강도와 전류와의 무관계
㉯ 기자력의 강도는 전류의 반비례
㉰ 기자력의 강도는 전류에 비례
㉱ 기자력의 강도는 전류의 자승에 비례

[풀이] $H = NI$에서 자계 H는 전류 I에 비례한다.

[문제] 27. 60Hz의 발전을 하는 3,600rpm의 동기 발전기라면 그 극수는?
㉮ 3극 ㉯ 4극 ㉰ 5극 ㉱ 2극

[풀이] $N = \dfrac{120}{P}f$, $P = \dfrac{120}{N}f$

$= \dfrac{120 \times 60}{3,600} = 2$극

[해답] 26. ㉰ 27. ㉱

제9장 시퀀스 제어

1. 제어 요소의 동작과 표현

1 시퀀스 제어의 종류

(1) 명령 처리 기능에 따라 분류
  ① 순서 제어 : 기억과 판단 기구에 의하여 제어
  ② 시한 제어 : 기억과 시한 기구에 의하여 동작 상태를 제어
  ③ 조건 제어 : 판단 기구에 의하여 제어 명령을 결정
  ④ 프로그램 제어 : 기억과 시한 기구 및 판단기구에 의하여 제어

(2) 제어장치의 구성에 따라 분류
  ① 릴레이 시퀀스(relay sequence) : 유접점 시퀀스에 의함
  ② 로직 시퀀스(logic sequence) : 무접점 논리 소자에 의함
  ③ PLC 제어(programmable logic controller) : 마이컴(micro computer)을 응용하여 시퀀스를 프로그램화한 제어로 반도체 직접 회로 기술의 발달과 제어의 고기능화로 공장 자동화(FA) 등의 자동화 기술에 주로 사용된다.

2 시퀀스 제어의 구성

그림은 시퀀스 제어계의 일반적인 구성이고 이 중에 어떤 요소는 없는 경우도 많으며 신호는 일반적으로 1개 이상이다. 검출 신호의 흐름은 되먹임 신호와 달리 전체 제어계는 개회로 제어가 된다.

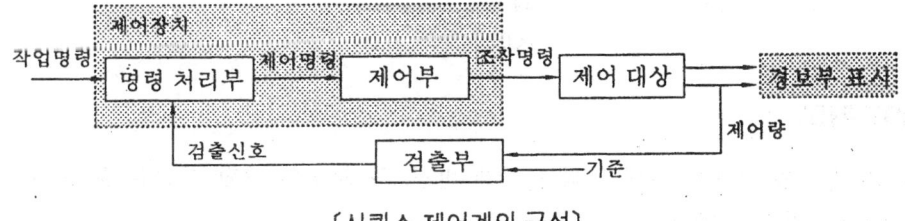

〔시퀀스 제어계의 구성〕

2. 부울대수의 기본 정리

1 기본 정리

제어 요소는 입력기구, 출력기구, 보조기구로 나누어지며 또 유접점 기구, 무접점 논리 기구, 구동기구, 표시기구 등으로 분류된다.

(1) 입력 기구 : 수동 스위치, 검출 스위치
(2) 출력 기구 : 전자 개폐기(MC), 표시램프, 전자 밸브(solenoid valve : SV)
(3) 보조 기구 : 보조릴레이, 논리 소자, 타이머 소자, 입출력 소자 등

3. 논리 회로

1 AND 회로

입력 신호 A, B가 모두 있을 때 출력 신호가 생기는 회로이며 스위치 직렬의 논리곱 회로이다.

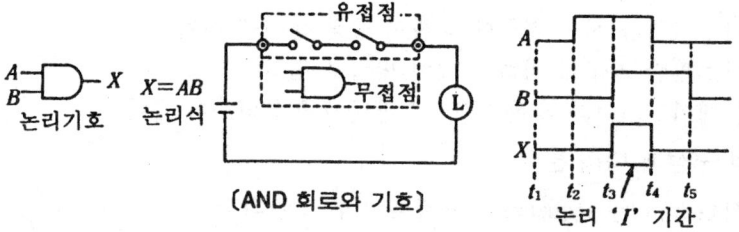

〔AND 회로와 기호〕

2 OR 회로

입력 A, B 중 하나만 있어도 출력이 생기는 판단기능을 갖는 논리이며 스위치 병렬의 논리합 회로이다.

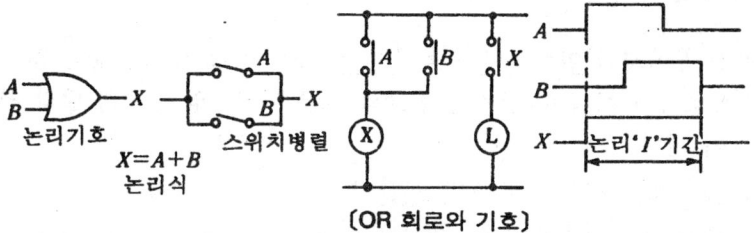

〔OR 회로와 기호〕

3 NOT 회로

입력과 출력의 상태가 반대로 되는 상태 반전, 즉 부정의 판단 기능을 갖는 회로로 인버터(inverter)라고도 한다.

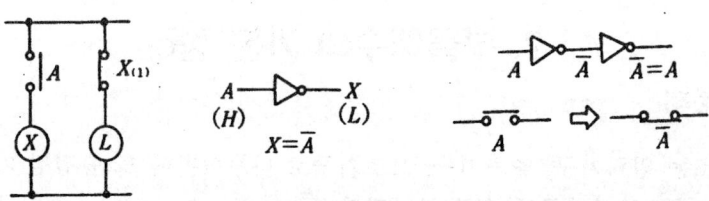

〔NOT 회로와 기호〕

4 NOR 회로

OR 회로와 NOT 회로의 합으로서 OR 회로를 부정하는 판단기능을 갖는 회로이다.

5 NAND 회로

AND+NOT의 조합 회로이며 AND 회로를 부정하는 판단기능을 가는 만능 회로이다.

4. 유·무 접점 회로

1 접점

회로를 개폐(ON, OFF)하여 회로 상태를 결정하는 기구로서 일반적으로 시퀀스 제어는 각종 접점이 직병렬로 구성된다고 할 수 있다.

(1) a접점(a contact) : 원래는 열려 있고 조작할 때 닫히는 접점으로 메이크 접점(make contact)이라고도 한다.
(2) b접점(b contact) : 원래는 닫혀 있고 조작할 때 열리는 접점으로 브레이크 접점(break contact)이라고도 한다.

〔접점〕

2 수동 스위치

회로의 개폐 또는 접속 변경 등의 작업 명령용 입력 기구로서 복귀형과 유지형이 있다.

(1) 복귀형 수동 스위치 : 사람이 조작하고 있을 때에만 접점 상태가 변하고 조작을 중지하면 즉시 원래의 상태로 복귀하는 스위치로 푸시 버튼 스위치(push button swith : PBS, PB, BS)와 풋스위치(foot switch)가 있다.

〔복귀형 수동스위치(BS)〕

(2) 유지형 수동 스위치 : 사람이 조작한 후 반대로 조작할 때까지 접점의 개폐 상태가 그대로 유지되는 스위치로 양쪽 버튼 스위치, 실렉터 스위치(선택형), 텀블러 스위치, 마이크로 스위치, 나이프 스위치 등이 있다.

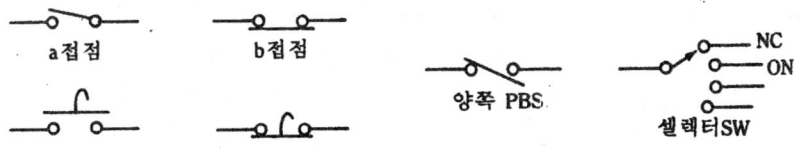

〔유지형 수동 스위치〕

3 검출 스위치

제어 대상의 상태 또는 변화를 검출하는 리밋 스위치 및 센서를 말하며, 위치·압력·힘·속도·수위·온도·전압·전류 등의 물리량 검출과 고장·제품개수 등의 검출에 사용된다.

(1) 리밋 스위치(limit switch) : 접촉자에 어떤 물체가 닿게 되면 접촉자가 움직여서 접점이 개폐된다.(위치 검출)

(2) 액면 스위치(float switch) : 액체 속으로 가라 앉으면 플로트 스위치가 리밋 스위치의 접촉자를 밀어 개폐한다.(액면 검출)

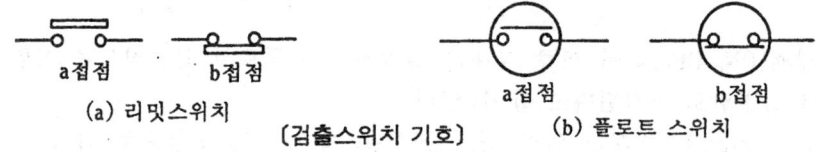

〔검출스위치 기호〕 (a) 리밋스위치   (b) 플로트 스위치

4 전자 계전기(electro-magnetic relay)

철심에 코일의 감고 전류를 흘리면 철심은 전자석이 되어 쇠붙이를 끌어 당기는 전자력이 생기는 데, 이 전자력으로 접점을 개폐하는 기능을 가진 제어장치를 전자 계전기 또는 유접점 릴레이라 한다.

5 무접점 계전기(swithing relay circuit)

트랜지스터, 다이오드, IC, 자기 증폭기 등과 같이 접점을 가지지 않은 소자로 이루어진 전기회로에서 전자계전기와 같이 신호처리를 하는 계전기이다. 그 값 신호를 취하는 데 "0" "1"의 논리를 사용한다.

자격 취득 key

논리 회로

시퀀스 제어의 신호 처리 방법은 여러가지가 있는 데 그것을 분석하면 AND, OR, NOT 및 신호의 뒤짐 동작 등을 바탕으로 이루어져 있다. 이 중에서 AND, OR, NOT의 작용을 하는 요소를 논리 소자(logic element)라고 하는 데 이들 동작은 계전기 회로 또는 무접점 계전기 회로에 의하여 이루어지며 이러한 소자의 작용을 하는 회로를 논리 회로(logic circuit)라 한다.

(1) AND 회로

아래 그림 (a)는 직렬로 접속된 2개의 입력 접점을 가진 계전기 회로를 나타낸 것이다. 그림에서 2개의 입력 접점의 개폐를 나타내는 신호를 각각 A, B라 하고 출력 접점의 개폐를 나타내는 신호를 X라 정한다. 이 회로에서 X의 값이 1이 되는 A 및 B의 값이 모두 1일 때에 한하며 그 밖의 경우에는 X의 값은 0이다. 입력과 출력의 신호값 사이에 이와 같은 관계가 있는 소자를 통털어 AND 소자(AND element)라 하며 AND 소자의 작용을 하는 회로를 AND 회로(AND circuit)라 한다.

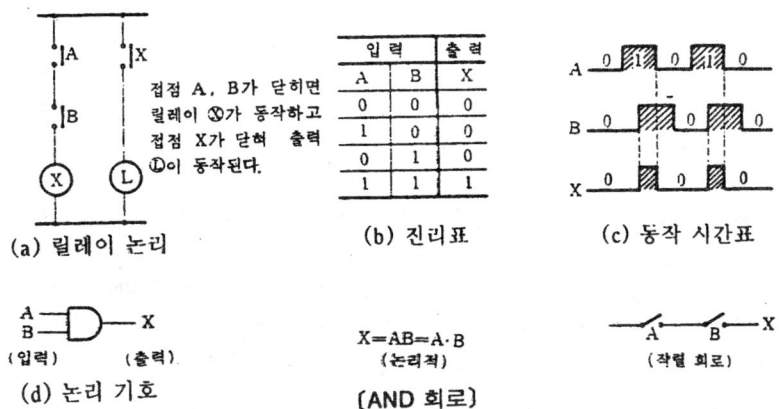

(a) 릴레이 논리 (b) 진리표 (c) 동작 시간표

(d) 논리 기호 $X=AB=A\cdot B$ (논리식) (작렬 회로)

〔AND 회로〕

그림 (d)는 AND 회로의 논리 기호이며, 그림 (b)는 AND 회로의 입력 신호값과 출력 신호값의 관계를 나타낸 것이다. 이와 같이 어느 소자 또는 회로의 입력과 출력과의 모든 신호값의 관계를 구체적으로 나타낸 것을 진리표(truth table)라 한다.

AND 회로의 출력 신호값은 2개의 입력 신호값의 논리곱(logic product)이라고도 하며 다음 식으로 나타내는 데 이것을 논리식(logic equation)이라고 한다.

$A \cdot B = X$

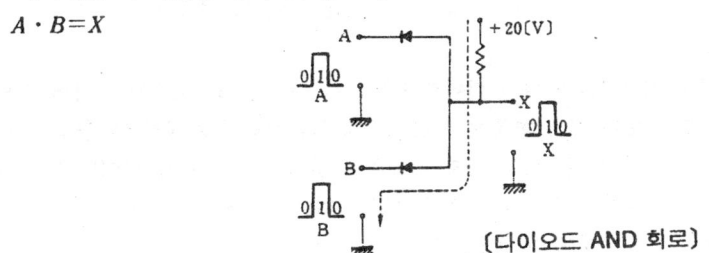

〔다이오드 AND 회로〕

그림에서 다이오드를 사용한 무접점 계전기 회로에 의한 AND 회로의 보기를 나타낸 것으로 그림에서 입력 단 A의 전압이 $+20[V]$ 이상이고, 단자 B가 $0[V]$일 때에는 점선으로 나타낸 것과 같은 전류가 흐르며 출력 단자 X의 전압은 $0[V]$가 된다. 또 단자 B에 $+20[V]$의 전압이 인가되고 단자 A의 전압이 $0[V]$일 때나 단자 A, B의 전압이 모두 $0[V]$일 때에도 출력 단자 X의 전압은 $0[V]$가 된다. 이에 대하여 단자 A, B에 $+20[V]$ 이상의 전압이 인가될 때에는 각 다이오드에는 역방향으로 전압이 걸리므로 각 다이오드 저항이 매우 커져서 출력 단자 X에는 $20[V]$의 전압이 나타난다. 즉, 그 들의 신호값으로 전압이 $+20[V]$일 때를 1로 하고, $0[V]$일 때를 0으로 나타내면 각 입력 신호값과 출력 신호값 사이에는 그림의 (b)에 나타낸 AND 회로의 진리표와 같으므로 전자 계전기의 AND 회로의 작용과 같음을 알 수 있다.

(2) OR 회로

아래 그림의 (a)에 나타낸 바와 같이 병렬의 입력 접점을 가지는 계전기 회로에서는 2개의

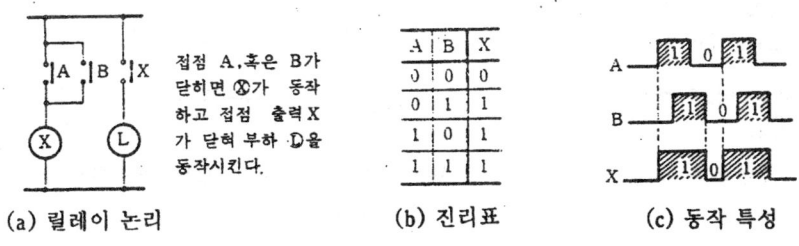

(a) 릴레이 논리 (b) 진리표 (c) 동작 특성

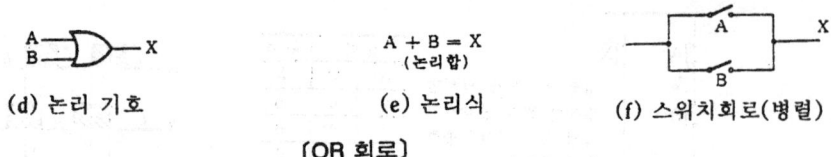

(d) 논리 기호   (e) 논리식   (f) 스위치회로(병렬)

〔OR 회로〕

입력 신호값을 A, B라 하고 출력 신호값을 X라 할 때, X가 1이 되는 것은 A가 1, B가 1일 때 이든지 또는 A, B 모두가 1일 때이면 X가 0이 되는 것은 A, B가 모두 0일 때이다. 그림 (b)는 이 관계를 나타낸 진리표로서 입력 신호값과 출력 신호값 사이에 이와 같은 관계를 갖는 소자를 OR 소자(OR element)라 하며 이와 같은 회로를 OR 회로(OR circuit)라 한다. 그림 (d)는 OR 회로의 기호를 나타내며 OR 회로의 출력 신호를 입력 신호의 논리합(OR sum)이라고도 하는데 논리식으로 나타내면 다음과 같다.

$A+B=X$

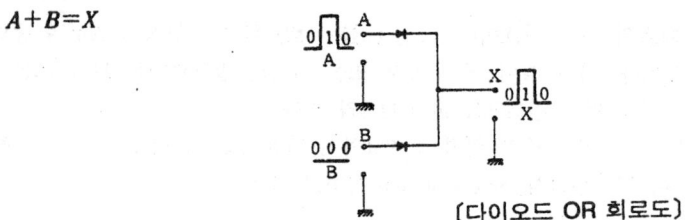

〔다이오드 OR 회로도〕

그림에서는 무접점 계전기의 하나인 다이오드에 의한 OR 회로의 보기를 나타낸 것으로 입력 단자 A, B의 양쪽 모두 또는 어느 한쪽에 +20〔V〕 정도의 전압이 가해질 때 출력 단자 X의 전압은 +20〔V〕 정도의 전압이 나타나고 단자 A, B의 전압이 모두 0〔V〕일 때만 단자 X의 전압이 0〔V〕가 된다. 즉, 각 입력 신호값과 출력 신호값 사이에는 그림 (b)에 나타낸 진리표와 같음을 알 수 있고 따라서 OR 회로의 작용과 같음을 알 수 있다.

(3) NOT 회로

아래의 그림(a)은 신호값을 반전시키는 계전기 회로의 보기를 나타낸 것이다. 입력 신호를 A, 출력 신호를 X라 하면 A와 X의 신호값은 서로 반대의 값이 되고 진리표는 그림 (b)와 같다. 이와 같은 작용을 하는 소자를 NOT 소자(NOT element)라 하며 NOT 소자의 작용을 하는 회로를 NOT 회로(NOT circuit)라고 한다.

그림 (d)는 NOT 회로의 기호를 나타내며 NOT 회로의 출력 신호는 입력신호의 부정(negation)이라고도 하는 데 논리식으로 나타내면 다음과 같다.

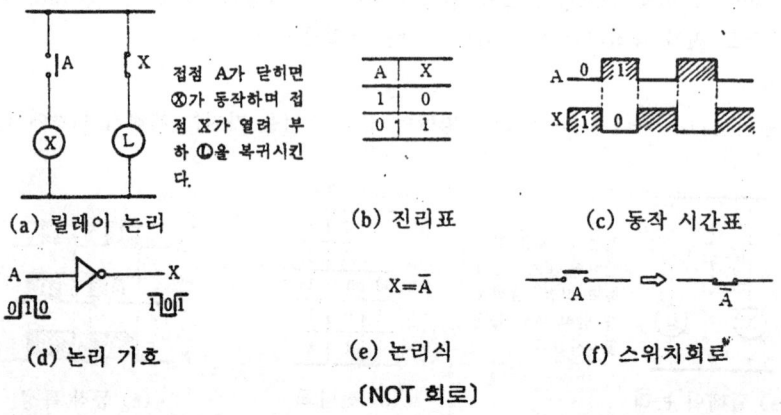

(a) 릴레이 논리   (b) 진리표   (c) 동작 시간표

(d) 논리 기호   (e) 논리식 $X=\bar{A}$ (f) 스위치회로

〔NOT 회로〕

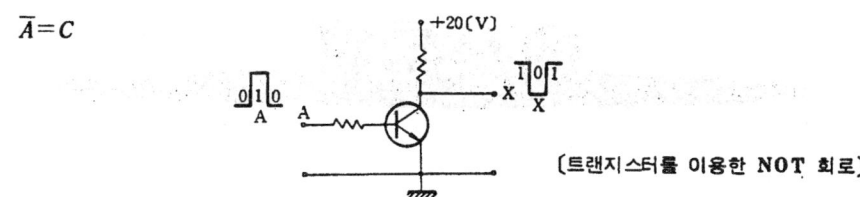

〔트랜지스터를 이용한 NOT 회로〕

그림에서 트랜지스터를 이용한 NOT 회로를 나타낸 것이다. 입력 단자 A에 양(+)의 전압이 걸리면 출력 단자 X는 0[V]가 되고 반대로 입력 단자 A가 0[V]일 때 출력 단자 전압은 약 20[V]가 된다. 따라서 이는 그림에서 (b)의 진리표와 같으므로 NOT 회로의 작용과 같음을 알 수 있다.

예상문제

문제 1. $(\overline{A} \cdot \overline{B}) + (A+B)$ 식을 간단히 하면?

㉮ A ㉯ B ㉰ 1 ㉱ 0

[풀이] $(\overline{A} \cdot \overline{B}) + (A+B) = (\overline{A} \cdot \overline{B} + A) + B$
$= (\overline{B} + A) + B = A + (\overline{B} + B) = A + 1 = 1$

문제 2. 다음 논리식을 간단히 하면?

$$\overline{\overline{A}+B} + \overline{\overline{A}+\overline{B}}$$

㉮ A ㉯ B ㉰ $A \cdot B$ ㉱ $A+B$

[풀이] $\overline{\overline{A}+B} + \overline{\overline{A}+\overline{B}} = \overline{A}\overline{A} + \overline{A}B + A\overline{B} + AB$
$A(\overline{B}+B) = A$

문제 3. 불 대수식 $X = AC + ABC$를 간소화 하면?

㉮ AC ㉯ AB ㉰ ABC ㉱ BC

[풀이] $X = AC + ABC = AC + AC \cdot B$
$= AC(1+B) = AC$

문제 4. 논리식 $AB + \overline{AC} + BC$를 간소화 하면?

㉮ $AB + BC$ ㉯ $AB + \overline{AC}$ ㉰ $\overline{AC} + BC$ ㉱ $AB + \overline{AC} + BC$

[풀이] $AB + \overline{AC} + BC = AB + \overline{AC} + BC(A+\overline{A})$
$= AB + \overline{AC} + BCA + BC\overline{A} = AB + \overline{AC}$

문제 5. 다음 논리 함수 $Y = AB + A\overline{B} + \overline{A}B$를 간소화하면 옳은 것은?

㉮ $A+B$ ㉯ $\overline{A}+\overline{B}$
㉰ $(A+\overline{A})+(B+\overline{B})$ ㉱ $(AB+A\overline{B})(AB+\overline{AB})$

[풀이] $Y = AB + A\overline{B} + \overline{A}B = A(B+\overline{B}) + \overline{A}B$
$= (A+\overline{A})(A+B) = A+B$

문제 6. 논리식 $\overline{ABC} + \overline{A}B\overline{C} + \overline{AB}C + AB\overline{C}$를 간소화시키면?

㉮ $AB+C$ ㉯ $A+B+C$ ㉰ C ㉱ $\overline{C}$

[풀이] $\overline{AC}(\overline{B}+B) + A\overline{C}(\overline{B}+B) = \overline{C}(\overline{A}+A) = \overline{C}$

문제 7. 드 모르간(De Morgan)의 정리를 옳게 나타낸 것은?

㉮ $\overline{A+B} = A+B$ ㉯ $\overline{A+B} = A \cdot B$ ㉰ $\overline{A+B} = \overline{A} \cdot \overline{B}$ ㉱ $\overline{A+B} = \overline{A} + \overline{B}$

[풀이] $\overline{A+B} = \overline{A} \cdot \overline{B}$, $\overline{A \cdot B} = \overline{A} + \overline{B}$

문제 8. 불 대수에서 $(A+B)(A+C)$와 등식이 성립되는 것은 어느 것인가?

㉮ $A+B+C$ ㉯ ABC ㉰ $A+BC$ ㉱ $AB+C$

해답 1. ㉰ 2. ㉮ 3. ㉮ 4. ㉯ 5. ㉮ 6. ㉱ 7. ㉰ 8. ㉰

[풀이] $(A+B)(A+C)$
$= A \cdot A + A \cdot C + B \cdot A + B \cdot C$
$= (A + A \cdot C) + A \cdot B + B \cdot C$
$= A + A \cdot B + B \cdot C$
$= A + B \cdot C$

문제 9. 다음 논리식의 성질 중 맞지 않는 것은?
㉮ $A+A=A$ ㉯ $0 \cdot A = 1$ ㉰ $A \cdot A = A$ ㉱ $1+A=1$

[풀이] $A \cdot 0 = 0$

문제 10. 다음 불 대수식 중 성립하지 않는 것은?
㉮ $A+A=A$ ㉯ $A+1=1$ ㉰ $A+\overline{A}=1$ ㉱ $A \cdot A = 0$

[풀이] $A \cdot A \cdots\cdots \cdot A = A$

문제 11. 다음 3변수 카르노 도가 나타내는 함수는?
㉮ $\overline{A}+A\overline{B}\overline{C}$
㉯ $AB+A\overline{C}+C$
㉰ $AB+A\overline{C}$
㉱ $A\overline{B}\overline{C}$

AB \ C	0	1
0 0	0	0
0 1	0	0
1 1	1	1
1 0	1	0

[풀이] $X = AB\overline{C} + A\overline{B}\overline{C} + ABC + AB\overline{C}$
$= AB(\overline{C}+C) + A\overline{C}(\overline{B}+B) = AB + A\overline{C}$

문제 12. 논리식 $F = \overline{AB}\overline{C} + \overline{A}\overline{B}C + \overline{A}BC + \overline{AB}C$ 를 최소화하면?
㉮ $\overline{AB}+\overline{C}$ ㉯ $\overline{AB}+\overline{AC}+\overline{AB}C$
㉰ $\overline{AB}+\overline{BC}+\overline{AB}$ ㉱ $\overline{AB}+\overline{AC}+B\overline{C}$

[풀이]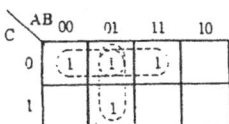

∴ $F = \overline{AB} + \overline{AC} + B\overline{C}$

문제 13. 논리 계통의 회로 구성에 있어서 일반적으로 정논리 계통(positive logic system)이 되는 조건은?
㉮ 높은 전압을 논리 0으로, 낮은 전압을 1로 한다.
㉯ 높은 전압을 1로, 낮은 전압을 0으로 한다.
㉰ 낮은 전압을 1로, 높은 전압을 1로 한다.
㉱ 낮은 전압을 10, 높은 전압을 1로 한다.

[풀이] 높은 전압을 논리 1로, 낮은 전압을 0으로 한 것을 정논리라 한다.

문제 14. 다음 중 입력 전부가 동시에 1일 경우에만 출력이 1이 되고 그 밖의 경우에는 출력이 0이 되는 회로는?
㉮ AND 게이트   ㉯ OR 게이트   ㉰ NOT 게이트   ㉱ NOR 게이트

[풀이] AND 게이트(논리곱)는 n개의 입력과 1개의 출력으로 구성되며, 모든 입력 중 하나만 0이어도, 출력은 0이 된다.

[문제] **15.** 다음에서 값이 A가 되지 않는 것은?
㉮ $A \cdot A$ ㉯ $A+1$ ㉰ $A+A$ ㉱ $A+A \cdot B$
[풀이] $A+1=1$

[문제] **16.** 불 대수에서 $A+\overline{A}$는 얼마인가?
㉮ 1 ㉯ 0 ㉰ A ㉱ $\overline{A}$
[풀이] $A+\overline{A}=1$, $A \cdot \overline{A}=0$

[문제] **17.** 다음 논리식을 간단히 하시오
$$F=\overline{A(\overline{B}+B \cdot C)} + \overline{A(B+A \cdot \overline{B})}$$
㉮ $F=0$ ㉯ $F=1$ ㉰ $F=A$ ㉱ $F=A(\overline{B}+C)$
[풀이] $F=A(\overline{B}+BC) \cdot \overline{A(B+A \cdot \overline{B})}$
$= (A\overline{B}+ABC) \cdot (\overline{A}+\overline{AB})=0$

[문제] **18.** 다음 논리식에서 옳지 않은 것은?
㉮ $A+A=A$ ㉯ $AA=A$ ㉰ $A+\overline{A}=1$ ㉱ $A\overline{A}=1$
[풀이] $A\overline{A}=0$

[문제] **19.** 논리식 $(A+B) \cdot (\overline{A}+B)$를 간단히 하면?
㉮ $A \cdot B$ ㉯ $\overline{A} \cdot B$ ㉰ B ㉱ A
[풀이] $(A+B) \cdot (\overline{A}+B)=A \cdot \overline{A}+B \cdot B+\overline{A}B+AB$
$=B+B(A+\overline{A})=B$

[문제] **20.** 다음 중 드 모르간의 정리에 속하는 것은?
㉮ $A \cdot B=B \cdot A$ ㉯ $\overline{A+B}=\overline{A} \cdot \overline{B}$
㉰ $A \cdot (B+C)=A \cdot B+A \cdot C$ ㉱ $A \cdot (A+B)=A$

[문제] **21.** 그림과 같은 카르노 도표를 보고 논리함수 f를 구하면?
㉮ A
㉯ B
㉰ $\overline{A}$
㉱ $\overline{B}$

A\B	0	1
0	1	0
1	1	0

[풀이] 논리 함수 f는 1인 셀에 상당한 최소한의 논리 함수를 취한다.
$f=\overline{AB}+A\overline{B}=(\overline{A}+A)\overline{B}=\overline{B}$

[문제] **22.** 논리식 $A(A+B)$의 값으로 다음 중 옳은 것은?
㉮ 1 ㉯ $A+B$ ㉰ A ㉱ $A \cdot B$
[풀이] $A(A+B)=AA+AB=A+AB=A$

[해답] 15. ㉯ 16. ㉮ 17. ㉮ 18. ㉱ 19. ㉰ 20. ㉯ 21. ㉱ 22. ㉰

문제 23. 다음 카르노 도(K-map)에서 빗금친 부분을 볼 대수식으로 표현한 것 중 옳은 것은?
㉮ $\overline{A} \cdot \overline{B}$
㉯ $\overline{A \cdot B}$
㉰ $\overline{A+B}$
㉱ $\overline{A}+B$

[풀이] $\overline{A}+\overline{B}=\overline{A \cdot B}$

문제 24. 다음 논리 함수를 최소화하면?

$$Y(X+Y)$$

㉮ X ㉯ Y ㉰ $X+Y$ ㉱ $\overline{X}$

[풀이] $Y(X+Y)=Y$

문제 25. 다음 볼(Bool) 대수식에서 옳게 정리한 것은?

$$A+A \cdot B$$

㉮ 0 ㉯ 1 ㉰ A ㉱ B

[풀이] $A+A \cdot B = A(1+B) = A$

문제 26. 볼 대수식 $A(\overline{A}+B)$를 간단히 하면?
㉮ A ㉯ B ㉰ $A \cdot B$ ㉱ $A+B$

[풀이] $A(\overline{A}+B) = A \cdot \overline{A} + A \cdot B = 0 + A \cdot B = A \cdot B$

문제 27. 발전기의 극수가 8개이고 1,200[rpm]의 전동기에 연결되어 있다. 교류의 주파수는 몇 [Hz]인가?
㉮ 70 ㉯ 80 ㉰ 95 ㉱ 55

[풀이] $f = \dfrac{PN}{120} = \dfrac{8 \times 1,200}{120} = 80$ [Hz]

[해답] 23. ㉯ 24. ㉯ 25. ㉰ 26. ㉰ 27. ㉯

제10장 피이드백 제어

1. 피이드백 제어

1 시퀀스 구성도

시퀀스 제어계의 구성, 기계 기구의 상태, 배선, 신호의 전달 계통 등을 쉽게 알 수 있도록 나타내는 선도이다.
(1) 블록 선도(block diagram) : 시퀀스 제어계를 구성하는 각 요소가 어떻게 동작하고, 신호는 어떻게 전달되는지를 대략 파악하는 데 사용한다.
(2) 논리 회로도 : 시퀀스 제어계의 2값 신호의 동작을 논리 기호로 조합하여 제어 회로를 나타내며 AND, OR, NOT, NOR, NAND, 타이머 소자, 카운터 소자 등으로 구성된다.
(3) 배선도 : 장치의 제작, 시험, 점검 등을 위하여 부품의 배치, 배선 상태 등을 실제의 구성에 맞추어 그린 것으로 배전반의 이면에 배선을 하므로 이면 배선도라고도 한다.
(4) 전개 접속도 : 보통 시퀀스 회로도라 하며 동작 순서를 알기 쉽게 전개하여 그린 것이다.

2 입출력 회로

(1) 입출력 회로 : 로직 시퀀스와 PLC의 본체는 릴레이 시퀀스와는 달리 반도체 제어기로서 직류 5~24(V) 정도에서 작동한다. 그러나 시퀀스 제어계의 입출력 기기는 교류 100/200(V)용이 많으므로 제어 회로와 결합할 결합 회로가 필요하다. 입출력 회로는 이러한 전압 레벨의 변환과 주위 잡음 제거 및 절연 회로의 기능을 갖는다.
(2) 주회로 : 전동기 등의 구동 기계를 구동하는 회로를 말한다.

3 신호 변환

(1) 직렬 신호 : 디지털 신호를 시간적인 차례로 조합하여 만든 신호를 말하며 전송회로가 1회선(channel)으로서 전송시간이 길어진다.
(2) 병렬 신호 : 2값 이상의 정보를 몇 개의 2값 신호의 조합으로 나타내고 각각의 2값 신호를 별개의 회선으로 보내는 형식의 신호를 말하며 택일 신호와 조합 신호로 나뉜다.
  ① 택일 신호 : 전송하는 각각의 정보값을 각각 1회선에 대응시켜 전송하는 방식으로 각 회선의 출력은 1회선 뿐이다.
  ② 조합 신호 : 전송하는 정보값이 2개 이상의 회선의 신호값의 조합으로 나타내는 신호형식으로 적은 회선으로 많은 정보값을 전송한다.

(3) **병렬 신호-직렬 신호 변환** : 변환 신호 검출 회로와 플리커 회로(flicker circuit)가 있다.
(4) **직렬 신호-병렬 신호 변환** : 기동 입력(set signal) 신호로 출력이 생기고 정지 입력 신호(reset signal)로 출력이 없어지는 기동 신호와 정지 신호의 변환 신호(직렬)에 의하여 출력인 상태 신호(병렬)를 얻는 형식으로 유지 회로, 플립 플롭 회로가 있다.

2. 피이드백 제어의 방법

1 무접점 시퀀스 제어의 타임 릴레이

무접점 시퀀스 제어에서는 입력 신호치가 변화한 다음 일정한 시간만큼 늦게 출력 신호치가 변화하는 것이 있는 데, 이러한 시간차가 들어 있는 회로를 타임 릴레이(time relay) 회로 혹은 지연 릴레이라고도 한다. 지연 회로에는 릴레이 시퀀스 제어에서의 타이머와 마찬가지로 동작지연 시한 동작(on delay time) 회로와 복귀지연 시한 복귀(off delay timer) 회로가 있다. 이러한 동작은 콘덴서 C와 저항 R로써 이뤄지는 CR 회로에서 콘덴서 C를 충전하는 데 릴레이는 시간과 방전하는 시간을 이동해서 입력신호를 인가한 시점에서 시간차를 갖고 일정 시간 경과 후에 출력 신호를 내도록 되어 있다. 그림의 (a) 및 (b)는 타임 릴레이 회로의 시한 동작 및 시한 복귀 회로의 기호를 나타내며 그림 (c) 와 (d)는 전자 계전기 회로에 있어서 시한 동작 타이머 회로와 그 동작 시간을, 그림 (e)

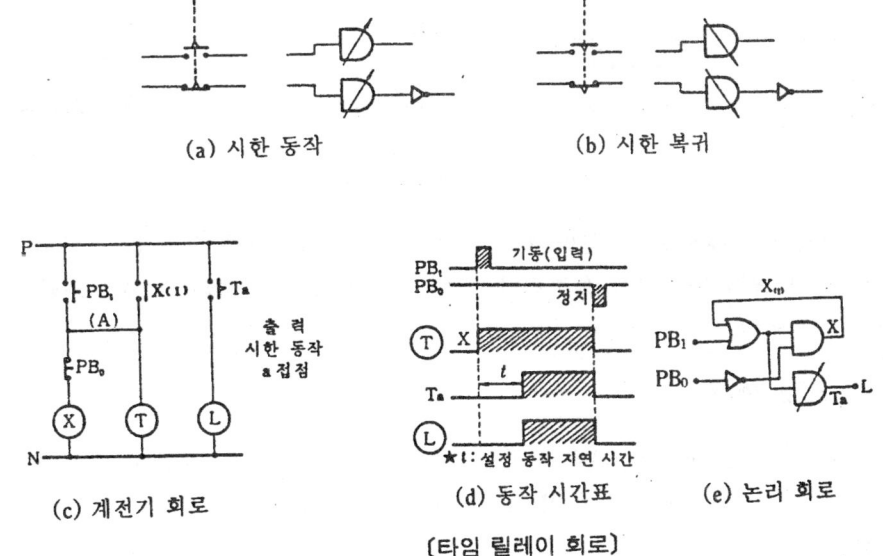

(a) 시한 동작   (b) 시한 복귀

(c) 계전기 회로   (d) 동작 시간표   (e) 논리 회로

[타임 릴레이 회로]

는 그림 (a)회로의 논리 소자를 이용한 무접점 시퀀스 회로로 나타낸 것이다. 그림 (e)에서 PB_1과 출력 X는 OR 게이트(gate)이고 PB_0는 NOT 게이트이므로 PB_1에 입력 신호를 인가하면 NOT 소자에서 나온 신호와 함께 AND 소자로 입력이 되기 때문에 출력 X에 신호

가 나타난다. 이때 출력 신호는 다시 OR 소자에 가해지므로 자기 유지 회로가 구성되어 한번 PB_1을 누르면 출력 X에는 계속하여 출력 신호가 나타난다. 타이머 논리 소자 T_o 는 PB_1에 의해서 OR 소자의 출력 신호가 동시에 타이머 T_o에 입력되어 일정 시간이 경과된 후 T_o의 출력측에 출력 신호가 발생, 램프 L을 동작시킨다.

3. 피이드 백의 구성

1 RS-플립 플롭 회로

2개의 입력 단자로써 이들의 입력 상태에 따라 출력이 정해지고 출력 상태가 결정되면 입력이 없어도 그대로 유지되는 회로를 RS-플립 플롭(RS-Flip Flop)회로라 하며 쌍안정 멀티바이브레이터(bistable multivibrator)라고도 한다. RS-FF는 시간적 요소, 즉 앞서의 상태와 현재의 입력 조건에서 출력 상태가 결정된다. 그림의 (a) 및 (b)에서 입력 S가 주어지면 출력 Q가 나오고 입력 S를 끊어도 되돌림 입력 $Q(1)$에 의해서 출력 Q는 유지된다. 즉, 앞의 상태가 계속 유지된다. 따라서 이러한 소자는 기억 소자로서 사용하기도 한다.

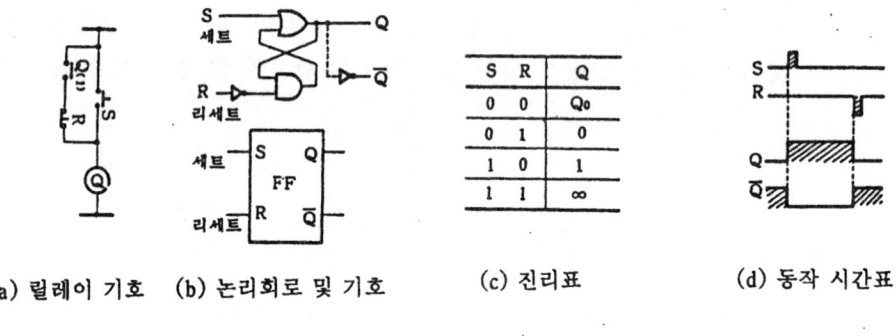

(a) 릴레이 기호   (b) 논리회로 및 기호   (c) 진리표   (d) 동작 시간표

〔RS-FF 회로〕

이때 입력 S를 세트(set), 입력 R을 리세트(reset) 입력이라 하는 데 리세트 입력 R을 주지 않는 한 출력 Q는 계속 유지된다. 그림 (c) 및 (d)는 이 회로의 진리표와 동작 시간을 나타낸 것이다.

2 다이오드 행렬

다이오드 행렬(diode matrix)은 종횡으로 뺀 도체의 교점을 목적에 맞게 적당한 다이오드로 단락하여 요구하는 신호 변환을 행하는 장치로 프로그램 제어에 널리 사용된다. 그림의 (a)와 (b)는 전자 계전기 회로와 그 진리표를 나타내며 그림 (c)는 그림 (a)를 다이오드 행렬로 만든 것이다. 그림의 (a)에서 A AND B이면 릴레이 X_1이 동작한다. 즉 접점 A와 B가 닫히면 릴레이 X가 동작한다. 그림(c)에서 A와 B가 다이오드 d_1및 d_2를 통하여 단락하고 있으므로 X_1은 동작하지 못하지만 A와 B가 열리면 저항 r_1을 통하여 전원을 공급받아 X_1이 동작한다.

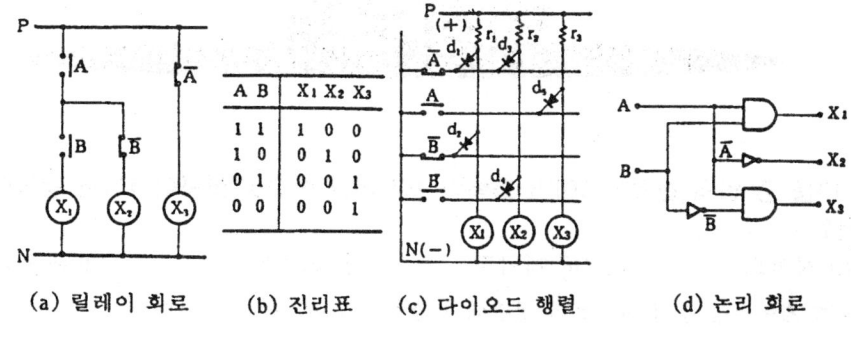

(a) 릴레이 회로　　(b) 진리표　　(c) 다이오드 행렬　　(d) 논리 회로

〔다이오드 행렬〕

릴레이 X_2는 접점 A가 닫히면 동작한다. 즉 $X_2 = A \cdot \overline{B}$이다. 그림 (c)에서 $\overline{A}$가 열리면 단락된 회로가 물려 저항 r_2를 통하며 전원을 공급받아 X_2가 동작된다.

또 릴레이 X_3는 $\overline{A}$, 즉 $\overline{A}$가 닫히면 동작하며 이때는 A가 열린다. 여기서 릴레이 X_1, X_2는 $X_1 = \overline{AB}$, $X_2 = \overline{AB}$로 동작하므로 다이오드 행렬은 AND 행렬이 된다. 이 경우 접점이 열릴 경우를 기준으로 하였으며 릴레이 시퀀스와는 접점이 반대가 된다.

예상문제

문제 1. 다음 중 입력 신호가 0이면 출력이 1이 되고 반대로 입력이 1이면 출력이 0이 되는 회로는?
㉮ AND 게이트 ㉯ OR 게이트 ㉰ NOR 게이트 ㉱ NOT 게이트

[토의] NOT 게이트는 부정 회로로서 정반대의 출력이 얻어지는 회로이다.

문제 2. AND 회로를 접점 회로로 표시하면?

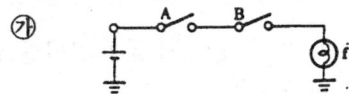

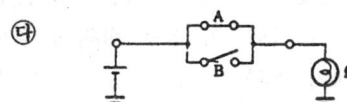 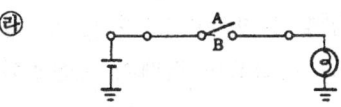

[토의] 접점 A, B 직렬로 접속된 회로이며, 이 회로의 접점 A, B ON일 때만 출력 f의 램프의 불이 켜진다.

문제 3. 그림의 회로는 어떤 논리 동작을 하는가? (단, 정논리 회로이다.)
㉮ OR
㉯ AND
㉰ NOR
㉱ NAND

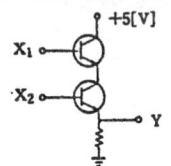

[토의] X_1, X_2의 두 입력이 모두 논리 1이 되어야만 트랜지스터가 동작하여 Y단자 출력 1이 나오므로 $Y = X_1 \cdot X_2$의 AND 동작을 한다.

문제 4. 그림과 같은 게이트(gate) 회로의 출력은?
㉮ $A + B$
㉯ $A - B$
㉰ $\overline{A} \cdot \overline{B}$
㉱ $A \cdot B$

[토의] AND 회로이므로 $Y = A \cdot B$

문제 5. 다음 회로를 논리 회로에 이용하려고 한다. 어떤 논리 회로인가?
㉮ NAND 회로
㉯ OR 회로
㉰ NOT 회로
㉱ NOR 회로

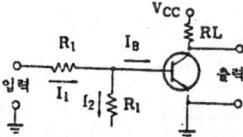

[해답] 1. ㉱ 2. ㉮ 3. ㉯ 4. ㉱ 5. ㉰

[풀이] 입력 신호가 가해지면 트랜지스터가 동작하여, 출력측의 컬렉터 단자 전압이 낮아지는 동작을 할 수 있으므로 논리 회로의 NOT 회로로 이용될 수 있다.

문제 6. 다음 표는 논리 게이트의 진리표 중 일부를 나타낸 것이다. 빈칸(★)에 해당되는 게이트는?
㉮ OR
㉯ NOR
㉰ 플립 플롭(filp-floop)
㉱ 인버터(inverter)

입력신호		게	이	트
A	B	AND	NAND	(★)
0	0	0	1	1
0	1	0	1	0
1	0	0	1	0
1	1	1	0	0

[풀이] $C=\overline{A+B}$의 NOR 게이트이다.

문제 7. NAND 회로를 나타내는 논리 기호는 다음 중 어느 것인가?
㉮ 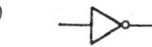   ㉯    ㉰   ㉱

[풀이] AND의 부정 연산을 하는 회로가 NAND 회로이며 부정 기호(○)를 붙인 ㉰의 심벌을 나타낸다.

문제 8. 다음 진리표에 해당되는 게이트(Gate)는?
㉮
㉯
㉰
㉱

입	력	출력
A	B	C
0	0	0
0	1	1
1	0	1
1	1	0

[풀이] A, B 두 입력이 같을 때 논리 0이 출력되고, 두 입력이 서로 다를 때 논리 1을 출력하는 배타적 논리합(EOR) 게이트를 나타낸다.

문제 9. 배타적(Exclusive) OR와 같은 논리 표현식은?
㉮ $A+B$ ㉯ $\overline{A+A}$ ㉰ $AB+A\overline{B}$ ㉱ $A\overline{B}+\overline{A}B$

[풀이] $Y=A\oplus B=A\overline{B}+\overline{A}B$

문제 10. OR 회로를 접점 회로로 표시하면?
㉮ 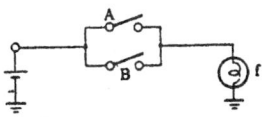   ㉯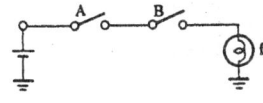
㉰ 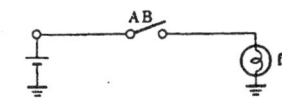   ㉱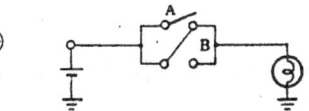

[풀이] 접점 A, B가 병렬로 접속된 회로이며, 이 회로는 A 또는 B 중에서 어느 하나가 ON 또는 양쪽 모두 ON일 때 출력 f의 램프는 불이 켜진다.

해답 6. ㉯   7. ㉰   8. ㉱   9. ㉱   10. ㉮

문제 11. OR 게이트의 입력 A, B, C에 각각 1, 1, 0이 들어 갔을 때 출력은?
㉮ 1   ㉯ 0   ㉰ 2   ㉱ 3

[풀이] OR 게이트는 여러 입력 단자 중 어느 1개 이상의 입력 신호만 가해지면 출력 신호가 얻어진다.

문제 12. 다음 중 서로 관계가 먼 것을 골라라

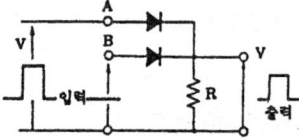

㉰ $A+B=C$ ㉱ OR gate

[풀이] ㉮의 심벌은 AND 게이트이다.

문제 13. 그림과 같은 논리 회로가 있다. 다음 중 어떤 회로인가?
㉮ AND 회로
㉯ OR 회로
㉰ NOT 회로
㉱ NAND 회로

[풀이] A, B 두입력 중 어느 한 단자에만 입력이 가해져도 R 단자에서 출력을 얻을 수 있는 OR 회로이다.

문제 14. 정 논리 회로에서 그림의 게이트(gate) 명칭은?
㉮ AND 게이트
㉯ NOR 게이트
㉰ OR 게이트
㉱ NAND 게이트

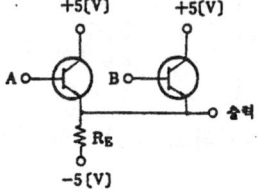

[풀이] A, B 두 단자 모두 또는 어느 한 단자에만 입력 신호가 가해져도 출력이 나오는 동작을 하므로 OR 게이트이다.

문제 15. 그림과 같은 AND 게이트 회로의 입력 A, B, C, D에 각각 입력으로 A=0, B=0, C=0, D=1이 들어 갔을 때 출력은?
㉮ 1
㉯ 0
㉰ 4
㉱ 3

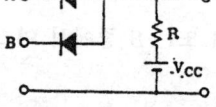

[풀이] $f = A \cdot B \cdot C \cdot D$

문제 16. 다음과 같은 회로는 어떠한 논리 동작을 하는가? (단, 정논리로 가정한다.)
㉮ AND
㉯ OR
㉰ NAND
㉱ NOR

[해답] 11. ㉮ 12. ㉮ 13. ㉯ 14. ㉰ 15. ㉯ 16. ㉮

[풀이] 다이오드가 모두 순방향으로 접속되어 있으므로 두 입력 중 어느 하나라도 0이면 출력 Y는 0이 되고, 두 입력 모두 1이면 출력 Y는 1이 되므로 $Y=A \cdot B$의 AND 회로이다.

[문제] 17. 오른쪽에 나타낸 진리표에 대한 논리 회로는?
㉮ AND 회로
㉯ NAND 회로
㉰ OR 회로
㉱ NOT 회로

입력		출력
A	B	X
0	0	1
0	1	1
1	0	1
1	1	0

[풀이] $X=\overline{A \cdot B}$로서 두 입력 모두 1일 때만 출력이 0으로 되는 NAND 회로이다.

[문제] 18. 다음 진리표를 갖는 게이트의 명칭은?
㉮ AND
㉯ NAND
㉰ OR
㉱ NOR

A	B	C
0	0	0
0	1	1
1	0	1
1	1	1

[풀이] 입력 신호는 A 또는 B의 어느 한쪽이나 모두에 입력이 가해지면 출력 신호가 얻어지므로 OR 게이트이다.

[문제] 19. 다음 진리값표와 가장 관계가 깊은 것은?
㉮ NOR Gate
㉯ $\overline{A \cdot B}=Y$
㉰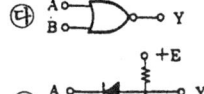
㉱

A	B	Y
0	0	1
0	1	1
1	0	1
1	1	0

[풀이] AND 게이트의 진리값 표이다.

[문제] 20. NOR 게이트를 나타내는 논리식은?
㉮ $F=A \cdot B$　㉯ $F=A+B$　㉰ $F=\overline{A+B}$　㉱ $F=\overline{A \cdot B}$

[풀이] NOR 게이트는 OR 게이트의 부정 연산을 하는 회로로서 논리식은 $F=\overline{A+B}$로 나타낸다.

[해답] 17. ㉯ 18. ㉰ 19. ㉯ 20. ㉰

제11장 제어의 응용

1. 속도 제어 및 프로그램 제어

1 자기 유지 회로(기억 회로)

릴레이 자신의 접점에 의하여 동작 회로를 구성하고 스스로 동작을 유지하는 회로로 기동 우선 회로와 정지 우선 회로가 있다.

(1) 기동 우선 회로 : 기억 회로에서 on, off 스위치를 동시에 누르더라도 출력이 끊기지 않고 계속 나와 기동 우선이 되는 회로로, 일반적으로 경보 회로에 사용한다.

(2) 정지 우선 회로 : 기억 회로에서 on, off 스위치를 동시에 누르면 동작되지 않는 회로로, 일반적으로 안전 운전을 요하는 전동기 제어 회로에 사용된다.

2 선행 우선 회로

이 회로는 입력이 먼저 들어간 것이 우선 동작하는 회로이다. 일반적으로 전동기의 정·역전 회로에 이용된다.

3 순차 동작 회로

이 회로는 기억 회로를 포함하여 입력이 순차적으로 들어가야 순차적으로 출력이 나오는 제어 회로를 말한다. 이 회로는 주로 컨베어 시스템 제어에 사용된다.

4 정역 제어 회로

이 회로는 셔터나 전자 밸브 등의 정역을 제어하는 회로이다.

5 시간 지연 동작 회로

이 회로는 AND, OR, NOT의 조합으로 시간을 제어하는 회로로 주로 타이머에 쓰인다.

2. 최적 제어 및 컴퓨터 제어

1 전전압 기동 운전 회로

이 회로는 시퀀스 주회로의 구동 기구가 전동기 등 전력이 비교적 큰 기기일 때, 대부분 전자 개폐기 CMC로 제어한다. 따라서 제어 회로에서 MC는 출력기구가 된다.

2 전동기의 정·역회전 운전 회로

전동기의 회전 방향을 바꾸는 방법은 3상의 경우 전원의 3단자 중 2단자(보통 $R-T$ 선)의 접속을 바꾸며 단상의 경우에는 기동 권선의 접속을 바꾼다. 따라서 정·역회전의 MC 2개가 필요하며 또 동시 동작 금지의 인터록 회로가 첨가된다.

3 유도 전동기의 $Y-\Delta$ 기동 운전

전동기의 기동 전류를 줄이기 위하여 기동시 Y 결선을 기동하고 기동이 끝나면 Δ 결선을 운전한다.

4 리액터 기동 회로

리액터(혹은 저항) 기동은 전동기의 1차측에 직렬로 기동용 리액터 L(혹은 저항 R)을 접속하여 그 전압 강하로 저전압을 기동하고 운전시에 $L(R)$을 단락 혹은 개방한다.

3. 전동기 제어 회로 및 수치 제어

그림의 (a)는 전자 계전기를 이용한 3상 유도전동기의 직립 기동 운전회로로 이것을 무접점 시퀀스 제어 회로로 바꾸면 그림 (b)와 같다. 일반적으로 무접점 시퀀스 제어 회로는 푸시버튼 PB_1, PB_0 및 열동 과전류 계전기 THR과 같은 입력 신호가 연결되는 입력부와 제어회로를 연산하는 논리 연산 회로부 그리고 표시등 RL 및 GL, 전자 접촉기 MC 등과 같이 직접 구동되는 외부 기기가 접촉되는 출력부로 나누어진다. 그림 (c)에서 운전 푸시버튼 PB_1을 투입하면 AND 회로에 출력 전압이 생겨 운전 표시등 RL이 점등되고 동시에 전자 접촉기 MC가 동작, 전동기는 기동된다. 이때 AND 소자간 출력 단자에 나타난 전압은 다시 OR 소자의 입력 단자에 다시 인가되므로 전자 계전기의 자기 유지 접점 $MC_{(1)}$과 같은 역할을 하므로 푸시버튼 PB_1에서 손을 떼더라도 동작 상태가 계속 유지된다. 상시 표시등 GL은 AND 소자의 출력전압이 생기기 전에는 NOT 소자에 의해서 점등되어 있지만 일단 AND 소자에 출력 전압이 생기면 점멸된다.

정지를 요할 시는 정지용 푸시버튼 PB_0를 누르면 NOT 소자에 의해서 AND 소자에 입력 전압이 주어지지 않으므로 전동기 및 표시등은 원상태로 된다. 마찬가지로 전동기에 과부하가 걸려 열동 과전류 계전기 THR이 동작되어도 정지용 푸시버튼 PB_1과 같은 동작으로 모든 회로는 본래의 상태가 되어 전동기는 정지된다.

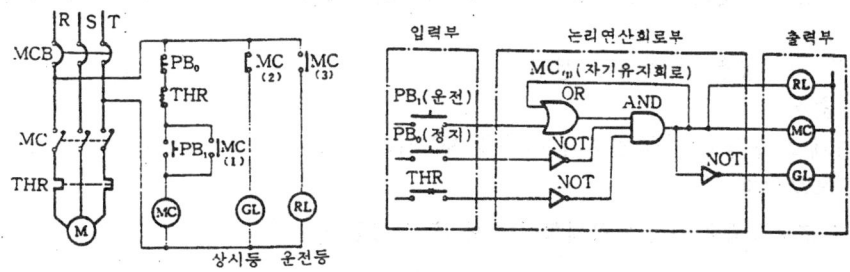

(a)전자계전기 회로 (b)무접점 시퀀스제어 회로

〔3상 유도 전동기의 직립 기동 무접점 시퀀스 제어 회로의 보기〕

예상문제

문제 1. 배타적 OR 논리가 1⊕ *A*인 결과는?
㉮ 0   ㉯ 1   ㉰ *A*   ㉱ $\overline{A}$

[풀이] $1 \oplus A = (1+A)\overline{1 \cdot A} = 1 \cdot \overline{A} = \overline{A}$

문제 2. 다음 회로의 출력을 계산한 것 중 맞는 것은?
㉮ $A+B$
㉯ A
㉰ $\overline{AB}+AB$
㉱ $A\overline{B}+\overline{A}B$

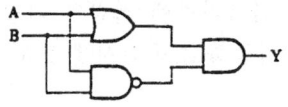

[풀이] $Y = (A+B) \cdot \overline{(A \cdot B)} = (A+B) \cdot (\overline{A}+\overline{B})$
$= A\overline{B} + \overline{A}B$

문제 3. 다음 CNC 장치에서 RAM을 사용하여 전용기 또는 특수용도에 사용되는 것은 무엇인가?
㉮ 소프트 가변형   ㉯ 소프트 고정형   ㉰ 소프트 유동형   ㉱ 소프트 이동형

[풀이]
```
            CNC
           /    \
    소프트 고정형   소프트 가변형
        |            |
      ROM 사용      RAM 사용
        |            |
   소프트 변경에   소프트 변경에
   의해 기능변경   의해 기능변경
    이 불가능      이 가능
        |            |
      표 준 기      전 용 기
```

문제 4. NC 프로그램을 하기 위해서는 가공계획이 필요하다. 가공계획과 가장 관련이 적은 것은?
㉮ 가공물 고정방법 및 치공구 선정
㉯ 가공 순서
㉰ NC 기계로 수행할 가공범위와 사용할 NC 기계 선정
㉱ 파트 프로그램

[풀이] 파트 프로그램은 우선 가공계획이 끝난 후 실행한다.

문제 5. 그림과 같은 논리 회로의 진리표에서 *A*, *B*, *C*의 적당한 표시는 다음 중 어느 것인가?

[해답] 1. ㉱   2. ㉱   3. ㉮   4. ㉱

㉮ $A=1,\ B=1,\ C=1$
㉯ $A=1,\ B=1,\ C=0$
㉰ $A=0,\ B=1,\ C=1$
㉱ $A=0,\ B=0,\ C=1$

[풀이] $Y=A\oplus B=\overline{A}B+A\overline{B}$

입력 A	입력 B	출력
0	0	0
0	A	1
1	0	C
1	B	0

문제 6. NC 공작 기계의 작동에 컴퓨터와 기계의 제어반과 직접 *RS-232C* 인터페이스로 연결하여 기계를 제어하는 방법은?
㉮ CNC   ㉯ DNC   ㉰ FMS   ㉱ FA

[풀이] DNC 시스템은 컴퓨터와 4개의 보조장치로 구성된다.
① NC 파트 프로그램을 저장하기 위한 메모리 장치
② 기계와 컴퓨터의 정보교환을 위한 데이터 전송 장치
③ 데이터를 원거리에 보내기 위한 통신 라인
④ NC 기계

문제 7. 그림과 같은 논리 회로의 게이트는?
㉮ AND   ㉯ OR
㉰ NOR   ㉱ NOT

[풀이]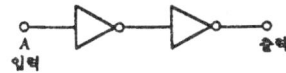

문제 8. 그림과 같이 2개의 NOT 게이트를 연결했을 때의 출력은?
㉮ 0   ㉯ 1
㉰ A   ㉱ $\overline{A}$

[풀이] 출력 $=\overline{\overline{A}}=A$

문제 9. NOR Gate로 전원 gate에 이용하기 위한 나머지 입력 처리 방법은?
㉮ A, B, C 모두 묶어 사용한다.   ㉯ 두 입력을 묶어 전원에 연결한다.
㉰ 두 입력을 묶어 접지시킨다.   ㉱ 한 입력만 쓰고 나머지는 버려둔다.

문제 10. 그림과 같은 게이트의 기능은?
㉮ NOR   ㉯ NAND
㉰ OR   ㉱ NOT

[풀이] 입력 단자를 접지시키면 0으로 생각한다.
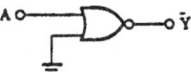
$Y=\overline{A+0}=\overline{A}$

문제 11. 다음 회로는 어떤 논리 게이트의 구성인가?
㉮ 네가티브 NAND 게이트
㉯ EXCLUSIVE-OR 게이트
㉰ NOR 게이트
㉱ 네가티브 OR 게이트

[풀이]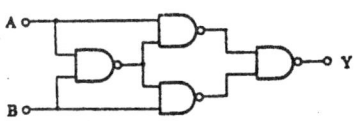
4개의 NAND 게이트만으로 구성된 EXCLUSIVE-OR(EOR) 게이트이다.

[해답] 5. ㉮ 6. ㉯ 7. ㉰ 8. ㉰ 9. ㉯ 10. ㉱ 11. ㉯

문제 12. 다음 중 NC 공작기계의 경제성 평가 방법에 대한 설명으로 틀린 것은?
㉮ 페이백 방법은 기계의 내용년수를 구할 수 있는 이점이 있다.
㉯ MAPI 방법은 NC 공작기계 교체에 좋은 평가 방법이다.
㉰ 페이백 방법은 정확성이 떨어진다.
㉱ MAPI 방법은 쉽게 못쓰게 되는 장치 등의 평가에 적합하나 정확성이 떨어진다.

[토의] 페이백 방법은 기계의 내용 년수를 구할 수 있는 이점이 있고, 쉽게 못쓰게 되는 장치 등의 평가에 적합하나 정확성이 떨어진다. MAPI 방법은 구입을 계획하고 있는 NC 공작기계에 의한 최초년도의 부품 생산비용을 현재 가지고 있는 NC 공작기계에 의한 최초년도의 부품 생산비용을 현재 가지고 있는 NC 공작기계에 의한 비용과 비교하여 평가하는 방법으로 가장 많이 사용되고 있는 방법이다. 이것은 공작기계의 교체에 좋은 평가방법이다.

문제 13. CNC 공작기계에서 백 래시(back lash)의 오차를 줄이기 위해 사용하는 NC 기구는?
㉮ 유니파이 스크루　　㉯ 볼 스크루　　㉰ 세트 스크루　　㉱ 리드 스크루

[토의] 볼 스크루는 마찰이 적고 또 너트를 조정함으로써 백 래시를 거의 0에 가깝도록 할 수 있다.

문제 14. 사용자가 프로그램을 기억시켜 읽고, 쓰고, 변경할 수 있는 컴퓨터의 저장부를 무엇이라 하는가?
㉮ RAM　　　　㉯ ROM　　　　㉰ CRT　　　　㉱ CPU

[토의] RAM은 임의의 메모리 장소를 지정하여 정보를 읽어 내거나 써 넣을 수 있는 주기억장치로 사용자가 작성한 프로그램이나 데이터를 기억해 둘 때나, 이것을 실행하고자 할 때 사용한다.

문제 15. 정보처리 회로에서 서보기구로 보내는 신호의 형태는?
㉮ 펄스　　　　　　　　　　㉯ 마이크로 프로세스
㉰ 리졸버　　　　　　　　　㉱ 전류

[토의] 마이크로 컴퓨터에서 번역 연산된 정보는 다시 인터페이스 회로를 거쳐서 펄스화되고, 이 펄스화된 정보는 서보기구에 전달된다.

해답 12. ㉱　13. ㉯　14. ㉮　150 ㉮

제12장 제어기기 및 회로

1. 조작용 기기

1 릴레이 시퀀스 제어의 기본 회로

NO	회로명	기본회로	동 작
1	ON 회로 a접점 회로 메이커 회로		조건 A가 ON되면 코일 X가 여자되어 접점 Xa가 닫히고 코일 X가 무여자되면 접점 Xa가 열린다.
2	OFF 회로 b접점회로 브레이커회로 NOT 회로		조건 A가 ON되면 코일 X가 여자되어 접점 Xb가 열리고 코일 X가 무여자되면 접점 Xb는 닫힌다.
3	복수 접점회로 접점 증폭회로		조건 A가 ON되면 코일 X가 여자되어 몇 개의 접점 Xa 및 Xb가 닫히고 열린다.
4	AND 회로 직렬 회로		2개 혹은 그 이상의 접점을 직렬로 접속한 회로 (1) a접점 AND회로 : A와 B 양쪽 코일이 ON되었을 때 회로가 형성된다. (2) b접점 AND회로 : A와 B 양쪽 코일이 무여자(OFF 회로)일 때 회로가 형성된다. (3) 복합 AND회로 : A가 ON회로 B가 OFF 회로일 때 회로가 형성된다.
5	OR 회로 병렬 회로		2개 혹은 그 이상의 접점을 병렬로 접속한 회로 (1) a접점 OR회로 : A 혹은 B 어느 한쪽이라도 ON회로가 되면 회로가 형성한다. (2) b접점 OR회로 : A 혹은 B 어느 한쪽이라도 OFF회로가 되면 회로가 형성한다. (3) 복합 OR회로 : A가 ON회로이거나 B가 OFF회로이거나 어느 한 상태에서 회로가 형성된다.

6	랩접점 회로 지연 접점 회로		조건 A에 의해 코일 X가 여자되어 동작시나 혹은 무여자되어 복귀시 bl접점이 열리기 이전에 al접점이 닫힌다. 즉 make bafore break 접점이다. 따라서 X가 동작 또는 복귀시 일시적으로 양 접점이 동시에 닫히는 상태가 된다.
7	한시 회로 타이머 회로	(1) 한시동작 순시복귀 (2) 순시동작 한시복귀 (3) 한시동작 한시복귀	조건 A에 의해 타이머 T가 동작 혹은 복귀할 때 일정한 후에 접점이 동작하는 회로, 타이머의 접점 심벌은 삼각형의 열린 (밑변)방향으로 향해 시간을 갖는다. (1) 한시동작·순시복귀(on delay) : 타이머 T가 동작되면 순시에 b접점이 열리고 a접점이 닫힌다. 무여자가 되면 순시에 a접점이 열리고 b접점이 닫힌다. (2) 순시동작·한시복귀(off delay) : 타이머가 동작되면 순시에 b접점이 열리고 a접점이 닫힌다. 무여자가 된 후 일정시간 후에 a접점이 열리고 b접점이 닫힌다. (3) 한시동작·한시복귀(ON-OFF delay) : 타이머 T가 무여자되면 일정시간 후 b접점이 열리고 a접점이 닫힌다. 무여자가 된 후 일정시간 후에 a접점이 열리고 b접점이 닫힌다.
8	자기유지 회로 기억 회로		코일 X에 부여된 입력신호를 X의 접점에서 병렬회로를 구성하면 입력신호가 소멸하여도 동작을 계속(자기유지)하며 오직 OFF신호로 코일을 무여자 할 수 있다. (1)의 회로는 ON과 OFF의 푸시버튼 위치를 동시에 누른 경우 X는 여자되지 않는다. 그래서 정지우선 회로라고 한다. (2)의 회로는 ON과 OFF의 푸시버튼 스위치를 동시에 눌러도 X는 여자된다. 그래서 입력우선 회로라고도 한다. 여기서 a접점 X는 자기유지 접점이라 한다.
9	인터로크 회로		조건 A가 ON되어 X_1이 여자되면 코일 X_2는 조건 B가 ON되어도 X_2는 여자되지 않으며 반대로 X_2가 우선 여자되면 X_1은 무여자된다. 즉 코일 X_1 및 X_2는 동시에 여자되어 동작할 수 없다. 여기서 b접점 X_1 및 X_2를 상호 인터로크(inter lock) 접점이라 한다.

2 시퀀스도 표시법

(1) 종서 시퀀스 표시법의 기본 도법

① 제어 모선은 상하 횡선으로 표시한다.
② 접속선은 제어 전원 모선 사이에 상하 방향으로 나타낸다.
③ 접속선은 대개 동작의 순서로 왼쪽에서 오른쪽으로 표시한다.

④ 제어용 기구 배열은 제어 전원 모선측에서 각종 조작 스위치 및 계전기 접점을 차례로 접속하고 전자 접촉기 보조 계전기 타이머 및 각종 표시등은 하방향의 모선측에 연결한다.

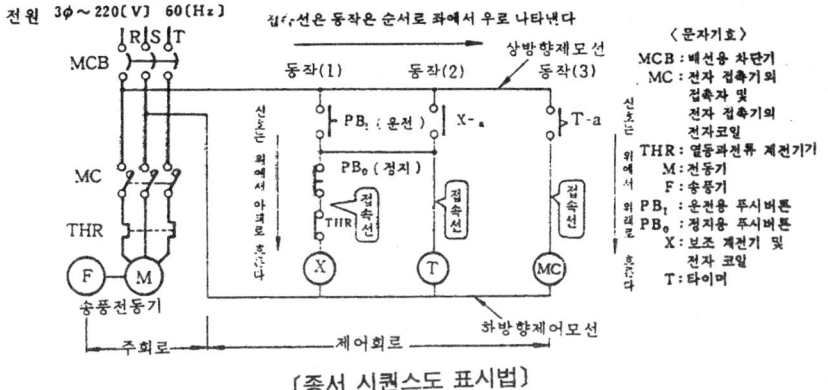

[종서 시퀀스도 표시법]

(2) 횡서 시퀀스도의 표시법

① 제어 전원 모선은 좌우 종선으로 표시한다.
② 접속선은 제어 전원 모선 사이에 좌우 방향인 횡선으로 표시한다.
③ 접속선은 대개 동작 순서를 위해서 하방향으로 표시한다.
④ 접속선 내의 제어 기구의 배열은 왼쪽 제어 전원 모선측에서 각종 스위치 및 계전기의 접점을 차례로 접속하고 전자 접촉기, 보조 계전기, 타이머 및 각종 표시등은 오른쪽 제어 전원 모선측에 접속한다.

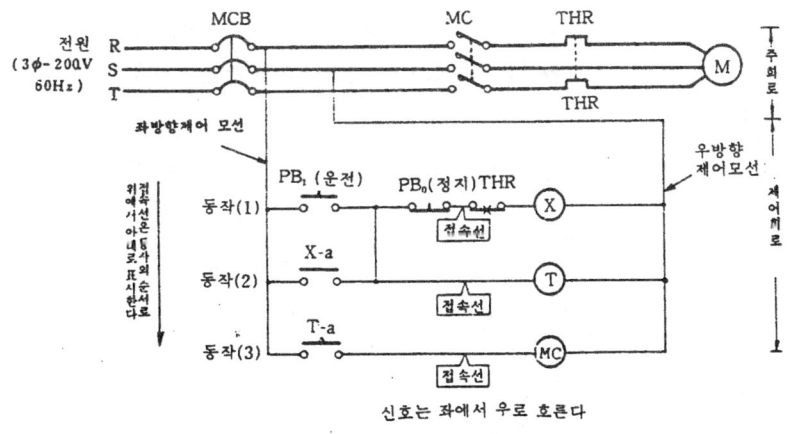

[횡서 시퀀스도 표시법]

2. 검출용 기기

1 시퀀스 도면의 종류

(1) 이면 배선도

보통 제어반은 전면에 기구를 붙이고 이면에 배선을 한다. 이면 배선도는 제어반의 조작 점검 등을 하기 위해서 기구의 배치 및 각 부품의 단자 사이에 접속을 구체적으로 표시한 그림으로 기구의 위치, 부호 기구의 단자 번호 및 기기 또는 제어반 상호간의 배선을 선으로 표시하지 않고 기호 부호 및 번호 등으로 표시하는 배선 번호 등이 있다.

(2) 전개 접속도

시퀀스의 동작 원리로부터 회로 구성까지를 한 장의 도면에 표시한 것을 전개 접속도라고 한다.

2 전동기의 실용 기본 운전 회로

(1) 전전압 기동운전 회로

농형 유도 전동기에 있어서 전전압 기동 운전은 기동 토크가 큰 반면 기동 전류가 정격 전류의 몇 배가 되기 때문에 5[kW] 이하의 소형 유도 전동기에만 사용된다.

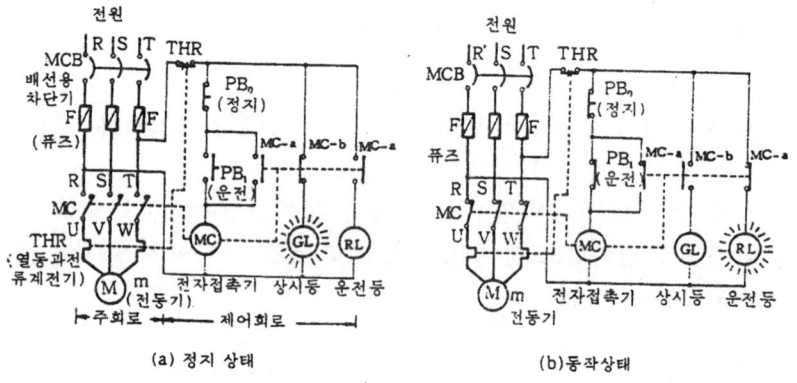

〔3상 유도 전동기의 전전압 기동 운전 회로〕

(2) 동작 설명

3상 유도 전동기의 정지 상태에서 전원 스위치 MCB(배선용 차단기)를 투입하면 상시

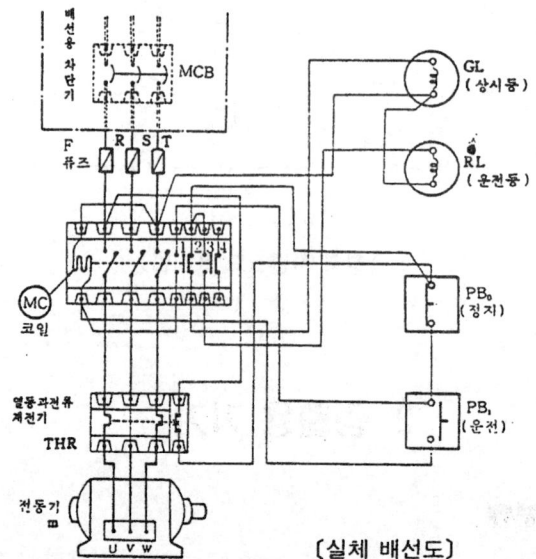

〔실체 배선도〕

등 (운전 표시등) GL이 점등되고 이때 운전용 푸시버튼 PB_1을 누르면 전자 접촉기의 코일 MC가 여자되어 그림 (b)와 같이 주접점 MC가 우선 닫혀 전동기는 회전하기 시작한다.

이때 코일 MC의 자기유지 접점 MC-a가 닫히므로 전동기는 계속 운전되며 동시에 상시등은 점멸되고 운전 표시등 RL이 점등된다.

3. 제어용 기기

1 타이머(한시 계전기)를 이용한 기동 운전 회로

그림의 전원 스위치 MCB를 투입하면 상시등 GL이 점등되고 이때 운전용 푸시버튼 PB_1을 누르면 전자 접촉기의 코일 MC가 여자되어 주접점 MC, 자기 유지 접점 및 운전 표시등 접점 MC-a가 폐로되므로 전동기는 운전되고 동시에 운전 표시등 RL이 점등된다. 여기서 PB_1이 투입될 때 동시에 타이머에 전원이 투입된다. 따라서 타이머에 동작 시간을 그림과 같이 5[sec]를 주었다면 이 설정 시간이 지난 후 자동적으로 타이머의 한시 b접점 T-b가 개로 되어 코일 MC가 소자되므로 전동기는 멈춘다. 이때 운전 표시등 RL은 점멸되고 상시등 GL은 다시 점등된다. 일단 MC가 소자되어 타이머에 전원이 끊어지면 동시에 타이머의 한시 b접점 T-b는 원 위치로 복귀된다.

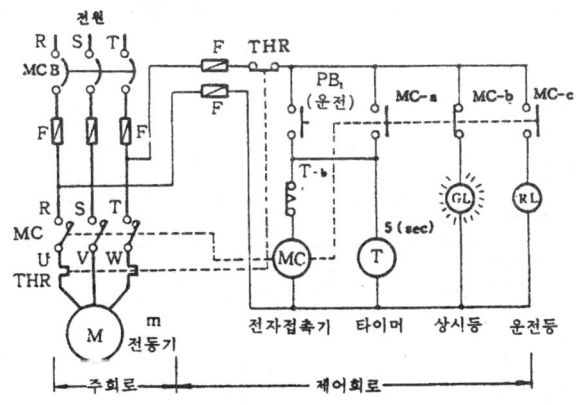

[타이머를 이용한 기동 운전 회로]

그림에서 THR은 열동 계전기로 전동기의 이상 발생시 회로에 과전류가 흐르면 이 계전기의 접점 THR이 차단되어 전동기는 정지된다. 여기서 퓨즈 F는 회로의 단락이나 이상 발생시 회로를 보호하며 열동 과전류 계전기는 전동기의 과부하 발생시 오직 전동기만을 보호하기 위한 것이다.

2 3상 유도 전동기의 정·역 운전 회로

전동기를 운전할 때 항상 일정한 방향으로 회전해도 되는 기계나 장치가 있고 반면 정회전이나 역회전을 할 필요가 있는 기계와 장치가 있다. 따라서 3상 유도 전동기를 정방향 또는 역방향으로 운전하려면 전동기에 들어가는 3상 전원 3선 중 2선만 바꾸어주면 목적을 이룰 수 있다.

다음 그림은 3상 유도 전동기의 기본 정역 운전 회로와 5회로의 실체 배선도를 나타낸다.

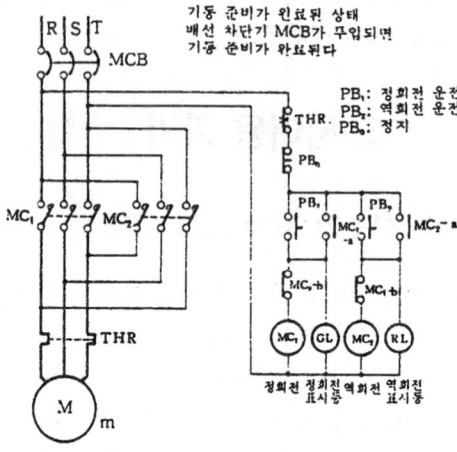

〔3상 유도 전동기의 정·역 운전〕

(1) 동작 설명

정회전 운전시 푸시버튼 PB_1을 누르면 정회전 전자 접촉기의 코일 MC_1이 여자되어 전동기는 정회전되며 정회전 표시등 GL이 점등된다. 만약 역회전 운전을 하고자 할 때는

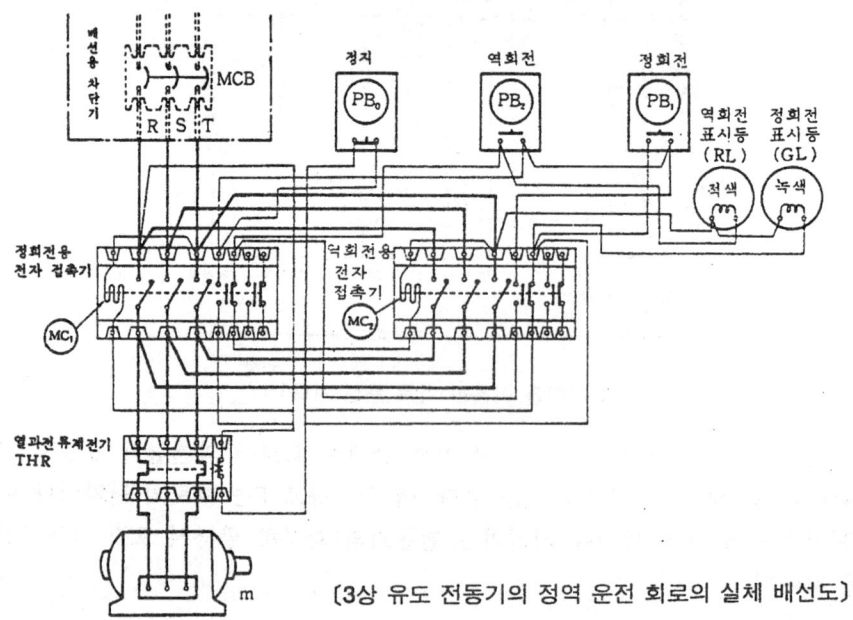

〔3상 유도 전동기의 정역 운전 회로의 실체 배선도〕

일단 정지용 푸시버튼 PB_0를 눌러 전동기를 멈추게 하고 역회전용 푸시버튼 PB_2를 투입하면 전동기는 역회전이며 동시에 역회전 표시등 RL이 점등된다. 이 회로는 어떠한 경우에도 동시에 정회전 및 역회전용 전자 접촉기 MC_1과 MC_2가 동작되어서는 안되므로

이를 위해서 인터로크(inter lock) 장치가 되어 있다. 그림에서 코일 MC₁과 MC₂의 b접점 MC₁-b 및 MC₂-b는 이를 위한 인터로크 접점이다.

③ 3상 유도 전동기의 자동 Y-Δ 기동 운전 회로

3상 유도 전동기는 보통 10[kW] 이상의 용량에서는 전전압 기동을 하면 기동 전류가 커져서 배전선 및 제어 기기 등에 나쁜 영향을 주게 된다. 따라서 기동 전류를 제한하고 어느 정도 가속한 후 정격 전압을 가하는 Y-Δ기동법이 사용된다.

그림의 3상 유도 전동기의 자동 Y-Δ 기동 운전회로로 동작 기능은 다음과 같다.

(1) 동작 설명

그림에서 운전용 푸시버튼 PB을 누르면 주전자 접촉기 및 Y 결선용 전자 접촉기의 코일 MC₁과 MC₂가 여자되므로 전동기는 Y 결선되어 기동된다.

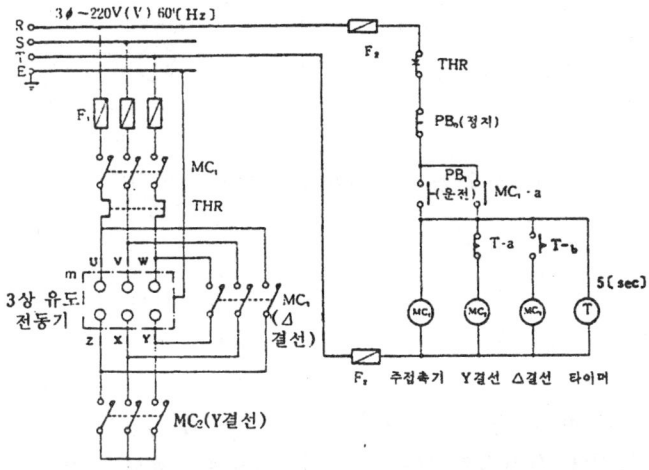

〔3상 유도 전동기의 자동 Y-Δ 운전 회로〕

일단 기동된 후 타이머의 설정 시간 5초가 되면 타이머 T의 한시 b접점 T-b는 개로 되고 a접점 T-b는 폐로된다. 따라서 Y 결선용 전자 접촉기의 코일은 무여자되고 Y 결선 전자 접촉기는 개로되고 동시에 Δ결선용 전자 접촉기의 코일 MC₃가 여자되므로 Δ 결선용 전자 접촉기 MC₃가 폐로되어 전동기는 정상적으로 운전된다. 정지를 요할 시는 정지용 푸시버튼 PB₀를 누르면 제어 회로가 차단되므로 전동기는 멈춘다. 여기서 접점 MC₁₋ₐ는 자기 유지 접점이다.

④ 3상 유도 전동기의 극수 변환 운전 제어 회로

유도 전동기의 동기 속도 $N_0=120f/p$에서 주파수 f[Hz]를 일정하게 하고 극수 p를 변화시키면 동기 속도가 변화하고 따라서, 회전 속도로 변화한다. 이와 같은 원리를 이용해서 3상 유도 전동기는 내부 코일을 Δ결선 및 쌍 Y 결선하여 보통 4극에서 2극 또는 8극에서 4극으로 극수를 변환하여 속도 변경을 할 수 있다. 아래 그림은 3상 유도 전동기의 극수 변환 운전제어 회로를 나타낸 것이며 동작 기능은 다음과 같다.

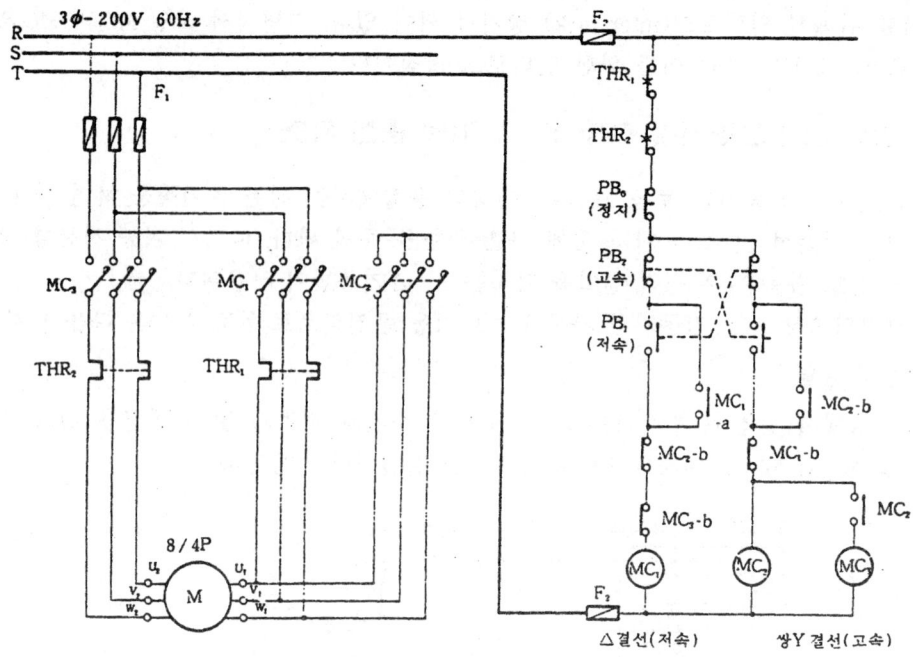

〔3상 유도 전동기의 극수변환 운전 제어 회로〕

(1) 동작 설명

저속용 푸시버튼 PB_1을 누르면 저속용 전자 접촉기(△결선) MC_1이 동작하여 전동기는 저속으로 운전된다. 저속에서 고속으로 운전할 시는 우선 정지용 푸시버튼 PB_0를 눌러 전동기를 일단 정지시킨 후 다시 고속용 푸시버튼 PB_2를 누르면 고속용 전자 접촉기(쌍 Y 결선용) MC_2 및 MC_3가 동작되어 전동기는 고속으로 운전된다.

저속과 고속이 동시에 운전되면 단락 상태가 되어 위험하므로 이를 보호하기 위해서 푸시버튼 PB_1, PB_2의 b접점 및 전자 접촉기의 보조접점 MC_1-b, MC_2-b, MC_3-b의 접점을 사용한 상호 인터로크 장치가 되어 있다.

예상문제

문제 1. KS 규격에서 NC 테이프의 코드는 어떠한 코드와 같이 규정되어 있는가?
㉮ EIA   ㉯ ISO   ㉰ DIN   ㉱ ASTM

[토의] NC 테이프 코드는 B 0050으로 규정하며 관습상 일본과 같이 EIA 코드를 많이 사용하고 있으나 KS에서는 IOS와 같게 규정되어 있으며 점차 그 사용이 증가될 것으로 본다. 또한 ISO의 특징은 캐릭터당 구멍수의 합이 짝이 된다.

문제 2. EOB, CR은 무엇을 뜻하는가?
㉮ 보조적인 NC 기계의 기능을 지정하여 동작
㉯ 블록의 종료
㉰ 프로그램의 종류
㉱ CNC의 공작기계 스위치 OFF

[토의] EOB(end of block), CR(carriage return)으로 블록의 종료를 뜻한다.

문제 3. 다음 중 블록이 끝나는 것을 나타내는 것은?
㉮ EOB   ㉯ FEND   ㉰ STOP   ㉱ END

[토의] EOB는 end of block의 약자로 블록이 끝남을 나타낸다.

문제 4. NC 테이프에 폭 방향으로 잇는 8개 구멍은 한 개의 숫자, 문자, 부호 등을 나타내는데 이것을 무엇이라 하는가?
㉮ 캐릭터   ㉯ 트랙   ㉰ 패리티   ㉱ 채널

[토의] 테이프 구멍의 길이 방향의 열을 채널 트랙(track)이라 한다.

문제 5. NC에서 수동으로 데이터를 입력하여 가공하는 방법은?
㉮ TAPE   ㉯ MDI   ㉰ EDIT   ㉱ MEMORY

[토의] MDI는 manual data input의 약자로 NC 공작기계에 직접 입력하여 가공하는 방법이다.

문제 6. NC 코드에서 EIA 코드 패리티 체크는 몇 번째 채널인가?
㉮ 5   ㉯ 7   ㉰ 8   ㉱ 9

문제 7. 수치 제어에서 수치를 지령할 수 있는 수의 조합형태는?
㉮ 2진법   ㉯ 5진법   ㉰ 8진법   ㉱ 10진법

[토의] 2진법의 "0"은 off를 "1"은 on을 의미하여 구멍이 뚫리면 "1"을 나타내고 구멍이 없을 때는 "0"을 나타내도록 되어 있다.

문제 8. 다품종 소량생산에 맞추어 쉽게 다른 모델의 가공 공정으로 변환할 수 있도록 장치된 자동화 시스템을 무엇이라 부르는가?
㉮ CAM   ㉯ CAE   ㉰ GT   ㉱ FMS

해답 1. ㉯   2. ㉯   3. ㉮   4. ㉯   5. ㉯   6. ㉰   7. ㉮   8. ㉱

[풀이] FMS는 생산하는 제품의 형상이 바뀌더라도 적은 노력과 짧은 시간으로 바로 대체할 수 있는 시스템을 말한다.

[문제] 9. 서보기구에서 볼 스크루의 피치를 10mm, 기어 A의 잇수를 60, 기어 B의 잇수를 30으로 하고 지령펄스에 의해 0.03mm 만큼 움직인다면 볼 스크루의 회전각도는 얼마인가?
㉮ 0.9°   ㉯ 1.2°   ㉰ 1.5°   ㉱ 1.8°

[풀이] $360° \times \dfrac{\text{이동량}}{\text{볼 스크루의 피치}} = 360° \times \dfrac{0.05}{10} = 1.8°$

[문제] 10. NC 데이터를 만드는 작업 중에서 포스트 프로세서의 작업 내용이 아닌 것은?
㉮ NC 테이프의 코드 설정
㉯ 공구 길이 및 직경 입력
㉰ 메트릭/인치 변환
㉱ 직선과 원호보간을 위한 운동코드 산출

[풀이] 포스트 프로세서는 CL 데이터를 입력정보로 하여 여러가지의 "NC 장치+공작기계" 용의 포맷으로 변환하여 NC 테이프를 천공한다.

[문제] 11. NC 프로그래머가 갖추어야 할 조건에 해당되지 않는 것은?
㉮ 범용 공작기계에 관한 지식   ㉯ 사용하는 NC 기계의 오퍼레이팅 능력
㉰ 도면 작성 능력   ㉱ 주의력이 깊고 근면한 성격

[풀이] 그 외에 수학적인 지식 및 도면해독 능력도 있어야 한다.

[문제] 12. 다음 그림과 같은 서보의 종류는?
㉮ 폐쇄회로 방식
㉯ 하이브리드 서보방식
㉰ 반폐쇄회로 방식
㉱ 개방회로 방식

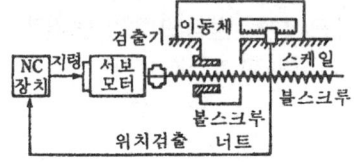

[풀이] 기계의 테이블에 직접 검출기를 설치하여 위치를 검출해서 피드백시키는 방식으로 반폐쇄회로 방식과 검출기의 위치만 다르다.

[문제] 13. 최소 설정 단위(BLU)가 0.001mm인 NC 기계에서 X측의 +방향으로 50mm 이동시키기 위한 정수 입력은?
㉮ X500   ㉯ X5000   ㉰ X50000   ㉱ X500000

[풀이] 최소 설정 단위가 0.001mm이므로 50mm를 이송할려면 $50 \times \dfrac{1}{0.001} = 50000$으로 이송지령을 해야 한다.

[문제] 14. 최소 입력 단위가 0.01mm이고 Z 값이 55.5일 때 정수 지령은?
㉮ 55   ㉯ 550   ㉰ 5550   ㉱ 55550

[풀이] $55.5 \times \dfrac{1}{0.01} = 5550$

[문제] 15. 지령 펄스가 0.002mm일 때 23mm 이동시 지령 펄스 수는 얼마인가?
㉮ 1150   ㉯ 11500   ㉰ 2300   ㉱ 23000

[해답] 9. ㉱ 10. ㉯ 11. ㉰ 12. ㉮ 13. ㉰ 14. ㉰ 15. ㉯

[풀이] $23 \times \dfrac{1}{0.02} = 11500$

문제 16. 다음 중 아날로그와 디지털 방식에 대한 일반적인 설명으로 틀린 것은?
㉮ NC 장치의 지령은 디지털량의 전기적 펄스로 보내진다.
㉯ D-A 변환기에서 아날로그량으로 지정해 주는 방식을 아날로그 방식이라 한다.
㉰ D-A 변환기를 통하여 기계의 이동량인 아날로그량으로 지정해 주는 방식을 디지털 방식이라 한다.
㉱ 속도 검출은 디지털방식, 위치검출은 아날로그방식으로 하는 D-A 방식이 일반적이다.
[풀이] 전류나 압력, 유량 등과 같이 물리량이 연속적으로 변화하는 양을 총칭하여 아날로그(analogue)량이라 하고, 계단과 같이 불연속으로 변화하는 수의 개념을 디지털(digital)량이라 한다.

문제 17. X축, Y축 방향으로 동시에 펄스를 발생하면 공구는 45° 방향으로 이동하는 펄스 분배방식을 무엇이라 하는가?
㉮ MIT 방식　㉯ DDA 방식　㉰ 대수 연산방식　㉱ 기하 연산방식
[풀이] DDA(digital differential analyzer)란 계수형 미분해석기의 약칭으로 DDA 회로를 NC에 이용한 것이며, 직선이나 곡선의 대수방정식이 그 선상에 없는 좌표값에 대해서는 정(+) 또는 부(-)가 되는 성질을 이용한 것이 대수연산 방식이다.

문제 18. NC에서 최소 설정 단위의 부호는 어느 것인가?
㉮ DDA　㉯ BLU　㉰ BPI　㉱ PTP
[풀이] 최소 설정 단위란 NC 기계에 대한 이동지령이 최소로 얼마까지 가능한가를 표시해 주는 단위이다.

문제 19. 드릴링 머신, 펀치 프레스, 스폿 용접기 등에 사용되고 PTP 제어라고 하는 제어방식은?
㉮ 위치 결정 제어　㉯ 윤곽 절삭 제어　㉰ 포물선 제어　㉱ 형상 결정 제어
[풀이] 위치 결정 제어를 PTP(point to point) 제어라고도 하며 위치를 정확히 찾을 수 있기 때문에 CNC 밀링에 많이 사용한다.

문제 20. 다음 서보기구 중 정밀도가 가장 낮은 것은?
㉮ 개방회로 방식　　　　　㉯ 폐쇄회로 방식
㉰ 반폐쇄회로 방식　　　　㉱ 하이브리드 서보방식
[풀이] 개방회로 방식은 정밀도가 낮아 NC에서는 거의 사용하지 않는다.

문제 21. DNC 시스템은 컴퓨터와 보조장치로 구성된다. 보조장치가 아닌 것은?
㉮ CNC 공작 기계　　　　㉯ 데이터 전송장치
㉰ 데이터 통신 라인　　　㉱ NC 데이터
[풀이] DNC 시스템은 컴퓨터와 4개의 보조장치를 구성된다.
① NC파트 프로그램을 저장하기 위한 메모리 장치
② 기계와 컴퓨터와의 정보교환을 위한 데이터 전송장치
③ 데이터를 원거리에 보내기 위한 통신 라인
④ CNC 공작기계

해답 16. ㉱　17. ㉱　18. ㉯　19. ㉮　20. ㉮　21. ㉱

문제 **22.** 수치 제어 테이프 또는 수동 데이터 입력장치(MDI)에 의하여 설정 가능한 최소단위는?
㉮ 최소 설정 단위　　　　　　　㉯ 최대 이동 단위
㉰ 펄스 이동 단위　　　　　　　㉱ 스트로크 이동 단위

〔풀이〕 최소 설정 단위(BLU)란 NC 기계에 대한 이동 지령이 최소로 얼마까지 가능한가를 표시해 주는 단위이다. 즉 1펄스당 기계를 움직일 수 있는 최소의 이동지령을 의미한다.
　　최소 설정 단위가 0.01mm이면 그 기계는 최소로 이동할 수 있는 양이 0.01mm인 것이다. 최소 설정 단위가 0.001mm인 공작기계에서 10mm를 이동시키려고 할 때 지령을 하려면
　　$10\text{mm} \times \dfrac{1}{0.001} = 10000$으로 이송지령을 해야 한다.

문제 **23.** NC 테이프상의 정보를 홀수 개의 구멍을 천공하는 코드는?
㉮ ISO　　　　　㉯ DIN　　　　　㉰ EIA　　　　　㉱ ASTM

〔풀이〕 한개의 캐릭터를 나타내기 위한 구멍수는 EIA 코드에서는 항상 홀수이고, ISO 코드에서는 항상 짝수이기 때문에 각각 패리티의 구성에 따라 패리티 채널에 천공하기도 하고 안하기도 한다.

문제 **24.** 다음 중 NC 테이프에 대한 설명으로 틀린 것은?
㉮ EIA 코드의 특징은 가로 방향의 구멍수가 항상 홀수이다.
㉯ EIA 코드에서는 패리티 채널이 5번째로 지정되었고, ISO 코드에서는 8번째를 패리티 채널로 지정하고 있다.
㉰ 2진수의 "0"은 on을 "1"을 off을 의미하도록 하여 "0"은 테이프에 구멍이 있을 때, "1"은 테이프에 구멍이 없을 때를 나타내도록 한다.
㉱ NC 테이프에는 테이프 이송을 위한 스프로킷(sprocket)구멍 외에 8채널의 구멍을 천공할 수 있다.

〔풀이〕 테이프에 천공되는 구멍의 조합은 NC 공작 기계에서 처리할 수 있는 신호가 2가지, 즉 "ON", "OFF"이기 때문에 이를 나타내기 위하여 2진법을 사용한다. 이때 2진수의 "0"은 off를 "1"은 on을 의미하도록 하여 "1"은 천공 테이프에 구멍이 있을 때, "0"은 테이프에 구멍이 없을 때를 나타내도록 한다.

문제 **25.** NC 테이프의 채널에 정보를 나타내는 데, 구멍의 홀, 짝수를 검사하는 방법을 무엇이라 하는가?
㉮ EOB검사　　　㉯ NC 테이프 검사　　　㉰ 프로그램 검사　　　㉱ 패리티 검사

〔풀이〕 테이프 상에 천공된 구멍의 숫자가 짝수인지 홀수인지에 따라 작성된 테이프의 오류를 검사하는 방법을 패리티 검사라 한다.

문제 **26.** 다음 중 프로그램 구성에 대한 설명으로 틀린 것은?
㉮ 어드레스는 단어와 수치로 구성된다.
㉯ 전개 번호는 경우에 따라 생략할 수 있다.
㉰ 블록의 끝은 EOB로 구별된다.
㉱ 동일한 그룹 내에서 다른 G코드가 나올 때까지 지령된 G코드가 계속 유효한 것을 연속 유효 G코드라 한다.

〔풀이〕 전개 번호는 경우에 따라 생략할 수 있으나 CNC 선반에서 복합 반복주기(G70~G73)를 사용할 때는 반드시 전개 번호를 사용해야 한다. 또한 단어는 어드레스와 수치로 구성된다.

해답　**22.** ㉮　**23.** ㉰　**24.** ㉰　**25.** ㉱　**26.** ㉮

문제 27. ISO 코드에 사용되는 기호가 아닌 것은?
   ㉮ /   ㉯ %   ㉰ −   ㉱ ·

   [풀이] ISO에 사용되는 기호는 /, +, −, %, (), : 등이 있다.

문제 28. 좌표어에서 X, Y, Z축은 기본축이다. Y축에 대한 부가축의 지령은?
   ㉮ A   ㉯ B   ㉰ C   ㉱ D

   [풀이]

기 본 축	부 가 축	기 능
X	A	가공의 기준이 되는 축
Y	B	X축과 직각을 이루는 이송축
Z	C	절삭동력이 전달되는 주축

문제 29. NC 테이프 코드에서 RS−244−A는 어느 규격에서 사용하고 있는가?
   ㉮ EIA   ㉯ ISO   ㉰ JIS   ㉱ DIN

   [풀이] EIA 코드(EIA RS−244−A)는 미국 전기국에서 결정한 것으로 캐릭터당 구멍수의 합이 홀수라는 특징이 있다.

문제 30. 윤곽 제어에서 지령된 종점 좌표치에 대하여 도중의 경로를 계산하는 보간회로가 아닌 것은?
   ㉮ 직선 보간회로   ㉯ 원호 보간회로   ㉰ 포물선 보간회로   ㉱ 윤곽 보간회로

   [풀이] 직선, 원호 및 포물선 보간회로를 가진 경우에는 선분, 원호, 포물선 등의 프로그램이 매우 편리하게 된다.

문제 31. 정보처리 회로에서 서보기구로 보내는 신호의 형태는 무엇인가?
   ㉮ 리졸버   ㉯ 마이크로 프로세스
   ㉰ 펄스   ㉱ 인코더

   [풀이] NC 서보기구에 지령은 정보처리 회로에서 전기 펄스(pulse) 신호를 발생하여 지령하게 되는데 이것을 지령 펄스라고 한다.

문제 32. 7비트의 NC 컨트롤러가 처리할 수 있는 영문, 숫자, 기호의 개수는?
   ㉮ 49   ㉯ 64   ㉰ 98   ㉱ 128

   [풀이] $2^7 = 128$

문제 33. CNC 공작기계의 여러가지 동작을 지령하기 위한 능력은?
   ㉮ 보조 기능   ㉯ 공구 기능   ㉰ 준비 기능   ㉱ 주축 기능

   [풀이] 준비기능(G 기능)은 NC 지령 블록의 제어 기능을 준비시키기 위한 기능이고, 보조기능(M 기능)은 NC 공작기계가 여러가지 동작을 하기 위한 각종 모터를 제어하는 주로 ON/OFF 기능을 수행한다. 이송기능(F 기능)은 NC 공작기계에서 가공물과 공구와의 상대속도를 지정하는 것이고, 주축기능(S 기능)은 주축의 회전수를 지령하는 것이고, 공구기능(T 기능)은 필요한 공구의 준비와 공구교환 등의 목적으로 사용한다.

문제 34. 10진법의 26을 2진법으로 나타내면 얼마인가?
   ㉮ (2)10110   ㉯ (2)10010   ㉰ (2)11010   ㉱ (2)11001

해답 27. ㉱ 28. ㉯ 29. ㉮ 30. ㉱ 31. ㉰ 32. ㉱ 33. ㉰ 34. ㉰

[풀이] 26을 2로 나눈다.

```
2)26
2)13 - 0
2) 6 - 1
2) 3 - 0
    1 - 1   ∴ (10)26=(2)11010
```

[문제] 35. 2진법에서 10110을 10진수로 나타내면 얼마인가?
㉮ 16   ㉯ 18   ㉰ 20   ㉱ 22

[풀이] 10110이므로
$1\times2^4+0\times2^3+1\times2^2+1\times2^1+0\times2^0=22$

[문제] 36. 기계의 테이블에 직접 검출기를 설치하여 위치를 검출해서 피드백 시키는 방법은?
㉮ 폐쇄회로 방식   ㉯ 반개방회로 방식
㉰ 개방회로 방식   ㉱ 반폐쇄회로 방식

[풀이] 폐쇄회로 방식과 반폐쇄회로 방식은 검출기 위치만 다르다.

[문제] 37. 대형기계 등에서 고정밀도가 요구될 때 사용하는 정보처리 회로는?
㉮ 개방회로 방식   ㉯ 폐쇄회로 방식
㉰ 반개방회로 방식   ㉱ 하이브리드 서보방식

[풀이] 리졸버에 의한 반폐쇄회로와 검출스케일에 의한 폐쇄회로를 합한 것으로 이 방식은 조건이 좋지 않은 기계에서 고정밀도를 필요로 할 때 사용된다.

[문제] 38. 일반적으로 NC용 DC 모터의 특성이 아닌 것은?
㉮ 넓은 속도 범위에서 안정한 속도제어가 이루어져야 한다.
㉯ 진동이 적도 대형이며 견고하여야 한다.
㉰ 연속 운전 이외에 빈번한 가감속을 할 수 있어야 한다.
㉱ 가감속 특성 및 응답성이 우수하여야 한다.

[풀이] NC용 DC 모터는 소형이어야 하고 큰 출력을 낼 수 있어야 하며 온도 상승이 적고 내열성이 좋아야 하며 단속적인 부하가 걸려도 속도 변동이 적어야 한다.

[문제] 39. 서보기구 중 위치 검출 방법이 아닌 것은?
㉮ 개방회로 방식   ㉯ 반개방회로 방식
㉰ 폐쇄회로 방식   ㉱ 하이브리드 서보방식

[풀이] 서보(servo) 기구는 사람의 손과 발에 해당되는 부분으로 위치검출 방법에 따라 개방회로(open loop) 방식, 반폐쇄회로(semi-closed) 방식, 폐쇄회로(close loop) 방식, 하이브리드 서보(hybrid servo) 방식이 있다.

[문제] 40. 현재의 공구 위치에서 +, - 값의 벡터량으로 위치 결정하는 제어는?
㉮ 절대 지령   ㉯ 증분 지령   ㉰ 복합 지령   ㉱ 혼합 지령

[풀이] 절대 좌표방식은 공구의 위치와는 관계없이 프로그램 원점을 기준으로 하여 현재의 위치에 대한 좌표값을 절대량으로 나타내는 방식이고, 증분좌표 방식은 공구의 바로 전 위치를 기준으로 목표 위치까지 이동량을 증분량으로 나타내는 방식이다.

[해답] 35. ㉱ 36. ㉮ 37. ㉱ 38. ㉯ 39. ㉯ 40. ㉮

4 과목
일반 기계 공학

제 1장   기계 재료 _ 4-3
제 2장   기계의 요소 _ 4-61
제 3장   기계 공작법 _ 4-148
제 4장   유체 기계 _ 4-234
제 5장   재료 역학 _ 4-253

제1장 기계 재료

1. 철과 강

1 철강 재료의 분류

(1) 철강재료의 종류

1) 일반적으로 탄소 함유량에 따라 순철(Pure Iron), 강(Steel) 및 주철(Cast Iron)의 세 종류로 분류된다.

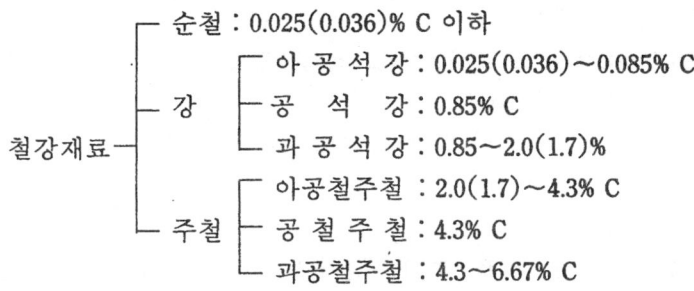

〔철강 재료 분류 기준〕

구 분	순 철(pure iron)	강	주 철(cast iron)
제소법	전기 분해법	제강로	용선로
화학 성분	0.025(0.036)% C 이하	C=0.025(0.036)~1.7(2.0)%	C=2.0(1.7)~6.67%
열처리	담금질 효과 받지 않음	담금질 효과 잘 받음	일반적으로 담금질하지 않음
가공성 및 용접성	연하고 우량	소성 및 절삭가공되며 용접 가능	용접성 불량 및 절삭 가공 가능
기계적 성질	연성이 크다.	강도, 경도 크다	경도 크며 메짐성이 있고 연신율 작다

2) 철 및 강의 5대 원소 : C, Si, Mn, P, S

(2) 철강 재료의 제조법

철광석을 용해하여 선철(Pig Iron)을 만들고, 이 선철을 제강로에서 정련하여 강(Steel)을 만들며, 용선로에서 용해하여 주철을 만든다. 또한, 철광석에는 보통 40~60% 이상의 Fe의 함유가 필요 조건이다.

〔철광석의 종류와 성분〕

철 광 석	주 성 분	Fe 성분(%)
적철광(Hematite)	Fe_3O_2	40~60
자철광(Magnetite)	Fe_3O_4	50~70
갈철광(Limonite)	$Fe_2O_3 \cdot 3H_2O$	30~40
능철광(Siderite)	Fe_2CO_3	30~40

1) 선철 제조

대량 생산에 적합한 용광로 제선법이 많이 이용되며, 용광로에 철광석, 코크스, 석회석 등을 교대로 장입하고 예열된 공기를 송풍구로 불어 넣어 철광석을 녹이면서 탈산시키는 방법이다. 이 때 철광석 중의 산화철은 코크스와 반응하여 선철이 되어 노 밑에 모이고, 석회석은 철광석 중의 암석 및 코크스의 재와 화합하여 규산칼슘의 슬래그(Slag)로 되어 선철 위에 떠 있게 된다.

① 용광로 내 화학 반응식

$Fe_2O_3 + CO \rightarrow 2Fe_3O_4 + CO_2$

$Fe_3O_4 + CO \rightarrow 3FeO + CO_2$

$FeO + CO \rightarrow Fe + CO_2$

② 용광로(Blast Furnace)는 고로(Shaft Furnace)라고도 하며 용량은 24시간(1일) 동안 생산된 선철의 양을 무게(ton)로 표시한다.

③ 선철은 파단면의 색깔에 따라 백선철(White Pig Iron), 회선철(Gray Pig Iron), 반선철(Mottled Pig Iron)으로 구분한다.

2) 강 제조

제강법에는 평로 제강법, 전로 제강법, 전기로 제강법, 고주파로 제강법 등이 있으며, 평로와 전로는 일반용의 강을 제조할 때 사용되고 전기로와 고주파로는 특수강을 제조할 때 주로 사용된다.

① 평로 제강법(Open Hearth Furnace Process) : 내화 벽돌의 종류에 따라 염기성 및 산성 평로가 있으며, 대부분 염기성 평로가 사용된다. 용량은 1회에 생산되는 용강의 무게로 나타낸다.

② 전로 제강법(Converter Process) : 공기를 노의 밑에서 불어 넣는 공기 저취 전로 노의 상부에서 산소 농도가 높은 공기를 불어 넣는 상취 전로, 순수 산소를 노의 상부에서 또는 불활성 기체를 하부에서 동시에 불어 넣는 상하 복합 취련 전로가 있다.

㉮ 공기 저취 전로는 구산질 내화 벽돌의 베세머 전로(Bessemer Converter, 산성 전로)와 염기성 내화 벽돌의 토머스 전로(Thomas Converter, 기성 전로)로 분류된다.

㉯ 용량은 1회에 생산되는 용강의 무게로 나타낸다.

㉰ Thomas법에서는 처음에 Si, Mn을 연소시키고, 다음에 P를 연소 제거한다.

㉱ 전로 제강법의 장점

㉠ 연료가 필요 없다.

ⓒ 정련 시간이 짧다.
㉰ 전로 제강법의 단점
  ㉠ 원료인 제강 용선의 선정이 엄격하다.
  ㉡ 용강 중에 산소, 질소 등의 가스가 흡수되기 쉽다.
③ 전기로 제강법(Electric Furnace Process) : 아크식, 저항식, 유도식 등이 있으며, 아크식에서는 에루식로가 주로 사용되고 유도식로에는 저주 및 고주파 유도로가 있다.
㉮ 고급강 제조에는 고주파 유도로가 사용된다.
㉯ 용량은 1회에 생산되는 용강의 무게로 나타낸다.

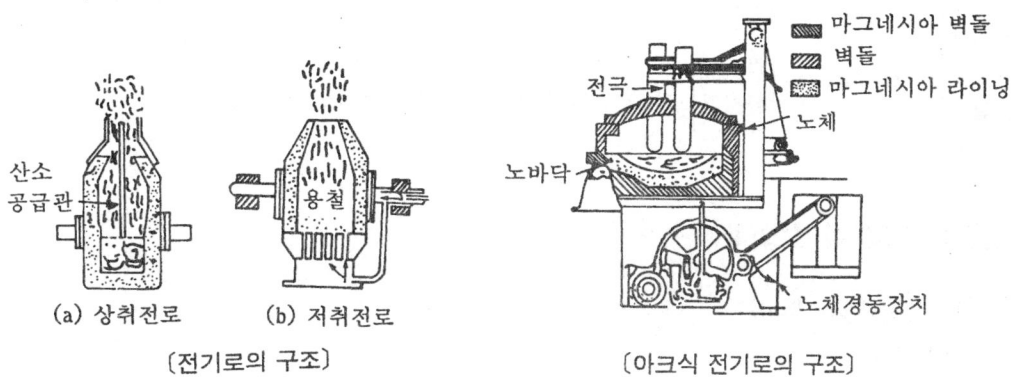

〔전기로의 구조〕   〔아크식 전기로의 구조〕

3) 잉곳(Ingot)의 제조
  탈산 정도에 따라 킬드강(Killed Steel, 진정강), 세미킬드강(Semikllied Steel), 림드강(Rimmd Steel) 및 캡트강(Capped Steel)으로 구별한다.

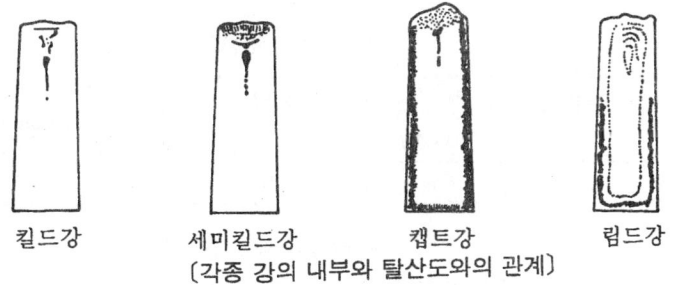

〔각종 강의 내부와 탈산도와의 관계〕

① 킬드강 : 노내에서 페로실리콘(Fe-Si), 페로망간(Fe-Mn), 알루미늄(Al) 등의 강탈산제로 충분히 탈산한 강으로, 기포나 편석은 없으나 잉곳 상부에 수축공(10~20%)이 생긴다.
② 세미킬드강 : 탈산의 정도를 킬드강과 림드강의 중간 정도로 한 것으로 기계적 성질도 킬드강과 림드강의 중간도이다.
③ 림드강 : 페로망간으로 가볍게 탈산시킴으로써 비등 교반 운동 때문에 강괴 내부에 기공(Blow Hole)이 많다.
  ※ Rimming Action(비등교반운동) : 용해시에 첨가한 고철의 산화, 정련 중에 투입

한 광석 등의 첨가물이 정련 중에 흡수된 O_2로 인하여 $2C+O_2 \rightarrow 2CO$의 작용이 왕성하게 진행되어 끓는 것과 같이 보이는 현상

④ 캡트강 : 림드강의 일종의 변형으로 주형에 뚜껑을 덮거나 다시 탈산제를 투입하여 비등 교반 운동을 강제적으로 끝마치게 하여 표층부를 청정하게 만들고 내부에 편석이나 기공을 적게 만든 강

4) 철강 재료의 제조 공정

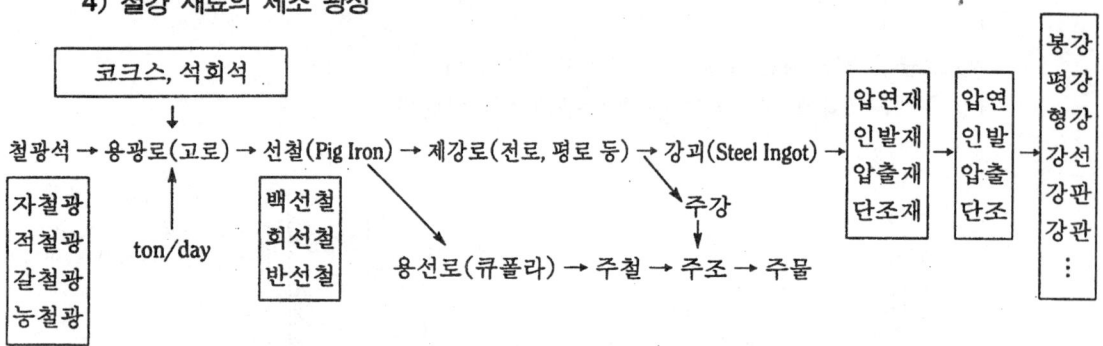

2 순철 및 탄소강

(1) 순철(Pure Iron)

1) 개요

순철의 종류는 전해철, 연철, 해면철, 암코철, 카르보닐철 등이 있으며, 공업적으로 생산되는 순도가 높은 철에는 암코철, 전해철이 있다.

순철은 기계 재료로 사용되는 일은 거의 없으며, 분말 야금 재료, 합금 재료, 자성 재료로는 가끔 사용된다.

〔순철의 물리적 성질〕

비 중	용융점 (℃)	용해 숨은열 (cal/g)	선팽창률 (20℃)	비열 (cal/g)(20℃)	열전도율 (cal/cm·sec℃)(20℃)	비저항 (Ω/cm)
7.876	1.538	65.0	11.7×10^{-6}	0.11	0.18	10×10^{-6}

〔순철의 기계적 성질〕

경 도 (H$_B$)	인장강도 (kg/mm^2)	연신율 (1=10d)(%)	단면 수축률 (%)	탄성한도 (kg/mm^2)	영 률 (kg/mm^2)
60~70	18~25	50~40	80~70	10~14	21,000

2) 순철의 변태

$$\alpha 철 \underset{910℃}{\overset{A_3}{\rightleftarrows}} \gamma 철 \underset{1400℃}{\overset{A_4}{\rightleftarrows}} \delta 철 \underset{1538℃}{\overset{용융점}{\rightleftarrows}} 용체(melt, 용융액, 용체\cdots)$$

(체심 입방 격자) (면심 입방 격자) (체심 입방 격자)

자격취득 Key

① 기계 재료의 내용 중 금속의 변태 온도, 용융 온도 등의 약간의 오차는 동일 내용으로 간주하여야 한다.
  (예 : 순철의 A_3 변태온도, 907℃ 또는 910℃)
② 변태의 관련 용어
  ㉠ 냉각시에는 r 문자를 붙인다.
    (Ar_3, Ar_4등, r : 프랑스어의 refroidissement)
  ㉡ 가열시에는 C 문자를 붙인다.
    (AC_3, AC_4등, C : 프랑스어의 chauffage)
  ㉢ 평형 상태에서의 변태 온도를 Ae(e : equivalent)로 표시

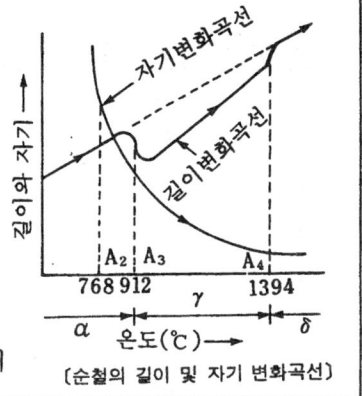

〔순철의 길이 및 자기 변화곡선〕

(2) 탄소강

1) 철-탄소 평행 상태도

① Fe-C(Graphite, 유리 흑연) : 안정 상태. 점선으로 표시
② Fe-Fe_3C(Cementite, 화합 탄소) : 준안정 상태, 실선으로 표시
③ 복평형 상태도 : 평형 상태도 내에 점선과 실선을 동시에 표시

> 강 중에 탄소는 일반적을 Fe_3C 상태로 존재하며, Fe_3C는 약 500~900℃ 사이에서 철과 흑연으로 분해하기 때문에 준안정 상태라 한다. 그러므로, 강철에서는 실선으로 표시된 Fe-Fe_3C 평형 상태도를 취급한다.

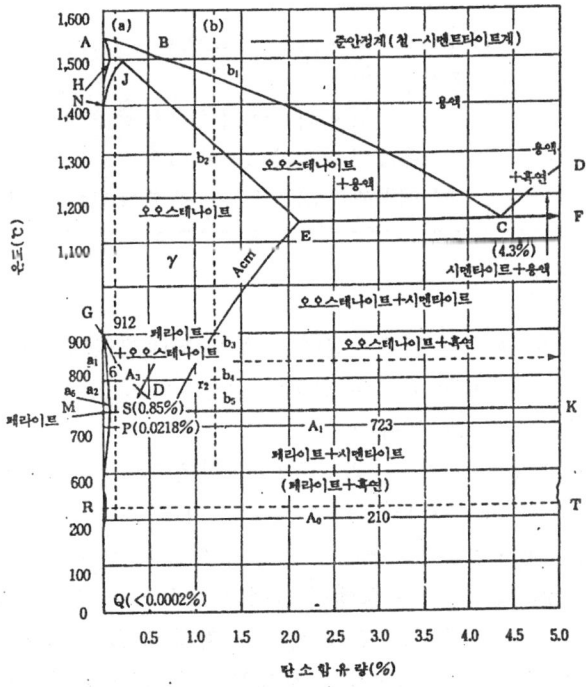

〔철-탄소계 평형 상태도〕

[철-탄소계 평형 상태도의 각 점과 선]

기 호	각 기호 설명
A	순철의 용융점(1,539℃)
AB	δ고용체의 액상선, B점은 0.5% C
AH	δ고용체의 고상선, H점은 0.1% C
HJB	포정선(1490℃), L(B%) + δ(H%) ⇌ γ(J%)
BC	γ고용체의 액상선
JE	γ고용체의 고상선
N	순철의 A_4 변태점(1400℃)
HN	δ고용체로부터 γ고용체를 석출하기 시작한 온도
JN	δ고용체로부터 γ고용체의 석출이 끝나는 온도(또는 γ고용체로부터 δ고용체로 변태하기 시작하는 온도)
J	0.181% C
C	Fe_3C와 γ고용체의 공정점. L(4.3%) ⇌ γ(2.0%) + Fe_3C(6.67%)
ECF	공정선(1,130℃)
E	γ고용체에 있어서의 최대 용해 탄소량(2.0%)
ES	Acm선, γ고용체로부터 Fe_3C가 석출되기 시작하는 온도
G	순철의 A_3 변태점(910℃)
GOS	A_3선, γ고용체로부터 α고용체가 석출되기 시작하는 온도
GP	γ고용체로부터 α고용체의 석출이 끝나는 온도
P	0.025%C
M	순철의 A_2 변태점(약 768℃)
MO	강의 A_2 변태선
S	공석점 γ(0.80%) ⇌ α(0.025%) + Fe_3C(6.67%)
PSK	공석선(723℃)
P	α고용체에 있어서의 최대 용해 탄소량(0.025%)
PQ	α고용체의 탄소의 용해도 곡선
Q	상온에서의 α고용체의 최대 용해 탄소량(0.08%)

2) 탄소강의 기본 조직

① 페라이트(Ferrite, α고용체) : α철에 탄소가 최대 0.025(0.036)% 고용된 α고용체로 흰색의 입상 조직이다. 대단히 연하여 전연성이 크며 A_2점(768℃ 또는 775℃, 자기 변태점) 이하는 강자성체이다.

② 델타 페라이트(Delta Ferrite, δ고용체) : δ철에 탄소가 최대 0.10% 고용된 δ고용체로 A_4점(1400℃) 이상에서만 존재하는 조직이며 인성이 크고 상자성체이다.

③ 오스테나이트(Austenite, γ고용체) : γ철에 탄소가 최대 2.11(2.0 또는 1.7)% 고용된 γ고용체로 A_1점(723℃) 이상에서 안정된 조직으로 인성이 크며 상자성체이다.

④ 시멘타이트(Cementite, Fe_3C) : 철에 탄소가 최대 6.67% 화합된 금속간화합물(Fe_3C)로 흰색에 침상이나 망상 조직이다. 경도가 매우 크며 메짐성(취성, 여림)이 있고, A_0점(210℃) 이하에서 강자성체이다.

⑤ 펄라이트(Pearlite, $\alpha + Fe_3C$) : 공석강으로 페라이트와 시멘타이트의 층상 조직으로, 현미경의 낮은 배율에서는 까맣게 보이나, 높은 배율(수백배 이상)에서는 명암이 층상으로 나타난다.

〔강의 기본 조직과 경도〕

조 직 명	Ferrite	Pearlite	Austentite	Cementite
경도(H_B)	약 90	약 225	약 155	약 820

⑥ 레데부라이트(Ledeburite, $\gamma + Fe_3C$) : 주철의 공정 조직(공정 주철, M $\rightleftarrows \gamma$ 고용체 + Fe_3C)으로 A_1점 이상에서는 안정된 조직이다.

> **자격취득 Key**
> 탄소강의 표준 조직이란 : 균일한 오스테나이트 조직에서 상온까지 서냉시켜 얻은 조직을 말하며 탄소 함유량이 많을수록 페라이트는 줄어들고 펄라이트와 시멘타이트는 늘어난다.

3) 탄소강의 성질

함유 원소 및 가공, 열처리 방법 등에 따라 달라지거나, 표준 상태에서는 주로 탄소 함유량에 따라 결정되며, 탄소 이외의 원소, 즉 Mn<0.8%, Si<0.5%, S<0.05%, P<0.04%이면 그 영향은 무시할 수 있다.

① 물리적 성질 : 탄소 함유량이 증가하면 비중, 선팽창 계수, 세로 탄성률, 열전도율, 용융 온도 등은 감소 또는 낮아지나 고유 저항과 비열은 증가한다.

〔탄소강의 물리적 성질〕

종류	화학조성 C[%]	비중	용융점 [℃]	세로 탄성계수 E(18℃) (kg/cm²)	열전도율 (20℃) (kcal/m²·h·℃)	열팽창계수 [×10^{-6}/℃] (20℃)	고유 저항 (20℃) ($\mu\Omega\cdot cm$)	비열(20℃) (cal/g·℃)
연강	0.12~0.20	7,855~7,863	1,470~1,490	2,115 ×10^{-6}	43~52	11.16~11.28	13.7~15.8	0.1136~0.1146
경강	0.40~0.50	7,836~7,846	1,390~1,420	2,090 ×10^{-6}	38	10.72~10.73	19.2~19.7	0.1168~0.1180

② 화학적 성질
  ㉮ 알칼리에는 거의 부식되지 않으나, 산에 대한 내식성이 없다.
  ㉯ 담금질된 강은 풀림 및 불림한 강보다 내식성이 있다.
  ㉰ 대기 중의 부식은 Cu(0.15~0.25%)를 첨가하면 개선된다.
  ㉱ 아연(Zn) 도금시 내식성이 개선된다.
③ 기계적 성질 : 일반적으로 탄소 함유량이 증가하면 경도, 인장 강도, 항복점은 증가하며 연신율, 충격값, 단면 수축률 등은 감소한다. 특히, 인장 강도는 공석강에서 최대가 되며, 과공석강에서는 경도는 증가하나 인장 강도는 감소한다.

④ 메짐성(Brittleness, Shortness, 취성, 여림)
  ㉮ 적열(고온) 메짐(Red Shortness) : 황(S)을 많이 함유한 탄소강이 약 950℃ 전후에서 메지게 되는 것. Mn을 첨가하면 황(S)의 해를 방지할 수 있다.
  ㉯ 청열 메짐(Blue Shortness) : 탄소강이 200~300℃에서 연신율과 단면 수축률이 저하되고, 인장 강도, 경도가 증가하여 메지게 되는 현상으로, 약 250℃ 부근에서 강의 표면이 청색으로 산화 착색되므로 이를 청열 메짐이라 한다.
  ㉰ 저온 메짐(Cold Brittleness) : 상온 이하의 온도에서 강의 충격값이 급격히 저하되는 현상
    ㉠ 면심, 입방 격자의 금속(예 : Ni, Al, Cu 등)에서는 잘 나타나지 않고 체심 입방 격자의 금속에서는 저온 메짐 현상이 크다.
    ㉡ C, P, N가 많을수록, 탈산이 불충분할수록, Ferrite 입자가 조대할수록 메짐 현상이 크며, 특히 P(인)을 많이 포함한 재료에서 나타나는 성질을 상온 메짐성이라고도 한다.
    ㉢ Ni, Cu, Mn은 저온 메짐성을 개선하는 데 효과가 있다.
    ㉣ 탄소강에서 탄소 함유량이 많을수록 고온에서 일어난다.

4) 함유 원소의 영향
  ① 망간(Mn)
    ㉮ 보통 강철 중에 0.2~0.8% 함유(선철 중 함유 및 탈산제)
    ㉯ 황(S)과 결합하여 황화망간(MnS)으로 되며, 적열 메짐의 원인이 되는 황화철(FeS)의 생성을 방해한다.
    ㉰ 연신율을 감소하지 않고, 강도를 증가시키며 담금질 효과를 크게 한다.
    ㉱ 고온 가공성 및 주조성을 좋게 한다.
  ② 규소(Si)
    ㉮ 보통 강철 중에 규소의 양은 0.35% 이하이다.
    ㉯ 규소가 0.35% 이상 함유되면 강도 및 경도는 증가하며 단접성, 냉간 가공성, 연신율, 충격 저항성 등이 낮아진다.
  ③ 인(P)
    ㉮ 인화철(Fe_3P)을 만들어 결정 입계에 편석하게 하므로 균열을 가져오게 한다.
    ㉯ 상온에서 충격값을 저하시켜 상온 메짐을 일으키게 한다.
  ④ 황(S)
    ㉮ 강철 중에 황화망간(MnS) 또는 황화철(FeS)로 존재하며 황화철(FeS)은 적열(고온) 메짐을 일으킨다.
    ㉯ 0.25% 정도 함유하면 절삭성을 향상시킨다(쾌삭강).
    ㉰ 공구강은 0.03% 이하, 연강은 0.05% 이하가 좋다.
  ⑤ 기타 함유 원소의 영향
    ㉮ 구리(Cu) : 0.25% 이하일 경우에는 별로 유해하지 않으며, 인장 강도, 탄성 한도 등을 증가시키고 내식성을 향상시킨다.

㉯ 비금속 개재물 : 일명 슬래그 개재물(Fe_2O_3, FeO, MnS, MnO_2, Al_2O_3, SiO_2 등)이라 하며 다음과 같은 영향이 나타난다.
  ㉠ 인성을 해치며, 메짐의 원인이 된다.
  ㉡ 열처리시에 균열을 일으키기 쉽다.
  ㉢ 소성 가공(단조, 압연 가공 등) 중 균열 및 고온 메짐성 등이 생긴다.
㉰ 가스(Gas) : 용강 중에 존재하였던, CO_2, CO, O_2, H_2, N_2 등이 남아 있으며 그 전량은 0.01~0.15% 정도이다. 특히, 수소(H_2)는 헤어 크랙이라는 내부 균열을 일으킨다.

3 합금강

(1) 합금강의 분류

탄소강에 다른 원소를 1종 또는 2종 이상 첨가한 것을 합금강 또는 특수강이라 한다.
일반적으로 합금강은 기계적 성질 개선, 내식성 향상, 고온 기계적 성질 향상, 담금질성 향상 단접 및 용접성 향상, 전·연성 성질의 변화, 결정 입자의 성장 방지 등의 목적으로 쓰인다.

〔합금강의 분류〕

분류	강의 종류	주 요 용 도
구조용 합금강	강인강	크랭크축, 기어, 볼트, 너트, 키, 축 등
	고장력 저합금강	선박, 건설용
	표면 경화용강	기어, 축류, 피스톤 핀, 스플라인축 등
공구용 합금강	합금 공구강	절삭 공구, 프레스 금형, 정 펀치 등
	고속도강	
내식·내열 용강	스테인리스강	칼, 식기, 취사 용구, 화학 공업 장치 등
	내열강	내연 기관의 흡기·배기 밸브, 터빈 날개, 고온·고압 용기
특수 용도 용합금강	쾌삭강	볼트, 너트, 기어, 축 등
	스프링강	여러 가지 스프링
	내마멸용강	크로스 레일, 파쇄기
	베어링강	볼 베어링, 전동체(강구, 롤러)
	영구 자석용강, 규소강, 자석강(Magnet-Steel)	전력 기기, 자석 등

(2) 합금 원소의 영향

일반적으로 합금강에 사용되는 합금 원소는 Ni, Mn, Cr, W, Mo, V, Cu, Si, Co, Ti 등이며, 그 효과는 아래 표와 같다.

〔여러 가지 합금 원소의 효과〕

원소	효 과
Ni	강인성과 내식성 및 내산성을 증가시킨다.

원소	효과
Mn	적은 양일 때에는 Ni과 거의 같은 작용을 하며, 함유량이 증가하면 내마멸성을 커지게 한다. S에 의하여 일어나는 메짐을 방지하게 한다.
Cr	적은 양도 경도와 인장 강도를 증가시키고, 함유량의 증가에 따라 내식성과 내열성을 커지게 하며, 자경성과 탄화물을 쉽게 만들고 내마멸성이 커지게 한다.
W	적은 양일 때에는 Cr과 거의 비슷하며 탄화물을 만들기 쉽게 하고, 경도와 내마멸성을 커지게 한다. 또, 고온 경도와 고온 강도를 커지게 한다.
Mo	W과 거의 흡사하나, 그 효과는 W의 약 2배이다. 담금질 깊이를 크게 하고 크리프저항과 내식성을 커지게 한다. 뜨임 메짐을 방지한다.
V	Mo과 비슷한 성질이나 경화성은 Mo보다 훨씬 더하다. Cr 또는 Cr-W과 함께 사용하여야 그 효력을 크게 발휘한다.
Cu	석출 경화를 일으키기 쉽고, 내산화성을 나타낸다.
Si	적은 양은 경도와 인장 강도를 다소 증가시키고, 함유량이 많아지면 내식성과 내열성을 크게 증가시키며, 전자기적 성질도 개선시킨다.
Co	고온 경도와 고온 인장 강도를 증가시키나, 단독으로는 사용하지 않고 크롬과 함께 사용한다.
Ti	Si나 V과 비슷하며, 입자 사이의 부식에 대한 저항을 증가시키고 탄화물을 만들기 쉽게 한다.

(3) 구조용 합금강
  1) 강인강의 종류
    ① 니켈강
    ② 크롬강(SCr)
    ③ 니켈-크롬강(SNC)
      ㉮ 니켈강은 강도는 크나 경화 능력이 작으므로 Cr을 첨가하여 이 점을 보완했다.
      ㉯ 820~880℃에서 유중 담금질하고, 뜨임은 550~650℃에 급랭한다.
      ㉰ 주조 및 가공할 때, 수지상 결정이나 백점(Flake) 등의 현상이 있다.
      ㉱ 뜨임시 서냉하면 뜨임 메짐성이 있다.
    ④ 니켈-크롬-몰리브덴강(SNCM)
    ⑤ 크롬-몰리브덴강(SCM)
    ⑥ 붕소강
    ⑦ 망간강
      ㉮ 구조용으로 사용되는 것은 Mn강으로 주성분은 C+0.2~1.0%, Mn=1~2%이다.
      ㉯ 펄라이트 Mn강(Pearlite Mn Steel) 또는 듀콜강(Ducol Steel)이라고 부른다.
  2) 표면 경화용 합금강의 종류
    ① 침탄용강 : 저탄소강 및 저탄소 합금강이 사용되며, 침탄용강에는 기계 구조용 탄소강(SM9CK, 15CK, 20CK), 크롬강(SCr415, 420), 니켈-크롬강(SNC415, 815) 크롬-몰리브덴강(SCM415, 418, 420, 421, 822), 니켈-크롬-몰리브덴강(SNCM), 기계 구조용 망간강(SMn), 망간-크롬강(SMnC 420) 등이 있다.
    ② 질화용강 : 탄소강에 Al, Cr, Mo이 첨가된 합금강이 사용되며 Al은 질화를 촉진시켜 주며, Cr 및 Mo은 기계적 성질을 개선시켜 준다.

(4) 공구용 합금강

일반적으로 공구강은 상온 및 고온에서 경도가 크고, 가열에 의한 경도 변화가 적으며 인성과 마멸 저항이 크고, 가공이 쉬우며, 열처리에 의한 변형이 적어야 되는 특성을 갖추어야 한다. 공구 재료에는 탄소 공구강, 합금 공구강, 초경 합금, 스텔라이트, 세라믹, 다이아몬드 등이 있다.

1) 합금 공구공(STS, STD, STF)
탄소 공구강에 Cr, W, V, Mo, Ni 등의 원소를 첨가한 강을 합금공구강(Alloy Tool Steel)이라 한다.

2) 고속도 공구강(SKH)
탄소강에 Cr, W, Co, V 등이 첨가된 합금강은 500~600℃의 고온에서 경도가 저하되지 않고 내마멸성이 커서 고속 절삭 작업이 가능하다. 이 합금강을 고속도 공구강(High Speed Steel, HSS)이라 한다.
① W계와 Mo계로 분류된다.
② 표준형 고속도강의 주성분 : 0.8%C, 18%W, 4%Cr, 1%V
③ 제2차 경화 : 550~580℃에서 뜨임하면 담금질 상태보다 경도가 더 크게 되는 현상
④ Cr, Mo은 담금질 효과를 크게 하고, 인성을 준다.

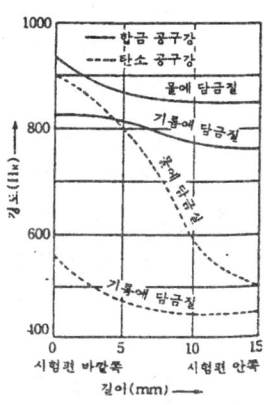

〔탄소 공구강과 합금 공구강의 담금질 효과 비교〕

3) 초경 합금
WC, TiC, TaC 등의 금속 탄화물을 Co로 소결한 것으로 탄화물 소결 공구(Sintered Carbide Tool) 또는 소결 경질 합금(Sinte-red Hard Metal)이라 한다.
① 상품명 : 비위디아(Widia), 텅갈로이(Tungalloy), 이게 얼로이(Igetalloy), 카볼로이(Carboloy), 디얼로이(Dialloy), 트리디아(Tridia), 미디아(Midia) 등
② 새종 특성(ISO 분류) :
  ㉮ 절삭 공구용 재종(P.M.K)
    ㉠ P : 강, 주강, 가단 주철(연속형 칩)
    ㉡ M : 강, 주강, 스테인리스강, 고망간강, 연질 쾌삭강
    ㉢ K : 주철, 칠드 주철, 가단 주철(비연속형 칩), 비철금속, 비금속류(목재, 프라스틱)
  ㉯ 내마모 공구(D)
  ㉰ 광산 공구(E)

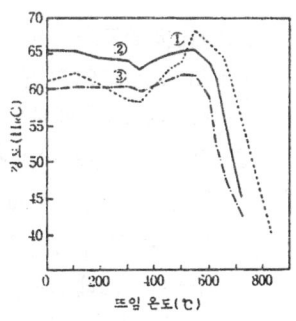

① 1300℃에서 기름에 담금질
② 1130℃에서 기름에 담금질
③ 950℃에서 기름에 담금질
〔고속도 공구강의 뜨임 온도와 경도와의 관계〕

③ 스텔라이트(Stellite) : 주조한 상태로 연삭하여 사용하는 공구 재료로 대표적인 것은 Co-Cr-W-C 합금이다.
  ㉮ 단조 또는 절삭 가공이 안 된다.

　　　　㉯ 열처리할 필요가 없고 고온 경도(1000℃)가 크다.
　　　　㉰ 인성이 떨어지며, 충격, 압력, 진동 등에 대하여 내구력이 작다(고속도강 대비).
　　　　㉱ 스텔라이트는 주로 경질 합금이 대표적이며, 그외에 페르싯(Percit), 셀싯(Celcit), 아르킷(Arkit) 등이 있다.
　　④ 세라믹 공구(Ceramic Tool) : Al_2O_3가 89~99%이고 나머지는 Si 및 Mg의 산화물 또는 기타 산화물로 구성된 소결 산화물 공구이다.
　　　　㉮ 열전도율이 작고 고온 경도가 크다.
　　　　㉯ 여림(메짐) 성질이 있으며, 절삭열에 냉각제를 사용하지 않는다.
　　⑤ 다이아몬드(Diamond) : 최고 경도를 가진 특수 공구로 메짐성(여림)이 있고 고가이므로 특수 용도에만 사용된다. 특징으로는, 장시간 고속 연속 절삭이 가능하며, 인선이 손상되었을 때 재생이 곤란하다.
4) 기타 공구강의 종류
　　① 다이스강(STD) : 프레스 금형, 드로잉, 압축 가공 등에 사용되는 금형이나 다이에 사용되는 공구강이다.
　　② 게이지강 : 1.0% 이하의 강에 Mn, Cr, W, Ni 등을 첨가한 저합금강이 많이 쓰인다.
　　　　㉮ 담금질 후 뜨임(100~150℃)하여 장시간 시효 처리하거나, 서브제로 처리를 한다.
　　　　㉯ 내마멸성과 내식성이 좋아야 한다.
　　　　㉰ 가공이 쉽고, 열팽창 계수가 작아야 한다.

(5) 내식·내열용 합금강
　1) 스테인리스강(Stainless steel, 불수강)
　　① Cr계 스테인리스강
　　　　㉮ 마텐자이트계　　　　　　㉯ 페라이트계
　　② Cr-Ni계 스테인리스강
　　　　㉮ 오스테나이트계이다.
　　　　㉯ 표준형의 주성분은 18% Cr, 8% Ni, 0.1% C이다.
　　　　㉰ Cr계 스테인리스강에 비하여 내산, 내식성이 우수하다.
　　　　㉱ 담금질에 의하여 강도를 높일 수 없으나, 가공 경화에 의한 방법으로 강도, 경도를 높일 수 있다.
　　　　㉲ 입계 부식이 생긴다.
　　③ 석출 경화형 스테인리스강
　2) 내열강
　　　탄소강에 Ni, Cr, Al, Si 등의 합금 원소를 첨가하여 내열성과 고온 강도를 부여한 합금강을 내열강이라 한다.
　　① 내열강에 요구되는 성질
　　　　㉮ 내식성이 좋을 것
　　　　㉯ 고온에 필요한 기계적 성질을 가질 것
　　　　㉰ 고온에 필요한 물리적 성질을 가질 것

㉔ 가공성이 좋을 것
㉕ 사용 목적, 성능에 따르는 가격이 쌀 것
② 내열강의 분류
㉮ 페라이트계 내열강   ㉯ 오스테나이트계 내열강
㉰ 실크롬강(C-Si계, 밸브용강)   ㉱ 초내열 합금

(6) 특수 용도용 합금강
1) 내마열강
① 고망간강
㉮ 주요 성분은 C=0.9~1.3%, Mn=11~14%
㉯ 오스테나이트 망간강 또는 하드필드 망간강이라고 한다.
㉰ 수인법(Water Toughing, 1000~1050℃에서 20~30분 가열 후에 수냉) 처리를 한다.
㉱ 균열을 방지하기 위하여 C=1.3% 이하, Si=0.8% 이하, P=0.05% 이하로 조정하여야 하며 주입 온도는 1500℃ 이상이 되면 균열이 발생한다.
㉲ 내마멸, 내충격성이 우수하고 경도가 크므로, 광산 기계의 파쇄 장치, 임펠러 플레이트, 기차 레일의 포인트, 칠드 롤러, 불도저의 앞날 등의 재료에 쓰인다.
㉳ 단조, 압연보다는 주조에 의하여 제품을 만들어진다.

2) 전자기용 합금
① 철심재료
㉮ 0.5~1.5% Si : 발전기 또는 전동기의 철심
㉯ 1.5~2.5% Si : 발전기의 발전자, 유도 전동기의 회전자
㉰ 2.5~3.5% Si : 유도 전동기의 고정자용 철심, 변압기 및 발전기의 철심
㉱ 3.5~4.5% Si : 변압기의 철심, 전화기

② 영구자석
㉮ 담금질 경화형   ㉯ 석출 경화형   ㉰ 미분말

3) 전기 저항용 합금
① Ni-Cr계 합금(니크롬)   ② Fe-Cr계 합금

4) 스프링강(SPS)
스프링강은 탄성 한도, 피로 한도, 크리프 저항 및 인성이 우수하여 진동이나 반복 하중에 잘 견디는 특성을 가져야 한다.
① 규소-망간강, 망간-크롬강 : 일반 자동차용
② 크롬-바나듐강 : 정밀 고급 스프링
③ 스테인리스강, 크롬강 : 내식, 내열 스프링

5) 베어링강(Bearing Steel)
베어링강은 강도와 경도 및 탄성 한도가 높고, 피로 한도가 크며, 내마멸성이 요구된다. 현재 많이 사용되고 있는 베어링강의 표준 조성은 1.0%C, 1.5% Cr의 고탄소 크롬강이다.
① 미끄럼 베어링용 : 백색 합금(White metal), 소결 베어링 합금 등

② 구름 베어링용 : 고탄소 크롬강
③ 고탄소 크롬강은 담금질 전에 탄화물의 구상화 처리(750~780℃ 3시간 이상 가열 후 노냉)를 해야 한다.

6) 쾌삭강(Free Cuting Steel)

가공 재료의 피절삭성, 정밀 가공성 및 절삭 공구의 수명 등을 향상시키기 위하여 탄소강에 황(S), 인(P), 납(Pb) 등을 첨가한 합금강을 쾌삭강이라 한다.
① 황, 쾌삭강 : 탄소강에 황을 기본 첨가량보다 0.1~0.25% 정도 더 증가시킨 것
② 황(S)~인(P)계 쾌삭강 : 황 쾌삭강에 인의 양을 0.07~0.12% 정도 첨가한다.
③ 납, 쾌삭강 : 탄소강 또는 합금강에 0.1~0.35% Pb을 첨가한 것
④ 황, 인, 쾌삭강은 절삭성은 향상되지만 기계적 성질은 나빠진다. 그러므로 강도가 중요하지 않은 정밀 나사나 작은 부품용으로 사용된다.

7) 불변강(Invariable Steel)

온도 변화에 따라 선팽창 계수나 탄성률 등의 특성이 변화하지 않는 합금강을 불변강이라 한다.
① 인바(Invar)
　㉮ 성분 : 0.2%C 이하, 35~36% Ni, 약 4.0% Mn, 나머지 Fe
　㉯ 20℃의 선팽창 계수가 1.2×10^{-6}으로 탄소강(12×10^{-6})의 1/10 정도이다.
　㉰ 줄자, 표준자, 시계의 추 등에 쓰인다.
② 초불변강(Super Invar)
　㉮ 성분 : 30.5~32.5% Ni, 4~6% Co, 나머지 Fe
　㉯ 20℃의 선팽창 계수가 0.1×10^{-6}으로 인바의 1/12밖에 안 된다.
　㉰ 정밀 기계 부품의 재료로 사용된다.
③ 엘린바(Elinvar)
　㉮ 성분 : 36% Ni, 12% Cr, 나머지 Fe
　㉯ 20℃의 선팽창 계수가 8.0×10^{-6} 정도이다.
　㉰ 지진계의 부품, 고급 시계의 나사, 정밀 저울의 스프링 등에 사용된다.
④ 코엘린바(Coelinbar)
　㉮ 성분 : 0~16.5% Ni, 10~11% Cr, 26~58% Co, 나머지 Fe
　㉯ 공기나 물 속에서 부식되지 않는다.
　㉰ 스프링, 기상 관측용 기구의 부품 등에 쓰인다.
⑤ 플래티나이트(Platinite)
　㉮ 성분 : 46% Ni, 나머지 Fe
　㉯ 열팽창, 계수와 내식성 Pt가 비슷하다.
　㉰ 진공관이나 전구의 도입선으로 사용된다.

4 주철 및 주강

(1) 주철(Cast Iron)

Fe-C계 평형 상태도상으로는 C=1.7(2.0)~6.67% 함유하는 Fe-C 합금으로 정하고 있

으나, 실용 주철의 성분은 C=2.5~4.5%, Si=0.5~3.0%, Mn=0.5~1.5%, P=0.05~1.0%, S=0.05~0.15%이다.

주철 중에 탄소량은 유리 탄소(흑연, 서냉시)와 화합 탄소(Fe_3C, 급랭시)로 존재하며 파단면에 따라 회주철(Gray Cast Iron, 회색), 백주철(White Cast Iron, 흰색), 반주철(Mottled Cast Iron)로 분류한다.

1) 주철의 조직

주철의 조직은 C 및 Si의 함유량에 영향을 많이 받으며 주 성분 관계에 따라 주철의 조직 변화를 나타낸 선로를 마우러(Maurer)의 조직도라 한다.

Ⅰ : 백주철(시멘타이트+펄라이트)
Ⅱ : 펄라이트 주철(펄라이트+흑연)
Ⅱa : 반주철(펄라이트+시멘타이트+흑연)
Ⅱb : 회주철(펄라이트+흑연+페라이트)
Ⅲ : 페라이트 주철(페라이트+흑연)

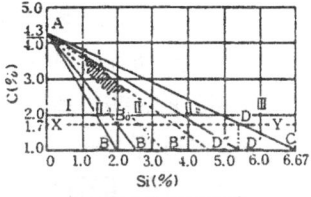

〔마우러의 조직도〕

① 흑연의 모양 : 흑연의 양, 크기, 모양 및 분포 상태는 주물의 성질에 크게 영향을 미치며 일반적으로, 흑연은 연하고 메짐성이 있어 인장 강도를 약하게 한다. 또한, Si가 많으면 C의 흑연화가 촉진되며 기본형은 편상, 괴상, 구상 흑연이다.

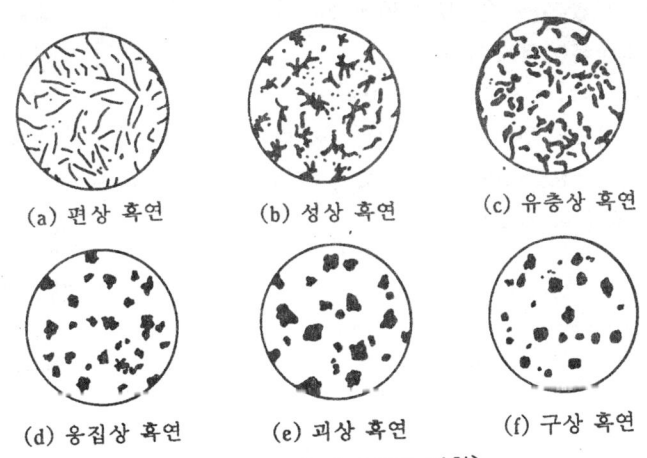

(a) 편상 흑연   (b) 성상 흑연   (c) 유충상 흑연
(d) 응집상 흑연 (e) 괴상 흑연   (f) 구상 흑연

〔주철의 흑연 모양과 명칭〕

2) 주철의 성질

① 물리적 성질

㉮ Si와 C가 많을수록 비중은 작아지며, 용융 온도도 낮아진다.
㉯ Si와 Ni의 양이 증가할수록 고유 저항이 높아진다.

〔주철의 물리적 성질〕

종류	색상	비중	용융점 (℃)	용융 숨은열 (cal/g)	선팽창계수 (25~100℃) (℃$^{-1}$)	열전도율 (cal-/cm·sec·℃)	비열 (cal/g·℃)	고유 저항 (Ω·cm)
회주철	흑회색	7.1~7.3	1,150~1,350	32~34	0.0000084	0.045~0.08	0.131	74.6×10^{-6}
백주철	은백색	7.5~7.7	1,150~1,350	23	—	0.12~0.13	0.131	98.0×10^{-6}

② 화학적 성질
㉮ 염산, 질산 등의 산에는 약하지만 알칼리에는 강하다. 또한, 물에 대한 내식성이 좋기 때문에 상수도용 관으로 사용된다. 그러나, 물의 마찰 저항 및 충돌이 심한 곳에서는 침식이 심하다.
㉯ 주철을 고온(600℃)에서 가열과 냉각을 반복하면 부피가 팽창한다. 이러한 현상을 주철의 성장(Growth of Cast Iron)이라 한다.
㉠ 발생 원인
ⓐ 시멘타이트(Fe_3C)의 흑연화(600℃ 이상, $Fe_3C \rightarrow 3Fe+C$)
ⓑ 페라이트 조직 중에 Si의 산화
ⓒ A_1 변태에서 체적 변화
ⓓ 흡수된 가스의 팽창에 따른 부피 증가
㉡ 방지 방법
ⓐ Cr을 첨가하여 Fe_3C의 분해 방지
ⓑ C 및 Si의 양을 적게 하고, 안정화 원소인 Ni 등을 첨가
ⓒ 편상 흑연을 구상 흑연화시킨다.

③ 기계적 성질
㉮ 경도 : C+Si량이 많을수록 작아지며, 페라이트가 많은 것은 $H_B=80\sim120$, 백주철은 $H_B=420$ 정도이다.
㉯ 인장 강도 : 회주철은 $10\sim45 kgf/mm^2$ 범위이며, 얇은 주물을 제외하면 Sc(탄소 포화도)$=0.8\sim0.9$ 정도의 것이 가장 큰 인장 강도로 가진다.

$$Sc = \frac{C(\%)}{4.3 - \frac{Si(\%)}{3.2}}$$

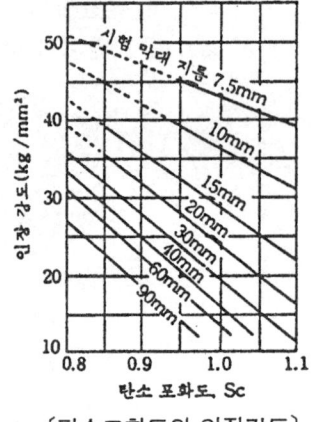
〔탄소포화도의 인장강도〕

㉰ 압축 강도 : 인장 강도의 3~4배 정도이며 고급 주철일수록 그 배율은 작아진다.
㉱ 충격값 : 저탄소, 저규소로 흑연량이 적고 유리 시멘타이트가 없는 주철은 메짐성이 크기 때문에 충격값이 작다.
㉲ 굽힘 강도 : 인장 강도의 1.5~2.0배이다.
㉳ 연신율 : 1% 이하이다.
㉴ 내마멸성 : 흑연이 윤활제 역할을 하며, 흑연 자신이 기름을 흡수하므로 내마멸성이 크다.

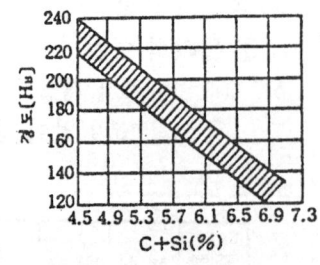
〔C+Si량과 주철의 강도〕

④ 주조성
  ㉮ 유동성 : 일정한 조건하에 주형에 주입하여, 응고할 때까지의 쇳물의 흐르는 길이를 측정하여 평가하며, C, Si, P, Mn 함유량이 많을수록 유동성이 좋아지나 S는 나쁘게 한다.
  ㉯ 수축 : 냉각 응고시 및 응고 후에도 온도 강하에 따라 수축이 생기며, 이로 인한 결함이 발생한다. 일반적으로 주철의 수축은 약 1% 정도이다.
⑤ 감쇠성
  ㉮ 감쇠능 : 진동을 흡수하여 점차 작아지게 하는 능력을 말하며 회주철(편상 흑연)은 감쇠 기능이 크다.

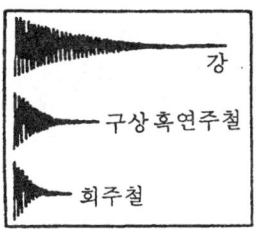
〔주철과 강의 진동감쇠능의 비교〕

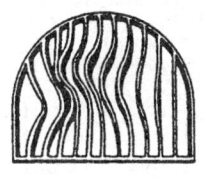
〔주철의 성장에 의한 변형의 보기〕

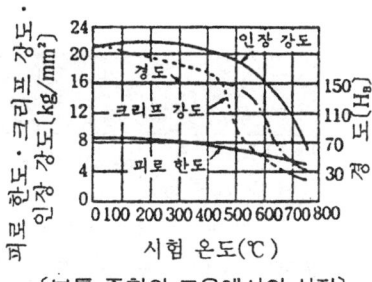
〔보통 주철의 고온에서의 성질〕

3) 주철의 종류
  ① 보통 주철(GC10, GC15, GC20) : 편상 흑연, 페라이트, 약간의 펄라이트를 함유하는 조직으로 회주철을 말하며 인장 강도가 10~20kgf/mm² 정도이다.
  ② 고급 주철(High Grade Cast Iron) : 편상 흑연 주철 중에서 인장 강도가 25kgf/mm² 정도 이상인 주철을 고급 주철이라 하며, 바탕이 펄라이트 조직이므로 펄라이트 주철이라고도 한다.
    ㉮ 미하나이트 주철 : 저탄소, 저규소의 주철에 규소철(Fe-Si) 또는 칼슘-실리케이트(Ca-Si)를 접종(Inoculation) 처리 함으로써 흑연을 미세화하여 강도를 높인 것이다. 또한 이 주철은 인성과 연성이 크며, 두께의 차에 의한 성질 변화가 적으므로, 용도로는 피스톤 링에 적합하다.
    ㉯ 란츠법(Lanz Process)
    ㉰ 에밀법(Emmel Process)

〔미하나이트 주철의 성분과 기계적 성질〕

성 분	전탄소	화합탄소	Si	Mn	P	S	인장강도	경 도
[%]	2.03~2.13	0.72~0.99	1.35~1.39	0.87~1.05	0.15~0.16	0.04	25~35kg/mm²	HB 126~321

  ③ 합금 주철(Alloy Cast Iron) : 주철에 특수 원소(Ni, Cr, Mo, Si, Cu, V, B, Al, Mg, Ti 등)를 한 가지 또는 그 이상 첨가하여, 여러 가지 성질(기계적 성질, 내식성, 내열성 등)을 향상 및 보완시킨 주철이다.
    ㉮ 고력 합금 주철

㉠ Ni-Cr계 주철
  ㉡ 애시큘러 주철(Acicular Cast Iron) : 보통 주철에 1~1.5% Mo, 0.5~4.0% Ni, 소량의 Cu, Cr 등을 첨가한 것으로, 흑연은 편상이나 조직은 침상(Acicular)이며 인장 강도 45~65kgf/mm², 경도(H_B)가 300정도이다. 강인성과 내마멸성이 우수하여 크랭크축, 캠축 등에 쓰인다.
 ㉯ 내마멸성 주철
  ㉠ Ni-Cr계 주철   ㉡ 침상(Acicular)주철
 ㉰ 내열 주철
  ㉠ 니크로실랄(Ni-Cr-Si 주철) ㉡ 니-레지스트(Ni-Cr-Cu 주철) ㉢ 고크롬 주철

〔내 열 주 철〕

종 류	화 학 성 분 [%]							인장강도 (kg/mm²)	경도 (H_B)
	C	Si	Mn	Ni	Cr	Mo	Cu		
• 니크로실랄 (Ni-Cr-Si 주철)	약 2.00	5~6	<1.00	18	2	—	—	31	110
• 니-레지스트 (Ni-Cr-Cu 주철)	2.75~3.10	1.25~2.00	1.00~1.50	12~15	1.50~4.00	—	5~7	14~16	120~170
• 고크롬 주철	2.30~3.10	0.80~1.20	0.50~1.00	—	25~30	—	—	43~46	300~350

 ㉱ 내산 주철
  ㉠ 듀리론(Durion)   ㉡ 코로질론(Corrosilon)
④ 특수 주철
 ㉮ 구상 흑연 주철 : 큐폴라 또는 전기로에서 용해 후, 주입 직전에 마그네슘 합금(Fe-Si-Mg), 세륨(Ce) 또는 칼슘(Ca) 등을 첨가해서 흑연을 구상화한 것으로 인장 강도 55~80kgf/mm², 연신율 2~6%로 노듈러 주철(Nodular Cast Iron), 덕타일 주철(Ductile Cast Iron)이라고도 한다.
  ㉠ 시멘타이트형, 펄라이트형, 페라이트형으로 분류된다.
  ㉡ 페라이트와 펄라이트의 중간 조직으로 벌스 아이(Bull's Eye) 조직이 나타난다.
  ㉢ 내마멸성, 내열성, 내식성 등이 우수하여, 자동차의 크랭크축 등에 사용된다.
 ㉯ 칠드 주철 : 보통 주철보다 Si 함유량이 적고 Mn을 알맞게 첨가한 쇳물을 주형에 주조할 때, 경도를 필요로 하는 부분에 칠 메탈(Chill Metal)을 사용하여 급랭시킴으로써 필요한 부분을 백선화(Chill)시킨다.
  ㉠ 칠드층의 깊이는 보통 10~25mm로 하며, 냉경 주물이라고도 한다.
  ㉡ 탄소는 칠 깊이를 감소시키나 경도를 증가시킨다.
  ㉢ 규소량이 많아지면 칠층이 얇아진다.
  ㉣ 망간은 칠 깊이를 증가시키나, 너무 많으면 균열이 발생한다.
  ㉤ 제강용롤, 철도 차량, 분쇄기롤, 제지용롤 등에 사용된다.

㈐ 가단 주철(Malleable Cast Iron)
  ㉠ 흑심 가단 주철(Black Heart Malleable Cast Iron, BMC) : 백주철 주물을 풀림 상자에 넣고 풀림로에서 가열하여, 2단계의 흑연화 처리($Fe_3C \rightarrow 3Fe+C$)에 의하여 제조된다. 표면은 탈탄되어 있으나, 내부는 시멘타이트가 흑연화되었을 뿐 파단면이 검게 보인다.

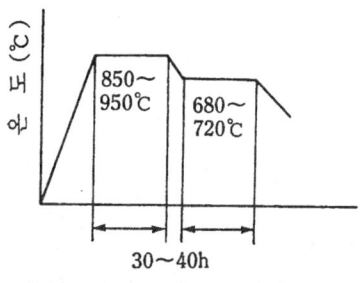
〔흑심 가단 주철의 풀림 공정〕

  ㉡ 백심 가단 주철(White-Heart Malleable Cast Iron, WMC) : 풀림 상자 속에 백선 주물을 산화철 또는 철광석 등의 분말로 된 산화제로 싸서 900~1000℃의 고온에서 장시간(70~100시간) 가열 유지하면, 탈탄 반응에 의하여 백심 가단 주철이 된다.

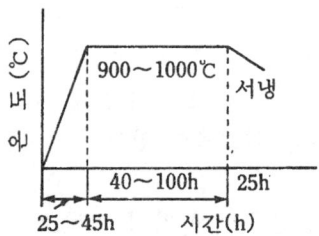
〔백심 가단 주철의 열처리 공정〕

  ㉢ 펄라이트 가단 주철(Pearlite Malleable Cast Iron, PMC) : 흑심 가단 주철 2단계 흑연화 처리 중에서 제1단계 흑연화 처리만 한 다음 서냉한 것으로, 조직은 뜨임 탄소와 펄라이트로 인성은 약간 떨어지나 강력하고 내마멸성이 좋다.

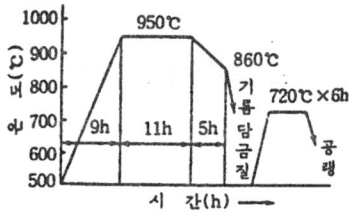
〔펄라이트 가단 주철의 열처리〕

〔가단 주철의 종류와 용도〕

종 류		기 호	인장시험		경 도 (H_B)	용 도
			인장강도 (kg/mm^2)	연신율 (%)		
백심가단 주철품 (KSD 4305)	1종	WMC 34	> 43	> 5	–	자전거, 오토바이 부품
	2종	WMC 38	> 36	> 8	–	자동차, 산업 기계 용접용, 고온도용
흑심가단 주철품 (KSD 4303)	1종	BMC 28	> 28	> 5	–	파이프 이음쇠
	2종	BMC 32	> 32	> 8	–	자동차, 산업 기계, 기구 부품
	3종	BMC 35	> 35	> 10	–	
펄라이트 가단주철품 (KSD 4303)	1종	PMC 45	> 45	> 6	149~207	
	2종	PMC 50	> 50	> 4	167~229	
	3종	BMC 55	> 55	> 3	183~241	자동차, 산업 기계, 기구 부품
	4종	PMC 60	> 60	> 3	207~269	
	5종	PMC 70	> 70	> 2	229~285	특수 부품

4) 주철의 열처리

    주조 응력을 제거하기 위하여 장기간 외기에 방치하는 자연 시효(Natural Aging)와 주조 후 500~600℃에서 수시간 가열 후 풀림 처리를 한다.

(2) 주강(Cast Steel)

    주조 방법에 의하여 용강을 주형에 주입하여 만든 제품을 말하며 주강품 또는 주강물이라고도 한다. 주강품은 모양이 크거나 복잡하여 단조품으로 만들기 곤란하거나, 주철로써는 강도가 부족할 경우에 사용된다. 또한 주철에 비하여 용융점(약 1600℃)이 높고 수축률이 크기 때문에 주조하는 데 어려움이 있다.

1) 보통 주강

    탄소 주강이라고 하며 탄소 함유량에 따라 저탄소 주강(0.2% 이하), 중탄소 주강(0.2~0.5%), 고탄소 주강(0.5% 이상)으로 구분한다.

2) 합금 주강

    ① 강인 주강
    ② 스테인리스 주강
    ③ 내열 주강
    ④ 내마멸 주강

2. 비철 금속

1 구리와 그 합금

(1) 구리

    적동광, 황동광, 휘동광, 반동광 등의 광석을 용광로에서 용해시켜 20~40% Cu를 함유하는 황화구리(Cu_2S)와 황화철(FeS)의 혼합물로 만든 다음, 전로에서 산화, 정련하여 조동(순도 98~99.5%)으로 만든다.

 이것을 전기 분해하여 전기 구리(순도 99.95~99.99%)를 만들고 또, 전기 구리를 반사로에서 용해, 정련, 탈산시켜 강인동(Tough Pitch Copper, 정련동)을 만든다. 그리고, 시판되는 구리의 종류에는 전기 구리, 정련 구리, 탈산 구리, 무산소 구리 등이 있다.

1) 구리의 우수한 점
 ① 전기 및 열전도율이 높다.
 ② 연성이 좋아 가공하기 쉽다.
 ③ 아름다운 색을 띠고 있다.
 ④ 아연, 주석, 알루미늄 등과 합금하면 철강에 비하여 내식성이 좋다.

2) 구리의 성질
 ① 물리적 성질
  ㉮ 전기 전도율은 Ag 다음으로 우수하다.
  ㉯ 전기 전도율에 해로운 불순물은 Ti, P, Fe, Si, As, Be 등이다.
  ㉰ Cd은 전기 전도율을 저하시키지 않으면서 강도 및 내마멸성을 향상시킨다.

〔구리의 물리적 성질〕

용융점(℃)	끓는점(℃)	비중[20℃]	비열(cal/g·℃)	용융 숨은열(cal/g)	선팽창 계수(20℃)($\times 10^{-6}$℃)	열전도율(20℃)(cal/cm·sec·℃)	비저항(20℃)($\mu\Omega\cdot cm$)
1,083	2,360	8.96	0.092	50.6	16.5	0.94	1.7241

 ② 기계적 성질
  ㉮ 소성 가공을 하면 인장 강도 및 경도는 증가하며 연신율은 감소한다.
  ㉯ 전연성이 크므로 상온에서 가공이 쉽다. 일반적으로, 인장 강도 22.7~24.1kgf/mm², 연신율 49~60% 정도이다.
 ③ 화학적 성질
  ㉮ 건조한 공기 중에는 산화하지 않으나, CO_2 또는 습기가 있으면 염기성 탄산구리가 생긴다.
  ㉯ 650~850℃에서 수소 메짐 현상이 있으며, 950℃ 이상에서 자연 소멸된다.

(2) 황동(Brass)
 1) 황동의 특징
  ① 실용되는 것은 α와 $\alpha + \beta$ 조직이다.
  ② α상은 면심 입방 격자이고 β상은 체심 입방 격자이다.
  ③ 38% Zn 이하의 합금은 상온에서 단상 조직을 가지므로 α황동이라 부른다.
  ④ α(7.3) 황동은 상온 가공, $\alpha + \beta$(6.4) 황동은 고온 가공하는 것이 좋다.
  ⑤ γ상이 나타나는 고아연 합금은 메짐성(취성) 때문에 실용성이 없다.
  ⑥ 저온 풀림 경화(저온 소둔 경화) : α황동을 냉간 가공하여 재결정 온도 이하의 저온도로 풀림(소둔)하면 가공 상태보다 오히려 경화하는 현상
  ⑦ 경년 변화 : 황동 가공재를 상온 방치하거나, 저온 풀림 경화로 얻은 스프링재는

사용 중 시간의 경과에 따라 경도 등 제성질이 악화되는 현상
⑧ 탈아연 부식 : 불순물이나 부식성 물질에 공존할 때에는 수용액의 작용에 의하여 황동에 함유되어 있는 아연(Zn)이 용해되는 현상으로, 특히 Cl을 함유하는 물을 쓰는 수관에서 흔히 볼 수 있다.
⑨ 자연 균열 : 상온 가공을 한 봉, 관 등이 사용 중 또는 보관 중에 잔류된 내부 응력 때문에 균열이 생기는 현상으로 응력 부식 균열이다.
⑩ 고온 탈아연 : 고온에서 아연(Zn)이 증발하여 황동 표면으로부터 탈아연(Zn)되는 현상으로, 고온일수록 또는 표면이 깨끗할수록 심하다.
⑪ 7.3 황동은 1200℃, 6.4 황동은 1100℃를 넘으면 아연이 비등하므로 용융시 주의가 필요하다.
⑫ 황동에서 연신율은 아연(Zn) 30%, 인장 강도는 아연(Zn) 40%일 때 각각 최대 값을 나타낸다.

2) 황동의 종류
① 톰백(Tombac) : 5~20% Zn 황동으로, 강도는 낮으나 전연성이 좋고 금색에 가까우므로 금박 대용으로 사용한다. 10% Zn 황동이 톰백의 대표적이다.
② 7.3황동 : 가공용 황동의 대표적인 것이며, 판, 봉, 관, 선 등을 만들어 널리 사용한다.
③ 6.4황동 : 6.4황동(Muntz Metal)은 조직이 ($\alpha+\beta$)이므로, 상온에서 전연성은 낮으나 강도가 크다. 내식성이 적고 탈아연 부식을 일으키기 쉬우나 강력하기 때문에 기계 부품용으로 많이 쓰인다. 600~800℃에서 고온 가공한다.
④ 특수 황동
　㉮ 납 황동(Lead Brass) : 황동에 납(Pb)을 1.5~3.0%까지 첨가하여 절삭성을 개선한 것으로 쾌삭 황동(Free Cutting Brass)이라 하며, 시계나 계기용의 기어, 나사 등의 재료에 쓰인다.
　㉯ 주석 황동(Tin Brass) : 황동에 1% 정도의 주석(Sn)을 첨가하여 내식성을 개선한 것
　　㉠ 애드미럴티 황동(Admiralty Brass) : 7.3 황동에 약 1%의 주석(Sn)을 첨가한 것
　　㉡ 네이벌 황동(Naval Brass) : 6.4 황동에 약 1%의 주석(Sn)을 첨가한 것
　㉰ 철 황동(Iron Brass) : 6.4 황동에 철(Fe)을 1% 정도 첨가한 합금으로 델타 메탈(Delta Metal)이라 하며, 강도가 크고 내식성이 좋아 광산, 선박용, 화학 기계 등에 사용된다.
　㉱ 망간 황동 : 황동에 소량의 망간을 첨가하여 강도와 경도를 증가시키고, 연신율을 크게 한 것으로 강력 황동이라고도 한다.
　㉲ 니켈 황동(Nickel Brass) : 황동에 니켈(Ni)을 10~20% 첨가한 합금으로, 일명 양은 또는 양백(Nickel Silver, German Silver)이라고도 한다.
　　색깔은 은과 비슷하며 장식용, 식기, 악기 등에 은 대용으로 사용된다.

(3) 청동(Bronze)

넓은 의미에서 황동 이외의 구리 합금을 말하나, 좁은 의미에서는 Cu-Sn 합금을 말한다. 청동은 주조성이 좋고 부식에 잘 견디며 내마모성도 좋으므로 10% Sn 이내의 것을 각종 기계 주물용, 미술 공예품 등에 사용하고 있다.

1) 청동의 특징
   ① 경도(H_B)는 Sn 15%까지 천천히 증가하나, 그 이상에서는 급격히 증가한다.
   ② 인장 강도는 Sn 17~18%에서 최대이며, 그 이상에서는 감소한다.
   ③ 연신율은 Sn 4~5%에서 최대이며, 그 이상에서는 급격히 떨어진다.
   ④ Sn 10%까지의 청동에서는 Sn 함유량의 증가에 따라 내해수성이 좋아지고 Pb 함유량이 많을수록 내식성이 나빠진다.

2) 청동의 종류
   ① 포금(Gun Metal) : 8~12% Sn에 1~2% Zn의 구리 합금으로 주물(밸브, 콕, 기어, 베어링, 부시 등)에 사용되며, 이 합금 중에서 주조성과 절삭성을 개량한 애드미럴티 포금(Admiralty Gun Metal)이 있다.
   ② 미술용 청동 : 2~8% Sn, 1~12% Zn, 1~3% Pb의 청동이 사용되며, 유동성을 좋게 하기 위하여 Zn을 첨가한다.
   ③ 베어링용 청동 : 자동차나 일반 기계의 베어링 부품에 Sn 10~14%의 청동이 사용된다.
   ④ 인 청동 : 인(P)은 주석 청동의 용융 주조시에 탈산제로 사용되며, 합금 중에 0.05~0.5% 정도의 인(P)을 잔류시키면 구리 용융액의 유동성이 좋아지고, 합금의 강도, 경도 및 탄성률 등 기계적 성질 및 내식성이 개선된다.
   스프링용 인청동은 7~8% Sn, 0.05~0.15% P 정도의 합금이 실용된다.
   ⑤ 알루미늄 청동 : 6~10.5% Al을 함유하는 구리-알루미늄 합금으로 알루미늄 함유량과 열처리 상태에 따라서 기계적 성질이 크게 달라진다.

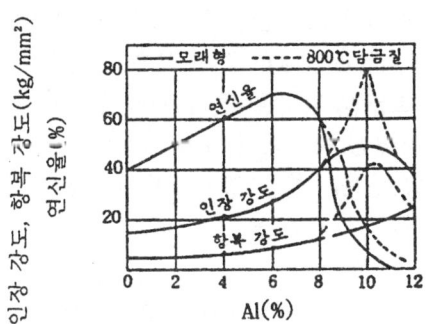

〔알루미늄 청동의 함유량과 기계적 성질〕

   ⑥ 규소 청동 : 4% Si 이하의 구리 합금으로 열처리 효과가 작으므로 700~750℃에서 풀림하여 사용한다. 이 합금은 고온, 저온에서 내식성과 용접성이 우수하다.
   ⑦ 니켈 청동 : 10~15% Ni을 함유한 구리-니켈 합금에 2~3% Al을 첨가한 합금이다. 800~900℃에서 급랭시킨 다음 400~600℃에서 뜨임하면 경화된다.

⑧ 베릴륨 청동(Beryllium Bronze) : 2.5% 이하의 Be을 첨가한 구리 합금으로 소량의 Co, Ni, 또는 Ag 등을 첨가하여 사용한다. 석출 경화형이며, 구리 합금 중에서 가장 높은 강도와 경도를 가진다(인장 강도 133kgf/mm²).
⑨ 코르슨 합금 : 3~4% Ni를 첨가한 Cu-Ni 합금에 1% Si를 첨가한 합금이다.
900℃에서 급랭한 후 350~500℃에서 뜨임하면 인장 강도가 83~95kgf/mm² 정도이며, 강력하고 전도율이 크므로 통신선, 스프링 등에 사용된다.
⑩ 망간 청동 : 5~15% Mn을 첨가한 Mn-Cu 합금으로서 구리에 Mn이 고용되면 강도가 증가하고, 약 10% Mn 까지는 전연성이 커져 가공성이 좋아진다.
⑪ 크롬 청동 : 0.5~0.8% Cr을 함유한 Cu-Cr 합금으로 전도성과 내열성이 좋으므로 용접봉, 전극 재료로 사용된다.
⑫ 티탄 청동 : Cu에 5.8% Ti이 함유된 합금을 진공로에서 885℃로 16시간 가열하여 물에 담금질 후 430℃로 시효 처리한 것으로 인장 강도 85kfg/mm², 연신율 8%, 경도 (Hv) 340 정도의 고강도 합금이다.
　㉮ CTB 합금 : 인장 강도 120kgf/mm²으로 4% Ti, 0.5% Be, 0.5% Co 또는 2% Ni, 1% Fe 의 구리계 합금이다.
　㉯ CTG 합금 : 인장 강도 115kgf/mm²으로 4% Ti, 3% Ag, 1% Zr의 합금이다.

2 경금속과 그 합금

(1) 알루미늄과 그 합금

Al은 비중 2.7, 용융 온도 660℃인 은백색의 가볍고 전연성이 좋은 금속으로 광석 보크사이트(Bauxite, Al_2O_3, $2H_2O$)를 수산화나트륨으로 처리하여 알루미나(Alumina, Al_2O_3)를 만들고, 이것을 전기 분해한다. 불순물로는 Fe, Cu, Si 등이 함유한다.

1) 알루미늄의 성질
① 전기 전도율은 Cu의 60% 이상으로 송전선으로 많이 사용한다.
② 표면에 생기는 산화알루미늄(Al_2O_3)의 얇은 보호 피막으로 내식성이 좋다.
③ 탄산염, 크롬산염, 아세트산염, 황화물 등의 중성 수용액에서는 내식성이 우수하다.
④ 황산, 인산, 묽은 질산 등에는 침식되나, 80% 이상의 질산에는 잘 견딘다.
⑤ 알루미늄은 변태점이 없으므로, 합금 열처리시에 석출 경화나 시효 경화를 이용한다.

〔공업용 알루미늄의 물리적 성질〕

성　　　　질	Al 99.996%	Al 96.5%
비　　　중 (20℃)	2.7	2.7
용　융　점 (℃)	660.2℃	656℃
비 열 (100℃) cal/g℃	0.2226 cal/g℃	0.2297 cal/g℃
열팽창계수(20~100℃)	24.58×10^{-6}	35.5×10^{-6}
전기전도율(Cu에 비해서)	68.94%	59%

(2) 알루미늄 합금

1) 주조용 알루미늄 합금의 종류

① Al-Cu계 합금

② Al-Si계 합금 : Si 10~14%의 Al-Si계 합금을 실루민(Silumin) 또는 알팍스(Alpax)라고 하며, 기계적 성질을 개선하기 위하여 주조시 금속나트륨 0.05~0.1%를 첨가하여 개량(개질) 처리한다. 개량처리에는 금속나트륨, 플루오르화알칼리, 가성소다, 알카리염류 등을 사용하는 법이 있으나 금속 Na을 많이 사용한다.

③ Al-Cu-Si계 합금 : 라우탈(Lautal)이라 하며, Al-Si계 합금의 Si의 약 반을 Cu로 대치한 것이다. Cu 3~4%, Si, 5~6%의 것이 많이 사용되며, 강력한 것을 요구할 때에는 Si를 늘리고, 표면이 고운 것을 요구할 때에는 Cu를 늘인다.

④ Al-Mg계 합금 : 주조용 Al-Mg계 합금의 실용 범위는 12% Mg 정도이며 마그날륨(Magnalium) 또는 하이드로날륨(Hydronalium)이라 한다. 내식성, 강도, 연신율이 우수하고, 비중이 작으며 절삭성이 매우 좋다.

⑤ 다이 캐스팅 Al 합금 : 라우탈(Al-Cu-Si계), 실루민(Al-Si계), 하이드로날륨(Al-Mg계) 등이 적합하며 자동차 부품, 철도 차량, 통신 기기 부품, 가정용 기구 등에 사용된다.

⑥ Y 합금 : 4% Cu, 2% Ni, 1.5% Mg의 Al 합금이다. 이 합금은 공랭 실린더 헤드 및 피스톤 등에 사용된다.

2) 가공용 알루미늄 합금

① 고강도 합금

㉮ 두랄루민 : 4.0% Cu, 0.5% Mg, 0.5% Mn의 Al 합금으로, 500~510℃에서 용체화 처리한 다음, 물에 담금질하여 상온 시효시키면 기계적 성질이 향상된다. 인장 강도는 43kgf/mm² 정도이다.

㉯ 초두랄루민(Super Duralumin, SD) : 4.5% Cu, 1.5% Mg, 0.6% Mn의 Al 합금으로 인장 강도는 45kgf/mm² 정도로 항공기의 주요 구조나 리벳 등에 사용된다.

㉰ 초강 두랄루민(Extra Super Duralumin, ESD) : 1.6% Cu, Zn< 9%, Mg< 2.5%, 0.2% Mn, 0.3% Cr의 Al 합금으로 인장 강도는 50kgf/mm² 정도로 항공기 재료로 사용된다. 내식성은 바닷물에서 순 Al의 1/3 정도이다.

② 내식성 합금

㉮ Al-Mg계 : 하이드로날륨

㉯ Al-Mn계 : 알민(Almin)

㉰ Al-Mg-Si계 : 알드리(Aldrey)

3) 그 밖의 Al합금

① 알클래드(Alclad) : 고강도 합금의 표면에 내식성이 좋은 알루미늄 합금 또는 알루미늄판을 붙여 강도와 내식성을 증가시키기 위하여 사용되며, 이 접합계를 알클래드라고 한다.

② 리벳 합금 : 2.6% Cu, 0.35% Mg을 첨가한 Al 합금이 사용된다.

③ Al 분말 소결체(Sintered Alumincim Powder, SAP) : 원심 분무법이나 가스 분무법 등

의 특별한 방법으로 고도로 산화된 Al 분말을 만들고, 이것을 가압, 성형 소결 후에 압출한 것으로 내열성이 좋고 고온 강도가 커서 터빈 날개, 제트 엔진 부품 등에 사용된다.

(3) 마그네슘과 그 합금

염화마그네슘($MgCl_2$) 또는 산화마그네슘(MgO)을 용융, 전해하여 정제하며 공업용 마그네슘의 순도는 99.90~99.97%이다.

1) 마그네슘의 성질

① 비중 1.74로 실용 금속 중 가장 가볍다.
② 산소와 친화력이 강하여 고온 발화하기 쉽다.
③ 온도는 Al 합금용, Ti 제련용, 구상 흑연 주철 제조용, 건전지의 음극 보호용, 인쇄용 제판, 재료 등에 사용된다.

〔마그네슘의 물리적 성질〕

비 중	1.74	선 팽 창 계 수 〔$℃^{-1}$ (40℃)〕	26×10^{-6}
용 융 점 〔℃〕	650	열 전 도 율 〔cal/cm·sec·℃〕	0.376
끓 는 점 〔℃〕	1107	고 유 저 항 〔$\mu\Omega$·cm〕	4.46
비열〔cal/g·℃〕	0.25	저항온도계수 〔$\mu\Omega$·cm/℃〕	0.018

④ 마그네슘 합금의 비중이 1.75~2.0 정도이며 인장 강도는 15~35kgf/mm²으로 비강도(Specific Strength, 인장 강도/비중 값)가 커서 경합금 재료로 적합하다.

2) Mg 합금

① 주조용 Mg 합금

㉮ Mg-Al계 : 이 합금은 Mg 합금 중에서 비중이 가장 작고 용해, 주조, 단조가 쉬우며 피스톤, 크랭크 케이스 등의 재료에 사용된다. Al 함유량이 4~6%일 때 가장 우수하며, 대표적인 합금에 다우메탈(Dow Metal)이 있다.

㉯ Mg-Zn계 : 이 합금에 지르코늄(Zr)을 넣으면 그 성능이 향상되며, ZK51, ZH62 합금이 이것에 속하며 항복 강도가 높고 비강도가 금속 재료 중 가장 높다.

㉰ Mg-Al-Zn계 : 조성은 Mg 90% 이상, Al+Zn 10% 이하이며, 대표적인 것에 일렉트론(Elecktron)이 있다. 일렉트론은 성분에 따라 320~400℃에서 압출 가공으로 관, 봉, 피스톤 등을 만든다.

② 가공용 Mg 합금

㉮ Mg-Mn계 : 이 합금에는 MIA 합금(Mg, 1.2% Mn, 0.09% Ca)이 있으며 값이 싸고 용접성, 고온 성형성이 우수하며, 내식성도 좋다.

㉯ Mg-Al-Zn계 : 이 합금에는 AZ31B, AZ61A, AZ80A 등이 있으며 가공용으로 가장 많이 사용되며, Al 함유량이 증가할수록 강도가 크다.

㉰ Mg-Zn-Zr계 : Zr으로 결정립의 미세화와 열처리 효과가 향상되며, 압출 재료로 우수한 성질을 가진다.

㉔ Mg-희토류계, Mg-토륨계 : 희토류 원소, 토륨의 첨가에 의해서 내열성을 가지며 크리프 강도가 현저하게 개선된 합금으로, 항공기 등의 비교적 높은 온도의 부분에 사용된다.

(4) 티탄과 그 합금

1) 티탄(Titanium, Ti)의 성질
   ① 비중 4.51로 경금속에 속하며, 공업 재료 중 비강도가 가장 크다.
   ② 고온 강도, 내식성이 좋으며 특히 해수에서는 18Cr-8Ni 스테인리스강보다 좋다.
   ③ 가스 터빈용, 항공기의 구조용, 화학 공업용 내식 재료, 원자로 구조용 재료 등에 사용된다.
   ④ 고순도 티탄은 전연성이 풍부하나, 마그네슘 환원 티탄은 경도와 강도가 높고 인성이 낮다.

〔티탄의 기계적 성질〕

성 질	고순도 티탄	Mg 환원 티탄
인장강도〔kg/mm^2〕	30.2	56.0
항복점〔kg/mm^2〕	18.9	50.4
비례한도〔kg/mm^2〕	7.7	27.0
연 신 율〔%〕	40	25
단 면 수 축 률〔%〕	61	55
경도(뜨임제)·VHN	105	180

2) 티탄계 합금

약 88℃에서 동소 변태($\alpha-Ti \underset{\text{체심 입방 격자}}{\overset{880℃}{\underset{\text{조밀 육방 격자}}{\rightleftarrows}}} \beta-Ti$)를 하며, 실용되는 합금의 조직은 $\alpha+\beta$ 이다.

일반적으로 Mo, V 등을 첨가하면 내식성이 향상되며, Al을 첨가하면 고온 강도가 크게 된다.

① Ti-Mn계　② Ti-Al-V계　③ Ti-Cr계
④ Ti-Al-Sn계　⑤ Ti-V-Cr-Al계

(5) 아연과 그 합금

1) 아연(Zn)의 성질
   ① 조밀 육방 격자의 회백색 금속으로 전해법과 증류법으로 만든다.
   ② 아연 지금의 순도는 99.995% 이상이고, 불순물로서 Pb, Fe, Cd, Sn 등이 함유되며, 전해 아연은 6종류로 분류한다.
   ③ 철강 재료의 방식 피복용으로 많이 사용되며 건전지용, 인쇄용 등에 쓰인다.
   ④ 수분이나 탄산 가스가 있으며 표면에 염기성 탄산염의 피막을 발생시켜 내부의 산화를 방지한다(철판에 아연 도금을 하는 이유)
   ⑤ 아연 합금은 주조성이 좋으므로 다이 캐스팅용이나 금형 주조용 합금으로 쓰인다.

2) 아연 합금
   ① 다이 캐스팅용 합금 : 일반적으로 4% Al, 0.4% Mg, 1% Cu의 조성이 많이 쓰이며, 특

히 4%의 Al을 함유하는 합금을 자마크(Zamark) 합금이라 하고 자동차 부품, 전기 기기, 광학 기기, 건축 및 가정용품 등에 사용된다.

② 가공용 합금 : 가공용에는 Zn-Cu 합금, Zn-Cu-Mg 합금, Zn-Cu-Ti 합금 등이 사용되며, Zn-Cu-Ti 합금을 하이드로-티-메탈(hydro-T-metal, 0.12% Ti, 0.5% Cu, Mn, Cr)이라 한다.

③ 금형용 합금 : 약 4% Al, 3% Cu, 소량의 Mg 등을 첨가한 것이 많이 사용되며 KM 합금(영국), Kirksite(미국), ZAS(일본) 등이 유명하다.

(6) 납과 그 합금

1) 납(Pb)의 성질
   ① 회백색의 금속으로 비중(11.3)이 크고, 밀도가 높다.
   ② 연하고, 연·전성이 대단히 크다.
   ③ 용융 온도(327℃)가 낮고, 주조성 및 소성 가공성이 좋다.
   ④ 윤활성 및 내식성이 좋다(질산이나 염산에는 부식된다)
   ⑤ 방사선의 차단력이 강하다.
   ⑥ 축전지 전극, 안료(연백, 연단), 케이블 피복, 활자 합금, 베어링 합금, 건축용 자재 땜납, 황산용 용기, 방사선 물질의 보호재 등으로 사용된다.

2) 납 합금 : 순수한 납은 기계적 성질이 떨어지므로 소량의 비소(As), 칼슘(Ca) 및 안티몬(Sb) 등을 첨가한 합금이 사용되며, 케이블 피복 합금, 활자 합금, 땜납, 베어링 합금 등에 쓰인다.
   ① Pb-As계 : 케이블 피복용 합금
   ② Pb-Ca계 : 기타 합금
   ③ Pb-Sb계 : Sb의 함유량이 적은 것은 판, 관 등의 소성 가공용으로, Sb의 함유량이 많은 것은 주물용으로 쓰이며, 4~8% Sb을 함유한 합금을 경납(Hard Lead)이라 한다.
   ④ Pb-Sb-Sn계 : 활자 합금

(7) 주석과 그 합금

1) 주석(Sn)의 성질
   ① 백색 금속으로 연하고 전성이 풍부하다
   ② 비중이 7.3, 용융 온도 232℃이고, 13.2℃에서 동소 변태한다.

$$\text{회주석}(\alpha-\text{Sn}) \underset{}{\overset{13.2℃}{\rightleftarrows}} \text{백주석}(\beta-\text{Sn})$$
   (다이아몬드형 격자)   (체심 입방 격자)

   ③ 무독성으로 내식성이 우수하므로 얇은 강판의 피복용으로 이용된다.
   ④ 의약품, 식품 등의 포장용 튜브 및 장식품, 구리 합금, 베어링 합금, 활자 합금 땜납 등의 합금 성분으로 사용된다.

2) 주석 합금
   ① Sn-Pb계 : 땜납(Soft Solder)
   ② Sn-Sb-Cu계 : 4~7% Sb, 1~3% Cu의 주석 합금을 퓨터(Pewter) 또는 브리타니아

메탈(Britania Metal)이라 하며 장식용품에 사용된다.
③ 퓨즈용 합금 : Sn, Pb, Bi, Cd 등의 저용점 금속의 합금

(8) 저용융점 합금

주석(Sn)의 용융점 232℃ 보다 용융점이 더 낮은 합금을 총칭하며 Sn, Pb, Bi, Cd 등의 공정 조성의 합금으로 중요 용도로는 전기 퓨즈, 치과용, 압축 공기용 탱크 안전 장치, 열처리용 솔트 배스(Salt Bath) 등에 사용된다.

(9) 베어링용 합금

1) Sn 및 Pb계 화이트 메탈(White Metal) : Pb과 Sn을 주성분으로 하는 베어링 합금을 총칭하여 화이트 메탈이라 한다.
   ① Sn계 화이트 메탈 : Sn-Sb-Cu계 합금의 배빗 메탈(Babbit Metal)이 대표적이며 하중이 크고 회전 속도가 빠른 내연 기관 및 발전기 등의 축용 베어링으로 사용된다.
   ② Pb계 화이트 메탈 : Sn계보다 경도 및 마찰 저항이 적으며, 고온에서 축에 녹아붙을 가능성이 있으나, 값이 싸므로 하중이 작은 용도의 베어링에 사용된다.
2) 구리계 베어링 합금 : 포금(Gun Metal), 인청동, Al 청동, 켈밋 등이 사용되며 강도와 내열성은 Al 청동이 좋으나, 축에 대한 적응성은 켈밋이 우수하다.
   ① 켈밋(Kelmet) : Cu에 Pb 25~40%를 첨가한 합금으로 자동차 및 항공기의 주베어링에 사용된다. 이 합금은 Solid 베어링으로 사용되지 않고, 강대판(Steel Back Shell)에 이 합금을 접착하여 바이메탈 베어링(Bimetal Bearing)으로 사용한다.
3) 무급유 베어링(Oilless Bearing) : 이 합금은 5~100μm의 구리 분말, 주석 분말, 흑연 분말을 혼합하고 윤활제를 첨가하여 가압 성형 후에, 환원 기류 중에서 400℃로 예비 소결한 다음 800℃로 소결한다.
   ① 소결 함유 베어링 또는 오일라이트(Oilite)라고도 불린다.
   ② 체적에 20~40% 정도의 윤활유를 함유한다.
   ③ 다공질이므로 강인성은 낮으며, 상시 급유가 곤란한 부위(가정용, 냉동기, 전자 기계 등)에 소형 베어링 등으로 사용된다.
   ④ Cu계에는 Cu-Sn, Cu-Sn-C, Cu-Sn-Pb-C 등의 합금이 있으나 Cu-Sn-C 합금이 가장 많이 사용된다.
   ⑤ 상기 분말 야금법으로 제조하는 Cu계 이외에 특수한 것은 주철을 다공질화하여 만든 주철 함유 베어링도 있다.

(10) 니켈과 그 합금

1) 니켈(Nickel, Ni)의 성질
   ① 은백색의 인성이 풍부한 금속으로 면심 입방 격자이다.
   ② 상온에서 강자성체이며 자기 변태 온도는 약 358℃ 이다.
   ③ 니켈 합금은 전해 니켈과 몬드 니켈(Mond Nickel)의 2종으로 분류하며 이것을 재용해하여 탈황한 것을 가공용 니켈로 사용한다.
   ④ 내산성이 강하고, 열전도율이 좋으며 전연성이 있어 스테인리스강, 내열강 구조용 강, 자성 재료 등의 합금 원소로 많이 사용된다.
   ⑤ 열간 가공은 1000~1200℃, 풀림 열처리는 800℃에서 하며 재결정 온도는 약 530

℃이다.
⑥ 황산, 염산에는 침식되며 유기 화합물, 알칼리에는 내식성이 있다.

〔니켈의 물리적 및 기계적 성질〕

비 중	8.9	온도비점(0~100℃)	0.0069/℃
융 점	1455℃	자기 변태점	350℃
끓 는 점	약 2730℃	자기 감응률	600 가우스
비 열(100℃)	0.1123cal/g	인장강도(풀림)	32.3kg/mm²
열전도율(25℃)	0.22(CGS)	내 력(풀림)	5.9kg/mm²
열팽창계수(0~100℃)	13.3×10⁻⁶/℃	신 율(풀림)	30%
전기 비저항(20℃)	6.8μΩ/cm	탄성률(25℃)	22,500kg/mm²

2) 니켈 합금

① **Ni-Cu계**

㉮ 베네딕트 메탈(Benedict Metal) : 구리에 15% Ni을 첨가한 합금으로, 주로 탄환의 외피에 사용된다.

㉯ 콘스탄탄(Constantan) : 구리에 40~50% Ni을 첨가한 합금으로, 열전쌍 재료 또는 표준 저항선으로 사용된다.

㉰ 모넬 메탈(Monel Metal) : 구리에 60~70% Ni을 첨가한 합금으로, 내열·내식성이 좋으며 기계적 성질이 우수하다. 디젤 기관의 밸브 및 화학 기계 부품 등에 사용된다.

② **Ni-Cr계**

㉮ 니크롬(Nichrome) : 50~90% Ni, 11~33% Cr, 0~25% Fe의 합금으로, Fe이 들어가면 전기 저항은 증가하나 고온에서 내열성이 저하하게 되며, Ni-Cr선은 1100℃까지, Ni-Cr-Fe선은 1000℃ 이하에서 사용된다.

㉯ 인코넬(Inconel) : 78~80% Ni, 12~14% Cr의 합금으로 내열·내식성이 뛰어나며, 전열기 부품, 열전쌍의 보호관, 진공관의 필라멘트 등에 사용된다.

㉰ 알루멜-크로멜(Alumel-Chromel) : 알루멜은 3% Al에 Ni-Al계 합금이고 크로멜은 10% Cr의 Ni-Cr계 합금으로 고온 측정용의 열전쌍으로 사용되며, 최고 1200℃까지 측정이 가능하다.

③ **Ni-Fe계** : 강인하고 공기 중, 수중, 바닷물 중에서도 내식성이 강하므로, 밸브나 보일러의 파이프용으로 사용되며 특히, 온도 변화에 따른 길이나 탄성 계수의 변화가 적으므로 불변강으로 중요성을 가진다.

Ni-Fe계 합금 중에서 Invar, Super Invar, Elinvar, Coelinbar, Platinite 등은 특수 용도용 합금강의 불변강의 내용을 참고하기 바란다.

㉮ 자성 재료용 Ni 합금

㉠ 50% Ni 합금(Hipernick, Copernick, Nicalloy) : 45~50% Ni 합금은 초투자율이 크고, 포화·자기, 전기 저항이 크므로 출력 및 주파수가 낮은 변성기의 자성 재료로 사용된다.

     ⓒ 78.5% Ni 합금(Permalloy) : 약한 자장에서 높은 투자율이 얻어지므로 고투자율 자성 재료로 사용된다.

(11) 코발트와 그 합금

1) 코발트(Cobalt, Co)의 성질
   ① 은백색 금속으로 비중이 8.9, 용융점 1480℃, 동소 변태 온도는 477℃이다.
   ② 특성은 Ni과 비슷하나, 효과가 크므로 합금용 원소로서 화학 반응용 촉매로 사용된다.
   ③ 특수 용도로 방사선 동위 원소인 Co-60(Co^{60})은 의료용 및 금속 투시용으로 사용된다.
2) 코발트 합금 : 내열 합금(Vitallium), 자석 재료, 주조 경질 합금(Stellite), WC 공구 소결재와 내마모재, 불변강(Coelin-bar) 등에 사용되며, 바이탈륨(Vitallium)은 스텔라이트(Stellite)21을 말하며, 코엘린바(Coelinbar)는 엘린바(Elinvar)의 개량 합금이다.

(12) 고융점 금속과 그 합금

1) 텅스텐(Tungsten, W)과 그 합금
   ① 회백색 금속으로 비중 19.3, 용융 온도 3400℃이다.
   ② 용해가 곤란하므로 분말 야금으로 제조한다.
   ③ 비열(0.032cal/g, 20℃)이 작으므로 조금만 가열하여도 고온이 된다.
   ④ 융점이 높으므로 전구 및 진공관의 필라멘트로 사용한다.
   ⑤ 진공관용 텅스텐선은 재결정에 의한 결정입자 성장을 방지하기 위하여 0.2% Al_2O_3, Na_2O, NiO_2 등을 약간 첨가하며, 이것을 도핑(Doping)이라 한다. 또한 2% Th를 첨가한 것은 토리텅(Thoriated Tungsten)이라 하며 진공관에 사용된다.
   ⑥ 텅스텐 합금은 절삭 공구용, 내열 합금, 진공관 등에 많이 사용된다.
2) 몰리브덴과 그 합금
   ① 몰리브덴(Molybdenum, Mo)은 체심 입방 격자로 비중 10.22, 용융 온도 2650℃이다.
   ② 고온 크리프 저항이 크다.
   ③ 공기 중 상온에서는 안정하나 고온에서는 산화하기 쉽다.
   ④ 일반적으로 강의 첨가 성분으로 사용되며, 내열재, 고온용 전기 저항선 등에 사용된다.

(13) 귀금속, 희유 금속과 그 밖의 금속

1) 귀금속과 그 합금 : 귀금속에는 Au, Ag, Pt, Pd, Ir, Os, Rh, Ru 등이 있으며 장식품, 화폐, 치과 재료, 화학 기구, 전극, 전기 접점, 노즐 등의 재료로 폭넓게 사용된다.
   ① 금과 그 합금
     ㉮ 금(Au)의 성질
       ㉠ 황금색의 면심 입방 격자 금속으로 비중 19.3, 용융 온도 1063℃이다.
       ㉡ 전연성이 풍부하므로 얇은 판이나 가는 선으로 가공할 수 있다.
       ㉢ 순금은 왕수 이외에는 침식되지 않는다.
       ㉣ 금의 순도는 캐럿(carat, K)을 단위로 사용하며, 24캐럿이 100%의 순금이다.
     ㉯ 금 합금

㉠ Au-Cu계 : 9~12K 범위의 것으로 금화, 반지, 장신구 등에 쓰이며 약간 붉은 빛이 난다.
㉡ Au-Ag-Cu계 : 녹색, 황색의 금 합금이 주로 이 계에 속하며, 치과용 및 금침 등에 사용된다.
㉢ Au-Ni-Cu-Zn계 : 성분은 13~27% Ni, 1.6~4.5% Cu, 1.3~1.7% Zn이며, 금의 양에 따라 10K, 12K, 14K, 18K로 제조된다. 주용도로는 치과용이나 장식용 등에 사용되며 화이트 골드(White Gold)라고 불린다.
㉣ Au-Pt계 : 화학 공업용으로 20~30% Pt의 것이 노즐 재료로 사용된다.

② 은과 그 합금
㉮ 은(Ag)의 성질
㉠ 은백색의 면심 입방 격자의 금속으로 비중 10.53, 용융 온도 962℃이다.
㉡ 금 다음으로 전연성이 크다.
㉢ 열 및 전기 전도율이 제일 우수하다.
㉣ 대기 중에는 내식성이 우수하나 황화수소에는 흑색으로 변하며, 진한 염산, 황산, 질산에는 침식된다.
㉤ 장식품, 고급 가정용구 등에 사용된다.
㉯ 은 합금 : 전기용 접점 재료로 Ag-W계, Ag-Mo계, Ag-Ni계, Ag-Cd계, Ag-흑연계 등이 사용되며 Ag-Cu계는 화폐, 은납으로 사용된다.
㉠ Ag-Cu계 : 7.5% Cu의 화폐용(영국, Sterling Silver)과 10% Cu의 화폐용(미국, Coin Silver) 등이 대표적이다.
㉡ Ag-Pd계 : 약 25% Pd을 첨가한 합금을 치과용으로 사용한다.
㉢ Ag-Hg-Cu-Sn계 : 치과용 아말감으로 미국의 표준 조성은 33% Ag, 52% Hg, 12.5% Sn, 2% Cu, 0.5% Zn을 함유한 합금이다.

③ 백금과 그 합금
㉮ 백금(Pt)의 성질
㉠ 회백색의 면심 입방 격자 금속으로 비중 21.4, 용융 온도 1174℃이다.
㉡ 내열성 및 고온 저항이 우수하다.
㉢ 인, 유황, 규소 등의 알칼리, 알칼리토류 금속의 염류에는 침식된다.
㉣ 순도별로 4종(99.0%, 99.5%, 99.9%, 99.99%)으로 분류하며, 일반적으로 시판용은 순도 99.0%의 것이다.
㉯ 백금 합금
㉠ Pt-Rh계 : Rh 10~13%의 합금이 열전쌍용으로 고온계에 사용된다.
㉡ Pt-Pd계 : Pd 10~75%의 합금이 장식품에 사용된다.
㉢ Pt-Ir계 : Ir 5~30%의 합금이 내식용으로 사용된다.

2) 희토류 원소(R.E : Rare Earth Element)와 그 밖의 금속
① 셀렌(Se) : 주로 반도체로 사용
② 텔루르(Te) : 쾌삭강에 첨가
③ 인듐(In) : 항공기용 베어링, 도금용에 사용
④ 리튬(Li) : 알루미늄의 용접제 및 Mg 합금에 첨가하여 항공기의 재료에 쓰인다.

⑤ 탄탈(Ta) : 내열 및 내식용 합금의 첨가 원소
⑥ 비스무트(Bi) : 열전도율이 금속 중 최소이며, 주로 저용점 합금의 주성분으로 사용된다.
⑦ 수은(Hg) : 상온에서 액체이고 은백색이며, 다른 금속들과 아말감을 형성한다. 은 아말감은 치과용 재료, 금 아말감은 금의 건식 제련, 주석 아말감은 거울 제조용으로 각각 사용된다. 또한 Hg은 진공 펌프, 온도계, 수은등 및 약용에 사용된다.
⑧ 카드뮴(Cd) : 저용점 합금, 카드뮴 도금, 표준 전지, 치과용 합금 등에 사용된다.
⑨ 게르마늄(Ge)과 규소(Si) : 반도체용

3. 비금속 재료

1 공구 재료

(1) 초경 공구 재료

비금속 물질인 WC 분말에 금속 Co 분말을 혼합하여, 가압 성형 후에 1300~1600℃에서 가열하고 수소 분위기 중에서 소결한다.
① 약 1200℃ 정도까지 고온 경도가 유지된다.
② 고온 강도는 탄화물 입자가 미세할수록, Co량이 적을수록 높다.
③ WC-Co계와 WC-TiC-TaC-Co계가 대표적이다.
④ TiC이 많을수록 경도는 높으나 인성이 떨어지므로 일부를 TaC로 대체하여 공구 성능을 개선한다.

(2) 세라믹 공구 재료

도자기, 타일 등으로 대표되는 전통 세라믹스를 제1세대 세라믹스, Al_2O_3 등이 주가되는 산화물계를 제2세대, Si_3N_4, SiC 등을 대표로 하는 비산화물계를 제3세대라 부른다. 또한 제 2, 3세대 세라믹스, 즉 산화물계와 비산화물계를 파인 세라믹스(fine ceramics) 또는 뉴 세라믹스(new ceramics)라고 한다.
① 세라믹 공구는 초경 합금 공구보다 고속 절삭 가공성이 우수하나, 충격 강도는 떨어진다.
② 세라믹 공구의 절삭성은 산화알루미늄 결정 입자가 3~5μm의 균일한 미세 입자가 우수하다.

(3) 서멧(cermet) 공구 재료

서멧이란 단어는 세라믹스+메탈로부터 만들어진 것으로, 금속 조직 내에 세라믹스 입자를 분산시킨 복합 재료를 말한다.
① 초경 합금 WC-Co계, 탄화물계 TiC-Ni, Cr_3C_2-Ni, 산화물계 Al_2O_3-Cr, 개량형의 TiC-TiN계가 있다.
② 초경 합금 공구, 세라믹스 공구보다 기계적 성질이 우수하다.

(4) 다이아몬드 공구 재료

초고압 기술로 합성한 다이아몬드가 공업용 수요의 약 95%를 차지하며 내마멸성이 높기 때문에 다이아몬드 공구는 경합금, 에보나이트, 파이버, 유리 등의 가공과 미세 연삭 및 연마 재료로 사용된다.

(5) 연삭·연마 재료

1) 천연 연삭, 연마재 : 천연 연삭재에는 다이아몬드(Diamond), 에머리(Emery), 수성암, 석영, 장석, 점토 및 규조토 등이 있다.

2) 인조 연삭, 연마재
   ① 산화알루미늄계 : 알런덤(Alrundum)이라고도 하며, 순수한 흰색 산화알루미늄(WA)과 갈색 알루미늄(A)의 두 종류가 있다.
   ② 탄화규소계 : 카보런덤(Carborundum) 이라고도 하며, 순도가 높은 녹색 탄화규소(GC)와 순도가 낮은 검은색 탄화규소(C)의 두 종류가 있다.
   ③ 연삭 숫돌의 결합제
      ㉮ 무기질 결합제 : 점토, 장석을 주원료로 한 비트리파이드(Vitrified)와 규산나트륨(Na_2SiO_3)을 주원료로 한 실리케이트(Silicate) 등이 있다.
      ㉯ 유기질 결합제 : 천연 수지인 셸락(Shellac), 고무, 합성 수지인 베이클라이트 등을 원료로 한 결합제를 유기질 결합제라 한다.

3) 연마포지 : 면포에 아교, 합성 수지, 고무 등의 접착제로 연삭 입자를 부착시킨 것으로 연삭 입자에는 용융 산화알루미늄, 에머리, 탄화규소 등이 있다.

〔결합제의 종류〕

종 류	기 호
비트리파이드	V
실리케이트	S
고 무	R
레지노이드	B
셸 락	E
메 탈	M

2 내열 재료

(1) 서멧(Cermet)과 세라믹스(Ceramics)

서멧은 비중이 5.0 정도로, 사용되는 세라믹의 질에 따라 산화물, 탄화물, 붕화물 서멧으로 분류할 수 있으며, 고온에서 안정되며, 강도가 높고 열충격에 강하다.

(2) 세라믹 코팅(Ceramic Coating)

고온에서 부식, 침식을 방지하기 위하여 내열 피복을 하며, 세라믹 코팅은 그 대표적인 피복으로 제트 엔진, 로켓 엔진의 내열 부품에 이용된다.

(3) 내화재(Refractory Materials)

일반적으로 내화재는 고온에서 침식, 변형, 균열이 없어야 하며, 화학적 부식에 강해야 한다.

   ① 내화도 : 요업(Ceramic Industry)에서 내열재의 내화로는 제게르 콘(Seger Cone)이라는 삼각뿔의 표준 시험편과 동일 형상의 내화 시험편을 동시에 가열하여 시험편의 꼭지 부분이 바닥에 닿을 때에 동일 상태의 표준 시험편의 번호로 나타낸다.
   ② 내화물 : 내화물의 등급은 저급 SK26~29, 보통 SK30~33, 고급 SK 34~37, 초고급 SK38~42로 구분하며 가열 처리에 따라 소성, 용융, 불소성 내화물로 분류한다.
   ③ 보온재 : 재질에 따라 유기질, 무기질, 금속질 등으로 분류한다.

3 플라스틱

기계적 강도, 내열성 등은 금속 재료에 뒤떨어지지만 작은 비중, 투명성, 내식성, 전기 절연성, 착색 등에 우수한 성질이 나타나므로 기계, 전기, 건축 부품에 많이 사용된다. 또한, 플라스틱은 합성 수지를 주성분으로 하며, 합성 수지는 열가소성 수지와 열경화성 수지로 구분한다.
1) 플라스틱은 상온에서 사용하는 것이 원칙이며, 온도 범위는 50~200℃ 이내이다.
2) 베어링 재료로 사용되는 플라스틱은 테플론, 나일론, 페놀 수지 등이다.

4 유리

유리는 비결정 구조를 가지며 용도에 따라 판유리, 용기용 유리, 특수 유리 등으로 분류하며, 특수 유리 중에는 안전 유리, 강화 유리, 결정화 유리, 조명 유리, 적외선(열선) 흡수 유리, 열선 도체 유리 등이 있다.

5 시멘트

넓은 의미로는 무기질 접착제이며, 좁은 의미로는 수경성 결합제이다.
1) SiO_2, Al_2O_3, CaO 등이 주성분이며, Fe_2O_3, MgO, SO_3, CO_2의 산화물을 조금 함유한다.
2) 일반적으로 급수 1시간 후에 응고하며 10시간이면 응고가 끝나게 된다.
3) 일반 시멘트를 포틀랜드 시멘트라 하며, 기초 재료용에는 포틀랜드 시멘트, 고로 시멘트, 실리카 시멘트 등이 사용된다.

6 윤활유

윤활유에는 광물성, 지방성 및 혼성의 액체 윤활유와 그리스 및 고체 윤활유 등이 있다.
1) 광물성 윤활유는 스핀들유, 기계유, 모빌유 등이 있다.
2) 그리스(Grease)가 용해되어 흘러내리는 온도를 적점(Dropping Point)이라 하며 일반적으로 75~95℃ 이다.
3) 윤활유는 윤활 작용, 열흡수 제거 작용, 밀봉 작용, 청정 작용, 밀폐 작용 등을 한다.

7 절삭유

절삭유(Cutting Oil)는 냉각, 윤활, 세척 작용을 하며 공구는 수명을 길게 하고 다듬질면을 좋게 한다.
일반적으로, 저속·중절삭에는 윤활성이 큰 것을 고속·경절삭에는 냉각성이 큰 것을 사용한다. 또한, 여러 가지 절삭유 중 많이 사용하는 절삭유에는 알칼리성 수용액, 유화유, 광물성 윤활유, 동·식물유 등이 있다.

8 도료

물체의 표면에 칠하면 피막을 만들어 그 물체를 보호하며, 또한 내구력을 늘리고 아름답게 하는 것을 도료라 한다. 도료의 종류는 용도에 따라 목재용, 선박용, 자동차용, 건축용

도료 등과 같은 일반 도료와 방청, 내열, 내약품성, 방화, 발광, 살충 도료 등과 같은 특수 도료로 분류할 수 있다.

4. 표면열처리 및 열처리

1 표면 열처리의 분류

(1) 화학적인 방법
  1) **침탄법**(Carburizing) : C=0.2% 이하의 저탄소강 또는 저탄소 합금강 소재의 표면에 탄소를 침투시키는 방법을 침탄법이라 하며, 이것을 담금질(Quenching)하는 작업까지 포함하여 침탄 경화라고 한다.
    ① 고체 침탄법 : 침탄 상자(4~10mm의 강철판 또는 주철)에 목탄, 코크스, 골탄 등과 같은 고체 침탄제와 탄산바륨($BaCO_3$), 탄산나트륨(Na_2CO_3)과 같은 촉진제를 침탄 소재와 같이 넣고 내화 점토로 가스가 새어나오지 않도록 바르고 900~950℃로 일정 시간 가열하면 0.4~2.0mm 정도 침탄된다.
      ㉮ 침탄 후 열처리
        ㉠ 1차 담금질 : 중심부 조직 미세화(약 900℃)
        ㉡ 2차 담금질 : 표면의 경화(약 800℃)
        ㉢ 뜨임 : 내부 응력 제거 및 변형 방지(약 100~200℃)
      ㉯ 침탄이 불필요한 부분의 처리
        ㉠ 진흙을 표면에 바르고 석면으로 위를 싸서 얇은 철판으로 감는다.
        ㉡ 구리로 도금한다.
        ㉢ 가공 여유를 크게 잡고 전체를 침탄한 후 적당한 치수로 깎아낸다.
    ② 가스침탄 : 침탄 소재를 침탄 가스(탄화수소계 가스 : 메탄 가스, 프로판 가스 등)로 충만된 노 안에 넣고 가열하는 방법
      예 : $CH_4 + 3Fe \rightleftarrows Fe_3C + 2H_2$
  2) **청화법**(침탄 질화법, 시안화법) : 침탄 소재를, CN 화합물을 주성분으로 한 시안화나트륨(NaCN), 시안화칼륨(KCN)과 유동성을 좋게 하고 융점을 강하시키기 위하여 NaCl, KCl, Na_2CO_3, $BaCl_2$, $BaCl_3$ 등을 첨가하여 600~900℃로 용해시킨 염욕 중에 일정 시간을 유지하여 탄소와 질소가 소재 표면으로 침투하게 하는 침탄법. 액체 침탄법(침지법)과 살포법이 있다.
  3) **질화법**(Nitriding) : 질화강(주요 성분 : Al, Cr, Mo 등)을 암모니아 가스 중에서 약 500~550℃로 장시간(50~100시간) 가열하여, 표면에 질소 화합물(Fe_2N, Fe_4N)을 만들어 경화하는 방법
    ① 주철, 탄소강 및 Ni, Co 등을 함유한 합금강은 질화 효과가 작으며 Al, Ti, V, Cr, Mo 등을 함유한 합금강은 질화물의 확산이 더디어 질화 효과가 크다.
    ② 질화 처리한 제품의 특징
      ㉮ 경화층은 얇으나 경도는 침탄한 것보다 크다.

㉰ 마모 및 부식에 대한 저항이 크다.
㉱ 침탄강은 침탄 후 열처리(담금질 및 뜨임)가 필요하지만 질화법은 필요가 없다.
㉲ 600℃ 이하의 온도에서는 경도가 감소되지 않고, 산화도 잘 되지 않는다.
㉳ 충격이 큰 부분에는 사용되지 않으나, 각종 내마모품(자동차 크랭크축, 캠, 스핀들, 동력 전달용 체인, 펌프축, 각종 기어 등)에 사용된다.

[질화층과 시간과의 관계]

시 간 (h)	깊 이 (mm)
10	0.15
20	0.30
50	0.50
80	0.60
100	0.65

(2) 물리적인 방법
 1) 화염 경화법(Flame Hardening) : 산소-아세틸렌 화염으로 강의 표면을 가열하여 오스테나이트 조직으로 만든 다음 급랭(담금질)하여 표면 경화하는 방법으로 고정식과 이동식 화염 경화법이 있다.
 2) 고주파 경화법 : 고주파 유도 전류에 의하여 소재의 표면을 가열하고, 가열된 소재를 급랭하여 경화시키는 방법으로 복잡한 형상의 소재로 쉽게 적용되며 가열 시간이 짧아 많이 사용된다.

(3) 그 밖의 표면 경화법
 1) 하드 페이싱(Hard Facing) : 소재의 표면에 스텔라이트(Co-Cr-W-C)나 경합금 등을 용접 또는 압접으로 융착시키는 표면 경화법
 2) 쇼트 피닝(Shot Peening) : 소재 표면에 강이나 주철로 된 작은 입자(ϕ 0.5~1.0mm)들을 고속 분사시켜 가공 경화에 의하여 표면 경도를 높이는 경화법
 3) 금속 침투법(Metallic Cementation) : 강의 표면에 친화력이 강한 금속(Cr, Al, Si, B, Zn등)을 침투시켜 합금 피복층을 형성하여 내열, 내식성 및 경도, 내마모성을 증가시키는 방법
  ① 세라다이징(Sheradizing) : Zn의 침투 처리
  ② 칼로라이징(Calorizing) : Al의 침투 처리
  ③ 크로마이징(Chromizing) : Cr의 침투 처리
  ④ 실리코나이징(Shiliconizing) : Si의 침투 처리
  ⑤ 보로나이징(Doronizing) : B의 침투 처리

2 강의 열처리 종류

(1) 담금질(Quenching 소입)
 탄소강을 $A_{3,2,1}$ 변태점보다 30~50℃이상 가열한 후, 즉 전체 조직이 고온에서 안정된 오스테나이트 상태로 한 후, 냉각액(물 또는 기름등)에 급랭시켜 재질을 경화한다.
 1) 목적
  ① 충분한 경도를 얻을 수 있을 것
  ② 필요한 깊이까지 경화될 것
  ③ 변형이 생기지 않을 것
  ④ 강의 성질을 손상시키지 않을 것

2) 담금질 조직

① **마텐자이트(Martensite)** : 오스테나이트에서 서냉하면 A_1 변태(723℃)로 펄라이트 조직이 되나 급랭하면 과포화된 탄소를 고용한 α 고용체로 된다.
  즉, 탄소가 고용된 철을 마텐자이트라 한다.
  ㉮ α 마텐자이트와 β 마텐자이트의 2종류가 있다.
  ㉯ 대나무 잎사귀 모양 또는 침상 조직이다.
  ㉰ 담금질 조직 중 가장 경도가 크고, 취약하며 강자성이다.
  ㉱ Ar″ 변태(200~300℃) : 오스테나이트 → 마텐자이트
  ㉲ Ms : 마텐자이트의 변태 시작(약 200~300℃)
  ㉳ Mf : 마텐자이트의 변태 완료

② **트루스타이트(Troostite)** : 마텐자이트를 약 400℃로 뜨임한 경우와 마텐자이트 조직보다 냉각 속도가 다소 느린 경우에 생긴다.
  ㉮ 뜨임 트루스타이트(입상 혼합물)와 담금질 트루스타이트(충상 혼합물)가 있다.
  ㉯ α 철과 미세한 시멘타이트의 기계적 혼합물이다.
  ㉰ Ar′ 변태(500~600℃) : 오스테나이트 → 트루스타이트
  ㉱ 마텐자이트보다 경도와 내식성은 작으나 인성이 크다.

③ **소르바이트(Sorbite)** : 마텐자이트를 약 500~600℃로 뜨임한 경우와 트루스타이트 조직보다 냉각 속도가 다소 느린 경우에 생긴다.
  ㉮ 트루스타이트보다 냉각 속도가 다소 느린 경우에 생기는 소르바이트 조직은 일종의 미세 펄라이트라고 할 수 있다.
  ㉯ 트루스타이트 조직보다 인성이 있으며 펄라이트 조직보다 단단하고 강인하며 충격 저항이 크다.
  ㉰ 저온(-25~40℃)에서 취약해지지 않는다.

〔탄소강의 각 조직의 경도〕

조 직	경 도	
	브리넬 경도(H_B)	록웰 경도(H_R)
페라이트	90	—
오스테나이트	155	9
펄라이트(0.9%C)	225	26
소르바이트(0.9%C)	275	34
트루스타이트(0.9%C)	400	47
마텐자이트	720	68.5
시멘타이트	820	74

④ **오스테나이트(Austenite)** : A_1 변태점 이상에서 오스테나이트 조직은 안정된 조직이나, A_1 변태점 이하, 즉 상온에서 오스테나이트(잔류 오스테나이트)는 불안정한 조직이다.
  ㉮ 비자성체이며 전기 저항이 크다.

㉴ 상온 가공을 하면 마텐자이트로 변화한다.
㉵ 고탄소강일수록 오스테나이트의 양이 많아진다.
3) 담금질 조직의 경도 비교 : 마텐자이트 > 트루스타이트 > 소르바이트 > 오스테나이트
4) 질량 효과(Mass Effect) : 강재의 질량 대소에 따라 담금질 효과가 다른 현상
① 질량 효과가 적다는 것은 열처리가 잘 된다는 뜻이다.
② 탄소강은 질량 효과가 크다.
③ Ni, Cr, Mn, Mo 등을 함유한 특수강은 질량 효과가 적고 열처리가 잘된다.
④ 질량 효과가 적은 강을 구하려면, 열전도가 높고 확산이 적은 것 등을 고려해야 한다.
5) 심랭 처리(Sub-zero Treatment) : 담금질한 강을 실온 이하의 온도까지 냉각하여 잔류 오스테나이트를 마텐자이트로 변화시키기 위한 처리
① 드라이아이스($-78°C$), 액체 질소($-195°C$) 등이 사용된다.
② 오스테나이트는 실온에서 불안정한 상이므로, 장시간 사용하는 사이에 치수 변화를 일으킨다(경년 변형).
③ 잔류 오스테나이트량은 C량이 많을수록 담금질 온도 $1000°C$에서 가장 많다.
④ 수중 담금질보다 유중 담글질한 것이 잔류 오스테나이트량이 많다.

(2) 뜨임(Tempering, 소려)

담금질한 강의 내부 응력을 제거하고 인성을 개선하기 위하여 A_1 변태점 이하의 온도로 재가열한 다음 냉각시키는 열처리

1) 저온 뜨임 : 칼날이나 공구 등과 같이 경도가 요구되는 경우, 약 $100~200°C$에서 뜨임 마텐자이트 조직을 얻는 조작
① 담금질 응력 제거
② 치수의 경년 변화 방지
③ 연마 균열의 방지
④ 내마모성의 향상
2) 고온 뜨임 : 구조용 탄소강을 $500~600°C$에서 뜨임하여 강인한 소르바이트 조직을 만든다.
3) 등온 뜨임 : Ar"점($250°C$) 이상의 온도로 가열하고 일정 시간 유지하여 마텐자이트 조직을 베이나이트 조직으로 만들어 공랭하는 열처리로 등온 뜨임 또는 베이나이트 뜨임이라 한다.
4) 뜨임 메짐성(Temper Brittleness)
① 일반적으로 Ni-Cr강에서 나타나는 특성이다.
② 1차 뜨임 메짐성은 $450~550°C$, 2차 뜨임 메짐성은 $550~650°C$의 뜨임 온도 범위에서 발생한다.
③ 1차 뜨임 메짐성은 냉각 속도와 무관하며, 2차 뜨임 메짐성은 서냉시 발생한다.
④ 보통 뜨임 메짐성은 2차 메짐성을 말하며, 이 매짐성을 방지하려면 냉각 속도를 빠르게 또는 소량의 Mo를 첨가한다.

(3) 풀림(Annealing, 소둔)

탄소강을 연화시킬 목적으로 적당한 온도까지 가열하고, 그 온도를 유지한 다음 서냉하는 열처리

1) 목적
   ① 주조, 단조; 기계 가공에서 생긴 내부 응력 제거
   ② 금속 결정 입자의 조절
   ③ 열처리 및 가공 등에 의하여 경화된 재료의 연화

2) 풀림의 종류
   ① 완전 풀림(Full Annealing) : $A_{3,2,1}$ 변태점보다 30~50℃로 가열하여 γ 고용체로 한 다음 노내에서 서냉하여 강의 조직을 개선 또는 연화시키는 방법
   ② 항온 풀림(Isothermal Annealing, 등온풀림) : A_1 변태, 즉 오스테나이트 → 펄라이트(페라이트+시멘타이트) 변태 후에 상온까지 급랭시키는 열처리로 오스풀림(Aus Annealing) 또는 사이클 풀림이라 한다.
   ③ 응력 제거 풀림(Stress Relief Annealing) : 주조, 단조, 압연, 용접 및 열처리에 생긴 열응력과 기계 가공에 의해 생긴 내부 응력을 제거할 목적으로 150~600℃ 정도의 낮은 온도에서 실시하는 풀림
   ④ 연화 풀림(Softening Annealing) : 냉간 가공으로 가공 경화된 재질을 연화시키는 열처리로 A_1 변태점 이하(600~650℃)의 낮은 온도에서 실시한다.
   ⑤ 확산 풀림(Diffusion Annealing, Homogenizing) : 강괴 편석이나 탄소강의 조직을 균질화하기 위하여 A_3 또는 Acm선 이상의 온도로 가열하여, 일정 시간 유지 후에 노중 서냉하는 열처리
   ⑥ 구상화 풀림 : 소성 및 절삭 가공을 쉽게 하고자 또는 기계적 성질을 개선할 목적으로, 탄소강을 A_1 변태점 부근까지 가열하여 일정 시간 유지 후에 서냉하면, 펄라이트 조직 중에 침상이나 망상 조직의 시멘타이트가 구상화된다. 공구강이나 면도날 등의 열처리에 이용되며 담금질 전처리로서 절삭성 및 가공성이 향상되며 담금질 균열을 방지할 수 있다.

(4) 불림(Normalizing, 소준)

A_3 또는 Acm 선보다 30~50℃ 높은 온도로 가열하고 일정 시간 유지하여 균일한 오스테나이트로 만든 다음, 공랭하여 균일한 표준 조직을 만드는 열처리로써 이 열처리의 목적은 주조 때의 결정 조직을 미세화하고 냉간 가공, 단조 등에 의하여 생긴 내부 응력을 제거하여 기계적, 물리적 성질 등을 표준화시키는데 있다.

3 항온 열처리

강을 오스테나이트 상태에서 A_1 변태점 이하의 일정한 온도로 유지되는 항온(등온) 분위기 속에서 변태를 완료시키는 열처리

1) 항온 변태 곡선은 T. T. T. 곡선(Time-Temperature-Transformation Curve), S곡선, Bain곡선, C곡선이라고도 한다.
2) 항온에는 염욕(Salt Bath), 납욕(Lead Bath)등이 사용된다.
3) S곡선의 코(Nose) : 560℃ 부근(변태 속도가 최대)

4) Nose 부근(등온변태곡선 Ar')에서 베이나이트 조직이 되며 상부 베이나이트(우모상)와 하부 베이나이트(침상)로 구분된다.
5) 베이나이트의 조직은 시멘타이트와 같은 탄화물과 페라이트가 미세하게 혼합된 것이다.

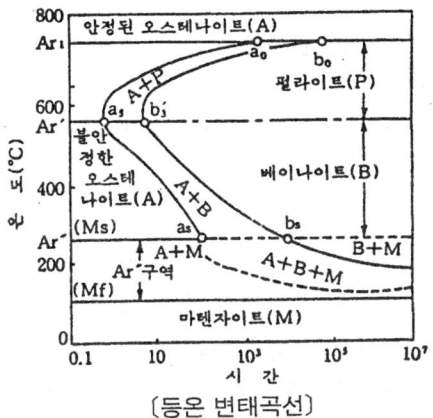

〔등온 변태곡선〕

6) 만(Bay) : S곡선에 200~300℃의 넓어진 부분
7) 항온 변태 열처리의 종류·
   ① 오스템퍼링(Austempering) : Ar'~Ar" 사이의 열욕(Hot Bath)에 담금질하여 변태 완료시까지 항온 유지 후 공랭하며 베이나이트 조직을 얻게 된다. 일명 베이나이트 담금질이라 한다.
   ② 마템퍼링(Martempering) : Ar" 구역(M_s~M_F) 내의 항온 열처리로 Ms 이하의 열욕(100~200℃)에 담금질하고 변태 완료시까지 항온 유지 후 공랭한다. 항온 유지 시간이 긴 것이 단점이며, 마텐자이트와 베이나이트의 혼합 조직이다.
   ③ 마퀜칭(Marquenching) : Ms점 바로 위의 열욕에 담금질하여, 시료의 내·외부가 동일 온도가 될 때까지 항온 유지하며, 과냉 오스테나이트가 항온 변태 전에 공랭하여 Ar" 변태를 서서히 진행시킨 것으로, 수냉에 의하여 균열이 일어날 우려가 있는 재료에 적합하다.

예상문제

문제 1. 다음 중 침탄량을 증가시키는 원소는?
　㉮ V　　㉯ W　　㉰ Si　　㉱ Ni

　[토의] 침탄용 강재에 미치는 원소의 영향을 보면 Cr, Ni, Mo 등은 침탄량을 증가시키며 C, V, W, Si 등의 원소들은 침탄량을 감소시킨다.

문제 2. 침탄 후 1차 담금질을 하는 목적은?
　㉮ 표면 경탄층의 경화　　㉯ 중심부 조직의 미세화
　㉰ 내부 응력의 제거　　㉱ 변형 방지

　[토의] 고체 침탄법은 고온(900~950℃)에서 장시간 가열하므로 침탄된 소재는 표면에 망상의 시멘타이트와 내부에 크고 거친 결정 입자를 가지게 된다. 그러므로 1, 2차 담금질 및 뜨임 열처리를 한다.
　　(1) 1차 담금질 : A_1 변태점보다 30℃ 이상 가열한 후, 수냉 또는 유냉하는 담금질로, 표면의 망상 시멘타이트는 구상화되며 내부의 결정 입자는 미세화된다.
　　(2) 2차 담금질 : A_1 변태점 이상의 온도로 가열한 다음 수냉 또는 유냉하는 담금질로 표면 침탄층이 경화된다.
　　(3) 뜨임 : 약 100~200℃의 온도로 일정시간 유지 후에 냉각시키는 뜨임 열처리로 경도는 다소 낮아지지만 내부 응력이 제거되어 변형이 생기지 않는다.

문제 3. 금속간 화합물로 흰색의 침상이나 망상 조직은?
　㉮ ferrite　　㉯ pearlite　　㉰ cementite　　㉱ austenite

　[토의] 시멘타이트 조직은 탄소가 최대 6.67% 함유된 금속간 화합물로, 흰색의 침상이나 망상 조직으로 경도(H_B≒820)가 매우 크며 취성이 있다.

문제 4. 다음 강의 기본 조직 중 경도(H_B)가 제일 큰 조직은?
　㉮ ferrite　　㉯ pearlite　　㉰ austenite　　㉱ cementite

　[해설] 강의 기본 조직에는 ferrite(H_B≒90), pearlite(H_B≒225), austenite(H_B≒155), cementite(H_B≒820) 등이 있다.

문제 5. 탄소강의 물리적 성질 중 탄소 함유량이 많아지면, 그 성질이 증가하는 것은?
　㉮ 비중　　㉯ 선팽창계수　　㉰ 용융온도　　㉱ 비열

　[토의] 탄소강에서 탄소 함유량이 증가하면 비중, 선팽창 계수, 세로 탄성율, 열 전도율, 전기 전도율, 용융 온도 등은 감소 또는 낮아지나, 고유 저항과 비열은 증가한다.

문제 6. 탄소강에서 일반적으로 탄소 함유량이 증가하면 감소하는 기계적 성질은?
　㉮ 경도　　㉯ 인장 강도　　㉰ 항복점　　㉱ 연신율

　[토의] 일반적으로, 탄소강에서 탄소 함유량이 증가하면 경도, 인장 강도, 항복점 등은 증가하며 연신율, 충격 값, 단면 수축률 등은 감소한다.

해답　1. ㉱　2. ㉯　3. ㉰　4. ㉱　5. ㉱　6. ㉱

문제 7. 적열(고온) 메짐을 발생시키는 원소는?
  ㉮ P   ㉯ S   ㉰ Mn   ㉱ Si

  풀이 적열 취성은 황(S)을 많이 함유한 탄소강이 약 950℃ 전후에서 메지게 되는 현상으로, Mn을 첨가하면 MnS의 슬래그(slag)로 되므로 황(S)의 해를 방지할 수 있다.

문제 8. 금속침투법은 침투시키는 금속의 종류에 따라 명칭이 다르다. 다음 중에서 잘못된 것은?
  ㉮ 세로다이징(sheradizing) : Zn   ㉯ 칼로라이징(calorizing) : Al
  ㉰ 크로마이징(chormizing) : Cr   ㉱ 실리코나이징(siliconizing) : B

  풀이 실리코나이징 : Si, 보로나이징(boronizing) : B

문제 9. 다음 아연(Zn)의 성질에 관한 내용 중 틀린 것은?
  ㉮ Zn은 면심 입방 격자의 회백색 금속으로, 비중은 약 7.14이다.
  ㉯ 아연 지금의 순도는 99.995% 이상이고, 불순물로 Pb, Fe, Cd, Sn 등이 함유된다.
  ㉰ 수분이나 탄산 가스가 있으면 표면에 염기성 탄산염의 피막을 발생시켜 내부의 산화를 방지하며, 이런 이유 때문에 철판에 아연 도금을 한다.
  ㉱ 아연 합금은 주조성이 좋으므로 다이캐스팅용이나 금형 주조용 합금으로 쓰인다.

  풀이 Zn은 조밀 육방 격자의 회백색 금속으로 비중은 7.14, 용융점은 420℃이며 전해법과 증류법으로 만든다.

문제 10. 니켈-크롬강(SNC)에 관한 내용 중 틀린 것은?
  ㉮ 니켈강에 경도를 보완하기 위하여 Cr을 첨가시킨 합금강이다.
  ㉯ 약 850℃에서 유중 담금질하고, 뜨임은 약 600℃에서 서냉한다.
  ㉰ 가공시에 백점(flake) 현상이 있다.
  ㉱ 열처리 효과가 좋다.

  풀이 Ni-Cr강은 뜨임시에 서냉하면 충격값이 낮아져 뜨임 메짐이 발생하며 가공시 백점(3~30 mm 정도의 원형 또는 타원형의 은백색의 균열로 고온 단련하면 접합됨) 현상이 있다.

문제 11. 오스테나이트에서 펄라이트 조직으로 변태후에 상온까지 급랭시키는 풀림은?
  ㉮ 사이클 풀림   ㉯ 완전 풀림
  ㉰ 응력 제거 풀림 ㉱ 연화 풀림

  풀이 항온 풀림을 등온 풀림, 오스 풀림(aus annealing), 사이클 풀림이라고도 한다.

문제 12. 등온(항온) 변태 곡선의 코(nose) 부분의 온도는?
  ㉮ 약 210℃   ㉯ 약 560℃   ㉰ 약 723℃   ㉱ 약 300℃

  풀이 S곡선의 nose 부분의 온도는 약 560℃로, 변태 속도가 최대이며 베이나이트(bainite) 조직이 생긴다.

문제 13. 다음 아연 합금 중 금형용에 많이 사용되는 것이 아닌 것은?
  ㉮ KM 합금   ㉯ Kirksite   ㉰ ZHS   ㉱ hydro-T-metal

  풀이 하이드로-티-메탈(hydro-t-metal)은 Zn-Cu-Ti 합금으로 미국에서 개발된 가공용 합금이며, 주성분은 0.12% Ti, 0.5% Cu, 나머지 Zn이다.

해답 7. ㉯ 8. ㉱ 9. ㉮ 10. ㉯ 11. ㉮ 12. ㉯ 13. ㉱

문제 14. 다음 납(Pb)의 성질에 관한 내용 중 틀린 것은?
㉮ 회백색 금속으로 비중 및 밀도가 작다. ㉯ 연하고 전연성이 크다.
㉰ 윤활성 및 내식성이 좋다. ㉱ 방사선의 차단력이 강하다.

[토율] Pb은 비중이 11.3으로 중금속이며, 용융 온도(327℃)가 낮고 경도(H_B)는 3.2~4.5, 인장 강도는 1.3kgf/mm²의 회백색 금속으로 유연하며 가공하기가 쉽다.

문제 15. 티탄계 합금에서 고온 강도를 높이는 원소는?
㉮ Mo ㉯ V ㉰ Al ㉱ H

[토율] 티탄계 합금에 첨가하는 원소는 Al, Sn, Mn, Fe, Cr, Mo, V등이 있으며 특히 Mo, V 등은 내식성을 향상시키며, Al은 수소(H) 함유량을 적게 하여 고온강도를 향상시킨다.

문제 16. 연마포지의 연마재가 탄화규소인 경우에 다음 중 적합한 용도는?
㉮ 주철, 황동, 도자기, 플라스틱등 ㉯ 강
㉰ 유리 ㉱ 일반 금속의 녹 제거

[토율] 연마포지는 면포에 아교, 합성수지, 고무 등의 접착제로 연삭 입자를 부착시킨 것으로 연삭 입자에는 용융산화알루미늄, 에머리, 탄화규소 등이 있다.
그리고 용융 산화 알루미늄은 강, 유리에 탄화규소는 주철, 황동, 도자기, 플라스틱에 에머리는 일반금속의 녹제거에 많이 사용된다.

문제 17. 다음 내열 재료에 관한 설명 중 틀린 것은?
㉮ 서멧(cermet)은 세라믹스와 금속의 특성을 가지는 초고온 내열 재료이다.
㉯ 세라믹은 고용점에서 산화에 대한 저항성이 있다.
㉰ 서멧은 사용되는 세라믹의 질에 따라 산화물 서멧, 탄화물 서멧, 붕화물 서멧으로 분류할 수 있다.
㉱ 서멧은 비중이 7.5 정도로 내열합금인 스텔라이트(stellite) 비중에 비해 크다.

[토율] 서멧은 비중이 약 5.0 정도로 내열금속의 비중에 비해 작으므로, 터빈 날개 등과 같이 회전하는 부분에 사용하는 내열 재료로서 적합하다.

문제 18. 알루미늄분말(10μm 이하)과 금속크롬(Cr)을 7 : 3 비율로 혼합성형해서 1700℃에서 30시간 정도 소결한 서멧은?
㉮ 알루미나 서멧 ㉯ 탄화티탄 서멧
㉰ 탄화지르코늄 서멧 ㉱ 탄화붕소 서멧

[토율] 산화물 서멧에 사용되는 세라믹은 Al_2O_3, BeO 등이 있다.

문제 19. Al의 전기 전도율을 약화시키는 불순물이 아닌 것은?
㉮ Si ㉯ Fe ㉰ Cu ㉱ Na

[토율] Al 합금에는 Si, Fe, Cu, Ti, Mn 등과 같이 전기 전도율을 약화시키는 불순물이 함유되지 않도록 하여야 한다.

문제 20. X선 검사법으로 검출할 수 있는 것이 아닌 것은?
㉮ 용접부의 불량 ㉯ 주물의 공극 ㉰ 피로 한도 ㉱ 내부 균열

[토율] X선 검사법은 용접부의 불량, 주물의 공극, 재료의 내부균열, 섬유조직 등을 검출하는 방사선 투과 검사법이다.

해답 14. ㉮ 15. ㉰ 16. ㉮ 17. ㉱ 18. ㉮ 19. ㉱ 20. ㉰

문제 21. 재료의 연성을 알기 위한 것으로 구리판, 알루미늄판 및 그 밖의 전성판재를 가압 성형하여 변형 능력을 시험하는 것은?
㉮ 비틀림 시험 ㉯ 에릭센 시험 ㉰ 압축 시험 ㉱ 휨 시험

[풀이] 에릭센 시험(Erichsen test)은 커핑 시험(cupping test)이라고도 부르며 강구로 시험판을 눌러서 모자 모양으로 만들며, 이때 컵모양의 깊이를 측정하여 에릭센 값으로 한다. 시험 범위는 1~0.2mm 표준으로 하여 나비 70mm 이상의 띠 또는 판에 국한한다.

문제 22. 초음파 검사법의 탐상 방법이 아닌 것은?
㉮ 형광 투과법 ㉯ 펄스 반사법 ㉰ 투과법 ㉱ 공진법

[풀이] 초음파 검사법에는 반사식과 투과식, 공전식 등 3종의 탐상 방법이 있다.

문제 23. 구상 흑연과 편상 흑연의 중간 형태의 흑연으로 형성된 조직의 주철은?
㉮ CV 주철 ㉯ 칠드 주철 ㉰ 가단 주철 ㉱ 침상주철

[풀이] CV 주철(Compacted vermicular graphite cast iron)은 1976년 E. R. Evans가 개발한 주철과 주조성도 구상 흑연 주철과 회주철의 중간 정도이며, Fe~Si 등으로 접종 처리한다.

문제 24. 주철의 조직을 크게 지배하는 것이 아닌 것은?
㉮ 철의 고용체 ㉯ 흑연 ㉰ Fe_3C ㉱ MnS

[풀이] 주철에 나타나는 상에는 흑연 Fe_3C, MnS, FeS, Fe_3P 등이 있으나, 주철 조직을 크게 지배하는 상에는 철주체의 고용체와 흑연 및 Fe_3C 등이다.

문제 25. 장력 탄소 주강품의 원심력 주강관의 기호는?
㉮ HSC3-CF ㉯ HSC5-O ㉰ HSC3-H ㉱ HSC5-1/2H

[풀이] 고장력 탄소주강품 2종의 기호는 HSC 3이며, 원심력 주강관에는 기호 뒤에 CF를 붙인다.

문제 26. 다음 심랭 처리에 관한 내용 중 틀린 것은?
㉮ 드라이아이스(-78℃), 액체 질소(-195℃) 등이 사용된다.
㉯ 잔류 오스테나이트의 양은 C량이 많을수록 많다.
㉰ 수중보다 유중 담금질 것이 잔류 오스테나이트의 양이 적다.
㉱ 오스테나이트 조직은 실온에서 불안정한 상이므로, 장시간 사용 도중에 치수 변화를 일으킨다.

[풀이] 수중 담금질보다 유중 담금질한 것이 잔류 오스테나이트의 양이 많다.

문제 27. 구조용으로 사용되며, 주성분이 C=0.2~1.0%, Mn=1~2%의 망간강은?
㉮ 오스테나이트 Mn steel ㉯ 하드필드 Mn steel
㉰ 고망간강 ㉱ 펄라이트 Mn steel

[풀이] 저 Mn강은 구조용으로 주로 사용되며 pearlite Mn steel 또는 듀콜강(Ducol steel)이라고도 한다. 또한, 고 Mn강은 주성분이 C=0.9~1.3%, Mn=11~14% 정도로 오스테나이트 Mn steel 또는 하드 필드 Mn steel이라고 하며, 내마멸, 내충격성이 우수하고 경도가 크므로, 광산 기계의 파쇄 장치, 기차 레일의 포인트 등에 사용된다.

문제 28. 질화용강에서 질화층의 경도를 높여 주는 원소는?
㉮ Al ㉯ Cr ㉰ Mo ㉱ Si

[해답] 21. ㉯ 22. ㉮ 23. ㉮ 24. ㉱ 25. ㉮ 26. ㉰ 27. ㉱ 28. ㉮

[문] 질화용강에서 Al은 질화층의 경도를 높여주는 역할을 하며 Cr, Mo는 기계적 성질을 개선시켜 준다.

문제 29. 내열 합금인 바이탈륨(vitallium)은 H·S 몇 번인가?
㉮ H·S 21   ㉯ H·S 20   ㉰ H·S 24   ㉱ H·S 18

[풀이] 스텔라이(stellite)는 미국의 Hayness Stelite Co의 상품명이며 그 주요성분은 40~67% Co, 20~27% Cr, 2~3% Ni, 0~6% Mo, 0~7% W, 그리고 C, Fe, Mn, Si 등을 함유한다. HG 또한 종류에 따라 H·S 몇번이라 하며, 바이탈륨은 Stellite 21(H·S 21)을 의미한다.

문제 30. 다음 텅스텐(W)의 성질 중 틀린 내용은?
㉮ 회백색 금속으로 비중 19.3, 용융 온도 3400℃ 이다.
㉯ 용해가 어려우므로 분말 야금으로 제조한다.
㉰ 비열이 크므로 조금만 가열하여도 고온이 된다.
㉱ 융점이 높으므로 전구 및 진공관의 필라멘트로 사용한다.

[풀이] W은 비열이 극히 작으므로(0.032cal/g, 20℃) 조금만 가열하여도 고온이 된다.

문제 31. 강(steel)의 탄소 함유량은?
㉮ 0.025(0.036)%C 이하   ㉯ 0.025(0.036)%C~2.0(1.7%)%C
㉰ 2.0(1.7)%C~6.67%C   ㉱ 2.5%C~4.5%C

[풀이] 철강 재료는 일반적으로 탄소 함유량에 따라 순철(pure iron), 강(steel), 주철(cast iron)등으로 분류하며, 각각의 탄소 함유량은 다음과 같다.
 (1) 순철 : 0.025(0.036)%C 이하
 (2) 강 : 0.025(0.036)%C~2.0(1.7)%C
 (3) 주철 : 2.0(1.7)%C~6.67%C

문제 32. 다음 주석(Sn)의 성질에 관한 내용 중 틀린 것은?
㉮ 비중이 7.3, 용융 온도가 232℃인 백색 금속으로 연하고 전성이 풍부하다.
㉯ 13.2℃ 자기 변태한다.
㉰ 무독성으로 내식성이 우수하다.
㉱ 주석은 굽히면 특유의 소리가 생기는데, 이것을 틴 크라이(tin cry)라고 한다.

[풀이] 주석은 약 13.2℃에서 아래와 같이 동소 변태한다.

$$\alpha\text{-Sn(회주석)} \underset{}{\overset{13.2℃}{\rightleftarrows}} \beta\text{-Sn(백주석)}$$
(다이아몬드형 격자)   (체심 입방 격자)

문제 33. 주석(Sn)의 재결정 온도(℃)는?
㉮ -7~25℃   ㉯ -3℃   ㉰ 150℃   ㉱ 350~450℃

[풀이] Sn의 재결정 온도는 실온 이하이며, 상온에서 가공 경화되지 않으므로 소성가공이 쉽다.

문제 34. 주석 합금의 불순물 중 변태를 촉진시키는 원소는?
㉮ Pb   ㉯ Al   ㉰ Bi   ㉱ Sb

[풀이] 주석 합금의 순도는 보통 99.8% 이상이며, 불순물 중에서 Pb, Bi, Sb 등은 변태를 지연시키며 Zn, Al, Mg, Co, Mn 등은 변태를 촉진시킨다.

해답 29. ㉮ 30. ㉰ 31. ㉯ 32. ㉯ 33. ㉮ 34. ㉯

문제 35. 다음 중 주조 응력 제거 온도로 적당한 것은?
㉮ 500~600℃   ㉯ 850~950℃   ㉰ 900~1000℃   ㉱ 1150~1350℃

[토의] 주조 응력을 제거하려면, 주조 후 500~600℃에서 수시간 가열 후 풀림을 한다. 또한, 절삭성을 좋게 하기 위해서는 750~800℃에서 2~3시간 정도 가열한다.

문제 36. 다음 주강에 관한 내용 중 틀린 것은?
㉮ 주철에 비하여 용융점이 높고, 수축률이 크기 때문에 주조가 어렵다.
㉯ 주철에 비하여 기계적 성질이 좋고, 용접에 의한 보수가 용이하다.
㉰ 형상이 크고 복잡하여 단조품으로 만들기가 곤란한 경우에 사용한다.
㉱ 주조 후에 열처리할 필요가 없다.

[토의] 주강의 용융점은 1600℃ 전후의 고온이므로, 주조한 상태로는 조직이 거칠고 메짐성이 있으므로, 주조 후에는 완전풀림을 실시하여 조직을 미세화하고 주조 응력을 제거해야 한다.

문제 37. 다음 연삭 숫돌의 결합제 중 무기질 결합제는?
㉮ 셀락(E)   ㉯ 고무(R)   ㉰ 레지노이드(B)   ㉱ 비트리파이드(V)

[토의] 무기질 결합제로는 점토, 장석을 주원료로 한 비트리파이드(vitrified) 결합제와 규산나트륨(Na_2SiO_3)을 주원료로 한 실리케이트(silicate) 결합제 등이 있다.

문제 38. 다음 비금속 공구 재료 중에서 초경 공구에 관한 내용 중 틀린 것은?
㉮ 약 1200℃ 정도까지 고온경도가 유지된다.
㉯ 고온강도는 탄화물 입자가 미세할수록, Co량이 적을수록 높다.
㉰ WC-Co계와 WC-TiC-TaC-Co계가 대표적이다.
㉱ TiC이 많을수록 경도가 낮고 인성이 커진다.

[토의] TiC이 많을수록 경도는 높으나 인성이 떨어지므로, 일부를 TaC로 대체하여 공구 성능을 개선한다.

문제 39. 용융 상태의 주철에 Mg, Ce, Ca 등을 첨가하여 처리함으로써 흑연을 구상화한 특수 주철은?
㉮ 구상 흑연 주철   ㉯ 칠드 주철   ㉰ 백심 가단 주철   ㉱ 흑심 가단 주철

[토의] 구상 흑연 주철은 S가 적은 선철을 용해하고, 여기에 Mg, Ce 등을 첨가하여 용체중의 흑연을 소실시키고, Fe-Si, Ca-Si 등을 접종하여 흑연핵을 형성시켜 주조한 것으로 노듈라 주철, 덕타일 주철 등으로 불린다.

문제 40. 제강시에 정련 중에 흡수된 O_2로 인하여 끓는 것 같이 보이는 현상은?
㉮ 비등 교반 운동(rimming action)   ㉯ 경년 변화
㉰ 자연 균열   ㉱ 인공 시효

[토의] 용해시에 첨가한 고철의 산화, 정련 중에 투입한 광석 등의 첨가물이 정련 중에 흡수된 O_2로 인하여 $2C+O_2 \rightarrow 2CO$의 작용이 왕성하게 진행되어 끓는 것 같이 보이는 현상을 비등교반운동이라 한다.

문제 41. 순철(pure iron)에는 몇 개의 동소체가 있는가?
㉮ 2개   ㉯ 3개   ㉰ 4개   ㉱ 5개

[토의] 순철에는 α철, γ철, δ철의 3개의 동소체(allotropy)가 있다.

해답 35. ㉮ 36. ㉱ 37. ㉱ 38. ㉱ 39. ㉮ 40. ㉮ 41. ㉯

문제 42. 순철에서 912~1394℃ 사이에 결정 격자는?
㉮ 체심 입방 격자   ㉯ 면심 입방 격자
㉰ 조밀 육방 격자   ㉱ 정방 격자

[풀이] 철은 910(912)℃ 이하에서 안정권 체심 입방 격자를 철은 910(912)℃~1400(1394)℃에서 안정된 면심 입방 격자를 가지며 1400(1394)℃ 이상에서는 δ철의 체심 입방 격자의 원자배열을 가진다.

문제 43. 다음 철~탄소계 평형 상태도에 관한 것 중 그 내용이 다른 것은?
㉮ 준안정 상태   ㉯ 실선으로 표시
㉰ Fe~Fe₃C계   ㉱ 점선으로 표시

[풀이] 강 중에 탄소는 일반적으로 Fe₃C 상태로 존재하며, Fe₃C는 약 500~900℃ 사이에서 철과 흑연으로 분해(Fe₃C → 3Fe+C) 하기 때문에 준안정 상태라 한다.
그러므로 철·탄소계 평형상태도에서 Fe-Fe₃C계는 실선으로 표시하며 Fe-C(graphite)계는 점선으로 나타낸다.

문제 44. 철·탄소계 평형 상태도에서 포정점과 탄소 함유량은?
㉮ 1492℃ (0.18% C)   ㉯ 1130℃ (4.3% C)
㉰ 723℃ (0.85% C)   ㉱ 727℃ (6.68% C)

[풀이] 포정 온도선(HJB)은 1492(1490)℃이며 탄소 함유량은 J점이 0.18%이다.
포정 반응식은 H(δ고용체)+B(용액, M) ⇌ J(γ고용체)이다.

문제 45. 철~탄소계 평형 상태도에서 공정점과 탄소 함유량은?
㉮ 1490℃ (0.18% C)   ㉯ 1130℃ (4.3% C)
㉰ 721℃ (0.85% C)   ㉱ 210℃ (6.67% C)

[풀이] 공정 온도선(ECF)은 1130℃이며, 공정점의 탄소 함유량은 4.3%이다.
공정 반응식은 C(용액, M) E(γ고용체)+F(Fe₃C)이다.

문제 46. 순수한 흰색 산화알루미늄 연삭재는?
㉮ WA   ㉯ A   ㉰ GC   ㉱ C

[풀이] 알런덤(alundum)에는 순수한 흰색 산화알루미늄(WA)과 순도가 낮은 갈색 알루미늄(A)의 두 종류가 있다.

문제 47. Si와 C를 혼합하여 전기 저항로에서 가열하여 만든 인조 연삭 연마재는?
㉮ 알런덤   ㉯ 카보런덤   ㉰ 애머리   ㉱ 에보나이트

[풀이] 카보런덤(carborundum)은 순도가 높은 녹색 탄화규소(GC)와 순도가 낮은 검은색 탄화규소(C)의 두 종류가 있다. 또한, 카보런덤(탄화규소계)은 알런덤(산화알루미늄계)보다 경도가 크고 메지며 조직이 치밀하다.

문제 48. 금속 조직검사법 중 육안 관찰이나 10배 이내의 확대경을 사용하여 검사하는 것은?
㉮ 침투 탐상법   ㉯ 초음파 검삿법   ㉰ 매크로 검사   ㉱ 현미경 조직검사

[풀이] 육안 조직검사를 매크로 검사(macro test)라 한다.

해답 42. ㉯   43. ㉱   44. ㉮   45. ㉯   46. ㉮   47. ㉯   48. ㉰

문제 49. 다음 중 활자 합금에 불순물은?
㉮ Fe   ㉯ Pb   ㉰ Sb   ㉱ Sn

[풀이] 활자 합금 원료 금속의 화합성분 중 불순물은 Cu, As, Zn, Fe 등이 있다.

문제 50. 기계적 성질을 개선하기 위하여 주조시 금속나트륨 0.05~0.1%를 첨가하여 개량 처리하는 Al-Si계 합금은?
㉮ 알팍스   ㉯ 마그날륨   ㉰ 알드리   ㉱ 알민

[풀이] 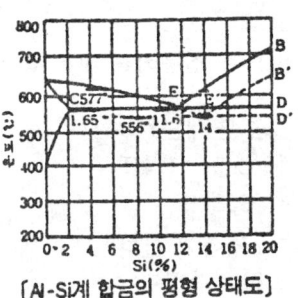 Al-Si계 합금의 공정성은 그림에서와 같이 11.6% Si, 577℃이다. 이 공정점 부근의 조성을 실루민 또는 알팍스라 하며 주조시에 금속나트륨, 플루소르화 알칼리, 가성소다, 알칼리 염류 등을 이용한 개질(개량)처리로 기계적 성질을 개선한다.
  개질 처리 방법 중 금속 Na를 첨가하는 방법이 많이 사용되며 개질 처리를 하면 공정점을 점선과 같이 이동한다.

[Al-Si계 합금의 평형 상태도]

문제 51. 다음 고속도강의 특징에 관한 내용 중 틀린 것은?
㉮ 열처리에 의하여 뚜렷하게 경화한다.
㉯ 마찰 저항이 크다.
㉰ 500~600℃까지 연화하지 않는다.
㉱ 열전달이 좋지 않으므로 담금질을 위한 가열은 빨리해야 한다.

[풀이] 고속도강은 열전달이 좋지 않으므로 담금질을 위한 가열은 서서히 해야 하며 보통 3단의 가열 방법을 사용한다.

문제 52. 다음은 Mo계 고속도강이 W계의 고속도강보다 우수한 내용이다. 잘못된 것은?
㉮ 가격이 저렴하다.
㉯ 비중이 적다.
㉰ 인성이 높다.
㉱ 뜨임(소려) 온도가 높다.

[풀이] 뜨임(소려) 온도가 낮고 열전도가 좋아서 열처리가 용이하다.

문제 53. 다음 뜨임 메짐성(temper brittleness)에 관한 내용 중 틀린 것은?
㉮ Ni-Cr강에서 잘 나타난다.
㉯ 2차 뜨임 메짐성은 550~650℃의 범위에서 발생한다.
㉰ 2차 뜨임 메짐성은 급냉시 발생한다.
㉱ 보통 뜨임 메짐성은 2차 뜨임 메짐성을 말한다.

[풀이] 일반적으로 뜨임 메짐성은 2차 뜨임 메짐성을 의미하며, 냉각 속도를 빠르게 하면 방지할 수 있다. 그리고, 1차 뜨임 메짐성은 냉각속도와 무관하며, 발생 온도 범위는 450~550℃이다.

[해답] 49. ㉮   50. ㉮   51. ㉱   52. ㉱   53. ㉰

문제 54. 다음 구리의 화학적 성질 중 틀린 내용은?
㉮ 건조한 공기 중에서는 산화하지 않는다.
㉯ CO_2 또는 습기가 있으면 염기성 탄산구리 등의 구리 녹이 생긴다.
㉰ 환원성의 수소 가스 중에서 가열하면, 수소 메짐이 생긴다.
㉱ 수소 메짐이 생기는 온도는 약 950℃ 정도이다.

[토의] 수소 메짐 현상은 약 650~850℃에서 발생하며, 950℃ 이상에서는 자연 소멸된다.

문제 55. Cu-Zn 합금에서 실용되는 조직은?
㉮ α　　　㉯ β　　　㉰ γ　　　㉱ δ

[토의] Cu-Zn계에는 α, β, γ, δ, ϵ, η의 6상이 있으며, 실용되는 것은 α 또는 ($\alpha+\beta$)조직이다.

문제 56. 다음 동판 2종(Cu 99.5% 이상)의 기호 중 연재는?
㉮ CuS_2~O　　　　　　㉯ CuS_2~1/4H
㉰ CuS_2~1/2H　　　　㉱ CuS2H

[토의] ① Cu는 가공도에 따라 연재, 반경재, 경재 등의 종류가 있다.
② ¼H : ¼경질, ½H : ½경질, H : 경질 등으로 분류한다.

문제 57. 다음 구리의 전기 전도율을 저하시키는 원소가 아닌 것은?
㉮ 티탄(Ti)　　㉯ 카드뮴(Cd)　　㉰ 인(P)　　㉱ 규소(Si)

[토의] 구리의 전기 전도율은 Ag 다음으로 우수하며, 순도에 따라 약간의 차이는 있으나 전기 전도율에 해로운 불순물은 Ti, P, Fe, Si, As 등이 있다. Cd은 전기 전도율을 저하시키지 않으면서 강도 및 내마멸성을 향상시킨다.

문제 58. 고망간강은 주조 상태에서 결정 입계에 탄화물이 석출하므로 경도가 크며 메짐성이 있다. 이 때 어떤 처리로 인성을 부여하는가?
㉮ 수인법　　㉯ 심랭 처리　　㉰ 인공 시효　　㉱ 자연 시효

[토의] 수인법은 고망간강에서 볼 수 있는 고유한 방법으로서 1000~1050℃에서 20~30분간 가열해서 탄화물을 오스테나이트 속에 용해시킨 후 수냉하는 방법으로, 이 처리에 의해 재료는 인성이 생긴다.

문제 59. Al-Cu-Si계 합금인 라우탈(lautal)에서 표면이 고운 것을 요구할 때 첨가량을 늘이는 원소는?
㉮ Si　　　㉯ Cu　　　㉰ Na　　　㉱ Mg

[토의] Al-Cu-Si계 합금에서 강력한 것을 요구할 때에는 Si의 양을 늘이고 표면이 고운 것을 요구할 때는 Cu의 양을 높인다.

문제 60. 다음 마그네슘(Mg)의 성질 중 틀린 내용은?
㉮ 비중이 1.74로 실용 금속 중 가장 가벼우며, Al의 약 2/3, Fe의 1/4이다.
㉯ 열 및 전기 전도율은 Cu, Al보다 낮고, 강도는 작으나 절삭성이 좋다.
㉰ 산소와 친화력이 없다.
㉱ 용도는 Al 합금용, Ti 제련용, 구상 흑연 주철제조용 등에 사용된다.

[토의] 산소와 친화력이 강하여 고온 발화하기 쉽다.

해답 54. ㉱　55. ㉮　56. ㉮　57. ㉯　58. ㉮　59. ㉯　60. ㉰

문제 61. 다음 중 Al-Mg-Si계의 내식성 Al 합금은?
  ㉮ 하이드로날륨 ㉯ 알민 ㉰ 알드리 ㉱ 마그날륨

  [풀이] 내식용 Al 합금에는 Al-Mg계(하이드로날륨 또는 마그날륨), Al-Mn계(알민), Al-Mg-Si계 등이 있다.

문제 62. 일반적으로 Mg 합금의 비중은?
  ㉮ 1.75~2.0 ㉯ 2.6~2.8 ㉰ 7.7~7.87 ㉱ 8.7~8.9

  [풀이] Mg 합금은 비중이 1.75~2.0이며 인장 강도가 15~35kgf/mm²이므로 비강도(인장 강도/비중 값)가 커서 경합금 재료로 적합하다.

문제 63. 다음 선철(pig iron)에 관한 내용 중 틀린 것은?
  ㉮ 선철 제조 방법에는 용광로 제선법과 전기 제선법 등이 있다.
  ㉯ 용광로 제선법은 용광로에 철광석, 코크스, 석회석 등을 교대로 장입하고 예열공기를 송풍구로 불어 넣어 철광석을 녹이면서 탈산시키는 방법이다.
  ㉰ 선철은 파단면의 색깔에 따라 백선철, 회선철, 흑선철 등으로 분류하며 용도에 따라 제강용선(steel making pig iron)과 주물용선으로 구분한다.
  ㉱ 석회석은 철광석 중의 암석 및 코크스의 재와 화합하여서 규산 칼슘($CaSiO_3$)으로 되어 슬래그(slag)로 용선의 표면에 뜬다.

  [풀이] 선철은 파단면의 색깔에 따라 백선철(white pig iron), 회선철(gray pig iron), 반선철(mottled pig iron)로 구분한다.

문제 64. 공기 저취 전로인 토머스 전로(Thomas converter)에서 제일 늦게 연소 제거되는 원소는?
  ㉮ Si ㉯ Mn ㉰ P ㉱ S

  [풀이] 산성 전로인 베세머 제강법에서는 보통 Si=0.8~2.0%, Mn=0.8~2.0%의 것이 사용되며, P 및 S를 제거하지 못하므로 P, S는 0.1% 이하의 원료로서 저인선철을 사용한다. 염기성 전로인 토머스 제강법에서는 P가 주원료이므로 P를 많이 함유한 P=1.8~2.0%, Si=0.5% 이하, Mn=1.0~2.0%의 Thomas 선철을 사용한다. 그리고 Thomas 법에서는 Si, Mn을 먼저 연소 시키고 다음에 P를 연소 제거시킨다.

문제 65. 탄소강이 200~300℃에서 연신율과 단면수축률이 저하되고 인장 강도와 경도가 증가하여 메지게 되는 현상은?
  ㉮ 고온 메짐성 ㉯ 청열 메짐성
  ㉰ 저온 메짐성 ㉱ 상온 메짐성

  [풀이] 탄소강은 약 250℃ 부근에서 강의 표면이 청색으로 산화착색 되므로 200~300℃에서 경도가 증가하여 발생하는 메짐성(취성 ; 여림)을 청열 메짐(blue shortness)이라 한다.

문제 66. 치과용 아말감의 주성분은?
  ㉮ Ag-Cu계 ㉯ Ag-Sn-Hg-Cu계
  ㉰ Ag-Cd계 ㉱ Ag-W계

  [풀이] 치과용 아말감으로서 미국의 표준조성은 33% Ag, 52% Hg, 12.5% Sn, 2% Cu, 0.5% Zn을 함유한 합금이다.

해답 61. ㉰ 62. ㉮ 63. ㉰ 64. ㉰ 65. ㉯ 66. ㉯

문제 67. 다음 저온 메짐(cold brittleness)에 관한 내용 중 틀린 것은?
㉮ 면심 입방 격자의 금속에서는 잘 나타나지 않고, 체심 입방 격자의 금속에서는 저온 메짐 현상이 크다.
㉯ Ni, Cu, Mn 등의 원소는 저온 메짐을 개선하는데 효과가 있다.
㉰ 탄소강에서 탄소 함유량이 많을수록 저온에서 일어난다.
㉱ P을 많이 포함한 재료에서 나타나는 성질을 상온 메짐이라 한다.

[도움] 탄소강에서 C, P, N의 성분이 많을수록, 탈산이 불충분할 수록, ferrite 입자가 조대할수록 메짐 현상이 크다. 특히, P이 많이 포함된 재료에서 나타나는 메짐(취성, 여림)을 상온 메짐이라 한다. 또한, 탄소 함유량이 많을수록 고온에서 일어난다.

문제 68. 다음 담금질(소입)의 목적에 관한 내용 중 틀린 것은?
㉮ 충분한 경도를 얻을 수 있을 것
㉯ 필요한 깊이까지 경화될 것
㉰ 강의 성질을 손상시키지 않을 것
㉱ 강의 내부응력을 제거하고 인성을 개선한다.

[도움] 담금질은 탄소강을 $A_{3,2,1}$ 변태점보다 30~50℃ 이상 가열하여 전체 조직이 고온에서 안정된 오스테나이트 상태로 한 다음에, 냉각액에 급랭시켜 재질을 경화시키는 기본(일반) 열처리이며, 뜨임(소려)은 담금질한 강의 내부응력을 제거하고 인성을 개선하기 위하여, A_1 변태점 이하의 온도로 재가열 후에 냉각시키는 열처리이다.

문제 69. 다음 철광석 중 Fe 성분(%)을 가장 많이 함유한 것은?
㉮ 적철광   ㉯ 자철광   ㉰ 갈철광   ㉱ 능철광

[도움] 철광석은 Fe의 함유가 40~60% 이상이 필요 조건이며, 자철광은 Fe 성분이 50~70%로 함유량이 가장 많다.

문제 70. 다음 철강 재료 중 담금질(소입) 열처리가 불가능한 것은?
㉮ 주철   ㉯ 고탄소강   ㉰ 순철   ㉱ 탄소공구강

[도움] 일반적으로 주철은 담금질하지 않으며 순철은 탄소 함유량이 적어서 담금질 효과가 없으므로 담금질이 불가능하다.

문제 71. 다음 중 주철(cast iron)의 전용로(furnace)은?
㉮ 용광로   ㉯ 고로   ㉰ 평로   ㉱ 용선로

[도움] 용선로는 주철의 전용로이며 큐폴라(cupola)라고도 한다.

문제 72. 다음 노(furnace) 중 그 용도가 다른 것은?
㉮ 용광로(고로)   ㉯ 전기로   ㉰ 평로   ㉱ 전로

[도움] 용광로(blast furnace)는 철광석을 제련하여 선철을 만들며 용량은 24시간(1일)동안 생산된 선철의 양을 무게(ton)로 표시한다.

문제 73. 양백판 1종의 재질 기호는?
㉮ NSP1   ㉯ BsC1   ㉰ PBS1   ㉱ MBS1

[도움] NSP1 : 양백판 1종, BsC1 : 황동 주물제 1종
PBS1 : 인청동판 1종, MBs1 : 쾌삭 황동본 1종

[해답] 67. ㉱   68. ㉱   69. ㉯   70. ㉰   71. ㉱   72. ㉮   73. ㉮

문제 74. 다음 탄소강에 함유 원소의 영향 중 틀린 것은?
㉮ Mn는 S과 결합하여 황화망간(MnS)으로 되며, 적열 메짐의 원인이 되는 황화철(FeS)의 생성을 방해한다.
㉯ P는 인화철(Fe_3P)을 만들어 결정 입계에 편석하게 하므로 균열을 가져오게 한다.
㉰ S는 상온에서 충격값을 저하시켜 상온 메짐을 일으키게 한다.
㉱ S는 강철 중에 황화망간(MnS) 또는 황화철(FeS)로 존재하며 FeS은 적열(고온)메짐을 일으킨다.
[토의] P는 상온에서 충격값을 저하시켜 상온 메짐을 일으키게 한다.

문제 75. 노내에서 강탈산제로 충분히 탈산시킨 강괴로, 기포나 편석은 없으나 잉곳 상부에 수축공이 생기는 강괴는?
㉮ Killed steel   ㉯ Semi Killed steel   ㉰ Rimmed steel   ㉱ Capped Steel
[토의] Killed steel은 노내에서 Fe-Si, Fe-Mn, Al 등의 강탈산제로 충분히 탈산시킨 강이다.

문제 76. 에너지 절약상 내열 세라믹스 재료에 요구되는 성질 중 틀린 내용은?
㉮ 용융 온도가 높아야 한다.
㉯ 열팽창률이 커야 된다.
㉰ 변태에 의한 부피 변화가 없어야 한다.
㉱ 열응력 발생이 작아야 한다.
[토의] 열팽창률이 작아야 하며, 그 밖에 열충격에 잘 견디어야 하며, 크리프강도 및 산화저항이 커야 하며 내식, 내마멸성이 크고, 비중이 작아야 한다.

문제 77. 다음 질량 효과에 관한 설명 중에서 그 내용이 틀린 것은?
㉮ 질량 효과가 적다는 것은 담금질 열처리가 잘된다는 뜻이다.
㉯ 탄소강은 질량 효과가 적다.
㉰ Ni, Cr, Mo 등을 함유한 특수강은 질량 효과가 적고, 열처리가 잘된다.
㉱ 질량 효과가 적은 강을 구하려면 열전도가 높고, 확산이 적은 것 등을 고려해야 한다.
[토의] 탄소강은 질량 효과(mass effect)가 크다.

문제 78. 다음 전기로 제강법 중 아크식에 주로 사용되는 노는?
㉮ 에루식로   ㉯ 저주파 유도로
㉰ 고주파 유도로   ㉱ 전기 저항식로
[토의] 전기로 제강법에는 아크식, 저항식, 유로식 등이 있으며, 아크식에서는 에루식로가 주로 사용된다.

문제 79. 다음 잉곳(ingot) 중에서 진정강괴는?
㉮ 킬드강(Killed steel)   ㉯ 세미킬드강(semi Killed Steel)
㉰ 캡트강(capped steel)   ㉱ 림드강(rimmed steel)
[토의] 강탈산제(Fe-Si, Fe-Mn, Al등)로 충분히 탈산시킴으로써 rimming action(비등 교반 운동)이 발생하지 않으므로 킬드 잉곳을 진정강괴라고도 한다.

문제 80. Al_2O_3 등이 주가되는 산화물계의 세라믹스 분류는?
㉮ 제1세대   ㉯ 제2세대   ㉰ 제3세대   ㉱ 전통 세라믹스

[해답] 74. ㉯ 75. ㉮ 76. ㉯ 77. ㉯ 78. ㉮ 79. ㉮ 80. ㉯

[풀이] 세라믹 공구는 산화알루미늄의 결정입자가 3~5μm 정도로 균일한 미세입자를 가질 때 절삭성이 우수하다. 또한, 도자기, 타일 등과 같은 종래의 세라믹스를 전통 세라믹스라 부르며, 새로 등장한 세라믹스를 파인 세라믹스(fine ceramics) 또는 뉴(new)세라믹스라고 한다.

〔세라믹스의 분류〕

산화물계	제1세대	복합산화물	$Al_2O_3 + SiO_2 + MgO + CaO$
	제2세대	단일산화물	Al_2O_3
비산화물계	제3세대	탄화물	SiC, WC, B_4C, TiC, UC
		질화물	Si_3N_4, Al N, BN, TiN
		붕화물	LaB_6, TiB_2, LiB_6, ZrB_2
		규화물	$MoSi_2$
		황화물	CdS, ZnS, TiS_2
		탄소	C(무정형 탄소, 흑연, 다이아몬드)
		플루오르화물	CaF_2, BaF_2, MgF_2

[문제] 81. α철에 탄소가 최대 0.036% 고용된 α고용체로 흰색의 입상 조직은?
㉮ ferrite ㉯ delta ferrite ㉰ austenite ㉱ cementite

[풀이] ferrite(α고용체)는 흰색의 입상 조직으로 전연성이 크며 A_2점(775℃)이하에서는 강자성체이다.

[문제] 82. γ고용체로 고온(723℃, A_1점 이상)에서 안정된 조직은?
㉮ ferrite ㉯ pearlite ㉰ austenite ㉱ cementite

[풀이] austenite(γ고용체) 조직은 탄소가 최대 2.11(1.7)% 고용되며, A_1점(723℃) 이상의 고온에서 안정된 조직으로 인성이 크며 상자성체이다.

[문제] 83. 6.4황동에서 Zn의 비등 온도는?
㉮ 1150℃ ㉯ 1000℃ ㉰ 1200℃ ㉱ 1300℃

[풀이] 7.3 황동은 1150℃, 6.4 황동은 1000℃를 넘으면 아연(Zn)이 끓으므로 용해할 때 각별한 주의가 필요하다.

[문제] 84. 황동의 기계적 성질 중에서 연신율과 인장 강도는 아연 함유량이 몇 %일 때 최대값을 나타내는가?
㉮ 30%, 40% ㉯ 40%, 30%
㉰ 40%, 50% ㉱ 50%, 40%

[풀이] 황동에서 연신율과 인장 강도는 대체로 아연 함유량이 증가함에 따라 함께 증가하다가 연신율은 아연 30%, 인장 강도는 아연 40%일 때 최대값을 나타낸다.

[문제] 85. 7.3 황동의 가공은?
㉮ 상온 가공 ㉯ 열간 가공
㉰ 고온 가공 ㉱ hot working

[풀이] α(7.3) 황동은 상온 가공과 중간 풀림을 하여 가공재를 제조하고 α+β(6.4) 황동은 600~800℃의 고온 가공으로 가공하고 다시 상온에서 완성 가공을 하여 제조하는 것이 좋다.

[해답] 81. ㉮ 82. ㉰ 83. ㉯ 84. ㉮ 85. ㉮

문제 86. 고속도강에서 제2차 경화가 생기는 뜨임 온도는?
㉮ 550~580℃　　㉯ 1250~1300℃　　㉰ 200~300℃　　㉱ 350~450℃

[토의] 고속도 공구강은 550~580℃에서 뜨임하면 담금질 상태보다도 경도가 더 크게 되는 현상을 제2차 경화라 한다.

문제 87. 높은 온도에서 강도를 잃지 않는 스테인리스강은?
㉮ 페라이트계　　　　　　　　㉯ 마텐자이트계
㉰ 오스테나이트계　　　　　　㉱ 석출 경화형

[토의] 석출 경화형 스테인리스강은 과포화 상태에서 석출원소로서 Ti, Al, Mo, Cu, P 등 미세 합금 원소를 첨가한 것이다.

문제 88. 다음 내열강에 요구되는 성질 중 고온에서 필요한 기계적 성질이 아닌 것은?
㉮ 크리프 한도　　　　　　　㉯ 고온 피로 강도
㉰ 열 피로 강도　　　　　　　㉱ 열 팽창 계수

[토의] 고온에서 필요한 기계적 성질에는 크리프 한도, 크리프 파단 강도, 고온성형성 내마멸성, 고온피로강도, 열피로강도 등이 있으며, 물리적 성질에는 열팽창계수, 열전도율 등이 있다.

문제 89. 다음 원소 중 주철의 흑연화를 촉진하는 원소가 아닌 것은?
㉮ Si　　　　㉯ Ti　　　　㉰ Cu　　　　㉱ Cr

[토의] 흑연화를 촉진하는 원소는 Si, Ti, Cu, Al, Co, Au, Pt 등이며, 흑연화 촉진을 방해하는 원소는 Cr, Te, S, V, Mn, Mo, P, W, Mg, B, O, H, N 등이 있다.

문제 90. 주철이나 탄소강에서 인(P)의 함유량이 많을 때 생기는 것은?
㉮ 스테다이트(steadite)　　　　㉯ 그래파이트(graphite)
㉰ 스테아타이트(steatite)　　　 ㉱ 스테로 메탈(sterro metal)

[토의] 주철의 조직에서 P이 많으면 Fe_3P의 화합물을 만들고 Fe, Fe_3P, Fe_3C의 3성분의 공정인 스테다이트(steadite, 함인 공정)를 석출한다.

문제 91. 다음 중 Al 분말 소결체는?
㉮ SAP　　　㉯ AC2A　　　㉰ Alcoa 3S　　　㉱ Alcoa 18S

[토의] Al 분말 소결체(sintered aluminum powder)를 약칭하여 SAP라 하며 미국에서는 APM 제품 또는 Hydonium 100이라고도 부른다.

문제 92. 탄소강의 종류 중 탄소 공구강의 기호는?
㉮ STC　　　㉯ SM　　　㉰ SS　　　㉱ SBH

[토의] SBC : 냉간 압연강판, SBH : 열간 압강연판, SS : 일반 구조용 압연강재, SM : 기계구조용 강재, STC : 탄소공구강

문제 93. 일반적으로 합금강은 탄소강에 비하여 여러 가지 성질이 개선된다. 다음 개선 내용 중 틀린 것은?
㉮ 기계적 성질　　　　　　　㉯ 내식, 내마멸성
㉰ 열전도율　　　　　　　　㉱ 담금질성

[토의] 합금강은 탄소강에 비하여 열전도율이 나쁘므로 재질에 따라 임계온도를 조사하여 열처리 할 필요가 있다.

[해답] 86. ㉮　87. ㉱　88. ㉱　89. ㉱　90. ㉮　91. ㉮　92. ㉮　93. ㉰

문제 94. 설퍼 프린트법은 강이나 주철 중에 편석된 불순물의 분포상태를 찾아내는 매크로 조직검사법의 일종이다. 주로 어떤 원소의 분포 상태를 알 수 있는가?
㉮ P   ㉯ S   ㉰ O_2 ㉱ H_2S

[토의] 브로마이드(bromide) 인화지를 3%의 묽은 황산에 2분간 담그고 감광지에 접촉시켜 기포가 발생하지 않도록 밀착시킨다. 강철에 따라 다르나 1~2분 후에 인화지를 시험관에 잡아당겨 이 때 생긴 갈색 반점의 명암도를 조사한다. 이와 같이 설퍼프린트법은 강이나 주철 중에 황(S)의 분포상태를 알 수 있다.

문제 95. 현미경 조직검사의 시험편 준비과정으로 맞는 내용은?
㉮ 연마 → 부식 → 마운팅 → 시료 채취
㉯ 마운팅 → 연마 → 부식 → 시료 채취
㉰ 시료 채취 → 마운팅 → 연마 → 부식
㉱ 시료 채취 → 부식 → 마운팅 → 연마

[토의] 시험편의 준비 과정은 시료 채취 → 마운팅(mounting) → 연마(polising) → 부식(etching) 등의 순서이다.

문제 96. 현미경 조직검사의 시료 채취시, 큰 재료에서 시료를 채취할 때에 다음 내용 중 틀린 것은?
㉮ 시험편은 시험할 재료를 대표할 수 있는 부위를 선택한다.
㉯ 결함 검사는 결함이 발생된 곳에서 가까운 부분을 채취한다.
㉰ 단조가공물은 가공 방향에 주의하고, 될 수 있는 대로 종단면, 횡단면 모두 시험할 수 있게 한다.
㉱ 냉간 압연한 것은 시료의 표면이 가공 방향과 평행되지 않게 한다.

[토의] 냉간 압연한 것은 시료의 표면이 가공 방향과 평행이 되게 하여야 하며 특히, 절단 채취한 작은 시험편은 열경화 수지로 마운팅(mounting, 매몰성형)하여 연마와 검경하기 편리하게 만든다.

문제 97. 질화시키는 표면 경화 열처리에서 질화 효과가 작은 원소는?
㉮ Al   ㉯ Cr   ㉰ Mo   ㉱ Co

[토의] Al, Ti, V, Cr, Mo 등을 함유한 합금강은 질화물의 확산이 더디어 질화 효과가 크다. 또한, 주철, 탄소강 및 Ni-Co를 함유한 합금강은 질화물의 내부 확산으로 질화 효과가 작다.

문제 98. 다음 질화법(nitriding)에 관한 내용 중 틀린 것은?
㉮ 경화층은 얇으나 경도는 침탄한 것보다 크다.
㉯ 마모 및 부식에 대한 저항이 크다.
㉰ 질화 처리 후 열처리가 필요하다.
㉱ 600℃ 이하의 온도에서는 경도가 감소되지 않는다.

[토의] 침탄강은 침탄 후 열처리가 필요하지만, 질화법은 필요가 없다.

문제 99. 다음 강의 조직 중 가장 경도가 높은 것은?
㉮ 마텐자이트   ㉯ 시멘타이트
㉰ 트루스타이트   ㉱ 소르바이트

[토의] 마텐자이트 : H_B≒720   시멘타이트 : H_B≒820%
트루스타이트 : H_B≒400   소르바이트 : H_B≒275

해답 94. ㉯   95. ㉰   96. ㉱   97. ㉱   98. ㉰   99. ㉯

문제 100. 다음 오스테나이트에 관한 내용 중 틀린 것은?
㉮ A_1 변태점 이상에서는 안정된 조직이나, A_1 변태점 이하에서는 불안정한 조직이다.
㉯ 비자성체이며 전기 저항이 크다.
㉰ 상온 가공을 하면 트루스타이트 조직으로 변태한다.
㉱ 고탄소강일수록 잔류 오스테나이트의 양이 많아 진다.
[해설] 상온에서 잔류 오스테나이트 조직은 불안정한 조직으로 상온 가공을 하면 마텐자이트로 변화한다.

문제 101. 가스 침탄에 사용되는 가스(gas)는?
㉮ CH_4　　㉯ NH_3　　㉰ Si_3N_4　　㉱ $MoSi_2$
[해설] 가스 침탄(gas caburizing)을 기체 침탄법이라고도 하며, 침탄소재를 탄화수소계 가스(CH_4, C_3H_8 등)로 충만된 노 안에 넣고 가열하는 방법이다.

문제 102. 다음 주조 경질합금인 스텔라이트에 관한 내용 중 틀린 것은?
㉮ 단조 또는 절삭 가공이 안된다.
㉯ 주조한 상태로 연삭하여 사용하는 공구재료이다.
㉰ 고속도강보다 고온경도가 높다.
㉱ 고속도강보다 인성이 크다.
[해설] 고속도강에 비하여 절삭 속도를 빠르게 할 수 있으나 인성은 떨어지며 충격, 압력, 진동 등에 대한 내구력이 약간 작다.

문제 103. 다음 알루미늄의 성질에 관한 내용 중 틀린 것은?
㉮ 공업용 금속 중에서 Mg, Be 다음으로 가벼운 금속이다.
㉯ 표면이 생기는 Al_2O_3의 얇은 보호 피막 때문에 내식성이 좋다.
㉰ 전기 전도율은 Cu의 60% 이상으로 송전선으로 많이 사용한다.
㉱ 알루미늄은 변태점을 이용하여 기계적 성질을 개선한다.
[해설] Al은 변태점이 없으므로, 합금 열처리시에 석출 경화나 시효 경화를 이용한다.

문제 104. 철 중에 탄소(C)의 최대 함유량은?
㉮ 4.3%　　㉯ 6.67%　　㉰ 5.0%　　㉱ 1.7%
[해설] 철 중에 탄소가 최대로 함유된 조직은 시멘타이트(Fe_3C)이다. 그러므로 Fe의 원자량 55.85 C의 원자량 12.01이므로, 탄소의 최대 함유량은

$$\frac{C}{Fe_3C} \times 100 [\%] = \frac{12.01}{55.85 \times 3 + 12.01} \times 100 [\%]$$

$\fallingdotseq 6.67 [\%]$이다.

문제 105. 외부의 먼지, 습기, 가스 등의 침입을 막아 베어링 등을 보호하는 윤활유의 작용은?
㉮ 청정 작용　　㉯ 밀폐 작용
㉰ 윤활 작용　　㉱ 밀봉 작용
[해설] 윤활유는 마찰부분을 윤활하는 작용, 마찰부분에 발생하는 열을 기름에 흡수 제거하는 작용, 피스톤과 실린더에서 그 틈을 밀봉하여 가스의 누출을 방지하여 주는 밀봉작용, 불순물

해답 100. ㉰　101. ㉮　102. ㉱　103. ㉱　104. ㉯　105. ㉯

을 마찰면에서 제거하여 주는 청정작용, 외부의 먼지, 습기, 가스 등의 침입을 막아 베어링 등을 보호하는 밀폐작용 등을 한다.

문제 106. 구상 흑연 주철의 재질을 개선하기 위하여 첨가하는 원소 중 틀린 것은?

㉮ S ㉯ Ni ㉰ Cr ㉱ Mo

[풀이] 구상 흑연 주철은 목적에 따라 열처리에 의하여 조직을 개선하거나 Ni, Cr, Mo, Cu 등을 넣어 합금을 만들어 재질을 개선한다.

문제 107. 저급 내화물의 SK 번호는?

㉮ SK26~29 ㉯ SK30~33
㉰ SK34~39 ㉱ SK40 이상

[풀이] 내화물(refractory body)의 내화도를 번호로 표시하여 SK26~29를 저급, SK30~33을 보통, SK34 이상을 고급 내화물이라 하며, 실용되는 내화물은 SK26번 보다 높은 내화도의 것이다.

문제 108. 소결 산화물 공구인 세라믹 공구의 주성분은?

㉮ Al_2O_3 ㉯ Co-Cr-W-C
㉰ W-Cr-V ㉱ TiC-TaC-WC

[풀이] Al_2O_3(89~99%) 등이 주가되는 산화물계를 제2세대 세라믹스(ceramics)라고 한다.

해답 106. ㉮ 107. ㉮ 108. ㉮

제 2 장 기계의 요소

1. 결합용 기계요소

1 나사, 너트, 볼트

(1) 나사(Screw)

나사는 둥근 막대에 홈과 홈 사이의 높은 부분을 이루는 나사산이 나선으로 삼각, 사각 또는 둥근 형상의 것으로 되어 있어 사용 목적에 따라 쓰이는 것이다.
① 정밀도와 강도를 요구하는 체결용
② 구조의 정밀도를 요구하는 거리 조정용
③ 강도를 필요로 하는 전동용으로 구분이 된다.

1) 나선 곡선과 나사의 용어

〔나사곡선〕

① 나선 곡선(Helix) : 그림과 같이 원통에 직각 삼각형의 종이를 감았을 때 원통 표면상에 나타나는 곡선을 나선 곡선이라고 한다.

② 나사의 용어

㉮ 호칭 지름(바깥지름) : 수나사의 산마루에 접히는 원통의 지름으로, 나사의 크기를 나타낸다.
㉯ 골 지름 : 수나사의 골에 접하는 가상적인 원통의 지름
㉰ 유효지름 : 나사산의 두께와 골의 간격이 같은 가상적인 원통의 지름으로 바깥지름과 골 지름의 평균지름으로 나타낸다.

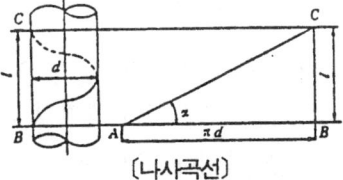

유효 지름 $(d_0) = \dfrac{\text{바깥지름}(d_1) + \text{골 지름}(d_2)}{2}$

바깥지름이 같은 나사라도 피치가 작은 나사일수록 유효 지름은 커진다.

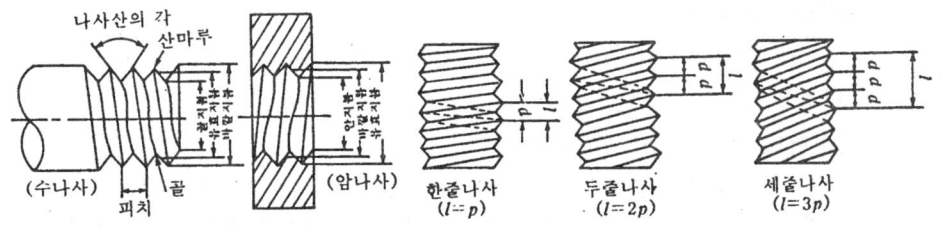

〔나사 각 부의 명칭〕　　　　　　　　　　　〔다줄 나사〕

㉔ 피치(Pitch) : 서로 인접한 나사산과 나사산 사이의 거리
㉕ 리드(Lead) : 나사가 축을 중심으로 1회전하였을 때 축방향으로 이동한 거리를 말하며 리드와 피치는 다음과 같은 관계가 있다.
$L=np$ (L : 리드, n : 나사의 줄 수, P : 피치)
즉, 피치가 2mm인 1줄 나사의 리드는 2mm이다($L=np=1\times2=2$mm)
또한, 피치가 2mm인 2줄 나사의 리드는 4mm이다($L=np=2\times2=4$mm)
㉖ 나선각(Helix Angle) : 원통에 감은 코일과 원통의 모선이 이루는 각도이다.

$$\tan\alpha = \frac{l(리드 또는 피치)}{\pi d(1회전한 길이)}$$

㉗ 나사산의 각도 : 인접한 나사의 경사 빗면과 빗면이 이루는 각도이다.

2) 나사의 종류

① 줄수(n)에 따른 종류
㉠ 한줄 나사 : 한 줄의 나사산으로 이루어져 있으며 보통의 나사로 많이 사용되고 있다. 회전을 많이 돌려 체결에 시간이 걸리는 단점이 있으나 확실한 고정이 이루어진다.
㉡ 다줄 나사 : 두 줄 이상으로 이루어진 나사로 2줄 나사, 3줄 나사 등이 있다. 회전을 적게 하여 체결에 용이하나 풀리기 쉬운 단점이 있다.

② 감긴 방향에 따른 종류
㉠ 오른나사 : 나사를 시계 방향으로 돌려 앞으로 나가게 하는 나사로 일반용으로 쓰인다.
㉡ 왼나사 : 나사를 반시계 방향으로 돌려 앞으로 나가는 나사로 회전 축이나 턴버클(Turnbuckle)과 같은 특별한 용도에 사용된다.

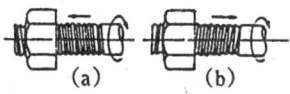

〔오른나사 (a)와 왼나사 (b)〕

③ 수나사와 암나사
㉠ 수나사 : 원통의 바깥 표면에 나사산이 생긴 것으로 일반적으로 볼트(Bolt)라고 한다
㉡ 암나사 : 속이 빈 원통의 안쪽에 나사산이 생긴 것으로 너트(Nut)라고 한다.

④ 용도에 따른 종류
㉠ 삼각 나사(Triangular Thread) : 나사산의 단면이 정삼각형에 가까운 나사로 일반 체결용으로 사용되고 있다.
　㉮ 미터 나사(Metric Thread)
　　• 보통나사 : 일반적으로 사용되는 표준 나사로 일반 체결용이다.
　　• 가는나사 : 진동이 많은 곳의 이완 방지용으로 공작 기계, 항공기, 자동차 등에 사용된다.

ⓛ 휘트워드 나사(With Worth Thread) : 1972년 나사의 규격에서 제외시켜 사용되지 않고 있다.
ⓒ 유니파이 나사(Unified Thread) : 미국, 영국, 캐나다가 협정하여 만든 나사로 ABC 나사라고도 한다.
ⓔ 관용나사(Pipe Thread) : 파이프를 연결하는 데 사용되는 나사로 바깥지름에 비해 산의 높이가 낮게 되어 있다. 수밀, 유밀, 기밀 유지용으로 사용되고 있다.

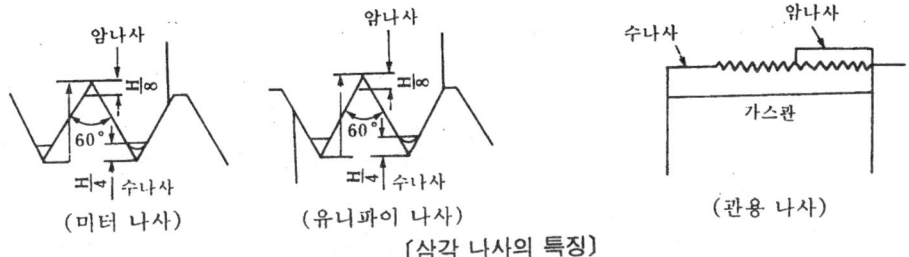

〔삼각 나사의 특징〕

구분	나사의 종류		① 미터 나사	② 휘트워드 나사	③ 유니파이 나사	④ 관용 나사
단위			〔mm〕	〔inch〕	〔inch〕	〔inch〕
호칭 기호			M	W	UNC : 보통나사 UNF : 가는 나사	PS : 평형나사 PT : 테이퍼 나사
나사산의 크기 표시			피치	산수/인치	산수/인치	산수/인치
나사산의 각도			60°	55°	60°	55°
나사의 모양	산		평평하다	둥글다	평평하다	둥글다
	골		둥글다	둥글다	둥글다	둥글다
호칭법	보통 나사		M8	W 3/4	UNC 1/4	PS 1/2 - 평행
	가는 나사		M8×1피치	W 3/4 - 14산수	UNC 1/4 - 24산수	PS 1/2 - 테이퍼

ⓕ 사각 나사(Square Thread) : 나사산의 단면이 사각형으로 힘의 전달용으로 사용된다. 삼각 나사에 비해 마찰 저항이 적어 나사 잭 및 나사 프레스 등에 많이 사용되고 있으나 가공이 어렵고 조절 작용이 없어 정밀도가 떨어진 전달이 이루어진다.
ⓖ 사다리꼴 나사(Acme Thread) : 나사산의 단면이 사다리꼴 모양으로 운동 전달용으로 사용된다. 미터 계열은 30°, 인치 계열은 29°의 나사산의 각도를 갖고 있으며 공작 기계의 이송 나사(Lead Screw)등에 많이 사용되고 있다.

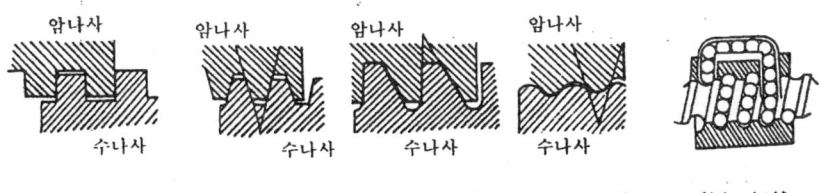

〔사각 나사〕 〔사다리꼴 나사〕 〔톱니 나사〕 〔둥근 나사〕 〔볼 나사〕

㉔ 톱니 나사(Buttless Thread) : 삼각 나사와 사각 나사의 장점을 혼용한 모양으로 한쪽은 삼각 나사의 형상, 반대쪽은 사각 나사의 형상으로 되어 있어 한 방향으로만 큰 힘을 전달시키고자 하는 바이스, 프레스 등에 사용되고 있다. 나사각은 30°와 45°가 있다.

㉕ 둥근나사(Knuckle Therad) : 너클 나사, 원형 나사라고도 하며 나사산과 골의 모양을 둥글게 한 나사로 먼지 및 이물질이 들어가기 쉬운 전구의 나사로 많이 사용되고 있으며 산의 각도는 75°~95°정도로 KS에 규정되어 있다.

㉖ 볼 나사(Ball Thread) : 수나사와 암나사의 나사산 대신에 나사 모양의 홈이 파여 있어 홈 사이에 경화시킨 경구(Ball)가 연속적으로 회전하며 순환하여 나사 작용을 하는 것으로 마찰이 적고 마모에 따라 너트를 조절하게 되어 있어 백래시가 거의 없고, 높은 정밀도를 요구하는 NC류의 공작 기계등에 많이 쓰이며 점차 용도가 확대되어 가고 있다.

㉗ 셀러 나사(Seller Thread) : 미국 표준 나사로 나사각은 60°이고 산마루와 평평한 나사이다.

㉘ ISO 나사(ISO Thread) : 국제 표준화 기구(ISO)에 의해 제정된 나사로 ISO 미터 나사와 ISO인치 나사가 제정되어 있으며 점차 세계 공통의 나사로 체택되어 가는 나사이다.

3) 나사의 등급 표시법

① 미터나사 : 1급·2급·3급으로 구분 표시되며 정밀도는 1급이 가장 높다.
  ㉠ 1급 : 인장 방지 및 피로 방지에 의한 고성능을 요구할 때 사용
  ㉡ 2급 : 일반 중급 기계의 체결용으로 볼트 및 너트에 많이 사용
  ㉢ 3급 : 일반 중급 기계의 잠금 나사로 보통의 체결용

② 유니파이 나사 : 수나사는 3A급·2A급·1A급으로 암나사는 3B급·2B급·1B급으로 구분 표시되며, 숫자가 큰 3A급·3B급이 정밀도가 가장 높다.

③ 관용나사 : A급·B급으로 구분 표시하며 A급이 정밀도가 높다.

④ 휘트워드 나사 : 2급·3급·4급으로 표시하며 급수가 낮을수록 정밀도가 높다.

종류	미터나사			유니파이 나사						관용나사	
				수나사용			암나사용				
등급	1급	2급	3급	3A급	2A급	1A급	3B급	2B급	1B급	A급	B급
표시법	1	2	3	3A	2A	1A	3B	2B	1B	A	B

4) 나사의 표시법

종합적인 나사의 표시 방법은 다음과 같다.

| 나사의 감긴 방향 | 나사산의 줄수 | 나사의 호칭 | — | 나사의 등급 |

① 나사의 감긴 방향 : "왼", "오른"등으로 왼나사와 오른나사를 구분 표시하나 오른나사는 표시를 생략한다.

② 나사산의 줄수 : 1줄·2줄·3줄 나사 등을 표시하는 것으로 1줄 나사는 표시를 생략한다.
③ 나사의 호칭 : 바깥지름과 피치 또는 1인치당 산수로 표시한다.

(표시 예)
- M10 : 미터 보통 나사의 호칭 지름이 10mm인 나사
- M10×1 : 미터 가는 나사로 호칭 지름이 10mm, 피치 1.0mm인 나사
- UNC 3/8 : 유니파이 보통 나사로 호칭 지름이 3/8″인 나사
- W1/2-18 : 휘트워드 나사로 호칭 지름이 1/2″이고 1인치에 18산인 나사

④ 나사의 등급 : 나사의 등급을 표시법에 따라 표시한다.

(표시 예)
- 2 : 미터 나사 2급
- 3/2 : 미터 나사로 수나사는 2급·암나사는 3급
- 2A : 유니파이 수나사 2A급
- 2B/1A : 유니파이 수나사 1A급, 암나사는 2B급
- A : 관용 나사 A급

(2) 볼트와 너트(Bolt & Nut)

1) 볼트의 종류

볼트의 다듬질 정도에 따라 흑피 볼트, 반다듬질 볼트, 다듬질 볼트로 분류되며 일반용과 특수용으로 구분된다.

① 일반용 볼트

㉮ 관통 볼트(Through Bolt) : 관통된 양쪽 부품에 볼트를 넣고 너트로 조이는 것으로 가장 널리 이용된다.

㉯ 탭 볼트(Tap Bolt) : 한쪽 부품에 암나사(태핑)를 내고 한쪽 부품은 관통시켜 머리 달린 볼트로 조이는 것이다.
관통구멍을 뚫기 곤란한 두꺼운 부품을 조일 경우에 사용된다.

㉰ 스터드 볼트(Stud Bolt) : 둥근봉 양끝에 나사를 낸 머리없는 볼트로 다른 한쪽 부품은 암나사를 내어 볼트로 조이고 다른 한끝은 관통시켜 너트로 조이는 볼트로 자주 분해 결합할 경우에 사용된다.

(관통 볼트)   (탭 볼트)   (스터드 볼트)

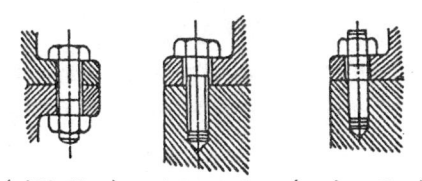

〔볼트와 너트의 각 부 명칭〕

② 특수용 볼트
  ㉮ 스테이 볼트(Stay Bolt) : 부품의 간격을 일정하게 유지하며 결합하기 위한 볼트로 간격 유지를 위하여 격리 파이프 또는 턱진 요소를 이용한다.
  ㉯ 기초 볼트(Foundation Bolt) : 기계 등을 콘크리트 바닥에 고정·설치하는 데 이용되며 여러 형상의 볼트가 있다.
  ㉰ T-볼트(T-Bolt) : 주로 공작 기계의 테이블 T홈에 끼워져 홈을 따라 이동하며 고정하기 위한 볼트이다.
  ㉱ 아이 볼트(Eye Bolt) : 리프트 아이 볼트라고도 하며 공작 기계 또는 전동기 등을 들어올릴 때 사용하는 것으로 둥근 가락지 모양을 볼트로 되어 있다.

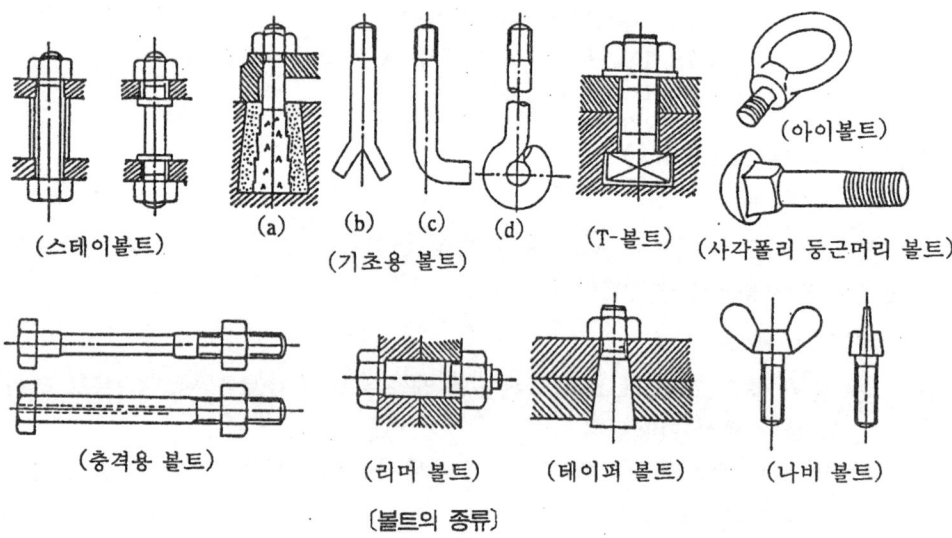

〔볼트의 종류〕

  ㉲ 리머 볼트(Reamer Bolt) : 리머로 다듬질한 구멍에 꼭 끼워 미끄럼 또는 흔들림을 방지하는 볼트
  ㉳ 충격 볼트(Shock Bolt) : 섕크 부분의 지름을 가늘게 하여 늘어나기 쉽도록 한 볼트로 충격력을 흡수할 수 있는 볼트이다.
  ㉴ 전단 볼트(Shear Bolt) : 볼트에 걸리는 전단 하중에 견딜 수 있게 되어 있다.
  ㉵ 사각 폴리 둥근 머리 볼트 : 둥근 머리의 바로 밑을 사각형의 폴리로 받치고 있어 사각 부분을 사각구멍 또는 사각 홈에 끼워서 조일 때 헛돌지 않도록 한 볼트로, 목재 구조물 또는 조립식 철제 앵글을 조립할 때 사용되고 있다.

2) 기타 나사의 부품
  ① 작은 나사(Machine screw) : 호칭 지름이 8mm 이하로 작은 부품 또는 얇은 박판 등 체결력을 많이 받지 않는 데 사용되며 머리부는 一자형, +자형으로 홈이 파여 있어 드라이버로 죌 수 있도록 되어 있다. 머리부의 형상에 따라 여러 종류가 있으며 기계 나사, 비스(Vis)라고도 불린다.
  ② 정지 나사(Set Screw) : 기어, 폴리 등을 축에 고정시키거나 위치 조정이 필요할 때

쓰이는 작은 나사로 키(Key)대용으로 사용되고 있으며 나사부의 끝부분은 열처리 되어 있다.

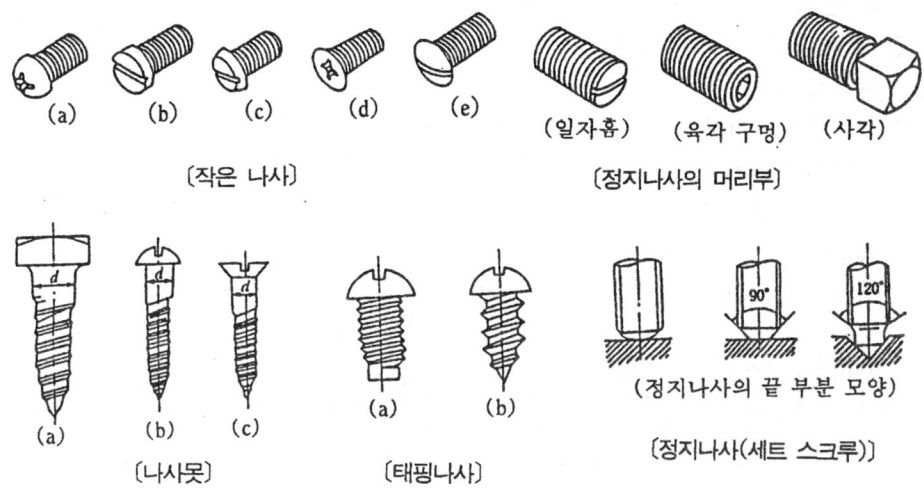

③ 태핑 나사(Tapping Screw) : 나사 끝부분을 침탄 열처리한 작은 나사로 박판 또는 무른 재료에 암나사를 만들어 가며 체결하고자 할 때 사용된다.
④ 나사못(Wood Screw) : 목재에 나사를 돌려 박으며 체결시키는 것으로 나사의 끝이 드릴과 탭의 역할을 한다. 둥근 접시형, 나비형, 접시형 등의 머리 모양이 있으며 머리에는 －자 홈, ＋자 홈의 두 가지가 있다.

3) 너트의 종류

① 육각 너트(Hexagen Nut) : 너트의 겉모양이 육각으로 되어 있으며 가장 널리 이용되고 있다.
② 사각 너트(Square Nut) : 너트의 외곽이 사각이며 목재용으로 많이 사용된다.
③ 원형 너트(Circular Nut) : 너트의 높이를 작게 할 경우 또는 공간이 좁아 육각 너트를 사용할 수 없는 경우에 쓰며, 혹, 스패너 등을 걸 수 있는 홈이 있어야 하고 연삭숫돌축 등 회전축에 많이 사용되고 있다.
④ 플랜지 너트(Flange Nut) : 너트 밑면에 와셔가 붙어 있는 형상으로 와셔붙이 너트라고도 불린다. 볼트의 구멍이 클 때, 접촉면이 거칠 때, 접촉면에 압력이 클 때 주로 사용한다.
⑤ 홈붙이 너트(Castle Nut) : 너트의 상단에 분할 핀을 끼워 너트의 풀림을 방지하여 홈의 수는 너트의 크기에 따라 6~10개 정도이다.
⑥ 캡 너트(Cap Nut) : 유체가 흘러 나오는 것을 막기 위해 한쪽 끝이 막혀 있는 형상으로 되어 있다.
⑦ 아이 너트(Eye Nut) : 머리에 링(Ring)이 달려 있는 형상으로 아이 볼트와 같은 목적으로 사용된다.
⑧ 나비 너트(Fly Nut) : 나비의 날개 모양으로 손으로 돌려서 죌 수 있는 너트이다.

⑨ T-너트(T-Nut) : 테이블의 T-홈에 끼워 클램프와 같이 공작물 고정에 주로 사용된다.
⑩ 슬리브 너트(Sleeve Nut) : 너트의 머리 밑에 슬리브가 있는 형상으로 수나사 중심선의 편심 방지에 사용된다.
⑪ 플레이트 너트(Plate Nut) : 암나사를 깎을 수 없는 얇은 판에 리벳으로 설치하여 사용되는 너트이다.
⑫ 턴버클(Turn Buckle) : 양끝에 오른나사 및 왼나사가 깎여 있어 오른쪽으로 돌리면 양끝의 수나사가 안으로 끌려 막대와 로프 등을 조이는 데 사용된다.
⑬ SPAC너트 : 보통 너트와는 다르게 너트 자체 중 일부분을 판에 때려 박아 강력한 조립이 되고 진동에 의한 풀림이 방지되는 혁신적인 너트로 스탬핑(Stamping)작용 부분으로 소모성 파이프 플랜지, 자동차 어댑터 플랜지 등에 이용되고 있다.

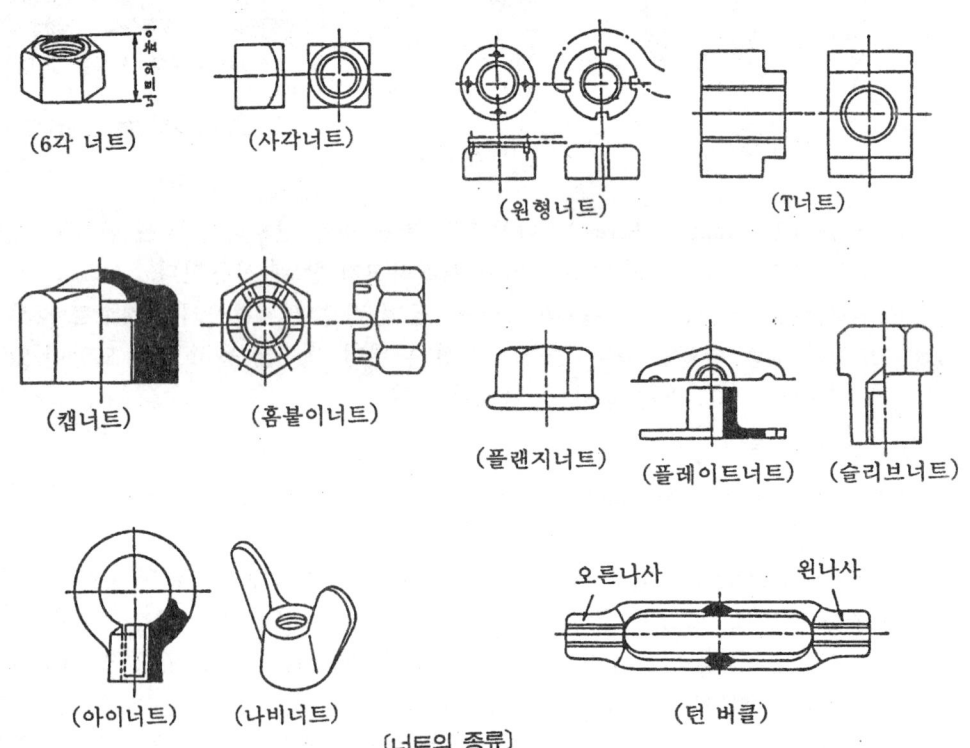

〔너트의 종류〕

4) 와셔

① 와셔의 사용목적

㉮ 볼트의 머리보다 구멍의 지름이 클 때
㉯ 접촉면이 거칠고 경사져 있을 때
㉰ 접촉면에 굴곡이 있을 때
㉱ 너트의 풀림을 방지하고자 할 때
㉲ 너트의 연질 재료(목재, 고무 등)에 파고 들어갈 염려가 있을 때

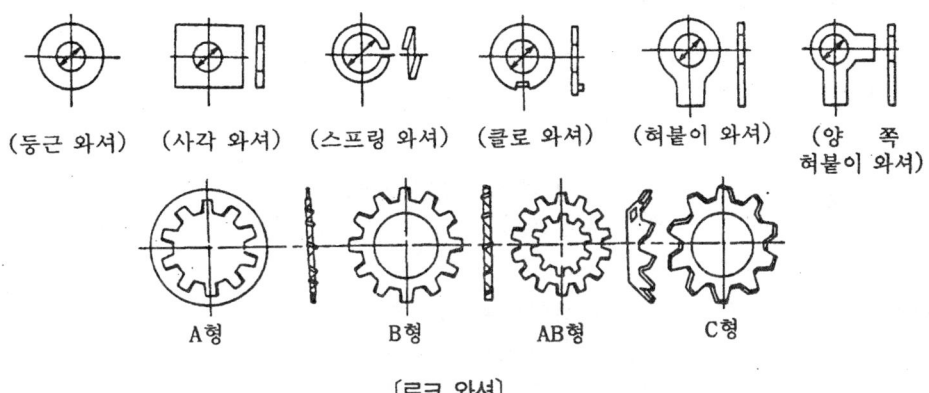

(둥근 와셔) (사각 와셔) (스프링 와셔) (클로 와셔) (혀붙이 와셔) (양 쪽 혀붙이 와셔)

A형 B형 AB형 C형

〔로크 와셔〕

② 와셔의 종류 : 둥근 와셔, 사각 와셔, 스프링 와셔, 클로 와셔, 혀붙이 와셔, 양쪽 혀붙이 와셔, 로크 와셔 등이다.

③ 너트의 풀림 방지 방법 : 너트는 진동과 충격을 받으면 순간적으로 또는 반복에 의해 순차적으로 너트가 풀려져 접촉력이 감소되므로 다음과 같은 나사의 풀림을 방지하는 방법을 사용할 필요가 있다.

㉮ 와셔를 사용하는 방법 : 스프링 와셔 및 혀붙이 와셔에 의한 방법이 있다.

㉯ 로크 너트에 의한 방법 : 2개의 너트를 이용하여 풀림 방지

㉰ 자동 죔 너트에 의한 방법 : 4~6개로 나누어진 다리를 굽혀 나사산을 압착하여 사용한다.

㉱ 핀·작은 나사·세트 스크루에 의한 방법 : 볼트를 약하게 하는 단점이 있다.

㉲ 철사에 의한 방법 : 볼트의 머리를 철사로 연결하여 풀림을 방지한다.

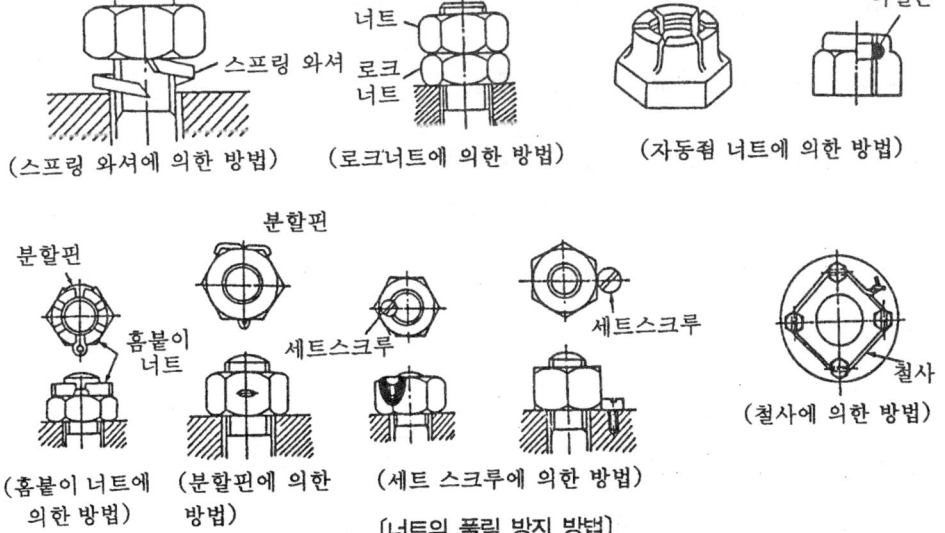

〔너트의 풀림 방지 방법〕

(3) 나사의 기본 설계

볼트의 적당한 크기를 선정하여 볼트 및 기계의 파손 등을 방지하기 위해 적당한 굵기를 선정해야 한다.

1) 볼트의 지름(d)

$$d=\sqrt{\frac{2W}{\sigma_a}} \; [mm]$$

σ_a : 인장 허용 응력 $[kg/mm^2]$
W : 하중 $[kg]$

2) 너트의 높이(H)

$$H=np=\frac{Wp}{\pi d_0 hq}$$

n : 나사산의 수 p : 피치 $[mm]$
d_0 : 유효 지름 $[mm]$
q : 허용 접촉면 압력 $[kg/mm^2]$

$H=(0.8\sim1.0)d$의 범위로 규정되어 있다.

나사산의 수(n)

$$n=\frac{4W}{\pi d_0 hq}=\frac{4W}{\pi(d^2-d_1^2)q}$$

d : 바깥지름 $[mm]$
d_1 : 골 지름 $[mm]$

3) 볼트의 설계

① 축방향만 정하중을 받는 경우

$$W=\frac{\pi}{4}d_1^2 \cdot \sigma_t \text{에서} \qquad \sigma_t : \text{인장응력}[kg/mm^2]$$

$$d_1=\sqrt{\frac{1.27W}{\sigma_t}}$$

3mm 이상의 나사에서는 $d_1>0.8d$이므로 $d_1 \fallingdotseq 0.8d$로 하면 안전하다.

$$W=\sigma_t \cdot \frac{\pi}{4}(0.8d)^2 \fallingdotseq \frac{1}{2} \cdot \sigma_t \cdot d^2$$

여기서 σ_t 대신에 σ_a를 대입하여 볼트의 지름을 구하면

$$W=\frac{1}{2}\sigma_t \cdot d^2, \quad \therefore d=\sqrt{\frac{2W}{\sigma_a}} \; \text{이 된다.}$$

② 축방향의 하중과 비틀림을 동시에 받는 경우

마찰 프레스의 경우 축방향의 하중을 받으면서 비틀어진다.

이 때, 인장 또는 압축의 $(1+\frac{1}{3})$배의 축방향에 작용하는 것으로 생각하므로

$$d=\sqrt{\frac{2(1+\frac{1}{3})W}{\sigma_a}}=\sqrt{\frac{8W}{3\sigma_a}}$$

③ 전단 하중을 받을 경우

$$t=\frac{W}{\frac{\pi d^2}{4}}, \quad d=\sqrt{\frac{4W}{\pi \cdot \tau}} \qquad \tau : \text{전단 응력}[kg/mm^2]$$

2 키, 핀, 코터

(1) 키(Key)

키란 축에 기어, 풀리, 커플링 등의 회전체를 고정시켜 축과 회전체를 일체로 하여 회전을 전달시키는 기계 요소이다. 키의 재료는 일반적으로 축의 재료보다 약간 단단한 재료($H_B 250$ 정도)로 만든다.

1) 키의 종류

① 안장 키(Saddle Key) : 키의 밑면은 축의 원호 표면과 동일한 형상을 갖고 있고 윗면은 1/100정도의 기울기가 있다. 축에 올라탄 형상으로 보스에만 키 홈을 가공한다. 접촉력 및 마찰력에 의한 회전 전달로 큰 힘의 전달에는 곤란하다.

② 평키(Flat Key) : 키의 형상은 사각형으로 되어 있으며 1/100의 구배가 있다. 축은 기어의 폭만큼 평평하게 가공한 상태에서 회전을 전달한다. 안장키 보다는 힘의 전달이 가능하나 작은 힘의 전달에 사용된다.

③ 묻힘 키(Sunk Key) : 가장 널리 사용되는 키로서 조립 방법에 따라 때려박는 키(Driving Key)와 축에 끼운 다음에 보스를 때려 맞추는 평행 키(Set Key)가 있다.

㉮ 평행 키 : 축과 보스에 다 같이 키 안내 홈을 파서 끼우는 형으로 가장 많이 이용된다. 키의 양 끝단은 반원 모양의 형상으로 되어 주로 위 아래면이 모두 평행이다.

㉯ 때려박음 키 : 축에 평행 홈, 보스에 1/100 정도의 기울기를 주어 축방향으로 때려박으며 키를 고정한다. 주로 머리가 달린 비녀 키가 많이 쓰이며 보스와 키의 정확한 기울기를 필요로 한다. 정밀기어의 연결에 많이 쓰인다.

④ 반달 키(Woodruff Key) : 우드러프 키라고도 하며 반달 모양의 키로 되어 있다. 홈이 깊게 파여져 축이 약해지는 단점이 있으나 반달키를 축에 끼우고 보스를 연결시키면 자동적으로 자리가 잡히는 장점이 있어 테이퍼축, 공작 기계등에 많이 이용되고 있다.

⑤ 접선 키(Tangential Key) : 1/60~1/100의 구배를 가진 2개의 키를 한 쌍으로 사용한다. 회전 방향이 한 방향일 때는 1쌍, 양쪽 방향일때는 120°되는 위치에 2쌍을 접선 방향으로 설치하며 큰 토크의 회전, 급격한 속도 변화 부분에 적합하다.

⑥ 라운드 키(Round Key) : 핀 키(Pin Key)라고도 하며 핸들과 같이 적은 힘의 전달에 이용된다. 키의 형상은 원형으로 키의 지름 $d = (0.6 \sim 0.7) D$(cm)로 얻어낸다.(D : 축의 지름).

⑦ 페터 키(Feather Key) : 미끄럼 키라고도 하며 회전력이 전달과 동시에 보스를 축방향으로 이동시킬 필요가 있을 때 사용된다. 안내키라고도 한다. 구배가 없는 키를 사용하며 키의 이탈 방지를 위해 세트 스크루를 고정하기도 한다.

⑧ 원뿔 키(Cone Key) : 키의 형상은 원뿔로 외면이 2~3개의 조각으로 축과 보스 사이에 끼워 마찰에 의해 조정시킨다. 축과 보스에는 키 홈을 파지 않으며 키 고정시에 편심이 없이 고정된다.

⑨ 스플라인(Spline) : 축의 둘레에 4~20개의 키를 붙인 형상으로 큰 힘의 전달 및 내

구력이 크다. 축과 키가 한 몸체로 되어 있으며 축(Shaft)과 보스(boss)가 미끄럼 운동을 하는 부분으로 많이 사용된다.

⑩ 세레이션(Serration) : 축에 삼각형 형상의 키가 한 몸체로 되어 있는 것으로, 같은 지름의 스플라인보다 많은 이가 있어 전동력이 크며 자동차 핸들 고정용 등으로 많이 쓰인다. 주로 슬라이딩보다는 고정용으로 많이 쓰인다.

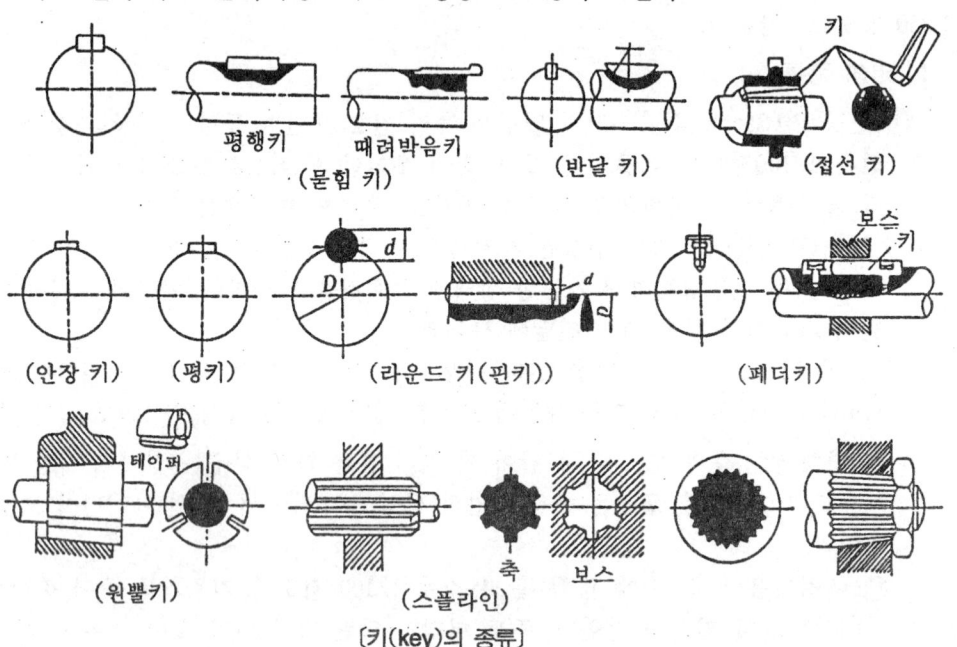

[키(key)의 종류]

2) 키의 강도

그림과 같이 키의 단면 ADEF는 보스의 홈에, EFBC는 축의 홈에 박혀 힘을 전달할 때 축의 홈에 박혀 힘을 전달할 때 측면 ED에는 힘 P'가 DF에는 P의 힘이 전달될 때 힘의 반작용으로 힘 P'와 P에 전단 응력이 발생된다. 그러므로 키의 강도는 다음의 계산식으로 안전성을 확인할 필요가 있다.

$$T = \frac{d}{2} P, \quad P = b \cdot l \cdot \tau$$

$$T = \frac{\tau \, lbd}{2} \quad \therefore \tau = \frac{2T}{lbd}$$

- T : 키가 전달시키는 비틀림 모멘트 [kg·mm]
- d : 축의 지름 [mm]
- b : 키의 폭 [mm] h : 키의 높이 [mm] l : 키의 유효 길이 [mm]
- P : 전단력 [kg] τ : 키에 생기는 허용 전단 응력 [kg/mm²]

[키에 작용하는 힘]

또한 압축 응력을 살펴보면

$$P = tl\sigma_c, \quad \sigma_c = \frac{P}{tl} = \frac{2T}{dtl}$$

σ_c : 키에 생기는 허용 압축 응력 [kg/mm²]
t : 축에 묻히는 키의 깊이 [mm]

$$t = \frac{h}{2} \text{라 하면} \quad \sigma_c = \frac{4T}{hld}$$

키는 전단 응력과 압축 응력이 같도록 설계되어야 하므로

$tlb = \sigma_c \cdot l \dfrac{h}{2}, \dfrac{b}{h} = \dfrac{\sigma_c}{2\tau}, \therefore h = b\dfrac{2\tau}{\sigma_c}$

일반적으로 $\sigma_c = 8 \sim 10 \text{kg/mm}^2$, $p \geq 1.5d$, $b = \dfrac{d}{4}$가 적당하다.

(2) 핀(Pin)

핀은 2개 이상의 부품 결합, 나사의 풀림 방지, 분해 조립 부품의 위치 결정 등에 사용된다.

1) 핀의 종류

① 평행 핀(Straight Pin or Dowel Pin) : 기계 부품 2개의 위치를 일정하게 할 때 사용되며 1~50mm의 크기의 것을 사용한다.

② 테이퍼 핀(Taper Pin) : 원추 현상의 핀으로 $\dfrac{1}{50}$ 테이퍼로 되어 있다. 하중의 적은 핸들을 고정시키는 등 회전용에는 쓰이지 않으며 호칭은 작은 쪽의 지름으로 표시하며 50mm 이하의 것이 사용된다.

③ 분할 핀(Split Pin) : 핀 전체가 두 갈래로 되어 있어 너트의 풀림 방지 및 핀이 빠져나오지 않게 하는 데 사용한다.

④ 스프링 핀(Spring Pin) : 속이 비어 있는 핀이 축방향으로 갈라져 있어 구멍의 크기가 정확하지 않더라도 해머로 때려 박아서 탄성을 이용하여 부품을 고정하며 회전하는 부품에는 쓰이지 않는다.

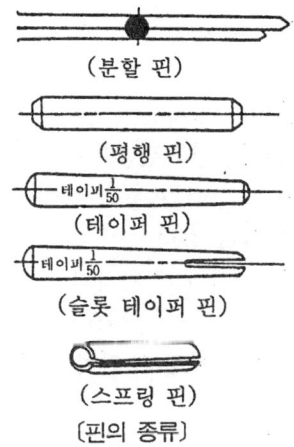

〔핀의 종류〕

2) 너클 핀(Knuckl Pin)이음

너클 핀 이음은 2개의 막대에 있는 둥근 구멍에 1개의 이음 핀을 넣고 양끝단 또는 한 끝단에 분할 핀을 연결시켜 이음핀이 이탈편의 이탈을 막는 이음으로 2개의 막대가 각각 운동을 할 수 있도록 되어 있다. 구조물의 인장 막대, 자동차의 동력 전달 등에 쓰인다.

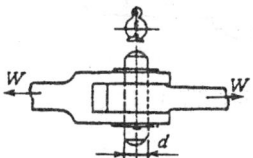

3) 핀의 재질 : 강재를 일반적으로 사용하며 용도에 따라 황동, 구리, 알루미늄 등이 쓰인다.

(3) 코터(Cotter)

코터는 한쪽 또는 양쪽에 기울기가 있는 평평한 키의 일종으로 2개의 축을 축방향으로 연결시키는 이음으로 분해할 필요가 있는 일시적인 결합 요소이다.

① 코터의 종류 : 한쪽 기울기와 양쪽 기울기의 것이 있으며 한쪽 기울기의 것이 많이 사용되고 있다.

② 코터 이음의 구성 : 로드(Rod), 소켓(Socket), 코터(Cotter)등으로 구성되어 있다.

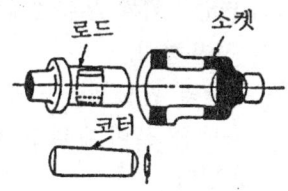

〔코터 이음〕

③ 코터의 재질 : 로드나 소켓보다 단단한 것을 사용한다.

④ 코터의 강도 : 로드의 강도와 같은 것을 사용하여 모서리를 둥글게 하여 응력 집중을 일으키지 않게 한다.

⑤ 코터의 기울기의 종류

  ㉮ 1/5~1/10 : 자주 분해, 조립할 경우에 쓰이며 저절로 빠지지 않도록 너트를 사용하기도 한다.

  ㉯ 1/15~1/20 : 빠짐 방지를 핀으로 사용하며 가장 많이 사용되고 있다.

  ㉰ 1/50~1/100 : 반영구적으로 결합시킬 때 사용한다.

⑥ 코터의 자립 조건 : 코터는 사용 중에 자동적으로 풀어지지 않도록 되어 있는 상태 즉, 자립 조건을 만족시키고 있어야 한다.

  ㉮ 한쪽 구배인 경우 $\alpha \leq 2\rho$ α : 경사각

  ㉯ 양쪽 구배인 경우 $\alpha \leq \rho$ ρ : 마찰각

  즉, 경사각이 마찰각보다 작아야 자립 조건이 만족된다.

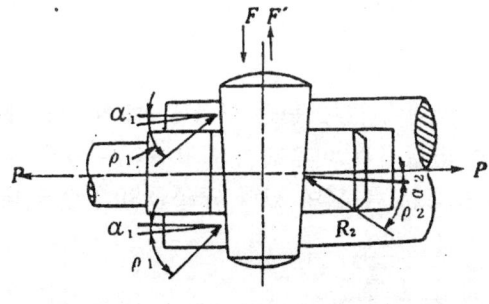

〔코터의 자립조건〕

⑦ 코터 이음의 설계
  ㉮ 코터의 인장 강도
  $$P = \left(\frac{\pi d^2}{4} - bd\right)\sigma_t$$
  $$\sigma_t = \frac{P}{\frac{\pi}{4}d^2 - db}$$

  P : 인장력 [kg]
  d : 로드의 지름 [mm]
  b : 코터의 두께 [mm]
  σ_t : 인장 강도 [kg/mm²]

  일반적으로 $b = \left(\frac{1}{3} \sim \frac{3}{4}\right)d$로 한다

  ㉯ 코터의 휨 강도
  $$M_{max} = \frac{P}{2}\left(\frac{D+d}{4} - \frac{d}{4}\right) = \frac{DP}{8}$$
  $$\sigma_b = \frac{bM_{max}}{bh^2} = \frac{6PD}{8bh^2}$$

  M_{max} : 최대 휨 모멘트 [kg·mm]
  h : 코터의 나비 [mm]
  d : 소켓의 바깥지름 [mm]

  일반적으로 $D = 2d$, $h = \left(\frac{2}{3} \sim \frac{3}{2}\right)d$로 한다.

  ㉰ 코터의 전단 강도
  $$\tau = \frac{P}{2bh}$$

  ㉱ 칼라의 압축 강도
  $$\sigma_c = \frac{P}{\frac{\pi}{4}(d_1^2 - d_1^2)}$$

  τ : 전단강도 [kg/mm²]
  σ_c : 압축강도 [kg/mm²]
  d_1 : 칼라의 바깥지름 [mm]
  d_2 : 칼라의 안지름 [mm]

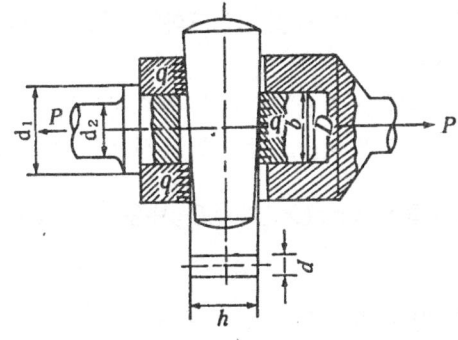

  ㉲ 코트의 접촉 압력
   ㉠ 로드에 의한 접촉 압력 $q = \dfrac{P}{bd}$ [kg/mm²]
   ㉡ 소켓에 의한 접촉 압력 $q = \dfrac{P}{b(D-d)}$ [kg/mm²]

3 리벳 이음 (Riveted Joint)

(1) 리벳 이음의 특징

리벳 이음은 용접 이음에 비해 다음과 같은 특징이 있다.
① 용접 이음과는 달리 잔류 변형이 생기지 않으므로 취약 파괴가 일어나지 않는다.
② 구조물을 현장에서 조립할 때는 용접 이음보다 쉽다.
③ 경합금과 같이 용접 이음이 곤란한 재료의 이음에도 신뢰성이 있다.
④ 강판 두께에 한계가 있고, 이음 효율은 용접 이음에 비해 떨어진다.

(2) 리벳의 종류

1) 제조 방법에 의한 분류

① 냉간 성형 리벳(호칭 지름 1~13mm) : 상온에서 제작한다.
둥근머리, 작은머리, 접시머리, 얇은 납작머리, 남비머리 리벳 등이 있다.

② 열간 성형 리벳(호칭 지름 10~44mm) : 가열하여 제작한다. 둥근머리, 둥근접시머리, 납작머리, 보일러용 둥근머리, 선박용 둥근머리 리벳 등이 있다.

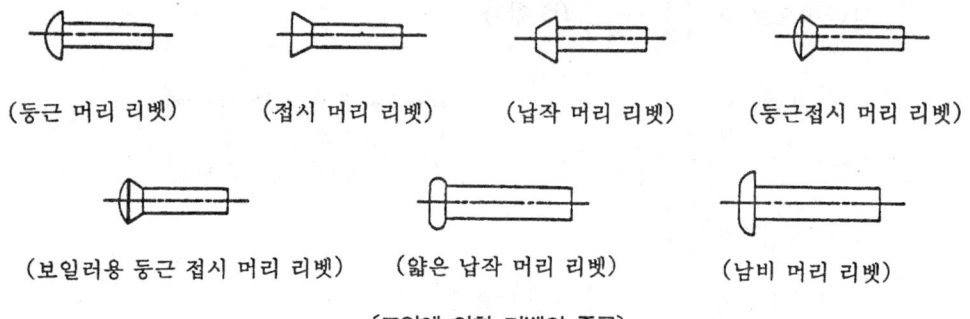

(둥근 머리 리벳)　(접시 머리 리벳)　(납작 머리 리벳)　(둥근접시 머리 리벳)

(보일러용 둥근 접시 머리 리벳)　(얇은 납작 머리 리벳)　(남비 머리 리벳)

〔모양에 의한 리벳의 종류〕

2) 사용 목적에 의한 분류

① 보일러용 리벳 : 강도와 기밀을 필요로 하는 리벳으로 보일러, 고압 탱크 등에 사용한다.

② 저압용 리벳 : 수밀을 중요시하는 리벳으로 저압 탱크 등에 사용한다.

③ 구조용 리벳 : 강도를 목적으로 하는 리벳으로 차량, 철교, 구조물 등에 사용한다.

3) 리베팅(Riveting) : 리벳을 사용하여 체결하는 방법으로 작업 방법 및 요령은 다음과 같다.

① 강판이나 형강에 리벳이 들어갈 구멍을 뚫는다. (20mm 이하는 펀치로, 20mm 이상은 드릴링 후 리밍 다듬질을 한다.)

② 뚫은 구멍은 리벳의 지름보다 1~1.5mm 정도 크게 뚫는다.

③ 리벳을 구멍에 넣고 양쪽에 스냅(Snap)을 대고 때려 머리 부분을 만든다.
(지름 10mm 이하는 냉간 리베팅, 10mm 이상은 열간 리베팅 한다.)

④ 구멍을 지나 빠져나온 여유 길이는 지름의 1.3~1.6배 정도이다.

⑤ 리벳 지름 25mm 이하는 수작업, 25mm 이상은 압축 공기 등을 이용한 기계의 힘으로 리베팅하도록 한다.

⑥ 기밀을 필요로 하는 경우에는 리베팅 후 코킹 공구(Chisel)로 때려 기밀을 유지시키는 코킹 작업(Caulking)을 한다.

⑦ 강판의 가장자리판 끝은 75°~85°량 기울어지게 절단한다.

⑧ 기밀 효과를 높이기 위해 끝이 넓은 풀러링 공구로 풀러링 작업(Fuilering)을 한다.

⑨ 두께 5mm 이하의 강판에는 코킹 및 풀러링 효과가 없으므로 종이, 기름 종이, 석면, 천, 대마 등의 패킹(Packing)재료를 강판 사이에 끼워 리베팅한다.

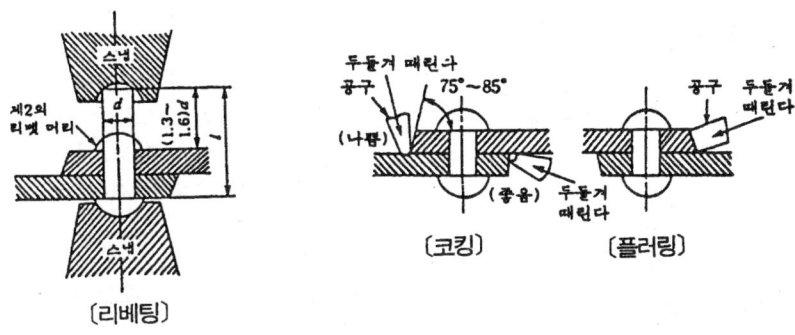

〔리베팅〕　〔코킹〕　〔플러링〕

(4) 리벳 이음의 종류

① 겹치기 이음(Lap Joint) : 결합할 두 판재를 직접 리베팅하는 이음으로 리벳의 열수에 따라 1열·2열·3열이 있고 배열에 따라 지그재그형, 평행형 등이 있다. 가스, 액체 용기의 리벳 이음 또는 보일러의 원주 이음등에 사용된다.

② 맞대기 이음(Butt Joint) : 결합할 두 판재의 양끝을 맞대어 놓고 덮개판을 양쪽 또는 한쪽에 대고 리벳팅 하는 방법으로 1열, 2열, 3열, 4열 등이 있다. 보일러의 세로방향 이음 구조물의 리벳팅에 이용된다.

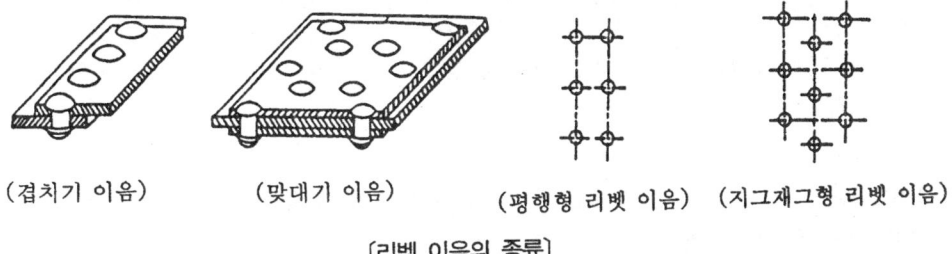

(겹치기 이음)　(맞대기 이음)　(평행형 리벳 이음)　(지그재그형 리벳 이음)

〔리벳 이음의 종류〕

(5) 리벳 이음의 강도

1) 리벳 이음이 파괴되는 경우 : 리벳 이음의 강도는 1피치(리벳과 다음 리벳의 중심거리)마다 계산한다.
① 리벳이 전단으로 파괴하는 경우
② 리벳 구멍 사이의 강판이 찢어지는 경우
③ 리벳 또는 리벳 구멍이 압축되어 압궤되는 경우
④ 강판 가장자리가 절단되는 경우
⑤ 강판이 하중 방향으로 절개되는 경우

2) 리벳의 전단 응력

$$W = \frac{\pi}{4} d^2 \tau_a$$

복수 전단의 경우에는 전단면적이 2배로 되므로

$$W = 2 \times \frac{\pi}{4} d^2 \tau_a, = \frac{W}{\pi d^2} \tau_a = \frac{2W}{\pi d^2}$$

3) 판재의 인장 응력

$$W= t(p-d)\sigma_t, \quad \sigma_t = \frac{W}{(P-d)t}$$

4) 판재의 전단 응력

$$W= \tau_0 2et, \quad \tau_0 = \frac{W}{2et}$$

5) 판재의 압축 응력

$$W= \sigma_c dt, \quad \sigma_c = \frac{W}{dt}$$

6) 강판의 절개에 대한 응력

W : 1피치마다의 하중 [kg]
d : 리벳의 지름 [mm]
τ_a : 판재의 허용 전단 응력 [kg/mm²]
τ_0 : 판재의 전단 응력 [kg/mm²]
σ_t : 판재의 허용 인장 응력 [kg/mm²]
σ_c : 판재의 허용 압축 응력 [kg/mm²]
t : 강판의 두께 [mm]
p : 리벳의 피치 [mm]
e : 리벳 중심에서 판재의 가장 자리 까지의 거리 [mm]

$e > d$ 이면 능력에 대해 안전하다.

(6) 리벳 이음의 설계

1) 리벳 지름(d)의 설계

전단 저항과 압축 저항이 같다고 하면

$$\frac{\pi}{4} d^2 \tau = dt\sigma_c \quad \therefore d = \frac{4t\sigma_c}{\pi \tau}$$

바하(Bach)에 의한 겹치기 리벳 이음의 경우

$d = \sqrt{50t} - 4$

양쪽 덮개판 리벳 이음의 경우

1열인 경우 : $d=\sqrt{50t}-5$, 2열인 경우 : $d=\sqrt{50t}-6$, 3열인 경우 : $d=\sqrt{50t}-7$

2) 리벳 피치(P)의 설계

전단 저항과 인장 저항이 같다고 하면

$$\frac{\pi}{4} d^2 \tau = (p-d)t\sigma_t \quad \therefore p = d + \frac{\pi d^2 \tau}{4t\sigma_t}$$

3) 구조용 리벳 이음

구조용 리벳 이음에서는 리벳의 수, 배열 등을 알맞게 정한다.

$d = \sqrt{50t} - 2$, $p = (3 \sim 3.5)d$, $e = (2 \sim 2.5)d$ 로 한다.

(7) 리벳 이음의 효율

리벳 이음을 한 강판의 강도와 리벳 이음이 없는 강판의 강도의 비를 리벳 이음의 효율(η)이라 한다.

1) 강판의 효율 : 인장 강도의 비를 강판의 효율이라고 한다.

$$\eta_t = \frac{1피치 나비의 구멍이 있는 강판의 파괴 강도}{1피치 나비마다의 강판 인장 파괴 강도}$$

$$= \frac{(p-d)t \cdot \sigma_t}{p \cdot t \cdot \sigma_t} = \frac{p-d}{p} = 1 - \frac{d}{p}$$

2) **리벳의 효율** : 구멍이 있는 강판의 강도에 대한 리벳의 전단 강도의 비를 리벳의 효율(η_s)이라 한다.

$$\eta_s = \frac{1피치 \ 나비의 \ 구멍이 \ 있는 \ 리벳의 \ 파괴 \ 강도}{1피치 \ 나비마다의 \ 강판 \ 인장 \ 파괴 \ 강도}$$

$$= \frac{n \cdot \frac{\pi}{4} d^2 \cdot \tau}{p \cdot t \cdot \sigma_t} = \frac{n \cdot \pi \cdot d^2 \cdot \tau}{4p \cdot t \cdot \sigma_t} \ (n : 1피치 \ 내에 \ 있는 \ 리벳의 \ 전단면의 \ 수)$$

η_t를 증가시키려면 리벳의 피치 p를 크게 하고 η_s를 크게 하려면 p를 작게 하여야 한다. 이상의 효율 중 가장 낮은 효율로써 그 리벳 이음의 효율과 강도를 결정하도록 한다. 또한 리벳 이음의 효율은 이음 강도를 나타내는 기준이므로 η_t와 η_s중에서 작은 쪽의 값으로 나타낸다.

4 수축 결합 및 확대 결합

(1) 수축 결합

수축 결합이란 축을 구멍보다 약간 크게 $\left(\frac{1}{100}d \sim \frac{25}{100,000}d 정도\right)$ 만들어 가열 끼우기, 가압 끼우기, 타격 끼우기, 밀어 끼우기 등으로 움직이지 않게 결합하는 방법을 말한다.

① 가열 끼우기 : 보스는 가열에 의해 팽창, 축은 냉각에 의해 수축한 상태에서 상온의 상태로 고정되는 방법으로 죔새는 $\frac{1}{100}d$이며, 대형 크랭크, 차축 자동차 타이어 등의 결합에 많이 이용된다.

② 가압 끼우기 : 힘으로 결합하는 방법으로 3가지가 있다.
  ㉮ 경압입법 : 약한 힘으로 끼우는 것으로 죔새는 $\frac{25}{100,000}d$ 정도이며 기어 및 레버 등을 축에 고정할 때 사용된다.
  ㉯ 중간 압입법 : 액체의 압력을 사용한 압입기에 의해 결합하는 것으로 죔새는 $\frac{5}{100,000}d$ 정도이며 차륜축, 발전기, 전동기의 회전자 고정 등에 사용된다.
  ㉰ 중압입법 : 강력한 가압 끼우기로 죔새는 $\frac{1}{1000}d$ 정도이며 차륜의 타이어 고정 등에 사용한다.

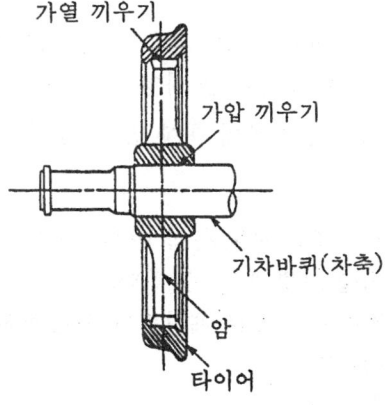

[기차바퀴의 가열 및 가압끼우기]

③ 타격 끼우기와 밀어 끼우기 : 쥠새가 $\frac{1}{4000}d$ 정도이며 끼우는 압력이 적을 때, 기어·풀리 등을 축에 고정할 때 사용한다. 대표적인 요소가 노치 핀을 이용한 고정방법이 있다.

> 노치 핀(Notch Pin)이란
> - 핀의 몸체에 세 곳을 일정한 간격으로 한 홈에 의한 돌출부(Notch)가 있는 현상이다.
> - 노치 핀을 구멍에 타격 또는 밀어 끼우면 돌기 부분의 탄성에 의해 밀착되어 결합이 되는 방법으로 튼튼한 결합이 이루어진다.

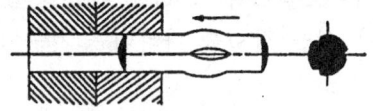

〔노치핀〕

(2) 확대 결합

부품을 끼우고 소성 변형시켜 결합하는 방법으로 보일러관의 복수가 강판에 파이프 끝을 끼우고 안으로부터 넓게 늘려 결합하여 고정하는 방법에 많이 사용한다.

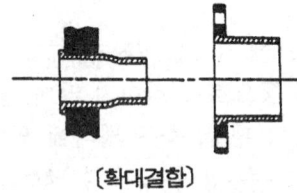

〔확대결합〕

5 용접 이음(Welding Joint)

(1) 용접 이음의 일반사항

1) **용접(Welding)** : 용접이란 2개의 금속을 그 용융 온도 이상으로 가열하여 접합하는 체결이며 접합부는 분해할 수 없다. 따라서 용접 이음은 기계 요소의 결합법이 아니고 제조 과정에 속한다. 그러나 리벳 이음과 같은 목적으로 사용하는 체결 방법이므로 간단히 취급하기로 한다.

용접 열원으로는 가스(Gas), 아크(Arc), 전기 저항열, 마찰열 등이 쓰이며 용접하는 재질로는 철금속과 알루미늄, 구리, 플라스틱류 등 다양하다.

2) **용접의 장단점** : 용접 이음이 리벳 이음에 대한 장점 및 단점은 다음과 같다.

① 장점
 ㉮ 이음 효율이 높다(리벳 이음 : 30~80%, 용접 이음 : 100%)
 ㉯ 설계에 자유성이 있고 무게를 가볍게 할 수 있다.
 ㉰ 구조가 간단하고 작업 공정수의 감소로 제작비가 저렴해진다.
 ㉱ 제작 속도가 빠르고 능률적이다.
 ㉲ 기밀이 유지되며 신뢰성이 있다.

⑭ 초대형품의 제작이 가능하고 강판 두께에 규제가 없다.
⑮ 내마멸성, 내식성, 내열성 등의 용접부를 가질 수 있다.
⑯ 리벳 작업과 같은 소음을 발생시키지 않는다.

② 단점
㉮ 수축·변형·팽창 등으로 잔류 응력이 발생된다.
㉯ 고열에 의한 용접부의 재질이 변화된다.
㉰ 작업자의 숙련도에 따라 강도가 균일하지 못한다.

(2) 용접의 종류

① 가스 용접(Gas welding)
㉮ 산소와 아세틸렌을 혼합하여 연소시키면 용접하는 것으로 3mm 이하의 강판, 주철, 구리 합금 등 비철금속의 용접에 많이 쓰인다.
㉯ 기계적 성질 및 용접 속도는 아크 용접보다 느리지만 작은 지름, 얇은 파이프의 용접에는 아크 용접 보다 우수하다.

② 아크용접(Arc Welding)
㉮ 종류 : 금속 아크 용접, 원자 수소 아크용접, 불활성 가스 아크 용접, 서브머지드 아크 용접, 스터드 아크 용접 등
㉯ 낮은 전압으로 전류를 많이 통해줌으로써 아크를 발생시켜 이를 이용하는 용접 방법이다.
㉰ 용접 적용 범위가 극히 넓어 가장 이용률이 높은 용접법으로 압력 탱크, 선박, 구조물, 배관 등에 광범위하게 사용되고 있다.

③ 테르밋 용접(Thermit Welding)
㉮ 종류 : 가압 테르밋 용접, 비가압 테르밋 용접 등
㉯ 알루미늄 분말과 산화철 분말의 혼합 반응으로 열을 발생시켜 이 열로 두 가지를 녹여 용접부를 가열하여 용접 또는 압접을 하는 용접 방법이다.
㉰ 대규모의 보수, 봉재의 강철 용접 등에 많이 사용되나 기계적 성질이 요구되는 중요한 이음에는 부적당하다.

④ 전기 저항 용접(Electric Resistance Welding)
㉮ 종류 : 점 용접, 심 용접, 프로젝션 용접, 맞대기 용접 등
㉯ 접합하고자 하는 재료에 전기를 통해 저항열로써 용융 가압시켜 접합하는 용접 방법이다.
㉰ 자동차의 차체, 항공기, 몸체의 알루미늄, 마그네슘 합금 등의 용접에 적당하다.

⑤ 납땜(Brazing Welding)
㉮ 종류 : 경납땜, 연납땜 등
㉯ 결합할 금속은 용융시키지 않고 땜납만 용융시켜 결합하는 방법이다.
㉰ 가는 파이프, 작은 물품 등의 접착 등 기밀 또는 이음 강도가 필요하지 않은 경우에 사용된다.

(3) 용접 이음의 종류

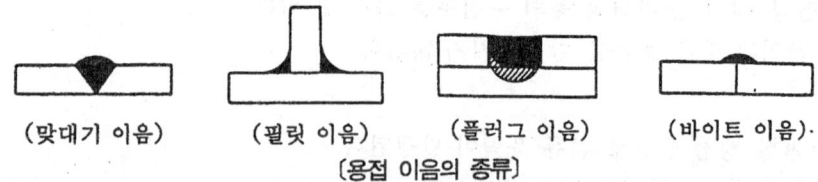
(맞대기 이음)　(필릿 이음)　(플러그 이음)　(바이트 이음)
〔용접 이음의 종류〕

① **맞대기 이음(Butt Joint)**: 두개의 모재를 서로 맞대어 놓고 용접하는 방법으로 그루브(Groove, 홈)의 모양에 따라 V형, X형, U형, H형, K형, J형, I형 등이 있다.

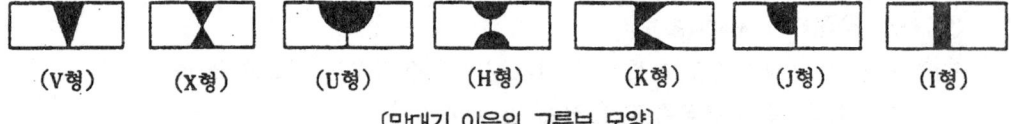
(V형)　(X형)　(U형)　(H형)　(K형)　(J형)　(I형)
〔맞대기 이음의 그루브 모양〕

② **필릿 이음(Fillet Joint)**: 거의 직교하는 2개의 면을 결합하는 삼각형 모양의 단면 부착부를 가진 형식. 이음의 종류는 겹치기 이음, 덮개판 이음, T이음, 모서리 이음 등이 있는데 그루브를 만들 필요가 없이 준비 공작이 쉽고 용접 변형이 적어 조립이 쉬우나 응력이 불균일하고 반복하중에 대한 강도가 낮다

③ **플러그 이음(Plug Joint)**: 접합하는 한쪽 모재에 구멍을 뚫고 판재의 표면까지 용착금속이 차게 용접하는 형식이며 다른 쪽 모재와 용접하는 방법으로 가볍게 용접할 때 사용한다.

④ **비드 이음(Beed Joint)**: 그루브 홈을 만들지 않고 평면 모양 위에 비드를 용착시켜 이음하는 형식이다.

(4) 용접 이음의 강도

1) 겹치기 용접 이음

$$\sigma_b = \frac{12W}{t \cdot L}$$

$$\sigma_t = \frac{\sqrt{2}W}{2t \cdot L}$$

$$\tau = \frac{\sqrt{2}W}{2t \cdot L}$$

σ_t : 인장 응력 [kg/mm²]
σ_b : 휨 응력 [kg/mm²]
W : 인장 하중 [kg]
L : 용접부의 길이 [mm]
t : 모재의 두께 [mm]
τ : 전단 응력 [kg/mm²]
Z : 단면 계수 [mm³]
a : 보강살 두께 [mm]

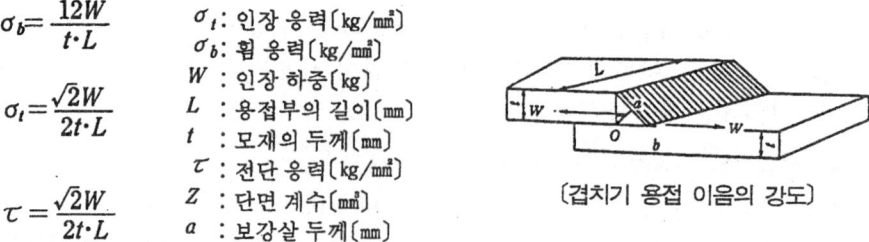
〔겹치기 용접 이음의 강도〕

2) 맞대기 용접 이음

W의 인장 하중이 작용하면 보강살 올리기($a ≒ 0.25t$)는 무시한다.

$$W = \sigma_t \cdot t \cdot L, \quad \sigma_t = \frac{W}{t \cdot L}$$

$$W = \tau \cdot t \cdot L, \quad J = \frac{W}{t \cdot L}$$

휨 모멘트 M(kg·mm)이 작용할 때

$$Z = \frac{L}{\sigma} t^2, \quad \sigma_b = \frac{M}{Z} = \frac{\sigma M}{t^2 \cdot L}$$

〔맞대기 용접 이음의 강도〕

(5) 용접 이음 설계상의 요점

① 이음은 간단하고 불필요한 강판을 붙이지 않는다.
② 용접한 곳에 집중 하중이 작용하지 않도록 한다.(그림 a).
③ 용접은 대칭형으로 하고 편심 접합을 하여 모멘트가 작용하지 않게 한다.(그림 c).
④ 모재의 용접부를 용접하기 쉬운 모양으로 한다.(그림 b)
⑤ 중요한 이음에는 작업 자세가 안정된 아래 보기 용접을 할 수 있도록 설계한다.
⑥ 겹치기 이음보다 맞대기 이음의 효율이 높으므로 될수록 맞대기 이음을 사용한다.
⑦ 두께가 다른 강판 용접은 열용량의 차이로 곤란하므로 두꺼운 강판에 테이퍼지게 하여 용접한다.(그림 d).

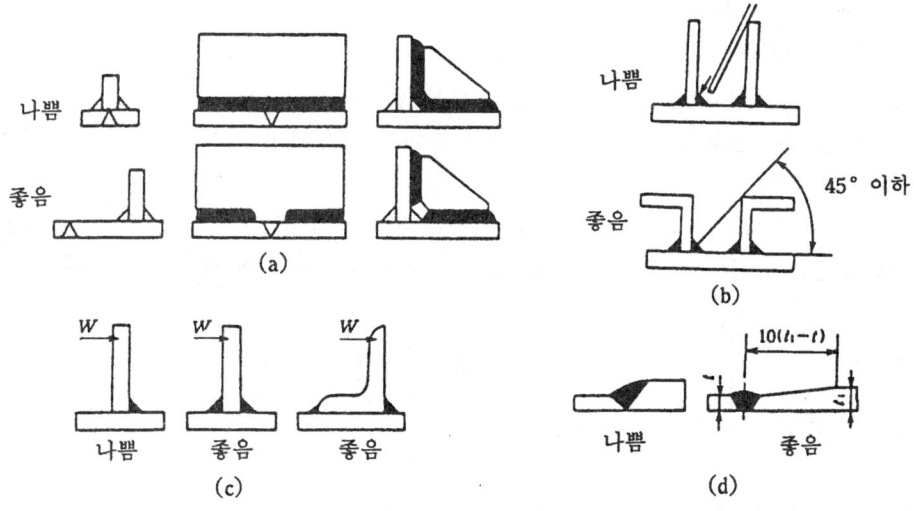

〔용접 이음의 요점〕

2. 축 관계 기계 요소

1 축(Shaft)

축은 회전하며 동력 또는 운동을 전달하는 요소로, 보통 2개 이상의 베어링으로 지지되어 있다.

(1) 축의 종류

　1) 작용에 의한 분류

　　① 차축(Axle Shaft) : 주로 굽힘 작용만을 받을 때 사용되며 철도 차량의 차축(Axle), 자동차의 앞바퀴축 등에 사용되고 있다.
　　② 스핀들(Spindle) : 주로 비틀림 작용을 받으며 비교적 축의 길이가 짧다. 모양이나 치수가 정밀하고 변형량이 적어야 하는 공작 기계의 주축 등에 쓰인다.
　　③ 전동축(Transmissinon Shaft) : 주로 비틀림 작용을 받으며 동력 전달이 주목적으로 사용되는 회전축이다. 전동축은 전동기(Motor)에서 받은 주축(Main Spindle), 주축

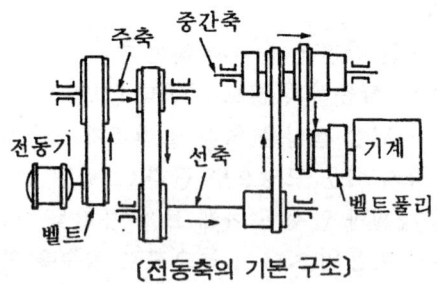

〔전동축의 기본 구조〕

에서 분배하는 선축(Line Shaft), 선축에서 받은 동력을 기계에 전달하는 중간축 (Counter Shaft)등으로 나누어진다.

2) 모양에 의한 분류

① 직선축(Straight Shaft) : 일반적으로 사용되는 곧은 축이다.
② 크랭크축(Crank Shaft) : 왕복 운동 기관에서 사용되며 직선 운동을 회전 운동으로 바꾸어 준다.
③ 플렉시블축(Flexible Shaft) : 축의 방향을 자유롭게 바꿀 수 있는 축으로 철편을 코일 모양으로 감아서 만들며 작은 동력의 전달에 사용되며 휨축이라고 한다.

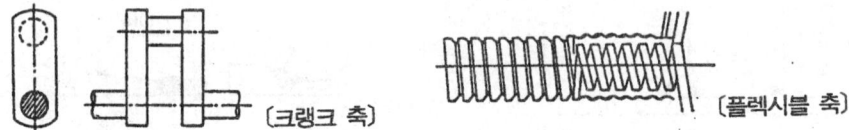

〔크랭크 축〕　　　　　　　　〔플렉시블 축〕

(2) 축의 설계상 고려할 점

① 강도(Strength) : 여러 가지 하중이 작용하여도 견딜 수 있는 강도가 있고 피로와 충격에 대해 고려하도록 한다.
② 강성도(Stiffness) : 처짐에 의한 베어링과의 접촉 불량, 비틀림에 의한 기계 작동이 부정확성의 방지를 위해 처짐과 비틀림이 작게 설계되도록 고려한다.
③ 진동(Vibration) : 회전 속도가 임계 속도로 되면 축은 처짐과 비틀림에 의해 진동 또는 파괴되기도 하므로 설치 방법 및 진동 억제 방법을 고려하도록 한다.
④ 부식(Corrosion) : 액체 또는 기체가 접촉되는 선박용 프로펠러축, 펌프축, 수차축 등은 부식의 염려가 있으므로 방식 처리 또는 부식에 강한 재료의 선정을 고려하도록 한다.
⑤ 열응력(Thermal Stress) : 사용 중 고온으로 되는 터빈 축과 같은 것은 열팽창 등을 고려하여야 한다.
⑥ 비틀림 : 축은 양끝이 동시에 회전하기 때문에 축의 비틀림 각도가 크면 기계에 불균형이 발생되므로 비틀림각을 제한하여 설계하도록 한다.
⑦ 축재료 : 0.2~0.4%C의 탄소강이 가장 널리 쓰인다. 큰 하중 및 고속 회전축에는 니켈강, 니켈 크롬강, 마모에 견뎌야 하는 곳에는 표면 경화강(침탄법, 고주파 담금질법), 크랭크축에 단조강, 미하나이트 주철 등을 쓰도록 한다.

(3) 축의 강도 계산

1) 실체축의 작용하는 축

① 실체축의 경우

$$d = \sqrt[3]{\frac{10M}{\sigma_b}}$$

d : 실체축의 지름(mm), σ_b : 휨 응력(kg/mm²)

M : 비틀림 모멘트(kg·mm), $X = \dfrac{d_1}{d_2}$

d_1 : 중공축의 안지름(mm), d_2 : 중공축의 바깥지름(mm)

② 중공 축의 경우

$$d_2 \fallingdotseq \sqrt[3]{\frac{10M}{\sigma_b(1-X^4)}} \qquad d \fallingdotseq \sqrt[4]{d_2^4 - \frac{10Md_2}{\sigma_b}}$$

중공축은 실체축보다 유리하지만 가공비가 비싸다.
그러므로 배와 비행기 등의 축은 가공비가 비싸도 가볍고 강한 축을 필요로 하므로 중공축이 쓰이고 기계의 축은 실체축이 많이 쓰인다.

2) 비틀림만을 받는 축

① 실체축의 경우

$$d = \sqrt[3]{\frac{5T}{\tau}}$$

τ : 전단 응력(kg/mm²)
T : 축에 작용하는 토크(kg·mm)
X : 지름의 비 $\left(X = \dfrac{d_1}{d_2}\right)$

② 중공축의 경우

$$d_2 = \sqrt[3]{\frac{5T}{\tau(1-X^4)}}$$

2 축 이음(커플링 & 클러치)

축 이음이란 축의 길이를 몇 개로 연결할 때 또는 주축을 연결해 줄 때 회전 운동을 전달하기 위하여 축을 연결시키는 데 사용되는 기계 요소이다.
축 이음은 영구 축 이음을 커플링, 단속할 수 있는 축 이음을 클러치라고 한다.

(1) 커플링(Coupling)

운전 중 단속 불가능, 분리할 수 없는 영구 축 이음을 커플링이라고 한다.

1) 커플링의 종류

① 고정 커플링(Fixed Coupling) : 일직선상에 있는 2개의 축을 연결한 것으로 볼트 또는 키를 사용하여 연결한다. 두 축 사이의 이동은 전혀 허용되지 않는다.
　㉮ 원통 커플링 : 가장 간단한 구조로 두 축의 끝을 맞대어 맞추고 중앙 부위에 보스를 끼워 키 또는 마찰력으로 전동하는 커플링으로 슬리브 커플링이라고도 한다.
　　머프 커플링, 마찰 원통 커플링, 셀러식 커플링, 반중첩 커플링, 분할 원통 커플링의 다섯 가지가 있다.
　㉯ 플랜지 커플링 : 주철, 주강, 연강 등으로 만든 플랜지를 축의 끝에 끼워 키로 고

정하고 볼트로 죄어 결합한 커플링으로 대형 축과 고속 회전축 등 50mm~150mm 정도의 축 지름에 사용되고 있다.

② 플렉시블 커플링(Flexible Coupling) : 두 축 사이의 완전 일치가 어려운 경우에 축의 신축, 탄성 변형등을 이용해 원활하게 움직일 수 있는 커플링으로 내연 기관과 같이 전달 토크의 변동이 많고 고속 회전으로 진동이 많은 경우에 쓰인다. 플랜지형, 고무형, 간격형, 스틸형 등의 종류가 있다.

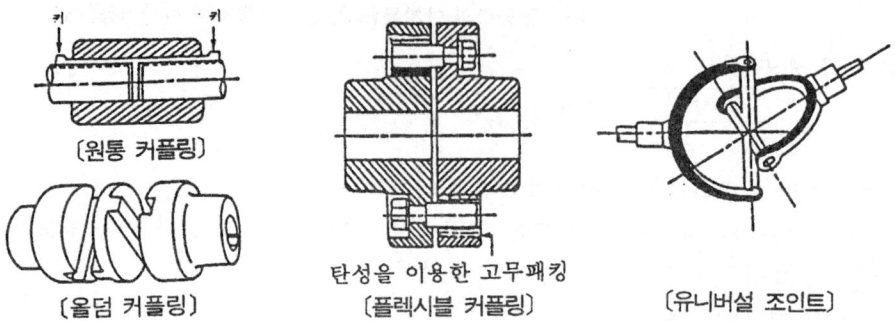

〔원통 커플링〕 〔플렉시블 커플링〕 탄성을 이용한 고무패킹 〔유니버설 조인트〕
〔올덤 커플링〕

③ 올덤 커플링(Oldham's Coupling) : 두 축이 평행하고 거리가 비교적 짧으며 교차하지 않는 경우에 사용된다. 중간편의 홈이나 돌출부는 서로 직각이며 편심량이 큰 회전 전달, 고속 회전일 경우 밸런스와 마찰에 단점이 있어 적합치 않으나 중심선의 위치가 약간 어긋난 경우 각속도의 변화가 없이 회전 동력 전달에 사용된다.

④ 유니버설 조인트(Universal Joint : 자재이음) : 두 축이 일직선상에 있지 않고 서로 교차하는 경우에 사용된다. 교차각은 30°이하이며 회전수가 많을 때는 교차각을 작게, 회전수가 적을 때는 교차각을 크게 취한다.

2) 커플링의 설계상 유의할 점
   ① 센터의 맞춤이 정확히 맞도록 되어 있을 것
   ② 설치 및 조립, 분해 등이 용이할 것
   ③ 중량의 평형이 맞고 소형이며 경량일 것
   ④ 진동에 대하여 이완되지 않도록 되어 있을 것
   ⑤ 회전면에는 될수록 돌기부가 없을 것
   ⑥ 윤활 등은 되도록 필요치 않도록 하고 가격이 저렴할 것
   ⑦ 전동 토크의 특성을 충분히 고려하여 특성에 알맞은 형식으로 할 것

(2) 클러치(Clutch)

원동축(구동축)에서 종동축(피동축)에 토크를 전달할 때 간단히 두 축을 연결 또는 분리할 필요가 있는 목적으로 사용되는 축 이음을 클러치라고 한다.

1) 클러치의 종류
   ① 맞물림 클러치(Claw Clutch) : 두 축의 양끝단에 붙인 턱과 턱이 맞물려 전도 또는 분리시키기도 하는 클러치이다. 한 개의 축은 원동축, 다른 한 개는 종동축에 연결되어 축방향의 이동이 이루어진다. 턱의 종류에는 산형, 톱날형, 나선형, 사

각형 사다리꼴형 등이 있다.
② 마찰 클러치(Friction Clutch) : 두 축의 양끝을 강하게 접촉시켜 마찰력에 의해 동력을 전달하는 클러치이다. 축방향, 원주 방향 클러치가 있고 마찰 모양에 따라 원판, 원뿔, 원통, 분할링, 띠 등의 종류가 있다.
마찰면의 재료는 마찰계수가 크고 내마멸성이 높고, 고열에서 견딜 수 있어야 한다 한 쪽 면은 금속, 다른 한쪽, 고무, 아스베스토스 라이닝, 목재, 금속 등을 사용한다.

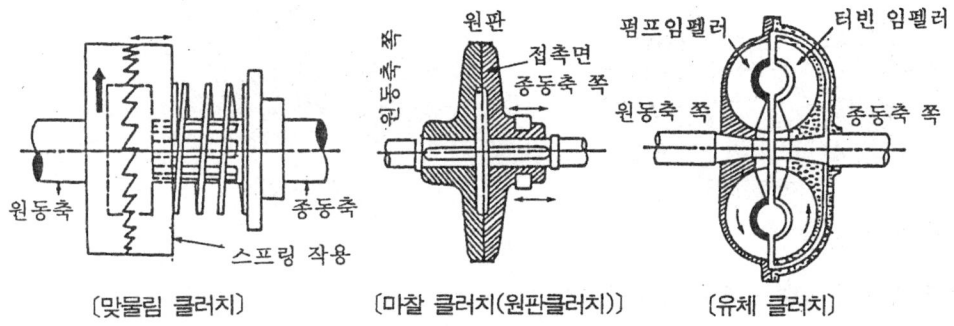

〔맞물림 클러치〕　〔마찰 클러치(원판클러치)〕　〔유체 클러치〕

③ 유체 클러치(Fluid Clutch) : 원동축에 설치된 펌프 임펠러와 종동 축에 고정된 터빈의 임펠러 사이에 유체의 중개로 에너지를 공급하고 이것을 터빈에 흘려보내 터빈을 회전시키는 클러치이다. 시동이 용이하고 진동 및 충격이 종동축에 전달되지 않으며 선박, 자동차, 산업기계 등의 동력 전달에 널리 이용되고 있다.
④ 전자 클러치(Eletromagnetic Clutch) : 전자력을 사용하는 클러치이다. 전자력에 의해 스프링판을 흡입하는 형식과 전자 유도 작용을 이용하는 방법 등이 있다.
⑤ 원심 클러치(Centrifugal Clutch) : 원동축이 어느 회전수에 도달하면 자동적으로 클러치가 작용하여 종동축을 회전시키는 클러치로 원심력을 이용한 방식이다.

2) 클러치 설계싱 유의할 점
① 접촉면의 마찰 계수를 적당한 크기로 잡을 것
② 관성을 작게 하기 위해 소형, 경량이어야 한다.
③ 마멸이 생겨도 수정이 손쉬울 것
④ 마찰에 의한 열의 방출이 쉬워 늘어붙는 일이 없어야 한다.
⑤ 단속을 원활하게 할 수 있도록 할 것
⑥ 균형 상태가 양호할 것

3 저널과 베어링(Journal & Bearing)

회전 축을 지지하고 축에 작용하는 하중을 받아서 축을 매끄럽게 회전시키는 요소를 베어링이라 하고, 베어링에 의해 지지되며 둘러싸여 접촉하고 있는 축의 일부분을 저널이라고 한다. 따라서 저널과 베어링은 한 쌍의 짝(Pair)으로 이루어져 있다.

(1) 저널의 종류

① 가로저널(Internal Journal : 레이디얼(Radial)저널) : 하중이 축에 직각 방향으로 작용하는 저널

  종류 : 끝 저널(End Journal), 중간 저널(Neck Journal)

② 추력 저널(Vertial Journal : 스러스트(Thrust)저널) : 하중의 축방향으로 작용하는 저널

  종류 : 피벗 저널(Pivot Journal), 칼라 저널(Collar Journal)

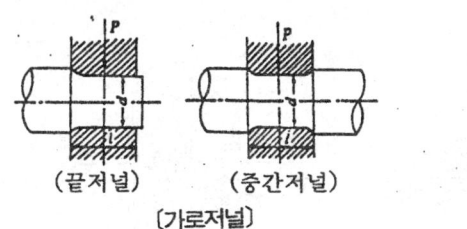

(끝저널)   (중간저널)
〔가로저널〕

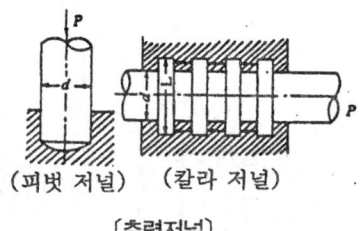

(피벗 저널)   (칼라 저널)
〔추력저널〕

(2) 베어링의 종류

1) 하중이 작용하는 방향에 의한 분류

① 레디얼 베어링(Radial Bearing) : 하중이 축의 중심에 직각으로 작용하는 베어링으로 레이디얼 저널(가로 저널)에 사용되고 있다.

② 스러스트 베어링(Thrust Bearing) : 하중이 축방향에 따라 작용하는 베어링으로 스러스트 저널(추력 저널)에 사용되고 있다.

③ 원뿔 베어링(Cone Bearing) : 하중이 축방향과 축의 직각 방향으로 동시에 받는 베어링으로 합성 베어링이라고도 한다.

2) 접촉 방법에 의한 분류

① 미끄럼 베어링(Sliding Bearing) : 베어링면과 저널이 윤활유막을 중개로 미끄럼 접촉을 하는 베어링으로 평면 베어링(Plane Bearing)이라고도 한다.

② 구름 베어링(Roiling Bearing) : 저널과 베어링 사이에 볼 또는 롤러를 넣어서 구름 마찰에 의해 하중을 받치는 베어링으로 볼 베어링, 롤러 베어링 등이 해당된다.

(3) 미끄럼 베어링

1) 종류

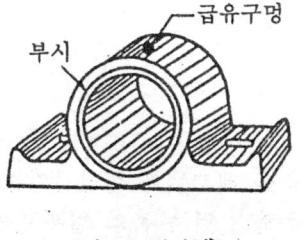

〔단체 베어링〕

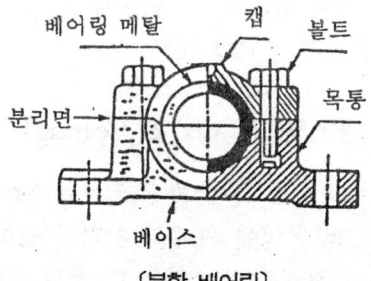

〔분할 베어링〕

① 단체 베어링(Solid Bearing) : 주철제로 몸체가 한 덩어리로 되어 있고 베어링의 접촉면에 부시(Bush)를 끼워서 사용한다.
② 분할 베어링(Split Bearing) : 몸체를 2개로 나누어 하단부는 베이스(Base), 상단부는 캡(Cap)이라고 한다. 윤활유 주입구가 있어 마찰이 감소되고 상·하 분할로 되어 있어 조립, 조정이 용이하다.

2) 특징 : 미끄럼 베어링은 접촉면에 유막을 형성하도록 급유하며 사용한다.
  ① 장점
    ㉮ 구조가 간단하여 가격이 저렴하고 수리가 용이하다.
    ㉯ 베어링에 작용하는 하중이 큰 경우에 적합하다.
    ㉰ 충격에 견디는 힘이 크며 진동 및 소음이 적다.
    ㉱ 구름 베어링보다 정밀도가 높은 가공이 가능하다.

  ② 단점
    ㉮ 시동할 때 마찰 저항이 크다.
    ㉯ 윤활유의 급유에 신경을 써야 한다.
    ㉰ 고속 회전용으로 부적당하다.

3) 미끄럼 베어링의 재료
  ① 베어링 메탈의 구비 조건
    ㉮ 마찰열에 의해 눌어붙지 말아야 하다.
    ㉯ 내부식성이 높아야 한다.
    ㉰ 저널과 베어링 메탈간에 융화가 잘 되어야 한다.
    ㉱ 피로 및 압축 강도가 높아야 한다.
    ㉲ 마찰에 의한 내마멸성이 높아야 한다.
    ㉳ 마찰열의 발산이 잘되도록 열전도가 높아야 한다.
    ㉴ 제작 및 수리가 용이하며 가격이 저렴해야 한다.

  ② 베어링 메탈의 재료
    ㉮ 화이트 메탈(White Metal) : 경도가 적고 융화가 잘되며 항압력, 점성, 인성 등이 사용 목적에 충분하고 마찰 계수가 적고 공작도 쉽다. 가장 널리 사용되고 있다.
      종류 : 주석계(배빗 메탈), 납계, 아연계 합금 등이 있다.
    ㉯ 구리계 합금
      ㉠ 청동 : 경도가 크고 마모에 저항하는 힘이 커서 내연 기관의 피스톤 부시로 많이 쓰인다.
      ㉡ 연청동 : 점성의 증대 및 윤활 능력이 우수하다, 압연기, 차량 모터 등에 많이 쓰인다.
      ㉢ 구리-납 합금 : 켈밋 메탈(Kelmet Matal)이라고도 불리며 내구력이 높아 항공 모터 등에 쓰인다.
      ㉣ 주철 : 기계의 몸체(Frame)에 직접 구멍을 뚫어 사용한다. 수압력, 회전수가

크지 않은 합금의 베어링에 사용되고 있다.
- ⓜ 함유 소결 합금 : 분말 야금에 의한 성형 베어링 메탈로 오일리스 베어링(Oilless Bearing)이라고 한다. 급유가 곤란한 전기 시계, 냉장고 등에 적당하며 구리계와 철계가 있다.
- ⓑ 비금속 베어링 재료 : 열대 지방의 단단한 목재로 내수성이 높은 리그넘바이터(Lignumvitae)와 경질고무 가공품으로 만든 커트리스 베어링 등이 있으며 선박의 프로펠러, 펌프, 수차 등의 물에 잠기는 베어링에 널리 이용되고 있다.

4) 미끄럼 베어링의 간극 : 미끄럼 베어링은 기름을 충분히 공급하고 온도 변화에 대해 늘어붙는 것 등을 방지하기 위해 부시 구멍의 지름을 저널의 지름보다 약간 크게 가공하여 틈새를 부여하는데 이 지름의 차이를 베어링 간극이라 한다. 간극의 양은 저널 100mm에 대하여 0.1~0.4mm 정도가 적당한 범위로 본다.

(4) 구름 베어링

구름 베어링은 미끄럼 접촉을 구름 접촉으로 바꾸어 마찰을 감소시키는 베어링으로 볼(Ball)을 사용한 볼 베어링과 롤러(Roller)를 사용한 롤러 베어링으로 크게 분류된다.

   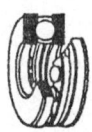   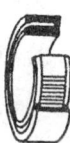

(단열 깊은 홈형) (앵귤러 콘택트형) (자동조심형) (스러스트형)　　(원통 롤러형) (테이퍼 롤러형) (니드형)
〔볼 베어링〕　　　　　　　　　　　　　　　　〔롤러 베어링〕

1) 종류

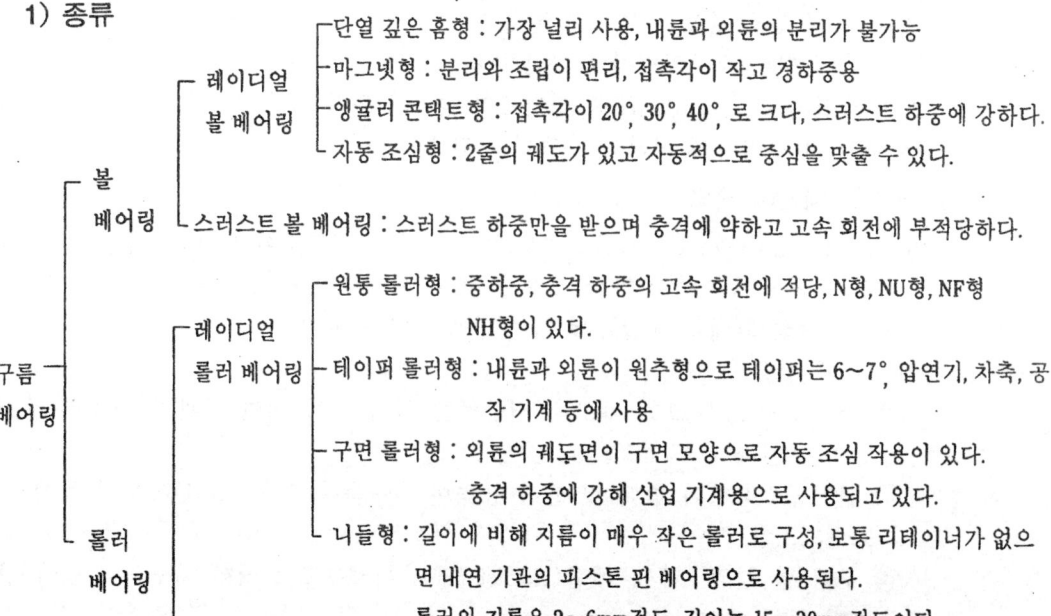

2) 특징 : 볼 베어링에 비해 접촉면이 넓어 큰 하중에 견디고 타격력이 많이 작용하는 곳에 사용한다.

① 장점
  ⑴ 과열의 위험이 없고 마찰 계수가 작다.(미끄럼 베어링의 1/10정도)
  ⑵ 규격화되어 있어 호환성이 풍부하고 베어링의 교체 및 선택이 쉽다.
  ⑶ 베어링의 폭이 작아져 기계의 소형화가 가능하다
  ⑷ 윤활유가 적게 들고 급유의 수고가 적다.
  ⑸ 동력의 손실이 적다.
  ⑹ 마멸의 손실이 적다.

② 단점
  ⑴ 특수강으로 정밀 가공을 해야 하므로 가격이 비싸다.
  ⑵ 전문적인 제작 공장 이외에는 제작이 곤란하다.
  ⑶ 충격에 약하므로 취급에 주의하여야 하며 설치와 조립이 어렵다.
  ⑷ 바깥지름이 크게 되어 축간의 거리가 극히 작은 곳에서는 사용이 어렵다.
  ⑸ 부분적인 수리가 불가능하여 전체를 교체하여야 한다.
  ⑹ 수명이 짧다.
  ⑺ 중하중용으로 부적당하고 소음의 발생이 쉽다.

3) 구름 베어링의 구조

  ① 구성요소

   ㉮ 안바퀴(내륜, Inter Race) : 회전축과 결합하여 회전한다.
   ㉯ 바깥 바퀴(외륜, Outer Race) : 기계의 몸체(Body)와 결합되어 고정된다.
   ㉰ 볼 또는 롤러(Ball or Roller) : 미끄럼 또는 구름 운동으로 접촉하여 마찰을 감소시킨다.
   ㉱ 리테이너(Retainer) : 볼을 원주에 고르게 배치하여 상호간의 접촉을 피하고 마멸, 소음을 방지한다.

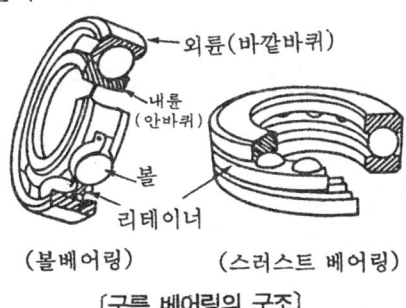

(볼베어링)   (스러스트 베어링)

〔구름 베어링의 구조〕

  ② 볼의 배열 : 단열, 복열이 있으며 볼의 구면이 자동 조심 작용을 한다.

4) 구름 베어링의 호칭 번호 : 미끄럼 베어링은 계산으로 각 부분의 치수를 결정하고 구름 베어링은 ISO에서 주요 치수를 규격화시켜 호칭 번호를 지정하고 있으며 기본 기

호와 보조 기호로 기재되어 있다.

① 구름 베어링의 호칭법

| 형식번호 | 치수 기호(나비와 지름기호) | 안지름 번호 | 등급번호 |

㉮ 첫번째 숫자 : 형식번호

1 : 복열 자동 조심형
2 : 자동 조심 베어링
3 : 테이퍼 롤러 베어링
5 : 스러스트 베어링
6 : 단열 깊은 홈 베어링
7 : 단열 앵글러 콘택트형
N, NF, NU, NJ, NN : 원통 롤러 베어링

〔베어링의 기호〕

기본 기호	베어링의 계열 번호
	안지름 번호
	접촉각 기호
보조 기호	실 기호 또는 실드 기호
	궤도 바퀴 형상 기호
	조합 기호
	틈새 기호
	등급기호

㉯ 두번째 숫자 : 치수 기호(나비 기호＋지름 기호)
   0.1 : 특별 경하중용, 2 : 경하중용, 3 : 중간 하중형, 4 : 중하중형
㉰ 세번째, 네번째 숫자 : 안지름 기호
   ㉠ 안지름 20mm 이내의 숫자

단위 : mm

기호	안지름 지수	기호	안지름 지수	기호	안지름 지수	기호	안지름 지수	기호	안지름 지수
1	1	4	4	7	7	00	10	03	17
2	2	5	5	8	8	01	12	04	20
3	3	6	6	9	9	02	15		

㉡ 안지름 20mm 이상 500mm 미만까지는 5로 나눈 수를 안지름 기호(두자리)로 나타낸다. 즉, 기호의 숫자에 5의 수를 곱한 것이 베어링 안지름이다.
   05 : 25mm, 08 : 40mm, 12 : 60mm, 20 : 100mm, 60 : 300mm
㉱ 다섯번째 숫자 이후의 기호 : 등급 기호 등을 표시한다.
   ㉠ 등급 기호
      무기호 : 보통급(0급), H : 상급, P : 정밀급(P6 : 6급, P5 : 5급, …), SP : 초정밀급
   ㉡ 틈새 기호
      무기호 : 보통 틈새, C_2 : 보통 틈새보다 작다. C_1 : C_2보다 작다, C_3 : 보통 틈새보다 크다, C_4 : C_3보다 크다.
   ㉢ 조합 기호
      DB : 배면 조합, DF : 정면 조합, DT : 병렬 조합
   ㉣ 궤도 바퀴 형상 기호
      K : 내륜 테이퍼 구멍 기준 테이퍼 $\frac{1}{2}$, N : 스냅 링 홈붙이, NR : 스냅 링 붙임
   ㉤ 실 기호 및 실드 기호(밀봉 기호)
      실 기호U : 편측 실, UU : 양측 실

실드 기호 Z : 편측 실드, ZZ : 양측 실드
ⓑ 접촉각 기호
A : 22~32°, B : 32~45°, C : 10~22°, D : 24~32°

② 구름 베어링의 표시 예

㉮ 6305 ZZ

㉯ 6208 ZC₃P₅

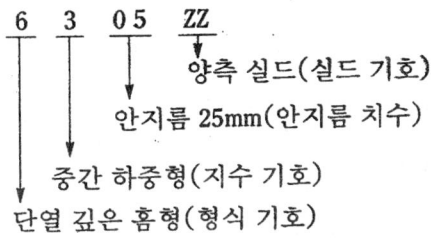

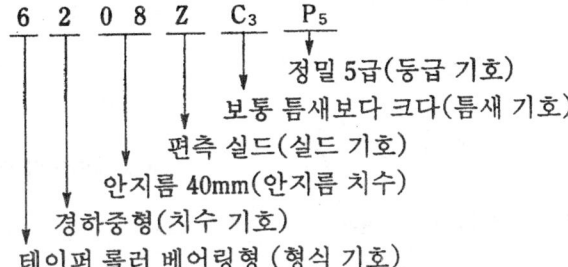

5) 구름 베어링용 재료

① 외륜 및 내륜(궤도륜) : 반복 응력에 의한 피로 한도가 높은 고탄소 크롬강, 침탄강을 사용한다. 850℃ 정도에서 기름 담금질 후 150℃에서 뜨임하여 H_RC 56~66의 경도를 유지하도록 한다.

② 볼 또는 롤러(전동체) : 궤도륜과 동일한 재질을 사용한다.

③ 리테이너 : 강, 청동, 경합금, 베이클라이트 등이 사용된다. 리테이너의 제작은 프레스 가공(레이디얼 볼 베어링용), 절삭 가공(스러스트 및 롤러 베어링)에 의한 리테이너가 있다.

6) 구름 베어링의 부하 용량 : 베어링이 견딜 수 있는 하중의 크기로 정부하 용량과 동부하 용량이 있다.

① 정부하 용량(정정격 하중)

㉮ 베어링이 정지하고 있는 상태에서 정하중이 작용할 때 견딜 수 있는 하중의 크기를 말한다.

㉯ 최대 하중을 받고 있는 전동체와 궤도륜의 접촉부에 생기는 전동체의 영구 변형량과 궤도륜의 영구 변형량의 합이 전동체 지름의 0.0001배가 되는 정적 하중이다.

② 동부하 용량(동정격 하중)

㉮ 베어링이 회전 중에 견딜 수 있는 하중으로 반복 응력에 의한 피로 현상을 대상으로 결정된다.

㉯ 내륜은 회전, 외륜은 정지시킨 조건에서 정격 수명이 100만 회전이 되는 방향과 크기가 변동하지 않는 하중을 기본 동부하 용량이라 하며 일반적인 베어링의 정격 하중은 이를 뜻한다.

7) 베어링의 수명 계산식

① 내·외륜 및 전동체가 반복 응력에 의해 접촉면이 벗겨지는 박리 현상(플레이킹, Flaking)이 생길때 까지의 회전수를 수명으로 한다.

② 시간으로 수명을 나타낼 때는 500시간을 기준으로 하고 총 회전수는 100만 회전으로 한다.

$$L_n = \left(\frac{C}{P}\right) \times 10^6$$

$$L_n = N \times 60 \times L_h$$

$$L_h = \frac{L_h}{60N} = \left(\frac{C}{P}\right)^r \cdot \frac{10^6}{60N}$$

$$L_h = 500 \left(\frac{C}{P}\right)^r \cdot \frac{33.3}{N}$$

L_n: 베어링의 계산 수명 [rev]
L_h: 베어링의 수명 시간 [hr]
C : 기본 정격 하중 [kg]
P : 베어링의 하중 [kg]
r : 내·외륜과 전동체의 접촉 상태에서 결정되는 상수

(볼베어링 : 3. 롤러 베어링 $\frac{3}{10}$ 으로 한다.)

N : 베어링의 회전수 [rpm]

(5) 저널의 기본 설계

1) 저널 설계의 유의 사항

① 하중에 대한 충분한 강도를 갖고 있을 것
② 변형률이 제한 내에 있어서 과도한 변형률이 생기지 않도록 할 것
③ 베어링 압력이 제한 내에 있을 것
④ 마찰과 마멸이 적을 것
⑤ 윤활유를 잘 유지하고 있을 것
⑥ 마찰열의 발생이 적고 열의 소멸이 좋을 것

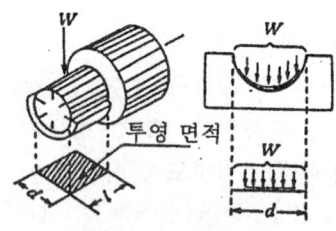

[저널의 투영 면적]

2) 베어링 압력

하중을 투영 면적으로 나눈 평면 압력을 베어링 압력이라 한다.

$$P = \frac{W}{dl} \quad (W = Pdl)$$

dl : 하중 방향에 수직한 베어링면의 투영 면적(지름×길이)
W : 하중 [kg]
P : 베어링 압력 [kg/mm²]

3) 저널의 지름 계산

① 끝 저널의 경우

$$d = \sqrt[3]{\frac{5.1WL}{\sigma_b}} \quad (M = \frac{WL}{2} = \frac{\pi}{32} d^3 \sigma_b)$$

② 중간 저널의 경우

$$d = \sqrt[3]{\frac{4}{\pi} \cdot \frac{WL}{\sigma_b}} \approx \sqrt[3]{1.25 \cdot \frac{WL}{\sigma_b}}$$

d : 저널의 지름 [mm]
σ_b : 휨 응력 [kg/mm²]
L : 저널의 전체 길이 [mm]
l : 저널 부분의 길이 [mm]

4) 스러스트 저널 베어링의 설계

① 베어링의 압력

피벗 저널의 경우 : $P=\dfrac{W}{\dfrac{\pi}{4}d^2}$ [kg/mm²] d : 피벗 저널의 지름(mm)
d_1 : 안지름(mm)
d_2 : 바깥지름(mm)

칼라 저널의 경우 : $P=\dfrac{W}{\dfrac{\pi}{4}(d_2{}^2-d_1{}^2)}$ [kg/mm²]

② 저널의 지름

그림 a의 경우 : $d=\dfrac{WN}{30000PV}$ $\left(PV=\dfrac{WN}{30000d}\right)$

그림 b·c의 경우 : $d_2-d_1=\dfrac{WN}{30000PV}$ $\left(PV=\dfrac{WN}{30000(d_2-d_1)}\right)$

여기서, PV의 값은
일반값 : 0.17 [kg/mm², m/sec]
강제유의 경우 : 0.4~0.8 [kg/mm², m/sec]

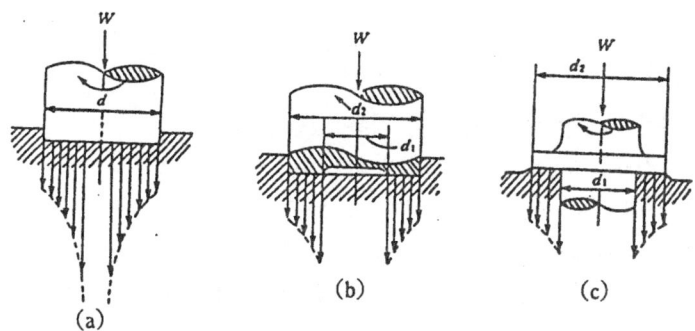

〔스러스트 저널의 압력 분포와 마찰 일량〕

3. 전동용 기계요소

1 마찰 전동 장치

(1) 마찰 전동

1) 마찰전동(Friction Drive) : 구름 접촉하는 원통차와 종동차의 접점에 생기는 마찰력에 의해 동력을 전달한다.

2) 마찰차(Friction Wheel) : 마찰 전동에 사용되는 바퀴

3) 마찰차의 적용 범위

① 전달하는 힘이 크지 않고 속도비가 중요시되지 않을 때
② 회전 속도가 커서 보통의 기어를 사용할 수 없는 경우
③ 두 축 사이를 자주 단속할 필요가 있는 경우
④ 무단 변속을 하는 경우

4) 마찰차의 종류

① 원통 마찰차(Cylindrical Friction Wheel) : 평행한 두 축 사이의 동력이 전달되며 외접 전달과 내접 전달의 경우가 있다.
② 홈붙이 마찰차(Grooved Friction Wheel) : 평행한 두 축 사이에 큰 동력의 전달을 위해 V홈이 파여져 있는 경우로 V홈 마찰차라고도 한다.
③ 변속 마찰차(Variable Friction Wheel) : 접촉점의 자리를 바꿈으로써 속도비를 무단계로 변속시킬 수 있으며 원판, 원뿔, 구면 등을 이용한 마찰차 등이 있다.

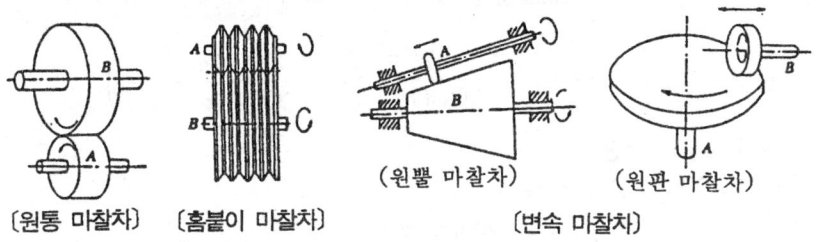

〔원통 마찰차〕 〔홈붙이 마찰차〕 〔변속 마찰차〕

(2) 마찰차의 설계

1) 원통 마찰차

원동차의 지름 : D_1(mm), 종동차의 지름 : D_2(mm)
원동차의 회전수 : N_1(mm), 종동차의 회전수 : N_2(mm)
마찰차를 누르는 힘 : F(kg), 전단력 : W(kg)
마찰 계수 : μ, 속도비 : i, 중심거리 : C(mm)
마찰차의 원주 속도 : V(m/sec), 전달 동력 : P(kW)라면

$$i = \frac{N_2}{N_1} = \frac{D_2}{D_1}$$

$$C = \frac{D_1 \pm N_2}{2} \quad (+: 외접, -: 내접)$$

$$V = \frac{\pi D_1 N_1}{60 \times 1000} = \frac{\pi D_2 N_2}{60 \times 1000}$$

$$P = \frac{WV}{102} = \frac{\mu \cdot F \cdot V}{102}$$

마찰차의 나비를 b(mm)라 하면
$F \leq f_b$

즉, 큰 전달력을 얻기 위해 F를 크게 할 때는 b를 크게 해야 한다. 또한 마찰자의 재질을 주철, 강철제를 쓰고 종이, 가죽, 고무 등을 접촉면에 붙여 마찰 계수를 크게 하기도 한다.

2) 원뿔 마찰차

$$속도비 \, i : \frac{N_2}{N_1} = \frac{\omega_2}{\omega_1} = \frac{R_2}{R_1} = \frac{\sin\alpha}{\sin\beta}$$

$\theta = 90°$이면 $\tan\alpha = \dfrac{N_2}{N_1}$, $\tan\beta = \dfrac{N_1}{N_2}$

전달 동력 $P = \dfrac{\mu F V_m}{102} = \dfrac{\mu \cdot F_1 \cdot V_m}{102\sin\alpha} = \dfrac{\mu \cdot F_2 \cdot V_m}{102\sin\beta}$

$2\alpha, 2\beta$: 원뿔 마찰차 A·B의 꼭지각
θ : 두축이 이루는 각도
N_1, N_2 : 원뿔 마찰차의 A·B의 회전수(rpm)
ω_1, ω_2 : 원뿔 마찰차의 A·B의 각속도(rpm/sec)
R_1, R_2 : 원뿔 마찰차의 A·B의 바깥끝 반지름(mm)
V_m : 접촉부 중앙의 원주 속도(m/sec)

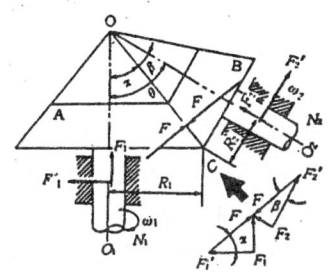

2 기어 전동장치

(1) 기어의 개요

1) 기어 전동의 특징

① 강력한 동력을 일정한 속도비로 전달할 수 있다.
② 시계, 공작 기계, 항공기 등의 적용 범위가 넓다.
③ 기계적 효율이 좋고 감속비가 크다.
④ 충격에 약하고 소음과 진동이 발생한다.

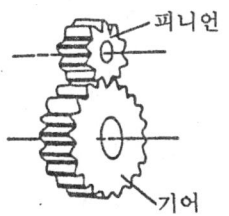
피니언
기어

2) 기어의 종류

기어는 서로 물리는 한 쌍의 기어가 동력 및 운동의 전달이 이루어지며 큰 쪽의 기어를 기어(Gear), 작은 쪽의 기어를 피니언(Pinion)이라 하며 맞물려 전달하는 기어축의 방향에 따라 다음과 같이 분류된다.

① 두 축이 서로 평행한 기어

㉮ 스퍼 기어(Spur Gear) : 잇줄이 기어축에 평행한 기어로 가장 널리 사용되고 있다.

㉯ 내접 기어(Internal Gear) : 원통의 안쪽에 이가 있는 기어로 두 축의 회전 방향이 같으며 감속비가 큰 경우에 사용되고 있다.

㉰ 헬리컬 기어(Helical Gear) : 잇줄이 기어축 중심선에 대해 나선 곡선(Helical)의 원통형 기어·스퍼 기어에 비해 이의 물림이 원활하고 진동. 소음이 적어 큰 하중 및 고속에 적당하다. 좌, 우 양 비틀림 헬리컬 기어를 더블 헬리컬 기어(헤링본 기어)라고 한다.

㉱ 래크 기어(Rack Gear) : 막대 형상의 기어로 지름이 무한대로 큰 기어이고 직선 운동을 하며 피니언 기어와 같이 운동을 한다.

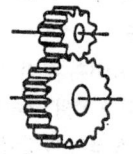   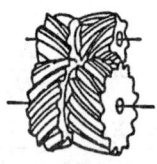 

(스퍼기어(평기어))　(내접기어)　(헬리컬기어)　(2중헬리컬기어)　(래크기어)

② 두 축이 교차하는 경우

　㉮ 직선 베벨 기어(Bevel Gear) : 원뿔면에 평행하게 형성된 기어로 축과 축이 직각 또는 둔각 등으로 교차하며 동력을 전달한다. 두 축의 기어 잇수가 같은 베벨 기어를 마이터 기어(Miter Gear)라고 한다.

　㉯ 헬리컬 베벨 기어(Helical Bevel Gear) : 이가 원뿔면에 나선 곡선으로 된 베벨 기어로 큰 하중과 고속의 동력 전달에 사용된다.

　㉰ 스파이럴 베벨 기어(Spiral Bevel Gear) : 이가 선회하는 형태로 구부러진 모양의 기어로 전동이 조용하다.

　㉱ 제롤 베벨 기어(Zerol Bevel Gear) : 나선각이 0°인 한 쌍의 스파이럴 베벨 기어이다.

　㉲ 스큐 베벨 기어(Skew Bevel Gear) : 이가 원뿔면의 모선에 경사진 기어이다.

　㉳ 크라운 기어(Crown Gear) : 피치면이 평면인 베벨 기어로 스퍼 기어에서 래크에 해당된다.

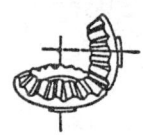 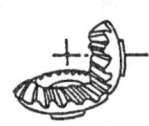 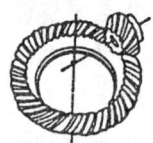 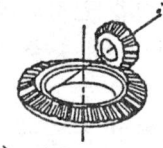 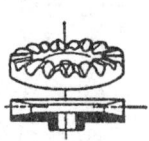

(직선베벨기어)　(헬리컬베벨기어)　(스파이럴 베벨기어)　(제롤기어)　(크라운기어)

③ 두 축이 평행 또는 교차하지도 않는 기어

　㉮ 하이포이드 기어(Hypoid Gear) : 기어의 이가 쌍곡선으로 되어 있고 피니언이 중심선상 밑으로 설치된 기어로 베벨 기어보다 큰 동력의 전달이 가능하다. 차동차의 차동 기어, 감속기에 사용된다.

　㉯ 스크루 기어(Screw Gear) : 나사 모양의 기어인 웜(Worm)과 웜휠(Worm Whee)로 이루어진 한 쌍의 기어로 두 축이 직각인 경우가 많고 큰 감속비를 얻고자 할 때 사용된다. 종류로는 원통형과 장고형이 있다.

　㉰ 웜 기어(Worm Gear) : 헬리컬 기어축을 엇갈리게 전동하도록 만든 기어

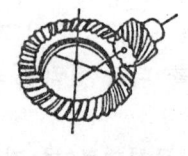 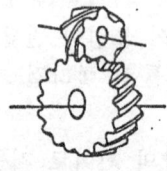 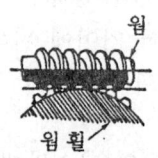 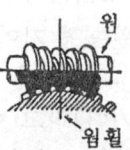

(하이포이드 기어)　(스크루 기어)　(웜기어(원통형))　(웜기어(장고형))

3) 이의 크기 표시 및 기어 각 부의 명칭

① 이의 크기 표시 방법

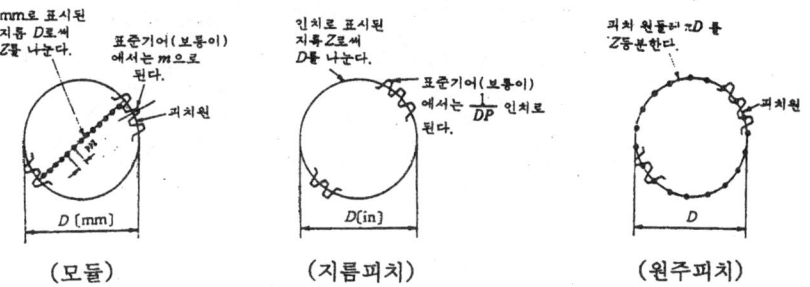

(모듈)　　　　(지름피치)　　　　(원주피치)

㉮ 모듈(M ; Module) : 미터 계열의 이의 크기를 표시하는 대표적 단위로 피치원 지름을 잇수로 나눈 값이다.

$$M = \frac{\text{피치원 지름}(D)}{\text{잇수}(Z)} \text{[mm]}$$

같은 지름의 기어에서는 M의 값이 클수록 잇수는 적어지고 이는 커진다.

㉯ 지름 피치(DP ; Diametal Pitch) : 인치 계열에서 이의 크기를 표시하는 대표적 단위로 잇수를 피치원 지름으로 나눈 값이다.

$$DP = \frac{\text{잇수}(Z)}{\text{피치원 지름}(D)} \text{[in]}$$

같은 지름의 기어에서는 DP의 값이 클수록 잇수는 많고 이는 작아진다.

㉰ 원주 피치(P ; Circular Pitch) : 피치원상에 있는 이에서 서로 인접하고 있는 이까지의 거리

$$P = \frac{\text{피치원의 둘레}(\pi D)}{\text{잇수}(Z)} \text{[mm]}$$

같은 지름의 기어에서는 P의 값이 클수록 잇수는 적어지고 이는 커진다.

② 기어 각 부의 명칭

㉮ 피치원(Pitch Circle) : 서로 맞물리는 기어에 있어서 회전 접촉하는 접촉점을 피치점(Pitch Point)이라고 하고 피치점에서의 가상의 원을 말한다.

㉯ 이끝원(Addendum Circle) : 기어의 이끝을 연결한 원

㉰ 이뿌리원(Dedendum Cicle) : 기어 이의 뿌리면을 연결한 원

㉱ 이끝 높이(Addendum) : 피치원에서 이끝원까지의 높이

㉲ 이뿌리 높이(Dedendum) : 피치원에서 이뿌리원까지의 높이

㉳ 총 이높이(Heignt of Tooth) : 전체의 이높이에서 이끝 높이와 이뿌리 높이의 합

㉴ 이의 유효 높이(Working Depth) : 총 이높이에서 클리어런스를 뺀 값

㉵ 클리어런스(Clearance) : 이의 끝 반대편 기어이 이뿌리면과의 사이에 벌어진 틈새

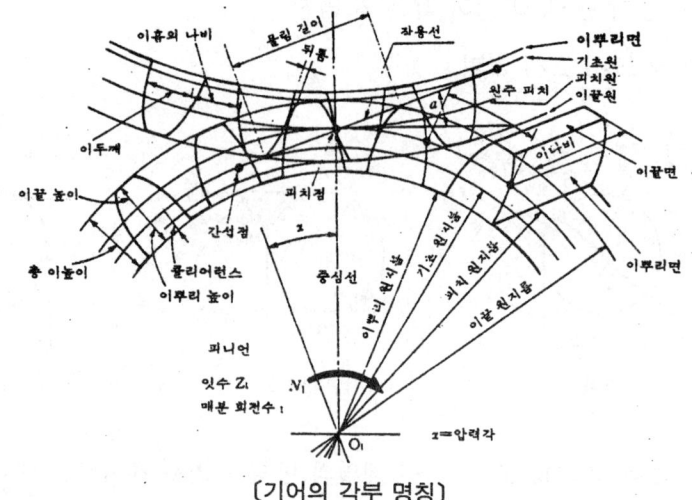

〔기어의 각부 명칭〕

㉰ 뒤틈(Backlash) : 한 쌍의 기어가 운동할 때 이의 뒷면에 생기는 간격으로 원주 피치에서 이 두께를 뺀 값이다.
㉱ 이두께(Tooth Width) : 피치원에서 측정한 이의 두께
㉲ 이의 나비(Tooth Width) : 기어의 축방향에서 측정한 이의 길이
㉳ 압력각(Pressure Angle : α) : 피치원상에서 기어의 반지름선과 이루는 각도.
  14.5°, 15°, 17.5°, 20°, 22.5° 등이 있지만 KS에는 20°만 규정되어 있다. 일반적으로 인치 계열은 14.5° 미터 계열은 20°를 사용하고 있다.
  $\begin{cases} \alpha\text{가 크게 되면 이는 강해지나 맞물림률이 작게 되며} \\ \alpha\text{가 작게 되면 반대의 조건이 된다.} \end{cases}$

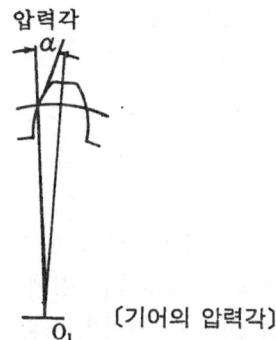

〔기어의 압력각〕

③ 기어의 치형 곡선

㉮ 인벌류트 곡선(Involute Curve) : 실을 감아 놓고 이것을 잡아당기면서 풀어 나갈 때 실의 한 점이 그리는 궤적으로 실용적이다. 일반 기계 공업의 모든 기어가 인벌류트 치형을 이용한 기어를 사용하고 있다.
  특징 : ㉠ 치형의 제작이 용이하다.
        ㉡ 압력각이 일정하면 중심 거리가 다소 어긋나도 속도비에 영향이 없다.
        ㉢ 호환성이 우수하고 이뿌리 부분이 튼튼하다.

　　　　ⓔ 마멸이 큰 결점이 있다.
　㉯ 사이클로이드 곡선(Cycloid Curve) : 한 개의 기초원 위에 구름원이 미끄럼없이 굴러갈 때 구름원 위의 한 점이 긋는 궤적으로 구름원의 외주를 전동한 궤적을 외전 사이클로이드(Epicycloid)라 하고 구름원의 내주를 전동한 궤적을 내전 사이클로이드(Hypocycloid)라고 한다. 정밀 기계나 계측기용의 소형 기어, 시계용 기어 등에 부분적으로 사용되고 있다.
　　특징 : ㉠ 접촉점에서 미끄럼이 적으므로 마모와 소음이 적다.
　　　　　ⓛ 효율이 높다
　　　　　ⓒ 피치원이 일치하지 않으면 바르게 물리지 않는다.
　　　　　ⓔ 호환성이 없으며 이뿌리가 약하다.
　　　　　ⓜ 치형의 제작이 어렵다.
　　　　　ⓗ 중심 거리가 정확하지 않으면 물림이 좋지 않다.

④ 기어의 기타 사항
　㉮ 치형의 간섭(이의 간섭) : 서로 맞물린 2개의 기어에서 한쪽의 이끝(기어)이 다른 쪽 이뿌리면(피니언)에 닿아서 회전할 수 없는 경우를 이의 간섭이라고 한다. 2개의 기어 잇수의 차가 극단적으로 클 때, 즉 치수비가 클 때 잘 일어난다.
　㉯ 언더컷(Under Cut) : 이의 간섭이 일어났을 경우 이뿌리면을 상대편 기어의 이끝의 통로에 따라 깎아내는 것을 언더컷이라고 한다. 이의 간섭 및 언더컷 현상을 줄이는 방법은 다음과 같다.
　　㉠ 총이 높이를 낮춘다.
　　ⓛ 압력각을 20° 또는 그 이상으로 크게 한다.
　　ⓒ 치형의 이끝면을 깎아낸다.
　　ⓔ 공구 날끝을 둥글게 하여 기어의 이뿌리면을 둥글게 한다.
　　ⓜ 치형을 전위시킬 것

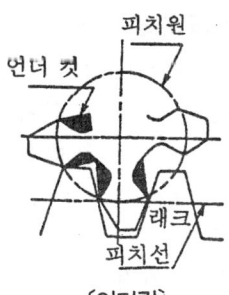

〔언더컷〕

　㉰ 표준 기어(Standard Gear) : 래크 공구의 피치선과 기어의 기준 피치원을 피치점에서 서로 구름 운동을 하면 이두께가 기준 피치의 1/2인 기어가 만들어진다. 이 기어를 표준 기어라고 한다.
　㉱ 전위 기어(Shifted Gear) : 래크 공구의 기준 피치선을 기어의 기준 피치원에서 바깥쪽 또는 안쪽으로 약간 어긋나게 전위시켜 절삭하는 기어를 전위 기어라고 한다. 전위 기어의 사용 목적은 다음과 같다.

㉠ 언더컷을 방지하고자 할 때
　㉡ 중심 거리를 자유로이 변화시키고자 할 때
　㉢ 맞물림의 미끄럼을 감소시키고 유효 치면을 증가 시키고자 할 때
　㉣ 이의 뿌리를 강하게 하여 강도 균형을 잡아 주려고 할 때 등이다.

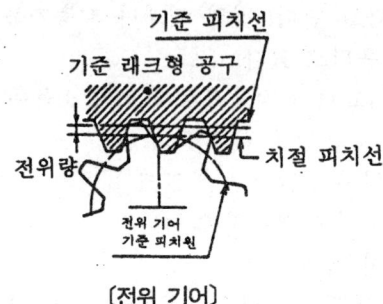

〔전위 기어〕

㉮ 기어의 속도비(i) : 원동축의 회전수를 N_1, 종동축의 회전수를 N_2, 각각의 잇수를 Z_1 Z_2, 각각의 피치원 지름을 D_1 D_2, 중심거리를 C라고 할 때

$$i = \frac{N_1}{N_2} = \frac{D_1}{D_2} = \frac{Z_1}{Z_2}$$

$$C = \frac{D_1 + D_2}{2} = \frac{m(Z_1 + Z_2)}{2}$$

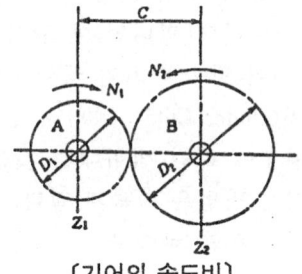

〔기어의 속도비〕

(2) 기어의 설계

1) 스퍼 기어의 계산식

① 스퍼 기어의 설계순서

　㉮ 축의 지름을 결정→㉯사용할 재료의 선택→㉰ 이의 크기를 결정→㉱ 기어 각 부분의 치수를 결정

② 물림률(Contact Ratio : 이의 접촉률, ε)

　㉮ 물림률은 동시에 물릴 수 있는 이의 수를 뜻한다.

　㉯ 물림률 = $\dfrac{\text{접촉 원호의 길이}}{\text{원주 피치}} = \dfrac{\text{작용선 위에서 물림 길이}}{\text{법선 피치}} = 1.2 \sim 1.5$

　㉰ 물림률은 반드시 1 이상이어야 한다. $\varepsilon > 1$)

　㉱ 물림률의 값은 압력각이 크고 잇수가 적을수록 작아진다. 즉, 20°의 경우보다 14.5°의 경우가 물림률의 값이 커진다.

③ 이의 언더컷 : 언더컷을 일으키는 한계는 압력각과 기어의 잇수에 관계된다.

$$Z \geq \frac{2}{\sin^2 \alpha}, \quad Z = \frac{2}{\sin^2 \alpha_m}$$

공구압력각(α_m)	14.5°	20°
실용적 잇수(Z)	32	17
이론적 잇수(Z)	26	14

Z : 이론적 최소 잇수, α : 압력각, α_m : 공구압력각이다.
언더컷의 한계 최소 잇수는 20°일 경우에는 14개, 14.5°일 경우에는 26개로 한다.

④ 표준 스퍼어 기어의 각 부 계산식

각 부의 명칭	모듈(m)	지름 피치(DP)기준	비 고
피치원 지름(D)	Zm	$\dfrac{Z}{DP}$	
이끝 높이(a)	m	$\dfrac{1}{DP}$	KS규격에서는 어센덤
이뿌리 높이(d)	$1.25m$ 이상	$\dfrac{1.25}{DP}$ 이상	KS규격에서는 디센덤
총 이높이(h)	$2.25m$ 이상	$\dfrac{2.25}{DP}$ 이상	
이끝 틈새(Ck)	km(k는 0.25이상)	$\dfrac{k}{DP}$ (k는 0.25이상)	k : 이끝 틈새 계수
바깥지름(Do)	$m(Z+2)$	$\dfrac{2+Z}{DP}$	
중심 거리(C)	$\dfrac{(Z_1+Z_2)}{2}$	$\dfrac{Z_1+Z_2}{2DP}$	
피치(p)	πm	$\dfrac{\pi}{DP}$	
이두께(t)	$\dfrac{\pi m}{2}$	$\dfrac{\pi}{2DP}$	

2) 헬리컬 기어의 계산식

① 치형 형식 : 헬리컬 기어의 치형에는 두 가지 방식이 있다.

㉮ 축 직각 방식 : 기어의 축에 직각인 단면의 치형을 기준 래크의 치형으로 표현하는 방식

㉯ 이 직각 방식 : 잇줄에 직각인 단면의 치형을 기준 래크로 표시한 방식으로 기어 절삭 및 설계시에는 이 직각 방식이 주로 적용된다.

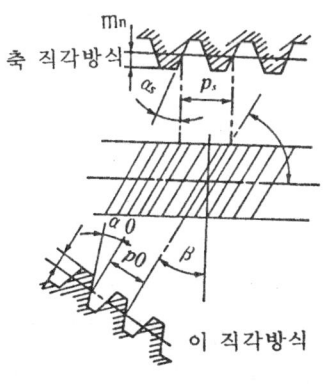

〔헬리컬기어의 치형〕

항 목	기호	이 직각 방식	축 직각 방식
모듈	m	이 직각 모듈 m_n	정면 모듈 $m_s = \dfrac{m_n}{\cos\beta}$
압력각	a	이 직각 압력각 α_n	정면 압력각 $\alpha_s \left(\tan\alpha_s = \dfrac{\tan\alpha_n}{\cos\beta}\right)$
원주 피치	p	$p_n = \pi m_n$	$p_s = \pi m_s = \dfrac{m_n}{\cos\beta}$
피치원 지름	D	$z\dfrac{m_n}{\cos\beta}$	Zm_s
총 이높이	h	$2.25m_n$ 이상	$2.25m_s$ 이상
이끝원지름	D_k	$\left(\dfrac{Z}{\cos\beta}+2\right)m_n$	$Zm_s + 2m_n$
중심 거리	C	$\dfrac{(Z_1+Z_2)m_n}{2\cos\beta}$	$\dfrac{(Z_1+Z_2)m_s}{2}$

2) **상당 평기어(상당 스퍼 기어)** : 이빨의 방향에 직각인 단면의 피치원은 타원이 되고 이 타원의 곡률 반지름을 피치원 반지름으로 하는 평기어를 헬리컬 기어의 상당 평기어라고 하며 이 기어의 잇수를 실제 잇수에 대하여 상당 잇수라고 한다.

$$Z_e = \frac{Z}{\cos\beta}$$

Z_e : 상당 잇수
Z : 실제 잇수

$$Z = Z_e \cos\beta$$

β : 비틀림각

헬리컬 기어의 언더컷 한계 잇수는 β를 크게 하면 작게 되는 것을 알 수 있다.

(3) 기어의 강도

1) 스퍼의 기어의 강도

① 기어의 휨 강도(루이스의 식)

$$F = \frac{102P}{V} = \frac{75H}{V}$$

$$F = \sigma_b \cdot b \cdot m \cdot y$$

$$\sigma_b = \frac{F}{b \cdot m \cdot y}$$

F : 기어를 돌리는 힘 (kg)
P : 전달 동력 (kW)
H : 전달 마력 (PS, HP)
V : 피치원 위의 원주 속도 (m/sec)
σ_b : 힘 응력 (kg/㎟)
b : 이의 나비 (mm)
y : 치형 계수
m : 모듈 (mm)

② 잇면의 압력 강도

$$F = f_b \cdot K \cdot D_1 \cdot b \cdot \frac{2Z_2}{Z_1 + Z_2}$$

$$f_v = K \cdot m \cdot b \cdot \frac{2Z_1 \cdot Z_2}{Z_1 + Z_2}$$

F : 전달력 (kg)
f_v : 속도 계수
K : 접촉면 응력 계수 (kg/㎟)
D_1 : 작은 기어의 피치원 지름 (mm)
m : 모듈 (mm)
Z_1, Z_2 : 작은 기어, 큰 기어의 잇수
b : 이의 나비 (mm)

② 헬리컬 기어의 강도

$$F = \sigma_b \cdot b \cdot m_n \cdot y$$

$$\sigma_b = \frac{F}{b \cdot m_n \cdot y}$$

m_n : 이 직각 모듈 (mm)
y : 상당 스퍼 기어의 치형 치수

3 벨트 전동장치

(1) 벨트 전동

벨트 전동은 벨트와 벨트 풀리 사이의 마찰에 의해 회전 전달이 이루어지며 정확한 속도비를 얻을 수 없다. 또 급격한 하중 증가시 미끄럼에 의해 안전 장치 역할을 하므로 구조가 간단하고 가격이 저렴하며 우수한 효율(96~98%)이 있어 기계의 전동으로 많이 사용되고 있다.

1) 평벨트 전동

① 벨트의 종류

㉮ 가죽 벨트 : 쇠가죽을 사용하여 1겹의 두께가 5~8mm 정도로 5kW 이하의 전동에 이용된다. 벨트 풀리의 지름은 1겹 벨트는 60mm 이상, 2겹 벨트는 200mm 이상, 3겹 벨트는 500mm 이상에 사용된다.

㉯ 직물 벨트 : 무명 또는 삼, 합성 섬유 등을 이음매없이 만든다. 저렴하고 튼튼하여 인장 강도가 크나 유연성이 나빠 접촉성이 떨어진다.

㉰ 고무 벨트 : 직물에 고무를 입혀 만든 것으로 유연하고 미끄럼이 적으며 수명이 길다. 습기에 강하나 열, 기름에 약해 장시간 운전시 열에 의한 손상이 최대 결점이다.

㉱ 강철 벨트(Steel Belt) : 압연한 얇은 강판으로 두께 0.3mm~1.1mm, 폭 15mm~250mm의 것이 쓰인다. 무게에 비하여 강하고 수명이 길며 신장률이 작아 고정밀도의 회전각 전달용 등에 사용된다.

㉲ 풀리 벨트 : 나일론천에 특수 합성 고무로 코팅한 것으로 진한 산, 페놀 이외에는 침투되지 않는다.

㉳ 타이밍 벨트 : 미끄럼을 방지하기 위해 접촉면에 치형 모양이 붙어 있는 벨트로 나일론면에 꼬임 강선 코드를 외면에 붙인 벨트이다. 고속, 저속 운전이 원활하며 미끄럼이 없고 속도 변화가 작다.

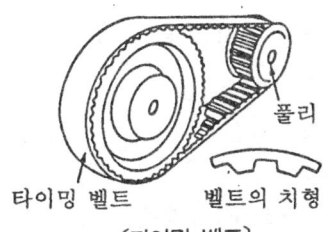

〔타이밍 벨트〕

㉴ 털 벨트(Hair Belt) : 낙타, 앙고라, 토끼 등의 털로 짠 벨트로 유연성이 영구히 유지되고 충격, 진동을 흡수하지만 가격이 비싸다.

② 벨트의 이음방법

이음 방법	이음 효율
아교에 의한 압착 방법	80~90%
가죽끈, 철사로 잇는 방법	85~90%
벨트레이싱(lacing)하는 방법	50%
이음쇠(alligater)를 사용하는 방법	30~65%

③ 벨트를 거는 방법 : 벨트를 원동차로 들어가는 쪽을 인장측 원동차로부터 풀려나오는 쪽을 이완측이라 하며 벨트를 거는 방법은 다음과 같이 2가지 방법이 있다.

㉮ 바로 걸기 방법(Open Belting) : 풀리의 회전 방향이 같다. 축간 거리는 벨트 풀리 지름의 4배 이상으로 하고 10m 이내에서 쓰이며 10m 이상일 때에는 2단 걸기를 한다.

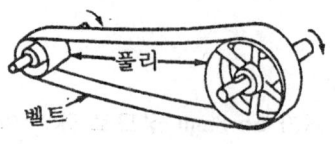
〔바로걸기 방법〕

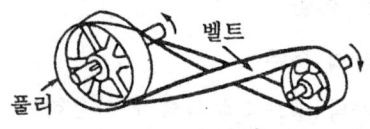
〔엇걸기 방법〕

㉯ 엇걸기 방법(Cross Belting) : 풀리의 회전 방향이 반대이다. 적은 동력, 저속 전동에 사용되며 축간 거리는 벨트 폭의 2배 이상으로 한다. 벨트끼리의 마찰로 벨트폭은 작아야 좋다.

④ 속도비 : 벨트의 신축성, 미끄럼 운동, 벨트의 두께를 생각하지 않을 때

속도비 $i = \dfrac{N_2}{N_1} = \dfrac{D_1}{D_2}$ N_1 : 원동차 회전수(rpm) N_2 : 종동차 회전수(rpm)
D_1 : 원동차의 지름(mm) D_2 : 종동차의 지름(mm)

속도비는 벨트 풀리 지름에 반비례하며 1 : 6 이하로 한다.

⑤ 벨트의 구비 조건
 ㉮ 탄성이 클 것
 ㉯ 장력에 대하여 강할 것
 ㉰ 굽힘이 쉬울 것
 ㉱ 마찰 계수가 클 것

⑥ 벨트의 접촉 중심각
 ㉮ 벨트가 풀리에 감겨 접촉된 중심각을 벨트의 접촉 중심각이라 한다.

 θ_1 : 원동차의 벨트 접촉각
 θ_2 : 종동차의 벨트 접촉각

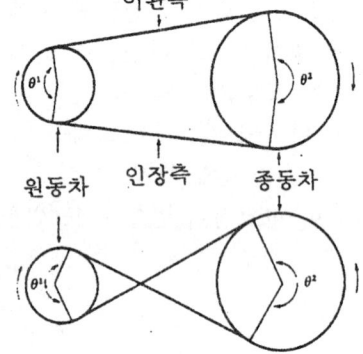
〔벨트의 접촉 중심각〕

 ㉯ 미끄럼움을 적게 하려면 벨트 접촉각을 크게 한다. 접촉각을 크게 하는 방법은 이완측이 원동차의 위로 되게 하고 인장 풀리를 사용한다.(중간 지지 풀리)

⑦ 벨트의 길이
 ㉮ 오픈 벨트(가로 걸기)의 경우

$$L = 2C + \dfrac{\pi}{2}(D_1 + D_2) + \dfrac{(D_2 - D_1)^2}{4C}$$

 ㉯ 크로스 벨트(엇걸기)의 경우

$$L = 2C + \dfrac{\pi}{2}(D_1 + D_2) + \dfrac{(D_2 + D_1)^2}{4C}$$

L : 벨트의 길이(mm)
C : 두 축 사이의 중심 거리(mm)
D_1 : 원동차의 지름(mm)
D_2 : 종동차의 지름(mm)

〔자격 취득〕

축간 거리가 작을 때는 기어, 마찰차 등을 이용하여 직접 접촉에 의한 전동이 이루어지며 축간 거리가 클때에는 직접 전동이 부적당하므로 벨트, 체인, 로프 등을 이용하여 감아 걸어 간접적인 접촉에 의한 간접 전동으로 목적을 달성한다.

〔간접 전동 장치의 적용 범위〕

종류	이음 방법	속도비	속도[m/sec]
평 벨 트	10m 이하	1 : 1∼6	10∼30
V 벨 트	5m 이하	1 : 1∼7	10∼15
체 인	4m 이하	1 : 1∼5	5 이하
면로프, 마로프	10∼30m	1 : 1∼2	15∼30
와이어로프	5∼100m	1 : 1	6∼10

⑧ 벨트 풀리(Belt Pulley)

 ㉮ 구성 요소 : 림(Rim), 암(Arm), 보스(Boss)
 ㉯ 풀리의 재질 : 주철제 또는 알루미늄, 경합금, 강철제 등
 ㉰ 풀리의 원주 속도 : 200m/sec(주철제의 경우)
 ㉱ 림의 모양 : 원주형(보통형), 원추형(무단 변속용) 림의 중앙 부분은 벨트가 풀리에서 벗겨지는 것을 방지하기 위해 높게 되어 있다.

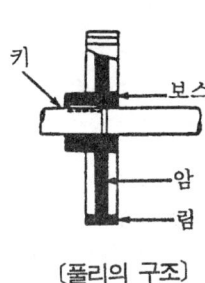
〔풀리의 구조〕

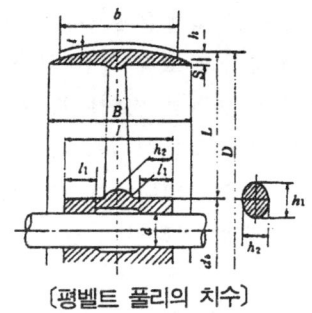
〔평벨트 풀리의 치수〕

⑨ 벨트 풀리의 계산

 ㉮ 평벨트 풀리의 치수

  b : 벨트의 나비[mm], σb : 허용 힘 응력[kg/mm²]
  D : 벨트 풀리의 지름[mm], d : 축의 지름[mm]
  F : 전단력[kg], h_1, h_2 : 보스 부분의 암 단면의 긴 지름과 짧은 지름[mm]
  L : 암의 보스축 연결로부터 바깥둘레까지의 거리[mm]라 할 때

  • 림의 나비 $B ≒ 1.16 + 10$
  • 림의 두께 $S = D/300 + 2$ (Ⅰ형, Ⅱ형의 경우)
    $S = D/200 + 3$ (Ⅲ형, Ⅳ형의 경우로 $S ≧ 3mm$이어야 한다.)
  • 라운딩의 높이 $h = (1/4 \sim 1/3)\sqrt{B}$
  • 보스의 지름 $d = \dfrac{5}{3}d + 10$
  • 보스의 길이 $l = B [B = (1.2 \sim 1.5)d$일 때]
    $l = 0.7B [B > 1.5d$ 일때]
    $l_1 = (0.4 \sim 0.5)d$

암의 개수 $Z=\left(\dfrac{1}{3} \sim \dfrac{1}{6}\right)\sqrt{D}$ 이며 4~8개로 하며 단면은 타원이다.

$$h_2 = \dfrac{h_1}{2}, \quad h_1 = 3\sqrt{\dfrac{192FL}{\pi \cdot Z \cdot \sigma}}$$

④ 벨트의 장력
  ㉠ 초기 장력 : 정지시의 벨트 장력으로 벨트 풀리 사이의 마찰력에 의해 동력의 전달이 이루어지는 벨트의 장력
  ㉡ 유효 장력 : 회전이 시작하여 동력이 전달되면 인장 쪽의 장력은 커지고 이완 쪽의 장력은 작아지는 데 이 차를 유효 장력이라 한다. 즉, 인장 쪽의 장력에서 이완 쪽의 장력을 뺀 값이다.

(2) V-벨트 전동

① V-벨트의 특징
  ㉮ 속도비를 크게 할 수 있다.(7:1~10:1까지 가능)
  ㉯ 미끄럼이 적고 효율은 90~95% 정도이다.
  ㉰ 운전이 정숙하고 고속 회전이 가능하다.
  ㉱ 벨트가 벨트 풀리를 벗어나는 일이 없다.
  ㉲ 이음매가 없으므로 전체가 균일한 강도를 갖는다.
  ㉳ 장력이 적으므로 베어링에 걸리는 하중이 줄어든다.
  ㉴ 두 축간의 중심 거리가 평벨트보다 짧다.(2~5mm정도)

② V-벨트
  ㉮ 재질 : 고무를 천 또는 레이온으로 입혀 내마멸성을 향상시킨다.
  ㉯ 규격 : M, A, B, C, D, E형이 있다. M형의 단면이 가장 적다.
  ㉰ 호칭 번호 = $\dfrac{\text{벨트의 유효 둘레[mm]}}{25.4}$
  ㉱ 유효둘레는 벨트두께 중앙부의 길이

[벨트의 모양 및 인장강도]

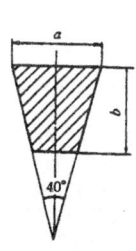

모양	a [mm]	b [mm]	θ [°]	단면적 [mm]	인장강도 [kg]
M	10.0	5.5	40	44	100 이상
A	12.5	9.0	40	83	180 이상
B	16.5	11.0	40	137	300 이상
C	22.5	14.0	40	237	500 이상
D	31.5	19.0	40	467	1000이상
E	38.0	25.5	40	732	1500이상

③ V-벨트 폴리
  ㉮ 재질 : 주철, 알루미늄, 주강(고속용)

㉯ 홈의 거칠기 : 벨트의 수명, 진동 등에 영향을 미치므로 벨트가 접촉하는 폴리 홈의 측면은 정밀하게 (▽▽▽)다듬어야 한다.
㉰ 홈과 홈 사이의 거리 : 벨트의 나비보다 3~6mm정도 크게 한다.

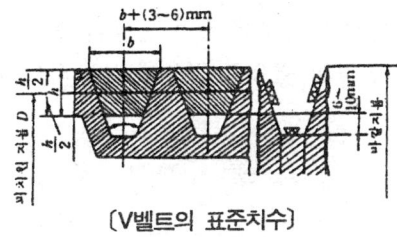

[V벨트의 표준치수]

4 체인 전동 장치

체인 전동은 스프로킷 휠(Sprocket Wheel)에 체인(Chain)을 걸어서 동력을 전달시키는 전동 장치로, 전달하는 두 축 사이의 거리가 기어 전동을 사용하기에는 멀고 벨트 전동을 사용하기에는 너무 가까울 때 많이 사용되고 있는 전동 장치로 체인 전동 장치의 특징은 다음과 같다.

① 미끄럼없이 전동이 확실하여 속도비가 일정하다.
② 큰 동력의 전달이 가능하고 효율은 95% 이상이다.
③ 체인의 탄성에 의해 어느 정도의 충격을 흡수할 수가 있다.
④ 초기 장력을 줄 필요가 없어 베어링의 마찰 손실이 적다.
⑤ 축간 거리는 제한이 없으나 4m 정도가 적당하다.
⑥ 접촉각이 90° 이상이면 전동에 충분하다.
⑦ 내열, 내습, 내유성이 있고 수리 및 유지가 간단하다.
⑧ 저속에 적당하고 고속 회전에는 부적당하다.
⑨ 체인이 마멸되면 진동과 소음이 증가한다.

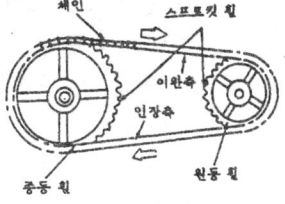

[체인전동장치]

(1) 체인의 종류

㉮ 롤러 체인(Roller Chain)

① 롤러(Roller), 링크(Link), 핀(Pin), 부시(Bush)등의 조합으로 구성되어 있다.
② 링크의 일정 간격 유지를 위해 부시를 넣었고 부시 구멍에는 핀이 있어 부시가 회전할 때 휘어지고 굽어지는 성질을 얻을 수 있다.
③ 링크의 수는 짝수가 편리하고 홀수일 경우에는 오프셋 링크(Offset Link)를 사용한다. 링크 이음의 형식에는 클립형, 분할 핀형, 오픈셋형이 있다.

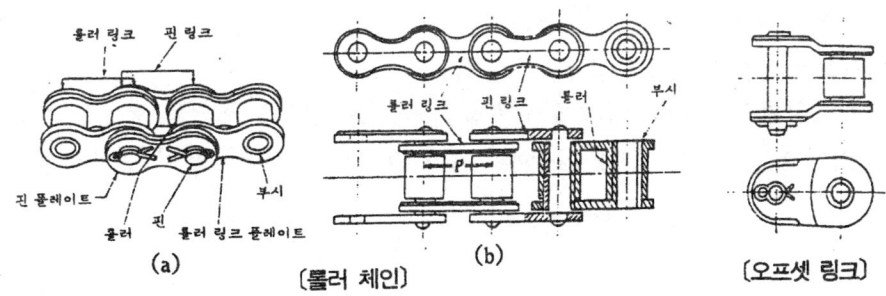

(a) (b) [롤러 체인] [오프셋 링크]

② 사일런트 체인(Silent Chain)
  ㉮ 2개의 발톱(Pawl)이 달린 링크를 핀으로 연결하여 만든 체인으로 잇수는 최소 17매 이상으로 한다.
  ㉯ 링크의 경사면이 휠에 밀착하여 동력 전달이 조용하다.
  ㉰ 고속 또는 조용한 전동이 필요한 경우에 사용되고 있다.

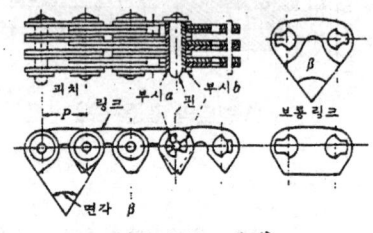
〔사일런트 체인〕

③ 링크 체인(Link Chain)
  ㉮ 쇠사슬(쇠고리)를 연결하여 만든 체인으로 코일 체인이라고도 한다.
  ㉯ 블록 체인과 같은 수동 작업에 적당하며 하역용으로 사용되고 있다.

④ 블록 체인(Block Chain)
  ㉮ 병렬로 된 2장의 링크판 사이에 블록을 삽입하고 이들을 핀으로 연결하여 긴 체인으로 만든 것
  ㉯ 저속 및 중속(4~4.5m/sec)의 동력 전달에 사용 되며 마찰이 많아 경하중에 적당하다.

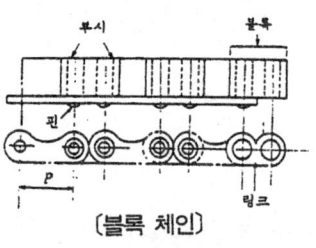
〔블록 체인〕   〔S형 스프로킷〕

(2) 스프로킷 휠(Sprocket Wheel)
  ① 재질 : 강재 또는 고급 주철
  ② 치형의 종류 : S형(일반형), U형(특수형)
  ③ 스프로킷 치형
    ㉮ 피치 : 핀과 핀의 중심 사이의 거리
    ㉯ 피치원 : 체인이 스프로킷에 감겼을 때 핀의 중심을 지나는 원
  ④ 스프로킷의 잇수 : 17개 이상에서 70개 정도가 적당하나 될 수 있으면 홀수를 선택한다.
  ⑤ 축간거리

㉮ 롤로 체인 : 체인 피치의 40~50배 정도
㉯ 사일런트 체인 : 체인 피치의 30~50배 정도

(3) 체인 전동의 설계

① 링크의 수(L_P)

$$L_P = \frac{2C}{P} + \frac{1}{2}(Z_1 + Z_2) + \frac{0.0253p(Z_1-Z_2)^2}{C}$$

C : 두 축의 중심 거리 [mm]
Z_1, Z_2 : 스프로킷의 잇수 (종동차, 원동차)
p : 체인의 피치 [mm]

계산값은 끝올림하여 정수로 하고 될수록 링크의 수는 짝수로 한다.

② 체인 전동의 속도비(i)

$$i = \frac{N_2}{N_1} = \frac{Z_1}{Z_2}$$

N_1 : 원동차 회전수 [rpm] N_2 : 종동차 회전수 [rpm]
Z_1 : 원동차의 스프로킷 잇수 [mm]
Z_1 : 종동차의 스프로킷 잇수 [mm]

$i = 1 : 1 \sim 1 : 5$ 정도로 한다.

③ 체인의 평균 속도(Vm)

$$Vm = \frac{N_1 \cdot p \cdot Z_1}{1000 \times 60} = \frac{N_1 \cdot p \cdot Z_2}{1000 \times 60} \text{ [m/sec]}$$

롤러 체인은 2~3m/sec, 사일런트 체인은 4~6m/sec가 적당하다.

④ 전달 동력(P)

$$P = \frac{F_1 \cdot V_m}{75} \text{ [PS]}$$

$$= \frac{F_1 \cdot V_m}{102} \text{ [kW]}$$

F_1 : 장력 [kg]

5 로프 전동

벨트 전동은 10m 이상의 축간 거리에는 벨트의 흔들림 및 이음매의 영향으로 동력 전달이 곤란하다. 그러니 로프 전동의 경우 이음매가 없이 10m 이상의 축간 거리를 갖고 있는 구조의 동력 전달에 적당하며 광산, 토목 공사 등 건물 밖에서 원거리의 동력 전달 및 제철소, 압연 공장과 같이 큰 동력이 필요한 현장에서 많이 이용되고 있는 전동 방식으로 로프 전동의 장, 단점은 다음과 같다.

장점 : ① 큰 동력의 전달에 벨트 전동보다 유리하다.
② 50~100m 정도의 장거리에도 동력 전달이 가능하다.
③ 1개의 원동축 폴리에서 여러 개의 종동 풀리를 운전할 수 있다.
④ 양축의 위치가 평행하지 않고 다소 각도를 이루고 있어도 동력 전달에 지장이 없다.
단점 : ① 벨트와 같이 로프를 자유로이 감아 걸고 벗겨낼 수 없다.
② 조정이 어렵고 절단시 수리가 곤란하다.
③ 미끄럼이 있어 효율이 80~90% 정도이다.
④ 전동이 불확실하다.

(1) 로프의 종류

① 섬유 로프(Textile) : 섬유로 만든 꼰실(Yarn)을 꼬아 작은 밧줄(Strand)을 만들고 이 작은 밧줄을 3~4가닥씩 꼬아서 로프를 만든다. 축간 거리 30m 이하에 사용해야 한다.
  ㉮ 면 로프(Cotton Rope) : 유연하고 굴곡성이 좋아 작은 로프 풀리에 많이 사용되며 무명 로프라고도 한다.
  ㉯ 삼 로프(Hemp Rope) : 마닐라 로프를 사용하며 면 로프에 비해 유연성은 떨어지지만 습기에 강하여 옥외 사용이 가능하다.
② 와이어 로프(Wire Rope) : 양질의 연강선을 꼬아 만든 것으로 작은 밧줄 6개를 꼬아 로프를 만들고 중심에는 기름을 먹인 삼을 넣어 만든다.
  같은 굵기의 로프라도 가는 강선을 여러 개 사용하는 것이 유연성이 풍부하다.

(2) 로프를 꼬는 방법
  ① 꼬는 방법

  보통(Z꼬임)   보통(S꼬임)   랭(Z꼬임)   랭(S꼬임)

  | S꼬임 : 왼나사 방향으로 되어 있는 꼬임
  | Z꼬임 : 오른나사 방향으로 되어 있는 꼬임, 취급이 편리하며 일반적으로 사용한다.

  ② 꼬인 방향에 따른 분류
  ㉮ 보통 꼬임(Ordinary Lay) : 가닥과 로프의 꼬임 방향이 반대이며 소선(Wire)의 꼬임 경사가 급격하여 접촉면이 적고 마멸이 빠르지만 엉키어 풀리지 않아 취급이 쉬워 많이 사용되고 있다.
  ㉯ 랭 꼬임(Lang Lay) : 꼬임의 경사가 완만하여 접촉면이 넓고 손상이 적으나 엉키어 풀리기 쉬워 취급에 주의해야 한다. 유연성이 크며 마모가 중요시되는 곳에 쓰인다.

(3) 로프를 거는 방식
  ① 단독식(다선식, 영국식 : Multiple System) : 고리 모양의 로프를 병렬로 여러 개 연결하는 방식
  장점 ㉮ 설비가 간단하고 저렴하여 널리 사용된다.
       ㉯ 로프 가운데 1~2개가 절단되어도 계속 운전이 가능하다.
       ㉰ 1개의 원동 풀리에서 여러 개의 종동 풀리로의 전동이 용이하다.
  단점 ㉮ 초기 장력이 큰 로프가 하중을 부담하고 헐거운 로프는 헛돌게 된다.
       ㉯ 각 로프의 장력이 달라지면 로프 속도가 달라져서 미끄럼이 많다.
       ㉰ 이음매가 많아 진동 발생이 쉽다.

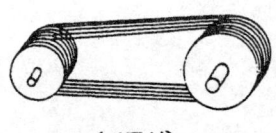   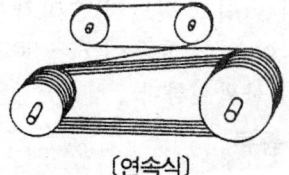

〔단독식〕   〔연속식〕

② 연속식(미국식 : Continuous System) : 한 개의 로프로 풀리 사이를 연속하여 연결하는 방식

장점 ㉮ 영국식보다 진동이 적다.
　　　㉯ 장력이 전체적으로 평균화되어 균일하다.
　　　㉰ 긴장차의 위치 조절로 초기 장력을 간단히 조절할 수 있다.
단점 ㉮ 절단되면 전동이 곧 정지된다.
　　　㉯ 설비비가 비싸다.

(4) 로프 풀리(Rope Pully)

① 섬유 로프의 경우

㉮ 풀리의 홈은 V홈으로 로프가 홈의 경사면에 접촉하여 마찰력으로 동력을 전달한다.
㉯ 로프는 홈의 바닥에 접촉하지 않도록 한다.
㉰ 홈의 각도는 45°~60°로 한다.
㉱ 로프 풀리의 지름은 로프의 중심을 잇는 원의 지름으로 한다.
㉲ 로프의 지름이 너무 작으면 로프를 손상시키므로 다음 사항을 준수한다.
　　면 로프의 경우 : $D > 30d$　D : 로프 풀리의 지름
　　삼 로프의 경우 : $D > 40d$　d : 로프의 지름
㉳ 로프 풀리의 재질은 주철 또는 주강을 사용한다.

〔섬유로프 풀리〕

② 와이어 로프의 경우

㉮ 홈의 모양은 풀리의 경사면에 닿지 않고 바닥에 접촉하도록 한다.
㉯ 홈바닥의 둥글기 반지름은 로프의 반지름보다 1.07배 정도 크게 한다.
㉰ 바닥의 접촉각은 120° 정도로 하여 로프 둘레의 1/3정도를 지지하도록 한다.
㉱ 마찰을 크게 하기 위해 홈의 바닥에 나무, 경질 고무, 가죽 베이클라이트 등을 메워 둔다.
㉲ 홈의 깊이는 와이어 지름에 비해 $1\frac{1}{3}$~3배 정도되게 한다.
㉳ 풀리의 재질은 주철, 주강, 또는 강판 용접의 것을 사용한다.

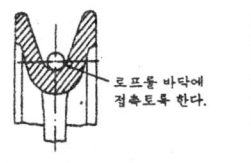 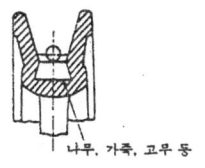 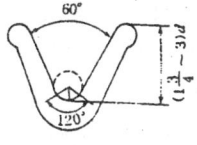

〔와이어 로프 풀리〕

6 링크와 캠 장치

(1) 링크 장치

몇 개의 막대가 서로 연결되어 회전과 미끄럼짝으로 조합된 기구를 링크 장치라고 하며 막대는 최소한 4개로 구성되어 있으며 각각의 막대를 링크라고 하며 특징은 다음과 같다.

① 경쾌한 운동과 마찰에 따른 동력 손실이 적다.

② 복잡한 운동을 간단한 장치로 해결할 수 있다.
③ 전동이 확실하다.
④ 조합에 제한이 없고 제작이 용이하다.

1) 4절 회전 기구의 종류
   ① 레버 크랭크 기구(Lever Crank Mechanism) : 고정 링크 D에 대하여 A링크는 핀 a에 대하여 회전 운동, C링크는 왕복 각운동을 하는 기구이다. 이때 링크 B를 커넥팅 로드라고 한다.
   ② 이중 크랭크 기구(Double Crank Mechanism) : 가장 짧은 링크 A를 고정하고 링크 B,D를 회전하면 핀 a, b를 중심으로 회전 운동을 한다. 커넥팅 로드는 링크 C가 된다.
   ③ 이중 레버 기구(Double Lever Mechanism) : 가장 짧은 링크 B의 대변인 링크 D를 고정하면 인접한 링크 A와 C는 왕복 각운동을 하게 된다.

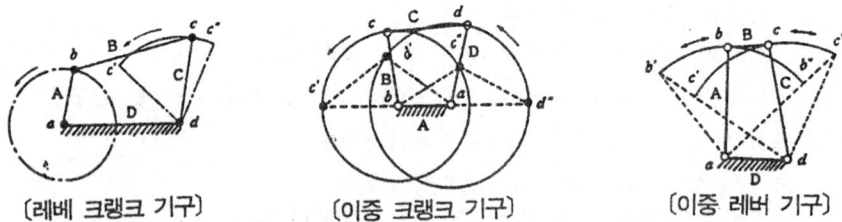

〔레베 크랭크 기구〕　　〔이중 크랭크 기구〕　　〔이중 레버 기구〕

2) 4절 회전기구의 변형
   ① 슬라이더 크랭크 기구(Slider Crank Mechanism) : 4개의 링크 중 1개는 미끄럼 짝이고 3개가 회전 짝으로 이루어진 기구
      ㉮ 왕복 슬라이더 크랭크기구 : 링크 D를 고정, A가 회전하면 슬라이더 C는 링크 D의 홈을 따라 왕복 운동을 하는 기구, 증기 기관, 내연 기관, 펌프, 공기 압축기 등이 이용되고 있다.
      ㉯ 흔들이(요동)슬라이더 기구 : 링크 B를 고정, a를 회전시키면 슬라이더 C는 왕복 각운동을 하는 기구로 급속 귀환 운동이 필요한 공작 기계(세이퍼, 슬로터, 플레이너등)에 이용되고 있다.
      ㉰ 회전슬라이더 크랭크 기구 : 링크 A를 고정, B, D는 회전 운동을 하며 슬라이더 C는 회전하며 왕복운동을 하는 기구로 내연 기관 등에 쓰인다.
      ㉱ 고정 슬라이더 크랭크 기구 : 슬라이더 C를 고정, 링크 B를 회전하면 홈이 파인 링크 A는 슬라이더의 안내로 왕복 운동을 하는 기구로 수동식 펌프에 이용되고 있다.

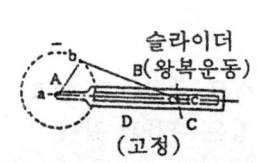 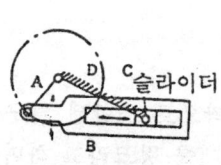 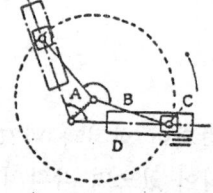 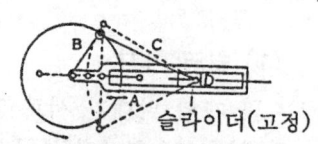

〔왕복 슬라이더 크랭크 기구〕　〔요동 슬라이더 기구〕　〔고정 슬라이더 크랭크 기구〕　〔회전 슬라이더 크랭크 기구〕

② 이중 슬라이더 크랭크 기구(Double Slider Crank Mechanism)
  ㉮ 스코치 요크(Scotch Yoke) : 왕복 이중 슬라이더 크랭크 기구, 링크 D를 고정, A를 회전시켜 B, C가 왕복 운동을 하는 기구로 직동 증기 펌프에 이용되고 있다.
  ㉯ 타원 컴퍼스(Elliptic Tranmals) : 고정 이중 슬라이더 크랭크 기구, 슬라이더 A, C가 링크 D를 이동할 때 B의 연장선 위의 P의 궤적인 타원을 그린다. 타원 컴퍼스로 이용되고 있다.
  ㉰ 올덤 커플링(Oldam's Coupling) : 회전 이중 슬라이더 크랭크 기구, 직교된 돌출부가 있는 링크 D가 편심된 A, C링크에 회전 전달시키는 기구

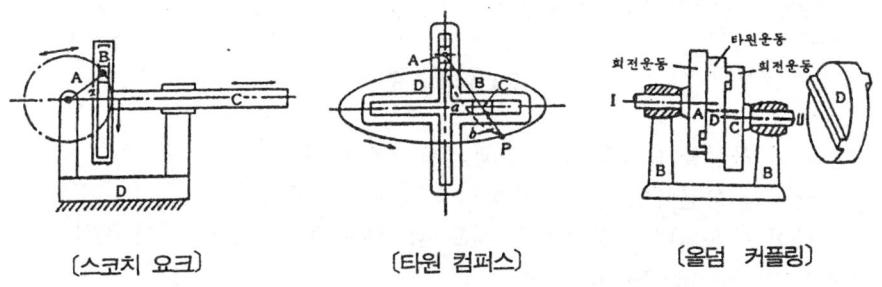

〔스코치 요크〕 〔타원 컴퍼스〕 〔올덤 커플링〕

③ 평행 운동 기구(Perallel Motion Mechanism)
  ㉮ 평행자 : 링크 D를 고정, B를 움직이면 임의의 간격의 평행선을 그을 수 있다.
  ㉯ 팬터크래프 : 동형을 확대, 축소시킬 때 사용되는 기구
④ 구면 운동 기구(Spheric Crank Mechanism) : 구면 크랭크 기구로 크랭크 A·B·C가 운동시 모두 어느 한 점을 통과하는 구면 운동 기구, 유니버설 조인트, 축 이음등에 이용되며 방사축 연쇄(Conichain)라고도 한다.

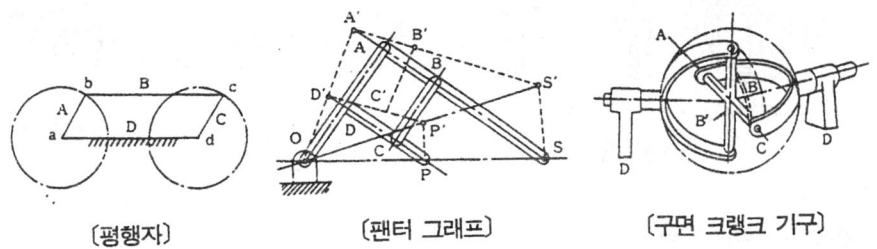

〔평행자〕 〔팬터 그래프〕 〔구면 크랭크 기구〕

(2) 캠 기구

회전 또는 왕복 운동을 하는 물체의 표면을 곡면형으로 만들고 원동절(Cam)로 하며 곡면을 종동절을 밀듯이 해서 왕복 또는 회전 운동을 하게 하는 기구이다. 또한 캠 기구는 캠, 종동절, 틀(Frame)의 3가지로 구성되고 있다.

1) 캠의 종류 : 캠 기구에서 종동절의 접속부가 평면 운동을 하면 평면 캠, 입체 운동을 하면 입체 캠으로 크게 나눌 수 있다.

① 평면 캠(Plate Cam)

㉮ 판 캠(Plate Cam)

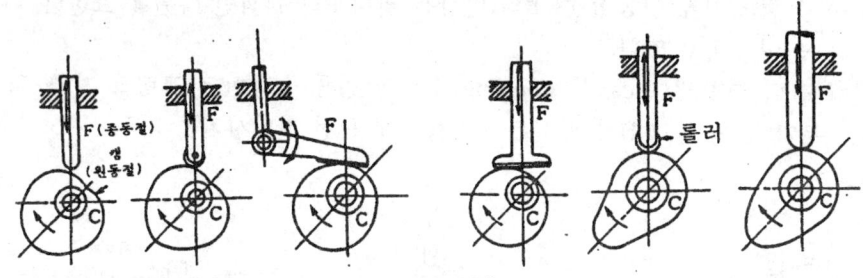

〔판 캠의 종류〕

㉠ 평면 곡선을 윤곽으로 하는 판으로 구성된 캠
㉡ 캠 C가 회전하면 종동절 F가 왕복 운동을 한다.
㉢ 많이 사용되며 모양에 따라 하트 캠, 원판 캠, 접선 캠 등이 있다.

㉯ 확동 캠(Positive Motion Cam)
㉠ 캠 운동의 윤곽과 같은 홈을 파서 롤러가 확실하게 운동을 전달하는 캠
㉡ 정면 캠(홈 캠)과 요크 캠이 있다.

㉰ 직동 캠(Translation Cam) : 캠이 회전 운동을 하지 않고 직선 왕복 운동에 의해 작동되는 캠

㉱ 반대 캠(Inverse Cam) : 캠이 종동절이 되어 작동되는 캠

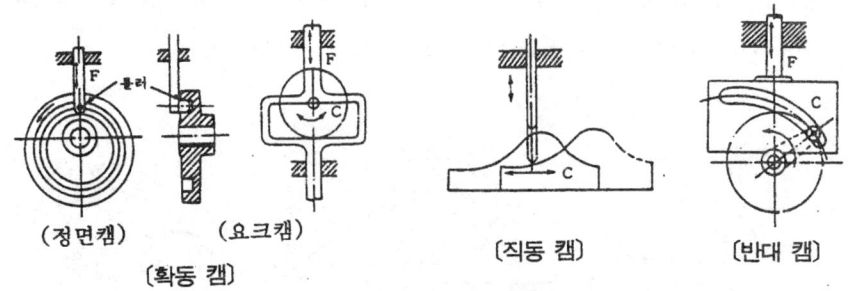

(정면캠)　(요크캠)　　〔직동 캠〕　　〔반대 캠〕
　　〔확동 캠〕

② 입체 캠(Solid Cam)

㉮ 원통 캠(Cylinderical Cam : 실체 캠) : 원통 캠 표면상에 폐곡선의 홈이 있어 원동 캠이 회전하면 종동축에 연결된 롤러가 홈을 따라 운동하며 평행 왕복 운동을 하는 캠으로 모양에 따라 원뿔 캠, 구면 캠이 있다.

㉯ 엔드 캠(End Cam : 단면 캠) : 원통 단면의 폐곡선을 따라 왕복 직선 운동을 한다.

㈐ 빗판 캠(Swash Plate Cam : 경사진 캠) : 축에 대해 경사진 판에 의해 구동되는 캠으로 종동축 롤러의 위치에 따라 운동 변위의 크기를 적당히 조절할 수 있다.

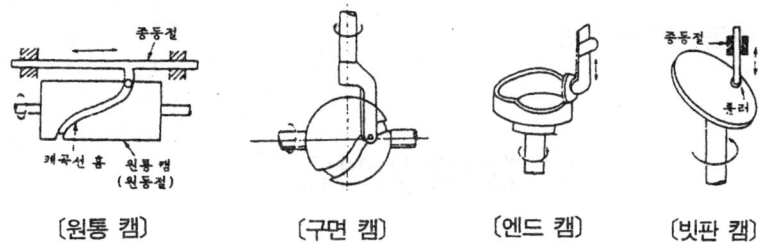

〔원통 캠〕   〔구면 캠〕   〔엔드 캠〕   〔빗판 캠〕

(3) 그 밖의 장치

1) 제네바 스톱(Geneva Stop)
① 연속 회전하는 원동절의 핀에 의해 간헐적으로 종동절에 전달하는 장치
② 전동이 확실하고 고속 회전이 가능하다.
③ 시계의 스프링 감는 장치, 영사기의 필름 이송 장치, 자동 기계의 주요 운동 기구 등에 쓰이고 있다.

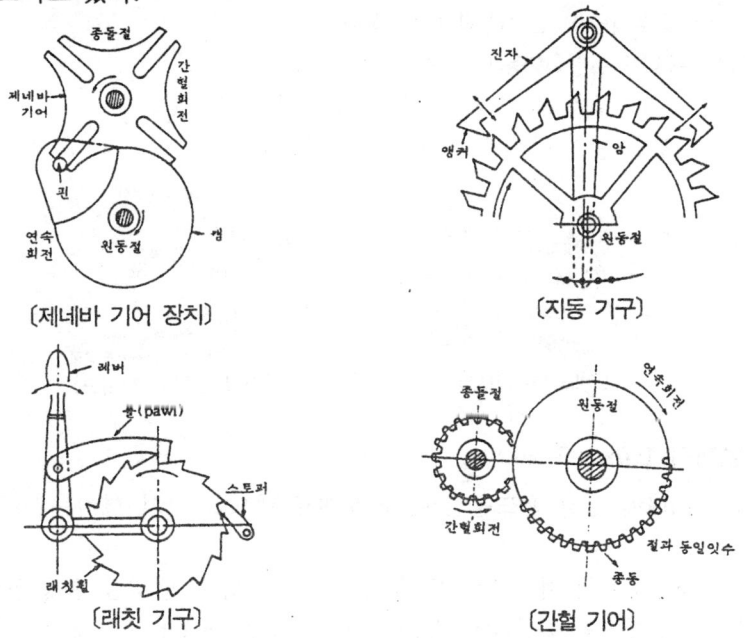

2) 래칫 기구(Ratchet Mechanism)
① 레버의 동작으로 한 방향으로만 운동이 전달되는 기구
② 세이퍼의 테이블 이송, 마이크로미터의 스핀들 이송 등에 이용되고 있다.

3) 간헐 기어 장치
① 연속 회전하는 원동절에 의해 종동절이 간헐 운동을 하도록 되어 있는 기어 장치
② 종동절의 정지와 동시에 충격이 전달되므로 저속 운동에만 이용된다.

4) 지동 기구(Escapment)
   ① 스스로 회전하려는 원동절의 래칫 기어 휠이 앵커에 의해 간헐적으로 보내지는 기구
   ② 앵커를 지동 기구라고 한다.

4. 제어용 기계요소

1 브레이크(Brake)

(1) 브레이크의 종류

1) 블록 브레이크(Block Brake)
   ① 브레이크 드럼의 원주상에 1개(단식) 또는 2개(복식)의 브레이크 블록을 브레이크 레버로 밀어붙여 마찰에 의해 제동 작용을 한다.
   ② 종류 ┃ 단식 브레이크 : 제동 저널이 50mm 이하에 주로 사용되며 큰 회전력의 제동에 부적당하다.
   　　　 ┃ 복식 브레이크 : 큰 제동력에 적당하다.
   ③ 드럼의 재질 : 주철(수동용), 주강(동력용)
   ④ 블록의 재질 : 주철, 석면 직물, 펠로드, 석면, 피혁, 나무 등
   ⑤ 용도 : 차량 기중기 등에 많이 사용되고 있다.

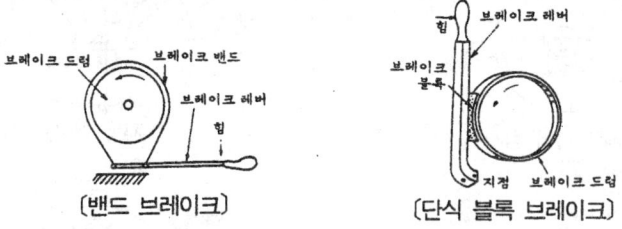

   〔밴드 브레이크〕　　〔단식 블록 브레이크〕

2) 밴드 브레이크(Band Break)
   ① 드럼의 둘레에 강철 밴드를 감아 지렛대로 밴드를 당겨 생기는 마찰력에 의해 제동된다.
   ② 밴드의 재질 : 강철 밴드 내면에 석면, 목재, 피혁, 석면 직물 등을 붙여 사용한다.
   ③ 라이닝의 두께 : 목재는 30~45mm, 석면 직물은 5~10mm 정도
   ④ 드럼과 밴드의 간격 : 크기에 따라 1~5mm 정도

3) 축압 브레이크
   ① 원판 브레이크(Disc Brake)
      ㉮ 축과 함께 회전하는 원판을 고정 원판에 접촉시켜 마찰력으로 제동한다.
      ㉯ 원판의 재질은 강철 또는 청동이 쓰이며, 단원판 브레이크 및 다원판 브레이크가 있다.

② 원추 브레이크(Cone Brake)
  ㉮ 마찰면을 10~18° 정도의 원추로 한 것으로 제동하는 브레이크
  ㉯ 원추부의 재질은 내·외측 모두 주철, 또는 내측은 목재를 라이닝한 것이 사용되기도 한다.

4) 자동 하중 브레이크
  ① 감아올릴 때는 클러치 작용, 내릴 때는 하중 자체에 의해 브레이크 작용을 한다.
  ② 윈치, 기중기같이 대중량, 또는 격렬한 고속 운전에 적당하다.

5) 웜 브레이크(Worm Brake) : 웜 기어의 회전에 의해 발생되는 추력을 이용한 브레이크를 기중기에 많이 이용하고 있다.

6) 캠브레이크(Cam Brake : 내확장 브레이크)

〔캠 브레이크〕

  ① 드럼 내부에 밴드와 캠이 있어 캠의 회전에 의해 밴드가 드럼 내부에 접촉되어 마찰력에 의해 제동된다.
  ② 마찰면이 내부에 있어 먼지, 기름 등이 마찰면에 부착하지 않고 열의 발산이 편리하다.

(2) 브레이크의 역학

  1) 블록 브레이크(단식)

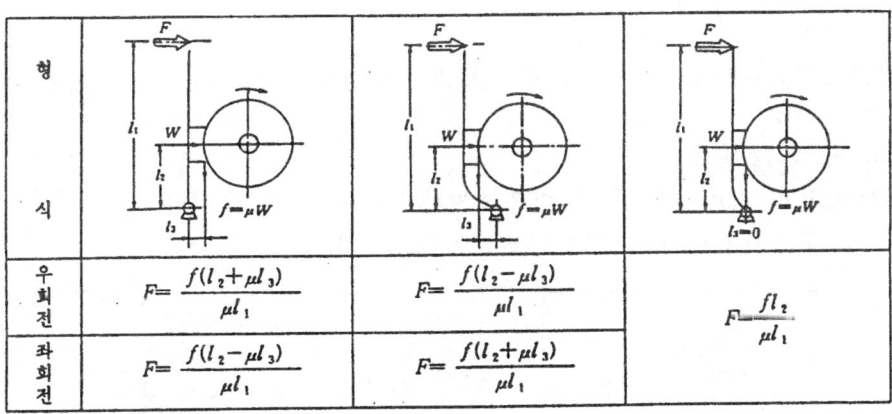

$$T = f\frac{D}{2} = \frac{\mu WD}{2}$$

F : 브레이크에 가하는 힘〔kg〕 D : 드럼의 지름〔mm〕
μ : 드럼과 블록의 마찰 계수 W : 드럼과 블록 사이에 작용하는 힘〔kg〕
f : 마찰력〔kg〕 T : 브레이 토크〔kg·mm〕일 때

브레이크 레버를 손으로 누르는 힘은 10~15kg가 적당하며 브레이크 레버에 블록을 부착시킬 때 $\frac{l_2}{l_1} = \frac{1}{3} \sim \frac{1}{6}$ 정도가 적당하며 $\frac{1}{10}$ 을 넘지 않도록 한다.

2) 내확장 브레이크

F_1, F_2 : 브레이크에 가하는 힘(kg),
W_1, W_2 : 캠의 확장력이라 할 때

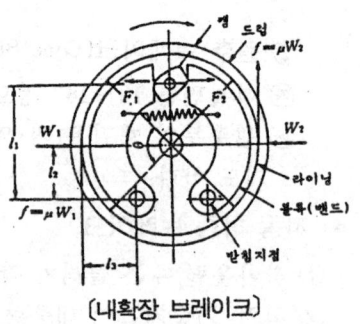

〔내확장 브레이크〕

$$F_1 = \frac{W_1}{l_1}(l_2 - \mu l_3)$$

$$F_2 = \frac{W_2}{l_1}(l_2 - \mu l_3)$$

블록의 접촉각 $\begin{cases} \mu < 0.4 \text{의 경우 } \theta < 90° \\ \mu < 0.2 \text{의 경우 } \theta \leq 120° \text{로 한다.} \end{cases}$

3) 밴드 브레이크

F_1 : 밴드의 인장 쪽 장력(kg)
F_2 : 밴드의 이완 쪽 장력(kg)
f : 브레이크의 힘(kg)
θ : 드럼과 접촉각(rad)
μ : 마찰 계수라 할 때

$F = F_2 e^{\mu\theta}$, $f = F_1 - F_2$

$$F_1 = f \cdot \frac{e^{\mu\theta}}{e^{\mu\theta}-1}, \quad F_2 = f \cdot \frac{1}{e^{\mu\theta}-1}$$

브레이크 밴드에 생기는 인장 응력 σ(kg/mm²)는 밴드 두께를 t(mm), 나비를 b(mm)라 하면 $\sigma = \dfrac{F_1}{t \cdot b}$

σ는 보통 6~8kg/mm²로 하나 마멸을 고려하여 5~6kg/mm²으로 한다.
밴드의 두께는 2~4mm, 나비는 150mm 이하로 한다.

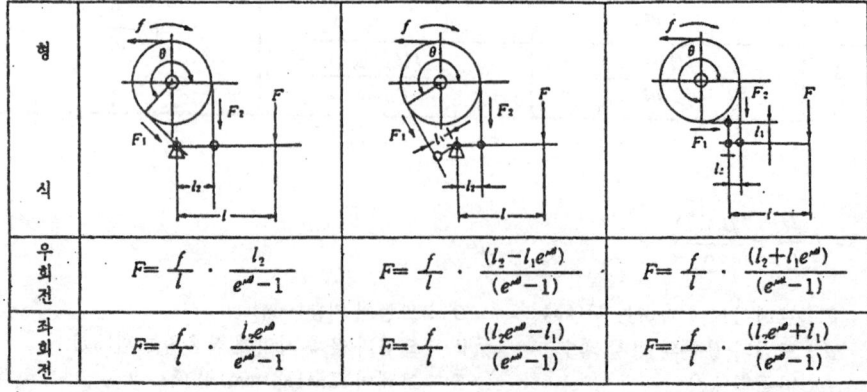

4) 브레이크의 용량
브레이크의 단위 면적당의 마찰일을 W_f(kg/mm²·m/sec), 드럼과 블록 사이의 접촉 면압이 P(kg/mm²)이라면

$$W_f = \frac{\mu \cdot W \cdot V}{A} = \mu \cdot P \cdot V$$

$$P = \frac{W}{A} = \frac{W}{e \cdot b}$$

V : 드럼의 원주 속도[m/sec]
W : 블록과 블록 사이의 압력[kg]
b : 블록의 폭[mm]
A : 블록의 접촉면적[mm], e : 블록의 높이[mm]
μPV값 : 브레이크 용량

브레이크의 용량 $\begin{cases} \text{자연 냉각의 경우} : 0.1 [kg/mm^2 \cdot m/sec] \\ \text{사용 빈도가 큰 경우} : 0.06 [kg/mm^2 \cdot m/sec] \\ \text{사용 빈도가 작은 경우} : 0.3 [kg/mm^2 \cdot m/sec] \end{cases}$

접촉각 $\theta = 50 \sim 70°$ 가 되도록 e의 값을 결정한다.

2 스프링(Spring)

(1) 스프링의 용도

① 충격의 흡수 방지 및 완충 방지용 : 철도 차량, 승강기의 완충 스프링 등
② 에너지를 축적하여 이용 : 계기용, 기계용, 완구용 스프링 등
③ 하중과 신장 관계로 하중 측정에 이용 : 용수철 저울, 안전 밸브용 스프링 등
④ 하중을 부여하는 데 이용 : 안전 밸브, 내연 기관 밸브 스프링 등

(2) 스프링의 종류

1) 재료에 의한 분류

① 금속 스프링 : 강스프링(탄소강, 합금강 등), 비철 금속 스프링(구리 합금, 니켈 합금 등)
② 비금속 스프링 : 고무, 합성 수지, 유리 스프링등
③ 유체 스프링 : 공기 스프링, 물 스프링, 기름 스프링 등

2) 하중에 의한 분류 : 인장 스프링, 압축 스프링, 토션 바 스프링 등

3) 형상에 의한 분류 : 코일, 스파이럴, 겹판, 링, 토션 바, 벌류트, 원추형, 원판 스프링 등

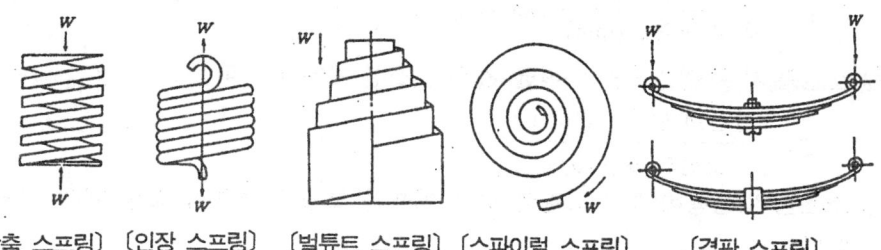

[압축 스프링] [인장 스프링] [벌류트 스프링] [스파이럴 스프링] [겹판 스프링]

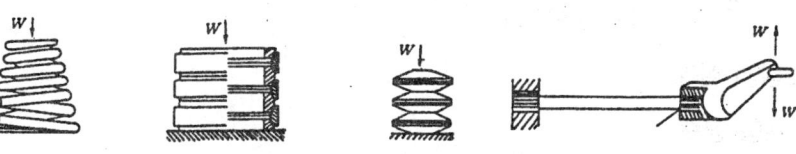

[원추형 스프링] [링 스프링] [원판 스프링] [토션 바 스프링]

(3) 스프링의 재료

탄성 한도, 피로 한도, 항복 한도가 높고 탄성 계수가 크며 용도에 따라 내식성, 내열성, 내충격성, 비자성, 비전도성 등이 요구된다.

① 금속재료 : 스프링강, 피아노선, 인청동선, 합금강선 등이 있고 부식을 고려하여 스테인리스강, 구리 합금, 고속도강 등이 쓰인다.
② 비금속 재료 : 고무, 공기, 기름 등이 있으며 완충 스프링의 재료로 중요시된다.
③ 기타 : 인바, 엘린바, 니켈, 모넬, 인코넬, 퍼머니켈 등이 있다.

(4) 스프링의 용어

① 지름 : 코일의 평균 지름(D), 코일의 안지름(D_1), 코일의 바깥지름(D_2), 소선의 지름(d)
② 피치 : 서로 이웃하는 소선간의 중심 거리(p)
③ 자유 길이 : 무하중에서의 스프링의 길이
④ 코일의 감김 수
  ① 총 감김 수 : 코일 끝에서 끝까지 감김 수
  ② 자유 감김 수 : 총 감김 수에서 양쪽 끝 좌권수를 뺀수
  ③ 유효 감김 수 : 스프링으로서 기능을 발휘하는 부분의 감김 수

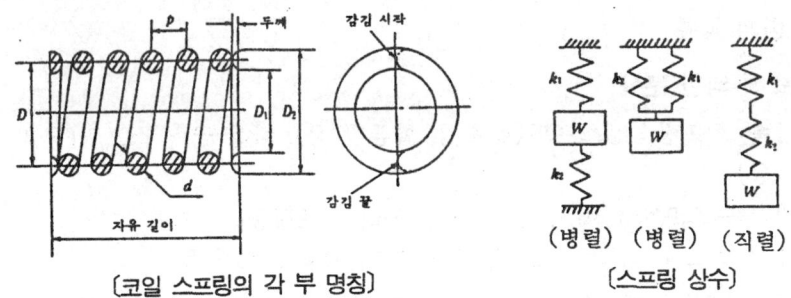

〔코일 스프링의 각 부 명칭〕   〔스프링 상수〕

⑤ 스프링 상수(k) : 스프링의 세기를 나타내며 스프링 상수가 크면 잘 늘어나지 않는다.

$$r = \frac{하중\ W(kg)}{휨\ 변형량\ \sigma(mm)}\ [kg/mm]$$

⑥ 스프링 지수(C) : 코일의 평균 지름과 소선 지름과의 비

$$C = \frac{코일의\ 평균지름(D)}{소선의\ 지름(d)}$$

⑦ 스프링의 종횡비(K) : 코일의 평균 지름과 코일에 하중이 없을 때의 자유 높이와의 비

$$K = \frac{코일의\ 평균지름(D)}{자유\ 높이(H)}$$

(5) 스프링의 설계

1) 스프링 상수

하중(k) = $k \cdot \delta$ 에서 $k = \dfrac{W}{\delta}$ 로 나타낸다.

① 직렬의 경우

$$k = \cfrac{1}{\cfrac{1}{k_1} + \cfrac{1}{k_2} + \cfrac{1}{k_3}}$$

② 병렬의 경우

$$k = k_1 + k_2 + k_3$$

3 진동·완충 장치

 진동이란 기계의 기능 및 정밀도 저하, 재료의 피로 증가 등으로 각각의 기계 요소를 약화시키는 원인이 된다. 따라서 진동이 전해지지 않도록 방진 또는 완충 장치의 필요가 고려되어야 한다.

(1) 진동

 물체가 평행 상태를 중심으로 일정 시간에 일정한 운동을 반복하는 현상을 진동 (Vibration)이라 하며 그 일정한 시간을 주기라고 한다.

1) 진동의 종류

① 자유 진동 : 진동체에 공기 및 마찰 저항이 없을 때 외부로부터 받은 힘에 의해 진동하는 물체는 외력을 제거하여도 계속하는 진동을 자유 진동이라 한다.

② 강제 진동 : 고유 진동을 하고 있는 물체에 주기적인 외력을 가하면 복잡한 합성 진동이라 하며 고유진동은 감쇠되고 외력에 의한 진동을 하게 되는데 이 외력에 의한 주기적인 진동을 강제진동이라 한다.

③ 합성진동 : 외력에 의한 진동 + 고유 진동

④ 감쇠 진동 : 자유 진동이 시간이 지남에 따라 진폭이 차츰 작아져서 마침내 정지하는 진동

2) 진동의 원인과 방지

① 진동의 원인

㉮ 회전부의 중심이 축심 위에 있지 않아 균형을 이루지 못해 원심력이 작용될 때

㉯ 주기적인 직선 왕복 운동을 하는 부분

㉰ 단진동 운동을 하는 경우

② 진동의 방지책

㉮ 회전체는 원심력의 영향을 받지 않도록 균형이 잡힌 모양으로 한다.

㉯ 스프링, 유압 등을 이용하여 강제 진동을 단절하도록 한다.

㉰ 진동의 에너지를 흡수하여 진동을 적게 하는 댐퍼(Damper)를 사용한다. 즉 방진 장치나 완충 장치를 사용한다.

③ 회전축의 위험 속도(임계 속도 n_c) : 일정한 전달 토크로 전동축의 회전을 증대시켜 가면 어느 회전수에서 급격한 진동을 일으키는 경우가 있다. 이 때의 회전수를 위험 속도(임계 속도)라고 한다.

$$\eta_c = \frac{60}{2\pi} \sqrt{\frac{k \cdot g}{W}} \text{ (rpm)}$$

W : 물체의 무게(kg), g : 중력 가속도 (m/sec²)

k : 스프링 상수, $\sqrt{\frac{k \cdot g}{W}}$: 축의 고유 진동수

④ 회전체의 균형 : 회전 물체 또는 가공 물체가 불균형한 무게 중심 상태에서 회전할 경우 진동의 원인이 된다. 이러한 불균형을 제거하기 위해 무게 중심추(Balancing Weight, 균형추, 중추)를 이용하여 균형을 잡아준다.

(2) 완충 장치

충격에 의한 에너지를 일시적으로 흡수하여 다른 에너지로 변환 또는 서서히 방출하게 하여 충격 효과를 완화시키는 장치로 자동차, 철도 차량의 진동 충격을 완화시키는 완충기(Buffer), 크랭크축의 불균형, 피스톤의 왕복 운동에 대한 진동 감소를 위해 붙이는 댐퍼(Damper)등이 해당된다.

1) 완충기(Buffer)
 ① 고무, 스프링, 유압 등을 방진 고무, 고무와 유압 등을 조절하여 만든다.
 ② 기계 장치에 붙여 고무 자체의 감쇠성에 의해 진동이 다른 곳으로 전달되는 것을 방지한다.
 ③ 고무 유압식과 스프링 유압식 등이 있으며 완충력에서는 고무 유압식이 더 우수하다.
 ④ 자동차의 쇼크 업소버(Shock Absober), 공작 기계의 기초 볼트 받침대(Level Plate) 등이 있다.

2) 댐퍼(Damper) : 에너지를 소멸시키기 위해 충격, 진동 등의 소리의 진폭을 경감시키기 위해 사용하는 장치

 ① 댐퍼 방식의 종류
  ㉮ 다이내믹 댐퍼 : 주진동체의 고유 진동수와 같은 부가 진동체로 공진시켜 주진동체에 주는 영향을 감쇠하는 방법
  ㉯ 비틀림식 댐퍼 : 내연 기관과 같이 회전이 광범위하게 변화하는 경우 회전수에 따라 고유 진동수를 가진 댐퍼로 가변 속도형이다.
  ㉰ 마찰 댐퍼 : 마찰 저항에 의한 비틀림 진동 에너지를 열로 바꾸어 감쇠하는 댐퍼로 축에 과대한 응력의 잔류 방지 및 광범위한 속도 변화에 효과가 있으나 비틀림 진동을 완전히 흡수하기는 곤란하다.

예상문제

문제 1. 볼트를 결합시킬 때 너트를 2회전 시켰더니 12mm가 앞으로 나아갔고 나사의 산수로는 6산이 감기었다. 이와 같은 나사의 조건으로 맞는 것은?
㉮ 피치가 2mm, 세줄 나사, 리드 6mm
㉯ 피치가 1mm, 한줄 나사, 리드 6mm
㉰ 피치가 3mm, 두줄 나사, 리드 12mm
㉱ 피치가 3mm, 두줄 나사, 리드 6mm

[풀이] 리드는 12mm÷2회전=6(mm)

$$L = np \text{에서 } P = \frac{L}{n} = \frac{12}{6} = 2(mm)$$

즉 리드는 6mm인 세줄 나사로 피치는 2(mm)이다.

문제 2. 자동 하중 브레이크 작용을 하는 것이 아닌 것은?
㉮ 원심력 브레이크
㉯ 원추 브레이크
㉰ 나사 브레이크
㉱ 웜 브레이크

[풀이] ㉮㉰㉱항 이외에 캠 브레이크가 있다.

문제 3. 양끝에 수나사가 만들어져 있고 한 쪽은 본체에 체결하고 다른 한쪽은 너트로 고정시키는 볼트는?
㉮ 스테이볼트   ㉯ 관통 볼트   ㉰ 스터드 볼트   ㉱ 탭 볼트

[풀이] 탭 볼트는 한쪽은 볼트 머리가 있고 다른 쪽은 본체에 체결시키는 볼트이다.

문제 4. 작은 나사에 대한 설명으로 틀린 것은?
㉮ 스패너를 이용하여 나사를 조이고 푼다.
㉯ 호칭 지름은 8mm 이하로 되어 있다.
㉰ 머신 스크루(Machine screw)라고도 한다.
㉱ 머리 모양이 다양하며 비스(Vis)라고도 한다.

[풀이] 작은 나사의 머리부는 +자홈과 -자홈의 종류가 있는 드라이버를 이용하여 조이고 푼다.

문제 5. 6개의 링크로 체인에서 순간 중심의 총수는 몇 개인가?
㉮ 8개   ㉯ 10개   ㉰ 15개   ㉱ 20개

[풀이] 순간 중심의 총수(N) $= \frac{n(n-1)}{2} = \frac{6(6-1)}{2} = 15$개

문제 6. 작용하는 힘에 의한 축의 종류가 아닌 것은?
㉮ 크랭크 축   ㉯ 전동축   ㉰ 차축   ㉱ 스핀들

[풀이] 크랭크축, 직선축, 플렉시블 축은 모양에 따른 축의 종류이다.

해답 1. ㉮ 2. ㉯ 3. ㉰ 4. ㉮ 5. ㉰ 6. ㉮

문제 7. 크랭크축의 재료로 적당한 것은?
　㉮ 주강　　　㉯ 주철　　　㉰ 단조강　　　㉱ 합금강
　[토이] 크랭크축에는 단조강 또는 미하나이트 주철을 사용한다.

문제 8. 축의 방향을 자유로이 바꿀 수 있는 축은?
　㉮ 차축　　　㉯ 플렉시블 축　　　㉰ 전동축　　　㉱ 클러치

문제 9. 주로 굽힘 작용만을 하는 축은?
　㉮ 차축　　　㉯ 스핀들　　　㉰ 전동축　　　㉱ 직선축
　[토이] 스핀들과 전동 축은 비틀림 작용을 받는다.

문제 10. 접선 키는 1/60~1/100 정도의 구배를 가진 2개의 키를 한 쌍으로 한다. 그 이유는 무엇인가?
　㉮ 전달력을 크게 하기 위하여
　㉯ 보스의 이탈 방지를 위해
　㉰ 축에 접선 방향으로 압축력을 주기 위해
　㉱ 잘 빠지지 않게 하기 위해
　[토이] 접선 키는 축의 접선 방향에 키 홈을 파고 2개의 키가 합쳐져 기울기가 쐐기 역할을 하여 키에 압축력을 주어 큰 회전력을 전달 할 수 있게 되어 있는 키다.

문제 11. 공작 기계를 콘크리트 바닥과 연결시키기 위해 사용되는 볼트는?
　㉮ 스테이 볼트　　　㉯ T-볼트　　　㉰ 스테드 볼트　　　㉱ 기초 볼트
　[토이] 기초 볼트 또는 파운데이션 볼트, 앵커 볼트라고도 한다. 스테이 볼트는 부품간에 일정한 간격을 유지하기 위해 사용한다.

문제 12. 축의 지름이 120mm, 키의 치수가 ($l \times b \times h = 100 \times 20 \times 30$)이다. 허용 전단 응력이 550kg/cm²일 때 전단할 수 있는 토크는?
　㉮ 20625kg·cm²　　　㉯ 25325kg·cm²
　㉰ 31314kg·cm²　　　㉱ 36270kg·cm²
　[토이] $\tau = \dfrac{2T}{lbd}$ 에서
$$T = \dfrac{\tau \cdot lbd}{2} = \dfrac{550 \times 10 \times 2.5 \times 3}{2} = 20625 [kg \cdot cm^2]$$

문제 13. 키의 깊이가 200mm, 전단력의 4500kg, 키의 폭 $b=1.5h$라 할 때 전단 응력 $\tau = 3kg/mm^2$이라면 키의 높이 h는?
　㉮ 3mm　　　㉯ 5mm　　　㉰ 8mm　　　㉱ 10mm
　[토이] $\tau = \dfrac{P}{b \cdot l} = \dfrac{P}{1.5h \cdot l}$ 에서
$$h = \dfrac{P}{1.5 \cdot l \cdot \tau} = \dfrac{4500}{1.5 \times 200 \times 3} = 5 [mm]$$

문제 14. 링크의 수는 160개이고 체인 휠의 피치가 16mm일 때 체인의 길이는 얼마이겠는가?

[해답] 7. ㉰　8. ㉯　9. ㉮　10. ㉰　11. ㉱　12. ㉮　13. ㉯

㉮ 2070mm ㉯ 2560mm
㉰ 2950mm ㉱ 3240mm

[풀이] $L = p \times L_P = 16 \times 160 = 2560 \text{(mm)}$

문제 15. 롤러 체인에서 스프로킷의 잇수가 각각 20개, 64개일 때 작은 스프로킷이 540rpm 으로 회전하고 있다면 전달 마력은 얼마이겠는가? (단, 체인 휠이 피치는 12.7mm이고, 장력은 80kg이다.)

㉮ 2.4PS ㉯ 2.7PS ㉰ 3.1PS ㉱ 3.3PS

[풀이] $V_m = \dfrac{N \cdot P \cdot Z}{60 \times 100} = \dfrac{540 \times 12.7 \times 20}{60 \times 100} = 2.3 \text{(m/sec)}$

$P = \dfrac{F \cdot V_m}{75} = \dfrac{80 \times 2.3}{75} = 2.4 \text{(PS)}$

문제 16. 가압 끼우기 결합 방법이 아닌 것은?
㉮ 경압입법   ㉯ 중간 압입법
㉰ 자동 압입법   ㉱ 중압입법

[풀이] 가압 끼우기의 쬠새는 구멍(d)에 대해

(1) 경압입법 : $\dfrac{2.5}{100,000} d$ (3) 중압입법 : $\dfrac{1}{1,000} d$ 정도이다.

(2) 중간 압입법 : $\dfrac{5}{10,000} d$

문제 17. 핀에 세 곳 정도 돌출된 부분으로 결합시키는 방법에 사용되는 핀?
㉮ 노치핀   ㉯ 너클 핀
㉰ 코터핀   ㉱ 앵글 핀

[풀이] 노치핀(notch pin)은 타격 및 밀어 끼우는 방법의 대표적인 결합법으로 $\dfrac{1}{4000} d$ 정도의 쬠새에 의해 튼튼한 결합이 이루어진다.

문제 18. 면 로프의 경우 풀리의 지름은 로프 지름의 몇 배 정도로 하는가?
㉮ 10배   ㉯ 20배   ㉰ 30배   ㉱ 40배

[풀이] 삼 로프의 경우에는 로프 지름의 40배 정도로 한다.

문제 19. 기초 원지름이 200mm, 350mm, 압력각이 20°인 2개의 스퍼 기어에서 물려 있을 때 중심거리는?
㉮ 268mm   ㉯ 273mm   ㉰ 284mm   ㉱ 293mm

[풀이] $C = \dfrac{m(Z_1 + Z_2)}{2} = \dfrac{D_1 + D_2}{2} = \dfrac{d_1 + d_2}{2\cos\alpha}$ 에서

$C = \dfrac{d_1 + d_2}{2\cos\alpha} = \dfrac{200 + 350}{2\cos 20°} = 292.64 \fallingdotseq 293 \text{(mm)}$

문제 20. 다음 중 특수용 볼트의 종류가 아닌 것은?
㉮ 스터드 볼트   ㉯ 아이 볼트   ㉰ 전단 볼트   ㉱ 충격 볼트

[해답] 14. ㉯ 15. ㉮ 16. ㉰ 17. ㉮ 18. ㉰ 19. ㉱ 20. ㉮

[풀이] 일반용 볼트는 탭 볼트, 관통 볼트, 스터드 볼트가 있다.

문제 21. 축의 굽힘 응력은 7kg/mm², 굽힘 모멘트는 650kg·m를 받는 둥근 축의 지름을 구하라?
㉮ 92.4mm ㉯ 97.6mm ㉰ 105.7mm ㉱ 118.3mm

[풀이] $d = \sqrt[3]{\dfrac{10M}{\sigma_b}} = \sqrt[3]{\dfrac{10 \times 650,000}{7}} = 97.6 \text{(mm)}$

문제 22. 축의 허용 전단 응력이 8kg/mm²이고, 비틀림 모멘트는 800kg·mm인 둥근 축의 지름은?
㉮ 5.2mm ㉯ 6.7mm ㉰ 7.9mm ㉱ 8.8m

[풀이] $d = \sqrt[3]{\dfrac{5T}{\sigma_a}} = \sqrt[3]{\dfrac{5 \times 800}{8}} = 7.9 \text{(mm)}$

문제 23. 바깥지름이 55mm인 파이프에서 지름의 비가 0.5일 때 안지름은 몇 mm인가?
㉮ 27.5mm ㉯ 30.5mm ㉰ 35.5mm ㉱ 40.5mm

[풀이] $x = \dfrac{d_1}{d_2}$ 에서 $d_1 = x \times d_2 = 0.5 \times 55 = 27.5 \text{(mm)}$

문제 24. 베어링 등급 기호에서 SP가 표시하는 급수는?
㉮ 보통급 ㉯ 상급 ㉰ 정밀급 ㉱ 초정밀급

[풀이] ㉮항 : 무기호, ㉯항 : H, ㉰항 : P로 표시한다.

문제 25. 볼 베어링의 수명에 대한 설명으로 맞는 것은?
㉮ 하중의 세제곱에 반비례한다.
㉯ 하중의 세제곱에 비례한다.
㉰ 하중의 네제곱에 반비례한다.
㉱ 하중의 네제곱에 비례한다.

[풀이] 베어링의 수명 계산식에서 베어링의 수명 시간 (L_h)

$= \left(\dfrac{\text{기본정격 하중}(C)}{\text{베어링하중}(P)} \right)^3$

이므로 하중의 3승에 반비례한다.

문제 26. 사일런트 체인의 축간 거리로 적당한 것은?
㉮ 체인 피치의 10~20배 ㉯ 체인 피치의 20~30배
㉰ 체인 피치의 30~50배 ㉱ 체인 피치의 40~50배

[풀이] 롤러 체인의 경우에는 체인 피치의 40~50배 정도이다.

문제 27. 베어링을 33.3rpm으로 500시간의 수명을 유지할 수 있는 하중을 무엇이라 하는가?
㉮ 정부하 중량 ㉯ 정정격 하중 ㉰ 기본 부하 용량 ㉱ 베어링의 수명

[풀이] 기본 부하 용량을 나타내는 것은 문제와 같은 경우와 내륜은 회전, 외륜은 정지시킨 조건에서 정격 수명이 100만 회전이 되는 방향과 크기가 변동하지 않는 하중으로 나타낸다.

[해답] 21. ㉯ 22. ㉰ 23. ㉮ 24. ㉱ 25. ㉮ 26. ㉯ 27. ㉰

문제 28. 볼 베어링에서 베어링의 하중이 1/2로 된다면 수명은 몇 배가 되겠는가?
㉮ 8배   ㉯ 1/8배   ㉰ 9배   ㉱ 1/3배

풀이 $L_h = \left(\dfrac{C}{P}\right)^3$에서 하중 P가 $\dfrac{1}{2}P$로 되면 $\left(\dfrac{C}{\frac{1}{2}P}\right)^3$이 되므로 수명시간은 2^3이 되어 8배가 된다. 또한 $2P$가 되면 $\dfrac{1}{8}$배 된다.

문제 29. 나사의 바깥지름을 d_1, 골 지름을 d_2라고 할 때 유효지름(d_0)을 구하고자 하는 식은?
㉮ $d_0 = d_1 - d_2$ ㉯ $d_0 = \dfrac{d_1 - d_2}{2}$ ㉰ $d_0 = d_1 + d_2$ ㉱ $d_0 = \dfrac{d_1 + d_2}{2}$

풀이 유효지름(d_0)이란 나사산의 높이를 이등분한 가상적인 원통의 지름으로 d_1과 d_2의 평균지름으로 나타낸다.

문제 30. 회전 운동하는 링크를 크랭크라 하고 흔들이 운동을 하는 링크를 무엇이라 하는가?
㉮ 활차   ㉯ 연쇄   ㉰ 레버   ㉱ 슬라이더

풀이 흔들이 운동을 하는 링크를 지렛대, 레버, 흔들이 등으로 부른다.

문제 31. 세이퍼의 급속 귀환운동 장치는 무엇을 이용한 것인가?
㉮ 왕복 슬라이더 크랭크 기구   ㉯ 요동 슬라이더 크랭크 기구
㉰ 회전 슬라이더 크랭크 기구   ㉱ 고정 슬라이더 크랭크 기구

풀이 크랭크 기구의 용도는 다음과 같다.
㉮항 : 증기 기관, 펌프, 공기 압축기 등, ㉯항 : 급속 귀환 기구, ㉰항 : 내연 기관, ㉱ : 수동식 펌프 등

문제 32. 타원 캠퍼스는 어느 크랭크 기구를 응용하여 만드는가?
㉮ 왕복 이중 슬라이더 크랭크 기구   ㉯ 회전 이중 슬라이더 크랭크 기구
㉰ 고정 이중 슬라이더 크랭크 기구   ㉱ 요동 이중 슬라이더 크랭크 기구

풀이 ㉮항 : 스코치 요크라고도 하며 직동 증기 펌프에 이용된다.
㉯항 : 올덤 커플링이 대표적인 장치이다.

문제 33. 압축력이 1500kg, 코터의 두께는 20mm, 코터의 폭은 15mm일 때 코터의 전단 강도는?
㉮ 2.5kg/mm²   ㉯ 3.0kg/mm²   ㉰ 3.5kg/mm²   ㉱ 4.9kg/mm²

풀이 $\tau = \dfrac{P}{2bh} = \dfrac{1500}{2 \times 20 \times 15} = 2.5 \,(\text{kg/mm}^2)$

문제 34. 코터의 폭이 20mm, 코터의 두께가 30mm, 코터의 허용 전단 응력이 125kg/cm²이라면 코터가 할 수 있는 하중은?
㉮ 1200kg   ㉯ 1500kg   ㉰ 1800kg   ㉱ 2000kg

풀이 $\tau = \dfrac{P}{2bh}$ 에서 $P = 2bh \cdot \tau = 2 \times 3 \times 2 \times 125 = 1500 \,(\text{kg})$

해답 28. ㉮   29. ㉱   30. ㉰   31. ㉯   32. ㉰   33. ㉮   34. ㉯

문제 35. 코터 이음에서 로드의 지름을 d라 할 때 코터의 폭 h는 얼마 정도가 적당한가?
㉮ $h=1.5d$ ㉯ $h=2d$
㉰ $h=(1/3\sim2/3)d$ ㉱ $h=(2/3\sim3/2)d$

[풀이] 코터의 두께 $b=(\dfrac{1}{3}\sim\dfrac{3}{4})d$ 정도, 소켓의 바깥지름 $D=2d$ 정도로 한다.

문제 36. 반달 키에 대한 설명으로 틀린 것은?
㉮ 보스 홈과의 접촉이 불량해지는 단점이 있다.
㉯ 축에 반달 홈이 깊어 약해진다.
㉰ 반달 모양의 키로 되어 있다.
㉱ 키 홈의 가공이 쉽고 테이퍼축에 많이 이용된다.

[풀이] 반달 키를 축에 끼우고 보스를 연결시키면 자동적으로 자리가 잡혀 접촉이 양호하다.

문제 37. 회전수가 600rpm이고 전동축이 15마력이라면 비틀림 모멘트는 얼마인가?
㉮ 17905kg·mm   ㉯ 18510kg·mm   ㉰ 18955kg·mm   ㉱ 19215kg·mm

[풀이] $T=\dfrac{716200H}{N}=\dfrac{716200\times15}{600}=17,905\,[\text{kg}\cdot\text{mm}]$

문제 38. 1500kg·mm의 비틀림 모멘트가 작용하는 중공축에 5kg/mm²의 전단 응력이 작용하고 있다. 지름의 비가 0.7이라고 할 때 바깥지름을 구하여라.
㉮ 110mm   ㉯ 115mm   ㉰ 120mm   ㉱ 125mm

[풀이] $d_2=\sqrt[3]{\dfrac{5T}{\tau(1-x^4)}}=\sqrt[3]{\dfrac{5\times1500\times1000}{5(1-0.7^4)}}$
$\fallingdotseq 125\,[\text{mm}]$

문제 39. 나사의 호칭 기호로서 잘못 표시된 것은?
㉮ 관용 테이퍼 나사 : PT   ㉯ 유니파이 나사 : UND
㉰ 휘트워드 나사 : W   ㉱ 애크미 나사 : TM

[풀이] 유니파이 나사(보통 나사 : UNC, 가는 나사 : UNF)로 표시한다.

문제 40. 나사의 리드각이 α, 마찰각이 ρ일 때 자립 상태의 유지 조건으로 맞는 것은?
㉮ $\alpha<\rho$ ㉯ $\alpha\leq\rho$ ㉰ $\alpha>\rho$ ㉱ $\alpha\geq\rho$

[풀이] 나사의 자립 상태란 나사가 스스로 풀리지 않는 상태로 리드각이 마찰각보다 작거나 같아야 ($\alpha\leq\rho$)한다.

문제 41. 나사가 스스로 풀어지지 않은 나사의 효율(η)은 몇 % 정도인가?
㉮ 30% 미만   ㉯ 40% 미만   ㉰ 50% 미만   ㉱ 60% 미만

[풀이] 나사의 효율은 마찰이 없을 때의 회전력으로 마찰이 있을 때의 회전력을 나눈 값으로 구한다.

문제 42. 너클 핀의 하중 $W=1200$kg, 핀과 링크와 접촉길이 b와 핀의 지름 d에 따른 상수 m을 1.5라 하고 면압력 $P=80$kg/mm²이라 할 때 핀의 지름을 구하라.
㉮ 2.4mm   ㉯ 2.8mm   ㉰ 3.0mm   ㉱ 3.2mm

[해답] 35. ㉱ 36. ㉮ 37. ㉮ 38. ㉱ 39. ㉯ 40. ㉯ 41. ㉰ 42. ㉱

[풀이] $d=\sqrt{\dfrac{W}{mP}}=\dfrac{1200}{1.5\times 80}=3.16\text{[mm]}\fallingdotseq 3.2\text{[mm]}$

문제 43. 핀의 지름이 3mm인 너클 핀이 1500kg의 하중을 받고 있다. 핀에 생기는 전단 응력은?
㉮ 97kg/mm²　　㉯ 106kg/mm²　　㉰ 114kg/mm²　　㉱ 122kg/mm²

[풀이] $W=2\times\dfrac{\pi}{4}d^2\times\tau$ 에서 $\tau=\dfrac{2W}{\pi d^2}=\dfrac{2\times 1500}{\pi\times 3^2}$
$=106.16\text{[kg/mm}^2\text{]}$

문제 44. 너클 핀 이음에서 허용 전단 응력이 10kg/mm², 12ton의 하중을 받고 있다. 핀의 지름은 얼마가 적당한가?
㉮ 22mm　　㉯ 24mm　　㉰ 26mm　　㉱ 28mm

[풀이] $W=2\times\dfrac{\pi}{4}d^2\cdot\tau$ 에서 $d=\sqrt{\dfrac{2W}{\pi\cdot\tau}}=\sqrt{\dfrac{2\times 1200}{\pi\times 10}}$
$\fallingdotseq 27.64\text{[mm]}$

문제 45. 볼트의 허용 전단 응력이 7.8kg/mm²이고 볼트의 지름이 38mm일 때 이 볼트가 견딜 수 있는 힘은 얼마인가?
㉮ 4954kg　　㉯ 5632kg　　㉰ 6437kg　　㉱ 7328kg

[풀이] $d=\sqrt{\dfrac{2W}{\sigma_a}}$ 에서 $W=\dfrac{\sigma_a\cdot d^2}{2}=\dfrac{7.8\times 38^2}{2}$
$\fallingdotseq 5632\text{[kg]}$

문제 46. 3000kg의 전단 하중이 작용하는 볼트가 있다. 허용 전단 응력이 15kg/mm²일 때 볼트의 지름은?
㉮ 11mm　　㉯ 13mm　　㉰ 14.5mm　　㉱ 16mm

[풀이] $d=\sqrt{\dfrac{4W}{\pi\cdot\tau}}=\sqrt{\dfrac{4\times 3000}{\pi\times 15}}=16\text{[mm]}$

문제 47. 턴버클에서 3200kg의 하중이 작용할 때 볼트의 지름은? (단, 허용 인장 응력은 10kg/mm²이다.)
㉮ 18mm　　㉯ 21mm　　㉰ 23.5mm　　㉱ 25.3mm

[풀이] 턴 버클은 인장 하중만 작용하므로
$d=\sqrt{\dfrac{2W}{\sigma_a}}=\sqrt{\dfrac{2\times 3200}{10}}\fallingdotseq 25.3\text{[mm]}$

문제 48. 다음 중 축에는 키 홈을 만들지 않는 키는?
㉮ 반달 키　　㉯ 안장 키　　㉰ 평 키　　㉱ 묻힘 키

[풀이] 평 키 또는 납작 키, 플랫 키 등으로 불린다.

해답 43. ㉯　44. ㉱　45. ㉯　46. ㉱　47. ㉱　48. ㉯

문제 49. 다음 중 구배가 없는 키를 사용하는 키는?
㉮ 접선 키　　㉯ 드라이빙 키　　㉰ 페더 키　　㉱ 반달 키

[토의] 구매가 있는 키는 ㉮㉯㉱ 이외에 평 키에도 구배가 있다.

문제 50. 원통 마찰차에서 원통차의 지름이 500mm, 종동차의 지름이 360mm일 때 마찰차의 중심 거리는?
㉮ 420mm　　㉯ 430mm　　㉰ 440mm　　㉱ 450mm

[토의] $C = \dfrac{D_2 + D_1}{2} = \dfrac{500 + 360}{2} = 430 [\text{mm}]$

문제 51. 원동차의 지름이 420mm, 종동차의 지름이 480mm일 때 속도비는?
㉮ 3/4　　㉯ 4/3　　㉰ 7/8　　㉱ 8/7

문제 52. 6.5m/sec의 속도로 회전하는 원통 마찰차에서 85kg의 접선력으로 작용할 때 전달 동력은? (단, 마찰 계수는 0.2로 한다.)
㉮ 1.1kW　　㉯ 1.3kW　　㉰ 1.5kW　　㉱ 1.7kW

[토의] $P = \dfrac{\mu \cdot F \cdot V}{102} = \dfrac{0.2 \times 85 \times 6.5}{102} = 1.08 ≒ 1.1 [\text{kW}]$

문제 53. 판의 두께가 10mm, 용접부의 길이가 200mm인 판을 맞대기 용접했을 경우 5000kg의 하중이 작용한다. 인장 응력은?
㉮ 2.5kg/mm²　　㉯ 3.2kg/mm²　　㉰ 4.5kg/mm²　　㉱ 4.8kg/mm²

[토의] $\sigma_t = \dfrac{W}{t \cdot L} = \dfrac{500}{10 \times 200} = 2.5 [\text{kg/mm}^2]$

문제 54. 허용 응력이 10kg/mm², 하중이 4500kg, 보강살 두께 8.5mm, 판의 두께는 12mm일때 유효 길이는?
㉮ 21.5mm　　㉯ 22.5mm　　㉰ 26.5mm　　㉱ 28.5mm

[토의] $\sigma_t = \dfrac{\sqrt{2} \cdot W}{2tL}$ 에서 $l = \dfrac{\sqrt{2} \cdot 4500}{2 \times 12 \times 10} = 26.5 [\text{mm}]$

문제 55. 강도를 목적으로 하는 리벳은?
㉮ 보일러용 리벳　　㉯ 구조용 리벳　　㉰ 저압용 리벳　　㉱ 고압용 리벳

[토의] 보일러용 : 강도와 기밀용, 저압용 : 기밀용, 구조용 : 강도용에 사용된다.

문제 56. 다음에서 리드가 가장 큰 나사는 어느 것인가?
㉮ 피치가 1.5mm인 3줄 나사　　㉯ 피치가 2mm인 2줄 나사
㉰ 24산 3줄인 휘트워드 나사　　㉱ 6산 3줄인 휘트워드 나사

[토의] ㉮ $L = np = 1.5 \times 3 = 4.5\text{mm}$　　㉯ $L = 2 \times 2 = 4\text{mm}$
㉰ $L = \dfrac{25.4}{24산} \times 3 = 3.17\text{mm}$　　㉱ $\dfrac{25.4}{6산} \times 3 = 12.7\text{mm}$

해답 49. ㉰　50. ㉯　51. ㉰　52. ㉮　53. ㉮　54. ㉰　55. ㉯　56. ㉱

문제 57. 스러스트 베어링의 종류가 아닌 것은?
㉮ 비벗 베어링   ㉯ 솔리드 베어링   ㉰ 칼라 베어링   ㉱ 미첼 베어링

풀이 솔리드 베어링은 미끄럼 베어링의 또 다른 명칭이다.

문제 58. 밴드 브레이크의 인장측 장력이 600kg, 밴드의 두께가 2mm, 허용 인장 응력이 8 kg/mm²이라면 밴드의 나비는 얼마로 하는가?
㉮ 32.5mm   ㉯ 35mm   ㉰ 37.5mm   ㉱ 40.0mm

풀이 $\sigma = \frac{F_1}{t \cdot b}$ 에서 $b = \frac{F_1}{t \cdot \sigma} = \frac{600}{2 \times 8} = 37.5 \text{(mm)}$

문제 59. 블록 브레이크에서 블록을 드럼이 밀어 붙이는 힘이 80kg, 접촉 면적이 280mm² 드럼의 원주속도가 4m/sec, 마찰 계수가 0.2일 때 브레이크의 용량은 얼마인가?
㉮ 0.023kg/mm²·m/sec   ㉯ 0.855kg/mm²·m/sec
㉰ 0.232kg/mm²·m/sec   ㉱ 0.354kg/mm²·m/sec

풀이 $P = \frac{W}{A} = \frac{80}{280} = 0.29 \text{(kg/mm}^2\text{)}$

브레이크 용량은 $\mu PV = 0.2 \times 0.29 \times 4$
$= 0.232 \text{(kg/mm}^2 \cdot \text{m/sec)}$

문제 60. 스러스트 피벗 저널에서 2800kg의 하중이 작용하고 있을 때 저널의 지름은? (단, 베어링 압력은 30kg/cm²이다.)
㉮ 97mm   ㉯ 102mm   ㉰ 105mm   ㉱ 109mm

풀이 $P = \frac{W}{\frac{\pi}{4} d^2}$ 에서 $d = \sqrt{\frac{4W}{\pi \cdot P}}$

$= \sqrt{\frac{4 \times 2800}{\pi \times 30}} = 10.9 \text{(cm)} = 109 \text{(mm)}$

문제 61. f_h를 구름 베어링의 수명 계수, L_h를 베어링의 수명 시간이라 할 때 볼 베어링의 수명 시간을 구하는 식은?
㉮ $L_h = 500 \times f_h^3$ ㉯ $L_h = 5000 \times f_h^3$ ㉰ $L_h = 500 \times f_h^{\frac{10}{3}}$ ㉱ $L_h = 5000 \times f_h^{\frac{10}{3}}$

풀이 ㉰항 : 롤러 베어링의 수명 시간을 구하는 식이다.

문제 62. 베어링의 하중이 750kg, 회전수가 3000rpm일 때 기본 정격 하중이 8000kg인 볼 베어링의 수명 시간은?
㉮ 6120시간   ㉯ 6740시간   ㉰ 61200시간   ㉱ 67400시간

풀이 $L_h = 500 (\frac{C}{P})^3 \times \frac{33.3}{N} = 500 (\frac{8000}{750})^3 \times \frac{33.3}{3000}$

$= 6735.6 \text{(hr)} \fallingdotseq 6740 \text{(hr)}$

문제 63. 코터 이음에서 로드에 칼라(collar)를 만드는 이유는?
㉮ 코터가 굽힘 하중에 견딜 수 있도록   ㉯ 코터가 전단 하중에 견딜 수 있도록
㉰ 소켓이 갈라질 염려가 있을 때   ㉱ 로드가 압축 하중에 견딜 수 있도록

해답 57. ㉯ 58. ㉰ 59. ㉰ 60. ㉱ 61. ㉮ 62. ㉯ 63. ㉰

[풀이] 로드와 소켓에 코터를 박을 때 소켓이 갈라지는 것을 방지하기 위해 로드에 쐐기(jib) 역할을 하는 칼라를 끼워서 사용한다.

문제 64. 100kg의 물체를 로프에 매달아 80cm/sec²의 가속도로 단진동을 한다. 로프의 복원력은?
㉮ 6.9kg ㉯ 7.2kg ㉰ 8.2kg ㉱ 9.4kg

[풀이] 복원력 $F = \dfrac{W \cdot a}{g} = \dfrac{100 \times 80}{980} = 8.2 \, [kg]$

문제 65. 기어의 잇수가 각각 $Z_1 = 36$, $Z_2 = 108$인 스퍼어 기어에서 속도비는?
㉮ 1/2 ㉯ 1/3 ㉰ 1/4 ㉱ 1/5

[풀이] $i = \dfrac{N_2}{N_1} = \dfrac{D_1}{D_2} = \dfrac{Z_1}{Z_2}$ 에서 $i = \dfrac{Z_1}{Z_2} = \dfrac{36}{108} = \dfrac{1}{3}$

문제 66. 스퍼 기어에서 각각 $Z_1 = 40$, $Z_2 = 50$개인 기어에서 Z_1이 500rpm으로 회전할 때 Z_2의 회전수는 얼마인가?
㉮ 400rpm ㉯ 450rpm ㉰ 500rpm ㉱ 550rpm

[풀이] $i = \dfrac{N_2}{N_1} = \dfrac{D_1}{D_2}$ 에서
$N_1 = N_2 \times \dfrac{40}{50} = 500 \times \dfrac{40}{50} = 400 \, [rpm]$

문제 67. 1kW를 전달하는 롤러 체인 전동에서 체인의 평균 속도가 3m/sec일 때 인장 쪽의 장력은 얼마인가?
㉮ 34kg ㉯ 37kg ㉰ 40kg ㉱ 42kg

[풀이] $P = \dfrac{F \cdot Vm}{75} \, [PS] = \dfrac{F \cdot Vm}{102} \, [kW]$에서
장력 $F_1 = \dfrac{102 \cdot P}{Vm} = \dfrac{102 \times 1}{3} = 34 \, [kg]$

문제 68. 체인 휠의 피치가 14.8mm, 잇수가 26일 때 회전수가 400rpm으로 회전하고 있을 경우 체인의 평균 속도는 얼마인가?
㉮ 2.1m/sec ㉯ 2.4m/sec ㉰ 2.6m/sec ㉱ 2.8m/sec

[풀이] $Vm = \dfrac{N \cdot P \cdot Z}{100 \times 60} = \dfrac{400 \times 14.8 \times 26}{100 \times 60}$
$= 2.56 \fallingdotseq 2.6 \, [m/sec]$

문제 69. 체인 휠의 피치가 14mm, 중심 거리가 1m, 잇수가 20개 및 62개 일 때 링크의 수는 몇 개인가?
㉮ 132개 ㉯ 148개 ㉰ 160개 ㉱ 184개

[풀이] $L_p = \dfrac{2C}{P} + \dfrac{1}{2}(Z_1 + Z_2) + \dfrac{0.253p(Z_2 - Z_3)^2}{C}$

[해답] 64. ㉰ 65. ㉯ 66. ㉮ 67. ㉮ 68. ㉰ 69. ㉱

$$= \frac{2\times 1000}{14} + \frac{1}{2}(20+62) + \frac{0.0253\times 14(62-20)^2}{1000}$$

$$= 142.9 + 41 + 0.225 = 184.125 ≒ 184 〔개〕$$

문제 70. V벨트의 모양 중 인장 강도가 가장 큰 것은?
㉮ A형　　　　　㉯ C형　　　　　㉰ E형　　　　　㉱ M형

[풀이] M형 : 100kg,　A형 : 180kg,　B형 : 300kg
　　　 C형 : 500kg,　D형 : 1000kg,　E형 : 1500kg

문제 71. 키의 길이가 50mm, 접선력은 350kg일 때 키의 폭은?
㉮ 7mm　　　　㉯ 2.3mm　　　　㉰ 2.9mm　　　　㉱ 3.1mm

[풀이] $\tau = \frac{P}{bl}$ 에서　$b = \frac{P}{\tau \cdot l} = \frac{350}{300\times 5}$

$= 0.23 〔cm〕 = 2.3 〔mm〕$

문제 72. 지름이 50mm인 축에 키의 길이는 60mm, 폭 10mm, 높이 10mm이다. 3000kg·mm의 회전력이 작용할 때 키의 전단력은?
㉮ 1kg/mm²　　㉯ 2kg/mm²　　㉰ 3kg/mm²　　㉱ 4kg/mm²

[풀이] $\tau = \frac{2T}{lbd} = \frac{2\times 3000}{60\times 10\times 50} = 2 〔kg/mm^2〕$

문제 73. 축의 지름이 60mm이고 키는 ($l\times b\times h = 50\times 10\times 10$)의 규격을 갖고 있다. 25000 kg·mm의 회전력이 작용할 때 키의 압축 응력은?
㉮ 1.8kg/mm²　㉯ 2.3kg/mm²　㉰ 2.9kg/mm²　㉱ 3.3kg/mm²

[풀이] $\sigma_c = \frac{4T}{hld} = \frac{4\times 25000}{10\times 50\times 60} = 3.3 〔kg/mm^2〕$

문제 74. 코터 이음의 구성 요소가 아닌 것은?
㉮ 로드(rod)　　㉯ 소켓(socket)　　㉰ 핀(pin)　　㉱ 코터(cotter)

[풀이] 코터 이음에서는 코터가 핀의 역할을 한다.

문제 75. 코터의 기울기에서 반영구적으로 부착시킬 때의 기울기로 적당한 것은?
㉮ 1/5~1/10　　㉯ 1/15~1/20　　㉰ 1/20~1/50　　㉱ 1/50~1/100

[풀이] ㉮항 : 자주 분해 조립할 경우에 사용
　　　 ㉯항 : 가장 많이 사용되는 일반적인 곳에 사용

문제 76. 코터의 경사각을 α, 마찰각을 ρ라 할 때 양쪽 구배인 경우와 코터의 자립 조건은?
㉮ $\alpha > \rho$　　㉯ $\alpha \leq \rho$　　㉰ $\alpha > 2\rho$　　㉱ $\alpha \leq 2\rho$

[풀이] ㉱항 : 한쪽 구배인 경우의 자립 조건이다.

문제 77. 셀러 나사의 나사산의 각도는?
㉮ 29°　　　　　㉯ 30°　　　　　㉰ 55°　　　　　㉱ 60°

[해답] 70. ㉰　71. ㉯　72. ㉯　73. ㉱　74. ㉰　75. ㉱　76. ㉯　77. ㉱

[풀이] 셀러 나사는 미국 표준 나사로 인치 단위를 사용하는 나사이다.

문제 78. 나사와 용도의 연결이 잘못된 것은?
㉮ 삼각 나사 : 볼트 및 너트
㉯ 애크미 나사 : 동력 전달용
㉰ 톱니 나사 : 프레스,스크루 잭 등
㉱ 너클 나사 : 전구, 호스 등

[풀이] 애크미 나사는 사다리꼴 나사로서 운동 전달용으로 공작 기계의 어미 나사용으로 많이 사용되고 있다.

문제 79. 헬리컬 기어의 비틀림 각도가 30°이고, 잇수는 40개이다. 상당 평기어 잇수는 몇 개인가?
㉮ 42개　　㉯ 48개　　㉰ 56개　　㉱ 62개

[풀이] $Ze = \dfrac{Z}{\cos^3 \beta} = \dfrac{40}{\cos^3 30°} = 61.6 ≒ 62$ [개]

문제 80. 지름 피치가 16이고 피치원 지름이 127mm인 기어의 잇수는?
㉮ 70개　　㉯ 80개　　㉰ 90개　　㉱ 100개

[풀이] $DP = \dfrac{Z}{D}$ 에서 $Z = DP \times D$ 에서 in를 mm로 환산하면
$Z = \dfrac{16}{25.4} \times 127 = 79.99 ≒ 80$ [개]

문제 81. 모듈이 같은 두 기어의 잇수가 Z_1 35, Z_2 45이고 축간 거리가 80mm이다. 모듈은 얼마인가?
㉮ 2　　㉯ 3　　㉰ 4　　㉱ 5

[풀이] $C = \dfrac{m(Z_1 + Z_2)}{2}$ 에서 $m = \dfrac{2 \times C}{Z_1 + Z_2} = \dfrac{2 \times 80}{35 + 45}$
$= \dfrac{160}{80} = 2$

문제 82. 모듈이 4인 두 기어의 잇수가 50, 40일 때 중심 거리는?
㉮ 140mm　　㉯ 150mm　　㉰ 180mm　　㉱ 210mm

[풀이] $C = \dfrac{m(Z_1 + Z_2)}{2} = \dfrac{4(50 + 40)}{2} = 180$ [mm]

문제 83. 미터 나사에 대한 설명으로 틀린 것은?
㉮ 체결용으로 나사산의 각도는 60°이다.
㉯ 나사산의 모양이 산은 평평하고 골은 둥글다.
㉰ ABC 나사라고도 한다.
㉱ 나사산의 크기 표시는 피치로 표시하며 단위는 mm를 사용한다.

[풀이] ABC 나사는 미국, 영국, 캐나다가 협정하여 만든 나사로 유니파이 나사라고 하며 인치 계열의 대표적인 삼각 나사이다.

문제 84. 레버 크랭크 기구에서 사점(Dead Point)에 대해 옳게 설명된 것은?

[해답] 78. ㉯　79. ㉱　80. ㉯　81. ㉮　82. ㉰　83. ㉰

㉮ 운동의 방향을 변화시킬 수 있는 변환점
㉯ 크랭크와 커넥팅 로드가 하중에 견디지 못하고 파괴되는 점
㉰ 회전 속도를 변화시킬 수 있는 변환점
㉱ 크랭크와 커넥팅 로드가 일직선이 되어 크랭크를 돌릴 수 없는 점

[토의] ㉮항을 사안점(change point)이라고 한다.

문제 85. 구면 링크 기구를 이용한 기구는?
㉮ 인디케이터 기구　　　　　　㉯ 와트 기구
㉰ 포슬리에 기구　　　　　　　㉱ 유니버설 이음 기구

[토의] • 평행 기구 : 만능 제도기, 팬터그래프, 로버벌 저울 등
• 직선 운동 기구 : 포슬리에 기구, 스콧 러셀 기구, 와트 기구, 로버트 기구, 인디케이터 기구 등
• 구면 링크 기구(방사측 연쇄) : 유니버설 이음, 훅 이음, 카르단 이음 등이 있다.

문제 86. 브레이크 드럼의 지름이 500mm, 마찰 계수는 0.2, 드럼에 작용하는 힘이 270kg일 때 드럼에 작용하는 토크는 얼마인가?
㉮ 850kg·mm　　㉯ 1150kg·mm　　㉰ 13500kg·mm　　㉱ 15000kg·mm

[토의] $T = f \dfrac{D}{2} = \dfrac{\mu \cdot W \cdot D}{2} = \dfrac{0.2 \times 270 \times 500}{2}$
$= 13500 \, [\text{kg} \cdot \text{mm}]$

문제 87. 내확장 브레이크에서 마찰 계수 $\mu = 0.4$일 때 블록의 접촉각(θ)은 몇 도 이하이어야 하는가?
㉮ 90°　　　　㉯ 120°　　　　㉰ 150°　　　　㉱ 180°

[토의] 마찰 계수가 0.2일 경우에는 120°이어야 한다.

문제 88. 브레이크 블록의 길이 및 폭이 100×40mm이다. 브레이크 블록을 미는 힘을 50kg 이라 할 때 브레이크 접촉면 압력은 얼마인가?
㉮ 0.010kg/mm²　㉯ 0.0125kg/mm²　㉰ 0.0155kg/mm²　㉱ 0.0180kg/mm²

[토의] $P = \dfrac{W}{A} = \dfrac{50}{100 \times 40} = 0.0125 \, [\text{kg/mm}^2]$

문제 89. 브레이크 드럼에 5000kg·mm의 토크가 작용하고 있다. 브레이크 드럼의 지름이 450mm일 때 이 축을 정지시키는 데 필요한 제동력은 얼마가 필요한가?
㉮ 20kg　　　　㉯ 22kg　　　　㉰ 24kg　　　　㉱ 26kg

[토의] $T = f \dfrac{D}{2}$에서 $f = \dfrac{2T}{D} = \dfrac{2 \times 5000}{450} = 22 \, [\text{kg}]$

문제 90. 중하중과 고속 회전용으로 적당한 축은?
㉮ 합금강　　　㉯ 주강　　　㉰ 니켈·크롬강　　　㉱ 단조강

[토의] 공작 기계의 주축 스핀들과 같이 중하중과 고속 회전에 견딜 수 있는 축에는 Ni-Cr강을 많이 사용하고 있다.

[해답] 84. ㉱　85. ㉱　86. ㉰　87. ㉮　88. ㉯　89. ㉯　90. ㉰

문제 91. 다음의 너트 중 가장 강력한 체결력이 있는 너트는?
㉮ 플랜지 너트 ㉯ 플레이트 너트 ㉰ SPAC 너트 ㉱ 슬리브 너트

[풀이] SPAC 너트는 너트 자체 중 일부분을 판에 때려 박는 형태로 풀림 방지 및 진동이 있는 곳에도 강력한 고정력이 유지되는 너트이다.

문제 92. 캠의 회전각을 가로축, 종동절의 변위를 세로축으로 하여 그린 그래프를 무엇이라 하는가?
㉮ 변위 선도 ㉯ 속도 선도 ㉰ 가속도 선도 ㉱ 캠 선도

[풀이]
• 속도 선도 : 회전각과 종동절의 속도 관계를 나타낸 선도
• 가속도 선도 : 회전각과 가속도 관계를 나타낸 선도
• 캠 선도 : 변위 선도, 속도 선도, 가속도 선도를 통틀어 나타낸 선도

문제 93. 스퍼 기어에서 회전력이 2000kg이고 기어의 원주 속도가 3m/sec일 때 전달 마력은 몇 kW가 되겠는가?
㉮ 42kW ㉯ 45kW ㉰ 53kW ㉱ 59kW

[풀이] $F = \dfrac{102P}{V}$ 에서 $P = \dfrac{F \cdot V}{102} = \dfrac{2000 \times 3}{102} = 58.8 ≒ 59$ [kW]

문제 94. 스퍼 기어에서 $Z_1 = 30$, $Z_2 = 45$, 이의 나비가 40mm, 모듈이 4이고, 속도 계수가 0.5, 접촉면 응력 계수가 0.052kg/mm²일 때 허용 회전력을 구하라.
㉮ 140kg ㉯ 150kg ㉰ 160kg ㉱ 170kg

[풀이] $F = f_v \cdot k \cdot m \cdot b \dfrac{2(Z_1 \times Z_2)}{Z_1 + Z_2} = 0.5 \times 0.052 \times 4 \times 40$
$= \dfrac{2(30 \times 45)}{30 + 45} = 149.76 ≒ 150$ [kg]

문제 95. 축방향에 2톤의 하중과 비틀림을 동시에 받는 스크루 잭에서 허용 인장 응력이 6.4kg/mm²일 때 나사의 지름은?
㉮ 29mm ㉯ 33mm ㉰ 35mm ㉱ 38mm

[풀이] 하중과 비틀림을 동시에 받으므로
$d = \sqrt{\dfrac{2(1 + \frac{1}{3}W)}{\sigma_a}} = \sqrt{\dfrac{8W}{3\sigma_a}} = \sqrt{\dfrac{8 \times 2000}{3 \times 6.4}}$
$= 28.87$ [mm] ≒ 29 [mm]

문제 96. 볼트의 허용 전단 응력이 6kg/mm²이고 지름이 23mm일 때 전단에 견딜 수 있는 볼트의 하중은?
㉮ 1958kg ㉯ 2135kg ㉰ 2492kg ㉱ 2768kg

[풀이] $d = \dfrac{4W}{\pi \cdot \tau}$ 에서 $W = \dfrac{\pi \cdot \tau \cdot d^2}{4} = \dfrac{\pi \times 6 \times 23^2}{4}$
≒ 2492 [kg]

문제 97. 볼트의 호칭 지름이 25mm일 때 너트의 높이로 적당한 것은?
㉮ 15mm ㉯ 23mm ㉰ 30mm ㉱ 35mm

[해답] 91. ㉰ 92. ㉮ 93. ㉱ 94. ㉯ 95. ㉮ 96. ㉰ 97. ㉯

[풀이] $H=(0.8\sim1.0)d$의 범위이므로 20~25mm 정도가 적당하다.

[문제] 98. 2.5ton의 스크루 잭에서 나사의 바깥 지름이 400mm, 골 지름이 34mm, 피치 6mm인 2줄 나사에서 너트의 유효 지름은 얼마인가?
㉮ 35mm ㉯ 36mm ㉰ 37mm ㉱ 38mm

[풀이] $d_0 = \dfrac{d_1+d_2}{2} = \dfrac{40+34}{2} = 37 \text{(mm)}$

[문제] 99. 롤러 체인의 구성 요소가 아닌 것은?
㉮ 롤러 ㉯ 핀 ㉰ 부시 ㉱ 스프로킷

[풀이] 롤러 체인은 ㉮㉯㉰항 외에 링크로 구성되어 있다.

[문제] 100. 홈붙이 마찰차(V홈 마찰차)의 홈의 깊이로 적당한 것은?
㉮ 5~10mm ㉯ 10~20mm ㉰ 20~30mm ㉱ 30~40mm

[풀이] 홈붙이 마찰차의 홈의 깊이는 10~20mm, 홈의 수는 5개, 홈의 각도는 30~40° 정도가 적당하다.

[문제] 101. 마찰차의 전달 마력을 크게 하는 방법이 아닌 것은?
㉮ 지렛대 장치를 사용한다. ㉯ 접선력을 크게 한다.
㉰ 마찰 계수를 크게 한다. ㉱ 접촉 압력을 작게 한다.

[풀이] P : 전달 마력, F : 접선력, p : 접촉 압력이라고 할 때

$P = \dfrac{\mu PV}{75} = \dfrac{\mu PV}{102} = \dfrac{\mu FV}{102}$ 이므로 접촉 압력 p가 클수록 전달 마력이 크게 된다.

[문제] 102. 마찰차의 전달 계수가 가장 큰 것은?
㉮ 주철과 주철 ㉯ 주철과 종이 ㉰ 주철과 목재 ㉱ 주철과 가죽

[풀이] 마찰 계수 ; 주철과 주철 : 0.10~0.15
주철과 종이 : 0.15~0.20
주철과 가죽 : 0.15~0.30
주철과 목재 : 0.20~0.50

[문제] 103. 체인 전동 장치의 특징인 것은?
㉮ 미끄럼이 없어 속도비가 일정하다.
㉯ 큰 동력의 전달이 가능하고 효율은 70~75% 정도이다.
㉰ 충격을 흡수할 수가 없다.
㉱ 축간 거리는 10m 정도가 적당하다.

[풀이] 체인 전동의 효율은 95% 이상이고, 축간 거리는 4m가 적당하며 탄성에 의한 충격 흡수가 가능하다.

[문제] 104. 분해가 불가능한 결합 요소는?
㉮ 키 ㉯ 볼트 ㉰ 리벳 ㉱ 코터

[풀이] 리벳 이음 및 용접 이음 등은 분해가 불가능하다.

[문제] 105. 원뿔차의 각도가 30°인 원뿔 마찰차의 홈에 120kg의 힘이 작용하고 있다. 원주 속도는 9.5m/sec 마찰 계수 $\mu=0.3$일 때 전달 동력은?

[해답] 98. ㉰ 99. ㉱ 100. ㉯ 101. ㉱ 102. ㉰ 103. ㉮ 104. ㉰

㉮ 4.2kW   ㉯ 4.5kW   ㉰ 5.8kW   ㉱ 6.7kW

[풀이] 전달 동력 $P = \dfrac{\mu \cdot F \cdot V}{102 \sin \alpha} = \dfrac{0.3 \times 102 \times 9.5}{102 \times 0.5}$

$= 6.7 [kW]$

[문제] 106. 1마력(PS)을 옳게 설명한 것은?
㉮ 75kg·m/min   ㉯ 75kg·mm/sec   ㉰ 75kg·m/sec   ㉱ 75kg·mm/min

[풀이] 1kW = 102kg·m/sec

[문제] 107. 완충기(Buffer)에 대한 설명으로 틀린 것은?
㉮ 고무 유압식과 스프링 유압식이 있다.
㉯ 불균형한 물체에는 무게 중심추를 이용하여 균형을 잡는다.
㉰ 기계 장치에 부착하여 고무 자체의 감쇠성에 의해 진동을 방지한다.
㉱ 자동차의 쇼크 업소버 및 기계의 기초 볼트 받침대 등에 쓰인다.

[풀이] ㉯항은 회전체의 균형을 잡을 때 이용하는 방법이다.

[문제] 108. 고속 고하중용 베어링 메탈로 항공 모터에 많이 쓰이는 재료는?
㉮ 켈밋 메탈   ㉯ 배빗 메탈   ㉰ 주철   ㉱ 함유 소결 합금

[풀이]
- 켈밋 메탈(구리계 합금) : 내구력이 높고 항공 모타 등에 적당
- 배빗 메탈(주석계 화이트 메탈) : 큰 하중에 적당하나 마찰에 약하다.
- 주철 : 수압용, 저속용에 사용
- 함유소결합금 : 오일리스 베어링으로 전기 시계, 냉장고 등에 사용

[문제] 109. 마찰 클러치의 마찰 모양에 따른 종류가 아닌 것은?
㉮ 원판 클러치   ㉯ 불할링 클러치   ㉰ 유체 클러치   ㉱ 원뿔 클러치

[풀이] 마찰 클러치에는 원판, 원뿔, 원통, 분할링, 띠 등의 종류가 있다.

[문제] 110. 원통 롤러형 베어링의 종류가 아닌 것은?
㉮ N형   ㉯ NH형   ㉰ NF형   ㉱ NR형

[풀이] 레이디얼 롤러 베어링에서 원통 롤러형은 ㉮㉯㉰항 이외에 NJ, NP, NU형이 있다.

[문제] 111. 구름 베어링에서 기계의 몸체와 결합되어 고정되는 것은?
㉮ 부시   ㉯ 리테이너   ㉰ 바깥바퀴   ㉱ 안바퀴

[풀이] 안바퀴 : 회전 축과 결합하여 회전한다.

[문제] 112. 로프의 재질이 아닌 것은?
㉮ 고무 로프   ㉯ 와이어 로프   ㉰ 섬유 로프   ㉱ 무명 로프

[풀이] 로프의 재질 및 종류는 섬유 로프, 면(무명 로프, 삼(마닐라) 로프, 와이어 로프) 등이 많이 사용되고 있다.

[문제] 113. 원동차의 지름이 500mm, 회전수가 400rpm일 때 250kg의 힘으로 눌러 밀면 몇 마력을 전할 수 있는가? ($\mu = 0.3$)
㉮ 8.5PS   ㉯ 9.2PS   ㉰ 9.8PS   ㉱ 10.5PS

[해답] 105. ㉰ 106. ㉰ 107. ㉯ 108. ㉮ 109. ㉰ 110. ㉱ 111. ㉰ 112. ㉮ 113. ㉱

[풀이] $H = \dfrac{\mu \cdot P \cdot V}{75}$ 에서

$V = \dfrac{\pi dn}{60 \times 100} = \dfrac{\pi \times 500 \times 400}{60 \times 100} ≒ 10.5 \text{(m/sec)}$

$\therefore H = \dfrac{\mu \cdot P \cdot V}{75} = \dfrac{0.3 \times 250 \times 10.5}{75} = 10.5 \text{(PS)}$

문제 114. 다음 중 링크 체인의 용도로 부적당한 것은?
㉮ 동력 전달용   ㉯ 체인 블록   ㉰ 하역용   ㉱ 컨베이어

[풀이] 링크 체인 또는 코일 체인이라고 하며 동력 전달용에는 롤러 체인과 사일런트 체인 등이 있다.

문제 115. 비틀림각이 20°인 헬리컬 기어에서 잇수가 50개, 이 직각 모듈이 3일 때 피치원 지름은?
㉮ 150mm   ㉯ 160mm   ㉰ 170mm   ㉱ 180mm

[풀이] $D = \dfrac{Z \cdot m}{\cos\beta} = \dfrac{50 \times 3}{\cos 20} = 159.6 ≒ 160 \text{(mm)}$

문제 116. 헬리컬 기어의 비틀림각이 25°, 잇수가 $Z_1=50$, $Z_2=120$, 이 직각 모듈이 3일 때 중심거리는?
㉮ 268mm   ㉯ 273mm   ㉰ 281mm   ㉱ 297mm

[풀이] $C = \dfrac{(Z_1+Z_2)M}{2\cos\beta} = \dfrac{(50+120)\times 3}{2 \times \cos 25°} = 281.36 ≒ 281 \text{(mm)}$

문제 117. 스퍼 기어에서 휨 응력이 14kg/mm², 이의 나비가 50mm, 치형 계수가 $0.186/\pi$, 모듈이 5인 기어에 작용하는 기어의 회전력은?
㉮ 207kg   ㉯ 285kg   ㉰ 387kg   ㉱ 505kg

[풀이] $F = \sigma_b \cdot m \cdot y = 14 \times 50 \times 5 \times \dfrac{0.186}{\pi} = 207.3 ≒ 207 \text{(kg)}$

문제 118. 너트의 풀림 방지에서 사용되는 요소로 거리가 먼 것은?
㉮ 와셔   ㉯ 세트 스크루   ㉰ 개스킷   ㉱ 철사

[풀이] 너트의 풀림 방지에서 사용되는 요소로는 와셔류, 로크 너트, 자동 죔 너트 핀, 작은 나사, 세트 스크루, 철사 등이 있으며 개스킷은 기밀을 유지하기 위해 사용되는 요소이다.

문제 119. 홈붙이 너트에 풀림 방지용으로 사용되는 핀으로 적당한 것은?
㉮ 분할 핀   ㉯ 스프링 핀   ㉰ 테이퍼 핀   ㉱ 코터 핀

문제 120. 와셔의 종류가 아닌 것은?
㉮ 로크 와셔   ㉯ 혀붙이 와셔   ㉰ 테이퍼 와셔   ㉱ 스프링 와셔

[풀이] ㉮㉯㉱항 외에 둥근 와셔, 사각 와셔, 클로 와셔 등이 있다.

문제 121. 볼트가 1800kg의 하중을 받을 때 볼트의 지름으로 적당한 것은? (단, 볼트의 허용 인장 응력은 500kg/cm²이다.)
㉮ 27mm   ㉯ 30mm   ㉰ 33mm   ㉱ 37mm

해답 114. ㉮ 115. ㉯ 116. ㉰ 117. ㉮ 118. ㉰ 119. ㉮ 120. ㉰ 121. ㉮

[풀이] $d=\sqrt{\dfrac{2W}{\sigma_a}}=\sqrt{\dfrac{2\times 1800}{500}}=2.68\text{(cm)}≒27\text{(cm)}$

[문제] **122.** 엔드 저널에서 1200kg의 하중이 가해진다. 저널 부분의 길이가 40mm라면 저널의 지름은 얼마가 되어야 하는가? (단, 휨 능력 $\sigma_b=4\text{kg/mm}^2$이다.)
㉮ 40mm ㉯ 45mm ㉰ 50mm ㉱ 55mm

[풀이] $d=\sqrt[3]{\dfrac{5.1wL}{\sigma_b}}$
$=\sqrt[3]{\dfrac{5.1\times 1200\times 40}{4}}=39.4\text{(mm)}≒40\text{(mm)}$

[문제] **123.** 스프링의 종횡비(K)를 구하는 식으로 맞는 것은?

㉮ $K=\dfrac{\text{자유 높이}}{\text{코일의 평균 지름}}$ ㉯ $K=\dfrac{\text{코일의 평균 지름}}{\text{자유 높이}}$

㉰ $K=\dfrac{\text{하중}}{\text{휨 변형량}}$ ㉱ $K=\dfrac{\text{휨 변형량}}{\text{하중}}$

[풀이] ㉰항은 스프링 상수(k)를 구하는 식이다.

[문제] **124.** 바깥지름 600mm, 안지름 450mm의 피벗 저널이 3000kg의 하중을 받고 180rpm으로 회전하고 있을 때 칼라의 수는 몇 개가 적당한가? (단, $PV=0.05\text{kg/mm}^2\cdot\text{m/sec}$로 한다.)
㉮ 3개 ㉯ 4개 ㉰ 5개 ㉱ 6개

[풀이] 칼라의 나비 $b=\dfrac{d_2-d_1}{2}$, 칼라의 두께 $t=(1\sim 1.5)b$로 구한다.

따라서 $d_2=d_1+2b$로 구한다.
$2b=d_2-d_1=600-450=150\text{(mm)}$ ∴ $b=75\text{(mm)}$

$d_2-d_1=\dfrac{W\cdot N}{30000\cdot PV\cdot Z}$ 에서

$Z=\dfrac{W\cdot N}{30000\times PV\times(d_2-d_1)}=\dfrac{W\cdot N}{30000\times PV\times 2b}$
$=\dfrac{3000\times 180}{30000\times 0.05\times 150}=2.4≒3\text{(개)}$

[문제] **125.** 평벨트에서 인장측 장력이 150kg, 이완측 장력이 50kg일 때 유효 장력은?
㉮ 50kg ㉯ 100kg ㉰ 150kg ㉱ 200kg

[풀이] 유효 장력=인장측 장력-이완측 장력=150-50=100(kg)

[문제] **126.** 원동차의 지름이 300mm, 종동차의 지름이 700mm, 축간 거리가 4500mm인 오픈 벨트의 길이는?
㉮ 7.384m ㉯ 8.475m ㉰ 9.25m ㉱ 10.578m

[풀이] $L=2C+\dfrac{\pi}{2}(D_1+D_2)+\dfrac{(D_2-D_1)^2}{4C}$

[해답] **122.** ㉮ **123.** ㉯ **124.** ㉮ **125.** ㉯ **126.** ㉱

$$= 2\times 4500 + \frac{\pi}{2}(300+700) + \frac{(700-300)^2}{4\times 4500} = 10.578 \text{[m]}$$

문제 127. 잇수가 25개이고 지름 피치가 5인 기어의 피치 원 지름은?
㉮ 5mm ㉯ 57mm ㉰ 117mm ㉱ 127mm

풀이 $DP=\frac{Z}{D}$ 에서 $D=\frac{Z}{DP}=\frac{25}{5}=5\times 25.4=127\text{[mm]}$

문제 128. 잇수가 45개이고 모듈이 3인 기어의 피치 원 지름은?
㉮ 105mm ㉯ 115mm ㉰ 135mm ㉱ 142mm

풀이 $m=\frac{D}{Z}$ 에서 $D=m\cdot Z=3\times 45=135\text{[mm]}$

문제 129. 모듈이 3, 잇수가 50개인 기어의 바깥지름은?
㉮ 140mm ㉯ 144mm ㉰ 150mm ㉱ 156mm

풀이 $D_0=m(Z+2)=3(50+2)=156\text{[mm]}$

문제 130. 피치 원에서 이 끝원까지의 높이를 무엇이라 하는가?
㉮ 어덴덤 ㉯ 디덴덤 ㉰ 이뿌리 높이 ㉱ 총 이높이

풀이 이끝 높이=어덴덤, 이뿌리 높이=디덴덤

문제 131. 다음 중 미끄럼이 없는 벨트는?
㉮ 폴리 벨트 ㉯ 강철 벨트 ㉰ 타이밍 벨트 ㉱ 털 벨트

풀이 타이밍 벨트는 접촉면에 치형이 붙어 있어 미끄럼이 없고 속도비가 일정하며 고속, 저속 회전 등 광범위하게 사용되고 있다.

문제 132. 피벗 저널이 3500kg의 수직 하중을 받아서 250rpm으로 회전하고 있다. 베어링 끝 안지름을 20mm라고 하면 바깥지름은 얼마로 하여야 하는가? (단, $PV=0.17\text{kg/mm}^2\cdot$/sec로 한다.)
㉮ 167mm ㉯ 172mm ㉰ 180mm ㉱ 186mm

풀이 $d_2-d_1=\frac{WN}{30000PV}$ 에서

$d_2=\frac{WN}{30000\times PV}+d_1=\frac{3500\times 250}{3000\times 0.17}=171.56$

$\fallingdotseq 172\text{[mm]}$

문제 133. V-벨트의 마찰 계수 $\mu=0.25$, V-벨트의 단면 각도가 $40°$일 때 예상 마찰 계수는 얼마인가? ($\sin 20°=0.342$, $\cos 20°=0.9396$, $\sin 40°=0.642$, $\cos 40°=0.766$이다.)
㉮ 0.413 ㉯ 0.428 ㉰ 0.433 ㉱ 0.457

풀이 $\mu'=\dfrac{\mu}{\sin\dfrac{\alpha}{2}+\mu\cos\dfrac{\alpha}{2}}=\dfrac{0.25}{0.342+0.25\times 0.9396}=0.433$

해답 127. ㉱ 128. ㉰ 129. ㉱ 130. ㉮ 131. ㉰ 132. ㉯ 133. ㉰

문제 134. 벨트가 2.8m/sec로 회전하고 인장측이 400kg, 이완측이 200kg의 장력이 작용할 때 전달 마력은 얼마인가?
㉮ 5.5kW   ㉯ 6.4kW   ㉰ 7.8kW   ㉱ 10.2kW

풀이 전달 마력 $P = \dfrac{T_e V}{102} = \dfrac{T_e V}{75}$ 에서

T_e = 인장측 장력 － 이완측 장력 = 400 － 200 = 200 [kg]

∴ $P = \dfrac{T_e V}{102} = \dfrac{200 \times 2.8}{102} = 5.5$ [kW]

문제 135. 리벳의 효율(η_r)을 나타낸 것은?

㉮ $\dfrac{1\text{피치 내에 있는 리벳의 전단 파괴 강도}}{1\text{피치폭마다의 강판의 인장 파괴 강도}}$

㉯ $\dfrac{1\text{피치폭마다의 강판과 인장 파괴 강도}}{1\text{피치 내에 있는 리벳의 전단 파괴 강도}}$

㉰ $\dfrac{\text{피치폭에 있는 구멍에 대한 강판의 인장 파괴 강도}}{1\text{피치폭마다의 강판의 인장 파괴 강도}}$

㉱ $\dfrac{1\text{피치폭마다의 강판의 인장 파괴 강도}}{1\text{피치폭에 있는 구멍에 대한 강판의 인장 파괴 강도}}$

풀이 ㉰항을 강판의 효율(η_t)라고 한다.

문제 136. 롤러 체인의 최대 사용 속도는?
㉮ 5m/sec   ㉯ 7m/sec   ㉰ 10m/sec   ㉱ 12m/sec

풀이 사일런트 체인의 최대 사용 속도는 10m/sec 정도이다. 또한 롤러 체인의 일반적인 사용 속도는 5m/sec정도이며 가장 양호한 속도는 3m/sec이나 최대 7m/sec까지의 사용이 가능하다.

문제 137. 사일런트 체인의 면각(β)의 종류가 아닌 것은?
㉮ 52°   ㉯ 60°   ㉰ 80°   ㉱ 90°

풀이 면각은 52°, 60°, 70°, 80°의 4종류가 있으나 52°와 60°가 가장 많이 사용되고 있다.

문제 138. 자리가 좁아서 육각 너트를 사용할 수 없을 때 쓰이는 너트로 적당한 것은?
㉮ 홈붙이 너트   ㉯ 캡 너트   ㉰ 원형 너트   ㉱ 나비 너트

풀이 원형 너트 또는 둥근 너트라고도 하며 혹크 스패너, 개눈 스패너 등을 이용하여 체결한다.

문제 139. 원형 너트를 사용하는 데 적당한 것은?
㉮ 숫돌 축의 고정 너트   ㉯ 바이스의 핸들
㉰ 선반의 심압대   ㉱ 기밀 유지용

풀이 원형 너트는 숫돌축 또는 선반의 주축 스핀들과 같은 회전축에 고정이 필요한 곳에 사용되고 있다.

문제 140. 하중 5톤에 걸리는 압축 스프링의 변형량이 20mm일 때의 스프링 상수는?
㉮ 160kg/mm   ㉯ 200kg/mm   ㉰ 250kg/mm   ㉱ 300kg/mm

풀이 $k = \dfrac{W}{\delta} = \dfrac{5000}{20} = 250$ [kg/mm]

해답 134. ㉮ 135. ㉮ 136. ㉯ 137. ㉱ 138. ㉰ 139. ㉮ 140. ㉰

문제 141. 사일런트 체인에 대한 설명으로 틀린 것은?
㉮ 조용한 전동이 필요한 경우에 적당하다.
㉯ 스프로킷의 잇수는 최소 17매 이상으로 한다.
㉰ 휠의 잇수는 될수록 짝수를 선택한다.
㉱ 링크의 경사면에 휠이 접촉하여 동력 전달이 조용하다.

[해설] 스프로킷 휠의 잇수는 17개 이상~70개 정도가 적당하며 될수록 홀수를 선택한다. 또한 링크의 수는 될수록 짝수를 선택한다.

문제 142. 코일 스프링의 상수가 8kg/mm일 때 100kg의 하중이 걸리면 변형량은 얼마인가?
㉮ 8mm ㉯ 10mm ㉰ 11.5m ㉱ 12.5m

[해설] $k = \dfrac{W}{\delta}$ 에서 $\delta = \dfrac{W}{k} = \dfrac{100}{8} = 12.5\,(\text{mm})$

문제 143. 그림과 같은 스프링에서 k_1=4kg/mm, k_2=6kg/mm일 때 합성 스프링 상수는?
㉮ 2.4kg/mm ㉯ 2.1kg/mm
㉰ 0.24kg/mm ㉱ 0.21kg/mm

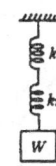

[해설] 직렬의 경우이므로

$$k = \dfrac{1}{\dfrac{1}{k_1} + \dfrac{1}{k_2}} = \dfrac{1}{\dfrac{1}{4} + \dfrac{1}{6}} = \dfrac{1}{0.417}$$
$$= 2.398 \fallingdotseq 2.4\,(\text{kg/mm})$$

문제 144. 그림과 같은 스프링에서 k_1=3kg/mm, k_2=5kg/mm일 때 합성 스프링 상수는?
㉮ 1.7kg/mm ㉯ 3.4kg/mm
㉰ 4kg/mm ㉱ 8kg/mm

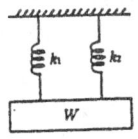

[해설] 병렬의 경우이므로 $k = k_1 + k_2 = 3 + 5 = 8\,(\text{kg/mm})$

문제 145. 마찰 클러치의 마찰재로 부적당한 것은?
㉮ 금속 ㉯ 가죽 ㉰ 석면 ㉱ 고무

[해설] 클러치의 한쪽면은 금속, 다른면은 가죽, 고무, 금속, 목재 및 아스베스토스 라이닝 등을 사용한다.

문제 146. 그림과 같이 1열 겹치기 이음에 2500kg의 인장 하중이 작용하고 있다. 강판의 두께 t=12mm, 강판의 폭 b=70mm, 리벳 구멍의 지름 d=18mm라면 리벳에 생기는 전단 응력은?
㉮ 2.9kg/mm² ㉯ 3.2kg/mm²
㉰ 3.7kg/mm² ㉱ 4.9kg/mm²

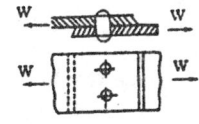

[해설] 복수 전단이므로 $\tau_s = \dfrac{2W}{\pi d^2} = \dfrac{2 \times 2500}{\pi \times 18^2}$
$= 4.9\,(\text{kg/mm}^2)$

문제 147. 1열 겹치기 이음에서 리벳 지름이 25mm, 강판의 두께 10mm, 피치 54mm, 강판의 인장 응력이 8.5kg/mm²일 때 인장에 견디기 위한 하중은?

㉮ 1895kg ㉯ 2125kg ㉰ 2465kg ㉱ 2734kg

[해설] $W = t(p-b)\sigma_t = 10(54-25)8.5 = 2465 [\text{kg}]$

문제 148. 강판의 두께가 15mm인 1열 겹치기 이음에서 리벳의 지름은? (단, 전단 파괴 강도는 압축 강도의 80%로 한다.)
㉮ 20mm ㉯ 22mm ㉰ 25mm ㉱ 30mm

[해설] $\sigma_c = 100$ $\tau = 80$으로 할 때
$$d = \frac{4t\sigma_c}{\pi \cdot \tau} = \frac{4 \times 15 \times 100}{\tau \times 80} = 24.89 = 25 [\text{mm}]$$

문제 149. 리벳 구멍의 지름이 18mm, 피치가 65mm, 강판의 두께가 14mm일 때 1열 겹치기 이음에서의 강판의 효율은?
㉮ 65.5% ㉯ 70.2% ㉰ 71.5% ㉱ 72.3%

[해설] $\eta = \dfrac{p-d}{p} = \dfrac{65-18}{65} = 72.3 [\%]$

문제 150. 블록 브레이크에서 블록의 재질로 사용되지 않은 것은?
㉮ 주철 ㉯ 베이클라이트 ㉰ 아스베토스 직물 ㉱ 나무

[해설] 블록의 재질은 ㉮㉰㉱항 이외에 펠로드, 석면, 피혁 등이 사용되고 있다.

문제 151. 기어에서 접촉률이란?
㉮ $\dfrac{\text{접촉 원호의 길이}}{\text{원주 피치}}$ ㉯ $\dfrac{\text{원주 피치}}{\text{접촉 원호의 길이}}$
㉰ $\dfrac{\text{접촉 원호의 길이}}{\text{지름 피치}}$ ㉱ $\dfrac{\text{지름 피치}}{\text{접촉 원호의 길이}}$

[해설] 접촉률(물림률)은 1.2~1.5 정도로 한다.

문제 152. 다음의 축 이음에서 고정 커플링에 해당되는 것은?
㉮ 올덤 커플링 ㉯ 플랜지 커플링 ㉰ 플렉시블 커플링 ㉱ 자재이음

[해설] 고정 커플링에는 원통 커플링과 플랜지 커플링이 있다.

문제 153. 원통 커플링의 종류가 아닌 것은?
㉮ 셀러식 커플링 ㉯ 분할 원통 커플링 ㉰ 머프 커플링 ㉱ 플랜지 커플링

[해설] 원통 커플링은 슬리브 커플링이라고도 하며 ㉮㉰㉱항 이외에 마찰 원통 커플링, 반중첩 커플링 등이 있다.

문제 154. 정지 나사를 고정할 때 필요 없는 공구는?
㉮ 드라이버 ㉯ 바이스 그립 ㉰ L-렌치 ㉱ 스패너

[해설] 정지 나사 또는 세트 스크루(set screw)라고도 한다.

문제 155. 나사 끝 부분을 열처리하여 얇은 철판에 암나사를 만들어 가며 체결시키는 나사는?

[해답] 147. ㉰ 148. ㉰ 149. ㉱ 150. ㉯ 151. ㉮ 152. ㉯ 153. ㉱ 154. ㉯

㉮ 작은 나사　　　　㉯ 세트 스크루　　　　㉰ 나사못　　　　㉱ 태핑 나사

[토의] 나사못은 목재에 돌려 가며 체결용으로 사용되고 있다.

문제 156. 다음 중 저널의 종류가 아닌 것은?
㉮ 엔드 저널　　　　㉯ 피벗 저널　　　　㉰ 미끄럼 저널　　　　㉱ 칼라 저널

[토의] 저널의 종류
- 스러스트 저널(추력 저널) : 피벗 저널, 칼라 저널
- 레이디얼 저널(가로 저널) : 끝 저널(엔드 저널), 중간 저널 등이 있다.

문제 157. KS에 규정되어 있는 압력각(α)은?
㉮ 14.5°　　　　㉯ 17.5°　　　　㉰ 20°　　　　㉱ 22.5°

[토의] KS에는 20°만 규정되어 있지만 일반적으로 mm계열은 20°, inch 계열은 14.5°를 사용한다.

문제 158. 주석계 화이트 메탈의 주성분인 것은?
㉮ $Sn+Pb+Sb$　　　　㉯ $Sb+Al+Pb$
㉰ $Cu+Sb+Sn$　　　　㉱ $Zn+Cu+Sn+Pb$

[토의] ㉮항 : 납계, ㉱ : 아연계 화이트 메탈의 주성분이다.

문제 159. 축의 설계상 고려할 점이 아닌 것은?
㉮ 비틀림　　　　㉯ 열응력　　　　㉰ 강도　　　　㉱ 이음 방식

[토의] ㉮, ㉯, ㉰항 이외에 강성도, 진동, 부식, 축의 재질에 대해 고려하여야 한다.

문제 160. 밴드 브레이크에서 목재의 라이닝 두께로 알맞는 것은?
㉮ 5~10mm　　　　㉯ 10~20mm　　　　㉰ 20~35mm　　　　㉱ 30~45mm

[토의] 석면 직물일 경우에는 5~10mm 정도로 한다.

문제 161. 변위 선도가 포물선으로 나타나고 고속 회전에 사용되는 운동은?
㉮ 단진동 운동　　　　㉯ 등가속도 운동　　　　㉰ 등속도 운동　　　　㉱ 가속도 운동

[토의] 등속도 운동 : 변위 선도는 직선이며 저속인 경우에 사용된다.
단진동 : 변위 선도가 사인 곡선이며 원활한 운동을 전달한다.

문제 162. 플래시블 커프링의 종류가 아닌 것은?
㉮ 스틸형　　　　㉯ 간격형　　　　㉰ 원통형　　　　㉱ 플랜지형

[토의] ㉮㉯㉰항 이외에 고무형이 있다.

문제 163. 간헐 전동 장치에 해당되지 않는 것은?
㉮ 지동 기구　　　　㉯ 제네바 스톱　　　　㉰ 캠　　　　㉱ 래칫 기구

[토의] 간헐 전동 기구에는 제네바 스톱, 간헐 기어 장치, 지동 기구(이스케이프먼트), 래칫 기구 등이 있다.

문제 164. 축 이음 중에서 키로 고정시키는 것은?
㉮ 슬리브 커프링　　　　㉯ 플렉시블 커프링
㉰ 유니버설 조인트　　　　㉱ 올덤 커프링

[토의] 키로 고정시키는 축 이음은 슬리브 커플링과 플랜지 커플링이 있다.

[해답] 155. ㉰　156. ㉰　157. ㉰　158. ㉰　159. ㉱　160. ㉱　161. ㉯　162. ㉰　163. ㉰
164. ㉮

제3장 기계공작법

1. 주 조

1 목 형

(1) 목형재료

1) 목재

① 목재의 조직 : 목재는 전 중량의 30~40%가 수분으로 되어 있고 목재의 단면을 보면 다음 그림과 같다.

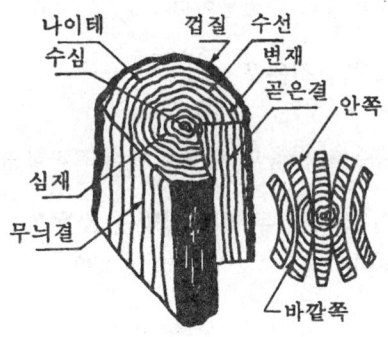

〔목재의 조직〕

㉮ 수심(pith) : 나이테의 중심부
㉯ 변재(sap wood) : 껍질에 가까운 부분
㉰ 심재(heart wood) : 안쪽 부분으로 적재라고도 함.

② 목재의 수축과 변형 : 목재의 수축은 침엽수보다 활엽수가 크고, 심재보다 변재가 크다. 또 섬유 방향이 가장 적고(0.1~0.5%의 수축), 연륜 방향이 가장 크다(5%~12%의 수축). 비중이 큰 목재가 비중이 작은 목재보다 수축량이 크다.

목재의 수축을 방지하려면
㉮ 양질의 목재를 선택할 것
㉯ 장년기의 수목을 겨울에 벌채할 것
㉰ 잘 건조된 것을 선택할 것
㉱ 여러 개의 목편을 조합하여 목형을 만들 것
㉲ 적당한 칠을 할 것

③ 목재의 건조법 : 목형에 쓰이는 목재는 수분이 있으면 수축과 변형이 생기므로 건

조시켜 사용해야 한다. 또 건조시키면 부패, 충해의 방지, 중량의 경감, 강도의 증대가 있다.
- ㉮ 자연 건조법
  - ㉠ 야적법 : 원목이나 큰 각재의 건조시에 이용
  - ㉡ 가옥적법 : 판재나 할재를 건조할 때 이용
- ㉯ 인공 건조법
  - ㉠ 증재법 : 스팀으로 건조하는 법
  - ㉡ 침재법 : 수중에 담갔다가 꺼내어 건조하는 방법
  - ㉢ 자재법 : 용기에 넣고 쪄서 건조하는 방법
  - ㉣ 열풍 건조법 : 목재를 건조실에 넣고 열풍으로 건조하는 방법
  - ㉤ 훈재법 : 배기 가스 또는 연소 가스에 의한 건조법
  - ㉥ 진공 건조법 : 진공 상태에서 가스나 고주파 열로 건조하는 방법
  - ㉦ 전기 건조법 : 전기 저항열로 건조하는 방법
④ 목재의 방부법 : 목형을 만들어 오래 보관하면 부패하거나 충해를 입게 되므로 다음과 같은 부식 방지법이 있다.
- ㉮ 도포법 : 목재 표면에 페인트나 크레졸유를 칠하는 방법
- ㉯ 자비법 : 방부제를 목재에 침투시키는 방법
- ㉰ 침투법 : 목재에 염화 아연, 유산동 수용액을 흡수시키는 방법
- ㉱ 충전법 : 목재에 구멍을 뚫어 방부제를 넣어 놓는 방법

2) 목재 이외의 재료
① 접착제 : 목재를 접착할 때 아교, 못, 클램프 등이 쓰이는 데 요즈음에는 아교 대신에 합성 수지계 접착제가 쓰인다.
② 해충이나 습기가 흡수되는 것을 방지하기 위해 니스, 페인트 등이 쓰인다.

(2) 목형의 종류 및 제작

1) 목형의 종류
① 현형(solid pattern) : 제작할 제품과 동일한 형상으로 다듬질 여유 및 수축 여유를 첨가한 목형이다.
- ㉮ 단체형 : 단일체의 목형으로 간단한 형상의 제품을 만드는 목형
- ㉯ 분할형 : 목형을 2개로 분할하여 다우얼과 구멍으로 연결한다.
- ㉰ 조립형 : 분할형으로 주형을 만들 수 없을 때 사용
② 긁기형(strickle pattern) : 단면이 고르고 가늘고 긴 것에 적합하며, 안내판에 따라 긁기판을 움직인다.
③ 회전형(sweeping pattern) : 제품이 회전체로 되어 있을 때 판재로 주물 단면의 일부분을 만들어 목형 중심축에 대하여 회전시켜 주형을 만드는 목형이다.
④ 부분형(section pattern) : 기어나 프로펠러와 같이 형상이 대칭으로 되어 있는 것은 일부분만 목형을 만들어, 이것을 모래 위에 놓고 중심선을 축으로 차례로 돌려가면서 전체 주형을 만든다.
⑤ 골격형(skeleton pattern) : 대형이고 주조 개수가 적을 때 사용하며 외형의 골격만

을 만든다.
⑥ 코어형(core box) : 중공 주물일 때 중공 부분을 메우는 모래형의 목형이다.
2) 목형 제작
① 수축 여유(shrinkage allowance) : 용융 금속은 냉각되면 수축되므로 주물의 치수는 주형의 치수보다 작아진다. 따라서 목형은 주물의 치수보다 수축되는 양만큼 크게 만들어야 하는 데, 이 수축에 대한 보정량을 수축 여유라 한다. 주물자는 금속의 수축을 고려하여 수축량만큼 크게 만든 자이다.
② 가공 여유(machining allowance) : 수기 가공이나 기계 가공을 필요로 할 때에 덧붙이는 여유 치수를 말한다.

〔수축 여유〕

재 료	수축길이 1m에 대하여 (mm)	1m 주물자의 실제 길이 (mm)
주 철	8.5~10.5	1008
주 강	18~21	1020
황 동	10.6~18	1015
청 동	13~20	1015
알루미늄	20	1020

〔가공 여유〕

다듬질 정도	가공여유 (mm)	재 질	가공여유 (mm)
거치른다듬질	1~5	주 철	3~6
중간다듬질	3~5	주 강	3~6
정밀다듬질	5~10	황동·청동	3~5

③ 목형 기울기(taper) : 주형에서 목형을 빼내기 쉽게 하기 위해 목형의 수직면에 다소의 기울기를 둔다. 목형의 크기와 모양에 따라 다르나 1m 길이에 6~10mm 정도의 기울기를 둔다.
④ 라운딩(rounding) : 모서리 부분이 응고할 때 결정 조직이 경계가 생겨서 약해지므로 목형의 모서리를 죽여서 둥글게 한다.
⑤ 덧붙임(stop off) : 얇고 넓은 판상 목형은 변형하기 쉬우므로 넓은 판면에 각제를 보충하거나, 주조시 두께가 같지 않으면 응고할 때 냉각 속도가 달라서 응력에 대한 변형, 균열을 발생하므로, 이것을 막기 위하여 주형이나 목형에 덧붙이를 달아서 보강한다.
⑥ 코어 프린트(core print) : 코어의 위치를 정하거나, 주형에 쇳물을 부었을 때 쇳물의 부력에 코어가 움직이지 않도록 하거나 또는 쇳물을 주입했을 때 코어에서 발생되는 가스를 배출시키기 위해서 코어에 코어 프린트를 붙인다.
3) 목형 공구와 기계
① 목형 공구 : 목형 제작에 필요한 공구는 톱, 대패, 끌, 송곳, 드릴, 해머, 금긋기 용구 및 측정 기구, 작업대 등의 공구가 필요하다.
② 목공 기계 : 목형 선반, 기계 띠톱, 기계 둥근톱, 기계 실톱, 기계 대패, 드릴링 머신, 연삭기, 샌더(sander) 등이 필요하다.
(3) 목형의 검사 및 정리
1) 목형의 검사
목형이 완성되면 공작도 및 목형 그림과 비교하여 검사한다. 그 후 목형에 도면 번호, 부품 명칭, 제작 번호, 재질, 제작 갯수 등을 기입한다.

2) 목형의 정리

목형을 정리할 때에는 목형에 기입할 내용을 기입하고, 가공할 부분, 덧붙임, 잔형 등에는 페인트를 칠하여 섞이지 않도록 한다. 또 목형의 소속을 명백히 하기 위해 기호를 쓰며, 분해 및 조립을 편하게 하기 위해 합인을 한다.

2 주 조

(1) 주형 및 주물사

1) 주형의 종류

① 주물사의 건조 정도에 따른 분류

㉮ 생형(green sand mould) : 주형을 만든 그대로의 주형에 쇳물을 붓는 형식으로 수분이 많아 수증기가 많이 발생한다.

㉯ 건조형(dry sand mould) : 주형을 만든 다음 건조시켜 수분을 제거한 것으로 견고하여 쇳물의 압력에 잘 견디므로 복잡한 주형 또는 코어를 만드는 데 적합하다.

㉰ 표면 건조형(skin dried mould) : 생형의 표면만을 숯불 또는 가스 불꽃으로 건조하는 형식이다.

② 주형의 재료에 따른 분류

㉮ 금형 : 금속으로 만든 주형으로 제작비가 비싸므로 다이캐스트, 칠드 주물 등에 쓰인다.

㉯ 특수 주형 : 합성 모래 주형, 기름 모래 주형, 시멘트 주형, 이산화탄소 주형, 셀 주형 등이 있다.

2) 주물사

① 주물사의 구비 조건

㉮ 성형성이 좋을 것

㉯ 내화성(耐火性)이 크고, 화학 반응을 일으키지 않을 것.

㉰ 통기성(通氣性)이 좋을 것.

㉱ 적당한 강도를 가질 것.

㉲ 아름답고 매끈한 주물 표면이 얻어질 수 있을 것.

② 주물사의 성질과 시험

㉮ 내열성 : 주물사의 내화성은 아래 그림과 같이 제에게르추(Seger cone)와 같이 삼각뿔로 만들어 고온에 두어 연화 굴곡 온도를 제에게르추로 측정한다.

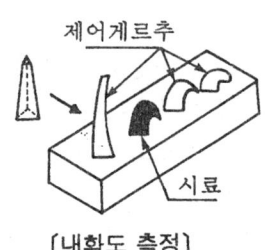

〔내화도 측정〕

㉯ 성형성 : 주물사의 성형성과 강도는 주물사의 입도, 점토량 및 수분의 양에 관계가 되며 주물사의 강도는 압축 시험으로 정한다.
㉰ 통기성 : 주형 속에서 발생된 가스나 수증기를 외부로 배출시키는 정도를 통기성이라 하며, 모래의 형상, 입도, 점토량, 수분, 다지기에 따라 정해진다. 주물사의 통기도는 시험편속을 일정 압력의 공기가 흐르는 빠르기로 나타낸 값이며 다음과 같이 나타낸다.

$$P = \frac{200h}{H \cdot A \cdot t}$$

여기서 P : 통기도
h : 시험편의 높이
H : 압력차
A : 시험편의 단면적
t : 측정한 배출 시간

㉱ 보온성과 복용성 : 주물사는 열전도도가 낮아야 쇳물이 급랭되지 않으며, 화학적, 물리적 변화가 적어 반복하여 사용할 수 있어야 한다.
㉲ 입도 : 주물사의 입자 크기를 입도라 하며 메시(mesh)로서 나타낸다. 메시는 1인치 길이에 있는 체의 구멍수를 뜻한다.

③ 주물사의 종류
㉮ 생형사 : 산모래 또는 바닷 모래가 사용되며 규사, 점토 등이 혼합되어 있어 성형성, 통기성, 내화성이 좋다.
㉯ 규사(silica sand) : 석영이 주성분이며, 내열성은 강하나 성형성은 약하다.
㉰ 하천 모래(river sand) : 장석, 운모, 석영이 혼합된 것으로 분리 모래(parting sand)나 건조형 주물사의 배합용으로 사용된다.
㉱ 점토(clay) : 주물사에 점결성을 주기 위해 배합하며, 점토수로 하여 주형을 붙일 때 사용된다.

④ 주물사의 배합제 : 주물사의 열적 성질을 향상시키고, 주형의 신축성을 돕는 이 외에 주물의 표면을 아름답게 하기 위해 첨가하는 물질로 다음과 같은 것이 있다.
㉮ 탄소계 : 주물 표면을 깨끗하게 하기 위해 석탄, 피치, 코우크스, 흑연 가루 등이 쓰인다.
㉯ 나무 및 곡물 : 주형에 쇳물 주입시 팽창, 수축으로 주형의 파손을 방지하기 위해 쓰인다.
㉰ 당밀 : 주형 표면을 경화시켜주므로 주입할 때 주형이 파손되거나 주물사가 쇳물에 혼입되는 것을 막아준다.

⑤ 주물사의 배합
㉮ 주철용 주물사 : 주로 생형사가 사용되며 대형 주물 및 복잡하고 정밀성을 요구하는 주물에서는 건조형 모래가 사용된다.
㉯ 건조형 주물사 : 규사를 주성분으로 점토, 벤토나이트를 약간 배합하며 코우크스 가루, 톱밥 등을 섞기도 한다.
㉰ 주강용 주물사 : 규사(70~90%), 점토(6~10%)에 수분(6% 이하)을 배합한 것으로 내열성, 통기성, 수축성이 우수하다.

㉔ 코어용 주물사 : 규산분이 많은 모래와 점토, 식물유 등을 혼합하여 사용하며, 통기성을 좋게하기 위해 톱밥, 코우크스 가루 등을 섞는다. 그 밖에 주물용 모래 및 재료는 다음의 것이 있다.
　㉠ 바닥 모래(floor sand) : 주물 공장에서 산모래와 오래 사용한 모래를 혼합한 것을 사용한다.
　㉡ 표면사(facing sand) : 주물과 닿는 부분에 사용하는 모래로 주물 표면을 깨끗하게 한다.
　㉢ 분리용 모래(parting sand) : 주형의 상형과 하형이 서로 밀착되는 것을 방지하는 모래로 하천의 굵은 새 모래를 사용한다.
　㉣ 도형 재료 : 주형면에 바르는 도료로 흑연, 운모, 숯가루, 코우크스 가루를 사용한다.

(2) 주형 제작

1) 주형법의 종류

① 주형 만드는 방법에 의한 분류
　㉮ 바닥 주형법 : 바닥 모래에 목형을 넣고 다져 주형을 만드는 방법
　㉯ 혼성 주형법 : 모래 바닥과 주형 상자를 써서 주형을 만드는 방법
　㉰ 조립 주형법 : 주형 도마 위에 주형 상자를 2개 또는 3개를 겹쳐 놓고 주형을 만드는 방법

② 목형 종류에 의한 분류 : 현형, 회전형, 긁기형, 골격형, 매치플래이트 등이 있다.

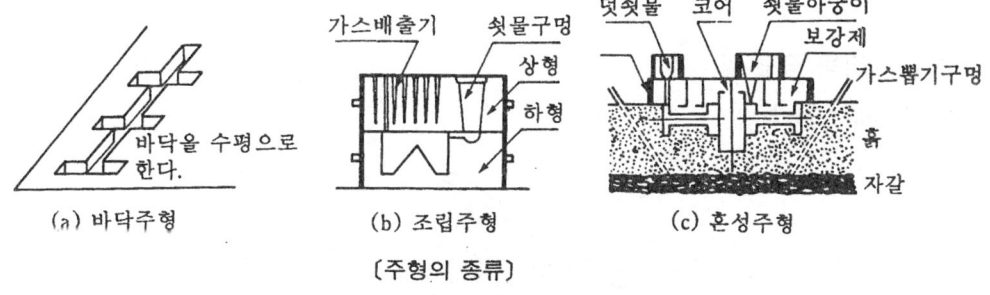

〔주형의 종류〕

2) 주형 각 부의 역할

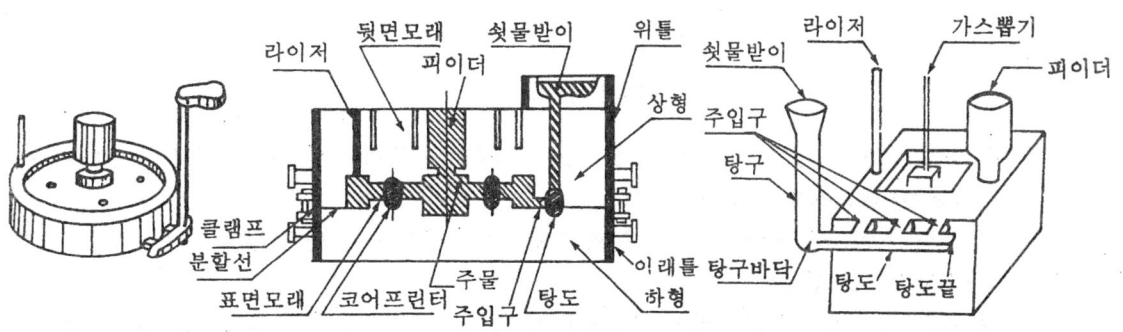

〔주형의 각부 명칭〕

① 탕구계
　㉮ 쇳물받이(pouring basin) : 쇳물 속의 슬랙을 제거하고 쇳물이 조용히 흘러들어 가게 하는 역할을 한다.
　㉯ 탕구(sprue) : 원형 단면형으로 쇳물의 흐름을 매끄럽게 만든다.
　㉰ 탕도(runner) : 쇳물이 주형 안에 골고루 흘러 들어가도록 하며, 탕구보다 큰 면적을 가져야 한다.
　㉱ 주입구(gate) : 탕도에서 갈라져 주형에 직접 쇳물이 흘러 들어가도록 하는 부분이다.
② 피이더(덧쇳물) : 주형내에서 쇳물이 응고될 때 수축으로 쇳물의 부족을 보급하며, 수축공이 없는 치밀한 주물을 만들기 위한 것으로 피이더(feeder)의 위치를 주물이 두꺼운 부분이나 응고가 늦은 부분 위에 설치한다.
③ 라이저 : 주형에 쇳물을 주입하면 가득 채워진 다음 넘쳐 올라오게 하여 쇳물이 주형에 가득찬 것을 관찰하려고 주형의 높은 곳이나 탕구에서 먼 곳에 둔다. 라이저(riser)는 가스뽑기 피이더의 역할도 한다.
④ 가스뽑기 : 주형 속의 가스나 수증기를 배출시키기 위해 가스뽑기(venting) 구멍을 뚫는다.
⑤ 냉각쇠 : 주물의 두께에 차이가 있으면 냉각 속도에 차이가 생기므로 되도록 이것을 적게 하기 위해 주물의 두께가 두꺼운 부분에 강, 주철 등의 냉각쇠(chiller)를 붙인다.
⑥ 코어 받침 : 코어가 움직이지 않도록 받쳐 주는 것으로 코어 받침(chaplet)은 주물의 재질과 같은 것으로 만든다.

(3) 주형 제작용 공구 및 시설
　1) 주형 제작 공구

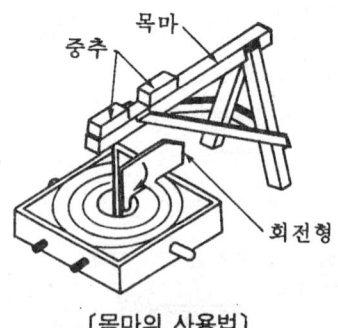

〔목마의 사용법〕

① 주형 상자(moulding box) : 주철 또는 목재로 만들며 2개 또는 3개로 조립하여 사용하고, 개폐식과 조립식이 있다.
② 주형 도마(moulding board) : 목형 또는 주형 상자를 놓는 편평한 받침판으로 목재나 금속으로 만든다.
③ 목마(wooden horse) : 회전 목형으로 주형을 만들 때 목형의 회전 중심을 고정시켜 주는 도구이다.

④ 수공구(hand tool) : 삽, 다짐봉, 체, 목형 뽑개, 주물 붓, 흙손, 탕구봉, 수준기 등이 있다.

2) 주형 제작 시설
① 혼사기(sand mixer) : 오래 사용하던 모래와 새 모래를 혼합할 때 사용한다.
② 주형 제조 기계(moulding machine) : 주형을 만드는 것으로 주물사를 다지는 방법에 따라 진동식 주형기와 압축식 주형기가 있다.
③ 자기 분리기(magnetic seperator) : 모래 중에 있는 철편 또는 철의 혼합물을 전자석 장치로 뽑아내는 기계이다.
④ 모래 분사기(sand blasting machine) : 모래를 압축 공기로 분사시켜 주물의 표면을 깨끗이 할 때 사용하는 기계이다.
⑤ 전마기(tumbler) : 회전하는 원통 속에 주물과 함께 모래 또는 가죽 조각 등을 넣어 회전시켜 주물의 표면을 깨끗하게 하는 기계이다.

(4) 용해와 주입
1) 용해로
① 큐우폴라(cupola) : 코우크스, 지금(地金), 용체(flux) 순으로 장입하여 용해하는 것으로 1시간당의 용해량으로 그 크기를 표시한다.
② 도가니로(crucible furnace) : 흑연제 도가니 속에 재료를 넣어 주위에 가스, 중유, 코우크스, 전기 등으로 간접적인 용해를 한다. 따라서 합금 성분의 변화가 적은 고급 용탕을 얻을 수 있다. 구리 1kg을 용해할 수 있는 용량의 것을 1번 도가니라 한다.

[노 종류와 용해 금속]

노 종류		용 해 금 속
큐우폴라		보통 주물
도가니로		일반적인 비철 금속
반사로		주철, 동합금
전기로	직접아이크로	고급주철, 가단주철, 주강
	간접아이크로	동합금, 경합금, 고급주물,
	유도전기로	고급주철, 동합금

③ 반사로(reverberatory furnace) : 석탄, 중유 등의 연소열 및 불꽃은 천정이나 벽을 따라 흘러 그 반사열로 용해한다.
④ 전기로(electric furnace) : 간접 아아크로, 직접 아아크로, 유도 전기로, 저항체식 등이 있다.

2) 주입 작업
① 압상력 : 주형에 쇳물을 주입하면 쇳물의 부력으로 윗주형틀이 들리게 되는 데 이 힘을 압상력(押上力)이라 한다. 이 압상력 때문에 주조시 윗주형틀 위에 추를 올려 놓는다.
압상력 P는 다음과 같이 계산한다.

$$P = \frac{r \cdot H \cdot A}{1000} - W$$

여기서 r : 쇳물 단위 부피 무게(kg/cm²)
W : 상형의 무게(kg)
H : 탕구의 높이(cm)
A : 쇳물 형상에 대한 투영 면적(cm²)

② 주입 온도 : 쇳물의 온도가 너무 높으면 조직이 억세고 약한 주물이 되며, 낮으면 주물의 성분이 불규일하고, 주물에 공기 구멍이 생기기 쉽다.

(5) 주물의 뒷처리와 검사

1) 주물의 뒷처리

쇳물 아궁이(탕구계)는 해머나 쇳톱, 그라인더로 절단하여 제거하며 주물에 붙어 있는 모래는 와이어 브러시나 전마기(tumble)로 제거하거나 모래 분사기, 쇼트 블라아스트(shot blast)로 제거한다.

2) 주물의 결함

① 수축 구멍(shrinkage hole) : 용융 금속이 주형내에서 응고할 때 표면에서 부터 수축을 하므로 최후의 응고부에는 수축으로 인해 쇳물이 부족하게 되어 공간이 생기게 되는 것을 말한다. 방지법으로는 쇳물 아궁이를 크게 하거나 덧쇳물을 붓는다.

② 기공(blow hole) : 주형내의 가스가 외부로 배출되지 못해 기공이 생긴다. 방지법은 다음과 같다.

㉮ 쇳물의 주입 온도를 필요 이상 높게 하지 말 것.
㉯ 쇳물 아궁이를 크게 할 것.
㉰ 통기성을 좋게 할 것.
㉱ 주형의 수분을 제거할 것.

③ 편석(segregation) : 용융 금속에 불순물이 있을 때 이 불순물이 집중되어 석출되든지, 또는 무거운 것은 아래로, 가벼운 것은 위로 분리되어 굳어지든지, 결정들의 각 부 배합이 달라지는 때가 있는 데 이 현상을 편석이라 한다.

④ 균열(crack) : 용융 금속이 응고할 때 수축이 불균일한 경우에 응력이 발생하여 이것으로 주물에 금이 생기게 되는 현상을 말하며 방지법은 다음과 같다.

㉮ 각부의 온도 차이를 적게 할 것.
㉯ 주물을 급랭시키지 않을 것.
㉰ 주물의 두께 차이를 갑자기 변화시키지 않을 것.
㉱ 각이진 부분은 둥글게 할 것

3) 주물의 시험 검사

① 육안 검사 : 모양, 표면 및 파면 등을 조사한다.
② 기계적 검사 : 주물의 강도, 경도 및 절단 시험을 한다.
③ 화학 분석 : 주물의 쇳가루를 분쇄하여 함유 원소량을 분석 검사한다.
④ 금속 현미경 시험 : 주조된 조직 및 주조 후의 처리 과정이 잘 되었나를 확인한다.
⑤ 비파괴 검사 : 기공, 수축, 구멍, 균열 등을 검사하는 방법으로 자력 결함 검사, 형광 검사, 초음파 검사, 방사선 검사 등이 있다.

(6) 특수 주철 및 강 주물

1) 특수 주철

① 고급 주철 : 보통 주철의 인장 강도가 $10 \sim 20 kg/mm^2$ 인데 비해 고급 주철은 $25 \sim 30 kg/mm^2$에 달하며, 흑연의 분포 상태를 조절하고 특수 원소를 첨가하여 기계적 성질을 개선한 것이다.

② 합금 주철(alloy cast iron) : 주철의 강도, 내마멸성, 내열성 등을 증가시키기 위해 니켈, 크롬, 구리, 몰리브덴, 알루미늄, 티타늄, 바나듐 등의 특수 원소를 1종 또는 2종 이상을 첨가한 주철이다.
③ 칠드 주철(chilled cast iron) : 용융된 주철을 서서히 냉각시키면 탄소가 흑연으로 되어 연하며, 급속히 냉각시키면 탄소는 탄화철(시멘타이트)이 되어 경도가 높고 메짐이 많은 백주철이 된다. 이같이 주철을 급랭시켜 경도를 높이는 것을 칠(chill)이라 하며, 이 방법으로 만든 주물을 칠드 주물이라 하여 금형에 주입하여 만든다. 보통 칠드층의 깊이는 20~40mm이며 주로 압연용 로울러, 기차 바퀴 등의 제작에 이용된다.

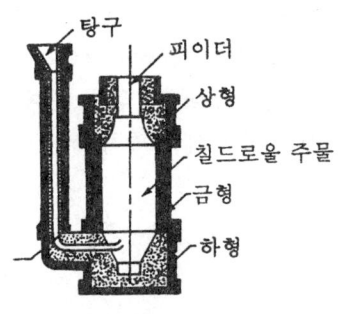

[칠드 주조]

④ 가단 주철(malleable cast iron) : 주철에 연성을 가지게 하기 위해 풀림 열처리를 한 것으로 백심 가단 주철과 흑심 가단 주철이 있다. 주로 파이프 이음쇠, 자동차 및 철도 차량의 부품, 공작 기계, 농기구 등에 사용된다.
⑤ 구상 흑연 주철(spheroidal graphite cast iron) : 탄소량이 많고 인이나 황이 적은 선철을 용해한 후 세륨(Ce)이나 마그네슘 합금을 첨가하여 편상의 흑연을 구상화시킨 주철로 피스톤, 실린더, 기어 등의 제작에 쓰이며, 노듈러 주철(nodular castiron)이라고도 한다.

2) 주 강

2.5~3.5%의 탄소를 함유하고 있는 주철을 용해시켜 2.0% 이하의 탄소를 함유한 주강을 만든다. 주강은 주철에 비해 강도는 높으나 유동성이 나쁘고 수축률이 크며, 주물 표면이 거칠다.

3) 특수 주조법

① 다이캐스팅(die casting) : 용해된 금속을 고형에 고압으로 주입하는 방법이며, 주물의 정밀도가 높고, 표면이 아름다워 기계 다듬질이 필요없는 데 사용된다. 다이캐스팅이 가능한 것으로는 아연, 알루미늄, 구리 등의 합금이다.
② 원심 주조법(centrifugal casting) : 고속으로 회전하는 원통형의 주형 내부에 용융된 쇳물을 주입하면 원심력에 의해서 쇳물은 원통 내면에 균일하게 붙게 되며, 이 때 그대로 냉각시키면 중공의 주물이 되게 된다. 이 방법은 파이프, 피스톤링, 실린더 라이너 등에 이용되고 있다.
③ 셀 모울드법(shell moulding) : 주형을 신속히 다량 생산할 수 있으며, 주물의 표면

이 아름답고 정밀도가 높으며, 기계 가공을 하지 않아도 사용할 수 있다. 규소 모래와 열경화성의 합성수지를 배합한 분말(resin sand)을 가열된 금형에 뿌려서 주형을 만들고, 이것을 두개 합하여 주형을 만들어 여기에 쇳물을 부어서 주물을 만든다.

④ 인베스트먼트법(investment casting) : 이 주조법은 다른 주조법과는 달리 모형을 왁스(wax)와 같은 재료로 만들고, 이것에 내화 물질을 칠하고, 여기에 용융된 내화성 주형재를 부착시켜 굳힌 다음 가열하면 왁스가 녹아서 유출되고, 왁스가 있던 자리가 중공(中空)이 되므로 주형이 된다. 여기에 쇳물을 주입시켜 주물을 만드는데, 주물의 수치가 매우 정확하며, 표면이 깨끗하고 복잡한 형상을 만들기 쉽다.

⑤ 이산화탄소법(CO_2 process) : 주물사에 규산 나트륨의 용액을 배합하여 조형을 한 후 탄산가스를 주형내에 불어 넣어 규산 나트륨과 CO_2의 반응으로 주형을 경화시키는 방법이다. 복잡한 형상의 코어 제작에 적합하다.

⑥ 진공 주조법(vacuum casting process) : 금속 중에 용해되어 있는 가스를 충분히 제거하기 위하여 금속을 진공 중에서 용해하고 또 주조하는 방법이다.

2. 측 정

1 측 정

(1) 측정의 기초

1) 측정기의 분류

① 실장 측정기 : 스케일, 버어니어 캘리퍼스 및 마이크로미터와 같이 측정기에 새겨진 눈금으로 직접 그 크기를 읽을 수 있는 것으로, 이 같은 측정법을 직접 측정이라 한다.

② 비교 측정기 : 다이얼 게이지, 공기 마이크로미터 같이 표준 치수로 다듬질 된 기준 게이지와 비교하여, 그 차이로 물품의 길이 또는 제품의 합격, 불합격을 판정하는 것으로 이 측정법을 비교 측정이라 하며, 이 측정을 총칭해서 컴퍼레이터(comparator)라 한다.

③ 기준 게이지 : 블록 게이지와 같이 치수의 기준이 되는 것 또는 제품 형상의 검사나 판별에 쓰이는 것이다.

④ 한계 게이지 : 제품에 허용된 치수 차에서 최대, 최소의 양 한계 치수를 정해, 그 범위내로 제품 치수가 다듬질 되었나를 판별하는 측정기이다.

2) 측정 오차

측정에 있어서 제품이 가진 실제 치수와 측정값과의 차이를 측정 오차라 하며, 측정 오차가 생기는 원인은 다음과 같다.

① 온도의 영향 : 표준 측정 온도(20℃)와 측정기 및 제품과의 온도차 또는 열에 의한 팽창 수축에 의한 오차

② 측정기 자체의 오차 : 측정기 자신이 가진 오차로 눈금선의 간격 부정 및 위치 부정으로 생기는 오차

③ 시차(視差) : 측정기의 눈금이 바로 새겨져 있어도 그것을 읽는 측정자의 잘못으로 생기는 오차
④ 측정압의 영향 : 측정기의 측정면을 제품에 접촉시킬 때의 압력차에 의해 생기는 오차
⑤ 굽힘의 영향 : 긴 것은 자중 또는 측정압에 의해 생기는 굽힘에 의한 오차
⑥ 우연의 오차 : 진동이나 소리, 기타 원인으로 의해 생기는 오차

2 측정기의 종류

(1) 실장 측정기

1) 버어니어 캘리퍼스
① 측정 원리 : 어미자의 눈금과 아들자의 눈금으로 측정물의 바깥쪽과 안쪽을 측정하는 것으로 호칭 치수는 측정 가능한 최대 길이로 나타낸다. 종류에는 M형(1/20 mm), CB형(1/50mm), CM형(1/50mm)가 있다.
② 눈금 읽는 법 : 그림과 같은 M형 버어니어 캘리퍼스로 설명한다. 어미자의 mm 단위를 아들자의 0점에서 6mm를 읽는다. 그 이하는 아들자의 눈금을 읽는다. 어미자에 새겨져 있는 눈금과 일직선에 겹쳐지는 아들자의 눈금 X점이 7이므로 7×0.05 mm=0.35mm로 읽는다. 그러므로 이 측정값을 다음과 같이 한다.

어미자의 눈금+아들자의 눈금=측정값
6mm+0.35mm=6.35mm

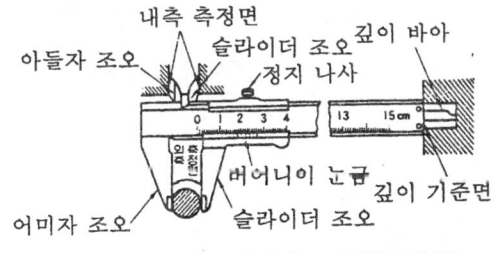
〔버어니어 캘리퍼스의 각부 명칭〕

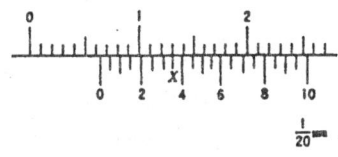
〔버어니어 캘리퍼스의 눈금 읽기〕

③ 사용상의 주의
㉮ 버어니어 캘리퍼스는 아베의 원리에 맞는 구조가 아니기 때문에 가능한 한 조오의 안쪽(어미자에 가까운 쪽)을 택해서 측정해야 한다.
㉯ 깨끗한 헝겊으로 닦아서 버어니어가 잘 이동되도록 한다.
㉰ 측정할 때에는 측정면을 검사하고 어미자와 아들자의 0점이 일치되었나 확인한다.
㉱ 피측정물은 내부의 측정면에 끼워서 오차를 줄인다.
㉲ 측정시 무리한 힘을 주지 않는다.

㉥ 눈금을 읽을 때는 시차(parallex)를 없애기 위하여 눈금으로부터 직각의 위치에서 읽는다.

> 아베의 원리(Abbe's principle)는 "측정하려는 시료와 표준자는 측정 방향에 있어서 동일 축선상의 일직선상에 배치하여야 한다"는 것으로써 컴퍼레이터의 원리라고도 한다.

2) 마이크로미터

① 마이크로미터의 원리 : 마이크로미터(micrometer)는 정밀하게 만든 암나사와 수나사의 끼워맞춤을 응용한 정밀도가 높은 측정기이다. 0.01mm까지의 치수를 읽을 수 있고, 버어니어를 이용하면 0.001mm 까지 읽을 수 있다. 스핀들에는 아주 정확한 피치 0.5mm의 나사가 깎아져 있어 딤블을 1회전하면 스핀들은 축방향으로 0.5mm 만큼 이동한다. 또한 딤블의 전둘레는 50등분되어 둘레의 1눈금은 돌리면 0.01mm가 된다.

② 눈금 읽는 법 : 아래 그림 (a)에서 슬리이브 위의 눈금 0.5mm 단위를 딤블의 끝면 x-x선상에 읽은 값 7mm와 슬리이브 축선 y-y에 의해 딤블의 눈금이 25(0.25mm)이므로

측정값＝7mm＋0.25mm＝7.25mm

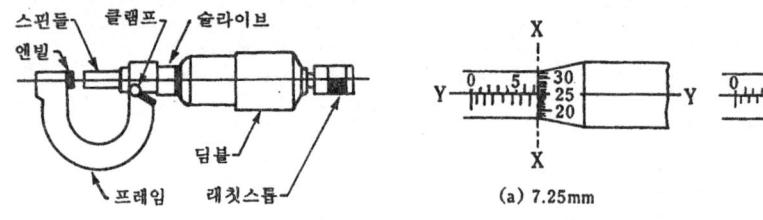

〔마이크로미터의 구조〕   〔마이크로미터 눈금 읽기〕

또 그림 (b)의 측정값은
  슬리이브의 읽은 값 7.5mm
  딤블의 읽은 값 0.25mm
따라서 측정값＝7.5mm＋0.25mm＝7.75mm가 된다.

③ 종류 : 외측 마이크로미터, 내측 마이크로미터, 깊이 마이크로미터, 다이얼 게이지부 마이크로미터, 지시 마이크로미터 등이 있다.

④ 사용상의 주의

㉮ 스핀들을 언제나 균일한 속도로 돌려야 한다.
㉯ 동일한 장소에서 3회 이상 측정하여 평균값을 내어서 측정값으로 한다.
㉰ 공작물에 마이크로미터를 댈 때에는 스핀들의 축선에 정확하게(직각 또는 평행) 일치시킨다.
㉱ 장시간 손에 들고 있으면 체온에 의한 오차가 생기므로 신속히 측정한다.

3) 하이트 게이지

하이트 게이지(height gauge)는 베이스에 세워진 어미자와 아들자에 의해 높이를 측정하며, 정반이나 기준면에서 높이를 정해 정확한 금긋기를 할 수 있다.

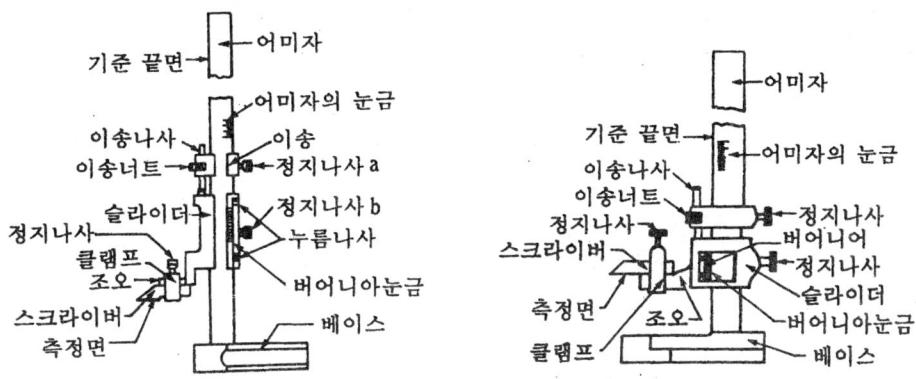

〔하이트 게이지〕

① 종류 : HB형, HM형, HT형이 있다.
② 사용상의 주의
  ㉮ 사용전에 반드시 어미자와 아들자의 0점을 맞추어 볼 것.
  ㉯ 스크라이버의 길이를 필요 이상 길게 하지 말 것.
  ㉰ 금긋기를 할 때는 고정 나사를 단단히 조일 것.
  ㉱ 시차(視差)에 주의할 것.
③ 사용 후의 주의
  ㉮ 사용한 후에는 각 부분을 깨끗이 닦아 녹이 슬지 않도록 기름칠을 할 것.
  ㉯ 측정 조오 부분에 돌기가 생겼을 때는 고운 기름 숫돌로 제거한 후 정도 검사를 할 것.
  ㉰ 습기나 먼지가 적고 온도 변화가 적은 곳에 보관할 것.
  ㉱ 정기적인 주기 점검을 할 것.

4) 측장기

측정기 본체 안에 표준자를 가지고 측정물을 이것과 비교하여 직접 치수를 측정할 수 있는 측정기를 측장기(measuring machine)라 하며, 구조는 피측정물의 지지 장치, 표준자, 측미 현미경 및 이것을 지지하는 베드로 되어 있다.

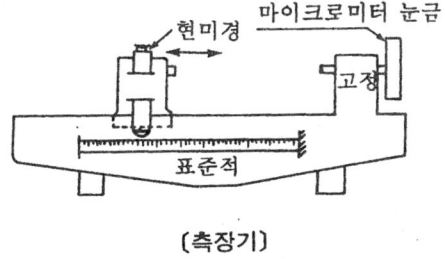

〔측장기〕

(2) 비교 측정기

1) 다이얼 게이지
  ① 용도 : 다이얼 게이지(dial gauge, dial indicator)는 평면이나 원통형의 평면도, 원통

의 진원도, 축의 흔들림 정도 등의 검사나 측정에 쓰이는 측정기이며 시계형, 부채꼴형 등이 있다. 모두가 스핀들의 적은 움직임을 레버나 기어 장치로 확대하며 눈금과 지침으로 그 움직임을 읽는다. 눈금은 원둘레를 100등분하여 1눈금이 1/100mm 를 나타내는 것이 보통이지만 특수한 것은 1/1000mm를 나타내는 것도 있다.

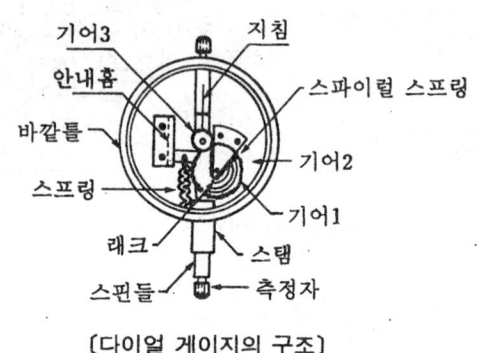

〔다이얼 게이지의 구조〕

② 종류
  ㉮ 보통형 : 가장 일반적인 것으로 다른 측정기와 병용하므로 그 응용 범위가 넓다.
  ㉯ 백 플런저형 : 눈금판에 대해 스핀들이 직각 위치로 되어 있는 형식이다.
  ㉰ 레버형 : 테스트 인디케이터와 같이 하이트 게이지 또는 공작 기계의 공구대에 붙여 스핀들식으로는 측정할 수 없는 좁은 곳을 측정한다.

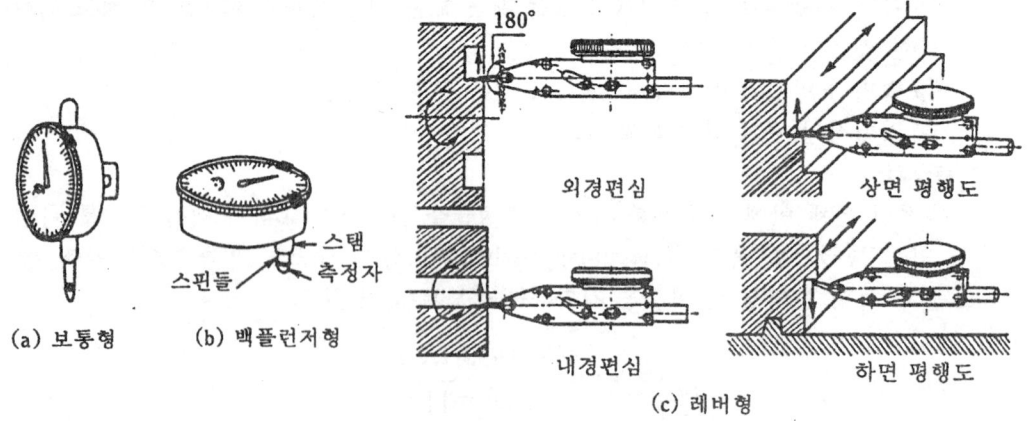

〔다이얼 게이지의 종류〕

③ 취급상의 주의
  ㉮ 다이얼 게이지의 지지구는 휨이 생기지 않는 것을 사용한다.
  ㉯ 측정자는 피측정면에 접촉시킬 때는 손으로 가볍게 누른다.
  ㉰ 충격은 절대로 금해야 한다.
  ㉱ 스핀들에 급유를 해서는 안된다.
  ㉲ 사용후는 깨끗한 헝겊으로 닦아서 보관한다.

2) 공기 마이크로미터
① 구조 : 측정부에 붙어 있는 노즐과 피측정면과의 틈새의 대소에 의해 유출하는 공기량의 변화를 이용하여 지시부의 부자(float)에 의해 측정하는 것으로 유체 역학의 원리를 응용한 것이다.

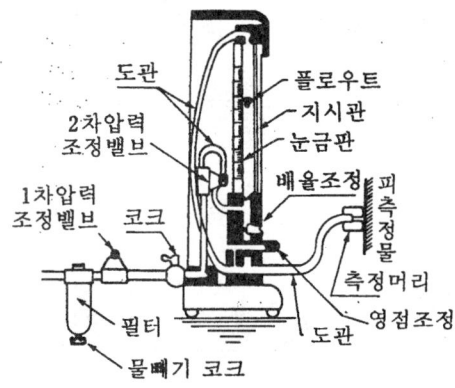

〔공기 마이크로 미터〕

② 특징
㉮ 확대율이 수천배로 측정 정밀도가 높다.
㉯ 피측정면과 무접촉으로 측정하므로 검사품에 상처를 주지 않는다.
㉰ 비교 측정기 특유의 측정 조작이 용이하여 대량 연속 측정이 된다.
㉱ 응용할 수 있는 면이 대단히 넓다.

3) 기타 비교 측정기
① 미니미터 : 미니미터(minimeter)는 레버 확대 기구를 이용하여 수백, 수천배로 확대시키는 것으로 부채꼴 눈금 위를 바늘이 180° 이내에서 움직인다.
② 올소 테스터 : 올소 테스터(orthotester)의 구조는 측정자의 움직임을 피벗 베어링 A와 레버 B에 의해 확대되어 기어 C와 D에 의해 2단으로 확대되므로 확대율은 850~900배이다.
③ 옵티미터 : 옵티미터(optimeter)는 확대 기구로 광학적 레버를 사용한 것으로 외부에서 투사된 광원은 대물(對物) 렌즈에서 촛점 거리 f 에 있는 눈금자를 가진 촛점경을 통해 다시 대물 렌즈에 의해 평행 광원으로 되어 회전 반사경에 달한다.
측정자의 움직임은 회전 반사경을 기울여 반사 광원을 2배의 각도로 촛점경 위에 반면(半面)의 눈금자에 상을 맺는다. 이 상과 고정 지표에서 접안 렌즈를 들여다 보아 측정치를 구한다.
④ 전자 마이크로미터 : 측정자의 기계적인 미소 움직임을 전기적으로 확대한 측정기로 지침 또는 오실로스코우프에 의해 직접 읽거나 또는 자동적으로 오실로스코우프에 기록된다.
⑤ 측미 현미경 : 정밀 측정에 사용되는 것으로 다음 그림과 같이 A 점에 있는 화살 M의 선단 α는 볼록 렌즈 L_1에 의해 확대되어 B점으로 다시 모아 명료한 상을 만든

다. 다시 볼록 렌즈 L₂에 의해 안구(眼球)를 통해 강막 C에 확대되어 화살 M'가 비친다. 따라서 B점에 눈금을 새긴 우유빛 유리를 촛점경으로 놓는 것에 의해 확대된 영상으로 미세한 치수차를 읽을 수 있다.

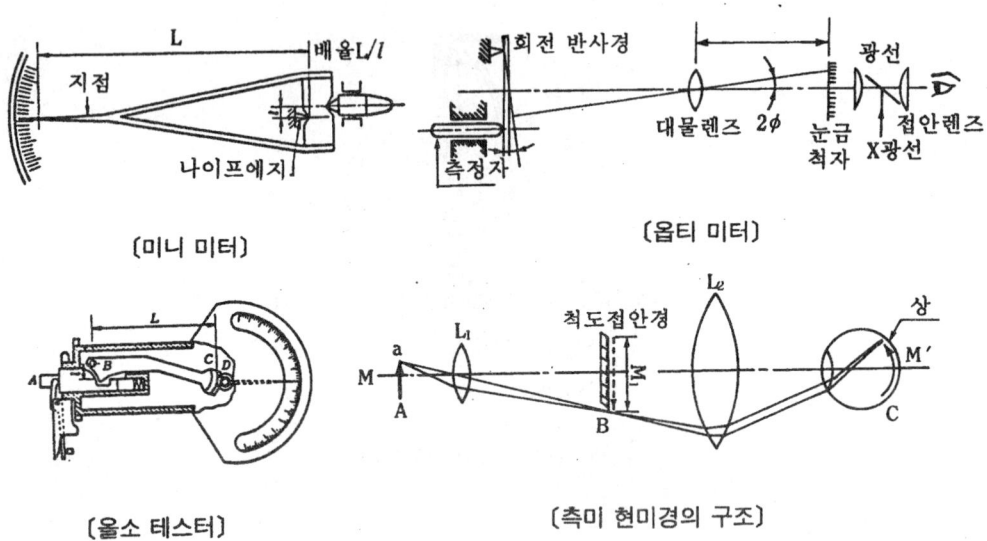

〔미니 미터〕

〔옵티 미터〕

〔울소 테스터〕

〔측미 현미경의 구조〕

(3) 기준 게이지

1) 블록 게이지

블록 게이지(block gauge)는 기준 게이지의 대표적인 것으로 스웨덴의 요한슨에 의해 고안된 것이며, 양 측정면은 평행 평면이고 래핑으로 가공했다.

① 치수 정도(精度) : 블록 게이지는 여러 개의 조합된 것으로 103개, 76개, 47개, 32개, 27개, 8개조가 있고, 정밀도에 의해 분류하면 4종류가 있다.

　　AA-연구소용(참조용)　　A-표준용　　B-검사용　　C-공작용

〔블록 게이지의 허용 오차〕

등　급	AA	A	B	C
25mm에 대한 오차(mm)	0.00005	0.0001	0.0002	0.0003

② 밀착(wringing) : 두 면의 게이지 면을 충분히 겹치면 서로 당기어 떨어지지 않는다. 이것을 링깅이라 한다. 여러 개의 블록을 조합하여 소정의 치수를 만드는 경우에 링깅을 한다.

③ 치수의 조립 : 가장 적은 갯수로 조합하도록 한다. 블록의 선택은 최후의 수를 만족시키는 순으로 택한다. 소수 제1위의 수가 0.5mm 보다 클 때는 예제에서 보는 바와 같이 먼저 1.005mm를 택한다. 다음 1.94는 0.5를 뺀 1.44쪽이 편리하므로 소량의 블록을 조합시킨다.

예제 1. 23.945mm를 조합시켜라.

풀이 1.005
　　　 1.44 ·················· 1.94 − 0.5
　　　21.5
　　　─────────
　　　23.945

④ 사용상의 주의
　㉮ 먼지가 적고 건조한 실내에서 사용한다.
　㉯ 측정면상의 상처를 막기 위하여 목재로 만든 작업대, 가죽 위에서 취급한다.
　㉰ 측정면은 깨끗한 헝겊이나 가죽으로 닦아 낸다.
　㉱ 작업대에 떨어뜨리지 않도록 한다.
　㉲ 사용 후에 밀착시킨채로 놓아두면 떨어지지 않으므로 반드시 떼어서 놓는다.
　㉳ 필요한 것만을 꺼내어 쓸 것이며 쓰지 않는 것은 반드시 보관 상자에 보관한다.
　㉴ 사용 후는 벤젠으로 닦아내고 양질의 방청유(그리이스)를 발라서 녹스는 것을 막는다.
　㉵ 정기적으로 치수 정도를 점검한다.

2) 한계 게이지

제품을 가공할 때 치수대로 가공하기 어려우므로 허용 한계를 두게 되며, 이 허용 한계를 쉽게 측정하는 게이지가 한계 게이지이다.

공작물의 허용 치수에는 최대 치수와 최소 치수의 두 가지가 있는 관계로 게이지의 양측에 최대 치수와 최소 치수가 있다. 사용되는 곳에 따라 축용(軸用) 게이지와 구멍용 게이지가 있다. 구멍용 한계 게이지에는 통과측(최소 치수)과 제지측(최대 치수)이 있어 이 두 부분을 구멍에 넣었을 때 통과 쪽에 들어가고 제지 쪽이 들어가지 않으면 그 구멍은 한계 치수 안에 맞게 가공된 것이다.

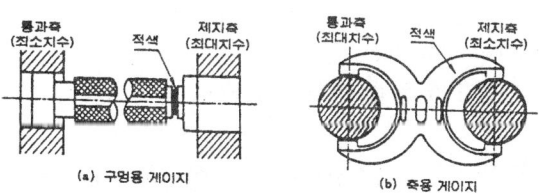

〔한계 게이지〕

① 종류
　㉮ 구멍용 한계 게이지
　　㉠ 플러그 게이지 : 비교적 작은 구멍(1~100mm)의 검사에 사용된다.
　　㉡ 평 게이지 : 원통의 일부를 측정면으로 하여 비교적 큰 구멍(50~250mm)의 검사에 사용된다.
　　㉢ 봉 게이지 : 250mm를 초과하는 구멍의 검사에 사용된다.
　㉯ 축용 게이지
　　㉠ 링 게이지 : 지름이 작거나 얇은 두께의 공작물 검사에 사용된다.
　　㉡ 스냅 게이지 : 축의 지름 검사 등에 사용하는 데, 고유 치수와 작동 치수를 갖

고 있으며, 단형, C형, A형 등의 종류가 있다.
ⓓ 나사용 한계 게이지
　㉠ 플러그 나사 게이지 : 너트의 유효 지름을 검사하는 데 사용한다.
　㉡ 링 나사 게이지 : 볼트의 유효 지름을 검사하는 데 사용한다.
② 한계 게이지의 사용법
　㉮ 사용 전에 깨끗한 천이나 가죽으로 게이지 면의 기름, 먼지 등을 닦아낸다.
　㉯ 일감에 게이지를 삽입할 때에는 너무 힘을 가해 주지 말고 500g 이하로 한다.
　㉰ 플러그 게이지나 링 게이지를 사용할 때에는 측정 면에 엷게 기름을 발라 주면 효과적이다.
　㉱ 온도의 오차에 주의한다.
　㉲ 측정 횟수 5000마다 정기적인 점검을 하여 주고, 1개월마다 정도를 확인한다.

(4) 각도의 측정

1) 만능 각도 측정기

회전하는 분도기의 플레이트를 이용하여 각도를 측정하는 것으로 아들자가 붙어 있다. 아들자는 한 눈금을 1°로 한 어미자 원둘레 눈금 23을 아들자로 12등분하므로 그 차가 1/12°, 즉 5분 단위의 각도를 읽을 수 있다.

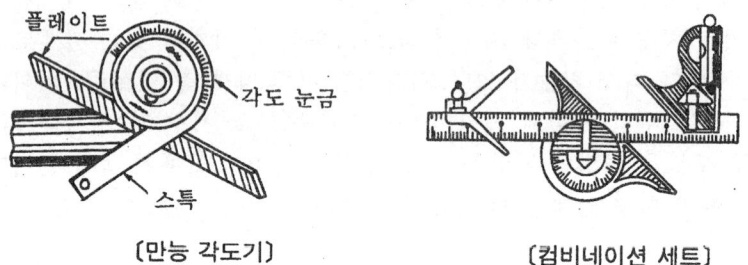

〔만능 각도기〕　　〔컴비네이션 세트〕

2) 컴비네이션 세트(combination set)

강철자, 직각자 및 분도기 등을 조합하여 각도 측정에 사용하는 측정기이다.

3) 각도 게이지

① 요한슨 각도 게이지 : 두께 1.5mm, 크기는 약 50×20mm의 공구강으로 만들고, 한 조가 85개 또는 49개이며 각 게이지가 가진 각도를 두 개 조합시켜 각도를 만든다.

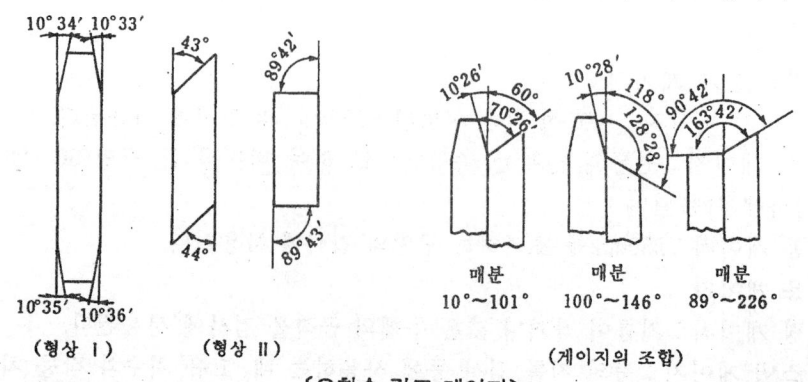

〔요한슨 각도 게이지〕

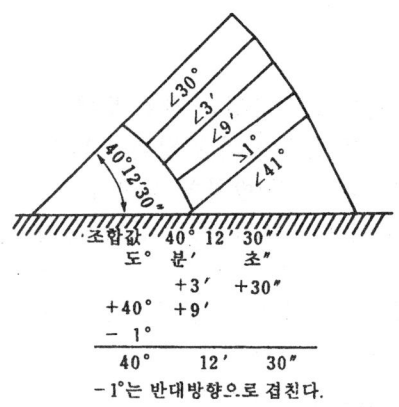

조합값 40° 12′ 30″
도° 분′ 초″
         +3′ +30″
+40° +9′
− 1°
─────────────────
40° 12′ 30″

− 1°는 반대방향으로 겹친다.

〔N.P.L 각도 게이지의 조합〕

〔요한슨 각도 게이지의 조합〕

조	측 정 범 위
85 개 조	10°~350° 사이는 1′ 간격, 0°~10° 와 350~360° 사이는 1° 간격
49 개 조	10°~350° 사이는 5′ 간격, 0°~10° 와 350~360° 사이는 1° 간격

② N, P, L식 각도 게이지 : 다른 각도를 가진 12개를 1조로 한 각도 블록을 쌓아 올려 각도를 만든다. 각 각도 블록의 측정면은 약 90×16mm로 매우 평탄한 래핑이 되었으며 블록 게이지같이 링킹하여 쓴다.

12개조에는 41°, 27°, 9°, 3°, 1°, 27′, 9′, 3′, 1′, 30″, 18″, 6″ 가 있다.

4) 사인 바아(sine bar)

직각 삼각형의 2변 길이로 삼각함수에 의해 각도를 구하는 것으로 삼각법에 의한 측정에 많이 이용된다. 아래 그림에 표시한 것같이 양 원통 로울러 중심 거리(L)는 일정 치수로 보통 10mm 또는 200mm로 만든다.

각도 α는 다음 식으로 구한다.

〔사인 바아〕

$$\sin \alpha = \frac{H}{L}$$

예제 2. 100mm의 사인 바아로 한쪽에 쌓인 블록 게이지의 높이 h_1이 50mm, 다른쪽 높이 h_2는 67.4mm 일 때 피측정면과 정반이 이루는 각도는 얼마인가?

풀이 $\sin \alpha = \dfrac{67.4-50}{100} = 0.174$

다음 삼각함수로 sin란에서 0.174를 보면, 0.174 = sin 10° 즉 α는 10°이다.

(5) 면의 측정

1) 면의 측정 방법

① 광선 정반(Optical flat) : 평면도의 측정은 간섭 무늬의 갯수가 적을수록 좋고, 광선 정반과 모두 일치하면 접촉면 전체가 회색 일색이 된다.

② 수준기 : 정밀 평형 수준기와 수직 방향의 측정이 되는 정밀 각형 수준기가 있어 기포관의 감도(感度)에 의해 나눈다. 기포관 1눈금은 수평 방향 1m 마다의 기울기를 표시한다.

③ 오토콜리미터(autocolimeter) : 일종의 망원경으로 반사경을 보아 오토콜리미터 내부의 고정표선과 반사경에서 흘러나온 +자 표선과의 차이로서 반사경의 놓임이 문자 위치의 각도차 또는 변화를 측정한다.

④ 나이프 에지 : 측정면에 닿게 하고 시그네스 게이지를 끼워 틈새를 재게 된다.

2) 형상과 윤곽의 측정

① 투영기 : 피측정물을 광학적으로 스크린 위에 확대 투영시켜 측정한다.

② 현미경 : 컬럼 위에 붙이는 현미경과 마이크로미터 헤드를 가진 좌표 스테지로 되었으며 회사에 따라 공구 현미경 또는 만능 공구 현미경이라 부른다.

(6) 나사의 측정

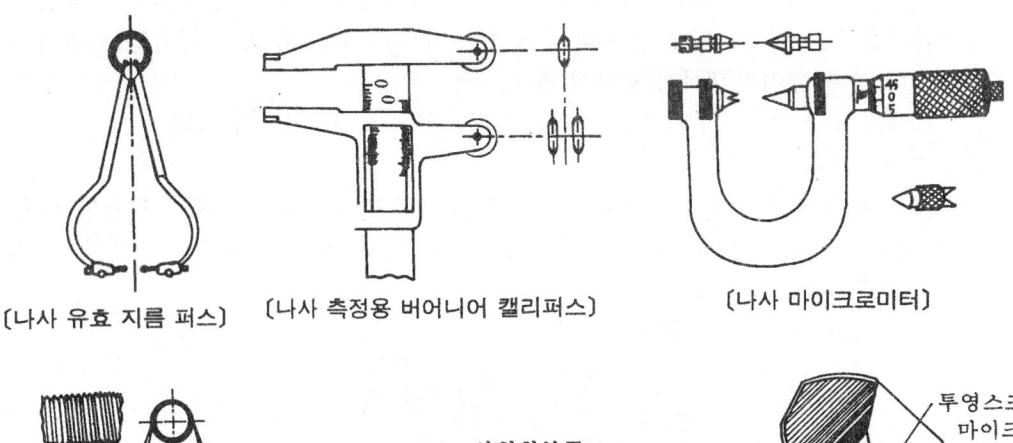

〔나사 유효 지름 퍼스〕   〔나사 측정용 버어니어 캘리퍼스〕   〔나사 마이크로미터〕

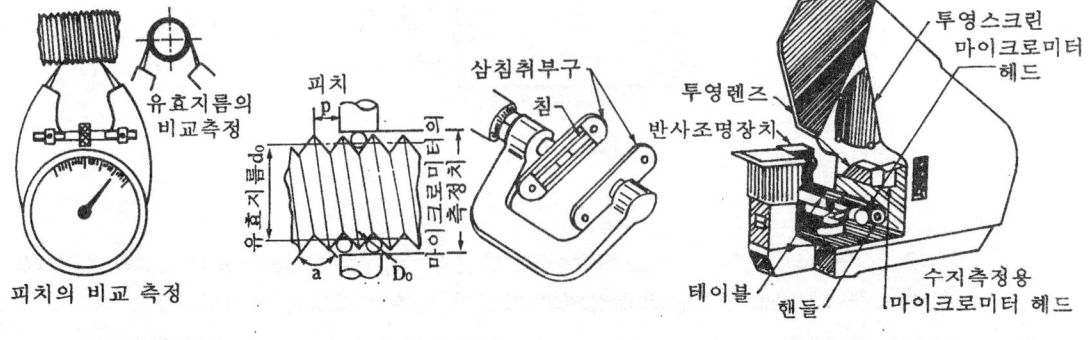

〔나사 다이얼 게이지〕   〔삼침법〕   〔투영 검사기〕

① 나사 유효 지름 퍼스
② 나사 측정용 버어니어 캘리퍼스
③ 나사 마이크로미터

④ 나사 다이얼 게이지 : 표준 나사 게이지와 비교하여 나사의 피치 측정에 쓰인다.
⑤ 삼침법 : 같은 지름을 가진 3개의 침상 로울러를 속에 가지고 있는 마이크로미터로 측정한 측정치로서 나사의 유효 지름을 산출하는 것이다.
⑥ 투영 검사기 : 투영 스크린 위에 투영 렌즈를 통해 수만배까지로 확대시킨 투영도로 측정물의 형상 및 각도를 검사한다.

(7) 기타 게이지

① 테이퍼 게이지 : 모오스 테이퍼, 브라운 샤프 테이퍼, 내셔널 테이퍼를 측정한다.
② 시그네스 게이지 : 기계 조립시 부품 사이의 틈새, 또는 좁은 홈, 폭을 측정하는데 쓰인다.
③ 반지름 게이지 : 물품의 라운딩 부분을 측정한다.
④ 드릴 게이지 : 장방형의 얇은 강판에 각종 치수의 구멍이 있어 드릴의 지름 판정에 쓰인다.
⑤ 와이어 게이지 : 각종 철강선의 굵기 및 얇은 강판의 두께를 판별하는 것으로 원형 강판의 둘레, 각종 치수의 홈, 폭이 새겨져 있다.
⑥ 치형 게이지 : 기어의 피치를 가장 쉽게 알아낼 수 있는 것으로, 각각의 강판에 치형이 새겨져 보통 14장이 1개조로 되어 있다.

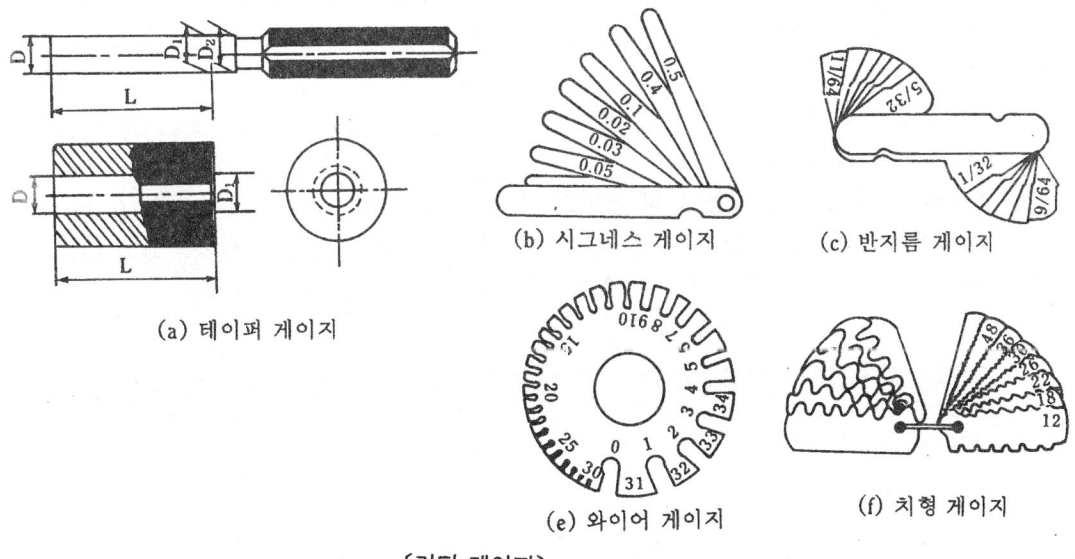

〔기타 게이지〕

3. 소성가공법

1 소성가공

(1) 소성 가공의 기초

1) 소성 변형과 소성 가공

재료에 외력을 가하면 힘이 작용하는 방향으로 늘어나게 되며, 힘이 작은 경우에는 외력을 제거하게 되면 늘어났던 길이가 완전히 원상태로 돌아와 아무런 변형이 없게 된다. 이런 상태의 성질을 탄성(彈性 ; elasticity)이라 하고, 이런 변형을 탄성 변형이라 한다.

재료에 가한 힘이 크게 되면 변형을 일으키게 되는 힘을 제거하여도 원형으로 완전히 복귀되지 않고 다소의 변형이 남게 된다. 이런 성질을 소성(塑性 ; plasticity)이라 하고, 이런 상태의 변형을 소성 변형이라 한다.

소성을 가진 재료에 소성 변형(plastic deformation)을 주어 목적하는 제품을 만드는 작업 기술을 소성 가공(plastic working)이라 한다.

소성 가공의 장점은 다음과 같다.
① 보통 주물에 비하여 성형되는 치수가 정확하다.
② 금속의 결정 조직을 개량하여 강한 성질을 얻게 된다.
③ 다량 생산으로 균일한 제품을 얻을 수 있다.
④ 재료의 사용량을 경제적으로 할 수 있다.
⑤ 수리가 용이하다.

2) 가공 경화와 재결정

① 가공 경화 : 재료에 외력을 가하여 변형시키면 굳어지는 현상을 가공 경화(work hardening)라 하며, 가공 경화를 일으키면 인장, 압축, 굽힘 등에 대한 강도가 증가하고 연신율은 감소한다.

② 풀림 : 가공 경화된 재료를 적당한 온도로 가열하여 냉각하면 경도가 가공 경화 전의 상태로 돌아간다.

③ 재결정 : 풀림으로 가공 전의 상태로 되돌아가는 것은 재료 내부에 새로운 결정이 발생하고, 성장하여 전체가 새 결정으로 바뀌기 때문이며, 이 현상을 재결정(recrystallization)이라 한다. 재결정이 일어나는 온도를 재결정 온도라 한다.

〔금속의 재결정 온도〕

금 속	재결정 온도(℃)	금 속	재결정 온도(℃)	금 속	재결정 온도(℃)
텅스텐	1200	금	200	마그네슘	150
니 켈	600	은	200	아 연	30
철	450	구 리	200	납	−3
백 금	450	알루미늄	150	주 석	0

3) 냉간 가공과 열간 가공

재결정 온도 이하에서 작업하는 가공을 냉간 가공(cold working), 재결정 온도 이상의 높은 온도에서 작업하는 가공을 열간 가공(hot working)이라 한다.

① 냉간 가공의 특징
㉮ 제품의 치수를 정확히 할 수 있다.

㉯ 가공면이 아름답다.
㉰ 어느 정도 기계적 성질을 개선시킬 수 있다.
㉱ 가공 경화로 강도가 증가하고 연신율이 감소한다.
㉲ 가공 방향으로 섬유 조직이 되어 방향에 따라 강도가 달라진다.
② 열간 가공의 특징
㉮ 작은 동력으로 커다란 변형을 줄 수 있다.
㉯ 재질의 균일화가 이루어진다.
㉰ 가공도가 크므로 거친 가공에 적합하다.
㉱ 가열때문에 산화되기 쉬워 정밀 가공은 곤란하다.

(2) 소성 가공의 종류

1) 단조 가공(forging) : 보통 가열시킨 상태에서 재료를 단조 기계나 해머로 두들겨 성형하는 가공으로 자유 단조와 형단조가 있다.
2) 압연 가공(rolling) : 열간 또는 냉간으로 재료를 회전하는 두 개의 로울러 사이에 통과시키면서 소정의 제품을 만드는 가공이다.
3) 인발 가공(drawing) : 봉이나 관(파이프)을 다이(die)에 넣고 축 방향으로 통과시켜 일감을 잡아당겨 바깥 지름을 줄이고 길이 방향으로 늘리는 가공이다.
4) 압출 가공(extruding) : 재료를 실린더 모양의 컨테이너(container)에 넣고, 한 쪽에서 큰 힘으로 압력을 가하면 반대 쪽에서 성형된 제품이 만들어지는 가공 방법이다.
5) 전조 가공(roll forming) : 수사나 또는 기어 가공에 주로 쓰이는 방법으로 압연과 비슷하다. 즉, 원주로 된 재료를 로울러 모양의 형으로 회전시키면서 가공하는 방법이다.
6) 판금 가공(sheet metal working) : 판재를 사용하며 각종 용기, 장식품 등을 만들 때, 디이프 드로우잉(deep drawing), 프레스 가공(pressing), 전단 가공(shearing), 굽힘 가공법 등을 이용하여 제품을 만드는 것이다.

2 단 조

(1) 단조의 개요

1) 단조의 특징

금속을 고온으로 가열하여 타격이나 압력을 가해 원하는 모양을 성형하는 작업을 단조(forging)라 하며, 그 특징은 다음과 같다.
① 재료 내부의 기포나 불순물이 제거된다.
② 거칠은 결정 입자가 파괴되어 미세하고 치밀하고도 강인하게 된다.
③ 한 방향으로 가공하면 섬유상 조직이 된다.

2) 단조의 종류
① 금형의 사용 여부에 따라
㉮ 자유 단조 : 금형을 사용하지 않는다
㉯ 형단조 : 금형을 사용한다.

② 작업 방법에 따라
  ㉮ 해머 단조 : 해머 또는 간단한 성형 공구로 소재를 변형시키는 것으로 자유 단조, 형단조, 오프셋 단조가 있다.
  ㉯ 프레스 단조 : 큰 제품을 만들 때 단련 효과가 소재의 중심부까지 미치도록 프레스로 큰 압력을 가한다. 프레스 단조에는 수압 프레스나 유압 프레스가 사용된다.

3) 단조 재료와 단조 온도
  ① 단조용 재료 : 재료의 항복점이 낮고, 연신율이 큰 재료일수록 소성 변형일 잘 일어나므로 단조가 용이하다. 금속 재료 중 탄소강, 특수강, 동합금, 경합금 등은 대개 단조가 가능하나, 주철은 불가능하다. 탄소강이라도 탄소 함유량이 증가할수록 곤란해지며, 또 특수강 중에서도 단조가 극히 곤란한 것과 불가능한 것이 있다.
  ② 단조 온도 : 가열로에서 소재를 꺼내어 가공을 개시할 때의 온도로부터 가공이 끝날 때 까지의 온도를 단조 온도라 한다.
    ㉮ 가열 온도 : 재결정 온도 이상에서 가공하면 가공 경화가 되지 않고 결정 조직이 미세하게 된다. 그러나 너무 온도가 높으면 산화 연소나 탈탄이 되고 취약해진다.
    ㉯ 단조 종료 온도 : 재결정 온도 이상이 되어야 한다. 그러나 낮으면 가공 경화가 되고, 너무 높으면 결정 입자가 성장하여 기계적 성질이 나빠진다.

(2) 단조 설비
 1) 가열로
  ① 중유로 : 상자형의 연소실 안에서 오일 버어너로 중유를 연소시킨다.
  ② 코우크스로 : 큰 단조물이나 두께가 두꺼운 재료를 가열하며, 연료로는 미분탄, 코우크스가 사용되고 노안의 온도가 1300℃ 정도이다.
  ③ 화덕 : 작은 소재의 가열에 사용되며, 가반식 화덕, 벽돌 화덕, 주철제 화덕이 있다. 소재 가열시의 요령은 다음과 같다.
    ㉮ 균일하게 가열할 것(정확하고 균일한 형상이 된다).
    ㉯ 너무 급하게 고온으로 가열하지 말 것(재질이 변하기 쉬우므로)
    ㉰ 너무 오래 가열하지 말 것(산화가 심하고 내부 조직에 해를 주므로)

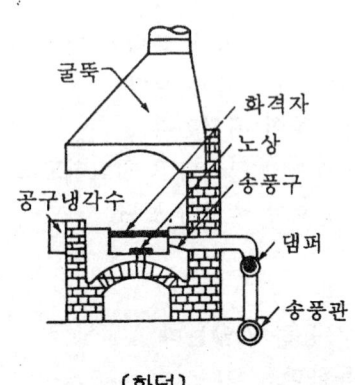

〔화덕〕

2) 단조용 공구

① 공작물 받침대 : 금속을 타격하거나 가공 변형시키는데 사용하는 엔빌(anvil ; 모루)과 여러 가지의 오목부, 구멍으로 되어 있어 각종 형상의 성형 가공의 받침대로 쓰이는 스웨이지 블록(swage block)이 있다.

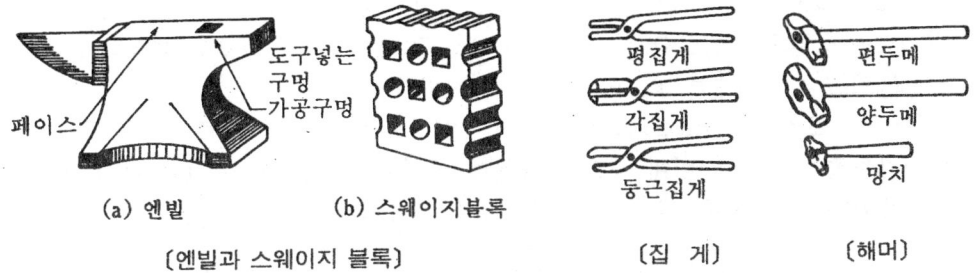

(a) 엔빌   (b) 스웨이지블록

〔엔빌과 스웨이지 블록〕   〔집 게〕   〔해머〕

② 공작물을 잡는 공구 : 단조시 가열된 공작물을 잡는 집게(tong)가 있다. 호칭은 보통 입의 크기 및 전길이로 나타낸다.
③ 타격을 가하는 공구 : 경강으로 만든 해머의 타격면은 담금질을 하며 크기는 머리의 무게(kg)로 나타낸다.
④ 성형에 사용되는 공구 : 아래 그림에 나타낸 것 같이 다듬개, 탭류이다. 다듬개(set hammer)는 공작물을 평면 또는 둥글게 하는데 사용하고, 탭은 상하에 오목부가 있어 특수한 단면 형상으로 만든다.
⑤ 절단에 쓰이는 공구 : 정(chisel)을 사용하며 정의 날끝 각도는 가열 절단시는 30° 상온 절단시는 60° 로 한다.

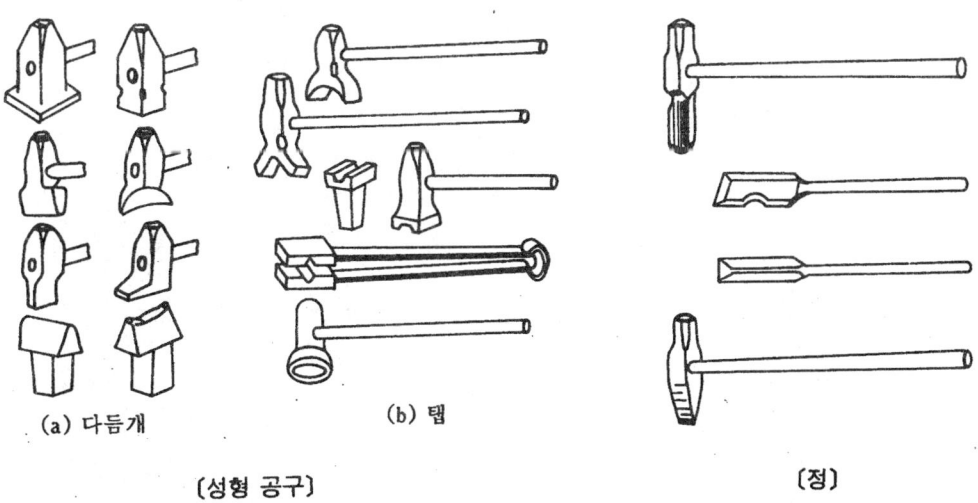

(a) 다듬개   (b) 탭

〔성형 공구〕   〔정〕

3) 단조용 기계

① 스프링 해머(spring hammer) : 탄력을 이용하여 연속적으로 타격을 가하므로 작은 공작물의 단조에 많이 이용된다. 동력은 1/4톤 이하가 보통이다.

② 공기 해머(pneumatic hammer, air hammer) : 압축 공기의 압력을 이용한 해머로 증기 해머보다 경비가 싸고, 조작이 간단하기 때문에 중간 정도 이하의 공작물 단조에 널리 사용된다.
③ 증기 해머(steam hammer) : 압축 공기 대신에 증기의 압력을 사용하는 것으로 공기 해머보다 타격 속도나 타격력이 크므로 두꺼운 물체의 단조에 적합하다.
④ 드롭 해머(drop hammer) : 이 기계는 선단에 해머를 붙이고 있는 판을 마찰 로울러의 마찰력으로 일정한 높이로 끌어 올려 해머를 낙하시키므로 타격력을 얻게 된다. 크기는 0.1~1.5톤 정도며, 낙하거리는 약 1~2m이다.
⑤ 수압 프레스(hydraulic hammer) : 동작이 조용하고, 느리기 때문에 공작물 중심까지 평등하게 압력이 미쳐 재료의 내부에 균열이 생기는 일이 없어 큰 물품의 단조에 쓰인다. 크기는 해머의 크기에 관계없이 램에 작용하는 전 수압으로 나타낸다.

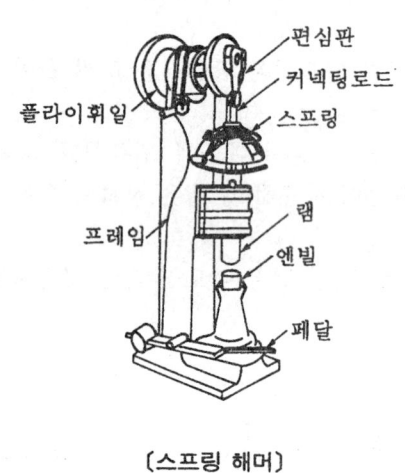

〔스프링 해머〕

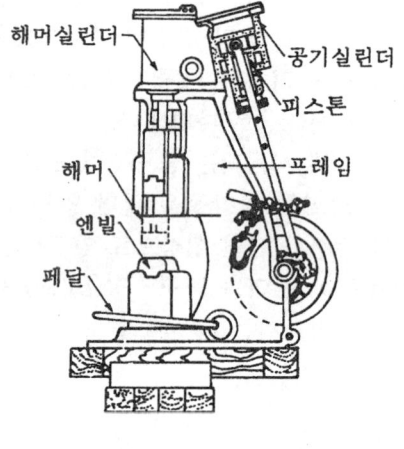

〔공기 해머〕

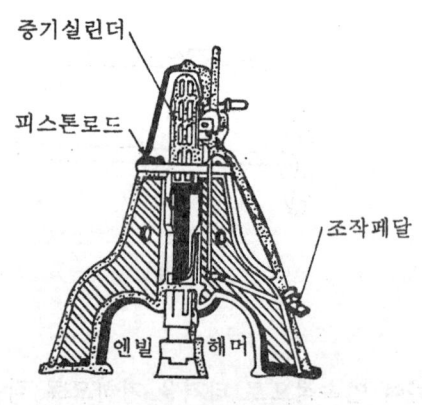

〔증기 해머〕

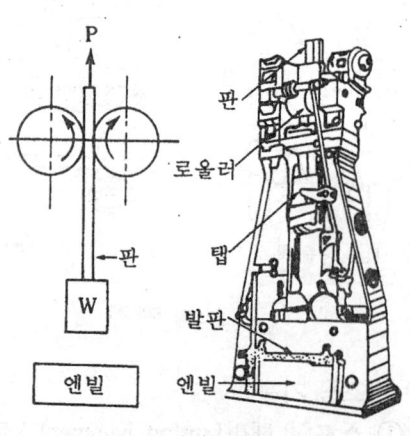

〔판형 드롭 해머〕

(3) 단조 작업

1) 자유 단조 작업

가열된 소재를 엔빌 위에 놓고 수공구나 기계 해머로 타격을 가해 부분적 가공을 하여 성형하는 것을 자유 단조라 한다. 자유 단조의 주요 기본적인 작업에는 다음과 같은 것이 있다.

① 절단(cutting off) : 재료를 절단하는 작업
② 늘이기(drawing) : 가공재를 축과 직각 방향으로 압축하여 가늘고 길게 하는 작업.
③ 눌러 붙이기(up-setting) : 소재를 축방향으로 압축하여 길이를 짧게 하고 단면을 크게 하는 작업.
④ 굽히기(bending) : 둥글게 구부릴 때나 일부의 작은 반지름으로 구부릴 때 또는 각으로 구부리는 작업.
⑤ 단짓기(setting down) : 어느 선을 경계로 하여 한 쪽만 압력을 가하여 가늘게 하는 작업.
⑥ 구멍 뚫기(punching) : 구멍을 뚫거나 구멍을 넓히는 작업.

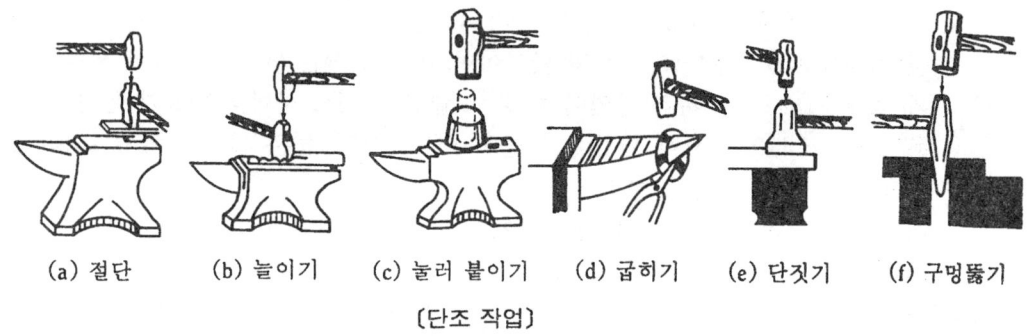

(a) 절단　　(b) 늘이기　　(c) 눌러 붙이기　　(d) 굽히기　　(e) 단짓기　　(f) 구멍뚫기

〔단조 작업〕

2) 형 단조 작업

형 단조는 가열된 소재를 금형에 의해 성형하는 단조법이다.

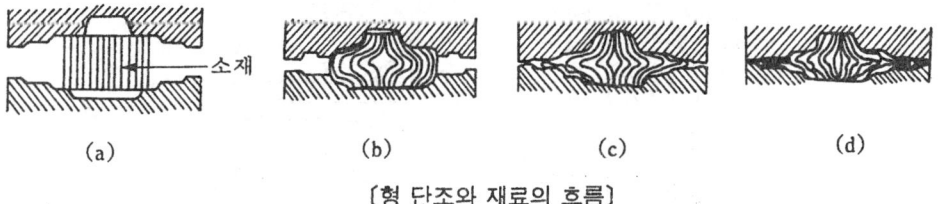

(a)　　　　　(b)　　　　　(c)　　　　　(d)

〔형 단조와 재료의 흐름〕

장점은 다음과 같다.
① 제품의 정밀도가 높다.
② 다량 생산에 적합하다.
③ 가격이 싸다.

3) 단련 계수

단조품의 가공 후 단면적과 소재의 가공 전 단면적과의 비를 단련 계수라 하며, 단련 효과를 얻으려면 1/3 정도의 단련 계수까지 작업을 한다.

4) 소재의 결정방법

단조시 소재의 무게를 결정할 때는 다음과 같은 손실을 고려하여 손실량을 가산하여야 한다.
① 가열 중에 산화하여 스케일이 되는 손실
② 붙임 지느러미(fin)
③ 집게로 잡는 부분의 여유
④ 가공 여유

③ 압연, 전조, 압출, 인발

(1) 압 연

1) 압연의 기초
① 중간재 : 압연은 회전하는 두개의 로울(roll) 사이에 소재를 통과시켜 판재나 형재를 성형하는 가공이며, 이에 사용되는 중간재에는 다음과 같은 것이 있다.
㉮ 슬랩(slab) : 두꺼운 강판이며 두꺼운 판의 재료가 된다.
㉯ 시이트 바아(sheet bar) : 얇은 판의 재료가 된다.
㉰ 빌릿(billet) : 사각 또는 원형 단면이며, 비교적 작은 단면의 재료가 된다.
㉱ 블루움(bloom) : 사각 단면이며, 빌릿, 슬랩, 시이트 바아의 재료가 된다.
㉲ 스켈프(skelp) : 사각 단면을 압연한 띠모양으로 좁은 것은 스트립(strip), 넓은 것을 후우프(hoop)라 한다.
㉳ 팩(pack) : 최종 치수까지 압연하지 않고 도중까지만 압연한 강판이다.
② 제품 : 판, 바아, 형재 등이 있다.

2) 압연의 원리

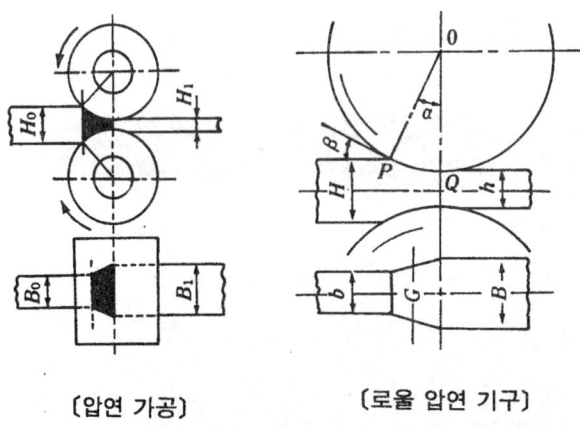

〔압연 가공〕　　〔로울 압연 기구〕

① 압하율과 폭 증가 : 위의 그림과 같이 압연의 변형 정도를 나타낼 때는 로울 통과 전후의 두께 차이로 표현한다. 이를 압하량이라 하고, 이것을 로울 통과 전의 두께로 나눈 것을 백분율로서 나타낸 것을 압하율(壓下率)이라 한다.
로울 통과 전의 두께를 H_0, 통과 후를 H_1 이라 하면

압하량 $= H_0 - H_1$

압하율 $= \dfrac{H_0 - H_1}{H_0} \times 100$

로울 통과전의 폭을 B_0, 통과 후의 폭을 B_1이라 하면

폭증가 $= B_1 - B_0$

$\fallingdotseq 0.35(H_0 - H_1)$

② 중립점(no slip point) : 압연시 재료의속도는 로울의 원주 속도에 비하여 로울로 들어갈 때에는 느리고 나올때는 빠르다. 따라서 압연 도중에 로울의 속도와 같은 속도가 되는 점을 중립점 또는 등속점이라 한다.

로울과 재료의 접촉각을 α, 마찰각을 β 라 하면

$\alpha \leqq \beta$: 압연 가능

$\alpha > \beta$: 압연 불가능

$2\beta > \alpha > \beta$: 재료를 밀어 넣으면 압연 가능

3) 압연기

압연기를 조립 형식으로 분류하면 2단식, 역전 2단식, 복 2단식, 3단식, 2단 연속식, 4단식, 6단식, 유니버어셜식이 있다.

① 작업 로울(working roll) : 재료에 직접 접하는 2개의 로울

② 지지 로울(back up roll) : 작업 로울의 처짐을 방지하는 로울

(2) 전 조

1) 전조의 원리

전조(rolling)는 다이(die) 또는 로울러를 사용하여 소재(素材)를 회전시켜 국부적으로 압력을 가해 변형하여 제품을 만드는 가공법이다. 선반에서 너어링(knurling)하는 것도 전조 가공이라 할 수 있다. 주로 나사, 기어, 보올 등을 만든다.

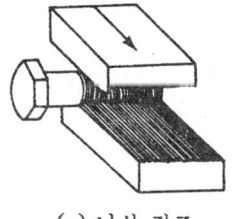
(a) 나사 전조

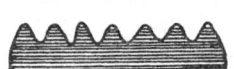
(b) 전조 섬유 조직

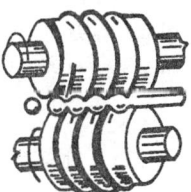
(c) 보올 전조 고정

〔전조 가공〕

2) 전조의 종류

① 나사 전조 : 만들려고 하는 나사의 산형 및 피치 등이 파져있는 전조 다이(thread rolling die)를 써서 나사를 만드는 것으로 다음과 같은 가공 방법이 있다.

㉮ 평형 나사 전조기에 의한 방법

㉯ 둥근형 나사 전조기에 의한 방법

㉰ 차동식 나사 전조기에 의한 방법

㉱ 위성 기어 장치 나사 전조기에 의한 방법

② 기어 전조 : 래크형 다이, 피니언형 다이, 호브형 전조 방식에 의해 기어를 다량 생산한다.

(3) 압 출

1) 압출의 원리

압출(extrusion)이란 덩어리 상태의 금속 재료를 컨테이너(container) 속에 넣고 한 쪽에 다이(구멍)를 다른 한 쪽에서 강력한 압력을 가해 다이로 소재를 내보내는 가공이다.

압출 가공은 크게 가열한 빌릿을 압출하는 방법과 금속에 충격을 가해 압출하는 방법으로 나눈다.

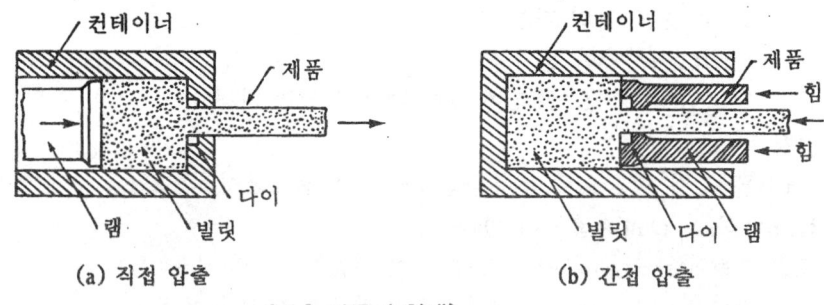

〔압출 가공의 형태〕

2) 압출 가공의 분류

① 직접 압출(전방 압출) : 램의 진행 방향으로 소재가 압출된다.
② 간접 압출(후방 압출, 역식 압출) : 램의 방향과 반대 방향으로 소재가 압출된다.
③ 충격 압출 : 충격 압출에 사용되는 재료에는 Zn, Pb, Al, Cu 등 순금속 및 일부 합금 등이 사용된다. 이 방법의 제품은 치약, 크림 튜우브, 화장품, 약품 등의 용기, 건전지 케이스 등의 제작에 사용된다.

압출 가공에 필요한 압출력을 좌우하는 중요한 조건은 다음과 같다. 즉 압출 방법, 압출비, 압출 온도, 변형 속도, 다이와 용기의 마찰 등이다.

$$압출비 = \frac{압출 \ 가공 \ 전의 \ 단면적}{압출 \ 가공 \ 후의 \ 단면적}$$

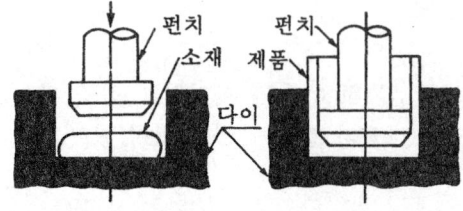

〔충격 압출〕

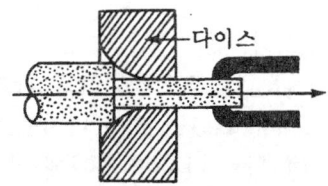

〔인발 가공〕

(4) 인 발

1) 인발의 원리

인발 가공(drawing)은 아래 그림과 같이 다이 구멍에 재료를 통과시켜 잡아 당겨 단면적을 작게 하여 다이 구멍의 형상과 같은 단면의 봉(棒), 선, 파이프 등을 만드는 가공법이다.

인발 가공도는 단면 감소율로 나타낸다.

$$단면\ 감소율 = \frac{A_0 - A_1}{A_0} \times 100$$

여기서 A_0 : 인발 전의 단면적, A_1 : 인발 후의 단면적

2) 인발 가공의 종류

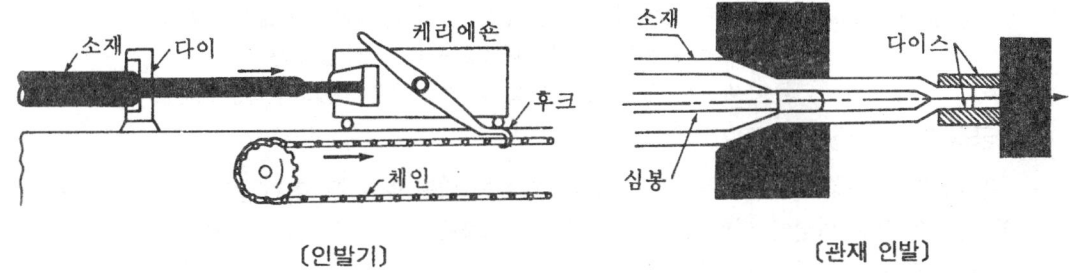

〔인발기〕　　　　　〔관재 인발〕

① 봉재 인발 : 그림에 표시된 것과 같이 인발기를 사용하여 다이에서 재료를 인발하여 소요 형상의 봉재를 제작한다. 사용하는 다이 구멍의 형상에는 원형, 각형, 기타의 형상이 있다.

② 선재 인발 : 지름 5mm 이하의 선재를 압연에 의해서 가공된 것을 다시 인발 가공을 행한다.

③ 관재 인발 : 봉재의 외경을 가공할 때는 다이만을 사용하여 만들지만 파이프의 내경을 만들 때에는 파이프가 다이를 통과하는 동안 파이프 내면에 소정 치수의 심봉(mandrel)을 삽입하여 파이프를 만든다.

다이나 심봉의 형상에 의해서 원형 파이프나 각재 파이프 등을 제작한다.

4. 공작기계의 종류 및 특성

1 기계공작과 공작기계

(1) 기계공작과 공작기계

기계공작이란 기계의 부품 가공을 위하여 주어진 여러 종류의 재료를 다양한 기계적인 가공을 하는 것을 넓은 의미로 해석한다면, 쳇밥(Chip)을 발생시키며 절삭 공구나 연삭 공구 등을 이용하여 가공하는 좁은 의미로의 해석을 할 수 있겠다.

또한 공작 기계란 절삭 가공의 목적에 사용되는 기계를 총칭하며 선삭, 드릴링, 밀링, 연삭, 평형삭 및 특수 가공에 사용되는 기계를 말한다.

(2) 기계 가공의 종류

기계가공은 절삭 가공과 비절삭 가공으로 크게 분류되며 그 상세한 분류는 다음과 같이 정리할 수 있다.

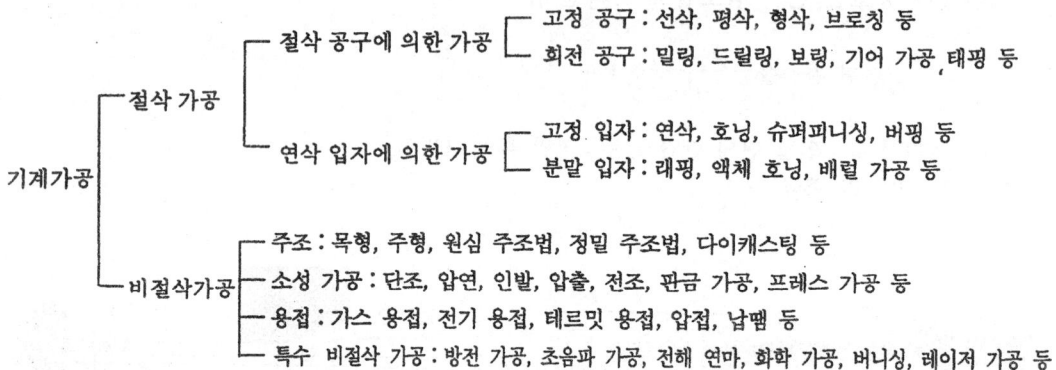

(3) 공작 기계의 구비 조건

여러 가지 재료를 절삭 가공하는 공작 기계는 다음과 같은 조건을 구비하여야 한다.
① 기계적 강성(외력에 의한 강도 및 변형에 저항하는 힘)이 높아야 한다.
② 절삭 가공의 능률이 좋아야 한다.
③ 제품의 치수 정밀도가 좋아야 한다.
④ 동력의 손실이 적어야 한다.
⑤ 조작이 간편하여야 하며 안정성이 높아야 한다.

(4) 공작 기계의 기본 운동

공작기계는 절삭 공구로 일감을 가공하는 과정에서 절삭 공구와 일감의 상대 운동에 따라 다음과 같이 절삭 운동, 이송 운동, 조정 운동 등 3가지의 기본 운동이 있다.

1) 절삭 운동

칩을 발생시키는 직접적인 운동. 절삭 공구와 일감의 접촉에 의해 회전과 직선 운동이 있다.
① 절삭 공구에 절삭 운동을 주는 기계 : 밀링, 드릴링, 보링, 연삭, 세이퍼, 슬로터 등
② 일감에 절삭 운동을 주는 기계 : 선반, 플레이너 등
③ 절삭 공구와 일감에 절삭 운동을 주는 기계 : 연삭기, 호빙, 래핑 등

2) 이송 운동

칩을 발생시키기 위해 절삭 방향으로 이송(Feed)하는 운동. 절삭 운동과 같이 공구 또는 일감을 이동시키며 적절히 절삭이 이루어지기 위해서 일반적으로 다음과 같은 사항을 참고할 필요가 있다.
① 1회의 이송량은 공구의 폭보다 적게 한다.
② 이송 운동 방향은 절삭 운동 방향과 직각이어야 한다.
③ 가공면과 평행 또는 직각이어야 한다.

④ 이송 운동은 절삭 운동과 일정한 관계가 있고 규칙적인 진행이어야 한다.
3) 조정 운동

일감을 절삭하기 위한 목적으로 진행하는 운동 공구의 고정 및 분리, 일감의 설치 및 제거, 절삭 깊이의 조정 등이 해당되며 일반적으로 절삭 운동 중에는 하지 않으나 운전 중 자동으로 조정하는 방법도 사용되고 있다.

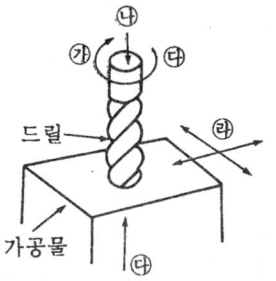

㉮ 절삭운동
㉯ 피드운동
㉰ 절삭 깊이 조정
㉱ 가공물 위치 조정

〔공작기계의 기본 운동 예〕

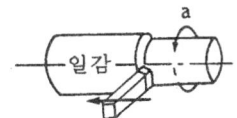
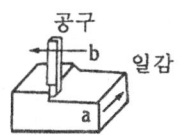
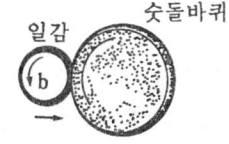

(a) 회전운동과 직선운동　　(b) 직선운동과 직선운동　　(c) 회전운동과 회전운동
　　　　　　　　　　　　　　(a는 절삭운동, b는 이송운동)

〔공작 기계의 기본 운동〕

(5) 공작 기계의 종류
① 일반 공작 기계 : 다양한 가공을 하기에 적당하지만 소량 생산에 적합한 기계로 범용 선반, 범용 밀링, 드릴링 머신, 만능 연삭기 등이 있다.
② 단능 공작 기계 : 한 가지의 기능만을 수행하기에 적당하며 대량 생산에 적합한 기계로 바이트 연삭기, 센터링 머신, 차륜 선반, 크랭크 축 연삭기 등이 있다.
③ 전용 공작 기계 : 특정한 모양이나 치수의 제품을 대량 생산하기 위하여 다양한 가공은 부적당하지만 대량 생산에 적합한 기계로 모방 선반, 자동 선반, 터릿(Turret) 선반, 생산형 밀링, 트랜스퍼 머신 등이 있다.
④ 만능 공작 기계 : 여러 가지 기계를 용도에 맞게 1대로 조합하여 만든 기계로 주로 수리를 목적으로 공작실 및 금형 공작에 많이 사용되고 있다.

(6) 공작 기계의 속도 변환
1) 기계식 속도 변환
① 벨트 전동(단차 전동) : 벨트 풀리에 벨트를 걸고 축을 회전시키는 방식으로 고속 회전에도 진동이 적고 원활한 속도로 변환할 수 있으나 동력 전달 과정에서 미끄럼 운동에 의해 강력한 전동이 어렵다.
주로 한 쌍의 풀리를 이용하여 지름을 상대적으로 바꾸어 속도를 변환시킨다.
탁상 드릴링, 선반의 스핀들 회전 등에 많이 이용되고 있다.

② 기어 전동 : 공작 기계에 가장 많이 쓰이고 있는 방식으로 강력한 전동이 가능하나 고속 회전시 진동 및 소음의 발생을 줄이기 어렵다.
전동 방식에는 클러치 전동, 미끄럼 전동, 다축 전동 등이 있다.

2) 전기식 속도 변환(워드 레오나드 방식)

1대의 직류 전동기와 2대의 직류 발전기를 사용하여 발전기의 가변전압을 전동기의 전기자에 보내어 전동기의 전압을 바꾸어 속도를 변환시킨다.
플레이너의 테이블 전동과 같이 강력한 힘이 필요한 곳에 사용된다.

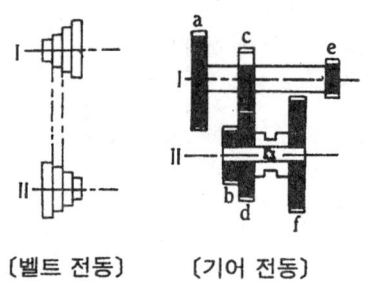
〔벨트 전동〕   〔기어 전동〕

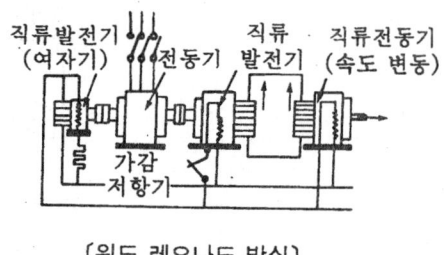
〔워드 레오나드 방식〕

3) 유체식 속도 변환

유체에 의해 속도를 변환하는 방식으로 속도 조절이 쉽고 운전이 원활하며 진동이 적다. 선반의 바이트 이송, 연삭기, 밀링의 일감 이송 등에 이용되며 점차 용도가 확대되고 있다.

2 절삭 공구 재료

(1) 절삭 공구 재료의 구비 조건

① 강인성의 유지 : 피절삭 재료보다 굳고 인성이 있을 것
② 고온에서 경도 유지 : 고온의 절삭 온도에도 경도가 저하되지 않을 것
③ 내마멸성이 높을 것 : 절삭 중 마찰에 의한 마모에 저항성이 높을 것
④ 성형이 쉬울 것 : 원하는 모양으로의 제작 과정이 쉬울 것
⑤ 가격이 저렴하고 구입이 간단할 것 등이 있다.

(2) 절삭 공구 재료의 종류

공구 재료 ┌ 공구강 : 탄소 공구강, 합금 공구강, 고속도강 등
         ├ 경질 합금 : 주조 경질 합금(스텔라이트), 소결 경질 합금(초경 합금) 등
         └ 광물성 공구 : 세라믹 공구, 서밋 공구, 다이아몬드 공구 등

1) 탄소 공구강(Carbon Tool Steel)

① 탄소 함유량이 0.6~1.5% 정도 함유한 탄소강을 담금질한 후 뜨임을 하여 절삭 공구로 사용한다.
② 금속 절삭용으로 1.0~1.3%의 탄소를 함유한 것을 쓰나 200~300℃ 정도의 절삭 온도에서는 경도가 저하되므로 저속 절삭용으로의 사용이 적당하다.

③ 열처리가 쉽고 값이 싸며 줄, 톱, 정, 펀치 등에 쓰인다.
2) 합금 공구강(Alloy Tool Steel)
① 탄소강+Cr, W, Ni, V, Mo, Co, Mn 등을 1~2종 정도 첨가한 합금강이다.
② 탄소 공구강에 비하여 절삭성이 좋고 고온에서의 경도 유지가 400℃ 정도까지 가능하다.
③ 저속 절삭용이며 총형 공구, 다이스, 탭, 띠톱 등에 쓰인다.
3) 고속도강(High Speed Stee)
① 탄소 공구강에 W, Cr, V, Co, Mo 등을 비교적 많이 포함한 합금강이다.
② 표준 고속도강의 성분 함유율은 W : Cr : V=18 : 4 : 1로 구성되어 있으며 날끝의 온도가 600℃ 까지 경도를 유지할 수 있어 저속 및 중속의 강력 절삭에 사용할 수 있다.
③ 성분 함유량에 따라 많은 종류가 있어 드릴, 밀링 커터 등 다양한 절삭 공구로 사용되고 있다.
4) 주조 경질 합금(스텔라이트)
① 주요 성분

C	Co	W	Cr
0.1~2.5%	45~65%	< 18%	20~32%

② 용융 상태에서 주형에 주입하여 성형하며 메짐성이 많아 단조가 불가능하고 열처리가 불필요하며 고온경도와 내마모성이 우수하다.
③ 800℃의 절삭 온도에서도 경도가 유지되어 고속 절삭을 할 수 있다.
④ Al 합금, 청동, 황동, 주철, 주강 등의 절삭에 적당하며 탄소강 자루에 경납땜을 하여 주로 사용한다.
5) 초경 합금(소결 경질 합금)
① W+C+TiC+TaC의 분말 주성분에 Co를 결합제로 혼합하여 가압성형한 것을 800~1000℃에서 중간 소결한 후 1400~1500℃에서 완성 소결하는 분말 야금법으로 제작한다.
② 800℃의 절삭 온도에서도 경도가 유지되어 고온 고속 절삭을 할 수 있다.
③ 단조 및 열처리가 불필요하며 절삭 재료로 널리 사용되고 있으나 메짐성이 많아 진동이나 충격에 주의해야 한다.
④ 초경 합금 재종(Grade)에 의한 분류는 표와 같다.
⑤ 초경합금의 특징
㉠ 경도가 높다($H_{RC}80$)
㉡ 고온 경도 및 강도가 양호하여 고온 변형이 되기 어렵다.
㉢ 내마모성이 좋다.
㉣ 압축 강도가 높다.
㉤ 사용 목적, 용도에 따라 재종 및 형상이 다양하다.

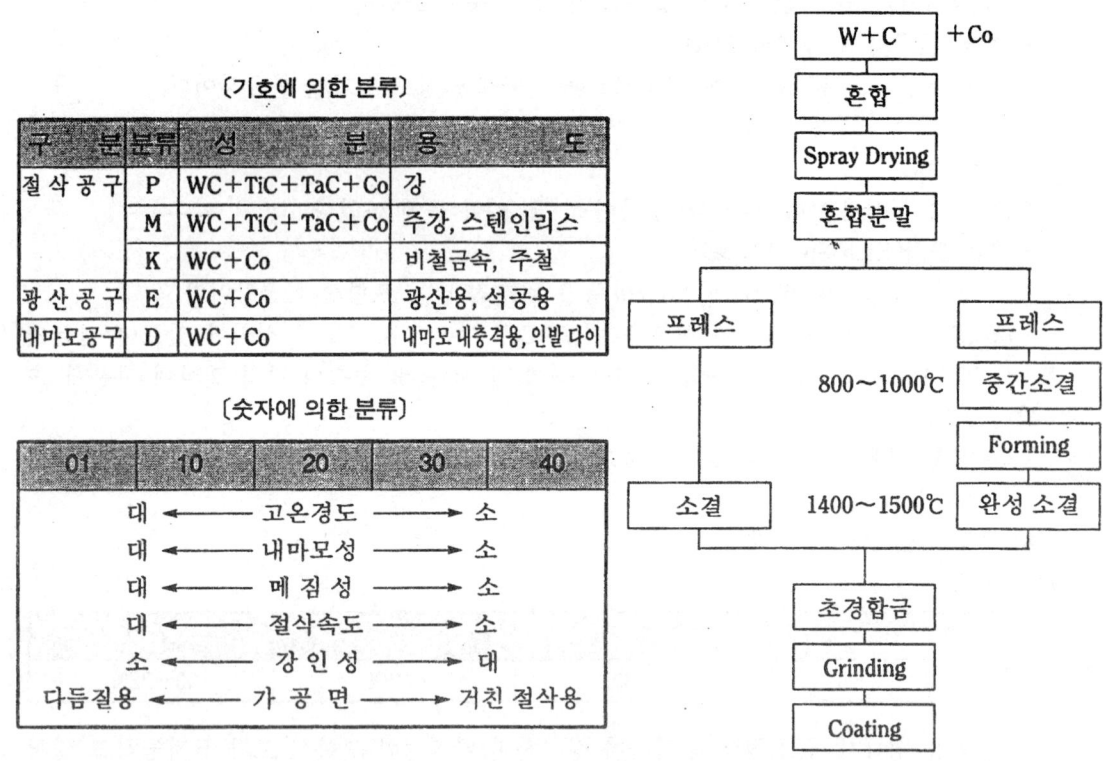

6) 세라믹 공구(Ceramic Tool)
   ① 산화알루미늄(Al_2O_3)의 미분말 가루에 Si 및 Mg의 산화물 또는 다른 산화물의 첨가제를 넣고 소결하여 제작한다.
   ② 경도는 1200℃까지 변화가 없이 높고 내마모성이 우수하며 금속과의 친화력이 적어 구성 인선 발생이 없어 다듬질 가공에 적당하다.
   ③ 경납땜 이용이 불가능하여 인서트 팁으로 사용되며 절삭유 사용시 쉽게 파손된다.
   ④ 초경 합금보다 메짐성이 많아 충격 및 진동에 약하므로 비철 금속의 가공에 사용되며 강력 절삭은 불가능하다.

7) 서밋 공구(Cermet Tool)
   ① 세라믹 재료를 메탈 결합제로 결합시켜 복합 조직을 가진 공구로 TiC, Ni, Mo을 주성분으로 하는 일종의 초경 합금이다.
   ② 고온 경도가 높고 내마모성이 특히 우수하여 크레이터의 마모 발생이 거의 없다.
   ③ 절삭 속도가 50~300m/min 정도로 광범위하고 미려한 다듬질면과 고정밀도 가공에 유리하다.
   ④ 경납땜하여 사용이 가능하고 내식성 및 내산화성이 우수하다.
   ⑤ 강 및 주철 사용에 모두 가능하며 제3의 공구로 우수한 성능을 발휘하는 절삭 공구이다.

8) 다이아몬드 공구(Diamond Tool)
   ① 고온 경도 및 절삭 속도가 공구 재료 중 가장 높고 내마멸성이 크며 가공 능률이

우수한 최고급 특수 공구로 사용된다.
② 가격이 비싸고 기계 진동이 없어야 하며 재연삭하여 사용이 불가능하다.
③ 초정밀 완성 가공에 적합하나 메짐성이 있어 경질 고무, 베이클라이트, Al 합금 등 비철 금속의 가공 및 연삭 숫돌의 보정 등에 사용된다.

3 절삭유와 윤활제

(1) 절삭유(Cutting Oil)

절삭유는 절삭 가공시 발생하는 절삭 온도의 영향을 일감의 재질 및 절삭 조건(절삭 속도, 절삭 깊이, 이송량 등)에 따라 여러 종류의 절삭제를 적절히 사용하여 냉각 작용, 윤활 작용, 세척 작용을 하여 절삭 능력을 향상시키기 위해서 사용된다.

1) 절삭유의 사용 목적
   ① 냉각 작용 : 공구의 날끝 및 일감의 온도 상승을 저하시켜 공구 수명을 연장시킨다.
      ㉮ 공구의 인선을 냉각시켜 온도 상승에 따른 공구의 날끝 경도 저하를 방지시킨다.
      ㉯ 일감을 냉각시켜 가공 온도의 상승에 따른 가공 정밀도의 저하를 방지할 수 있다.
   ② 윤활 작용 : 공구의 윗면과 칩사이의 마찰 저항을 감소시켜 마모를 저하시키고 윤활 및 방청 작용에 의하여 가공 표면의 정밀도 향상 및 부식을 방지한다.
   ③ 세척 작용 : 가공시 발생되는 일감과 공구사이에 잔류하는 칩을 제거시켜 절삭 작업시 작업자의 가공 시야를 좋게하여 준다.

2) 절삭유의 구비 조건
   ① 냉각성 및 윤활성이 좋아야 한다.
   ② 방청성 및 방식성이 있어야 한다.
   ③ 인화점 및 발화점이 높아야 한다.
   ④ 독성이 없어야 되고 장시간 사용시 변질이 안되어야 한다.
   ⑤ 칩과의 분리가 용이하고 회수하기 편리하여야 한다.
   ⑥ 가격이 저렴하여야 한다.

3) 절삭유의 종류
   ① 수용성 절삭유 : 물과 화합하는 광물성유를 용도에 맞게 일정량의 물과 혼합하여 사용하는 절삭유로서 물과의 혼합률이 높아 일감에 녹의 발생이 쉬운 단점과, 점도가 낮아 윤활 작용은 적으나 고속 경절삭에는 우수한 냉각 작용의 성능을 발휘한다.
      ㉮ 에멀션형 : 광물 섬유에 유화제(물 또는 비눗물)를 10~30배 정도 희석해서 사용(우유빛). 일반적인 절삭용으로 많이 사용되고 있다.
      ㉯ 솔루블형 : 광물 섬유에 유화제를 50배 정도 희석해서 사용(투명 또는 반투명). 고속 절삭에 많이 사용된다.
      ㉰ 설류션형 : 무기염류를 주성분으로 유화제를 50~100배 정도 희석해서 사용(투

명). 고속 및 연삭 작업에 많이 사용된다.
② 불수용성 절삭유 : 동물성, 식물성, 광물성유를 주성분으로 사용하며 물과 혼합하여 사용하지 않는다. 점도는 보통으로 냉각 작용보다는 윤활 작용에 우수한 성능을 발휘한다.
㉮ 광물성유 : 석유, 경유, 스핀들유, 기계유 등을 사용하여 윤활 작용은 좋으나 냉각 작용이 적어 경절삭에 많이 사용된다.
㉯ 동식물성유 : 라드유, 올리브유, 면실유, 대두유, 고래유, 돈유 등을 사용하며 광물성유보다 점도가 우수하여 강력 절삭에 많이 사용되고 있다.
㉰ 혼합유 : 동식물성+광물성유를 혼합하여 사용하며 지방산 에스테르를 유성제로 혼합하여 사용한다.
㉱ 극압유 : 절삭 공구가 고온 고압 상태에서 마찰을 받으면 유막이 파괴되므로 고속 강력 절삭에 적합한 절삭유이다. 혼합유에 극압 첨가제로 S, Cl, Pb, P등을 첨가하여 강한 유막을 형성하여 고압에도 성능을 발휘하도록 만든 절삭유이다.

(2) 윤활제(Lubricant)

윤활제라 함은 서로 접하여 운동하는 양 접촉면 사이의 마찰을 적게 하기 위해 사용되는 물질로 공작 기계의 사용상 지장이 없도록 하며 마찰부의 발열을 감소시키기 위해 행하는 것을 말한다.

원료로는 광물질, 동물질, 식물질의 3종류가 있다. 또한, 액체, 고체, 반고체의 상태로 분류되며 가장 많이 사용되고 있는 것은 액체성 광물질 윤활유이다.

1) 윤활의 목적
① 윤활 작용 : 마찰면에 유막을 형성하여 마모를 저하시키고 마찰을 감소시킨다.
② 냉각 작용 : 마찰면의 마찰열을 흡수하여 발열을 억제시킨다.
③ 청정 작용 : 윤활제가 마찰면의 고형 물질을 청정하여 녹의 발생을 방지한다.
④ 밀폐 작용 : 주로 그리스에 의한 유막 형성으로 밀봉 작용을 한다.

2) 윤활제의 구비 조건
① 양호한 유성을 가진 것으로 카본 생성이 적어야 한다.
② 금속의 부식성이 없어야 한다.
③ 열전도가 좋고 내하중성이 커야 한다.
④ 열이나 산성에 대해 강해야 한다.
⑤ 적당한 점성을 갖고 있고 온도 변화에 따른 점도 변화가 작아야 한다.
⑥ 가격이 저렴해야 한다.

3) 윤활제의 종류
① 액체 윤활제 : 스핀들유, 실린더유, 채종유, 올리브유, 피마자유, 야자유, 쇠기름, 돼지 기름, 고래 기름 등을 일반적으로 사용한다.
② 고체 윤활제 : 흑연, 운모, 활석 등으로 고온에서 윤활제의 연소 우려가 있는 마찰면에 사용한다.
③ 반고체 윤활제 : 그리스, 지방, 왁스 등으로 저속 중하중에 사용한다.

4) 윤활법의 종류
① 핸드 오일링법 : 오일 건 등을 통하여 베어링, 안내면의 윤활부에 연결된 급유관에 급유한다(손급유법).
② 적하 급유법 : 기름이 담긴 용기로부터 구멍, 밸브 등을 통하여 일정량씩 필요 부분에 기름을 떨어 뜨리며 급유하는 방법으로 저속 및 중속 축에 많이 사용한다.
③ 오일링 급유법 : 회전하는 저널에 편심지게 설치한 링이 저널의 회전에 따라 링이 회전하며 기름통내의 기름을 묻혀 올리는 방법으로 중·고하중의 저널에 사용된다.
④ 담금 급유법 : 주위를 밀폐하고 급유할 부분의 부분 또는 전부를 기름 속에 담가 급유하는 방법으로 피벗 베어링 등에 많이 사용된다.
⑤ 패드 급유법 : 무명과 털로 섞어 만든 패드를 기름통에 일부 담그면 모세관 현상에 의해 급유가 되는 방법으로 패드 베어링이 이에 속한다.
⑥ 튀김 급유법 : 기름을 국자로 퍼올려 비산시키며 주유하는 방법으로 감속기에 많이 사용된다(비산 급유법).
⑦ 분무 급유법 : $1kg/cm^2$ 전후의 압축 공기를 스프레이로 분무하듯이 급유하는 방법으로 내면 연삭기, 고속 베어링 등에 사용된다.
⑧ 강제 급유법 : 펌프 및 기타 동력을 이용하고 고속 기어 및 베어링에 기계 구동시 자동적으로 급유하는 방식으로 현재 공작 기계에 가장 많이 채택되고 있다.

4 절삭 이론

일감보다 경도가 높은 공구를 사용하여 일감의 불필요한 부분을 깎아내어 칩을 발생시켜 소정의 모양과 치수로 가공하는 것을 절삭 가공이라 한다.
절삭 공구에는 단인 공구, 다인 공구 및 고정 입자, 분말 입자로 된 숫돌 등과 같이 여러 가지가 있다.

(1) 칩(Chip)의 종류

절삭에 영향을 주는 요인인 일감 및 공구의 재질, 공구의 형상, 절삭 조건, 절삭유의 사용 여부에 따라 다음과 같은 형태의 칩을 발생시킨다.

1) 유동형 칩(Flow Type Chip)
   공구의 경사면을 따라서 저항이 적고 흐르듯이 연속적으로 이어져 나오는 칩의 형태
   ① 일감의 재질이 연성(연강, 구리, 알루미늄 등)이 많을 때
   ② 공구의 경사각이 클 때(고속도강 : 30°, 초경합금 : 12~15° 정도)
   ③ 절삭 깊이가 작을 때(0.5mm 이하)
   ④ 절삭 속도를 고속으로 하고 윤활성 좋은 절삭유를 사용할 때 발생한다.
   ⑤ 절삭 저항이 적고 가공 표면은 가장 깨끗한 결과를 얻을 수 있다.

2) 전단형 칩(Shear Type Chip)
   경사면이 저항이 많아 칩이 가로 방향으로 줄무늬가 생겨 쉽게 부서질 듯이 발생하는 칩의 형태
   ① 연성의 재질은 적은 경사각 및 저속의 절삭 속도, 큰 절

〔유동형〕

삭 깊이로 가공시에 발생되며, 주철의 재질을 큰 경사각 및 작은 절삭 깊이로 가공시에도 발생된다.
② 칩의 전단시마다 공구 날끝도 변형되므로 가공면에 굴곡이 많이 발생되어 가공 표면은 유동형보다 거칠다.

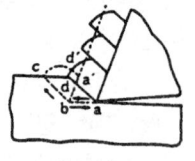
〔전단형〕

3) 열단형 칩(경작형, Tear Type Chip)
공구가 진행됨에 따라 경사면 위의 칩이 압축되어 원활한 슬라이딩이 되지 않아 뜯기듯이 부서지거나 뭉쳐서 나오는 칩의 형태
① 일감에 점성(극연강, Al 합금, 구리 합금 등)이 많아 공구에 접착되기 쉬운 경우에 발생
② 공구의 경사각이 작고 절삭 깊이가 클 경우에 발생
③ 절삭 저항의 변동이 심해 가공면의 굴곡이 크며 일감에 잔류 응력도 커서 시간 경과에 따라 변형하는 경우도 있어 정밀 가공에는 부적당하며 가장 거친 가공면을 얻는다.

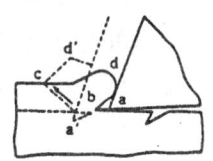
〔열단형〕

4) 균열형 칩(Crack Type Chip)
칩이 공구 상면을 따라 탈락하지 않고 날끝 앞쪽에서 탈락하여 부서지는 칩의 형태
① 주철과 같이 메짐성이 많은 재질의 저속 절삭시에 발생된다.
② 작은 경사각과 절삭 깊이를 많이 줄 때 발생하며 가공면이 매우 나쁘다.

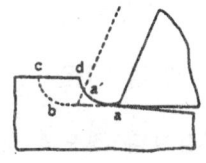
〔균열형〕

칩의 종류	일감의 재질	경사각(α)	절삭 속도(V)	절삭 깊이(t)	가공표면 정밀도순서
유동형	연성	크다	크다	작다	1
전단형	연성	작다	작다	크다	2
열단형	점성	작다	작다	크다	4
균열형	취성	작다	작다	크다	3

(2) 구성 인선(Built-up Edge)
연성이 많은 일감을 절삭할 때 공구의 날끝이 고온 고압에 의해 일감의 퇴적물이 압착 또는 용착되어 나타나는 것을 말한다.
1) 구성 인선의 현상
① 연성인 재료(연강, 알루미늄, 황동, 스테인리스 등)에서 발생
② 발생 주기는 1/100~1/300초 정도이며 발생 → 성장 → 최대 성장 → 균열 → 탈락 → 발생의 주기가 반복된다.
③ 고속도강의 공구와 절삭 속도 10~25m/min 정도에서 많이 발생된다.
2) 구성 인선의 영향
① 탈락 과정에서 공구의 날끝 일부가 떨어지며 치핑(Chipping) 현상을 일으켜 공구

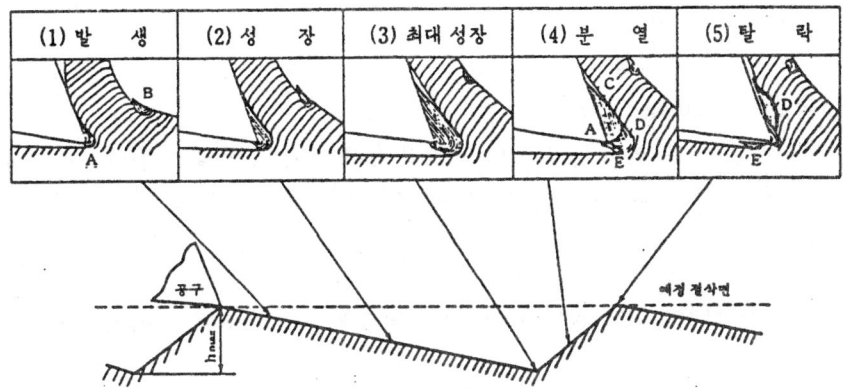

〔구성 인선의 성장 과정과 다듬질면 조도〕

　　수명을 단축시킨다.
　② 칩의 잔류물 일부가 탈락 이후에도 날끝에 남아 표면 거칠기에 영향을 주어 가공 표면이 거칠다.
　③ 절삭 깊이가 부분적으로 깊어져 동력 손실을 가져온다.
　④ 표면에 변질층의 두께가 깊어진다.
3) 구성 인선의 방지책
　① 절삭 깊이를 작게 하고 이송량을 크게 할 것
　② 공구 날끝의 경사각을 30° 이상으로 할 것
　③ 절삭 속도를 120m/min 이상의 임계 속도로 고속 절삭을 할 것
　④ 윤활성이 있는 절삭유를 사용할 것

(3) 절삭 저항의 3분력

　공구가 일감을 절삭할 때 일감은 소성 변형을 하여 칩이 발생되는데 이 때 공구와 일감 사이에서 공구가 받는 저항력을 절삭 저항이라 하며 다음의 3가지가 있다.
　① 주분력(F_1) : 절삭 방향과 평행하는 분력으로 절삭 방향의 반대 방향으로 작용한다. 거의 모든 저항이 F_1에 속하며 보통 절삭 저항이라 한다.
　② 이송 분력(F_2) : 횡분력이라고도 하며 이송 방향의 반대 방향으로 작용하는 분력
　③ 배분력(F_3) : 절삭 깊이의 반대 방향에 작용하는 분력. 각 분력의 크기는 $F_1 : F_2 : F_3 = 10 : (1 \sim 2) : (2 \sim 4)$ 정도이며 공구의 날끝이 파괴될 경우는 F_2, F_3가 현저히 증가한다.
　　㉮ 절삭 저항을 변화시키는 요소
　　　㉠ 일감의 재질 : 단단할수록 주분력 증가
　　　㉡ 공구날끝의 모양 : 경사각이 클수록 주분력 감소
　　　㉢ 절삭 면적 : 절삭 면적이 클수록 주분력 증가
　　　㉣ 절삭 속도 : 절삭 속도가 클수록 주분력 감소
　　㉯ 절삭 저항을 측정하는 방법
　　　㉠ 브레이크법
　　　㉡ 액압법

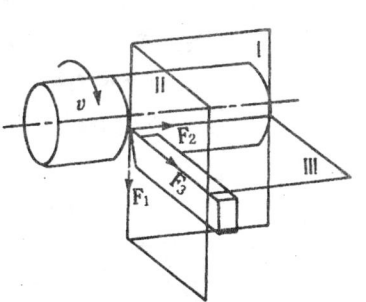

〔절삭 저항의 분력〕

ⓒ 압전기법
ⓔ 탄성 변형법

(4) 절삭 동력(Cutting Power)

공작 기계의 전 소비 동력 N이라 함은 공회전에 소비되는 동안 N_L, 절삭 작용에 소비되는 유효 절삭 동력 N_E, 이송에 소비되는 이송 동력 N_F를 포함한 것으로 나타낼 수 있다.

$$N = N_L + N_E + N_F$$

주분력은 $F_1(kg)$, 절삭 속도 v(m/min), 일감의 지름 d(mm)라 하면

$$N_E = \frac{F_1 \cdot v}{60 \times 75} \text{(HP)} = \frac{F_1 \cdot v}{60 \times 102} \text{(kW)}$$

이송 분력을 $F_2(kg)$, 이송을 f(mm/rev), 회전수를 n(rpm)이라 하면

$$N_E = \frac{F_2 \cdot n \cdot f}{60 \times 75 \times 1000} \text{(HP)} = \frac{F_2 \cdot n \cdot f}{60 \times 102 \times 1000} \text{(kW)}$$

$$N_L = N - N_E = N_E \left(\frac{N + \eta}{\eta} \right)$$

기계 효율 $\eta = \frac{N_E}{N}$ (%)

(5) 공구 수명(Tool Life)

공구 수명은 절삭을 개시하여 공구를 재연삭할 필요가 생길 때까지의 실제 절삭 시간을 말한다.

1) 공구의 파손

공구의 파손은 온도 파손, 크레이터 및 플랭크면의 마모, 치핑에 의한 파손으로 분류될 수 있다.

① 온도 파손
  ㉮ 절삭 속도의 증가에 따른 절삭 온도의 상승으로 마모 촉진
  ㉯ 마모량이 증가될수록 입력 에너지의 증가로 가열 및 마모 촉진 또는 스파크가 날끝에서 발생되어 공구가 파손된다.

② 크레이터 마모(Cratering)
  ㉮ 공구의 경사면의 마모를 말한다.
  ㉯ 칩의 탈락시 공구 상면과 마찰에 고온 고압 상태로 탈락하여 공구 상면에 마모를 발생시켜 움푹한 홈을 발생시키는 현상
  ㉰ 크레이터의 마모 한도 : 최대 깊이 0.05~0.1mm까지
  ㉱ 성장을 지연시키기 위해 경사각을 크게 하여 공구 상면의 압력을 감소시키고 공구 상면의 거칠기를 기름 숫돌 등으로 매끄럽게 하여 칩의 흐름에 대한 저항을 감소시킨다.

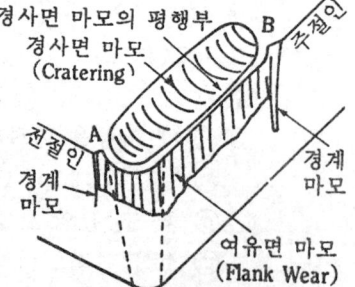

〔크레이퍼와 플랭크 마모〕

③ 플랭크 마모(Flank Wear)
　㉮ 공구의 여유면 마모를 말한다.
　㉯ 공구의 여유면이 일감과의 접촉에 의해 절삭 방향과 평행으로 일어나며 주철 절삭시 특히 발생이 심하다.
　㉰ 플랭크의 마모 한도 : 마모의 폭 0.7~0.8mm까지(크레이터와 플랭크의 마모량이 한계에 도달하면 재연삭을 하여 사용한다).
④ 치핑(Chipping)
　㉮ 공구 날끝의 미세한 일부분이 절삭 과정에서 탈락하는 현상
　㉯ 선반, 밀링, 평삭 등에서 충격에 약한 초경 공구에서 혼히 발생된다.

2) 테일러의 공구 수명식
　공구 수명과 절삭 속도는 다음 식과 같은 관계가 있다.

$$VT^n = C$$

　V : 절삭 속도 [m/min]
　T : 공구 수명 [min]
　n : 상수(고속도강 : 0.05~0.2, 초경 : 0.125~0.25, 세라믹 : 0.5~0.55)
　　　일반적으로 1/5~1/10 정도를 사용한다.
　C : 공구 수명 상수로 일감의 재료와 공구의 재질 절삭 조건에 따라 정한다.

3) 공구 수명 판정 방법
① 광택에 의한 판정 : 공구의 마모로 마찰이 증대되어 가공면에 광택있는 띠(Band)가 생겼을 때(백휘 현상)
② 크레이터 마모 및 플랭크 마모에 의한 판정 : 공구 인선의 마모가 일정량에 도달하였을 때
③ 완성 가공물의 치수 변화에 의한 판정 : 공구 인선의 마모로 지름의 증대량이 거친 절삭 0.2mm, 다듬질 0.04mm 정도의 일정 값에 도달했을 때
④ 절삭저항의 증대에 의한 판정 : 배분력과 이송 분력이 급격히 증가하였을 때

4) 공구 수명에 영향을 주는 요소
① 공구의 각도 : 일감의 경도가 크면 여유각을 작게, 경도가 작으면 여유각을 크게 하여 수명을 연장시킨다.
② 구성 인선
③ 절삭 속도 ｝ 절삭 속도와 이송 속도가 증가되면 공구 상면의 온도 상승으로 마찰이 감소되어 구성 인선의 발생이 억제되어 공구 수명은 연장되지만 크레이터의 마모가 증가되므로 주의해야 한다.
④ 이송 속도

5. 용 접

1 용접의 개요

(1) 용접의 원리와 종류

1) 용접의 원리
　2개의 물체를 10^{-8}cm까지 접근시키면 원자 사이의 인력에 의해 원자가 결합된다. 이

것을 넓은 의미에서 용접(Welding)이라 한다. 용접의 특징은 다음과 같다.
① 장점 : 자재의 절약, 작업 공수의 감소, 제품의 성능과 수명의 향상
② 단점 : 재질의 변화, 잔류 응력, 잔류 변형 및 여러 가지의 결함이 발생

2) 용접법의 종류
① 용접(fusion welding) : 접합하고져 하는 물체의 접합부를 가열 용융시키고 여기에 용가재(熔加材)를 첨가하여 접합하는 방법이다.
② 압접(pressure welding) : 접합부를 냉간 상태 그대로 또는 적당한 온도로 가열한 후 여기에 기계적 압력을 가하여 접합하는 방법이다.
③ 납땜(brazing and soldering) : 모재를 용융시키지 않고 별도로 용융 금속을 접합부에 넣어 용융 접합시키는 방법이다.

〔용접법의 분류〕

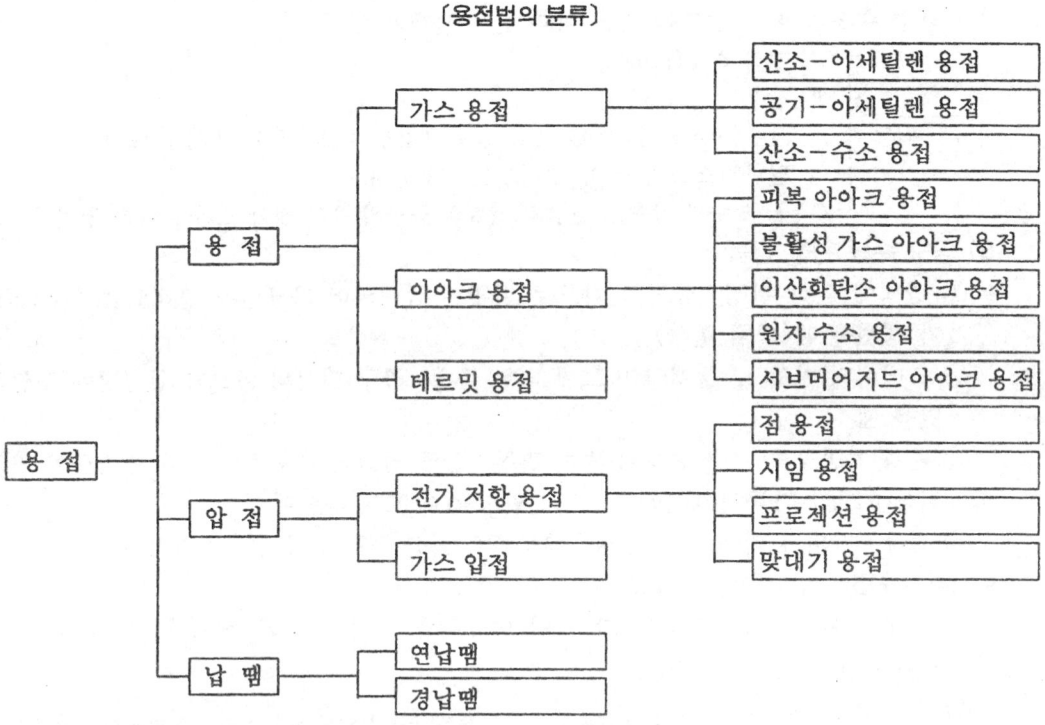

3) 각종 용접법
① 가스 용접(gas welding) : 토오치에서 가연성 가스와 산소가 혼합된 가스르 분출 연소시켜 이 열로 금속을 용융하여 접합하는 방법이다.
② 피복 아아크 용접(shielded metal arc welding) : 모재와 전극 사이에서 아아크를 발생시켜 이열로 용접봉과 모재를 녹여 접합하는 방법이다.
③ 서브머어지드 아아크 용접(submerged arc welding) : 송급된 분말 용제 속에 용접 심선을 공급해 심선과 모재 사이에서 아아크를 발생시켜 용접하는 방법이다.
④ 불활성가스 아아크 용접(inert gas arc welding) : 전극 주위에 불활성 가스를 방출시켜 그 속에서 모재와 전극 사이에 아아크를 발생시켜 용접열을 공급해 용접을 한다.

⑤ 이산화탄소 아아크 용접(CO_2 gas arc welding) : 불활성 가스 대신에 탄산가스를 노즐에서 분출시켜 아아크 열로 용접을 하는 방법이다.
⑥ 테르밋 용접(thermit welding) : 알루미늄 분말과 산화철 분말의 혼합 반응으로 열을 발생시켜 이 열로 두 가지를 녹여 용접부를 가열하여 용접하거나 압접을 한다.
⑦ 전기 저항 용접(electric resistance welding) : 접합코져 하는 재료에 전기를 통해 저항열로서 용융 가압시켜 접합하는 방법이다.
⑧ 가스 압접(pressure gas welding) : 접합부를 가스 불꽃으로 가열시킨 후 압력을 가해 접합하는 방법이다.
⑨ 납땜 : 접합할 금속을 용융시키지 않고 땜납만 용융 첨가시켜 접합하는 방법이다.

(2) 용접 시공

1) 용접 이음

① 용접 이음의 형식 : 용접 이음에는 용접부에 용입되는 용착 금속의 단면 두께를 목두께(throat)라 하며, 겹치기 이음, T이음 등에서 목의 방향이 모재의 면과 45°를 이루는 용접을 필릿 용접(fille welding)이라 한다.

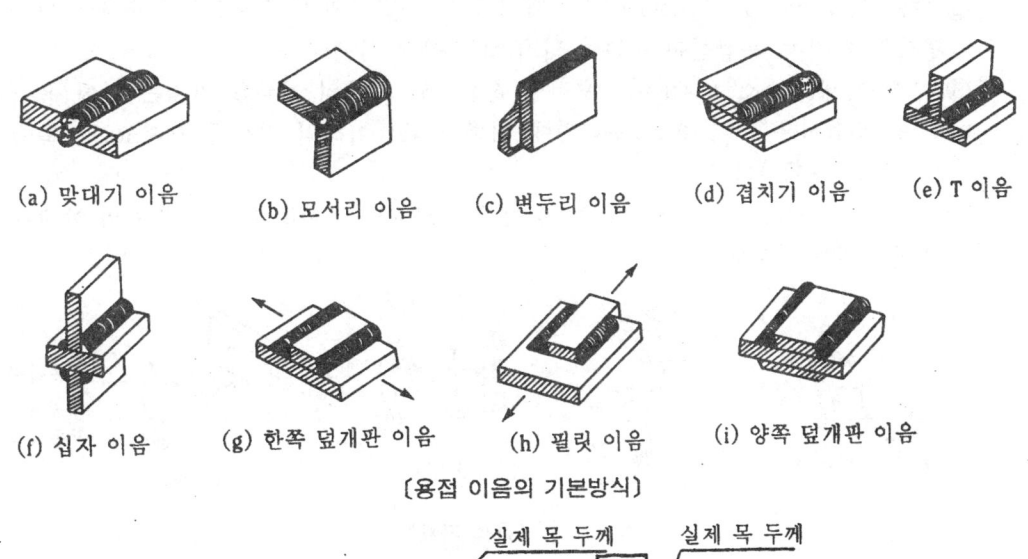

(a) 맞대기 이음 (b) 모서리 이음 (c) 변두리 이음 (d) 겹치기 이음 (e) T 이음

(f) 십자 이음 (g) 한쪽 덮개판 이음 (h) 필릿 이음 (i) 양쪽 덮개판 이음

〔용접 이음의 기본방식〕

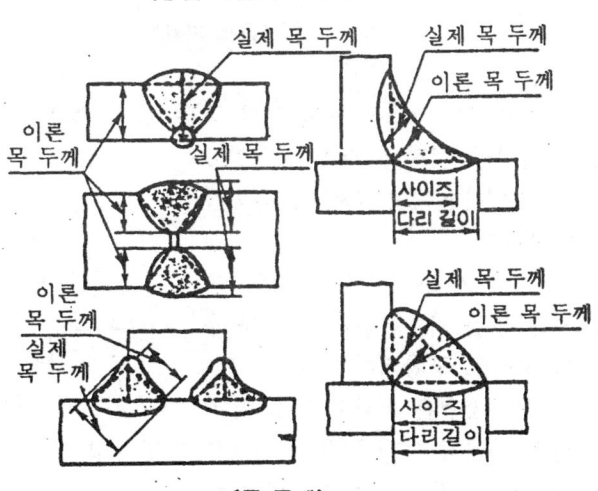

〔목 두께〕

② 홈의 형상 : 맞대기 이음 등에서 판 두께가 두꺼울수록 내부까지 용착되기 어려우므로 완전히 용착시키기 위해 접합부 끝을 적당히 깎아서 용접 홈을 만든다.

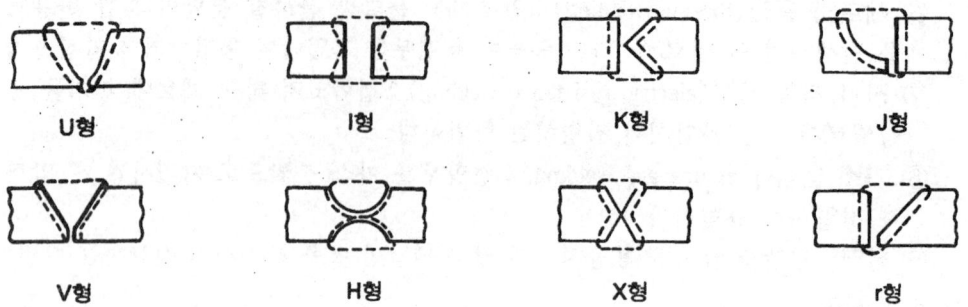

2) 용접 자세
① 아래보기 자세(flat position) : 모재를 수평으로 놓고 용접봉을 아래로 향하여 왼쪽에서 용접하는 자세이다.
② 수평 자세(horizontal position) : 모재의 면이 수평면에 대하여 90° 혹은 45° 이하의 경사를 가지며, 용접선이 수평이 되게 하는 용접 자세이다.
③ 수직 자세(vertical position) : 수직면 혹은 45° 이하의 경사를 가지는 면에 용접을 하며, 용접선은 수직 혹은 수직면에 대하여 45° 이하의 경사를 가지고 옆 쪽에서 용접하는 자세이다.
④ 위보기 자세(over head position) : 용접봉을 모재의 아랫쪽에 대고 모재의 아랫쪽에서 용접하는 자세이다.

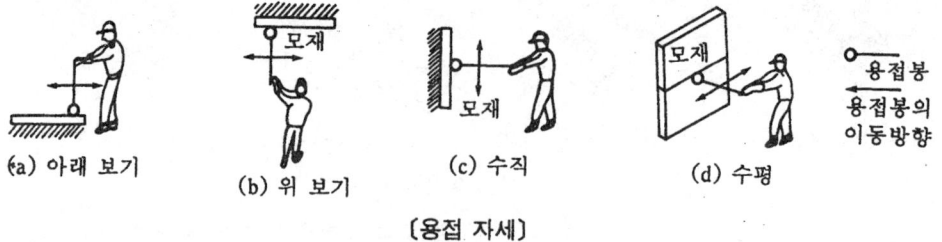

〔용접 자세〕

3) 용접 기호
용접 구조물의 제작에 적용되는 용접의 종류, 홈의 형태, 용접 시공상의 주의 등을 제작 도면에 기입하여 제작을 정확 신속하게 하기 위한 목적으로 사용되는 것이 용접 기호 (welding symbols)이다.
KS 규격에서 용접 기호는 설명선(기선, 지시선, 화살), 기본 용접 기호, 치수 및 기타 용접 보조 기호와 꼬리로 구성되어 있다.
용접 기호의 기입 방법은 화살표 쪽을 용접할 경우는 기선의 아래쪽 여백에 용접 기호를 기입하고 반대 쪽을 용접할 경우에는 기선의 위 쪽 여백에 기입하기로 규정되어 있다.

〔용접 기호의 기입 방법〕

〔용접 보조 기호〕

구 분	보조 기호	구 분		보조 기호
용접부의 다듬질 방법	그라인더 가공 G	용접부 표면 현　　상	평　　탄	―
	기 계 가 공 M		볼　　록	⌒
	치 핑 C		오　　목	⌒.
	다 듬 질 F	현　장　용　접		▶
		온 둘 레 용 접		○
		현 장 온 둘 레 용 접		⦿

① 지시선 : 화살표는 소재 표면에 있는 용접 이음을 지정하며, 지시선과 기선 사이에는 현장 용접, 공장 용접, 전주 용접 기호가 기입된다.
② 기선 : 위 아래로 나누어서 지시선이 아래로 향할 때 기선의 위에는 치수, 또는 강도(S), 루우트 간격, 표면상의 다듬질 기호(F), 홈의 각도(D), 용접 종류의 기호(R), 용접 길이(L), 용접 피치(P)로 나타내고, 아래쪽은 점 용접 및 프로젝션 용접의 수가 기입된다.
③ 꼬리 : 특별한 지시 사항을 기입한다.

4) 용착법

용착법에는 용접하는 방향에 의하면 전진법, 후진법, 대칭법, 교호법, 비석법 등이 있고 다층 용접에서는 덧살 올림법, 캐스케이드법, 전진 블록법 등이 있다.

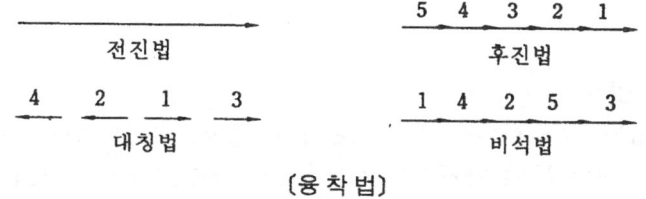

〔용착법〕

5) 용접 후 응력 제거

잔류 응력을 제거하는 방법은 다음과 같다.
① 노내 풀림법 : 제품을 가열로 안에 넣고 적당한 온도에서 어떤 시간동안 유지한 다음, 노내에서 서냉하는 방법.
② 국부 풀림법 : 제품이 커서 노내 풀림을 할 수 없는 경우 용접부 근방을 국부적으로 가열하여 서냉하는 방법.

기타 방법으로는 저온 응력 완화법, 기계적 응력 완화법, 피이닝법 등이 있다.

6) 변형 교정

용접 후 변형이 된 것은 점 수축법, 직선 수축법, 해머질하는 법, 수냉법, 피이닝법 등으로 수정한다.

(3) 용접부의 시험과 검사

1) 시험 및 검사의 종류

용접부의 검사는 작업 검사와 완성 검사로 분류한다.

① 작업 검사 : 용접 전, 용접 중 및 용접 후에 기능공의 기량, 용접 재료, 용접 설비, 용접 시공 상황, 용접 후의 처리 등을 검사하는 것.
② 완성 검사 : 용접한 제품이 만족할만한 성능을 가졌는가의 여부를 검사하는 것.
2) 검사법의 분류
완성 검사에는 비파괴 시험과 파괴 시험이 있다.
3) 용접부의 결함 검사
① 외관 검사 : 비이드의 파형, 비이드 폭과 비이드의 덧붙이 높이, 크레이터, 언더컷, 오우버랩, 표면 균열 등에 대해 관찰한다.
② 누설 검사 : 탱크, 용기 등의 기밀, 수밀을 검사하는 것으로 어느 정도의 압력을 가했을 때 누설이 생기지 않으면 된다.
③ 투과 검사 : 용접 표면에 생긴 적은 균열, 피트 및 기타 결함 검사에 사용되는 검사로 형광 침투 검사, 염색 침투 검사가 있다.
④ 초음파 검사 : 파장이 짧은 음파를 검사물 내부에 투과시켜 내부의 결함 또는 불균일 층의 존재를 알아내는 방법이다.
⑤ 자기 검사 : 누설 자속을 이용하여 균열, 편석, 기공, 용입 불량 등을 검사하는 방법이다.
⑥ 방사선 투과 검사 : X선 또는 γ 선을 피검사물에 투과시켜 내부의 결함 또는 불균일 층의 존재를 알아내는 검사이다.

2 아아크 용접

(1) 피복 아아크 용접

1) 아아크 용접의 원리

아아크 용접봉과 모재 사이에 직류 또는 교류 전압을 걸어 강한 빛과 열을 내는 아아크(arc)를 발생시킨다. 이 아아크의 강한 열(약 5000℃)로 용접봉과 모재를 녹여 용접을 한다.

이 때 녹은 쇳물 부분을 용융지(molten weld pool), 모재가 녹은 깊이를 용입(penetration)이라 한다.

2) 아아크의 성질

① 극성 : 교류 아아크 용접에서는 전류의 방향이 바뀌므로 용접봉측과 모재측에 발생하는 열량이 같으나, 직류 아아크 용접에서는 전류의 흐르는 방향이 일정하므로, 전자의 충격을 받는 양극이 음극보다 발열량(전열량의 60~70%)이 크다.

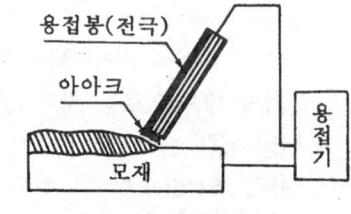

〔아아크 용접〕

㉮ 정극성(straight polarity 또는 DCSP) : 용접봉을 음(-)극에 연결하는 것으로 용접봉의 용융이 늦고 모재의 용입은 깊다.

④ 역극성(reverse polarity 또는 DCRP) : 용접봉을 양(+)극에 연결하는 것으로 용접봉의 용융 속도가 빠르고, 모재의 용입이 얕아 얇은 판의 용접에 쓰인다.
② 용융 금속이 옮겨 가는 상태
㉮ 단락형(short circulting transfer) : 큰 용적이 용융지에 접촉하여 단락되고, 표면 장력의 작용으로 모재에 옮겨 간다.
㉯ 글로불러형(globular transfer) : 비교적 큰 용적이 단락되지 않고 옮겨가는 형식이다.
㉰ 스프레이형(spray transfer) : 피복제의 일부가 가스화하여 미세한 용적이 스프레이와 같이 날려서 옮겨 가는 형식이다.

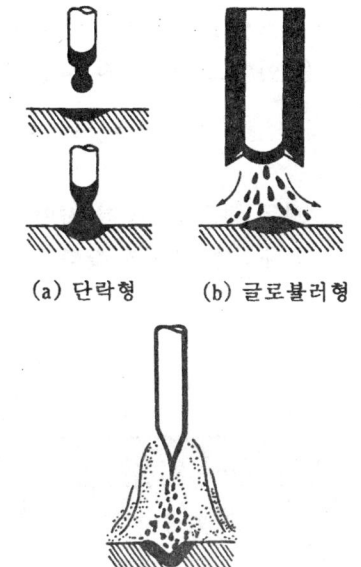

(a) 단락형   (b) 글로불러형

(c) 스프레이형

〔용적 상태〕

(2) 피복 아아크 용접 기기
  1) 용접기의 특성
    ① 아아크의 부특성 : 전류가 작은 범위에서는 전류가 증가하면 아아크 저항이 감소하여 아아크 전압이 감소하는 현상이다.
    ② 수하 특성 : 부하 전류가 증가하면 단자 전압이 저하하는 특성으로 아아크를 안정시키는 데 필요하다.
    ③ 정전류 특성 : 아아크의 길이가 크게 변해도 전류값은 별로 변하지 않는 현상이다.
  2) 피복 아아크 용접기의 종류
    ① 교류 용접기 : 현재 널리 쓰이는 것으로 200V 전원에서 전압을 낮추어 대전류를 얻는 일종의 변압기이며, 전류를 조정하는 기구에 따라 다음과 같은 것이 있다.
      ㉮ 가동 코일형 : 코일의 위치를 이동시켜 자속을 가감하여 용접 전류를 조정한다.
      ㉯ 가동 철심형 : 2차 코일의 전환탭으로 코일의 권선비를 바꾸어 소정의 전류를 얻게 되며, 가동 철심을 이동시켜 2차 코일을 통과하는 자속의 수를 가감하여 용접 전류를 조정한다.
    ② 직류 용접기 : 용접 전류로 직류를 쓰는 것으로 직류 전원을 발생시키는 방식에 따라 나누면 다음과 같다.
      ㉮ 발전형 : 가솔린 엔진이나 디이젤 엔진의 구동으로 직류 발전기를 회전시켜 직류를 얻는다.
      ㉯ 정류기형 : 외부에서 들어온 교류를 세렌이나 실리콘 정류기를 이용하여 직류를 얻는 용접기이다.
  3) 교류 아아크 용접기의 규격
    용접기의 용량은 AW 300, AW 400으로 나타나는 데 정격 2차 전류가 300A 또는

400A가 흐른다는 뜻이다.
① 사용률 : 용접기가 쉬는 시간을 휴식 시간(off time), 아크가 발생하고 있는 시간을 아크 시간이라 하면 다음과 같이 나타낸다.

$$사용률(\%) = \frac{아크\ 시간}{아크\ 시간 + 휴식\ 시간} \times 100$$

② 허용 사용률 : 용접 작업에서 정격 전류보다 작은 전류로 용접하는 데 허용 사용률의 계산은 다음과 같다.

$$허용\ 사용률(\%) = \frac{(정격\ 2차\ 전류)^2}{(실제\ 용접\ 전류)^2} \times 정격\ 사용률$$

〔교류 용접기와 직류 용접기의 비교〕

항목 \ 용접기	교류 용접기	직류 용접기
아크의 안정	아크가 불안정하나, 피복제가 있어 아크가 안정된다.	대단히 양호하다.
박판의 용접	작은 전류에서는 아크가 불안정되기 쉬우므로 직류보다 떨어진다.	작은 전류에서도 아크가 안정되므로 극성을 바꾸면 보다 열분배가 잘 되어 박판 용접이 잘 된다.
특수강, 비철 금속의 용접	직류보다 양호하다.	양호하다.
일반 용접	용접기가 싸고 취급이 용이하다.	교류보다 떨어진다.
전격의 위험	직류보다 무부하 전류가 높으므로 위험이 많다.	무부하 전류가 낮으므로 전격의 위험이 적다.
기 타	중량, 용량이 적고, 고장이 적으며, 아크 쏠림이 없다.	구조가 복잡하여 고장이 일어나기 쉽고, 아크 쏠림이 일어난다.

4) 피복 아크 용접용 기구
 ① 용접봉 호울더 : 용접봉의 끝을 꼭 집고 용접 전류를 용접 케이블에서 용접봉에 전달하는 기구이다.
 ② 용접용 케이블 : 전선에는 1차 케이블과 2차 케이블이 있어 1차 케이블은 전원과 용접기 사이의 케이블이고, 2차 케이블은 용접기와 호울더 사이의 케이블로 유연성이 좋은 캡 타이어 전선을 사용한다.
 ③ 용접 헬밋 및 핸드 시일드 : 용접 아크의 해로운 광선(자외선 또는 적외선)을 차단하고, 스패터(spatter)로부터 얼굴이나 머리를 보호하는 기구이다. 해로운 광선으로부터 눈을 보호하기 위해 착색된 필터 유리(filter lens)가 끼워져 있다.

(3) 피복 아크 용접봉
 1) 피복제의 작용
  피복 용접봉은 맨용접봉(심선)에 피복제(covering coating)가 입혀져 있어 그 작용은 다음과 같다.
  ① 중성 또는 환원성의 분위기를 만들어 대기 중의 산소나 질소의 침입을 방지하고

용융 금속을 보호한다.
② 아아크를 안정되게 한다.
③ 용융점이 낮은 가벼운 슬랙(slag)을 만든다.
④ 용접 금속의 탈산 및 정련 작용을 한다.
⑤ 용접 금속에 적당한 합금 원소를 첨가한다.
⑥ 용적(globule)을 미세화하고, 용착 효율을 높힌다.
⑦ 용융 금속의 응고와 냉각 속도를 지연시켜 준다.
⑧ 모든 자세의 용접을 가능케 한다.
⑨ 슬랙의 제거가 쉽고 파형이 고운 비이드(bead)를 만든다.
⑩ 모재 표면의 산화물을 제거하여 완전한 용접이 되게 한다.
⑪ 전기 절연 작용을 한다.

2) 피복 배합제의 종류
① 아아크 안정제 : 아아크를 안정시키기 위해 피복제에 규산칼륨, 규산나트륨, 산화티탄, 석회석이 함유되어 있어 아아크열에 의해 이온화가 되기 쉽다.
② 가스 발생제 : 녹말, 톱밥, 셀룰로오스, 석회석이 함유되어 있어 아아크열에 의해 연소되어 가스를 발생시켜 아아크 분위기를 대기로부터 차단하여 용융 금속의 산화나 질화를 방지한다.
③ 슬랙 생성제 : 슬랙은 용융 금속의 표면을 덮어서 산화나 질화를 방지하고 서냉되게 한다. 산화철, 루틸, 일미나이트, 이산화망간 등이 배합되어 있다.
④ 탈산제 : 용융 금속 중의 산소를 제거하는 것으로 망간철, 규소철, 티탄철 등이 배합되어 있다.
⑤ 고착제 : 심선에 피복제를 고착시키는 것으로 물유리(규산나트륨), 규산칼륨 등이 있다.

3) 연강용 피복 아아크 용접봉의 특성
① 일미나이트계(ilmentite type, E4301) : 슬랙 생성식으로 전자세 용접에 사용되며, 내부 결함이 적다.
② 라임 티탄계(lime titania type, E4303) : 슬랙 생성식으로 비이드 표면은 평면적이며, 언더컷이 생기지 않고 전자세 용접에 쓰인다. 얇은 판 용접에 적합하다.
③ 고셀룰로오스계(high cellulose type, E4311) : 가스 발생식으로 수직, 위보기 자세에 적합하나, 스패터가 많고, 비이드 표면의 파형이 거칠다.
④ 고산화티탄계(high titania, E4313) : 가스 발생식으로 스패터가 적고, 언더컷이 생기지 않아 전 자세 용접이나 박판 용접에 좋다.
⑤ 저수소계(low hydrogen type, E4316) : 슬랙 생성식이며 수소의 발생이 적다. 용착 금속은 인성과 기계적 성질이 양호하여 고장력강, 고탄소강의 용접에 적합하나, 아아크가 불안정하다.
⑥ 철분 산화티탄계(iron powder titania type, E4324) : 슬랙 생성식으로 아아크가 조용하여 스패터가 적고, 용입이 얕아 접촉 용접이 가능하다.
위에 쓴 연강용 피복 용접봉의 KSD 기호는 E43△□과 같이 나타나는 데 다음과 같은 의미를 가지고 있다.

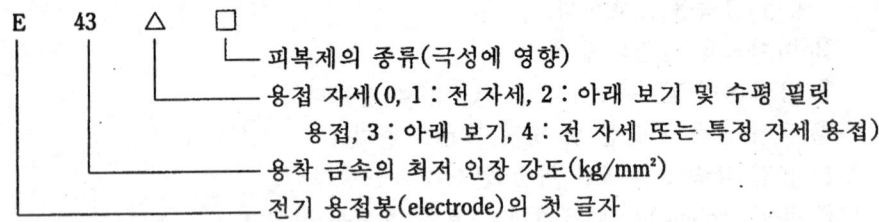

(4) 피복 아아크 용접법

1) 아아크 전류와 길이

① 전류의 세기 : 전류의 세기는 여러 가지 조건에 따라 다른 데 전류가 세면 스패터링(spattering)이 많고, 용융 속도가 빨라지면, 언더컷(undercut)이 일어나기 쉽고, 전류가 약하면 용입 불량과 오우버랩(overlap)이 생기기 쉽다.

② 아아크 길이 : 아아크 전압은 아아크 길이에 비례하는 데 아아크 길이는 대개 2~3mm 정도이며, 대개 심선의 지름과 거의 같은 길이로 한다.
아아크를 길게 하면 아아크가 불안정, 용입 불량, 용구의 낙하 거리가 멀어 공기와 접촉 시간이 길어 재질이 변질되며, 기공이 생기기 쉽고, 용접 결과가 나쁘다.

2) 아아크 용접부의 결함

〔용접부의 결함〕

명 칭	상 태		주 된 원 인
오우버랩		용융 금속이 모재와 융합되어 모재 위에 겹쳐지는 상태	모재에 대해 용접봉이 굵을때 운봉 속도가 느릴 때 용접 전류가 약할 때
기 공		용착 금속 속에 남아있는 가스로 인한 구멍	용접 전류의 과대, 용접봉에 습기가 많을 때, 가스 용접시의 과열, 모재에 불순물이 부착
슬래그섞임		높은 피복제가 용착 금속 표면에 떠 있거나 용착 금속 속에 남아 있는 것	운봉(運棒) 방법의 불량 피복제의 조성 불량 용접 전류, 속도의 부적당
언더컷		용접선 끝에 생기는 작은 홈	용접 전류의 과대 운봉 속도가 빠를 때 용접봉이 가늘 때

(5) 특수 아아크 용접법

1) 불활성 가스 아아크 용접

① 원리 : 아르곤(Ar), 헬륨(He) 등 고온에서도 금속과 반응을 하지 않는 불활성 가스의 분위기속에서 텅스텐 또는 금속선을 전극으로 하여 모재와의 사이에서 아아크를 발생시켜 용접하는 방법이다.

② 종류 : 불활성 가스 텅스텐 아아크 용접(TIG 용접)과 불활성 가스 금속 아아크 용

접(MIG 용접)이 있다.
  ㉮ TIG 용접(tungsten inert gas arc welding) : 전극으로 텅스텐 봉을 사용하는 용접
  ㉯ MIG 용접(metal inert gas arc welding) : 전극으로 금속 비피복봉을 사용하는 방법.
③ 특징 : 이 용접법의 장점은 다음과 같다.
  ㉮ 용제가 필요없고 작업이 간편하다.
  ㉯ 아크가 극히 안정되고 스패터가 적다.
  ㉰ 열의 집중이 좋아 용접 능률이 높다.
  ㉱ 용착부는 연성, 강도, 기밀성 및 내열성이 우수하다.

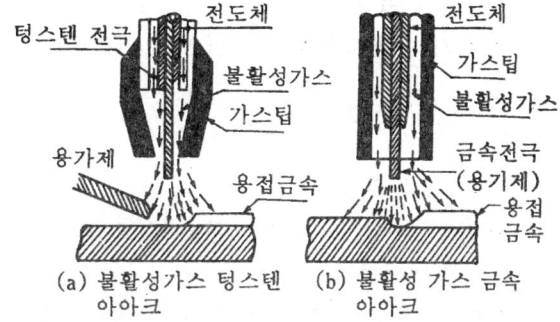

〔불활성가스 아크 용접〕

2) 서브머어지드 아아크 용접
  ① 원리 : 용접 이음부에 입상의 용제를 공급하고, 이 용제 속에서 전극과 모재 사이에 아크를 발생시켜 연속적으로 용접하는 방법이다. 이 용접법은 잠호 용접, 유니언 멜트 용접, 링컨 용접이라는 상품명이 있다.

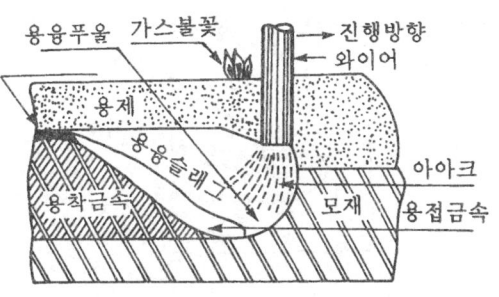

〔서브머어지드 아아크 용접〕

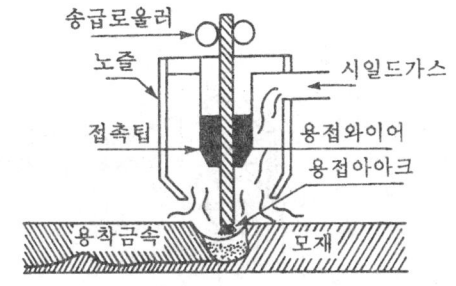

〔이산화탄소 아아크 용접〕

  ② 특징
    ㉮ 장점
      ㉠ 용접 속도가 빠르다(수동 용접의 10~20배)
      ㉡ 열 에너지의 손실이 적으므로 용입이 깊다.
      ㉢ 용접 재료의 소비가 적고 용접 변형도 적다.
    ㉯ 단점
      ㉠ 설비비가 많이 든다.
      ㉡ 용접선이 구부러진 경우 용접 장치의 조작이 어렵다.
      ㉢ 루우트의 간격이 크면 용접부의 접합이 불량하다.
3) 이산화탄소 아아크 용접
  ① 원리 : 불활성 가스 대신에 이산화탄소 분위기 속에서 아크를 발생시켜 용접하

는 방법으로 경제적이며 기공이 발생하지 않는다.
② 특징 : 연강 용접에 주로 사용되며 그 특징은 다음과 같다.
㉮ 산화나 질화가 없어 우수한 용착 금속을 얻을 수 있다.
㉯ 용착 금속중에 수소 함유량이 적어 수소로 인한 결함이 거의 없다.
㉰ 용입이 깊다.
㉱ 가스 아아크이므로 시공에 편리하다.

3 그 밖의 용접법

(1) 일렉트로 슬랙 용접
① 원리 : 용접 와이어와 용융 슬랙 사이에 통전된 전류의 저항열을 이용하여 용접하는 방법이다.
② 특징 : 두꺼운 판의 용접에 이용되며 경비가 절약된다.

(2) 테르밋 용접
① 원리 : 산화철과 알루미늄을 혼합하여 테르밋제를 만들고 점화제(과산화 바륨, 마그네슘 등의 혼합 분말)와 혼합하여 반응을 일으켜 용융된 용액을 용접부에 주입하며 용접하는 방법이다.

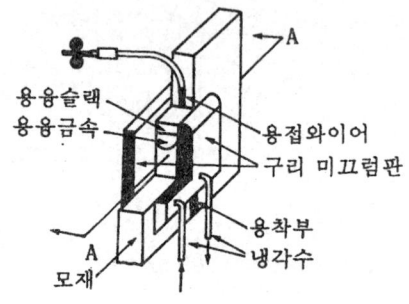
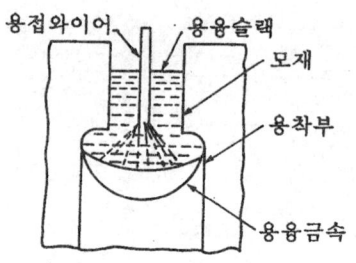

〔일렉트로 슬랙 용접〕

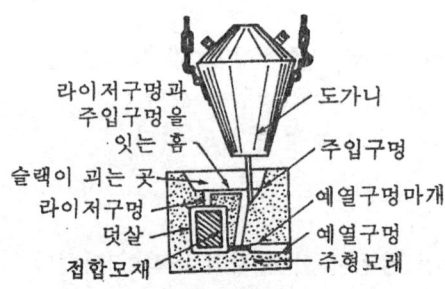

〔테르밋 용접〕

② 특징
㉮ 용접 작업이 간단하다.
㉯ 용접 설비비가 싸다.
㉰ 용접 작업 후 변형이 적고 작업 시간이 짧다.

(3) 전자 비임 용접
① 원리 : 높은 진공 안에서 음극 필라멘트를 가열하고, 방출된 전자를 양극 전압에 의하여 가속

(4) 전기저항 용접
① 원리 : 접합하고져 하는 금속 용접부를 맞대거나 겹쳐 놓고 이것에 다량의 전류를 통해 용접부의 접촉 저항에 의해 그 부근의 온도가 상승되어 반용융 상태가 된다. 이것에 압력을 가해 접합하는 것이 전기 저항 용접이다. 저항 용접은 교류를 써서 변압기에 의해 저전압 (1~10V 정도), 대전류(100~150A)를 얻어 이것을 열원으로 쓴다. 이 경우 저항열은 주울(joule)의 법칙에 의해 계산한다.

$$Q = 0.24 I^2 R t$$

여기서 Q : 열량(cal) I : 전류(A)
       R : 저항(Ω) t : 통전 시간(sec)

② 특징
㉮ 용접의 정도(精度)가 높고 열에 의한 영향이 적다.
㉯ 용접 시간이 짧다.
㉰ 용접부의 중량을 경감할 수 있다.

③ 용접상의 주의
㉮ 접합부에 녹, 기름, 도료 등이 없도록 깨끗이 닦아낸다.
㉯ 전극부에 접촉 저항이 적어야 한다.
㉰ 냉각수가 충분하도록 점검한다.
㉱ 모재의 모양, 두께에 알맞는 조건을 택하여 용접한다.
저항 용접을 잘 하려면 3대 요소인 통전 시간, 용접 전류, 전극의 가압력을 잘 지켜야 한다.

1) 저항 용접의 종류
① 점 용접(spot welding) : 2개의 모재를 겹쳐 전극 사이에 끼워 놓고, 전류를 통하면 접촉면이 전기 저항에 의해서 발열이 되어 접합부가 용융될 때, 압력을 가해 접합하는 것이다. 대체로 6mm 이하의 판재를 접합할 때 적당하며, 0.4~3.2mm의 판재가 가장 능률적인 관계로 자동차, 항공기 공업에 널리 사용되고 있다.
② 시임 용접(seam welding) : 시임 용접은 점 용접의 전극봉 대신에 로울러 모양의 전극을 써서 접합을 하는 용접이다.
이 때 용접 전류는 점 용접의 1.5~2.0배, 가압력은 1.2~1.6배이다. 이 용접의 특징을 열거하면 다음과 같다.
㉮ 산화 작용이 적다.

㉴ 박판과 후판의 용접이 된다.
㉵ 가열 범위가 좁으므로 변형이 적다.
③ 프로젝션 용접(projection welding) : 프로젝션 용접은 점 용접의 변형으로 아래 그림과 같이 용접부에 돌기를 만들어 전류를 집중시켜 가압하여 용접한다.

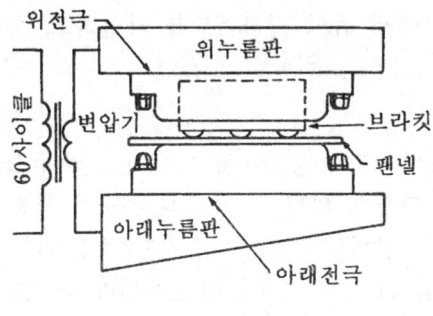

〔프로젝션의 원리〕

이 용접의 특징을 열거하면 다음과 같다.
㉮ 후판과 박판 또는 열전도가 다른 금속의 용접이 양호하다.
㉯ 전극의 수명이 길고 작업 능률이 높다.
㉰ 용접 속도가 크다.
㉱ 외관이 아름답다.
④ 맞대기 저항 용접 : 2개의 금속을 용접기에 설치하여 맞대고 전류를 통해서 접촉부를 녹여 접합하는 방법으로 다음 두 가지가 있다.
㉮ 업셋 용접(upset welding, butt welding) : 선이나 봉을 맞대어 통전해 접합부가 고온이 되어 용융될 때 가압력을 가해 접합하는 방법이다.
㉯ 플래시 용접(flash welding) : 두 피용접재를 틈새가 있게 띄어 놓고 통전해 그 사이에서 아아크를 발생시켜 용융 가압하여 접합하는 방법이다.
이 용접은 단면이 큰 막대나 축류, 레일, 강판 등의 접합에 적합하다.

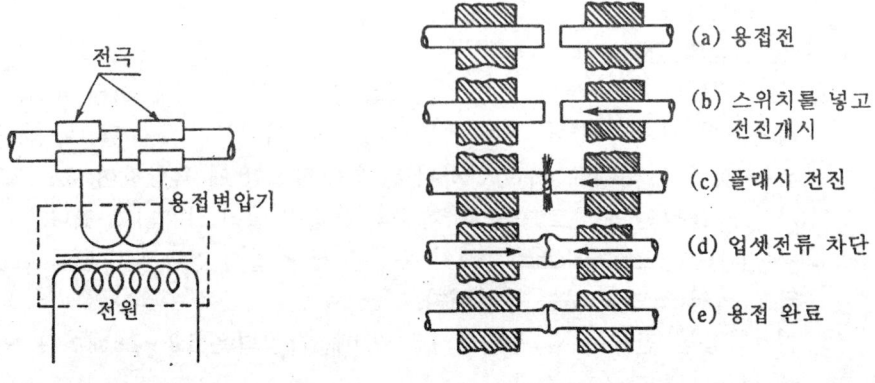

〔업셋 용접〕 〔플래시 용접〕

〔연납용 용제의 종류, 성질 및 용도〕

종 류	성 질	용 도
부식성용제 염산(HCL)	진한 염산을 물로 묽게하여 사용한다. 아연과 반응되면 염화 아연이 되어 용제의 역할을 한다.	아연, 아연도금 강판용
염화 암모니아 (NH_4Cl)	산화물을 염화물로 한다.	단독으로 쓰이지 않는다. 염화 아연에 혼합하여 사용한다.
염화아연 ($ZnCl_2$)	염산에 아연을 넣어 포화액으로 한 것으로 흡수성, 내식성이 강하다.	연납용에 주로 쓰인다. 알코올이나 글리세린을 섞어 양은 납땜에 쓰인다. 특수한 처리를 하면 스테인레스강의 납땜도 된다.
비부식성용제 수지(樹脂)	용제의 작용이 약하나 독성, 부식성이 없다. 송지가 쓰인다.	전기부품, 식품용기용
부식성이 적은 용 제 수지(樹脂)	수지(樹脂)보다 부식성이 크다.	다른 용제와 혼합하여 응고 상태의 용제(페이스트)로 사용하는 일이 많다.
인 산	인산 알코올 등의 용액으로 사용한다.	구리와 동합금용

4 납땜법

(1) 납땜의 원리

납땜은 모재보다도 쉽게 용융하는 납을 가열 용융시켜 액체상태의 납이 고체 상태의 모재면에 흡착되어 고체, 액체 양 금속 원자가 원자 사이의 인력이 작용하는 거리까지 접근되어 접합된다. 이 때 납이 모재 금속중에 확산, 침투하는 것이 있고 때에 따라 경계부에 합금층을 만든다.

납땜법은 땜납의 용융 온도가 450℃ 보다 높은 것을 경납이라 하고, 이보다 낮은 것은 연납이라 한다.

(2) 연납땜과 경납땜

① 연납땜 : 연납은 보통 기계적 강도가 크지 못하므로 강도를 필요로 하는 부분에는 부적당하다. 그러나 용융점이 낮고, 거의 모든 금속을 접합시킬 수 있고, 조작이 용이한 관계로 납땜 인두를 써서 전기 부품의 접합이나 수밀, 기밀을 필요로 하는 곳에 널리 사용되고 있다. 대규모에는 토오치 램프나 토오치 등을 써서 납땜한다. 땜납의 형상으로는 봉 모양, 선 모양, 실 모양 등이 있으며 특별한 것은 중공으로 된 내부에 용제를 꽉 채운 것이나, 입상의 땜납재에 용제를 혼입한 페이스트 모양의 것도 있다.

땜납은 주석(Sn)과 납(Pb)의 합금으로 가장 많이 쓰여지고 있는 대표적인 것이 연납이다. 이 땜납은 특수강, 주철, 알루미늄 등의 일부 금속을 제외하고는 철, 니켈, 구리, 아연, 주석 등이나 그 합금의 접합에 쓰여진다.

용제는 용가재 및 모재 표면의 산화를 방지하고, 가열중에 생성된 금속 산화물을 용해시켜 액체 상태로 하고, 용가재를 좁은 틈에 자유로이 유동시킬 수 있게 하는 역할을 가지고 있다.

② 경납땜 : 연납땜보다 큰 접합 강도가 요구되는 경우에 쓰이는 것이다. 경납땜의 용제로는 봉사가 일반적으로 쓰이며, 붕산, 산화제일구리, 식염 등이 쓰인다.

경납의 종류로는 동납, 황동납, 인동납, 은납 등이 있다.

예상문제

문제 1. 다음 중에서 1시간당 용해하는 쇳물의 중량으로 용량을 표시하는 것은?
㉮ 용광로　　㉯ 용선로　　㉰ 전로　　㉱ 전기로

　[풀이] ① 용광로 : 1일 생산량
　　　　② 도가니로 : 1회 용해할 수 있는 구리의 중량
　　　　③ 용선로 : 매시간당 용해할 수 있는 중량
　　　　④ 전기로, 평로 : 1회 용해할 수 있는 제강량

문제 2. 큐우폴라에 대한 설명 중 틀린 것은?
㉮ 큐우폴라의 구조는 원통형 직립으로서 외부는 강철판으로 만들어졌다.
㉯ 조업 준비 작업으로서는 노 내부 벽을 내화 벽돌과 점토로 쌓아야 한다.
㉰ 큐우폴라의 규격은 1시간당 용해할 수 있는 양을 중량으로 표시한다.
㉱ 큐우폴라는 주강을 용해하는 데 가장 적합한 노이다.

　[풀이] 큐우폴라 구조의 외부는 철판으로 원통형이며, 내부는 내화 벽돌로 쌓고 또는 내화 점토를 바른다.

문제 3. 분괴 압연하여 만드는 중간재로 틀린 것은?
㉮ 슬랩　　㉯ 블루움　　㉰ 빌릿　　㉱ 트리밍

　[풀이] 분괴 압연으로 만드는 강재의 중간재는 강편(鋼片)이라 하며, 그 모양이나 크기에 따라 슬랩(slab), 블루움(bloom), 빌릿(biller), 시이트 바아(sheet bar), 스켈프(skelp), 팩(pack)으로 분류된다.

문제 4. 윤활유의 첨가제로 쓰일 수 없는 것은?
㉮ 부식 방지제　　㉯ 유동점 강화제　　㉰ 산화 촉진제　　㉱ 유성 향상제

　[풀이] 윤활유 첨가제는 부식 방지제, 유동점 강화제, 유성 향상제, 산화 방지제, 점도 지수 향상제, 청정제, 소포제 등이 있다.

문제 5. 윤활유의 점도에 관한 설명 중 틀린 것은?
㉮ 윤활유의 점도가 높을수록 유막은 강하다.
㉯ 윤활유의 점도 지수가 클수록 온도 변환에 대하여 점도 변화도 적다.
㉰ 여름철에는 점도가 높은 것을 쓴다.
㉱ 겨울철에는 점도가 높은 것을 쓰면 응고하기 쉽다.

　[풀이] 유성과 유막과의 관계에서 유성이 크면 유막 형성이 크다. 그러므로 점성과 유막과는 상반된 관계에 있다.

문제 6. 윤활유의 노화 현상을 구별하는 방법이 잘못된 것은?
㉮ 투명도의 저하　　㉯ 점도의 증가
㉰ 냉각성의 증가　　㉱ 비중의 감소

　[풀이] 노화 현상의 판단 기준은 ㉮, ㉯, ㉰항과 비중의 증가, 인화점의 저하, 산성의 증가로 구별한다.

해답 1. ㉯　2. ㉱　3. ㉱　4. ㉰　5. ㉮　6. ㉱

문제 7. 단조용 공구 중 엔빌, 정반, 탭의 3가지 역할을 겸할 수 있는 것은?
㉮ 스웨이지 블록　　㉯ 받침쇠　　㉰ 다듬개　　㉱ 집게

[토의] 스웨이지 블록은 받침대로 쓰이므로 엔빌의 역할을 하며, 또 정반의 역할도 하고 여러 형상이 있으므로 탭의 역할도 된다.

문제 8. 스웨이지 블록이란 무엇인가?
㉮ 단조품의 치수 검사에 쓰인다.
㉯ 판을 평탄하게 펼 때 쓰인다.
㉰ 여러 모양의 구멍이 있어서 재료를 여기에 대고 변형시키는 데 쓰인다.
㉱ 단조품의 굽힘 부분을 고친다.

[토의] 스웨이지 블록(swage block)은 이형공대를 나타내는 것으로 엔빌 대용에 사용되고 또한 여러 가지 형상을 만드는 데 쓰인다.

문제 9. 큰 해머의 머리 무게는?
㉮ 3~5kg　　㉯ 3~10kg　　㉰ 8~16kg　　㉱ 10~14kg

[토의] 단조 작업에 쓰이는 손해머(hand hammer)의 무게는 1/4~1kg 내외의 것이 많이 쓰이고, 큰 해머의 무게는 3~10kg이다.

문제 10. 2개의 금속편 끝을 각각 융점 가까이 가열하여 양 끝을 접촉시켜 압력을 가해 접착시키는 작업은?
㉮ 단조　　㉯ 단접　　㉰ 압출　　㉱ 압연

[토의] 탄소강은 용융점 가까이 가열하면 점성이 커지고 친화력이 커진다. 이 때 해머로 압력을 가하면 접착이 되어 한 덩어리가 된다. 단접의 방법에는 맞대기, 겹치기, 스플릿트 단접이 있다.

문제 11. 다음 중 드로오잉용 다이의 윤활제가 아닌 것은?
㉮ 흑연　　㉯ 석회　　㉰ 석유　　㉱ 비누

[토의] 인발의 윤활법으로는 석회수에 가공물을 담갔다가 건조한 후 비누를 통하여 인발하는 건식법과 식물성유에 비누를 첨가하고 물을 섞어서 만든 컴파운드를 사용하는 습식법이 있고, 고형 윤활제로는 그리스, 석회, 비누, 흑연 등이 사용되며, 경질 금속을 인발할 때는 납, 아연 등을 도금한다.

문제 12. 인발 다이의 재료를 열거한 것 중 옳지 않은 것은?
㉮ 칠드 다이　　㉯ 강철 다이　　㉰ 텅스텐 다이　　㉱ 구리 다이

[토의] 다이의 재질은 충분한 강도를 가지며 내마멸성이 높아야 하고 표면을 깨끗이 가공할 수 있어야 한다. 그러므로 칠드, 강철, 텅스텐, 다이어몬드 등이 쓰인다.

문제 13. 관재 드로오잉에서 내면을 정밀한 치수로 다듬질할 때 무엇을 사용하는가?
㉮ 로울　　㉯ 심봉　　㉰ 리이머　　㉱ 다이

문제 14. 드로오잉 저항의 크기에 관계가 없는 것은?
㉮ 단면 감소율　　　　　㉯ 다이 구멍의 각도
㉰ 선재의 성질　　　　　㉱ 다이 블록의 크기

[토의] 드로오잉 저항의 크기는 단면 감소율, 다이 구멍의 각도, 선재의 성질, 윤활제 등 여러 가지

해답　7. ㉮　8. ㉰　9. ㉯　10. ㉯　11. ㉰　12. ㉱　13. ㉰　14. ㉱

요소에 영향을 받는다.

문제 15. 크랭크 기구로서 운동하는 스프링에 해머가 설치되어 있는 것은?
㉮ 스프링 해머   ㉯ 공기 해머   ㉰ 증기 해머   ㉱ 낙하 해머

풀이 스프링 해머의 구조는 크랭크식 기구와 타격에 가속도를 주기 위한 스프링 작용을 이용한 것으로, 작은 물건을 연속적으로 타격해 단조 가공을 한다. 크랭크 편의 위치를 변경하면 행정이 조절된다.

문제 16. 윤활제의 윤활 방법으로 거리가 먼 것은?
㉮ 완전 윤활 방법   ㉯ 불완전 윤활 방법
㉰ 고체 윤활 방법   ㉱ 반고체 윤활 방법

풀이
- 완전 윤활 방법 : 충분한 윤활유가 존재할 때 두 금속면의 접촉면이 분리되는 경우를 말하며 유체 윤활이라고 한다.
- 불완전 윤활 방법 : 얇은 유막으로 둘러싸인 두 금속면의 마찰로 상대 속도 및 점성은 작아지지만, 충격이 가해질 때 유막이 파괴되는 정도의 윤활 방법으로 경제 윤활이라고도 한다. 슬라이딩 베어링에 많이 적용된다.
- 고체 윤활 방법 : 금속간의 마찰로 발열, 용착되는 윤활로 절대 금지해야 한다.

문제 17. 주물사의 입자가 클 때에 일어나는 현상이 아닌 것은?
㉮ 주물 표면에 용착한다.
㉯ 주물의 표면이 거칠다.
㉰ 통기성이 좋다.
㉱ 가스 배출이 잘되지 않는다.

풀이 주물사의 입도가 크면 쇳물이 입자 사이에 스며들어 주물 표면이 거칠어지고, 너무 작으면 통기성이 나빠진다.

문제 18. 표면 모래에 대한 설명 중 틀린 것은?
㉮ 주물의 표면을 깨끗이 하기 위하여 사용한다.
㉯ 내화성이 높고 입도가 작은 인공사를 사용한다.
㉰ 표면 모래는 인공적으로 묵은 모래, 새 모래, 석탄 가루 등을 배합한다.
㉱ 표면사는 주로 바닷 모래를 쓴다.

풀이 표면사는 주물 표면을 매끈하게 하기 위해 내화성이 높은 가는 모래를 사용한다. 주로 오래된 모래, 새 모래, 석탄 가루를 혼합해서 사용한다.

문제 19. 버어니어 캘리퍼스의 눈금 24.5mm를 25등분한 경우 최소 측정치는 얼마인가? (단, 어미자의 눈금 간격은 0.5mm이다.)
㉮ 0.04mm   ㉯ 0.02mm   ㉰ 0.05mm   ㉱ 0.01mm

풀이 버어니어는 어미자의 n개 눈금을 $n+1$ 등분하였다. 어미자의 1 눈금을 A, 버어니어의 1 눈금을 B라 하면, 어미자와 버어니어의 눈금차가 측정할 수 있는 최소 치수가 된다.

$$최소\ 치수 = A - B = A - \frac{n}{n+1}A = \frac{1}{n+1}A$$

여기서 $n+1=25$이고 $A=0.5$ 이므로

해답 15. ㉮   16. ㉱   17. ㉰   18. ㉱   19. ㉯

$$\frac{1}{n+1}A=\frac{1}{25}\times0.5=\frac{0.5}{25}=0.02\text{mm}$$

문제 20. 표준 고속도강은 W : Cr : V의 성분이 일정 비율 함유된 것이다. 가장 많은 함유율을 갖고 있는 원소는?
㉮ W   ㉯ Cr   ㉰ V   ㉱ W, Cr

[토의] 표준 고속도강=W : Cr : V=18 : 4 : 1%

문제 21. 일미나이트계의 용접봉으로 용접을 했더니 균열이 생겼다. 어떤 용접봉을 사용하면 좋겠는가?
㉮ 고산화철계   ㉯ 저수소계   ㉰ 고산화티탄계   ㉱ 고셀룰로우즈계

[토의] 저수소계는 용착 금속 중의 수소 함유량이 다른 피복봉에 비해 현저히 낮고(약 1/10 정도), 강력한 탈산 작용 때문에 산소량도 적으므로 용착 금속은 강인하고, 기계적 성질, 내균열성이 우수하다.

문제 22. 다음 E4301에서 43은 무엇을 뜻하는가?
㉮ 피복제의 종류   ㉯ 용착 금속의 최저 인장 강도
㉰ 피복제의 종류와 용접 자세   ㉱ 아아크 용접시의 사용 전류

[토의] 연강용 아아크 용접봉에서 그 규격을 나타낼 때 E43△□으로 나타내는 데 그 뜻은 다음과 같다.
E : 전기 용접봉(electrode)의 약자
43 : 용착 금속의 최저 인장 강도(kg/mm²)
△ : 용접 자세
□ : 피복제의 계통

문제 23. 동일 조건에서 측정을 반복하였을 때 측정치의 산포를 무엇이라고 하는가?
㉮ 오차   ㉯ 정밀도   ㉰ 퍼짐   ㉱ 뒤틈

[토의] 같은 측정자가 같은 측정물에 대해 같은 조건하에서 같은 측정기를 사용하여 동일 길이를 반복 측정했을 때 비교해 보면 우연 오차 때문에 측정값이 서로 다른 것을 산포(散布)라 한다.

문제 24. 다음 중 계통 오차와 관계 있는 것은?
㉮ 눈금 오차   ㉯ 측정자의 부주의
㉰ 측정 온도 변화   ㉱ 0점 조정

[토의] 오차(error)를 야기시키는 원인은 크게 계통적인 것과 우연적인 것이 있다. 계통 오차란 동일 조건하에서 항상 같은 크기와 같은 부호를 가지는 오차이다. 이 오차는 주로 측정기, 측정 방법 및 피측정물의 불완전성과 환경의 영향에 의해 생긴다. 예를 들면 측정력의 영향, 눈금의 오차, 측정 온도의 편차이다.

문제 25. 선반에서 주철을 절삭하고자 할 때 적당한 절삭유는?
㉮ 수용성   ㉯ 불수용성
㉰ 극압유   ㉱ 사용하지 않는다.

[토의] 주철을 절삭할 때 절삭유는 일반적으로 사용하지 않는다. 단, 브로칭 가공, 태핑과 같은 작

해답 20. ㉮ 21. ㉯ 22. ㉯ 23. ㉮ 24. ㉱ 25. ㉱

업 수행시는 공구의 날끝을 보호하기 위하여 윤활성이 우수한 절삭유를 사용한다.

문제 26. 세라믹 공구의 주성분과 점결제로 연결이 잘된 것은?
㉮ Al_2O_3-Ni ㉯ Al_2O_3-Mg ㉰ Al_2O_3-Co ㉱ Al_2O_3-Sn

[풀이] 세라믹 공구는 Al_2O_3의 주성분에 Mg, Si를 점결제로 제작된다.

문제 27. 주철 및 강의 탈산제로는 어느 것을 사용하는가?
㉮ 석회석 ㉯ 형석 ㉰ 규소철 ㉱ 스크랩

[풀이] 주철 및 강철의 탈산제로는 규소철, 망간철, 알루미늄을 사용한다.

문제 28. 구리 및 구리 합금 주물의 산화를 방지하기 위해 어떻게 하는가?
㉮ 구리 쇳물 위에 숯가루를 뿌려 방지한다.
㉯ 구리 쇳물 속에 용제를 넣는다.
㉰ 구리 쇳물 속에 가성 소오다를 넣는다.
㉱ 구리 쇳물 속에 스크랩을 넣는다.

[풀이] 구리 및 구리 합금의 쇳물이 산화되는 것을 방지하기 위해 구리 쇳물 위에 숯가루, 볏짚재 등을 뿌리거나 탈산제를 사용한다.

문제 29. 알루미늄의 탈산제로 사용되는 것은?
㉮ 망간 ㉯ 나트륨 ㉰ 망간철 ㉱ 알루미늄

[풀이] 구리 및 구리 합금의 탈산제는 인, 망간, 규소이고, 알루미늄의 탈산제는 나트륨, 마그네슘, 구리 합금 등이다.

문제 30. 다음 중 주조용 금속을 용해시키는 용해로가 아닌 것은?
㉮ 용광로 ㉯ 큐우폴라 ㉰ 전로 ㉱ 반사로

[풀이] 용해로에는 큐우폴라(용선로), 도가니로, 반사로, 전로, 평로 및 전기로가 있다. 용광로는 철광석으로 선철을 만드는 노이다.

문제 31. 인발 작업에서 지름 5.5mm의 와이어를 4mm로 만들었을 때 단면 수축율은 얼마나 되는가?
㉮ 27% ㉯ 35% ㉰ 47% ㉱ 60%

[풀이] 단면 수축율 $= \dfrac{A_0 - A_1}{A_0} \times 100$
$= \dfrac{(5.5)^2 - 4^2}{(5.5)^2} \times 100 = 47\%$

문제 32. 인발 작업에서 지름 5.5mm의 와이어를 4mm로 만들었을 때 가공도는 얼마나 되는가?
㉮ 30% ㉯ 40% ㉰ 49% ㉱ 53%

[풀이] 가공도 $= \dfrac{A_1}{A_0} \times 100 = \dfrac{4^2}{5.5^2} \times 100 = 53\%$

해답 26. ㉯ 27. ㉰ 28. ㉮ 29. ㉯ 30. ㉮ 31. ㉰ 32. ㉱

문제 33. 이산화탄소 아아크 용접에 관한 설명 중 틀린 것은?
㉮ 불활성 가스 대신 탄산가스를 사용한다.
㉯ MIG 용접과 같이 알루미늄 및 동, 비철 합금, 스테인레스강을 용접할 수 있다.
㉰ 솔리드 와이어 또는 용제를 넣은 와이어를 사용한다.
㉱ 전자동 용접과 반자동 용접이 있다.
[토의] 이산화탄소 아아크 용접은 미그 용접과 같이 자동, 반 자동 장치의 두 가지가 있으며, 전류로는 직류를 사용한다. 주로 연강 용접에 이 방법이 쓰이며 와이어는 솔리드 와이어와 용제를 와이어에 넣은 것이 있다.

문제 34. 5Ω의 도체에 220V의 전원을 접속하면 전류는 몇 A가 흐르는가?
㉮ 1100A   ㉯ 44A   ㉰ 217A   ㉱ 40A
[토의] 오옴의 법칙에 의해 전류는 전압에 비례하고 저항에 반비례하므로 전압(V)=전류×저항이다.
즉, 전류 = $\frac{전압}{저항}$ = $\frac{220}{5}$ = 44A이다.

문제 35. 용접 전류 160A, 전압 30V인 때의 전력은 몇 kW인가?
㉮ 53kW   ㉯ 4.8kW   ㉰ 190kW   ㉱ 130kW
[토의] 전압과 전류를 곱한 것이 전력이므로 A×V=W, 즉, 160×30=4800W=4.8kW이다.

문제 36. 다음 그림은 용접 변형을 감소시키기 위한 용접법이다. 틀린 것은?

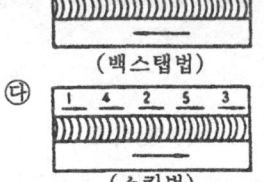

㉮ (백스탭법)   ㉯ (스킵블록법)   ㉰ (스킵법)   ㉱ (도열법)

[토의] 용접시 변형을 최소한으로 하기 위해 용접 전 변형 방지책으로는 억제법, 역변형법이 있다. 용접 시공에 의한 경감법으로는 대칭법, 후퇴법, 스킵블록법, 스킵법 등이 있다. 모재의 열전도를 억제하여 변형을 방지하는 방법으로는 도열법이 있고, 용접 금속부의 변형과 응력을 제거하는 방법으로서 피이닝법이 있다.

문제 37. 46.6*l* 의 산소 용기에 150 기압이 되게 산소를 충전하였다면 이것을 대기중에서 환산하면 약 몇 *l* 의 산소가 되겠는가?
㉮ 5000*l*   ㉯ 6000*l*   ㉰ 7000*l*   ㉱ 8000*l*
[토의] 46.6*l*의 용기에 46.6*l*의 가스를 충전하면 1 기압이 된다. 그러므로 46.6*l*의 용기에 충전된 압력이 150기압이므로 46.6*l*×150=6990*l*가 된다.

문제 38. 내용적 46*l* 의 산소 용기에 설치한 조정기의 고압 게이지가 80kg/cm²를 표시하였다. 그 후 산소를 사용하였더니 이 산소 용기 내의 산소량이 5기압으로 떨어졌다. 산소의 소비량은 몇 *l* 인가?
㉮ 2800*l*   ㉯ 3000*l*   ㉰ 3450*l*   ㉱ 3680*l*
[토의] 내용적이 46*l*인 산소 용기의 압력이 80기압에서 5기압으로 떨어졌으므로 산소의 사용량은 46×75=3450*l*가 된다.

해답 33. ㉯ 34. ㉯ 35. ㉯ 36. ㉱ 37. ㉯ 38. ㉰

문제 39. 주철 주물을 만들 때 주입 온도는 얼마인가?
㉮ 650℃ ㉯ 1150℃ ㉰ 1500℃ ㉱ 1300℃

[풀이] 주입 온도란 쇳물을 주형에 주입하기 직전의 온도로 온도가 높으면 주물 모래가 타서 주물 표면에 부착되고, 낮으면 주입이 잘 안된다.
각종 금속의 주입 온도는 다음과 같다.
주철 : 1250~1400℃, 주강 : 1500~1550℃, 황동 : 980~1150℃, 청동 : 1050~1200℃,
알루미늄 합금 : 600~700℃

문제 40. 강의 단조 종료 온도가 낮을 때 일어나는 현상 중 틀린 것은?
㉮ 가공 경화된다. ㉯ 균열이 생긴다.
㉰ 내부 응력이 생긴다. ㉱ 재료의 변형 저항이 적다.

[풀이] 단조 종료 온도가 재결정 온도 이하인 경우에 단조를 계속하면 가공 경화가 되어 재료가 갈라진다. 특히 강이 300~450℃ 에서는 재질이 취약해지므로 단조를 피해야 한다.

문제 41. 주물이 500×500mm의 각재이고 쇳물 아궁이의 높이가 100mm, 주철의 비중량 7200kg/m² 일 때 상형을 들어 올리는 힘은?
㉮ 180kg ㉯ 18kg ㉰ 1.8kg ㉱ 1800kg

[풀이] $P = 7200 \times 0.1 \times 0.5 \times 0.5 = 189$kg

문제 42. 다음은 주조용 금속 재료를 그 용융 온도가 높은 것부터 나열한 것들이다. 옳은 것은?
㉮ 주강, 주철, 청동, 알루미늄 합금 ㉯ 주강, 청동, 주철, 알루미늄 합금
㉰ 청동, 주강, 주철, 알루미늄 ㉱ 알루미늄 합금, 주강, 주철, 청동

[풀이] 각종 금속의 용융 온도는 다음과 같다.
주철 : 1400~1550℃, 주강 : 1550~1650℃, 황동 : 1030~1200℃, 청동 : 1150~1300℃
알루미늄 합금 : 670~780℃

문제 43. 고속도강 바이트 중 가장 절삭속도를 높일 수 있는 종류는?
㉮ SKH 2 ㉯ SKH 3 ㉰ SKH 4 ㉱ SKH 10

[풀이] 고속도강은 C, Cr, W, V, Co 등의 화학 성분을 함유하고 있으나 성분의 함유율에 따라 수십 종의 종류가 있다. 일반적으로 번호가 클수록 절삭속도를 높일 수 있으며 용도는 다음과 같다.
SKH 2 : 일반 절삭용, SKH 3 : 고속 중절삭용, SKH 4, SKH 5 : 난삭재용, SKH 10 : 고난삭재용, SKH 52 : 고속도재절삭용, SKH 57 : 고속 중절삭 및 인성을 필요로 하는 절삭 등이다.

문제 44. 측장기에 대한 설명 중 틀린 것은?
㉮ 스핀들식과 캐리 에지식이 있다.
㉯ 아베의 원리에 어긋나는 측정기이다.
㉰ 광간섭식 측정기도 있다.
㉱ 표준척을 내장하고 있다.

[풀이] 측장기는 측정 범위가 크고 표준척을 내장하고 있으며 고정밀도를 측정할 수 있다. 고정밀도를 얻기 위해 아베의 원리를 기초로 한 측정기이다.

해답 39. ㉱ 40. ㉱ 41. ㉮ 42. ㉮ 43. ㉱ 44. ㉯

문제 **45.** 이미 치수를 알고 있는 표준 편차를 구하여 치수를 알아내는 방법을 무엇이라 하는가?
㉮ 절대 측정 ㉯ 비교 측정 ㉰ 간접 측정 ㉱ 직접 측정

[토의] 측정 방법에는 다음 3가지가 있다.
① 직접 측정 : 측정기로부터 직접 치수를 읽을 수 있는 방법으로 절대 측정이라고도 한다.
② 비교 측정 : 표준값과의 차를 구하여 피측정물의 치수를 구하는 방법이다.
③ 간접 측정 : 나사, 기어 등과 같이 형태가 복잡한 것을 기하학적 계산에 의하여 구하는 방법이다.

문제 **46.** 절삭 작업에서 절삭 저항력이 450kg이고 절삭속도가 30m/min일 때 절삭 동력은?
㉮ 2 HP ㉯ 3 HP ㉰ 4 HP ㉱ 5 HP

[토의] 절삭 동력 $N_E = \dfrac{F_1 \cdot v}{60 \times 75} = \dfrac{450 \times 30}{60 \times 75} = 3 (HP)$

문제 **47.** 공작 기계의 효율은 3가지로 분류할 수 있다. 해당 없는 것은?
㉮ 기계적 효율 ㉯ 절삭 효율 ㉰ 구동 효율 ㉱ 시간 효율

[토의] 절삭 효율 : 절삭에 필요한 1마력당 칩의 용량으로 절삭에 의한 생산량을 표시한다.
기계 효율 : 실제 유효 동력과 공급된 전동력의 비
시간 효율 : 실제 절삭에 유용하게 사용된 소비일과 전체 일량과의 비를 나타낸다.

문제 **48.** 다음 중 변질층의 두께 증가 요인이 아닌 것은?
㉮ 절삭각이 크면 변질층은 두꺼워진다.
㉯ 순금속이며 경화성질이 큰 금속일수록 변질층의 두께가 증가한다.
㉰ 이송이 증가할수록 변질층은 두꺼워진다.
㉱ 공구의 날끝각이 클수록 변질층은 두꺼워진다.

[토의] 변질층이란 절삭시 가공면이 전단변형을 받아 결정입자가 파괴되고 미세화되어 모체금속과는 전혀 다른 층을 형성하는 것을 말하며, 변질층의 두께를 증가시키는 요인으로는 절삭각이 90° 근처로 큰 경우 순금속 경화성질이 큰 금속, 이송이 증가할 때 변질층의 두께가 증가한다.
또한, 변질층 두께가 감소되기 위해서는 절삭온도가 910℃ 이상으로 높을 때, 공구의 날끝각이 클때, 절삭의 깊이가 일정할 때 감소한다.

문제 **49.** 규소 성분이 많고, 새 모래와 점토, 그리고 식물성 기름 등을 섞은 주물사는?
㉮ 분리용사 ㉯ 코어 샌드 ㉰ 비철 합금용 주물 ㉱ 표면사

[토의] 코어 샌드(core sand)는 규사 성분이 많은 새 모래와 점토, 식물성유를 혼합하여 사용하며, 가스의 방출을 좋게 하기 위하여 톱밥, 코우크스 분말 등을 섞는다.

문제 **50.** 다음 중 주물사에 점결제로서 사용하는 물질이 아닌 것은?
㉮ 곡분 ㉯ 벤토나이트 ㉰ 규사 가루 ㉱ 점토

[토의] 주물사에 첨가되는 점결제로는 점토, 벤토나이트, 곡분, 당밀, 합성 수지, 석탄, 흑연, 코우크스 등이 있다.

해답 45. ㉯ 46. ㉯ 47. ㉰ 48. ㉱ 49. ㉯ 50. ㉰

문제 51. 지시 마이크로미터에 대한 설명 중 틀린 것은?
⑦ 다이얼 게이지가 장치되어 있다.
④ 최소 눈금은 0.001mm~0.002mm이다.
㉰ 사용자의 기능이 필요하다.
㉣ 비교 측정도 할 수 있다.

[토의] 이 측정기는 프레임에는 확대 기구가 속에 들어 있어 엔빌의 움직임이 약 600배로 확대되도록 되어 있고, 눈금판에는 2μm의 간격으로 눈금이 새겨져 있다.

문제 52. 절삭 저항의 분력을 크기로 표시할 때 순서대로 배열된 것은?
⑦ 주분력> 배분력> 이송 분력   ④ 배분력> 이송 분력> 주분력
㉰ 이송 분력> 배분력> 주분력   ㉣ 이송 분력> 주분력> 배분력

[토의] 분력의 크기는 주분력 : 배분력 : 이송 분력=10 : (2~4) : (1~2) 정도이므로 주분력> 배분력> 이송 분력의 크기로 배열될 수 있다.

문제 53. 바이트의 납땜 불량, 연마 불량에 의해 공구 인선에 나타나는 결함은?
⑦ 균열   ④ 브레이킹   ㉰ 치핑   ㉣ 플랭크 마멸

치핑

브레이킹
(결손)

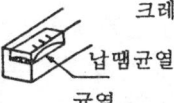
납땜균열
균열

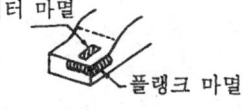
크레이터 마멸
플랭크 마멸

[토의]
- 균열(Crack) : 납땜 방법의 불량, 연삭의 불량에 의해 공구에 전체적으로 균열 현상이 나타난다.
- 결손(Breaking) : 치핑과는 다르게 흑피절삭이나 단속적인 절삭시에 발생되는 것으로 날 끝 부분이 크게 깨어지는 현상이다.
- 치핑(Chipping) : 절삭날 끝의 미소한 일부분이 파손되는 현상이다.
- 크레이터 마멸 : 절삭칩과의 마찰에 의해 경사면이 움푹 패어지며 마멸되는 현상이다.
- 플랭크 마멸 : 절삭시 공작물과의 마찰에 의하여 여유면이 평면하게 마멸되는 현상이다.

문제 54. 다음 중 윤활유의 사용 효과와 거리가 먼 것은?
⑦ 충격 방지 효과   ④ 방청 효과
㉰ 감마 효과   ㉣ 응력 분산 효과

[토의] 윤활유의 사용 효과는 다음과 같다.
- 방청 효과 : 부식을 방지한다.
- 감마 효과 : 마찰을 감소시켜 기계 운동을 원활하게 해 준다.
- 냉각 효과 : 마찰에 따른 발열을 억제시킨다.
- 기밀 효과 : 실린더와 피스톤의 운동시 가스의 누설을 방지한다.
- 응력 분산 효과 : 압력의 크기와 방향을 변화시켜 응력을 분산하여 재료성질의 피로 파손을 방지한다.
- 방진 효과 : 운전 중 생성되어 혼입하는 고형물을 부착시키지 않는다.

문제 55. 마이크로미터 측정면의 평면도 검사에 필요한 기기는?
⑦ 블록 게이지   ④ 옵티컬 플랫   ㉰ 다이얼 게이지   ㉣ 정반

[참고] 옵티컬 플랫은 평면도를 구하는 것으로 옵티컬 플랫(optical flat)의 측정면을 피측정면에 붙여 간섭 무늬를 측정하여 다음 식으로 평면도를 구한다.

$$E = \frac{\lambda}{2} \times \frac{b}{a}$$

F : 평면도(μ)
a : 간섭 무늬의 중심 간격(mm)
b : 간섭 무늬의 빛의 파장(μ)

문제 56. 다음은 고주파를 용접 전류에 연결시켰을 때의 이점을 든 것이다. 틀린 것은?
㉮ 전극을 모재에 접촉시키지 않고 아아크를 발생시킬 수 있다.
㉯ 아아크가 매우 안정되고 아아크의 단절이 적다.
㉰ 아아크를 발생시킬 때 텅스텐 전극을 모재에 접촉시키지 않기 때문에 토오치의 수명이 길다.
㉱ 아아크는 안정이 되지만 전류가 약해 발생열의 온도가 낮다.
[참고] TIG 용접에서는 전극이 오손되면 수명이 짧아지므로 아아크의 발생은 전극 선단을 모재에 접촉시키지 않고 2~3mm로 접근시켜 전극과 모재 사이에 고주파 전류를 가해 불꽃 방전을 일으켜 용접 아아크를 유발시킨다.

문제 57. 곡분, 당밀, 유류, 합성수지 등의 주물사 점결제에 대한 설명 중 틀린 것은?
㉮ 보통 250℃ 이하에서 건조하면 연소하여 통기도가 좋아진다.
㉯ 점토 점결제에 비하여 열분해 온도가 낮다.
㉰ 고온에서도 연소하지 않으므로 주형의 강도가 크다.
㉱ 모래 털기가 쉽고 코어용 주물사에 많이 쓰인다.
[참고] 점결제는 성형성과 강도, 통기성을 증가시켜 주는 것으로 곡분, 당밀, 유류, 합성 수지의 유기질 점결제가 쓰이며, 점토보다 열분해 온도가 낮아 250℃ 이하에서 건조시키면 연소되어 강도와 통기성이 좋아진다.

문제 58. 마이크로미터에서 먼지 때문에 생기는 오차는 얼마인가?
㉮ 0.01mm ㉯ 0.1mm ㉰ 0.5mm ㉱ 0.9mm
[참고] 측정물이나 마이크로미터의 측정면에 먼지가 묻어 있으면 0.01mm 정도의 오차가 나므로 먼지를 깨끗이 닦아내어야 한다.

문제 59. 다음 압연 로울의 설명 중 틀린 것은?
㉮ 억센 압연에는 열린 패스의 홈 로울을 사용한다.
㉯ 완성 가공에서는 닫힌 패스의 홈 로울을 사용한다.
㉰ 판재 압연에는 원기둥형 로울이 사용된다.
㉱ 닫힌 패스 홈 로울로 압연하면 좌우에 지느러미가 생긴다.

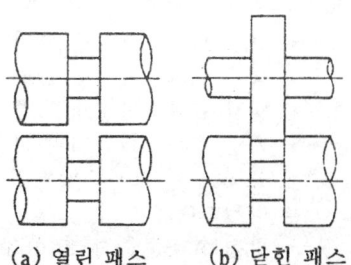

[참고] 그림과 같이 열린 패스 홈 로울로 압연하면 좌우에 지느러미가 생겨 제품의 모양이 나쁠뿐만 아니라 로울도 파손되기 쉽다. 그러나 닫힘 패스는 이와 같은 현상이 없으므로 완성 가공에 쓰인다.

(a) 열린 패스   (b) 닫힌 패스

문제 60. 블록 게이지와 그 부속품으로서 바깥 지름을 측정할 때 필요없는 것은?
㉮ 블록 게이지   ㉯ 평형 조오   ㉰ 호울더   ㉱ 센터 포인트

해답 56. ㉱ 57. ㉰ 58. ㉮ 59. ㉱ 60. ㉱

[톺이] 블록 게이지의 부속품에는 환형 조오, 평형 조오, 스크라이버 포인트, 호울더, 베이스 블록, 센터 포인트가 있는 데 이들의 용도는 다음과 같다.
① 환형 조오 : 안지름, 내측, 외측 측정
② 평형 조오 : 내측, 외측 측정
③ 스크라이버 포인트 : 금긋기용
④ 센터 포인트 : 원 금긋기
⑤ 호울더 : 부속품 고정
⑥ 베이스 블록 : 높이 측정이나 금긋기의 베이스

[문제] 61. 충전 가스와 충전 가스 용기의 색을 나타낸 것이다. 잘못 연결된 것은?
㉮ 산소-녹색 ㉯ 탄산가스-청색
㉰ 아세틸렌-황색 ㉱ 프로판-갈색

[톺이] 충전 가스 용기의 색은 충전 가스에 따라 다음과 같다. 산소-녹색, 수소-주황색, 탄산가스-청색, 염소-갈색, 암모니아-백색, 아세틸렌-황색, 프로판-회색.

[문제] 62. 용해 아세틸렌 취급상의 주의 사항에서 틀린 것은?
㉮ 타격이나 충격을 주지 말 것
㉯ 화기 가까이에 설치하지 말 것
㉰ 누설 검사는 비눗물로 할 것
㉱ 가스 발생량이 적을 때는 끓는 물로 데운다.

[톺이] 아세틸렌 병이 빙점에 가까와 가스 발생량이 저하되면 끓지 않는 더운 물로 아세틸렌 병을 데우면 가스의 분출이 정상이 된다.

[문제] 63. 공기 마이크로미터의 종류가 아닌 것은?
㉮ 유량식 ㉯ 배압식 ㉰ 진공식 ㉱ 유속식

[톺이] 공기 마이크로미터는 측정 원리에 따라 나누면 배압형(back pressure type), 유량형(flow type), 진공형(vacuum type)이 있다.

[문제] 64. 지침 측미기가 아닌 것은?
㉮ 복식 레버 지침 측미기 ㉯ 기어 레버 측미기
㉰ 단일 레버 지침 측미기 ㉱ 레버 기어식 지침 측미기

[톺이] 지침 측미기(기계식 컴퍼레이터)는 확대 기구에 따라 레버·기어·평행 박편을 사용한 것이 있다. 이것에 의해 분류하면 단일 레버식·복 레버식·레버 기어식이 있다.

[문제] 65. 테스트 인디케이터의 사용 목적 중 옳지 않은 것은?
㉮ 평면도 측정 ㉯ 비교 측정 ㉰ 깊이 측정 ㉱ 평행도 측정

[톺이] 확대 기구로 레버를 이용한 레버식 다이얼 게이지로 하이트 게이지 또는 서어피스 게이지에 붙어 외경, 내경의 편심, 평행도, 평면도를 측정하는데 쓰인다.

[문제] 66. 다음 중 다이얼 게이지에 의한 진원도 측정 방법이 아닌 것은?
㉮ 측침법 ㉯ 3점법 ㉰ 직경법 ㉱ 반경법

[톺이] 진원도 측정에는 반경법, 3점법, 직경법이 있으며, 측정기로는 다이얼 게이지, 지침 측미기, 전기 마이크로미터, 공기 마이크로미터 등이 있다.

[해답] 61. ㉱ 62. ㉱ 63. ㉱ 64. ㉯ 65. ㉰ 66. ㉮

문제 67. 아아크 용접 작업 중 전격의 위험이 발생할 수 있는 것은?
㉮ 어어드의 접지 불량시   ㉯ 전류 세기가 클 때
㉰ 용접 열량이 클 때.   ㉱ 용접부가 클 때
[토의] 어어드의 접지 불량 및 습기 찬 장소에서 용접할 때 전격의 위험이 크다.

문제 68. 다음 중 방사선 투과 시험으로 조사할 수 있는 것은?
㉮ 기공의 유무   ㉯ 조직 상태
㉰ 설퍼밴드   ㉱ 열 영향부 경화
[토의] 내부 결함 검사로서 X선 투과와 γ선 투과 시험이 있다. 주로 기공, 균열, 슬랙 섞임 등을 검사한다.

문제 69. 목공톱에 있어서 치진이라고 함은 무엇을 말하는가?
㉮ 톱날의 각도가 뒤틀린 것
㉯ 세로 켜기날과 가로 자르기날을 총칭한 것
㉰ 톱날이 하나 건너로 좌우로 어긋나게 한 것
㉱ 가로 켜기날을 말한다.
[토의] 톱에서 톱날을 서로 어긋나게 만든 것을 치진이라 하며, 치진의 폭은 톱몸 두께의 약 1.3∼1.8배 가량으로 한다.

문제 70. 목형 선반에 사용되는 바이트 중 사용 빈도가 가장 많은 것은?
㉮ 검 바이트   ㉯ 원형 바이트   ㉰ 삼각 바이트   ㉱ 평 바이트
[토의] 바이트의 사용처는 다음과 같다.
   (1) 검 바이트 : 오목부의 경사면 또는 모서리 완성
   (2) 원형 바이트 : 바깥 지름의 거스러미, 원호나 곡면 절삭
   (3) 평 바이트 : 원형 바이트로 절삭한 것을 다듬질 절삭하는 데 사용한다.

문제 71. 발생기 내의 카아바이드가 다갈색을 띠는 일이 있다. 그 원인으로 옳은 것은?
㉮ 카아바이드에 냉수가 작용했기 때문
㉯ 카아바이드가 고온이 되었기 때문
㉰ 카아바이드 덩어리가 크기 때문
㉱ 황화수소, 인화수소가 많이 발생했기 때문
[토의] 카아바이드와 물을 작용시키면 아세틸렌이 발생되고 고온의 열이 발생되어 물의 온도가 상승된다. 이 물의 온도가 상승되면 카아바이드가 다갈색을 띤다.

문제 72. 스냅(snap) 게이지는 무엇을 측정하는 데 쓰이는가?
㉮ 바깥 지름   ㉯ 안지름   ㉰ 평면도   ㉱ 각도
[토의] 축의 지름을 검사하며 고유 치수와 작동 치수를 갖고 있다.

문제 73. 카아바이드에 대한 설명 중 틀린 것은?
㉮ 색은 회색을 띤다.
㉯ 비중은 2.2∼2.3이다.
㉰ 석회와 석탄으로 만든다.
㉱ 물과 작용하면 아세틸렌가스가 발생된다.

해답 67. ㉮ 68. ㉮ 69. ㉰ 70. ㉯ 71. ㉯ 72. ㉮ 73. ㉮

[토의] 순수한 카아바이드는 무색 투명하나 불순물이 있으면 회갈색 또는 회흑색을 띤다.

[문제] 74. 카아바이드 1kg을 물과 작용시키면 아세틸렌이 발생되는 동시에 몇 kcal의 열이 발생되는가?
㉮ 324 ㉯ 348 ㉰ 475 ㉱ 600

[토의] 카아바이드 1kg과 물을 작용시키면 아세틸렌이 발생됨과 동시에 475kcal의 열이 발생되어 발생기 내에 물의 온도가 상승된다.

[문제] 75. 다음 중 카아바이드의 품질이 가장 좋은 것은?
㉮ 가격이 가장 싼 것
㉯ 산소의 발생이 많은 것
㉰ 단단하고 가벼운 것
㉱ 아세틸렌가스의 발생이 많은 것

[토의] 순수한 카아바이드 1kg에서 아세틸렌이 348l가 발생된다. 그러나 카아바이드에는 불순물이 함유되어 있으므로 시판되는 카아바이드 1kg에서는 200~290l의 아세틸렌이 발생된다. 그러므로 아세틸렌의 발생이 많은 카아바이드일수록 불순물이 적어 품질이 우수하다.

[문제] 76. 카아바이드 통을 딸 때 가장 안전한 방법은 어느 것인가?
㉮ 정을 사용한다.
㉯ 아세틸렌 불꽃을 사용한다.
㉰ 가위를 사용한다.
㉱ 쇠톱을 사용한다.

[토의] 카아바이드 통속에는 아세틸렌 가스가 발생되고 있으므로 충격이나 화기를 가까이 하면 폭발을 하게 되므로 충격을 주거나 화기를 가까이 해서는 안된다. 그러므로 가위로 통을 자르는 것이 가장 좋다.

[문제] 77. 절삭제에 대한 설명 중 맞는 것은?
㉮ 수용성 절삭유는 냉각 효과가 우수하다.
㉯ 수용성 절삭유는 윤활 효과가 우수하다.
㉰ 수용성 절삭유에는 식물성 기름이 포함된다.
㉱ 수용성 절삭유는 강력 중절삭 작업에 적합하다.

[토의] 수용성 절삭유는 냉각 효과는 우수하지만 윤활 효과는 거의 없는 성질을 갖고 있다. 따라서 고속 절삭시에는 우수하지만 중절삭에는 적당하지 않다.

[문제] 78. 정전류 특성을 가진 용접기로 용접을 하는 것이 바람직한 것은?
㉮ 자동 용접 ㉯ 특수 용접 ㉰ 수동 용접 ㉱ 반자동 용접

[토의] 용접봉의 용융 속도는 전류에 비례하므로 전류의 변동이 적다는 것은 용융 속도가 일정하다는 뜻이며, 용융 속도가 일정하면 균일한 용접 비이드를 얻을 수 있다. 그러므로 수동 아아크 용접기는 모두 수하 특성인 동시에 정전류 특성으로 설계되어 있다.

[문제] 79. 시임 용접에서 전극 사이의 가압력은 점 용접의 몇 배로 하는가?
㉮ 1.2~1.6배
㉯ 1.5~2.0배
㉰ 2.0~3.0배
㉱ 3.0~4.0배

[해답] 74. ㉰ 75. ㉱ 76. ㉰ 77. ㉮ 78. ㉰ 79. ㉮

[해설] 시임 용접은 점 용접에 비해 연속적으로 용접을 하는 관계로 전류와 가압력은 점 용접보다 크게 한다. 즉, 용접 전류는 1.5~2배, 가압력은 1.2~1.6배로 한다.

문제 80. 불활성 가스 아아크 용접에 대한 설명 중 틀린 것은?
㉮ 티그 용접 토오치의 냉각 방식에는 공랭식과 수냉식이 있다.
㉯ 미그 용접은 티그 용접보다 두꺼운 판의 용접에 사용한다.
㉰ 미그 용접 장치는 반자동식과 자동식의 두 가지가 있다.
㉱ 불활성가스 용접은 산화, 질화를 방지하므로 경합금의 용접에 적합하다.
[해설] TIG용접에서는 직류 정극성을 사용하면 용입이 깊어 두꺼운 판의 용접에 적합하다.

문제 81. 다음 TIG 직류 용접에 관한 설명 중 틀린 것은?
㉮ 정극성은 역극성보다 청정 효과가 크다.
㉯ 정극성은 역극성보다 용입이 깊다.
㉰ 정극성은 역극성보다 가열 온도가 높다.
㉱ 역극성에는 정극성보다 사용 전류에 관계 없이 큰 전극을 사용한다.
[해설] TIG 직류 용접에서 역극성은 불활성 가스가 청정 작용을 하는 것이 하나의 특징이다.

문제 82. 초경 합금의 완성 소결 온도는 얼마가 적당한가?
㉮ 800~900℃   ㉯ 1100~1200℃   ㉰ 1400~1500℃   ㉱ 1600~1800℃
[해설] 초경 합금은 2 차례의 소결 과정을 거친다.
중간소결인 1차 과정은 800~1000℃인 완성 소결인 2차 과정은 1400~1500℃ 정도이다.

문제 83. C급 블록 게이지는 주로 어디에 사용되는가?
㉮ 공작용   ㉯ 검사용   ㉰ 표준용   ㉱ 참조용
[해설] 블록 게이지는 용도별로 구분하면 공작용, 검사용, 표준용, 참조용의 4가지가 있고 이들에 사용되는 등급은 다음과 같다.
공작용 : B 또는 C급   검사용 : A 또는 B급
표준용 : A 또는 B급   참조용 : AA 또는 A급

문제 84. 다음 블록 게이지 중 가장 자주 정기 검사를 실시하는 것은?
㉮ AA급   ㉯ B급   ㉰ C급   ㉱ AB급
[해설] 블록 게이지의 정기 검사는 연구용은 연 1회, 검사용은 3개월에 1회, 공작용은 6개월에 1회로 한다.

문제 85. 다음 기기 중 아베의 원리에 맞는 구조를 갖고 있는 것은?
㉮ 하이트 게이지   ㉯ 단체형 내경 마이크로미터
㉰ 캘리퍼스형 내경 마이크로미터   ㉱ 버어니어 캘리퍼스
[해설] 아베의 원리(Abbe's principle)는 "표준척과 피측정 물은 동일 축선상에 위치하여야 한다."이며 그렇지 않으면 측정 오차가 생긴다.

문제 86. 코어가 필요없는 경우는 어떠한 목형으로 제작할 때인가?
㉮ 단체형   ㉯ 분할형   ㉰ 회전형   ㉱ 현형
[해설] 현형이란 목형을 직접 주물사 속에 넣어서 주형을 만드는 것으로 단체형, 분할형, 조립형이 있는데 단체형은 1개의 목형으로 되어 있으므로 코어가 필요없다.

[해답] 80. ㉯   81. ㉮   82. ㉰   83. ㉮   84. ㉰   85. ㉯   86. ㉮

문제 87. 절삭 저항을 측정하는 방법이 아닌 것은?
㉮ 브레이크법　　㉯ 압전기법　　㉰ 탄성 변압법　　㉱ 열전쌍법

[토의] 절삭저항을 측정하는 방법은 ㉮, ㉯, ㉰항 이외에 액압법이 있다.

문제 88. 크레이터 마모란 경사면의 마모를 말한다. 마모량 측정은 경사면에 발생한 움푹한 홈의 깊이로 측정하는데 최대 깊이 몇 mm 까지를 공구의 수명 한도로 판정하는가?
㉮ 0.05~0.1mm　　㉯ 01~0.5mm　　㉰ 0.7~0.8mm　　㉱ 0.8~0.9mm

[토의] 크레이터 마모량은 0.05~0.1mm 까지를 마모 한계로 정하고 여유면의 마모인 플랭크 마모 폭은 0.7~0.8mm가 마모 한계로 되어 있다.

문제 89. 다음 중 가스 용접에서 용제를 사용하지 않아도 되는 것은?
㉮ 연강　　㉯ 주철　　㉰ 구리　　㉱ 알루미늄

[토의] 가스 용접에서 용제를 사용하는 것은 산화물의 용융 온도가 모재의 용융 온도보다 높기 때문에 이를 낮추기 위해서이다. 연강은 산화물의 용융 온도가 연강의 용융 온도보다 낮기 때문에 용제를 사용할 필요가 없다.

문제 90. 다음 중 열단형 칩의 발생 원인인 것은?
㉮ 경사각이 큰 바이트로 주철을 절삭할 때 발생한다.
㉯ 극연강, Al강 등 점성이 풍부한 재료 절삭시 발생한다.
㉰ 경사각이 작은 바이트로 메짐성이 많은 재료 절삭시 발생한다.
㉱ 연강, 경강 등 연성이 풍부한 재료를 큰 경사각의 공구로 절삭시 발생한다.

[토의] ㉮항 : 전단형　㉯항 : 경작형(열단형)　㉰항 : 균열형　㉱항 : 유동형의 발생 원인이다.

문제 91. 다음의 기계 가공법 중 치수 정밀도가 가장 높게 제품을 생산할 수 있는 공작 기계는?
㉮ 선반　　㉯ 밀링　　㉰ 연삭　　㉱ 슈퍼퍼니싱

[토의] 1차 절삭기계 : 선반, 밀링, 셰이퍼, 플레이너 등
2차 절삭기계 : 평면 연삭, 원통연삭 등
3차 절삭기계 : 호닝, 수퍼퍼니싱, 래핑 등

문제 92. 공작물의 고정, 공구는 회전 및 직선 운동에 의해 절삭 가공을 하는 공작 기계는?
㉮ 선반　　㉯ 드릴링 머신　　㉰ 밀링　　㉱ 호빙

[토의] • 선반 : 공작물의 회전, 공구의 직선 운동(좌우, 전후)
• 밀링 : 공작물의 직선 운동(좌우, 전후, 상하), 공구의 회전 운동
• 호빙 : 공작물의 회전 운동, 공구의 회전 및 직선 운동(상하)

문제 93. 다음 중 전용 공작 기계에 해당되지 않는 것은?
㉮ 모방 선반　　㉯ 생산형 밀링 머신　　㉰ 트랜스퍼 머신　　㉱ 바이트 연삭기

[토의] 트랜스퍼 머신(Transfer Machine)이란 밀링 장치, 드릴링 장치 등 많은 장치를 1대에 갖춘 전용 공작 기계에 해당된다.

문제 94. 다음의 공작 기계에서 일감에 절삭 운동을 주는 것은?
㉮ 드릴링 머신　　㉯ 선반　　㉰ 밀링 머신　　㉱ 보링 머신

[해답] 87. ㉱ 88. ㉮ 89. ㉮ 90. ㉯ 91. ㉱ 92. ㉯ 93. ㉱ 94. ㉯

[토론] • 공구에 절삭 운동을 주는 것 : 드릴링 머신, 밀링, 보링 머신, 브로칭, 세이퍼, 슬로퍼 등
• 일감에 절삭 운동을 주는 것 : 선반, 플레이너 등
• 일감과 공구에 절삭 운동을 주는 것 : 호빙, 기어 세이퍼, 원통 연삭기, 평면 연삭기, 수퍼 퍼니싱 등

[문제] 95. 속도 변환방식 중 기계적 효율이 높고 구동 중 진동도 없으나 강력한 전동이 어려운 방식은?
㉮ 벨트 전동   ㉯ 기어 전동   ㉰ 전기적 방식   ㉱ 유체적 방식

[토론] 벨트 전동의 원활한 속도 변환은 가능하나 동력 전달시 벨트와 풀리의 미끄럼 운동에 의해 강력한 전동은 어렵다.

[문제] 96. 목공 기계의 크기를 풀리의 지름으로 표시하는 기계는?
㉮ 띠톱 기계   ㉯ 둥근톱 기계   ㉰ 기계 대패   ㉱ 목공 선반

[토론] 목공 기계에서 목공 선반의 크기는 센터 높이 또는 스윙 및 베드의 길이로 표시하며 둥근톱 기계는 톱날의 지름, 띠톱 기계는 풀리의 지름, 기계 대패는 대패날의 길이로 나타낸다.

[문제] 97. 다음 중 구성 인선의 발생과 거리가 먼 공작물의 재질은?
㉮ 연강   ㉯ 스테인리스강   ㉰ 주철   ㉱ Al 합금

[토론] 구성 인선의 발생 원인 중 공작물의 재질과의 관계는 공구와 공작물의 친화력이 좋은 재료에서의 발생이 크다.

[문제] 98. 블랭킹 다이에 스톱 핀이 있는 이유를 맞게 설명한 것은?
㉮ 재료가 펀치에서 쉽게 빠지도록
㉯ 재료의 이송을 일정하게 하기 위해
㉰ 제품을 정밀하게 전단하기 위해
㉱ 다이나 펀치의 마멸을 줄이기 위해

[토론] 블랭킹 다이에는 제품을 전단했을 때 재료가 펀치에서 쉽게 빠지도록 스트리퍼가 있고, 재료의 이송을 일정하게 하기 위해 스톱핀이 붙어 있다.

[문제] 99. 초경 합금의 점결제로 적당한 것은?
㉮ Si   ㉯ Mg   ㉰ Co   ㉱ Mn

[토론] Si와 Mg은 세라믹공구의 점결제이다.

[문제] 100. 윤활제의 구비조건과 거리가 먼 것은?
㉮ 유성이 양호할 것   ㉯ 점도가 높을 것
㉰ 인화점이 높을 것   ㉱ 화학적으로 안정될 것

[토론] ㉮, ㉰, ㉱항 외에 부식성이 없고 산성에 강해야 하는 등의 조건이 있으나 점도는 적당한 점성이 요구될 뿐이다.

[문제] 101. 가스 절단 속도에 영향을 주지 않은 것은?
㉮ 산소 압력(저압 게이지에 나타난 압력)   ㉯ 불 구멍의 모양
㉰ 용기 속의 가스 압력   ㉱ 산소의 순도

[토론] 산소 아세틸렌 가스 절단에서는 산소의 순도, 사용 압력, 불꽃의 조정, 팁 구멍의 형상, 토치의 절단 각도 등의 영향은 받으나 용기 속의 가스 압력과는 관계가 없다.

[해답] 95. ㉮   96. ㉮   97. ㉰   98. ㉯   99. ㉰   100. ㉯   101. ㉰

문제 102. N.P.L식 각도 게이지와 관계 없는 것은?
㉮ 쐐기형 블록   ㉯ 12개조   ㉰ 6" 간격   ㉱ 호울더

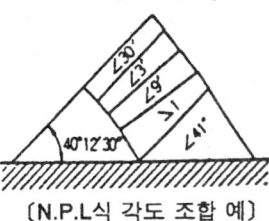
〔N.P.L식 각도 조합 예〕

[토의] 쐐기형 블록으로 측정면의 길이가 약 89mm, 폭이 약 6mm의 측정면을 가진 담금질된 블록으로 6", 18", 30', 1', 3', 9', 27', 1°, 3°, 9°, 27°, 41°의 각도를 가진 12개의 게이지가 한조로 되어 있다. 각도 게이지의 조합에는 그림과 같으며 조합 후의 정도는 개수에 다라 2~3" 정도이다.

문제 103. 증기 해머에 대한 것 중 틀린 것은?
㉮ 단동식은 램의 상승시에만 증기가 작용한다.
㉯ 복동식은 해머가 낙하할 때만 증기력이 작용한다.
㉰ 강괴의 단련에 적합하다.
㉱ 연속 타격이 가능하다.

[토의] 증기 해머(steam hammer)는 큰 재료에 강력한 타격을 주기 위한 것으로, 해머를 상승할 때에만 증기가 작용하는 단동식과 해머가 낙하할 때도 증기력이 작용하는 복동식이 있다.

문제 104. 교류 아아크 용접기로 두께 5mm의 모재를 지름 4mm의 용접봉으로 용접할 경우 다음 전류 중 어느 것을 사용하는 것이 적당한가?
㉮ 230~260A   ㉯ 170~200A   ㉰ 110~130A   ㉱ 200~230A

[토의] 용접에 알맞는 전류의 세기는 용접봉의 단면적 1mm²당 10~11A로 한다. 그러므로 4mm의 용접봉 단면적은 12.56mm² 이므로 알맞는 전류의 세기는 120A이다.

문제 105. 한계 게이지의 마멸 여유는 어느 쪽에 주는가?
㉮ 정지측에 준다   ㉯ 통과측에 준다
㉰ 양쪽 다 준다.   ㉱ 양쪽 다 주지 않는다.

[토의] 한계 게이지의 통과측은 사용에 따라 마멸이 되므로 이를 감안해 마멸 여유를 준다.

문제 106. 테일러(Taylor)의 원리에 맞지 않게 제작되어도 되는 것은?
㉮ 피치 게이지   ㉯ 링 게이지
㉰ 플러그 게이지   ㉱ 나사 게이지

[토의] 테일러의 원리는 허용 한계 치수에 대한 해석으로 "통과측에는 모든 치수 또는 결정량이 동시에 검사되며 정지측에는 각 치수가 따로 따로 검사되지 않으면 안된다"고 하는 것이다.

문제 107. 얇은 철판에 구멍을 뚫을 때 적당한 드릴은?
㉮ 60° 이하   ㉯ 90°   ㉰ 118°   ㉱ 180° 이상

[토의] 얇은 철판을 구멍 뚫기할 때 보통 드릴을 사용하면 구멍이 찢어진다. 그러므로 드릴의 선단각이 큰 것(180° 이상)을 사용한다.

문제 108. 드로오잉 가공에서 소재를 뽑을 때 당기는 방향과 반대의 장력을 역장력이라 한다. 다음 중 역장력의 잇점이 아닌 것은?
㉮ 드로오잉의 효과가 크다.   ㉯ 다이면의 접촉 압력이 감소된다.
㉰ 다이를 열처리하지 않아도 된다.   ㉱ 다이의 마멸이 적어진다.

[해답] 102. ㉱ 103. ㉯ 104. ㉰ 105. ㉯ 106. ㉮ 107. ㉱ 108. ㉰

[토의] 역장력을 가하면 소재가 다이에서 받는 압력이 저하되어 마찰 저항이 감소되고, 또 그것으로 소재의 전단 변형도 감소되므로 인발 저항은 훨씬 감소한다.

[문제] 109. 용접 결함과 그 원인을 조합한 것 중 틀린 것은?
㉮ 변형 — 홈각도의 과대   ㉯ 기공 — 용접봉의 습기
㉰ 슬랙 섞임 — 전층의 언더컷   ㉱ 용입 부족 — 홈각도의 과대

[토의] 용입은 모재가 녹아 들어간 깊이를 말하므로 홈각도와 관계없고 용접 전류, 운봉 속도 등에 관계가 있다.

[문제] 110. 목형을 도장하는 이유와 가장 거리가 먼 것은?
㉮ 미관상 보기 좋게 하기 위해서   ㉯ 흡습을 방지하기 위해서
㉰ 목형을 오래 보전하기 위해서   ㉱ 충해를 방지하기 위해서

[토의] 목재는 습기를 흡수하여 변형하기 쉽기 때문에 목형에 도장(paint)을 한다. 도장을 하면 표면이 매끈하여 모래와의 분리도 잘 되고 병충해를 방지할 수 있다. 도료에는 래커, 알루미늄 분말 등이 있다.

[문제] 111. 단조용 강재에서 황의 함유량이 많을 때 다음 무엇과 관계가 되는가?
㉮ 인성이 증가   ㉯ 적열 메짐   ㉰ 가소성 증가   ㉱ 냉간 메짐

[토의] 강은 탄소의 함유량이 많을수록 단단해져 메짐이 증가 된다. 또 황(S)이나 인(P)이 많으면 취성이 증가되는데 황은 적열 메짐이고 인은 저온 메짐이다.

[문제] 112. N.P.L식 각도 게이지가 요한슨식 게이지보다 정도가 어느 정도 높은가?
㉮ 1~2초   ㉯ 2~3초   ㉰ 3~4초   ㉱ 4~5초

[토의] 요한슨식 게이지에 비해 N.P.L 각도 게이지가 유리한 점은 조합시킨 후의 정도(精度)가 2~3초 높다.

[문제] 113. 이론적으로 아세틸렌을 완전 연소시킬려면 아세틸렌과 산소의 비율이 얼마면 되는가?
㉮ 2 : 1   ㉯ 1 : 1   ㉰ 1 : 2.5   ㉱ 2 : 3

[토의] 산소와 아세틸렌이 혼합되어 완전 연소를 할려면 다음과 같아야 한다
$2C_2H_2 + 5O_2 = 4CO_2 + 2H_2O + 193.7 kcal$
그러므로 이론적인 혼합비는 $O_2 : C_2H_2 = 5 : 2$이다. 그러나 실제로 연소시는 공기중에 산소가 있기 때문에 1 : 1로 혼합시키면 된다.

[문제] 114. 단조를 한 방향으로 가공하면 섬유상 조직이 나타나는 데 이것을 무엇이라고도 하는가?
㉮ 전단선   ㉯ 단류선   ㉰ 난류선   ㉱ 섬유선

[토의] 단조를 한 방향으로 가공하면 결정 입자가 특정 방향으로 미끄러져 섬유상 조직이 되며, 이 조직의 섬유 방향에는 인장 강도나 강인성이 크다. 이 섬유상 조직을 단류선(flow line)이라 한다.

[문제] 115. 용해 아세틸렌의 용해량은 압력에 비례하므로 15℃, 15 기압에서 아세톤 1l에 대하여 아세틸렌 몇 l가 용해되는가?
㉮ 285l ㉯ 324l ㉰ 420l ㉱ 450l

[토의] 아세틸렌은 15℃, 1기압에서는 아세톤에 25배가 용해되나 15기압에서는 324l가 용해된다.

[해답] 109. ㉱ 110. ㉮ 111. ㉯ 112. ㉯ 113. ㉯ 114. ㉯ 115. ㉯

문제 116. 주강용 주물사가 갖추어야 할 조건이 아닌 것은?
㉮ 내화성이 높을 것 ㉯ 규사 70~90%, 점토 6~10%에 수분 배합
㉰ 통기성이 좋을 것 ㉱ 하천 모래 80%, 벤토나이트 20% 배합

[토의] 주강은 주철보다 주입 온도(1500~1560℃)가 높으므로 주물사는 내화성이 크고, 통기성이 양호해야 한다. 그러므로 내화도가 큰 규사에 내화점토를 10% 배합하여 사용한다.

문제 117. 용접부에 생기는 잔류 응력을 없애려면 어떻게 하면 되는가?
㉮ 담금질을 한다. ㉯ 뜨임을 한다. ㉰ 불림을 한다. ㉱ 풀림을 한다.

[토의] 용접부는 열을 받기 때문에 변형이나 잔류 응력이 생긴다. 이를 없애기 위한 방법으로 풀림 처리를 한다.

문제 118. 나사 전조에서 주로 정밀 나사의 가공에 사용되는 다이는?
㉮ 판형 다이 ㉯ 로울러형 다이 ㉰ 피니언형 다이 ㉱ 래크형 다이

[토의] 판형 다이는 작은 나사류의 대량 생산에 사용되며, 로울러형 다이는 정밀 나사의 가공에 사용된다.

문제 119. 수평 로울과 수직 로울이 조합되어 있는 것으로 1회 공정에서 재료의 폭과 두께가 동시에 압연되는 압연기는?
㉮ 역전 2단식 ㉯ 복 2단식 ㉰ 유니버어설식 ㉱ 연속 4단식

[토의] 만능식 압연기는 수평형과 수직형 두 쌍의 로울로 되어 있어 측면의 압면도 동시에 할 수 있다.

문제 120. 용접기의 용량을 나타내는 것이 아닌 것은?
㉮ V ㉯ A ㉰ kW ㉱ kVA

[토의] 용접기의 용량을 나타내는 데는 kW, kVA, A 등이 있다.

문제 121. 열간 단조 온도로 가장 알맞는 온도는 어느 정도인가?
㉮ 재결정 온도 이상 ㉯ 변태점 온도 이상
㉰ 노오멀 라이징 온도 ㉱ 퀴리점

[토의] 단조 온도에는 가열 온도와 단조 종료 온도가 있다. 가열 온도는 용융 온도보다 100℃ 이상 낮게 하며, 단조 종료 온도는 재결정 온도 근처로 하는 것이 좋다. 만일 가열 온도가 너무 높으면 재료가 산화되고, 또 과열로 소손되며, 균열이 생기기 쉽다. 한편 단조 종료 온도가 재결정 온도 이상에 있을 때는 결정 입자가 조대화 된다.

문제 122. 그림과 같은 압연에서 중립점(non silp point)은 어느 것인가?
㉮ A-A' 점
㉯ B-B' 점
㉰ C-C' 점
㉱ O-O' 점

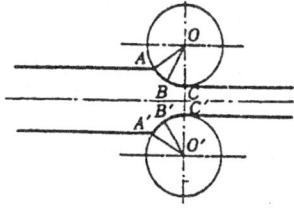

[풀이] 압연이 시작되는 A-A'점에서는 로울의 원주 속도와 재료의 원주 속도를 비교하면 로울이 빠르고 압연이 완료되는 C-C'에서는 재료가 빠르다. 그러므로 B-B'점에서는 두 속도가 동일해 슬립이 생기지 않으므로 중립점 또는 등속점이라 한다.

문제 123. 다음 그림에서 압연 로울의 표면과 소재 사이의 마찰 계수를 μ, 마찰각을 ϕ, 접촉각을 θ 라 하면 다음과 같은 관계가 된다. 틀린 것은?

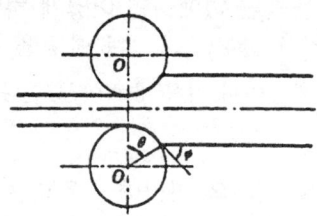

㉮ $\theta > \phi$ 의 경우는 압연이 되지 않는다.
㉯ $\theta < \phi$ 의 경우는 자연적으로 압연이 된다.
㉰ $\theta = \phi$ 의 경우는 소재에 힘을 가한다.
㉱ $\mu = \tan \theta$ 의 경우는 알루미늄 재료만 압연이 된다.

[풀이] $\mu > \tan \theta$ 가 되면 재료는 자력에 의해 로울에 물려 들어가 압연이 가능하나 $\mu < \tan \theta$ 가 되면 재료를 후방에서 밀어 넣어야 압연이 된다.

문제 124. 압연에서 판을 압연할 때 쓰이는 로울은?
㉮ 원기둥형 로울   ㉯ 홈 로울   ㉰ 개방형 로울   ㉱ 밀폐형 로울

[풀이] 판의 압연에는 원기둥형 로울(plain roll)을 사용하고, 봉이나 형재의 압연에는 각각의 형상을 주기 위해 홈로울(grooved roll)을 사용한다. 홈의 모양은 공형(caliber) 또는 패스(pass)라 한다. 패스에는 열린 패스(open pass)와 닫힌 패스(closed pass)가 있다.

문제 125. 일미나이트계의 피복 아아크 용접봉은 어느 정도 건조시켜야 하는가?
㉮ 10~20분   ㉯ 30~60분   ㉰ 1~2시간   ㉱ 70~100분

[풀이] 피복제에 습기가 있으면 용접시 용접부에 기공이나 균열을 일으키는 원인이 된다. 그러므로 피복 아아크 용접봉은 사용 전에 충분히 건조시켜 사용하는 것이 좋다. 보통 용접봉은 70~100℃로 30~60분, 저수소계는 300~350℃로 30~60분 정도 건조시킨다.

문제 126. 봉재를 압출할 때 빌릿의 길이는 지름의 몇 배 정도로 하는가?
㉮ 3배   ㉯ 5배   ㉰ 7배   ㉱ 9배

[풀이] 봉을 압축할 때의 빌릿의 길이가 지름의 5배 정도의 것을 사용한다.

문제 127. 크랭크 프레스를 써서 충격적인 큰 힘을 가해 큰 변형 속도로 제품을 압축하는 방법은?
㉮ 열간 압출   ㉯ 충격 압출   ㉰ 냉간 압출   ㉱ 강괴 압출

문제 128. 압출 가공의 재료로 사용할 수 없는 것은?
㉮ 주석   ㉯ 납   ㉰ 주철   ㉱ 구리

[해답] 123. ㉱   124. ㉮   125. ㉯   126. ㉯   127. ㉯   128. ㉰

[풀이] 압출 가공에 쓰이는 재료로는 Pb, Sn, Zn, Al, Mg, Cu 등은 냉간 압출로 인고트로 부터 봉, 파이프, 형재를 만들며 변형 저항이 큰 철강재는 열간 압출을 한다.

문제 129. 압출 가공에서 다이의 윤활을 좋게 하기 위해 강철의 냉간 압출에는 어떻게 하는가?
㉮ 용융 유리를 사용한다. ㉯ 다이에 비누를 바른다.
㉰ 소재에 인산염 피막 처리를 한다. ㉱ 소재에 주석 도금을 한다.

[풀이] 압출시 다이의 윤활을 좋게 하기 위해 강의 냉간 압출에는 소재에 인산염 피막 처리를 하며, 열간 압출에서는 용융 유리를 사용한다.

문제 130. 아세틸렌 발생기에서 물의 온도가 몇 ℃ 이상되면 위험한가?
㉮ 10℃   ㉯ 20℃   ㉰ 30℃   ㉱ 60℃

[풀이] 아세틸렌 발생기에서 아세틸렌이 발생될 때 카아바이드 1kg에서 약 475kcal의 열이 발생되므로 발생기 속의 물의 온도가 상승된다. 이 때 물의 온도가 60℃ 이상이 되면 아세틸렌이 분해 폭발이 일어나므로 주의를 해야 한다.

문제 131. 산소-아세틸렌 용접에 사용되는 일반적인 고무 호오스의 안지름은?
㉮ 3~5mm   ㉯ 6~9mm   ㉰ 9~15mm   ㉱ 16~20mm

[풀이] 고무 호오스의 내경은 9.5, 7.9, 6.3mm의 3종류가 있으며 보통 7.9mm를 사용한다.

문제 132. 용해로에 사용되는 송풍기가 아닌 것은?
㉮ 원심 송풍기   ㉯ 로우트 송풍기   ㉰ 터어보 송풍기   ㉱ 기어 송풍기

[풀이] 송풍기에는 원심 송풍기, 루우트 송풍기, 터어보 송풍기가 있고, 큐우폴라에는 터어보 송풍기가 널리 쓰인다.

문제 133. 용해로 내의 연료를 연소시키는 데 필요하지 않은 것은?
㉮ 송풍기   ㉯ 암페어 미터
㉰ 풍압 측정용 압력계   ㉱ 고온계

[풀이] 용해로 내의 연료를 연소시키기 위해서 송풍기 풍압 측정용 압력계, 고온계 및 쇳물용 레이들 등이 있다.

문제 134. 용선로에서 선철 1t을 용해하는 데 필요한 공기량은 얼마인가?
㉮ 900m³   ㉯ 1800m³   ㉰ 2700m³   ㉱ 3600m³

[풀이] 용선로에서 선철 1t을 용해하는 데 900m³의 공기가 필요하다.

문제 135. 용해로의 고온을 측정하는 데는 어느 것이 사용되는가?
㉮ 화씨 온도계   ㉯ 광학 고온계   ㉰ 섭씨 온도계   ㉱ 비열법

[풀이] 고온을 측정할 때는 열전 고온계, 광학 고온계가 사용된다.

문제 136. 다음 마이크로미터 중 한계 게이지 대용으로 대량 생산물 측정에 적합한 것은?
㉮ 내측 마이크로미터   ㉯ 다이얼 게이지부 마이크로미터
㉰ 기어 마이크로미터   ㉱ 그루우브 마이크로미터

[풀이] 다이얼 게이지부 마이크로미터는 엔빌측에 다이얼 게이지를 붙인 것으로 동일 치수의 것을

[해답] 129. ㉰   130. ㉱   131. ㉯   132. ㉱   133. ㉯   134. ㉮   135. ㉯   136. ㉯

다량으로 측정하기에 적합하다.

문제 137. 드릴 홈 지름과 같은 골지름 측정에 사용되는 마이크로미터는 어느 것인가?
㉠ 지시 마이크로미터
㉡ 내측 마이크로미터
㉢ 포인트 마이크로미터
㉣ 나사 마이크로미터

[풀이] 포인트 마이크로미터(point micrometer)는 드릴의 홈지름과 같은 골지름 측정에 쓰이며, 측정자의 선단각은 15°, 30°, 45°, 60°가 있다.

문제 138. AW-200 무부하 전압 80V, 아아크 전압 30V인 교류 용접기를 사용할 때 역률과 효율을 계산하면 얼마인가? (단, 내부 손실 4kW이다.)
㉠ 역률 62.5% 효율 60%
㉡ 역률 30%   효율 25%
㉢ 역률 80%   효율 90%
㉣ 역률 84.5% 효율 75%

[풀이] 아아크 출력 = 30V×200A = 6kW
전원 입력 = 80V×200A = 16kVA

$$역률 = \frac{소비\ 전력(kW)}{전원\ 입력(kVA)} \times 100\%$$

$$효율 = \frac{아아크\ 출력(kW)}{소비\ 전력(kVA)} \times 100\%$$

그러므로, 역률 = $\frac{6+4}{16} \times 100 = 62.5\%$

효율 = $\frac{6}{6+4} \times 100 = 60\%$이다.

문제 139. 아아크 용접기의 취급상 주의할 점이 아닌 것은?
㉠ 정격 이상의 높은 사용률로 사용하지 말 것
㉡ 탭 전환은 반드시 아아크를 발생시키면서 한다.
㉢ 먼지, 쇳가루 등을 용접기에서 제거할 것
㉣ 습도나 수증기가 없는 장소에 둘 것

[풀이] 용접기 사용시는 정격 사용률을 참작해서 사용해야 하며, 탭 전환시 아아크를 발생시키면 접촉 부분에 소손이 생긴다.

문제 140. 헬멧이나 핸드 시일드의 차광 유리 앞에 유리를 끼우는 이유 중 타당한 것은?
㉠ 차광 유리만으로는 적외선을 차단할 수 없으므로
㉡ 차광 유리를 보호하기 위하여
㉢ 시력을 도와 주기 위해서
㉣ 차광 유리만으로는 가시 광선이 들어오므로

[풀이] 필터 렌즈(차광 유리)는 가격이 비싸므로 앞에 유리를 끼우지 않으면 스패터가 튀어 차광 유리에 붙어 나중에는 용접부를 볼 수 없게 된다. 그러므로 차광 유리를 보호하기 위해 앞에 유리를 끼운다.

문제 141. 아아크 용접 중 방독 마스크를 쓰는 경우가 있다. 안써도 무방한 것은?
㉠ 아연 도금판 용접시
㉡ 연강 용접시
㉢ 황동 용접시
㉣ 카드뮴 합금 용접시

[풀이] 인체에 해로운 중금속으로는 아연, 크롬, 수은 등이 있다. 그러므로 용접시 이들 중금속이

해답 137. ㉢ 138. ㉠ 139. ㉡ 140. ㉡ 141. ㉡

들어 있는 것을 용접할시는 이들이 증발되어 가스로 발생하므로 방독 마스크를 써야 한다.

문제 142. 아교로 붙인 것이 건조되는 시간은 큰 물건이면 몇 시간 걸리는가?
㉮ 1시간   ㉯ 2시간   ㉰ 3시간   ㉱ 5시간
[도움] 접합 후에는 4~6시간 동안 적당한 장치로 잘 고정해두는 것이 좋다.

문제 143. 절삭유로서 갖추어야 할 조건과 거리가 먼 것은?
㉮ 방청성이 있어야 한다.
㉯ 인화점은 높고 발화점은 낮아야 한다.
㉰ 윤활성과 냉각성이 모두 우수해야 한다.
㉱ 장기간 사용해도 변질이 안 되어야 한다.
[도움] 인화점 : 어떤 물질을 가열하여 화염 또는 불꽃으로 연소할 수 있을 만큼의 가스를 발생하게 되는 온도
발화점 : 물질을 가열할 때 스스로 발화하여 연소하기 시작하는 최저온도, 즉, 절삭유는 인화점 및 발화점이 모두 높아야 한다.

문제 144. 코어 프린트는 보관시 무슨 색을 칠하는가?
㉮ 초록색   ㉯ 검은색   ㉰ 흰색   ㉱ 붉은색
[도움] 목형을 보호하기 위해 도장을 하는 데 이 때 기계 가공 부분은 빨강, 코어 프린트는 검은색, 주물 그대로인 경우는 투명 니스를 칠한다.

문제 145. 다음 중 코어 모형(core box)에 대한 설명으로 옳은 것은?
㉮ 코어 주형을 만드는 나무 틀   ㉯ 코어를 지지하는 지지대
㉰ 중공 주형을 만드는 목형   ㉱ 원판을 만드는 데 쓰이는 목형
[도움] 코어를 만드는 데 사용되는 모형이며, 모형의 중공부에 모래를 넣어 코어를 만든다.

문제 146. 연성인 재질을 큰 경사각으로 고속 절삭시 발생되는 형태로 가공 표면이 가장 매끄러운 칩의 종류는?
㉮ 유동형칩   ㉯ 전단형칩   ㉰ 열단형칩   ㉱ 균열형칩
[도움] 가공 표면의 조도는 유동형 → 전단형 → 균열형 → 열단형의 순서로 양호하다.

문제 147. 다음 초경 합금 중 강인성이 가장 우수한 재종은?
㉮ P01   ㉯ P10   ㉰ P20   ㉱ P30
[도움] 숫자에 대한 재종 분류 중 고온 경도, 내마모성, 메짐성, 절삭 속도 등은 숫자가 적을수록 높아지고 강인성은 반대로 숫자가 적을수록 낮아진다.

문제 148. 초경 합금 공구로 강을 중절삭하고자 할 때 경사각은?
㉮ +각으로 한다.   ㉯ -각으로 한다.
㉰ 재질에 따라 정한다.   ㉱ 경사각과는 상관없다.
[도움] 초경 공구로 중절삭을 하고자 할 때는 날끝에 강성을 부여하기 위하여 -각으로 할 필요가 있다.

문제 149. 큰 곡면의 목형을 깎는 데 알맞은 대패는?
㉮ 원호 대패   ㉯ 남경 대패   ㉰ 홈 대패   ㉱ 다듬질 대패

해답 142. ㉱   143. ㉯   144. ㉯   145. ㉮   146. ㉮   147. ㉱   148. ㉯   149. ㉮

[토의] 원호 대패는 큰 곡면을 깎는 데 사용하며, 남경 대패는 불규칙한 곡면을 깎는 데 쓰인다.

문제 150. 목재 수축이 많은 순서로 된 것은?
㉮ 섬유 방향, 연수 방향, 나이테 방향　　㉯ 나이테 방향, 연수 방향, 섬유 방향
㉰ 섬유 방향, 나이테 방향, 연수 방향　　㉱ 연수 방향, 섬유 방향, 나이테 방향

[토의] 목재에서 수축률이 가장 큰 것이 나이테 방향이고, 가장 작은 것이 섬유 방향이다. 벗나무의 수축률을 보면 섬유 방향이 0.2, 연수 방향이 1.4, 나이테 방향이 3.3이다.

문제 151. 목형용 재료로서 무늬결은 어떠한 곳에 적당한가?
㉮ 넓은 부분　　㉯ 특수 장식 부분　　㉰ 정밀 부분　　㉱ 곡면 부분

[토의] 곧은 결은 가공면이 아름다우므로 주요한 목형에, 무늬결은 곡면이 되기 쉽고, 옹이결은 특수 장식용에 사용된다.

문제 152. 아아크에서 어느 부분의 온도가 가장 높은가?
㉮ 아아크 코어　　㉯ 아아크 스트림　　㉰ 아아크 프레임　　㉱ 심선

[토의] 아아크는 제일 중심이 아아크 코어(arc core)로 3500~5000℃가 되며 그 외주가 아아크 프레임(arc flame), 아아크 흐름(arc stream)으로 구성되어 있다.

문제 153. 100mm 이하의 마이크로미터 측정력은?
㉮ 400~600g　　㉯ 100~300g　　㉰ 30~200g　　㉱ 50~100g

[토의] 측정력의 대소는 오차의 원인이 되므로 최대 측정 길이 100mm 이하에서는 400~600g의 측정력을 주며, 100~300mm에서는 500~700g, 300~1000mm에서는 700~100g의 측정력을 준다.

문제 154. 용적 40l의 산소 용기의 고압력계에 90기압이 나타났다면 300l의 팁으로서 몇 시간 용접을 할 수 있는가? (단, 산소와 아세틸렌의 혼합비는 1:1이다.)
㉮ 7.5시간　　㉯ 3.5시간　　㉰ 12시간　　㉱ 20시간

[토의] 40×90=3600l(용기 속에 있는 아세틸렌 양). 이것을 300l/h로 사용하면 3600÷300=12시간 사용할 수 있다.

문제 155. 산소 사용시에 산소 용기는 최소한 몇 m 이상 화기에서 떨어져야 좋은가?
㉮ 2m 이상　　㉯ 3m 이상　　㉰ 4m 이상　　㉱ 5m 이상

문제 156. 산소 용기를 보관하는 저장실의 온도는 몇 도 이하가 가장 적당한가?
㉮ 20℃　　㉯ 30℃　　㉰ 40℃　　㉱ 50℃

[토의] 산소 용기는 항상 40℃ 이하를 유지해야 하고 직사광선 또는 화기가 없는 장소에 보관해야 한다.

문제 157. 로울의 재질이 합금 칠드 주철일 때, 다음 어느 것을 압연할 때 가장 적당한가?
㉮ 소형 열간 압연　　㉯ 얇은 판의 다듬질 압연
㉰ 분괴 압연　　㉱ 얇은 판, 선재 압연

[토의] 소형 열간 압연에는 주철, 얇은 판의 다듬질 압연에는 칠드 주철, 분괴 압연에는 단강을 가장 많이 사용한다.

해답 150. ㉯　151. ㉱　152. ㉮　153. ㉮　154. ㉰　155. ㉮　156. ㉰　157. ㉯

문제 158. 사인 바아로 각도를 측정할 때 몇 도를 넘으면 오차가 많게 되는가?
⑦ 10°　　　　　　 ④ 20°　　　　　　 ④ 30°　　　　　　 ④ 45°

풀이 사인 바아에서는 45° 이상이 되면 측정 오차가 커지므로 45° 이하의 각도를 측정한다. 만일 이것보다 큰 각도가 필요한 경우 정반에 직각인 면에 대해 설정하여 각도를 측정한다.

문제 159. 100mm의 사인 바아에 의해서 30°를 만드는 데 필요한 블록 게이지가 다음과 같이 준비되어 있을 때 필요없는 것은?
⑦ 40　　　　　　 ④ 20　　　　　　 ④ 5.5　　　　　　 ④ 4.5

풀이 사인 바아에 의한 각도 측정은 $\sin\theta = \dfrac{H}{L}$ 이므로,
$H = \sin\theta \times L = \sin 30° \times 100 = 0.5 \times 100 = 50\text{mm}$ 이다. 그러므로 블록 게이지를 50mm가 되게 조합하면 된다.

문제 160. 200mm의 사인 바아에 의하여 10°를 만드는 데 필요한 블록 게이지의 높이는?
⑦ 17.4mm　　　 ④ 27.4mm　　　 ④ 34.7mm　　　 ④ 44.8mm

문제 161. 200mm의 사인 바아를 사용하여 피측정물의 경사면과 사인 바아의 측정면이 일치하였을 때 블록 게이지의 높이가 42mm이었다. 각도 α는?
⑦ 30°　　　　　 ④ 21°　　　　　 ④ 12°　　　　　 ④ 45°

풀이 $\sin\alpha = \dfrac{H}{L} = \dfrac{42}{200} = 0.21$ 이고, 삼각함수표의 sin항에서 0.21을 찾아서 각도를 구할 수 있다.

문제 162. 공구 현미경과 투영기 가운데서 투영기를 사용하는 것이 좋은 것은?
⑦ 윤곽 곡선 측정　　　　　　④ 나사의 측정
④ 절삭 공구의 측정　　　　　④ 기계 기구의 측정

풀이 공구 현미경으로는 일반 치수와 각도 및 윤곽검사라든가 각종 기계 기구의 부품이나 지그, 절삭 공구, 게이지류 등을 측정하며 특히 나사의 각 요소를 측정하는 데는 투영기 대신 사용하나 윤곽을 측정하는 데는 투영기를 사용한다.

문제 163. 옵티컬 플랫(Optical flat)에 대한 설명으로 옳은 것은?
⑦ 간섭 무늬는 많은 쪽이 평면도가 좋다.
④ 간섭 무늬의 간격이 일정치 않을 경우 평면도는 좋다.
④ 간섭 무늬가 일정한 거리로 곡선으로 되면 평면도는 좋다.
④ 옵티컬 플랫의 한쪽을 밀어 무늬가 미는 쪽으로 움직이면 凸면이다.

풀이 옵티컬 플랫(광선정반)은 평면도를 조사하는 것으로 간섭 무늬의 수가 적고, 등거리, 평행 직선으로 나타날 때에는 다듬질면이 양호한 평면이다. 간섭 무늬가 평행직선이라도 등거리로 나타나지 않으면 면이 凹 또는 凸로 되었다. 이 凹면인가 凸면인가를 판단하는 데는, 옵티컬 플랫의 한쪽을 밀어서 무늬가 미는 쪽으로 움직이면 그 면은 凸면이며, 반대 방향으로 움직이면 凹면이다.

문제 164. 용접 자세의 기호를 설명한 것 중 옳은 것은?
⑦ H－하향 자세　　④ OH－위 보기　　④ F－수직 자세　　④ V－수평 자세

풀이 용접 자세의 기호를 표시하면 다음과 같다.
① F : 하향(flat)
② V : 수직(vertical)

해답 158. ④　159. ④　160. ⑦　161. ④　162. ⑦　163. ④　164. ④

③ OH : 위 보기(over head)
④ H : 수평(horizontal)
⑤ H-Fil : 수평 자세 필릿(horizontal fillet)

문제 165. 용접 변형을 방지하는 방법이 아닌 것은?
㉮ 역변형법 ㉯ 억제법 ㉰ 냉각법 ㉱ 초음파법

[토의] 용접할 때에는 국부 가열을 하므로 불균등한 온도 분포가 된다. 이것으로 인해 응력이 발생되어 용접부에 변형이 생긴다. 이 용접 변형을 방지하는 방법에는 억제법(control method), 역변형법(predistortion method), 냉각법(cooling method), 국부 긴장법(local shrinking method), 교정법(reforming method)이 있다.

문제 166. 긁기형으로 주형을 만들려고 할 때 필요없는 것은?
㉮ 안내판 ㉯ 주물 상자 ㉰ 목형 ㉱ 목마

[토의] 긁기형은 긴 파이프와 같은 것을 만들 때 사용하며 주물 상자에 주물사를 다져넣고 그 위에 안내판을 놓고 긁기판으로 주물사를 긁어 낸다.

문제 167. 주강 주물에 사용하는 주물사는 다음 중에서 어느 것이 특히 좋아야 하는가?
㉮ 성형성 ㉯ 복용성 ㉰ 통기성 ㉱ 보온성

[토의] 주강은 주철보다 용융점이 높아 응고할 때 가스가 많이 발생하므로 통기성이 좋아야 한다.

문제 168. 목형의 중량이 20kg일 때 주물의 중량은 얼마인가? (단, S_m/S_p의 값은 12.5이다.)
㉮ 250kg ㉯ 16kg ㉰ 325kg ㉱ 75kg

[토의] $W_m = \dfrac{S_m}{S_p} W_p = 12.5 \times 20 = 250 \text{kg}$

문제 169. 코어 프린트의 설계에서 코어 프린트의 크기는 무엇을 기준으로 하는가?
㉮ 코어의 크기 ㉯ 코어의 무게
㉰ 코어의 길이 ㉱ 코어가 받는 부력

[토의] 코어 프린트의 설계는 아르키메데스의 원리인 액체속에 잠긴 물체는 그 물체가 배제한 액체의 무게와 같은 부력을 받는다는 원리를 이용하여 설계한다.

문제 170. 다음 중 주형용 기계가 아닌 것은?
㉮ 혼사기 ㉯ 모형기 ㉰ 전마기 ㉱ 분사기

[토의] 주형용 기계에는 다음과 같은 것이 있다.
① 혼사기 : 묵은 모래와 새 모래를 혼합한다.
② 분사기 : 압축 공기로 모래를 분사시켜 주물의 표면을 깨끗하게 하며 샌드 블라스팅 머시인이라고도 한다.
③ 전마기 : 회전하는 원통 속에 주물과 함께 가축 조각을 넣어 회전시켜 주물의 표면을 깨끗이 한다.
④ 샌드 블렌더 : 벨트를 고속 운동시켜 모래 속의 돌이나 금속편을 제거한다.

문제 171. 가스 용접봉의 지름으로 규정에 없는 것은?
㉮ 3.2mm ㉯ 1.6mm ㉰ 5.2mm ㉱ 6mm

[토의] 가스 용접봉의 호칭 지름은 1.0, 1.6, 2.0, 2.6, 3.2, 4.0, 5.0, 6.0, 8.0mm 되는 것이 있는 데 그 중 2.6, 3.2, 4.0mm가 많이 쓰인다.

해답 165. ㉱ 166. ㉱ 167. ㉰ 168. ㉮ 169. ㉱ 170. ㉯ 171. ㉰

문제 172. 청정기에서 청정제의 효과를 알아보는 방법이 될 수 없는 것은?
㉮ 청정제의 변색 ㉯ 불꽃의 색
㉰ 초산은 시험지 ㉱ 아세틸렌 발생 상태

[도움] 청정제의 청정 효과는 청정제의 변색, 불꽃의 색, 초산은 시험지로 알아본다.

문제 173. 주강이 주철보다 부족한 점은?
㉮ 유동성 ㉯ 굽힘 강도
㉰ 충격에 대한 저항력 ㉱ 인장 강도

[도움] 주강은 강도는 크나 유동성이 나쁘고 수축률이 높으며, 주조품의 표면이 거친 결점이 있다.

해답 172. ㉱ 173. ㉮

제4장 유체기계

1. 유체기계 기초이론

1 유체기계의 분류

(1) 수력 기계

  1) 수차
  수차에는 충격 수차와 반동 수차가 있다.
    ① 충격 수차 : 펠톤 수차(Pelton turbine)
    ② 반동 수차 ┌ 프란시스 수차(Francis tubine)
                ├ 프로펠러 수차(propeller tubine)
                └ 카플란 수차(Kaplan turbine)

(2) 펌프

  펌프는 다음과 같이 분류된다.
    ① 원심 펌프(centrifugal pump) : 디퓨우저 펌프(diffuser pump), 볼류우트 펌프(volute pump)
    ② 축류 펌프(axial flow pump) : 프로펠러 펌프(propeller pump)
    ③ 왕복식 펌프(reciprocating pump) : 피스톤 펌프, 플린저 펌프(plunger pump)
    ④ 회전 펌프(rotary pump) : 기어 펌프(gear pump), 베인 펌프(vane pump)
    ⑤ 특수 펌프(miscelanious pump) : 마찰 펌프(vortex pump), 제트 펌프(jet pump), 기포 펌프(air lift pump)

  2) 공기 기계
    ① 풍차
    ② 송풍기 및 압축기
    ③ 압축 공기 기계

  3) 유압 기계
    ① 유압 펌프, 유압 모우터
    ② 유체 커플링(fluid coupling) 및 유체 토오크 컨버어터(fluid torque convertor)
    ③ 액압 기계 및 특수 유체 기계

> **자격취득 key**
> 물, 공기와 같이 점성이 있고 압축성이 있는 유체를 취급하는 기계를 유체 기계라 한다. 유체 기계를 대별하면 수력 기계(hydraulic machinery), 공기 기계 및 그 밖의 기계로 나눈다.

2 펌프(pump)

(1) 원심 펌프

회전차(impeller)의 회전에 의하여 액체에 원심력을 주어 압력을 높혀서 송출하는 펌프를 말한다.

(2) 원심 펌프의 분류

1) 안내깃(guide vane)의 유무에 따른 분류

① 볼류우트 펌프(volute pump) : 회전차의 바깥 둘레에 접하여 볼류우트 케이싱(volute casing)이 설치되어 있는 펌프를 말한다.

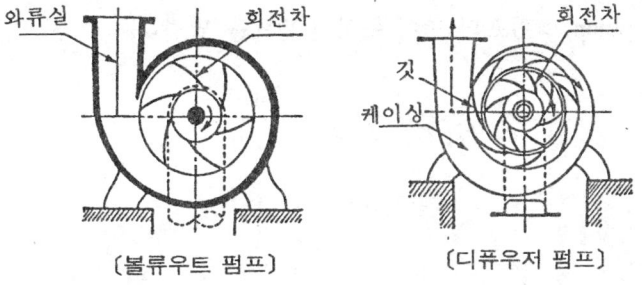

〔볼류우트 펌프〕   〔디퓨우저 펌프〕

② 디퓨우저 펌프(diffuser pump) : 회전차의 바깥 둘레에 안내깃을 갖는 펌프를 디퓨우저 펌프라 한다.

2) 흡입에 따른 분류

① 단흡입 펌프 : 회전차의 한쪽에서만 액체를 흡입하는 펌프를 말한다.

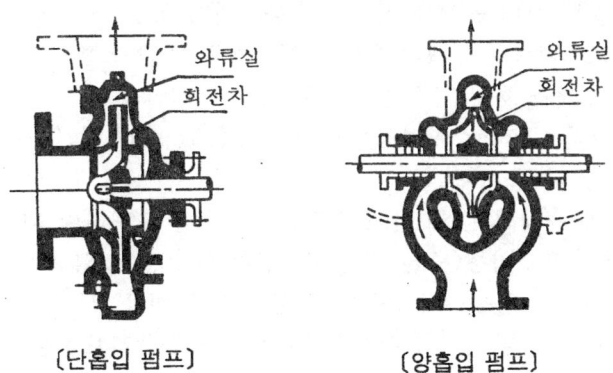

〔단흡입 펌프〕   〔양흡입 펌프〕

② 양흡입 펌프 : 회전차의 양쪽으로부터 액체를 흡입하는 펌프를 말한다.
3) 단수에 따른 분류
① 단단 펌프(single-stage pump) : 1개의 회전차를 갖는 펌프를 말한다.
② 다단 펌프(multi-stage pump) : 여러 개의 회전차를 같은 펌프축에 연결한 펌프를 말한다.
4) 회전차의 형상에 따른 분류
① 반경류형 회전차(radial flow impeller) : 축에 거의 수직인 평면 내를 유체가 반지름 방향으로 흐르도록 되어 있는 회전차를 말한다.
② 혼류형 회전차(mixed flow impeller) : 깃 입구로부터 출구에 이르는 유체의 경로가 반지름 방향 흐름과 축방향의 유동이 조합된 모양의 회전차를 말한다.
5) 케이싱에 따른 분류
① 분할형 펌프(sectional type pump) : 각 단이 축에 수직인 평면에서 분할되어 있는 펌프이다.
② 원통형 펌프(cylindrical casing type pump) : 케이싱이 일체로 되어 있는 펌프로서, 고압 펌프 및 보일러 급수용에 사용된다.
6) 그 밖의 펌프
① 횡축 펌프(horizontal pump) : 펌프의 축이 수평인 펌프를 말한다.
② 종축 펌프(vertical pump) : 펌프의 축이 수직인 펌프를 말한다.

2. 유압 기기

1 밸브와 콕

(1) 밸브(Valve)

밸브의 구조는 밸브의 본체, 밸브실(Box) 및 조정 부분으로 구성되어 있다.

1) 밸브의 선택방법
① 유량과 방향 : 밸브를 지나는 유체의 양과 방향의 조절
㉮ 정지 밸브(Stop Valve) : 유체를 최대로 유통시키며 조절
㉯ 앵글 밸브(Angle Valve) : 유체의 흐름을 직각으로 방향 조절
② 압력과 온도 : 밸브에는 호칭 압력을 명시한다.
저압 밸브(허용 압력 5kg/cm² 이하용), 중압 밸브(16kg/cm² 이하용), 고압 밸브(16 kg/cm² 이상용)가 있다.
③ 재질 : 사용 목적과 유체의 종류, 온도, 압력, 치수 등을 고려하여 재질을 선정한다.
㉮ 소형의 본체일 경우 : 청동(중온, 중압용), 단강재(고온, 고압용)
대형의 본체일 경우 : 청동, 주철, 구리, 합금강 등을 사용
㉯ 사용 온도 400℃ 이상일 경우 : 탄소몰리브덴강, 크롬몰리브덴강, 모넬 메탈 등
사용 온도 0℃ 이하일 경우 : 니켈강

2) 기능에 따른 밸브의 종류
① 정지 밸브(Stop Valve) : 밸브 본체는 항상 유체 안에 잠겨 있어 에너지의 손실이 크나 교환, 수리가 쉬워 가장 많이 사용되며 밸브의 양정(Lift)은 안지름의 약 1/4 정도이며 ($h=\frac{d}{4}$) 다음의 종류가 있다.

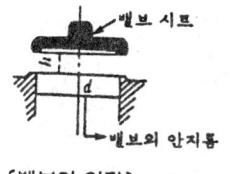
[밸브의 양정]

㉮ 글로브 밸브(Globe Valve) : 유체의 흐름이 동일방향이다.
㉯ 앵글 밸브(Angle Valve) : 유체의 흐름이 90° 방향으로 변화한다.
㉰ 니들 밸브(Needle Valve) : 유체의 흐름을 줄일 필요가 있을 때 작은 힘으로 정확한 유체의 차단이 이루어진다.

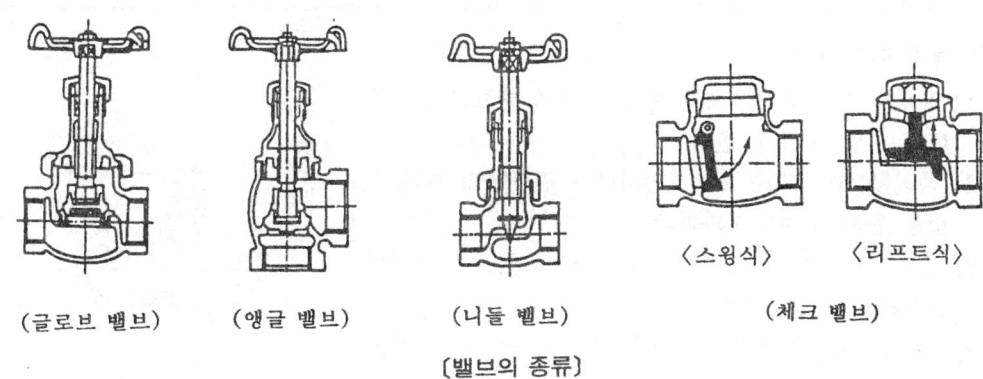

(글로브 밸브)　(앵글 밸브)　(니들 밸브)　(체크 밸브)
[밸브의 종류]

② 체크 밸브(Check Valve) : 유체를 한 방향으로만 흐르게 하는 역류 방지 밸브로 외력이 없이 유체 자체의 압력으로 조작된다.
③ 슬루스 밸브(Sluice Valve) : 밸브관의 흐름에 대해 직각으로 놓여 있으며 밸브 시트에 대해 미끄러지는 운동을 하는 구조로 흐름 저항이 적어 유체 흐름이 자유롭고 압력에 강하며 제어 및 유량조절에 사용하지 않으며 밸브 시트는 데이터가 1/10 정도의 쐐기형이다.
④ 격막 밸브(Diaphragm Valve) : 금속 본체에 탄성이 있는 판(격막)과의 접촉으로 개폐가 되는 밸브로 유체흐름 저항이 적고 기밀 유지의 패킹이 필요 없고 부식의 염려가 없어 화약 약품 차단에 쓰인다.
⑤ 나비 밸브(Butterfly Valve) : 완전 기밀 유지가 곤란한 밸브로 원판의 회전에 의해 유량을 조절하는 밸브이다.
⑥ 이스케이프 밸브(Escape Valve) : 파이프 안의 유체의 양, 압력 등이 필요 이상일 때 자동적으로 유체를 밖으로 유출시키거나 되돌리는 역할을 하는 밸브이다.
⑦ 바이패스 밸브(Bypass Valve) : 감압 밸브라고 하며 압력이 높고 유량이 많을 경우에 자동적으로 압력이 감소되어 균일한 압력으로 한 다음 밸브를 개폐하는 밸브로 일정한 압력을 유지시키는 데 사용된다.

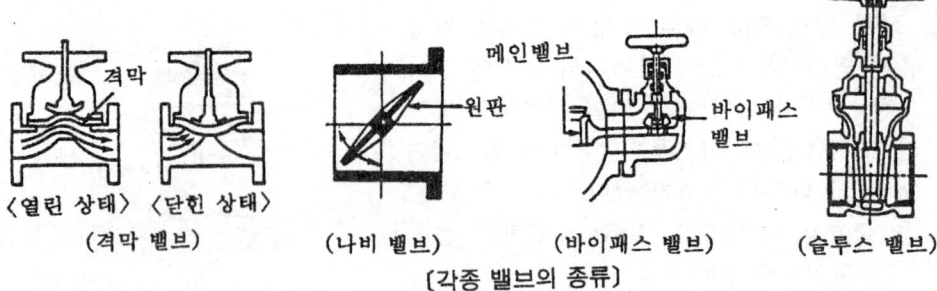

〈열린 상태〉 〈닫힌 상태〉
(격막 밸브)   (나비 밸브)   (바이패스 밸브)   (슬루스 밸브)
〔각종 밸브의 종류〕

> **자격취득 key**
> 유체의 유량 조절, 흐름의 단속, 방향의 전환, 압력 등을 조절 및 제어하는 데 사용하는 요소에 밸브와 콕이 있다.

(2) 콕(Cock)

1) 유체의 통로에 설치하는 일종의 개폐 밸브로 플러그(Plug) 밸브라고도 한다.
2) 레버를 90°, 또는 180° 선회하면 원통면에 뚫린 구멍을 통해 유체가 통과한다.
3) 플러그는 1/5 정도의 테이퍼로 되어 있으며 조작이 간단하고 취급이 쉽다.
4) 2방향 콕은 통로의 개폐용, 3방향, 4방향 콕은 통로의 조정용으로 사용한다.
5) 저압용으로 지름이 작은 부분에 널리 이용되고 있다.

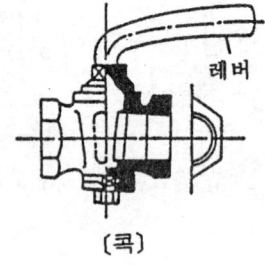
〔콕〕

2 유압 장치

(1) 유압 장치의 개요

1) 유압의 원리

전동기 가동 → 기름 탱크에 압력 발생 → 압력조절밸브(압력 제어) → 유량 조절 제어(유량 제어) → 방향 전환 밸브(방향 제어) → 핸들 조작 → 실린더의 피스톤 구동 → 테이블의 이송의 순서로 테이블의 이송이 레버 하나로 움직이는 것이 유압의 기본 원리이다.

2) 유압의 용도
① 건설 기계(불도저, 크레인 등), 철강 기계(압연기, 주조기, 샤링기 등)
② 운반 기계(지게차, 굴삭기, 펌프 카, 믹서 트럭 등)

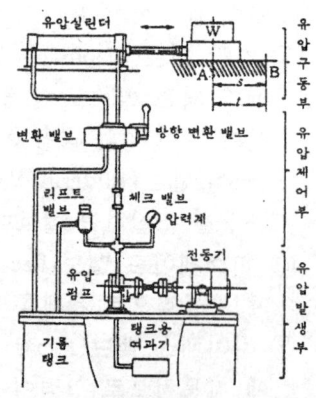
〔유압장치의 기본 구조〕

③ 공작 기계(CNC 선반, 머시닝 센터 등)
3) 유압 장치의 구성 요소
   ① 유압 발생부(동력원) : 유압 에너지의 발생원으로 기름 탱크, 여과기, 유압 펌프, 구동용 전동기, 압력계 등으로 구성되어 있다.
   ② 유압 제어부 : 작동유를 필요한 압력, 유량, 흐름 방향을 조정하는 압력 제어 밸브, 유량 조절 밸브, 방향 제어 밸브로 구성되어 있다.
   ③ 유압 구동부 : 유압 에너지를 기계적으로 변환시키는 액추에이터(Actuator)에 의해 왕복, 회전 및 기계적 운동을 하는 부분이다.
4) 유압의 장·단점

장 점	단 점
• 작은 장치로 큰 동력을 얻을 수 있다. • 무단 변속이 가능하고 진동이 적어 작동이 원활하다. • 전기, 전자의 조합으로 자동 제어가 가능하다. • 전기식에 비해 크기가 작고 가벼워 관성이 적다. • 기계식에 비해 마찰, 마모, 윤활성의 염려가 없다. • 일의 방향을 용이하게 변환할 수 있다. • 과부하에 대한 안전 장치가 간단하고 정확하다. • 압력에 대한 출력의 응답 속도가 느리다.	• 기계 장치마다 펌프, 탱크 등의 동력원이 필요하다. • 정밀한 속도 제어가 곤란하고 탱크에 의한 소형화가 어렵다. • 펌프의 소음이 크다. • 밸브가 많아 배관이 까다롭고 고압력의 경우 누유 발생이 쉽다. • 가연성 기름을 사용할 경우 화재의 위험이 있다. • 온도에 따라 점도가 변화되어 기계의 속도가 변한다. • 냉각 장치가 요구된다.

(2) 유압기기
   1) 유압 펌프(Oil Hydraulic Pump) : 1회전마다 일정량의 기름을 밀어내는 일정 용량형 펌프와 유출량을 변경할 수 있는 가변 용량형 펌프가 있다.
      ① 기어 펌프(Gear Pump) : 1조의 기어가 바깥둘레와 옆면이 맞는 펌프 케이싱에서 회전하며 기름을 펌핑하는 구조로 가격 저렴, 구조 간단 등으로 건설 기계, 운반 기계 등에 이용된다.
      ② 베인 펌프(Vane Pump) : 캠 링 속의 로터(Rotor)가 회전 베인과 베인 사이의 공간 용량의 변화에 의해 펌핑하는 구조로 공작 기계, 프레스, 사출 성형기, 차량용 등에 이용된다.
      ③ 플린저 펌프(Plunger Pump) : 플린저(피스톤)의 왕복 운동에 의해 작동유에 압력을 주어 펌프 작용을 하며 구조가 복잡하여 가격이 비싸지만 누유가 적어 효율이 높다.
      $210 \sim 600 kg/cm^2$ 정도의 고압 사용이 가능하며 유압 변속기, 건설 차량, 하역 운반 기계 등에 쓰인다.

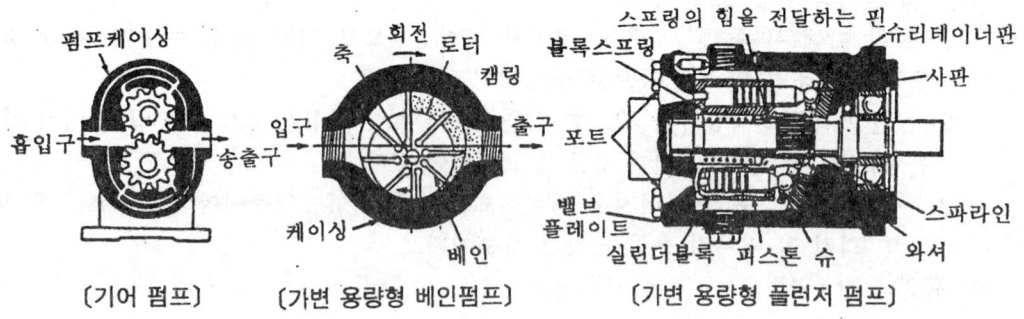

〔기어 펌프〕 〔가변 용량형 베인펌프〕 〔가변 용량형 플런저 펌프〕

2) 유량 제어 밸브(Hydraulic Control Valve)
   ① 압력 제어 밸브(Pressure Control Valve)
      ㉮ 유압 펌프 근처에 설치하며 최고 출력의 규제, 유압의 필요 압력을 유지시킨다.
      ㉯ 릴리프 밸브, 리듀싱 밸브, 시퀀스 밸브, 언로딩 밸브, 카운터 밸런스 밸브 등이 있다.
   ② 유량 제어 밸브(Flow Control Valve)
      ㉮ 유로의 단면적을 변경시켜 유량을 제어하고 액추에이터의 속도와 회전수를 변경시킨다.
      ㉯ 오리피스, 압력 보상형 유량 제어 밸브, 온도 보상형 유량 제어 밸브, 미터링 밸브 등이 있다.
   ③ 방향 제어 밸브(Direction Control Valve)
      ㉮ 작동유의 흐름 방향을 제어하는 것으로 역류 방지 및 운동 방향 변환 등의 기능이 있다.
      ㉯ 체크 밸브, 매뉴얼 밸브, 솔레노이드 밸브, 디셀러레이션 밸브 등이 있다.
3) 액추에이터(Actuator) : 구동부를 직선 운동하는 유압 실린더와 회전 운동하는 유압모터가 있다.
4) 유압 실린더(Hydraulic Cylinder)
   ① 피스톤의 작동 형식에 따라
      | 단동 실린더 : 한쪽만 유압으로 밀고 귀환 행정은 스프링 또는 중력에 의해 작용
      | 복동 실린더 : 양쪽에 유압을 주어 왕복 행정에 유압을 가하는 실린더
   ② 지지 형식에 따라 고정 실린더와 요동 실린더가 있다.
5) 부속 기기
   ① 기름 탱크(Oil Tank) : 작동유를 저장
   ② 여과기(Filter) : 기름 중의 불순물을 여과
   ③ 기름 냉각기(Oil Cooler) : 기름의 온도를 낮춰 준다.
   ④ 축압기(Accumulator) : 에너지원으로 하기 위한 가압 상태로 작동유를 저장
   ⑤ 배관(Piping) : 부속 기기와 주요 기기를 접속하여 유압 회로를 구성한다.

3. 공압 기기

1 파이프(pipe)

(1) 파이프의 종류
  1) 주철관(Cast Iron Pipe)
    ① 강관보다 무겁고 약하나 내식성이 우수하고 가격이 저렴하여 수도, 가스, 배수 등의 매설관으로 쓰이고 있다.
    ② 사용 압력은 7~10kg/cm² 이하, 200℃ 이하에서 사용이 가능하며 안지름의 치수로 호칭한다.
  2) 강관(Steel Pipe)
    ① 이음매 없는 강관
      ㉮ 드로잉(Drawing)하여 제작된 인발 강관으로 내외면이 깨끗하고 단면이 원형이다.
      ㉯ 압력 배관용, 유전용, 보일러용, 기계 구조용 등 사용 압력 30kg/cm² 이하인 곳에 사용된다.
    ② 이음매 있는 강관
      ㉮ 용접, 단접, 리벳 이음한 강관으로 일반 배관 및 구조용, 배수관 등에 사용되고 있다.
      ㉯ 500mm 이상의 대형 지름 강관을 용접 또는 리벳 이음매를 길이 방향으로 직선 또는 나선형으로 제작한다.
  3) 동관(Copper Pipe : 구리관)
    ① 냉간 압연법으로 제작되는 이음매 없는 파이프로 바깥지름×두께로 나타낸다.
    ② 굴곡성, 열전도성이 우수하고 내압성도 높으나 가격이 비싸고 고온에서 강도가 저하된다.
    ③ 200℃ 이하, 8kg/cm² 이하의 압력에서 사용되며 열교환기구, 급수관, 압력 기계용 등에 쓰인다.
  4) 황동관(Brass Pipe) : 강관보다 값이 싸고 강도가 커서 가열기, 냉각기, 복수기, 열교환기 등에 사용된다.
  5) 납관 및 납 합금관
    ① 압출 제작기로 만드는 이음매 없는 파이프로 안지름×두께로 표시한다.
    ② 내식성에 강하고 굴곡성이 좋아 공작이 쉬워 수도, 가스의 인입관, 산성 액체 및 오염물 수송관에 사용된다.
  6) 알루미늄관(Aluminium Pipe)
    ① 냉간 인발법으로 제작되는 이음매 없는 파이프로 바깥지름×두께로 표시한다.
    ② 내식성과 가공성이 좋고 열과 전기 전도도가 구리, 황동 다음으로 높아 화학 공업용, 전기 기기용, 건축 구조 재료로 사용된다.

7) 스테인리스강(Stainless Pipe) : 내열 내식성이 우수하여 화학 공장의 특수 배관용 및 저온 배관용으로 사용되고 있다.
8) 가요성 금속관(Flexible Tube) : 가요성이 풍부한 얇은 금속관으로 제작되어 유체와 기체의 수송용, 냉동 압축기의 배관용, 신축 이음 전선의 보호관 등에 쓰이고 있다.
9) 고무관(Rubber Pipe) : 천연, 인조 고무, 직물 고무 등으로 제작되며 굴곡이 자유로워 압축 공기, 산소, 수지 등의 운반에 이용된다.
10) 염화비닐관(Vinyl Chloride Pipe)
  ① 압출기로 제작된 이음매 없는 관으로 열가소성 수지이므로 60~-10℃의 범위에서 사용한다.
  ② 종류
    ㉮ 연질 : 내약품성이 우수하여 고무 호스 대신 많이 사용된다.
    ㉯ 경질 : 내산, 내식성 등이 풍부하고 가벼워 화학, 식품 공장용 배관, 절연 부품 등에 사용된다.

(2) 파이프 이음의 종류
1) 영구 파이프 이음 : 용접, 납땜 등을 이용하여 파이프를 연결하는 이음, 파이프 내부의 청소 및 수리가 필요없는 지하 매설 파이프로 많이 사용된다.
2) 착탈 파이프 이음 : 정기적으로 해체하여 검사 및 보수가 필요한 배관 시설에 사용되는 이음. 대형의 관, 특수 주철, 주강, 청동 등의 이음에 사용된다.
  ① 나사 파이프 이음 : 1/16테이퍼를 가진 나사로 연결한 파이프 이음으로 엘보(L자형), 티(T자형), 와이(Y자형), 크로스(+자형), 소켓, 밴드, 유니언, 니플 등을 이용하여 연결하며 대마, 파이프 실(Pipe Seal)등을 이용하여 누설을 방지하며 가스 파이프 이음이라고도 한다.
  ② 소켓과 니플(Socker & Nipple)
    ㉮ 소켓 : 관의 접합부에 수나사를 깎어 연결하는 이음쇠
    ㉯ 니플 : 관의 접합부에 암나사를 깎어 연결하는 이음쇠
    ㉰ 유니언 조인트 : 중간에 있는 유니언 너트를 돌려서 자유로이 착탈하는 이음쇠
  ③ 플랜지 파이프 이음
    ㉮ 관의 지름이 클 때와 20kg/cm², 수압 5kg/cm²의 공기압에 견딜 수 있게 되어 있다.
    ㉯ 기밀 유지를 위해 접촉면에 개스킷으로 패킹을 한다.
    ㉰ 이음의 종류에는 접합, 용접, 납땜, 전압, 리벳, 맞춤 플랜지 등의 종류가 있다.
  ④ 신축 파이프 이음
    ㉮ 온도 변화에 따라 파이프에 신축이 생겨 파이프가 길어지는 것을 판단하여 적당한 간격 및 위치에 신축을 조절할 수 있는 이음
    ㉯ 온도 100℃에 따라 길이 1m의 파이프에서 강관은 1.2mm, 구리관은 1.8mm 늘어난다.

(3) 배관(Piping)

배관은 여러가지 밸브류, 역류 방지 장치, 유량계, 그 밖에 여러 요소를 연결시켜 시공을 한다.

1) 파이프의 지지 방식 : 파이프의 지지구는 약 4m 간격으로 설치하며 다음과 같은 방식이 있다.
   ① 고정식
   ② 롤러에 의한 방식 : 신축이 허용되는 지지 방법
   ③ 스프링에 의한 방식 : 진동에 대해 고려한 지지 방법
   ④ 턴버클에 의한 방식 : 파이프의 중심 위치를 조절하는 방법

2) 배관 설계상의 유의 사항
   ① 유체의 양이나 속도 등에 의해 파이프의 지름을 결정
   ② 파이프의 강도, 신축, 마찰 손실, 부식, 진동, 보온 등을 고려하고 조립, 분해, 수리가 용이하게 시공한다.
   ③ 파이프의 보온 피복 전에 반드시 수압 시험을 하도록 한다.
   ④ 수격 작용(Water Hammering)에 의한 파이프의 진동, 외력, 관의 자중 등에 흔들림이 없이 튼튼하게 시공한다.
   ⑤ 파이프를 병렬 배관하여 기울기를 수월하도록 하고 공기 빼기를 고려한다.
   ⑥ 마찰 저항의 감소를 위해 배관의 길이를 필요 이상 길게 하지 않는다.
   ⑦ 배관은 곧고 짧게 하며 밸브의 수차는 최소로 한다.
   ⑧ 파이프 안을 흐르는 유체의 종류는 파이프의 표면에 페인팅을 하여 구분한다(도표 참조).
   ⑨ 유체의 온도 유지를 위해 보온재로 피복한다(보온재로는 규조토, 석면, 탄산마그네슘, 코르크, 쇠털 등을 이용).
   ⑩ 보온재가 습기에 영향이 없도록 보온재 위에 무명천, 삼베, 비닐 테이프 등을 감고 알루미늄 가루 등을 바른다.
   ⑪ 남아 있는 기체의 응축에 의한 부압 발생 및 사이펀 작용(Siphon Effect)에 유의한다.

〔유체 종류 및 색상〕

유체의 종류	표시 색상
물	파란색
증기	암적색
공기	백색
가스	노란색
산·알칼리	회색을 띈 보라색
기름	황색을 띈 암적색
전기	황색을 띈 엷은 적색

2 압력용기

(1) 압력 용기의 설계 조건

1) 압력의 급격한 변화 및 주기적으로 변할 때의 대책
2) 압력에 의한 누설의 방지 대책 및 안전도를 고려할 것
3) 고체와 유체 사이의 마멸 및 부식에 대한 대책

4) 재질은 균일하고 탄성 한계가 높고 강인할 것
5) 내식성, 열전도에 대한 고려 및 온도 변화에 따른 재료의 강도
6) 압력 시험에 따른 각 규정의 시행 및 기준을 따를 것

(2) 압력 용기의 재질
   1) 강판 : 가장 많이 사용되며 큰 강도 및 내식성이 요구될 때에는 특수강을 사용한다.
   2) 주철 : 가격이 저렴하고 마멸에 강하나 강도가 낮아 낮은 압력에 쓰인다. 주강을 사용하여 강도를 향상시켜 사용하기도 한다.
   3) 알루미늄 합금 : 열전도가 중요한 용기에 사용된다.

(3) 원통의 강도
   판의 두께가 안지름의 10%까지를 얇은 원통, 10% 이상을 두꺼운 원통이라고 한다.

$$\sigma_1 = \frac{D \cdot P}{2t \times 100}$$

σ_1 : 원주 방향의 강도 (kg/mm²), σ_2 : 축 방향의 강도 (kg/mm²)
t : 판의 두께 (mm), D : 원통의 안지름 (mm), P : 내압 (kg/mm²)

$$\sigma_2 = \frac{D \cdot P}{2 4 \times 100} = \frac{1}{2}\sigma_1$$

축 방향의 강도는 원주 방향 강도의 1/2이므로 원통의 강도는 σ_1에 대하여 고려한다. 또한 원통의 두께(t)의 경험식은

$$t = \frac{D \cdot P}{200 \cdot \sigma_c \cdot \eta} + C$$

σ_c : 허용 인장 응력 (kg/mm²)
η : 이음 효율 (%)
C : 부식 및 제작 오차에 따른 상수 (mm)

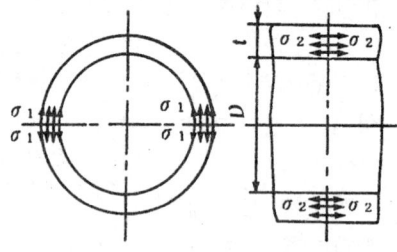

예상문제

문제 1. 다음 수차 중 반동수차가 아닌 것은?
㉮ 펠톤 수차　　㉯ 프란시스 수차　　㉰ 프로펠러 수차　　㉱ 카플란 수차

[풀이] (1) 충격 수차 : 펠톤 수차(Pelton turbine)
　　　 (2) 반동 수차 { 프란시스 수차(Francis turbine)
　　　　　　　　　　　 프로펠러 수차(propeller turbine)
　　　　　　　　　　　 카플란 수차(Kaplan turbine)

문제 2. 다음 펌프 중 회전 펌프에 속하는 것은?
㉮ 디퓨우저 펌프　　㉯ 피스톤 펌프　　㉰ 마찰 펌프　　㉱ 기어 펌프

[풀이] 펌프의 종류
　(1) 원심 펌프(centrifugal pump) : 디퓨우저 펌프(diffuser pump), 볼류우트 펌프(volute pump)
　(2) 축류 펌프(axial flow pump) : 프로펠러 펌프(propeller pump)
　(3) 왕복식 펌프(reciprocating pump) : 피스톤 펌프, 플린저 펌프(plunger pump)
　(4) 회전 펌프(rotary pump) : 기어 펌프(gear pump), 베인 펌프(vane pump)
　(5) 특수 펌프(miscelanious pump) : 마찰 펌프(vortex pump), 제트 펌프(jet pump), 기포 펌프(air lift pump)

문제 3. 파이프 내에 흐르는 유체를 판별하기 위하여 파이프 표면에 페인팅을 하여 구분한다. 유체에 따른 색상으로 틀린 것은?
㉮ 물-백색　　　　　　　　　　　㉯ 가스-노란색
㉰ 증기-암적색　　　　　　　　　㉱ 산, 알칼리-회색을 띤 보라색

[풀이]

유체의 종류	표시 색상
물	파라색
증기	암적색
공기	백색
가스	노란색
산·알칼리	회색을 띤 보라색
기름	황색을 띤 암적색
전기	황색을 띤 엷은 적색

문제 4. 주철관의 이음으로 적당한 것은?
㉮ 팽창관 이음　　㉯ 플랜지 이음　　㉰ 소켓 이음　　㉱ 나사 이음

[풀이] 주철관(Cast Iron Pipe)
　① 강관보다 무겁고 약하나 내식성이 우수하고 가격이 저렴하여 수도, 가스, 배수 등의 배설관으로 쓰이고 있다.

해답 1. ㉮　2. ㉱　3. ㉮　4. ㉯

② 사용 압력은 7~10kg/cm² 이하, 200℃ 이하에서 사용이 가능하며 안지름의 치수로 호칭한다.
③ 이음은 플랜지 이음이 적당하다.

[문제] 5. 다음 중 축류 펌프에 해당하는 것은?
㉮ 볼류우트 펌프　　㉯ 프로펠러 펌프　　㉰ 피스톤 펌프　　㉱ 디퓨우저 펌프

[풀이] 프로펠러 펌프는 축류 펌프에 속한다.

[문제] 6. 기어 펌프는 다음 중 어느 형식의 펌프에 해당하는가?
㉮ 축류 펌프　　㉯ 원심 펌프　　㉰ 왕복식 펌프　　㉱ 회전 펌프

[풀이] 회전 펌프에는 베인 펌프(vane pump)와 기어 펌프(gear pump)가 있다.

[문제] 7. 밸브의 선택 방법으로 고려할 사항이 아닌 것은?
㉮ 콕의 회전 방향　　　　　　　㉯ 밸브의 재질
㉰ 압력과 온도　　　　　　　　㉱ 유량의 방향

[풀이] 밸브의 선택방법 3가지
(1) 유량과 방향 : 밸브를 지나는 유체의 양과 방향의 조절
　① 정지 밸브(Stop Valve) : 유체를 최대로 유통시키며 조절
　② 앵글 밸브(Angle Valve) : 유체의 흐름을 직각으로 방향 조절
(2) 압력과 온도 : 밸브에는 호칭 압력을 명시한다.
　저압 밸브(허용 압력 5kg/cm² 이하용), 중압 밸브(16kg/cm², 이하용), 고압 밸브(16kg/cm² 이상용)가 있다.
(3) 재질 : 사용 목적과 유체의 종류, 온도, 압력, 치수 등을 고려하여 재질을 선정한다.
　① 소형의 본체일 경우 : 청동(중온, 중압용), 단강재(고온, 고압용)
　　 대형의 본체일 경우 : 청동, 주철, 구리, 합금강 등을 사용
　② 사용 온도 400℃ 이상일 경우 : 탄소몰리브덴강, 크롬몰리브덴강, 모넬 메탈 등
　　 사용 온도 0℃ 이하일 경우 : 니켈강

[문제] 8. 기능에 따른 밸브의 종류 중 정지 밸브에 속하는 것이 아닌 것은?
㉮ 앵글 밸브　　㉯ 슬루스 밸브　　㉰ 니들 밸브　　㉱ 글로브 밸브

[풀이] 슬루스 밸브(Sluice Valve) : 밸브관이 흐름에 대해 직각으로 놓여 있으며 밸브 시트에 대해 미끄러지는 운동을 하는 구조로 흐름 저항이 적어 유체 흐름이 자유롭고 압력에 강하다. 제어 및 유량 조절에 사용하지 않으며 밸브 시트는 데이퍼가 1/10 정도의 쐐기형이다.

[문제] 9. 유체의 흐름을 90° 방향으로 변화시키는 밸브는?
㉮ 앵글 밸브　　㉯ 체크 밸브　　㉰ 니들 밸브　　㉱ 글로브 밸브

[풀이] ① 글로브 밸브(Globe Valve) : 유체의 흐름이 동일 방향이다.
② 앵글 밸브(Angle Valve) : 유체의 흐름이 90° 방향으로 변화한다.
③ 니들 밸브(Needle Valve) : 유체의 흐름을 줄일 필요가 있을 때 작은 힘으로 정확한 유체의 차단이 이루어진다.

[문제] 10. 정지 밸브에서 밸브의 양정(h)은 어느 정도의 높이를 갖고 있어야 하는가?
㉮ $h=d/2$　　㉯ $h=d/3$　　㉰ $h=d/4$　　㉱ $h=d/5$

[풀이] 정지 밸브(Stop Valve) : 밸브 본체는 항상 유체 안에 잠겨 있어 에너지의 손실이 크나 교환,

[해답] 5. ㉯　6. ㉱　7. ㉮　8. ㉯　9. ㉮　10. ㉰

수리가 쉬워 가장 많이 사용되며 밸브의 양정(Lift)은 안지름의 약 $\frac{1}{4}$ 정도이며($h=\frac{d}{4}$)이다.

문제 11. 배관에서 운전을 시작할 때와 정지할 때 특히 유의할 점으로 틀린 것은?
㉮ 응축에 의한 부압 발생 ㉯ 수격 작용
㉰ 급유 작용 ㉱ 사이펀 작용

[풀이] ① 사이펀(Siphon) : 유체가 충만해 있는 역 U자관형 관으로서 최고점의 압력이 대기압 이하인 상태
② 수격 작용(Water hammering) : 배관 내에 기체의 혼입, 액체의 혼입등에 의하여 관로에 유속이 급변하는 경우에 발생하는 이상 압력으로 진동과 높은 충격음을 발생한다.

문제 12. 고압 밸브의 허용 압력 기준으로 맞는 것은?
㉮ $5kg/cm^2$ 이하 ㉯ $10kg/cm^2$ 이상 ㉰ $12kg/cm^2$ 이상 ㉱ $16kg/cm^2$ 이상

[풀이] 밸브의 허용 압력은 다음과 같다.
• 저압 : $5kg/cm^2$ 이하, • 중압 : $16kg/cm^2$ 이하, • 고압 : $16kg/cm^2$ 이상

문제 13. 역류를 방지시키는 기능이 있는 밸브는?
㉮ 체크 밸브 ㉯ 격막 밸브 ㉰ 바이패스 밸브 ㉱ 슬루스 밸브

[풀이] 체크 밸브(Check Valve) : 유체를 한 방향으로만 흐르게 하는 역류 방지 밸브로 외력이 없이 유체 자체의 압력으로 조작된다.

문제 14. 주철제 원통의 안지름이 300mm이고 $5kg/cm^2$의 내압에 견딜 수 있게 하려면 두께는 얼마로 하여야 되는가? (단, 허용 압력은 $1.2kg/mm^2$으로 한다.)
㉮ 6.25mm ㉯ 6.85mm ㉰ 7.35mm ㉱ 7.84mm

[풀이] $D=300mm$, $P=5kg/cm^2$, $\sigma_w=1.2kg/mm^2$

$$\sigma_w=\frac{PD}{200t} \text{에서}\quad t=\frac{PD}{200\cdot\sigma_w}$$
$$=\frac{5\times300}{200\times1.2}=6.25\,[\text{mm}]$$

문제 15. 금속 개스킷의 일반적인 두께는?
㉮ 0.8mm 이하 ㉯ 0.5~1.0mm ㉰ 0.5~3.0mm ㉱ 1.0~5.0mm

[풀이] 비금속 개스킷의 두께는 0.8mm 이하로 한다.

문제 16. 유압 장치의 구성 요소로 구분시킨 것으로 거리가 먼 것은?
㉮ 제어부 ㉯ 기계부 ㉰ 구동부 ㉱ 동력 발생부

[풀이] 유압 장치의 구성 요소
① 유압 발생부(동력원) : 유압 에너지의 발생원으로 기름 탱크, 여과기, 유압 펌프, 구동용 전동기, 압력계 등으로 구성되어 있다.
② 유압 제어부 : 작동유를 필요한 압력, 유량, 흐름 방향을 조정하는 압력 제어 밸브, 유량 조절 밸브, 방향 제어 밸브로 구성되어 있다.
③ 유압 구동부 : 유압 에너지를 기계적으로 변환시키는 액추에이터(Actuator)에 의해 왕복, 회전 및 기계적 운동을 하는 부분이다.

[해답] 11. ㉰ 12. ㉱ 13. ㉮ 14. ㉮ 15. ㉰ 16. ㉯

문제 17. 상수도, 하수도, 가스 등 지하 매설관의 이음으로 사용되며 연결 부위를 납 또는 시멘트 등을 유입시켜 영구 이음하는 것은?
㉮ 신축 이음 ㉯ 플랜지 이음
㉰ 가스 파이프 이음 ㉱ 소켓 이음

[풀이] 소켓 이음 또는 턱걸이 이음이라고 한다.

문제 18. 유압 장치의 장점이 아닌 것은?
㉮ 간단한 장치로 큰 동력을 얻을 수 있다.
㉯ 과부하에 대한 안전 장치가 간단하고 정확하다.
㉰ 일의 방향 변환이 용이하다.
㉱ 냉각 장치가 필요없다.

[풀이] 유압장치의 장점
① 작은 장치로 큰 동력을 얻을 수 있다.
② 무단 변속이 가능하고 진동이 적어 작동이 원활하다.
③ 전기, 전자의 조합으로 자동 제어가 가능하다.
④ 전기식에 비해 크기가 작고 가벼워 관성이 적다.
⑤ 기계식에 비해 마찰, 마모, 윤활성의 염려가 없다.
⑥ 일의 방향을 용이하게 변환할 수 있다.
⑦ 과부하에 대한 안전 장치가 간단하고 정확하다.
⑧ 압력에 대한 출력의 응답 속도가 느리다.

문제 19. 압력 용기의 설계 조건으로 거리가 먼 것은?
㉮ 압력에 의한 누설 방지 대책
㉯ 재질이 균일하고 탄성 한계가 낮을 것
㉰ 내식성, 열전도도에 대해 고려할 것
㉱ 압력의 급격한 변화에 대한 대책

[풀이] 압력 용기의 설계 조건
① 압력의 급격한 변화 및 주기적으로 변할 때의 대책
② 압력에 의한 누설의 방지 대책 및 안전도를 고려할 것
③ 고체와 유체 사이의 마멸 및 부식에 대한 대책
④ 재질은 균일하고 탄성 한계가 높고 강인할 것
⑤ 내식성, 열전도에 대한 고려 및 온도 변화에 따른 재료의 강도
⑥ 압력 시험에 따른 각 규정의 시행 및 기준을 따를 것

문제 20. 압력 용기의 재질로 가장 많이 사용되고 있는 것은?
㉮ 강판 ㉯ 주철 ㉰ 알루미늄 ㉱ 주강

[풀이] 압력 용기의 재질
① 강판 : 가장 많이 사용되며 큰 강도 및 내식성이 요구될 때에는 특수강을 사용한다.
② 주철 : 가격이 저렴하고 마멸에 강하나 강도가 낮아 낮은 압력에 쓰인다. 주강을 사용하여 강도를 향상시켜 사용하기도 한다.
③ 알루미늄 합금 : 열전도가 중요한 용기에 사용된다.

문제 21. 고온, 고압에 사용되는 밸브의 재질은?
㉮ 단강 ㉯ 청동 ㉰ 주철 ㉱ 합금강

[해답] 17. ㉱ 18. ㉱ 19. ㉯ 20. ㉮ 21. ㉮

[풀이] 중온, 중압용으로는 청동이 사용되며 고온, 고압에는 단강, 주강 등이 사용된다. 주철, 구리, 합금강 등은 대형의 밸브에 많이 사용되고 있다.

[문제] 22. 유압 작동유의 구비 조건이 아닌 것은?
㉮ 열을 방출시킬 수 있는 방열성이 있어야 한다.
㉯ 녹이나 부식이 방지되어야 한다.
㉰ 장시간 사용에도 화학적으로 안정되어야 한다.
㉱ 동력 전달에 확실하게 압축성이어야 한다.

[풀이] 부속기기
① 기름 탱크(Oil Tank) : 작동유를 저장
② 여과기(Filter) : 기름 중의 불순물을 여과
③ 기름 냉각기(Oil Cooler) : 기름의 온도를 낮춰 준다.
④ 축압기(Accumulator) : 에너지원으로 하기 위한 가압 상태로 작동유를 저장
⑤ 배관(Piping) : 부속기기와 주요기기를 접속하여 유압 회로를 구성한다.

[문제] 23. 파이프의 이음쇠로 사용하는 것이 아닌 것은?
㉮ 유니언 조인트   ㉯ 엘보   ㉰ 플렉시블 조인트   ㉱ 리턴

[풀이] 이음쇠로 사용되는 것은 ㉮, ㉯, ㉰항 이외에 티, 와이, 크로서, 소켓, 니플 등이 있다.

[문제] 24. 구리관의 크기 표시로 맞는 것은?
㉮ 안지름의 치수   ㉯ 바깥 지름×두께   ㉰ 바깥 지름의 치수   ㉱ 안 지름×두께

[풀이] ㉮항 : 주철관 등 ㉯항 : 구리관, 알루미늄관 등 ㉱항 : 납관등의 크기를 표시한다.

[문제] 25. 양수량이 0.5m³/sec, 압력이 30kg/cm², 평균 유속이 3m/sec로 배출시키는 펌프의 토출관 지름은?
㉮ 17mm   ㉯ 124mm   ㉰ 275mm   ㉱ 461mm

[풀이] 관의 지름 $D = 113\sqrt{\dfrac{Q}{V}} = 113\sqrt{\dfrac{0.5}{3}} = 46.1$ (cm)
$= 461$ (mm)

[문제] 26. 원동기에서 안지름이 1.5m, 평균 유속이 5m/sec의 수도관을 사용할 때 유량은 얼마인가?
㉮ 4.25m³/sec   ㉯ 6.18m³/sec   ㉰ 8.43m³/sec   ㉱ 11.15m³/sec

[풀이] $Q = \dfrac{\pi}{4}\left(\dfrac{D}{1000}\right)^2, \quad V_m = \dfrac{\pi}{4}\left(\dfrac{1500}{1000}\right)^2 \cdot 3.5$
$= 6.18$ (m³/sec)

[문제] 27. 베인 펌프의 특징이 아닌 것은?
㉮ 수명이 길다
㉯ 보수가 용이하고 호환성이 양호하다.
㉰ 다른 펌프에 비하여 소음이 적다.
㉱ 다른 펌프에 비하여 토출 압력의 맥동이 많다.

[풀이] 유압 펌프(Oil Hydraulic Pump) : 1회전마다 일정량의 기름을 밀어내는 일정 용량형 펌프와, 유출량을 변경할 수 있는 가변 용량형 펌프가 있다.

[해답] 22. ㉱ 23. ㉰ 24. ㉯ 25. ㉱ 26. ㉯ 27. ㉱

① 기어 펌프(Geap Pump) : 1조의 기어가 바깥둘레와 옆면이 맞는 펌프 케이싱에서 회전하며 기름을 펌핑하는 구조로 가격 저렴, 구조 간단 등으로 건설 기계, 운반 기계 등에 이용된다.
② 베인 펌프(Vane Pump) : 캠 링 속의 로터(Roctor)가 회전 베인과 베인 사이의 공간 용량의 변화에 의해 펌핑하는 구조로 공작 기계, 프레스, 사출 성형기, 차량용 등에 이용된다.
③ 플런저 펌프(Plunger Pump) : 플런저(피스톤)의 왕복 운동에 의해 작동유에 압력을 주어 펌프 작용을 한다. 구조가 복잡하여 가격이 비싸지만 누유가 적어 효율이 높고 210~600 kg/cm² 정도의 고압 사용이 가능하며 유압 변속기, 건설 차량, 하역 운반 기계 등에 쓰인다.

문제 28. 보일러, 기계 구조용, 압력용 배관 등에 적당한 관은?
㉮ 주철관   ㉯ 강관   ㉰ 구리관   ㉱ 알루미늄관
[토의] 강관은 일반적으로 사용 압력이 30kg/cm² 이하이다.

문제 29. 구리관에 대한 설명이 아닌 것은?
㉮ 고압용에 적당하다
㉯ 내식성 및 열전도성이 우수하다.
㉰ 굴곡성이 좋아 가공이 쉽다.
㉱ 가격이 비싸고 고온에서 경도가 저하된다.

[토의] (1) 동관(Copper Pipe) = 구리관
① 냉간 압연법으로 제작되는 이음매 없는 파이프로 바깥지름×두께로 나타낸다.
② 굴곡성, 열전도성이 우수하고 내압성도 높으나 가격이 비싸고 고온에서 강도가 저하된다.
③ 200℃ 이하, 8kg/cm² 이하의 압력에서 이용되며 열교환기구, 급수관, 압력 기계용 등에 쓰인다.
(2) 황동관(Brass Pine) : 강관보다 값이 싸고 강도가 커서 가열기, 냉각기, 복수기, 열교환기 등에 사용된다.

문제 30. 유압 장치의 단점이 아닌 것은?
㉮ 정밀한 속도 제어가 곤란하다.
㉯ 배관이 까다롭고 누유의 발생이 쉽다.
㉰ 압력에 대한 출력의 응답 속도가 느리다.
㉱ 온도에 따라 점도 변화에 의해 속도가 변화한다.

[토의] 유압장치의 단점
① 기계 장치마다 펌프, 탱크 등의 동력원이 필요하다.
② 정밀한 속도 제어가 곤란하고 탱크에 의한 소형화가 어렵다.
③ 펌프의 소음이 크다.
④ 밸브가 많아 배관이 까다롭고 고압력의 경우 누유 발생이 쉽다.
⑤ 가연성 기름을 사용할 경우 화재의 위험이 있다.
⑥ 온도에 따라 점도가 변화되어 기계의 속도가 변한다.
⑦ 냉각 장치가 요구된다.

문제 31. 압력 제어 밸브에 포함되지 않는 밸브는?
㉮ 릴리프 밸브   ㉯ 언로딩 밸브   ㉰ 밸런스 밸브   ㉱ 미터링 밸브
[토의] 압력 제어 밸브(Pressure Control Valve)

해답 28. ㉯   29. ㉮   30. ㉰   31. ㉱

① 유압 펌프 근처에 설치하며 최고 출력의 규제, 유압의 필요 압력을 유지한다.
② 릴리프 밸브, 리듀싱 밸브, 시퀀스 밸브, 언로딩 밸브, 카운터 밸브 등이 있다.

문제 32. 유압에 의한 에너지를 기계적으로 변환시키는 요소의 명칭은?
㉮ 오리피스　　　㉯ 디셀러레이션　　　㉰ 액추에이터　　　㉱ 미터링 밸브

풀이 액추에이터(Actuator) : 구동부를 직선 운동하는 유압 실린더와 회전 운동하는 유압 모터가 있다.

문제 33. 방향을 제어할 수 있는 능력이 없는 밸브는?
㉮ 파이럿 밸브　　　㉯ 시퀀스 밸브　　　㉰ 체크 밸브　　　㉱ 솔레노이드 밸브

풀이 (1) 유량 제어 밸브(Flow Control Valve)
① 유로의 단면적을 변경시켜 유량을 제어하고 액추에이터의 속도와 회전수를 변경시킨다.
② 오리피스, 압력 보상형 유량 제어 밸브, 온도 보상형 유량 제어 밸브, 미터링 밸브 등이 있다.
(2) 방향 제어 밸브(Direction Control Valve)
① 작동유의 흐름 방향을 제어하는 것으로 역류 방지 및 운동 방향 변환 등의 기능이 있다.
② 체크 밸브, 매뉴얼 밸브, 솔레노이드 밸브, 디셀러레이션 밸브 등이 있다.

문제 34. 염화비닐관의 용도로 맞는 것은?
㉮ 신축 이음 전선의 보호관　　　㉯ 식품 공장용 배관
㉰ 열교환 기구　　　㉱ 압축 공기의 운반

풀이 ㉮항 : 가요성 금속관　㉰항 : 황동관, 구리관 등　㉱항 : 고무관 등이 사용되고 있다.

문제 35. 2방향 콕에서 손잡이를 얼마큼 회전을 하면 통로의 완전한 개폐가 이루어지는가?
㉮ 1/4회전　　　㉯ 1/2회전　　　㉰ 1회전　　　㉱ 2회전

풀이 콕(Cock)
① 유체의 통로에 설치하는 일종의 개폐 밸브로 플러그(Plug) 밸브라고도 한다.
② 레버를 90°, 또는 180° 선회하면 원통면에 뚫린 구멍을 통해 유체가 통과한다.
③ 플러그는 1/5 정도의 테이퍼로 되어 있으며 조작이 간단하고 취급이 쉽다.
④ 2방향 콕은 통로의 개폐용, 3방향, 4방향 콕은 통로의 조정용으로 사용한다.
⑤ 저압용으로 지름이 작은 부분에 널리 이용되고 있다.

문제 36. 배관에서 파이프를 지지하는 방식이 아닌 것은?
㉮ 고정식　　　㉯ 베어링에 의한 방식
㉰ 턴버클에 의한 방식　　　㉱ 롤러에 의한 방식

풀이 파이프의 지지 방식 : 파이프의 지지구는 약 4m 간격으로 설치하며 다음과 같은 방식이 있다.
① 고정식
② 롤러에 의한 방식 : 신축이 허용되는 지지 방법
③ 스프링에 의한 방식 : 진동에 대해 고려한 지지 방법
④ 턴버클에 의한 방식 : 파이프의 중심 위치를 조절하는 방법

문제 37. 정지 밸브에서 밸브의 안지름이 20mm일 때 밸브의 양정으로 적당한 것은?
㉮ 2mm　　　㉯ 3mm　　　㉰ 4mm　　　㉱ 5mm

풀이 밸브의 양정 $(h) = d/4 = 20/4 = 5 [mm]$

해답 32. ㉰　33. ㉯　34. ㉯　35. ㉮　36. ㉯　37. ㉱

문제 38. 관의 지름이 큰 경우에 사용되는 파이프 이음은?
㉮ 나사 파이프 이음   ㉯ 플랜지 이음   ㉰ 신축 파이프 이음   ㉱ 소켓 이음

[토의] 플랜지 파이프 이음
① 관의 지름이 클 때와 20kg/cm², 수압 5kg/cm²의 공기압에 견딜 수 있게 되어 있다.
② 기밀 유지를 위해 접촉면에 개스킷으로 패킹을 한다.
③ 이음의 종류에는 접합, 용접, 납땜, 전압, 리벳, 맞춤 플랜지 등의 종류가 있다.

문제 39. 염화비닐관의 사용 온도 범위로 적당한 것은?
㉮ 100℃~80℃   ㉯ 80℃~50℃   ㉰ 60℃~-10℃   ㉱ 40℃~-30℃

[토의] 염화비닐관(Vinyl Chlorlide Pipe)
① 압출기로 제작된 이음매 없는 관으로 열가소성 수지이므로 60~-10℃의 범위에서 사용한다.
② 종류 | 연질 : 내약품성이 우수하여 고무 호스 대신 많이 사용된다.
       | 경질 : 내산, 내식성 등이 풍부하고 가벼워 화학, 식품 공장용 배관, 절연 부품 등에 사용된다.

문제 40. 다음 중 배관 설계시에 유의할 사항으로 틀린 것은?
㉮ 유량 및 유속에 의해 파이프의 지름을 결정한다.
㉯ 조립, 분해, 수리가 용이하게 시공한다.
㉰ 파이프의 보온 피복 전에 수압 시험을 한다.
㉱ 파이프는 직렬 배관하여 공기 빼기를 고려한다.

[토의] 배관 설계상의 유의 사항
① 유체의 양이나 속도 등에 의해 파이프의 지름을 결정
② 파이프의 강도, 신축, 마찰 손실, 부식, 진동, 보온 등을 고려하고 조립, 분해, 수리가 용이하게 시공한다.
③ 파이프의 보온 피복 전에 반드시 수압 시험을 하도록 한다.
④ 수격 작용(Water Hammering)에 의한 파이프의 진동, 외력, 관의 자중 등에 흔들림 없이 튼튼하게 시공한다.
⑤ 파이프를 병렬 배관하여 기울기를 수월하도록 하고 공기 빼기를 고려한다.
⑥ 마찰 저항의 감소를 위해 배관의 길이를 필요 이상 길게 하지 않는다.
⑦ 배관은 곧고 짧게 하여 밸브의 수차는 최소로 한다.
⑧ 파이프 안을 흐르는 유체의 종류는 파이프의 표면에 페인팅을 하여 구분한다.
⑨ 유체의 온도 유지를 위해 보온재로 피복한다(보온재로는 규조토, 석면, 탄산마그네슘, 코르크, 쇠털 등을 이용).
⑩ 보온재가 습기에 영향이 없도록 보온재 위에 무명천, 삼베, 비닐 테이프 등을 감고 알루미늄 가루 등을 바른다.
⑪ 남아 있는 기체의 응축에 의한 부압 발생 및 사이펀 작용(Siphon Effect)에 유의한다.

해답 38. ㉯ 39. ㉰ 40. ㉱

제5장 재료역학

1. 응력과 변형 및 안전율

1 응력과 변형률

(1) 하중(Load)

기계와 구조물 또는 기계 부분에 작용하는 외력을 하중(Load)이라고 한다.

1) 하중이 작용하는 방법에 의한 종류
① 인장 하중(Tensile Load) : 재료를 축방향으로 늘어나도록 작용하는 하중
② 압축 하중(Compressive Load) : 재료를 축방향으로 눌러 수축하도록 작용하는 하중
③ 전단 하중(Shearing Load) : 재료를 종방향으로 절단되도록 가위로 자르려는 것같이 작용하는 하중
④ 휨 하중(Bending Load) : 재료를 구부려 꺾으려는 하중
⑤ 비틀림 하중(Torsional Load) : 재료를 비틀어 꺾으려는 하중

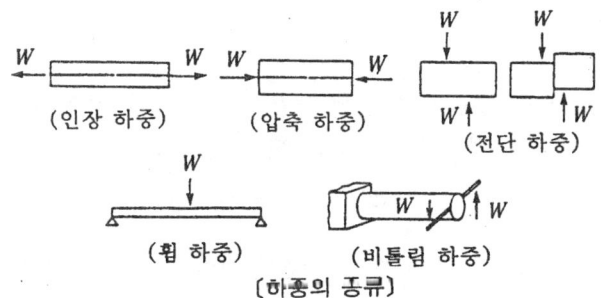

〔하중의 종류〕

> **자격취득 Key**
>
> 응력(stress)이란 물체에 외력(하중)이 가해졌을 때 그 물체 속에 생기는 저항력으로 kg/mm^2, kg/cm^2 등의 단위를 사용하며 변형률(strain)은 단위 길이 당의 변형량을 말한다.

2) 하중이 걸리는 속도에 의한 종류
① 정하중(Static Load) : 시간과 더불어 크기와 방향이 변화하지 않거나 무시할 수 있는 아주 작은 변화가 있는 하중으로 사하중(Dead Load)이라고도 부른다.
② 동하중(Dynamic Load) : 하중의 크기와 방향이 시간과 더불어 변화하는 하중으로 활하중(Live Load)이라고도 부른다.

㉮ 반복 하중(Repeated Load) : 어느 일정한 방향에 반복적으로 연속하여 작용하는 하중
㉯ 교번 하중(Alternate Load) : 인장과 압축이 연속적으로 거듭하여 가해지는 하중으로 크기와 방향이 시간과 더불어 변화한다.
㉰ 충격 하중(Impact Load) : 순간적으로 짧은 시간 사이에 격렬하게 작용하는 하중

3) 분포 상태에 의한 종류
① 집중 하중(Concentrated Load) : 재료의 한 점 또는 좁은 면적에 집중적으로 작용한다고 간주하는 하중
② 분포 하중(Distributed Load) : 물체의 전체면 또는 어느 부분에 넓게 작용하는 하중으로 균일 분포(동분포) 하중과 불균일 분포(부동 분포) 하중이 있다.

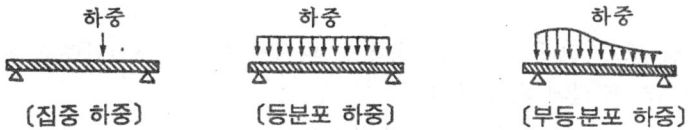

〔집중 하중〕   〔등분포 하중〕   〔부등분포 하중〕

(2) 응력(Stress)

물체에 외력이 가해졌을 때 그 물체 속에 생기는 저항력을 응력이라 한다.

1) 수직 응력(Normal Stress) : 물체에 작용하는 응력이 단면에 수직 방향으로 발생하는 외력으로 법선 응력 또는 추력이라고도 한다. 인장 응력(σ_t)과 압축 응력(σ_c)이 있다.

$$\text{수직 응력}(\sigma) = \frac{W}{A} [kg/mm^2]$$

W : 하중 [kg, 인장 또는 압축 하중]
A : 단면적 [mm²]

2) 전단 응력(Shearing Stress) : 물체 단면에 평행하게 물체를 전달하려고 하는 방향으로 외력이 작용하는 것으로 접선 응력이라고 한다.

$$\text{전단 응력}(\tau) = \frac{W_s}{A}$$

W_s : 전단 하중 [kg]

3) 경사 응력(Inclined Stress) : 물체의 수직 단면에 대하여 θ 만큼 경사진 단면에 발생하는 응력

$$\text{경사 응력}(\sigma) = \frac{W}{A_0}$$

A_0 : 수직 단면의 면적 [mm²]

(3) 변형률(Strain)

변형률은 단위를 갖지 않는 무명수이고 100을 곱한 백분율[%]로써 신장률을 표시한다.

1) 변형률의 종류
① 인장 변형률과 압축 변형률
㉮ 인장 변형률(ε_t) : 인장에 의해서 발생하는 변형률

$$\varepsilon_t = \frac{l'-l}{l} = \frac{\lambda}{l}$$

l : 재료의 처음 길이 [mm]
l' : 재료의 나중 길이 [mm]
λ : 재료의 줄고 늘어난 변화량 ($\lambda = l' - l$)

λ > 0이면 재료는 늘어나고 λ > 0이면 수축이 된다. ε을 백분율로 나타낸 것을 연신율이라고 한다.

$$연신율(\%) = \frac{\lambda}{l} \times 100 = \frac{l'-l}{l} \times 100$$

㉯ 압축 변형률(ε_c) : 압축에 의해서 발생되는 변형률

$$\varepsilon_c = \frac{l'-l}{l} = \frac{\lambda}{l}$$

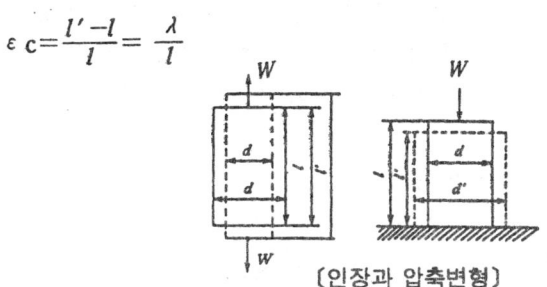

〔인장과 압축변형〕

② 가로 변형률과 세로 변형률(ε')

$$\varepsilon' = \frac{d'-d}{d} = \frac{\delta}{d}$$

δ : 지름의 변화량 ($\delta = d' - d$)
d : 재료의 처음 지름 [mm]
d' : 재료의 나중 지름 [mm]

③ 전단 변형률(γ) : 재료 내부에 거리 l 만큼 떨어진 두 평면이 전단 하중을 받아 미끄럼 변형 λ_s 만큼 미끄러졌을 때 λ_s는 l에 대한 변형량이 된다.

$$\gamma = \frac{\lambda_s}{l} = \tan \phi \fallingdotseq \phi \qquad \phi : 전단각 [rad]$$

〔전단 변형률〕

④ 체적 변형률(ε_v) : 물체의 응력에 의해 발생하는 체적의 변화량과 원래의 체적과의 비율로 부피 변형률이라고도 한다.

$$\varepsilon_v = \frac{v'-v}{v} = \frac{\Delta v}{v}$$

Δv : 체적의 변화량
v : 원래의 체적
v' : 변화된 체적

(4) 응력과 변형률과의 관계

1) 하중-변형 선도와 응력-변형 선도

인장 시험편을 인장 시험기에 설치하고 파괴될 때까지 인장하면 시험기에 부착된 기록 장치에 의해 그림과 같은 선도가 나타나는 것을 하중-변형 선도(Load Deformation Diagram)라 하며 세로축에 하중 대신 하중을 단면적으로 나눈 응력을 잡고 가로축의 늘어남 대신에 늘어남의 원래 치수로 나눈 변형률을 잡아 나타낸 선도를 응력-변형률 선도(Stress-Strain Diagram)라고 한다.

① 비례 한도(A점) : 응력과 변형률이 정비례하는 한도
② 탄성 한도(B점) : 하중을 제거하였을 때 원래 상태로 회복되는 한도. 탄성의 형태를 이루는 극한 한계점으로 B점의 응력이다.
③ 영구 변형(ON) : B점 이상으로 응력을 가하면 응력을 제거해도 변형이 완전히 없어지지 않고 영구 변형을 일으킨다(＝소성 변형)
④ 항복점(C·D점) : 점 C에 도달하면 응력이 증가하지 않아도 변형률이 크게 증가하며 점 D까지 계속 이어지는데 이 사이의 응력을 항복점이라 한다.
⑤ 인장 강도(E점) : 응력의 증가에 따라 인장이 증가하고 E점에서 최대 응력점(극한 강도)가 된다.
⑥ 파괴 강도(F점) : 재료가 파괴되는 점

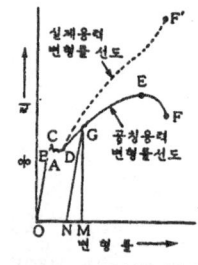

〔응력－변형률 선도〕 〔재료의 응력 변형 곡선〕

(5) 탄성 계수

1) 훅의 법칙(Hooke's Law) : "비례 한도 이내에서 응력과 변형률은 비례한다"라는 법칙으로 재료 역학의 기초가 된다.

응력＝비례 상수×변형률 또는 ($\dfrac{응력}{변형률}$)＝일정

비례 상수를 탄성 계수라 하며 재료마다 일정 값을 갖는다.

2) 세로 탄성 계수(E) : 응력-변형률 선도에서 직선 부분의 기울기를 나타내는 수치이다.

$\sigma = E \cdot \varepsilon$

$E = \dfrac{\sigma}{\varepsilon} = \dfrac{\dfrac{W}{A}}{\dfrac{\lambda}{l}} = \dfrac{Wl}{A\lambda} \cdot \lambda = \dfrac{Wl}{AE} = \dfrac{\sigma l}{E}$

σ : 응력〔kg/mm²〕
E : 세로 탄성 계수(＝영률)〔kg/mm²〕

3) 가로 탄성 계수(전단 탄성 계수) : 전단 응력 τ 와 전단 변형률 γ 와의 탄성 계수

$G = \dfrac{\tau}{\gamma} = \dfrac{W_s \cdot l}{A \cdot \lambda_s} = \dfrac{W_s}{A \cdot \phi}$

$\lambda_s = \dfrac{W_s \cdot l}{A \cdot G} = \dfrac{\tau \cdot l}{G}, \ \phi = \dfrac{W_s}{A \cdot G}$

G : 가로 탄성 계수〔kg/mm²〕
ϕ : 전단각〔rad〕
W_s : 전단 하중〔kg/mm²〕
l : 거리〔mm〕

(6) 푸아송의 비(Poisson's Ratio)

탄성 한도 이내에서의 가로 변형률(ε')와 세로 변형률(ε)의 비는 재료에 관계 없이 일정한 값을 가진다. 이 비를 푸아송의 비라 하고 $\dfrac{1}{m}$로 나타낸다.

$\dfrac{1}{m} = \dfrac{\varepsilon'}{\varepsilon}, \ \varepsilon' = \dfrac{\varepsilon}{m}$

m : 푸아송의 수(보통 2～4 정도의 값을 가진다)

푸아송의 비는 항상 1보다 작으며 연강의 m값은 $\frac{10}{3}$이다.

2 재료의 성질 및 안전율

(1) 응력 집중(Stress Concentration)

노치(Notch), 단 구멍과 같은 부분은 국부적으로 매우 큰 응력이 발생된다. 이러한 현상을 응력 집중이라고 한다.

응력 집중은 홈이 깊을수록, 둥근 재료의 곡률 반지름이 작을수록, 홈의 각도가 작을수록 값이 커진다.

$$\alpha_k = \frac{\sigma_{max}}{\sigma_n}$$

α_k : 형상 계수(응력 집중 계수)
σ_{max} : 최대 응력, σ_n : 평균 응력

(2) 열응력(Thermal Stress)

재료가 온도의 변화에 따라서 팽창 또는 수축하기 때문에 발생하는 응력으로 길이 l인 재료가 $t_1[℃]$에서 $t_2[℃]$로 변할 때의 변화량 $\lambda = l(t_2-t_1)\alpha$ 만큼 길이가 변화한다. α는 선팽창 계수이며 재료에 따라 값이 다르다.

열응력(σ) $= E \cdot \varepsilon = E \cdot (t_2-t_1)\alpha$

온도가 올라갈 때는 압축 응력, 내려올 때는 인장 응력으로 된다.

(3) 크리프(Creep)

온도가 350℃ 이상의 고온으로 되면 하중이 일정하더라도 시간이 지남에 따라 변형률이 조금씩 증가하는 현상으로 일정한 온도에서 응력의 최대값을 크리프 한도(Creep Limit)라고 하며 재료의 온도가 용융점에 가까울수록 심하다.

(4) 피로 한도(Fatigue Limit)

파괴를 일으키는 응력값이 어느 한도까지 내려가면 아무리 반복하여도 파괴가 되지 않는 응력의 한도로 강철은 공기 중에 반복 횟수 $10^6 \times 10^7$ 정도, 경합금은 10^8 정도이다.

(5) 허용 응력과 안전률

1) 허용 응력(σ_a, Allowable Stress) : 기계 및 구조물을 사용할 때 실제로 각 부분에 생기는 응력을 사용 응력(σ_w)이라 하고 재료의 안전성을 고려하여 안전할 것이라고 허용되는 최대 응력을 허용 응력(σ_a)이라고 하며 극한 강도(σ_u)와의 관계는 다음과 같다.

$\sigma_u > \sigma_a \geqq \sigma_w$

2) 안전률(S, Safety Fator) : 재료의 기초 강도(극한 강도)와 허용 응력의 비로 나타낸다.

$$S = \frac{\sigma_u}{\sigma_a} = \frac{극한 강도}{허용 응력}$$

(6) 탄성 에너지(Elastic Energy)

탄성이 변형하고 있는 재료의 내부에는 그 변형에 필요한 일량과 같은 양의 에너지가 저축되고 있는 데 이 에너지를 탄성 에너지라고 한다.

$$W = \sigma A, \quad \lambda = \frac{\sigma l}{E}$$

$$U = \frac{1}{2} W \lambda = \frac{1}{2} \sigma \cdot A \cdot \frac{\sigma \cdot l}{E} = \frac{\sigma^2}{2E} A \cdot l$$

$$U' = \frac{U}{V} = \frac{\sigma^2}{2E}$$

U : 탄성 에너지 [kg·mm]
U' : 최대탄성 에너지 [kg·mm/mm³]
W : 하중 [kg], λ : 변화량 [mm]
l : 길이 [mm], A : 단면적 [mm²]
E : 세로 탄성 계수 [kg/mm²]
σ : 응력 [kg/mm²]
V : 재료의 체적 [mm³]

U의 값을 리질리언스(Resilience) 계수라 하며 U의 값은 탄성 한도의 값이 클수록 크게 되고, E의 값이 작을수록 크게 된다.

(7) 충격 응력(Impact Stress)

재료에 충격 하중을 작용시키면 정하중이 작용할 때에 비하여 큰 응력이 생기는데 이 응력을 충격 응력이라고 한다.

$$\text{충격 응력}(\sigma) = \frac{W}{A}\left(1 + \sqrt{\frac{2EAh}{Wl}}\right)$$

또 W가 정하중으로 작용할 때의 응력을 σ_0, 늘어난 양을 λ_0라고 한다면

$$\sigma = \sigma_0 \left(1 + \sqrt{1 + \frac{2h}{\lambda_0}}\right)$$

충격 응력은 h의 높이가 작고 l이 길수록 작게 된다. 그러므로 l은 될수록 길게 하여야 한다.

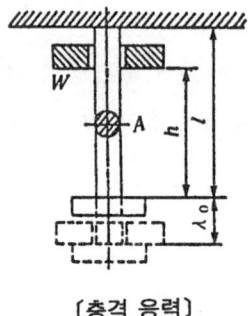

[충격 응력]

2. 보속의 응력과 처짐

1 보의 굽힘응력

(1) 보의 굽힘 공식 : 보에 걸리는 굽힘 응력을 σ_b, 단면 계수를 Z, 굽힘 모우먼트를 M이라 하면

$$M = \sigma_b Z$$

가 된다. 이 식을 보의 굽힘 공식(bending formula of beam)이라 한다.

(2) 각종 단면 2차 모멘트 및 단면계수

단면의 모양	단면적 A	단면2차 모우먼트	단면 계수 Z
직사각형	bh	$\frac{1}{12}bh^3$	$\frac{1}{6}bh^2$
원	$\frac{\pi}{2}d^2$	$\frac{\pi}{64}d^4$	$\frac{\pi}{32}d^3$
중공 원	$\frac{\pi}{4}(D^2-d^2)$	$\frac{\pi}{64}(D^4-d^4)$	$\frac{\pi}{32}\cdot\frac{D^4-d^4}{D}$
타원	πab	$\frac{\pi}{4}a^3b$	$\frac{\pi}{4}a^2b$
삼각형	$\frac{1}{2}bh$	$\frac{1}{36}bh^3$	$Z_1=\frac{1}{24}bh^2$ $Z_2=\frac{1}{12}bh^2$
육각형	$\frac{2\sqrt{3}}{2}b^2$ $=2.606b^2$	$\frac{15\sqrt{3}}{16}b^4$ $=0.5413b^4$	$\frac{15\sqrt{3}}{16}b^3$ $=0.5413b^3$
육각형	$\frac{3\sqrt{3}}{2}b^2$ $=2.606b^2$	$\frac{15\sqrt{3}}{16}b^4$ $=0.5413b^4$	$\frac{15\sqrt{3}}{16}b^3$ $=0.5413b^3$
I형	$BH-bh$	$\frac{1}{12}(BH^3-bh^3)$	$\frac{1}{6}\cdot\frac{BH^3-bh^3}{H}$

2 기둥

1) **기둥의 좌굴(buckling)** : 단면의 크기에 비하여 길이가 긴 봉에 압축 하중이 걸릴 때 이를 기둥(column)이라 하고, 기둥이 축압축력에 의하여 굽힘되어 파괴되는 현상을 좌굴(挫屈)이라 한다. 또한 좌굴 현상을 일으키는 최대 응력을 좌굴 응력(buckling stress) 또는 임계 응력(critical stress)이라 한다.

2) **세장비** : 기둥의 길이 l과 최소 단면 2차 반경 k와의 비 $\frac{l}{k}$을 세장비(細長比 ; slenderness ratio)라 한다.

① 단주(短柱 ; short column) $0 < \dfrac{l}{k} < 50$

② 장주(長柱 ; long column) $100 < \dfrac{l}{k}$

③ 중간주(中間柱 ; medium column) $50 < \dfrac{l}{k} < 100$

여기서 관성 반경 또는 최소 면적 2차 반경은

$$k = \sqrt{\dfrac{I}{A}}$$

로 정의된다.

3) 오일러(Euler)의 공식

그림과 같은 기둥에서 좌굴 하중 P_B 는

$$P_B = \dfrac{n\pi^2 EI}{l^2}$$

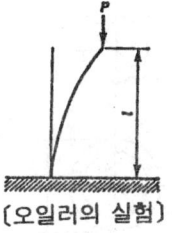

〔오일러의 실험〕

로 표시된다. 여기서 E는 세로 탄성 계수(kg/cm²), I는 절단면의 2차 모우먼트(cm⁴), l은 기둥의 길이(cm), n은 고정 계수이다.

여기서 n은 다음의 그림과 같다.

 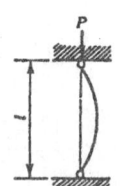 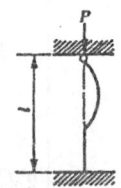 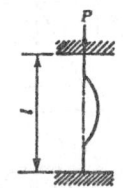

(a) 자유단 $n = 1/4$ 　(b) 양단 회전단 $n = 1$ 　(c) 회전단 고정단 $n = 2$ 　(d) 양단 고정단 $n = 4$

〔기둥의 고정 계수 n의 값〕

한편 좌굴 응력 σ_B는

$$\sigma_B = \dfrac{P_B}{A} = n\pi^2 \dfrac{E}{l^2} \cdot \dfrac{I}{A} = n\pi^2 E \left(\dfrac{k}{l}\right)^2 = \dfrac{n\pi^2 E}{\lambda^2}$$

여기서 λ는 세장비이다.

3. 비틀림

1 비틀림 강성

봉의 비틀림 모우먼트를 T, 봉의 반경을 r, 전단 응력을 τ, 단면 내에서 중심으로부터의 거리 r인 곳에서 미소 면적 dA에 걸리는 전단력을 τdA 이므로

$$T = \int_A (\tau dA)r = G\theta \int_A r^2 dA = G\theta I_P \quad \cdots\cdots\cdots (1)$$

여기서 G는 강성 계수, θ는 비틀림각이다. τ는

$$\tau = G\gamma = Gr\theta \quad \cdots\cdots\cdots (2)$$

여기서 γ 는 전단 변형이다.

식 (1)에서 I_p를 단면 2차 극관성 모우먼트(polar moment of inertia), GI_p를 비틀림 강성(剛性)이라 한다.

식 (1)과 식 (2)로부터

$$\tau = \frac{Tr}{I_p} \quad \cdots\cdots(3)$$

중실축(中實軸)

$$I_p = \frac{\pi a^4}{2} = \frac{\pi d^4}{32} \quad \cdots\cdots(4)$$

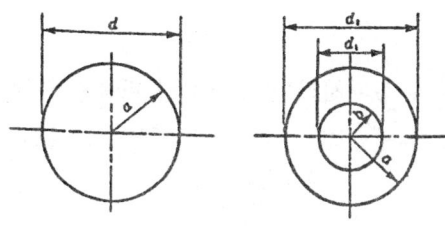

〔강성 시험〕

중공축(中空軸)

$$I_p = \frac{\pi}{2}(a^4 - b^4) = \frac{\pi}{32}(d_2^4 - d_1^4) \quad \cdots\cdots(5)$$

둥근 봉의 바깥 둘레에 생기는 최대 전단 응력은 각각

$$\left. \begin{array}{l} 중실축: \tau_{max} = \dfrac{16T}{\pi d^3} = \dfrac{2T}{\pi a^3} \\[6pt] 중공축: \tau_{max} = \dfrac{16Td_2}{\pi(d_2^4 - d_1^4)} = \dfrac{2Ta}{\pi(a^4 - b^4)} \end{array} \right\} \quad \cdots\cdots(6)$$

2 굽힘과 비틀림을 동시에 받는 경우

벨트 풀리, 기어 등이 있는 축, 크랭크축 등은 비틀림 모우먼트와 굽힘 모우먼트를 동시에 받는다.

 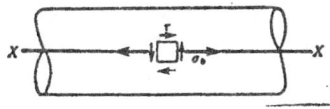

이 때 비틀림 모우먼트를 T, 전단 응력을 τ, 굽힘 모우먼트를 M, 굽힘 응력을 σ_b라 하면 σ_b는 그림 위의 바깥 둘레 $X-X$에서 최대이므로

$$\tau = \frac{16T}{\pi d^3}, \quad \sigma_b = \frac{32M}{\pi d^3}$$

최대 주응력은

$$\sigma_{max} = \frac{1}{2}\sigma_b + \frac{1}{2}\sqrt{\sigma_b^2 + 4\tau^2} = \frac{16}{\pi d^3}(M + \sqrt{M^2 + T^2}) \quad \cdots\cdots(7)$$

여기서

$$M_e = \frac{1}{2}(M + \sqrt{M^2 + T^2})$$

로 표시하면, 식 (7)은 굽힘 모우먼트를 받는 둥근 봉의 최대 굽힘 응력을 나타내는 식이므로 M_e를 상당 굽힘 응력이라 한다.

또 최대 전단 응력은

$$\tau_{max} = \frac{1}{2}\sqrt{\sigma_b^2 + 4\tau^2} = \frac{16}{\pi d^3}\sqrt{M^2 + T^2} \quad \cdots\cdots\cdots\cdots\cdots\cdots\cdots\cdots (8)$$

여기서

$$T_e = \sqrt{M^2 + T^2}$$

로 표시하고 이 식과 식 (6)을 등치시키면 T_e는 상당 비틀림 모우먼트가 된다.

예상문제

문제 1. 인장 하중과 압축 하중이 서로 교대로 이루어지는 하중은?
㉮ 반복 하중　㉯ 교번 하중　㉰ 전단 하중　㉱ 충격 하중

[풀이] (1) 하중이 작용하는 방법에 의한 종류
① 인장 하중(Tensile Load) : 재료를 축방향으로 늘어나도록 작용하는 하중
② 압축 하중(Compressive Load) : 재료를 축방향으로 눌러 수축하도록 작용하는 하중
③ 전단 하중(Shearing Load) : 재료를 종방향으로 절단되도록 가위로 자르려는 것같이 작용하는 하중
④ 휨 하중(Bending Load) : 재료를 구부려 꺾으려는 하중
⑤ 비틀림 하중(Torsional Load) : 재료를 비틀어 꺾으려는 하중

문제 2. 다음 중 하중의 분류로 거리가 먼 것은?
㉮ 하중이 걸리는 물체의 형상에 의한 분류
㉯ 하중이 걸리는 속도에 의한 분류
㉰ 분포 상태에 의한 분류
㉱ 작용하는 방법에 의한 분류

[풀이] 하중의 분류는 ㉯, ㉰, ㉱ 뿐이다.

문제 3. 그림과 같은 하중을 무슨 하중이라 하는가?
㉮ 인장 하중　㉯ 압축 하중
㉰ 휨 하중　㉱ 전단 하중

[풀이] 하중의 분류

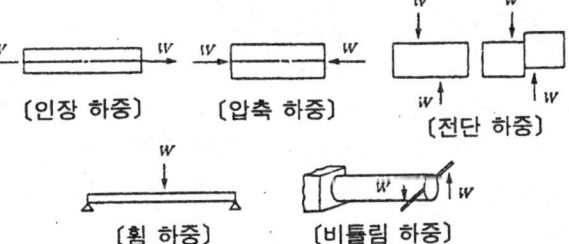

문제 4. 다음 중 하중이 걸리는 속도에 의한 종류가 아닌 것은?
㉮ 반복 하중　㉯ 교번 하중　㉰ 전단 하중　㉱ 충격 하중

[풀이] 하중이 걸리는 속도에 의한 종류
(1) 정하중(Static Load) : 시간과 더불어 크기와 방향이 변화하지 않거나 무시할 수 있는 아주 작은 변화가 있는 하중으로 사하중(Dead Load)이라고도 부른다.
(2) 동하중(Dynamic Load) : 하중의 크기와 방향이 시간과 더불어 변화하는 하중으로 활하중(Live Load)이라고도 부른다.

문제 5. 다음 중 하중의 크기와 방향이 시간에 따라 변화하는 동하중에 속하지 않은 것은?
㉮ 반복 하중　㉯ 충격 하중　㉰ 교번 하중　㉱ 압축 하중

[풀이] ① 반복 하중(Repeated Load) : 어느 일정한 방향에 반복적으로 연속하여 작용하는 하중

해답 1. ㉯　2. ㉮　3. ㉯　4. ㉰　5. ㉱

② 교번 하중(Alternate Load) : 인장과 압축이 연속적으로 거듭하여 가해지는 하중으로 크기와 방향이 시간과 더불어 변화한다.
③ 충격 하중(Impact Load) : 순간적으로 짧은 시간 사이에 격렬하게 작용하는 하중

문제 6. 공작 기계의 밑면이 받는 하중은?
㉮ 전단 하중　　　　㉯ 교번 하중　　　　㉰ 압축 하중　　　　㉱ 인장 하중
[풀이] 공작기계의 밑면은 압축하중을 받는다.

문제 7. 정사각형의 단면을 갖고 있는 기둥에 10톤의 압축 하중이 작용하고 있다. 80kg/cm² 의 압축응력이 생겼다면 단면 한 변의 길이는 얼마인가?
㉮ 10.95cm　　　　㉯ 11.18cm　　　　㉰ 11.57cm　　　　㉱ 12.12cm

[풀이] $\sigma = \dfrac{W}{A}$ 에서 $A = \dfrac{W}{\sigma} = \dfrac{1000}{80} = 125 (\text{cm}^2)$ 이 된다. 그러므로 정사각형의 한 변의 길이는,
$\sqrt{A} = \sqrt{125} ≒ 11.18 (\text{cm})$

문제 8. 체적 변형률(ε_v)과 세로 변형률(ε')과의 관계는?
㉮ $\varepsilon' = \varepsilon_v$　　㉯ $\varepsilon' = \dfrac{1}{3}\varepsilon_v$　　㉰ $\varepsilon' = \dfrac{1}{2}\varepsilon_v$　　㉱ $\varepsilon' = 2\varepsilon_v$

[풀이] (1) 체적 변형률은 세로 변형률의 3배이다.
(2) 가로 변형률과 세로 변형률(ε')

$\varepsilon' = \dfrac{d'-d}{d} = \dfrac{\delta}{d}$　　δ : 지름의 변화량 ($\delta = d' - d$)
　　　　　　　　　　　　d : 재료의 처음 지름 (mm)
　　　　　　　　　　　　d' : 재료의 나중 지름 (mm)

(3) 체적 변형률(ε_v)
　　물체의 응력에 의해 발생하는 체적의 변화량과 원래의 체적과의 비율로 부피 변형률이라고도 한다.

$\varepsilon_v = \dfrac{V'-V}{V} = \dfrac{\Delta V}{V}$　　ΔV : 체적의 변화량
　　　　　　　　　　　　V : 원래의 체적
　　　　　　　　　　　　V' : 변화된 체적

문제 9. 재료에 일정한 응력이 걸릴 때 시간의 경과와 더불의 변형률이 증가하는 현상은?
㉮ 크리프　　　　㉯ 피로 한도　　　　㉰ 허용 압력　　　　㉱ 안전율
[풀이] 크리프 : 온도가 350℃ 이상의 고온으로 되면 하중이 일정하더라도 시간이 지남에 따라 변형률이 조금씩 증가하는 현상

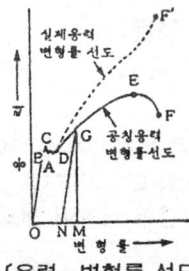
〔응력-변형률 선도〕

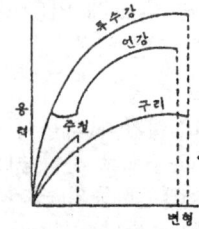
〔재료의 응력 변형 곡선〕

문제 10. 바깥지름이 150mm, 안지름이 100mm인 파이프가 있다. 50ton의 압축 하중이 작용한다면 발생되는 압축 응력은?
㉮ 509.6kg/mm²　　㉯ 981.2kg/mm²　　㉰ 5.096kg/mm²　　㉱ 9.812kg/mm²

[해답] 6. ㉰　7. ㉯　8. ㉯　9. ㉮　10. ㉰

[풀이] $A = \dfrac{\pi}{4}(D^2 - d^2) = \dfrac{\pi}{4}(150^2 - 100^2) = 9812 \cdot 5 \text{[mm}^2\text{]}$

$\sigma = \dfrac{W}{A} = \dfrac{500}{9812 \cdot 5} = 5.096 \text{[kg/mm}^2\text{]}$

문제 11. 지름이 15mm, 길이가 800mm인 연강봉에 1500kg의 하중이 걸렸을 때 재료는 얼마가 늘어나겠는가? (단, 세로 탄성 계수는 2.1×10^{-6}kg/cm²이다.)

㉮ 0.032cm ㉯ 0.32cm ㉰ 3.2cm ㉱ 32cm

[풀이] $\lambda = \dfrac{Wl}{AE} = \dfrac{1500 \times 80}{\dfrac{\pi}{4} \times 1.5^2 \times 2.1 \times 10^{-6}} = 0.0323 \text{[mm]}$

문제 12. 푸아송의 비가 0.4인 재료로 만든 지름 25mm, 길이 500mm인 연강봉이 하중에 의해 0.1mm 늘어났다. 이 때 단면의 지름은 얼마만큼 줄어드는가?

㉮ 0.01mm ㉯ 0.02mm ㉰ 0.001mm ㉱ 0.002mm

[풀이] 푸아송의 비 $\dfrac{1}{m} = \dfrac{\varepsilon'}{\varepsilon} = \dfrac{\dfrac{\delta}{d}}{\dfrac{\lambda}{l}}$ 에서

$\varepsilon' = \dfrac{\lambda}{l} \cdot \dfrac{1}{m} = \dfrac{0.1}{500} \times 0.4 = 0.0008 \text{[mm]}$

∴ 지름 변화량은

$\varepsilon' = \dfrac{d'-d}{d} = \dfrac{\delta}{d}$ 에서

$\delta = \varepsilon' \cdot d = 0.0008 \times 25 = 0.002 \text{[mm]}$

문제 13. 지름 30mm인 봉에 600kg의 하중을 매달아 허용 인장 응력에 달했다. 봉의 인장 강도는 500kg/cm²라고 하면 안전율은?

㉮ 1.2 ㉯ 5.9 ㉰ 3.9 ㉱ 7.2

[풀이] 허용압력 $\sigma_a = \dfrac{W}{A} = \dfrac{600}{\dfrac{\pi}{4} \times 3^2} = 84.9 \text{[kg/cm}^2\text{]}$

극한 강도 $\sigma_u = 500 \text{[kg/cm}^2\text{]}$이므로

$S = \dfrac{\sigma_w}{\sigma_a} = \dfrac{500}{84.9} = 5.9$

문제 14. 지름이 5cm인 단면에 발생되는 응력이 200kg/cm²이 되려면 하중은 얼마인가?

㉮ 1,250kg ㉯ 3,925kg ㉰ 4,325kg ㉱ 5,000kg

[풀이] $\sigma = \dfrac{W}{A}$ $W = \sigma \cdot A = 200 \times \dfrac{\pi}{4} \times 5^2 = 3,925 \text{[kg]}$

문제 15. 양끝의 고정단에서 길이 3m, 단면 모양이 높이 5mm, 폭 75mm인 연강제 4각 기둥이 있다. $E = 2.1 \times 10^4$kg/mm²일 때 세장비는 얼마인가?

㉮ 305 ㉯ 274 ㉰ 256 ㉱ 208

해답 11. ㉮ 12. ㉱ 13. ㉯ 14. ㉯ 15. ㉱

[풀이] 세장비$=\frac{1}{k}$ 이므로

$$I=\frac{1}{12}bh^3=\frac{1}{12}\times 75\times 50^3=781,250 \text{ [mm}^4\text{]}$$

$$A=bh=50\times 75\times 3,750 \text{ [mm}^2\text{]}$$

$$\therefore k=\sqrt{\frac{I}{A}}=\sqrt{\frac{781250}{3750}}=14.4 \text{ [mm]}$$

세장비$=\frac{1}{k}=\frac{3000}{14.4}=208$이다.

[문제] 16. 다음 중 관성 반경 k 를 구하는 식은 어느 것인가? (단, 여기서 I는 단면 2차 모우먼트, A는 단면적이다.)

㉮ $k=\sqrt{\frac{A}{I}}$ ㉯ $k=\sqrt{\frac{I}{A}}$ ㉰ $k=\sqrt{\frac{I^2}{A}}$ ㉱ $k=\sqrt{I^2 A}$

[풀이] $k=\sqrt{\frac{I}{A}}$ 로 표시된다.

[문제] 17. 그림과 같은 구형 단면에서 단면 계수 Z를 구하는 식은?

㉮ $Z=\frac{bh^2}{6}$ ㉯ $Z=\frac{bh^3}{12}$ ㉰ $Z=\frac{bh^3}{6}$ ㉱ $Z=\frac{bh^2}{12}$

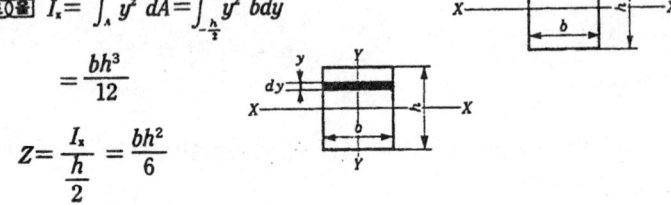

[풀이] $I_x=\int_A y^2\,dA=\int_{-\frac{h}{2}}^{\frac{h}{2}} y^2 b\,dy$

$=\frac{bh^3}{12}$

$Z=\frac{I_x}{\frac{h}{2}}=\frac{bh^2}{6}$

[문제] 18. 그림과 같은 하중을 받는 보를 구형 단면의 나무로 만들고자 한다. 허용 응력(목재)을 $\sigma_w=100\text{kg/cm}^2$, 폭과 높이의 비는 1 : 1.5로 만든다. 폭은 몇 cm이면 되겠는가?

㉮ 13.9cm ㉯ 20.6cm
㉰ 214cm   ㉱ 24.2cm

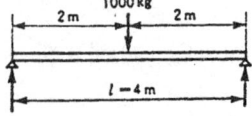

[풀이] $M_{max}=\frac{W}{2}\cdot\frac{1}{2}=\frac{4000}{4}=1000\text{kg}\cdot\text{m}$

$Z=\frac{M_{max}}{\sigma_w}=\frac{100000}{100}=1000\text{cm}^3$

폭을 b, 높이를 h라 하면 $h=1.5b$이므로

$Z=\frac{1}{\frac{h}{2}}=\frac{bh^2}{6}=\frac{1.5^2 b^3}{6}$

$\frac{1.5}{6}b^3=1000$ $\therefore b=13.9\text{cm}$

따라서 $h=1.5b=13.9\times 1.5=20.9\text{cm}$

[해답] 16. ㉯ 17. ㉮ 18. ㉮

문제 19. 다음 중 구형 단면의 2차 모우먼트 I를 구하는 식은? (단, 여기서 b는 폭, h는 높이이다.)

㉮ $I = \dfrac{1}{12}bh^3$ ㉯ $I = \dfrac{bh^3}{6}$ ㉰ $I = \dfrac{1}{16}bh^3$ ㉱ $I = \dfrac{bh^3}{6}$

[풀이] $I = \dfrac{bh^3}{12}$, $Z = \dfrac{bh^3}{6}$

문제 20. 다음 중 원형 단면의 관성 모우먼트 I를 구하는 식은? (여기서 d는 지름이다)

㉮ $I = \dfrac{1}{64}\pi d^4$ ㉯ $I = \dfrac{\pi d^3}{32}$ ㉰ $I = \dfrac{1}{64}\pi d^3$ ㉱ $I = \dfrac{\pi d^4}{32}$

[풀이] $I = \dfrac{1}{64}\pi d^4$, $Z = \dfrac{\pi}{32}d^3$ 이다.

문제 21. 안지름 d_1, 바깥 지름 d_2인 원형 단면의 극관성 모우먼트 I_P를 구하는 식은?

㉮ $I_P = \dfrac{\pi}{32}(d_2^4 - d_1^4)$ ㉯ $I_P = \dfrac{\pi}{32}(d_2^3 - d_1^3)$ ㉰ $I_P = \dfrac{\pi}{16}(d_2^3 - d_1^3)$ ㉱ $I_P = \dfrac{\pi}{16}(d_2^4 - d_1^4)$

[풀이] $I_P = \dfrac{\pi}{32}(d_2^4 - d_1^4)$

문제 22. 지름 d인 원형 단면의 단면 계수 Z를 구하는 식은 어느 것인가?

㉮ $Z = \dfrac{\pi d^3}{64}$ ㉯ $Z = \dfrac{\pi d^4}{32}$ ㉰ $Z = \dfrac{\pi d^3}{32}$ ㉱ $Z = \dfrac{\pi d^3}{16}$

[풀이] $I_P = \int_A r^2 dA$ ⋯ 극관성 모우먼트

$= \int_0^R r^2 \cdot 2\pi r dr = \dfrac{\pi R^4}{2}$

$I_P = I_x + I_y = 2I_x = 2I_y$

$I_x = I_y = \dfrac{\pi R^4}{4}$

$R = \dfrac{d}{2}$ 이므로

$Z = \dfrac{\dfrac{\pi d^4}{64}}{\dfrac{d}{2}} = \dfrac{\pi d^3}{32}$ 이다.

문제 23. 비틀림 모우먼트를 T, 비틀림 응력을 τ kg/mm², 단면 2차 극모우먼트를 I_P, 축의 길이를 l이라 할 때 비틀림 각을 θ를 바르게 표시하고 있는 식은 어느 것인가? (단, G는 강성 계수이다.)

㉮ $\theta = \dfrac{Tl}{GI_P}$ (rad)   ㉯ $\theta = \dfrac{I_P}{TlG}$ (rad)   ㉰ $\theta = \dfrac{I_P l}{GT}$ (rad)   ㉱ $\theta = \dfrac{I_P G}{Tl}$ (rad)

[풀이] $\theta = \dfrac{Tl}{GI_P}$ (rad) $= 57.3 \times \dfrac{Tl}{GI_P}$ (°)

문제 24. 최대 응력이 2.4×10^6 kg/cm²이고, 사용 응력이 1.2×10^6 kg/cm² 일 때 안전율은 얼마인가?

㉮ 1   ㉯ 2   ㉰ 3   ㉱ 4

[해답] 19. ㉮ 20. ㉮ 21. ㉮ 22. ㉰ 23. ㉮ 24. ㉯

[풀이] 안전율은 $S = \dfrac{\text{최대응력}}{\text{사용응력}} = \dfrac{2.4 \times 10^6}{1.2 \times 10^6} = 2$

[문제] **25.** 다음에 대한 설명으로 틀린 것은?
㉮ 푸아송의 비는 항상 1보다 크다.
㉯ 응력에 의해 재료의 온도가 변화할 때 온도가 올라갈 때는 압축 응력, 내려올 때는 인장 응력으로 된다.
㉰ 크리프 한도는 재료의 온도가 용융점에 가까울수록 심하다.
㉱ 탄성 에너지의 값은 탄성 한도의 값이 클수록 크게 된다.

[풀이] 푸아송의 비(Poisson's Ratio)
(1) 탄성 한도 이내에서의 가로 변형률(ε')와 세로 변형률(ε)의 비는 재료에 관계 없이 일정한 값을 가진다. 이 비를 푸아송의 비라 하고 $\dfrac{1}{m}$로 나타낸다.

$$\dfrac{1}{m} = \dfrac{\varepsilon'}{\varepsilon}, \quad \varepsilon' = \dfrac{\varepsilon}{m} \qquad m : \text{푸아송의 수(보통 2~4 정도의 값을 가진다)}$$

(2) 푸아송의 비는 항상 1보다 작으며 연강의 m값은 $\dfrac{10}{3}$이다.

[문제] **26.** 그림과 같이 두께 2mm의 철판을 지름 30mm의 펀치로 구멍을 뚫고자 할 때 최소한의 힘은 얼마인가? (단, 전단 응력 $\tau = 40\text{kg/cm}^2$이다.)
㉮ 3,200kg   ㉯ 3,768kg
㉰ 7,536kg   ㉱ 8,372kg

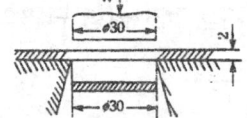

[풀이] $\tau = \dfrac{W}{A}$에서 $W = A \cdot \tau = \pi dt \cdot \tau = \pi \times 30 \times 2 \times 40$
$= 7,536 \,[\text{kg}]$

[문제] **27.** 세로 탄성 계수를 구하는 식으로 옳은 것은?
㉮ 응력/단면적   ㉯ 하중/단면적   ㉰ 응력/변형률   ㉱ 하중/변형률

[풀이] 세로 탄성 계수 및 가로 탄성 계수(전단 탄성 계수)는 응력을 변형률로 나눈 값으로 구한다.
• 세로 탄성 계수(E) : 응력·변형률 선도에서 직선 부분의 기울기를 나타내는 수치이다.
$\sigma = E \cdot \varepsilon$ 　　　　　　σ : 응력[kg/mm²]
　　　　　　　　　　　　　E : 세로 탄성 계수(=영률)[kg/mm²]

$$E = \dfrac{\sigma}{\varepsilon} = \dfrac{\frac{W}{A}}{\frac{\lambda}{l}} = \dfrac{Wl}{A\lambda}, \quad \lambda = \dfrac{Wl}{AE} = \dfrac{\sigma l}{E}$$

[문제] **28.** 길이 350mm, 지름 20mm인 재료를 인장시켰더니 355mm가 되었다. 연신율은 얼마인가?
㉮ 2.68%   ㉯ 2.24%   ㉰ 1.25%   ㉱ 1.43%

[풀이] 연신율 $= \dfrac{l'-l}{l} \times 100 = \dfrac{355-350}{350} \times 100 = 1.429\,[\%]$

[문제] **29.** 길이 50mm의 둥근 봉이 인장되어 0.0005의 변형률이 생겼다. 변형 후의 길이는?
㉮ 50.0005mm   ㉯ 50.25mm   ㉰ 50.025mm   ㉱ 50.005mm

[해답] 25. ㉮   26. ㉰   27. ㉰   28. ㉱   29. ㉰

[풀이] $\varepsilon_t = \dfrac{l'-l}{l} = \dfrac{\lambda}{l}$ 에서

$\lambda = \varepsilon_t \cdot l = 0.005 \times 50 = 0.025 \text{(mm)}$

$\therefore 50 + 0.025 = 50.025 \text{(mm)}$

문제 30. 지름이 20mm 길이가 400mm인 둥근 막대가 인장력에 의해 지름은 0.05mm 수축되고 길이는 3mm 늘어났다. 푸아송의 비는?
㉮ 0.457　　㉯ 0.278　　㉰ 0.356　　㉱ 0.333

[풀이] $\dfrac{1}{m} = \dfrac{\varepsilon'}{\varepsilon} = \dfrac{\dfrac{\delta}{D}}{\dfrac{\lambda}{l}} = \dfrac{l \cdot \delta}{D \cdot \lambda} = \dfrac{400 \times 0.05}{20 \times 3} = 0.333$

문제 31. 500kg의 응력이 작용하고 있는 재료의 변형률이 0.2이다. 탄성 계수값은?
㉮ 2000kg/cm²　　㉯ 5000kg/cm²　　㉰ 4000kg/cm²　　㉱ 2500kg/cm²

[풀이] $E = \dfrac{\sigma}{\varepsilon} = \dfrac{500}{0.2} = 2500 \text{(kg/cm}^2\text{)}$

문제 32. 응력-변형률 선도에서 가장 작은 값을 가지는 것은?
㉮ 피로 한도　　㉯ 탄성 한도　　㉰ 인장 강도　　㉱ 파괴 강도

[풀이] 피로 한도(Fatigue Limit)
파괴를 일으키는 응력값이 어느 한도까지 내려가면 아무리 반복하여도 파괴가 되지 않는 응력의 한도로 강철은 공기 중에 반복 횟수 $10^6 \sim 10^7$ 정도, 경합금은 10^8 정도이다.

문제 33. 길이가 2m, 지름이 10mm인 강선에 하중이 작용하여 4mm 늘어났다. 이 때의 하중은 얼마인가? (단, 탄성 계수는 $1.2 \times 10^6 \text{kg/cm}^2$ 이다.)
㉮ 925kg　　㉯ 1250kg　　㉰ 1527kg　　㉱ 1884kg

[풀이] $E = \dfrac{Wl}{A\lambda}$ 에서, $A = \dfrac{\pi}{4}d^2 = 0.785$

$W = \dfrac{AE\lambda}{l} = \dfrac{0.785 \times 1.2 \times 10^6 \times 0.4}{200} = 1884 \text{(kg)}$

문제 34. 길이 4m, 지름이 15mm인 환봉을 2mm 늘어나게 할 때 필요한 인장력은? (탄성 계수는 $2.1 \times 10^5 \text{kg/cm}^2$)
㉮ 18.585kg　　㉯ 185.85kg　　㉰ 1858.5kg　　㉱ 1.8585kg

[풀이] $A = \dfrac{\pi}{4}d^2 = \dfrac{\pi}{4} \times 1.5^2 \fallingdotseq 1.77$

$E = \dfrac{Wl}{A\lambda}$ 에서 $W = \dfrac{A \cdot \lambda \cdot E}{l} = \dfrac{1.77 \times 0.2 \times 2.1 \times 10^5}{400}$

$= 185.85 \text{(kg)}$

문제 35. 힘이 작용하는 단면적이 같고 하중도 같은 경우, 인장 응력과 압축 응력의 관계는?
㉮ 압축 응력 쪽이 크다.　　㉯ 인장 응력 쪽이 크다.
㉰ 재질에 따라 다르다.　　㉱ 같다.

[풀이] 인장 응력과 압축 응력 즉 수직 응력은 하중의 크기와 단면적에 따라 생기는 저항력

[해답] 30. ㉱　31. ㉱　32. ㉮　33. ㉱　34. ㉯　35. ㉱

($\sigma = \frac{W}{A}$)이다.

[문제] 36. 크리프(Creep)에 대한 설명이 아닌 것은?
㉮ 크리프 현상은 저온에서 특히 영향이 크다.
㉯ 일정한 온도에서 응력의 최대값을 크리프 한도라고 한다.
㉰ 재료의 온도가 용융점에 가까울수록 크리프 현상이 심하다.
㉱ 크리프에 의한 대한 변형률을 크리프 변형률이라고 한다.

[토이풀] 온도가 350℃ 이상의 고온으로 되면 하중이 일정하더라도 시간이 지남에 따라 변형률이 조금씩 증가하는 현상으로 일정한 온도에서 응력의 최대값을 크리프 한도(Creep Limit)라고 하며 재료의 온도가 용융점에 가까울수록 심하다.

[문제] 37. 그림과 같은 리벳 이음에서 리벳의 지름이 15mm, 연강판의 인장 하중이 3000kg 작용할 때 리벳 단면에 생기는 전단 응력은?
㉮ 17kg/cm²   ㉯ 22kg/cm²
㉰ 1700kg/cm²   ㉱ 2200kg/cm²

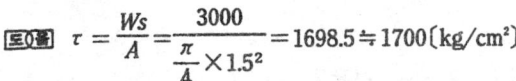

[토이풀] $\tau = \frac{Ws}{A} = \frac{3000}{\frac{\pi}{4} \times 1.5^2} = 1698.5 ≒ 1700 [kg/cm^2]$

[문제] 38. "비례 한도 이내에서 응력과 변형률은 비례한다." 라는 법칙은?
㉮ 푸아송의 법칙   ㉯ 아베의 법칙   ㉰ 훅의 법칙   ㉱ 오일러의 법칙

[토이풀] 훅의 법칙(Hooke's Law) : "비례 한도 이내에서 응력과 변형률은 비례한다" 라는 법칙으로 재료 역학의 기초가 된다.

응력=비례상수×변형률 또는 ($\frac{응력}{변형률}$)=일정

비례 상수를 탄성 계수라 하며 재료마다 일정 값을 갖는다.

[문제] 39. 허용 응력과 안전율의 결정시 고려할 사항이 아닌 것은?
㉮ 재료의 품질   ㉯ 하중의 종류에 따르는 응력의 성질
㉰ 공작 방법 및 정밀도   ㉱ 재료의 전단율

[토이풀] ㉮, ㉯, ㉰항 이외에 하중과 응력의 정확성 및 부재의 형상 및 사용 장소 등을 고려해야 한다.

[문제] 40. 안전율을 나타낸 것으로 옳은 것은?
㉮ $\frac{극한 강도}{사용 응력}$ ㉯ $\frac{극한 강도}{허용 응력}$ ㉰ $\frac{허용 응력}{극한 강도}$ ㉱ $\frac{사용 응력}{극한 강도}$

[토이풀] 안전률(S, Safety Factor) : 재료의 기초 강도(극한 강도)와 허용 응력의 비로 나타낸다.

$S = \frac{\sigma_u}{\sigma_a} = \frac{극한 강도}{허용 응력}$

[문제] 41. 허용 응력(σ_a), 사용 응력(σ_w), 극한 강도(σ_u)의 크기 관계를 나타낸 것으로 옳은 것은?
㉮ $\sigma_a \geq \sigma_u > \sigma_w$ ㉯ $\sigma_w \geq \sigma_a > \sigma_u$ ㉰ $\sigma_w \geq \sigma_u > \sigma_a$ ㉱ $\sigma_u > \sigma_a \geq \sigma_w$

[해답] 36. ㉮ 37. ㉰ 38. ㉰ 39. ㉱ 40. ㉯ 41. ㉱

[토의] 허용 응력(σ_a, Allowable Stress) : 기계 및 구조물을 사용할 때 실제로 각 부분에 생기는 응력을 사용 응력(σ_w)이라 하고 재료의 안전성을 고려하여 안전할 것이라고 허용되는 최대 응력을 허용 응력(σ_a)이라고 한다. 극한 강도 (σ_u)와의 관계는 다음과 같다.
$$\sigma_u > \sigma_a \geqq \sigma_w$$

[문제] 42. 다음 중 응력 집중의 값이 가장 작은 것은?
㉮ 홈의 모양이 넓으면 깊이가 작다.
㉯ 둥근 재료의 곡률 반지름이 작다.
㉰ 홈의 각도가 작다.
㉱ 홈의 모양이 좁으면서 깊이가 깊다.

[토의] 응력 집중(Stress Concentration) : 노치(Notch), 단 구멍과 같은 부분은 국부적으로 매우 큰 응력이 발생되며 이러한 현상을 응력 집중이라고 한다. 응력 집중은 ① 홈이 깊을수록, ② 둥근 재료의 곡률 반지름이 작을수록, ③ 홈의 각도가 작을수록 값이 커진다.

$$\alpha_k = \frac{\sigma_{max}}{\sigma_n}$$

α_k : 형상 계수(응력 집중 계수)
σ_{max} : 최대 응력, σ_n : 평균 응력

[문제] 43. 가로 탄성 계수를 바르게 나타낸 것은?
㉮ 수직 응력/수직 변형률
㉯ 전단 응력/전단 변형률
㉰ 전단 응력/수직 변형률
㉱ 굽힘 응력/전단 변형률

[토의] 가로 탄성 계수(전단 탄성 계수) : 전단 응력 τ와 전단 변형률 γ와의 탄성 계수

$$G = \frac{\tau}{\gamma} = \frac{W_s \cdot l}{A \cdot \lambda} = \frac{W_s}{A \cdot \phi}$$

$$\lambda_s = \frac{W_s \cdot l}{A \cdot G} = \frac{\tau \cdot l}{G}, \quad \phi = \frac{W_s}{A \cdot G}$$

G : 가로 탄성 계수[kg/mm²]
ϕ : 전단각[rad]
W_s : 전단 하중[kg/mm²]
l : 거리[mm]

[문제] 44. 다음 중 응력을 구하는 식으로 적당한 것은? (단, A : 힘을 받는 단면적(mm²), W : 하중(kg)이다.)

㉮ $\frac{A}{W}$ ㉯ $\frac{W}{A}$ ㉰ $\frac{2A}{W}$ ㉱ $\frac{2W}{A}$

[토의] 응력(Stress) : 물체에 외력이 가해졌을 때 그 물체 속에 생기는 저항력을 응력이라 한다.

[문제] 45. 응력의 단위로 맞는 것은?
㉮ kg·m ㉯ kg·cm ㉰ kg/mm² ㉱ kg/mm

[문제] 46. 코일 스프링에 40kg의 힘을 작용시켰더니 2cm 줄었다면 스프링에 저축된 탄성 에너지는?
㉮ 20kg·cm ㉯ 30kg·cm ㉰ 40kg·cm ㉱ 50kg·cm

[토의] $U = \frac{1}{2} W \cdot \lambda = \frac{1}{2} \times 40 \times 2$ [kg·cm]

[문제] 47. 양 끝을 고정한 환봉이 온도 30℃에서 가열하여 40℃가 되었다. 세로 탄성 계수 E

[해답] 42. ㉮ 43. ㉯ 44. ㉯ 45. ㉰ 46. ㉰

$= 2.1 \times 10^6 \text{kg/cm}^2$, 선팽창 계수 $\alpha = 0.000012$라 할 때 재료 내부에 발생하는 열응력은 얼마인가?

㉮ 252kg/cm² ㉯ 212kg/cm² ㉰ 425kg/cm² ㉱ 327kg/cm²

[풀이] $\sigma = E \cdot \varepsilon = E \cdot (t_2 - t_1) \cdot \alpha = 2.1 \times 10^6 \times (40 - 30) \cdot 0.000012$
$= 252 [\text{kg/cm}]$

[문제] 48. 재료의 변형률이 0.15cm, 응력이 750kg/cm²인 재료의 탄성 계수 값은?

㉮ 2000kg/cm² ㉯ 3000kg/cm² ㉰ 4000kg/cm² ㉱ 5000kg/cm²

[풀이] $\sigma = E \cdot \varepsilon$ 에서

$$E = \frac{\sigma}{\varepsilon} = \frac{750}{0.15} = 5000 [\text{kg/cm}^2]$$

[문제] 49. 그림과 같은 하중을 무슨 하중이라고 하는가?

㉮ 집중 하중   ㉯ 등분포 하중
㉰ 부동 분포 하중 ㉱ 압축 하중

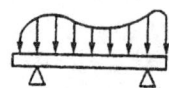

[풀이] 분포 상태에 의한 종류
 (1) 집중 하중(Concentrated Load) : 재료의 한 점 또는 좁은 면적에 집중적으로 작용한다고 간주하는 하중
 (2) 분포 하중(Distributed Load) : 물체의 전체면 또는 어느 부분에 넓게 작용하는 하중으로 균일 분포(등 분포) 하중과 불균일 분포(부동 분포) 하중이 있다.

[문제] 50. $n = 1800 rpm$ 에서 $N = 600 PS$을 전달하는 축에 4000kg·cm의 굽힘 모우먼트가 걸리고, 재료의 사용 응력은 $\sigma w = 600 \text{kg/cm}^2$ 이다. 이 경우 축의 지름 d는 얼마인가? (다만, 이 축은 굽힘과 비틀림을 동시에 받는다.)

㉮ 6.3cm ㉯ 8.3cm ㉰ 9.3cm ㉱ 10.6cm

[풀이] $M = 4500 \text{kg} \cdot \text{cm}$

비틀림 모우먼트 $T = \frac{71620 \times 600}{1800} = 23873 \text{kg} \cdot \text{cm}$

여기서 $\sigma_w = \sigma_{max} = 600 \text{kg/cm}^2$로 놓으면

$\sigma_{max} = \frac{16}{\pi d^3}(M + \sqrt{M^2 + T^2})$

$600 = \frac{16}{\pi d^3}(4500 + \sqrt{4500^2 + 23873^2})$ ∴ $d = 6.3 \text{cm}$

[문제] 51. 길이 1m, 허용 비틀림 응력 2.65kg/mm²의 축이 65000kg·mm의 비틀림 모우먼트를 받는 경우 축의 지름은 얼마인가?

㉮ 65mm ㉯ 60mm ㉰ 55mm ㉱ 50mm

[풀이] $d = \sqrt[3]{\frac{16 \times T}{\pi \tau}} = \sqrt[3]{\frac{16 \times 65000}{3.14 \times 2.65}} = 50.0 \text{mm}$

비틀림각 θ 는 $\theta = 57.3 \times \frac{Tl}{GI_P}$

$= 57.3 \times \frac{65000 \times 1000 \times 32}{0.84 \times 10^4 \times 3.14 \times 50^4} = 0.723°$

[해답] 47. ㉮ 48. ㉱ 49. ㉯ 50. ㉮ 51. ㉱

부 록

❖ 과년도 출제문제 _ 3

승강기 개론
(2010. 3. 1. 기사시행)

문제 1. 경사도가 8°를 초과하는 수평보행기의 디딤판의 속도는 몇 [m/min] 이하로 하여야 하는가?
㉮ 30m/min ㉯ 40m/min ㉰ 50m/min ㉱ 60m/min

문제 2. 승객용 로프식 엘리베이터에서 카바닥 앞부분과 승강로 벽과의 수평거리는 출입구가 2개인 엘리베이터인 경우 각각의 출입구에 대하여 몇 [mm] 이하로 하여야 하는가?
㉮ 105 ㉯ 115 ㉰ 125 ㉱ 135

문제 3. 엘리베이터의 정격속도에 따른 스프링 완충기의 적용 기준은 몇 [m/min] 이하로 하고 있는가?
㉮ 45 ㉯ 60 ㉰ 90 ㉱ 105

문제 4. 승강기의 도어 시스템 종류를 분류 할 때 1S, 2S, 3S, CO, 2CO로 나타내는데 여기서 CO는 무엇을 나타내는가?
㉮ 가로열림 측면개폐 ㉯ 가로열림 중앙개폐
㉰ 세로열림 상하개폐 ㉱ 세로열림 상승개폐

문제 5. 엘리베이터용 가이드 레일의 역할이 아닌 것은?
㉮ 카와 균형추의 승강로내의 위치를 규제한다.
㉯ 승강로의 기계적 강도를 보강해 주는 역할을 한다.
㉰ 비상정지장치가 작동했을 때 수직하중을 유지해준다.
㉱ 카의 기울어짐을 방지해 준다.

문제 6. 승강기의 카와 균형추와의 로프 거는 방법 중 더블랩을 사용하는 승강기는?
㉮ 저속 화물용 엘리베이터 ㉯ 중속 승객용 엘리베이터
㉰ 고속 승객용 엘리베이터 ㉱ 저속 승객용 엘리베이터

문제 7. 유압식 엘리베이터에 주로 사용되는 펌프의 방식은?
㉮ 강제 송유식 ㉯ 원심식 ㉰ 가변 토출량식 ㉱ 자연 송유식

해답 1. ㉯ 2. ㉰ 3. ㉯ 4. ㉯ 5. ㉯ 6. ㉰ 7. ㉮

문제 8. 교류일단 속도제어에 관한 설명 중 틀린 것은?
㉮ 기동시에는 기동저항을 연결하여 기동전류를 줄인다.
㉯ 승차감은 나쁘지만 착상오차는 적다.
㉰ 30m/min이하 저속용 승강기에 적용된다.
㉱ 정지는 전원을 차단한 후 제동기가 작동하여 기계적으로 브레이크를 거는 방식이다.

문제 9. 엘리베이터 기호 B-1200-2S에 대하여 맞는 것은?
㉮ 화물용, 적재하중 1200kg, 정지수 2
㉯ 승객용, 용량 12인승, 2매 중앙개폐
㉰ 비상용, 적재하중 1200kg, 정지수 2
㉱ 침대용, 적재하중 1200kg, 2매 측면개폐

문제 10. 장애인용 엘리베이터에 대한 설명 중 틀린 것은?
㉮ 각층의 장애인용 엘리베이터 호출버튼의 0.4m 전면에는 점형블록을 설치하여야 한다.
㉯ 카내 조작반 및 승강장의 호출버튼에 점자표시판을 부착하여야 한다.
㉰ 장애인용 호출버튼에 의하여 카가 정지하면 10초 이상 문이 열린 채로 대기하여야 한다.
㉱ 엘리베이터 내부에는 운행상황을 표시하는 점멸등 및 음성신호장치를 설치하여야 한다.

문제 11. 기어드(Geared)형 권상기에서 엘리베이터의 속도를 결정하는 요소가 아닌 것은?
㉮ 시브의 직경　　　　　㉯ 기어의 감속비
㉰ 권상모터의 회전수　　㉱ 로프의 직경

문제 12. 미터인 회로를 사용한 제어방식의 특징이 아닌 것은?
㉮ 유량제어밸브를 주회로에 삽입하여 유량을 직접 제어하는 방식이다.
㉯ 비교적 정확한 속도제어가 가능하다.
㉰ 블리드 오프 방식보다 효율이 비교적 좋다.
㉱ 여분의 작동유는 안전밸브를 통하여 기름탱크로 되돌아 간다.

문제 13. 유입 완충기의 반경(R)과 길이(L)의 비에 대한 관계식으로 옳은 것은?
㉮ L > 80R　㉯ L > 100R　㉰ L ≤ 80R　㉱ L ≤ 100R

해답 8. ㉯　9. ㉱　10. ㉮　11. ㉱　12. ㉰　13. ㉰

문제 14. 에스컬레이터의 구동 장치에 속하지 않는 것은?
㉮ 핸드레일   ㉯ 브레이크장치   ㉰ 스텝체인   ㉱ 구동로프

문제 15. 승강기의 교류귀환 전압제어는 유도전동기의 1차측 각 상에 사이리스터와 다이오드를 어떻게 접속하여 토크를 발생시키는가?
㉮ 직렬   ㉯ 병렬   ㉰ 역병렬   ㉱ 역직렬

문제 16. 로프식 엘리베이터에서 카의 속도가 비정상적으로 증대한 경우 매분의 속도가 정격속도의 몇 배를 넘지 않는 범위 내에서 동력을 자동으로 차단하는 장치를 설치하여야 하는가?
㉮ 1.1배   ㉯ 1.2배   ㉰ 1.3배   ㉱ 1.4배

문제 17. 꼭대기 틈새라 함은 어디서부터 어디까지의 간격인가?
㉮ 카가 최상층에 정지하였을 경우, 카 천장과 승강로 천장간의 거리
㉯ 카가 최상층에 정지하였을 경우, 카 천장에서 기계실 천장간의 거리
㉰ 카가 최상층에 정지하였을 경우, 카 바닥과 기계실 바닥간의 거리
㉱ 카가 최상층에 정지하였을 경우, 카 바닥과 승강로 천장간의 거리

문제 18. 비상용 엘리베이터에 대한 설명으로 틀린 것은?
㉮ 평상시 승객용으로 사용되다가 유사시 기능의 일부를 변경시켜 소방 및 구조활동을 할 수 있어야 한다.
㉯ 엘리베이터의 운행속도는 90m/min 이상으로 하여야 한다.
㉰ 비상운전시 반드시 모든 승강장의 출입구마다 정지할 수 있어야 한다.
㉱ 정전시에는 예비전원에 의해 2시간 이상 작동할 수 있어야 한다.

문제 19. 가이드 레일의 규격을 결정하기 위하여 고려하여야 할 사항이 아닌 것은?
㉮ 불균형한 큰 하중 적재에 따른 회전 모멘트
㉯ 지진발생시 수평 진동력
㉰ 비상정지장치의 작동에 따른 좌굴
㉱ 정격속도 및 적재하중

문제 20. 비상정지 장치가 작동하여 감속 정지 후 승강기 바닥면의 수평도는 얼마 이내로 되어야 하는가?
㉮ 1/20이내   ㉯ 1/30이내   ㉰ 1/40이내   ㉱ 1/50이내

해답 14. ㉱   15. ㉰   16. ㉰   17. ㉮   18. ㉯   19. ㉱   20. ㉯

승강기 설계

문제 21. 상승방향 과속방지장치에 대한 설명으로 틀린 것은?
㉮ 제동하는 동안 카의 평균감속도는 $9.8m/s^2$을 초과하지 않아야 한다.
㉯ 드럼 또는 디스크 상에 제동작용을 하는데 기여하는 브레이크의 모든 기계적 부품들은 1세트 이상이어야 한다.
㉰ 카, 균형추, 현수 또는 균형로프시스템, 권상기 도르래 중 한 개 또는 그 이상에 작동하여 속도제어를 하여야 한다.
㉱ 이 장치가 작동하여 제동하는 동안, 이 장치 또는 다른 승강기 부품을 구동기에 전원을 차단하도록 하여야 한다.

문제 22. 정격속도 240m/min인 엘리베이터용 유입완충기의 필요 최소행정은 약 몇 [mm]인가?
㉮ 608   ㉯ 827   ㉰ 1080   ㉱ 1687

문제 23. 기계실로 가는 계단에 대한 내용으로 올바르게 설명한 것은?
㉮ 계단 재료는 준불연재료 이상으로 설치하여야 한다.
㉯ 기계실 바닥까지의 높이가 1.5m 미만의 경우에는 수직 사다리를 설치할 수 있다.
㉰ 기계실 바닥의 높이차가 55㎝를 초과하는 경우에는 계단을 설치하여야 한다.
㉱ 원형사다리는 계단으로 간주할 수 없다.

문제 24. 승강기의 안전장치 중 파이널 리미트 스위치(Final limit switch)에 관한 설명으로 옳은 것은?
㉮ 카 내부 승차인원이나 적재화물의 하중을 감지한다.
㉯ 엘리베이터가 최상·최하층을 지나치지 않도록 한다.
㉰ 각 층마다 정차하기 위한 스위치로 카에 설치한다.
㉱ 각 층마다 정차하기 위한 스위치로 층마다 설치한다.

문제 25. 승강기에 대한 주요 부품 중 설치 위치가 다른 한 가지는?
㉮ 승강로 배선용 닥트   ㉯ 이동케이블
㉰ 가이드레일   ㉱ 인터폰

문제 26. 코일 스프링에서 전단응력을 구하는 식은?(단, τ:전단응력, W:스프링에 작용하는 하중, D:평균지름, d:환봉의 지름이다.)
㉮ $\tau = \dfrac{8 \cdot D \cdot W}{\pi d^4}$ ㉯ $\tau = \dfrac{8 \cdot D \cdot W}{\pi d^2}$ ㉰ $\tau = \dfrac{8 \cdot D \cdot W}{\pi d^3}$ ㉱ $\tau = \dfrac{\pi d^3}{8DW}$

해답 21. ㉯ 22. ㉰ 23. ㉯ 24. ㉯ 25. ㉰ 26. ㉰

문제 27. 엘리베이터 주행시간의 일반적인 표현으로 옳은 것은?
㉮ 가속시간 + 감속시간 + 전속주행시간
㉮ 가속시간 + 감속시간 + 도어개폐시간
㉮ 가속시간 + 전속주행시간 + 도어개폐시간
㉮ 가속시간 + 전속주행시간 + 승객출입시간

문제 28. 그래프와 같은 특성을 갖는 비상정지장치는 어떤 종류의 것인가?

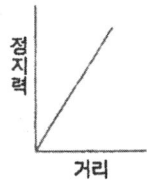

㉮ 즉시작동형 비상정지장치　　㉯ 슬랙로프 세이프티
㉰ F.G.C.형 비상정지장치　　㉱ F.W.C형 비상정지장치

문제 29. 엘리베이터에서 발생할 수 있는 범죄를 예방하기 위하여 실시하는 대책이 아닌 것은?
㉮ 각 도어마다 방범창을 부착한다.
㉯ 기준층에 파킹스위치를 부착한다.
㉰ 인터폰을 설치한다.
㉱ 각 층 강제 정지운전을 한다.

문제 30. 도어클로저에 관하여 틀린 것은?
㉮ 고속 도어장치에는 스프링클로저 방식이 적합하다.
㉯ 웨이트클로저 방식은 도어의 닫힘이 끝날 때 힘이 약해진다.
㉰ 규제가 제거되면 자동적으로 닫히는 방식이 일반적이다.
㉱ 웨이트클로저 방식은 웨이트가 승강로 벽을 따라 내려 뜨리는 것과 도어판넬 자체에 달리는 것 2종이 있다.

문제 31. 교류 2단 속도제어에서 고속과 저속의 속도비를 결정할 때 고려할 필요가 없는 것은?
㉮ 가속도　　㉯ 감속도　　㉰ 착상오차　　㉱ 착상시간

문제 32. 송전단 전압 440V, 수전단 전압 420V, 무부하 전압 380V, 전부하 전압 360V인 경우 전압강하율은 약 몇 %인가?
㉮ 4.55　　㉯ 4.76　　㉰ 5.33　　㉱ 5.56

문제 33. 구름베어링이 미끄럼 베어링에 비해 불리한 점이 아닌 것은?
㉮ 가격이 높다.   ㉯ 충격에 약하다.
㉰ 설치가 어렵다.   ㉱ 과열될 위험이 적다.

문제 34. 가이드 레일의 설계에 관하여 틀린 것은?
㉮ 균형추측 레일에 타이브래킷을 설치할 때는 균형추측의 하중 저감율은 0.67까지 저감해도 된다.
㉯ 레일 브래킷의 간격은 레인의 치수를 고려하여 결정한다.
㉰ 지계차로 하중을 적재하는 경우에는 레일 설계시 고려하여야 한다.
㉱ 즉시작동형 비상정지장치가 점차작동형 비상정지장치 보다 좌굴을 일으키기 쉽다.

문제 35. 카 하중 2000kg, 적재하중 1000kg인 화물용 엘리베이터의 가이드레일에 걸리는 수평방향의 지진하중은?(단, 설계용 수평진도는 0.4, 상하 가이드슈의 하중비는 0.6으로 한다.)
㉮ 1400kg   ㉯ 1200kg   ㉰ 720kg   ㉱ 600kg

문제 36. 400V 미만의 저압용 기계기구의 구분에 따른 접지공사의 적용이 맞는 것은?
㉮ 제1종 지공사   ㉯ 제3종 접지공사
㉰ 특별 제3종 접지공사   ㉱ 특별 제1종 접지공사

문제 37. 로프식 엘리베이터의 기계실 위치로 가장 적당한 곳은?
㉮ 승강로의 바로 위   ㉯ 승강로의 위쪽의 옆방향
㉰ 승강로의 바로 아래   ㉱ 승강로 아래쪽의 옆방향

문제 38. 승강기의 안전율에 대한 기준으로 옳지 않은 것은?
㉮ 엘리베이터의 기계대가 강재인 경우 안전율은 4 이상
㉯ 승객용 엘리베이터의 카 바닥 안전율은 7.5 이상
㉰ 승객용 엘리베이터 조속기 로프의 안전율은 4 이상
㉱ 승객용 엘리베이터 권상용 로프의 안전율은 6 이상

문제 39. 유입식 완충기의 설계에 관하여 옳지 않은 것은?
㉮ 종단층에서 강제 감속된 속도의 115% 속도로 충돌하여 1G 이하의 평균 감속도로 감속 정지하여야 한다.
㉯ 정격속도의 115%의 속도로 충돌할 경우 평균 감속도가 1G 이하가 되도록 행정을 설계하여야 한다.
㉰ 균형추측 최대 적용 중량은 균형추 중량으로 한다.
㉱ 카측 최소 적용 중량은 카 자중으로 한다.

해답 33. ㉱ 34. ㉰ 35. ㉱ 36. ㉯ 37. ㉮ 38. ㉱ 39. ㉱

문제 40. 유도전동기가 엘리베이터의 동력용 전동기로 가장 많이 사용되는 이유가 아닌 것은?
㉮ 속도 제어성이 우수하다.
㉯ 구조가 간단하고 견고하다
㉰ 고장이 적고 가격이 싸다.
㉱ 유지보수의 필요성이 적고 취급이 용이하다.

일반기계공학

문제 41. 베어링의 호칭 번호 중(6200ZZ)에서 "ZZ"에 대한 설명으로 옳은 것은?
㉮ 한쪽면 철(steel) 실드 ㉯ 양쪽면 철(steel) 실드
㉰ 한쪽면 고무(rubber) 실드 ㉱ 양쪽면 고무(rubber) 실드

문제 42. 유압기기에 대한 특징을 설명한 것으로 틀린 것은?
㉮ 저속에서는 큰 토크 구동이 안된다.
㉯ 무단 변속과 원격 제어가 가능하다.
㉰ 출력 및 토크 제어를 자동화할 수 있다.
㉱ 과부하 방지, 인터 록 또는 시퀜스 제어가 가능하다.

문제 43. 일반적으로 공기압축기의 사용압력이 $1N/cm^2$ 이상부터 $10N/cm^2$ 미만인 경우에 사용되는 공기압 발생장치는?
㉮ 콤프레서(compressor) ㉯ 펌프(pump)
㉰ 블로어(blower) ㉱ 팬(fan)

문제 44. 축에서 작용하중과 외부형태에 따라 분류할 때 작용하중에 의한 분류에 속하지 않는 것은?
㉮ 차축 ㉯ 전동축 ㉰ 크랭크축 ㉱ 스핀들축

문제 45. 그림과 같은 길이 L인 단순지지 보의 중앙에 집중하중 P를 받은 경우 굽힘 모멘트는?
㉮ PL
㉯ $\dfrac{PL}{2}$
㉰ $\dfrac{PL}{4}$
㉱ $\dfrac{PL}{8}$

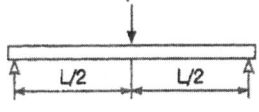

해답 40. ㉮ 41. ㉯ 42. ㉮ 43. ㉰ 44. ㉱ 45. ㉰

문제 46. 소성가공에서 컨테이너속에 재료를 넣고 램으로 압력을 가하여 다이의 구멍으로 밀어내는 방법으로 가공하는 것은?
㉮ 압연가공　　㉯ 압출가공　　㉰ 인발가공　　㉱ 전조가공

문제 47. 나사에서 3줄 나사의 피치가 **3mm**일 때 **120°** 회전시키면 축방향으로의 이동거리는 얼마인가?
㉮ 1mm　　㉯ 2mm　　㉰ 3mm　　㉱ 4mm

문제 48. 코일 스프링에 관한 일반적인 특징 설명으로 틀린 것은?
㉮ 압축 스프링의 단면은 원형과 각형이 있다.
㉯ 제작이 쉽고 가격이 싸며, 형태와 단면의 형상에 따라 여러 가지가 있다.
㉰ 코일스프링의 총 감긴수는 유효 감긴수에서 무효 감긴수를 뺀 값으로 나타낸다.
㉱ 인장 스프링은 양단에 훅을 만들어 사용하며, 하중이 작용하지 않을 경우 코일이 밀착될 수 있다.

문제 49. 열처리에서 질화법의 특징 설명으로 틀린 것은?
㉮ 경도는 침탄경화보다 크다.
㉯ 가열 온도는 침탄법보다 낮다.
㉰ 경화층이 얇으므로 산화에 약하다.
㉱ 담금질을 하지 않으므로 변형이 적다.

문제 50. 전기 아크용접에서 언더 컷(under cut)이 가장 많이 나타나는 용접 조건은?
㉮ 저전압, 저용접 속도　　㉯ 전류부족, 저용접 속도
㉰ 고용접속도, 전류 과대　　㉱ 저용접속도, 전류 과대

문제 51. 평벨트 전동장치와 비교할 때 V 벨트 전동의 특징을 올바르게 설명한 것은?
㉮ 5m/s 이하의 저속운전에만 가능하다.
㉯ 축간거리가 짧고, 큰 속도비에 적합하다.
㉰ 평벨트 전동에 비해 전동 효율이 나쁘다.
㉱ 두 축의 회전방향이 다른 경우에 적합하다.

문제 52. 구멍의 지름이 38mm, 깊이 50mm, 절삭속도 36.6m/min, 이송 0.5mm/rev로 구멍을 뚫을 때의 절삭율은 몇 cm^3/min인가?
㉮ 254　　㉯ 274　　㉰ 174　　㉱ 154

해답 46. ㉯　47. ㉰　48. ㉰　49. ㉰　50. ㉰　51. ㉯　52. ㉰

문제 53. 양끝을 고정한 연강봉에서 온도 20℃에서 가열되어 50℃로 되었을 때 선팽창 계수 $\alpha = 1.3 \times 10^5$이면 재료 내부에 생기는 응력은?(단, 세로 탄성율은 $2.2 \times 10^6 \text{N/cm}^2$ 이다.)
㉮ 758 N/cm² ㉯ 858 N/cm² ㉰ 958 N/cm² ㉱ 1058 N/cm²

문제 54. 표준 스퍼기어에서 모듈이 10이고, 피치원 지름이 180mm일 때 잇수는 몇 개 인가?
㉮ 36 ㉯ 18 ㉰ 10 ㉱ 9

문제 55. 합성수지에서 열경화성 수지가 아닌 것은?
㉮ 페놀수지 ㉯ 요소수지 ㉰ 아크릴수지 ㉱ 멜라민수지

문제 56. 셀 몰드주조법(shell molding)에 대한 설명으로 틀린 것은?
㉮ 주형비가 비교적 저가이다.
㉯ 미숙련공도 작업이 가능하다.
㉰ 작업공정을 자동화하기가 쉽다.
㉱ 짧은 시간내에 정도가 높은 주물을 만들 수 있다.

문제 57. 동합금 중에서 강도와 경도가 우수한 합금은?
㉮ Cu-Sn ㉯ Cu-Al ㉰ Cu-Si ㉱ Cu-Be

문제 58. 송풍기에서 송출 압력과 송출 유량의 주기적인 변동이 일어나 마치 숨을 쉬는 것과 같은 상태로 나타나는 현상을 무엇이라고 하는가?
㉮ 서징현상 ㉯ 캐비테이션 ㉰ 배풍현상 ㉱ 조건반사 현상

문제 59. 그림과 같은 타원형단면을 갖는 봉이 인장하중(P)을 받을 때, 작용하는 인장응력은 얼마인가?

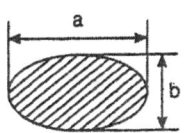

㉮ $\dfrac{\pi ab^2}{4 \times P}$ ㉯ $\dfrac{4 \times P}{\pi ab^2}$ ㉰ $\dfrac{\pi ab}{4 \times P}$ ㉱ $\dfrac{4 \times P}{\pi ab}$

문제 60. 밀링머신에서 새들과 테이블을 지지하며 승강 리드스크류에 의해 이송되는 밀링머신의 구성품은?
㉮ 니(knee) ㉯ 컬럼(column)
㉰ 스핀들(spindle) ㉱ 오버 암(over arm)

해답 53. ㉯ 54. ㉯ 55. ㉰ 56. ㉮ 57. ㉱ 58. ㉮ 59. ㉱ 60. ㉮

전기제어공학

문제 61. 그림과 같은 단자 1,2 사이의 계전기접점회로 논리식은?
㉮ {(a+b)d+c}e
㉯ {(ab+c)d}+e
㉰ {a+b)c+d}e
㉱ (ab+d)c+e

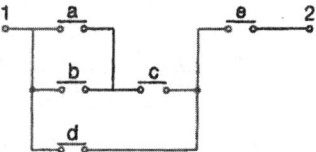

문제 62. 전기기기의 절연저항 측정에 관한 사항으로 틀린 것은?
㉮ 절연저항은 무한대의 값을 갖는 것이 가장 이상적이다.
㉯ 메거의 라인(L)단자에 기기의 코일단자를 연결한다.
㉰ 메거의 접지(E)단자에 기기 외함을 연결한다.
㉱ 절연저항의 측정치는 10Ω 이하가 적당하다.

문제 63. 타이머를 이용한 난방기구의 제어는 어느 분류에 속하는가?
㉮ 공정제어   ㉯ 시퀀스제어
㉰ 수치제어   ㉱ 피드백제어

문제 64. 다음 회로의 임피던스는?
㉮ $L_1 + \dfrac{1}{C_1} + \dfrac{1}{C_2}$
㉯ $\omega L_1 - \dfrac{1}{\omega(C_1+C_2)}$
㉰ $\sqrt{\omega^2 L_1^2 + \dfrac{1}{\omega^2(C_1+C_2)^2}}$
㉱ $\omega L_1 + \dfrac{1}{\omega(C_1+C_2)}$

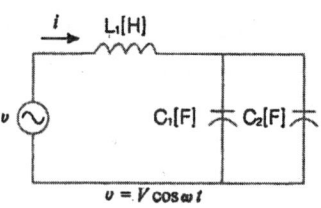

문제 65. 그림과 같은 제어에 해당하는 것은?
㉮ 개방 제어
㉯ 시퀀스 제어
㉰ 개루프 제어
㉱ 폐루프 제어

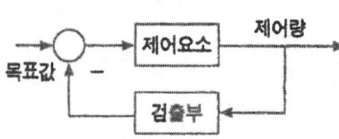

해답 61. ㉰ 62. ㉱ 63. ㉯ 64. ㉯ 65. ㉱

문제 66. 단위에서 Ω·sec와 같은 단위는?
㉮ F   ㉯ F/m   ㉰ H   ㉱ H/m

문제 67. 전압을 V, 전류를 R, 그리고 도체의 비저항을 ρ라 할 때 옴의 법칙을 나타낸 식은?
㉮ $V=\dfrac{R}{I}$ ㉯ $V=\dfrac{I}{R}$ ㉰ $V=IR$ ㉱ $V=IR\rho$

문제 68. 논리식 $X=AB+\overline{BC}$에서 작동 설명이 잘못된 것은?
㉮ A=1, B=0, C=1 이면 X=1 이다.
㉯ A=1, B=1, C=0 이면 X=1 이다.
㉰ A=0, B=0, C=0 이면 X=0 이다.
㉱ A=0, B=0, C=1 이면 X=1 이다.

문제 69. 운전자가 배치되어 있지 않는 엘리베이터의 자동제어는?
㉮ 추종제어   ㉯ 프로그램제어   ㉰ 정치제어   ㉱ 프로세스제어

문제 70. 그림과 같은 회로에서 전달함수 $G(s)=\dfrac{I(s)}{V(s)}$를 구하면?
㉮ $R+Ls+Cs$
㉯ $\dfrac{1}{R+Ls+Cs}$
㉰ $R+Ls+\dfrac{1}{Cs}$
㉱ $\dfrac{1}{R+Ls+\dfrac{1}{Cs}}$

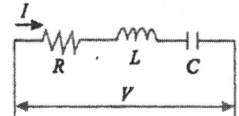

문제 71. PLC의 구성에 해당되지 않는 것은?
㉮ 입력장치   ㉯ 제어장치   ㉰ 주변용장치   ㉱ 출력장치

문제 72. 그림과 같은 연산증폭기를 사용한 회로의 기능은?
㉮ 적분기
㉯ 미분기
㉰ 가산기
㉱ 제한기

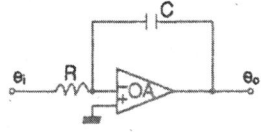

해답 66. ㉰ 67. ㉱ 68. ㉱ 69. ㉯ 70. ㉱ 71. ㉰ 72. ㉮

문제 73. △ 결선된 3상 평형회로에서 부하 1상의 임피던스가 40 + j30Ω 이고 200V의 전원전압일 때 선전류는 몇 [A]인가?
㉮ 4　　㉯ 4√3　　㉰ 5　　㉱ 5√3

문제 74. 피드백 제어의 장점이 아닌 것은?
㉮ 가장 간단한 제어계로 많이 사용된다.
㉯ 외부 조건의 변화에 대한 영향을 줄일 수 있다.
㉰ 목표 값을 정확히 달성할 수 있다.
㉱ 제어계의 특성을 향상 시킬 수 있다.

문제 75. 변압기 Y-Y결선방법의 특성을 설명한 것으로 틀린 것은?
㉮ 중성점을 접지할 수 있다.
㉯ 상전압이 선간전압의 1/√3 배가 되므로 절연이 용이하다.
㉰ 선로에 제3조파를 주로 하는 충전전류가 흘러 통신장해가 생긴다.
㉱ 단상변압기 3대로 운전하던 중 한 대가 고장이 발생해도 V결선 운전이 가능하다.

문제 76. 정격주파수 60Hz의 농형 유도전동기의 1차 전압을 정격값으로 하고 50Hz에 사용할 때 낮아지는 것은?
㉮ 온도　　㉯ 토크　　㉰ 역률　　㉱ 여자전류

문제 77. 사이클링(Cycling)을 일으키는 제어는?
㉮ 비례 제어　　㉯ 적분 제어　　㉰ 비례적분 제어　　㉱ ON-OFF 제어

문제 78. 제어대상의 상태를 자동적으로 제어하며, 목표값이 제어공정과 기타의 제한 조건에 순응하면서 가능한 가장 짧은 시간에 요구되는 최종상태까지 가도록 설계하는 제어는?
㉮ 디지털제어　　㉯ 적응제어　　㉰ 최적제어　　㉱ 정치제어

문제 79. 어떤 도체에 10C의 전기량이 이동하여 50J의 일을 했을 경우 전압은?
㉮ 0.2[V]　　㉯ 5[V]　　㉰ 500[V]　　㉱ 300[V]

문제 80. 권선형 유도전동기의 기동방법으로 가장 적당한 것은?
㉮ 전전압기동법　　㉯ 리액터기동법
㉰ 기동보상기법　　㉱ 2차 저항법

해답 73. ㉯　74. ㉮　75. ㉱　76. ㉰　77. ㉱　78. ㉰　79. ㉯　80. ㉱

승강기 개론
(2010. 3. 1. 산업기사시행)

문제 1. 유압식 엘리베이터에서 정확한 속도제어가 가능하지만 다른 방식에 비해 효율이 적은 회로는?
㉮ 블리드 오프(Bleed off)회로   ㉯ 블리드 온(Bleed on)회로
㉰ 미터 인(Meter in)회로   ㉱ 미터 아웃(Meter out)회로

문제 2. 와이어로프의 구조에서 심강은 마닐라상 등 천연섬유나 합성섬유를 꼬아 만드는 것으로 이 심강의 주요 기능으로 알맞은 것은?
㉮ 로프의 파단강도를 높여 준다.
㉯ 소선의 방청과 굴곡시의 윤활 활동을 한다.
㉰ 로프 굴곡시에 유연성을 부여한다.
㉱ 로프의 경도를 낮게 해 준다.

문제 3. 승강장 도어에 설치한 도어인터록 장치에 대한 설명으로 옳은 것은?
㉮ 카 도어와 외부출입구 도어가 연결되어 동작하는 장치이다.
㉯ 외부출입문의 전용열쇠로 열 수 있는 장치이다.
㉰ 카 도어 내부의 전기안전스위치이다.
㉱ 카가 정지하지 않은 층의 도어는 전용열쇠이외에는 열수 없는 장치이다.

문제 4. 교류엘리베이터의 제어방식에 포함되지 않는 것은?
㉮ 교류이단 속도제어   ㉯ 교류귀환 전압제어
㉰ 가변전압 가변주파수 제어   ㉱ 교류상단 속도제어

문제 5. 로프 마모상태를 판정할 때 소선의 파단이 균등하게 분포되어 있는 경우, 로프 사용한도의 기준으로 옳은 것은?
㉮ 스트랜드의 1 피치내에서 소선의 파단수가 4 이하
㉯ 스트랜드의 1 피치내에서 소선의 파단수가 3 이하
㉰ 스트랜드의 1 피치내에서 소선의 파단수가 2 이하
㉱ 스트랜드의 1 피치내에서 소선의 파단수가 1 이하

해답 1. ㉰   2. ㉯   3. ㉱   4. ㉱   5. ㉯

문제 6. 비상시 외부에서 구출할 수 있는 비상구출구에 대하여 틀린 것은?
㉮ 카 내에서는 열 수 없도록 잠금장치를 갖추어야 한다.
㉯ 카 위에서는 간단한 조작에 의해 쉽게 열 수 있어야 한다.
㉰ 비상구출구가 열리면 카가 움직이지 않아야 한다.
㉱ 카 벽에 설치된 경우에는 카 바깥쪽으로만 열려야 한다.

문제 7. 속도가 60m/min인 엘리베이터의 비상정지장치가 작동하는 속도는 몇 (m/min)인가?
㉮ 78 ㉯ 84 ㉰ 96 ㉱ 108

문제 8. 엘리베이터의 조작방식에 따른 분류에 속하지 않는 것은?
㉮ 직접식 ㉯ 카 스위치 방식 ㉰ 신호 방식 ㉱ 단식 자동식

문제 9. 간접 유압식 엘리베이터의 특징으로 볼 수 없는 것은?
㉮ 실린더를 설치하기 위한 보호관이 필요하다.
㉯ 실린더의 점검이 용이하다.
㉰ 비상정지장치가 필요하다.
㉱ 부하에 의한 카 바닥의 빠짐이 비교적 크다.

문제 10. 적재하중 1000kg, 정격속도 60m/min, 오버밸런스율 40%, 총합효율 60%일 때 권상전동기의 용량은 약 몇 (kW)인가?
㉮ 5.9 ㉯ 6.5 ㉰ 7.5 ㉱ 9.8

문제 11. 구동쉬브(메인쉬브)의 직경은 주 로프 직경의 몇 배 이상이어야 하는가?
㉮ 10 ㉯ 20 ㉰ 30 ㉱ 40

문제 12. 사이리스터를 이용하여 교류를 직류로 바꾸고 점호각을 제어하여 모터의 회전수를 바꾸는 제어 방식은?
㉮ 교류귀환제어 ㉯ 워드 레오나드 방식
㉰ 정지 레오나드 방식 ㉱ 교류 2단 속도제어

문제 13. 승강기의 주요 안전장치 중 과부하 감지장치의 용도가 아닌 것은?
㉮ 엘리베이터의 전기적 제어용 ㉯ 군관리 제어용
㉰ 과 하중 경보용 ㉱ 정전시 구출 운전용

해답 6. ㉱ 7. ㉯ 8. ㉰ 9. ㉮ 10. ㉱ 11. ㉱ 12. ㉮ 13. ㉱

문제 14. 카의 구조 중 카틀의 구성요소에 포함되지 않는 것은?
- ㉮ 상부 체대
- ㉯ 브레이스 로드(Brace Rod)
- ㉰ 하부 체대
- ㉱ 도어머신

문제 15. 승강로 출입구에 대한 설명으로 올바른 것은?
- ㉮ 승객용은 카 1대에 대하여 1개 층에서 1개의 출입구만 설치할 수 있다.
- ㉯ 승객·화물용은 카 1대에 대하여 1개 층에서 2개의 출입구를 설치할 수 있으며, 반드시 1개의 문은 닫은 상태에서 운전이 가능하여야 한다.
- ㉰ 비상용을 제외하고는 카에는 2개의 출입구를 설치할 수 없다.
- ㉱ 카에는 2개 이상의 출입구를 설치할 수 있으나, 2개의 문이 동시에 열려 통로로 사용되어서는 안된다.

문제 16. 정격속도가 90m/min인 승객용 엘리베이터의 조속기 2차(기계적) 작동속도는 몇 [m/min] 이하인가?
- ㉮ 117
- ㉯ 119
- ㉰ 126
- ㉱ 136

문제 17. 승강로가 갖추어야 할 조건이 아닌 것은?
- ㉮ 엘리베이터 관련 부품이 설치되는 곳이다.
- ㉯ 외부와 차단되는 구조로 설치되어야 한다.
- ㉰ 벽면은 불연재료로 마감처리되어야 한다.
- ㉱ 특수목적의 가스배관은 통과할 수 있다.

문제 18. 유입 완충기에서 플런저를 완전히 압축한 상태에서 완전 복귀할 때까지 요하는 시간은?
- ㉮ 90초 이하
- ㉯ 120초 이하
- ㉰ 150초 이하
- ㉱ 180초 이하

문제 19. 수평보행기의 디딤면이 고무제품 등 미끄러지기 어려운 구조일 경우 최대 허용 경사도는 몇 도인가?
- ㉮ 8°
- ㉯ 10°
- ㉰ 12°
- ㉱ 15°

문제 20. 승강기 정의에 대한 설명으로 가장 올바른 것은?
- ㉮ 전용 승강로 내를 레일을 따라 동력에 의해 좌우로 움직이는 카로 사람 또는 물건을 운반하는 기계장치
- ㉯ 전용 승강로 내를 레일에 따라 중력에 의해 상하로 움직이는 카로 사람 또는 물건을 운반하는 기계장치
- ㉰ 전용 승강로 내를 레일을 따라 동력에 의해 상하로 움직이는 카로 사람 또는 물건을 운반하는 기계장치
- ㉱ 전용 승강로 내를 레일 없이 동력에 의해 상하로 움직이는 카로 사람 또는 물건을 운반하는 기계장치

해답 14. ㉱ 15. ㉱ 16. ㉰ 17. ㉱ 18. ㉮ 19. ㉱ 20. ㉰

승강기 설계

문제 21. 엘리베이터를 이용한 범죄예방을 위한 실시대책에 아닌 것은?
㉮ 각 도어마다 방범창을 부착한다.   ㉯ 기준층에 파킹스위치를 부착한다.
㉰ 인터폰을 설치한다.   ㉱ 각층 강제정지운전을 한다.

문제 22. 하중 값이 시간적으로 변화하는 상황에 따른 분류 중 동하중에 해당되지 않는 것은?
㉮ 반복하중   ㉯ 교번하중   ㉰ 충격하중   ㉱ 집중하중

문제 23. 로프 거는 방식 중 고속을 얻기에 적당한 로핑 방법은?
㉮ 1:1로핑   ㉯ 2:1로핑   ㉰ 3:1로핑   ㉱ 4:1로핑

문제 24. 지진을 대비한 것이 아닌 것은?
㉮ 도르래의 로프 가이드   ㉯ 각층 강제정지장치
㉰ 권상기의 스토퍼   ㉱ 제어반의 스테이

문제 25. 카의 정전시 예비조명장치에 대한 설명 중 옳은 것은?
㉮ 카의 램프 중심부로 부터 2m 떨어진 곳의 수직면의 조도가 1Lux 이상 되도록 설계한다.
㉯ 카의 램프 중심부로 부터 2m 떨어진 곳의 수직면의 조도가 100Lux 이상 되도록 설계한다.
㉰ 카의 램프 중심부로 부터 1m 떨어진 곳의 수직면의 조도가 1Lux 이상 되도록 설계한다.
㉱ 카의 램프 중심부로 부터 1m 떨어진 곳의 수직면의 조도가 100Lux 이상 되도록 설계한다.

문제 26. 아래 그림 단순보에 W=100kg, a=400cm, b=600cm 일 때, A점에서 발생하는 회전모멘트는 몇 [kg·cm]인가?

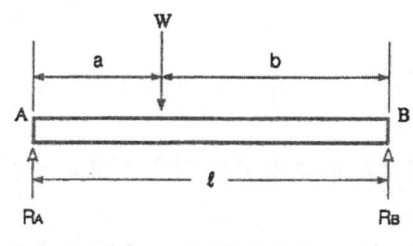

㉮ 40   ㉯ 60   ㉰ 100   ㉱ 1000

해답 21. ㉯ 22. ㉱ 23. ㉮ 24. ㉯ 25. ㉮ 26. ㉯

문제 27. 엘리베이터 제어방식 중 교류귀환 제어방식을 사용하는 가장 적합한 이유는?
㉮ 병렬 운전 제어　　　　　㉯ 점호각 제어
㉰ 전동기속도 제어　　　　　㉱ 정류개선 제어

문제 28. 전동 덤웨이터 기계실의 천장 높이는 최소 몇 cm 이상이어야 하는가?(단, 기기의 배치 및 관리에 지장이 있는 경우)
㉮ 60　　　㉯ 70　　　㉰ 80　　　㉱ 100

문제 29. 주어진 조건과 같은 에스컬레이터의 적재하중은 약 몇 [kg]인가?
〔조건〕 층고：4m, 속도：30m/min, 스텝폭：1000mm, 경사각：30°
㉮ 1400　　　㉯ 1870　　　㉰ 3460　　　㉱ 6930

문제 30. 정격속도 90m/min인 로프식 엘리베이터 카 꼭대기틈새 기준으로 적합한 것은?
㉮ 1.8m 이상　　㉯ 1.6m 이상　　㉰ 1.4m 이상　　㉱ 1.2m 이상

문제 31. 로프와 도르래 홈에 언더커트 홈을 사용하는 이유는?
㉮ 마찰계수 향상　　　　　㉯ 윤활 용이
㉰ 로프의 중심 균형　　　　㉱ 도르래의 경량화

문제 32. 기어의 장점을 설명한 것으로 틀린 것은?
㉮ 강도가 크다.　　　　　㉯ 높은 정밀도를 얻을 수 있다.
㉰ 전동이 확실하다.　　　㉱ 호환성이 나쁘다.

문제 33. 브레이스 로드를 전후좌우 4개소에 적절히 설치하면 카바닥 하중의 어느 정도까지를 균등하게 카틀의 상부에서 하부까지 전달할 수 있는가?
㉮ $\frac{1}{8}$　　　㉯ $\frac{2}{8}$　　　㉰ $\frac{3}{8}$　　　㉱ $\frac{4}{8}$

문제 34. 에스컬레이터에 대한 설명으로 옳지 않은 것은?
㉮ 수송능력은 엘리베이터의 7~10배이며 대량 수송에 적합하다.
㉯ 건축상으로 점유면적이 적고 별도의 기계실이 필요하지 않다.
㉰ 800형은 난간폭이 1000mm이고 시간당 6000명을 수송할 수 있다.
㉱ 대기시간이 없고 연속적으로 승객을 수송할 수 있다.

해답　27. ㉯　28. ㉰　29. ㉰　30. ㉯　31. ㉮　32. ㉱　33. ㉰　34. ㉰

문제 35. 비상용 엘리베이터 운행속도의 기준으로 옳은 것은?
㉮ 30m/min이상 ㉯ 45m/min이상
㉰ 60m/min이상 ㉱ 90m/min이상

문제 36. 속도가 30m/min인 교류 1단속도 제어방식의 엘리베이터가 최하층에 수평으로 정지되어 있다. 이 때 카와 스프링 완충기와의 최소거리는 몇 [mm]인가?
㉮ 120 ㉯ 160 ㉰ 200 ㉱ 225

문제 37. 동력전원설비의 설계기준에서 반드시 정할 사항이 아닌 것은?
㉮ 누설전류 ㉯ 변압기 용량
㉰ 과전류차단기 용량 ㉱ 배전선 굵기

문제 38. 엘리베이터용 전동기의 구비요건으로 옳지 않은 것은?
㉮ 기동전류가 클 것
㉯ 기동코크가 클 것
㉰ 회전부의 관성모멘트가 적을 것
㉱ 빈번한 운전에 대한 열적 특성이 양호할 것

문제 39. 정격전압 380V, 정격전류 12A일 때 동력전원 설계시 일반적으로 가속전류를 어느 정도로 하여야 하는가?
㉮ 14.4A ㉯ 15A ㉰ 20A ㉱ 24A

문제 40. 군관리 승객용 엘리베이터 중 1대에만 전면과 후면 출입구를 설치하려고 한다. 틀린 것은?
㉮ 문열림 특별장치가 필요하다. ㉯ 파트타임 서비스에 적당하다.
㉰ 국내에서도 설치할 수 있다. ㉱ 동시에 양쪽문이 작동해도 된다.

일반기계공학

문제 41. 기어나 피스톤 핀 등과 같이 마모작용에 강하고 동시에 충격에도 강해야 할 때, 강의 표면을 경화하기 위하여 열처리하는 방법이 아닌 것은?
㉮ 침탄법 ㉯ 침탄질화법 ㉰ 저온소둔법 ㉱ 고주파법

해답 35. ㉰ 36. ㉮ 37. ㉮ 38. ㉮ 39. ㉯ 40. ㉱ 41. ㉰

문제 42. 지금이 100mm인 탄소강재를 선반 가공할 때 1회 가공 소요시간은 약 몇 초 인가?(단, 회전수는 400rpm이고 이송은 0.3mm/rev이며 탄소강재의 길이는 50mm 이다.)
㉮ 20초　　㉯ 25초　　㉰ 30초　　㉱ 40초

문제 43. 재료의 성질을 나타내는 세로탄성계수(영률 E)의 단위가 맞는 것은?
㉮ N　　㉯ N/cm^2　　㉰ $N \cdot m$　　㉱ N/cm

문제 44. 속이 찬 회전축의 전달마력이 7kW인 축에 350rpm으로 작동한다면 축의 전달 토크는 약 몇 N·m인가?
㉮ 101　　㉯ 151　　㉰ 191　　㉱ 231

문제 45. 용적형 펌프에 해당하는 피스톤 펌프는 어느 형식에 속하는 펌프인가?
㉮ 왕복식 펌프　　㉯ 원심식 펌프　　㉰ 사류 펌프　　㉱ 회전식 펌프

문제 46. 코일 스프링에서 코일의 평균지름 D=50mm이고, 유효 권수가 10, 소선 지름이 d=6mm, 축방향 하중 10N이 작용할 때 비틀림에 의해 전단응력은 약 몇 MPa인가?
㉮ 1.5　　㉯ 3.0　　㉰ 5.9　　㉱ 15.9

문제 47. 다이얼 게이지로 측정하는 것이 가장 적합한 것은?
㉮ 캠 축의 휨　　㉯ 나사의 피치
㉰ 피스톤의 외경　　㉱ 피스톤과 실린더의 간극

문제 48. 길이가 2m이고 직경이 1cm인 강선에 작용하는 인장 하중 $1600 kgf/cm^2$일 때 강선의 늘어난 길이는?(단, 단성계수(E)=$2.1 \times 10^6 kgf/cm^2$이다.)
㉮ 0.1941cm　　㉯ 0.1814cm　　㉰ 0.1579cm　　㉱ 0.1327cm

문제 49. 절삭 및 비절삭가공 중에서 절삭가공에 속하는 것은?
㉮ 주조　　㉯ 단조　　㉰ 판금　　㉱ 호닝

문제 50. V 벨트 전동과 비교한 체인전동의 특징을 설명한 것으로 틀린 것은?
㉮ 전동 효율이 높다.
㉯ 고속 회전에 적합하다.
㉰ 미끄럼이 없어 속도비가 일정하다.
㉱ V 벨트 길이보다는 체인길이를 쉽게 조절할 수 있다.

해답 42. ㉰　43. ㉱　44. ㉯　45. ㉮　46. ㉱　47. ㉱　48. ㉰　49. ㉱　50. ㉱

문제 51. 그림과 같이 길이 ℓ인 단순보의 중앙에 집중하중 W를 받는 때 최대 굽힘모멘트(M_{max}점)는 얼마인가?

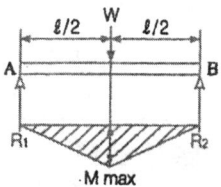

㉮ $\dfrac{W\ell}{4}$ ㉯ $\dfrac{W\ell}{2}$ ㉰ $\dfrac{W\ell^2}{4}$ ㉱ $\dfrac{W\ell^2}{2}$

문제 52. 표준 스퍼 기어에서 기어의 잇수가 25개, 피치원의 지름이 75mm일 때 모듈은 얼마인가?
㉮ 3   ㉯ 9.42   ㉰ 0.33   ㉱ 6

문제 53. 베어링에 오일 실(oil seal)을 사용하는 가장 중요한 이유는?
㉮ 접촉이 잘 되도록 하기 위하여
㉯ 열발산을 잘하기 위하여
㉰ 유막이 끊어지지 않도록 하기 위하여
㉱ 기름이 새는 것과 먼지 등의 침입을 막기 위하여

문제 54. 다음 중 선반의 4대 주요 구성 부분에 속하지 않는 것은?
㉮ 심압대   ㉯ 주축대   ㉰ 바이트   ㉱ 왕복대

문제 55. 두께가 같은 10mm인 강판의 겹치기이음의 전면 팔렛용접에서 작용하중이 5000N이면, 용접부의 허용응력이 $6N/mm^2$일 때 용접부 유효길이는 약 몇 mm 이상 이어야 하는가?
㉮ 50   ㉯ 59   ㉰ 65   ㉱ 72

문제 56. 비중이 2.7인 이 금속은 합금원소를 첨가하여 높은 강도, 가벼운 무게와 내부식성이 강한 합금으로 개선하여 자동차 트랜스미션 케이스, 피스톤, 엔진블록 등으로 사용되는 것은?
㉮ 납   ㉯ 아연   ㉰ 마그네슘   ㉱ 알루미늄

문제 57. 나사의 접촉면 사이의 틈이나 나사면을 따라 증기나 기름 등이 누출되는 것을 방지하는데 주로 사용하는 너트는?
㉮ 홈붙이 너트   ㉯ 캡 너트
㉰ 플랜지 너트   ㉱ 원형 너트

해답 51. ㉮   52. ㉮   53. ㉱   54. ㉰   55. ㉰   56. ㉱   57. ㉯

문제 58. 유량이 6m³/min, 소실 양정 6m, 실양정 30m인 급수펌프를 1750rpm으로 운전할 때 소요동력은 약 몇 kW인가?(단, 펌프 효율은 0.88이다.)
㉮ 20　　　㉯ 30　　　㉰ 35　　　㉱ 40

문제 59. 가공 경화된 재료를 연한 재질상태로 돌아가게 하는 열처리 방법은?
㉮ 불림(normalizing)　　㉯ 풀림(annealing)
㉰ 뜨임(tempering)　　㉱ 담금질(quenching)

문제 60. 선삭가공이나 드릴로 뚫어진 구멍의 형상과 치수를 정밀하게 다듬질하는 작업은?
㉮ 리밍　　㉯ 탭핑　　㉰ 다이스 작업　　㉱ 스크레이퍼 작업

전기제어공학

문제 61. 그림과 같은 유접점 회로의 논리식과 논리회로 명칭으로 옳은 것은?

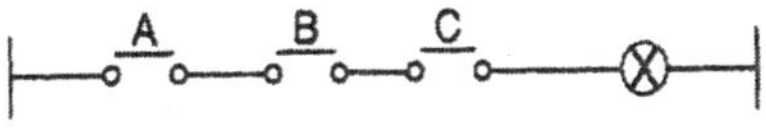

　　　　―○ A ○―○ B ○―○ C ○―⊗―

㉮ $F=\overline{A \cdot B \cdot C}$, NOT 회로　　㉯ $F=\overline{A+B+C}$, NOR 회로
㉰ $F=A+B+C$, OR 회로　　㉱ $F=A \cdot B \cdot C$, AND 회로

문제 62. 직류전동기의 회전 방향을 바꾸려면 어떻게 하는가?
㉮ 입력단자의 극성을 바꾼다.　　㉯ 전기자의 접속을 바꾼다.
㉰ 보극권선의 접속을 바꾼다.　　㉱ 브러시의 위치를 조정한다.

문제 63. 논리식 A(A+B)를 간단히 하면?
㉮ A　　㉯ B　　㉰ AB　　㉱ A+B

문제 64. 주파수 50Hz인 교류의 위상차가 $\frac{\pi}{3}$rad이다. 이 위상차를 시간으로 나타내면 몇 sec인가?
㉮ $\frac{1}{60}$　　㉯ $\frac{1}{120}$　　㉰ $\frac{1}{300}$　　㉱ $\frac{1}{720}$

해답 58. ㉯　59. ㉮　60. ㉮　61. ㉱　62. ㉮　63. ㉮　64. ㉮

문제 65. 변압기 정격 1차 전압의 의미를 바르게 설명한 것은?
㉮ 정격 2차 전압에 권수비를 곱한 것이다.
㉯ $\frac{1}{2}$ 부하를 걸었을 때의 1차 전압이다.
㉰ 무부하일 때의 1차 전압이다.
㉱ 정격 2차 전압에 효율을 곱한 것이다.

문제 66. 목표값이 시간에 대하여 변화하지 않는 제어로 정전압 장치나 일정 속도제어 등에 해당하는 제어는?
㉮ 프로그램제어   ㉯ 추종제어   ㉰ 정치제어   ㉱ 비율제어

문제 67. PI 제어동작은 프로세스제어계의 정상특성 개선에 흔히 사용된다. 이것에 대응하는 보상요소는?
㉮ 동상 보상요소   ㉯ 지상 보상요소
㉰ 진상 보상요소   ㉱ 지상 및 진상 보상요소

문제 68. 그림과 같은 병렬공진회로에서 전류 I가 전압 E보다 앞서는 관계로 옳은 것은?

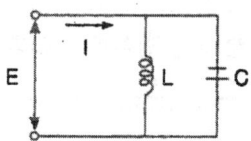

㉮ $f < \frac{1}{2\pi\sqrt{LC}}$ ㉯ $f > \frac{1}{2\pi\sqrt{LC}}$ ㉰ $f = \frac{1}{2\pi\sqrt{LC}}$ ㉱ $f = \frac{1}{\sqrt{2\pi LC}}$

문제 69. 피드백제어에서 반드시 필요한 장치는?
㉮ 안정도를 향상시키는 장치   ㉯ 응답속도를 개선시키는 장치
㉰ 구동장치   ㉱ 입력과 출력을 비교하는 장치

문제 70. 어떤 제어계의 임펄스 응답이 sin ωt일 때 계의 전달함수는?
㉮ $\frac{\omega}{s+\omega}$ ㉯ $\frac{s}{s+\omega^2}$ ㉰ $\frac{\omega}{s+\omega^2}$ ㉱ $\frac{\omega^2}{s+\omega}$

문제 71. 평행한 왕복도체에 흐르는 전류에 의한 작용력은?
㉮ 반발력   ㉯ 흡인력   ㉰ 회전력   ㉱ 정지력

해답 65. ㉰   66. ㉰   67. ㉯   68. ㉰   69. ㉱   70. ㉰   71. ㉮

문제 72. 그림(a)의 병렬로 연결된 저항회로에서 전류 I와 I_1의 관계를 그림(b)의 블록선도로 나타낼 때 A에 들어갈 전달함수는?

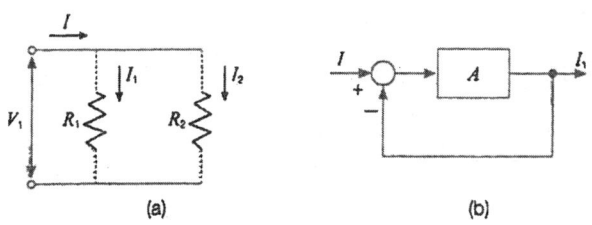

㉮ $\dfrac{1}{R_1+R_2}$ ㉯ $\dfrac{1}{R_1R_2}$ ㉰ $\dfrac{R_1}{R_2}$ ㉱ $\dfrac{R_2}{R_1}$

문제 73. 직류발전기 전기자 반작용의 영향이 아닌 것은?
㉮ 중성축의 이동   ㉯ 자속의 크기 감소
㉰ 절연내력의 저하   ㉱ 유기기전력의 감소

문제 74. 기전력 2V, 용량 10Ah인 축전지 9개를 직렬로 연결하여 사용할 때의 용량은 몇 [Ah]인가?
㉮ 10   ㉯ 90   ㉰ 100   ㉱ 180

문제 75. $\dfrac{1}{S+1}$ 인 함수의 라플라스 역변환식은?
㉮ $1-e^{-t}$ ㉯ $1+e^{-t}$ ㉰ e^t ㉱ e^{-t}

문제 76. 피드백 제어계에 사용되는 용어의 설명으로 틀린 것은?
㉮ 기준 입력요소란 목표치에 비례하는 기준 입력신호를 발생하는 장치이다.
㉯ 제어요소란 동작신호를 조작량으로 변환하는 요소이다.
㉰ 외란이란 제어량의 값을 변화시키려 하는 외부로부터의 바람직하지 않은 신호이다.
㉱ 동작신호는 기준입력과 제어량의 편차인 신호이다.

문제 77. 자동제어의 조절기기 중 연속동작이 아닌 것은?
㉮ 비례제어 동작   ㉯ 적분제어 동작
㉰ 2위치 동작   ㉱ 미분제어 동작

문제 78. 2〔Ω〕의 저항 10개를 직렬로 연결한 경우 병렬로 연결한 경우의 합성저항의 크기는 몇 배인가?
㉮ 150   ㉯ 100   ㉰ 50   ㉱ 10

해답 72. ㉮   73. ㉰   74. ㉯   75. ㉱   76. ㉮   77. ㉰   78. ㉰

문제 79. 스태핑 모터를 사용할 수 없는 기기는?
  ㉮ X-Y테이블   ㉯ 복사기   ㉰ 에스켈레이터   ㉱ 프린터

문제 80. 아래의 가)그림과 같이 직렬결합되어 있는 블록선도를 등가변환한 나)그림의 ⓐ에 해당하는 것은?

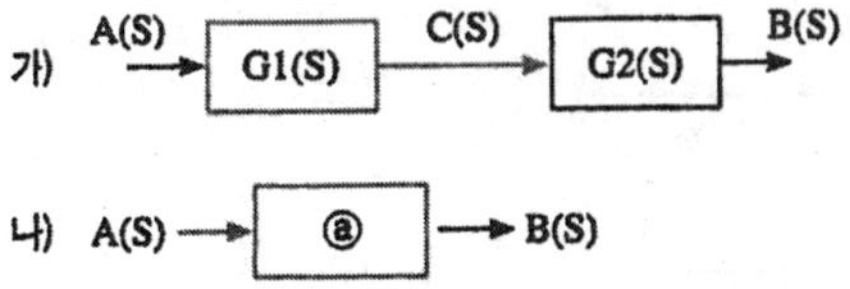

가) A(S) → [G1(S)] → C(S) → [G2(S)] → B(S)

나) A(S) → [ⓐ] → B(S)

  ㉮ G1(S)+G2(S)   ㉯ G1(S)-G2(S)
  ㉰ G1(S)·G2(S)   ㉱ G1(S)/G2(S)

해답 79. ㉰ 80. ㉰

승강기 개론
(2010. 9. 5. 기사시행)

문제 1. 엘리베이터의 주행 중 혹은 가감속시 와이어로프가 미끄러지지 않도록 트랙션능력을 충분히 검토할 필요가 있다. 여기서 트랙션비(traction ratio)에 대한 설명으로 옳은 것은?
㉮ 트랙션비는 0 이상이다.
㉯ 트랙션비가 낮으면 로프의 수명이 길게 된다.
㉰ 트랙션비가 높으면 전동기의 출력을 작게 할 수 있다.
㉱ 트랙션비가 높으면 로프와 도르레와의 마찰력이 작아진다.

문제 2. 두 대 이상의 엘리베이터가 동일 승강로에 병설 될 때의 비상구출구에 관한 설명 중 틀린 것은?
㉮ 두 개의 카벽 측부에 구출구를 설치할 수 있다.
㉯ 구출구는 카 내부로 열리는 구조이어야 한다.
㉰ 구출구는 외부에서 열쇠를 사용하여 열어야 한다.
㉱ 문이 열려있는 동안에는 운전이 불가능하여야 한다.

문제 3. 에스컬레이터 제동기의 작동상태에 대한 설명으로 적재하중을 작용시키지 않고 디딤판이 상승할 때의 정지거리로 적합한 것은?
㉮ 1m 이상 2m 이하
㉯ 0.5m 이상 1m 이하
㉰ 0.1m 이상 0.6m 이하
㉱ 0.6m 이상 1.2m 이하

문제 4. 엘리베이터의 적재하중 1150kg, 정격속도 105m/min, 오버밸런스율 40%, 종합효율이 75%일 때 권상전동기의 용량은?
㉮ 약 10.5[kW]   ㉯ 약 11.8[kW]   ㉰ 약 14.2[kW]   ㉱ 약 15.8[kW]

문제 5. 기계실의 온도는 원칙적으로 몇 ℃ 이하로 유지되어야 하는가?
㉮ 30℃ 이하   ㉯ 35℃ 이하   ㉰ 40℃ 이하   ㉱ 45℃ 이하

문제 6. 교류 2단 속도제어 방식에서 고속과 저속의 속도비로서 일반적으로 가장 많이 사용되는 것은?
㉮ 2:1   ㉯ 3:1   ㉰ 4:1   ㉱ 6:1

해답 1. ㉯ 2. ㉰ 3. ㉰ 4. ㉱ 5. ㉯ 6. ㉰

문제 7. 유압식 엘리베이터에서 간접식의 장·단점에 대한 설명으로 틀린 것은?
㉮ 실린더의 점검이 용이하다.
㉯ 승강로는 실린더를 수용할 부분만큼 커지게 된다.
㉰ 비상정지장치가 필요하다.
㉱ 로프의 늘어짐과 작동유의 압축성 때문에 부하에 의한 카 바닥의 빠짐이 비교적 작다.

문제 8. 사람이 탑승하지 않으면서 적재용량 1톤 미만의 소형화물운반에 적합하게 제작된 것은?
㉮ 화물용 엘리베이터
㉯ 자동차용 엘리베이터
㉰ 덤웨이터
㉱ 수평보행기

문제 9. 교류 엘리베이터에서 가장 많이 사용하고 있는 전동기는?
㉮ 농형유도전동기
㉯ 교류 정류자전동기
㉰ 분권전동기
㉱ 직권전동기

문제 10. 나선형 에스컬레이터라고도 하며 나선형으로 상승 또는 하강하는 에스컬레이터는?
㉮ 옥내용 에스컬레이터
㉯ 모듈러 에스컬레이터
㉰ 옥외용 에스컬레이터
㉱ 스파이럴 에스컬레이터

문제 11. 초고층 빌딩 등에서 중간의 승계층까지 직행 왕복운전 하여 대량수송을 목적으로 하는 엘리베이터는?
㉮ 더블데트 엘리베이터
㉯ 셔틀 엘리베이터
㉰ 역사용 엘리베이터
㉱ 보도교용 엘리베이터

문제 12. 전망용 엘리베이터의 카에 사용할 수 있는 유리가 아닌 것은?
㉮ 망유리 ㉯ 강황유리 ㉰ 접합유리 ㉱ 복층유리

문제 13. 카를 안전하게 정지시키는 제동기가 갖추어야 할 제동능력으로 옳은 것은?
㉮ 승용승강기는 125% 부하, 화물용 승강기는 120% 부하로 전속하강 중의 카를 위험 없이 감속정지 할 수 있는 능력
㉯ 승용승강기는 110% 부하, 화물용 승강기는 105% 부하로 전속하강 중의 카를 위험 없이 감속정지 할 수 있는 능력
㉰ 슈(shoe)의 작용으로 마찰력과 스프링으로 정지하므로 부하용량과 무관
㉱ 고속승강기는 전기적으로 정지시키므로 기계적 제동력은 필요 없음

해답 7. ㉱ 8. ㉰ 9. ㉮ 10. ㉱ 11. ㉯ 12. ㉱ 13. ㉮

문제 14. 기계실의 소요 환기풍량을 산출하기 위하여 발생 열량을 산출하려고 한다. 발생 열량 산출과 관계가 없는 것은?
㉮ 기계실의 크기
㉯ 적재하중
㉰ 제어방식
㉱ 속도

문제 15. 교류엘리베이터의 제어방식이 아닌 것은?
㉮ 2단속도 제어
㉯ 귀환전압 제어
㉰ 인버터 제어
㉱ 정지레오나드 제어

문제 16. 건축물에 엘리베이터의 설비를 계획할 때 고려하여야 할 사항이 아닌 것은?
㉮ 가능한 동일 장소에 집중배치하여 교통부하를 평균화한다.
㉯ 4대 이상일 경우에는 일렬배치보다는 대면배치하여 승객의 편의를 도모한다.
㉰ 건물 내의 피크시의 교통은 일시적으로 무시하고 평균 교통량으로 엘리베이터의 설비계획을 세워 비용을 절감한다.
㉱ 건축물의 교통수요에 대하여 엘리베이터의 규모는 속도, 용량, 대수, 군관리방식 등을 결정한다.

문제 17. 다음 중 일반적으로 카측 뿐만 아니라 균형추 측에도 비상정지장치를 설치하여야 하는 경우는?
㉮ 카의 속도가 210m/min 이상인 경우
㉯ 피트 깊이가 1800/mn 이상인 경우
㉰ 카의 속도가 300m/min 이상인 경우
㉱ 피트 바닥하부를 사람이 출입하는 통로 등으로 사용할 경우

문제 18. 승강기 제어반의 절연저항에 관한 설명 중 틀린 것은?
㉮ 누전에 의한 감전재해나 전기화재와 같은 사고를 방지하기 위하여 측정한다.
㉯ 제어회로전압 150V 이하는 0.02 MΩ 이상이어야 한다.
㉰ 전동기 주회로의 절연저항은 제어반의 각 과전류차단기를 끊은 상태에서 검사한다.
㉱ 신호회로전압 150V 이하는 0.1 MΩ 이상이어야 한다.

문제 19. 엘리베이터 카 내의 비상조명등의 밝기에 대한 설명으로 옳은 것은?
㉮ 정전시에 램프 중심부로부터 2m 떨어진 수직면상의 조도가 1Lux 이상이어야 한다.
㉯ 정전시에 램프 중심부로부터 2m 떨어진 수직면상의 조도가 10Lux 이상이어야 한다.
㉰ 카 바닥면의 조도가 1Lux 이상이어야 한다.
㉱ 카 바닥면의 조도가 10Lux 이상이어야 한다.

해답 14. ㉮ 15. ㉱ 16. ㉰ 17. ㉱ 18. ㉯ 19. ㉮

문제 20. 일종의 압력조절밸브로 회로의 압력이 설정값에 도달하면 밸브를 열어 기름을 탱크로 돌려보냄으로 압력이 과도하게 높아지는 것을 방지하기 위한 것은?
㉮ 유량제어밸브 ㉯ 안전밸브 ㉰ 역저지밸브 ㉱ 필터

승강기 설계

문제 21. 균형추에 관한 내용 중 잘못된 것은?
㉮ 균형추의 틀은 보통 구형강으로 제적되어 상·하부에 부착된 가이드슈에 의해 이동한다.
㉯ 웨이트는 보통 주철이나 특수 콘크리트로 제작되며 이것은 충격에 견딜 수 있는 구조이어야 한다.
㉰ 균형추의 총 중량은 빈 카의 하중에 그 엘리베이터의 사용 상황에 따라 적재하중의 55~75%의 중량을 더한 값으로 하는 것이 보통이다.
㉱ 카측 로프가 매달고 있는 중량과 균형추측 로프가 매달고 있는 중량의 비를 트랙션비라 한다.

문제 22. 엘리베이터 내 방범설비에 대한 설명으로 틀린 것은?
㉮ 출입구의 도어에 유리창 설치   ㉯ 격층 강제정지 운전 장치
㉰ 카내에 경보장치 설치   ㉱ 동시통화 방식 인터폰 설치

문제 23. 다음 중 비상용승강기를 반드시 설치해야 하는 경우는?
㉮ 높이 31m를 넘는 각 층의 바닥면적 중 최대 바닥면적이 $1500mm^2$ 이상인 건축물
㉯ 높이 31m를 넘는 각층을 거실외의 용도로 쓰는 건축물
㉰ 높이 31m를 넘는 각층의 바닥면적의 합계가 $500mm^2$ 이상인 건축물
㉱ 높이 31m를 넘는 층수가 4개층 이하로서 당해 각층의 바닥면적의 합계 $200mm^2$ 이내마다 방화구획으로 구획한 건축물

문제 24. 엘리베이터의 브레이크 능력에 관한 사항 중 틀린 것은?
㉮ 제동력을 너무 작게 하면 제동시 회전부분에 큰 응력을 발생시킨다.
㉯ 정지 후 부하에 의한 언밸런스로 역구동되어 움직이는 일이 없도록 유지되어야 한다.
㉰ 브레이크는 카나 균형추 등 엘리베이터의 전 장치의 관성을 제지할 필요가 있다.
㉱ 화물용 엘리베이터는 정격의 120% 부하로 전속 하강 중 위험 없이 감속·정지할 수 있어야 한다.

해답 20. ㉯ 21. ㉰ 22. ㉯ 23. ㉮ 24. ㉮

문제 25. 적재하중 1000kg, 카자중 1200kg이고, 단면계수 $Z=225cm^3$인 SS-400을 1본 사용한(1:1로핑) 상부체대의 응력은?(단, 상부체대의 길이는 180cm이다.)
㉮ $200[kg/cm^2]$ ㉯ $240[kg/cm^2]$ ㉰ $400[kg/cm^2]$ ㉱ $440[kg/cm^2]$

문제 26. 초고층 빌딩의 서비스층 분할에 관한 설명 중 틀린 것은?
㉮ 일주시간은 짧아지고 수송능력은 증대한다.
㉯ 급행구간이 만들어져 고속성능을 충분히 살릴 수 있다.
㉰ 동일 테넌트가 다른 층으로 건너타고 있는 것은 층간교통이 불편해지고 거북스럽다.
㉱ 건물의 인구분포에 큰 변동이 있을 때 간단하게 분할점을 바꿀 수 있다.

문제 27. 파이널 리미트 스위치(final limit switch)의 설계에 대한 설명으로 틀린 것은?
㉮ 카가 완충기에 도달 후에 작동하도록 설계한다.
㉯ 승강로 내부에 설치하고 카에 부착된 캠으로 동작시킨다.
㉰ 카 또는 균형추가 완전히 압축된 완충기 위에 얹히기까지 작용을 계속하도록 한다.
㉱ 카가 종단층을 통과한 뒤에는 전원이 권상 전동기로부터 자동적으로 차단되도록 한다.

문제 28. 기계실의 구조에 대한 설명 중 틀린 것은?
㉮ 기계실의 바닥면적은 원칙적으로 승강로 수평투영 면적의 2배 이상으로 한다.
㉯ 기계실의 바닥면부터 천장 또는 보의 하부까지의 수직거리는 2m 이상으로 한다.
㉰ 기계실의 실온은 유지관리에 지장이 없도록 원칙적으로 40℃ 이하를 유지하여야 한다.
㉱ 기계실 출입문의 폭은 0.6m 이상, 높이는 1.8m 이상으로 한다.

문제 29. V벨트의 특징이 아닌 것은?
㉮ 축간 거리가 비교적 짧은 데에 사용한다.
㉯ 운전 소음이 크고 충격 흡수과 효과가 있다.
㉰ 미끄럼이 적고 전동 회전비가 크다.
㉱ 수명이 길다.

문제 30. 길이가 40m인 로프에 250kg의 하중이 작용할 때 로프가 탄성한계 내에서 늘어나는 길이는?(단, 로프의 종탄성계수는 $7000kg/mm^2$, 로프본수는 1가닥, 로프단면적은 $100mm^2$이다.)
㉮ 약 14.2[mm] ㉯ 약 18.7[mm] ㉰ 약 32.6[mm] ㉱ 약 53.2[mm]

문제 31. 승객용 엘리베이터의 브레스 로드에 대한 안전율은 얼마 이상으로 설계해야 하는가?
㉮ 4 ㉯ 6 ㉰ 7.5 ㉱ 10

해답 25. ㉱ 26. ㉱ 27. ㉮ 28. ㉱ 29. ㉯ 30. ㉮ 31. ㉰

문제 32. 가이드레일에 관한 설명으로 틀린 것은?
㉮ 현재 사용하고 있는 가이드레일의 표준 길이는 5m이다.
㉯ 가이드레일 선정시 정격속도와는 큰 영향이 없으나 적재하중과는 영향이 많다.
㉰ 15인승 속도 60m/min인 승객용 엘리베이터에는 카측에 8K, 균형추측에 13K 가이드레일을 사용한다.
㉱ 가이드레일 강도 계산시 레일 브라켓의 설치간격도 고려되어야 한다.

문제 33. 승강기 검시반에 관한 설명으로 틀린 것은?
㉮ 일반 감시반과 컴퓨터 감시반이 있다.
㉯ 일반 감시반에는 분석 기능이 없다.
㉰ 감시반의 기능과 비상호출 기능은 별개이다.
㉱ 컴퓨터 감시반은 도어의 개폐상태를 감시할 수 있다.

문제 34. 동기속도 1500[rpm], 전부하회전수 1420[rpm]인 전동기의 슬립은?
㉮ 약 5.3[%]   ㉯ 약 6.4[%]   ㉰ 약 7.5[%]   ㉱ 약 8.6[%]

문제 35. 로프식 엘리베이터에서 주로프에 관한 설명으로 틀린 것은?
㉮ 주로프의 안전율이 10 이상이 되도록 여러 가닥의 로프를 사용하는 경우에 직경은 8mm 이상으로 할 수 있다.
㉯ 직경은 항상 공칭지름 12mm 이상이어야 한다.
㉰ 끝부분은 1본마다 로프소켓에 바빗트 채움을 하거나 체결식 로프 소켓을 사용하여 고정하여야 한다.
㉱ 카 1대에 대하여 3본(권동식의 경우 2본) 이상이어야 한다.

문제 36. 변압기 용량 산정시 인버터 엘리베이터의 경우 실효(RMS)전류는?
㉮ 무부하 상승전류의 40%   ㉯ 전부하 상승전류의 50%
㉰ 무부하 상승전류의 60%   ㉱ 전부하 상승전류의 70%

문제 37. 적재하중이 1600kg이고 정격속도가 240m/min인 엘리베이터의 피트 깊이에 관한 기준으로 옳은 것은?
㉮ 3.2m 이상   ㉯ 3.4m 이상   ㉰ 3.6m 이상   ㉱ 3.8m 이상

문제 38. 전동기에서 GD^2에 대한 설명으로 옳은 것은?
㉮ 주어진 전압의 파형이 전류보타 앞서는 정도이다.
㉯ 일정한 토크로 전동기를 기동시켰을 때 빨리 가동하는가 또는 늦게 가동하는가의 정도이다.
㉰ 전동기의 출력이 회전수에 비례하여 변화하는 정도이다.
㉱ 전동기의 출력을 회전수에 관계없이 일정하게 나타내는 것이다.

해답 32. ㉰ 33. ㉰ 34. ㉮ 35. ㉯ 36. ㉰ 37. ㉱ 38. ㉯

문제 39. 완충기에 대한 설명으로 옳은 것은?
㉮ 스프링 완충기에서 카측 완충기는 스프링간의 접촉된 부분이 없이 정하중 상태에서 카 자중의 2배를 견디어야 한다.
㉯ 유입완충기의 행정은 정격속도의 125%의 속도를 충돌했을 때 평균감속도 1G이하로 정지시켜야 한다.
㉰ 유입 완충기에서 카측 완충기의 최소 적용용량은 카 자중이다.
㉱ 유입 완충기의 플런저를 완전히 압축한 상태에서 완전 복귀할 때까지 요하는 시간은 90초 이하로 한다.

문제 40. 동기 기어레스 권상기를 설계하려고 한다. 주 도르래의 직경을 작게 설계할 경우에 대한 설명으로 틀린 것은?
㉮ 소형화가 가능하다.   ㉯ 주 로프의 지름이 작아질 수 있다.
㉰ 회전수가 빨라진다.   ㉱ 브레이크 제동 토크가 커진다.

일반기계공학

문제 41. 전동기나 유압모터와 공기압 모터를 비교했을 때 일반적으로 공기압 모터의 특징에 대한 설명으로 거리가 먼 것은?
㉮ 과부하시의 위험성이 낮다.
㉯ 폭발의 위험성이 있는 환경에서 사용할 수 있다.
㉰ 기동, 정지, 역전 시에 쇼크의 발생 없이 자연스럽다.
㉱ 부하에 따른 회전수 변동이 적어 일정한 회전수를 유지할 수 있다.

문제 42. 다판 클러치에서 접촉면 안지름 50mm, 바깥지름 90mm이고 스러스트 하중 70N을 작용시킬 때 전달할 수 있는 토크는 몇 N·mm 인가?(단, 클러치 마찰면은 4개, 마찰계수는 $\mu=0.3$이다.)
㉮ 735   ㉯ 2,940   ㉰ 3,240   ㉱ 9,800

문제 43. 구멍(축)의 허용한계치수의 해석에서 "통과측에는 모든 치수, 또는 결정량이 동시에 검사되고, 정지측에는 각 치수가 개개로 검사되어야 한다."는 원리는?
㉮ 아베(Abbe)의 원리   ㉯ 테일러(Taylor)의 원리
㉰ 자콥스(Jacobs)의 원리   ㉱ 브라운 샤프(Brown sharp)의 원리

해답 39. ㉱ 40. ㉱ 41. ㉱ 42. ㉯ 43. ㉯

문제 44. 탄소강에 내열성을 증가시키기 위하여 첨가되는 합금원소로 고온에서 산화피막이 형성되어 내부에 산화되는 것을 방지하는 원소는?
㉮ Cr　　　㉯ Cu　　　㉰ Mn　　　㉱ Ni

문제 45. 연강의 인장시험 결과 얻어진 응력-변형률 선도에서 시험편에 가해진 힘을 시험편의 초기단면적으로 나누어 계산하는 응력은?
㉮ 진 응력　　㉯ 공칭 응력　　㉰ 변형 응력　　㉱ 탄성 응력

문제 46. 원심펌프에서 양수장치의 구성품에 속하지 않는 것은?
㉮ 흡입관　　㉯ 풋 밸브　　㉰ 니들 밸브　　㉱ 게이트 밸브

문제 47. 레디얼 하중과 스러스트 하중을 동시에 받을 수 있는 베어링은?
㉮ 니들 베어링　　㉯ 볼 베어링
㉰ 자동조심 볼 베어링　　㉱ 테이퍼 롤러 베어링

문제 48. 연삭숫돌에서 인조입자의 종류가 아닌 것은?
㉮ 산화알루미늄　　㉯ 탄화규소　　㉰ 탄화붕소　　㉱ 에머리(emery)

문제 49. 용접방법의 종류 중 전기저항 용접이 아닌 것은?
㉮ 심 용접　　㉯ 점 용접　　㉰ 테르밋 용접　　㉱ 프로젝션 용접

문제 50. 절삭 가공 방식 중에서 절삭공구가 회전하지 않는 공작기계는?
㉮ 선반　　㉯ 밀링 머신　　㉰ 호빙 머신　　㉱ 드릴링 머신

문제 51. 펌프를 터보형과 용적형으로 구분했을 때 용적형의 회전식펌프에 속하는 것은?
㉮ 기어 펌프　　㉯ 사류 펌프　　㉰ 플런저 펌프　　㉱ 피스톤 펌프

문제 52. 탄소강의 청열취성(靑熱脆性)을 일으키는 온도범위는?
㉮ 100~150℃　　㉯ 200~300℃　　㉰ 400~500℃　　㉱ 600~700℃

문제 53. 평벨트 전동장치에서 축간거리가 5m, 풀리 지름이 $d_1=150mm$, $d_2=450mm$인 평행걸기를 하였다면 벨트의 길이는 약 몇 cm인가?
㉮ 905　　㉯ 1095　　㉰ 1905　　㉱ 2195

해답　44. ㉮　45. ㉯　46. ㉰　47. ㉱　48. ㉱　49. ㉰　50. ㉮　51. ㉮　52. ㉯　53. ㉯

문제 54. 제게르 콘(Seger cone)은 주조용 주물사(鑄物砂)의 어떤 시험에 사용하는가?
㉮ 내화도 시험　㉯ 성형성 시험　㉰ 입도 시험　㉱ 압축 시험

문제 55. 지름이 500mm인 배관 속을 평균속도 1.8m/s로 물이 흐를 때 관의 길이가 60m이면 배관의 손실수두는 약 몇 m인가?(단, 관 마찰계수는(f)는 0.02이다.)
㉮ 0.099　㉯ 0.198　㉰ 0.397　㉱ 0.793

문제 56. 인장강도가 200N/m²인 연강봉을 안전하게 사용하기 위한 최대허용응력은 몇 Pa인가?(단, 봉의 안전율은 4로 한다.)
㉮ 20　㉯ 30　㉰ 40　㉱ 50

문제 57. 다음 중 숏 피닝(shot peening) 작업에 관한 설명으로 틀린 것은?
㉮ 냉간 가공법의 일종이다.
㉯ 피로강도가 향상된다.
㉰ 모래를 분사하여 표면가공을 한다.
㉱ 표면의 불순물을 제거하여 매끈하게 한다.

문제 58. 유압 펌프의 종류 중 비용적형 펌프의 종류에 속하는 것은?
㉮ 기어 펌프　㉯ 베인 펌프　㉰ 터빈 펌프　㉱ 왕복동 펌프

문제 59. 평기어에서 피치원 지름 100mm, 기어 잇수가 20개일 때 원주피치는 약 얼마인가?
㉮ 5mm　㉯ 6.2mm　㉰ 7.9mm　㉱ 15.7mm

문제 60. 알루미늄-규소계 합금으로 실루민에 구리, 마그네슘, 니켈을 소량 첨가한 것으로 내열성이 좋고 열팽창 계수가 작은 금속은?
㉮ 라우탈(Lautal)　㉯ 로엑스(Lo-ex)
㉰ 알팩스(alpax)　㉱ 단련용 Y합금

전기제어공학

문제 61. 하나의 폐회로를 형성하고 자동제어의 기본회로를 형성하는 제어는?
㉮ 시퀀스제어　㉯ 피드백제어　㉰ 온·오프제어　㉱ 프로그램제어

해답 54. ㉮　55. ㉯　56. ㉱　57. ㉰　58. ㉰　59. ㉱　60. ㉯　61. ㉯

문제 62. 100V용 전구로 30W와 60W 두 개를 직렬로 연결하고 직류 100V 전원에 접속하였을 때 두 전구의 상태로 옳은 것은?
㉮ 30W가 더 밝다.   ㉯ 60W가 더 밝다.
㉰ 두 전구가 모두 켜지지 않는다.   ㉱ 두 전구의 밝기가 모두 같다.

문제 63. 그림의 블록 선도에서 C(s) / R(s)를 구하면?

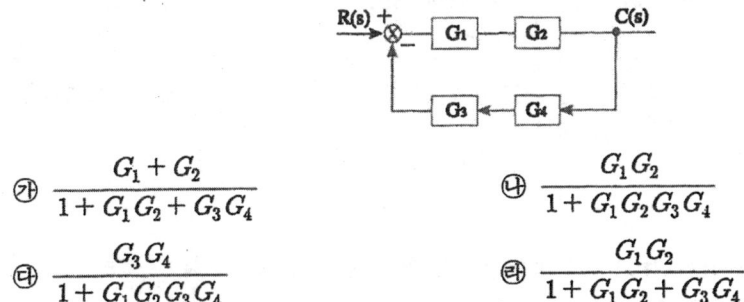

㉮ $\dfrac{G_1 + G_2}{1 + G_1 G_2 + G_3 G_4}$ ㉯ $\dfrac{G_1 G_2}{1 + G_1 G_2 G_3 G_4}$

㉰ $\dfrac{G_3 G_4}{1 + G_1 G_2 G_3 G_4}$ ㉱ $\dfrac{G_1 G_2}{1 + G_1 G_2 + G_3 G_4}$

문제 64. 상용전원을 이용하여 직류전동기를 속도제어 하고자 할 때 필요한 장치가 아닌 것은?
㉮ 정류장치   ㉯ 초퍼   ㉰ 속도센서   ㉱ 인버터

문제 65. 변압기에 대한 다음의 관계식 중 틀린 것은?
㉮ 전압변동율 = $\dfrac{2차무부하전압 - 2차정격전압}{2차정격전압}$

㉯ 부하손 = 저항손 + 표유부하손

㉰ 전일효율 = $\dfrac{1일중의 변압기 입력}{1일중의 변압기 출력}$

㉱ 규약효율 = $\dfrac{입력 - 손실}{입력}$

문제 66. 인가된 직류전압을 변화시켜서 전동기 회전수를 1000rpm으로 하고자 한다. 이 경우 회전수는 어느 용어에 해당하는가?
㉮ 제어량   ㉯ 조작량   ㉰ 목표값   ㉱ 제어대상

문제 67. 실리콘 제어 정류기(SCR)의 특성이 아닌 것은?
㉮ PNPN 접합구조이다.
㉯ 전력용 트랜지스터에 비해 고전압에서 우수하다.
㉰ 쌍방향성 사이리스터이다.
㉱ 전력제어용으로도 사용된다.

해답 62. ㉮   63. ㉯   64. ㉱   65. ㉰   66. ㉯   67. ㉰

문제 68. 주권선과 보조권선 중 어느 한쪽의 접속을 전원에 대하여 반대로 접속하여 회전방향을 바꾸는 전동기는?
㉮ 반발기동형전동기 ㉯ 분상기동형전동기
㉰ 콘덴서기동형전동기 ㉱ 셰이딩코일형전동기

문제 69. 어떤 전지에 5A의 전류가 10분간 흘렀다면 이 전지에서 나온 전기량은 몇 [C]인가?
㉮ 1000 ㉯ 2000 ㉰ 3000 ㉱ 4000

문제 70. 축전지의 용량은 어떤 단위로 나타내는가?
㉮ A ㉯ Ah ㉰ V ㉱ kW

문제 71. 위상차가 45°이고 단상 220V의 교류전압을 인가했더니 20A의 전류가 흘렀다면 소비전력은 약 몇 kW인가?
㉮ 10.7 ㉯ 6.6 ㉰ 5.6 ㉱ 3.1

문제 72. 전압을 인가하여 전동기가 동작하고 있는 동작에 교류전류를 측정할 수 있는 계기는?
㉮ 훅 온 미터(클램프 메타) ㉯ 회로시험기
㉰ 절연저항계 ㉱ 어스 테스터

문제 73. 전압, 전류, 주파수 등의 양을 주로 제어하는 것으로 응답속도가 빨라야 하는 것이 특징이며, 정전압장치나 발전기 및 조속기의 제어 등에 활용하는 방법은?
㉮ 서보 제어 ㉯ 프로세스 제어 ㉰ 자동조정 제어 ㉱ 비율 제어

문제 74. PI 동작의 전달함수는?(단, K_p는 비례감도이다.)
㉮ K_p ㉯ $K_p sT$ ㉰ $K(1+sT)$ ㉱ $K_p(1+\frac{1}{sT})$

문제 75. R-L-C 직렬회로에서 전압(E)과 전류(I)사이의 관계가 잘못 설명된 것은?
㉮ $X_L > X_C$인 경우 I는 E보다 θ만큼 뒤진다.
㉯ $X_L < X_C$인 경우 I는 E보다 θ만큼 앞선다.
㉰ $X_L = X_C$인 경우 I는 E와 동상이다.
㉱ $X_L < (X_C - R)$인 경우 I는 E보다 θ만큼 뒤진다.

해답 68. ㉯ 69. ㉰ 70. ㉯ 71. ㉱ 72. ㉮ 73. ㉰ 74. ㉱ 75. ㉱

문제 76. 동일한 도선에 온도 차가 있을 때 전류를 흘리면 열이 흡수, 발산되는 현상은?
㉮ 볼타의 법칙 ㉯ 제백효과 ㉰ 톰슨효과 ㉱ 펠티에 효과

문제 77. 자동제어계 중에 포함되어 있는 각 요소의 신호가 어떠한 모양으로 전달되는가를 나타내는 것은?
㉮ 타임차트 ㉯ 논리회로 ㉰ 전개접속도 ㉱ 블록선도

문제 78. 주파수 응답에 필요한 입력은?
㉮ 계단 입력 ㉯ 임펄스 입력 ㉰ 램프 입력 ㉱ 정현파 입력

문제 79. 그림(a)의 직렬로 연결된 저항회로에서 입력전압 V_1과 출력전압 V_0의 관계를 그림(b)의 신호흐름선도로 나타낼 때 A에 들어갈 전달함수는?

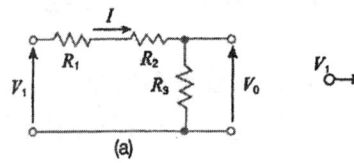

㉮ $\dfrac{R_3}{R_1+R_2}$ ㉯ $\dfrac{R_1}{R_2+R_3}$ ㉰ $\dfrac{R_2}{R_1+R_3}$ ㉱ $\dfrac{R_3}{R_1+R_2+R_3}$

문제 80. $G(s)=\dfrac{2(s+2)}{(s^2+5s+6)}$ 의 특성 방정식 근은?
㉮ 2, 3   ㉯ -2, -3   ㉰ 2, -3   ㉱ -2, 3

해답 76. ㉰ 77. ㉱ 78. ㉱ 79. ㉮ 80. ㉯

승강기 개론
(2011. 3. 20. 기사시행)

문제 1. 다음 중 도어시스템에서 승객과 도어와의 충돌을 방지하기 위하여 물체가 검출되면 반전하여 열리도록 하는 보호장치가 아닌 것은?
㉮ 세이프티 슈   ㉯ 인터록
㉰ 광전장치   ㉱ 초음파장치

문제 2. 균형체인의 설치 목적은?
㉮ 균형추 로프의 장력을 일정하게 하기 위해서
㉯ 카의 자체 균형을 유지하기 위해서
㉰ 카와 균형추 상호간의 위치 변화에 따른 무게를 보상하기 위해서
㉱ 카의 자체 하중과 적재 하중을 보상하기 위해서

문제 3. 카 자중 1300kg, 정격하중 900kg, 균형로프 100kg, 균형추 1680kg, 카 현수도르래 20kg, 균형추 현수도르래 30kg일 때 점차작동식 비상정지장치의 적용중량은 몇 kg인가?
㉮ 카용 : 2320kg, 균형추용 : 1810kg
㉯ 카용 : 2260kg, 균형추용 : 1745kg
㉰ 카용 : 1810kg, 균형추용 : 2320kg
㉱ 카용 : 1160kg, 균형추용 : 905kg

문제 4. 속도 60m/min, 8인승, 층수 16층인 비상용엘리베이터가 카 바닥에서 카주 끝까지의 거리가 3m일 때 오버헤드(Over Head)는 몇 m인가?
㉮ 4.0   ㉯ 4.4   ㉰ 4.6   ㉱ 4.8

문제 5. 안전계수가 12인 로프의 허용하중이 500kg이라면 이 로프가 최대로 지탱할 수 있는 하중은 몇 kg인가?
㉮ 3000   ㉯ 4000   ㉰ 5000   ㉱ 6000

문제 6. 권상능력에 대한 설명으로 틀린 것은?
㉮ 권부각이 크면 클수록 권상능력은 증대한다.
㉯ 카측과 균형추측의 로프에 걸리는 장력비(중량비)가 클수록 권상능력이 증대된다.
㉰ 언더커트홈으로 가공된 것에 비해 V 홈으로 가공된 것이 초기의 권상능력이 크다.
㉱ 로프와 도르래 홈의 접촉면압을 높이면 권상능력이 증대된다.

해답 1. ㉯ 2. ㉰ 3. ㉯ 4. ㉯ 5. ㉱ 6. ㉯

문제 7. 로프식 엘리베이터의 카 꼭대기 틈새는 무엇에 의하여 결정되는가?
  ㉮ 카의 정격속도
  ㉯ 로프식 길이
  ㉰ 건물의 높이
  ㉱ 카의 적재용량

문제 8. 유압식 엘리베이터에서 오일이 한쪽 방향으로만 흐르도록 제어하는 밸브는?
  ㉮ 스톱밸브
  ㉯ 우량제어밸브
  ㉰ 체크밸브
  ㉱ 릴리프밸브

문제 9. 에스컬레이터 구조에 대한 설명으로 옳은 것은?
  ㉮ 경사도는 40도 이하로 할 것
  ㉯ 디딤판의 정격속도는 50m/min 이하로 할 것
  ㉰ 디딤판의 양쪽에 난간을 설치할 것
  ㉱ 이동식 핸드레일의 경우, 운행 전구간에서 디딤판과 핸드레일의 속도차는 5% 이하일 것

문제 10. 비상용 엘리베이터에 대한 설명 중 옳지 않은 것은?
  ㉮ 예비전원은 정전시 60초 이내에 엘리베이터 운행에 필요한 전력용량을 자동적으로 발생시켜야 한다.
  ㉯ 정전시 예비전원에 의하여 2시간 이상 작동되어야 한다.
  ㉰ 엘리베이터의 운행속도는 45m/min 이상이어야 한다.
  ㉱ 카 내에는 중앙관리실 또는 경비실 등과 연락할 수 있는 통화장치를 설치하여야 한다.

문제 11. 로프식 엘리베이터의 호출버튼, 조작반, 통화장치 등 승강기의 안과 밖에 설치되는 모든 스위치의 높이는 바닥면으로부터 0.8m이상 1.2m이하에 설치하여야 하나, 스위치가 많아 설치하기가 곤란한 경우에는 몇 m 이하까지로 할 수 있는가?
  ㉮ 1.3
  ㉯ 1.4
  ㉰ 1.5
  ㉱ 1.6

문제 12. 엘리베이터의 제어방식에 따른 적용 속도의 설명으로 가장 옳은 것은?
  ㉮ 직류의 정지 워드레오나드의 무기어방식은 주로 90m/min 이상에 적용한다.
  ㉯ 교류 1차 전압 제어방식은 120m/min 까지만 적용이 가능하다.
  ㉰ 가변전압가변주파수방식은 모든 속도범위에 적용이 가능하다.
  ㉱ 현재 가장 빠른 엘리베이터의 제어방식은 워드레오나드기어 방식이다.

문제 13. 일반적으로 사용되고 있는 유압 엘리베이터의 정격용량 범위는?
  ㉮ 1000~1500 kg
  ㉯ 1500~2000 kg
  ㉰ 2000~2500 kg
  ㉱ 2500~3000 kg

해답 7. ㉮ 8. ㉰ 9. ㉱ 10. ㉰ 11. ㉯ 12. ㉰ 13. ㉯

문제 14. 카의 정격속도가 45m/min인 화물용 엘리베이터의 조속기에 대한 설명으로 옳은 것은?
㉮ 엘리베이터의 속도가 58m/min를 초과하면 과속스위치가 작동하여야 한다.
㉯ 과속스위치는 하강 방향에만 작동한다.
㉰ 카의 속도가 63m/min를 초과하면 비상정지장치가 작동된다.
㉱ 조속기의 2차 동작은 하강 방향에서만 작동한다.

문제 15. 카가 2대 또는 3대가 병설되었을 때 사용되는 조작방식으로 1개의 승강장 부름에 대하여 1대의 카가 응답하며, 일반적으로 부름이 없을 때에는 다음의 부름에 대비하여 분산 대기하는 복수 엘리베이터의 조작방식은?
㉮ 단식 자동식
㉯ 승합 전자동식
㉰ 군 승합 전자동식
㉱ 군관리 방식

문제 16. 직류전동기의 회전력을 계산하는데 이용되는 법칙은?
㉮ 플레밍의 오른손법칙
㉯ 플레밍의 왼손법칙
㉰ 전자유도의 법칙
㉱ 렌쯔의 법칙

문제 17. 승강로의 구조에 대한 설명 중 옳지 않은 것은?
㉮ 승강로의 벽 또는 출입문은 반드시 난연재료로 만들거나 씌워야 한다.
㉯ 급·배수 등의 배관은 승강로 내에 설치하지 않는다.
㉰ 출입구 바닥 앞부분과 카 바닥 앞부분과의 틈의 너비는 4cm 이하로 하여야 한다.
㉱ 승강로 밖의 사람 또는 물건이 카 또는 균형추에 접촉될 염려가 없는 구조이어야 한다.

문제 18. 트랙션 권상기에 대한 설명 중 옳지 않은 것은?
㉮ 헬리컬기어드 권상기는 웜기어에 비해 효율이 높다.
㉯ 주로프에 사용되는 도르래의 피치지름은 로프지름의 40배 이상으로 한다.
㉰ 도르래 재질을 주철로 사용하는 경우, 안전율은 4 이상으로 한다.
㉱ 중·저속용 엘리베이터의 권상기는 주로 웜기어를 사용한다.

문제 19. 다음 중 에스컬레이터에 설치하여야 할 안전장치에 속하지 않는 것은?
㉮ 인레트 스위치
㉯ 구동체인 안전장치
㉰ 스커트 가드 안전스위치
㉱ 스프로킷 파단 안전장치

문제 20. 비상용 엘리베이터의 운항속도 기준은?
㉮ 120m/min 이상
㉯ 60m/min 이상
㉰ 45m/min 이상
㉱ 30m/min 이상

해답 14. ㉱ 15. ㉰ 16. ㉯ 17. ㉮ 18. ㉰ 19. ㉱ 20. ㉯

승강기 설계

문제 21. 승강기가 다음 조건으로 운행될 때 로프의 늘어난 길이는 약 몇 [mm] 인가?

〔조 건〕
- 로프에 걸리는 하중 2100kg
- 로프 길이 100m
- 로프 종탄성계수(E)=7000kg/mm^2
- 로프 본수 6본
- 로프 1본당 단면적 110mm^2
- 정격 속도 90m/min

㉮ 45.45　　㉯ 50.65　　㉰ 55.25　　㉱ 60.35

문제 22. 기어비 76:2, 도르래 지름 600mm인 권상기에 주파수 60Hz, 6극(pole)의 전동기를 사용할 경우 엘리베이터의 정격 속도는?

㉮ 45m/min　㉯ 60m/min　㉰ 90m/min　㉱ 105m/min

문제 23. 비상용 엘리베이터의 소방용수 유입에 대한 엘리베이터측의 대책으로 틀린 것은?
㉮ 최상층의 바닥면보다 상부에 부착된 기기에 관해서는 대책이 필요 없다.
㉯ 카가 최하층에 착상할 때 침수할 우려가 있는 기기는 커버(cover)로 씌우는 등의 방적대책을 행한다.
㉰ 승강장 버튼은 비상운전시 무효로 되게 한다.
㉱ 기계실은 피트내 기기에 준하여 대책을 세운다.

문제 24. 정격속도 45m/min, 카높이 3100m, 플란저 여유 스트로크 200mm 인 직접식 유압엘리베이터의 오버헤드(mm)는?
㉮ 3900　　㉯ 3200　　㉰ 3800　　㉱ 3700

문제 25. 로프식 엘리베이터의 로핑방식이 아닌 것은?
㉮ 1:1　　㉯ 2:1　　㉰ 3:1　　㉱ 5:1

문제 26. 그림에서 중간 스톱퍼의 해당되는 것은?

㉮ 1

㉯ 2

㉰ 3

㉱ 4

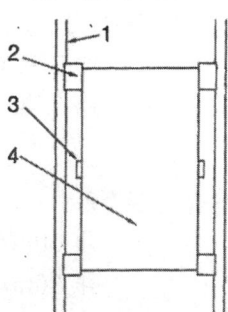

해답 21. ㉮　22. ㉯　23. ㉱　24. ㉮　25. ㉱　26. ㉰

문제 27. 엘리베이터 권상기의 감속기구로서 웜 및 웜기어를 채용하려고 한다. 웜의 회전수가 1800rpm이고, 웜기어와 맞물리는 이의 수가 5일 때 웜기어를 360rpm으로 회전시키려면 웜기어의 잇수를 얼마로 하여야 하는가?
㉮ 10 ㉯ 25 ㉰ 50 ㉱ 1100

문제 28. 비상용엘리베이터를 설계할 때 고려할 사항으로 틀린 것은?
㉮ 기계실내 및 승강로내의 배선은 일반배선으로 한다.
㉯ 전선관 및 상자 등은 물이 고이지 않는 구조이어야 한다.
㉰ 피트내에 설치되는 스위치 등은 비상용으로 쓰여질 때는 분리될 수 있어야 한다.
㉱ 1차 소방스위치의 작동만으로 카와 승강장문을 열려진 채로 운행시킬 수 있어야 한다.

문제 29. 승강기 카와 균형추 하부에는 반드시 완충기를 설치하도록 하고 있다. 스프링 완충기는 정격속도가 몇 [m/min] 이하인 경우에 설치하여야 되는가?
㉮ 60 ㉯ 70 ㉰ 90 ㉱ 105

문제 30. 복수의 엘리베이터를 능률이 좋게 운전하는 조작방식이 아닌 것은?
㉮ 군승합자동식은 엘리베이터 2~3대가 병설되었을 때 주로 사용되는 방식이다.
㉯ 승합전자동식은 진행방향의 카버튼과 승강장버튼에 응답하면서 승강한다.
㉰ 군승합자동식은 부름이 없을 때는 다음 부름에 대비하여 분산대기 한다.
㉱ 군관리 방식은 3~8대를 병설할 때 각 카를 무리없이 합리적으로 운행, 관리할 수 있다.

문제 31. 의료시설로서 6층 이상의 거실면적의 합계가 3000m² 이하인 건물의 승객용 엘리베이터 설치기준으로 맞는 것은?
㉮ 4대 ㉯ 3대 ㉰ 2대 ㉱ 1대

문제 32. 엘리베이터의 도어에 대한 설명으로 옳은 것은?
㉮ 공동주택용 엘리베이터에서는 카가 주행 중에 저속의 도어를 손으로 억지로 여는데 필요한 힘은 5kgf 이상 30kgf 이하이다.
㉯ 공동주택용 엘리베이터에서는 카가 정지하고, 동력이 차단되었을 때 카가 저속시 도어를 손으로 억지로 여는데 필요한 힘은 20kgf 이상이다.
㉰ 도어가 닫힐 때 도어에 끼어서 받는 아픔을 적게 하기 위한 도어의 개폐력은 5kgf 이하이다.
㉱ 도어 가이드슈가 끼워져 있는 문턱 홈에 구멍을 뚫어 먼지가 쌓이지 않게 한다.

문제 33. 승강기의 안전장치 중에서 속도와 직접적인 관계가 없는 것은?
㉮ 세이프티 슈 ㉯ 비상정지장치
㉰ 상승과속방지장치 ㉱ 조속기

해답 27. ㉯ 28. ㉱ 29. ㉮ 30. ㉯ 31. ㉰ 32. ㉱ 33. ㉮

문제 34. 전기설비 설계 중 조명 전원설비에 대한 설명으로 틀린 것은?
㉮ 보수용 램프, 공구류의 전원 등으로 사용된다.
㉯ 조명전원은 반드시 동력전원으로부터 인출한다.
㉰ 카내의 환기팬은 조명용 전원을 이용할 수 있다.
㉱ 교류 단상 220V가 일반적으로 사용된다.

문제 35. 창고등 주로 화물용 엘리베이터에 적용되는 조작방식은?
㉮ 승합 전자동식　　　　　　㉯ 단식 자동식
㉰ 군승합 자동식　　　　　　㉱ 하강승합 전자동식

문제 36. 승강기에 대하여 설명한 것 중 타당하지 않는 것은?
㉮ 승강로를 통하여 사람이나 화물을 운반하는 시설 및 장치이다.
㉯ 수직으로 승강하는 시설 및 장치이다.
㉰ 엘리베이터, 에스컬레이터, 휠체어리프트 등을 말한다.
㉱ 용도에 의한 분류로 승객용 화물용이 있다.

문제 37. 와이어로프의 종류가 아닌 것은?
㉮ 실형　　　　　　　　　　㉯ 필러형
㉰ 워링톤형　　　　　　　　㉱ 강선형

문제 38. 권상기 및 카의 전 하중을 직접 받는 부분으로 콘크리트의 경우 승강기 기계대 (machine beam)의 안전율은 얼마 이상이어야 하는가?
㉮ 7　　　　　　　　　　　㉯ 8
㉰ 10　　　　　　　　　　㉱ 15

문제 39. 승장 도어의 로크 및 스위치의 설계 조건으로 틀린 것은?
㉮ 승장도어는 카가 없는 층에서는 닫혀 있어야 한다.
㉯ 승장도어의 인터록장치는 도어 스위치를 닫은 후에 로크가 확실히 걸려야 한다.
㉰ 승장도어가 완전히 닫혀 있지 않은 경우에는 엘리베이터가 움직이지 않아야 한다.
㉱ 승장도어의 인터록장치는 도어 스위치가 확실히 열린 후에 로크가 벗겨져야 한다.

문제 40. 정전시에 작동되는 케이지내의 예비조명장치는 램프 중심에서 수직으로 2m 떨어진 지점에서 측정할 때 조도는 몇 [lx] 이상이어야 하는가?
㉮ 1　　　　　　　　　　　㉯ 2
㉰ 3　　　　　　　　　　　㉱ 4

해답 34. ㉯　35. ㉯　36. ㉰　37. ㉱　38. ㉮　39. ㉯　40. ㉮

일반기계공학

문제 41. 실린더의 피스톤 로드에 인장 하중이 걸리면 실린더는 끌리는 영향을 받게 되는데, 이러한 영향을 방지하기 위하여 인장 하중이 가해지는 쪽에 밸브를 설치하여 끌리는 효과를 억제하기 위한 밸브는?
㉮ 카운터 밸런스 밸브(counter balance valves)
㉯ 시퀀스 밸브(sequence valves)
㉰ 언로드 밸브(unload valves)
㉱ 리듀싱 밸브(reducing valves)

문제 42. 그림과 같은 브레이크의 드럼 축에 25N·m의 토크가 작용할 때 블록 브레이크의 레버 끝에 가하는 힘 F는 약 몇 N가해야 제동이 되는가?(단, 마찰계수는 $\mu=0.2$이며, 그림에서 길이 치수의 단위는 mm이다.)
㉮ 58.8
㉯ 66.3
㉰ 117.5
㉱ 132.5

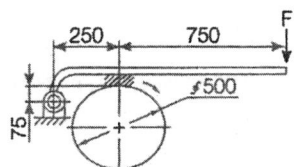

문제 43. 다음 중 미세한 숫돌가루를 이용하여 표면을 매끈하게 만드는 가공법은?
㉮ 선반　㉯ 래핑　㉰ 호빙　㉱ 밀링

문제 44. 일반적으로 선반으로 가공할 수 없는 것은?
㉮ 기어 이 절삭　㉯ 나사 절삭　㉰ 축 외경 절삭　㉱ 축 테이퍼 절삭

문제 45. 한 쌍의 기어가 물릴 때 서로 접하는 부분의 궤적을 무엇이라 하는가?
㉮ 피치원　㉯ 모듈　㉰ 원주 피치　㉱ 지름 피치

문제 46. 그림과 같은 50kN이 작용하는 나사 프레스(screw press)에서 사각 나사의 바깥지름이 12mm, 골지름이 10mm, 피치가 2mm일 때 너트의 높이는 약 몇 mm인가?(단, 허용 접촉면의 면압력은 97 N/mm²이다.)
㉮ 30
㉯ 40
㉰ 50
㉱ 60

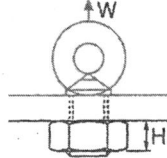

해답 41. ㉮　42. ㉰　43. ㉯　44. ㉮　45. ㉮　46. ㉮

문제 47. 길이 3.6m, 지름 50mm의 연강축이 180rpm으로 전동할 때 축 끝이 1° 비틀림이 생겼다. 이 때 약 몇 kW의 동력을 전달하는가?(단, 축 재료의 전단탄성계수는 8.0×10^4 N/mm²이다.)
㉮ 약 2.1kW ㉯ 약 4.5kW ㉰ 약 7.8kW ㉱ 약 8.7kW

문제 48. 아크 용접기의 수하특성의 설명으로 옳은 것은?
㉮ 전류가 증가하면 열이 커지는 특성
㉯ 전류가 강하면 전력이 증가하는 특성
㉰ 부하 전류가 증가하면 단자 전압이 증가하는 특성
㉱ 부하 전류가 증가하면 단자 전압이 저하하는 특성

문제 49. 동일조건에서 베어링 하중을 $\frac{1}{2}$로 하면 베어링 수명(L_n)은 몇 배로 되는가?
㉮ $2L_n$ ㉯ $4L_n$ ㉰ $6L_n$ ㉱ $8L_n$

문제 50. 그림과 같이 주어진 단순보에서 최대 처짐에 대한 서술 중 틀린 것은?

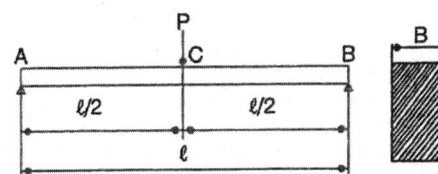

㉮ 탄성계수(E)에 반비례한다.
㉯ 하중(P)에 비례한다.
㉰ 길이(ℓ)의 3제곱에 비례한다.
㉱ 보의 단면 높이(h)의 제곱에 비례한다.

문제 51. 공작물 지름이 38mm, 회전수가 1100rpm 일 때 절삭속도는 약 몇 m/min 인가?(단, 바이트 1회전 당 이송량은 0.1 mm/rev 이다.)
㉮ 8.36 m/min ㉯ 23.8 m/min ㉰ 80.3 m/min ㉱ 131 m/min

문제 52. 다음 〈보기〉에서 설명하는 주철은 무엇인가?

〈보 기〉
주조시 주형에 냉금을 삽입하여 주물 표면을 급냉 시킴으로서 백선화하고 경도를 증가시킨 내마모성 주철이다. 백선화 부분은 취성이 있으나 내부는 강하고 인성이 있는 회주철로서 전체 주물은 취약하지 않다. 냉경부에 접촉시키는 금형의 두께는 주물 두께의 1/3~1/2 정도로 한다.

㉮ 가단 주철 ㉯ 칠드 주철 ㉰ 구상흑연 주철 ㉱ 미하나이트 주철

해답 47. ㉯ 48. ㉱ 49. ㉱ 50. ㉱ 51. ㉱ 52. ㉯

문제 53. 용접부나 주물검사방법에 적용하는 비파괴 검사법이 아닌 것은?
㉮ 방사선 검사 ㉯ 조직 검사
㉰ 초음파 검사 ㉱ 자분 검사

문제 54. 관속을 흐르는 액체의 유속을 갑자기 변화시켰을 때 액체에 심한 압력변화를 일으키는 현상은?
㉮ 공동현상 ㉯ 맥동현상
㉰ 수격현상 ㉱ 충격현상

문제 55. 다음 중 감마(γ)철에 탄소가 최대 2.11% 고용된 γ고용체로 면심입방격자의 결정구조를 가지고 있는 것은?
㉮ 펄라이트 ㉯ 오스테나이트
㉰ 마텐자이트 ㉱ 시멘타이트

문제 56. 압력 제어 밸브가 아닌 것은?
㉮ 릴리프밸브 ㉯ 압력조절밸브
㉰ 체크밸브 ㉱ 스퀀스밸브

문제 57. 4m/s의 속도로 전동하고 있는 벨트 전동에서 긴장 측의 장력이 1215N, 이완 측의 장력이 510N이라고 하면 전달 동력은 몇 kW인가?
㉮ 1.52 ㉯ 2.82
㉰ 3.02 ㉱ 4.82

문제 58. 판의 두께가 12mm, 지름이 18mm인 겹치기 리벳이음에서 1000N의 하중이 작용할 때 리벳에 생기는 전단응력은 약 몇 N/mm^2인가?
㉮ 1.9 ㉯ 2.5
㉰ 2.9 ㉱ 3.9

문제 59. 다음 재료 중 소성가공(塑性加工)이 가장 어려운 것은?
㉮ 주철 ㉯ 저탄소강
㉰ 구리 ㉱ 알루미늄

문제 60. 스프링의 일반적인 용도 설명으로 잘못된 것은?
㉮ 하중 및 힘의 측정에 사용한다.
㉯ 진동 또는 충격에너지를 흡수한다.
㉰ 운동에너지를 열에너지로 소비한다.
㉱ 에너지를 저축하여 놓고 이것을 동력원으로 사용한다.

해답 53. ㉯ 54. ㉰ 55. ㉯ 56. ㉰ 57. ㉯ 58. ㉱ 59. ㉮ 60. ㉰

전기제어공학

문제 61. 다음 중 직류 전동기의 규약 효율을 나타내는 식으로 가장 알맞은 것은?

㉮ $\eta = \dfrac{출력}{입력} \times 100\%$ ㉯ $\eta = \dfrac{출력}{출력+입력} \times 100\%$

㉰ $\eta = \dfrac{입력-손실}{입력} \times 100\%$ ㉱ $\eta = \dfrac{입력}{출력+손실} \times 100\%$

문제 62. $v = 141 \sin(377t - \dfrac{\pi}{6})$인 파형의 주파수는 약 몇 [Hz]인가?

㉮ 50 ㉯ 60 ㉰ 100 ㉱ 377

문제 63. 2차계 시스템의 응답형태를 결정하는 것은?

㉮ 히스테리시스 ㉯ 정밀도 ㉰ 분해도 ㉱ 제동계수

문제 64. 불연속제어에 속하는 것은?

㉮ 비율제어 ㉯ 비례제어 ㉰ 미분제어 ㉱ ON-OFF제어

문제 65. 제어동작에 대한 설명 중 옳지 않은 것은?

㉮ 2위치동작 : ON-OFF 동작이라고도 하며, 편차의 정부(+,-)에 따라 조작부를 전폐 또는 전개하는 것이다.
㉯ 비례동작 : 편차의 제곱에 비례한 조작신호를 보낸다.
㉰ 적분동작 : 편차의 적분치에 비례한 조작신호를 낸다.
㉱ 미분동작 : 조작신호가 편차의 증가속도에 비례하는 동작을 한다.

문제 66. 제동계수 중 최대 초과량이 가장 큰 것은?

㉮ $\delta = 0.5$ ㉯ $\delta = 1$ ㉰ $\delta = 2$ ㉱ $\delta = 3$

문제 67. 그림에서 스위치 S의 개폐에 관계없이 전전류 I가 항상 30A라면 저항 r_3와 r_4의 값은 몇 [Ω]인가?

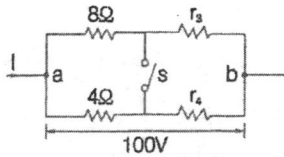

㉮ $r_3 = 1$, $r_4 = 3$ ㉯ $r_3 = 2$, $r_4 = 1$
㉰ $r_3 = 3$, $r_4 = 2$ ㉱ $r_3 = 4$, $r_4 = 4$

해답 61. ㉰ 62. ㉯ 63. ㉱ 64. ㉱ 65. ㉯ 66. ㉮ 67. ㉯

문제 68. 도체에 전하를 주었을 경우에 틀린 것은?
  ㉮ 전하는 도체 외측의 표면에만 분포한다.
  ㉯ 전하는 도체 내부에만 존재한다.
  ㉰ 도체 표면의 곡률 반경이 작은 곳에 전하가 많이 모인다.
  ㉱ 전기력선은 정(+)전하에서 시작하여 부전하(-)에서 끝난다.

문제 69. 그림과 같은 피드백 제어시스템에서 단위 계단 함수를 입력으로 할 때 정상상태 오차가 0.01 이 되도록 하는 α 의 값은?

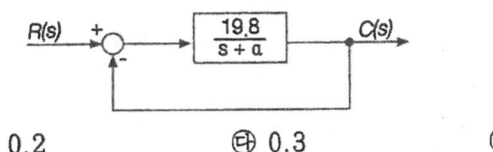

  ㉮ 0.1 ㉯ 0.2 ㉰ 0.3 ㉱ 0.4

문제 70. 논리식 A+AB를 간단히 하면?
  ㉮ 0 ㉯ 1 ㉰ A ㉱ B

문제 71. 변압기 절연 내력시험이 아닌 것은?
  ㉮ 가압 시험 ㉯ 유도 시험 ㉰ 충격 시험 ㉱ 절연저항 시험

문제 72. 그림과 같은 다이오드 브리지 정류회로가 있다. 교류전원 v가 양일 때와 음일 때의 전류의 방향을 바로 적은 것은?(단, 화살표 방향을 양으로 한다.)

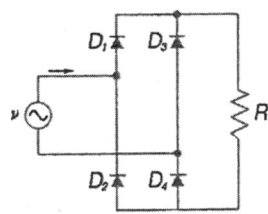

  ㉮ $v>0 : v \to D_1 \to R \to D_2 \to v$ $v<0 : v \to D_2 \to R \to D_1 \to v$
  ㉯ $v>0 : v \to D_1 \to R \to D_2 \to v$ $v<0 : v \to D_4 \to R \to D_1 \to v$
  ㉰ $v>0 : v \to D_1 \to R \to D_4 \to v$ $v<0 : v \to D_3 \to R \to D_2 \to v$
  ㉱ $v>0 : v \to D_1 \to R \to D_2 \to v$ $v<0 : v \to D_4 \to R \to D_3 \to v$

문제 73. 궤환제어계에 속하지 않는 신호로서 외부에서 제어량이 그 값에 맞도록 제어계에 주어지는 신호를 무엇이라 하는가?
  ㉮ 동작 신호 ㉯ 기준 입력 ㉰ 목표값 ㉱ 궤환 신호

해답 68. ㉯ 69. ㉯ 70. ㉰ 71. ㉱ 72. ㉰ 73. ㉰

문제 74. 그림에서 출력 Y는?

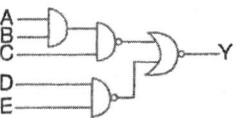

㉮ $\overline{A}+\overline{B}+\overline{C}+\overline{D}+\overline{E}$ ㉯ $A+B+C+D+E$
㉰ $ABCDE$ ㉱ $\overline{ABCDE}$

문제 75. 온도를 임피던스로 변환시키는 요소는?
㉮ 측온 저항   ㉯ 광전지   ㉰ 광전 다이오드   ㉱ 전자석

문제 76. 그림과 같은 브리지 정류회로는 어느 점에 교류입력을 연결하여야 하는가?

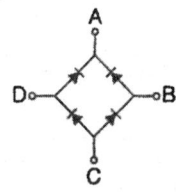

㉮ A-B점   ㉯ A-C점   ㉰ B-C점   ㉱ B-D점

문제 77. 시퀀스제어의 장점이 아닌 것은?
㉮ 구성하기 쉽다.
㉯ 시스템의 구성비가 낮다.
㉰ 원하는 출력을 얻기 위해 보정이 필요 없다.
㉱ 유지 및 보수가 간단하다.

문제 78. 순시전압 $e = E_m \sin(wt + \theta)$의 파형은?

㉮ 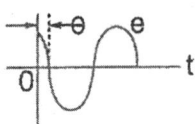 ㉯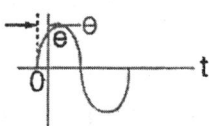

㉰ 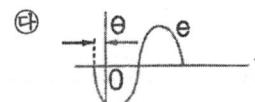 ㉱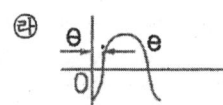

해답 74. ㉱ 75. ㉮ 76. ㉱ 77. ㉰ 78. ㉯

문제 79. 다음 중 옴의 법칙에 대한 설명으로 옳지 않은 것은?
㉮ 저항에 전류가 흐를 때 전압, 전류, 저항의 관계를 설명해 준다.
㉯ 옴의 법칙은 저항으로 전류의 크기를 조절할 수 있음을 보여 준다.
㉰ 옴의 법칙은 저항에 의한 전압강하를 설명해 준다.
㉱ 옴의 법칙을 이용하여 임피던스에 의한 전압강하는 설명할 수 없다.

문제 80. 그림과 같은 블록선도를 등가 변환한 것은?

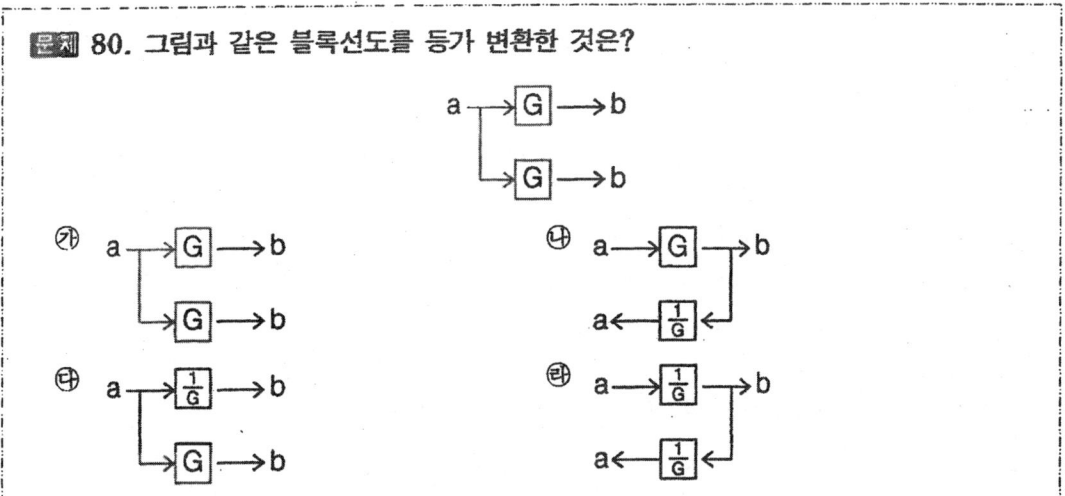

해답 79. ㉱ 80. ㉮

승강기 개론

(2011. 3. 20. 산업기사 시행)

문제 1. 조속기의 과속스위치는 정격속도의 몇 배 이하에서 동작되어야 하는가?
㉮ 1.1　　㉯ 1.3　　㉰ 1.5　　㉱ 1.8

문제 2. 비상정지장치가 작동하였을 때 카 바닥의 수평도는 얼마를 유지해야 하는가?
㉮ 1/10 이하　㉯ 1/20 이하　㉰ 1/30 이하　㉱ 1/40 이하

문제 3. 로프식 엘리베이터의 승강로에 대한 설명으로 올바르지 않은 것은?
㉮ 소방법에 의한 비상방송용 스피커 등은 승강로에 설치할 수 있다.
㉯ 피트 깊이가 2m를 초과하는 경우에는 출입구를 설치할 수 있다.
㉰ 피트 아래를 통로로 사용할 경우는 피트 바닥을 2중 슬라브로 하여야 한다.
㉱ 승강기의 정격속도가 높아지면 피트 깊이는 늘어난다.

문제 4. 로프식 엘리베이터에서 제어방식이 발전해 온 순서가 맞는 것은?
㉮ 교류귀환제어 → 교류2단제어 → VVVF제어
㉯ 교류귀환제어 → VVVF제어 → 교류2단제어
㉰ 교류2단제어 → 교류귀환제어 → VVVF제어
㉱ 교류2단제어 → VVVF제어 → 교류귀환제어

문제 5. 유압용 고압 고무호스 표면에 표시하지 않아도 되는 것은?
㉮ 제조년월　　　　　　㉯ 명칭 및 호칭
㉰ 제조자명 또는 그 약호　㉱ 굴곡변경

문제 6. 3~8대의 엘리베이터가 병설될 때 개개의 카를 합리적으로 운행하는 방식으로 교통수요의 변화에 따라 카의 운전내용을 변화시켜서 가장 적절하게 대응하는 방식은?
㉮ 군관리방식　　　　　㉯ 군승합전자동식
㉰ 양방향승합전자동식　㉱ 단식자동식

문제 7. 승강장 도어가 레일 끝을 이탈(over run)하는 것을 방지하기 위해 설치하는 것은?
㉮ 보호판　　㉯ 행거레일
㉰ 스톱퍼　　㉱ 행거롤러

해답 1. ㉯　2. ㉰　3. ㉯　4. ㉰　5. ㉱　6. ㉮　7. ㉰

문제 8. 종단층 강제 감속장치의 작동과 가장 관련이 있는 부품은?
  ㉮ 유압식 완충기   ㉯ 광전장치
  ㉰ 초음파 감지장치   ㉱ 록다운 정지장치

문제 9. 정격속도가 분당 45m인 엘리베이터에 있어서 조속기의 과속스위치가 작동해야 하는 엘리베이터의 속도는?
  ㉮ 60m/min 이하   ㉯ 63m/min 이하
  ㉰ 65m/min 이하   ㉱ 68m/min 이하

문제 10. 카 위나 카 내부에서 동력을 차단하는 장치로, 카 내부에서는 키를 사용해 작동하게 하거나, 덮개가 있는 상자 내에 장치해야 하는 스위치는?
  ㉮ 3로 스위치   ㉯ 정지 스위치
  ㉰ 리미트 스위치   ㉱ 토글 스위치

문제 11. 로프식 엘리베이터에서 카 천장에 설치된 비상구출구의 작은쪽 변의 길이가 몇 [m] 이상이어야 하는가?
  ㉮ 0.4   ㉯ 0.5
  ㉰ 0.6   ㉱ 0.7

문제 12. 엘리베이터용 레일의 치수를 결정하는데 적용되는 요소가 아닌 것은?
  ㉮ 불균형한 큰 하중이 적재될 경우를 고려
  ㉯ 지진시 레일 휨이나 응력의 탄성한계를 고려
  ㉰ 엘리베이터의 정격속도에 대한 고려
  ㉱ 안전장치가 작동했을 때에 좌굴하중의 고려

문제 13. 정격속도 105m/min, 적재하중 1600kg, 오버밸런스율 50%, 전체 효율 70%인 엘리베이터용 전동기의 용량은?
  ㉮ 약 8.4[kW]   ㉯ 약 13.7[kW]
  ㉰ 약 15.7[kW]   ㉱ 약 19.6[kW]

문제 14. 교류 귀환전압제어는 무엇을 비교하여 싸이리스터의 점호각을 바꿔 유도 전동기의 속도를 제어하는가?
  ㉮ 카의 실제속도와 점호각   ㉯ 지령속도와 점호각
  ㉰ 카의 실제속도와 지령속도   ㉱ 전압과 주파수

해답 8. ㉮ 9. ㉯ 10. ㉯ 11. ㉮ 12. ㉰ 13. ㉱ 14. ㉰

문제 15. 유압엘리베이터의 각 부품에 대한 설명으로 틀린 것은?
㉮ 안전밸브는 압력이 과도하게 높아지는 것을 방지한다.
㉯ 사이렌서는 진동·소음을 감소시킨다.
㉰ 이물질을 제거하는 장치는 스트레이너이다.
㉱ 펌프는 강제송유식의 기어펌프를 많이 사용한다.

문제 16. 기계실의 바닥면적은 승강로 수평투영면적의 몇 배 이상 이어야 하는가?
㉮ 1.5 ㉯ 2.0 ㉰ 2.5 ㉱ 3.0

문제 17. 엘리베이터용 승강장 도어 표기를 "2S"라고 할 때 숫자 "2"와 문자 "S"가 나타내는 것은?
㉮ "2" : 도어의 형태, "S" : 중앙열기
㉯ "2" : 도어의 형태, "S" : 측면열기
㉰ "2" : 도어의 매수, "S" : 중앙열기
㉱ "2" : 도어의 매수, "S" : 측면열기

문제 18. 엘리베이터를 기계실 위치에 따라 분류한 것이 아닌 것은?
㉮ 정상부형 엘리베이터
㉯ 하부형 엘리베이터
㉰ 측부형 엘리베이터
㉱ 경사형 엘리베이터

문제 19. 엘리베이터용 전동기에 요구되는 특성을 잘못 설명한 것은?
㉮ 기동 토크가 클 것
㉯ 기동 전류가 작을 것
㉰ 빈번한 운전에 대해서도 열적으로 견딜 것
㉱ 회전부분의 관성 모멘트가 클 것

문제 20. 비상용 엘리베이터에서 1차 소방스위치(키 스위치)를 조작한 후 동작 설명으로 옳은 것은?
㉮ 행선층버튼을 계속 누르고 있을 때 문이 닫히지 않는다.
㉯ 문닫힘 안전장치가 작동하여야 한다.
㉰ 과부하감지장치가 작동하지 않아야 한다.
㉱ 문닫힘버튼을 계속 누르고 있을 때 문이 닫히지 않는다.

해답 15. ㉱ 16. ㉯ 17. ㉱ 18. ㉱ 19. ㉱ 20. ㉰

승강기 설계

문제 21. 카 레일용 브래킷에 관한 설명으로 틀린 것은?
㉮ 구조 및 형태는 레일을 지지하기에 견고하여야 한다.
㉯ 사다리형 브래킷의 경사부 각도는 15~30도로 제작한다..
㉰ 벽면으로부터 1000mm 이하로 설치하여야 한다.
㉱ 콘크리트에 대하여는 앵커볼트로 견고히 부착하여야 한다.

문제 22. 세로탄성계수 E, 가로탄성계수 G, 포아송 수 m 사이의 관계를 바르게 나타낸 것은?
㉮ $E = 2G\dfrac{m+1}{m}$ ㉯ $E = 2G\dfrac{m}{m+1}$
㉰ $E = G\dfrac{m+1}{m}$ ㉱ $E = 2G\dfrac{m}{m+1}$

문제 23. 엘리베이터용 전동기의 용량 결정과 관계가 없는 것은?
㉮ 정격속도   ㉯ 정격하중   ㉰ 로핑방식   ㉱ 주행거리

문제 24. 다음 중 타이 브래킷에 대한 설명으로 옳은 것은?
㉮ 카측 레일에만 설치할 수 있다.
㉯ 균형추측 레일에만 설치할 수 있다.
㉰ 레일의 강도와는 아무관계가 없다.
㉱ 카측, 균형추측 모두 설치할 수 있다

문제 25. 회전수가 1000[rpm]이고, 출력이 7.5[kW]인 전동기의 전부하토크는?
㉮ 약 7.3[kg·m]   ㉯ 약 73[kg·m]
㉰ 약 730[kg·m]   ㉱ 약 7300[kg·m]

문제 26. 엘리베이터 교통량 계산의 주목적은?
㉮ 승강기검사 기준에 정해져 있기 때문에 강제적으로 엘리베이터 대수를 산출하기 위함이다.
㉯ 충분한 여유를 갖기 위함이다.
㉰ 건축법에 정해져 있기 때문에 수송시간을 계산하여야 한다.
㉱ 최소 비용으로 최적의 엘리베이터를 설치하기 위함이다.

해답 21. ㉰ 22. ㉮ 23. ㉱ 24. ㉯ 25. ㉮ 26. ㉱

문제 27. 주행여유(Runby)에 대한 설명 중 틀린 것은?
㉮ 카가 최상층에 정지했을 때 균형추와 완충기와의 거리를 말한다.
㉯ 카가 최하층에 정지했을 때 카와 완충기 사이의 거리를 말한다.
㉰ 유입완충기 적용시 속도에 관계없이 주행 여유의 최소 거리는 규정하지 않는다.
㉱ 스프링 완충기 적용시 카측의 최대거리는 900mm로 규정한다.

문제 28. 엘리베이터 동력전원 설계시 부등률에 대한 설명으로 틀린 것은?
㉮ 교통량이 많은 건물에서는 부등률이 크다.
㉯ 엘리베이터 기동빈도와 밀접한 관계가 있다.
㉰ 동일 건물내 비상용의 경우는 100% 동시사용으로 본다.
㉱ 2대의 엘리베이터에 대하여는 전부하 상승 가속전류에 대한 부등률을 2 이상이다.

문제 29. 5분간 수송능력 280명, 5분간 전교통 수요가 2800명 일 경우 필요한 엘리베이터 대수는?
㉮ 5　　㉯ 10　　㉰ 15　　㉱ 20

문제 30. 정격하중 1000kgf, 카 자체하중 1300kgf, 속도 60m/min용 엘리베이터를 오버밸런스율 40%로 설정할 경우 균형추의 무게는?
㉮ 1520[kgf]　㉯ 1700[kgf]　㉰ 1920[kgf]　㉱ 2300[kgf]

문제 31. 2대의 엘리베이터 배치에 대한 내용 중 틀린 것은?
㉮ 2대 나란히 배열
㉯ 2대 서로 마주보는 배열
㉰ 2대 격리(복도)배열
㉱ 마주보는 배열은 나란한 배열보다 승강장이 더 넓어야 한다.

문제 32. 교통량 계산시 출근시간의 수송능력 목표치(집중률)가 가장 큰 것은?
㉮ 관청　　㉯ 준사전용　　㉰ 임대 사무실　　㉱ 일사전용

문제 33. 다음에 열거한 전동기의 절연종별 중에서 E종보다 절연의 허용최고온도가 가장 낮은 것은?
㉮ A종　　㉯ B종　　㉰ F종　　㉱ H종

문제 34. 에스컬레이터의 적재하중을 표시한 것으로 옳은 것은?(단, P는 적재하중[kg], A는 스텝면의 수평투영면적[m²])
㉮ $P = 70 \cdot A$　　㉯ $P = 170 \cdot A$
㉰ $P = 270 \cdot A$　　㉱ $P = 370 \cdot A$

해답 27. ㉱　28. ㉱　29. ㉯　30. ㉯　31. ㉰　32. ㉱　33. ㉮　34. ㉰

문제 35. 엘리베이터 가이드 레일의 강도를 계산할 때 고려하지 않아도 되는 사항은?
㉮ 레일의 단면계수
㉯ 레일 단면의 조도
㉰ 카나 균형추의 총중량
㉱ 레일 브라켓의 설치 간격

문제 36. 후크의 법칙과 관련된 계산식 중 틀린 것은? (단, E:종탄성계수, W: 하중, ℓ: 원래의 길이, σ:인장응력, λ:변형된 길이, ε:종변형율, G:횡탄성계수, m:포아송수)
㉮ $E = \dfrac{W\ell}{A\lambda}$
㉯ $E = \dfrac{\sigma \ell}{\lambda}$
㉰ $E = \dfrac{\varepsilon}{\sigma}$
㉱ $E = 2G\dfrac{m+1}{m}$

문제 37. 와이어로프를 엘리베이터에 적용시킬 때의 설명으로 틀린 것은?
㉮ 주로프의 안전율은 10 이상이 되도록 하고, 직경은 6mm 이상으로 사용한다.
㉯ 단부는 1가닥마다 로프소켓에 바비트채움을 하거나 체결식 로프 소켓을 사용하여야 한다.
㉰ 권동식인 경우 권동측의 끝부분을 1가닥마다 클램프 고정으로 할 수 있다.
㉱ 카 1대에 3가닥 이상이나 권동식일 때는 2가닥 이상이다.

문제 38. 엘리베이터에 사용하는 완충기(Buffer)의 설치 위치는?
㉮ 카 하부와 균형추 하부에 설치
㉯ 카 하부와 균형추 상부에 설치
㉰ 기계실 하부와 카 하부에 설치
㉱ 균형추 하부에만 설치

문제 39. 원통코일 스프링 설계에서 스프링 상수에 대한 설명으로 옳은 것은?
㉮ 같은 하중을 받을 때, 스프링의 휘는 양은 스프링 상수의 제곱에 반비례한다.
㉯ 같은 하중을 받을 때, 스프링의 휘는 양은 스프링 상수의 제곱에 비례한다.
㉰ 같은 하중을 받을 때, 스프링의 휘는 양은 스프링 상수에 비례한다.
㉱ 같은 하중을 받을 때, 스프링의 휘는 양은 스프링 상수에 반비례한다.

문제 40. 건축법령상 비상용엘리베이터에 관한 설명으로 틀린 것은?
㉮ 건물높이 41m 이상으로 각 층의 바닥면적 중 최대 바닥면적이 1500m² 이하인 건축물에는 1대 이상 설치하여야 한다.
㉯ 건물높이 41m 이상으로 각 층의 바닥면적 중 최대 바닥면적의 합계가 600m² 이하인 건축물에는 설치하지 않아도 된다.
㉰ 건물높이 41m를 넘고 바닥면적 중 최대 바닥면적이 1500m²를 넘는 경우에는 매 3000m² 이내마다 1대씩 가산하여 설치해야 한다.
㉱ 2대 이상의 비상용엘리베이터를 설치할 경우 소화에 지장이 없도록 일정간격을 두고 설치하여야 한다.

해답 35. ㉯ 36. ㉰ 37. ㉮ 38. ㉮ 39. ㉱ 40. ㉯

일반기계공학

문제 41. 유압프레스에서 용량이 5kN 이고 프레스 효율이 80%, 단조물의 유효단면적이 300mm² 일 때, 단조 재료의 변형저항은 약 몇 N/mm²인가?
㉮ 10.3　　㉯ 13.3　　㉰ 15.3　　㉱ 16.7

문제 42. 베어링과 축, 피스톤과 실린더 등과 같이 서로 접촉하면서 운동하는 접촉면에 마찰을 적게 하기위해 사용되는 것으로 가장 적합한 것은?
㉮ 냉매　　㉯ 절삭유　　㉰ 윤활유　　㉱ 냉각수

문제 43. 모듈 6, 기어의 이가 22개, 97개인 한 쌍의 표준평기어가 외접하여 물려있을 때 중심거리는 얼마인가?
㉮ 132 mm　　㉯ 357 mm　　㉰ 450 mm　　㉱ 714 mm

문제 44. 체인의 원동차 잇수(Z_1)가 20개, 회전수(N_1) 300 rpm이고, 종동차 잇수(Z_2)가 30개일 때 종동차의 회전수(N_2)와 종동차의 속도(V_2)는 각각 얼마인가?(단, 종동차의 피치는 15mm이다.)
㉮ N_2=200 rpm, V_2=1.5 m/s　　㉯ N_2=200 rpm, V_2=2.5 m/s
㉰ N_2=400 rpm, V_2=1.5 m/s　　㉱ N_2=450 rpm, V_2=2.25 m/s

문제 45. 연삭숫돌의 결함에서 숫돌 입자의 표면이나 기공에 칩(chip)이 끼어 연삭성이 나빠지는 현상은?
㉮ 트루잉　　㉯ 로딩　　㉰ 글레이징　　㉱ 드레싱

문제 46. 원통형 케이싱 안에 편심 회전자가 있고 그 회전자의 홈속에 판 모양의 깃이 원심력 또는 스프링 장력에 의하여 벽에 밀착하면서 회전하여 액체를 압송하는 펌프는?
㉮ 피스톤펌프　　㉯ 나사펌프　　㉰ 베인펌프　　㉱ 기어펌프

문제 47. 그림과 같이 로프로 고정하여 A 점에 1000N의 무게를 매달 때 AC 로프에 생기는 응력은 약 몇 N/cm²인가?(단, 로프 지점은 3cm이다.)

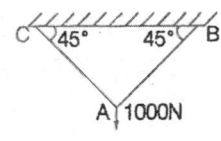

㉮ 100　　㉯ 210　　㉰ 431　　㉱ 640

해답 41. ㉯ 42. ㉰ 43. ㉯ 44. ㉮ 45. ㉯ 46. ㉰ 47. ㉮

문제 48. 소성가공을 할 때 열간가공과 냉간가공을 구분하는 온도와 가장 관계가 있는 것은?
㉮ 재결정 온도   ㉯ 용융 온도
㉰ 동소변태 온도   ㉱ 임계 온도

문제 49. 10kN·m의 비틀림 모멘트와 20kN·m의 굽힘 모멘트를 동시에 받는 축의 상당 굽힘 모멘트는 약 몇 kN·m인가?
㉮ 2.18   ㉯ 21.18   ㉰ 211.8   ㉱ 230

문제 50. 알루미늄 분말, 산화철 분말과 점화제의 혼합 반응으로 열을 발생시켜 용접하는 방법은?
㉮ 티르밋 용접   ㉯ 피복 아크 용접
㉰ 일렉트로 슬래그 용접   ㉱ 불활성 가스 아크 용접

문제 51. 주물에서 기공(blow hole)의 유무를 검사하기 위한 비파괴시험 방법에 속하지 않는 것은?
㉮ 자기 탐상법   ㉯ 현미경 탐상법
㉰ 초음파 탐상법   ㉱ 방사선 탐상법

문제 52. 유효낙차가 100m이고 유량이 200m³/s인 수력 발전소의 수차에서 이론 출력을 계산하면 몇 kW인가?
㉮ 412×10^3 ㉯ 326×10^3
㉰ 196×10^3 ㉱ 116×10^3

문제 53. 두 축이 평행하고, 두 축의 중심선이 약간 어긋났을 경우에 각속도의 변화없이 토크를 전달시키려고 할 때 사용하는 커플링은?
㉮ 머프 커플링   ㉯ 플랜지 커플링
㉰ 올덤 커플링   ㉱ 유니버설 커플링

문제 54. 유압기의 부속장치 중 유압에너지 압력에 대해 맥동 제거, 압력 보상, 충격 완화 등의 역할을 하는 것은?
㉮ 스트레이너   ㉯ 중압기   ㉰ 축압기   ㉱ 필터 엘리먼트

문제 55. 축열실과 반사로를 사용하여 장입물을 용해 정련하는 방법으로 우수한 강을 얻을 수 있고 다량생산에 적합한 용해로는?
㉮ 도가니로   ㉯ 전로   ㉰ 평로   ㉱ 전기로

해답 48. ㉮ 49. ㉯ 50. ㉮ 51. ㉯ 52. ㉰ 53. ㉰ 54. ㉰ 55. ㉰

문제 56. 주철의 성질에 대한 설명으로 틀린 것은?
㉮ 압축강도가 크다.　　　　　　　　㉯ 절삭성이 우수하다.
㉰ 융점이 낮고 유동성이 양호하다.　㉱ 단련, 담금질, 뜨임이 가능하다.

문제 57. 이끝원의 지름이 126mm, 잇수가 40인 기어의 모듈은?
㉮ 3　　　　㉯ 4　　　　㉰ 5　　　　㉱ 6

문제 58. 50000N·cm의 굽힘 모멘트를 받는 단순보의 단면계수가 $100cm^3$이면 이 보에 발생되는 굽힘 응력은 몇 N/cm^2인가?
㉮ 250　　　㉯ 500　　　㉰ 750　　　㉱ 1000

문제 59. 같은 전단응력이 작용하는 보에서 원형단면의 지름을 2배로 하면 전단응력(τ)은 얼마인가?
㉮ $\dfrac{\tau}{2}$　　　㉯ $\dfrac{\tau}{4}$　　　㉰ $\dfrac{\tau}{8}$　　　㉱ $\dfrac{\tau}{16}$

문제 60. 축의 허용전단응력이 $3N/mm^2$이고, 축의 비틀림모멘트가 $3.0\times10^5 N/mm^2$일 때 축의 지름은?
㉮ 63.4 mm　　㉯ 72.6 mm　　㉰ 79.9 mm　　㉱ 83.4 mm

전기제어공학

문제 61. 그림과 같은 계전기 접점회로의 논리식은?

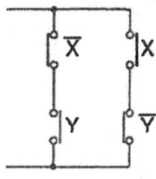

㉮ XY　　　　　　　　　　　　　㉯ $\overline{X}Y + X\overline{Y}$
㉰ $(\overline{X}+\overline{Y})(X+Y)$　　　　　㉱ $(\overline{X}+Y)(X+\overline{Y})$

문제 62. 어떤 코일에 흐르는 전류가 0.01초 사이에 일정하게 50[A]에서 10[A]로 변할 때 20[V]의 기전력이 발생한다고 하면 자기인덕턴스는 몇 [mH]인가?
㉮ 5　　　　㉯ 40　　　　㉰ 50　　　　㉱ 200

해답　56. ㉱　57. ㉮　58. ㉯　59. ㉱　60. ㉱　61. ㉯　62. ㉮

문제 **63.** 유도전동기의 속도제어에 사용할 수 없는 전력 변환기는?
㉮ 인버터   ㉯ 사이클로 컨버터
㉰ 위상제어기   ㉱ 정류기

문제 **64.** 제어계에서 동작 신호(편차)에 비례하는 조작량을 만드는 제어 동장을 무엇이라 하는가?
㉮ 비례 동작(P동작)   ㉯ 비례 적분 동작(PI 동작)
㉰ 비례 미분 동작(PD 동작)   ㉱ 비례 적분 미분 동작(PID 동작)

문제 **65.** 주파수 60〔Hz〕의 정현파 교류에서 위상차 $\frac{\pi}{6}$〔rad〕은 약 몇 초의 시간차인가?
㉮ 2.4×10^{-3} ㉯ 2×10^{-3}
㉰ 1.4×10^{-3} ㉱ 1×10^{-3}

문제 **66.** 다음 내용의 (   )안에 차례로 들어갈 알맞은 내용은?

> "소금물 등 이온화되는 전해질은 농도가 (   )든가, 온도가 (   )지면 저항값이 작아지는 (   )온도계수를 갖는 특성이 있다."

㉮ 진하, 낮아, +   ㉯ 진하, 높아, -
㉰ 연하, 낮아, -   ㉱ 연하, 높아, +

문제 **67.** 피드백제어로서 서보기구에 해당하는 것은?
㉮ 석유화학공장   ㉯ 발전기 정전압장치
㉰ 전철표 자동판매기   ㉱ 선박의 자동조타

문제 **68.** 다음 블록선도 중 안정한 계는?
㉮ R → $\frac{2}{s-1}$ → $\frac{2}{s-3}$ → C   ㉯ R → $\frac{2}{s+2}$ → $\frac{2}{s+6}$ → C
㉰ R → $\frac{2}{s-4}$ → $\frac{2}{s+5}$ → C   ㉱ R → $\frac{2}{s-4}$ → $\frac{2}{s-8}$ → C

문제 **69.** 전기로의 온도를 1000℃로 일정하게 유지시키기 위하여 열전온도계의 지시값을 보면서 전압조정기로 전기로에 대한 인가전압을 조절하는 장치가 있다. 이 경우 열전온도계는 다음 중 어느 것에 해당되는가?
㉮ 조작부   ㉯ 검출부
㉰ 제어량   ㉱ 조작량

해답 63. ㉱   64. ㉮   65. ㉰   66. ㉯   67. ㉱   68. ㉯   69. ㉯

문제 70. 그림과 같은 회로의 합성저항은 몇 [Ω] 인가?

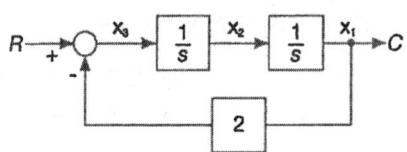

㉮ 25 ㉯ 30 ㉰ 35 ㉱ 50

문제 71. 내부 장치 또는 공간을 물질로 포위시켜 외부 자계의 영향을 차폐시키는 방식을 자기차폐라 한다. 다음 중 자기차폐에 가장 좋은 물질은?
㉮ 강자성체 중에서 비투자율이 큰 물질
㉯ 강자성체 중에서 비투자율이 작은 물질
㉰ 비투자율이 1보다 작은 역자성체
㉱ 비투자율과 관계없이 두께에만 관계되므로 되도록 두꺼운 물질

문제 72. 다음 블록선도에서 틀린 식은?

㉮ $x_3(t) = r(t) - 2c(t)$
㉯ $\dfrac{dx_3(t)}{dt} = x_2(t)$
㉰ $x_2(t) = \int [r(t) - 2x_1(t)] dt$
㉱ $x_1(t) = c(t)$

문제 73. 다음 중 유도전동기의 회전력에 관한 설명으로 옳은 것은?
㉮ 단자전압과는 무관하다.
㉯ 단자전압과는 비례한다.
㉰ 단자전압의 2승에 비례한다.
㉱ 단자전압의 3승에 비례한다.

문제 74. 다음 중 서보기구에 속하는 제어량은?
㉮ 회전속도   ㉯ 전압
㉰ 위치   ㉱ 압력

문제 75. 제벡 효과(Seebeck effect)를 이용한 센서에 해당하는 것은?
㉮ 저항 변화용   ㉯ 인덕턴스 변화용
㉰ 용량 변화용   ㉱ 전압 변화용

해답 70. ㉮ 71. ㉮ 72. ㉯ 73. ㉰ 74. ㉰ 75. ㉱

문제 76. 전류계와 전압계의 측정범위를 확장하기 위하여 저항을 사용하는데, 다음 중 저항의 연결방법으로 알맞은 것은?
㉮ 전류계에는 저항을 병렬연결하고, 전압계에는 저항을 직렬연결해야 한다.
㉯ 전류계 및 전압계에 저항을 병렬연결해야 한다.
㉰ 전류계에는 저항을 직렬연결하고, 전압계에는 저항을 병렬연결해야 한다.
㉱ 전류계 전압계에 저항을 직렬연결해야 한다.

문제 77. 220[V] 3상 4극 60[Hz]인 3상 유도전동기가 정격전압, 정격 주파수에서 최대 회전력을 내는 슬립은 16[%]이다. 200[V] 50[Hz]로 사용할 때 최대 회전력 발생 슬립은 약 몇[%]가 되는가?
㉮ 15.6   ㉯ 17.6   ㉰ 19.4   ㉱ 21.4

문제 78. 전기기기의 보호와 운전자의 안전을 위해 사용되는 그림의 회로를 무엇이라고 하는가?(단, A와 B는 스위치, X_1과 X_2는 릴레이이다.)

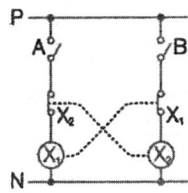

㉮ 자기유지회로   ㉯ 일치회로
㉰ 변환회로   ㉱ 인터록회로

문제 79. 유도전동기의 기동방법 중 용량이 5[kW] 이하인 소용량 전동기에는 주로 어떤 기동법이 사용되는가?
㉮ 전전압 기동법   ㉯ Y-△ 기동법
㉰ 기동보상기법   ㉱ 리액터 기동법

문제 80. 목표치가 미리 정해진 시간적 변화를 하는 경우 제어량을 변화시키는 제어를 무엇이라고 하는가?
㉮ 정치제어   ㉯ 프로그래밍제어
㉰ 추종제어   ㉱ 비율제어

해답 76. ㉮ 77. ㉰ 78. ㉱ 79. ㉮ 80. ㉯

승강기 개론

(2012. 3. 4. 기사 시행)

문제 1. 기계실의 조명 및 환기시설에 관한 설명으로 옳은 것은?
㉮ 조명스위치는 기계실 어디든지 조작하기 쉽도록 설치하면 된다.
㉯ 조도는 기기가 배치된 바닥면에서 80Lux 이상이어야 한다.
㉰ 조명전원은 엘리베이터의 제어전원과 별도로 분리하여야 한다.
㉱ 자연환기하는 경우에 환기창 또는 루버 등의 합산한 크기는 기계실 바닥면적의 $\frac{1}{10}$ 이상이어야 한다.

문제 2. 교류엘리베이터의 제어방식이 아닌 것은?
㉮ VVVF 제어
㉯ 워드레오나드 제어
㉰ 교류귀환 제어
㉱ 교류일단 속도 제어

문제 3. 유입완충기가 비상작동되어 플런저를 완전히 압축시킨 상태에서 완전복귀 시간까지 소요되는 시간을 몇 초 이내로 제한하고 있는가?
㉮ 30 ㉯ 60 ㉰ 90 ㉱ 120

문제 4. 견인비(Traction ratio)의 선정 방법은?
㉮ 무부하시와 전부하시의 값이 가능한 한 같도록 하고 그 절대값이 적을수록 좋다.
㉯ 무부하시와 전부하시의 값의 차를 크게 하고 그 값도 가능한 크게 한다.
㉰ 균형비 값은 커야 하고 무부하시와 전부하시의 값은 동일해야 한다.
㉱ 균형비 값은 적어야 하고 무부하시와 전부하시의 값은 고려하지 않는다.

문제 5. 일반적으로 카틀(CAR FRAME)에는 브레이스 로드(BRACE ROD OR SIDE BRABE)를 설치한다. 이 브레이스 로드로 인하여 하부체대에 받는 힘의 어느 정도가 카주 또는 상부체대에 분포되는가?
㉮ $\frac{1}{8}$ ㉯ $\frac{3}{8}$ ㉰ $\frac{1}{5}$ ㉱ $\frac{3}{5}$

문제 6. 가이드 레일에 대한 설명으로 틀린 것은?
㉮ 비상정지장치가 작동하는 곳에는 정밀가공한 T자형의 레일이 사용된다.
㉯ 레일 규격의 호칭은 가공 완료된 1m당의 중량을 표시한 것이다.
㉰ 레일의 표준길이는 5m이다.
㉱ 균형추측 레일에는 강판성형한 레일을 사용할 수도 있다.

해답 1. ㉱ 2. ㉯ 3. ㉰ 4. ㉮ 5. ㉯ 6. ㉯

문제 7. 엘리베이터를 3~8대 병설할 때에 각 카를 불필요한 동작없이 합리적으로 운행 관리하는 조작방식은?
㉮ 군승합자동식　　　　　　　㉯ 군관리 방식
㉰ 자동식　　　　　　　　　　㉱ 범용방식

문제 8. 승객용 엘리베이터의 카내에서 정전시 예비조명장치의 조도에 대한 내용으로 옳은 것은?
㉮ 정전시에 램프중심으로부터 1.5m 떨어진 수직면상에서 측정하여 1Lux 이상의 조도를 확보해야 한다.
㉯ 정전시에 램프중심으로부터 2m 떨어진 수직면상에서 측정하여 1Lux 이상의 조도를 확보해야 한다.
㉰ 정전시에 램프중심으로부터 1.5m 떨어진 수직면상에서 측정하여 10Lux 이상의 조도를 확보해야 한다.
㉱ 정전시에 램프중심으로부터 2m 떨어진 수직면상에서 측정하여 10Lux 이상의 조도를 확보해야 한다.

문제 9. 카 바닥 앞부분과 승강로 벽과의 수평거리는 몇 [mm] 이하이어야 하는가?
㉮ 100　　㉯ 125　　㉰ 140　　㉱ 150

문제 10. 정지 레오나드 방식에서 정지형 반도체 소자를 이용하여 교류를 직류로 전환시킴과 동시에 무엇을 제어하여 직류 전압을 변화 시키는가?
㉮ 점호각　　㉯ 주파수　　㉰ 전압　　㉱ 전류

문제 11. 제동기에 대한 설명으로 옳은 것은?
㉮ 승객용 엘리베이터는 120%의 부하로 전속하강 중 위험없이 감속정지 할 수 있어야 한다.
㉯ 화물용 엘리베이터는 125%의 부하로 전속하강 중 위험없이 감속정지 할 수 있어야 한다.
㉰ 제동력은 전원이 흐르는 사이에 전자코일에 의해 주어진다.
㉱ 제동력을 너무 크게 하면 감속도가 크게 된다.

문제 12. 최대 굽힘모멘트 390000[kg·cm], 사용재료 H250 × 250 × 14 × 9 (단면계수 867[cm³])인 기계대의 안전율은 약 얼마인가? (단, 재질의 허용응력은 4000[kg/[cm²]이다.)
㉮ 6　　㉯ 9　　㉰ 11　　㉱ 15

해답 7. ㉯　8. ㉯　9. ㉯　10. ㉮　11. ㉱　12. ㉯

문제 13. 승강장 도어에 대한 설명으로 옳은 것은
㉮ 승강장 도어의 비상키는 기준층에만 설치하면 된다.
㉯ 중앙 개폐방식의 도어는 닫힌 상태에서 금속부분 사이의 거리가 없어야 한다.
㉰ 승강장 도어와 문틀 사이의 여유거리는 6mm 이상이어야 한다.
㉱ 도어는 출입구의 위와 양쪽 옆, 그리고 상호간에 겹쳐야 한다.

문제 14. 엘리베이터의 카를 휴지 및 재가동시킬 목적으로 설치하는 부속 장치는?
㉮ 파킹스위치　　　　　　　　㉯ 강제정지스위치
㉰ 비상정지스위치　　　　　　㉱ 스로다운스위치

문제 15. 에스컬레이터 적재하중을 산출하는데 필요한 사항이 아닌 것은?
㉮ 디딤판(스텝)의 폭　　　　　㉯ 층고
㉰ 반력점간거리　　　　　　　㉱ 디딤판(스텝)의 수평 투영단면적

문제 16. 완충기의 행정은 정격속도의 115% 속도로 적용범위의 중량을 충돌시킨 경우 카 또는 균형추의 평균 감속도는 얼마 이하인가? 또한 순간 최대 감속도는 2.5g(가속도)를 넘는 감속도가 몇 초 이상 지속하지 않아야 하는가?
㉮ 0.8g 이하, 0.04초　　　　　㉯ 1.0g 이하, 0.04초
㉰ 1.5g 이하, 0.4초　　　　　　㉱ 2.5g 이하, 0.4초

문제 17. 기계식 주차장치안에서 자동차를 입·출고하는 사람이 출입하는 통로의 너비와 높이가 맞는 것은?
㉮ 너비:30cm 이상, 높이:1.6m 이상　　㉯ 너비:50cm 이상, 높이:1.8m 이상
㉰ 너비:60cm 이상, 높이: 2m 이상　　　㉱ 너비:80cm 이상, 높이: 2m 이상

문제 18. 유압 엘리베이터의 VVVF 속도제어에 대한 설명으로 옳지 않은 것은?
㉮ 로프식 엘리베이터와 동일한 주행곡선이 얻어진다.
㉯ 기동·정지시 쇼크가 없이 원활하고 정지는 바로 착상하게 된다.
㉰ 유량제어 밸브를 사용하지 않으므로 작동유의 온도변화 및 압력변화에 영향을 받는다.
㉱ 상승 운전시 필요한 유량을 펌프에서 토출하므로 낭비가 없다.

문제 19. 승객용 엘리베이터의 브레이크 성능을 알아보기 위하여 일정한 부하를 싣고 전속하강중인 카를 안전하게 감속 및 정지시킬 수 있는지를 확인하려고 한다. 몇 %의 부하를 실어야 하는가?
㉮ 100　　　　㉯ 110　　　　㉰ 115　　　　㉱ 125

해답 13. ㉯　14. ㉮　15. ㉰　16. ㉯　17. ㉯　18. ㉰　19. ㉱

문제 20. 조속기의 로프 및 도르래의 구비조건 중 틀린 것은?
㉮ 조속기 로프의 공칭지름은 최소 6mm 이상이어야 한다.
㉯ 조속기 도르래의 피치지름과 로프의 공칭지름의 비는 30배 이상이어야 한다.
㉰ 조속기 로프는 비상정지장치로부터 분리시킬 수 없어야 한다.
㉱ 조속기의 캣치가 작동되었을 때 조속기 로프가 갖추어야 할 인장력은 300N 이상이어야 한다.

승강기 설계

문제 21. 재해시 관제운전의 우선순위로 맞는 것은?
㉮ 지진식 관제 → 화재시 관제 → 정전시 관제
㉯ 화재시 관제 → 지진시 관제 → 정전시 관제
㉰ 지진시 관제 → 정전시 관제 → 화재시 관제
㉱ 화재시 관제 → 정전시 관제 → 지진시 관제

문제 22. 엘리베이터의 각종 상태에 대한 비상운전에의 전환 가능성을 설명한 것이다. 틀린 것은?
㉮ 카내 비상스위치가 조작되어 있더라도 비상호출 운행은 가능하다.
㉯ 카 내부 운전 휴지스위치가 동작되어 있더라도 비상호출 운행은 가능하다.
㉰ 파킹 스위치가 동작되어 있더라도 비상호출운행은 가능하다.
㉱ 지진관제에 의해 정지 중인 경우, 비상호출운행은 불가능하다.

문제 23. 가이드레일에 관한 설명 중 틀린 것은?
㉮ 가이드레일의 표준길이는 5m이다.
㉯ 균형추에 비상정지장치를 설치할 경우 5K 가이드레일은 적합하지 않다.
㉰ 가이드레일의 규격에 대한 기준은 단위 길이당 중량으로 표시한다.
㉱ 가이드레일은 엘리베이터 운행속도와 관계가 밀접하다.

문제 24. 전기자에 전류가 흐르면 그 전류에 대한 자속이 발생해 주 자극의 자속에 영향을 미쳐 주 자속이 감소하고, 전기자 중성점이 이동하는 현상을 일으키는데, 이것을 무엇이라 하는가?
㉮ 자속 반작용   ㉯ 주 자극 반작용
㉰ 전류 반작용   ㉱ 전기자 반작용

해답 20. ㉯ 21. ㉮ 22. ㉯ 23. ㉰ 24. ㉱

문제 25. 그림과 같은 보의 지점반력 R_A, R_B는 각각 몇 kg인가?

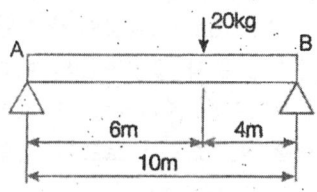

㉮ $R_A=4$, $R_B=8$　　　　　　㉯ $R_A=12$, $R_B=8$
㉰ $R_A=8$, $R_B=12$　　　　　 ㉱ $R_A=8$, $R_B=4$

문제 26. 승강기에 대한 주요 부품 중 설치 위치가 다른 한 가지는?
㉮ 균형추　　㉯ 이동케이블　　㉰ 가이드레일　　㉱ 조속기

문제 27. 승강기검사기준에서 정하는 에스컬레이터의 경사도가 30°이하이고 층고가 6m 이하 일 경우 속도 규정은? (단, 디딤판의 수가 3개 이상인 경우이다.)
㉮ 30m/min 이하　　　　　　㉯ 40m/min 이하
㉰ 50m/min 이하　　　　　　㉱ 60m/min 이하

문제 28. 엘리베이터의 전원설비를 설계할 때 사용되는 부등률에 대한 설명으로 틀린 것은?
㉮ 여러 대의 엘리베이터에 일괄적으로 전원을 공급하는 경우, 변압기의 용량은 부등률을 곱하여 저감시킬 수 있다.
㉯ 사용 빈도가 크면 부등률이 크고 사용 빈도가 작으면 부등률도 작다.
㉰ 비상용 엘리베이터는 100% 동시 사용으로 본다.
㉱ 부등률은 엘리베이터의 기동 빈도와는 관계가 없다.

문제 29. 엘리베이터용 도어머신에서 요구되는 사항과 관련이 없는 것은?
㉮ 작동이 원활하고 소음이 발생하지 않을것
㉯ 카상부에 설치하기 위하여 소형 경량일 것
㉰ 가격이 고가일 것
㉱ 동작회수가 엘리베이터의 기동회수의 2배가 되므로 보수가 용이할 것

문제 30. 엘리베이터의 승강로에 관하여 틀린 것은?
㉮ 비상용 엘리베이터의 승강로는 전층 단일구조로 연결하여야 한다.
㉯ 꼭대기 틈새란 카가 정지했을 때 상부체대의 윗면에서 승강로 천정 사이의 수직거리이다.
㉰ 정격속도가 90m/min인 로프식 엘리베이터의 꼭대기 틈새는 1.6cm 이상이면 된다.
㉱ 로프식 엘리베이터의 오버헤드는 출입구 높이+꼭대기 틈새이다.

해답　25. ㉰　26. ㉱　27. ㉯　28. ㉱　29. ㉰　30. ㉱

문제 31. 60Hz, 4극 전동기의 슬립이 5%인 경우 전부하 회전수는 몇 rpm인가?
㉮ 1710   ㉯ 1890
㉰ 3420   ㉱ 3780

문제 32. 그림은 로프식 승강기의 로핑 방법을 나타낸 것이다.

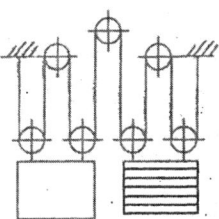

㉮ 1:1 로핑   ㉯ 2:1 로핑
㉰ 3:1 로핑   ㉱ 4:1 로핑

문제 33. 다음 중 엘리베이터 진동의 발생 원인으로 잘못된 것은?
㉮ 전동기 : 회전저항에 의한 진동
㉯ 감속기 : 기어 맞물림 진동
㉰ 출입문 : 습동부와 회전부의 진동
㉱ 가이드 레일 : 레일 접합부 통과시 진동

문제 34. 기계대 강도 계산시 작용하는 하중에 포함되지 않는 것은?
㉮ 기계대 자중   ㉯ 권상기 자중
㉰ 로프 자중   ㉱ 균형추 자중

문제 35. 비상정지장치의 성능 시험과 관계가 없는 것은?
㉮ 적용중량   ㉯ 가이드 레일의 규격
㉰ 적용 작동속도 ㉱ 정지거리

문제 36. 다음 중 엘리베이터의 조명전원 설비로 볼 수 없는 것은?
㉮ 카내 형광등 전원
㉯ 기계실 형광등 전원
㉰ 카 상부 환기용 팬(FAN) 전원
㉱ 카 상부 점검용 콘센트(Receptacle)전원

문제 37. 엘리베이터의 일주시간을 계산할 때 고려되는 사항이 아닌 것은?
㉮ 기준층 복귀시간   ㉯ 주행시간
㉰ 도어개폐시간   ㉱ 승객 출입시간

해답 31. ㉮ 32. ㉰ 33. ㉮ 34. ㉮ 35. ㉯ 36. ㉯ 37. ㉮

문제 38. 아래 그림의 복활차에서 W=1000kg일 때, 당기는 힘 P는 몇 kg인가?

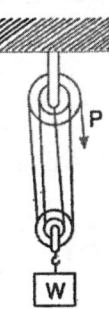

㉮ 1000　　㉯ 200　　㉰ 500　　㉱ 250

문제 39. 엘리베이터의 정격속도가 60m/min이다. 이 때 꼭대기틈새 및 피트 깊이의 규정으로 맞는 것은?
㉮ 꼭대기틈새 : 1.2m, 피트깊이 : 1.2m
㉯ 꼭대기틈새 : 1.2m, 피트깊이 : 1.5m
㉰ 꼭대기틈새 : 1.4m, 피트깊이 : 1.5m
㉱ 꼭대기틈새 : 1.5m, 피트깊이 : 1.4m

문제 40. 기계실에 설치할 수 있는 설비로 적합한 것은?
㉮ 급배수설비　　㉯ 피뢰침선
㉰ 변압기　　㉱ 비상 방송용 스피커

일반기계공학

문제 41. 다이캐스팅(die casting)주조법의 특징에 대한 설명으로 맞는 것은?
㉮ 다품종 소량 생산에 적합하다.
㉯ 제품의 크기에 제한을 받지 않는다.
㉰ 용융점이 높은 금속은 주조가 곤란하다.
㉱ 주물의 표면이 거칠고, 치수 정밀도가 낮다.

문제 42. 다음 중 축에 삼각형의 작은 이를 만들어 축과 보스를 고정시킨 키의 일종인 것은?
㉮ 월뿔 키　　㉯ 페더 키　　㉰ 반달 키　　㉱ 세레이션

해답 38. ㉰　39. ㉯　40. ㉱　41. ㉰　42. ㉱

문제 43. 다음 중 펌프를 분류할 때 용적형에 속하는 것은?
㉮ 왕복식　　㉯ 원심식　　㉰ 축류식　　㉱ 사류식

문제 44. 용접이음이 리벳이음에 비하여 우수한 점이 아닌 것은?
㉮ 기밀성이 좋다.
㉯ 재료를 절감시킬 수 있다.
㉰ 잔류 응력을 남기지 않는다.
㉱ 가공 모양을 자유롭게 할 수 있다.

문제 45. 선반에서 사용하는 단동척을 가장 바르게 설명한 것은?
㉮ 조(jaw)가 4개이며 조가 각각 움직이므로 불규칙한 형상의 가공물의 고정에 사용한다.
㉯ 조(jaw)가 3개이며 원형, 정다각형의 가공물을 물리는데 편리하며 조가 마모되면 정밀도도 저하된다.
㉰ 콜릿을 이용하여 자동선반, 터릿선반, 시계선반 등에 사용되는 척이다.
㉱ 전자석을 이용하여 장, 탈착이 쉽도록 하여 대량 생산에 주로 사용되는 척이다.

문제 46. 한 개 또는 여러 개의 회전자에 의하여 액체에 원심력을 주거나 압력을 일으켜 양수하는 펌프는?
㉮ 피스톤 펌프　　㉯ 기어 펌프　　㉰ 원심 펌프　　㉱ 마찰 펌프

문제 47. 굽힘모멘트 45000N·mm을 받는 연강재 축(solid shaft)의 지름은 약 몇 mm인가? (단, 이 때 발생한 굽힘응력 σb는 5N/mm²이다.)
㉮ 35.8　　㉯ 45.1　　㉰ 56.8　　㉱ 60.1

문제 48. 전위기어를 사용하는 장점이 아닌 것은?
㉮ 언더컷 방지
㉯ 이의 강도를 증대
㉰ 베어링 압력을 증대
㉱ 원하는 축간거리의 조절 가능

문제 49. 회전축은 분당 1000 회전으로 100 kW의 회전력을 전달한다. 굽힘 모멘트 200N·m를 받을 때 상당 비틀림 모멘트는 몇 N·m인가?
㉮ 925.9　　㉯ 955.4　　㉰ 975.7　　㉱ 995.1

문제 50. 보통 주철에 대한 설명으로 틀린 것은?
㉮ 흑연의 모양 및 분포에 따라 기계적 성질이 좌우된다.
㉯ 가단 주철과 칠드 주철이 이에 속한다.
㉰ 인장강도는 100~196 MPa 정도이다.
㉱ 기계 가공성이 좋고 값이 싸다.

해답　43. ㉮　44. ㉰　45. ㉮　46. ㉰　47. ㉯　48. ㉰　49. ㉰　50. ㉯

문제 51. 평벨트의 두께 × 나비가 5mm × 80mm이고, 허용인장응력이 2MPa 일 때, 7.5m/s의 속도로 운전하면 전달할 수 있는 최대동력은 약 몇 kW인가? (단, 원심력은 무시하고, 장력비는 $e^{\mu\theta}=2.0$이다)
㉮ 1.5　　㉯ 3.0　　㉰ 6.0　　㉱ 7.5

문제 52. 애크미(Acme) 나사라고도 하며 공작기계의 이송용, 선반의 리드, 나사 프레스, 바이스 등에 사용되는 나사는?
㉮ 둥근나사　㉯ 사각나사　㉰ 사다리꼴나사　㉱ 톱니나사

문제 53. 속도비 i=0.2이고 기어 잇수가 $Z_A = 16$, $Z_C = 10$, $2Z_B = Z_D$일 때 Z_B와 Z_D는?

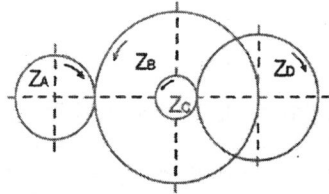

㉮ $Z_B=10$, $Z_D=20$　　㉯ $Z_B=20$, $Z_D=40$
㉰ $Z_B=10$, $Z_D=30$　　㉱ $Z_B=20$, $Z_D=60$

문제 54. 지름 60mm의 축이 500 rpm으로 회전하여 동력을 전달하고, 축의 허용전단응력이 $100/N\ cm^2$일 때 최대허용 전달 동력은 약 몇 kW인가?
㉮ 2.22　　㉯ 3.24　　㉰ 3.63　　㉱ 3.87

문제 55. 배관시스템에서 공동현상(cavitation) 발생에 따른 결과로 나타나는 현상이 아닌 것은?
㉮ 소재의 손상　　　　㉯ 기포 발생 저하
㉰ 소음 진동의 발생　㉱ 제어 특성의 저하

문제 56. 강에 인성을 부여하여 신율 및 충격치를 개선시키는 것이 주목적인 열처리 방법은?
㉮ 뜨임　　㉯ 불림　　㉰ 풀림　　㉱ 담금질

문제 57. 재료가 인장을 받을 경우 변형 전·후의 체적변화가 없다고 가정할 때 프와송비 (Poisson's ratio)는 ( )보다 작아야 한다. ( )안에 맞는 수치는?
㉮ 0.1　　㉯ 0.3　　㉰ 0.5　　㉱ 1.0

해답 51. ㉯　52. ㉰　53. ㉯　54. ㉮　55. ㉯　56. ㉮　57. ㉰

문제 58. 선삭작업에서 공구의 바이트에 크레이터 마멸이 발생하는 위치는?
⑦ 옆날
④ 상면 경사면
④ 전면 여유면
④ 측면 여유면

문제 59. 탄소강의 열처리 중에서 담금질에 관한 설명으로 올바른 것은?
⑦ 잔류응력을 제거하는 작업으로 어닐링이라고도 한다.
④ A_1변태점 이상의 온도에서 가열한 후 물 등에 급랭시켜 경도를 높이는 작업이다.
④ 경도를 낮추고 인성을 부여하는 작업으로 노멀라이징이라고도 한다.
④ A_1변태점 이하의 온도에서 가열한 후 냉각하여 인성을 높이는 작업이다.

문제 60. 외접 원통마찰차의 축간거리가 300mm, 원동차의 회전수가 200rpm, 종동차의 회전수가 100rpm일 때 원동차의 지름(D_1)과 종동차의 지름(D_2)는 각각 몇 mm인가?
⑦ $D_1=400$, $D_2=200$
④ $D_1=200$, $D_2=400$
④ $D_1=200$, $D_2=100$
④ $D_1=100$, $D_2=200$

전기제어공학

문제 61. 논리식 $X = AB + \overline{BC}$에서 작동 설명이 잘못된 것은?
⑦ $A=1$, $B=0$, $C=1$이면 $X=1$이다.
④ $A=1$, $B=1$, $C=0$이면 $X=1$이다.
④ $A=0$, $B=0$, $C=0$이면 $X=0$이다.
④ $A=0$, $B=0$, $C=1$이면 $X=1$이다.

문제 62. PLC(Programmable Logic Controller) CPU부의 구성과 거리가 먼 것은?
⑦ 데이터 메모리부
④ 프로그램 메모리부
④ 연산부
④ 전원부

문제 63. 특정 방정식의 $s3+2s2+Ks+5=0$으로 주어지는 제어계가 안정하기 위한 K 값은?
⑦ $K>0$
④ $K<0$
④ $K>\dfrac{5}{2}$
④ $K<\dfrac{5}{2}$

해답 58. ④ 59. ④ 60. ⑦ 61. ④ 62. ④ 63. ④

문제 64. 내부저항 r인 전류계의 측정범위를 n배로 확대하려면 전류계에 접속하는 분류기 저항값은?
㉮ r/n   ㉯ r/(n-1)   ㉰ (n-1)r   ㉱ nr

문제 65. 제어 결과로 사이클링(cycling)과 옵셋(offset)을 발생시키는 동작은?
㉮ on-off 동작   ㉯ P동작   ㉰ I 동작   ㉱ PI 동작

문제 66. 저항체에 전류가 흐르면 줄열이 발생하는데 이 때 전류 I 와 전력 P의 관계는?
㉮ I=P   ㉯ I=P0.5   ㉰ I=P1.5   ㉱ I=P2

문제 67. 평행한 두 도체에 같은 방향의 전류를 흘렸을 때 두 도체 사이에 작용하는 힘은 어떻게 되는가?
㉮ 반발력
㉯ 힘이 작용하지 않는다.
㉰ 흡인력
㉱ $\frac{2}{2\pi r}$의 힘

문제 68. 전동기 2차측에 기동저항기를 접속하고 비례추이를 이용하여 기동하는 전동기는?
㉮ 2중 농형 유도 전동기   ㉯ 권선형 유도 전동기
㉰ 단상 유도전동기   ㉱ 2상 유도전동기

문제 69. 제어계의 전달(transfer function)에 대한 설명 중 옳지 않은 것은?
㉮ 모든 초기값을 0으로 한다.
㉯ 시간(t)함수에 대한 입력 및 출력신호의 비이다.
㉰ 선형 제어계에서만 정의된다.
㉱ t<0에서는 제어계가 정지 상태를 의미한다.

문제 70. 발전기의 유기 기전력의 방향을 알기위한 법칙은?
㉮ 렌츠의 법칙   ㉯ 패러데이의 법칙
㉰ 플레밍의 왼손법칙   ㉱ 플레밍의 오른손 법칙

문제 71. 일정 전압의 직류전원에 저항을 접속하고 정격전류를 흘릴 때의 전류보다 30%의 전류를 증가시키면 소요되는 저항값은 약 몇 배가 되는가?
㉮ 0.60   ㉯ 0.77   ㉰ 1.30   ㉱ 3.0

해답 64. ㉯ 65. ㉮ 66. ㉯ 67. ㉰ 68. ㉯ 69. ㉯ 70. ㉱ 71. ㉯

문제 72. 단상변압기 3대를 △결선하여 부하에 전력을 공급하다가 1대의 고장으로 V 결선하여 사용하는 경우 공급할 수 있는 전력은 고장 전과 비교하면 약 몇 (%)가 되는가?
㉮ 57.7%   ㉯ 66.7%   ㉰ 75.0%   ㉱ 86.6%

문제 73. 변압기유의 열화방지 방법 중 맞지 않는 것은?
㉮ 밀봉방식   ㉯ 흡착제 방식
㉰ 수소 봉입 방식   ㉱ 개방형 콘서베이터

문제 74. 그림과 같은 블록선도에서 $\dfrac{X_3}{X_1}$는?

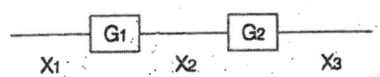

㉮ G_1G_2 ㉯ $\dfrac{1}{G_1G_2}$ ㉰ $\dfrac{G_2}{G_1}$ ㉱ $\dfrac{G_1}{G_2}$

문제 75. 제어장치가 제어대상에 가하는 제어신호로서 제어장치의 출력인 동시에 제어대상의 입력인 신호는?
㉮ 조작량   ㉯ 제어량   ㉰ 목표량   ㉱ 이득량

문제 76. 다음 중 발열체의 구비조건으로 적절하지 않은 것은?
㉮ 내열성이 클 것   ㉯ 용융온도가 높을 것
㉰ 고온에서 기계적 강도가 클 것   ㉱ 산화온도가 낮을 것

문제 77. 과도 응답의 소멸되는 정도를 나타내는 감쇠비(decayratio)는?
㉮ 제2 오버슈트/최대 오버슈트   ㉯ 제2 오버슈트/제3 오버슈트
㉰ 제3 오버슈트/제2 오버슈트   ㉱ 최대 오버슈트/제2 오버슈트

문제 78. 그림에서 $R_1 = 1000Ω$, $R_2 = 100Ω$, $R_3 = 800Ω$일 때 검류계 G 의 지시가 0이 되었다 저항 R_4는 몇 Ω인가?

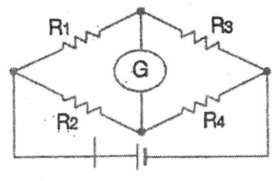

㉮ 80   ㉯ 160   ㉰ 240   ㉱ 320

해답 72. ㉮   73. ㉰   74. ㉮   75. ㉮   76. ㉱   77. ㉮   78. ㉮

문제 79. RLC 병렬회로에서 유도성회로가 되기 위한 조건은?
㉮ $X_L > X_C$ ㉯ $X_L < X_C$
㉰ $X_L = X_C$ ㉱ $X_L X_C = R$

문제 80. 피상전력이 Pa(kVA)이고 무효전력이 Pr(kvar)인 경우 유효전력 P(kW)를 나타낸 것은?
㉮ $P = \sqrt{p_r^2 - p_a^2}$ ㉯ $P = \sqrt{p_a^2 - p_r^2}$
㉰ $P = \sqrt{p_r^2 + p_r^2}$ ㉱ $P = \sqrt{p_a^2 + p_r^2}$

해답 79. ㉮ 80. ㉯

승강기 개론

(2012. 9. 15. 기사 시행)

문제 1. 균형(보상)로프와 주로프와의 단위중량 관계로 옳은 것은?
㉮ 주로프보다 굵은 것이 가장 이상적이다.
㉯ 주로프와 같은 것이 가장 이상적이다.
㉰ 주로프보다 가는 것이 가장 이상적이다.
㉱ 주로프의 굵기와는 관계가 없다.

문제 2. 도어머신에 대한 설명으로 옳은 것은?
㉮ 동작회수가 엘리베이터 가동회수와 같으므로 보수가 용이하여야 한다.
㉯ 도어문의 개폐장치는 워엄 감속기에서 벨트 또는 체인에 의한 감속장치로 늘어나는 추세이다.
㉰ 작동이 원활하고 정숙하게 하기 위하여 AC모터와 감속기구를 사용한다.
㉱ 벨트나 체인 감속방법은 근래에는 거의 사용되지 않는 도어문 개폐장치이다.

문제 3. 정격속도 90m/min의 엘리베이터에서 조속기(Governor)의 1차, 2차 동작속도(m/min)는 각각 얼마인가?
㉮ 99 미만, 108 미만
㉯ 108 미만, 117 미만
㉰ 117 미만, 126 미만
㉱ 126 미만, 135 미만

문제 4. 다음 중 기계적 안전장치는?
㉮ 구출운전장치
㉯ 전자브레이크
㉰ 도어스위치
㉱ 정전시 작동착상장치

문제 5. 군관리 방식에서 일정기간 승장의 호출버튼에 대한 요구수를 통계로 작성하여 시간대별로 서비스 방법을 달리하여 운전하는 방식으로 출퇴근시간 등 교통량이 많은 시간을 대비하여 원활한 서비스의 수행이 가능한 기능은?
㉮ 사용자선택기능 ㉯ 즉시예보기능 ㉰ 학습기능 ㉱ 연산기능

문제 6. 2대 이상의 엘리베이터가 동일 승강로에 설치될 때 2대의 카의 측부에 비상구출구를 설치할 수 있다. 이와 같은 경우의 구조와 관계가 없는 것은?
㉮ 이 문은 벽의 일부가 외부방향으로 열린다.
㉯ 문이 열려 있는 동안은 운전이 불가능하다.
㉰ 외부에서는 열쇠 없이도 구출구를 열 수 있다.
㉱ 내부에서는 열쇠를 사용해야만 열 수 있다.

해답 1. ㉯ 2. ㉱ 3. ㉰ 4. ㉯ 5. ㉰ 6. ㉮

문제 7. 플런저 여유 스트로크에 의한 카의 이동거리가 30cm인 직접식 유압 엘리베이터의 꼭대기 부분틈새는 몇 cm 이상인가?
㉮ 50　　㉯ 60　　㉰ 90　　㉱ 100

문제 8. 스텝체인의 보정 파단력을 구할 때 고려하지 않아도 되는 것은?
㉮ 스텝의 무게　　㉯ 체인의 자중
㉰ 체인의 인장장치의 인장스프링의 장력　　㉱ 체인의 인장장치의 자중

문제 9. 기계식 주차장치에 설치하는 장치들이다. 맞지 않는 것은?
㉮ 비상운전장치　　㉯ 출입문 또는 작동 멈춤장치
㉰ 운반기 내 정위치 정차장치　　㉱ 수동정지장치

문제 10. 전압과 주파수를 동시에 제어하는 속도 제어 방식은?
㉮ 교류 1단 속도제어　　㉯ 교류 귀환 전압제어
㉰ 정지 레오나드 제어　　㉱ VVVF 제어

문제 11. 장애인용 엘리베이터의 구조에 대한 설명이다. 적합하지 않은 것은?
㉮ 출입문의 통과 유효폭은 0.8m 이상으로 하여야 한다.
㉯ 승강장 출입구 바닥 앞부분과 카 바닥 앞부분과의 틈새 너비는 4cm 이하로 하여야 한다.
㉰ 문닫힘 안전장치를 비접촉식으로 설치할 경우 바닥 위 0.3m에서 1.4m 사이의 물체를 감지할 수 있어야 한다.
㉱ 엘리베이터 내부의 유효 바닥면적은 폭 1.1m 이상, 깊이 1.35m 이상으로 하여야 한다.

문제 12. 승강기용 기어드 권상기의 구성품이 아닌 것은?
㉮ 완충기　　㉯ 전동기　　㉰ 웜기어　　㉱ 브레이크

문제 13. VVVF제어방식의 구성에 관한 설명 중 틀린 것은?
㉮ 고속용 엘리베이터에서는 회생에너지를 별도의 저항으로 소모시킨다.
㉯ 인버터는 DC전원을 AC전원으로 변환시킨다.
㉰ 컨버터는 AC전원을 DC전원으로 변환시킨다.
㉱ DC전원의 콘덴서는 극성이 있다.

문제 14. 동일 승강로에 2대 이상의 엘리베이터를 설치한 경우에 속도가 다르거나 정지층이 달라서 피트바닥의 높이차가 0.6m 이상일 때에는 그 사이에 추락방지용 난간을 설치하여야 한다. 그 높이는 몇 [m] 이상이어야 하는가?
㉮ 1　　㉯ 1.1　　㉰ 1.2　　㉱ 1.3

해답 7. ㉰　8. ㉱　9. ㉮　10. ㉱　11. ㉯　12. ㉮　13. ㉮　14. ㉯

문제 15. 기계실에 대한 설명으로 틀린 것은?
㉮ 외부로부터 기기들이 충분히 보호되어야 한다.
㉯ 실내 통풍이 잘 되고, 실온은 40℃ 이하이어야 한다.
㉰ 출입문은 외부인의 무단출입을 방지하는 장치를 하도록 한다.
㉱ 기계실은 1층에 설치하도록 한다.

문제 16. 조속기의 기능에 대한 설명으로 옳은 것은?
㉮ 카의 속도가 정격속도의 1.3배를 초과하지 않는 범위 내에서 과속스위치가 동작하는 것은 하강 방향에만 유효하다.
㉯ 카의 속도가 정격속도의 1.4배를 초과하지 않는 범위 내에서 조속기 로프를 잡아 비상정지장치를 작동시키는 것은 하강 방향에만 유효하다.
㉰ 카의 속도가 정격속도의 1.2배를 초과하지 않는 범위 내에서 과속스위치가 동작하는 것은 상승, 하강 양방향에 유효하다.
㉱ 카의 속도가 정격속도의 1.3배를 초과하지 않는 범위 내에서 조속기 로프를 잡아 비상정지장치를 작동시키는 것은 상승, 하강 양방향에 유효하다.

문제 17. 트랙션 권상기에서 트랙션 능력을 확보하는 데 고려할 사항으로 가장 거리가 먼 것은?
㉮ 카의 가속도 및 감속도
㉯ 카측과 균형추측의 중량비
㉰ 와이어로프와 도르래의 마찰계수
㉱ 조속기 용량

문제 18. 엘리베이터에서 하강정격속도란?
㉮ 설계도면에 기재된 속도로서 적재하중의 100% 하중을 싣고 하강할 때의 평균속도
㉯ 설계도면에 기재된 속도로서 적재하중의 110% 하중을 싣고 하강할 때의 평균속도
㉰ 설계도면에 기재된 속도로서 적재하중의 100% 하중을 싣고 하강할 때의 매분 최고속도
㉱ 설계도면에 기재된 속도로서 적재하중의 110% 하중을 싣고 하강할 때의 매분 최고속도

문제 19. 승강로가 갖추어야 할 조건이 아닌 것은?
㉮ 엘리베이터 관련 부품이 설치되는 곳이다.
㉯ 외부와 차단되는 구조로 설치되어야 한다.
㉰ 벽면은 불연재료로 마감 처리되어야 한다.
㉱ 특수목적의 가스배관은 통과할 수 있다.

문제 20. 유압식 승강기에서 압력배관이 파손되었을 때, 자동적으로 닫혀서 카가 급격히 떨어지는 것을 방지하는 장치는?
㉮ 안전밸브 ㉯ 저지밸브 ㉰ 럽쳐밸브 ㉱ 체크밸브

해답 15. ㉱ 16. ㉯ 17. ㉱ 18. ㉰ 19. ㉱ 20. ㉰

승강기 설계

문제 21. 승강기의 안전장치 중 파이널 리미트 스위치에 관한 설명으로 옳은 것은?
㉮ 카 내부 승차인원이나 적재화물의 하중을 감지한다.
㉯ 엘리베이터가 최상·최하층을 지나치지 않도록 한다.
㉰ 각 층마다 정차하기 위한 스위치로 카에 설치한다.
㉱ 각 층마다 정차하기 위한 스위치로 층마다 설치한다.

문제 22. 초고층 빌딩의 서비스층 분할에 관한 설명 중 틀린 것은?
㉮ 수송 능력은 감소하나 일주시간이 짧아진다.
㉯ 급행구간이 있어 고속성능을 살릴 수 있다.
㉰ 건물의 인구분포에 변동이 있을 경우 분할점을 변경할 수 있다.
㉱ 서비스층은 저층용, 중층용, 고층용으로 분할하는 경우가 많다.

문제 23. 인버터 엘리베이터에서 발생한 고차 고조파가 전파되는 경로가 아닌 것은?
㉮ 복사에 의한 경로   ㉯ 진동에 의한 경로
㉰ 정전유도에 의한 경로   ㉱ 전로전파에 의한 경로

문제 24. 유압식 엘리베이터의 승강로 꼭대기 틈새 및 안전거리를 확보하는 데에 대하여 다음 중 보수 점검자의 안전을 위하여 설명한 내용은?
㉮ 유압식의 카가 최상층에 착상했을 경우 상부최대의 상부면과 승강로 천장까지의 수직거리가 1.2m 이상이어야 한다.
㉯ 제어회로이상 등으로 카가 최상층을 지날 때 승강로 윗부분 리미트 스위치의 작동 상태는 양호하여야 한다.
㉰ 카가 어떤 원인 등으로 최상층을 지나 플렌저가 이탈방지장치로 정지했을 때 카 상부 최대의 상부면과 승강로천장까지의 수직거리가 $(60+\frac{V^2}{706})$cm 이상이어야 한다.
㉱ 유압식 엘리베이터에서 플렌저 주행방지장치의 설치 및 작동상태가 양호하여야 한다.

문제 25. 8인승 정격속도 90m/min인 로프식 승강기의 피트는 최소 몇 [m]인가?
㉮ 1.2   ㉯ 1.5   ㉰ 1.8   ㉱ 2.1

해답 21. ㉯ 22. ㉮ 23. ㉯ 24. ㉮ 25. ㉰

문제 26. 엘리베이터의 운전에 관한 설명으로 옳은 것은?
㉮ 지진관제운전시 승객의 안전을 위해서 착상구간에서도 출입문이 개방되지 않도록 설계한다.
㉯ 정전구출운전시 엘리베이터는 기준층으로 복귀되어 출입문이 개방되고 승객은 자동으로 구출될 수 있도록 설계되어야 한다.
㉰ 관제운전의 우선순위는 지진관제운전, 정전구출운전, 비상운전, 화재관제운전 등의 순서이다.
㉱ 비상운전시 엘리베이터는 과부하감지장치의 신호를 무시하고 운행할 수 있다.

문제 27. 다음 중 스프링 완충기의 설계에 대한 사항으로 옳지 않은 것은?
㉮ 카측 완충기의 적용중량은 카 자중과 정격하중을 합한 무게의 2배를 기준으로 한다.
㉯ 균형추측 완충기의 적용중량은 균형추 자중의 2배를 기준으로 한다.
㉰ 스프링간 접촉된 부분이 없이 충격하중 상태에서 적용중량의 2배를 기준으로 한다.
㉱ 정격속도가 30m/min인 엘리베이터인 경우 스프링 완충기의 최소행정은 38mm로 설계된다.

문제 28. 엘리베이터에 사용되는 동력의 전원설비에 포함되지 않는 것은?
㉮ 변압기   ㉯ 과전류차단기   ㉰ 배전선   ㉱ 제어반

문제 29. 엘리베이터용 전동기가 일반 범용전동기에 비해 갖추어야 할 조건이 아닌 것은?
㉮ 기동토크가 클 것   ㉯ 기동전류가 작을 것
㉰ 온도상승에 대해 열적으로 견딜 것   ㉱ 회전부분의 관성모멘트가 클 것

문제 30. 층고 5.77m, 경사각 30°, 스텝체인스프로켓 반지름 460mm, 구동체인 스프로켓 반지름 540mm, 구동체인 보정 판단력이 12500kg인 1200형 에스컬레이터의 체인 안전율은?
㉮ 0.87   ㉯ 12.38   ㉰ 17.87   ㉱ 18.38

문제 31. 그림은 비상정지장치의 거리와 정지력 관계를 나타낸 것이다. 어떤 형식의 비상정지장치인가?
㉮ 슬랙로프 세이프티
㉯ 즉시 작동형 비상정지장치
㉰ F.G.C형 비상정지장치
㉱ F.W.C형 비상정지장치

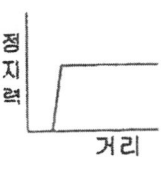

문제 32. 엘리베이터의 조속기에 대한 설명 중 옳지 않은 것은?
㉮ 조속기는 카와 같은 속도로 움직인다.
㉯ 제1의 동작은 정격속도의 1.3배 이내에서 작동하고 상승 및 하강방향에서 모두 작동한다.
㉰ 제2의 동작은 정격속도의 1.4배 이내에서 작동하고 반드시 상승 및 하강방향에서 모두 작동한다.
㉱ 디스크조속기는 중·저속용에 사용되며, 플라이휠 조속기는 고속용에 주로 사용된다.

문제 33. 수평보행기에 대한 일반적인 경우의 설계 사항으로 옳지 않은 것은?
㉮ 파레트형의 경사도를 12도로 하였다.
㉯ 이동 손잡이간의 거리는 2m로 하였다.
㉰ 경사도가 8도 이하인 것의 이동 손잡이의 정격속도를 분당 40m로 하였다.
㉱ 경사도가 8도를 초과하는 것의 이동 손잡이의 정격속도는 분당 30m로 하였다.

문제 34. 이 스프링은 비틀림을 이용한 막대 모양의 스프링이다. 단위 체적 중에 저축된 에너지가 크며, 차량의 현가장치 등에 이용된다. 이 스프링은 무슨 스프링인가?
㉮ 볼류트 스프링   ㉯ 토션바   ㉰ 나선 스프링   ㉱ 겹판 스프링

문제 35. 비상용 승강기를 설치할 경우의 의무사항은?
㉮ 예비전원을 설치할 것   ㉯ 워드 레오나드방식으로 설치할 것
㉰ 일반 승상기와 동일한 기종일 것   ㉱ 비상용 콘센트를 설치할 것

문제 36. 속도 45m/min이고 플런저 여유 스트로크에 의한 카의 이동거리가 30cm인 유압용 간접식 승강기의 꼭대기 틈새는 약 몇 [mm]인가?
㉮ 629   ㉯ 700   ㉰ 800   ㉱ 929

문제 37. 길이 2m인 연강봉에 인장하중이 작용하여 봉의 길이가 0.2mm 늘어났다면 인장변형률은 얼마인가?
㉮ 0.01   ㉯ 0.001   ㉰ 0.0001   ㉱ 0.00001

문제 38. 엘리베이터의 정격하중 1500kg, 정격속도 180m/min, 엘리베이터의 종합 효율 80%, 오버밸런스율이 50%인 경우 전동기의 출력은 몇 [kW]인가?
㉮ 25.16   ㉯ 25.57   ㉰ 32.72   ㉱ 36.25

문제 39. 카 틀 및 카 바닥의 설계시 비상시 작용하는 하중으로 고려하지 않는 것은?
㉮ 비상정지장치 작동시 하중   ㉯ 완충기 동작시 하중
㉰ 지진 하중   ㉱ 적재중 하중

해답 32. ㉰ 33. ㉯ 34. ㉯ 35. ㉮ 36. ㉱ 37. ㉰ 38. ㉯ 39. ㉱

문제 40. 유압식 엘리베이터의 전동기 출력이 30kW, 1행정당 전동기의 구동시간이 20초, 1시간당 왕복회수가 100회일 때 유압기기의 발열량(kcal/h)은 얼마인가?
㉮ 12333　　㉯ 13333　　㉰ 14333　　㉱ 15333

일반기계공학

문제 41. 체크밸브 또는 릴리프 밸브 등에서 압력이 상승하고 밸브가 열리기 시작하여 어느 일정한 흐름의 양이 인정되는 압력을 무엇이라고 하는가?
㉮ 서지 압력　　㉯ 크래킹 압력　　㉰ 컷 아웃 압력　　㉱ 정격 압력

문제 42. 나사의 종류 중 마찰계수가 극히 작아서 효율이 높으며, 백래시를 작게 할 수 있어서 NC 공작기계의 이송나사 등 정밀한 운동이 요구되는 곳에 주로 사용하는 나사는?
㉮ 둥근 나사　　㉯ 볼 나사　　㉰ 삼각 나사　　㉱ 톱니 나사

문제 43. 다음 키의 종류 중 일반적으로 가장 큰 토크를 전할 수 있는 키는?
㉮ 안장 키　　㉯ 납작 키　　㉰ 접선 키　　㉱ 원뿔 키

문제 44. 고속 절삭가공에 대한 설명 중 틀린 것은?
㉮ 공구재료의 발달로 고속가공 기술이 발전되었다.
㉯ 절삭속도 상승 시 반드시 바이트의 수명이 단축되므로 이를 고려하여 가공계획을 세워야 한다.
㉰ 고속 절삭 시 절삭능률 및 표면거칠기가 향상된다.
㉱ 고속 절삭 과정에서 고온의 칩이 비산할 수 있으므로 이에 대한 대처가 필요하다.

문제 45. 반동수차의 종류 중 하나로 물이 수차 내부의 회전차를 통과하는 사이에 압력과 속도 에너지가 감소하고 그 반동으로 회전차를 구동하는 수차는?
㉮ 중력 수차　　　　　㉯ 축류 수차
㉰ 펠톤 수차　　　　　㉱ 프란시스 수차

문제 46. 용접부의 검사법 중 시험편 내에 있는 결함에서 반사되어 오는 반응을 시간적 연관성이 있는 오실로스코프에 받아 기록하는 방법은?
㉮ 침투 탐상검사　　　　㉯ 자분 탐상검사
㉰ 초음파 탐상검사　　　㉱ 방사선 투과검사

해답 40. ㉰　41. ㉯　42. ㉯　43. ㉰　44. ㉯　45. ㉱　46. ㉰

문제 47. 고강도 Al 합금의 명칭으로 알루미늄에 Cu, Mg, Mn 등의 원소를 첨가하여 기계적 성질을 개선한 알루미늄 합금은?
㉮ 듀랄루민   ㉯ 실루민   ㉰ Lo-Ex   ㉱ 콘스탄탄

문제 48. 원주형 소재와 공구를 회전시키거나 왕복운동을 시키면서 입안시켜 공구의 형상에 대응하는 요철형상을 만들어내는 것으로 나사가공에 주로 이용하는 가공은?
㉮ 단조가공   ㉯ 압발가공   ㉰ 제관가공   ㉱ 전조가공

문제 49. 길이 120cm, 지름 5cm의 황동봉에 5000N의 인장하중을 가했을 때 탄성변형이 이루어진다고 가정할 경우 변형률은 약 얼마인가? (단, 세로탄성계수는 $6300 \times 10^6 N/m^2$이다.)
㉮ 1.45×10^{-5} ㉯ 8.47×10^{-5} ㉰ 2.36×10^{-4} ㉱ 4.04×10^{-4}

문제 50. 펌프의 공동현상(caviation)의 방지법으로 거리가 먼 것은?
㉮ 펌프의 설치높이를 되도록 낮추어 흡입 양정을 짧게 한다.
㉯ 압축펌프를 사용하고, 회전차를 수중에 완전히 잠기게 한다.
㉰ 양흡입펌프를 사용한다.
㉱ 펌프의 회전수를 높여서 흡입 비속도를 크게 한다.

문제 51. 동일재료의 축 A, B의 길이는 동일하고 지름이 각각 d, 2d일 경우 같은 각도만큼 비틀림 변형시키는 데 필요한 비틀림 모멘트 비 $\frac{T_A}{T_B}$의 값은?
㉮ 1/2   ㉯ 1/4   ㉰ 1/8   ㉱ 1/16

문제 52. 평벨트 풀리의 종류는 림의 폭 중앙이 볼록한 C형과 림의 폭 중앙이 편평한 F형이 있다. 여기서 C형 림의 폭 중앙을 볼록하게 제작한 가장 큰 이유는?
㉮ 주조할 때 편리하도록 목형 물매를 두기 위하여
㉯ 벨트를 걸기에 편리하도록 하기 위하여
㉰ 벨트를 상하지 않게 하기 위하여
㉱ 벨트가 벗겨지는 것을 방지하기 위하여

문제 53. 코일스프링의 평균 지름을 D, 스프링 선재의 지름을 d라 할 때 $C(=\frac{D}{d})$를 무엇이라 하는가?
㉮ 스프링 부하계수   ㉯ 스프링 상수
㉰ 스프링 수정계수   ㉱ 스프링 지수

해답 47. ㉮ 48. ㉱ 49. ㉱ 50. ㉱ 51. ㉱ 52. ㉱ 53. ㉱

문제 54. 인장강도가 $36N/mm^2$인 연강환봉을 사용하여 180N의 인장하중을 받는 봉의 안전율을 4로 설계할 경우 최소 지름은 약 몇 mm인가?
㉮ 5.1　　㉯ 10.1　　㉰ 15.2　　㉱ 20.2

문제 55. 게이지블록이나 마이크로미터 측정면의 평면도를 측정하는 데 가장 적합한 측정기는?
㉮ 정반　　㉯ 옵티컬 플랫　　㉰ 공구 현미경　　㉱ 사인바

문제 56. 합성수지는 크게 열가소성 수지와 열경화성 수지로 구분하는데, 다음 중 열가소성 수지에 해당하는 것은?
㉮ 아크릴 수지　　㉯ 페놀 수지　　㉰ 멜라민 수지　　㉱ 실리콘 수지

문제 57. 이회전축에 발생하는 전단응력이 50MPa일 때 전달 동력은 약 몇 kW인가? (단, 회전축의 지름 20mm, 회전속도 1000rpm이다.)
㉮ 8.22　　㉯ 10.04　　㉰ 16.87　　㉱ 23.45

문제 58. 목형의 제작 시 주형에서 목형을 쉽게 빼내기 위한 기울기를 주는 것을 무엇이라 하는가?
㉮ 수축 여유　　㉯ 가공 여유　　㉰ 목형 구배　　㉱ 코어 프린트

문제 59. 단면적이 일정하고 길이가 200mm인 보의 중앙에 200N의 집중하중이 작용하거나, 합계가 200N인 균일 등분포 하중이 작용할 때 다음 중 최대 저장량이 가장 작은 것은?
㉮ 양단회전 보에 균일 등분포 하중이 작용할 때
㉯ 양단고정 보에 균일 등분포 하중이 작용할 때
㉰ 양단회전 보 중앙에 집중하중이 작용할 때
㉱ 양단고정 보 중앙에 집중하중이 작용할 때

문제 60. 탄소강의 성질 중 아공석강(C<0.77%) 영역에서는 탄소함유량이 증가할수록 인장강도와 연신율은 어떻게 변하는가?
㉮ 인장강도와 연신율 모두 증가한다.
㉯ 인장강도는 감소하고, 연신율은 증가한다.
㉰ 인장강도는 증가하고, 연신율은 감소한다.
㉱ 인장강도와 연신율 모두 감소한다.

해답 54. ㉮　55. ㉯　56. ㉮　57. ㉱　58. ㉰　59. ㉯　60. ㉰

전기제어공학

문제 61. 그림과 같은 회로는 어떤 회로를 조합한 것인가?

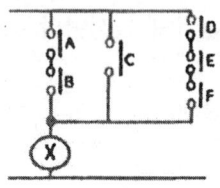

㉮ OR 회로와 NOR 회로 ㉯ OR 회로와 NOT 회로
㉰ AND 회로와 NOT 회로 ㉱ AND 회로와 OR 회로

문제 62. 자동제어계의 출력신호를 무엇이라 하는가?
㉮ 조작량 ㉯ 목표값 ㉰ 제어량 ㉱ 동작신호

문제 63. 다음 중 정류기의 평활회로에 이용되는 것은?
㉮ 고역필터 ㉯ 저역필터 ㉰ 대역통과필터 ㉱ 대역소거필터

문제 64. 논리식 $\overline{x}y + \overline{xy}$ 를 간단히 하면?
㉮ $\overline{x}$ ㉯ $\overline{y}$ ㉰ $x+y$ ㉱ $\overline{xy}$

문제 65. RLC 직렬회로에서 $X_L < X_C$ 일 때 전압과 전류의 위상관계를 가장 잘 설명한 것은?
㉮ 유도성회로가 되어, 전류는 전압보다 θ만큼 뒤진다.
㉯ 용량성회로가 되어, 전류는 전압보다 θ만큼 앞선다.
㉰ 유도성회로가 되어, 전류는 전압보다 θ만큼 앞선다.
㉱ 용량성회로가 되어, 전류는 전압보다 θ만큼 뒤진다.

문제 66. 승강기나 에스컬레이터 등의 옥내 전선의 절연저항을 측정하는 데 가장 적당한 측정기기로 알맞은 것은?
㉮ 메거(megger) ㉯ 켈빈 더블 브리지
㉰ 휘이트스톤 브리지 ㉱ 코올라우시 브리지

문제 67. 변압기의 부하손(동손)에 대한 특성 중 맞는 것은?
㉮ 동손은 주파수에 의해 변화한다. ㉯ 동손은 자속 밀도에 의해 변화한다.
㉰ 동손은 부하 전류에 의해 변화한다. ㉱ 동손은 온도 변화와 관계없다.

해답 61. ㉱ 62. ㉰ 63. ㉯ 64. ㉮ 65. ㉯ 66. ㉮ 67. ㉰

문제 68. 자기증폭기의 특징이 아닌 것은?
- ㉮ 회전부가 없다.
- ㉯ 한 단당의 전력증폭도가 크다.
- ㉰ 소전력에서 대전력까지 사용할 수 있다.
- ㉱ 응답속도가 빠르다.

문제 69. 15〔kVA〕의 단상변압기 3대를 Δ결선해서 급전하고 있을 때 한 대의 변압기가 소손되어 나머지 2대의 변압기로 32.48〔kVA〕의 부하에 사용했을 때 약 몇 〔%〕의 과부하가 걸리게 되는가?
- ㉮ 15
- ㉯ 20
- ㉰ 25
- ㉱ 30

문제 70. A=6+j8, B=20∠60°일 때 A+B를 직각좌표형식으로 표현하면?
- ㉮ 26+j25.32
- ㉯ 16+j25.32
- ㉰ 18+j25.32
- ㉱ 28+j25.32

문제 71. 제어량에 따른 분류 중 프로세스 제어에 속하지 않는 것은?
- ㉮ 압력
- ㉯ 유량
- ㉰ 온도
- ㉱ 속도

문제 72. 열차 등의 무인운전을 시행하기 위한 제어에 해당되는 것은?
- ㉮ 정치제어
- ㉯ 추종제어
- ㉰ 비율제어
- ㉱ 프로그램제어

문제 73. 비행기 등과 같은 움직이는 목표값의 위치를 알아보기 위한 즉, 원뿔주사를 이용한 서보용 제어기는?
- ㉮ 자동조타장치
- ㉯ 추적레이더
- ㉰ 공작기계의 제어
- ㉱ 자동평형기록계

문제 74. 그림과 같은 RLC 병렬공진회로에 관한 설명으로 옳지 않은 것은?
- ㉮ R이 작을수록 선택도 Q가 높다.
- ㉯ 공진시 공전전류는 최소가 된다.
- ㉰ 공진조건은 $\omega C = \dfrac{1}{wL}$이다.
- ㉱ 공진시 입력 어드미턴스는 매우 작아진다.

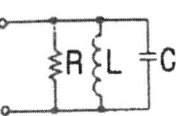

문제 75. 어떤 제어계의 임펄스 응답이 sinωt일 때 계의 전달 함수는?
- ㉮ $\dfrac{w}{s+w}$
- ㉯ $\dfrac{w}{s^2+w^2}$
- ㉰ $\dfrac{w^2}{s+w}$
- ㉱ $\dfrac{w^2}{s^2+w^2}$

해답 68. ㉱ 69. ㉰ 70. ㉯ 71. ㉱ 72. ㉱ 73. ㉯ 74. ㉮ 75. ㉯

문제 76. 어떤 코일에 단상 100V의 전압을 가하면 10A의 전류가 흐르고 750W의 전력을 소비한다고 할 때, 이 코일과 병렬로 전력용 콘덴서를 접속하였더니 화로의 합성역률이 1이 되었다면 용량 리액턴스는 몇 [Ω]인가?
㉮ 7.62   ㉯ 13.25   ㉰ 15.15   ㉱ 16.23

문제 77. 기준 입력과 검출부 출력을 합하여 제어계가 정해진 작용을 하는 데 필요한 신호를 만들어 조작부에 보내는 부분을 무엇이라 하는가?
㉮ 출력부   ㉯ 조절부   ㉰ 비교부   ㉱ 검출부

문제 78. 직류 전동기의 출력이 20[kW]인 전동기에서 회전수가 1200[rpm]일 때 토크는 약 몇 [kg·m]인가?
㉮ 10   ㉯ 13   ㉰ 16   ㉱ 19

문제 79. 피드백제어계에서 제어요소에 대한 설명으로 맞는 것은?
㉮ 목표값에 비례하는 기준 입력신호를 발생하는 요소이다.
㉯ 조작부와 조절부로 구성되고 동작신호를 조작량으로 변환하는 요소이다.
㉰ 기준입력과 주궤환신호의 차로 제어동작을 일으키는 요소이다.
㉱ 제어를 하기 위하여 제어대상에 부착시켜 놓는 장치이다.

문제 80. 전기자철심을 규소 강판으로 성층하는 주된 이유는?
㉮ 가공하기 쉽다.   ㉯ 가격이 싸다.
㉰ 기계손을 적게 할 수 있다.   ㉱ 철손을 적게 할 수 있다.

해답 76. ㉰   77. ㉯   78. ㉰   79. ㉯   80. ㉱

승강기 개론

(2012. 9. 15. 산업기사 시행)

문제 1. 권상기, 전동기 및 제어반을 기계실 내의 기둥 및 벽으로부터 일정거리만큼 이격시켜 설치하는 이유로 옳지 않은 것은?
㉮ 제어반 후면의 점검 및 보수가 어렵기 때문
㉯ 수동핸들(Handle)의 수동조작을 할 수 없기 때문에
㉰ 기계실 실내온도가 상승할 수 있기 때문에
㉱ 권상기 및 브레이크의 점검 및 조정이 어렵기 때문에

문제 2. 경사형 휠체어리프트에서 비상정지장치를 설치하지 않아도 되는 것은?
㉮ 자기유지형 웜/세그먼트 드라이브 방식
㉯ 간접식 유압잭 구동방식
㉰ 전동모터로 구동되는 로프 견인식
㉱ 전동모터로 구동되는 로프 드럼식

문제 3. 엘리베이터 키용 유입식 완충기의 최소 적용중량(kgf)에 대한 설명으로 옳은 것은?
㉮ 카 자중+65   ㉯ 카 자중 + 적재하중
㉰ 카 자중 + 균형추 자중   ㉱ 균형추 자중

문제 4. 속도가 60m/min인 엘리베이터의 비상정지장치가 작동하는 속도는 몇 (m/min) 이하이어야 하는가?
㉮ 78   ㉯ 84   ㉰ 96   ㉱ 108

문제 5. 주로프에 사용되는 로프의 꼬임 방법 중 엘리베이터에 가장 많이 쓰이는 꼬임 방법은?
㉮ 보통 Z 꼬임   ㉯ 보통 S 꼬임   ㉰ 랭 Z 꼬임   ㉱ 랭 S 꼬임

문제 6. 엘리베이터에 사용되는 브레이크장치의 설명으로 옳은 것은?
㉮ 승객용엘리베이터는 120%의 적재하중이 있는 상태에서 정격속도로 하강할 때 안전하게 감속 정지해야 한다.
㉯ 화물용엘리베이터는 125%의 적재하중이 있는 상태에서 정격속도로 하강할 때 안전하게 감속 정지해야 한다.
㉰ 승객용엘리베이터는 125%의 적재하중이 있는 상태에서 정격속도로 하강할 때 안전하게 감속 정지해야 한다.
㉱ 화물용엘리베이터는 150%의 적재하중이 있는 상태에서 정격속도로 하강할 때 안전하게 감속 정지해야 한다.

해답 1. ㉯ 2. ㉮ 3. ㉮ 4. ㉯ 5. ㉮ 6. ㉰

문제 7. 엘리베이터의 조작방식에 따른 분류 중 자동식이 아닌 것은?
㉮ 단식자동식　　　　　　　　㉯ 하강승합 전자동식
㉰ 승합 전자동식　　　　　　　㉱ 키 스위치 방식

문제 8. 엘리베이터의 정격적재하중이 1000kg, 정격속도가 120m/min, 오버밸런스율이 50%, 총효율이 80%인 경우 전동기 용량은 약 몇 [kW]가 필요한가?
㉮ 9.3　　　　㉯ 10.3　　　　㉰ 11.3　　　　㉱ 12.3

문제 9. 로핑에 대한 설명으로 맞는 것은?
㉮ 1:1 로핑에서의 로프 장력은 카(또는 균형추)의 자체 중량과 같다.
㉯ 2:1 로핑에서는 카 정격속도의 2배 속도로 로프가 구동한다.
㉰ 2:1 이상의 로핑에 있어서 로프의 수명이 1:1에 비해 길어진다.
㉱ 2:1 이상의 로핑에 있어서 종합효율이 1:1에 비해 향상된다.

문제 10. 카의 구조 중 카틀의 구성요송 포함되지 않는 것은?
㉮ 상부 체대　　　　　　　　　㉯ 브레이스 로드(Brace Rod)
㉰ 하부 체대　　　　　　　　　㉱ 기계대

문제 11. 유압엘리베이터에서 가장 많이 사용되는 펌프는 다음 중 어느 것인가?
㉮ 기어 펌프　　㉯ 피스톤 펌프　　㉰ 벤 펌프　　㉱ 스크류 펌프

문제 12. 공동주택용 엘리베이터에서 카가 정지하고 동력이 끊어졌을 때 카 도어를 손으로 개방하는 데 필요한 힘은?
㉮ 30kg 이하　　　　　　　　　㉯ 5kg 이상 ~ 30kg 이하
㉰ 10kg 이상 ~ 30kg 이하　　　㉱ 30kg 이상

문제 13. 다음 중 속도에 의하여 분류할 때 보통 중속도 엘리베이터에 해당되는 속도는?
㉮ 45~90m/min　　　　　　　㉯ 60~105m/min
㉰ 90~120m/min　　　　　　　㉱ 60~120m/min

문제 14. 카 바닥하부 또는 로프단말에 설치되는 과부하감지장치의 용도가 아닌 것은?
㉮ 전기적인 체어용　　　　　　㉯ 군관리용
㉰ 과하중 경보용　　　　　　　㉱ 속도감지용

해답 7. ㉱　8. ㉱　9. ㉰　10. ㉱　11. ㉱　12. ㉯　13. ㉯　14. ㉱

문제 15. 카 틀 설계 시 고려해야 할 사항 중 맞지 않는 것은?
㉮ 카 바닥과 카 틀의 외부 부재들은 강철 또는 금속을 적용해야 하며 주철은 허용되지 않는다.
㉯ 카 바닥과 카 틀 연결 부위에 경사진 구조 부재를 적용 시 사용되는 너트는 경사와셔를 적용해야 한다.
㉰ 브레이스 로드(Brace Rod)는 카 바닥(Platform) 하중의 3/8까지 카 틀의 상부에서 하부까지 전달되도록 한다.
㉱ 상부체대(Top Beam)에 현수 도르래를 사용하는 경우 로프의 당김으로 발생하는 압축력은 고려하지 않아도 된다.

문제 16. 기계실 없는 엘리베이터에서 승강장 도어 인터록 스위치 연결용 전선 단면적의 최소 기준은 얼마인가?
㉮ $0.5mm^2$　㉯ $0.75mm^2$　㉰ $1.0mm^2$　㉱ $1.5mm^2$

문제 17. 엘리베이터의 안전장치에 대한 설명 중 틀린 것은?
㉮ 정격속도 60m/min 이상에는 유압식 완충기가 적용되고 60m/min 이하에서는 주로 스프링 완충기가 적용된다.
㉯ 긴급 상황 발생 시 카를 정지시킬 때 정지스위치를 사용한다.
㉰ 완충기의 행정거리를 증가시키기 위해서 사용되는 안전장치가 강제 감속장치이다.
㉱ 록 다운 비상정지장치는 즉시작동형 비상정지장치를 주로 사용한다.

문제 18. 보상체인의 설치가 필요한 이유는?
㉮ 균형추의 낙하를 방지하기 위하여
㉯ 카의 진동을 방지하기 위하여
㉰ 케이블과 로프의 이동에 따른 하중을 보상하기 위하여
㉱ 카 자체의 하중을 보상하기 위하여

문제 19. 유압식 엘리베이터에서 작동유의 압력맥동을 흡수하여 진동 소음을 감소시키는 역할을 하는 것은?
㉮ 체크밸브　㉯ 필터　㉰ 사이렌서　㉱ 스트레이너

문제 20. 과류귀환제어방식에서 역행 토크를 변화시키는 사이리스터와 다이오드의 연결 방식은?
㉮ 직렬　㉯ 병렬　㉰ 역병렬　㉱ 역직렬

해답 15. ㉱　16. ㉯　17. ㉰　18. ㉰　19. ㉰　20. ㉰

승강기 설계

문제 21. 승강로의 구조에 대한 설명으로 옳지 않은 것은?
㉮ 건축물에 설치하는 엘리베이터 승강로의 벽 및 개구부는 방화상 지장이 없는 구조로 한다.
㉯ 승강로 상단은 콘크리트 및 철 구조물로 제작되어야 한다.
㉰ 승강로 내부는 엘리베이터 승강에 지장이 없는 엘리베이터와 관련되지 않은 장치를 설치할 수 있다.
㉱ 승장도어 내부에는 눈에 잘 띄는 위치에 적당한 크기의 승강로 층수가 표시되어야 한다.

문제 22. 엘리베이터 조작방식에 대하여 틀린 것은?
㉮ 승합 전자동식 : 진행방향의 카버튼과 승강장버튼에 응답한다.
㉯ 내리는 승합 전자동식 : 2층 이상의 승강장에는 내리는 방향의 버튼만 있다.
㉰ 군 승합 자동식 : 교통수요의 변동에 대하여 운전내용이 변경된다.
㉱ 군 관리방식 : 3~8대 병설 시 합리적으로 운행관리하는 방식이다.

문제 23. 건물용 용도별 교통수요 산출 및 수송능력 설정 시 대규모 사무실 건물의 1인당 점유면적은 몇 m^2/인 정도로 추정하는가?
㉮ 4~5   ㉯ 7~8   ㉰ 9~10   ㉱ 10~11

문제 24. 정격속도 90m/min인 로프식 엘리베이터 카 꼭대기틈새 기준으로 적합한 것은?
㉮ 1.8m 이상   ㉯ 1.6m 이상   ㉰ 1.4m 이상   ㉱ 1.2m 이상

문제 25. 비상용 엘리베이터 구조로 잘못된 것은?
㉮ 승강장 비상운전스위치는 터치버튼을 적용한다.
㉯ 비상 시 전원확보를 위하여 누전을 검출하는 경우에도 경보만 울리도록 한다.
㉰ 승강장의 위치표시기는 전 층에 설치한다.
㉱ 피트 내 부착스위치 등은 방적조치를 하든가 비상운전 시 분리되게 한다.

문제 26. 기어의 장점을 설명한 것으로 틀린 것은?
㉮ 강도가 크다.   ㉯ 높은 정밀도를 얻을 수 있다.
㉰ 전동이 확실하다.   ㉱ 호환성이 나쁘다.

문제 27. 경사각 30°, 층고 6M 이하인 건물에 설치하는 에스컬레이터의 속도규정은?
㉮ 25m/min   ㉯ 30m/min   ㉰ 35m/min   ㉱ 40m/min

해답 21. ㉯   22. ㉯   23. ㉯   24. ㉯   25. ㉮   26. ㉱   27. ㉱

문제 28. 적재하중 1000kg, 카자중 1500kg인 로프식 승용 엘리베이터 카주(stile, upright)의 안전율은?(단, SS-400 강재사용, 단면적 13.3cm², 인장강도는 4100kg/cm²이고, 양쪽에 1개씩 2본 사용하는 것으로 한다.)
㉮ 10.9　　㉯ 21.8　　㉰ 43.6　　㉱ 87.2

문제 29. 변압기 용량 산정 시 전부하 상승전류에 대해서 비상용 엘리베이터일 경우 부등률은 얼마로 계산하여야 하는가?
㉮ 0.85　　㉯ 0.9　　㉰ 0.95　　㉱ 1.0

문제 30. 균형추에 비상정지 장치가 있는 경우 사용하지 않아야 하는 가이드 레일은?
㉮ 5K　　㉯ 8K　　㉰ 13K　　㉱ 18K

문제 31. 기계대에 그림과 같이 하중이 작용할 때 최대 굽힘 모멘트는 몇 [kg·cm]인가?

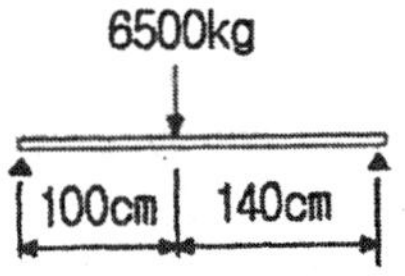

6500kg
100cm　140cm

㉮ 379117　　㉯ 379167　　㉰ 479227　　㉱ 479287

문제 32. 엘리베이터에 있어서 대책을 요구하는 재해의 종류로 볼 수 없는 것은?
㉮ 고장　　㉯ 지진　　㉰ 화재　　㉱ 정전

문제 33. 착상오차 이외에 감속도, 감속 시의 저어크(감속도의 변화비율), 착상시간, 전력회생의 균형 등으로 인해 가장 많이 사용되는 2단 속도 전동기의 속도비는?
㉮ 2:1　　㉯ 3:1　　㉰ 4:1　　㉱ 5:1

문제 34. 카틀 및 카바닥을 설계할 때 카틀 및 카바닥에 작용하는 비상 시 하중에 해당되지 않는 것은?
㉮ 지진 시 하중　　㉯ 적재 중 하중비상정지
㉰ 완충기 동작 시 하중　　㉱ 장치 작동 시 하중

문제 35. 카 자중 3000kg, 적재하중 1500kg, 승강행정 20m, 로프 가닥수 6, 로프 중량 1kg/m일 때 트랙션비는?(단, 오버밸런스율은 40%로 한다.)
㉮ 빈 카가 최상층에서 하강시 : 1.044　전부하 카가 최하층에서 상승시 : 1.190
㉯ 빈 카가 최상층에서 하강시 : 1.154　전부하 카가 최하층에서 상승시 : 1.240
㉰ 빈 카가 최상층에서 하강시 : 1.180　전부하 카가 최하층에서 상승시 : 1.190
㉱ 빈 카가 최상층에서 하강시 : 1.240　전부하 카가 최하층에서 상승시 : 1.283

해답 28. ㉰　29. ㉱　30. ㉮　31. ㉯　32. ㉮　33. ㉰　34. ㉯　35. ㉱

문제 36. 사이리스터의 정호각을 바꿈으로서 승강기 속도를 제어하는 방식은?
㉮ 정지 레어나드 방식　　　　㉯ 워드 레오나드 방식
㉰ 교류 귀환 제어 방식　　　　㉱ 교류 2단 속도 제어 방식

문제 37. 엘리베이터의 조명전원설비에 대한 설명으로 적합하지 않은 것은?
㉮ 카 내의 조명용, 환기팬용 및 보수용 램프 등을 위한 전원설비이다.
㉯ 일반적으로 단상 교류 220V가 사용된다.
㉰ 동력용 전원으로부터 인출하여 사용하는 것이 바람직하다.
㉱ 자가발전설비가 가동될 때도 조명전원이 별도로 인가되도록 구성하는 것이 바람직하다.

문제 38. 엘리베이터 배치와 구조에 관한 사항 중 틀린 것은?
㉮ 8대의 그룹에서는 4대 4 배치가 가장 좋다.
㉯ 4대의 그룹에서는 2대 2 배치가 가장 좋다.
㉰ 6대의 그룹에서는 3대 3 배치가 가장 좋다.
㉱ 3대의 그룹에서는 2대 1 배치가 가장 좋다.

문제 39. 피치 2.5mm의 3중 나사가 1회전하면 리드는 몇 mm가 되는가?
㉮ 1/2.5　　　㉯ 5　　　㉰ 1/7.5　　　㉱ 7.5

문제 40. 다음 중 와이어로프에 의해 카가 움직이는 것은?
㉮ 유압 간접식　　　　㉯ 유압 직접식
㉰ 유압 팬터 그래프식　　　㉱ 에스컬레이터

일반기계공학

문제 41. 축에 키 홈을 파지 않고 보스에만 키 홈을 파서 마찰에 의해 회전력을 전달시킬 수 있는 키는?
㉮ 안장 키　　㉯ 접선 키　　㉰ 납작 키　　㉱ 반달 키

문제 42. 원형축이 비틀림을 받고 있을 때 전단변형률에 대한 설명으로 옳은 것은?
㉮ 축 중심으로부터의 반경방향 거리에 반비례한다.
㉯ 축 중심으로부터의 반경방향 거리에 비례한다.
㉰ 축 중심으로부터의 반경방향 거리의 제곱에 반비례한다.
㉱ 축 중심으로부터의 반경방향 거리의 제곱에 비례한다.

해답 36. ㉮　37. ㉰　38. ㉱　39. ㉱　40. ㉮　41. ㉮　42. ㉯

문제 43. 유압장치에서 배관, 밸브, 계기류를 급격한 서지압으로부터 보호하기 위하여 설치하는 것은?
㉮ 액추에이터　　㉯ 디퓨저　　㉰ 아큐물레이터　　㉱ 엑셀레이터

문제 44. 일명 드로잉(drawing)이라고도 하며 소재를 다이 구멍에 통과시켜 봉재, 선재, 관재 등을 가공하는 방법은?
㉮ 단조　　㉯ 압연　　㉰ 인발　　㉱ 전단

문제 45. 양단을 완전히 고정한 0℃의 구리봉에 온도를 50℃로 높였을 때 봉의 내부에 생기는 압축 응력은 약 몇 N/mm^2인가?(단, 구리봉의 세로 탄성계수는 $9100N/mm^2$, 선팽창계수는 0.000016/℃이다.)
㉮ 10.23　　㉯ 6.28　　㉰ 8.58　　㉱ 7.28

문제 46. 유압회로에서 유압 모터, 유압실린더 등의 작동순서를 순차적으로 제어하고자 할 때 사용하는 밸브는?
㉮ 체크 밸브　　㉯ 릴리프 밸브　　㉰ 시퀀스 밸브　　㉱ 감압 밸브

문제 47. 운전 중 또는 정지 중에 축이음에 의한 회전력 전달을 자유롭게 단속할 수 있는 축 이음은 어떤 것인가?
㉮ 유니버설 조인트　　㉯ 브레이크
㉰ 클러치　　㉱ 스핀들

문제 48. 각도측정기로 사용되는 사인바는 일정 각도 이상을 측정하면 오차가 커지는데, 따라서 일반적으로 몇 °이하에서 사용하는 것이 좋은가?
㉮ 30°　　㉯ 45°　　㉰ 60°　　㉱ 75°

문제 49. 용융금속을 금속주형에 고속, 고압으로 주입하여 정밀도가 높은 알루미늄 합금 주물을 다량 생산하고자 할 때 가장 적합한 주조방법은?
㉮ 칠드 주조　　㉯ 원심 주조법　　㉰ 다이캐스팅　　㉱ 셀 주조

문제 50. 연삭숫돌은 연삭이 계속 진행되면 자동적으로 입자가 탈락되면서 새로운 예리한 입자에 의해 연삭이 진행하게 되는데 이 현상을 무엇이라 하는가?
㉮ 자생작용　　㉯ 트루잉　　㉰ 글레이징　　㉱ 드레싱

문제 51. 펠톤수차에서 비상 시에 회전차에 작용하는 물의 방향을 급속히 돌리기 위한 장치는?
㉮ 디플렉터　　㉯ 노즐　　㉰ 니들밸브　　㉱ 버킷

해답 43. ㉰　44. ㉰　45. ㉱　46. ㉰　47. ㉰　48. ㉯　49. ㉰　50. ㉮　51. ㉮

문제 52. 인장 시험에서 측정할 수 없는 것은?
㉮ 인장강도　　㉯ 탄성계수　　㉰ 연신율　　㉱ 경도

문제 53. 로프 전동에 관한 특징 설명으로 올바른 것은?
㉮ 축간거리가 짧은 경우에만 적합하다.
㉯ 끊어질 경우에는 수리가 곤란하다.
㉰ 전동 경로가 직선이어야만 한다.
㉱ 기어와 비교할 때 정확한 속도비로 전달이 가능하다.

문제 54. 보가 굽힘 모멘트를 받았을 때, 곡률 반경에 대한 설명으로 옳은 것은?
㉮ 굽힘모멘트와 보의 세로탄성계수에 비례한다.
㉯ 굽힘모멘트에 비례하고, 보의 세로탄성계수에 반비례한다.
㉰ 굽힘모멘트에 반비례하고, 보의 세로탄성계수에 비례한다.
㉱ 굽힘모멘트와 보의 세로탄성계수에 반비례한다.

문제 55. 압축 코일 스프링에서 유효 감김수만을 2배로 하면 동일 축하중에 대하여 처짐은 몇 배가 되는가?(단, 다른 조건은 동일하다고 가정한다.)
㉮ 2　　㉯ 4　　㉰ 8　　㉱ 16

문제 56. 다음 중 마그네슘의 특징에 관한 설명으로 틀린 것은?
㉮ 비중이 알루미늄보다 작다.
㉯ 조밀육방격자이며 고온에서 발화하기 쉽다.
㉰ 대기 중에서 내식성이 양호하나 산에는 침식되기 쉽다.
㉱ 냉간 가공성이 우수한 편이다.

문제 57. 피치 12.57mm, 모듈 4mm, 피치원 지름 128mm인 스퍼 기어의 잇수는 몇 개인가?
㉮ 10　　㉯ 20　　㉰ 32　　㉱ 64

문제 58. 탄소강을 오스테나이트 조직으로 한 후 물속에 급랭하여 나타나는 침상조직으로 열처리 조직 중 경도가 최대이며, 부식에 대한 저항이 크고 강자성체이며 경도와 강도는 크나 취성이 큰 조직은?
㉮ 마텐자이트　　㉯ 소르바이트　　㉰ 트루스타이트　　㉱ 펄라이트

문제 59. 판금 가공(sheet metal working)의 종류에 해당되지 않는 것은?
㉮ 단조 가공　　㉯ 접합 가공　　㉰ 성형 가공　　㉱ 전단 가공

해답 52. ㉱　53. ㉯　54. ㉰　55. ㉮　56. ㉱　57. ㉰　58. ㉮　59. ㉮

문제 60. 알루미늄에 Cu, Ni, Mg 원소를 첨가하여 만든 알루미늄 합금으로 내열성이 우수하고 고온강도가 크므로 내연기관의 피스톤이나 실린더 헤드로 많이 사용되는 합금은?
㉮ Y합금   ㉯ 듀랄루민   ㉰ 실루민   ㉱ 톰백

전기제어공학

문제 61. 정지형 워드-레오나드방식의 설명으로 거리가 먼 것은?
㉮ 사이리스터의 점호각으로 속도를 조절한다.
㉯ 항상 직류 발전기를 사용한다.
㉰ 직류 전동기 속도제어의 방법이다.
㉱ AC를 DC로 변환하는 컨버터가 있다.

문제 62. 직류 전동기의 속도제어 방법이 아닌 것은?
㉮ 계자 제어   ㉯ 저항 제어   ㉰ 발전 제어   ㉱ 전압 제어

문제 63. 배리스터의 주된 용도는?
㉮ 서지전압에 대한 회로 보호용   ㉯ 온도 측정용
㉰ 출력전류 조절용   ㉱ 전압 증폭용

문제 64. 목표값이 시간에 대하여 변화하지 않는 제어로 정전압 장치나 일정 속도제어 등에 해당하는 제어는?
㉮ 프로그램제어   ㉯ 추종제어   ㉰ 정치제어   ㉱ 비율제어

문제 65. 다음의 신호흐름선도의 입력이 5일 때 출력이 3이 되기 위한 A의 값은?

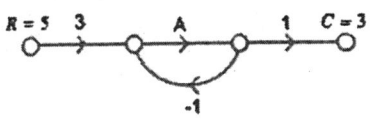

㉮ 2   ㉯ 3   ㉰ 4   ㉱ 5

문제 66. 2단자 임피던스 함수 $Z(s) = \dfrac{(s+1)(s+2)}{(s+3)(s+4)}$ 에서 영점과 극점은?
㉮ 영점 : 1, 2   극점 : 3, 4
㉯ 영점 : 3, 4   극점 : 1, 2
㉰ 영점 : -1, -2   극점 : -3, -4
㉱ 영점 : -3, -4   극점 : -1, -2

해답 60. ㉮ 61. ㉯ 62. ㉰ 63. ㉮ 64. ㉰ 65. ㉰ 66. ㉰

문제 67. 2대의 전력계를 사용하여 평형부하의 3상회로의 역률을 측정하려고 한다. 전력계의 지시가 각각 W_1, W_2라 할 때 이 회로의 역률은?

㉮ $\dfrac{\sqrt{W_1+W_2}}{W_1+W_2}$
㉯ $\dfrac{W_1-W_2}{2\sqrt{W_1^2+W_2^2+W_1\cdot W_2}}$
㉰ $\dfrac{W_1+W_2}{2\sqrt{W_1^2+W_2^2-W_1\cdot W_2}}$
㉱ $\dfrac{2(W_1+W_2)}{\sqrt{W_1^2+W_2^2-W_1\cdot W_2}}$

문제 68. 다음 그림과 같이 수조 두 개를 유량을 조절할 수 있는 글로우밸브가 있는 관으로 연결했다. 이때 각 부분을 전기의 용어와 대응시켰을 때 가장 적절한 것은?

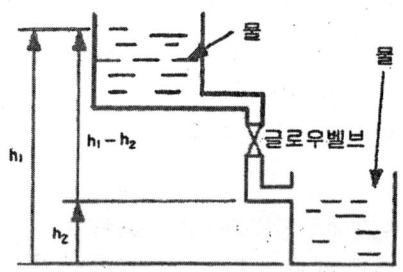

㉮ 수위차 : 기전력, 물 : 전류, 밸브 : 가변저항
㉯ 수위차 : 기전력, 물 : 전압, 밸브 : 가변저항
㉰ 수위차 : 전류, 물 : 전압, 밸브 : 가변저항
㉱ 수위차 : 전압, 물 : 전류, 밸브 : 가변저항

문제 69. 그림과 같은 신호흐름선도의 선형방정식은?

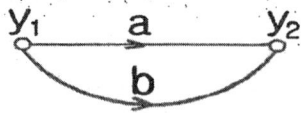

㉮ $y_2=(a+2b)y_1$
㉯ $y_2=(a+b)y_1$
㉰ $y_2=(2a+b)y_1$
㉱ $y_2=2(a+b)y_1$

문제 70. 다음 중 온도보상용으로 사용되는 것은?
㉮ 다이오드 ㉯ 다이액 ㉰ 서미스터 ㉱ SCR

해답 67. ㉰ 68. ㉮ 69. ㉯ 70. ㉰

문제 71. NAND 논리소자에 대한 진리표의 출력을 A에서 D까지 옳게 표현한 것은?(단, L은 Low이고, H는 High이다.)

입력		출력
X	Y	Z
L	L	(A)
L	H	(B)
H	L	(C)
H	H	(D)

㉮ A=L, B=H, C=H, D=H   ㉯ A=L, B=L, C=H, D=H
㉰ A=H, B=H, C=H, D=L   ㉱ A=L, B=L, C=L, D=H

문제 72. '옴의 법칙'에 대한 설명으로 옳은 것은?
㉮ 전압은 전류에 비례한다.   ㉯ 전압은 전류의 2승에 비례한다.
㉰ 전압은 전류에 반비례한다.   ㉱ 전압은 저항에 반비례한다.

문제 73. 인덕턴스 20[H]인 코일에 50[Hz], 200[V]인 교류전압을 인가하였을 때 이 회로에 흐르는 전류는 몇 [A]인가?

㉮ $\frac{1}{10\pi}$ ㉯ $\frac{\pi}{10}$ ㉰ π ㉱ 10π

문제 74. AC 서보 전동기에 대한 설명으로 틀린 것은?
㉮ 큰 회전력이 요구되지 않는 계에 사용되는 전동기이다.
㉯ 고정자의 기준 권선에는 정전압을 인가하며, 제어권선에는 제어용 전압을 인가한다.
㉰ 속도 회전력 특성을 선형화하고 제어전압을 입력으로, 회전자의 회전각을 출력으로 보았을 때 이 전동기의 전달함수는 미분요소와 2차요소의 직렬 결합으로 볼 수 있다.
㉱ 기준권선과 제어권선의 두 고정자 권선이 있으며, 90도의 위상차가 있는 2상 전압을 인가하여 회전자계를 만든다.

문제 75. 100[V]용 1[kW]의 전열기를 90[V]로 사용할 때의 전력은?
㉮ 810   ㉯ 900   ㉰ 950   ㉱ 990

문제 76. 5[F]의 콘덴서에서 100[V]의 직류전압을 가하면 축적되는 전하는 몇 [C]인가?
㉮ 5×10^{-2} ㉯ 5×10^{-2} ㉰ 5×10^{-4} ㉱ 5×10^{-5}

해답 71. ㉰   72. ㉮   73. ㉮   74. ㉰   75. ㉮   76. ㉰

문제 77. 시퀀스 제어에 관한 설명 중 옳지 않은 것은?
  ㉮ 조합 논리회로도 사용된다.
  ㉯ 시간 지연요소도 사용된다.
  ㉰ 유접점 계전기만 사용된다.
  ㉱ 제어결과에 따라 조작이 자동적으로 이행된다.

문제 78. 전동기 용량이 5~15(kW)일 경우 가장 적당한 유도전동기 기동방법은?
  ㉮ 전전압기동법   ㉯ Y-Δ 기동법
  ㉰ 리액터기동법   ㉱ 기동보상기법

문제 79. 변압기에서 권선에 부하전류가 흐를 때 누설자속이 증가하여 권선, 철심을 통하여 그곳에 생기는 와전류에 의해 발생하는 손실은?
  ㉮ 표류부하손   ㉯ 와전류손   ㉰ 히스테리시스손   ㉱ 철손

문제 80. 피드백 제어계에서 주궤환 신호를 설명한 것은?
  ㉮ 목표 값에 비례하는 기준 입력 신호를 발생하는 요소의 신호
  ㉯ 제어량에서 주궤환을 생성하는 요소의 신호
  ㉰ 제어량의 값을 목표 값과 비교하여 동작 신호를 얻기 위해 궤환되는 신호
  ㉱ 제어계를 동작시키는 기준으로 목표 값에 비례하는 신호

해답 77. ㉰ 78. ㉯ 79. ㉮ 80. ㉰

승강기 개론
(2013. 3. 10. 기사 시행)

문제 1. 기계실이 있는 승강기에서 기계실에 설치되지 않는 것은?
- ㉮ 권상기(Traction Machine)
- ㉯ 조속기(Governor)
- ㉰ 비상전원장치(Safety Device)
- ㉱ 제어반(Control Panel)

문제 2. 엘리베이터 조로프에 가장 일반적으로 사용되는 와이어로프는?
- ㉮ 8×W(19), E종, 보통 Z꼬임
- ㉯ 8×W(19), E종, 보통 S꼬임
- ㉰ 8×S(19), E종, 보통 S꼬임
- ㉱ 8×S(19), E종, 보통 Z꼬임

문제 3. 파이널 리미트스위치의 요건에 대한 설명 중 적당치 못한 것은?
- ㉮ 기계적으로 조작되어야 하며 작동 캠은 금속제로 만들어야 한다.
- ㉯ 스위치의 접속은 직접 기계적으로 열려야 하며 접촉을 얻기 위하여 스프링이나 중력 또는 그 복합에 의존하는 장치를 사용할 수 있다.
- ㉰ 카 상단 또는 승강로 내부에 정착한 파이널 리미트스위치는 밀폐된 형식으로 되어야 한다.
- ㉱ 파이널 리미트스위치는 승강로 내부에 설치하고 카에 부착된 캠으로 조작시켜야 한다.

문제 4. 초기 직류엘리베이터의 속도제어에 널리 사용된 방식으로 교류전동기(유도전동기)로 직류발전기를 회전시켜 MG(Motor Generator)의 출력을 직접 직류전동기 전기자에 공급하고 발전기의 계자전류를 조절하여 발전기의 발생전압을 임의로 변화시켜 속도를 제어하는 방식은?
- ㉮ 워드레오나드방식
- ㉯ 정지레오나드방식
- ㉰ VVVF제어방식
- ㉱ 극수변환방식

문제 5. 교류 이단 속도제어에서 기동과 주행은 고속권선으로 감속과 착상시 저속권선으로 카의 속도를 제어한다. 이때 가장 많이 사용되고 있는 속도비는?
- ㉮ 2:1
- ㉯ 3:1
- ㉰ 4:1
- ㉱ 5:1

해답 1. ㉰ 2. ㉱ 3. ㉯ 4. ㉮ 5. ㉰

문제 6. 권상기의 미끄러짐을 결정하는 요소에 대한 설명으로 옳은 것은?
  ㉮ 로프 감기는 각도가 클수록 미끄러지기 쉽다.
  ㉯ 카의 가속도와 감속도가 작을수록 미끄러지기 쉽다.
  ㉰ 견인비(트랙션비)가 클수록 미끄러지기 쉽다.
  ㉱ 로프와 도르래의 마찰계수가 클수록 미끄러지기 쉽다

문제 7. 로프식 엘리베이터의 주행여유(runby)에 대한 설명으로 옳은 것은?
  ㉮ 카가 최하층에 정지했을 때 균형추와 완충기와의 거리이다.
  ㉯ 승강로 최하층의 승강장 바닥부터 기계실 지지보 또는 바닥 아래 면까지의 수직거리이다.
  ㉰ 유압식 완충기는 최소거리에 대한 규정이 없다.
  ㉱ 유압식 완충기의 최대거리는 속도에 따라 다르다.

문제 8. 정격속도가 240[m/min]을 초과하는 엘리베이터의 승강로에서 꼭대기 틈새는?
  ㉮ 3.6[m] 이상
  ㉯ 4.0[m] 이상
  ㉰ 4.4[m] 이상
  ㉱ 4.8[m] 이상

문제 9. 카의 정격속도가 60[m/min]인 경우 조속기의 과속스위치와 캣치의 작동속도는 각각 몇 [m/min] 이하인가?
  ㉮ 과속스위치 72, 캣치 84
  ㉯ 과속스위치 78, 캣치 84
  ㉰ 과속스위치 81, 캣치 90
  ㉱ 과속스위치 84, 캣치 90

문제 10. 카의 정격속도가 60[m/min]인 스프링 완충기의 최소행정[mm]은?
  ㉮ 150
  ㉯ 125
  ㉰ 100
  ㉱ 64

문제 11. 유압 엘리베이터의 실린더와 유압고무호스의 안전율은 각각 얼마인가?
  ㉮ 4, 6
  ㉯ 4, 10
  ㉰ 6, 8
  ㉱ 6, 10

문제 12. 기어드(Geared)형 권상기에서 엘리베이터의 속도를 결정하는 요소가 아닌 것은?
  ㉮ 시브의 직경
  ㉯ 기어의 감속비
  ㉰ 권상모터의 회전수
  ㉱ 로프의 직경

해답 6.㉰ 7.㉯ 8.㉯ 9.㉯ 10.㉰ 11.㉯ 12.㉱

문제 13. 엘리베이터의 정격속도가 매 분당 180[m]이고, 제동소요 시간이 0.3초인 경우의 제동거리는 몇 [m]인가?
㉮ 0.25　　㉯ 0.45　　㉰ 0.65　　㉱ 0.85

문제 14. 록 다운 비상정지장치를 반드시 설치해야 하는 엘리베이터의 최저속도[m/min]는?
㉮ 210　　㉯ 240　　㉰ 300　　㉱ 360

문제 15. 유입 완충기에 대한 설명 중 틀린 것은?
㉮ 카 또는 균형추의 평균 감속도는 1G 이하로 한다.
㉯ 순간 최대 감속도는 2.5G를 넘는 감속도가 1/25초 이상 지속하지 않아야 한다.
㉰ 정격속도의 115% 속도로 완충기에 부딪힐 때 규정된 평균 감속도 이하의 감속도율을 얻을 수 있는 행정이 유지되어야 한다.
㉱ 정격속도 60[m/min] 이하에 사용한다.

문제 16. 유압 엘리베이터에 사용되는 안전장치가 아닌 것은?
㉮ 하이드로릭 잭(Hydraulic Jack)
㉯ 조소기(Governor)
㉰ 릴리프 밸브(Relief Valve)
㉱ 체크 밸브(Check Valve)

문제 17. 문짝수는 2이고 중앙열기 문을 나타낸 도어 시스템 분류 기호는?
㉮ 1S　　㉯ 2S　　㉰ 1CO　　㉱ 2CO

문제 18. 사람이 탑승하지 아니하면서 적재용량 1톤 미만의 소형화물(서적, 음식물 등) 운반에 적합하게 제작된 엘리베이터는?
㉮ 수평보행기　　㉯ 화물용 엘리베이터
㉰ 침대용 엘리베이터　　㉱ 덤웨이터

문제 19. 스텝폭 1200형 에스컬레이터에서 스텝면의 수평 투영 면적[m^2]당 구조물이 받는 하중[kg]은 얼마인가?
㉮ 270　　㉯ 2700
㉰ 1200　　㉱ 12000

해답 13.㉯　14.㉯　15.㉱　16.㉮　17.㉱　18.㉱　19.㉮

문제 20. 엘리베이터의 설치형태 및 카 구조에 의한 분류에 적합하지 않은 것은?
㉮ 더블 데크 엘리베이터 ㉯ 전망용 엘리베이터
㉰ 셔틀 엘리베이터 ㉱ 장애자용 엘리베이터

승강기 설계

문제 21. 스프링 완충기를 설계할 때 적용 중량의 기준은 스프링간에 접촉된 부분 없이 정하중 상태에서 카측 완충기는 카자중과 정격하중을 합한 무게의 몇 배를 견디어야 하는가?
㉮ 1 ㉯ 2 ㉰ 3 ㉱ 4

문제 22. 기계실 출입문의 크기 기준으로 적합한 것은?
㉮ 폭 0.9[m]이상, 높이 2.0[m]이상
㉯ 폭 0.8[m]이상, 높이 1.9[m]이상
㉰ 폭 0.7[m]이상, 높이 1.8[m]이상
㉱ 폭 0.6[m]이상, 높이 1.7[m]이상

문제 23. 간접식 유압엘리베이터의 정격속도는 45[m/min]인 꼭대기 틈새를 검사할 때 카를 최상층에 미속으로 상승시켜 플런저가 이탈방지장치로 정지했을 때 최소 확보되어야 할 수치는?
㉮ 56.5[cm] ㉯ 62.9[cm] ㉰ 75.6[cm] ㉱ 82.1[cm]

문제 24. 엘리베이터 각 부분의 절연저항을 표시한 것 중 틀린 것은?
㉮ 300V 이하 전동기 주회로 : 0.2[MΩ]이상
㉯ 150V 이하 신호회로 : 0.1[MΩ]이상
㉰ 220V용 조명회로 : 0.4[MΩ]이상
㉱ 400V 초과 전동기 주회로 : 0.4[MΩ]이상

문제 25. 승객용 엘리베이터의 경우 카의 바닥 끝부분과 승강로 벽과의 수평거리는 얼마 이하이어야 하는가?
㉮ 75[mm] ㉯ 100[mm] ㉰ 125[mm] ㉱ 150[mm]

해답 20.㉱ 21.㉯ 22.㉰ 23.㉯ 24.㉰ 25.㉰

문제 **26.** 승강로 상·하의 단말 정차장치(Terminal Stopping Device)에 대한 설명 중 틀린 것은?
㉮ 권상기를 위한 정차장치는 카, 승강로 또는 기계실에 위치하여 카의 이동에 의하여 조작되어야 한다.
㉯ 기계실에 설치되어 있는 것은 기계적으로 연결되어 카의 이동에 의하여 동작하거나 마찰 또는 견인에 의하여 구동되는 방식을 이용한다.
㉰ 정차장치가 카에 기계적으로 연결되고, 구동수단으로 사용되는 테이프, 체인, 로프 및 이와 우사한 장치의 구동수단에 이상이 발생할 경우 구동모터를 차단하고 제동기를 작동시킬 수 있는 장비를 구비하여야 한다.
㉱ 이 장치는 최종단말정차장치가 작동할 때까지 그 기능이 유지되도록 설계 및 설치되어야 한다.

문제 **27.** 엘리베이터 1대가 5분간 수송능력은 280명, 승객수 28명일 경우 엘리베이터의 일주시간(RTT)은?
㉮ 20초 ㉯ 30초 ㉰ 40초 ㉱ 50초

문제 **28.** 사무용 건물에 설치하는 로프식 엘리베이터의 조속기 설계기준으로 옳지 않은 것은?
㉮ 정격속도 45[m/min]이하인 경우, 과속스위치는 60[m/min]이하에서 끊길 것
㉯ 정격속도 45[m/min]를 초과하는 경우, 과속스위치는 정격속도의 1.3배 이하에서 끊길 것
㉰ 정격속도 45[m/min]이하인 경우, 캣치는 과속스위치가 떨어짐과 동시 또는 떨어진 후 작동하도록 할 것
㉱ 정격속도 45[m/min]를 초과하는 경우, 캣치는 과속스위치가 떨어진 후에 작동하도록 할 것

문제 **29.** 재료의 단순 인장에서 포아송 비는 어떻게 나타내는가?
㉮ $\dfrac{세로 변형률}{가로 변형률}$ ㉯ $\dfrac{부피 변형률}{가로 변형률}$ ㉰ $\dfrac{가로 변형률}{세로 변형률}$ ㉱ $\dfrac{부피 변형률}{세로 변형률}$

문제 **30.** 방범설비인 연락 장치에 대한 설명으로 틀린 것은?
㉮ 연락 장치는 정상전원으로만 작동하여도 된다.
㉯ 비상시 카 내부에서 외부의 관계자에게 연락이 가능해야 한다.
㉰ 비상 요청시 카외부에서 카내의 적절한 지시를 할 수 있어야 한다.
㉱ 카내부, 기계실, 관리실, 동시통화가 가능해야 한다.

해답 26.㉯ 27.㉯ 28.㉮ 29.㉰ 30.㉮

문제 **31.** 지진대책에 따른 엘리베이터의 구조에 관한 설명으로 틀린 것은?
㉮ 지진이나 기타 진동에 의해 주 로프가 도르래에서 이탈하지 않아야 한다.
㉯ 엘리베이터의 균형추가 지진이나 기타 진동에 의하여 가이드 레일로부터 이탈하지 않아야 한다.
㉰ 승강로내에는 지진시에 로프, 전선 등의 기능에 악영향이 발생하지 않도록 모든 돌출물을 설치하여서는 안 된다.
㉱ 엘리베이터의 전동기, 제어반 및 권상기는 카마다 설치하고 또한 지진이나 기타 진동에 의해 전도 또는 이동하지 않아야 한다.

문제 **32.** 다음 중 에스컬레이터의 일반구조로 적합하지 않는 것은?
㉮ 사람 또는 물건이 에스컬레이터의 각 부분에 끼이거나 부딪히는 일이 없도록 할 것.
㉯ 경사도는 일반적으로 30° 이하로 할 것.
㉰ 디딤판과 손잡이는 동일 속도로 할 것.
㉱ 디딤판의 정격속도는 50[m/min] 이하로 할 것.

문제 **33.** 제어반에 특별 제3종 접지공사를 하였다면 접지저항은 몇 [Ω] 이하이어야 하는가?
㉮ 5 ㉯ 10
㉰ 15 ㉱ 20

문제 **34.** 카바닥과 카틀의 부재에 작용하는 하중의 종류가 틀리게 연결된 것은?
㉮ 카주 – 굽힘력, 장력 ㉯ 하부체대 – 굽힘력
㉰ 추돌판 – 굽힘력 ㉱ 상부체대 – 장력

문제 **35.** 유입 완충기의 설계조건으로 틀린 것은?
㉮ 최대 적용중량은 적재하중의 100%로 한다.
㉯ 행정 계산시 정격속도의 115%로 충돌했을 경우의 속도로 한다.
㉰ 카가 충돌하였을 경우 1G 이상의 감속도가 유지되어야 한다.
㉱ 플런저를 완전히 압축했을 경우 90초 이내에 완전히 복귀해야 한다.

문제 **36.** 기계실에 별도의 환기장치가 없을 때 환기를 위한 개구부의 크기는 기계실 바닥면적의 얼마 이상으로 해야 하는가?
㉮ 1/20 ㉯ 1/30 ㉰ 1/40 ㉱ 1/50

해답 31. ㉰ 32. ㉱ 33. ㉯ 34. ㉱ 35. ㉰ 36. ㉮

문제 37. 그림은 SCR을 이용한 전파정류 회로이다. 입력(실효값)이 12V, SCR의 점호각(a')이 60°일 때, 출력 Vd(V)은?

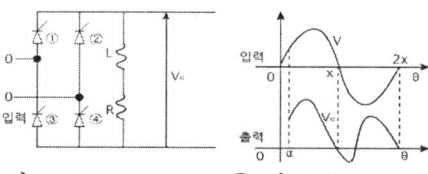

㉮ 약 2.7　　㉯ 약 5.4　　㉰ 약 8.5　　㉱ 약 10.8

문제 38. 고층용, 저층용이 마주보는 2뱅크로 배치되어 있는 엘리베이터인 경우의 대면거리[m]는?
㉮ 3[m] 이상　㉯ 4[m] 이상　㉰ 5[m] 이상　㉱ 6[m] 이상

문제 39. 도어에 관련된 부품 및 장치에 대한 설명으로 옳지 않은 것은?
㉮ 도어 클로저는 도어머신의 구동장치이다.
㉯ 도어 인터록은 승강장 도어의 열림을 방지한다.
㉰ 도어 행거는 승강장 도어가 가드레일에서 이탈하는 것을 방지한다.
㉱ 도어슈는 승강문지방(Sill) 홈에 6mm 이상 맞물려야 한다.

문제 40. 비상용 엘리베이터에서 1차 소방스위치(키 스위치)를 조작한 후의 작동사항으로 옳은 것은?
㉮ 문닫힘 안전장치 및 과부하감지장치가 작동하지 않아야 한다.
㉯ 승강자의 호출에는 카가 응답하여야 한다.
㉰ 문닫힘 버튼을 누르다가 손을 떼면 문은 닫히고 있는 상태로 유지되어야 한다.
㉱ 카 내에서의 행선 층 등록은 일부 층만 등록이 있도록 한정되어야 한다.

일반기계공학

문제 41. 주조품을 제조하기 위한 모형(pattern) 중 코어 모형을 사용해야 하는 주물로 적합한 것은?
㉮ 속이 빈 주물　　　　㉯ 크기가 작은 주물
㉰ 크기가 큰 주물　　　㉱ 외형이 복잡한 주물

해답 37.㉯　38.㉱　39.㉮　40.㉮　41.㉮

문제 42. 하중의 종류를 구분하는데 있어서 부하속도에 따라 분류된 하중의 종류가 아닌 것은?
㉮ 변동하중 ㉯ 충격하중 ㉰ 전단하중 ㉱ 반복하중

문제 43. 비틀림 모멘트 T를 받는 중심축의 우너형 단면에서 발생하는 전단응력 T일 때 이 중심축의 지름 d를 구하는 식으로 옳은 것은?
㉮ $d=\sqrt[3]{\dfrac{16T}{\pi\tau}}$
㉯ $d=\sqrt[3]{\dfrac{8T}{\pi\tau}}$
㉰ $d=\sqrt{\dfrac{16T}{\pi\tau}}$
㉱ $d=\sqrt{\dfrac{8T}{\pi\tau}}$

문제 44. 나사 조립부에 진동과 충격을 받으면 순간적으로 접촉압력이 감소하여 마찰력이 거의 없어지며 이런 현상이 반복되면 나사가 풀리는 원인이 된다. 이러한 나사의 풀림을 방지하는 방법으로 거리가 먼 것은?
㉮ 스프링 와셔를 이용하여 조립한다. ㉯ 로크너트를 사용한다.
㉰ 멈춤 나사를 사용한다. ㉱ 캡 너트를 사용한다.

문제 45. 미터 보통 나사에서 나사의 크기를 나타내는 호칭 지름(nominal diameter)은?
㉮ 바깥지름 ㉯ 골지름 ㉰ 유효지름 ㉱ 리드

문제 46. 슬라이드 밸브 등에서 밸브가 중립점에 있을 때 포트는 닫혀 있고, 밸브가 조금이라도 변위하는 포트가 열리고 유체가 흐르도록 중복된 상태를 의미하는 유압 용어는?
㉮ 랩 ㉯ 제로 랩 ㉰ 오버 랩 ㉱ 언더 랩

문제 47. 축(shaft)의 종류 중 전동축의 특수한 형태로 축의 지름에 비하여 길이가 짧은 축을 의미하는 것으로 형상과 치수가 정밀하고 변형량이 극히 작아야 하는 것은?
㉮ 스핀들 ㉯ 차축 ㉰ 크랭크축 ㉱ 중공축

문제 48. 보의 재료가 선형탄성적이고 후크의 법칙을 따른다고 할 때 보의 처짐에 관한 설명으로 옳은 것은?
㉮ 곡률반경과 굽힘모멘트는 비례한다.
㉯ 곡률은 탄성계수에 비례한다.
㉰ 곡률이 클수록 굽힘모멘트는 커진다.
㉱ 굽힘강성(EI)이 클수록 곡률반경이 작아진다.

해답 42.㉰ 43.㉮ 44.㉱ 45.㉮ 46.㉯ 47.㉮ 48.㉰

문제 49. 선반가공에서 지름 10mm인 연강을 20m/min로 가공할 때 분당 회전수는 약 몇 rpm인가?
㉮ 318 ㉯ 636 ㉰ 999 ㉱ 1998

문제 50. 담금질(Quenching)한 강을 A₁ 변태점 이하 온도로 가열하여 인성을 증가시키는 열처리는?
㉮ 풀림(Annealing)   ㉯ 불림(Normalizing)
㉰ 뜨임(Tempering)   ㉱ 서브 제로(Surzero)처리

문제 51. 용접법 및 하나인 납땜에 관한 설명으로 틀린 것은?
㉮ 동일한 종류의 금속 또는 이종의 금속을 접합하려고 할 때 접합할 모재는 용융시키지 않고 모재보다 용융점이 낮은 용가재를 사용하여 접합하는 방법이다.
㉯ 사용하는 용가재의 종류에 따라 크게 연납과 경납으로 구분된다.
㉰ 융점이 450℃ 이상인 용가재를 사용하여 납땜하는 것을 연납땜이라고 하고, 450℃ 이하인 용가재를 사용하여 납땜하는 것을 경납땜이라고 한다.
㉱ 납땜의 성패는 용접 모재인 고체와 땜납인 액체가 어느 만큼의 친화력을 갖고 서로 접촉될 수 있느냐에 달려 있다.

문제 52. 파이프 유동으로 Reynolds 수(Re)가 약 몇 이하일 경우 층류 유동으로 볼 수 있는가?
㉮ Re=600   ㉯ Re=2100
㉰ Re=5200 ㉱ Re=14000

문제 53. 코일 스프링에서 스프링상수(K)에 대한 설명으로 틀린 것은?
㉮ 스프링상수는 스프링 소재의 전단탄성계수에 비례한다.
㉯ 스프링상수는 스프링 소재의 지름의 4승에 비례한다.
㉰ 스프링상수는 코일의 평균지름의 3승에 반비례한다.
㉱ 스프링상수는 스프링의 유효감김수에 비례한다.

문제 54. 활동에서 주로 발생하는 화학적 변형에 속하지 않는 것은?
㉮ 탈아연 부식(Dezincification corrosin)
㉯ 자연균열(Seasoning cracking)
㉰ 청열취성(Blue shortness)
㉱ 고온 탈아연(Dezinciong)

해답 49.㉯ 50.㉰ 51.㉰ 52.㉯ 53.㉱ 54.㉰

문제 55. 유압기기의 제어밸브를 기능면에서 크게 3가지로 구분할 때 이에 속하지 않는 것은?
㉮ 압력제어밸브 ㉯ 방향제어밸브
㉰ 유량제어밸브 ㉱ 온도제어밸브

문제 56. 축의 휨, 원통의 진원도 측정에 가장 적합한 측정기는?
㉮ 다이얼 게이지 ㉯ 하이트 게이지 ㉰ 버니어캘리퍼스 ㉱ 각도 게이지

문제 57. 탄소강에서 상온취성을 일으키는데 가장 큰 영향을 주는 원소는?
㉮ Si(규소) ㉯ S(황) ㉰ Mn(망간) ㉱ P(인)

문제 58. 판금 공작법 중 지름이 같은 두 원통을 서로 겹쳐 끼우기 위하여 원통의 끝 부분에 주름을 잡아 지름을 약간 감소시키는 작업을 무엇이라고 하는가?
㉮ 크림핑 ㉯ 비딩 ㉰ 터닝 ㉱ 스피닝

문제 59. 기어 잇수가 각각 19개, 56개이고, 기어의 모듈은 4, 압력각이 20°인 한쌍의 표준 스퍼기어 장치의 기어 중심간 거리는 양 몇 mm인가?
㉮ 79.81 ㉯ 75 ㉰ 159.62 ㉱ 150

문제 60. 강철봉을 기온이 30℃인 상태에서 $240N/cm^2$의 인장응력을 발생시켜 놓고 양단을 고정하였다. 이 봉을 60℃로 기온을 상승시키면 강철봉에 발생하는 응력은 어떻게 되는가?(단, 세로탄성계수는 $E=2\times10^6 N/cm^2$, 선팽창계수는 $\alpha=1\times10^{-5}/℃$이다)
㉮ $840N/cm^2$의 인장응력이 발생한다. ㉯ $360N/cm^2$의 압축응력이 발생한다.
㉰ $600N/cm^2$의 인장응력이 발생한다. ㉱ $600N/cm^2$의 압축응력이 발생한다.

전기제어공학

문제 61. 60[Hz], 4극, 슬립 6%인 유도 전동기를 어느 공장에서 운전하고자 할 때 예상되는 회전수는 약 몇 [rpm]인가?
㉮ 1300 ㉯ 1400 ㉰ 1700 ㉱ 1800

해답 55.㉱ 56.㉮ 57.㉱ 58.㉮ 59.㉱ 60.㉮ 61.㉰

문제 62. 처음에 충전되지 않은 커패시터에 그림과 같은 전류 파형이 가해질 때 커패시터 양단의 전압파형은?

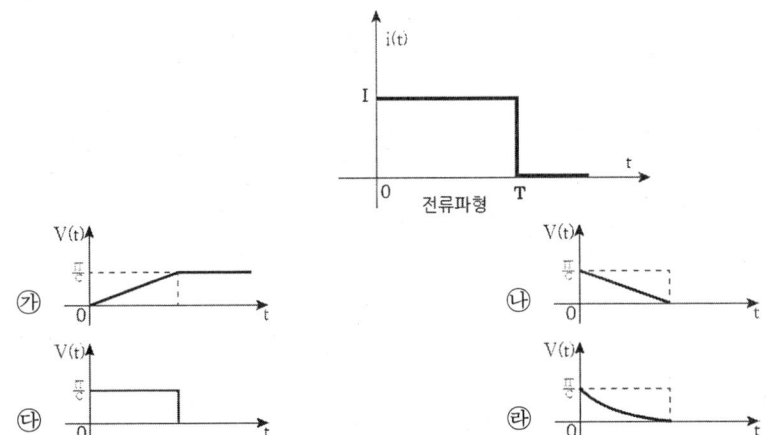

문제 63. 제어장치의 에너지에 의한 분류에서 타력제어와 비교한 자력제어의 특징 중 맞지 않는 것은?
㉮ 저비용 ㉯ 단순구조
㉰ 확실한 동작 ㉱ 빠른 조작 속도

문제 64. 환상의 솔레노이드 철심에 200회 코일을 감고 2[A]의 전류를 흘릴 때 발생하는 기자력은 몇 [AT]인가?
㉮ 50 ㉯ 100 ㉰ 200 ㉱ 400

문제 65. 운전자가 배치되지 않는 엘리베이터의 자동제어는?
㉮ 추종제어 ㉯ 프로그램제어
㉰ 정치제어 ㉱ 프로세스제어

문제 66. 그림과 같은 블록선도에서 등가 합성 전달함수는?

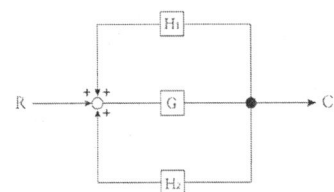

㉮ $\dfrac{G}{1-H_1-H_2}$ ㉯ $\dfrac{G}{1-H_1G-H_2G}$ ㉰ $\dfrac{G-1}{1-H_1G-H_2G}$ ㉱ $\dfrac{H_1G+H_2G}{1-G}$

해답 62.㉮ 63.㉱ 64.㉱ 65.㉯ 66.㉯

문제 67. 전달함수 $G(s) = \frac{1}{s+1}$인 제어계의 인디셜 응답은?
㉮ $1+e^{-t}$　　　　　㉯ $1-e^{-t}$
㉰ $e^{-t}-1$　　　　　㉱ e^{-t}

문제 68. 직류 분권발전기를 운전 중 역회전시키면 일어나는 현상은?
㉮ 단락이 일어난다.　　　　㉯ 정회전 때와 같다.
㉰ 발전되지 않는다.　　　　㉱ 과대 전압이 유기된다.

문제 69. 예비전원으로 사용되는 축전지의 내부저항을 측정하려고 한다. 가장 적합한 브리지는?
㉮ 휘트스톤 브리지　　　　㉯ 캠벨 브리지
㉰ 코올라우시 브리지　　　㉱ 맥스웰 브리지

문제 70. $R=100[\Omega]$, $L=20[mH]$, $C=47[uF]$인 R-L-C 직렬회로에 순시전압 $V=141.4\sin 377t[V]$를 인가하면 이 회로의 임피던스는 약 몇 $[\Omega]$인가?
㉮ 97　　　㉯ 111　　　㉰ 122　　　㉱ 130

문제 71. 서보 전동기의 특징으로 잘못 표현된 것은?
㉮ 기동, 정지, 역전동작을 자주 반복할 수 있다.
㉯ 발열이 작아 냉각방식이 필요 없다.
㉰ 속응성이 충분히 높다.
㉱ 신뢰도가 높다.

문제 72. 측정하고자 하는 양을 표준량과 서로 평형을 이루도록 조절하여 표준량의 값에서 측정량을 구하는 측정방식은?
㉮ 편위법　　㉯ 보상법　　㉰ 치환법　　㉱ 영위법

문제 73. 기준입력신호에서 제어량을 뺀 값으로 제어계의 동작 결정의 기초가 되는 것은?
㉮ 기준 입력　　　　㉯ 제어 편차
㉰ 제어 입력　　　　㉱ 동작 편차

해답 67.㉯　68.㉰　69.㉰　70.㉯　71.㉯　72.㉱　73.㉯

문제 74. 그림과 같은 논리 회로는?

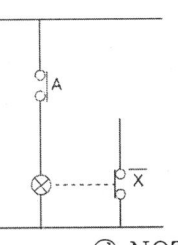

㉮ AND회로　㉯ OR회로　㉰ NOT회로　㉱ NOR회로

문제 75. 5[kW], 20[rps]인 유도전동기의 토크는 약 몇 [kg·m]인가?
㉮ 39.81　㉯ 27.09　㉰ 18.81　㉱ 8.12

문제 76. 미리 정해진 순서 또는 일정의 논리에 의해 정해진 순서에 따라 제어의 각 단계를 순차적으로 진행시켜 가는 제어를 무엇이라 하는가?
㉮ 비율차동제어　㉯ 조건제어　㉰ 시퀀스제어　㉱ 루프제어

문제 77. 여러 가지 전해액을 이용한 전기분해에서 동일량의 전기로 석출되는 물질의 양은 각각의 화학당량에 비례한다고 하는 법칙은?
㉮ 페러데이의 법칙　㉯ 줄의 법칙
㉰ 렌츠의 법칙　㉱ 쿨롱의 법칙

문제 78. 프러세서 제어용 검출기기는?
㉮ 유량계　㉯ 전압검출기　㉰ 속도검출기　㉱ 전위차계

문제 79. 공기식 조작기기의 장점을 나타낸 것은?
㉮ 신호를 먼곳까지 보낼 수 있다.　㉯ 선형의 특성에 가깝다.
㉰ PID 동작을 만들기 쉽다.　㉱ 큰 출력을 얻을 수 있다.

문제 80. 3상 유도전동기에서 일정 토크 제어를 위하여 인버터를 사용하여 속도제어를 하고자 할 때 고급전압과 주파수의 관계는 어떻게 해야 하는가?
㉮ 공급전압과 주파수는 비례되어야 한다.
㉯ 공급전압과 주파수는 반비례되어야 한다.
㉰ 공급전압이 항상 일정하여야 한다.
㉱ 공급전압의 제공에 비례하여야 한다.

해답 74.㉰　75.㉱　76.㉰　77.㉮　78.㉮　79.㉰　80.㉮

승강기 개론

(2013. 9. 28. 기사시행)

문제 1. 유압엘리베이터의 오일(Oil)의 온도는 몇 ℃ 정도로 유지하는 것이 가장 적정한가?
① -20~5
② 5~60
③ 0~80
④ 40~90

문제 2. 양 단계에서 로프가 느슨해지면 로프의 장력을 검출하여 동력을 끊어주는 안전장치는?
① 리미트 스위치
② 권동식 로프 이완 스위치
③ 록 다운 비상 스위치
④ 정지 스위치

문제 3. 카의 실속도와 지령속도를 비교하여 사이리스터의 점호각을 바꿔 유도전동기의 속도를 제어하는 방식은?
① 교류 1단 속도제어
② 교류 2단 속도제어
③ 교류귀환 전압제어
④ 가변전압 가변주파수 제어

문제 4. 로프의 단말처리 요건으로 틀린 것은?
① 주로프는 소켓의 끝부분에서 각 가닥을 접어서 구부린 것이 눈으로 보여서는 안된다.
② 주로프의 걸어 맨 고정부위는 2중 너트로 견고히 조여야 한다
③ 주로프의 고정부위는 풀림방지를 위한 분할핀이 꽂혀 있어야 한다.
④ 모든 로프는 균등한 장력을 받고 있어야 한다.

문제 5. 트랙션비(Traction ratio)를 바르게 설명한 것은?
① 트랙션비는 1.0 이하의 숫자가 된다.
② 트랙션비의 값이 낮아지면 로프의 수명이 길어진다.
③ 카축과 균형추측의 중량의 차이를 크게 하면 전동기출력을 줄일 수 있다.
④ 카축 로프에 걸린 중량과 균형추측 로프에 걸린 중량의 합을 말한다.

해답 1.② 2.② 3.③ 4.① 5.②

문제 6. 제어방식 중 VVVF 제어의 특성이 아닌 것은?
① 중·저속 엘리베이터에서 승차감이 향상되었다.
② 전력회생을 통해 소비전력을 줄일 수 있다.
③ 사이리스터의 점호각을 바꿔 속도를 제어한다.
④ 적용속도가 저속에서부터 고속까지 가능하다.

문제 7. 에스컬레이터 핸드레일 인입구에 각종 이물질이나 사람의 손가락 등이 빨려 들어가는 것을 방지하기 위한 안전장치는?
① 비상정지 스위치
② 스커트가드 안전장치
③ 핸드레일 인입구 안전장치
④ 구동체인 안전장치

문제 8. 승객용 엘리베이터의 강제 각층 정지운전은 왜 필요한가?
① 야간에 엘리베이터의 안전 운전을 위하여
② 야간에 엘리베이터를 오래 사용하기 위하여
③ 야간에 카내의 범죄 예방을 위하여
④ 야간에 승객의 편의를 위하여

문제 9. 다음 중 기계실에 설치되는 부품이 아닌 것은?
① 감시반   ② 제어반
③ 분전반   ④ 전동기

문제 10. 권상기의 주 도르래의 홈 밑을 도려낸 언더커트홈을 사용하는 이유로 가장 알맞은 것은?
① 제조시 가공을 편리하게 하기 위해서
② 로프와의 마찰계수를 크게 하기 위해서
③ 로프직경을 줄이기 위해서
④ 마모를 줄이기 위해서

문제 11. 전기식 엘리베이터의 검사 항목 중 계측장비를 사용하여야 할 측정 항목이 아닌 것은?
① 전동기구동시간 제한장치   ② 승강로 조도
③ 조속기 작동속도   ④ 개문출발방지수단 정지거리

해답 6.③ 7.③ 8.③ 9.① 10.② 11.①

문제 12. 승강로 벽의 재료로 사용할 수 없는 것은?
① 준불연재료
② 철골
③ 콘크리트
④ 접합유리

문제 13. 유압 엘리베이터의 장점은?
① 전동기의 용량과 소비전력이 작다.
② 기계실의 위치선택이 용이하다.
③ 10층 이상의 고층용으로 사용된다.
④ 고속용으로 주로 사용된다.

문제 14. 일반적으로 고속의 엘리베이터에 주로 많이 이용되는 조속기는?
① 플라이 볼형
② 디스크형
③ 스프링형
④ 롤세이프티형

문제 15. 정격속도 45m/min인 엘리베이터의 꼭대기 틈새와 피트 깊이는 얼마 이상이어야 하는가?
① 꼭대기 틈새 : 1.2m, 피트 깊이 : 1.2m
② 꼭대기 틈새 : 1.5m, 피트 깊이 : 1.5m
③ 꼭대기 틈새 : 1.8m, 피트 깊이 : 1.8m
④ 꼭대기 틈새 : 2.0m, 피트 깊이 : 2.0m

문제 16. 오버밸런스율(Over Balance)에 대한 설명 중 틀린 것은?
① 엘리베이터의 사용 상황에 따라 적재하중의 35~55%의 중량을 더한 값이 보통이다.
② 적재하중의 몇 %를 더할 것인가를 오버밸런스율이라 한다.
③ 적재 하중 500kg 이하의 소형 엘리베이터는 정격하중의 50%를 넘게 하는 경우도 있다.
④ 소형의 엘리베이터에서는 1명 승차시에 불평형이 발생하지 않는다.

문제 17. 카틀이 레일에서 벗어나지 않도록 하는 것은?
① 조속기
② 가이드 슈
③ 균형로프
④ 제동기

해답 12.① 13.② 14.① 15.① 16.④ 17.②

문제 18. 카가 어떤 원인으로 최하층을 통과하여 피트에 도달하였을 때 카의 충격을 완화해주는 장치는?
① 비상정지장치　　　　② 완충기
③ 브레이크　　　　　　④ 조속기

문제 19. 승객용 엘리베이터의 동력이 차단되어서 카가 층 중간에 정지했을 때 가로열기 도어시스템에서 수동으로 카도어를 열기 위한 힘의 범위로 가장 적당한 것은?
① 1kgf이상 10kgf이하　　② 5kgf이상 30kgf이하
③ 20kgf이상 40kgf이하　④ 30kgf이상 50kgf이하

문제 20. 균형추측에 비상정지장치를 설치하는 경우의 조속기 작동에 관한 설명으로 옳은 것은?
① 카측의 90% 속도에서 작동해야 한다.
② 카측보다 빠르거나 같을 때 작동해야 한다.
③ 카측보다 나중에 작동해야 한다.
④ 카측과 같은 속도로 동시에 작동해야 한다.

승강기 설계

문제 21. 화재 시 비상 호출운전에 대하여 틀린 것은?
① 과부하 시 경보만 발하고 과부하방지장치는 무효로 한다.
② 비상운전의 일부지만 세프티 슈의 기능은 유효로 한다.
③ 엘리베이터 과부하 사용으로 착상정도가 나빠진다.
④ 카가 상승운전중인 경우에는 가장 가까운 층에 정지하고 문을 열지 않고 반전하여 호출 층으로 직행한다.

문제 22. 꼭대기 틈새 최고치가 3.3m이고, 피트 깊이가 3.8m인 경우 엘리베이터의 정격속도(m/min)는?
① 120초과 ~ 150이하　　② 150초과 ~ 180이하
③ 180초과 ~ 210이하　　④ 210초과 ~ 240이하

해답　18.②　19.②　20.③　21.④　22.④

문제 23. 직류 엘리베이터에서 동력전원설비인 변압기의 용량은
$P_T \geq \sqrt{3} \times E \times I \times N \times Y \times 10^{-3} + (P_C \times N)$으로 설계된다. 여기서 정격전류 $I(A)$에 대한 설명으로 알맞은 것은?(단, P_T는 변압기용량[kVA], E는 정격전압[V], N은 엘리베이터 대수[대], Y는 부등률, P_C는 제어용 전력[kVA]이다.)
① 정격속도로 전부하 상승시의 배전선에 흐르는 전류
② 정격속도로 전부하 하강시의 배전선에 흐르는 전류
③ 정격속도로 무부하 상승시의 배전선에 흐르는 전류
④ 정격속도로 무부하 하강시의 배전선에 흐르는 전류

문제 24. 엘리베이터의 전원이 3상3선식인 경우 전압강하를 계산하는데 필요하지 않는 것은?
① 선로 1m당 저항
② 전선의 최대허용전류
③ 최대부하전류
④ 선로의 길이

문제 25. 플런저 여유 스트로크에 의한 카의 이동거리 30cm, 카의 정격속도 45m/min인 간접식 유압 엘리베이터의 꼭대기부분 틈새는 약 몇 [cm] 이상으로 하여야 하는가?
① 60 ② 63 ③ 90 ④ 93

문제 26. 주행시간은 가속시간, 감속시간 및 전속주행시간의 합으로 구성된다. 따라서 주행시간에 영향을 미치는 요소가 아닌 것은?
① 정격속도 ② 정지회수 ③ 행정거리 ④ 강제감속거리

문제 27. 백화점에 엘리베이터와 에스컬레이터를 설치할 때 에스컬레이터의 수송분담률은 엘리베이터와 에스컬레이터 이용자 수의 몇 [%]가 적당한가?
① 20~30%
② 40~50%
③ 60~70%
④ 80~90%

문제 28. 초고층 빌딩에서 서비스 층의 분할 방법에 관한 설명 중 틀린 것은?
① 한 구역의 층수는 그 그룹의 엘리베이터에서 처리 가능한 교통량으로 하여야 한다.
② 메인 로비와 스카이 로비 등 공공장소에는 모든 층에서 엘리베이터가 직행 가능하도록 계획한다.
③ 임대사무실 빌딩에서는 한 입주사는 둘 이상의 서비스 구역으로 분산하는 것이 좋다.
④ 서비스 층을 분할하면 저·중층용 엘리베이터 기계실 상부를 사무실 등으로 사용이 가능하다.

해답 23.① 24.② 25.② 26.④ 27.④ 28.③

문제 29. 경사각 30°, 속도가 30m/mim, 디딤판폭이 0.8m이며, 층고가 9m인 에스컬레이터의 적재하중은 약 얼마인가?
① 3596kg ② 3367kg
③ 2916kg ④ 2438kg

문제 30. 엘리베이터용 감시반에 대한 설명 중 옳지 않은 것은?
① 감시반의 가장 큰 목적은 승객의 안전 확보 및 신속한 구출을 위한 것이다.
② 감시반의 기능에는 제어기능, 표시기능, 경보기능 및 승객감시기능이 있다.
③ 일반감시반에는 벽걸이형, 캐비넷형, 콘솔형, 탁상형이 있다.
④ 컴퓨터감시반은 고장검출 및 분석과 교통량분석도 가능하다.

문제 31. 카 자중이 1400kg, 균형추 중량이 1850kg, 정격적재하중이 1000kg일 때 로프식(전기식) 엘리베이터의 오버밸런스율은 몇 [%]인가?
① 32 ② 45 ③ 61 ④ 72

문제 32. 엘리베이터를 설치할 때 승강로의 크기를 결정하려고 한다. 이때 고려하지 않아도 되는 사항은?
① 엘리베이터 인승 ② 엘리베이터 속도
③ 엘리베이터 대수 ④ 엘리베이터 출입문의 크기

문제 33. 조속기에 대한 설명으로 틀린 것은?
① 조속기 로프의 공칭지름 6mm 이상이어야 한다.
② 과속 발생시 정격속도의 1.3배 이내에 과속 스위치가 동작하여 전동기 전원을 차단하여야 한다.
③ 조속기용 도르래의 홈은 적용로프 직경의 $1\frac{1}{8}$배 이하의 홈 직경이어야 한다.
④ 조속기 도르래의 피치지름과 로프의 공칭지름의 비는 36˚이상이다.

문제 34. 고속 엘리베이터에 주로 많이 사용하고 있는 로프의 거는 방법은?
① 1:1로핑 ② 2:1로핑 ③ 3:1로핑 ④ 4:1로핑

문제 35. 승강기 카와 균형추 하부에는 반드시 완충기를 설치하도록 하고 있다. 스프링 완충기는 정격속도가 몇 [m/mim] 이하인 경우에 설치하여야 되는가?
① 60 ② 70 ③ 90 ④ 105

해답 29.② 30.② 31.② 32.④ 33.④ 34.② 35.①

문제 **36.** 권상기의 시브 직경은 주로프 직경의 몇 배 이상이 가장 안전한가?
① 20배　　　② 30배　　　③ 35배　　　④ 40배

문제 **37.** 전기식 엘리베이터의 카 천장에 설치된 비상구출구의 크기 기준으로 옳은 것은?
① 0.35[m]×0.5[m] 이상　　② 0.25[m]×0.3[m] 이상
③ 0.35[m]×0.4[m] 이상　　④ 0.25[m]×0.4[m] 이상

문제 **38.** 유압식 엘리베이터에 있어서 유량제어 밸브를 주회로에 삽입하여 유량을 직접 제어하는 회로는 어느 것인가?
① 미터 인(Meter in)회로
② 블리드 오프(Bleed off)회로
③ 바이패스(Bypass)회로
④ 파이롯(Pilot)회로

문제 **39.** 엘리베이터 기계실 및 기계대의 설치 사항으로 잘못된 것은?
① 기계실 바닥은 금속판 또는 콘크리트로 축조한다.
② 옹벽이 있는 경우는 기계대가 75mm 이상 벽으로 묻히게 한다.
③ 옹벽이 없는 경우는 기계대 지지를 위한 H형 보강빔을 설치한다.
④ 기계실 바닥면의 단차가 0.5m 이상인 경우는 높은 쪽에 난간을 설치하지 않아도 된다.

문제 **40.** 유압실린더의 설계에 관한 사항으로 옳은 것은?(단, p:사용압력[kg/cm²], d:실린더 내경[cm], s:설계압력[kg/cm²], r:오목면을 측정한 헤드반경)
① 실린더 설계시 안전율은 10 이상이어야 하다.
② 실린더 벽의 최소두께는 $t=\dfrac{pd}{2s}$ 에 의하여 구한다.
③ 평평한 플런저헤드의 최소두께는 $t=d\sqrt{\dfrac{p}{2s}}$ 로 구한다.
④ 접시모양 플런저헤드의 최소두께는 $t=\dfrac{pr}{s}$ 로 구한다.

해답　36.④　37.①　38.①　39.④　40.②

일반기계공학

문제 41. 다음 중 선반에서 할 수 있는 작업이 아닌 것은?
① 총형 절삭　　　② 널링 가공
③ 테이퍼 가공　　④ 기어 가공

문제 42. 일반적인 체인전동장치의 장·단점에 대한 설명으로 틀린 것은?
① 미끄럼이 없는 일정한 속도비를 얻을 수 있다.
② 진동과 소음이 거의 없다.
③ 전동효율이 95% 이상으로 좋다.
④ 고속회전에는 부적당한 편이다.

문제 43. 자동차에서는 연비 상승을 위해 경량화(輕量化) 재료의 사용이 늘고 있다. 이와 같은 제품의 경량화와 가장 관계가 적은 재료는?
① 고장력 강판　　　② 알루미늄
③ 유리섬유 강화 플라스틱　　④ 표면처리강판

문제 44. 양은(german siler)이라 부르는 비철 금속은 무엇의 합금인가?
① Cu-Zn계 합금이다.
② Cu-Ni-Zn계 합금이다.
③ Cu-Sn-Ni계 합금이다.
④ Cu-Ni계 합금이다.

문제 45. 선반에서 4개의 죠(jaw)가 각기 움직일 수 있어 불규칙한 일감을 고정시키는데 적합한 척은?
① 단동척　　② 연동척
③ 콜릿척　　④ 전자척

문제 46. 펌프의 분류를 크게 터보식과 용적식으로 분류할 때 다음 중 용적식 펌프에 속하는 것은?
① 벌류트 펌프　　② 축류 펌프
③ 베인 펌프　　　④ 터빈 펌프

해답 41.④　42.②　43.②　44.②　45.①　46.③

문제 47. 유체를 한쪽으로만 흐르게 하고 역류가 되면 즉시 자동적으로 밸브가 닫히게 되어 유체가 역류되는 것을 막아주는 밸브는?
① 릴리프 밸브(relief valve)
② 감압 밸브(pressure reducing valve)
③ 무부하 밸브(unload valve)
④ 체크 밸브(check valve)

문제 48. 절삭 가공시 구성인선(built up edge)을 방지하기 위한 대책으로 옳지 못한 것은?
① 절삭 깊이(cut of depth)를 작게 할 것
② 절삭 속도(cutting speed)를 크게 할 것
③ 경사각(rake angle)을 작게 할 것
④ 공구의 인선(cutting edge)을 예리하게 할 것

문제 49. 심용접(seam welding)은 점용접보다 전극 사이의 가압력을 몇 배 정도로 해야 가장 적합한가?
① 3.0~3.6배   ② 2.0~2.6배
③ 1.6~2.0배   ④ 1.2~1.6배

문제 50. 그림과 같은 유압회로는 어떤 회로인가?

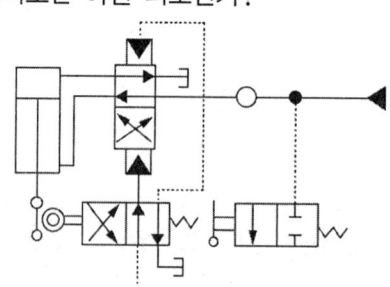

① 브레이크 회로   ② 로크 회로
③ 파일럿 조작 회로   ④ 정토크 구동 회로

문제 51. 다음 중 미소 이동량의 확대 지시장치로 레버(leveer)를 이용하는 측정기는?
① 마이크로미터   ② 미니미터
③ 다이얼게이지   ④ 옵티미터

해답 47.④   48.③   49.④   50.③   51.②

문제 52. 표준 스퍼 기어의 잇수를 Z, 모듈을 M, 원주피치(circular pitch)를 P, 피치원(pitch circle) 지름을 D라 할 때 다음 관계식 중 틀린 것은?
① $Z = \pi \cdot P$
② $\pi \cdot D = Z \cdot P$
③ $D = M \cdot Z$
④ $P = \pi \cdot M$

문제 53. 다음과 같은 기어 열에서 기어 잇수가 $Z_1 = 20$, $Z_2 = 85$, $Z_3 = 25$, $Z_4 = 100$일 때 Z_1, Z_4의 회전수 비 $n_1 : n_4$는?

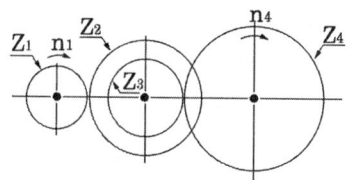

① 17 : 1
② 15 : 1
③ 13 : 1
④ 10 : 1

문제 54. 바깥지름이 d이고, 안지름이 $\dfrac{d}{3}$인 중공원형 단연축의 단면계수(Z)는 얼마인가?

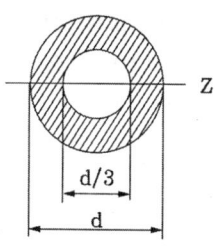

① $\dfrac{5\pi d^3}{9}$
② $\dfrac{5\pi d^3}{81}$
③ $\dfrac{5\pi d^3}{162}$
④ $\dfrac{5\pi d^3}{325}$

문제 55. 52kN의 인장력을 지탱할 수 있는 훅 나사부의 골지름은 약 몇 mm 이상이어야 하는가?
① 17
② 21
③ 33
④ 42

문제 56. 축에 접선방향으로 작용하는 하중에 대해 다음 중 가장 큰 힘을 전달 할 수 있는 키는?
① 안장 키
② 묻힘 키
③ 접선 키
④ 납작 키

문제 57. 금속 재료를 고온에서 장시간 외력을 가하면 시간의 흐름에 따라 변형이 증가하게 되는데 이러한 현상을 무엇이라 하는가?
① 열응력
② 피로한도
③ 탄성에너지
④ 크리프

해답 52.① 53.① 54.③ 55.③ 56.③ 57.④

문제 58. 전체 길이에 균일분포하중을 받는 외팔보에서 자유단처짐량에 대한 설명 중 틀린 것은?
① 처짐량은 보 길이의 3승에 비례한다.
② 처짐량은 단면2차모멘트(I)에 반비례한다.
③ 처짐량은 균일분포하중(n/m)에 비례한다.
④ 처짐량은 세로탄성계수에 반비례한다.

문제 59. 축의 비틀림 모멘트를 T(N·m), 분당회전수를 N(rpm), 전달동력을 H(W)라 할 때, T를 구하는 식으로 옳은 것은?
① $T = \dfrac{75 \times H}{2 \times \pi \times \dfrac{N}{60}}$
② $T = \dfrac{75 \times H}{\pi \times \dfrac{N}{60}}$
③ $T = \dfrac{H}{2 \times \pi \times \dfrac{N}{60}}$
④ $T = \dfrac{H}{\pi \times \dfrac{N}{60}}$

문제 60. 직사각형 단면의 높이가 폭의 2배인 단순보에 굽힘 모멘트가 54n·m 작용할 때, 굽힘 응력이 $200n/cm^2$ 인 경우 단면의 폭은 약 몇 cm 인가?
① 2.2 ② 3.0 ③ 4.5 ④ 5.0

전기제어공학

문제 61. 단위 피트백 제어계통에서 입력과 출력이 같다면 전향전달함수 G의 값은?
① |G|=0 ② |G|=0.707 ③ |G|=1 ④ |G|=∞

문제 62. 그림에서 E, R_1, R_2를 변화시킬 때 R의 소비전력이 최대가 되는 R의 값은?

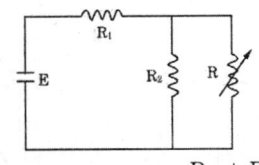

① $R_1 + R_2$
② $\dfrac{R_1 R_2}{R_1 + R_2}$
③ $\dfrac{R_1 + R_2}{R_1 R_2}$
④ $\dfrac{R_1 + R_2}{R_1}$

해답 58.① 59.③ 60.② 61.④ 62.②

문제 63. 특성 정방정식이 $S^3+2S^2+3s+4=0$일 때 이 계통의 설명으로 맞는 것은?
① 불안정하다.
② 안정하다.
③ 알 수 없다.
④ 조건부 안정하다.

문제 64. 다음 중 3상 유도전동기 기동방법이 아닌 것은?
① 전전압 기동법
② 기동 보상기법
③ 저항 기동법
④ 리액터 기동법

문제 65. 서보 기구의 특징이 아닌 것은?
① 신호는 디지털 신호의 경우가 많다.
② 제어량이 기계적 변위이다.
③ 추치제어에 해당하는 제어장치가 많다.
④ 원격제어의 경우가 많다.

문제 66. 자동제어계의 디지털 제어에 적합한 전동기는?
① 유도전동기
② 직류전동기
③ 스텝전동기
④ 동기전동기

문제 67. R, L, C가 서로 직렬로 연결되어 있는 회로에서 양단의 전압과 전류가 동상이 되는 조건은?
① $\omega = LC$
② $\omega = L^2C$
③ $\omega = \dfrac{1}{LC}$
④ $\omega = \dfrac{1}{\sqrt{LC}}$

문제 68. 10분간은 100[kW]의 부하이고, 50분간은 20[kW]의 부하로 반복되는 유도전동기의 제곱평균법에 의한 등가적인 연속 출력은 양 몇 [kW] 인가?
① 22.4
② 29.6
③ 33.3
④ 44.7

문제 69. 그림과 같은 논리회로의 논리식은?

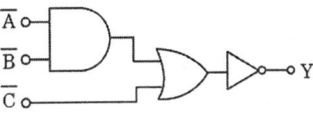

① $Y = (\overline{A}+B)C$
② $Y = (A+B)C$
③ $Y = A(B+C)$
④ $Y = (A+B)\overline{C}$

해답 63.② 64.③ 65.① 66.③ 67.④ 68.④ 69.②

문제 70. 효율 80%, 출력 10[kW]인 전동기의 손실은 몇 [kW] 인가?
① 2.0   ② 2.5   ③ 3.0   ④ 3.5

문제 71. 교류(Alternating current)를 나타내는 값 중 임의의 순간의 크기를 나타내는 것은?
① 최대값   ② 평균값   ③ 실효값   ④ 순시값

문제 72. 3상 유도전동기의 출력이 10[kW], 슬립이 4.8%일 때의 2차 동선은 약 몇 [kW] 인가?
① 0.24   ② 0.36   ③ 0.5   ④ 0.8

문제 73. 영구자석의 재료로 요구되는 사항은?
① 잔류자기 및 보자력이 큰 것
② 잔류자기가 크고 보자력이 적은 것
③ 잔류자기가 작고 보자력이 큰 것
④ 잔류자기 및 보자력이 적은 것

문제 74. SCR에 관한 설명 중 틀린 것은?
① 양방향성 사이리스터이다.
② 직류나 교류의 전력제어용으로 사용된다.
③ 스위칭 소자이다.
④ PNPN소자이다.

문제 75. 전기기기 및 전로의 누전여부를 알아보기 위한 계측기는?
① 전압계   ② 전류계   ③ 메거   ④ 검전기

문제 76. 제어량이 온도, 압력, 유량 및 액면 등 일 경우에 해당되는 제어는?
① 프로세서 제어   ② 프로그램 제어
③ 추종 제어   ④ 시퀀스 제어

문제 77. 전류의 전기 작용 중 열작용과 가장 밀접한 관계가 있는 법칙은?
① 줄의 법칙   ② 쿨롱의 법칙
③ 옴의 법칙   ④ 페러데이의 법칙

해답 70.② 71.④ 72.③ 73.① 74.① 75.③ 76.① 77.①

문제 78. 전원전압을 안전하게 유지하기 위하여 사용되는 다이오드로 알맞은 것은?
① 보드형 다이오드
② 제너 다이오드
③ 터널 다이오드
④ 바렉터 다이오드

문제 79. 그림과 같이 500[kΩ]의 가변저항기에 병렬로 저항 R을 접속하여 합성저항을 100[kΩ]으로 만들려고 한다. 저항 R을 몇 [kΩ]으로 하면 되는가?

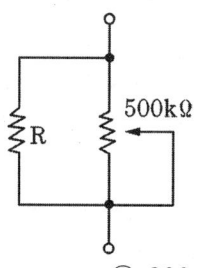

① 100 ② 125 ③ 200 ④ 250

문제 80. 전달함수의 정의는?
① 모든 초기값을 0으로 하였을 때 계의 출력신호의 라플라스 변화과 입력신호의 라플라스 변환의 비
② 모든 초가값을 1로 하였을 때 계의 출력신호의 라플라스 변환과 입력신호의 리플라스 변화의 비
③ 모든 초기값을 ∝로 하였을 때 계의 출력신호의 라플라스 변한과 입력신호의 라플라스 변환의 비
④ 모든 초기값을 입력과 출력의 비로 한다.

승강기 개론
(2014. 3. 2. 기사 시행)

문제 1. 전기식 엘리베이터의 승강장문에 대한 설명으로 틀린 것은?
① 승강장문 및 문틀은 시간이 경과되어도 변형되지 않은 방법으로 설치되어야 한다.
② 승강장문이 잠긴 상태에서 5cm² 면적의 원형이나 사각의 단면에 300N의 힘을 수직으로 가할 때 승강장문의 기계적 강도는 영구적인 변형이 없어야 한다.
③ 승강장문이 잠긴 상태에서 5cm² 면적의 원형이나 사각의 단면에 300N의 힘을 수직으로 가할 때 승강장문의 기계적 강도는 15mm를 초과하는 탄성변형이 없어야 한다.
④ 승강장문의 조립체는 4500N의 운동에너지로 충격을 가했을 때 승강장문의 이탈 없이 견뎌야 하고 승강장문 유효 출입구 높이는 2m 이상이여야 한다.

문제 2. 엘리베이터의 속도에 의한 분류에서 중속의 일반적인 범위는?
① 45m/min이하
② 60m/min~105m/min
③ 120m/min~300m/min
④ 360m.min이상

문제 3. 경사형 휠체어리프트의 레일의 경사는 수평으로부터 몇 도(°) 이하인가?
① 60°
② 65°
③ 70°
④ 75°

문제 4. 전기식 엘리베이터 기계실의 실온(°C) 범위는?
① 10~50
② 10~45
③ 5~45
④ 5~40

문제 5. 엘리베이터용 전동기의 소요동력을 결정하는 인자가 아닌 것은?
① 정격하중
② 주로프 직경
③ 정격속도
④ 오버밸런스율

문제 6. 승강기의 용도, 제어방식, 정격속도, 정격용량 또는 왕복운행거리를 변경한 경우나 승강기에 사고가 발생하여 수리한 경우에 실시하는 검사의 종류는 무엇인가?
① 완성검사
② 수시검사
③ 정기검사
④ 정밀안전검사

해답 1.④ 2.② 3.④ 4.④ 5.② 6.②

문제 7. 로프 마모 및 파손상태 검사의 합격기준으로 맞는 것은?
① 소선의 파단이 균등하게 분포되어 있는 경우, 1구성꼬임(스트랜드)의 1꼬임 피치 내에서 파단수 3 이하
② 소선의 파단이 균등하게 분포되어 있는 경우, 1구성꼬임(스트랜드)의 1꼬임 피치 내에서 파단수 2 이하
③ 소선에 녹이 심한 경우, 1구성 꼬임(스트랜드)의 1꼬임 피치내에서 파단수 3 이하
④ 파단소선의 단면적이 원래의 소선 단면적이 70%이하로 되어 있는 경우, 1구성 꼬임(스트랜드)의 1꼬임 피치내에서 파단수 2 이하

문제 8. 유압식 엘리베이터의 안전밸브는 회로의 압력이 상용압력의 몇 % 이상 높아지게 되면 바이패스 회로를 열어 더 이상의 압력상승을 방지하는가?
① 75 ② 100 ③ 125 ④ 150

문제 9. 엘리베이터 기계실에 설치해서는 안되는 것은?
① 권상기 ② 제어반 ③ 조속기 ④ 급배수기기

문제 10. 레일을 죄는 힘이 처음에는 약하게 작용하다가 하강함에 따라 점점 강해지다가 얼마 후 일정한 값에 도달하는 비상정지장치는?
① 플래시블 가이들 클램프(F.G.C)형 ② 플랙시블 웨지 클램프(F.W.C)형
③ 즉시 작동형 ④ 슬랙 로프 세이프티(Slack Rope Safety)형

문제 11. 교류귀환전압 제어방식이 교류2단속도 제어방식에 비하여 개선된 점이라고 볼 수 없는 것은?
① 승차감 개선 ② 착상오차 개선
③ 제어장치 비용 감소 ④ 주행시간 단축

문제 12. 엘리베이터의 적재하중 1150kg, 정격속도 105m/min, 오버밸런스율 40%, 총합효율이 75%일 때 권상전동기의 용량[kW]은?
① 약 11[kW] ② 약 12[kW] ③ 약 14[kW] ④ 약 16[kW]

문제 13. 유입 완충기의 반경(R)과 같이 (L)의 비에 대한 관계식으로 옳은 것은?
① L > 80 R ② L > 100 R
③ L ≤ 80 R ④ L ≤ 100 R

해답 7.④ 8.③ 9.④ 10.② 11.③ 12.④ 13.③

[문제] **14.** 전기식 엘리베이터의 승강로 구조에 대한 설명으로 틀린 것은?
① 승강로 내에 설치되는 돌출물은 안전상 지장이 없어야 한다.
② 승강로는 구멍이 없는 벽으로 완전히 둘러싸인 구조이어야 한다.
③ 승강로는 적절하게 환기되어야 한다.
④ 점검문 및 비상문은 승강로 외부로 열리지 않아야 한다.

[문제] **15.** 정전이나 다른 원인으로 키가 층 중간에 정지된 경우 이 밸브를 열어 키를 안전하게 하강시킬 수 있는 밸브는?
① 스톱밸브   ② 안전밸브   ③ 체크밸브   ④ 유량제어밸브

[문제] **16.** 완충기의 행정은 정격속도의 115% 속도로 적용범위의 중량을 충돌시킨 경우 카 또는 균형추의 평균 감속도는 얼마 이하인가?
① 0.8g   ② 1.0g   ③ 1.5g   ④ 2.5g

[문제] **17.** 균형추(Counter Weight)의 오버밸런스율을 적절하게 하여야 하는 이유로 가장 타당한 것은?
① 승강기의 속도를 일정하게 하기 위하여
② 승강기가 정지할 때 충격을 없애기 위하여
③ 승강기의 출발을 원활하게 하기 위하여
④ 트랙션비를 개선하여 와이어로프가 도르래에서 미끄러지지 않도록 하기 위하여

[문제] **18.** 전기식 엘리베이터에서 비상용에 대한 설명으로 틀린 것은?
① 정전시에 60초 이내에 엘리베이터 운행에 필요한 전력 용량을 자동을 발생시키도록 한다.
② 정전시에 보조 전원공급장치에 의하여 2시간 이상 운행시킬 수 있어야 한다.
③ 비상용엘리베이터의 운행속도는 120m/min 이상이어야 한다.
④ 비상용엘리베이터는 소방관이 조작하여 문이 닫힌 이후부터 60초 이내에 가장 먼 층에 도착하여야 한다.

[문제] **19.** 에스컬레이터의 공칭속도가 30m/min일 경우에는 무부하 상태의 에스컬레이터 및 하강 방향으로 움직일 때 전기적 정지장치가 작동된 시간부터 측정할 때의 정지거리의 허용범위는?
① 0.2 ~ 1.0m   ② 0.3 ~ 1.3m
③ 0.4 ~ 1.5m   ④ 0.5 ~ 1.8m

[해답] 14.④ 15.④ 16.② 17.④ 18.③ 19.①

문제 20. 3상 교류의 단속도 전동기에 전원을 공급하는 것으로 기동과 전속운전을 하고, 정지는 전원을 차단한 후 제동기가 작동하여 기계적으로 브레이크를 작동시키는 속도 제어방식은?
① 교류 귀환제어   ② 교류 2단 속도제어
③ 교류 1단 속도제어   ④ WWF 제어

승강기 설계

문제 21. 엘리베이터 설비계획상의 요점으로서 적합하지 않은 것은?
① 이용자의 대기시간이 허용치 이하가 되도록 고려할 것
② 여러 대를 설치할 경우 가능한 건물의 외곽 여러 곳으로 분산시킬 것
③ 교통수요에 따라 시발층을 어느 하나의 층으로 할 것
④ 군관리운전을 할 경우에는 가능하면 서비층을 최상층과 최하층을 일치시킬 것

문제 22. 동기 기어레스 권상기를 설계하려고 한다. 주 도르래의 직경을 작게 설계할 경우에 대한 설명으로 틀린 것은?
① 소형화가 가능하다.   ② 주 로프의 지름이 작아질 수 있다.
③ 회전수가 빨라진다.   ④ 브레이크 제동 토크가 커진다.

문제 23. $700 kg/cm^2$의 인장응력이 발생하고 있을 때 변형률을 측정하였더니 0.0003이 있다. 이 재료의 종탄성계수는 몇 kg/cm^2인가?
① 2.1×10^4 ② 2.3×10^4
③ 2.1×10^6 ④ 2.3×10^6

문제 24. 유압식 엘리베이터에 대하여 적절하지 않는 것은?
① 현수로프의 안전율은 12 이상이어야 한다.
② 기계실의 실온은 5℃에서 40℃ 사이를 유지하여야 한다.
③ 카 가이드레일의 길이는 $0.1 + 0.035v^2$ 이상 연장되어야 한다.
④ 유압식 엘리베이터의 유압고무호스의 안전율은 6 이상으로 한다.

해답 20.③ 21.② 22.④ 23.④ 24.④

문제 25. 수평개폐식 승강장문의 닫힘을 저지하는데 필요한 힘은 몇 N 이하이어야 하는가?
① 100　　　② 150　　　③ 200　　　④ 300

문제 26. 속도가 240m/min인 로프식(전기식) 엘리베이터를 설계할 때 경제성을 고려한 가장 적합한 속도제어방식은?
① 가변전압가변주파수 제어방식
② 교류1단 속도 제어방식
③ 교류2단 속도 제어방식
④ 정지레오나드 속도 제어방식

문제 27. 와이어로프의 구성에 의한 분류에 해당되지 않는 것은?
① 실형　　　　　　　　② 필러형
③ 워링톤형　　　　　　④ 스트랜드형

문제 28. 다음은 전기적 비상운전제어에 관한 설명이다 틀린 것은?
① 전기적 비상운전은 버튼의 순간적인 누름에 의해서도 작동되어야 한다.
② 전기적 비상운전의 기능은 점검운전의 스위치조작에 의해 무효화되어야 한다.
③ 전기적 비상운전스위치는 파이널리미트스위치가 작동해도 유효하여야 한다.
④ 비상운전 제어시 카 속도는 0.63m/s 이하이어야 한다.

문제 29. 전기식 엘리베이터 비상정지장치 작동에 대한 설명 중 틀린 것은?
① 카의 비상정지장치는 정격속도가 60m/min 초과하는 경우는 즉시 작동형이어야 한다.
② 비상정지장치가 작동된 상태에서 카를 강제 상승시키면 자동복귀 되어야 한다.
③ 비상정지장치는 전기 또는 공압으로 작동되는 장치들에 의해 작동되지 않아야 한다.
④ 균형추 또는 평형추의 비상정지장치는 정격속도가 1m/s를 초과하는 경우 점차작동형이어야 한다.

문제 30. 건물 내 승강기를 배치할 때 분산배치 하는 것보다 집중배치 할 경우 발생할 수 있는 형상이 아닌 것은?
① 운전능률 향상　　　　② 승객의 대기시간 단축
③ 설비 투자비용 절감　　④ 승객의 망설임현상 발생

해답 25.②　26.①　27.④　28.①　29.①　30.④

문제 31. 승강로 및 부속설비에 관한 사항으로 옳은 것은?
 ① 유입식 완충기의 행정은 정격속도의 115%로 충돌하는 경우에 평균감속도가 1g 이하로 정지하도록 하기 위한 거리이다.
 ② 카 지붕에서 가장 높은 부분과 승강로 천장의 가장 낮은 부분 사이의 수직거리는 $0.5+0.035v^2$m 이상이어야 한다.
 ③ 가이드 레일의 공칭하중은 공칭 5m 짜리 가공전 레일 하나의 중량을 말한다.
 ④ 파이널리미트스위치의 작동 후에는 엘리베이터의 정상 운행을 위해 자동으로 복귀되어야 한다.

문제 32. 로프의 미끄러짐에 대한 다음 설명 중 틀린 것은?
 ① 카측과 균형추측 로프에 걸리는 장력비가 클수록 미끄러지기 쉽다.
 ② 카의 가속도와 감속도가 클수록 미끄러지기 쉽다.
 ③ 로프의 권부각이 클수록 미끄러지기 쉽다.
 ④ 로프와 도르래 사이의 마찰계수가 작을수록 미끄러지기 쉽다.

문제 33. 도르래 홈의 형상에 따른 마찰계수의 크기를 바르게 나타낸 것은?
 ① U 홈 < 언더컷 홈 < V 홈
 ② 언더컷 홈 < U 홈 < V 홈
 ③ U 홈 < V 홈 < 언더컷 홈
 ④ V 홈 < 언더컷 홈 < U 홈

문제 34. 엘리베이터의 방범설비인 연락 장치에 대한 설명으로 틀린 것은?
 ① 연락 장치는 정상전원으로만 작동하여도 된다.
 ② 비상시 카내부에서 외부의 관계자에게 연락이 가능해야 한다.
 ③ 비상요청시 카외부에서 카내부와 통화를 할 수 있어야 한다.
 ④ 카내부, 기계실, 관리실, 동시통화가 가능해야 한다.

문제 35. 엘리베이터의 일반 구조에 대한 설계기준으로 적합하지 못한 것은?
 ① 침대용 승강기는 반드시 하나의 출입구만 설치할 수 있다.
 ② 침대용은 두 개의 출입구를 설치할 수 있는 경우도 있다.
 ③ 화물 전용의 경우 동시에 열리지 않으면 두 개의 출입구 설치도 가능하다.
 ④ 자동차용은 두 개의 출입구를 설치할 수 있는 경우도 있다.

해답 31.① 32.③ 33.① 34.① 35.①

문제 36. 다음 괄호 ( ) 안에 들어갈 내용으로 옳은 것은?

"점차작동형 비상정지장치에 대해 카에 정격하중을 싣고 자유낙하하는 경우 그 평균 감속도는 (   )과 (   ) 사이에 있어야 한다."

① $0.1g_n$, $1g_n$ ② $0.1g_n$, $2g_n$
③ $0.2g_n$, $1g_n$ ④ $0.2g_n$, $2g_n$

문제 37. 주로프의 단말처리과정 나열 순서로 옳은 것은?

| 1. 로프 끝 절단 | 2. 로프 끝 분산 | 3. 로프 끝 동여매기 |
| 4. 소켓안에 삽입 | 5. 바빗채우고 가열 | 6. 오일성분 제거 |

① 1-2-3-4-5-6   ② 2-3-4-1-5-6
③ 3-1-4-2-6-5   ④ 4-3-1-2-5-6

문제 38. 모듈(MODULE)이 4인 스퍼 외접기어의 잇수가 각각 30, 60 이라고 할 때 양 축간의 중심거리는 얼마인가?

① 90mm   ② 180mm   ③ 270mm   ④ 360mm

문제 39. 엘리베이터 제어반에 설치되지 않아도 되는 것은?

① 접지단자   ② 배선용차단기
③ 전자접촉기   ④ 파이널리미트스위치

문제 40. 완충기에 대한 설명 중 틀린 것은?

① 카나 균형추의 자유낙하를 정지시키기 위한 것이다.
② 에너지 축적형과 에너지 분산형이 있다.
③ 평균 감속도는 $1g(9.8m/sec^2)$ 이하이여야 한다.
④ 최대 감속도 $2.5g$를 초과하는 감속도가 1/25초를 넘지 않아야 한다.

해답 36.③   37.③   38.②   39.④   40.①

일반기계공학

문제 41. 스프링 백(spring back)의 양을 결정하는 사항으로 옳지 않은 것은?
① 경도와 탄성이 높은 재료일수록 크다.
② 구부림 반지름이 같을 때 두께가 두꺼울수록 크다.
③ 같은 두께의 판재에서는 구부림 각도가 작을수록 크다.
④ 같은 두께의 판재에서는 반지름이 클수록 크다.

문제 42. 강의 열처리에서 가공으로 생긴 섬유조직과 내부응력을 제거하며 연화시키기 위하셔 오스테나이트 범위로 가열한 후 서냉하는 풀림의 방법은 무엇인가?
① 저온풀림 ② 고운풀림 ③ 완전풀림 ④ 구상화풀링

문제 43. 기계설계와 관련된 안전율에 대한 설명으로 옳지 않은 것은?
① 항상 1 보다 커야 한다.
② 안전율이 너무 작으면 구조물의 재료가 낭비된다.
③ 기준강도(극한응력 등)를 허용응력으로 나눈 값이다.
④ 안전율을 결정할 때는 공학적으로 합리적인 판단을 요한다.

문제 44. 보스에 홈을 판 후 키를 박아 마찰력을 이용하여 동력을 전달하는 키로서 큰 힘을 전달하는데 부적당한 것은?
① 평 키 ② 반달 키 ③ 안장 키 ④ 둥근 키

문제 45. 주철에 관한 설명으로 옳지 않은 것은?
① 주철은 인장강도보다 압축강도가 크다.
② 표면을 백선화한 주철을 칠드주철이라고 한다.
③ 합금주철을 열처리하여 단조한 주철을 가단주철이라 한다.
④ 구상흑연주철을 노듈러주철 또는 덕타일주철이라고 한다.

문제 46. 원추 접촉면의 평균지름이 500mm, 마찰면의 폭이 40mm, 원추 접촉면 허용압력이 $0.8N/cm^2$, 회전수는 1000rpm이고, 접촉면의 마찰계수가 0.3인 원추 클러치의 전달동력은 약 몇 kW인가?
① 3.95 ② 4.41 ③ 5.98 ④ 7.22

해답 41.② 42.③ 43.② 44.③ 45.③ 46.①

문제 47. 지름이 10cm인 축에 6MPa의 최대 전단응력이 발생했을 때 비틀림 모멘트는 약 몇 N·m 인가?
① 589　　② 1178　　③ 1767　　④ 6280

문제 48. 원심펌프로 양수하고 있는 어떤 송출량에서 송출측 압력계의 압력이 0.25MPa, 흡입측 진공계는 320mmHg이었다. 흡입관과 송출관의 내경은 같고, 압력계와 진공계의 수직거리가 340mm일 때의 양정은 약 몇 m 인가?
① 30.2　　② 39.5　　③ 59.2　　④ 79.0

문제 49. 일반적으로 선반으로 가공할 수 없는 것은?
① 나사 절삭
② 축 외경 절삭
③ 기어 이 절삭
④ 축 테이퍼 절삭

문제 50. 연강재료에서 일반적으로 극한강도, 사용응력, 항복점, 탄성한도, 허용응력에 관한 크기 관계를 가장 적절히 표현한 것은?
① 극한강도 〉 사용응력 〉 항복점
② 항복점 〉 허용응력 〉 사용응력
③ 사용응력 〉 항복점 〉 탄성한도
④ 극한강도 〉 사용응력 〉 허용응력

문제 51. 해수에 대해서는 백금과 같이 내식성이 우수하고, 특히 염산, 황산, 초산에 대한 저항이 크며, 비중은 약 4.51로 가벼우나 비강도는 금속 중에 가장 큰 금속은?
① Al　　② Ni　　③ Zn　　④ Ti

문제 52. 다음 중 축의 위험속도와 가장 관련이 깊은 것은?
① 축의 고유진동수
② 축에 작용하는 굽힘모멘트
③ 축에 작용하는 비틀림모멘트
④ 축에 동시에 작용하는 비틀림과 압축하중

문제 53. 그림과 같이 축과 보스에 모두 키 홈을 가공하는 키의 명칭으로 가장 적합한 것은?
① 안장 키　　② 납작 키　　③ 반달 키　　④ 묻힘 키

해답 47.② 48.① 49.③ 50.② 51.④ 52.① 53.④

문제 54. I 형 보의 관성모멘트 $250cm^4$, 단면의 높이 20cm, 굽힘 모멘트가 250N·m 일 때 최대굽힘응력은 몇 N/cm^2인가?
① 250 ② 500 ③ 1000 ④ 2000

문제 55. 어느 한쪽 방향으로만 공기의 흐름이 이루어지며 반대쪽의 압력 흐름을 저지시키는 역할을 하는 밸브에 속하지 않는 것은?
① 감압밸브(regulator) ② 체크밸브(check vaive)
③ 셔틀밸브(shutitie valve) ④ 속도조절밸브(speed control valve)

문제 56. 직류 아크용접기에서 용접봉에 음(-)극을 연결하고 모재에 양(+)극을 연결한 경우의 극성으로 올바른 명칭은?
① 정극성(DCSP) ② 역극성(DCRP)
③ 음극성(FCSP) ④ 양극성(MCSP)

문제 57. 다음 재료 중 소성가공(塑性加工)이 가장 어려운 것은?
① 주철 ② 저탄소강
③ 구리 ④ 알루미늄

문제 58. 넓은 유로에서 단면이 좁은 곳으로 유입되는 유체가 압력의 저하로 인해 공기, 수증기 등의 가스가 물에서 분리되어 기포가 되면서 진동과 소음의 원인되는 현상은?
① 분리현상 ② 재생현상
③ 수격현상 ④ 공동현상

문제 59. 그림에서 마이크로미터 딤블의 눈금선과 눈금선의 간격이 0.1mm일 때 "x"부분이 일치하였다면 측정값은 몇 mm인가?

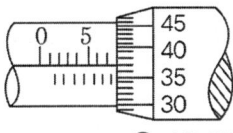

① 7.37 ② 7.87 ③ 17.37 ④ 17.87

문제 60. 주조품을 제저하기 위한 모형(pattern) 중 코어 모형을 사용해야 하는 주물로 적합한 것은?
① 크기가 큰 주물 ② 크기가 작은 주물
③ 외형이 복잡한 주물 ④ 내부에 구멍(hollow)이 있는 주물

해답 54.③ 55.① 56.① 57.① 58.④ 59.② 60.④

전기제어공학

문제 61. 측정하고자 하는 양을 표준량과 서로 평형을 이루도록 조절하여 측정량을 구하는 측정방식은?
① 편위법   ② 보상법   ③ 치환법   ④ 영위법

문제 62. 다음 중 직류 전동기의 속도 제어 방식으로 맞는 것은?
① 주파수 제어   ② 극수 변환 제어
③ 슬립 제어   ④ 계자 제어

문제 63. 사이클로 컨버터의 작용은?
① 직류-교류 변환   ② 직류-직류 변환
③ 교류-직류 변환   ④ 교류-교류 변환

문제 64. 200V의 전원에 접속하여 1kW의 전력을 소비하는 부하를 100V의 전원에 접속하면 소비전력은 몇 [W]가 되겠는가?
① 100   ② 150   ③ 200   ④ 250

문제 65. 5kVA, 3000/200V의 변압기가 단락시험을 통한 임피던스 전압이 100V, 동손이 100W라 할 때 퍼센트 저항강하는 몇 % 인가?
① 2   ② 3   ③ 4   ④ 5

문제 66. 그림의 신호흐름선도에서 $\dfrac{C(s)}{R(s)}$는?

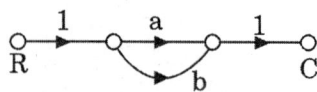

① $\dfrac{1}{ab}$ ② $\dfrac{1}{a}+\dfrac{1}{b}$ ③ ab ④ $a+b$

문제 67. 제어기의 설명 중 틀린 것은?
① P 제어기 : 잔류편차 발생   ② I 제어기 : 잔류편차 소멸
③ D 제어기 : 오차예측제어   ④ PD 제어기 : 응답속도 지연

해답 61.④ 62.④ 63.④ 64.④ 65.① 66.④ 67.④

문제 68. 원뿔주사를 이용한 방식으로서 비행기 등과 같이 움직이는 목표값의 위치를 알아보기 위한 서보용 제어기는?
① 자동조타장치　　　　　　　② 추적레이더
③ 공작기계의 제어　　　　　　④ 자동평형기록계

문제 69. 다음 중 공정제어(프로세서 제어)에 속하지 않는 제어량은?
① 온도　　　② 압력　　　③ 유량　　　④ 방위

문제 70. 논리식 $L = \bar{x}\cdot\bar{y}\cdot z + \bar{x}\cdot y\cdot z + x\cdot\bar{y}\cdot z$ 를 간단히 한 식은?
① x　　　② z　　　③ x·y　　　④ x·z

문제 71. 도체에 전하를 주었을 경우 틀린 것은?
① 전하는 도체 외측의 표면에만 분포한다.
② 전하는 도체 내부에만 존재한다.
③ 도체 표면의 곡률 반경이 작은 곳에 전하가 많이 모인다.
④ 전기력선은 정(+)전하에서 시작하여 부전하(-)에서 끝난다.

문제 72. 목표값에 따른 분류에 따라 열차를 무인운전 하고자 할 때 사용하는 제어방식은?
① 자력제어　　　　　　　　　② 추종제어
③ 비율제어　　　　　　　　　④ 프로그램제어

문제 73. 불연속제어에 속하는 것은?
① 비율제어　　　　　　　　　② 비례제어
③ 미분제어　　　　　　　　　④ ON-OFF제어

문제 74. 절연의 종류에서 최고 허용온도가 낮은 것부터 높은 순서로 옳은 것은?
① A종, Y종, E종, B종　　　　② Y종, A종, E종, B종
③ E종, Y종, B종, A종　　　　④ B종, A종, E종, Y종

문제 75. "도선에서 두 점사이의 전류의 세기는 그 두 점사이의 전위차에 비례하고 전기저항에 반비례한다." 이것은 무슨 법칙을 설명한 것인가?
① 렌츠의 법칙　　　　　　　　② 옴의 법칙
③ 플레밍의 법칙　　　　　　　④ 전압분배의 법칙

해답 68.②　69.④　70.②　71.②　72.④　73.④　74.②　75.②

문제 76. 다음 전선 중 도전율이 가장 우수한 재질의 전선은?
① 경동선 ② 연동선
③ 경알미늄선 ④ 아연도금철선

문제 77. 온 오프(on-off) 동작의 설명으로 옳은 것은?
① 간단한 단속적 제어동작이고 사이클링이 생긴다.
② 사이클링은 제거할 수 있으나 오프셋이 생긴다.
③ 오프셋은 없앨 수 있으나 응답시간이 늦어질 수 있다.
④ 응답속도는 빠르나 오프셋이 생긴다.

문제 78. 그림과 같은 논리회로는?

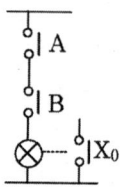

① OR 회로　② AND 회로　③ NOT 회로　④ NOR 회로

문제 79. $A = 6 + j8$, $B = 20 \angle 60°$ 일 때 $A+B$를 직각좌표형식으로 표현하면?
① $16+j18$　② $16+j25.32$
③ $23.32+j18$　④ $26+j28$

문제 80. 뒤진 역률 80%, 100kW의 3상 부하가 있다. 이것에 콘덴서를 설치하여 역률을 95%로 개선하려고 한다. 필요한 콘덴서의 용량은 약 몇 [kVA] 인가?
① 422　② 633　③ 844　④ 1266

해답　76.②　77.①　78.②　79.②　80.①

승강기 개론

(2014. 3. 2. 시행)

문제 1. 엘리베이터가 최상층에 있을 때 엘리베이터의 상부체대와 승강로 천장부와의 수직거리를 무엇이라 하는가?
① 피트 깊이
② 꼭대기 틈새
③ 기계실 높이
④ 오버 헤드

문제 2. 엘리베이터의 종합효율 η의 계산식으로 옳은 것은? (단, η_1은 권상기 효율, η_2는 로핑방법에 따른 효율, η_3는 가이드 주행손실에 따른 효율이다.)
① $\eta = \eta_1 \eta_2 \eta_3$
② $\eta = \eta_1 + \eta_2 + \eta_3$
③ $\eta = \dfrac{\eta_1 \eta_2}{\eta_3}$
④ $\eta = \dfrac{\eta_1}{\eta_2} + \eta_3$

문제 3. 간접식 유압 엘리베이터의 단점은?
① 승강로가 더 커진다.
② 비상정치장치가 필요하지 않다.
③ 부하에 의한 카 바닥의 빠짐이 작다.
④ 일반적으로 실린더의 점검이 용이하다.

문제 4. FGC(Flexible Guide Clamp)형 비상정지장치의 장점은?
① 레일을 죄는 힘이 초기에는 약하게, 하강에 따라 강해진다.
② 작동 후의 복구가 쉽다.
③ 베어링을 사용하기 때문에 접촉이 확실하다.
④ 정격속도의 1.3배에서 작동하여 순간적으로 정지시킨다.

문제 5. 교류엘리베이터의 제어방식에 해당되지 않는 것은?
① 워드레오나드제어방식
② 교류귀환전압제어방식
③ 가변전압가변주파수제어방식
④ 교류2단속도제어방식

문제 6. 가변전압 가변주파수 제어방식에서 직류를 교류로 바꾸어 주는 장치는?
① 인버터
② 리액터
③ 컨덕터
④ 컨버터

해답 1.② 2.① 3.① 4.② 5.① 6.①

문제 7. 수평보행기의 경사도는 몇 도(°) 이상이어야 하는가?
① 5   ② 10   ③ 12   ④ 15

문제 8. 음 중 F.G.C(Flexible Guide Clamp)형 비상정지장치의 정지력과 정지거리를 타나낸 것으로 알맞은 것은?

① ② ③ ④

문제 9. 트랙션비의 설명 중 틀린 것은?
① 무부하, 전부하시의 트랙션 값은 작을수록 좋다.
② 트랙션비는 무부하, 전부하시 모두 1.0 이상이다.
③ 카측 로프가 매달고 있는 중량과 균형추측 로프가 매달고 있는 중량비를 나타낸다.
④ 트랙션비가 클수록 좋다.

문제 10. 유압식 엘리베이터에서 유량제어밸브에 대한 설명으로 옳은 것은?
① 유압류가 역으로 이송되지 않게 하는 밸브이다.
② 탱크로 되돌려지는 일부 유량을 제어하는 밸브이다.
③ 미터인 회로는 분기된 바이패스 회로에서 처리한다.
④ 밸브를 잠그면 유류가 흐르지 않도록 하는 밸브이다.

문제 11. 권상기 기계대 강도 계산시 환산동하중으로 계산되지 않는 항목은 무엇인가?
① 권상기 부품 자중   ② 정격 적재하중
③ 균형추 자중   ④ 도르래 자중

문제 12. 엘리베이터용 도르래의 홈의 형상에 따른 마찰력의 크기를 바르게 나타낸 것은?
① V홈 > 언더커트홈 > U홈   ② U홈 > 언더커트홈 > V홈
③ V홈 > U홈 > 언더커트홈   ④ 언더커트홈 > V홈 > U홈

문제 13. 엘리베이터의 리미트 스위치 설치 위치로 옳은 것은?
① 지하층   ② 지상층
③ 중간층   ④ 최상층 및 최하층

해답 7.③ 8.① 9.④ 10.② 11.① 12.① 13.④

문제 **14.** 엘리베이터의 배치 계획에 관한 설명으로 옳은 것은?
① 엘리베이터 서비스가 건물에 필수적인 경우 3대의 엘리베이터가 최소이다.
② 독립된 엘리베이터일수록 운송 능률을 향상시킨다.
③ 그룹화된 엘리베이터는 승객의 대기시간이 길어진다.
④ 한 그룹으로 된 모든 엘리베이터는 같은 층들을 서비스해야 운전효율이 좋다.

문제 **15.** 전기식 엘리베이터에서 조속기가 작동될 때 조속기 로프의 인장력은 얼마 이상이어야 하는가?
① 100N 이상   ② 300N 이상   ③ 500N 이상   ④ 700N 이상

문제 **16.** 기계실의 바닥면적에 대한 기준으로 옳은 것은?
① 카의 수평 투영면적의 2배 이내로 한다.
② 카의 수평 투영면적의 2배 이상으로 한다.
③ 승강로 수평 투영면적의 2배 이상으로 한다.
④ 승강로 수평 투영면적의 2배 이내로 한다.

문제 **17.** 일반적으로 중속 엘리베이터 속도의 범위는?
① 45m/min 이하   ② 60~105m/min
③ 120~300m/min   ④ 360m/min 이상

문제 **18.** 중소형 빌딩에 설치되는 승객용 엘리베이터에 가장 많이 사용되는 레일이 규칙은?
① 3K, 5K   ② 8K, 13K   ③ 13K, 18K   ④ 24K, 30K

문제 **19.** 유압식 엘리베이터의 안전밸브(Safety Valve)는 상용압력의 몇 %로 설정하는가?
① 115   ② 125   ③ 135   ④ 145

문제 **20.** 장애인용 승강기에 대한 설명으로 틀린 것은?
① 승강장바닥과 승강기바닥의 틈은 3센티미터 이하로 하여야 한다.
② 시각장애인이 감지할 수 있는 층수 등은 점자로 표시하지 않아도 된다.
③ 조작반, 통화장치 등에는 점자표지판을 부착하여야 한다.
④ 승강기내부의 유효바닥면적은 폭 1.1미터 이상, 깊이 1.35미터 이상으로 하여야 한다.

해답 14.④ 15.② 16.③ 17.② 18.② 19.② 20.②

승강기 설계

문제 21. 엘리베이터를 설계할 때 고려할 사항으로 운행시간 단축에 대한 설명으로 틀린 것은?
① 카의 바닥면적과 구조는 운행시간 단축과 관련이 없다.
② 도어의 폭은 운행시간 단축과 상관이 있다.
③ 적재하중은 운행시간 단축과 상관이 있다.
④ 군관리는 일반적으로 운행시간을 단축시킨다.

문제 22. 비상정지장치에 관한 설명으로 틀린 것은?
① 피트 하부를 사무실이나 통로로 사용할 경우 균형추측에도 설치한다.
② 정격속도가 45m/min 이하일 때는 즉시 작동형을 사용한다.
③ 카의 속도가 정격속도의 115% 이상의 속도에서 조속기에 의해 작동된다.
④ 처음 동작시부터 카 정지시까지 정지력이 일정한 것을 FWC(프랙시블웨지크램프)형이라 한다.

문제 23. 일반적으로 화물용 엘리베이터 카의 카 바닥 및 카틀을 구성하는 요소 중 브레이스 로드(brace rod)의 강도에 대한 안전율은?
① 5.0 이상   ② 6.0 이상   ③ 7.5 이상   ④ 10 이상

문제 24. 엘리베이터 전동기의 동기속도가 1800rpm, 전부하속도가 1740rpm이면 슬립은 약 몇 [%]인가?
① 96.7   ② 95.7   ③ 4.43   ④ 3.33

문제 25. 즉시작동형 비상정지장치는 일반적으로 정격속도가 몇 [m/min] 이하인 엘리베이터에 사용하는가?
① 45   ② 63   ③ 68   ④ 95

문제 26. 즉시 작동형 비상정지장치의 일종으로서 로프에 걸리는 장력이 느슨해졌을 때 바로 운전회로를 열고 엘리베이터를 비상정지시키는 안전장치는?
① 슬랙로프 세이프티 스위치(slack rope safety switch)
② 록다운(lock-down) 비상정지장치
③ 슬로다운(slow-down) 스위치
④ 파이널 리미트 스위치(final limit switch)

해답 21.① 22.④ 23.② 24.④ 25.① 26.①

문제 27. 권상기 자중 450kg, 설계용 수직진도 0.4 권상기 중심높이 70cm일 때, 권상기에 작용하는 수직 자진력은 몇 kg인가?
① 180　　　② 270　　　③ 12600　　　④ 18900

문제 28. 도어 인터록에 대한 설명으로 틀린 것은?
① 전용 키로만 도어를 열어야 한다.
② 도어록과 도어스위치로 구성되어 있다.
③ 승장 도어의 열림을 방지하는 장치이다.
④ 승장 도어의 닫힘상태를 인지하여 권상기에 1차적으로 신호를 보낸다.

문제 29. 자동차용 엘리베이터의 정격하중은 카의 면적 $1m^2$ 당 몇 kg으로 계산한 값 이상이어야 하는가?
① 500kg　　　② 250kg　　　③ 200kg　　　④ 150kg

문제 30. 엘리베이터의 운행상태를 감시, 파악 또는 제어할 수 있는 감시반의 가장 큰 설치 목적은?
① 승강기의 효율적인 운용　　　② 고장시 신속한 보수
③ 승객의 신속한 구출　　　　　④ 교통량분석 및 고장분석

문제 31. 웜 기어와 헬리컬 기어의 차이점에 대한 설명으로 틀린 것은?
① 헬리컬 기어는 웜 기어에 비하여 비싸다.
② 헬리컬 기어는 웜 기어에 비하여 효율이 높다.
③ 헬리컬 기어는 웜 기어에 비하여 소음이 작다.
④ 헬리컬 기어는 웜 기어에 비하여 역구동이 쉽다.

문제 32. 승강기 검사기준에서 정하는 에스컬레이터의 경우 속도가 30m/min이고, 층고가 6m 이하이며, 디딤판끼리의 높이차가 4mm 이하 인 수평주행구간 길이는 얼마 이상 이어야 하는가?
① 0.6m 이상　　② 0.8m 이상　　③ 1.0m 이상　　④ 1.2m 이상

문제 33. 엘리베이터 구동모터 및 브레이크에 대한 전원을 차단하는 전기적 보호장치(안전회로)내의 전기적 스위치가 아닌 것은?
① 조속기스위치　　　　　② 보상로프 시브스위치
③ 완충기스위치　　　　　④ 부하감지장치

해답 27.② 28.④ 29.④ 30.③ 31.③ 32.② 33.④

문제 34. 기계실의 조도는 기기가 배치된 바닥면에서 몇 [Lx] 이상이어야 하는가?
① 50   ② 80   ③ 150   ④ 200

문제 35. 도어에 이물질이 끼었을 때 이것을 감지하는 문닫힘 안전장치의 종류에 속하지 않는 것은?
① 세이프티슈   ② 광전장치
③ 도어클로저   ④ 초음파장치

문제 36. 카 레일용 브래킷에 관한 설명으로 틀린 것은?
① 구조 및 형태는 레일을 지지하기에 견고하여야 한다.
② 사다리형 브래킷의 경사부 각도는 15~30도로 제작한다.
③ 벽면으로부터 1000mm 이하로 설치하여야 한다.
④ 콘크리트에 대하여는 앵커볼트로 견고히 부착하여야 한다.

문제 37. 튀어오름 방지장치(록다운장치)를 반드시 설치하여야 하는 엘리베이터의 속도는?
① 240m/min 이상   ② 150m/min 이상
③ 120m/min 이상   ④ 105m/min 이상

문제 38. 엘리베이터 제어방식 중 교류귀환 제어방식을 사용하는 가장 적합한 이유는?
① 병렬운전을 제어하기 위하여
② 점호각을 제어하기 위하여
③ 전동기 속도를 제어하기 위하여
④ 정류개선을 제어하기 위하여

문제 39. 유입완충기 재료의 반경 R과 길이 L의 비는 어떻게 설계하여야 하는가?
① $\frac{L}{R} \leq 40$ ② $\frac{L}{R} \leq 60$
③ $\frac{L}{R} \leq 80$ ④ $\frac{L}{R} \leq 100$

문제 40. 비상용 엘리베이터의 운행속도는 얼마 이상이어야 하는가?
① 0.3 m/s   ② 0.63 m/s   ③ 1 m/s   ④ 1.5 m/s

해답 34.④ 35.③ 36.③ 37.① 38.③ 39.③ 40.③

일반기계공학

문제 41. 회전축의 흔들림 검사에 가장 적합한 측정기는?
① 게이지 블록 ② 다이얼 게이지
③ 마이크로미터 ④ 버니어 캘리퍼스

문제 42. 다음 중 압축기 뒤에 설치되어 압축공기를 저장하는 공기탱크에 관한 설명으로 옳지 않은 것은?
① 맥동을 방지하거나 평준화한다.
② 압력용기이므로 법적 규제를 받는다.
③ 비상시에도 일정시간 운전을 가능하게 한다.
④ 다량의 공기 소비시 급격한 압력 상승을 방지한다.

문제 43. 다음 중 내열용 알루미늄 합금에 해당되지 않는 것은?
① Y합금(Y alloy) ② 두랄루민(durafumin)
③ 로우엑스(Lo-Ex) ④ 코비탈륨(cobitalium)

문제 44. 축의 비틀림 강도를 고려하여 원형축에 비틀림모멘트를 가했을 때 비틀림각을 구할 수 있다. 비틀림각에 관한 설명으로 옳지 않은 것은?
① 비틀림모멘트와 비틀림각은 비례한다.
② 비틀림각은 극관성모멘트에 비례한다.
③ 횡탄성계수가 작을수록 비틀림각은 증가한다.
④ 축의 길이가 증가할수록 비틀림각은 증가한다.

문제 45. 카바이트(CaC_2)를 물에 넣으면 아세틸렌 가스와 생석회가 생성되는 다음 화학식에서 밑줄 친 부분에 들어갈 물질의 분자식으로 옳은 것은?

$$CaC_2 + 2H_2O \rightarrow \underline{\quad} + Ca(OH)_2$$

① CO_2 ② CaH_2 ③ CH_3OH ④ $Ca(OH)_2$

문제 46. 지름 d, 길이 l인 전동축에서 비틀림각이 1°인 것을 0.25°로 하기 위하여 축지름만을 설계 변경한다면 얼마로 하면 되겠는가?
① $\sqrt{2}d$ ② $2d$ ③ $\sqrt[3]{2}d$ ④ $\sqrt[3]{4}d$

해답 41.② 42.④ 43.② 44.② 45.② 46.①

문제 47. 모듈이 6이고, 중심거리가 300mm, 속도비가 2:3인 외접하는 표준 스퍼 기어의 작은 기어 바깥 지름은 얼마인가?
① 240mm ② 252mm
③ 360mm ④ 372mm

문제 48. 지름 20mm의 드릴로 연강 판에 구멍을 뚫을 때, 회전수가 200rpm이면 절삭속도는 약 몇 m/min인가?
① 12.6 ② 15.5 ③ 17.6 ④ 75.3

문제 49. 직경 4cm의 원형 단면봉에 200kN의 인장하중이 작용할 때 봉에 발생하는 인장응력은 약 몇 N/mm^2인가?
① 159.15 ② 169.42 ③ 171.56 ④ 181.85

문제 50. 주조할 때 주형에 접한 표면을 급랭시켜 표면은 시멘타이트가 되게 하고, 내부는 서서히 냉각시켜 펄라이트가 되게 한 주철은?
① 백주철 ② 회주철
③ 칠드주철 ④ 가단주철

문제 51. 자동차 현가장치의 코일 스프링이 인장 또는 수축될 때 감겨있는 코일 자체에 작용하는 가장 주된 응력은?
① 충격하중에 의한 전단응력
② 전단하중에 의한 전단응력
③ 굽힘모멘트에 의한 굽힘응력
④ 비틀림모멘트에 의한 전단응력

문제 52. 일명 미끄럼 키라고도 하며 회전 토크를 전달함과 동시에 보스가 축 방향으로 이동할 수 있는 키는?
① 평 키 ② 새들 키
③ 페더 키 ④ 반달 키

문제 53. 절삭 공구용 특수강에 속하는 것은?
① 강인강 ② 침탄강
③ 고속도강 ④ 스테인리스강

해답 47.② 48.① 49.① 50.③ 51.④ 52.③ 53.③

문제 **54.** 너비 6cm, 높이 8cm인 직사각형 단면에서 사용할 수 있는 최대굽힘모멘트의 크기는 몇 N·m인가?(단, 허용응력은 10N/mm²이다.)
① 64　　　　　　　　　　　② 640
③ 6400　　　　　　　　　　④ 64000

문제 **55.** 2개의 금속편 끝을 각각 용융점 근처까지 가열하여 양끝을 접촉시켜 압력을 가하여 접합시키는 작업은?
① 단조　　② 압출　　③ 압연　　④ 압접

문제 **56.** M5×0.8로 표기되는 나사에 관한 설명으로 옳지 않은 것은?
① 미터나사이다.
② 나사의 피치는 0.8mm이다.
③ 나사를 180°회전시키면 리드는 0.4mm이다.
④ 암나사 작업을 위해 지름 5mm의 드릴이 필요하다.

문제 **57.** 그림과 같은 구조물에서 AB 부재에 작용하는 인장력은 약 몇 N인가?

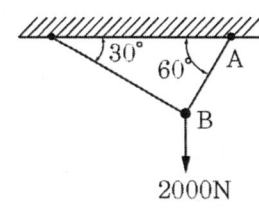

① 1232　　　　　　　　　　② 1309
③ 1732　　　　　　　　　　④ 2309

문제 **58.** 화로 내의 압력 상승을 제한하여 설정된 압력의 오일 공급을 하는 것은?
① 릴리프 밸브　　　　　　② 방향제어 밸브
③ 유량제어 밸브　　　　　④ 유압 구동기

문제 **59.** 4포트 3위치 방향전환밸브의 중간위치 형식 중 센터 바이패스형이라고도 하며 중립위치에서 펌프를 무부하 시킬 수 있고 실린더를 임의의 위치에 고정시킬 수 있는 것은?
① ABR 접속형　　　　　　② 오픈센터형
③ 탠덤센터형　　　　　　　④ 클로즈센터형

해답 54.② 55.④ 56.④ 57.③ 58.① 59.③

문제 60. 금속재료의 가공경화로 생긴 잔류응력 제거 및 절삭성 향상 등을 개선시키는 열처리 방법으로 가장 적합한 것은?
① 풀림
② 뜨임
③ 코팅
④ 담금질

전기제어공학

문제 61. 교류에서 실효값과 최대값의 관계는?
① 실효값 $= \dfrac{최대값}{\sqrt{2}}$
② 실효값 $= \dfrac{최대값}{\sqrt{3}}$
③ 실효값 $= \dfrac{최대값}{2}$
④ 실효값 $= \dfrac{최대값}{3}$

문제 62. 그림과 같이 실린더의 한쪽으로 단위시간에 유입하는 유체의 유량을 $x(t)$라 하고 피스톤의 움직임을 $y(t)$로 한다. t시간이 경과한 후의 전달함수를 구해보면 어떤 요소가 되는가?

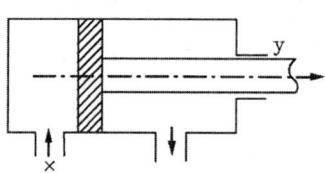

① 비례요소
② 미분요소
③ 적분요소
④ 미적분요소

문제 63. 그림과 같은 회로의 전달함수 $\dfrac{C}{R}$는?

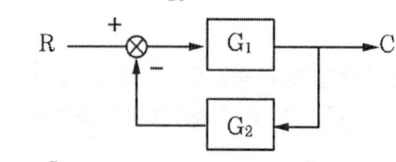

① $\dfrac{G_1}{1+G_1G_2}$
② $\dfrac{G_2}{1+G_1G_2}$
③ $\dfrac{G_1}{1-G_1G_2}$
④ $\dfrac{G_2}{1-G_1G_2}$

해답 60.① 61.① 62.③ 63.①

문제 64. 유도전동기의 1차전압 변화에 의한 속도제어 시 SCR을 사용하여 변화시키는 것은?
① 주파수   ② 토크   ③ 위상각   ④ 전류

문제 65. PC에 의한 계측에 있어, 센서에서 측정한 데이터를 PC에 전달하기 위해 필요한 필수적인 요소는?
① A/D 변환기   ② D/A 변환기
③ RAM   ④ ROM

문제 66. 120Ω의 저항 4개를 접속하여 가장 작은 저항값을 얻기 위한 회로 접속법은 어느 것인가?
① 직렬접속   ② 병렬접속
③ 직병렬접속   ④ 병직렬접속

문제 67. 그림과 같은 회로는 어떤 논리회로인가? 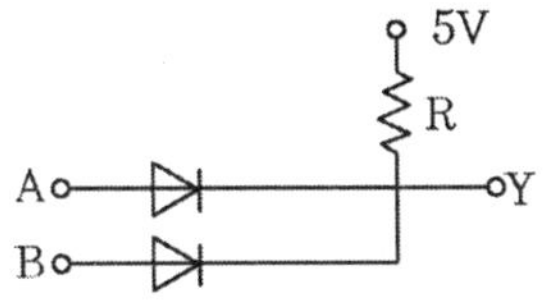
① AND 회로   ② OR 회로
③ NOT 회로   ④ NOR 회로

문제 68. 유도전동기의 고정손에 해당하지 않는 것은?
① 1차권선의 저항손   ② 철손
③ 베어링 마찰손   ④ 풍손

문제 69. 축전지의 용량을 나타내는 단위는?
① Ah   ② VA   ③ W   ④ V

문제 70. 다음 블록선도의 입력 R에 5를 대입하면 C의 값은 얼마인가? 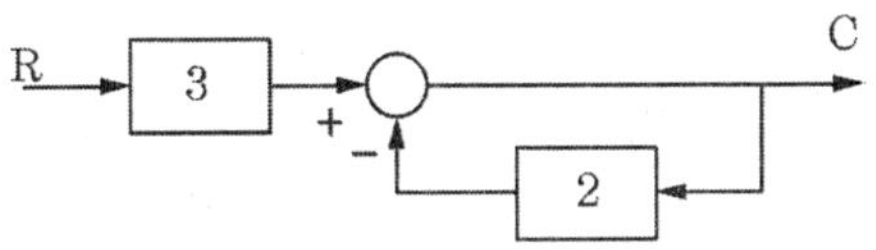
① 2   ② 3   ③ 4   ④ 5

해답 64.③ 65.① 66.② 67.② 68.① 69.① 70.④

문제 71. 전달함수를 정의할 때의 조건으로 옳은 것은?
① 모든 초기값을 고려한다.
② 모든 초기값을 0으로 한다.
③ 입력신호만을 고려한다.
④ 주파수 특성만을 고려한다.

문제 72. 자동제어계의 구성 중 기준입력과 궤환신호와의 차를 계산해서 제어계가 보다 안정된 동작을 하도록 필요한 신호를 만들어 내는 부분은?
① 목표설정부   ② 조절부
③ 조작부   ④ 검출부

문제 73. $V=100\angle 60°$[V], $I=20\angle 30°$[A]일 때 유효전력은 약 몇 [W]인가?
① 1000   ② 1414   ③ 1732   ④ 2000

문제 74. 제어기기의 대표적인 것으로는 검출기, 변환기, 증폭기, 조작기기를 들 수 있는데 서보모터는 어디에 속하는가?
① 검출기   ② 변환기
③ 증폭기   ④ 조작기기

문제 75. 그림과 같은 논리회로의 출력 Y는?

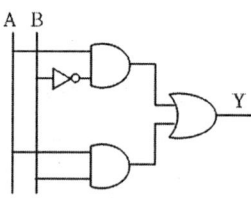

① $Y = AB + A\overline{B}$ ② $Y = \overline{A}B + AB$
③ $Y = \overline{A}B + A\overline{B}$ ④ $Y = \overline{AB} + A\overline{B}$

문제 76. 변압기를 스코트(scott)결선할 때 이용률은 몇 [%]인가?
① 67.7   ② 86.6   ③ 100   ④ 173

문제 77. 다음 중 동기화 제어변압기로 사용되는 것은?
① 싱크로변압기   ② 앰플리다인
③ 차동변압기   ④ 리졸버

해답 71.② 72.② 73.③ 74.④ 75.① 76.② 77.①

문제 78. 역률 80%인 부하의 유효전력이 80kW이면 무효전력은 몇 kVar인가?
① 40 ② 60 ③ 80 ④ 100

문제 79. $F(S) = \dfrac{3s+10}{s^3+2s^2+5s}$ 일 때 $f(t)$의 최종치는?
① 0 ② 1 ③ 2 ④ 8

문제 80. 전류에 의해 생기는 자속은 반드시 폐회로를 이루며, 자속이 전류와 쇄교하는 수를 자속 쇄교수라 한다. 자속 쇄교수의 단위에 해당되는 것은?
① Wb ② AT ③ WbT ④ H

해답 78.② 79.③ 80.③

승강기 개론

(2014. 9. 20. 산업기사 시행)

문제 1. 속도 240m/min 이상의 엘리베이터에는 반드시 설치되어야 하는 안전장치로 카의 비상정지장치가 작동 시 이 장치에 의해 균형추, 와이어로프 등이 관성에 의해 튀어 오르지 못하도록 하는 장치는?
① 록 다운 정지장치
② 종단층 강제 감속장치
③ 도어 안전장치
④ 슬로다운 스위치

문제 2. 한 건물에 정격속도 30m/min인 에스컬레이터 1200형 1대, 800형 2대가 설치되어 있다. 시간당 총 수송능력은?
① 15000명/시간
② 21000명/시간
③ 24000명/시간
④ 30000명/시간

문제 3. 로프 소선의 파단이 1개소 또는 특정의 꼬임에 집중되어 있는 경우, 소선의 파단 총수가 1꼬임 피치 내에서 파단수는 몇 개 이하이어야 적합한가?
① 6꼬임 와이어로프이면 18 이하
② 6꼬임 와이어로프이면 24 이하
③ 8꼬임 와이어로프이면 16 이하
④ 8꼬임 와이어로프이면 24 이하

문제 4. 엘리베이터 기계실에 설치하지 않아도 되는 것은?
① 시건장치
② 조명설비
③ 환기장치
④ 방음설비

문제 5. 비상용 엘리베이터의 구조를 설명한 것 중 틀린 것은?
① 기계실은 전용승강로 이외의 부분과 방화구획이 되어 있어야 한다.
② 카 내에는 중앙관리실 또는 경비실 등과 항상 연락할 수 있는 통화장치를 설치하여야 한다.
③ 엘리베이터의 운행속도는 90m/min 이상으로 하여야 한다.
④ 카는 반드시 모든 승강장의 출입구마다 정지할 수 있어야 한다.

해답 1.① 2.② 3.③ 4.④ 5.③

문제 6. 엘리베이터에 사용되는 와이어로프의 종류 중 파단강도가 가장 작은 것은?
① A종 ② B종
③ E종 ④ G종

문제 7. 승강기의 주요 안전장치 중 과부하 감지장치의 용도가 아닌 것은?
① 엘리베이터의 전기적 제어용 ② 군관리 제어용
③ 과 하중 경보용 ④ 정전 시 구출 운전용

문제 8. 완충기의 최소행정에 가장 크게 영향을 미치는 것은?
① 기계실 높이 ② 정격하중
③ 정격속도 ④ 행정거리

문제 9. 승객용 엘리베이터에 있어서 카 바닥(Platform)과 카 틀(Car Frame)의 안전율은 얼마 이상으로 하여야 하는가?
① 7.5 ② 8.0
③ 8.5 ④ 10

문제 10. 유압식 엘리베이터에서 유압장치의 보수, 점검, 수리 등을 할 때 주로 사용하는 장치는?
① 스톱밸브 ② 블리드오프
③ 라인필터 ④ 스트레이너

문제 11. 완충기의 적용범위에 대한 설명 중 올바른 것은?
① 스프링 완충기는 정격속도 90m/min 이하에 적용
② 스프링 완충기는 정격속도 90m/min 초과에 적용
③ 유입 완충기는 정격속도 60m/min 이하에 적용
④ 유입 완충기는 정격속도 60m/min 초과에 적용

문제 12. 유압식 엘리베이터의 작동유의 온도의 허용 범위는 몇 도(℃)인가?
① -10~40 ② 0~50 ③ 5~60 ④ 10~70

문제 13. 장애인용 엘리베이터의 승강장 바닥과 승강기 바닥의 틈은 몇 cm 이하인가?
① 2.0 ② 2.5 ③ 3.0 ④ 3.5

해답 6.③ 7.④ 8.③ 9.① 10.① 11.④ 12.③ 13.③

문제 14. 교류 2단 속도제어 방식에서 크리프 시간이란 무엇인가?
① 저속 주행시간   ② 고속 주행시간
③ 속도 변환시간   ④ 가속 및 감속시간

문제 15. 유압식 승강기의 종류에 속하지 않는 것은?
① 직접식   ② 간접식   ③ 팬터그래프식   ④ 스크류식

문제 16. 엘리베이터를 속도에 따라 분류할 때 일반적으로 초고속 엘리베이터의 속도 영역은?
① 180m/min 이상   ② 240m/min 이상
③ 270m/min 이상   ④ 360m/min 이상

문제 17. 에스컬레이터가 하강방향으로 역회전되는 것을 방지하기 위한 안전장치는?
① 구동체인 안전장치   ② 스텝체인 인장장치
③ 핸드레일 안전장치   ④ 비상정지 스위치

문제 18. 트랙션 방식 엘리베이터의 주로프 가닥수는 몇 가닥 이상인가?
① 1가닥 이상   ② 2가닥 이상
③ 3가닥 이상   ④ 4가닥 이상

문제 19. 유도전동기에 인가되는 전압과 주파수를 동시에 변환시켜 직류전동기와 동등한 제어성능을 얻을 수 있는 방식은?
① 인버터제어   ② 교류일반속도제어
③ 교류귀환전압제어   ④ 워드레오나드제어

문제 20. 엘리베이터 안전장치 중 엘리베이터가 정격속도를 현저히 초과하여 과속으로 운전될 때 전원을 차단시켜 엘리베이터 운행을 정지시키는 안전장치는?
① 강제감속 스위치   ② 슬로우다운 스위치
③ 리미트 스위치   ④ 조속기

해답 14.① 15.④ 16.④ 17.① 18.③ 19.① 20.④

승강기 설계

문제 21. 즉시작동형 비상정지장치가 설치된 엘리베이터에서 카의 주행속도가 45m/min에서 비상정지장치가 작동하여 카가 정지하기까지의 거리가 3.75cm라고 하면 감속도는 몇 m/sec²인가?
① 3.75　　② 7.5　　③ 13　　④ 15

문제 22. 엘리베이터 설비계획 상 주요 고려 사항이 아닌 것은?
① 교통량 계산결과 그 빌딩의 교통수요에 적합한 충분한 대수일 것
② 이용자의 대기시간이 건물용도에 적합한 허용치 이하가 되도록 고려할 것
③ 초고층 빌딩의 경우 서비층의 분할보다는 엘리베이터의 속도를 우선 고려할 것
④ 여러 대의 승강기를 설치할 경우 가능한 건물 가운데로 배치할 것

문제 23. 전기식 엘리베이터에서 권상로프이 지름이 12mm인 것을 4본 사용할 경우 권상도르래의 최소지름은 몇 mm인가?
① 400　　② 480
③ 560　　④ 640

문제 24. 유압엘리베이터의 릴리프밸브에 대한 설명 중 옳은 것은?
① 일정한 유량을 흐르게 해주는 밸브이다.
② 압력조정밸브의 일종으로 유압회로 내의 압력이 이상 상승하는 것을 방지하는 밸브이다.
③ 한쪽 방향으로만 흐름을 허용하는 밸브이다.
④ 어느 쪽이든 흐름을 막아주는 밸브이다.

문제 25. 조명설비의 설정조건에 대한 내용으로 틀린 것은?
① 기계실의 조명 개폐기는 출입구 가까운 곳에 설치하여야 한다.
② 카 내에는 정전 시에 승객이 불안감을 느끼지 않도록 예비 조명장치를 갖추어야 한다.
③ 비상용 승강기의 조명기구는 침수되지 않는 위치에 설치되어야 한다.
④ 조명 전원은 동력전원으로부터 인출하여 사용하여야 한다.

해답 21.② 22.③ 23.② 24.② 25.④

문제 26. 가이드 레일의 강도 계산시 고려되지 않는 것은?
① 가이드 레일의 단면 계수
② 가이드 레일 단면의 조도
③ 레일 브라켓의 설치 간격
④ 카의 총 중량

문제 27. 교류엘리베이터 변압기 설계기준으로서 가속전류에 대한 전압강하율(%)은?
① 22
② 15
③ 10
④ 6

문제 28. 엘리베이터 카틀 및 카바닥의 설계에 관하여 틀린 것은?
① 카바닥과 카틀의 구조부재의 경사진 플랜지에 사용되는 너트는 스프링 와셔에 얹혀야 한다.
② 현수도르래가 복수인 경우 도르래사이의 로프로 인하여 발생되는 압축력을 고려하여야 한다.
③ 카틀의 부재와 카바닥사이의 연결부위는 리벳이나 볼트로 체결 또는 용접을 한다.
④ 인장, 비틀림, 휨을 받는 부품에는 주철은 사용하지 않아야 한다.

문제 29. 정역학적인 힘의 평형식만으로 미지의 지지반력을 구할 수 있는 정정보가 아닌 것은?
① 외팔보(cantilever beam)
② 단순보(simple beam)
③ 고정보(fixed beam)
④ 내다지보(overhanging beam)

문제 30. 유도전동기의 제동방법 중 1차권선 3단자 중 임의의 2단자의 접속을 바꾸어서 제동하는 방법은?
① 회생제동
② 발전제동
③ 역전제동
④ 단상제동

문제 31. 동기속도가 1500rpm, 전부하 회전수가 1410rpm인 전동기의 슬립(%)은?
① 5   ② 6   ③ 10   ④ 12

문제 32. 승강장문의 유효 출입구 폭은 카 출입구의 폭 이상으로 하되, 양쪽 측면 모두 카 출입구 측면의 폭보다 몇 mm를 초과하지 않아야 하는가?
① 20
② 35
③ 50
④ 70

해답 26.② 27.④ 28.① 29.③ 30.③ 31.② 32.③

문제 33. 직류발전기의 출력단을 직접 직류전동기의 회전자에 연결시키고, 발전기의 계자 전류를 조정하여 발전전압을 엘리베이터의 속도에 대응하여 연속적으로 공급시키는 엘리베이터의 제어방식은?
① 워드레오나드방식 ② 정지레오나드방식
③ 2단속도제어방식 ④ VVVF제어방식

문제 34. 승강기 전기설비의 공칭 회로전압이 500V 이하인 경우의 절연저항은 몇 MΩ 이상이어야 하는가?
① 0.5 ② 0.4
③ 0.3 ④ 0.2

문제 35. 교류 엘리베이터용 동력전원설비 용량을 산정하는데 필요한 요소가 아닌 것은?
① 카내 조명 ② 가속전류
③ 전압강하 ④ 부등율

문제 36. 비상용엘리베이터의 운행속도는 몇 m/min 이상으로 하여야 하는가?
① 30 ② 45
③ 60 ④ 90

문제 37. 권상기에 대한 설명으로 옳은 것은?
① 권상기 도르래의 지름은 로프 지름의 20배 이상으로 하여야 한다.
② 권상기 도르래와 로프의 권부각이 클수록 미끄러지기 쉽다.
③ 승객용 엘리베이터의 브레이크장치는 정격하중의 125% 하중에서 하강 시 안전하게 감속, 정시하여야 한다.
④ 도르래의 로프홈은 U홈을 사용하는 것이 마찰계수가 커서 유리하다.

문제 38. 유압 엘리베이터에 있어서 작동유의 압력맥동을 흡수하여 진동·소음을 감소시키기 위하여 사용되는 것은?
① 스톱밸브 ② 사이렌서
③ 필터 ④ 역류 제지밸브

해답 33.① 34.① 35.① 36.③ 37.③ 38.②

문제 39. 아래 그림의 복활차에서 W=900gkf일 때, 당기는 힘 P는 몇 kgf인가?

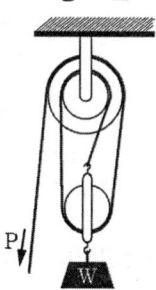

① 300　　　② 450　　　③ 900　　　④ 1800

문제 40. VVVF 제어방식으로 속도를 제어할 수 있는 전동기를 〈보기〉에서 모두 고르면?

ⓐ 직류 직권전동기	ⓑ 직류 분권전동기
ⓒ 농형 유도전동기	ⓓ 권선형 유도전동기

① ⓐ　　　② ⓐ, ⓑ　　　③ ⓒ　　　④ ⓒ, ⓓ

일반기계공학

문제 41. 유량 $6m^3/min$, 손실 양정 6m, 실양정 30m인 급수펌프를 1750rpm으로 운전할 때 소요 동력은 약 몇 kW인가?
① 20　　　② 30　　　③ 35　　　④ 40

문제 42. 구리의 일반적인 성질에 관한 설명으로 옳지 않은 것은?
① 전기 및 전도도가 높다.
② 용융점 이외는 변태점이 없다.
③ 연하고 전연성이 커서 가공하기 어렵다.
④ 철강재료에 비하여 내식성이 커서 공기 중에서는 거의 부식되지 않는다.

문제 43. 주로 굽힘 작용을 받으면서 회전력은 거의 전달하지 않는 축으로 가장 적당한 것은?
① 차축　　　② 프로펠러 샤프트　　　③ 기어축　　　④ 공작기계의 주축

해답 39.①　40.④　41.④　42.③　43.①

문제 44. 드릴링 머신의 안전에 관한 설명으로 옳지 않은 것은?
 ① 장갑을 끼고 작업하지 않는다.
 ② 얇은 가공물은 손으로 잡고 드릴링 한다.
 ③ 구멍 뚫기가 끝날 무렵은 이송을 천천히 한다.
 ④ 얇은 판의 구멍 뚫기에는 보조 나무판을 사용하는 것이 좋다.

문제 45. V 벨트 1가닥이 전달할 수 있는 마력이 4kW이고, 부하보정계수(과부하계수)가 0.9, 접촉각 수정계수는 0.95일 때, 3가닥이 전달할 수 있는 동력은 약 몇 kW인가?
 ① 9.49   ② 10.26   ③ 16.45   ④ 19.13

문제 46. 코일스프링의 소선지름(d)을 스프링의 처짐량 식에서 구하고자 할 때, 다음 중 반드시 필요한 요소가 아닌 것은?
 ① 스프링의 길이(L)
 ② 축방향 최대 하중(P)
 ③ 소선의 전단탄성계수(G)
 ④ 코일스프링 전체의 평균지름(D)

문제 47. 암나사를 수기가공으로 작업을 할 때 사용되는 공구는?
 ① 탭(tap)
 ② 리머(reamer)
 ③ 다이스(dies)
 ④ 스크레이퍼(scraper)

문제 48. 다음 중 일반 구조용 압연강재의 특성에 관한 설명으로 옳은 것은?
 ① 열간압연으로 만들어진 강판, 강대, 평강, 형강, 봉강 등의 강재이다
 ② P와 S가 비교적 많이 함유되어 있기 대문에 인성, 특히 저온 인성이 높다.
 ③ 고장력강으로 분류되며 인장강도는 대략 100MPa이며 연성은 25% 정도이다.
 ④ 기계가공성과 용섭성이 뛰어나서 용접 구조용 압연강제와 혼용하여 사용할 수 있다.

문제 49. 공작물을 단면적 $100cm^2$인 유압실린더로 1분에 2m의 속도로 이송시키기 위해 필요한 유량은 몇 L/min인가?
 ① 10   ② 20   ③ 30   ④ 40

문제 50. 분사펌프(jet pump)에 관한 설명으로 옳은 것은?
 ① 일반펌프에 비하여 효율이 높다.
 ② 부식성 유체 등에는 사용할 수 없다.
 ③ 액체 분류로 유체를 수송할 수 없다.
 ④ 구조에 있어서의 동적부분이 없고 간단하다.

해답 44.② 45.② 46.① 47.① 48.① 49.② 50.④

문제 51. 지름이 2cm인 연강봉에 인장하중 8000N이 작용할 때 변형률은 얼마인가?(단, 연강봉의 종탄성계수(E)는 $2.1 \times 10^6 \text{N/cm}^2$이다.)
① 1.12×10^{-3}
② 1.21×10^{-3}
③ 1.91×10^{-3}
④ 2.47×10^{-3}

문제 52. 알루미늄 분말, 산화철 분말과 점화제의 혼합반응으로 열을 발생시켜 용접하는 방법은?
① 테르밋 용접
② 일렉트로 슬래그 용접
③ 피복 아크 용접
④ 불활성 가스 아크 용접

문제 53. 펌프의 종류 중 회전 펌프의 일종인 것은?
① 차동 펌프
② 단동 펌프
③ 복동 펌프
④ 기어 펌프

문제 54. 지름 2cm, 길이 4m인 봉이 축 인장력 400kg을 받아 지름이 0.001mm 줄어들고 길이는 1.05mm 늘어났다. 이 재료의 포아송 수는 얼마인가?
① 3.25
② 4.25
③ 5.25
④ 6.25

문제 55. 다음 내화물중 염기성 내화물의 종류가 아닌 것은?
① 크롬질 내화물
② 마그네샤질 내화물
③ 돌로마이트질 내화물
④ 크롬마그네샤질 내화물

문제 56. 와셔(washer)를 사용하는 일반적인 경우가 아닌 것은?
① 내압력이 낮은 고무면의 경우
② 너트에 맞지 않는 볼트일 경우
③ 볼트 구멍이 볼트의 호칭용 규격보다 클 경우
④ 너트와 볼트의 머리 접촉이 경사지거나 접촉면이 고르지 않은 경우

문제 57. 리벳팅이 끝난 뒤에 리벳머리 주위나 강판의 가장자리를 정으로 때려 그 부분을 밀착시켜서 틈을 없애는 작업은?
① 랩핑
② 호닝
③ 코킹
④ 클러칭

해답 51.② 52.① 53.④ 54.③ 55.① 56.② 57.③

문제 58. 보 속의 굽힘 응력에 대한 설명으로 옳은 것은?
① 세로탄성계수에 반비례한다.
② 굽힘 곡률반지름에 비례한다.
③ 중립면으로부터의 거리에 비례한다.
④ 중립면에서 굽힘응력이 최대로 된다.

문제 59. 다음 공작기계 중 척, 센터, 면판, 돌리개, 심봉, 방진구 등의 부속장치를 사용하는 것은?
① 선반
② 플레이터
③ 보링머신
④ 밀링머신

문제 60. 속이 빈 모양의 목형(木型)을 주형 내부에서 지지할 수 있도록 목형에 덧붙여 만든 돌출부를 무엇이라고 하는가?
① 라운딩(rounding)
② 코어 프린트(core print)
③ 목형 기울기(draft taper)
④ 보정 여유(compensation allowance)

전기제어공학

문제 61. R-l 직렬회로에 100V의 교류 전압을 가했을 때 저항에 걸리는 전압이 80V이었다면 인덕턴스에 유기되는 전압은 몇 V 인가?
① 20 ② 40 ③ 60 ④ 80

문제 62. 그림과 같은 단위계단함수를 옳게 나타낸 것은?

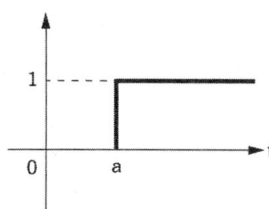

① U(t)
② U(t-a)
③ U(a-t)
④ U(-a-t)

해답 58.③ 59.① 60.② 61.③ 62.②

문제 63. 부하전류가 100A일 때 900rpm으로 10N-m의 토크를 발생하는 직류직권전동기가 50A의 부하전류로 감소되었을 때 발생하는 토크는 약 몇 N-m인가?
① 2.5   ② 3.2   ③ 4   ④ 5

문제 64. 그림과 같이 저항 R_1과 R_2가 병렬로 접속되어 있다. R_1에 흐르는 전류 I_1은?

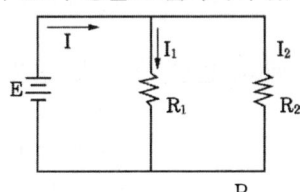

① $\dfrac{R_2}{R_1+R_2}I$ ② $\dfrac{R_1}{R_1+R_2}I$
③ $\dfrac{R_1 R_2}{R_1+R_2}I$ ④ $\dfrac{R_1}{R_1+R_2}\times\dfrac{R_1 R_2}{R_1+R_2}I$

문제 65. 3상 유도전동기의 2차 저항을 2배로 하면 2배가 되는 것은?
① 토크   ② 슬립
③ 전류   ④ 역률

문제 66. 프로세스 제어의 제어량이 아닌 것은?
① 온도   ② 압력
③ 농도   ④ 전류

문제 67. 시퀀스 제어에 관한 설명 중 옳지 않은 것은?
① 조합 논리회로로도 사용된다.
② 전체시스템의 접점들이 일시에 동작한다.
③ 기계적 계전기접점이 사용된다.
④ 시간지연요소가 사용된다.

문제 68. 다음 회로에서 합성 정전용량(uF)은?

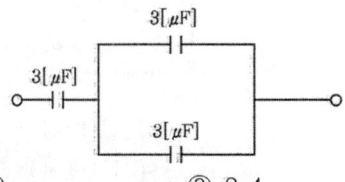

① 1.1   ② 2.0   ③ 2.4   ④ 3.0

해답 63.① 64.② 65.② 66.② 67.② 68.①

문제 **69.** 다음 신호흐름선도와 등가인 블록선도는?

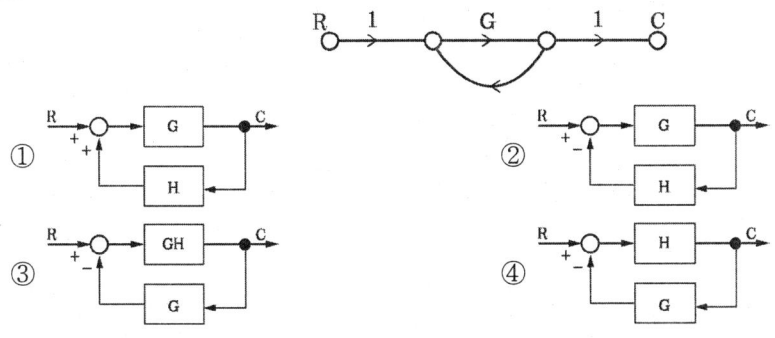

문제 **70.** 잔류 편차(off-set)를 발생하는 제어는?
① 미분 제어　　　　　　　② 적분 제어
③ 비례 제어　　　　　　　④ 비례 적분 미분 제어

문제 **71.** 전달함수의 특성에 관한 내용으로 잘못된 것은?
① 전달함수는 선형제어계에서만 정의된다.
② 전달함수는 임펄스응답의 라플라스변환으로 정의된다.
③ 전달함수를 구할 때 제어계의 초기값은 "1"로 한다.
④ 전달함수는 제어계의 입력과는 관계없다.

문제 **72.** 유도전동기의 속도제어에 사용할 수 없는 전력 변환기는?
① 인버터　　　　　　　　② 사이클로 컨버터
③ 위상제어기　　　　　　④ 정류기

문제 **73.** 단상 전파정류로 직류전압 48V를 얻으려면 변압기 2차권선의 상전압 Vs는 약 몇 V인가? (단, 부하는 무유도저항이고, 정류회로 및 변압기에서의 전압강하는 무시한다.)
① 43　　　　② 53　　　　③ 58　　　　④ 65

문제 **74.** 다음 ( )에 들어갈 내용으로 알맞은 것은?

"같은 전지 n개를 병렬로 접속하면 기전력은 (㉮)배, 전류용량은 (㉯)배, 내부저항은 (㉰)배이다."

① ㉮ 1 ㉯ 1 ㉰ 1　　　　　② ㉮ 1 ㉯ n ㉰ n
③ ㉮ 1 ㉯ n ㉰ $\frac{1}{n}$　　　　④ ㉮ n ㉯ n ㉰ $\frac{1}{n}$

해답　69.②　70.③　71.③　72.④　73.②　74.③

문제 75. 그림과 같이 교류의 전압을 직류용 가동코일형 계기를 사용하여 측정하였다. 전압계의 눈금은 몇 [V]인가?(단, 교류전압의 최대값은 V이고, 전압계의 내부저항 R의 값은 충분히 크다고 한다.)

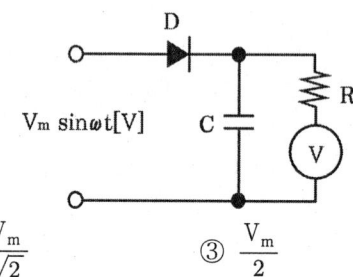

① V_m ② $\dfrac{V_m}{\sqrt{2}}$ ③ $\dfrac{V_m}{2}$ ④ $\dfrac{V_m}{2\sqrt{2}}$

문제 76. 자동 제어계의 분류 중 추치제어에 속하지 않는 것은?
① 비율제어   ② 추종제어
③ 프로세스제어   ④ 프로그램제어

문제 77. 논리식 $\overline{x}+\overline{y}$와 같은 식은?
① $\overline{x \cdot y}$ ② $x+\overline{y}$
③ $\overline{x \cdot y}$ ④ $\overline{x}+y$

문제 78. 다음 중 서보기구에 있어서의 제어량은?
① 유량   ② 위치   ③ 주파수   ④ 전압

문제 79. 교류회로의 전력 $P = VI\cos\theta$에서 $\cos\theta$를 무엇이라 하는가?
① 무효율   ② 피상율
③ 유효율   ④ 역률

문제 80. 그림과 같은 논리회로에서 출력 Y는?

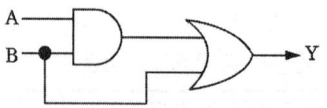

① $Y = AB + A$ ② $Y = AB + B$
③ $Y = AB$ ④ $Y = A + B$

해답 75.① 76.③ 77.③ 78.② 79.④ 80.②

승강기 개론
(2014. 3. 2. 산업기사 시행)

문제 1. 장애인용 승강기에 대한 설명으로 틀린 것은?
① 승강장 바닥과 승강기 바닥의 틈은 3센티미터 이하로 하여야 한다.
② 시각장애인이 감지할 수 있는 층수 등은 점자로 표시하지 않아도 된다.
③ 조작반, 통화장치 등에는 점자표시판을 부착하여야 한다.
④ 승강기 내부의 유효바닥면적은 폭 1.1미터 이상, 깊이 1.35미터 이상으로 하여야 한다.

문제 2. 유압식 엘리베이터의 안전밸브(Safety Valve)는 상용압력의 몇 %로 설정하는가?
① 115   ② 125   ③ 135   ④ 145

문제 3. 중소형 빌딩에 설치되는 승객용 엘리베이터에 가장 많이 사용되는 레일의 규격은?
① 3K, 5K   ② 8K, 13K   ③ 13K, 18K   ④ 24K, 30K

문제 4. 일반적으로 중속 엘리베이터 속도의 범위는?
① 45m/min 이하
② 60~105m/min
③ 120~300m/min
④ 360m/min 이상

문제 5. 기계실의 바닥면적에 대한 기준으로 옳은 것은?
㉠ 카의 수평 투영면적의 2배 이내로 한다.
② 카의 수평 투영면적의 2배 이상으로 한다.
③ 승강로 수평 투영면적의 2배 이상으로 한다.
④ 승강로 수평 투영면적의 2배 이내로 한다.

문제 6. 전기식 엘리베이터에서 조속기가 작동될 때 조속기 로프의 인장력은 얼마이상이어야 하는가?
① 100N 이상   ② 300N 이상   ③ 500N 이상   ④ 700N 이상

문제 7. 엘리베이터의 배치계획에 관한 설명으로 옳은 것은?
① 엘리베이터 서비스가 건물에 필수적인 3대의 엘리베이터가 최소이다.
② 독립된 엘리베이터일수록 운송능률을 향상시킨다.
③ 그룹화된 엘리베이터는 승객의 대기시간이 길어진다.
④ 한 그룹으로 된 모든 엘리베이터는 같은 층들을 서비스해야 운전효율이 좋다.

해답 1. ② 2. ② 3. ② 4. ② 5. ③ 6. ② 7. ④

문제 8. 엘리베이터의 리미트 스위치 설치 위치로 옳은 것은?
① 지하층　　　　　　　　② 지상층
③ 중간층　　　　　　　　④ 최상층 및 최하층

문제 9. 엘리베이터용 도르래의 홈의 형상에 따른 마찰력의 크기를 바르게 나타낸 것은?
① V홈 〉 언더커트홈 〉 U홈　　② U홈 〉 언더커트홈 〉 V홈
③ V홈 〉 U홈 〉 언더커트홈　　④ 언더커트홈 〉 V홈 〉 U홈

문제 10. 권상기 기계대 강도 계산시 환산동하중으로 계산되지 않는 항목은 무엇인가?
① 권상기 부품 자중　　　　② 정격 적재하중
③ 균형추 자중　　　　　　④ 도르래 자중

문제 11. 유압식 엘리베이터에서 유량제어밸브에 대한 설명으로 옳은 것은?
① 유압류가 역으로 이송되지 않게 하는 밸브이다.
② 탱크로 되돌려지는 일부 유량을 제어하는 밸브이다.
③ 미터인 회로는 분기된 바이패스 회로에서 처리한다.
④ 밸브를 잠그면 유류가 흐르지 않도록 하는 밸브이다.

문제 12. 트랙션비의 설명 중 틀린 것은?
① 무부하, 전부하시의 트랙션 값은 작을수록 좋다.
② 트랙션비는 무부하, 전부하시 모두 1.0 이상이다.
③ 카측 로프가 매달고 있는 중량과 균형추측 로프가 매달고 있는 중량비를 나타낸다.
④ 트랙션비가 클수록 좋다.

문제 13. 다음중 F.G.C(Flexible Guide Clamp)형 비상정지장치의 정지력과 정지 거리를 나타낸 것으로 알맞은 것은?

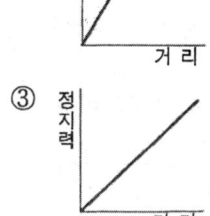
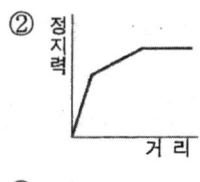
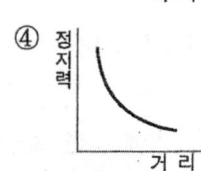

문제 14. 수평보행기의 경사도는 몇 도(°) 이하이어야 하는가?
① 5　　　　② 10　　　　③ 12　　　　④ 15

해답 8. ④　9. ①　10. ①　11. ②　12. ④　13. ①　14. ③

문제 **15.** 가변전압 가변주파수 제어방식에서 직류를 교류로 바꾸어 주는 장치는?
① 인버터 ② 리액터 ③ 컨덕터 ④ 컨버터

문제 **16.** 교류 엘리베이터의 제어방식에 해당되지 않는 것은?
① 워드레오나드 제어방식 ② 교류귀환전압 제어방식
③ 가변전압 가변주파수 제어방식 ④ 교류2단속도 제어방식

문제 **17.** F.G.C(Flexible Guide Clamp)형 비상정지장치의 장점은?
① 레일을 죄는 힘이 초기에는 약하게, 하강에 따라 강해진다.
② 작동 후의 복구가 쉽다.
③ 베어링을 사용하기 때문에 접촉이 확실하다.
④ 정격속도의 1.3배에서 작동하여 순간적으로 정지시킨다.

문제 **18.** 간접식 유압엘리베이터의 단점은?
① 승강로가 더 커진다. ② 비상정지장치가 필요하지 않다.
③ 부하에 의한 카 바닥의 빠짐이 작다. ④ 일반적으로 실린더의 점검이 용이하다.

문제 **19.** 엘리베이터의 종합효율 η의 계산식으로 옳은 것은?(단 η_1은 권상기 효율, η_2는 로핑방법에 따른 효율, η_3는 가이드 주행손실에 따른 효율이다.)
① $\eta = \eta_1 \eta_2 \eta_3$ ② $\eta = \eta_1 + \eta_2 + \eta_3$ ③ $\eta = \dfrac{\eta_1 \eta_2}{\eta_3}$ ④ $\eta = \dfrac{\eta_1}{\eta_2} + \eta_3$

문제 **20.** 엘리베이터가 최상층에 있을 때 엘리베이트의 상부체대와 승강로 천장부와의 수직거리를 무엇이라 하는가?
① 피트깊이 ② 꼭대기 틈새 ③ 기계실 높이 ④ 오버헤드

승강기 설계

문제 **21.** 비상용 엘리베이터의 운행속도는 얼마 이상이어야 하는가?
① 0.3m/s ② 0.63m/s ③ 1m/s ④ 1.5m/s

문제 **22.** 유압완충기 재료의 반경 R과 같이 L의 비는 어떻게 설계하여야 하는가?
① $\dfrac{L}{R} \leq 40$ ② $\dfrac{L}{R} \leq 60$ ③ $\dfrac{L}{R} \leq 80$ ④ $\dfrac{L}{R} \leq 100$

해답 15. ① 16. ① 17. ② 18. ① 19. ① 20. ② 21. ③ 22. ③

문제 23. 엘리베이터 제어방식 중 교류귀환 제어방식을 사용하는 가장 적합한 이유는?
① 병렬운전을 제어하기 위하여
② 점호각을 제어하기 위하여
③ 전동기 속도를 제어하기 위하여
④ 정류개선을 제어하기 위하여

문제 24. 튀어오름 방지장치(록다운 장치)를 반드시 설치하여야 하는 엘리베이터의 속도는?
① 240m/min 이상
② 150m/min 이상
③ 120m/min 이상
④ 105m/min 이상

문제 25. 카 레일용 브래킷에 관한 설명으로 틀린 것은?
① 구조 및 형태는 레일을 지지하기에 견고하여야 한다.
② 사다리형 브래킷의 경사부 각도는 15~30도로 제작한다.
③ 벽면으로부터 1000mm 이하로 설치하여야 한다.
④ 콘크리트에 대하여는 앵커볼트로 견고히 부착하여야 한다.

문제 26. 도어에 이물질이 끼었을 때 이것을 감지하는 문닫힘 안전장치의 종류에 속하지 않는 것은?
① 세이프티 슈 ② 광전장치 ③ 도어클로저 ④ 초음파장치

문제 27. 기계실의 조도는 기기가 배치된 바닥면에서 몇 [Lx] 이상이어야 하는가?
① 50 ② 80 ③ 150 ④ 200

문제 28. 엘리베이터 구동모터 및 브레이커에 대한 전원을 차단하는 전기적 보호장치(안전회로)내의 전기적 스위치가 아닌 것은?
① 조속기 스위치
② 보상로프 서브스위치
③ 완충기 스위치
④ 부하감지장치

문제 29. 승강기 검사기준에서 정하는 에스컬레이터의 경우 속도가 30m/min이고 층고가 6m이하이며 디딤판끼리의 높이차가 4mm 이하인 수평주행구간 길이는 얼마이상이어야 하는가?
① 0.6m 이상 ② 0.8m 이상 ③ 1.0m 이상 ④ 1.2m 이상

문제 30. 웜 기어와 헬리컬 기어의 차이점에 대한 설명으로 틀린 것은?
① 헬리컬 기어는 웜 기어에 비하여 비싸다.
② 헬리컬 기어는 웜 기어에 비하여 효율이 높다.
③ 헬리컬 기어는 웜 기어에 비하여 소음이 적다.
④ 헬리컬 기어는 웜 기어에 비하여 역구동이 쉽다.

해답 23. ③ 24. ① 25. ③ 26. ③ 27. ④ 28. ④ 29. ② 30. ③

문제 31. 엘리베이터의 운행상태를 감시, 파악 또는 제어할 수 있는 감사반의 가장 큰 설치 목적은?
① 승강기의 효율적인 운용
② 고장시 신속한 보수
③ 승객의 신속한 구출
④ 교통량 분석 및 고장분석

문제 32. 자동차용 엘리베이터의 정격하중은 카의 면적 $1m^2$ 당 몇 kg으로 계산한 값 이상이어야 하는가?
① 500kg   ② 250kg   ③ 200kg   ④ 150kg

문제 33. 도어 인터록에 대한 설명으로 틀린 것은?
① 전용 키로만 도어를 열어야 한다.
② 도어록과 도어스위치로 구성되어 있다.
③ 승장 도어의 열림을 방지하는 장치이다.
④ 승장 도어의 닫힘상태를 인지하여 권상기에 1차적으로 신호를 보낸다.

문제 34. 권상기 자중 450kg, 설계용 수직진도 1.6일 때 수직 지진력[kg]은?
① 320   ② 480   ③ 620   ④ 720

문제 35. 즉시작동형 비상정지장치의 일종으로서 로프에 걸리는 장력이 느슨해졌을 때 바로 운전회로를 열고 엘리베이터를 비상정지시키는 안전장치는?
① 슬랙로프 세이프 스위치(slack rope safety swith)
② 록다운(lock-down) 비상정지장치
③ 슬로다운(slow-down) 스위치
④ 파이널 리미트 스위치(final limit swith)

문제 36. 즉시작동형 비상정지장치는 일반적으로 정격속도가 몇 [m/min] 이하인 엘리베이터에 사용하는가?
① 45   ② 63   ③ 68   ④ 95

문제 37. 엘리베이터 전동기의 동기속도가 1800rpm, 전부하속도가 1740rpm이면 슬립은 약 몇 [%]인가?
① 96.7   ② 95.7   ③ 4.43   ④ 3.33

문제 38. 일반적으로 화물용 엘리베이터 카의 카 바닥 및 카 틀을 구성하는 요소중 브레이스 로드(brace road)의 강도에 대한 안전율은?
① 5.0 이상   ② 6.0 이상   ③ 7.5 이상   ④ 10 이상

해답 31. ③ 32. ④ 33. ④ 34. ④ 35. ① 36. ① 37. ④ 38. ②

문제 39. 비상정지장치에 관한 설명으로 틀린 것은?
① 피트 하부를 사무실이나 통로로 사용할 경우 균형추측에도 설치한다.
② 정격속도가 37.8m/min 이하일 때는 즉시작동형을 사용한다.
③ 카의 속도가 정격속도의 115% 이상의 속도에서 조속기에 의해 작동된다
④ 처음 동작시부터 카 정지시까지 정지력이 일정한 것을 F.W.C(Flexible Wedge Clamp)형이라 한다.

문제 40. 엘리베이터를 설계할 때 고려할 사항으로 운행시간 단축에 대한 설명으로 틀린 것은?
① 카의 바닥면적과 구조는 운행시간 단축과 관련이 없다.
② 도어의 폭은 운행시간 단축과 상관이 있다.
③ 적재하중은 운행시간 단축과 상관이 있다.
④ 군관리는 일반적으로 운행시간을 단축시킨다.

일반기계공학

문제 41. 금속재료의 가공경화로 생긴 잔류응력 제거 및 절삭성 향상 등을 개선시키는 열처리 방법으로 가장 적합한 것은?
① 풀림   ② 뜨임   ③ 코팅   ④ 담금질

문제 42. 4포트 3위치 방향전환밸브의 중간위치 형식 중 센터 바이패스형이라고도 하며 중립 위치에서 펌프를 무부하시킬 수 있고 실린더를 임의의 위치에 고정시킬 수 있는 것은?
① ABR 접속형   ② 오픈센터형   ③ 탠덤센터형   ④ 클로즈센터형

문제 43. 회로 내의 압력 상승을 제한하여 설정된 압력의 오일 공급을 하는 것은?
① 릴리프 밸브   ② 방향제어 밸브   ③ 유량제어 밸브   ④ 유압 구동기

문제 44. 그림과 같은 구조물에서 AB부재에 작용하는 인장력은 약 몇 N인가?

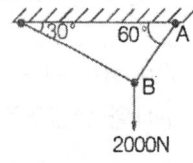

① 1232   ② 1309   ③ 1732   ④ 2309

해답 39. ④ 40. ① 41. ① 42. ③ 43. ① 44. ③

문제 45. M5×0.8로 표기되는 나사에 관한 설명으로 옳지 않은 것은?
① 미터나사이다.
② 나사의 피치는 0.8mm이다.
③ 나사를 180° 회전시키면 리드는 0.4mm이다.
④ 암나사 작업을 위해 지름 5mm의 드릴이 필요하다.

문제 46. 2개의 금속편 끝을 각각 용융점 근처까지 가열하여 양끝을 접촉시켜 압력을 가하여 접합시키는 작업은?
① 단조　　② 압출　　③ 압연　　④ 압접

문제 47. 너비 6cm, 높이 8cm인 직사각형 단면에서 사용할 수 있는 최대굽힘모멘트의 크기는 몇 Nm인가?
① 64　　② 640　　③ 6400　　④ 64000

문제 48. 절삭 공구용 특수강에 속하는 것은?
① 강인강　　② 침탄강　　③ 고속도강　　④ 스테인리스강

문제 49. 일명 미끄럼 키라고도 하며 회전토크를 전달함과 동시에 축 방향으로 이동할 수 있는 키는?
① 평 키　　② 새들 키　　③ 페더 키　　④ 반달 키

문제 50. 자동차 현가장치의 코일 스프링이 인장 또는 수축될 때 감겨 있는 코일 자체에 작용하는 가장 주된 응력은?
① 충격하중에 의한 전단응력
② 전단하중에 의한 전단응력
③ 굽힘 모멘트에 의한 굽힘응력
④ 비틀림 모멘트에 의한 전단응력

문제 51. 주조할 때 주형에 접한 표면을 급랭시켜 표면은 시멘타이트가 되게 하고, 내부는 서서히 냉각시켜 펄라이트가 되게 한 주철은?
① 백주철　　② 회주철　　③ 칠드주철　　④ 가단주철

문제 52. 직경 4cm의 원형 단면봉에 200kN의 인장하중이 작용할 때 봉에 발생하는 인장 능력은 약 몇 N/mm²인가?
① 159.2　　② 169.4　　③ 171.56　　④ 181.85

문제 53. 지름 20mm의 드릴로 연강 판에 구멍을 뚫을 때 회전수가 200rpm이면 절삭속도는 약 몇 m/min인가?
① 12.6　　② 15.5　　③ 17.6　　④ 75.3

해답 45. ④ 46. ④ 47. ② 48. ③ 49. ③ 50. ④ 51. ③ 52. ① 53. ①

문제 54. 모듈이 6이고 중심거리가 300mm, 속도비가 2:3인 외접하는 표준스퍼기어의 작은 기어 바깥지름은 얼마인가?
① 240mm ② 252mm ③ 360mm ④ 372mm

문제 55. 지름 d, 길이 l인 전동축에서 비틀림각이 1°인 것을 0.25°로 하기 위하여 축 지름만을 설계변경한다면 얼마로 하면 되겠는가?
① $\sqrt{2}\,d$ ② $2d$ ③ $\sqrt[3]{2}\,d$ ④ $\sqrt[3]{4}\,d$

문제 56. 카바이트(CaC_2)를 물에 넣으면 아세틸렌 가스와 생석회가 생성되는 다음의 화학식에서 밑줄친 부분에 들어갈 물질의 분자식으로 옳은 것은?
$$CaC_2 + 2H_2O \rightarrow \underline{\qquad} + Ca(OH)_2$$
① CO_2 ② C_2H_2 ③ CH_3OH ④ $C_2(OH)_2$

문제 57. 축의 비틀림 강도를 고려하여 원형축에 비틀림 모멘트를 가했을 때 비틀림각을 구할 수 있다. 비틀림각에 관한 설명으로 옳지 않은 것은?
① 비틀림 모멘트와 비틀림각은 비례한다.
② 비틀림각은 극관성모멘트에 비례한다.
③ 횡탄성계수가 작을수록 비틀림각은 증가한다.
④ 축의 길이가 증가할수록 비틀림각은 증가한다.

문제 58. 다음 중 내열용 알루미늄 합금에 해당되지 않는 것은?
① Y합금(Y alloy) ② 두랄루민(duralumin)
③ 로우엑스(Lo-Ex) ④ 코비탈륨(cobitalium)

문제 59. 다음 중 압축기 뒤에 설치되어 압축공기를 저장하는 공기탱크에 대한 설명으로 옳지 않는 것은?
① 맥동을 방지하거나 평준화한다.
② 압력용기이므로 법적 규제를 받는다.
③ 비상시에도 일정시간 운전을 가능하게 한다.
④ 다량의 공기 소비시 급격한 압력 상승을 방지한다.

문제 60. 회전축의 흔들림 검사에 가장 적합한 측정기는?
① 게이지 블록 ② 다이얼 게이지
③ 마이크로미터 ④ 버니어 캘리퍼스

해답 54. ② 55. ① 56. ② 57. ② 58. ② 59. ④ 60. ②

전기제어공학

문제 61. 전류에 의해 생기는 자속은 반드시 폐회로를 이루며, 자속이 전류와 쇄교하는 수를 자속 쇄교수라 한다. 자속 쇄교수의 단위에 해당되는 것은?
① Wb   ② AT   ③ WbT   ④ H

문제 62. $F(s) = \dfrac{3s+10}{s^3+2s^2+5s}$ 일때 f(t)의 최종치는?
① 0   ② 1   ③ 2   ④ 8

문제 63. 역률 80%인 부하의 유효전력이 80kW이면 무효전력은 몇 kVar인가?
① 40   ② 60   ③ 80   ④ 100

문제 64. 다음 중 동기화 제어변압기로 사용되는 것은?
① 싱크로변압기   ② 앰플리다인   ③ 차동변압기   ④ 리졸버

문제 65. 변압기를 스코트(Scott) 결선할 때 이용률은 몇 [%]인가?
① 57.7   ② 86.6   ③ 100   ④ 173

문제 66. 그림과 같은 논리회로의 출력 Y는?

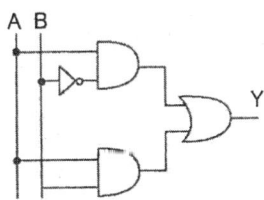

① $Y = AB + A\overline{B}$ ② $Y = \overline{A}B + AB$
③ $Y = \overline{A}B + A\overline{B}$ ④ $Y = \overline{A}\overline{B} + A\overline{B}$

문제 67. 제어기기의 대표적인 것으로는 검출기, 변환기, 증폭기, 조작기기를 들 수 있는데 서보모터는 어디에 속하는가?
① 검출기   ② 변환기   ③ 증폭기   ④ 조작기기

문제 68. V=100∠60°[V], I=20∠30°[A]일때 유효전력은 몇 [W]인가?
① 1000   ② 1414   ③ 1732   ④ 2000

해답 61. ③   62. ③   63. ②   64. ①   65. ②   66. ①   67. ④   68. ③

문제 69. 자동제어계의 구성중 기준입력과 귀환신호와의 차를 계산해서 제어계가 보다 안정된 동작을 하도록 필요한 신호를 만들어 내는 부분은?
① 목표설정부 ② 조절부 ③ 조작부 ④ 검출부

문제 70. 전달함수를 정의할 때의 조건으로 옳은 것은?
① 모든 초기값을 고려한다. ② 모든 초기값을 0으로 한다.
③ 입력신호만을 고려한다. ④ 주파수 특성만을 고려한다.

문제 71. 다음 블록선도의 압력 R에 5를 대입하면 C의 값은 얼마인가?

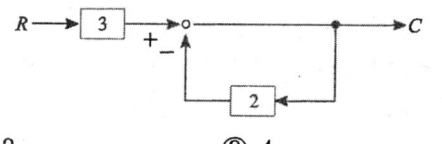

① 2 ② 3 ③ 4 ④ 5

문제 72. 축전지의 용량을 나타내는 단위는?
① Ah ② VA ③ W ④ V

문제 73. 유도전동기의 고정손에 해당하지 않는 것은?
① 1차권선의 저항손 ② 철손
③ 베어링 마찰손 ④ 풍손

문제 74. 그림과 같은 회로는 어떤 논리회로인가?

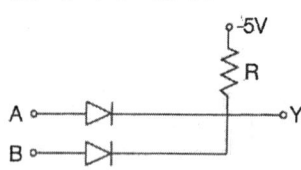

① AND회로 ② OR회로 ③ NOT회로 ④ NOR회로

문제 75. 120Ω의 저항 4개를 접속하여 가장 작은 저항값을 얻기 위한 회로 접속법은 어느 것인가?
① 직렬접속 ② 병렬접속 ③ 직병렬접속 ④ 병직렬접속

문제 76. PC에 의한 계측에 있어 센서에서 측정한 데이터를 PC에 전달하기 위해 필요한 필수적인 요소는?
① A/D변환기 ② D/A변환기 ③ RAM ④ ROM

해답 69. ② 70. ② 71. ④ 72. ① 73. ① 74. ② 75. ② 76. ①

문제 77. 유도전동기의 1차 전압 변화에 의한 속도제어시 SCR을 사용하여 변화시키는 것은?
① 주파수　　② 토크　　③ 위상각　　④ 전류

문제 78. 그림과 같은 회로의 전달함수 $\dfrac{C}{R}$는?

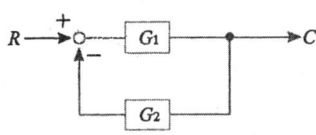

① $\dfrac{G_1}{1+G_1G_2}$　② $\dfrac{G_2}{1+G_1G_2}$　③ $\dfrac{G_1}{1-G_1G_2}$　④ $\dfrac{G_2}{1-G_1G_2}$

문제 79. 그림과 같이 실린더의 한쪽으로 단위시간에 유입하는 유체의 유량을 x(t)라 하고 피스톤의 움직임을 y(t)로 한다. t시간이 경과한 후의 전달함수를 구해보면 어떤 요소가 되는가?

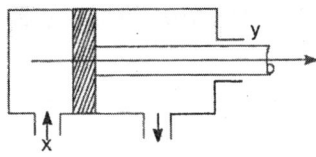

① 비례있음　② 미분요소　③ 적분요소　④ 미적분요소

문제 80. 교류에서 실효값과 최대값의 관계는?
① 실효값 = $\dfrac{최대값}{\sqrt{2}}$　　② 실효값 = $\dfrac{최대값}{\sqrt{3}}$
③ 실효값 = $\dfrac{최대값}{2}$　　④ 실효값 = $\dfrac{최대값}{3}$

해답　77. ③　78. ①　79. ③　80. ①

승강기 개론

(2017. 3. 6. 기사 시행)

문제 1. 문 닫힘 안전장치에서 물리적인 접촉에 의해 작동되는 장치는?
① 광전장치 ② 초음파 장치
③ 세이프티 슈 ④ 도어 인터록

문제 2. 엘리베이터에 사용되는 전동기의 슬립을 s라 하면 전동기 속도 N은 몇 rpm인가?(단 p는 극수, f는 주파수 Hz이다.)
① $N = \dfrac{120P}{f} \times (1-s)$ ② $N = \dfrac{120f}{P} \times (1-s)$
③ $N = \dfrac{60P}{f} \times (1-s)$ ④ $N = \dfrac{60f}{P} \times (1-s)$

문제 3. 엘리베이터 고층화로 승강 높이가 높아져 카의 위치를 따라 로프 자중의 무게 불균형과 이동 케이블 자중의 무게 불균형이 커지는 것을 방지하기 위해 설치하는 것은?
① 기계대 ② 균형체인
③ 에이프런 ④ 가이드 레일

문제 4. 소형과 저속의 엘리베이터의 경우 로프에 걸리는 장력이 없어져서 휘어짐이 생겼을 때 즉시 운전회로를 차단하고 비상정지장치를 작동시키는 것은?
① 슬랙로프 세이프티 ② 플랙시블 웨지 클램프
③ 플랙시블 가이드 클램프 ④ 점차 작동형 비상정치장치

문제 5. 가이드 레일에 있어서 패킹이란 무엇을 말하는가?
① 가이드 레일에 강판을 말아서 성형한 것이다.
② 대용량의 엘리베이터에 사용되는 가이드 레일들을 말한다.
③ 가이드 레일에 보강재를 부착하여 강도를 높이는 것이다.
④ 승강로 내의 반입과 관계없는 5mm 이상의 가이드 레일이다.

문제 6. 엘리베이터를 3~8대 병설할 때에 각 카를 불필요한 동작 없이 합리적으로 운행되도록 관리하는 조작 방식은?
① 병용 방식 ② 군 관리방식
③ 군 승합 자동식 ④ 하강 승합 전자동식

해답 1. ③ 2. ② 3. ② 4. ① 5. ③ 6. ②

문제 7. 카 출입구의 하단에 설치하며 승강로와 카 바닥면의 간격을 일정치 이하로 유지함으로써 카가 층과 층의 중간에 정지시, 승객이 엘리베이터 밖으로 나오려고 할 때 추락을 방지하는 것은?
① 연락장치　　② 에이프런　　③ 위치표시기　　④ 브레이스 로드

문제 8. 에스컬레이터를 하강 방향으로 공칭속도 0.65m/s로 움직일 때 전기적 정지장치가 작동된 시간부터 측정할 경우 정지거리는 얼마를 만족하여야 하는가?
① 0.1m에서 0.8m 사이
② 0.2m에서 1.0m 사이
③ 0.3m에서 1.3m 사이
④ 0.4m에서 1.5m 사이

문제 9. 기계실의 조명에 관한 설명으로 옳은 것은?
① 조명 스위치는 기계실 제어반 가까운 곳에 설치한다.
② 조명 기구는 승강기 형식 승인품을 사용하여야 한다.
③ 조도는 기기가 배치된 바닥면에서 200Lx 이상이어야 한다.
④ 조명 전원은 엘리베이터 제어전원에서 분기하여 사용하여야 한다.

문제 10. 덤 웨이터의 기계실에 설치될 수 있는 설비 및 장치로 틀린 것은?
① 환기를 위한 덕트
② 엘리베이터 또는 에스컬레이터 등 승강기의 구동기
③ 증기난방 및 고압 온수난방을 제외한 기계실의 공조기 또는 냉난방을 위한 설비
④ 소방 관련법령에 따라 기계실 천장에 설치되는 화재감지기 본체, 비상용 스피커 및 제어장치

문제 11. 교류 2단 속도 제어방식에서 크리프 시간이란 무엇인가?
① 저속 주행시간　　② 고속 주행시간
③ 속도 변환시간　　④ 가속 및 감속시간

문제 12. 일종의 압력조정 밸브로 회로의 압력이 설정값에 도달하면 밸브를 열어 기름을 탱크로 돌려보냄으로써 압력이 과도하게 높아지는 것을 방지하는 것은?
① 필터　　② 안전밸브　　③ 역저지 밸브　　④ 유량제어 밸브

문제 13. 간접식 유압 엘리베이터에 대한 설명으로 틀린 것은?
① 실린더의 점검이 쉽다.
② 비상정지장치가 필요 없다.
③ 플런저의 길이가 직접식에 비하여 짧기 때문에 설치가 간단하다.
④ 오일의 압축성 때문에 부하에 따른 카 바닥의 빠짐이 크다.

해답 7. ②　8. ③　9. ④　10. ④　11. ①　12. ②　13. ②

문제 14. 과부하 감지장치는 과부하를 최소 65kg으로 계산하여 정격하중의 몇 %를 초과하기 전에 검출하여야 하는가?
① 5   ② 10   ③ 15   ④ 20

문제 15. 무빙워크의 공칭속도는 몇 m/s 이하이어야 하는가?
① 0.15   ② 0.35   ③ 0.55   ④ 0.75

문제 16. 균형추(counter weight)의 오버벨런스율을 적절하게 하여야 하는 이유로 가장 타당한 것은?
① 승강기의 출발을 원활하게 하기 위하여
② 승강기의 속도를 일정하게 하기 위하여
③ 승강기가 정지할 때 충격을 없애기 위하여
④ 트랙션 비를 개선하여 와이어로프가 도르래에서 미끄러지지 않도록 하기 위하여

문제 17. 승강로 내부의 작업구역으로 접근할 경우 사용하는 문이 만족하여야 할 내용으로 틀린 것은?
① 승강로 내부 방향으로 열리지 않아야 한다.
② 폭은 0.6m 이상, 높이는 1.8m 이상이어야 한다.
③ 구멍이 없어야 하고 승강장 문과 동일한 기계적 강도이어야 한다.
④ 열쇠로 조작되는 잠금장치가 있어야 하며, 열쇠 없이는 다시 닫히고 잠길 수 없어야 한다.

문제 18. 정격속도 60m/min인 스프링 완충기의 stroke(완충기의 압축된 거리)는 얼마 이상이어야 하는가?
① 85mm   ② 102mm   ③ 135mm   ④ 148mm

문제 19. 카 비상정지장치가 작동될 때 부하가 없거나 부하가 균일하게 분포된 카 바닥은 정상적인 위치에서 몇 %를 초과하여 기울어지지 않아야 하는가?
① 1   ② 3   ③ 5   ④ 6

문제 20. 비상용 엘리베이터는 소방관이 조작하여 엘리베이터 문이 닫힌 이후부터 몇 초 이내에 가장 먼 층에 도착하여야 하는가?
① 30   ② 60   ③ 90   ④ 120

해답 14. ② 15. ④ 16. ④ 17. ④ 18. ③ 19. ③ 20. ②

승강기 설계

문제 21. 기어 전동에 대한 특성으로 틀린 것은?
① 축 압력이 크다.
② 회전비가 정확하다.
③ 큰 감속이 가능하다.
④ 소음 진동이 발생한다.

문제 22. 엘리베이터 소음 및 진동을 저감하기 위해 설계시 고려하여야 할 사항으로 틀린 것은?
① 기계실은 콘크리트 구조로 한다.
② 기계실의 출입문은 차음 구조로 한다.
③ 균형추를 거실 안전 벽체에 설치한다.
④ 기계실 바닥 로프 구멍은 최소화하고 방음 커버를 부착한다.

문제 23. 재해시 관제 운전의 우선 순위로 옳은 것은?
① 지진시 관제→화재시 관제→정전시 관제
② 화재시 관제→지진시 관제→정전시 관제
③ 지진시 관제→정전시 관제→화재시 관제
④ 화재시 관제→정전시 관제→지진시 관제

문제 24. 사무실 건물의 엘리베이터 교통수요 산출 및 수송능력을 산정하려 할 경우 고려해야 할 내용으로 틀린 것은?
① 지하층 서비스를 반드시 고려하여야 한다.
② 아침 출근시 상승 피크의 교통 시간을 조사한다.
③ 출근시 및 중식시의 수송능력 목표치를 정한다.
④ 거주인구 산출을 위해 층별 인구, 층별 유효면적 렌탈비 및 1인당 전유 면적을 확인한다.

문제 25. 도어 클로저에 대한 설명으로 틀린 것은?
① 고속 도어 장치에는 스프링 클로저 방식이 적합하다.
② 웨이트 클로저 방식은 도어 닫힘이 끝날 때 힘이 약해진다.
③ 도어가 열린 상태에서의 규제가 제거되면 자동적으로 도어가 닫히는 방식이 일반적이다
④ 웨이트 클로저 방식은 웨이트가 승강로 벽을 따라 내려뜨리는 것과 도어판넬 자체에 달리는 것 2종이 있다.

해답 21. ① 22. ③ 23. ① 24. ① 25. ②

문제 26. 지름이 10mm인 축이 1,800rpm으로 회전하고 있을 때 축의 비틀림 응력을 400kg/cm²라고 하면 전달 마력은 몇 PS인가?
① 0.97   ② 1.97   ③ 2.97   ④ 3.97

문제 27. 계자 권선의 저항이 0.1Ω이고 전기자 권선의 저항이 0.4Ω인 직류 직권 전동기가 있다. 이 전동기에 380V의 단자전압을 인가하였더니 20A의 전류가 흘렀다. 역기전력은 몇 (V)인가?
① 368   ② 370   ③ 372   ④ 375

문제 28. 유입 완충기의 설계에 관하여 틀린 것은?
① 카 측 최소 적용 중량은 카 자중으로 한다.
② 균형추측 최대 적용 중량은 균형추 중량으로 한다.
③ 정격속도의 115% 속도로 충돌할 경우 평균 감속도 $1g_n$ 이하가 되도록 행정을 설계하여야 한다
④ 종단층 강제 감속장치를 이용하는 경우 행정은 강제 감속된 속도의 115% 속도로 충돌하여 $1g_n$ 이하의 평균 감속도로 감속하여 정지하여야 한다.

문제 29. 변압기의 전압 강하율(%)을 나타내는 식으로 옳은 것은?
① $\dfrac{송전단전압 - 수전단전압}{수전단전압} \times 100$ ② $\dfrac{수전단전압 - 송전단전압}{수전단전압} \times 100$
③ $\dfrac{송전단전압 - 수전단전압}{송전단전압} \times 100$ ④ $\dfrac{수전단전압 - 송전단전압}{송전단전압} \times 100$

문제 30. 엘리베이터용 전동기와 범용 전동기를 비교할 때 엘리베이터용 전동기에 요구되는 특성이 아닌 것은?
① 기동토크가 클 것   ② 기동전류가 적을 것
③ 회전부분의 관성 모멘트가 클 것   ④ 기동횟수가 많으므로 열적으로 견딜 것

문제 31. 비상정지장치 중 거리와 정지력에 관하여 그림과 같은 물리적인 특성을 갖는 것은?

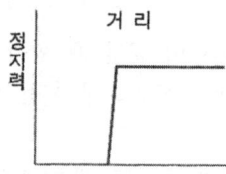

① 슬랙로프 세이프티   ② F.G.C형 비상정지장치
③ F.W.C 비상정지장치   ④ 즉시 작동형 비상정지장치

해답 26. ② 27. ② 28. ① 29. ① 30. ③ 31. ②

문제 32. 다음 중 응력에 대한 관계식으로 적절한 것은?
① 탄성한도 > 허용응력 ≥ 사용응력
② 탄성한도 > 사용응력 ≥ 허용응력
③ 허용응력 > 탄성한도 ≥ 사용응력
④ 허용응력 > 사용응력 ≥ 탄성한도

문제 33. 엘리베이터용에 적용되는 레일의 치수를 결정하는데 고려되어야 할 요소가 아닌 것은?
① 레일용 브라켓의 크기
② 지진이 발생할 때 건물의 수평진동
③ 카에 하중이 적재될 때 카에 걸리는 회전 모멘트
④ 비상정지장치가 작동될 때 레일에 걸리는 좌굴하중

문제 34. 에스컬레이터의 모터 용량을 산출하는 식으로 옳은 것은? (단, G : 적재하중, V : 속도, η : 총효율, B : 승객 승입률, $\sin\theta$: 에스컬레이터 경사도)
① $P = \dfrac{6{,}120 \times B}{G \times \eta}$
② $P = \dfrac{6{,}120 \times \sin\theta}{G \times V}$
③ $P = \dfrac{GV\sin\theta}{6{,}120 \times \eta} \times B$
④ $P = \dfrac{G\eta\sin\theta}{6{,}120} \times B$

문제 35. 엘리베이터 설비능력의 질적 지표는 무엇인가?
① 투자비용
② 속도와 대수
③ 평균운전간격
④ 단위시간 수송능력

문제 36. 소선의 표면에 아연 도금을 하여 녹이 쉽게 나지 않기 때문에 습기가 많은 장소에 적합한 와이어 로프는?
① A종
② B종
③ E종
④ G종

문제 37. 비상통화장치에 대한 설명으로 틀린 것은?
① 비상통화장치는 정상 전원으로만 작동하여야 한다.
② 구출활동 중에 지속적으로 통화할 수 있는 양방향 음성통신이어야 한다.
③ 승객이 외부의 도움을 요청하기 위하여 쉽게 식별 가능하고 접근이 가능하여야 한다.
④ 카 내와 외부의 소정의 장소를 연결하는 통화장치는 당해 시설물의 관리인력이 상주하는 장소에 이중으로 설치되어야 한다.

문제 38. 전기식 엘리베이터의 제어회로 및 안전회로의 경우 전도체와 전도체 사이 또는 전도체와 접지 사이의 직류 전압 평균값 및 교류 전압 실효값은 최대 몇 V 이하이어야 하는가?
① 220
② 250
③ 380
④ 450

해답 32. ① 33. ① 34. ③ 35. ③ 36. ④ 37. ① 38. ②

문제 39. 주어진 조건과 같은 엘리베이터의 무부하 및 전부하시의 트랙션비는 각각 약 얼마인가?

(조건) 적재하중 : 3,000kg, 카 자중 : 2,000kg, 행정거리 : 90m,
　　　적용로프 : 1m당 0.6kg의 로프 6본, 오버밸런스율 : 45%,
　　　균형체인 : 90% 보상

① 무부하시 : 1.47, 전부하시 : 1.58　　② 무부하시 : 1.52, 전부하시 : 1.47
③ 무부하시 : 1.58, 전부하시 : 1.60　　④ 무부하시 : 1.60, 전부하시 : 1.46

문제 40. 종탄성 계수 $E=7,000kg/mm^2$, 직경 12mm인 로프를 6본 사용하는 엘리베이터의 적재하중이 1,150kg, 카 자중 1,700kg 일 때 권상로프의 늘어난 길이는 약 몇 mm인가? (단, 승강행정은 60m이다.)
① 30　　② 36　　③ 41　　④ 46

일반기계공학

문제 41. 재료의 최대응력과 항복응력 및 허용응력을 적용하여 안전율을 나타내는 식은?
① $\dfrac{허용응력}{항복응력}$　　② $\dfrac{항복응력}{허용응력}$　　③ $\dfrac{최대응력}{항복응력}$　　④ $\dfrac{항복응력}{최대응력}$

문제 42. 비틀림각이 30도인 헬리컬 기어에서 잇수가 50개, 이 직각 모듈이 3일 때 피치원지름은 약 몇 mm인가?
① 184.21　　② 173.21　　③ 208.21　　④ 264.21

문제 43. 나사면의 마찰계수 μ와 마찰각 P의 관계식은?
① $\mu=\sin P$　　② $\mu=\cos P$　　③ $\mu=\tan P$　　④ $\mu=\cot P$

문제 44. 피복 아크 용접 결함의 종류에서 용접 불량의 원인으로 가장 거리가 먼 것은?
① 마음설계의 불량　　② 용접봉의 선택 불량
③ 전류가 너무 높을 때　　④ 용접속도가 너무 빠를 때

문제 45. 구름 베어링과 비교할 때 미끄럼 베어링의 특징으로 옳은 것은?
① 호환성이 높은 편이다
② 구름 마찰이며, 기동 마찰이 작다.
③ 비교적 큰 하중을 받으며 충격 흡수 능력이 크다.
④ 표준형 양산품으로 제작하기보다는 자체 제작하는 경우가 많다.

해답 39. ④　40. ②　41. ②　42. ②　43. ③　44. ③　45. ④

문제 46. 코일 스프링에서 스프링 상수(k)에 대한 설명으로 틀린 것은?
① 스프링 소재 지름의 4승에 비례한다.
② 스프링의 변형량에 비례한다.
③ 코일 평균지름의 3승에 반비례한다.
④ 스프링 소재의 전단 탄성계수에 비례한다.

문제 47. 다음 그림과 같은 타원형 단면을 갖는 봉이 인장하중(P)을 받을 때, 작용하는 인장응력은 얼마인가?

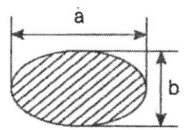

① $\dfrac{\pi ab^2}{4P}$ ② $\dfrac{4P}{\pi ab^2}$ ③ $\dfrac{\pi ab}{4P}$ ④ $\dfrac{4P}{\pi ab}$

문제 48. 펌프에서 발생하는 캐비테이션(cavitation) 현상의 방지법이 아닌 것은?
① 양쪽 흡입 펌프를 사용한다.
② 2개 이상의 펌프를 사용한다.
③ 펌프의 회전수를 최대한 높인다.
④ 펌프의 설치 높이를 낮추어 흡입 행정을 짧게 한다.

문제 49. 센터리스 연삭기의 조정숫돌에 의하여 가공물이 회전과 이송을 할 때, 가공물의 이송속도(mm/min)는? (단, d는 조정숫돌의 지름(mm), n은 조정숫돌의 회전수(rpm), a는 경사각이다)
① $\dfrac{\pi dn}{1000}\sin a$ ② $\pi dn \sin a$ ③ $\pi dn \tan a$ ④ $\dfrac{\pi dn}{1000}\tan a$

문제 50. 강재 표면에 Zn을 침투, 확산시키는 세라다이징법에 의해 개선되는 성질은?
① 전탄성 ② 내열성 ③ 내식성 ④ 내충격성

문제 51. 오스테나이트계 스테인리스강의 일반적인 특징으로 틀린 것은?
① 자성체이다.
② 내식성이 우수하다.
③ 내충격성이 우수하다.
④ 염산, 황산 등에 약하다.

문제 52. 원형 단면봉에 비틀림 모멘트(T)가 작용할 때 생기는 비틀림각(θ)에 대한 설명으로 옳은 것은?
① 축 길이에 반비례한다.
② 전단 탄성계수에 비례한다.
③ 비틀림 모멘트에 반비례한다.
④ 축 지름의 4제곱에 반비례한다.

해답 46. ② 47. ④ 48. ③ 49. ② 50. ③ 51. ① 52. ④

문제 53. 주물에서 중공 부분이 필요할 때 사용하는 목형으로 가장 적합한 것은?
① 현형   ② 회전형   ③ 코어형   ④ 부분형

문제 54. 리벳 구멍이 압축하중(P)에 의해 파괴될 때 압축응력 계산식은? (단, σ_c는 압축응력, t는 판 두께, d는 리벳 지름)
① $\sigma_c = \dfrac{P}{dt}$ ② $\sigma_c = \dfrac{dt}{P}$ ③ $\sigma_c = \dfrac{P}{2dt}$ ④ $\sigma_c = \dfrac{2P}{dt}$

문제 55. 단순보의 정중앙에 집중하중이 작용할 때 이 보의 최대 처짐량에 대한 설명으로 틀린 것은?
① 지지점 사이의 거리의 3제곱에 반비례한다.
② 단면 2차 모멘트에 반비례한다.
③ 세로 탄성계수에 반비례한다.
④ 집중하중 크기에 비례한다.

문제 56. 다음 중 순도가 가장 높으나 취약하여 가공이 곤란한 동의 종류는?
① 전기동   ② 정련동   ③ 탈산동   ④ 무산소동

문제 57. 게이지 블록이나 마이크로미터 측정면의 평면도를 측정하는데 가장 적합한 측정기는?
① 공구현미경   ② 옵티컬 플랫   ③ 사인바   ④ 정반

문제 58. 유압 작동유의 점도가 높을 때 나타나는 현상으로 틀린 것은?
① 동력손실의 증대
② 내부 마찰의 증대와 온도상승
③ 펌프 효율 저하에 따른 온도 상승
④ 장치의 파이프 저항에 의한 압력 증대

문제 59. 다음 중 프레스 가공에서 전단가공이 아닌 것은?
① 블랭킹(blanking)
② 펀칭(punching)
③ 트리밍(trimming)
④ 스웨이징(swaging)

문제 60. 유압 펌프의 실제 토출 압력이 $500 kgf/cm^2$, 실제 펌프 토출량이 $200 cm^2/s$, 펌프의 전 효율이 0.9일 때 펌프축이 구동하는 데 필요한 동력은 약 몇 kW인가?
① 10.9   ② 14.8   ③ 21.8   ④ 29.6

해답 53. ③ 54. ① 55. ① 56. ① 57. ② 58. ③ 59. ④ 60. ①

전기제어공학

문제 61. 전원 전압을 일정하게 유지하기 위하여 사용되는 다이오드로 가장 옳은 것은?
① 제너 다이오드　　　　　② 터널 다이오드
③ 발광 다이오드　　　　　④ 바랙터 다이오드

문제 62. 3상유도 전동기의 출력이 5kW, 전압 200V, 역률 80%, 효율이 90%일 때 유입되는 선전류는 약 몇 A인가?
① 14　　② 17　　③ 20　　④ 25

문제 63. 탄성식 압력계에 해당되는 것은?
① 경사관식　② 압전기식　③ 환상평형식　④ 벨로우즈식

문제 64. 보일러와 자동연소제어가 속하는 제어는?
① 비율제어　② 추치제어　③ 추종제어　④ 정치제어

문제 65. 그림과 같은 블록선도에서 $\dfrac{X_3}{X_1}$ 를 구하면?

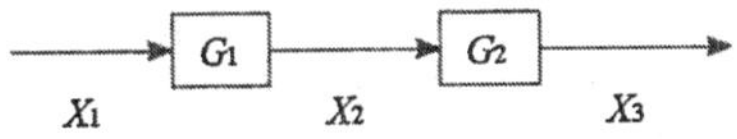

$$X_1 \rightarrow \boxed{G_1} \xrightarrow{X_2} \boxed{G_2} \rightarrow X_3$$

① G_1+G_2　② G_1-G_2　③ $G_1 \cdot G_2$　④ $\dfrac{G_1}{G_2}$

문제 66. 조절계의 조절요소에서 비례미분 제어에 관한 기호는?
① P　　② PI　　③ PD　　④ PID

문제 67. 비례적분미분 제어를 이용했을 때의 특징에 해당되지 않는 것은?
① 정정 시간을 적게 한다.　　　　② 응답이 안정성이 작다.
③ 잔류 편차를 최소화 시킨다.　　④ 응답의 오버슈트를 감소시킨다.

문제 68. 유도전동기에 인가되는 전압과 주파수를 동시에 변환시켜 직류전동기와 동등한 제어 성능을 얻을 수 있는 제어방식은?
① VVVF방식　　　　　　② 교류 궤환 제어방식
③ 교류 1단 속도제어방식　　④ 교류 2단 속도제어방식

해답 61. ①　62. ③　63. ④　64. ①　65. ③　66. ③　67. ②　68. ①

문제 69. 100V용 전구 30W와 60W 두 개를 직렬로 연결하고 직류 100V 전원에 접속하였을 때, 두 전구의 상태로 옳은 것은?
① 30W 전구가 더 밝다.
② 60W 전구가 더 밝다.
③ 두 전구의 밝기가 모두 같다.
④ 두 전구가 모두 켜지지 않는다.

문제 70. 정현파 전압 V = 220√2 sin(ωt+30°)V보다 위상이 90° 뒤지고, 최대값이 20A인 정현파 전류의 순시값은 몇 A인가?
① 20sin(ωt-30°)
② 20sin(ωt-60°)
③ 20√2 sin(ωt+60°)
④ 20√2 sin(ωt-60°)

문제 71. 피드백 제어계의 제어장치에 속하지 않는 것은?
① 설정부 ② 조절부 ③ 검출부 ④ 제어대상

문제 72. 그림과 같은 펄스를 라플라스 변환하면 그 값은?

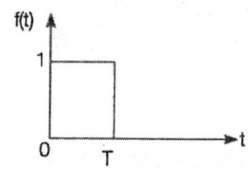

① $\frac{1}{T}(\frac{1-e^{TS}}{S})$
② $\frac{1}{T}(\frac{1+e^{TS}}{S})$
③ $\frac{1}{S}(1-e^{-TS})$
④ $\frac{1}{S}(1+e^{TS})$

문제 73. 어떤 저항에 전화 100V, 전류 50A를 5분간 흘렸을 때 발생하는 열량은 약 몇 kcal인가?
① 90 ② 180 ③ 360 ④ 720

문제 74. 빛의 양(조도)에 의해서 동작되는 CdS를 이용한 센서에 해당되는 것은?
① 저항 변화형 ② 용량 변화형 ③ 전압 변화형 ④ 인덕턴스 변화형

문제 75. 평행한 두 도체에 같은 방향의 전류를 흘렸을 때 두 도체 사이에 작용하는 힘은?
① 흡인력
② 반발력
③ $\frac{I}{2\pi r}$의 힘
④ 힘이 작용하지 않는다.

문제 76. A=6+j8, B=20∠60°일 때 A+B를 직각 좌표 형식으로 표현하면?
① 16+j18 ② 26+j28 ③ 16+j25.32 ④ 23.32+j18

해답 69. ① 70. ② 71. ④ 72. ③ 73. ③ 74. ① 75. ① 76. ③

문제 77. 내부저항 90Ω, 최대 지시값 100μA의 직류 전류계로 최대 지시값 1mA를 측정하기 위한 분류기 저항은 몇 Ω인가?
① 9　　　② 10　　　③ 90　　　④ 100

문제 78. 서보기구에서 주로 사용하는 제어량은?
① 전류　　　② 전압　　　③ 방향　　　④ 속도

문제 79. 단면적 $S(m^2)$를 통과하는 자속을 (Φ)Wb라 하면 자속밀도 $B(Wb/m^2)$를 나타낸 식으로 옳은 것은?
① $B = S\Phi$　　　② $B = \dfrac{\Phi}{S}$　　　③ $B = \dfrac{S}{\Phi}$　　　④ $\dfrac{\Phi}{\mu S}$

문제 80. 논리식 $\overline{X} \cdot Y + \overline{X} \cdot \overline{Y}$ 를 정리하면?
① $\overline{X}$　　　② $\overline{Y}$　　　③ 0　　　④ $X + Y$

해답 77. ②　78. ③　79. ②　80. ①

승강기 개론

(2017. 5. 7. 기사 시행)

문제 1. 기계실 출입문은 보수관리 및 방재를 고려하여 장금장치가 있는 금속재 문을 설치해야 하는데, 이 출입문의 최소규격은 얼마인가?
① 폭 0.6m 이상, 높이 1.7m 이상
② 폭 0.7m 이상, 높이 1.8m 이상
③ 폭 0.8m 이상, 높이 1.9m 이상
④ 폭 0.9m 이상, 높이 2.0m 이상

문제 2. 1:1로핑에서 2:1 로핑 방법으로 전환하려고 한다. 2:1일 때의 로핑 장력은 1:1일 때와 비교하면 어떻게 되는가?
① $\frac{1}{2}$로 감소된다.
② $\frac{1}{4}$로 감소된다.
③ 2배로 증가한다.
④ 4배로 증가한다.

문제 3. 경사도 α가 30°를 초과하고 35° 이하인 에스컬레이터의 공칭 속도는 몇 (m/s) 이하이어야 하는가?
① 0.5 ② 0.75 ③ 1 ④ 1.5

문제 4. 정차 작동형 비상정지장치의 평균 감속도를 구하는 식으로 옳은 것은? (단, V는 충돌 속도(m/s), T는 감속시간(s)이다.)
① $\beta = \frac{T}{9.8 \times V}$
② $\beta = \frac{V}{9.8 \times T}$
③ $\beta = \frac{9.8 \times v}{T}$
④ $\beta = \frac{9.8 \times T}{V}$

문제 5. 기계실에 설치되는 콘센트는 몇 개 이상 설치되어야 하는가?
① 1 ② 2 ③ 3 ④ 4

문제 6. 가이드 레일의 규격을 결정하는 데 고려해야 할 요소로 가장 적당한 것은?
① 엘리베이터의 속도
② 엘리베이터의 종류
③ 완충기 충돌시 충격하중
④ 비상정지장치 작동시 좌굴하중

문제 7. 정상 조명전원이 차단될 경우 조명의 조도와 전원을 공급할 수 있는 자동 재충전 예비전원 공급장치의 동작시간으로 옳은 것은?
① 1Lx 이상, 30분
② 1Lx 이상, 60분
③ 2Lx 이상, 30분
④ 2Lx 이상, 60분

해답 1. ② 2. ① 3. ① 4. ② 5. ① 6. ④ 7. ④

문제 8. 유압식 엘리베이터의 사용 장소로 틀린 것은?
① 고층건물 중간층 간 교통으로 사용한다.
② 일조권과 고도제한 규제가 있는 곳에 사용한다.
③ 소용량이며 승강 행정이 긴 승객용 엘리베이터에 주로 사용한다.
④ 지하나 옥상 주차장으로 자동차를 승강시키는 자동차용 엘리베이터로 사용한다.

문제 9. 엘리베이터용 주로프에 대한 설명으로 틀린 것은?
① 구조적 신율이 커야 된다.
② 그리스 저장 능력이 뛰어나야 한다.
③ 강선 속의 탄소량을 적게 하여야 한다.
④ 내구성 및 내부식성이 우수하여야 한다.

문제 10. 미리 설정한 방향으로 설정치를 초과한 상태로 과도하게 유체 흐름이 증가하여 밸브를 통과하는 압력이 떨어지는 경우 자동으로 차단하도록 설계된 밸브는?
① 체크 밸브   ② 럽처 밸브
③ 차단 밸브   ④ 릴리프 밸브

문제 11. 2~3대의 엘리베이터를 병설하여 운행관리하며, 한 개의 승강장 버튼의 부름에 대하여 한 대의 카만 응답하여 불필요한 정지를 줄이고 일반적으로 부름이 없을 때에는 다음 부름에 대비하여 분산 대기하는 방식은?
① 군 관리 방식   ② 군 승합 자동식
③ 승합 전자동식   ④ 하강 승합 전자동식

문제 12. 비상용 엘리베이터의 예비전원은 몇 시간 이상 엘리베이터 운전이 가능하여야 하는가?
① 30분   ② 1시간
③ 1시간 30분   ④ 2시간

문제 13. 엘리베이터의 설치 형태 및 카 구조에 의한 분류에 적합하지 않는 것은?
① 육교용 엘리베이터   ② 전망용 엘리베이터
③ 선박용 엘리베이터   ④ 장애자용 엘리베이터

문제 14. 전자-기계 브레이크는 자체적으로 카가 정격속도로 정격하중의 몇 %를 싣고 하강방향으로 운행될 때 구동기를 정지시킬 수 있어야 하는가?
① 100   ② 110
③ 115   ④ 125

해답 8. ③ 9. ① 10. ② 11. ② 12. ④ 13. ④ 14. ④

문제 15. 레일을 죄는 힘이 처음에는 약하게 작용하다가 하강함에 따라 점점 강해지다가 얼마 후 일정한 값에 도달하는 비상정지장치는?
① 즉시 작동형
② 플랙시블 웨지 클램프(F.W.C) 형
③ 플랙시블 가이드 클램프(F.G.C) 형
④ 슬랙 로프 세이프티(Slack Rope Safety) 형

문제 16. 전동발전기(M-G세트)의 계자를 제어해서 엘리베이터를 제어하는 방식은?
① VVF 제어방식
② 교류 궤환 제어방식
③ 정지 레오나드 방식
④ 워드 레오나드 방식

문제 17. 권동식 권상기의 경우 카가 최하층을 지나쳐 완충기에 충돌하면, 와이어로프가 늘어나 와이어로프 이탈과 전동기 과회전 등의 문제가 발생할 수 있으므로 이 와이어로프의 늘어남을 검출하여 동력을 차단하는 장치는?
① 정지 스위치
② 역·결상 검출기
③ 로프 이완 스위치
④ 문 닫힘 안전장치

문제 18. 트렉션 비(traction ratio)를 옳게 설명한 것은?
① 트렉션 비는 1.0 이하의 수치가 된다.
② 트렉션 비의 값이 낮아지면 로프의 수명이 길어진다.
③ 카 측과 균형추 측의 중량의 차이를 크게 하면 전동기 출력을 줄일 수 있다.
④ 카 측 로프에 걸린 중량과 균형추 측 로프에 걸린 중량의 합을 말한다.

문제 19. 도어 머신의 요구 성능에 대한 설명으로 틀린 것은?
① 가격이 저렴하여야 한다.
② 작동이 원활하고 정숙하여야 한다.
③ 승강장에 설치하므로 대형이어야 한다.
④ 동작 횟수가 엘리베이터의 기동횟수의 2배가 되므로 보수가 용이하여야 한다.

문제 20. 에스컬레이터의 특징으로 틀린 것은?
① 기다리는 시간 없이 연속적으로 수송이 가능하다.
② 백화점과 마트 등 설치 장소에 따라 구매의욕을 높일 수 있다.
③ 전동기 기동 시 대전류에 의한 부하 전류의 변화가 엘리베이터에 비하여 많아 전원설비 부담이 크다.
④ 건축상으로 점유 면적이 적고 기계실이 필요하지 않으며 건물에 걸리는 하중이 각 층에 분산 분담되어 있다.

해답 15. ② 16. ④ 17. ③ 18. ② 19. ③ 20. ③

승강기 설계

문제 21. 제어반의 기기 중 전동기 등 사용기기의 단락으로 인한 과전류를 감지하여 사고의 확대를 방지하고 전원측의 배선 및 변압기 등의 소손을 방지하는 역할을 하는 기기는?
① 전자 접촉기　② 배선용 차단기　③ 리미트 스위치　④ 제어용 계전기

문제 22. 길이 ℓ, 단면적 A인 균일 단면봉이 인장하중 W를 받아 λ만큼 늘어났을 때 상관관계를 옳게 나타낸 것은? (단 E는 세로 탄성계수이다.)
① $E = \dfrac{W\ell}{A\lambda}$　② $E = \dfrac{W\lambda}{A\ell}$　③ $E = \dfrac{A\lambda}{W\ell}$　④ $E = \dfrac{A\ell}{W\lambda}$

문제 23. 엘리베이터에서 카 틀의 구성요소가 아닌 것은?
① 상부체대　② 하부체대　③ 스프링 버퍼　④ 브레이스 로드

문제 24. 예상 정지수 9, 도어 개폐시간 3초, 승객 출입시간 32초, 주행시간 55초일 때 일주시간은 약 몇 초인가?
① 114　② 120　③ 125　④ 155

문제 25. 전동기 출력이 15kW, 전부하 회전수가 1,200rpm일 때, 전부하 토크는 약 몇 kg·m인가?
① 12.2　② 12.5　③ 13.2　④ 13.5

문제 26. 동력 전원설비 용량을 산출하는 데 필요한 요소가 아닌 것은?
① 전압강하　② 주위온도　③ 감속전류　④ 전압강하계수

문제 27. 카 무게 2,000kg, 적재용량 1,500kg, 제어케이블 무게 50kg, 오버밸런스율 40%, 균형추틀 무게 200kg, 조정 웨이트 무게 25kg/개, 가감 웨이트 무게 50kg/개일 경우 가감 웨이트는 몇 개가 필요한가? (단, 조정 웨이트 수량은 1개이다.)
① 42　② 44　③ 46　④ 48

문제 28. 로프의 안전계수 12, 최대 사용응력 500kg/cm²인 엘리베이터에서 로프의 인장강도는 몇 kg/cm²인가?
① 3,000　② 4,000　③ 5,000　④ 6,000

해답 21. ②　22. ①　23. ③　24. ②　25. ①　26. ③　27. ④　28. ④

문제 29. 가이드레일 브래킷에 작용하는 앵커볼트의 인발하중을 옳게 나타낸 것은?

① 앵커볼트의 인발하중 ≤ 앵커볼트의 인발응력

② 앵커볼트의 인발하중 ≤ $\dfrac{앵커볼트의 인발응력}{2}$

③ 앵커볼트의 인발하중 ≤ $\dfrac{앵커볼트의 인발응력}{4}$

④ 앵커볼트의 인발하중 ≤ $\dfrac{앵커볼트의 인발응력}{6}$

문제 30. 엘리베이터의 수송능력은 일반적으로 몇 분간의 수송능력을 기준으로 하는가?
① 5분　　② 10분　　③ 30분　　④ 60분

문제 31. 그림과 같은 도르래 장치의 표시로 옳은 것은?

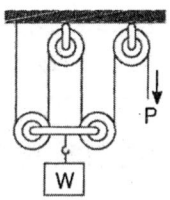

① 2:1로핑, $P = \dfrac{W}{2}$　　② 4:1로핑, $P = \dfrac{W}{4}$

③ 2:1로핑, $P = W$　　④ 4:1로핑, $P = \dfrac{W}{2}$

문제 32. 기계실의 조명 및 환기시설에 관한 설명으로 옳은 것은?
① 전기조명은 구동기에 공급되는 전원과는 독립적이어야 한다.
② 조도는 배치된 기기로부터 1m 거리에서 100Lx 이상이어야 한다.
③ 실온은 원칙적으로 40°C 초과를 유지할 수 있어야 한다.
④ 조명 스위치는 쉽게 조명을 점멸할 수 있도록 기계실 제어반 가까이에 설치한다.

문제 33. 카 자중 2,000kg, 적재하중 1,100kg인 승객용 엘리베이터의 지진에 의해 카측 가이드레일에 작용하는 하중(P_X)는 몇 kg인가? (단 P_X는 가이드레일의 X방향 하중(kg), 저감률은 0.25, 수평진도는 0.6, 상·하 가이드 슈의 하중비는 0.6이다.)
① 586　　② 654　　③ 715　　④ 819

문제 34. 유압식 엘리베이터에 있어서 유량제어밸브를 주회로에 삽입하여 유량을 직접 제어하는 회로는 어느 것인가?
① 파일럿(Pilot) 회로　　② 바이패스(Bypass) 회로
③ 미터 인(Meter in) 회로　　④ 블리드 오프(Bleed off) 회로

해답 29. ③　30. ①　31. ②　32. ①　33. ④　34. ③

문제 35. 엘리베이터 감시반에 관한 설명 중 가장 관계가 먼 것은?
① 호기별 주행, 정지상태와 승강기의 이상 유.무를 표시하기도 한다.
② 많은 대수의 엘리베이터, 에스컬레이터 등을 효율적으로 운전하기 위해 설치한다.
③ 보통 중앙관리실에 설치되어 있고, 엘리베이터 고장 시 승객의 안전과 신속한 구출에 큰 목적이 있다.
④ 여러 대의 승강기일 경우 감시반을 반드시 설치하여야 하며 카에 탑승한 사람의 불필요한 행동을 감시하고 방범활동을 하기도 한다.

문제 36. 정격속도 1m/s를 초과하여 운행 중인 엘리베이터 카문을 수동으로 개방하는데 필요한 힘은 얼마 이상이어야 하는가? (단, 잠금해제 구간에서는 제외한다.)
① 30N ② 50N ③ 150N ④ 300N

문제 37. 유압식 엘리베이터의 압력 릴리프 밸브는 압력을 전 부하 압력의 몇 %까지 제한하도록 맞추어 조절되어야 하는가?
① 125 ② 130 ③ 135 ④ 140

문제 38. 전기식 엘리베이터에서 카틀 및 카바닥을 설계할 때 비상시 작용하는 하중으로 고려야 하지 않는 것은?
① 적재중 하중 ② 지진 시 하중
③ 완충기 동작 시 하중 ④ 비상정지장치 작동 시 하중

문제 39. 화물용 엘리베이터이 정격하중은 카의 면적 $1m^2$당 몇 kg인가?
① 100 ② 150 ③ 250 ④ 300

문제 40. 엘리베이터의 지진에 대한 대책 중 가장 우선적으로 고려하여야 할 사항은?
① 관제운전 장치의 설치
② 가이드 레일에 대한 보강대책
③ 승강로 내의 돌출물에 대한 대책
④ 주로프의 도르래로부터의 벗겨짐 방지대책

일반기계공학

문제 41. 다음 중 가장 큰 회전력을 전달시킬 수 있는 키는?
① 납작 키(flat key) ② 둥근 키(round key)
③ 안장 키(saddle key) ④ 접선 키(tangential key)

해답 35. ④ 36. ② 37. ④ 38. ① 39. ③ 40. ① 41. ④

문제 42. 유압 펌프의 종류 중 용적형 펌프가 아닌 것은?
① 기어펌프 ② 베인펌프
③ 축류 펌프 ④ 회전 피스톤 펌프

문제 43. 불활성 가스를 사용하는 용접법은?
① 심 용접 ② 마찰 용접 ③ TIG 용접 ④ 초음파 용접

문제 44. 다음 중 안전율을 가장 올바르게 나타낸 것은?
① $\dfrac{기준강도}{허용응력}$ ② $\dfrac{인장강도}{항복응력}$ ③ $\dfrac{허용강도}{인장응력}$ ④ $\dfrac{항복응력}{인장강도}$

문제 45. 다음 중 커넥팅 로드와 같이 형상이 복잡한 것을 소성 가공하는 방법으로 가장 적합한 것은?
① 압연(rolling) ② 인발(drawing)
③ 전조(roll forming) ④ 형 단조(die forging)

문제 46. 유효지름 38mm, 피치 8mm, 접촉부 마찰계수가 0.1인 1줄 사각나사의 효율은 약 몇 %인가?
① 21.4 ② 27.7 ③ 39.8 ④ 44.2

문제 47. 밀폐된 용기 안에서 유체에 작용하는 압력이 모든 방향으로 동일하게 작용되는 원리는?
① 파스칼의 원리 ② 베르누이의 원리
③ 오리피스의 원리 ④ 보일-샤를의 원리

문제 48. 그림과 같이 2개의 연강봉에 같은 인장하중을 받을 때, 각 봉의 탄성 변형에너지 비 $u_1 : u_2$는? (단, 그림에서 길이 단위는 mm이고, 왼쪽 봉의 탄성변형 에너지가 u_1, 오른쪽 봉의 탄성변형 에너지가 u_2이다.)

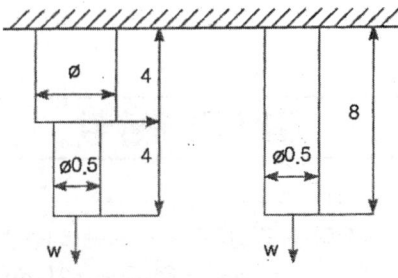

① 3:8 ② 5:8 ③ 8:3 ④ 8:5

문제 49. 동일 재료의 축 A, B의 길이는 동일하고 지름이 각각 d, 2d일 경우, 같은 각도만큼 비틀림 변형시키는 데 필요한 비틀림 모멘트 비 $\dfrac{T_A}{T_B}$의 값은?

① $\dfrac{1}{2}$ ② $\dfrac{1}{4}$ ③ $\dfrac{1}{8}$ ④ $\dfrac{1}{16}$

문제 50. 체인전동 장치의 일반적인 특징으로 틀린 것은?
① 윤활이 필요하다.
② 진동과 소음이 거의 없다.
③ 전동 효율이 95% 이상으로 좋다.
④ 미끄럼이 없는 일정한 속도비를 얻을 수 있다.

문제 51. 중실 축에 가해지는 토크가 T이고, 축지름이 d일 때 이 축에 발생하는 최대전단응력을 나타내는 식은?

① $T_{max} = \dfrac{32T}{\pi d^3}$ ② $T_{max} = \dfrac{16T}{\pi d^3}$ ③ $T_{max} = \dfrac{T}{\pi d^3}$ ④ $T_{max} = \dfrac{T}{16\pi d^3}$

문제 52. 다음 중 육면체의 평행도나 원통의 진원도 측정에 가장 적합한 측정기는?
① 각도 게이지   ② 다이얼 게이지
③ 하이트 게이지   ④ 버니어 캘리퍼스

문제 53. 그림과 같은 드럼에서 75N·m의 토크가 작용하고 있는 경우 레버 끝에서 200N의 힘을 가하여 제동하려면 이 드럼의 지름은 약 몇 mm이어야 하는가? (단, 브레이크 블록과 드럼 사이의 마찰 계수(μ)는 0.2이고 그림에서 길이 단위는 mm이다)

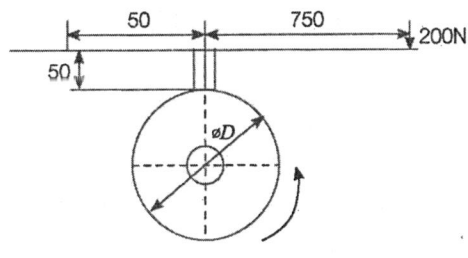

① 475 ② 526 ③ 584 ④ 615

문제 54. 합금 주철에 포함된 각 합금 원소의 설명으로 틀린 것은?
① Ti은 강한 탈산제 역할을 한다.
② Mo은 흑연화 촉진제 역할을 한다.
③ Cr은 흑연화를 방지하고, 탄화물을 안정시킨다.
④ Ni은 흑연화를 촉진하고 두꺼운 주물 부분의 조직이 거칠어지는 것을 방지한다.

해답 49. ④ 50. ② 51. ② 52. ② 53. ③ 54. ②

문제 55. 절삭가공 시 구성인선(built up edge)을 방지하기 위한 대책으로 틀린 것은?
① 경사각(rake angle)을 작게 할 것
② 절삭 깊이(cut of depth)를 작게 할 것
③ 절삭 속도(cutting speed)를 크게 할 것
④ 공구의 인선(cutting edge)을 예리하게 할 것

문제 56. 30,000N·mm의 비틀림 모멘트와 20,000N·mm의 굽힘 모멘트를 동시에 받는 축의 상당굽힘모멘트는 약 몇 N·mm인가?
① 8,027 ② 14,028 ③ 28,027 ④ 56,054

문제 57. 합성수지에 대한 일반적인 설명으로 틀린 것은?
① 내화성 및 내열성이 좋지 않다.
② 가공성이 좋고 성형이 간단하다.
③ 투명한 것이 있으며 착색이 자유롭다.
④ 비중 대비 강도 및 강성이 낮은 편이다.

문제 58. 알루미늄에 Cu, Mg, Mn을 첨가한 합금으로 경량이면서 담금질 시효경과처리에 의해 강과 같은 높은 강도를 가진 것은?
① 두랄루민 ② 바이메탈 ③ 하이드로날륨 ④ 엘린바

문제 59. 다음 그림에서 나타내는 유압 회로도의 명칭은?

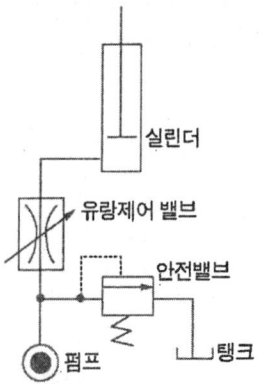

① 시퀀스 회로 ② 미터 인 회로
③ 브레이크 회로 ④ 미터 아웃 회로

문제 60. 주조할 때 금형에 접촉된 표면을 급냉시켜 표면은 백선화되어 단단한 층이 형성되고, 금속의 내부는 서냉되어 강인한 성질의 주철이 되는 것은?
① 회주철 ② 칠드 주철 ③ 가단 주철 ④ 구상 흑연 주철

해답 55. ① 56. ③ 57. ④ 58. ① 59. ② 60. ②

전기제어공학

문제 61. $\frac{3}{2}\pi(\text{rad})$ 단위를 각도(°) 단위로 표시하면 얼마인가?
① 120°   ② 240°   ③ 270°   ④ 260°

문제 62. 논리식 중 동일한 값을 나타내지 않는 것은?
① $X(X+Y)$ ② $XY+X\overline{Y}$
③ $X(\overline{X}+Y)$ ④ $(X+Y)(X+\overline{Y})$

문제 63. 궤환 제어계에 속하지 않는 신호로서, 외부에서 제어량이 그 값에 맞도록 제어계에 주어지는 신호를 무엇이라 하는가?
① 목표값   ② 기준입력   ③ 동작신호   ④ 궤환신호

문제 64. 3상 권선형 유도 전동기 2차측에 외부저항을 접속하여 2차 저항값을 증가시키면 나타나는 특성으로 옳은 것은?
① 슬립 감소   ② 속도 증가   ③ 기동토크 증가   ④ 최대토크 증가

문제 65. RLC가 서로 직렬로 연결되어 있는 회로에서 양단의 전압과 전류가 동상이 되는 조건은?
① $\omega = LC$ ② $\omega = L^2C$ ③ $\omega = \frac{1}{LC}$ ④ $\omega = \frac{1}{\sqrt{LC}}$

문제 66. 무인 커피 판매기는 무슨 제어인가?
① 서보기구   ② 자동조정   ③ 시퀀스 제어   ④ 프로세스 제어

문제 67. 단상 변압기 3대를 △ 결선하여 3상 전원을 공급하다가 1대의 고장으로 인하여 고장난 변압기를 제거하고 V결선으로 바꾸어 전력을 공급할 경우 출력은 당초 전력의 약 몇 %까지 가능하겠는가?
① 46.7   ② 57.7   ③ 66.7   ④ 86.7

문제 68. 도체를 늘려서 길이가 4배인 도선을 만들었다면 도체의 전기저항은 처음의 몇 배인가?
① $\frac{1}{4}$ ② $\frac{1}{16}$ ③ 4   ④ 16

해답 61. ③ 62. ③ 63. ① 64. ③ 65. ④ 66. ③ 67. ② 68. ④

문제 69. 제어기기의 변환요소에서 온도를 전압으로 변환시키는 요소는?
① 열전대 ② 광전지 ③ 벨로무즈 ④ 가변 저항기

문제 70. 공작 기계를 이용한 제품 가공을 위해 프로그램을 이용하는 제어와 가장 관계 깊은 것은?
① 속도제어 ② 수치제어 ③ 공정제어 ④ 최적제어

문제 71. 콘덴서의 정전용량을 높이는 방법으로 틀린 것은?
① 극판의 면적을 넓게 한다.
② 극판 간의 간격을 작게 한다.
③ 극판 간의 절연파괴 전압을 작게 한다.
④ 극판 사이의 유전체를 비유전율이 큰 것으로 사용한다.

문제 72. 다음 (a), (b) 두 개의 블록선도가 등가가 되기 위한 K는?

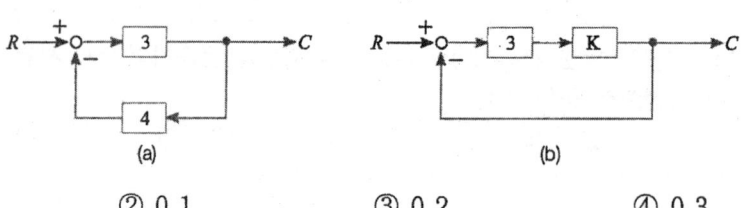

① 0 ② 0.1 ③ 0.2 ④ 0.3

문제 73. 출력의 변동을 조정하는 동시에 목표값에 정확히 추종하도록 설계한 제어계는?
① 타력제어 ② 추치제어 ③ 안정제어 ④ 프로세서 제어

문제 74. 광전형 센서에 대한 설명으로 틀린 것은?
① 전압 변화형 센서이다.
② 포토 다이오드, 포토 TR 등이 있다.
③ 반도체의 PN 접합 기전력을 이용한다.
④ 초전 효과(pyroelectric effect)를 이용한다.

문제 75. 계측기 선정시 고려사항이 아닌 것은?
① 신뢰도 ② 정확도 ③ 미려도 ④ 신속도

문제 76. 전압, 전류, 주파수 등의 양을 주로 제어하는 것으로 응답속도가 빨라야 하는 것이 특징이며, 정전압장치나 발전기 및 조속기의 제어 등에 활용하는 제어방법은?
① 서보기구 ② 비율 제어 ③ 자동 조정 ④ 프로세스 제어

해답 69. ① 70. ② 71. ③ 72. ② 73. ② 74. ④ 75. ③ 76. ③

문제 77. 타력제어와 비교한 자력제어의 특징 중 틀린 것은?
① 저비용 ② 구조 간단 ③ 확실한 동작 ④ 빠른 조작 속도

문제 78. 그림 (a)의 직렬로 연결된 저항회로에서 입력전압 V_1과 출력전압 V_0의 관계를 그림(b)의 신호 흐름선도로 나타낼 때 A에 들어갈 전달함수는?

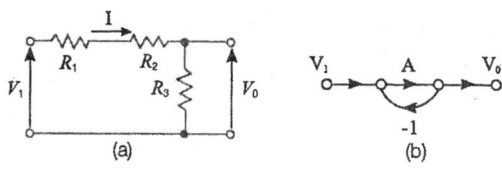

① $\dfrac{R_3}{R_1+R_2}$ ② $\dfrac{R_1}{R_2+R_3}$ ③ $\dfrac{R_2}{R_1+R_3}$ ④ $\dfrac{R_3}{R_1+R_2+R_3}$

문제 79. L=4H인 인덕턴스에 i=-30e^{-3t}A의 전류가 흐를 때 인덕턴스에 발생하는 단자전압은 몇 V인가?
① $90e^{-3t}$ ② $120e^{-3t}$ ③ $180e^{-3t}$ ④ $360e^{-3t}$

문제 80. 그림과 같은 계전기 접점 회로의 논리식은?

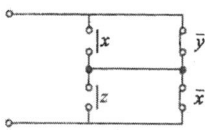

① $xz+\overline{yx}$ ② $xy+z\overline{x}$ ③ $(x+\overline{y})(z+\overline{x})$ ④ $(x+z)(\overline{y}+\overline{x})$

승강기 개론

(2018. 3. 4. 시행)

문제 1. 스트렌트의 꼬는 방향과 로프의 꼬는 방향이 반대이고, 소선과 외부의 접촉면이 짧아 마모에 의한 영향은 어느 정도 많지만, 꼬임이 잘 풀리지 않으므로 일반적으로 많이 사용되는 로프꼬임 방식은?
① 보통 Z꼬임   ② 보통 S꼬임   ③ 랭그 Z꼬임   ④ 랭그 S꼬임

문제 2. 비상용 엘리베이터는 정전 시 최대 몇 초 이내에 운행에 필요한 전력용량을 보조 전원공급장치에 의해 자동으로 발생시켜야 하며 또한 최소 몇 시간 이상 운행 할 수 있어야 하는가?
① 40초, 1시간   ② 40초, 2시간   ③ 60초, 1시간   ④ 60초, 2시간

문제 3. 즉시 작동식 비상정지장치가 작동할 때 정지력과 거리에 대한 그래프로 옳은 것은?

① 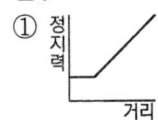   ② 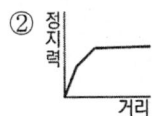   ③ 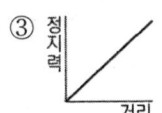   ④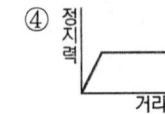

문제 4. 승강기의 조작방식 중 일반적으로 가장 많이 사용하는 방식은?
① 카스위치식   ② 단식자동방식   ③ 승합전자동식   ④ 하강승합전자동식

문제 5. 에스컬레이터의 스커트가 스텝 및 팔레트 또는 벨트 측면에 위치한 곳에서 수평틈새는 각 측면에서 최대 몇 mm 이하 이어야 하는가?
① 3   ② 4   ③ 5   ④ 6

문제 6. 소방운전 제어에 대한 설명으로 틀린 것은?
① 카 문닫힘 안전장치는 무효화되어야 한다.
② 소방수가 임의의 층에서 직접 소방운전 상태로 들어갈 수 있다.
③ 2개 이상의 카 운행 층이 동시에 등록되는 것은 가능하지 않아야 한다.
④ 엘리베이터 카를 등록된 층으로 운행시키고 등록된 층에 문이 닫힌 상태로 정지시켜야 한다.

해답 1.① 2.④ 3.③ 4.③ 5.② 6.②

문제 7. 카가 완전히 압축된 완충기 위에 있을 때 피트에는 최소 얼마 이상의 장방형 블록을 수용할 수 있어야 하는가?
① 0.5m × 0.6m × 0.8m
② 0.5m × 0.6m × 1.0m
③ 0.4m × 0.5m × 0.8m
④ 0.4m × 0.5m × 1.0m

문제 8. 카측 로프가 매달고 있는 중량과 균형추측의 로프가 매달고 있는 중량의 비는?
① 균형비
② 부하율
③ 트랙션비
④ 밸런스율

문제 9. 유압 파워 유니트와 유압잭의 압력배관 중간에 설치하여 보수점검 또는 수리를 할 때 유압잭에서 불필요하게 작동유가 흘러나오는 것을 방지하는 것은?
① 체크밸브
② 스톱밸브
③ 사이렌서
④ 하강용 유량제어밸브

문제 10. 엘리베이터용으로 일반 와이어로프에 비해 소선의 탄소량이 적고, 경도가 낮으며 파단 강도가 $135 kgf/mm^2$인 와이어로프의 종은?
① E종
② A종
③ B종
④ G종

문제 11. 에스컬레이터의 경사도는 일반적인 경우 최대 몇 도 이하로 하여야 하는가?
① 20
② 30
③ 40
④ 50

문제 12. 록다운 비상정지장치를 설치해야 하는 엘리베이터의 속도 기준으로서의 옳은 것은?
① 정격속도 105m/min 초과
② 정격속도 180m/min 초과
③ 정격속도 210m/min 초과
④ 정격속도 240m/min 초과

문제 13. 카 바닥의 전·후·좌·우의 수평을 유지시키는 데 사용되는 부품은?
① 카틀
② 상부체대
③ 하부체대
④ 경사지지 봉(Brace Rod)

문제 14. 카 무게가 $800kg$이고, 적재하중이 $600kg$인 승객용 엘리베이터에서 오버밸런스율을 40%로 할 경우, 균형추 무게는 몇 kg이 되는가?
① 960
② 1070
③ 1130
④ 1400

해답 7.② 8.③ 9.② 10.① 11.② 12.③ 13.④ 14.②

문제 15. 도어시스템 중 모터의 회전을 감속하고 암이나 로프 등을 구동하여 도어를 개폐하는 장치는?
① 도어 머신 ② 도어 클로저 ③ 도어 인터록 ④ 도어 보호장치

문제 16. 로프가 느슨해지면 로프의 장력을 검출하여 동력을 끊어주는 안전장치는?
① 정지스위치 ② 리미트스위치
③ 록다운 비상스위치 ④ 권동식 로프 이완스위치

문제 17. 케이지의 실속도와 지령속도를 비교하여 사이리스터의 점호각을 바꿔 유도전동기의 속도를 제어하는 방식은?
① 교류 궤한제어 ② 정지 레오나드방식
③ 교류 일단 속도제어 ④ 교류이단 속도제어

문제 18. 90m/min인 권상 구동식 엘리베이터에서 균형추가 완전히 압축된 완충기 위에 있을 때 카 가이드레일 길이는 최소 몇 m 이상 연장되어야 하는가?
① 0.135 ② 0.175 ③ 1.135 ④ 1.175

문제 19. 카의 정격속도가 60m/min인 스프링 완충기의 최소행정(mm)은?
① 64 ② 100 ③ 125 ④ 150

문제 20. 유압식엘리베이터에 사용되는 체크밸브의 역할은?
① 기름을 하강방향으로만 흐르게 한다.
② 기름에 이물질이 있는지를 체크하여 동작한다.
③ 실린더의 기름을 파워 유니트로 역류하는 것을 방지한다.
④ 기름을 한쪽 방향으로만 흐르게 하고 정전이나 그 이외의 원인으로 토출 압력이 떨어져서 실린더내의 오일이 역류하여 급강하 하는 것을 방지한다.

승강기설계

문제 21. 엘리베이터의 배치계획 시 고층용과 저층용이 마주보는 2뱅크로 배치되어 있는 엘리베이터의 경우 대면거리는 최소 몇 m 이상인가?
① 3 ② 4 ③ 5 ④ 6

해답 15.① 16.④ 17.① 18.② 19.② 20.④ 21.④

문제 22. 전기식 엘리베이터 검사기준에서 비상정지장치가 없는 균형추 또는 평형추의 T형 가드레일에 대해 계산된 최대 하중 휨은 얼마인가?
① 양방향으로 5mm
② 한방향으로 3mm
③ 양방향으로 10mm
④ 한방향으로 10mm

문제 23. 카 비상정지장치가 작동될 때, 부하가 없거나 부하가 균일하게 분포된 카의 바닥은 정상적인 위치에서 최대 몇 %를 초과하여 기울어지지 않아야 하는가?
① 3　　② 4　　③ 5　　④ 6

문제 24. 가이드레일의 설계에 관하여 틀린 것은?
① 레일 브래킷의 간격은 레일의 치수를 고려하여 결정한다.
② 지게차로 불균형한 큰 하중을 적재하는 경우에는 레일 설계 시 고려하여야 한다.
③ 즉시 작동형 비상정지장치가 점차 작동형 비상정지장치보다 좌굴을 일으키기 쉽다.
④ 8% 미만의 연신율을 갖는 재료는 취약성이 너무 높은 것으로 사용되지 않아야 한다.

문제 25. 전기식 엘리베이터에 사용하는 파이널 리미트스위치에 대한 설명으로 틀린 것은?
① 파이널 리미트 스위치는 카가 완충기에 충돌하기 전에 작동되어야 한다.
② 파이널 리미트 스위치의 작동은 완충기가 압축되어 있는 동안 유지되어야 한다.
③ 파이널 리미트 스위치와 일반 종단정지장치는 연동하여 작동되어야 한다.
④ 파이널 리미트 스위치의 작동 후에는 엘리베이터의 정상운전을 위해 자동으로 복귀되지 않아야 한다.

문제 26. 비상용 엘리베이터에 사용되는 감시반의 제어 기능으로 반드시 설치해야 하는 기능은?
① 강제 정지 기능
② 비상 호출 기능
③ 원격 표시 기능
④ 자동 복귀 기능

문제 27. 방범설비의 경보장치에 대한 설명이 틀린 것은?
① 도어를 열고 닫을 때 경보음이 울린다.
② 버튼의 부착장소는 카 내에 1개 설치한다.
③ 경보기의 부착장소는 1층 로비에 설치할 수 있다.
④ 작동은 버튼조작에 의해 소리가 나기 시작하고 관리실에서 차단조작에 의해 정지한다.

해답 22.③　23.③　24.①　25.③　26.②　27.①

문제 28. 화물용 승강기의 바닥면적이 $8m^2$일 경우에 계산된 최소 정격하중(kg)은?
① 500　　② 1000　　③ 1500　　④ 2000

문제 29. 전기적 비상운전 제어에 관한 설명으로 틀린 것은?
① 비상운전 제어 시 카 속도는 0.63m/s 이하이어야 한다.
② 전기적 비상운전은 버튼 순간적인 누름에 의해서도 작동되어야 한다.
③ 전기적 비상운전 스위치는 파이널 리미트 스위치를 유효화시켜야 한다.
④ 전기적 비상운전의 기능은 점검운전의 스위치 조작에 무시되어야 한다.

문제 30. 엘리베이터용 전동기가 갖추어야 할 조건이 아닌 것은?
① 기동토크가 클 것
② 기동전류가 작을 것
③ 회전부분의 관성모멘트가 클 것
④ 온도상승에 대해 열적으로 견딜 것

문제 31. 일반적으로 엘리베이터 기계실의 기계대를 콘크리트로 할 경우 안전율은 최소 얼마 이상인가?
① 4　　② 5　　③ 6　　④ 7

문제 32. 모듈(Module)이 4인 스퍼 외접기어의 잇수가 각각 20, 40 이라고 할 때 양 축간의 중심거리는 얼마(mm)인가?
① 100mm　　② 120mm　　③ 140mm　　④ 160mm

문제 33. 전기식 엘리베이터의 전기적인 절연저항값을 표시한 것 중 옳은 것은?
① 공칭회로전압 500V 이하 : $0.5M\Omega$ 이상
② 공칭회로전압 500V 이하 : $0.3M\Omega$ 이상
③ 공칭회로전압 600V 이하 : $0.5M\Omega$ 이상
④ 공칭회로전압 600V 이하 : $0.3M\Omega$ 이상

문제 34. 전기식 엘리베이터의 점차 작동형 비상정지장치에서 정격하중의 카가 자유낙하할 때 작동하는 평균 감속도는 얼마이어야 하는가?
① $0.1g_n \sim 1g_n$
② $0.1g_n \sim 1.25g_n$
③ $0.2g_n \sim 1g_n$
④ $0.2g_n \sim 1.25g_n$

해답 28.④　29.②　30.③　31.④　32.②　33.①　34.③

문제 35. 700kg/cm²의 인장응력이 발생하고 있을 때 변형률을 측정하였더니 0.0003 이었다. 이 재료의 종탄성계수는 약 몇 kg/cm²인가?
① 2.1×10^4
② 2.3×10^4
③ 2.1×10^6
④ 2.3×10^6

문제 36. 즉시 작동형 비상정지장치의 성능시험 시 흡수할 수 있는 총에너지를 구하는 식을 옳게 나타낸 것은? (단, K: 비상정지장치의 흡수에너지(N-m), (P-Q): 비상정지장치의 허용총중량(kg), h: 낙하거리(m), g_n: 중력가속도(9.8m/s)
① $K = (P+Q)_1 \times g_n \times h$
② $K = \dfrac{(P+Q)_1}{4} \times g_n \times h$
③ $2K = (P+Q)_2 \times g_n \times h$
④ $2K = (P+Q)_1^2 \times g_n \times h$

문제 37. 엘리베이터의 하강속도가 점점 증가하여 200m/min로 되는 순간에 점차 작동형 비상정지장치가 작동하여 0.5초 후에 카가 정지하였다면 평균 감속도는 약 몇 g_n 인가?
① 0.35
② 0.68
③ 0.70
④ 1.0

문제 38. 정격적재량 800kg, 정격속도 60m/min, 오버밸런스율 45%, 권상기의 총효율 60%인 승강기용 전동기의 필요 출력은 약 몇 kW 인가?
① 37
② 45
③ 55
④ 72

문제 39. 기어에서 두 축이 교차하여 회전하는 기어의 종류는?
① 평 기어
② 베벨 기어
③ 헬리걸 기어
④ 더블 헬리컬 기어

문제 40. 전기식 엘리베이터의 검사기준에서 기계실의 실온은 얼마로 유지되어야 하는가?
① 0℃ 이상
② 0℃ ~ +40℃
③ +5℃ ~ +40℃
④ +5℃ ~ +60℃

일반기계공학

문제 41. 일반적인 줄 작업 시 줄의 사용 순서로 옳은 것은?
① 유목 → 세목 → 황목 → 중목
② 유목 → 황목 → 중목 → 세목
③ 황목 → 중목 → 세목 → 유목
④ 황목 → 중목 → 유목 → 세목

문제 42. 축방향 인장하중을 받은 균일 단면봉에서 최대 수직응력이 **30MPa**일 때 최대 전단응력은 몇 MPa인가?
① 60 ② 40 ③ 30 ④ 20

문제 43. 재료에 압력을 가해 다이에 통과시켜 다이구멍과 같은 모양의 긴 제품을 제작하는 가공법은?
① 단조 ② 전조 ③ 압연 ④ 압출

문제 44. 안장 키(saddle key)에 대한 설명으로 옳은 것은?
① 임의의 축 위치에 키를 설치할 수 없다.
② 중심각이 120°인 위치에 2개의 키를 설치한다.
③ 원형단면의 테이퍼핀 또는 평행핀을 사용한다.
④ 마찰력만으로 회전력을 전달시키므로 큰 토크의 전달에는 곤란하다.

문제 45. 축에 작각인 하중을 지지하는 베어링은?
① 피벗 베어링
② 칼라 베어링
③ 레이디얼 베어링
④ 스러스트 베어링

문제 46. 외경이 내경의 1.5배인 중공축이 중실축과 같은 비틀림 모멘트를 전달하고 있을 때 단면적(중공축의 면적/중실축의 면적)비는 약 얼마인가?
① 0.76 ② 0.70 ③ 0.64 ④ 0.58

문제 47. 다음 중 압력 제어 밸브가 아닌 것은?
① 체크밸브
② 릴리프밸브
③ 시퀀스밸브
④ 압력조절밸브

해답 41.③ 42.③ 43.④ 44.④ 45.③ 46.③ 47.①

문제 **48.** 납땜에 관한 설명으로 틀린 것은?
① 사용하는 용가재의 종류에 따라 크게 연납과 경납으로 구분된다.
② 융점이 600℃ 이상인 용가재를 사용하여 납땜하는 것을 연납땜이라 한다.
③ 납땜의 성패는 용접 모재인 고체와 땜납인 액체가 어느 정도의 친화력을 갖고 서로 접촉될 수 있느냐에 달려 있다.
④ 금속을 접합하려고 할 때 접합할 모재는 용융시키지 않고 모재보다 용융점이 낮은 용가재를 사용하여 접합하는 방법이다.

문제 **49.** 그림과 같은 직경 **30cm**의 블록 브레이크에서 레버 끝에 **300N**의 힘을 가할 때 블록 브레이크에 걸리는 토크는 약 몇 **N·m**인가? (단, 마찰계수 μ는 0.2로 한다.)

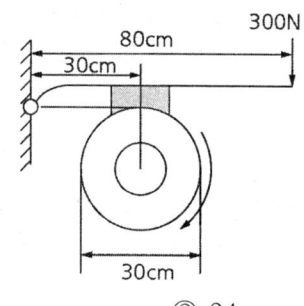

① 14　　　　　　　　　　　　② 24
③ 34　　　　　　　　　　　　④ 44

문제 **50.** 리벳이음에서 강판의 효율을 나타내는 식으로 옳은 것은?(단, p는 피치, d는 리벳구멍의 지름이다.)

① $\dfrac{p-d}{p}$ 　　　　　② $\dfrac{d-p}{p}$
③ $\dfrac{d-p}{d}$ 　　　　　④ $\dfrac{p-d}{d}$

문제 **51.** 그림과 같은 외팔보에서 폭×높이 = **b**×**h**일 때, 최대굽힘응력(σ_{max})을 구하는 식은?

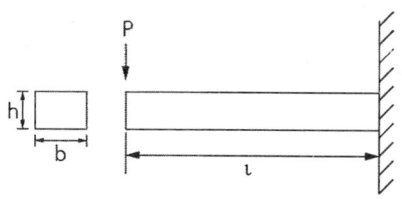

① $\dfrac{6P\ell}{bh^2}$ 　② $\dfrac{12P\ell}{bh^2}$ 　③ $\dfrac{6P\ell}{b^2h^2}$ 　④ $\dfrac{12P\ell}{b^2h^2}$

해답　48.②　49.②　50.①　51.①

문제 52. 다음 중 회전 운동을 직선 운동으로 바꾸는 기어로 가장 적절한 것은?
① 스크류 기어(screw gear) ② 내접 기어(internal gear)
③ 하이포이드 기어(hypoid gear) ④ 래크와 피니언(rack & pinion)

문제 53. 철과 비교한 알루미늄의 특성으로 틀린 것은?
① 용융점이 낮다. ② 열전도율이 높다.
③ 전기 전도성이 좋다. ④ 비중이 4.5로 철의 약 $\frac{1}{2}$이다.

문제 54. 실린더의 피스톤 로드에 인장하중이 걸리면 실린더는 끌리는 영향을 받게 되는데, 이러한 영향을 방지하기 위하여 인장하중이 가해지는 쪽에 설치된 밸브는?
① 리듀싱 밸브 ② 시퀀스 밸브
③ 언로드 밸브 ④ 카운터 밸런스 밸브

문제 55. 지름 10mm의 원형단면 축에 길이 방향으로 785N의 인장 하중이 걸릴 때 하중방향에 수직인 단면에 생기는 응력은 약 몇 N/mm^2인가?
① 7.85 ② 10 ③ 78.5 ④ 100

문제 56. 다음 중 주물제품에서 균열(Crack)의 원인으로 가장 거리가 먼 것은?
① 주물을 급랭시킬 때 ② 탕구가 매우 작을 때
③ 살 두께의 차이가 너무 클 때 ④ 모서리가 직각으로 되어 있을 때

문제 57. 다음 중 유동하고 있는 액체의 압력이 국부적으로 저하되어, 증기나 함유 기체를 포함하는 기포가 발생하는 현상은?
① 공동현상 ② 분리현상 ③ 재생현상 ④ 수격현상

문제 58. 내충격성과 성형성이 우수할 뿐만 아니라 색조와 표면광택 등의 외관 마무리성이 좋고 도장이 용이하기 때문에 자동차 외장 및 내장부품에 많이 사용되는 고분자 재료는?
① NR ② BC ③ ABS ④ SBR

문제 59. 탄소강이 아공석강 영역(C<0.77%)에서 탄소 함유량이 증가함에 따라 변화되는 기계적 성질로 옳은 것은?
① 경도와 충격치는 감소한다. ② 경도와 충격치는 증가한다.
③ 경도는 증가하고, 충격치는 감소한다. ④ 경도는 감소하고, 충격치는 증가한다.

해답 52.④ 53.④ 54.④ 55.② 56.② 57.① 58.③ 59.③

문제 60. 커터의 지름이 80mm이고 커터의 날수가 8개인 정면 밀링커터로 길이 300mm의 가공물 절삭할 때 가공시간은 약 얼마인가? (단, 절삭속도 100m/min, 1날 당 이송 0.08mm로 한다.)
① 1분 15초   ② 1분 29초   ③ 1분 52초   ④ 2분 20초

전기제어공학

문제 61. 피드백제어계에서 제어장치가 제어대상에 가하는 제어신호로 제어장치의 출력인 동시에 제어대상의 입력인 신호는?
① 목표값   ② 조작량
③ 제어량   ④ 동작신호

문제 62. 예비전원으로 사용되는 축전지의 내부저항을 측정할 때 가장 적합한 브리지는?
① 캠벨 브리지   ② 맥스웰 브리지
③ 휘트스톤 브리지   ④ 콜라우시 브리지

문제 63. 서보 드라이브에서 펄스로 지령하는 제어운전은?
① 위치제어운전   ② 속도제어운전
③ 토크제어운전   ④ 먼위제어운전

문제 64. 그림과 같은 계통의 전달 함수는?

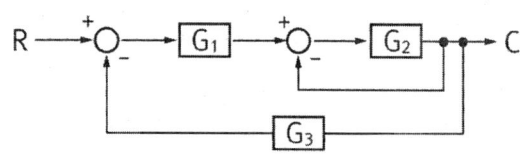

① $\dfrac{G_1 G_2}{1 + G_2 G_3}$ ② $\dfrac{G_1 G_2}{1 + G_1 + G_2 G_3}$

③ $\dfrac{G_1 G_2}{1 + G_2 + G_1 G_2 G_3}$ ④ $\dfrac{G_1 G_2}{1 + G_1 G_2 + G_2 G_3}$

해답 60.② 61.② 62.④ 63.① 64.③

문제 **65.** 피드백제어의 장점으로 틀린 것은?
① 목표값에 정확히 도달할 수 있다.
② 제어계의 특성을 향상시킬 수 있다.
③ 외부 조건의 변화에 대한 영향을 줄일 수 있다.
④ 제어기 부품들의 성능이 나쁘면 큰 영향을 받는다.

문제 **66.** 평행판 간격을 처음의 2배로 증가시킬 경우 정전용량 값은?
① 1/2로 된다. ② 2배로 된다.
③ 1/4로 된다. ④ 4배로 된다.

문제 **67.** 전달함수 $G(s) = \dfrac{s+b}{s+a}$ 를 갖는 회로가 진상보상회로의 특성을 갖기 위한 조건으로 옳은 것은?
① a > b   ② a < b   ③ a > 1   ④ b > 1

문제 **68.** 토크가 증가하면 속도가 낮아져 대체적으로 일정한 출력이 발생하는 것을 이용해서 전차, 기중기 등에 주로 허용하는 직류전동기는?
① 직권전동기   ② 분권전동기
③ 가동 복권전동기   ④ 차동 복권전동기

문제 **69.** 다음과 같은 두 개의 교류전압이 있다. 두 개의 전압은 서로 어느 정도의 시간차를 가지고 있는가?

$$V_1 = 10\cos 10t, \ V_2 = 10\cos 5t$$

① 약 0.25초   ② 약 0.46초
③ 약 0.63초   ④ 약 0.72초

문제 **70.** 회로에서 A와 B간의 합성저항은 약 몇 Ω인가?(단, 각 저항의 단위는 모두 Ω이다.)

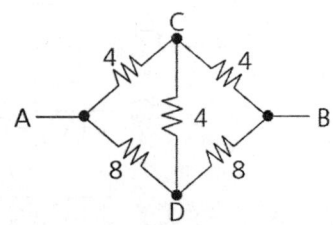

① 2.66   ② 3.2   ③ 5.33   ④ 6.4

해답 65.④ 66.① 67.① 68.① 69.③ 70.③

문제 **71.** 평행하게 왕복되는 두 도선에 흐르는 전류간의 전자력은?(단, 두 도선간의 거리는 r(m)라 한다.)
① r에 비례하며 흡인력이다.
② r^2에 비례하며 흡인력이다.
③ 1/r에 비례하며 반발력이다.
④ $1/r^2$에 비례하며 반발력이다.

문제 **72.** 기계장치, 프로세스 및 시스템 등에서 제어되는 전체 또는 부분으로서 제어량을 발생시키는 장치는?
① 제어장치
② 제어대상
③ 조작장치
④ 검출장치

문제 **73.** 입력이 $011_{(2)}$일 때, 출력은 3V인 컴퓨터제어의 D/A 변환기에서 입력을 $010_{(2)}$로 하였을 때 출력은 몇 V 인가? (단, 3 bit 디지털 입력이 $011_{(2)}$은 off, on, on을 뜻하고 입력과 출력은 비례한다.)
① 3
② 4
③ 5
④ 6

문제 **74.** 제어량을 원하는 상태로 하기 위한 입력신호는?
① 제어명령
② 작업명령
③ 명령처리
④ 신호처리

문제 **75.** 그림과 같은 계전기 접점회로의 논리식은?

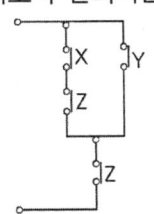

① XZ + Y
② (X + Y)Z
③ (X + Z)Y
④ X + Y + Z

문제 **76.** 물 20ℓ를 15℃에서 60℃로 가열하려고 한다. 이 때 필요한 열량은 몇 kcal 인가? (단, 가열시 손실은 없는 것으로 한다.)
① 700
② 800
③ 900
④ 1000

문제 **77.** 제어하려는 물리량을 무엇이라 하는가?
① 제어
② 제어량
③ 물질량
④ 제어대상

해답 71.④ 72.① 73.② 74.④ 75.① 76.③ 77.①

문제 78. 내부저항 r인 전류계의 측정범위를 n배로 확대하려면 전류계에 접속하는 분류기 저항(Ω)값은?
① nr　　　② r/n　　　③ (m-1)r　　　④ r/(n-1)

문제 79. 목표값이 미리 정해진 시간적 변화를 하는 경우 제어량을 변화시키는 제어는?
① 정치 제어　　　② 추종 제어
③ 비율 제어　　　④ 프로그램 제어

문제 80. 전동기에 일정 부하를 걸어 운전 시 전동기 온도 변화로 옳은 것은?

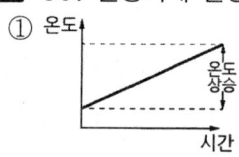
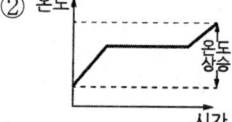
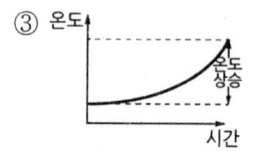
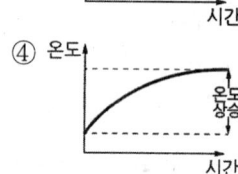

해답 78.② 79.② 80.②

승강기 개론
(2018. 4. 28. 시행)

문제 1. 엘리베이터 메인 브레이크에 대한 설명 중 틀린 것은?
① 브레이크 라이닝은 불연성이어야 한다.
② 브레이크에 공급되는 전류는 2개 이상의 독립적인 전기장치에 의해 차단되어야 한다.
③ 카의 정격속도로 정격하중의 125%를 싣고 하강방향으로 운행될 때 구동기를 정지할 수 있어야 한다.
④ 브레이크 코일에 전류가 공급되면 제동력이 발생한다.

문제 2. 그림과 같은 유압회로의 설명이 아닌 것은?

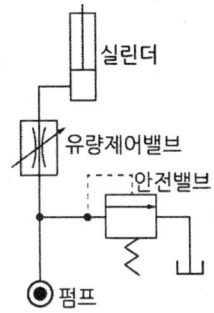

① 효율이 비교적 좋다.
② 정확한 제어가 가능하다.
③ 미터인(METER-IN)회로이다.
④ 펌프와 실린더 사이에 유량제어밸브를 삽입하여 직접 제어하는 방식이다.

문제 3. 유압엘리베이터에 대한 설명으로 틀린 것은?
① 건물의 높이와 속도에 한계가 있다.
② 초고속 엘리베이터에 주로 사용된다.
③ 하강 시에는 펌프를 구동시키지 않고 밸브만 제어하여 하강시킨다.
④ 모터로 유압펌프를 구동시켜 압력을 가진 오일이 플런저를 밀어 올려 카를 상승시킨다.

문제 4. 사이리스터를 이용한 직류제어방식은?
① 워드 레오나드 방식　　　　② 정지 레오나드 방식
③ 교류 2단 속도제어방식　　　④ 가변전압가변주파수 제어방식

해답 1.④　2.①　3.②　4.②

문제 5. 엘리베이터의 조속기 로프는 어디에 고정시켜야 하는가?
① 주로프(Main Rope)　　　② 카 프레임(Car Frame)
③ 카의 상단 빔(Car Top Beam)　　④ 비상정지장치 암(Safety Device Arm)

문제 6. 기어드(Geared)형 권상기에서 엘리베이터의 속도를 결정하는 요소가 아닌 것은?
① 시브의 직경　　　② 로프의 직경
③ 기어의 감속비　　　④ 권상모터의 회전수

문제 7. 직접식 유압엘리베이터에 대한 설명 중 틀린 것은?
① 부하에 의한 카 바닥의 빠짐이 적다.
② 실린더를 설치하기 위한 보호관을 지중에 설치하여야 한다.
③ 승강로 소요평면 치수가 작고 구조가 간단하다.
④ 비상정지장치가 필요하다.

문제 8. 승강장 출입구 바닥 앞부분과 카바닥 앞부분과의 틈새 너비가 35mm이하이어야 한다. 이 기준을 적용하지 않는 엘리베이터의 종류는?
① 전망용　　　② 병원용
③ 비상용　　　④ 장애인용

문제 9. 로핑 방법 중 로프에 걸리는 장력이 가장 적은 것은?
① 1:1　　② 2:1　　③ 3:1　　④ 4:1

문제 10. 다음 ( ) 안에 들어갈 내용으로 옳은 것은?

| 전자 - 기계 브레이크는 자체적으로 카가 정격속도로 정격 하중의 (　　)%를 싣고 하강방향으로 운행할 때 구동기를 정지시킬 수 있어야 한다. |

① 165　　② 145　　③ 135　　④ 125

문제 11. VVVF 제어방식의 설명으로 틀린 것은?
① 교류에서 직류로 변경되는 컨버터는 주로 사이리스터를 사용한다.
② 직류에서 교류로 변경되는 인버터에는 주로 트랜지스터 또는 IGBT가 사용된다.
③ 발생하는 회생전력은 모두 저항을 통하여 열로 소비한다.
④ 유도전동기에 인가되는 전압과 주파수를 동시에 변환하는 방식이다.

해답 5.④　6.②　7.④　8.④　9.④　10.④　11.③

문제 **12.** 도어머신에 대한 설명 중 틀린 것은?
① 작동이 원활하고 소음이 없어야 한다.
② 작동회수는 엘리베이터 기동회수의 2배 정도이므로 보수가 쉬워야 한다.
③ 감속장치는 기어에 의한 방식 이외에 벨트나 체인에 의한 방식도 사용되고 있다.
④ 보수를 용이하게 하기 위해 DC모터를 사용한다.

문제 **13.** 엘리베이터용 트랙션 권상기에 대한 설명 중 틀린 것은?
① 헬리컬기어드 권상기는 웜기어에 비해 효율이 높다.
② 웜기어 권상기는 소음이 작다.
③ 로프의 권부각이 크면 미끄러지기 쉽다.
④ 주로프에 사용되는 도르래의 피치지름은 로프지름의 40배 이상으로 한다.

문제 **14.** 다음 승강기방식 중 유압식이 아닌 것은?
① 스크류식   ② 팬터그래프식   ③ 간접식   ④ 직접식

문제 **15.** 에스컬레이터 적재하중을 산출하는데 필요한 사항이 아닌 것은?
① 층고   ② 반력점간거리
③ 디딤판(스텝)의 폭   ④ 디딤판(스텝)의 수평 투영 단면적

문제 **16.** 기계실의 구조에 대한 설명으로 틀린 것은?
① 기계실은 건축물의 타부분으로부터 출입문으로 격리되어야 한다.
② 기계실의 위치는 항상 승강로의 최상부 쪽에 설치되어야만 한다.
③ 기계실의 작업구역 유효높이는 2m 이상이어야 한다.
④ 기계실의 기둥, 벽, 천장은 기기의 보수 및 수리를 위하여 기기와 일정 거리 이상을 두도록 한다.

문제 **17.** 록다운 비상정지장치에 대한 설명 중 틀린 것은?
① 240 m/min 이상에 적용된다.
② 순간정지식 비상정지장치이다.
③ 록다운 비상정지장치의 동작을 감지하는 스위치가 있어야 한다.
④ 이 장치를 설치하면 균형추측의 직하부의 피트바닥을 두껍게 하지 않아도 된다.

문제 **18.** 권상기에서 구동 도르래(sheave)의 유효지름은 주로프 지름의 몇 배 이상이어야 하는가?
① 10   ② 20   ③ 30   ④ 40

해답 12.④ 13.③ 14.① 15.② 16.② 17.④ 18.④

문제 19. 엘리베이터에 사용되는 인터폰에 관한 설명으로 틀린 것은?
① 전원은 충전용 배터리를 사용한다.
② 카의 조작반과 기계실이나 관리실 간에 설치한다.
③ 비상 시 방재센터, 기계실 및 관리실에서 안내방송으로 사용된다.
④ 관리실 등에서 인터폰을 받지 않으면 외부로 자동 통화연결 되어야 한다.

문제 20. 승강기의 카와 균형추를 로프로 감는 방법 중 더블랩을 사용하는 승강기는?
① 저속 화물용 엘리베이터
② 중속 승객용 엘리베이터
③ 고속 승객용 엘리베이터
④ 저속 승객용 엘리베이터

승강기 설계

문제 21. 1대의 승강기 조작방식에서 자동운전방식이 아닌 것은?
① 단식자동식
② 군 관리방식
③ 승합전자동식
④ 하향승합자동방식

문제 22. 비상용엘리베이터에 대한 요건이 아닌 것은?
① 비상용엘리베이터는 모든 승강장문 전면에 방화구획된 로비를 포함한 승강로 내에 설치 되어야 한다.
② 비상용엘리베이터의 보조 전원공급장치는 방화구획 밖에 설치하여야 한다.
③ 비상용엘리베이터는 소방운전 시 모든 승강장 출입구마다 정지하여야 한다.
④ 비상용엘리베이터의 운행속도는 1m/s 이상이어야 한다.

문제 23. 엘리베이터 로프의 안전율(S)을 산출하는 식으로 옳은 것은? (단, K : 초평계수, N : 로프 본수, P : 로프 1본당 와이어로프의 절단하중(kg), W : 적재하중(kg), Wc : 카 자중(kg), Wr : 로프자중(kg)이다.)
① 안전율 $(S) = \dfrac{W + N + P}{W_c + W_r}$
② 안전율 $(S) = \dfrac{W \cdot N \cdot P}{W + W_c + W_r}$
③ 안전율 $(S) = \dfrac{N \cdot P}{W \cdot W_c \cdot W_r}$
④ 안전율 $(S) = \dfrac{N + P}{K(W + W_c + W_r)}$

해답 19.③ 20.③ 21.② 22.② 23.②

문제 24. 전기식 엘리베이터에서 피트 바닥은 전부하 상태의 카가 완충기에 작용하였을 때 완충기 지지대 아래에 부과되는 정하중의 몇 배를 지지할 수 있어야 하는가?
① 1~2 ② 2~3 ③ 2.1~3.1 ④ 2.5~4

문제 25. 전동기의 효율에 관한 식으로 옳은 것은?
① $\dfrac{\text{입력}-\text{손실}}{\text{입력}} \times 100\%$
② $\dfrac{\text{손실}-\text{입력}}{\text{입력}} \times 100\%$
③ $\dfrac{\text{입력}-\text{손실}}{\text{손실}} \times 100\%$
④ $\dfrac{\text{손실}-\text{입력}}{\text{손실}} \times 100\%$

문제 26. 동기 기어리스 권상기를 설계하려고 한다. 주 도르래의 직경을 작게 설계한 경우에 대한 설명으로 틀린 것은?
① 소형화가 가능하다.
② 회전수가 빨라진다.
③ 브레이크 제동 토크가 커진다.
④ 주로프의 지름이 작아질 수 있다.

문제 27. 도어클로저의 방식 중 레버시스템과 코일스프링 및 도어체크를 조합한 방식은?
① 레버 클로저 방식
② 와이어 클로저 방식
③ 웨이트 클로저 방식
④ 스프링 클로저 방식

문제 28. 유입식 완충기를 설계할 때 고려하여야 할 사항으로 옳은 것은?
① 재료의 안전율은 5cm 당 20% 이상의 신율을 갖는 재료에서는 2 이상이어야 한다.
② 플런저를 완전히 압축한 상태에서 완전 복구할 때 까지 소요하는 시간은 30초 이내여야 한다.
③ 카의 정격하중을 싣고 정격속도의 115%의 속도로 자유낙하하여 카가 완충기에 충돌할 때의 평균 감속도는 1gn 이하여야 한다.
④ 강도는 최대적용중량의 85% 중량으로 비상정지장치의 동작속도로 충격시킬 경우 완충기에 이상이 없어야 하며, 플런저는 완전복귀해야 한다.

문제 29. 카틀 높이가 3.4m 꼭대기틈새가 1.4m, 기계실 높이가 2.0m 출입구높이가 2.1m 인 승객용 엘리베이터 오버헤드(OH)는 몇 m인가?
① 5.4 ② 5.5 ③ 4.8 ④ 3.4

문제 30. 후크의 법칙과 관련하여 관계식 $E = \sigma/\varepsilon$ 에 대한 설명으로 틀린 것은?
① σ는 응력이다.
② ε는 변형율이다.
③ E는 횡탄성계수이다.
④ σ는 하중을 단면적으로 나눈 것이다.

해답 24.④ 25.① 26.③ 27.④ 28.③ 29.③ 30.③

문제 31. 트랙션비(Traction ratio)에 대한 설명으로 틀린 것은?
① 트랙션비의 값이 낮아질수록 트랙션 능력은 좋아진다.
② 트랙션비의 값이 커질수록 전동기의 출력은 낮아질 수 있다.
③ 카측 로프가 매달고 있는 중량과 균형추측 로프가 매달고 있는 중량의 비를 말한다.
④ 트랙션비의 계산 시는 적재하중, 카 자중, 로프 중량, 오버밸런스율 등을 고려하여야 한다.

문제 32. 전기식 엘리베이터에서 주로프에 관한 설명으로 틀린 것은?
① 직경은 항상 공칭지름이 12mm 이상이어야 한다.
② 카 1대에 대하여 3본(권동식의 경우 2본)이상이어야 한다.
③ 주로프의 안전율이 12 이상이어야 한다.
④ 끝부분은 1본마다 로프소켓에 바빗트 채움을 하거나 체결식 로프소켓을 사용하여 고정하여야 한다.

문제 33. 공동주택(아파트)의 평균 운전간격은 몇 초(sec)가 적합한가?
① 60 ~ 90   ② 45 ~ 60   ③ 35 ~ 45   ④ 15 ~ 30

문제 34. 베어링 메탈 재료의 구비조건으로 틀린 것은?
① 열전도가 잘 되어야 한다.
② 축과의 마찰계수가 작아야 한다.
③ 축보다 단단한 강도를 가져야 한다.
④ 제작이 용이하고 내부식성이 있어야 한다.

문제 35. P10-co-150 지상 15층 규모 사무실 건물에 엘리베이터의 전예상정지수는?
① 5.3   ② 5.8   ③ 6.3   ④ 6.8

문제 36. 그림은 승강기 권상 시브의 언더컷 홈 모양이다. 홈의 깍인 면 a의 값을 구하는 식으로 옳은 것은?

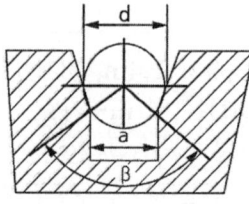

① $2a = d \times \sin\beta$
② $2a = 3d \times \sin\dfrac{\beta}{2}$
③ $\dfrac{a}{2} = \dfrac{d}{2} \times \sin\dfrac{\beta}{2}$
④ $\dfrac{a}{2} = \dfrac{d}{2} \times \sin\beta$

해답 31.② 32.① 33.① 34.③ 35.③ 36.③

문제 **37.** 승객용 엘리베이터의 카측에 사용할 수 있는 가이드 레일의 최소 크기는?
① 1K ② 3K ③ 5K ④ 8K

문제 **38.** 비상용엘리베이터의 설계 시 고려해야 할 사항으로 틀린 것은?
① 전선관, 박스 등은 물이 잠기지 않는 구조로 한다.
② 카 위의 각 전기장치에는 방적 카바, 물빼기 구멍 등을 설치한다.
③ 승강장에서 카를 부르는 장치는 반드시 피난층에만 설치하여야 한다.
④ 동일한 승강로 내에 다른 엘리베이터가 있다면 전체적인 공용 승강로는 비상용엘리베이터의 내화규정을 만족하여야 한다.

문제 **39.** 일반적으로 사용하는 가이드레일의 허용응력으로 가장 적합한 것은?
① 1200 kg/cm² ② 2400 kg/cm²
③ 3600 kg/cm² ④ 4800 kg/cm²

문제 **40.** 스프링 복귀식 유입완충기를 정격속도 **90m/min**의 승강기에 사용하여 성능시험을 실시하였을 때 완충기의 평균 감속도는 약 몇 **gn** 인가? (단, 완충기가 동작한 시간은 0.3sec, 조속기의 트립 속도는 정격속도의 1.4배이다.)
① 0.487 ② 0.714 ③ 0.687 ④ 0.887

일반기계공학

문제 **41.** 원형축이 비틀림을 받고 있을 때 최대전단응력(τ_{max})과 축의 지름(d)과의 관계는?
① $\tau_{max} \propto d^2$ ② $\tau_{max} \propto d^3$ ③ $\tau_{max} \propto \dfrac{1}{d^2}$ ④ $\tau_{max} \propto \dfrac{1}{d^3}$

문제 **42.** 용적형 펌프 중 정 토출량 및 가변 토출량으로서 공작기계, 프레스기계 등의 산업기계장치 도는 차량용에 널리 쓰이는 유압펌프는?
① 베인 펌프 ② 원심 펌프 ③ 축류 펌프 ④ 혼유형 펌프

해답 37.④ 38.③ 39.② 40.② 41.④ 42.①

문제 43. 표면경화법에서 질화법의 특징으로 틀린 것은?
① 경화층은 얇지만 경도가 높다.
② 마모 및 부식에 대한 저항이 작다.
③ 담금질할 필요가 없고 변형이 작다.
④ 600℃ 이하에서는 경도 감소 및 산화가 일어나지 않는다.

문제 44. 물체를 달아 올리기 위해 훅(hook) 등을 걸 수 있는 볼트는?
① T홈 볼트   ② 나비 볼트
③ 기초 볼트   ④ 아이 볼트

문제 45. 프레스 가공에서 드로잉한 제품의 플랜지를 소정의 형상이나 치수로 절단하는 가공법은?
① 펀칭   ② 블랭킹   ③ 트리밍   ④ 셰이빙

문제 46. 다음 중 스프링의 일반적인 용도로 가장 거리가 먼 것은?
① 하중 및 힘의 측정에 사용한다.
② 진동 또는 충격에너지를 흡수한다.
③ 운동에너지를 열에너지로 소비한다.
④ 에너지를 저축하여 놓고 이것을 동력원으로 사용한다.

문제 47. 다음 중 버니어캘리퍼스로 측정할 수 없는 것은?
① 구멍의 내경   ② 구멍의 깊이
③ 축의 편심량   ④ 공작물의 두께

문제 48. 직경 600mm, 800rpm으로 회전하는 원통마찰차로서 12.5kW를 전달시키는 힘은 약 몇 N인가? (단, 마찰계수 $\mu = 0.2$로 한다.)
① 1832   ② 2488   ③ 4984   ④ 1246

문제 49. 다음 중 유압 및 공기압 용어에서 의미하는 표준상태는?
① 온도 0℃, 절대압 1.332kPa, 상대습도 50%인 공기상태
② 온도 0℃, 절대압 101.3kPa, 상대습도 65%인 공기상태
③ 온도 10℃, 절대압 1.332kPa, 상대습도 50%인 공기상태
④ 온도 20℃, 절대압 101.3kPa, 상대습도 65%인 공기상태

해답 43.② 44.④ 45.③ 46.③ 47.③ 48.② 49.④

문제 50. 다음 중 감마(γ)철에 탄소가 최대 2.11% 고용된 고용체로 면심입방격자의 결정구조를 가지고 있는 것은?
① 펄라이트 ② 오스테나이트 ③ 마텐자이트 ④ 시멘타이트

문제 51. 그림과 같이 균일 분포하중(q_0)을 받고 왼쪽 끝은 고정, 오른쪽 끝은 단순 지지되어 있는 보의 A점에서의 반력은?

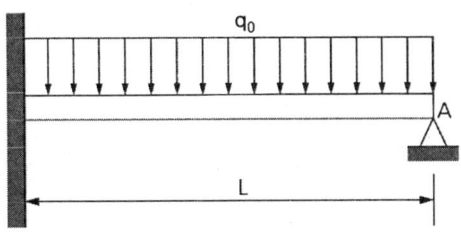

① $\frac{1}{8}q_0 L$
② $\frac{1}{4}q_0 L$
③ $\frac{3}{8}q_0 L$
④ $\frac{1}{2}q_0 L$

문제 52. 관용 나사에서 유체의 누설을 막기 위해 지정하는 테이퍼 값은?
① 1/40 ② 1/25 ③ 1/26 ④ 1/10

문제 53. 다음 유압회로 명칭으로 옳은 것은?

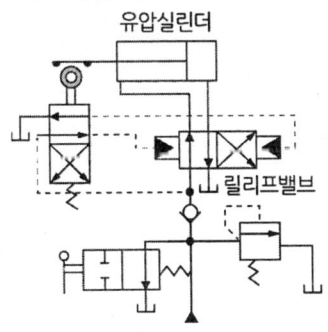

① 로크 회로
② 브레이크 회로
③ 파일럿 조작회로
④ 정토크 구동 회로

문제 54. 외접 원통마찰차의 축간거리가 300 mm, 원동차의 회전수가 200rpm일 때 원동차의 지름(D_1)과 종동차의 지름(D_2)은 각각 몇 mm인가?
① D_1 = 400, D_2 = 200
② D_1 = 200, D_2 = 400
③ D_1 = 200, D_2 = 100
④ D_1 = 100, D_2 = 200

해답 50.② 51.③ 52.③ 53.③ 54.②

문제 55. 봉이 인장하중을 받을 때, 탄성한도 영역 내에서 종변형률에 대한 횡변형률의 비는?
① 탄성한도　　② 포와송 비　　③ 횡탄성 계수　　④ 체적탄성 계수

문제 56. 취성재료에서 단순인장 또는 단순압축 하중에 대한 항복강도, 또는 인장강도나 압축강도에 도달하였을 때 재료의 파손이 일어난다는 이론은?
① 최대주응력설
② 최대전단응력설
③ 최대주변형률설
④ 변형률 에너지설

문제 57. 주조품을 제조하기 위한 모형(pattern) 중 코어 모형을 사용해야 하는 주물로 적합한 것은?
① 골격형 주물
② 크기가 큰 주물
③ 외형이 복잡한 주물
④ 내부에 구멍이 있는 주물

문제 58. 연삭숫돌을 구성하는 3요소가 아닌 것은?
① 조직　　② 입자　　③ 기공　　④ 결합제

문제 59. 산화알루미늄(Al_2O_3) 분말을 마그네슘, 규소 등의 산화물과 소량의 다른 원소를 첨가하여 소결한 절삭공구로 충격에는 약하나 고속절삭에서 우수한 성능을 나타내는 것은?
① 세라믹 공구
② 고속도강 공구
③ 초경합금 공구
④ 다이아몬드 공구

문제 60. 산화철 분말과 알루미늄 분말을 혼합하여 연소시킬 때 발생하는 열에 의해 접합하는 용접은?
① 테르밋 용접
② 탄산가스 아크용접
③ 원자수소 아크용접
④ 불활성가스 금속 아크용접

해답　55.②　56.①　57.④　58.①　59.①　60.①

전기제어공학

문제 61. 다음과 같은 회로에서 a, b 양단자 간의 합성저항은? (단, 그림에서의 저항의 단위는 [Ω]이다.)

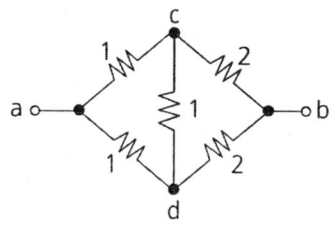

① 1.0[Ω]　　② 1.5[Ω]　　③ 3.0[Ω]　　④ 6.0[Ω]

문제 62. 다음 중 절연저항을 측정하는데 사용되는 계측기는?
① 메거
② 저항계
③ 켈빈브리지
④ 휘스톤브리지

문제 63. 다음의 논리식을 간단히 한 것은?
$$X = \overline{A}BC + A\overline{B}C + \overline{A}\overline{B}C$$
① $\overline{B}(A+C)$
② $C(A+\overline{B})$
③ $\overline{C}(A+B)$
④ $\overline{A}(B+C)$

문제 64. 직류기에서 전압정류의 역할을 하는 것은?
① 보극
② 보상권선
③ 탄소브러시
④ 리액턴스 코일

문제 65. PLC프로그래밍에서 여러 개의 입력 신호 중 하나 또는 그 이상의 신호가 ON 되었을 때 출력이 나오는 회로는?
① OR회로　　② AND회로　　③ NOT회로　　④ 자기유지회로

문제 66. 다음 중 무인 엘리베이터의 자동제어로 가장 적합한 것은?
① 추종 제어
② 정치 제어
③ 프로그램 제어
④ 프로세스 제어

해답 61.② 62.① 63.① 64.① 65.① 66.③

문제 67. 단상변압기 2대를 사용하여 3상 전압을 얻고자 하는 결선방법은?
① Y결선 ② V결선 ③ △결선 ④ Y-△결선

문제 68. 그림과 같이 철심에 두 개의 코일 C_1, C_2를 감고 코일 C_1에 흐르는 전류 I에 ΔI 만큼의 변화를 주었다. 이 때 일어나는 현상에 관한 설명으로 옳지 않은 것은?

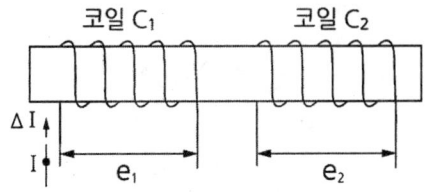

① 코일 C_2에서 발생하는 기전력 e_2는 렌츠의 법칙에 의하여 설명이 가능하다.
② 코일 C_1에서 발생하는 기전력 e_1은 자속의 시간 미분값과 코일의 감은 횟수의 곱에 비례한다.
③ 전류의 변화는 자속의 변화를 일으키며, 자속의 변화는 코일 C_1에 기전력 e_1을 발생시킨다.
④ 코일 C_2에서 발생하는 기전력 e_2와 전류 I의 시간 미분값의 관계를 설명해 주는 것이 자기인덕턴스이다.

문제 69. 100[V], 40[W]의 전구에 0.4[A]의 전류가 흐른다면 이 전구의 저항은?
① 100[Ω] ② 150[Ω] ③ 200[Ω] ④ 250[Ω]

문제 70. 개루프 전달함수 $G(s) = \dfrac{1}{s^2 + 2s + 3}$ 인 단위 궤환계에서 단위계단입력을 가하였을 때의 오프셋(off set)은?
① 0 ② 0.25 ③ 0.5 ④ 0.75

문제 71. 오차 발생시간과 오차의 크기로 둘러싸인 면적에 비례하여 동작하는 것은?
① P 동작 ② I 동작 ③ D 동작 ④ PD 동작

문제 72. 온도 보상용으로 사용되는 소자는?
① 서미스터 ② 바리스터 ③ 제너다이오드 ④ 버랙터다이오드

문제 73. 저항 8[Ω]과 유도리액턴스 6[Ω]이 직렬접속된 회로의 역률은?
① 0.6 ② 0.8 ③ 0.9 ④ 1

해답 67.② 68.④ 69.④ 70.④ 71.② 72.① 72.① 73.②

문제 **74.** 전동기 2차측에 기동저항기를 접속하고 비례 추이를 이용하여 기동하는 전동기는?
① 단상 유도전동기   ② 2상 유도전동기
③ 권선형 유도전동기   ④ 2중 농형 유도전동기

문제 **75.** 온 오프(on-off) 동작에 관한 설명으로 옳은 것은?
① 응답속도는 빠르나 오프셋이 생긴다.
② 사이클링은 제거할 수 있으나 오프셋이 생긴다.
③ 간단한 단속적 제어동작이고 사이클링이 생긴다.
④ 오프셋은 없앨 수 있으나 응답시간이 늦어질 수 있다.

문제 **76.** 물체의 위치, 방위, 자세 등의 기계적 변위를 제어량으로 하여 목표값의 임의의 변화에 항상 추종되도록 구성된 제어장치는?
① 서보기구   ② 자동조정   ③ 정치제어   ④ 프로세스 제어

문제 **77.** 검출용 스위치에 속하지 않는 것은?
① 광전스위치   ② 액면스위치   ③ 리미트스위치   ④ 누름버튼스위치

문제 **78.** 그림과 같은 제어에 해당하는 것은?

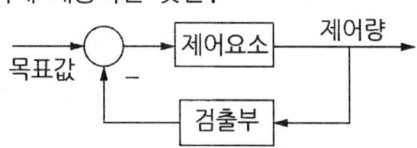

① 개방 제어   ② 시퀀스 제어   ③ 개루프 제어   ④ 폐루프 제어

문제 **79.** 다음과 같은 회로에서 i_2가 0이 되기 위한 C의 값은? (단, L은 합성인덕턴스, M은 상호인덕턴스이다.)

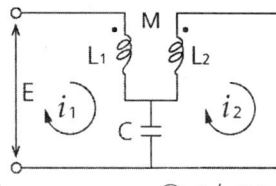

① $1/wL$ ② $1/w^2L$ ③ $1/wM$ ④ $1/w^2M$

문제 **80.** 공작기계의 물품 가공을 위하여 주로 펄스를 이용한 프로그램 제어를 하는 것은?
① 수치 제어   ② 속도 제어   ③ PLC 제어   ④ 계산기 제어

승강기 개론
(2018. 9. 15. 시행)

문제 1. 다음 괄호 안의 내용으로 옳은 것은?

> 승강로는 엘리베이터 전용으로 사용되어야 한다. 엘리베이터와 관계없는 배관, 전선 또는 장치 등이 있어서는 안 된다. 다만, 엘리베이터의 안전한 운행에 지장을 주지 않는다면 소방 관련 법령에 따른 화재감지기 본체 및 (   )는 포함될 수 있다.

① 비상용 소화기　　　　　② 비상용 전화기
③ 비상용 경보기　　　　　④ 비상방송용 스피커

문제 2. 승강장 문이 열려진 위치에서 모든 제약으로부터 해제가 되면 자동으로 닫히게 하는 장치는?
① 도어 록　　　　　② 도어 머신
③ 도어 클로저　　　④ 도어 스위치

문제 3. 에스컬레이터의 공칭속도가 0.65m/s일 때 정지거리의 범위로 옳은 것은?
① 0.20m에서 1.00m 사이　　② 0.30m에서 1.20m 사이
③ 0.30m에서 1.30m 사이　　④ 0.40m에서 1.50m 사이

문제 4. 균형추의 중량을 정할 때 사용하는 오버밸런스(over balance)율이란 무엇인가?
① 카의 중량과 균형추 중량의 비율을 말한다.
② 카의 자체 중량과 적재하중의 비율을 말한다.
③ 균형추의 무게와 전부하시의 카의 무게와의 비율을 말한다.
④ 균형추의 총 중량을 정할 때 빈 카의 자중에 적재하중의 몇%를 더 할 것인가를 나타내는 비율을 말한다.

문제 5. 승강기의 신호장치 중 홀랜턴(Hall Lantern)을 설치하는 경우는?
① 주택용 승강기의 1층에 설치
② 미관용으로 고급 승강기에 설치
③ 비상용 승강기의 비상을 알리기 위해 설치
④ 군 관리방식의 여러 대의 승강기를 운행할 때 인디게이터 대신 설치

해답　1.④　2.③　3.③　4.④　5.④

문제 6. 필러형 29본선 6꼬임 중심섬유인 로프의 구성기호는?
① 6 × F(29)　　　　　　　② 6 × Fi(29)
③ 6 × Fi + 29 × F　　　　　④ 6 × F(Fi19 + F10)

문제 7. 로프 마모 및 파손상태 검사의 합격기준으로 옳은 것은?
① 소선의 파단이 균등하게 분포되어 있는 경우, 1구성 꼬임(스트랜드)의 1꼬임 피치 내에서 파단 수 3 이하
② 소선의 파단이 균등하게 분포되어 있는 경우, 1구성 꼬임(스트랜드)의 1꼬임 피치 내에서 파단 수 2 이하
③ 소선에 녹이 심한 경우, 1구성 꼬임(스트랜드)의 1꼬임 피치 내에서 파단 수 3 이하
④ 파단 소선의 단면적이 원래의 소선 단면적의 70% 이하로 되어 있는 경우, 1구성 꼬임(스트랜드)의 1꼬임 피치 내에서 파단 수 2 이하

문제 8. 로프식 엘리베이터용 구동방식으로 옳은 것은?
① 간접식　　② 직접식　　③ 권동식　　④ 리니어모터식

문제 9. 2대 이상의 엘리베이터가 동일 승강로에 설치될 때 2대의 카의 측부에 비상구출문을 설치될 때 2대의 카의 측부에 비상구출문을 설치할 수 있다. 이와 같은 경우의 구조와 관계가 없는 것은?
① 문이 열려 있는 동안은 운전이 불가능하다.
② 이 문은 벽의 일부가 외부방향으로 열린다.
③ 내부에서는 열쇠를 사용해야만 열 수 있다.
④ 외부에서는 열쇠 없이도 비상구출문을 열 수 있다.

문제 10. 직집식 유압엘리베이터의 특징으로 볼 수 없는 것은?
① 실린더의 점검이 용이하다.
② 비상정지장치가 필요하지 않다.
③ 승강로 소용면적 치수가 작고 구조가 간단하다.
④ 실린더를 설치하기 위한 보호관을 지중에 설치하여야 한다.

문제 11. 유압회로의 하나인 미터인(meter-in) 회로에 대한 특징을 옳게 설명한 것은?
① 정확한 속도제어가 가능하고 효율이 좋다.
② 정확한 속도제어는 곤란하나 효율이 좋다.
③ 정확한 속도제어도 곤란하고 효율도 나쁘다.
④ 정확한 속도제어가 가능하나 효율이 비교적 나쁘다.

해답 6.② 7.④ 8.③ 9.② 10.① 11.④

문제 12. 소형 엘리베이터의 정격속도는 몇 m/s 이하여야 하는가?
① 0.15 ② 0.25 ③ 0.35 ④ 0.45

문제 13. 엘리베이터용 도어 안전장치에 해당되는 것은?
① 세이프티 슈   ② 역결상 검출장치
③ 과부하 감지장치   ④ 록다운 정지장치

문제 14. 소선강도에 의한 와이어로프의 설명 중 옳은 것은?
① E종은 150kgf/mm² 급 강도의 소선으로 구성된 로프이다.
② B종은 강도와 경도가 E종보다 더욱 높아 엘리베이터용으로 사용된다.
③ G종은 소선의 표면에 아연도금한 로프로 다습환경의 장소에 사용된다.
④ A종은 일반 와이어로프와 비교하여 탄소량을 작게하고 경도를 낮춘 것으로 135kg/mm² 급이다.

문제 15. 과부하감지장치가 작동할 때의 사항으로 틀린 것은?
① 경보가 울려야 한다.
② 출입문의 닫힘을 자동적으로 제지하여야 한다.
③ 주행 중에도 과부하가 감지되면 경보가 울려야 한다.
④ 초과 하중이 해소되기까지 카는 움직이지 않아야 한다.

문제 16. VVVF 제어에서 인버터 제어방식을 나타내는 시스템은?
① 교류궤환 전압제어
② 샤이리스터 전압제어
③ PWM(Pulse Width Modulation)
④ PAM(Pulse Amplitude Modulation)

문제 17. 엘리베이터를 동력 매체별로 분류할 때 나사의 홈 기둥을 따라 케이지가 상하로 움직이도록 한 것으로서 유체 사용을 피하고자 하는 경우에 이용되는 엘리베이터는?
① 로프식   ② 스크류식   ③ 플런저식   ④ 랙피니온식

문제 18. 동력전원이 끊어졌을 때 즉시 작동하여 에스컬레이터를 정지시키는 장치는?
① 조속기장치   ② 머신브레이크
③ 구동체인 안전장치   ④ 전자-기계 브레이크

해답 12.② 13.① 14.③ 15.③ 16.③ 17.② 18.④

문제 19. 균형추 방식의 엘리베이터에 대한 설명 중 옳은 것은?
① 유압식엘리베이터에 비하여 승강로 면적을 작게 할 수 있다.
② 균형추에 의하여 균형을 잡으므로 카가 미끄러질 염려는 없다.
③ 동일한 용량과 속도인 경우 권동식에 비하여 구동 전동기의 출력용량을 줄일 수 있다.
④ 무거운 균형추를 사용하므로 균형추를 사용하지 않는 경우보다 큰 출력의 전동기가 필요하다.

문제 20. 카 비상정지장치가 작동될 때, 부하가 없거나 부하가 균일하게 분포된 카의 바닥은 정상적인 위치에서 분포된 카의 바닥은 정상적인 위치에서 몇 %를 초과하여 기울어지지 않아야 하는가?
① 3 ② 5 ③ 10 ④ 20

승강기설계

문제 21. 웜기어와 헬리컬기어 감속기의 특성을 비교한 설명으로 틀린 것은?
① 웜기어가 헬리컬기어에 비해 소음이 작다.
② 웜기어가 헬리컬기어에 비해 효율이 낮다.
③ 웜기어가 헬리컬기어에 비해 역구동이 쉽다.
④ 웜기어가 헬리컬기어에 비해 저속용으로 사용한다.

문제 22. 적재하중이 550kg, 카자중이 700kg이고, 단면적, 단면계수 224.6cm^{3}인 SS-400을 1본 사용할 때 1:1 로핑인 경우 상부 체대의 응력은 약 몇 kg/cm^{2}인가?
(단, 상부체대의 길이는 160cm이다)
① 55.7 ② 111.3 ③ 222.6 ④ 445.2

문제 23. 정격속도 90m/min인 엘리베이터의 에너지분산형 완충기에 필요한 최소 행정거리는 약 몇 mm인가?
① 120 ② 152 ③ 207 ④ 270

해답 19.③ 20.② 21.③ 22.③ 23.②

문제 24. 로프식 엘리베이터의 기계실 출입문의 폭과 높이로서 적당한 것은?
① 폭 70cm 이상, 높이 1.6m 이상   ② 폭 70cm 이상, 높이 1.8m 이상
③ 폭 60cm 이상, 높이 1.6m 이상   ④ 폭 60cm 이상, 높이 1.8m 이상

문제 25. 엘리베이터 교통량 계산에서 필요한 기초자료에 해당되지 않는 것은?
① 층고   ② 층별 용도   ③ 빌딩의 용도   ④ 기계실의 크기

문제 26. 전부하 회전수가 1500rpm이고 출력이 15kW인 전동기의 전부하 토크는 약 몇 kg·m인가?
① 9.74   ② 19.48   ③ 1948   ④ 9740

문제 27. 카측 스프링완충기의 스프링 직경이 150mm, 전단응력은 약 몇 kg/cm²인가?
(단, 카 자중은 1200kg, 정격하중은 1000kg으로 한다.)
① 31.2   ② 62.3   ③ 3114   ④ 6225

문제 28. 그림은 전력용 트랜지스터를 사용한 전력변환 회로의 일부이다. 회로의 설명이 틀린 것은?

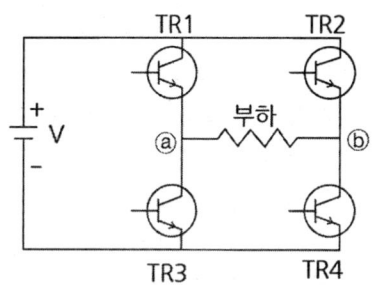

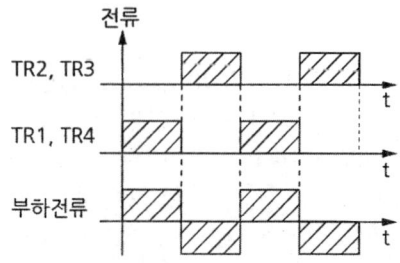

① 직류 입력을 교류 출력으로 바꾸어주는 인버터 회로이다.
② 트랜지스터 대신에 SCR을 사용하여도 오른쪽 파형을 얻을 수 있다.
③ TR2와 TR3이 도통하면 부하에 ⓐ에서 ⓑ방향으로 전류가 흐른다.
④ PWM(pluse width modulation)제어를 이용하여 출력주파수를 변화할 수 있다.

해답 24.② 25.④ 26.① 27.④ 28.③

문제 29. 엘리베이터의 일반적인 관제운전에 속하지 않는 것은?
① 지진 시의 관제운전　　② 화재 시의 관제운전
③ 폭풍 시의 관제운전　　④ 정전 시의 관제운전

문제 30. 승강장문 잠금장치의 기능으로 틀린 것은?
① 잠금 부품이 5mm 이상 물려지기 전에는 카가 출발하지 않아야 한다.
② 잠금 작용은 중력, 영구자석 또는 스프링에 의해 이루어지고 유지되어야 한다.
③ 각 승강장문은 승강로 밖(승강장)에서 열쇠로 잠금이 해제되어야 한다.
④ 잠금 부품은 문이 열리는 방향으로 300N의 힘을 가할 때 잠금 효력이 감소되지 않는 방법으로 물려야 한다.

문제 31. 전기식 엘리베이터에서 카가 완전히 압축된 완충기 위에 있을 때 검사항목 중 틀린 내용은?
① 피트 바닥과 카의 가장 낮은 부품 사이의 수직거리는 0.3m 이상이어야 한다.
② 피트에는 0.5m × 0.6m × 1.0m 이상의 장방형 블록을 수용할 수 있는 충분한 공간이 있어야 한다.
③ 피트에 고정된 가장 높은 부품과 카의 가장 낮은 부품 사이의 수직거리는 0.3m 이상이어야 한다.
④ 피트 바닥과 카의 가장 낮은 부품 사이의 수직 거리는 에이프런 또는 수직 개폐식 카문과 인접한 벽사이의 수평거리가 0.15m이내인 경우에 최소 0.1m까지 감소될 수 있다.

문제 32. 엘리베이터의 수송능력을 계산할 때 일반적으로 몇 분간의 교통수요를 기준으로 하는가?
① 5분　　② 10분　　③ 30분　　④ 60분

문제 33. 그림과 같이 거리와 정지력 관계를 나타낼 수 있는 비상정지장치는?

① 로프이완 비상정지정치(Slack rope safety gear)
② F,G,C형 비상정지장치(Flexible guide clamp)
③ F,W,C형 비상정지장치(Flexible wedge clamp)
④ 즉시작동형 비상정지장치(Instantaneous safety gear)

해답 29.③　30.①　31.①　32.①　33.②

문제 34. 엘리베이터에서 발생될 수 있는 좌굴에 대한 설명 중 틀린 것은?
① 레일 브래킷의 간격이 넓은 쪽이 좌굴을 일으키기 쉽다.
② 카 또는 균형추의 총 중량이 큰 쪽이 좌굴을 일으키기 쉽다.
③ 좌굴하중은 불균형한 큰 하중이 적재되었을 때 발생하는 힘이다.
④ 즉시작동형 비상정지장치 쪽이 점차작동형 비상정지장치 쪽보다 좌굴을 일으키기 쉽다.

문제 35. 엘리베이터의 승강로에 관하여 틀린 것은?
① 비상용엘리베이터의 승강로는 전층 단일구조 연결하여야 한다.
② 승강기는 적절하게 환기되어야 하며 기타용도의 환기실로도 사용될 수 있다.
③ 2대 이상의 엘리베이터가 있는 승강로에는 서로 다른 엘리베이터의 움직이는 부품 사이에 칸막이가 설치되어야 한다.
④ 균형추 또는 평형추의 주행구간은 엘리베이터의 피트 바닥으로부터 0.3m 이하부터 2.0m 이상의 높이까지 연장된 견고한 칸막이로 보호되어야 한다.

문제 36. 기어의 특징에 대한 설명으로 옳은 것은?
① 효율이 낮다.   ② 감속비가 작다.
③ 정밀도가 필요하다.   ④ 동력전달이 불확실하다.

문제 37. 선형 또는 비선형 특성을 갖는 에너지 축적형 완충기를 사용할 수 있는 전기식 엘리베이터의 정격속도는?
① 1.0m/s 이하   ② 1.5m/s 이상   ③ 1.75m/s 이하   ④ 2.75m/s 이상

문제 38. 비상용 엘리베이터에 관한 사항으로 틀린 것은?
① 비상용 엘리베이터의 운행속도는 1m/s 이상이어야 한다.
② 비상용 엘리베이터의 출입구 유효 폭은 800mm 이상이어야 한다.
③ 비상용 엘리베이터의 크기는 630kg의 정격하중을 갖는 폭 1100mm, 깊이 1400mm 이상이어야 한다.
④ 비상용 엘리베이터는 소방관이 조작하여 얼리베이터 문이 닫힌 이후부터 90초 이내에 가장 먼 층에 도착하여야 한다.

문제 39. 엘리베이터의 정격하중 1500kg, 정격속도 180m/min, 엘리베이터의 종합효율 80%, 오버밸런스율이 50% 인 경우 전동기의 출력은 약 몇 kW인가?
① 25.16   ② 27.57   ③ 32.72   ④ 36.25

해답 34.③ 35.② 36.③ 37.① 38.④ 39.②

문제 40. 사이리스터를 사용하여 교류를 직류로 변환시켜 전동기에 공급하고 사이리스터의 점호각을 바꿈으로서 직류전압을 바꿔 직류 전동기의 회전수를 변경하는 승강기의 제어 방식은?
① 워드레오나드방식　　　　　　　② 정지레오나드방식
③ 교류궤환제어방식　　　　　　　④ PWM인 버터제어방식

일반기계공학

문제 41. 기어펌프의 모듈이 3, 잇수 16, 잇폭 18mm인 펌프가 1200 r/min으로 회전하면 이론적인 송출량은 약 몇 L/min 인가?
① 39.0　　　② 19.5　　　③ 9.75　　　④ 4.87

문제 42. 체인 전동장치의 특징으로 옳지 않은 것은?
① 소음이 적고 고속회전에 적합하다.
② 미끄럼이 없는 정확한 속도비가 얻어 진다.
③ 큰 동력을 전달시킬 수 있고 전동 효율이 좋다.
④ 체인 길이의 신축이 가능하고, 다축전동이 용이하다.

문제 43. 철강제품의 대표적인 표면처리 경화법이 아닌 것은?
① 참탄 경화법(carburizing)
② 화염 경화법(flame hardening)
③ 서브제로처리(sub-zero treatment)
④ 고주파 경화법(induction hardening)

문제 44. 드릴링 머신에서 너트나 볼트의 머리와 접촉하는 면을 평면으로 파는 작업은?
① 리밍　　　② 보링　　　③ 태핑　　　④ 스폿 페이싱

문제 45. 원형 단면의 도심축에 대한 단면 2차 모멘트(I) 식은? (단, d는 원형 단면의 지름이다)
① $\dfrac{\pi d^3}{32}$　　　② $\dfrac{\pi d^4}{32}$　　　③ $\dfrac{\pi d^3}{64}$　　　④ $\dfrac{\pi d^4}{64}$

해답 40.②　41.②　42.①　43.③　44.④　45.④

문제 46. 원형 단면축이 비틀림 모멘트를 받을 때, 축에 생기는 최대전단응력에 관한 설명으로 옳은 것은?
① 극단면계수에 반비례한다.　　② 극단면 2차 모멘트에 비례한다.
③ 축의 지름이 증가하면 증가한다.　　④ 비틀림 모맨트가 증가하면 감소한다.

문제 47. 특수주조법으로 금형 속에 용융금속을 고압, 고속으로 주입하여 주조하는 것으로 대량 생산에 적합하고 고정밀 제품에 사용하는 주조법은?
① 셀 몰드법　　② 원심 주조법
③ 다이 캐스팅법　　④ 인베스트먼트법

문제 48. 재료가 일정온도에서 일정하중을 장시간동안 받은 경우 서서히 변화하는 현상은?
① 피닝(peening)　　② 크로마이징(chromizing)
③ 어닐링(annealing)　　④ 크리프(creep)

문제 49. 보일러와 같이 안지름에 비하여 강판의 두께가 얇은 원동이 균일한 내압을 받고 있는 경우 원주방향 응력은 축방향 응력의 몇 배인가?
① $\frac{1}{2}$　　② $\frac{1}{4}$　　③ 2　　④ 4

문제 50. 구멍(축)의 허용한계치수의 해석에서 다음과 같은 원리를 무엇이라고 하는가?

> 통과측에는 모든 치수, 또는 결정량이 동시에 검사되고, 정지측에는 각 치수가 개개로 검사되어야 한다.

① 아베(Abbe)의 원리　　② 자콥스(Jacobs)의 원리
③ 테일러(Taylor)의 원리　　④ 브라운 샤프(Brown sharp)의 원리

문제 51. 코일 스프링에서 코일의 평균지름을 D(mm), 소선 L의 지름을 d(mm) 라고 할 때 스프링 계수를 바르게 표현한 것은?
① $\frac{D}{d}$　　② $\frac{d}{D}$　　③ $\frac{\pi D}{d}$　　④ $\frac{2\pi d}{D}$

문제 52. 합금 주철에 첨가하는 원소 중에서 흑연화를 방지하고 탄화물을 안정시켜주는 것으로 이 원소를 많이 넣게 될 경우 고온에서 내열성은 증가하나 절삭성이 어려워지는 것은?
① Ni　　② Ti　　③ Mo　　④ Cr

해답 46.① 47.③ 48.④ 49.③ 50.③ 51.① 52.④

문제 53. 나사의 크기를 나타내는 지름을 호칭 지름이라 하는데 무엇을 기준으로 하는가?
① 수나사의 골지름
② 수나사의 바깥지름
③ 수나사의 유효지름
④ 수나사의 평균지름

문제 54. 축의 지름을 d, 축 재료의 전단응력을 τ라 할 때, 비틀림 모멘트를 나타내는 식은?
① $\frac{\pi d^2}{16}\tau$
② $\frac{\pi d^3}{16}\tau$
③ $\frac{\pi d^2}{32}\tau$
④ $\frac{\pi d^3}{32}\tau$

문제 55. 축에 홈을 파지 않고도 회전력을 전달시킬 수 있는 키는?
① 안장 키
② 반달 키
③ 둥근 키
④ 성크 키

문제 56. 용접법의 분류 중 압접(pressure welding)에 해당하는 것은?
① 스터드 용접
② 테르밋 용접
③ 프로젝션 용접
④ 피복 아크 용접

문제 57. 공유압 밸브의 분류에서 방향제어밸브에 속하는 것은?
① 교축밸브
② 셔틀밸브
③ 릴리프밸브
④ 카운트밸런스밸브

문제 58. 단면적 450mm², 길이 50mm의 연강봉에 39.5kN의 인장하중이 작용했을 때 늘어난 길이가 0.20mm이었다면 발생한 인장능력은 약 몇 MPa인가?
① 175.6
② 87.8
③ 79.0
④ 43.9

문제 59. 금속의 소성가공에서 냉간가공과 열간가공으로 구분하는 온도는?
① 불림 온도
② 풀림 온도
③ 담금질 온도
④ 재결정 온도

문제 60. 유압 작동유의 구비조건으로 옳지 않은 것은?
① 비압축성이어야 한다.
② 열을 방출시키지 않아야 한다.
③ 녹이나 부식 발생 등이 방지되어야 한다.
④ 장시간 사용하여도 화학적으로 안정적이어야 한다.

해답 53.② 54.② 55.① 56.③ 57.② 58.② 59.④ 60.②

전기제어공학

문제 61. 제어계의 분류에서 엘리베이터에 적용되는 제어방법은?
① 정치제어　② 추종제어　③ 비율제어　④ 프로그램제어

문제 62. 기계적 제어의 요소로서 변위를 공기압으로 변환하는 요소는?
① 벨로즈　② 피스톤　③ 다이아프램　④ 노즐 플래퍼

문제 63. 과도 응답의 소멸되는 정도를 나타내는 감쇠비(decay ratio)를 올바르게 나타낸 것은?
① 제2 오버슈트/최대 오버슈트
② 제2 오버슈트/제3 오버슈트
③ 제3 오버슈트/제2 오버슈트
④ 최대 오버슈트/제2 오버슈트

문제 64. 비례동작에 의해 발생한 잔류편차를 제거하기 위하여 적분동작을 첨가시킨 제어동작은?.
① P동작　② I동작　③ D동작　④ PI동작

문제 65. 200V, 2kW 전열기에서 전열선의 길이를 1/2로 할 경우 소비전력(kW)은?
① 1　② 2　③ 5　④ 4

문제 66. 전류의 측정 범위를 확대하기 위하여 사용되는 것은?
① 배율기　② 분류기　③ 저항기　④ 계기용변압기

문제 67. 권선형 유도전동기에 관한 설명으로 옳지 않은 것은?
① 기동저항기로 기동전류를 제한할 수 있다.
② 농형 유도전동기에 비해 구조가 복잡하다.
③ 슬립링이 없기 때문에 불꽃의 염려가 없다.
④ 회전자권선에 접속되어 있는 기동저항기로 손쉽게 속도조정을 할 수 있다.

문제 68. 100Ω의 저항 3개를 Y결선한 것을 △결선으로 환산했을 때 각 저항의 크기는 몇 [Ω]인가?
① 33　② 50　③ 300　④ 600

해답 61.④　62.④　63.①　64.④　65.④　66.②　67.③　68.③

문제 69. 그림과 같이 트랜지스터를 사용하여 논리소자를 구성한 논리회로의 명칭은?

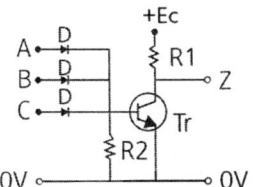

① OR회로 ② AND회로 ③ NOR회로 ④ NAND회로

문제 70. 그림의 선도에서 전달함수 $C(s)/R(s)$는?

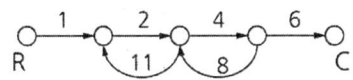

① $-\dfrac{8}{9}$ ② $\dfrac{4}{5}$ ③ $-\dfrac{48}{53}$ ④ $-\dfrac{105}{77}$

문제 71. 유도전동기에서 극수가 일정할 때 동기속도(Ns)와 주파수(f)와의 관계에 관한 설명으로 옳은 것은?
① 동기속도는 주파수에 비례한다.
② 동기속도는 주파수에 반비례한다.
③ 동기속도는 주파수의 제곱에 비례한다.
④ 동기속도는 주파수의 제곱에 반비례한다.

문제 72. 발전기에 적용되는 법칙으로 유도기전력의 방향을 알기 위하여 사용되는 것은?
① 오옴의 법칙
② 페러데이의 법칙
③ 플레밍의 왼손 법칙
④ 플레밍의 오른손 법칙

문제 73. 어떤 코일에 흐르는 전류가 0.01초 사이에 30A에서 10A로 변할 때 20V의 기전력이 발생한다고 하면 자기 인덕턴스는 얼마인가?
① 10mH ② 20mH ③ 30mH ④ 50mH

문제 74. 제어 결과로 사이클링과 옵셋을 발생시키는 동작은?
① ON-OFF동작 ② P동작 ③ I동작 ④ PI동작

문제 75. 피드백 제어계의 구성요소 중 제어동작 신호를 받아 조작량으로 바꾸는 역할을 하는 것은?
① 설정부 ② 비교부 ③ 조작부 ④ 검출부

해답 69.③ 70.③ 71.① 72.④ 73.① 74.① 75.③

문제 76. 주파수 응답에 필요한 입력은?
① 계단 입력   ② 램프 입력   ③ 임펄스 입력   ④ 정현파 입력

문제 77. 4kΩ의 저항에 25mA의 전류를 흘리는 데 필요한 전압(V)은?
① 10   ② 100   ③ 160   ④ 200

문제 78. RLC 병렬회로에서 용량성 회로가 되기 위한 조건은?
① $X_L = X_c$ ② $X_L > X_c$ ③ $X_L < X_c$ ④ $X_L + X_C = 0$

문제 79. 피드백 제어시스템의 피드백 효과로 옳지 않은 것은?
① 대역폭 증가   ② 정확도 개선
③ 시스템 간소화 및 비용 감소   ④ 외부 조건의 변화에 대한 영향 감소

문제 80. 피드백 제어에서 반드시 필요한 장치는?
① 안정도를 좋게 하는 장치   ② 대역폭을 감소시키는 장치
③ 응답속도를 빠르게 하는 장치 ④ 입력과 출력을 비교하는 장치

해답 76.④ 77.② 78.② 79.③ 80.④

승강기 개론
(2019. 3. 3. 기사시행)

문제 1. 한쪽 방향으로만 기름이 흐르도록 하는 밸브로 상승 방향으로만 흐르고 역방향으로는 흐르지 않게 하는 밸브는?
① 체크밸브 ② 스톱밸브 ③ 안전밸브 ④ 럽처밸브

문제 2. 카틀이 레일에서 벗어나지 않도록 하는 것은?
① 조속기 ② 제동기 ③ 균형로프 ④ 가이드 슈

문제 3. 선형 특성을 갖는 에너지 축적형 완충기 설계 시 최소행정으로 옳은 것은?
① 완충기의 행정은 정격속도의 115%에 상응하는 중력정지거리의 2배 이상으로서 최소 65mm 이상이어야 한다.
② 완충기의 행정은 정격속도의 125%에 상응하는 중력정지거리의 2배 이상으로서 최소 65mm 이상이어야 한다.
③ 완충기의 행정은 정격속도의 125%에 상응하는 중력정지거리의 4배 이상으로서 최소 65mm 이상이어야 한다.
④ 완충기의 행정은 정격속도의 125%에 상응하는 중력정지거리의 4배 이상으로서 최소 85mm 이상이어야 한다.

문제 4. 기계실 바닥에 몇 cm를 초과하는 단차가 있을 경우에는 보호난간이 있는 계단 또는 발판이 있어야 하는가?
① 10 ② 30 ③ 50 ④ 100

문제 5. 엘리베이터의 속도에 영향을 미치지 않는 것은?
① 로핑 ② 트러스 ③ 감속기 ④ 전동기

문제 6. 카가 2대 또는 3대가 병설되었을 때 사용되는 조작방식으로 1개의 승강장 부름에 대하여 1대의 카가 응답하며, 일반적으로 부름이 없을 때에는 다음의 부름에 대비하여 분산대기하는 복수 엘리베이터의 조작방식은?
① 군관리 방식 ② 단식 자동식
③ 승압 전자동식 ④ 군 승합 전자동식

해답 1.① 2.④ 3.① 4.③ 5.② 6.④

문제 7. 기계실 내부 조명의 조도는 일반적으로 바닥에서 몇 Lx 이상으로 하는가?
① 60 ② 100 ③ 150 ④ 200

문제 8. 조속기 도르래의 회전을 베벨기어를 이용해 수직축의 회전으로 변환하고, 이 축의 상부에서부터 링크 기구에 의해 메달린 구형의 진자에 작용하는 원심력으로 작동하는 조속기로, 구조가 복잡하지만 검출 정밀도가 높으므로 고속 엘리베이터에 많이 이용되는 조속기는?
① 디스크형 조속기 ② 스프링형 조속기
③ 플라이볼형 조속기 ④ 롤 세이프티형 조속기

문제 9. 승강로 외부의 작업구역에서 승강로 내부의 구동기 공간에 출입하는 문에 요구되는 사항으로 틀린 것은?
① 승강로 내부 방향으로 열리지 않아야 한다.
② 승강로 추락을 막을 수 있도록 가능한 작아야 한다.
③ 구멍이 없어야 하고 승강장문과 동일한 기계적 강도이어야 한다.
④ 잠겼으면 승강로 내부에서 열쇠를 사용하지 않고는 열 수 없어야 한다.

문제 10. 유압식 엘리베이터에서 일반적으로 사용되는 펌프로 압력맥동, 진동, 소음이 작은 펌프는?
① 기어펌프 ② 베인펌프 ③ 원심식 펌프 ④ 스크류 펌프

문제 11. 엘리베이터의 가이드 레일을 설치할 때 레일 브라켓(Rail Bracket)의 간격을 작게 하면 동일한 하중에 대하여 응력도 및 휨도는 어떻게 되겠는가?
① 응력도와 휨도가 모두 커진다.
② 응력도와 휨도가 모두 작아진다.
③ 응력도는 커지고 휨도는 작아진다.
④ 응력도는 작아지고 휨도는 커진다.

문제 12. 전기식 엘리베이터에 관한 내용이다. ( )에 알맞은 내용으로 옳은 것은?

전기식 엘리베이터에서 경첩이 있는 승강장문과 접히는 카 문의 조합인 경우 닫힌 문 사이의 어떤 틈새에도 직경 ( )m의 구가 통과되지 않아야 한다.

① 0.1 ② 0.15 ③ 0.2 ④ 0.25

해답 7.④ 8.③ 9.② 10.④ 11.② 12.②

문제 13. 전기식 엘리베이터의 제동기에서 전자-기계 브레이크 조건으로 틀린 것은?
① 브레이크 라이닝은 반드시 불연성일 필요는 없다.
② 솔레노이드 플런저는 기계적인 부품으로 간주되지만 솔레노이드 코일은 그렇지 않다.
③ 드럼 등의 제동 작용에 관여하는 브레이크의 모든 기계적 부품은 2세트로 설치되어야 한다.
④ 카가 정격속도로 정격하중의 125%를 싣고 하강방향으로 운행될 때 구동기를 정지시킬 수 있어야 한다.

문제 14. 완성검사 시 승객용 엘리베이터의 카 문턱과 승강장문 문턱 사이의 수평거리는 몇 mm이하인가?
① 35   ② 40   ③ 45   ④ 50

문제 15. 제어반의 주요 기기에 해당하지 않는 것은?
① 변류기   ② 엔코더   ③ 배선용 차단기   ④ 비상용 전원장치

문제 16. 비상용 엘리베이터의 동작 설명 중 틀린 것은?
① 운행 속도는 0.8m/s 이상이어야 한다.
② 소방관이 조작하여 엘리베이터 문이 닫힌 이후부터 60초 이내에 가장 먼 층에 도착하여야 한다.
③ 정전 시에는 보조 전원공급장치에 의해 엘리베이터를 2시간 이상 운행시킬 수 있어야 한다.
④ 소방운전 시 모든 승강장의 출입구 마다 정지할 수 있어야 한다.

문제 17. 벨트식 무빙워크의 경우, 경사부에서 수평부로 전환되는 천이구간의 곡률반경은 몇 m 이상이어야 하는가?
① 0.2   ② 0.4   ③ 0.6   ④ 0.8

문제 18. 카의 어떤 이상 원인으로 감속되지 못하고 최상·최하층을 지나칠 경우 이를 검출하여 강제적으로 감속, 정지시키는 장치로서 리미트 스위치 전에 설치하는 것은?
① 파킹 스위치   ② 피트 정지 스위치
③ 슬로다운 스위치   ④ 권동식 로프이완 스위치

해답 13.① 14.① 15.② 16.① 17.② 18.③

문제 19. 전기식 엘리베이터에서 속도에 영향을 미치지 않는 것은?
① 전동기의 용량
② 전동기의 회전수
③ 권상 도르래의 직경
④ 감속기 기어의 감속비

문제 20. 도어가 닫히는 도중, 도어 사이에 이물질 또는 사람의 신체 일부가 끼었을 때, 도어가 다시 열리게 하는 장치가 아닌 것은?
① 세이프티 슈(Safety Shoe)
② 세이프티 레이((Safety Ray)
③ 세이프티 디바이스(Safety Device)
④ 초음파 도어센서(Ultrasonic Door Sensor)

승강기 설계

문제 21. 변압기 용량을 산정할 때 전부하 상승전류에 대해서는 부등률을 얼마로 계산하여야 하는가?
① 0.85
② 0.9
③ 0.95
④ 1

문제 22. 사무용 빌딩에 가변전압 가변주파수방식의 승객용 승강기를 설치한 후 하중시험을 할 때, 그 성능기준으로 틀린 것은?
① 정격하중의 125% 하중을 싣고 하강할 때 구동기를 정지시킬 수 있어야 한다.
② 정격하중의 50%를 싣고 하강하는 카의 속도는 정격속도의 92% 이상 105% 이하이어야 한다.
③ 정격하중의 110% 하중에서 속도는 설계도면 및 시방서에 기재된 속도의 110% 이하이어야 한다.
④ 정격하중의 50% 하중에서 정격속도로 상승 하강할 때의 잔류차이가 정격하중의 균형량(오버밸런스율에) 따른 설계치의 범위 이내이어야 한다.

해답 19.① 20.③ 21.④ 22.③

문제 **23.** 엘리베이터용 가이드 레일에 관한 사항으로 틀린 것은?
① 엘리베이터의 정격용량과 관계가 있다.
② 대형 화물용 엘리베이터의 경우 하중을 적재할 때 발생되는 카의 회전 모멘트는 무시한다.
③ 비상정지장치가 작동한 후에도 가이드 레일에는 좌굴이 없어야 한다.
④ 레일 브라켓의 간격을 작게 하면 동일한 하중에 대하여 응력과 휨은 작아진다.

문제 **24.** 장애인용 엘리베이터의 승강장 문턱과 카의 문턱사이의 틈새는 몇 mm 이하인가?
① 30   ② 35   ③ 40   ④ 45

문제 **25.** 정격속도 1.5m/s인 엘리베이터의 점차작동형 비상정지장치가 작동할 경우 평균 감속도는 약 몇 g_n인가?(단, 감속시간은 0.3초, 조속기 캣치의 작동속도는 정격 속도의 1.4배로 한다.)
① 0.803   ② 0.714   ③ 0.612   ④ 0.510

문제 **26.** 압축 코일 스프링에서 작용하중을 W, 유효권수를 N, 평균 지름을 D, 소선의 지름을 d라고 하였을 때 스프링 지수를 나타내는 식은?
① D/N   ② W/N   ③ D/d   ④ WD/d

문제 **27.** 점차작동형 비상정지장치로 플렉시블 웨지 클램프형이 많이 사용되는 이유가 아닌 것은?
① 구조가 간단하다.   ② 작동 후 복구가 용이하다.
③ 작동되는 힘이 일정하다.   ④ 공긴을 작게 자시한나.

문제 **28.** 속도가 60m/min인 엘리베이터를 설계하고자 할 때 제어방식으로는 다음 중 어떤 방식이 가장 적절한가?
① 워드레오나드 방식   ② 교류일단속도제어 방식
③ 정지레오나드제어 방식   ④ 가변전압 가변주파수 방식

문제 **29.** 출력이 15kW, 전부하 회전수가 1410rpm인 전동기의 전부하 토크는 약 몇 kgf·m인가?
① 10.36   ② 12.12   ③ 15.32   ④ 18.54

해답 23.② 24.① 25.② 26.③ 27.③ 28.④ 29.①

문제 30. 기어리스 권상기를 적용한 1:1 로핑 방식의전기식 엘리베이터에서 도르래 직경이 400mm이고 전동기의 분당회전수는 84rpm일 경우에 엘리베이터의 정격속도(m/min)는?
① 60m/mim　　② 90m/mim　　③ 105m/mim　　④ 120m/mim

문제 31. 종탄성계수 $E=7000kg/m^2$, 적용로프 ø12×6본, 주행거리 $H=40m$이고 적재하중이 1150kg, 카 자중이 1080kg인 로프의 연신율(늘어나는 길이)은 약 몇 mm인가?
① 9.7　　② 18.8　　③ 19.4　　④ 37.6

문제 32. 가변전압 가변주파수 제어방식의 PWM에 관한 설명으로 틀린 것은?
① 펄스 폭 변조라는 의미이다.
② 입력측의 교류전압을 변화시킨다.
③ 전동기의 효율이 좋다.
④ 전동기의 토크 특성이 좋아 경제적이다.

문제 33. 엘리베이터를 설치할 때 승강로의 크기를 결정하려고 한다. 이 때 고려하지 않아도 되는 사항은?
① 엘리베이터 인승　　② 가이드레일 길이
③ 엘리베이터 대수　　④ 엘리베이터 출입문의 크기

문제 34. 엘리베이터 교통량 계산의 필수 데이터가 아닌 것은?
① 빌딩의 용도 및 성질　　② 층별 용도
③ 층고　　④ 엘리베이터 대수

문제 35. 유입 완충기의 설계조건으로 틀린 것은?(문제 오류로 실제 시험에서는 3, 4번이 정답처리 되었습니다. 여기서는 3번을 누르면 정답 처리됩니다.)
① 최대 적용중량은 카 자중과 적재하중 합의 100%로 한다.
② 행정 계산 시 정격속도의 115%로 충돌했을 경우의 속도로 한다.
③ 카가 충돌하였을 경우 $1g_n$ 이상의 감속도가 유지되어야 한다.
④ $2.5g_n$ 초과하는 감속도는 4초 보다 길지 않아야 한다.

문제 36. 권상기의 도르래 직경은 주로프 직경의 몇 배 이상이어야 하는가?
① 20배　　② 30배　　③ 35배　　④ 40배

해답 30.③　31.②　32.②　33.②　34.④　35.③　36.④

문제 37. 전동기의 용량을 계산하는 계산식은?(단, L : 적재하중, V : 속도, B : 밸런스율, η : 효율이다.)
① $P = \dfrac{LV(1-B)}{6120\eta}$ ② $P = \dfrac{\eta V(1-B)}{6120L}$ ③ $P = \dfrac{L\eta(1-B)}{6120V}$ ④ $P = \dfrac{LV(1-\eta)}{6120B}$

문제 38. 전기식 엘리베이터(기계식 있는 엘리베이터)의 기계식 위치로 가장 적당한 곳은?
① 승강로의 바로 위
② 승강로 위쪽의 옆방향
③ 승강로의 바로 아래
④ 승강로 아래쪽의 옆방향

문제 39. 전기식 엘리베이터에서 기계대의 안전율 최솟값으로 적당한 것은?
① 강재의 것 : 3, 콘크리트의 것 : 5
② 강재의 것 : 3, 콘크리트의 것 : 6
③ 강재의 것 : 4, 콘크리트의 것 : 7
④ 강재의 것 : 4, 콘크리트의 것 : 8

문제 40. 즉시 작동형 비상정지장치가 설치된 엘리베이터에서 카의 자중과 승객의 중량을 합친 등가 중량이 3000kg이고 카의 속도가 45m/min일 경우, 비상정지장치가 작동하여 카가 정지하기까지의 거리가 4.5cm라고 하면 감속력은 약 몇 kgf인가?
① 4050   ② 3827   ③ 3056   ④ 3000

일반기계공학

문제 41. 기어, 클러치, 캠 등과 같이 내마모성과 더불어 인성을 필요로 하는 부품의 경우는 강의 표면 경화법으로 처리한다. 강의 표면 경화법에 해당하지 않는 것은?
① 질화법   ② 템퍼링   ③ 고체침탄법   ④ 고주파경화법

문제 42. 보일러와 같이 기밀을 필요로 할 때 리베팅 작업이 끝난 뒤에 리벳머리의 주위와 강판의 가장자리를 75°~85° 가량 정(chisel)과 같은 공구로 때리는 작업은?
① 굽힘작업   ② 전단작업   ③ 코킹작업   ④ 펀칭작업

해답 37.① 38.① 39.③ 40.② 41.② 42.③

문제 43. 철사를 여러 번 구부렸다 폈다를 반복했을 때 철사가 끊어지는 현상은?
① 시효경화   ② 표면경화   ③ 가공경화   ④ 화염경화

문제 44. 축(Shaft)의 종류 중 전동축의 특수한 형태로 축의 지름에 비하여 길이가 짧은 축을 의미하는 것으로 형상과 치수가 정밀하고 변형량이 극히 작아야 하는 것은?
① 차축   ② 스핀들   ③ 유연축   ④ 크랭크축

문제 45. 평벨트 폴리의 종류는 림의 폭 중앙이 볼록한 C형과 림의 폭 중앙이 편평한 F형이 있다. 여기서 C형 림의 폭 중앙에 크라운 붙임(crowning)을 두는 이유로 가장 적절한 것은?
① 벨트의 손상을 방지하기 위하여
② 벨트의 끊어짐을 방지하기 위하여
③ 벨트가 벗겨지는 것을 방지하기 위하여
④ 주조할 때 편리하도록 목형 물매를 두기 위하여

문제 46. 그림과 같이 원형단면의 지름 d인 관성모멘트는 $I_x = \dfrac{\pi d^4}{64}$ 이다. 원에 접하는 집선 축에 대한 평행축의 정리를 활용하여 관성모멘트(I_x)를 구하면?

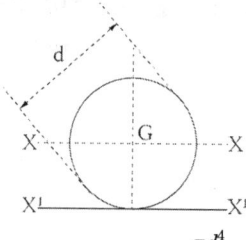

① $\dfrac{\pi d^4}{32}$ ② $\dfrac{5\pi d^4}{32}$ ③ $\dfrac{\pi d^4}{64}$ ④ $\dfrac{5\pi d^4}{64}$

문제 47. 그림과 같은 외팔보의 자유단 끝단에서 최대처짐량을 구하는 식은?(단, L=a+b)

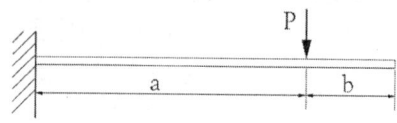

① $\dfrac{Pa^2}{6EI}(3L-a)$ ② $\dfrac{Pa^2}{3EI}(3L-a)$ ③ $\dfrac{Pa^2}{2EI}(3L-a)$ ④ $\dfrac{Pa^2}{EI}(3L-a)$

해답 43.③ 44.② 45.③ 46.④ 47.①

문제 48. 탄소강에 관한 일반적인 설명으로 옳지 않은 것은?
① 용융온도는 탄소함유량에 따라 다르다.
② 탄소강은 다른 재료에 비하여 대량 생산이 가능하다.
③ 탄소함유량이 많을수록 인장강도는 커지나 연성은 낮다.
④ 탄소함유량이 적은 것은 열간가공과 냉간가공이 어렵다.

문제 49. 하중이 5kN 작용하였을 때, 처짐이 200mm인 코일 스프링에서 소선의 지름이 20mm일 때 이 스프링의 유효 감김수는?(단, 스프링지수(C)=10, 전단탄성계수(G)는 $8 \times 10^4 N/mm^2$, 왈의 수정계수(K)는 1.2이다.)
① 6 ② 8 ③ 10 ④ 12

문제 50. 피복 아크 용접봉에서 피복제의 역할이 아닌 것은?
① 아크의 세기를 크게 한다.
② 용접금속의 탈산 및 정련 작용을 한다.
③ 용융점이 낮은 가벼운 슬래그를 만든다.
④ 용접 금속에 적당한 합금 원소를 첨가한다.

문제 51. 그림과 같은 원통 용기의 하부 구멍 A의 단면적이 $0.05m^2$이고 이를 통해서 물이 유출할 때 유량은 약 m^3/s 인가?(단, 유량계수는 C=0.6, 높이는 H=2m로 일정하다.)

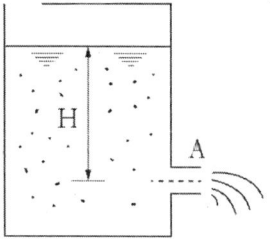

① 0.19 ② 0.38 ③ 1.87 ④ 4.74

문제 52. 일반적인 알루미늄의 성질로 틀린 것은?
① 전기 및 열의 양도체이다.
② 알루미늄의 결정구조는 면심입방격자이다.
③ 비중이 2.7로 작고, 용융점이 600℃이다.
④ 표면에 산화막이 형성되지 않아 부식이 쉽게 된다.

해답 48.④ 49.② 50.① 51.① 52.④

문제 53. 단면적 $1cm^2$, 길이 $4m$인 강선에 $2kN$의 인장하중을 작용시키면 신장량은 약 몇 cm인가? (단, 연강의 탄성계수는 $2\times10^6 N/cm^2$이다.)
① 6 ② 4 ③ 0.6 ④ 0.4

문제 54. 길이 ℓ의 환봉을 압축하였더니 $30cm$로 되었다. 이 때 변형률을 0.006이라고 하면 원래의 길이는 약 몇 cm인가?
① 30.09 ② 30.18 ③ 30.27 ④ 30.36

문제 55. 유체기계에서 유압 제어밸브의 종류가 아닌 것은?
① 압력제어밸브 ② 유량제어밸브 ③ 유속제어밸브 ④ 방향제어밸브

문제 56. 대량의 제품 치수가 허용공차 내에 있는지 여부를 검사하는 게이지로 통과측과 정지측으로 구성되어 있는 것은?
① 옵티미터 ② 다이얼 게이지 ③ 한계 게이지 ④ 블록 게이지

문제 57. 다음 키의 종류 중 일반적으로 가장 큰 토크를 전달할 수 있는 키는?
① 묻힘 키 ② 납작 키 ③ 접선 키 ④ 스플라인

문제 58. 펌프의 분류를 크게 터보식과 용적식으로 분류할 때 다음 중 용적식 펌프에 속하는 것은?
① 베인 펌프 ② 축류 펌프 ③ 터빈 펌프 ④ 벌류트 펌프

문제 59. 절삭가공에 이용되는 성질로 적합한 것은?
① 용접성 ② 연삭성 ③ 용해성 ④ 통기성

문제 60. 왁스, 파라핀 등으로 만든 주형재를 사용하여 치수가 정밀하고 면이 깨끗한 복잡한 주물을 얻을 수 있는 주조법은?
① 셀몰드법 ② 다이캐스팅법 ③ 이산화탄소법 ④ 인베스트먼트법

해답 53.④ 54.② 55.③ 56.③ 57.④ 58.① 59.② 60.④

전기제어공학

문제 61. 온도를 전압으로 변환시키는 것은?
① 광전관　　② 열전대　　③ 포토다이오드　　④ 광전다이오드

문제 62. 세라믹 콘덴서 소자의 표면에 103^K라고 적혀있을 때 이 콘덴서의 용량은 몇 μF인가?
① 0.01　　② 0.1　　③ 103　　④ 10^3

문제 63. 목표값을 직접 사용하기 곤란할 때, 주 되먹임 요소와 비교하여 사용하는 것은?
① 제어요소　　② 비교장치　　③ 되먹임요소　　④ 기준입력요소

문제 64. 4000Ω의 저항기 양단에 100V의 전압을 인가할 경우 흐르는 전류의 크기(mA)는?
① 4　　② 15　　③ 25　　④ 40

문제 65. 다음 설명에 알맞은 전기 관련 법칙은?

> 도선에서 두 점 사이 전류의 크기는 그 두 점 사이의 전위차에 비례하고, 전기저항에 반비례한다.

① 옴의 법칙　　② 렌츠의 법칙　　③ 플레밍의 법칙　　④ 전압분배의 법칙

문제 66. 최대눈금 100mA, 내부저항 1.5Ω인 전류계에 0.3Ω의 분류기를 접속하여 전류를 측정할 때 전류계의 지시가 50mA라면 실제 전류는 몇 mA인가?
① 200　　② 300　　③ 400　　④ 600

문제 67. 병렬 운전 시 균압모선을 설치해야 되는 직류발전기로만 구성된 것은?
① 직권발전기, 분권발전기
② 분권발전기, 복권발전기
③ 직권발전기, 복권발전기
④ 분권발 기발전기

문제 68. 특성방정식이 $s^3+2s^2+Ks+5=0$인 제어계가 안정하기 위한 K 값은?
① K > 0　　② K < 0　　③ K > 5/2　　④ K < 5/2

해답 61.② 62.① 63.④ 64.③ 65.① 66.② 67.③ 68.③

문제 69. 서보기구의 특징에 관한 설명으로 틀린 것은?
① 원격제어의 경우가 많다.
② 제어량이 기계적 변위이다.
③ 추치제어에 해당하는 제어장치가 많다.
④ 신호는 아날로그에 비해 디지털인 경우가 많다.

문제 70. SCR에 관한 설명으로 틀린 것은?
① PNPN 소자이다.
② 스위칭 소자이다.
③ 양방향성 사이리스터이다.
④ 직류나 교류의 전력제어용으로 사용된다.

문제 71. 적분시간이 2초, 비례감도가 5mA/mV인 PI조절계의 전달함수는?
① $\dfrac{1+2s}{5s}$　② $\dfrac{1+5s}{2s}$　③ $\dfrac{1+2s}{0.4s}$　④ $\dfrac{1+0.4s}{2s}$

문제 72. 공기 중 자계의 세기가 100A/m의 점에 놓아둔 자극에 작용하는 힘은 8×10^{-3} N이다. 이 자극의 세기는 몇 Wb인가?
① 8×10　② 8×10^5　③ 8×10^{-1}　④ 8×10^{-5}

문제 73. PLC(Programmable Logic Controller)의 출력부에 설치하는 것이 아닌 것은?
① 전자개폐기　② 열동계전기　③ 시그널램프　④ 솔레노이드밸브

문제 74. 신호흐름선도와 등가인 블록선도를 그리려고 한다. 이 때 G(s)로 알맞은 것은?

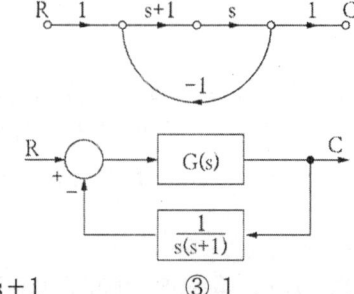

① s　② 1/s+1　③ 1　④ s(s+1)

해답 69.④　70.③　71.③　72.④　73.②　74.③

문제 75. 정상 편차를 개선하고 응답속도를 빠르게 하며 오버슈트를 감소시키는 동작은?
① K ② K(1+sT) ③ K(1+$\frac{1}{sT}$) ④ K(1+sT+$\frac{1}{sT}$)

문제 76. 다음은 직류전동기의 토크특성을 나타내는 그래프이다. (A), (B), (C), (D)에 알맞은 것은?

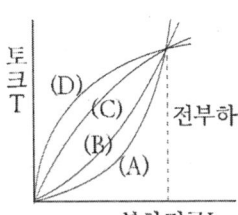

① (A) : 직권발전기, (B) : 가동복권발전기, (C) : 분권발전기, (D) : 차동복권발전기
② (A) : 분권발전기, (B) : 직권발전기, (C) : 가동복권발전기, (D) : 차동복권발전기
③ (A) : 직권발전기, (B) : 분권발전기, (C) : 가동복권발전기, (D) : 차동복권발전기
④ (A) : 분권발전기, (B) : 가동복권발전기, (C) : 직권발전기, (D) : 차동복권발전기

문제 77. 정현파 교류의 실효값(V)과 최대값(V_m)의 관계식으로 옳은 것은?
① $V = \sqrt{2}V_m$ ② $V = \frac{1}{\sqrt{2}}V_m$ ③ $V = \sqrt{3}V_m$ ④ $V = \frac{1}{\sqrt{3}}V_m$

문제 78. 그림과 같은 RLC 병렬공진회로에 관한 설명으로 틀린 것은?
① 공진조건은 $\omega C = \frac{1}{\omega L}$ 이다.
② 공진시 공진전류는 최소가 된다.
③ R이 작을수록 선택도 Q가 높다.
④ 공진시 입력 어드미턴스는 매우 작아진다.

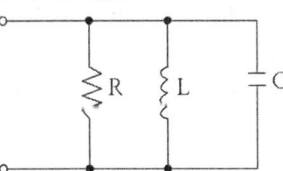

문제 79. 피드백 제어계에서 목표치를 기준입력신호로 바꾸는 역할을 하는 요소는?
① 비교부 ② 조절부 ③ 조작부 ④ 설정부

문제 80. 비례적분제어 동작의 특징으로 옳은 것은?
① 간헐현상이 있다. ② 잔류편차가 많이 생긴다.
③ 응답의 안정성이 낮은 편이다. ④ 응답의 진동시간이 매우 길다.

해답 75.④ 76.① 77.② 78.③ 79.④ 80.①

승강기 개론

(2019. 4. 27 기사시행)

문제 1. 교류 2단 속도 제어방식에서 크리프 시간이란 무엇인가?
① 저속 주행 시간　　　　　　② 고속 주행 시간
③ 속도 변환 시간　　　　　　④ 가속 및 감속 시간

문제 2. 유압엘리베이터의 유압회로 내에서 오일 필터가 설치되는 곳은?
① 펌프의 흡입 측에 설치된다.
② 펌프의 토출 측에 설치된다.
③ 펌프의 흡입 측과 토출측 모두에 설치된다.
④ 완전 밀폐형이기 때문에 설치할 필요가 없다.

문제 3. 전기식 엘리베이터에 비하여 유압식 엘리베이터의 특징으로 적합하지 않은 것은?
① 기계실의 위치가 자유롭다.
② 전동기의 소요 동력이 작다.
③ 승강로 상부 틈새가 작아도 된다.
④ 건물 꼭대기 부분에 하중이 걸리지 않는다.

문제 4. 엘리베이터의 정격속도가 매 분당 180m이고, 제동소요 시간이 0.3초인 경우의 제동거리는 몇 m인가?
① 0.25　　　　② 0.45　　　　③ 0.65　　　　④ 0.85

문제 5. 엘리베이터용 전동기의 소요동력을 결정하는, 인자가 아닌 것은?
① 정격하중　　② 정격속도　　③ 주로프 직경　　④ 오버밸런스율

문제 6. 엘리베이터에 관련된 안전을 기준으로 해당 안전을 기준에 미달되는 것은?:
① 조속기(과속조절기) 로프는 8 이상이다.
② 유압식 엘리베이터의 가용성 호스는 8 이상이다.
③ 덤웨이터(소형화물용 엘리베이터)의 체인은 4 이상이다.
④ 보상 수단(로프, 체인, 벨트 및 그 단말부)은 안전을 5 이상이다.

해답 1.①　2.①　3.②　4.②　5.③　6.③

문제 7. 에스컬레이터 제동기의 설치 상태는 견고하고 양호하여야 한다. 적재하중을 작용시키지 않고 스텝이 하강할 때 정격속도가 0.5m/s인 경우 정지거리는 몇 m 이상이어야 하는가?
① 0.1~0.9　　② 0.2~1.0　　③ 0.3~1.1　　④ 0.4~1.2

문제 8. 기계실의 조명에 관한 설명으로 옳은 것은?
① 조명스위치는 기계실 제어반 가까운 곳에 설치한다.
② 조명기구는 승강기 형식승인품을 사용하여야 한다.
③ 조도는 기기가 배치된 바닥면에서 200Lx 이상이어야 한다.
④ 조명전원 엘리베이터 제어전원에서 분기하여 사용하여야 한다.

문제 9. 카의 고장으로 카가 정격속도의 115%를 초과하지 않고 최하층을 통과하여 피트로 떨어졌을 때 충격을 완화시켜 주기 위하여 설치하는 안전장치는?
① 완충기
② 브레이크
③ 조속기(과속조절기)
④ 비상정지장치(추락방지안전장치)

문제 10. 유압식 엘리베이터를 구동시키고 정지시키는 구동기의 구성 부품으로 틀린 것은?
① 스프로킷　　② 제어밸브　　③ 펌프 조립제　　④ 펌프 전동기

문제 11. 단일 승강기로 두 대의 엘리베이터를 이용하면서 각각 독립적으로 운용되는 고효율 엘리베이터는?
① 트윈 엘리베이터
② 전망용 엘리베이터
③ 더블데크 엘리베이터
④ 조닝방식 엘리베이터

문제 12. 기계실의 구조에 대한 설명으로 틀린 것은?
① 다른 부분과 내화구조로 구획한다.
② 다른 부분과 방화구조로 구획한다.
③ 내장의 마감은 방청도료를 칠하여야 한다.
④ 벽면이 외기에 직접 접하는 경우에는 불연재로 구획할 수 있다.

해답 7.② 8.③ 9.① 10.① 11.① 12.③

[문제] **13.** 전기식 엘리베이터에서 로프와 도르레 사이의 마찰력 등 미끄러짐에 영향을 미치는 요소가 아닌 것은?
① 로프가 감기는 각도
② 권상기 기어의 감속비
③ 케이지의 가속도와 감속도
④ 케이지측과 균형추 쪽의 로프에 걸리는 중량비

[문제] **14.** 여러 층으로 배치되어 있는 고정된 주차구역에 아래·위로 이동할 수 있는 운반기로 자동차를 자동으로 운반 이동하여 주차하도록 설계한 주차장치는?
① 다단식　　② 승강기식　　③ 수직 순환식　　④ 다층 순환식

[문제] **15.** 엘리베이터에서 브레이크 시스템이 작동하여야 할 경우가 아닌 것은?
① 주동력 전원공급이 차단되는 경우
② 제어회로에 전원공급이 차단되는 경우
③ 카 출발 후 과부하감지장치가 작동했을 경우
④ 조속기(과속조절기)의 과속검출 스위치가 작동했을 경우

[문제] **16.** 완충기에 대한 설명으로 틀린 것은?
① 에너지 분산형 완충기는 작동 후에는 영구적인 변형이 없어야 한다.
② 에너지 분산형 완충기는 엘리베이터 정격속도와 상관없이 사용될 수 있다.
③ 에너지 축적형 완충기는 유체의 수위가 쉽게 확인될 수 있는 구조이어야 한다.
④ 정격속도 60m/min 이하의 것은 운동에너지가 작아서 선형 또는 비선형 특성을 갖는 에너지 축적형 완충기가 주로 사용된다.

[문제] **17.** 비상용 엘리베이터의 소방 운전 시 무효화되는 장치가 아닌 것은?
① 문닫힘안전장치　　　　　　② 조속기(과속조절기)
③ 파이널 리미트 스위치　　　④ 비상정지장치(추락방지안전장치)

[문제] **18.** 군 관리 조작방식의 경우 승강장에서 여러 대의 카 위치표시를 볼 수 없으므로 응답하는 카의 도착을 알리는 장치는?
① 조작반　　　　　　　　② 홀 랜턴
③ 카 위치 표시기　　　　④ 승강 위치 표시

[해답] 13.② 14.② 15.③ 16.③ 17.②③④ 18.②

문제 19. 엘리베이터의 도어인터록 스위치의 역할에 대한 설명으로 옳은 것은?
① 자기층에 카가 없을 때는 잠금이 풀려도 운행된다.
② 카가 운행 중에는 잠금이 풀려도 정지층까지는 운행된다.
③ 카가 운행되지 않을 때는 승강문이 순으로 열리도록 한다.
④ 승강문의 안전장치로서 잠금이 풀리면 카가 작동하지 않는다.

문제 20. 권동식 권상기에 비하여 트랙션 권상기의 장점이라고 볼 수 없는 것은?
① 소요 동력이 작다.
② 승강 행정에 제한이 없다.
③ 기계실의 소요 면적이 작다.
④ 권과(지나치게 감기는 현상)를 일으키지 않는다.

승강기 설계

문제 21. 1:1 로핑인 엘리베이터의 적정하중이 550kg, 카 자중이 700kg, 단면적이 13.3cm^2, 단면계수가 224.6cm^{3}인 SS-400을 사용할 때 상부체대의 응력은 약 몇 kg/cm^{2}인가?(단, 상부체대의 전길이는 160cm이다.)
① 222.6   ② 259.8   ③ 342.4   ④ 476.1

문제 22. 직류전동기의 일반적인 제어법이 아닌 것은?
① 저항제어법   ② 전입제어법   ③ 계자제어법   ④ 주파수제어법

문제 23. 최대굽힘모멘트 200000kg·cm, H 250×250×14×9(단면계수 867cm^3)인 기계대의 안전율은 약 얼마인가?(단, 재질은 SS-400, 기준강도 4100kg/cm^{2}이다.)
① 14   ② 18   ③ 22   ④ 24

문제 24. 재료의 단순 인장에서 푸아송 비는 어떻게 나타내는가?
① $\dfrac{\text{세로변형률}}{\text{가로변형률}}$ ② $\dfrac{\text{부피변형률}}{\text{가로변형률}}$ ③ $\dfrac{\text{가로변형률}}{\text{세로변형률}}$ ④ $\dfrac{\text{부피변형률}}{\text{세로변형률}}$

해답 19.④   20.③   21.①   22.④   23.②   24.③

문제 25. 승객이 출입하거나 하역하는 동안 착상 정확도가 ±20mm를 초과할 경우에는 몇 mm 이내로 보정되어야 하는가?
① ±5　　　② ±7　　　③ ±10　　　④ ±20

문제 26. 전기식엘리베이터의 기계실 치수에 대한 조건으로 적합한 것은?
① 작업구역의 유효높이는 4m 이상이어야 한다.
② 작업구역 간 이동통로의 유효 폭은 0.3m 이상이어야 한다.
③ 보호되지 않은 회전부품 위로 0.3m 이상의 유휴 수직거리가 있어야 한다.
④ 기계실 바닥에 0.3m를 초과하는 단차가 있는 경우, 고정된 사다리 또는 보호난간이 있는 계단이나 발판이 있어야 한다.

문제 27. 에스컬레이터의 모터 용량을 산출하는 식으로 옳은 것은?(단, G : 적재하중, V : 속도, η : 총효율, β : 승객승입율, $\sin\theta$: 에스컬레이터의 경사도)
① $P = \dfrac{6120 \times \beta}{G \times \eta}$　　　② $G = \dfrac{6120 \times \sin\theta}{G \times V}$
③ $P = \dfrac{G \times V \times \sin\theta}{6120\eta} \times \beta$　　　④ $P = \dfrac{G \times \eta \times \sin\theta}{6120} \times \beta$

문제 28. 엘리베이터의 교통량 계산 시 손실시간의 계산과 관련이 없는 것은?
① 승객수　　　② 주행거리
③ 승객 출입시간　　　④ 도어 개폐시간

문제 29. 감시반의 기능으로 볼 수 없는 것은?
① 경보기능　　② 제어기능　　③ 통신기능　　④ 승객감시기능

문제 30. 스트랜드의 외층소선을 내층소선보다 굵게하여 구성한 로프로 내마모성이 커 엘리베이터 주로프에 가장 많이 사용하는 종류는?
① 실형　　　② 필러형　　　③ 워링턴형　　　④ 나프레스형

문제 31. 카 비상정지장치(추락방지안전장치)가 작동될 때 무부하 상태의 카 바닥 또는 정격하중이 균일하게 분포된 부하 상태의 카 바닥은 정상적인 위치에서 몇 %를 초과하여 기울어지지 않아야 하는가?
① 1　　　② 3　　　③ 5　　　④ 7

해답 25.③　26.③　27.③　28.②　29.④　30.①　31.③

문제 **32.** 300V 이하의 제어반을 설치하는 경우 시행하는 접지공사의 종류로 옳은 것은?
① 제1종 접지공사　　　　　　② 제2종 접지공사
③ 제3종 접지공사　　　　　　④ 특별 제3종 접지공사

문제 **33.** 오피스빌딩의 경우 엘리베이터의 교통수요를 산출할 때 출근시간 승객 수의 가정으로 가장 합당한 것은?
① 상승방향은 정원의 60%, 하강방향은 없음
② 상승방향은 정원의 80%, 하강방향은 없음
③ 상승방향은 정원의 60%, 하강방향은 20%
④ 상승방향은 정원의 80%, 하강방향은 20%

문제 **34.** 유도전동기의 슬립 S의 범위로 옳은 것은?
① $S > 1$　　② $S < 0$　　③ $S > 0$　　④ $0 < S < 1$

문제 **35.** 카 자중이 1050kg, 적재하중이 1000kg인 승객용 엘리베이터의 브레이스로드가 65°로 4개가 설치되어 있을 경우 브레이스로드 1개당 작용하는 장력(kg)은 약 얼마인가?
① 569　　② 610　　③ 1192　　④ 1220

문제 **36.** 엘리베이터용 가이드(주행안내) 레일의 적용시 고려해야할 사항으로 관계가 적은 것은?
① 엘리베이터의 정격속도
② 지진 발생 시 수평 진동
③ 비상정지장치의 작동 시 걸리는 하중
④ 불균형한 하중의 적재 시 발생되는 회전 모멘트

문제 **37.** 두 축이 평행한 기어에 해당하지 않는 것은?
① 스퍼기어　　② 베벨기어　　③ 내접기어　　④ 헬리컬기어

문제 **38.** 카의 자중이 3000kg, 정격 적재하중이 1000kg인 엘리베이터의 오버밸런스율이 45%일 때 균형추의 중량은 몇 kg인가?
① 3400　　② 3450　　③ 3500　　④ 3550

해답 32.③　33.②　34.④　35.①　36.①　37.②　38.②

문제 39. 카 바닥 및 카틀 부재의 허용 가능한 상부체대의 최대 처짐량은 전장(span)에 대하여 얼마 이하이어야 하는가?

① $\frac{1}{900}$ ② $\frac{1}{920}$ ③ $\frac{1}{960}$ ④ $\frac{1}{1000}$

문제 40. 승강로에 대한 설명으로 틀린 것은?
① 승강로에는 1대의 엘리베이터 카만 있을 수 있다.
② 승강로 내에 설치되는 돌출물은 안전상 지장이 없어야 한다.
③ 승강로는 누수가 없고 청결상태가 유지되는 구조이어야 한다.
④ 유압식 엘리베이터의 잭은 카와 동일한 승강로 내에 있어야 하며, 지면 또는 다른 장소로 연장될 수 있다.

일반기계공학

문제 41. 3중 나사에서 리드(lead) L과 피치(pitch) p의 관계로 옳은 것은?
① p=L   ② L=1.5p   ③ p=3L   ④ L=3p

문제 42. 동일 축 상에 2개 이상의 펌프 작용 요소를 가지고, 각각 독립된 펌프 작용을 하는 형식의 펌프는?
① 다련 펌프   ② 다단 펌프   ③ 피스톤 펌프   ④ 베인 펌프

문제 43. 리밍(reaming)에 관한 설명으로 옳은 것은?
① 구멍을 뚫는 기본적인 작업
② 구멍에 암나사를 가공하는 작업
③ 구멍 주위를 평면으로 가공하는 작업
④ 뚫린 구멍을 정확한 크기와 매끈한 면으로 다듬질하는 작업

문제 44. 연강의 응력-변형률선도에서 응력이 최고값인 응력은?
① 비례한도   ② 인장한도   ③ 탄성한도   ④ 항복한도

해답 39.③ 40.① 41.④ 42.① 43.④ 44.②

문제 45. 1.5m/s의 원주속도로 회전하는 전동축을 지지하는 저널 베어링에서 베어링 하중은 2000N, 마찰계수가 0.04일 때 마찰에 의한 손실 동력은 약 몇 kW인가?
① 0.12　　② 0.24　　③ 0.48　　④ 0.72

문제 46. 경화된 강 중의 잔류오스테나이트를 마텐자이트로 변태시켜 시효변형을 방지하기 위한 목적으로 하는 열처리로서 치수의 정확성을 요하는 게이지나 베어링 등을 만들 때 주로 행하는 것은?
① 오스템퍼링　② 마템퍼링　③ 심랭처리　④ 노멀라이징

문제 47. 용접부의 검사법 중 시편 타단의 결함에서 반사되어 오는 반응을 시간적 연관성이 있는 오실로스코프에 받아 기록하는 방법은?
① 침투탐상검사　② 자분 검사　③ 초음파 검사　④ 방사선 투과검사

문제 48. 입력 제어 밸브에서 어느 최소 유량에서 어느 최대 유량까지의 사이에 증대하는 압력은?
① 파괴압력　② 절대압력　③ 흡입압력　④ 오버라이드 압력

문제 49. 두 힘 10N과 30N이 직교하고 있다. 합성한 힘의 크기는 약 몇 N인가?
① 31.6　　② 38.7　　③ 40.0　　④ 44.7

문제 50. 단동 왕복펌프의 피스톤 지름이 20cm, 행정 30cm 피스톤의 매분 왕복횟수가 80, 체적효율 92%일 때 펌프의 양수량은 약 몇 m^3/min 인가?
① 0.35　　② 0.69　　③ 0.82　　④ 1.42

문제 51. 드릴 가공을 할 때, 가공물과 접촉에 의한 마찰을 줄이기 위하여 절삭날 면에 주는 각은?
① 나선각(helix angle)　　② 선단각(point angle)
③ 웨브 각(web angle)　　④ 날 여유각(lip clearance angle)

문제 52. 소성가공 중에서 주전자, 물통, 베럴 등의 주름 형상을 만드는 데 적합한 가공은?
① 벌징(bulging)　② 비딩(beading)　③ 헤밍(hemming)　④ 컬링(curling)

해답 45.①　46.③　47.③　48.④　49.①　50.②　51.④　52.①

문제 53. 하중을 한 방향으로만 받는 부품에 이용되는 나사로 압착기, 바이스(vise)등의 이송 나사에 사용되는 것은?
① 둥근나사　　② 사각나사　　③ 삼각나사　　④ 톱니나사

문제 54. Ti의 특성에 대한 설명으로 틀린 것은?
① 비중이 4.5이다.
② Mg과 Al보다 무겁고 철보다 가볍다.
③ 전기 및 열의 전도성은 Fe보다 크다.
④ 내식성이 우수하다.

문제 55. 정밀한 금형에 용융금속을 고압, 고속으로 주입하여 주물을 얻는 방법으로 주물 표면이 미려하고 정도가 높은 주조법은?
① 셀몰드법　　　　　　　　② 원심주조법
③ 다이캐스팅법　　　　　　④ 인베스트먼트 주조법

문제 56. 잇수40, 피치원 지름 100mm인 표준 스퍼기어의 원주피치는 약 몇 mm인가?
① 3.93　　② 7.85　　③ 15.70　　④ 23.55

문제 57. 제동장치에서 단식 블록 브레이크의 제동력에 대한 설명 중 옳은 것은?
① 제동 토크에 반비례한다.
② 마찰 계수에 반비례한다.
③ 브레이크 드럼의 지름에 비례한다.
④ 브레이크 드럼과 블록사이의 수직력에 비례한다.

문제 58. 다음 중 비중이 가장 낮은 경금속인 것은?
① Ag　　② Al　　③ Cu　　④ Pb

문제 59. 길이가 50cm인 외팔보에 그림과 같이 $\omega = 4N/cm$인 균일분포하중이 작용할 때 최대굽힘 모멘트의 값은 몇 $N \cdot cm$인가?

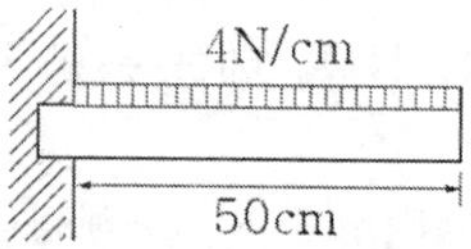

① 5000　　② 4000　　③ 2500　　④ 2000

해답 53.④　54.③　55.③　56.②　57.④　58.②　59.①

문제 60. 비틀림을 받는 원형 단면 봉에서 발생하는 비틀림 각에 대한 설명 중 옳은 것은?
① 봉의 길이에 반비례한다.
② 극단면 2차 모멘트에 반비례한다.
③ 전단 탄성계수에 비례한다.
④ 비틀림 모멘트에 반비례한다.

전기제어공학

문제 61. 도체에 대전된 경우 도체의 성질과 전하 분포에 관한 설명으로 틀린 것은?
① 도체 내부의 전계는 ∞이다.
② 전하는 도체 표면에만 존재한다.
③ 도체는 등전위이고 표면은 등전위면이다.
④ 도체 표면상의 전계는 면에 대하여 수직이다.

문제 62. 그림과 같은 피드백 회로의 종합 전달함수는?

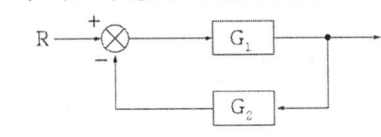

① $\dfrac{1}{G_1} + \dfrac{1}{G_2}$ ② $\dfrac{G_1}{1 - G_1 G_2}$ ③ $\dfrac{G_1}{1 + G_1 G_2}$ ④ $\dfrac{G_1 G_2}{1 - G_1 G_2}$

문제 63. 유도전동기에서 슬립이 '0'이란 의미와 같은 것은?
① 유도제동기의 역할을 한다.
② 유도전동기가 정지상태이다.
③ 유도전동기가 전부하 운전상태이다.
④ 유도전동기가 동기속도로 회전한다.

문제 64. $G(jw) = e^{-jw0.4}$일 때 $\omega = 2.5$에서의 위상각은 약 몇 도인가?
① -28.6 ② -42.9 ③ -57.3 ④ -71.5

해답 60.② 61.① 62.③ 63.④ 64.③

문제 65. 여러 가지 전해액을 이용한 전기분해에서 동일량의 전기로 석출되는 물질의 양은 각각의 화학당량에 비례한다고 하는 법칙은?
① 줄의 법칙　　② 렌츠의 법칙　　③ 쿨롬의 법칙　　④ 패러데이의 법칙

문제 66. 제어대상의 상태를 자동적으로 제어하며, 목표값이 제어 공정과 기타의 제한 조건에 순응하면서 가능한 가장 짧은 시간에 요구되는 최종상태까지 가도록 설계하는 제어는?
① 디지털제어　　② 적응제어　　③ 최적제어　　④ 정치제어

문제 67. 제어계의 과도응답 특성을 해석하기 위해 사용하는 단위계단입력은?
① $\delta(t)$　　② $u(t)$　　③ $-3u(ok)$　　④ $\sin(120\pi t)$

문제 68. 제어계의 분류에서 엘리베이터에 적용되는 제어 방법은?
① 정치제어　　② 추종제어　　③ 비율제어　　④ 프로그램제어

문제 69. PI 동작의 전달함수는?(단, K_p는 비례강도이고, T_1는 적분시간이다.)
① K_p　　② $K_p s T_1$　　③ $K_p(1+sT_1)$　　④ $K_p(1+\dfrac{1}{sT_1})$

문제 70. 단위 피드백 제어계통에서 입력과 출력이 같다면 전향전달함수 $G(s)$의 값은?
① 0　　② 0.707　　③ 1　　④ ∞

문제 71. PLC(Programmable Logic Controller)에서, CPU부의 구성과 거리가 먼 것은?
① 연산부　　　　　　　② 전원부
③ 데이터 메모리부　　　④ 프로그램 메모리부

문제 72. 200V, 1kW 전열기에서 전열선의 길이를 $\dfrac{1}{2}$로 할 경우 소비전력은 몇 kW인가?
① 1　　② 2　　③ 3　　④ 4

문제 73. 어떤 교류전압의 실효값이 100V일 때 최대값은 약 몇 V가 되는가?
① 100　　② 141　　③ 173　　④ 200

해답 65.④　66.③　67.②　68.④　69.④　70.④　71.②　72.②　73.②

문제 74. 다음과 같은 회로에 전압계 3대와 저항 10Ω을 설치하여 $V_1=80V$, $V_2=20V$, $V_3=100V$의 실효치 전압을 계측하였다. 이 때, 순저항 부하에서 소모하는 유효전력은 몇 W인가?

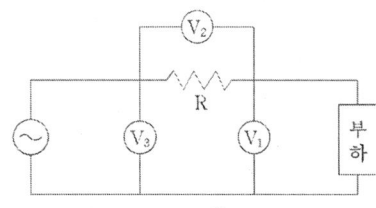

① 160 ② 320 ③ 460 ④ 640

문제 75. 추종제어에 속하지 않는 제어량은?
① 위치 ② 방위 ③ 자세 ④ 유량

문제 76. 90Ω의 저항 3개가 △결선으로 되어 있을 때, 상당(단상) 해석을 위한 등가 Y결선에 대한 각 상의 저항 크기는 몇 Ω인가?
① 10 ② 30 ③ 90 ④ 120

문제 77. 제어장치가 제어대상에 가하는 제어신호로 제어장치의 출력인 동시에 제어대상의 입력인 신호는?
① 조작량 ② 제어량 ③ 목표값 ④ 동작신호

문제 78. 과도 응답의 소멸되는 정도를 나타내는 감쇠비(decay ratio)로 옳은 것은?
① $\dfrac{\text{제2오버슈트}}{\text{최대오버슈트}}$ ② $\dfrac{\text{제4오버슈트}}{\text{최대오버슈트}}$ ③ $\dfrac{\text{최대오버슈트}}{\text{제2오버슈트}}$ ④ $\dfrac{\text{최대오버슈트}}{\text{제4오버슈트}}$

문제 79. 다음 설명은 어떤 자성체를 표현한 것인가?

N극을 가까이 하면 N극으로, S극을 가까이하면 S극으로 자화되는 물질로 구리, 금, 은 등이 있다.

① 강자성체 ② 상자성체 ③ 반자성체 ④ 초강자성체

문제 80. 정격주파수 60Hz의 농형 유도전동기를 50Hz의 정격전압에서 사용할 때, 감소하는 것은?
① 토크 ② 온도 ③ 역률 ④ 여자전류

해답 74.① 75.④ 76.② 77.① 78.① 79.③ 80.③

승강기 개론

(2019년 9. 21. 기사시행)

문제 1. 카 내의 적재하중이 초과되었음을 알려 주는 과부하감지장치는 정격적재하중의 몇 %를 초과하기 전에 작동해야 하는가?
① 80　　　　② 90　　　　③ 100　　　　④ 110

문제 2. 균형체인의 설치 목적은?
① 카의 자체 균형을 유지하기 위해서
② 균형추 로프의 장력을 일정하게 하기 위해서
③ 카의 자체 하중과 적재하중을 보상하기 위해서
④ 카의 균형추 상호 간의 위치 변화에 따른 무게를 보상하기 위해서

문제 3. 화재 등 재난 발생 시 거주자의 피난활동에 적합하게 제조·설치된 엘리베이터로서 평상시에는 승객용으로 사용하는 엘리베이터는?
① 승객용 엘리베이터　　　　② 화물용 엘리베이터
③ 피난용 엘리베이터　　　　④ 소방구조용 엘리베이터

문제 4. 전동발전기를 이용한 직류 엘리베이터에서 가장 많이 사용하는 속도제어 방법은?
① 전원전압을 제어하는 방법
② 전동기의 계자전압을 제어하는 방법
③ 발전기의 계자전류를 제어하는 방법
④ 발전기의 계자와 회전자의 전압을 제어하는 방법

문제 5. 엘리베이터의 스텝에 대한 설명으로 옳은 것은?
① 스텝을 지지하는 롤러는 두 개이다.
② 밟는 면은 평면이어야 하며, 홈이 있어서는 안 된다.
③ 스텝의 앞에만 주의색을 칠하거나, 주의색의 플라스틱을 끼워야 한다.
④ 스텝은 알루미늄의 다이캐스트 또는 스테인리스 강판을 접어 구부린 것도 있다.

문제 6. 엘리베이터 기계실의 작업구역마다 몇 개 이상의 콘센트를 적절한 위치에 설치하여야 하는가?
① 1　　　　② 2　　　　③ 3　　　　④ 4

해답 1.④　2.④　3.③　4.③　5.④　6.①

문제 7. 엘리베이터용 주로프에 대한 설명으로 틀린 것은?
① 구조적 신율이 커야 한다.
② 그리스 저장 능력이 뛰어나야 한다.
③ 강선 속의 탄소량을 적게 하여야 한다.
④ 내구성 및 내부식성이 우수하여야 한다.

문제 8. 유체의 흐름을 한 방향으로만 흐르게 하고 역류를 방지하는 데 사용되는 밸브는?
① 체크밸브   ② 감압밸브   ③ 글로브밸브   ④ 슬루스밸브

문제 9. 엘리베이터 제동기(Brake)의 전자-기계 브레이크에 대한 설명으로 틀린 것은?
① 브레이크 라이닝은 불연성이어야 한다.
② 밴드 브레이크가 같이 사용되어야 한다.
③ 브레이크슈 또는 패드 압력은 압축 스프링 또는 추에 의해 발휘되어야 한다.
④ 자체적으로 카가 정격속도로 정격하중의 125%를 싣고 하강방향으로 운행될 때 구동기를 정지시킬 수 있어야 한다.

문제 10. 동력전원이 어떤 원인으로 상이 바뀌거나 결상이 되는 경우 이를 감지하여 전동기의 전원을 차단하는 장치는?
① 과속감지장치   ② 역결상검출장치   ③ 과부하감지장치   ④ 과전류감지장치

문제 11. 아래와 같은 건물 높이에 설치된 엘리베이터의 지진 감지기 설정값 중 고(高) 설정값으로 옳은 것은?

건축물 높이	특저 설정값	저 설정값	고 설정값
58m	80gal 또는 P파 감지	120gal	( )

① 120gal   ② 130gal   ③ 140gal   ④ 150gal

문제 12. 에너지 축적형 완충기와 에너지 분산형 완충기의 용도에 대한 설명으로 옳은 것은?
① 에너지 축적형 완충기는 소형에, 에너지 분산형 완충기는 대형에 주로 사용한다.
② 에너지 축적형 완충기는 전기식에, 에너지 분산형 완충기는 유압식에 주로 사용한다.
③ 에너지 축적형 완충기는 화물용에, 에너지 분산형 완충기는 승객용에 주로 사용한다.
④ 에너지 축적형 완충기는 저속용에, 에너지 분산형 완충기는 고속용에 주로 사용한다.

해답 7.① 8.① 9.② 10.② 11.④ 12.④

문제 13. 승강기 도어 머신(Door Machine)의 감속장치로 주로 사용하는 방식이 아닌 것은?
① 벨트(Belt) 사용방식
② 체인(Chain) 사용방식
③ 웜(Worm) 감속기 방식
④ 유성기어(Planetary Gear) 감속기 방식

문제 14. 엘리베이터 주로프에 가장 일반적으로 사용되는 와이어로프는?
① 8×S(19), E종, 보통 Z꼬임
② 8×S(19), E종, 보통 S꼬임
③ 8×W(19), E종, 보통 Z꼬임
④ 8×W(19), E종, 보통 S꼬임

문제 15. 에스컬레이터 및 무빙워크의 경사도에 따른 공칭속도에 대한 설명으로 틀린 것은?
① 경사도가 12° 초과인 무빙워크의 공칭속도는 0.5m/s 이하이어야 한다.
② 경사도가 12° 초과인 무빙워크의 공칭속도는 0.75m/s 이하이어야 한다.
③ 경사도가 30° 초과인 무빙워크의 공칭속도는 0.75m/s 이하이어야 한다.
④ 경사도가 30°를 초과하고 35° 이하인 에스컬레이터의 공칭속도는 0.5m/s 이하이어야 한다.

문제 16. 비상정지장치(추락방지안전장치)에 대한 설명으로 틀린 것은?
① 상승방향으로만 작동해야 한다.
② 정격속도의 1.15배 이상에서 작동해야 한다.
③ 조속기(과속조절기)가 작동한 후에 작동해야 한다.
④ 조속기(과속조절기) 로프를 기계적으로 잡아서 작동시킬 수 있다.

문제 17. 균형(보상)로프의 주로프와의 단위중량 관계로 옳은 것은?
① 주로프의 단위중량과는 관계가 없다.
② 주로프와 같은 것이 가장 이상적이다.
③ 주로프 보다 큰 것이 가장 이상적이다.
④ 주로프 보다 작은 것이 가장 이상적이다.

문제 18. 무빙워크의 안전장치가 아닌 것은?
① 비상정지 스위치
② 스커트가드 스위치
③ 스텝체인 안전스위치
④ 핸드레일 인입구 안전장치

해답 13.④ 14.① 15.① 16.① 17.② 18.②

문제 19. 유량제어밸브방식의 유압식 승강기에서 일반적으로 착상속도는 몇 % 정도인가?
① 1~5   ② 10~20   ③ 30~40   ④ 50~60

문제 20. 소방구조용 승강기에 대한 설명으로 틀린 것은?
① 피트 바닥 위로 1m 이내에 위치한 전기장치는 IP 67 이상의 등급으로 보호되어야 한다.
② 콘센트의 위치는 허용 가능한 피트 내부의 최대 수준 위로 0.5m 미만이어야 한다.
③ 소방구조용 엘리베이터는 소방운전 시 모든 승강장의 출입구마다 정지할 수 있어야 한다.
④ 소방구조용 엘리베이터의 주 전원공급의 전선은 방화구획이 되어야 하고 서로 구분되어야 하며, 다른 전원공급장치와도 구분되어야 한다.

승강기 설계

문제 21. 엘리베이터 감시반의 기능에 해당하지 않는 것은?
① 제어기능   ② 경보기능   ③ 통신기능   ④ 구출기능

문제 22. 적재하중 1150kg, 카 자중 2200kg, 상부체대의 스팬길이 1800mm인 것을 2개 사용하고 있다. 상부체대 1개의 단면계수가 $153cm^3$이고 파단강도가 $4100 kg/cm^3$라고 하면 상부체대의 안전율은 약 얼마인가?
① 7.8   ② 8.3   ③ 9.2   ④ 9.8

문제 23. 교차되는 두 축 간에 운동을 전달하는 원추형의 기어에 해당되는 것은?
① 베벨기어   ② 내접기어   ③ 스퍼기어   ④ 헬리켈기어

문제 24. 조속기(과속조절기) 로프 인장 플리의 피치 직경과 조속기(과속조절기) 로프의 공칭 지름의 비는 얼마 이상이어야 하는가?
① 5   ② 10   ③ 25   ④ 30

해답 19.② 20.② 21.④ 22.② 23.① 24.④

문제 25. 카의 자중이 **1020kg**, 적재하중이 **900kg**, 정격속도가 **60m/min**인 전기식 엘리베이터의 피트 바닥 강도는 약 몇 N 이상이어야 하는가?
① 65341　　② 75341　　③ 85243　　④ 97953

문제 26. 다음 중 응력에 대한 관계식으로 적절한 것은?
① 탄성한도 〉 허용응력 ≥ 사용응력
② 탄성한도 〉 사용응력 ≥ 허용응력
③ 허용응력 〉 탄성한도 ≥ 사용응력
④ 허용응력 〉 사용응력 ≥ 탄성한도

문제 27. 기계대의 강도 계산에 필요한 하중에서 환산 동하중으로 계산되지 않는 것은?
① 카 자중　　② 로프 자중　　③ 균형추 자중　　④ 권상기 자중

문제 28. 카의 문 개폐만이 운전자의 레버나 누름버튼 조작에 의하여 이루어지고, 진행방향의 결정이나 정지층의 결정은 미리 등록된 카 내 행선층 버튼 또는 승강장 버튼에 의해 이루어지는 조작방식은?
① 신호방식　　② 단식자동식　　③ 군 관리방식　　④ 승합 전자동식

문제 29. 에리베이터용 전동기의 구비조건이 아닌 것은?
① 소음이 적을 것　　　　② 기동토크가 클 것
③ 기동전류가 작을 것　　④ 회전부분의 관성모멘트가 클 것

문제 30. 가이드(주행안내) 레일의 역할이 아닌 것은?
① 카와 균형추를 승강로 내의 위치로 규제한다.
② 카의 자중이나 화물에 의한 카의 기울어짐을 방지한다.
③ 승강로의 기계적 강도 보강과 수평방향의 이탈을 방지한다.
④ 비상정지장치(추락방지안전장치)가 작동했을 때 수직하중을 유지한다.

문제 31. 자동차용 엘리베이터의 경우 카의 유효면적은 $1m^2$당 몇 **kg**으로 계산한 값 이상이어야 하는가?
① 100　　② 150　　③ 250　　④ 300

해답 25.②　26.①　27.④　28.①　29.④　30.③　31.②

문제 **32.** 승강장 도어의 로크 및 스위치의 설계조건으로 틀린 것은?
① 승강장 도어는 키가 없는 층에서는 닫혀 있어야 한다.
② 승강장 도어의 인터록장치는 도어 스위치를 닫은 후에 로크가 확실히 걸려야 한다.
③ 승강자 도어의 인터록장치는 도어 스위치가 확실히 열린 후에 로크가 벗겨져야 한다.
④ 승강 도어가 완전히 닫혀 있지 않은 경우에는 엘리베이터가 움직이지 않아야 한다.

문제 **33.** 에스컬레이터의 배열 및 배치에 관한 사항으로 틀린 것은?
① 승객의 보행거리가 가능한 한 짧게 되도록 한다.
② 각 층 승강장은 자연스러운 연속적 흐름이 되도록 한다.
③ 건물 출입구 가까이에 엘리베이터와 인접하여 설치하는 것이 좋다.
④ 백화점의 경우 승강·하강 시 매장에서 잘 보이는 곳에 설치한다.

문제 **34.** 그림과 같이 C지점에 P_x의 하중이 작용할 때 최대 굽힘 모멘트 M은?

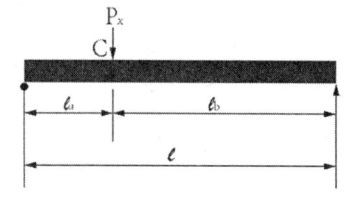

① $rM = \dfrac{P_x \ell}{\ell_a \ell_b}$ ② $M = \dfrac{\ell_a \ell_b}{P_x \ell}$ ③ $M = \dfrac{P_x \ell_a \ell_b}{\ell}$ ④ $M = \dfrac{\ell}{P_x \ell_a \ell_b}$

문제 **35.** 유압식엘리베이터에 있어서 유량제어 밸브를 주회로에 삽입하여 유량을 직접 제어하는 회로는?
① 파일럿(Pilot)회로
② 바이패스(Bypass)회로
③ 미터 인(Meter in)회로
④ 블리드 오프(Bleed off)회로

문제 **36.** 초고층 빌딩의 서비스 층을 분할에 관한 설명으로 틀린 것은?
① 일주시간은 짧아지고 수송능력은 증대한다.
② 급행구간이 만들어져 고속성능을 충분히 살릴 수 있다.
③ 건물의 인구분포에 큰 변동이 있을 때 간단하게 분할 점을 바꿀 수 있다.
④ 스카이 피난구역의 로비공간을 설정하고 서비스 존을 구분하는 것을 검토한다.

[문제] **37.** 승강로에 대한 설명으로 틀린 것은?
① 승강로에는 1대 이상의 엘리베이터 카가 있을 수 있다.
② 승강로는 누수가 없고 청결상태가 유지되는 구조이어야 한다.
③ 승강로 내에 설치되는 돌출물은 안전상 지장이 없어야 한다.
④ 엘리베이터의 균형 추 또는 평형추는 카와 다른 승강로에 있어야 한다.

[문제] **38.** 엘리베이터의 기계실 출입문 크기에 대한 기준으로 적합한 것은?
① 높이 0.5m 이상, 폭 0.5m 이상
② 높이 1.4m 이상, 폭 0.5m 이상
③ 높이 1.8m 이상, 폭 0.5m 이상
④ 높이 1.8m 이상, 폭 0.7m 이상

[문제] **39.** 13인승 60m/min의 엘리베이터에 11kW의 전동기를 사용하고 있다. 13인을 싣고 1층에서 출발할 때 전동기의 회전수가 1500rpm으로 측정되었다면 전동기의 전부하토크는 약 몇 kg·m인가?
① 6.2   ② 6.9   ③ 7.2   ④ 7.9

[문제] **40.** 도어머신에 요구되는 조건이 아닌 것은?
① 소형 경량일 것
② 보수가 용이할 것
③ 가격이 저렴할 것
④ 직류 모터를 사용할 것

일반기계공학

[문제] **41.** 합금 재료인 양은에 대한 설명으로 틀린 것은?
① 내열성, 내식성이 우수하다.
② 양백 또는 백동이라 한다.
③ 동, 알루미늄, 니켈의 3원 합금이다.
④ 주로 전류조정용 저항체에 사용된다.

[문제] **42.** 유동하고 있는 액체의 압력이 국부적으로 저하되어 증기나 함유기체를 포함하는 기포가 발생하는 현상은?
① 수격현상   ② 서징현상   ③ 공동현상   ④ 초킹현상

[해답] 37.④ 38.④ 39.③ 40.④ 41.③ 42.③

문제 43. 축에는 가공을 하지 않고 보스에만 키 홈(구배 1/100)을 만들어 끼워 마찰에 의해 회전력을 전달하기 때문에 큰 힘을 전달에는 부적합한 키는?
① 안장(Saddle) 키 ② 평(Flat) 키
③ 원 뿔(Cone) 키 ④ 미끄럼(Sliding) 키

문제 44. 다음 중 열가소성 수지에 해당하는 것은?
① 요소 수지 ② 멜라민 수지 ③ 실리콘 수지 ④ 염화비닐 수지

문제 45. 0.01mm까지 측정할 수 있는 마이크로미터에서 나사의 피치와 딤블의 눈금에 대한 설명으로 옳은 것은?
① 피치는 0.25mm이고, 딤블은 50 등분이 되어 있다.
② 피치는 0.5mm이고, 딤블은 100 등분이 되어 있다.
③ 피치는 0.5mm이고, 딤블은 50 등분이 되어 있다.
④ 피치는 1mm이고, 딤블은 50 등분이 되어 있다.

문제 46. 스프링 상수(Spring constant)를 정의하는 식으로 옳은 것은?
① $\dfrac{작용하중}{변위량}$
② $\dfrac{코일의 평균지름}{자유높이}$
③ $\dfrac{소선의 지름}{자유높이}$
④ $\dfrac{코일의 평균지름}{소선의 지름}$

문제 47. 셀 몰드법(Shell mold process)의 설명으로 틀린 것은?
① 미숙련공도 작업이 가능하다.
② 작업공정을 자동화하기 쉽다.
③ 보통 소량생산 방식에 사용된다.
④ 짧은 시간 내에 정도가 높은 주물을 만들 수 있다.

문제 48. 나사가 축 방향 인장하중 W만을 받을 때 나사의 바깥지름 d를 구하는 식으로 옳은 것은?(단, 나사의 골지름(d_1)과 바깥지름(d)과의 관계는 $d_1=0.8d$, 허용인장응력은 σ_a이다.)
① $d=\sqrt{\dfrac{2\sigma_a}{3W}}$
② $d=\sqrt{\dfrac{2W}{\sigma_a}}$
③ $d=\sqrt{\dfrac{W}{2\sigma_a}}$
④ $d=\sqrt{\dfrac{\sigma_a}{2W}}$

해답 43.① 44.④ 45.③ 46.① 47.③ 48.②

문제 49. 니켈이 합금강에 함유되었을 때 설명하는 것으로 틀린 것은?
① 강도와 인성을 높인다.
② 첨가량이 많으면 내열성이 향상된다.
③ 크롬과의 고합금강은 내열 내식성을 향상시킨다.
④ 미량으로도 소입경화성을 현저하게 높인다.

문제 50. 두 축이 30°미만의 각도로 교차하는 상태로서의 축 이음으로 가장 적합한 것은?
① 올덤 커플링   ② 셀러 커플링   ③ 플랜지 커플링   ④ 유니버설 커플링

문제 51. 폴리의 지름이 각각 $D_2=900mm$, $D_1=300mm$이고, 중심거리 $C=1000mm$일 때, 평행걸기의 경우 평 밸브의 길이는 약 몇 mm인가?
① 1717   ② 2400   ③ 3245   ④ 3975

문제 52. 비틀림 모멘트 P을 받는 중심축의 원형 단면에서 발생하는 전달응력 τ 일 때 이 중심축의 지름 D를 구하는 식으로 옳은 것은?
① $D = (\frac{16P}{\pi\tau})^{\frac{1}{3}}$ ② $D = (\frac{8P}{\pi\tau})^{\frac{1}{3}}$ ③ $D = (\frac{16P}{\pi\tau})^{\frac{1}{2}}$ ④ $D = (\frac{8P}{\pi\tau})^{\frac{1}{2}}$

문제 53. 고속 절삭가공의 특징으로 틀린 것은?
① 절삭능률의 향상   ② 표면거칠기가 향상
③ 공구수명이 길어짐   ④ 가공 변질층이 증가

문제 54. 기둥 현상의 구조물에서 처짐량이 가장 많은 것은?(단, 단면의 형상과 길이 및 재질은 서로 같다.)
① 일단고정 타단자유   ② 양단 회전
③ 일단고정 타단회전   ④ 양단고정

문제 55. 프레스 가공 중 전단가공에 포함되지 않는 것은?
① 블랭킹(blanking)   ② 펀칭(punching)
③ 트리밍(trimming)   ④ 스웨이징(swaging)

문제 56. 하중의 크기와 방향이 주기적으로 변화하는 하중은?
① 교번하중   ② 반복하중   ③ 이동하중   ④ 충격하중

해답 49.④ 50.④ 51.④ 52.① 53.④ 54.① 55.④ 56.①

문제 57. 일반적으로 연강재를 구조물에 사용할 경우 안전율을 가장 크게 고려해야 하는 하중은?
① 전단하중   ② 충격하중   ③ 교번하중   ④ 반복하중

문제 58. 유압·공기압 도면 기호에서 나타내는 기호요소 중 파선의 용도로 틀린 것은?
① 필터   ② 전기신호선   ③ 드레인 관   ④ 파일럿 조작관로

문제 59. 전양정 3m, 유량 $10m^3/min$인 축류펌프의 효율이 80%일 때 이 펌프의 축동력(kW)은?(단, 물의 비중량은 $1000kgf/m^3$이다.)
① 4.90   ② 6.13   ③ 7.66   ④ 8.33

문제 60. 그림과 같이 용접이음을 하였을 때 굽힘응력의 계산식으로 가장 적합한 것은? (단, L은 용접길이, t는 용접치수(용접판두께), ℓ은 용접부에서 하중 작용선까지 거리, W는 작용하중이다.)

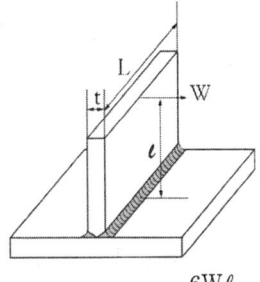

① $\dfrac{6W\ell}{tL^2}$ ② $\dfrac{12W\ell}{tL^2}$ ③ $\dfrac{6W\ell}{t^2L}$ ④ $\dfrac{12W\ell}{t^2L}$

전기제어공학

문제 61. 정상상태에서 목표 값과 현재 제어량의 차이를 잔류편차(Offset)라 한다. 다음 중 잔류 편차가 있는 제어 동작은?
① 비례동작(P 동작)
② 적분 동작(I 동작)
③ 비례 적분 동작(PI 동작)
④ 비례 적분 미분 동작(PID 동작)

해답 57.② 58.② 59.② 60.③ 61.①

문제 62. 그림과 같은 유접점 시퀀스회로의 논리식은?

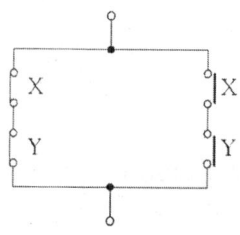

① X · Y
② $\overline{X} \cdot \overline{Y} + X \cdot Y$
③ X + Y
④ $(\overline{X} + \overline{Y})(X \cdot Y)$

문제 63. 3상 유도전동기의 일정한 최대토크를 얻기 위하여 인버터를 사용하여 속도제어를 하고자 할 때 공급전압과 주파수의 관계로 옳은 것은?
① 주파수와 무관하게 공급전압이 항상 일정하여야 한다.
② 공급전압과 주파수는 반비례되어야 한다.
③ 공급전압과 주파수는 비례되어야 한다.
④ 주파수는 공급전압의 제곱에 반비례하여야 한다.

문제 64. 유도전력이 80W, 무효전력이 60var인 회로의 역률(%)은?
① 60 ② 80 ③ 90 ④ 100

문제 65. △ 결선된 3상 평형회로에서 부하 1상의 임피던스가 40+j30(Ω)이고 선간전압이 200V일 때 선전류의 크기는 몇 A인가?
① 4 ② $4\sqrt{3}$ ③ 5 ④ $5\sqrt{3}$

문제 66. 그림과 같은 회로에서 스위치를 2분 동안 닫은 후 개방하였을 때, A지점을 통과한 모든 전하량을 측정하였더니 240C이었다. 이 때 저항에서 발생한 열량은 양 몇 cal인가?

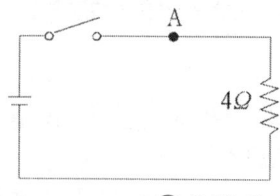

① 80.2 ② 160.4 ③ 240.5 ④ 460.8

해답 62.② 63.③ 64.② 65.② 66.④

문제 67. 다음 중 직류전동기의 속도 제어방식은?
① 주파수 제어   ② 극수 변환 제어   ③ 슬립 제어   ④ 계자 제어

문제 68. 그림과 같은 폐루프 제어시스템에서 (a)부분에 해당하는 것은?

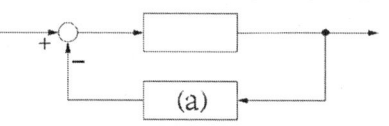

① 조절부   ② 조작부   ③ 검출부   ④ 비교부

문제 69. 그림과 같은 블록선도로 표시되는 제어시스템의 전체 전달함수는?

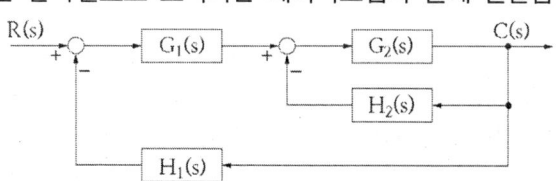

① $\dfrac{G_1(s)(1+G_2(s)H_2(s))}{1+G_1(s)G_2(s)+G_2(s)H_2(s)}$　② $\dfrac{G_1(s)G_2(s)}{1+G_2(s)H_2(s)+G_1(s)G_2(s)H_1(s)}$

③ $\dfrac{G_1(s)}{1+G_2(s)H_2(s)+G_1(s)G_2(s)H_1(s)}$　④ $\dfrac{G_1(s)G_2(s)}{1+G_2(s)H_2(s)+G_1(s)H_1(s)}$

문제 70. 폐루프 제어시스템의 구성에서 제어대상의 출력을 무엇이라 하는가?
① 조작량   ② 목표량   ③ 제어량   ④ 동작신호

문제 71. 논리식 $\overline{x}\cdot y + \overline{x}\cdot\overline{y}$ 를 간단히 표현한 것은?
① x ② $\overline{y}$ ③ 0   ④ $x+y$

문제 72. 제어요소가 제어대상에 주는 것은?
① 기준 입력   ② 동작신호   ③ 제어량   ④ 조작량

문제 73. 그림의 회로에서 전달함수 $\dfrac{V_2(s)}{V_1(s)}$ 는?

① $\dfrac{s+1}{0.2s+1}$ ② $\dfrac{0.2s}{0.2s+1}$

③ $\dfrac{1}{0.2s+1}$ ④ $\dfrac{s}{0.2s+1}$

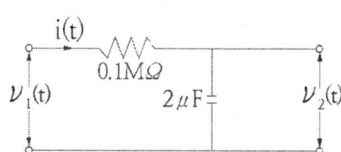

해답 67.④　68.③　69.②　70.③　71.①　72.④　73.③

문제 74. 정전용량이 같은 커패시티가 10개 있다. 이것을 병렬로 접속한 합성 정전용량은 직렬로 접속한 합성 정전용량에 비교하면 몇 배가 되는가?
① 1 ② 10 ③ 100 ④ 1000

문제 75. 다음 중 그림의 논리회로와 등가인 것은?

문제 76. 10kW의 3상 유도전동기에 선간전압 200V의 전원이 연결되어 뒤진 역률 80%로 운전되고 있다면 선전류(A)는?(단, 유도전동기의 효율은 무시한다.)
① 18.8+j21.6 ② 28.8-j21.6 ③ 35.7+j4.3 ④ 14.1+j33.1

문제 77. R=100Ω, L=20mH, C=47μF인 RLC 직렬회로에 순시전압 V(t)=141.4 sin377t(V)를 인가하면, 회로의 임피던스 허수부인 래액턴스의 크기는 약 몇 Ω인가?
① 48.9 ② 63.9 ③ 87.6 ④ 111.3

문제 78. 전류계의 측정범위를 넓히는데 사용되는 것은?
① 배율기 ② 역류계 ③ 분류기 ④ 용량분압기

문제 79. 전기력선의 기본성질에 대한 설명으로 틀린 것은?
① 전기력선의 방향은 전계의 방향과 일치한다.
② 전기력선은 전위가 높은 점에서 낮은 점으로 향한다.
③ 두 개의 전기력선은 전하가 없는 곳에서 교차한다.
④ 전기력선의 밀도는 전계의 세기와 같다.

문제 80. 200V의 정격전압에서 1kW 전력을 소비하는 저항에 90%의 정격전압을 가한다면 소비전력은 몇 W인가?
① 640 ② 810 ③ 900 ④ 990

해답 74.③ 75.① 76.② 77.① 78.③ 79.③ 80.②

승강기 개론
(2020. 6. 6 기사시행)

문제 1. 엘리베이터의 신호장치 중 홀 랜턴(hall lantern)이란?
① 엘리베이터가 고장중임을 나타내는 표시등
② 엘리베이터가 정상운행중임을 나타내는 표시등
③ 엘리베이터의 현재 위치의 층을 나타내는 표시등
④ 엘리베이터의 올라감과 내려감을 나타내는 방향등

문제 2. 엘리베이터용 주행안내(가이드) 레일을 선정할 때 고려해야 할 요소로 관계가 가장 적은 것은?
① 관성력
② 좌굴하중
③ 수평진동력
④ 회전모멘트

문제 3. 전기식 엘리베이터의 트랙션 능력에 대한 설명으로 틀린 것은?
① 가속도가 클수록 미끄러지기 쉽다.
② 와이어로프의 권부각이 클수록 미끄러지기 쉽다.
③ 와이어로프와 도르래의 마찰계수가 작을수록 미끄러지기 쉽다.
④ 카측과 균형추측의 장력비가 트랙션 능력에 근접할수록 미끄러지기 쉽다.

문제 4. 주차법령에 따른 기계식주차장치 안에서 자동차를 입·출고 하는 사람이 출입하는 통로의 크기로 맞는 것은?
① 너비:30cm 이상, 높이:1.6m 이상
② 너비:50cm 이상, 높이:1.8m 이상
③ 너비:60cm 이상, 높이:2m 이상
④ 너비:80cm 이상, 높이:2m 이상

문제 5. 사람이 출입할 수 없도록 정격하중이 300kg 이하이고, 정격속도가 1m/s 이하인 엘리베이터는?
① 화물용 엘리베이터
② 자동차용 엘리베이터
③ 주택용(소형) 엘리베이터
④ 소형화물용 엘리베이터(덤웨이터)

해답 1.④ 2.① 3.② 4.② 5.④

문제 6. 에스컬레이터에서 난간의 끝부분으로 콤교차선부터 손잡이 곡선 반환부까지의 난간구역을 무엇이라고 하는가?
① 뉴얼 ② 스커트
③ 하부 내측데크 ④ 스커트 디플렉터

문제 7. 과속조절기(조속기)에 대한 설명으로 틀린 것은?
① 과속검출 스위치는 카가 미리 정해진 속도를 초과하여 하강하는 경우에만 작동된다.
② 과속조절기(조속기)에는 추락방지안전장치(비상정지장치)의 작동과 일치하는 회전방향이 표시되어야 한다.
③ 캠티브 롤러 형을 제외한 즉시 작동형 추락방지안전장치(비상정지장치)의 경우 0.8 m/s미만의 속도에서 작동해야 한다.
④ 추락방지안전장치(비상정지장치)의 작동을 위한 과속조절기(조속기)

문제 8. 엘리베이터의 조작방식 중 다음과 같은 방식은?
먼저 눌러진 호출 단추에 의하여 운전되고 완료될때까지는 다른 부름에는 일체 응하지 않으며, 화물용에 많이 사용되는 방식
① 단식자동식 ② 승합전자동식
③ 군승합자동식 ④ 하강승합자동식

문제 9. 과속조절기(조속기) 도르래의 회전을 베벨기어에 의해 수직축의 회전으로 변환하고, 이 축의 상부에서부터 링크 기구에 의해 매달린 구형의 진자에 작용하는 원심력으로 추락방지 안전장치(비상정지장치)를 작동시키는 과속조절기는?
① 디스크형 ② 스프링형
③ 플라이 볼형 ④ 롤 세이프티형

문제 10. 주행안내(가이드) 레일 중 규격으로 틀린 것은?
① 8K ② 15K ③ 24K ④ 30K

문제 11. 엘리베이터에는 카의 안전한 운행을 좌우하는 구동기 또는 제어시스템의 어떤 하나의 결함으로 인해 승강장문이 잠기지 않고 카문이 닫히지 않은 상태로 카가 승강장으로부터 벗어나는 개문출발을 방지하거나 카를 정지시킬 수 있는 장치는?
① 상승과속방지장치 ② 개문출발방지장치
③ 과속조절기(조속기) ④ 추락방지안전장치(비상정지장치)

해답 6.① 7.① 8.① 9.③ 10.② 11.②

문제 12. 에스컬레이터 안전기준에 따라 공칭속도가 0.5m/s, 디딤판(스텝) 폭이 0.6m인 에스컬레이터에 대한 시간당 수송능력은?
① 3000명/h   ② 3600명/h
③ 4400명/h   ④ 4800명/h

문제 13. 승강기 안전관리법에 따른 용도별 승강기의 세부종류 중 사람의 운송과 화물 운반을 겸용하기에 적합하게 제조·설치된 엘리베이터는?
① 화물용 엘리베이터   ② 승객용 엘리베이터
③ 자동차용 엘리베이터   ④ 승객화물용 엘리베이터

문제 14. 종단층 강제감속장치에 대한 설명으로 틀린 것은?
① 2단 이하의 감속제어가 되어야 한다.
② 1G(9.8m/s²)를 초과하지 않는 감속도를 제공하여야 한다.
③ 카 추락방지안전장치(비상정지장치)를 작동시키지 않아야 한다.
④ 종단층 강제감속장치는 카 상단, 승강로 내부 또는 기계식 내부에 위치하여야 한다.

문제 15. 유압식 엘리베이터의 파워유니트에서 유압잭에 이르는 압력배관의 도중에 설치한 수동밸브로 보수·점검 및 수리의 용도로 사용하는 것은?
① 사이런서   ② 스톱밸브
③ 스트레이너   ④ 상승용 유량제어밸브

문제 16. 승강장문, 카문의 접점과 문 잠금장치의 유지관리를 위해 제어반 또는 비상운전 및 작동시험을 위한 장치에는 어떤 장치가 제공되어야 하는가?
① 음향신호장치   ② 종단정지장치
③ 바이패스장치   ④ 비상전원공급장치

문제 17. 엘리베이터 기계실에 설치하면 안되는 것은?
① 권상기   ② 제어반
③ 과속조절기(조속기)   ④ 추락방지안전장치(비상정지장치)

문제 18. 에너지 분산형 완충기는 카에 정격하중을 싣고 정격속도의 115%의 속도로 자유낙하하여 완충기에 충돌할 때, 평균감속도(g_n)는 얼마 이하여야 하는가?
① 0.1   ② 0.5   ③ 1   ④ 1

해답 12.② 13.④ 14.① 15.② 16.③ 17.④ 18.③

문제 19. 시브(Sheave)의 홈 형상 중 언더 컷 형상을 사용하는 주된 이유는?
① U홈 보다 시브의 마모가 적기 때문에
② U홈 보다 로프의 수명이 늘어나기 때문에
③ U홈과 V홈의 장점을 가지며 트렉셔 능력이 크기 때문에
④ U홈 보다 마찰계수가 작아 접촉면의 면압을 낮추기 때문에

문제 20. 엘리베이터에 사용되는 헬리컬기어의 특징으로 틀린 것은?
① 웜기어 보다 효율이 높다.
② 웜기어 보다 역구동이 쉽다.
③ 웜기어에 비하여 소음이 작다
④ 일반적으로 웜기어 보다 고속 기종에 사용된다.

승강기 설계

문제 21. 정지 레오나드 제어방식과 관련이 없는 것은?
① 전동발진기   ② 사이리스터
③ 직류리액터   ④ 속도발전기

문제 22. 지름이 10cm인 연강봉에 10kgf의 인장력이 작용할 때 생기는 인장응력은 약 몇 kgf/cm²인가?
① 127.33   ② 137.32
③ 147.32   ④ 157.32

문제 23. 과속조절기(조속기) 로프 인장 풀리의 피치직경과 과속조절기 로프의 공칭 지름의 비는 얼마 이상이어야 하는가?
① 20   ② 30   ③ 36   ④ 40

문제 24. 권상기 기계대(machine beam)가 콘크리트로 되어 있을 때 안전율은 얼마가 가장 적합한가?
① 7   ② 9
③ 12   ④ 15

해답 19.③ 20.③ 21.① 22.① 23.② 24.①

문제 25. 로프의 안전계수가 12, 허용응력이 $500kgf/cm^2$인 엘리베이터에서 로프의 인장강도는 몇 kgf/cm^2인가?
① 3000　　　　　　　　　② 4000
③ 5000　　　　　　　　　④ 6000

문제 26. 두 개의 기어가 맞물렸을 때 두 톱니 사이의 틈을 무엇이라 하는가?
① 피치　　　　　　　　　② 백래시
③ 어덴덤　　　　　　　　④ 이끝의 틈

문제 27. 다음 중 전동기의 내역등급이 가장 높은 기호는?
① A　　　　　　　　　　② B
③ E　　　　　　　　　　④ H

문제 28. 카 자중 1000kg, 정격 적재하중 800kg, 오버밸런스율이 50%인 균형추의 무게는 몇 kg인가?
① 1300　　　　　　　　　② 1400
③ 1500　　　　　　　　　④ 1600

문제 29. 미끄럼 베어링에 비교한 구름 베어링의 특징이 아닌 것은?
① 진동소음이 비교적 많다.
② 비교적 내충격성이 약하다.
③ 축경에 대한 바깥지름이 크고 폭이 좁다.
④ 윤활이 어렵고 누설방지를 위한 노력이 필요하다.

문제 30. 엘리베이터의 일주시간(RTT)을 계산하는 식은?
① ∑(주행시간+도어개폐시간+승객출입시간+손실시간)
② ∑(주행시간+도어개폐시간+승객출입시간+손실시간)
③ ∑(주행시간+수리시간+승객출입시간+출발시간)
④ ∑(주행시간+대기시간+도어개폐시간+출발시간)

문제 31. 카문의 문턱과 승강장문의 문턱 사이의 수평거리는 몇 mm 이하이어야 하는가?
① 10　　　　　　　　　　② 20
③ 25　　　　　　　　　　④ 35

해답 25.④　26.②　27.④　28.②　29.④　30.①　31.④

문제 32. 카바닥과 카틀의 부재와 이에 작용하는 하중의 연결이 틀린 것은?
① 볼트-장력
② 카바닥-장력
③ 추돌판-굽힘력
④ 카주-굽힘력, 장력

문제 33. 전기식 엘리베이터 카측 주행안내(가이드)레일에 작용하는 하중이 $1000 kgf$이고, 브라켓 간격이 $200 cm$, 영률이 $210 \times 10^4 kgf/cm^2$, 레일 단면 2차 모멘트가 $180 cm^4$일 때, 주행안내 레일의 휨량은 약 몇 cm인가?
① 1.22
② 0.12
③ 0.18
④ 0.24

문제 34. 엘리베이터의 방범설비가 아닌 것은?
① 방범창
② 완충기
③ 경보장치
④ 연락장치

문제 35. 다음 중 엘리베이터에 적용되는 레일의 치수를 결정하는데 고려할 요소로 가장 적절하지 않은 것은?
① 레일용 브라켓의 중량
② 지진이 발생할 때 건물의 수평진동
③ 카에 하중이 적재될 때 카에 걸리는 회전모멘트
④ 추락방지안전장치(비상정지장치)가 작동될 때 레일에 걸리는 좌굴하중

문제 36. 주행안내(가이드) 레일에 대한 설명으로 틀린 것은?
① 주행안내 레일이 느슨해질 수 있는 부속품의 풀림은 방지되어야 한다.
② 주행안내 레일은 압연강으로 만들어지거나 마찰 면이 기계 가공되어야 한다.
③ 카, 균형추 또는 평형추는 2개 이상의 견고한 금속제 주행안내 레일에 의해 각각 안내되어야 한다.
④ 추락장치안전장치(비상정지장치)가 없는 균형추의 주행안내 레일은 부식을 고려하지 않고 금속판을 성형하여 만들 수 있다.

문제 37. 경사각이 $30°$, 속도가 $3.0 m/min$, 디딤판(스텝) 폭이 $0.8m$이며, 층고가 $9m$인 에스컬레이터의 적재하중은 약 몇 kg인가?
① 1080
② 1870
③ 2749
④ 3367

해답 32.② 33.④ 34.② 35.① 36.④ 37.④

문제 38. 엘리베이터에서 카틀의 구성요소가 아닌 것은?
① 카주　　　　　　　　　② 상부체대
③ 스프링 버퍼　　　　　　④ 브레이스 로드

문제 39. 과속조절기(조속기)의 종류가 아닌 것은?
① 디스크형　　　　　　　② 마찰정지형
③ 플라이 볼형　　　　　　④ 세이프티 디바이스형

문제 40. 다음 중 재해 시 관제운전의 우선순위가 가장 높은 것은?
① 화재 시 관제　　　　　② 지진 시 관제
③ 정전 시 관제　　　　　④ 태풍 시 관제

일반기계일반

문제 41. 이론 토출량이 $22 \times 10^3 \text{cm}^3/\text{min}$인 펌프에서 실체 토출량이 $20 \times 10^3 \text{cm}^3/\text{min}$로 나타낼 때 펌프의 체적효율은 약 몇 %인가?
① 91　　　　　　　　　　② 84
③ 79　　　　　　　　　　④ 72

문제 42. 나사에 대한 설명으로 틀린 것은?
① 미터나사의 피치는 mm단위이다.
② 체결용 나사에는 주로 삼각나사가 사용된다.
③ 운동용 나사는 사각나사, 사다리꼴 나사 등이 사용된다.
④ 사다리꼴 나사에서 미터계는 29°, 인치계는 30°의 나사산 각을 갖는다.

문제 43. 압축 코일스프링에서 흡수되는 에너지를 크게 하기 위한 방법으로 틀린 것은?
① 스프링 권수를 늘린다.
② 소선의 지름을 크게 한다.
③ 스프링 지수를 크게 한다.
④ 전단탄성계수가 작은 소재를 사용한다.

해답　38.③　　39.④　　40.②　　41.①　　42.④　　43.②

문제 44. 주조품 제조 시 주물의 형상이 대형으로 구조가 간단하고 점토로 채워서 만들며 정밀한 주형 제작이 곤란한 원형은?
① 잔형   ② 회전형
③ 골격형   ④ 매치 플레이트형

문제 45. 그림과 같이 직경 10cm의 원형 단면을 갖는 외팔보에서 굽힘하중 P_1만 작용할 때의 굽힘응력은 인장하중 P_2만 작용할 때의 응력의 약 몇 배가 되는가? (단, $P_1=P_2=10$ kN이다.)

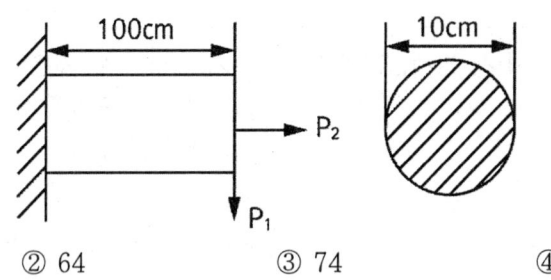

① 54   ② 64   ③ 74   ④ 80

문제 46. 다음 금속재료 중 시효경화 현상이 발생하는 합금은?
① 슈퍼 인바   ② 니켈-크롬
③ 알루미늄-구리   ④ 니켈-청동

문제 47. 다음 중 체결용 기계요소가 아닌 것은?
① 리벳   ② 래칫   ③ 키   ④ 핀

문제 48. 밀링작업에서 분할대를 사용한 분할법이 아닌 것은?
① 단식 분할   ② 복식 분할
③ 직접 분할   ④ 차동 분할

문제 49. 원형 파이프 유동에서 난류로 판단할 수 있는 기준 레이놀즈 수(Re)는?
① Re>600   ② Re>2100
③ Re>3000   ④ Re>4000

문제 50. 금속재료를 고온에서 장시간 외력을 가하면 시간의 흐름에 따라 변형이 증가하게 되는데 이러한 현상은?
① 열응력   ② 피로한도   ③ 탄성에너지   ④ 크리프

해답 44.③   45.④   46.③   47.②   48.②   49.④   50.④

문제 51. 다음 설명에 해당하는 재료는?

> 알루미나를 1600℃ 이상에서 소결 성형시켜 제조하여 내열성이 높고, 고온 경도 및 내마열성은 크나 비자성, 비전도체이며 충격에는 매우 취약하다.

① 세라믹　　　　　　　　　② 다이아몬드
③ 유리섬유강화수지　　　　④ 탄소섬유강화수지

문제 52. 웜 기어(worm gear)의 장점으로 틀린 것은?
① 소음과 진동이 적다.
② 역전을 방지할 수 있다.
③ 큰 감속비를 얻을 수 있다.
④ 추력하중이 발생하지 않고 효율이 좋다.

문제 53. 평평한 금속판재를 펀치로 다이 공동부에 밀어 넣어 원통형이나 각통형 제품을 만드는 가공은?
① 엠보싱　　② 벌징　　③ 드로잉　　④ 트리밍

문제 54. 국제단위계(SI)의 기본 단위가 아닌 것은?
① 시간-초(s)　　　　　　　② 온도-섭씨(℃)
③ 전류-암페어(A)　　　　　④ 광도-칸델라(cd)

문제 55. 다음 보기에는 설명하는 축 이음으로 가장 적합한 것은?

> 1. 두 축이 민나는 각이 수시로 변화하는 경우에 사용한다.
> 2. 회전하면서 그 축의 중심선이 위치기 딜라지는 부분의 동력을 전달할 때 사용한다.
> 3. 공작기계, 자동차 등의 축 이음에 사용한다.

① 유니버설 조인트　　　　② 슬리브 커플링
③ 올덤 커플링　　　　　　④ 플렉시블 조인트

문제 56. 내경과 외경이 거의 같은 중공 원형단면의 축을 얇은 벽의 관이라 한다. 이 때 비틀림 모멘트를 T, 평균 중심선의 반지름 r, 벽의 두께 t, 관의 길이를 ℓ 이라 할 때, 비틀림 각을 표현한 식이 아닌 것은? (단, 평균 중심선에 둘러쌓인 면적(A)=πr^2, 평균 중심선의 길이(S)$2\pi r$, 극관성모멘트=I_p, 전단탄성계수=G, 전단응력=τ이다.)

① $\dfrac{T\ell}{GI_p}$　　② $\dfrac{T\ell}{2\pi r^2 tG}$　　③ $\dfrac{T\ell}{A r t G}$　　④ $\dfrac{\tau s \ell}{2AG}$

해답 51.① 52.④ 53.③ 54.② 55.① 56.③

문제 57. 피복아크용접에서 직류 정극성을 이용하여 용접하였을 때 특징으로 옳은 것은?
① 비드 폭이 좁다.
② 모재의 용입이 얕다.
③ 용접봉의 녹음이 빠르다.
④ 박판, 주철, 비철금속의 용접에 주로 쓰인다.

문제 58. 액추에이터의 유입압력이 50kgf/cm^2, 액추에이터의 유출압력(유압펌프로 흡입되는 압력)이 5kgf/cm^2이고, 유량은 $15\text{cm}^3/\text{s}$, 효율이 0.9일 때 펌프의 소요동력은 약 몇 kW인가?
① 0.074   ② 0.1   ③ 0.15   ④ 0.2

문제 59. 원형재료의 외경에 수나사를 가공하는 공구는?
① 탭   ② 다이스   ③ 리머   ④ 바이스

문제 60. 일반적으로 재료의 안전율을 구하는 식은?
① $\dfrac{탄성강도}{충격강도}$ ② $\dfrac{탄성강도}{인장강도}$
③ $\dfrac{인장강도}{허용응력}$ ④ $\dfrac{허용응력}{인장강도}$

전기제어공학

문제 61. 피드백 제어의 특징에 대한 설명으로 틀린 것은?
① 외란에 대한 영향을 줄일 수 있다.
② 목표값과 출력을 비교한다.
③ 조절부와 조작부로 구성된 제어요소를 가지고 있다.
④ 입력과 출력의 비를 나타내는 전체 이득이 증가한다.

문제 62. 목표값 이외의 외부 입력으로 제어량을 변화시키며 인위적으로 제어할 수 없는 요소는?
① 제어동작신호   ② 조작량   ③ 외란   ④ 오차

해답 57.① 58.① 59.② 60.③ 61.④ 62.③

문제 63. 입력신호가 모두 "1"일 때만 출력이 생성되는 논리회로는?
① AND 회로　　　　　　　② OR 회로
③ NOR 회로　　　　　　　④ NOT 회로

문제 64. 변압기의 효율이 가장 좋을 때의 조건은?
① 철손＝2/3×동손　　　　② 철손＝2×동손
③ 철손＝1/2×동손　　　　④ 철손＝동손

문제 65. 역률 0.85, 선전류 50A. 유효전력 28kW인 평형 3상 △부하의 전압(V)은 약 얼마인가?
① 300　　② 380　　③ 476　　④ 660

문제 66. 물체의 위치, 방향 및 자세 등의 기계적변위를 제어량으로 해서 목표값의 임의의 변화에 추종하도록 구성된 제어계는?
① 프로그램제어　　　　　② 프로세스제어
③ 서보 기구　　　　　　　④ 자동 조정

문제 67. 다음 중 간략화한 논리식이 다른 것은?
① $(A \cdot B) \cdot (A + \overline{B})$　　　　② $A \cdot (A + B)$
③ $A + (\overline{A} \cdot B)$　　　　　　④ $(A \cdot B) + (A \cdot \overline{B})$

문제 68. 논리식 $L = \overline{x} \cdot \overline{y} + \overline{x} \cdot y$를 간단히 한 식은?
① $L = x$　　　　　　　　② $L = \overline{x}$
③ $L = y$　　　　　　　　④ $L = \overline{y}$

문제 69. R＝10Ω, L＝10mH에 가변콘덴서 C를 직렬로 구성시킨 회로에 교류주파수 1000Hz를 가하여 직렬공진을 시켰다면 가변콘덴서는 약 몇 μF인가?
① 2.533　　② 12.675　　③ 25.35　　④ 126.75

문제 70. 맥동률이 가장 큰 정류회로는?
① 3상 전파　　　　　　　② 3상 반파
③ 단상 전파　　　　　　　④ 단상 반파

해답 63.①　64.④　65.②　66.③　67.③　68.②　69.①　70.④

문제 71. 스위치 S의 개폐에 관계없이 전류 I가 항상 30A라면, R_3와 R_4는 각각 몇 Ω인가?

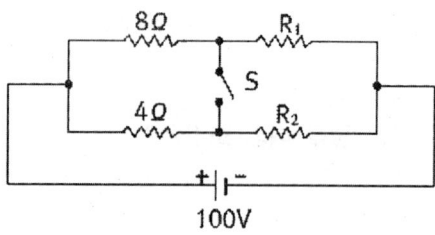

① $R_3=1$, $R_4=3$ ② $R_3=2$, $R_4=1$
③ $R_3=3$, $R_4=2$ ④ $R_3=4$, $R_4=4$

문제 72. 다음 신호흐름선도에서 $\dfrac{C(s)}{R(s)}$는?

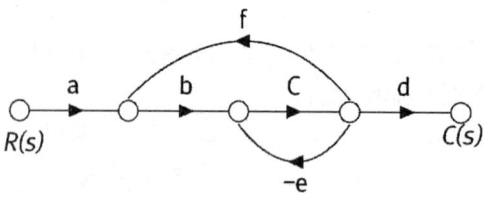

① $\dfrac{abcd}{1+ce+bcf}$ ② $\dfrac{abcd}{1-ce+bcf}$

③ $\dfrac{abcd}{1+ce-bcf}$ ④ $\dfrac{abcd}{1-ce-bcf}$

문제 73. 다음 회로와 같이 외전압계법을 통해 측정한 전력(W)은? (단, R_i:전류계의 내부저항, R_e:전압계의 내부저항이다.)

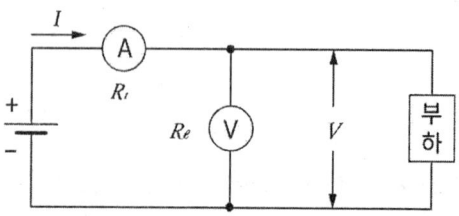

① $P=VI-\dfrac{V^2}{R_e}$ ② $P=VI-\dfrac{V^2}{R_i}$

③ $P=VI-2R_eI$ ④ $P=VI-2R_iI$

해답 71.②   72.③   73.①

문제 74. 다음 블록선도의 전달함수는?
① $G_1(s)G_2(s)+G_2(s)+1$
② $G_1(s)G_2(s)+1$
③ $G_1(s)G_2(s)+G_2$
④ $G_1(s)G_2(s)+G_1+1$

문제 75. 코일에서 흐르고 있는 전류가 5배로 되면 축척되는 에너지는 몇 배가 되는가?
① 10 ② 15 ③ 20 ④ 25

문제 76. 탄성식 압력계에 해당되는 것은?
① 경사관식
② 압전기식
③ 환상평형식
④ 벨로스식

문제 77. 2전력계법으로 3상 전력을 측정할 때 전력계의 지시가 $W_1=200W$, $W_2=200W$이다. 부하전력(W)은?
① 200
② 400
③ $200\sqrt{3}$
④ $400\sqrt{3}$

문제 78. 단자전압 V_{ab}는 몇 V인가?

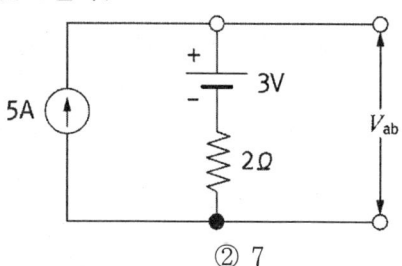

① 3 ② 7
③ 10 ④ 13

문제 79. 아래 R-L-C 직렬회로의 합성 임피던스(Ω)는?
① 1 ② 5
③ 7 ④ 15

문제 80. 전자석의 흡인력은 자속밀도 $B(Wb/m^2)$와 어떤 관계에 있는가?
① B에 비례
② $B^{1.5}$에 비례
③ B^2에 비례
④ B^3에 비례

해답 74.① 75.④ 76.④ 77.② 78.④ 79.② 80.③

승강기 개론
(2020. 8. 22 기사시행)

문제 1. 초고층 빌딩 등에서 중간의 승계층까지 직행 왕복운전 하여 대량수송을 목적으로 하는 엘리베이터는?
① 셔틀 엘리베이터
② 역사용 엘리베이터
③ 더블데크 엘리베이터
④ 보도교용 엘리베이터

문제 2. 레일을 죄는 힘이 처음에는 약하게 작용하고 하강함에 따라 점점 강해지다가 얼마 후 일정한 값에 도달하는 추락방지안전장치(비상정지장치) 방식은?
① 즉시 작동형
② 플렉시블 웨지 클램프(F.W.C)형
③ 플렉시블 가이드 클램프(F.G.C)형
④ 슬랙 로프 세이프티(slack rope safety)형

문제 3. 무빙워크의 경사도는 최대 몇 도 이하이어야 하는가?
① 6°   ② 8°
③ 10°   ④ 12°

문제 4. 전기식 엘리베이터의 매다는 장치(현수장치)에 대한 설명으로 틀린 것은?
① 매다는 장치는 독립적이어야 한다.
② 체인의 인장강도 및 특성 등이 KS B 1407에 적합해야 한다.
③ 로프 또는 체인 등의 가닥수는 반드시 3가닥 이상이어야 한다.
④ 카와 균형추 또는 평형추는 매다는 장치에 의해 매달려야 한다.

문제 5. 유압파워 유니트에서 실린더로 통하는 압력배관 도중에 설치되는 수동밸브로서 이것을 닫으면 실린더의 기름이 파워유니트로 역류하는 것을 방지하는 것으로 유압장치의 보수, 점검 또는 수리 등을 할 때 사용되는 밸브는?
① 체크밸브   ② 사이렌서
③ 안전밸브   ④ 스톱밸브

해답 1.① 2.② 3.④ 4.③ 5.④

문제 6. 주차구획에 자동차를 들어가도록 한 후 그 주차구획을 수직으로 순환이동하여 자동차를 주차하도록 설계한 주차장치로 평균 입·출고 시간이 가장 빠른 입체주차설비 방식은?
① 승강기식　　　② 다단방식　　　③ 수직순환식　　　④ 평면왕복식

문제 7. 유압식 엘리베이터의 경우 실린더 및 램은 전부하 압력의 2.3배의 압력에서 발생되는 힘의 조건하에서 내력 $Rp_{0.2}$에서 몇 이상의 안전율이 보장되는 방법으로 설계되어야 하는가?
① 1.2　　　② 1.5　　　③ 1.7　　　④ 2.0

문제 8. 엘리베이터의 카 벽으로 사용할 수 있는 유리는?
① 망유리　　　　　　　　② 강화유리
③ 복층유리　　　　　　　④ 접합유리

문제 9. 카 내부의 하중이 적재하중을 초과하면 경보가 울리고 출입문의 닫힘을 자동적으로 제지하여 엘리베이터가 움직이지 않게 하는 장치는?
① 정지 스위치　　　　　　② 과부하 감지 장치
③ 역결상 검출 장치　　　　④ 파이널 리밋 스위치

문제 10. 엘리베이터의 위치별 전기조명의 조도 기준으로 틀린 것은?
① 기계실 작업공간의 바닥 면 : 200 Lx 이상
② 기계실 작업공간 간 이동 공간의 바닥 면 : 50 Lx 이상
③ 카 지붕에서 수직 위로 1m 떨어진 곳 : 50 Lx 이상
④ 피트 바닥에서 수직 위로 1m 떨어진 곳 : 100 Lx 이상

문제 11. 장애인용 엘리베이터에서 스위치 수가 많아 1.2m 이내에 설치가 곤란할 경우에는 최대 몇 m 이하까지 완화할 수 있는가?
① 1.3　　　② 1.4　　　③ 1.5　　　④ 1.6

문제 12. 로프와 시브(sheave)의 미끄러짐에 대한 설명으로 옳은 것은?
① 로프가 감기는 각도가 클수록 미끄러지기 쉽다.
② 카의 감속도와 가속도가 작을수록 미끄러지기 쉽다.
③ 로프와 시브의 마찰계수가 클수록 미끄러지기 쉽다.
④ 카측과 균형추측의 로프에 걸리는 중량비가 클수록 미끄러지기 쉽다.

해답 6.③　7.③　8.④　9.②　10.④　11.②　12.④

문제 13. 엘리베이터용 주행안내(가이드) 레일에 대한 설명으로 틀린 것은?
① 레일의 표준길이는 5m 이다.
② 균형추측 레일에는 강판을 성형한 레일을 사용할 수 있다.
③ 레일 규격의 호칭은 가공 완료된 1m당의 중량을 표시한 것이다.
④ 추락방지안전장치(비상정지장치)가 작동하는 곳에는 정밀가공한 T자형 레일이 사용된다.

문제 14. 사람이 출입할 수 없도록 정격하중이 300kg 이하이고, 정격속도가 1m/s 이하인 엘리베이터는?
① 수평보행기
② 화물용 엘리베이터
③ 침대용 엘리베이터
④ 소형화물용 엘리베이터

문제 15. 에너지 분산형 완충기는 카에 정격하중을 싣고 정격속도의 115%의 속도로 자유 낙하하여 완충기에 충돌할 때, 평균 감속도가 최대 얼마 이하이어야 하는가?
① $0.8\ g_n$
② $1.0\ g_n$
③ $1.5\ g_n$
④ $2.5\ g_n$

문제 16. 유압식 엘리베이터에서 미리 설정된 방향으로 설정치를 초과한 상태로 과도하게 유체의 흐름이 증가하여 밸브를 통과하는 압력이 떨어지는 경우 자동으로 차단하도록 설계된 밸브는?
① 스톱밸브
② 압력밸브
③ 안전밸브
④ 럽쳐밸브

문제 17. 완충기의 보기 쉬운 곳에 쉽게 지워지지 않는 방법으로 표시되어야 하는 내용이 아닌 것은?
① 제조·수입일자
② 완충기의 형식
③ 부품안전인증표시
④ 부품안전인증번호

문제 18. 교류 엘리베이터의 제어방식은?
① 일그너 제어
② 워드레오나드 제어
③ 정지레오나드 제어
④ 가변전압가변주파수 제어

문제 19. 엘리베이터의 VVVF 인버터 제어에 주로 사용되는 제어방식은?
① PAM
② PWM
③ PSM
④ PTM

해답 13.③ 14.④ 15.② 16.④ 17.① 18.④ 19.②

문제 20. 에스컬레이터의 특징에 대한 설명으로 틀린 것은?
① 대기시간 없이 연속적으로 수송이 가능하다.
② 백화점과 대형마트 등 설치 장소에 따라 구매 의욕을 높일 수 있다.
③ 건축상으로 점유 면적이 크고 기계실이 필요하며 건물에 걸리는 하중이 각층에 분산되어 있다.
④ 전동기 기동 시에 흐르는 대전류에 의한 부하전류의 변화가 엘리베이터에 비하여 적어 전원 설비 부담이 적다.

승강기 설계

문제 21. 기계대 강도 계산 시 기계대에 작용하는 하중에 포함되지 않는 것은?
① 로프 자중
② 권상기 자중
③ 기계대 자중
④ 균형추 자중

문제 22. 설계용 수평지진력의 작용점은 일반적인 경우에 기기의 어느 부분으로 산정하여 계산하는가?
① 기기의 중심
② 기기의 최고점
③ 기기의 최저점
④ 기기의 최선단

문제 23. 웜기어에서 웜의 회전수가 1800rpm, 웜의 줄수가 5, 웜 휠의 회전수가 360rpm일 때, 웜 휠의 잇수는?
① 10　　② 25　　③ 50　　④ 100

문제 24. 유압식 엘리베이터에서 실린더와 체크밸브 또는 하강밸브 사이의 가요성 호스는 전 부하 압력 및 파열 압력과 관련하여 안전율이 몇 이상이어야 하는가?
① 5　　② 6　　③ 7　　④ 8

문제 25. 장애인용 엘리베이터의 호출버튼·조작반 등 승강기의 안팎에 설치되는 모든 스위치의 높이는 바닥면으로부터 어느 위치에 설치되어야 하는가?
① 0.8m 이상 1.0m 이하
② 0.8m 이상 1.2m 이하
③ 1.0m 이상 1.2m 이하
④ 1.2m 이상 1.5m 이하

해답 20.③　21.③　22.①　23.②　24.④　25.②

문제 **26.** 엘리베이터용 도어머신의 요구사항이 아닌 것은?
① 작동이 원활하고 소음이 발생하지 않을 것
② 카 상부에 설치하기 위하여 소형 경량일 것
③ 가장 중요한 부품이므로 고가의 재질을 사용하고 단가가 높을 것
④ 동작회수가 엘리베이터의 기동회수의 2배가 되므로 보수가 용이할 것

문제 **27.** 동력전원설비 용량을 산정하는데 필요한 요소가 아닌 것은?
① 가속전류 ② 감속전류
③ 전압강하 ④ 주위온도

문제 **28.** 전기자에 전류가 흐르면 그 전류에 대한 자속이 발생해 주자극의 자속에 영향을 미쳐 주자속이 감소하고, 전기자 중성점이 이동하는 현상은?
① 자속 반작용 ② 전류 반작용
③ 전기자 반작용 ④ 주자극 반작용

문제 **29.** 유압식 엘리베이터에서 유량제어밸브를 주회로에서 분기된 바이패스회로에 삽입하여 유량을 제어하는 회로는?
① 미터 인 회로 ② 블리드 인 회로
③ 미터 오프 회로 ④ 블리드 오프 회로

문제 **30.** 밀폐식 승강로에서 허용되는 개구부가 아닌 것은?
① 승강장문을 설치하기 위한 개구부
② 건물 내 급배수관 설치를 위한 개구부
③ 화재 시 가스 및 연기의 배출을 위한 통풍구
④ 승강로의 비상문 및 점검문을 설치하기 위한 개구부

문제 **31.** 소선의 표면에 아연도금 처리한 것으로 녹이 쉽게 발생하지 않기 때문에 다습한 환경에 사용하는 와이어로프 종류는?
① A종 ② B종 ③ E종 ④ G종

문제 **32.** 승용승강기의 설치기준에 따라 6층 이상 거실면적의 합계가 9000m² 인 전시장에 20인승 엘리베이터를 설치할때 최소 설치 대수는?
① 1 ② 2 ③ 3 ④ 4

해답 26.③ 27.② 28.③ 29.④ 30.② 31.④ 32.②

문제 33. 엘리베이터가 다음과 같은 조건일 때, 무부하 및 전부하 시 각각의 트랙션비는 약 얼마인가?

- 적재하중 : 3000kg
- 행정거리 : 90m
- 오버밸런스율 : 45%
- 카자중 : 2000kg
- 적용로프 : 1m당 0.6kg의 로프 6본
- 균형체인 : 90% 보상

① 무부하 : 1.46, 전부하 : 1.58
② 무부하 : 1.46, 전부하 : 1.60
③ 무부하 : 1.60, 전부하 : 1.46
④ 무부하 : 1.60, 전부하 : 1.58

문제 34. 엘리베이터가 출발층에서 출발한 후 서비스를 끝내고 다시 출발층으로 돌아오는 시간이 **30초**이고, 승객수는 **10명**일 때, 5분간 수송능력은 얼마인가?
① 50명　　② 100명　　③ 150명　　④ 200명

문제 35. 승강장문 근처의 승강장에 있는 자연조명 또는 인공조명은 카 조명이 꺼지더라도 이용자가 엘리베이터에 탑승하기 위해 승강장문이 열릴 때 미리 앞을 볼 수 있도록 바닥에서 몇 **Lx** 이상이어야 하는가?
① 5　　② 50　　③ 100　　④ 150

문제 36. 기계실 작업구역의 유효 높이는 몇 m 이상이어야 하는가?
① 1.2　　② 1.8　　③ 2.1　　④ 3

문제 37. 그림과 같이 기어 A, B가 맞물려 있을 때, 수식이 틀린 것은? (단, D_1, D_2는 피치원 지름, N_1, N_2는 회전수, V_1, V_2는 원주 속도, Z_1, Z_2는 잇수, L은 중심거리이다.)

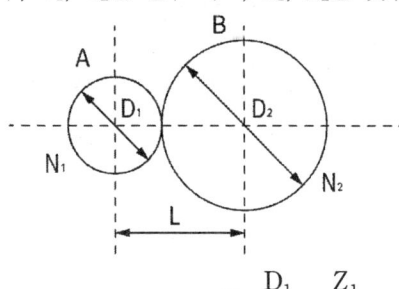

① $N_2 D_2 = N_1 D_1$
② $\dfrac{D_1}{D_2} = \dfrac{Z_1}{Z_2}$
③ $L = \dfrac{D_1 + D_2}{2}$
④ $D_1 < D_2$ 이면 $V_1 < V_2$ 이다.

해답 33.③　34.②　35.②　36.③　37.④

문제 38. 60Hz, 6극 유도전동기의 슬립이 3% 이다. 이 전동기의 회전속도는 몇 rpm 인가?
① 1064　　② 1164　　③ 1264　　④ 1364

문제 39. 피트 바닥은 전 부하 상태의 카가 완충기에 작용하였을 때 카 완충기 지지대 아래에 부과되는 정하중의 몇 배를 지지할 수 있어야 하는가?
① 1　　② 2　　③ 3　　④ 4

문제 40. 카 천장에 비상구출문이 설치된 경우, 유효 개구부의 크기는 몇 이상이어야 하는가?
① 0.2m×0.3m 이상　　② 0.3m×0.3m 이상
③ 0.3m×0.4m 이상　　④ 0.4m×0.5m 이상

일반기계공학

문제 41. 다음 그림과 같은 타원형 단면을 갖는 봉이 인장하중(P)을 받을 때, 작용하는 인장응력은?

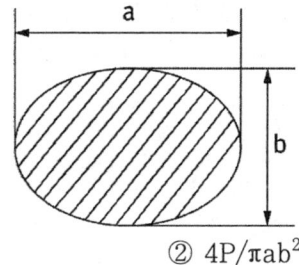

① $\pi ab^2/4P$　　② $4P/\pi ab^2$
③ $\pi ab/4P$　　④ $4P/\pi ab$

문제 42. 두 기어가 맞물려 돌 때 잇수가 너무 적거나 잇수차가 현저히 클 때, 한쪽 기어의 이뿌리를 간섭하여 회전을 방해하는 현상을 방지하기 위한 방법으로 틀린 것은?
① 압력각을 작게 한다.　　② 전위기어를 사용한다.
③ 이끝을 둥글게 가공한다.　　④ 이의 높이를 줄인다.

해답 38.② 39.④ 40.④ 41.④ 42.①

문제 43. 디퓨저(diffuser) 펌프, 벌류트(volute) 펌프가 포함되는 펌프 종류는?
① 원심 펌프 ② 왕복식 펌프
③ 축류 펌프 ④ 회전 펌프

문제 44. 비틀림 모멘트를 받는 원형 단면축에 발생되는 최대전단응력에 관한 설명으로 옳은 것은?
① 축 지름이 증가하면 최대전단응력은 감소한다.
② 극단면계수가 감소하면 최대전단응력은 감소한다.
③ 가해지는 토크가 증가하면 최대전단응력은 감소한다.
④ 단면의 극관성 모멘트가 증가하면 최대전단응력은 증가한다.

문제 45. 마이크로미터로 측정할 수 없는 것은?
① 실린더 내경 ② 축의 편심량
③ 피스톤의 외경 ④ 디스크 브레이크의 디스크 두께

문제 46. 바이스, 잭, 프레스 등과 같이 힘을 전달하거나 부품을 이동하는 기구용에 적절하지 않은 나사는?
① 사각 나사 ② 사다리꼴 나사
③ 톱니 나사 ④ 관용 나사

문제 47. 다음 중 피복아크 용접에서 언더 컷(under cut)이 가장 많이 나타나는 용접 조건은?
① 저전압, 용접속도가 느릴 때 ② 전류 부족, 용접속도가 느릴 때
③ 용접속도가 빠를 때, 전류 과대 ④ 용접속도가 느릴 때, 전류 과대

문제 48. 그림과 같이 중앙에 집중 하중을 받고 있는 단순 지지보의 최대 굽힘응력은 몇 kPa인가? (단, 보의 폭은 3cm이고, 높이가 5cm인 직사각형 단면이다.)

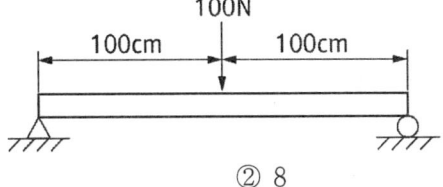

① 4 ② 8
③ 4000 ④ 8000

해답 43.① 44.① 45.② 46.④ 47.③ 48.③

문제 **49.** 큰 회전력을 얻을 수 있고 양 방향 회전축에 120° 각도로 두 쌍을 설치하는 키는?
① 원뿔 키 ② 새들 키
③ 접선 키 ④ 드라이빙 키

문제 **50.** 금속을 가열하여 용해시킨 후 주형에 주입해 냉각 응고시켜 목적하는 제품을 만드는 것은?
① 주조 ② 압연
③ 제관 ④ 단조

문제 **51.** 원통 커플링에서 축 지름이 30mm이고, 원통이 축을 누르는 힘이 50N일 때 커플링이 전달할 수 있는 토크(N·mm)는? (단, 접촉부 마찰계수는 0.2 이다.)
① 471 ② 587 ③ 785 ④ 942

문제 **52.** 유압 제어 밸브의 종류에서 압력 제어 밸브가 아닌 것은?
① 릴리프 밸브 ② 리듀싱 밸브
③ 디셀러레이션 밸브 ④ 카운터 밸런스 밸브

문제 **53.** 450℃까지의 온도에서 비강도가 높고 내식성이 우수하여 항공기 엔진 주위의 부품재료로 사용되며 비중은 약 4.51인 것은?
① Al ② Ni ③ Zn ④ Ti

문제 **54.** 단조가공에 대한 설명으로 틀린 것은?
① 재료의 조직을 미세화 한다.
② 복잡한 구조의 소재가공에 적합하다.
③ 가열한 상태에서 해머로 타격한다.
④ 산화에 의한 스케일이 발생한다.

문제 **55.** 유압 작동유의 구비조건으로 옳은 것은?
① 압축성이어야 한다.
② 열을 방출하지 아니하여야 한다.
③ 장시간 사용하여도 화학적으로 안정하여야 한다.
④ 외부로부터 침입한 불순물을 침전 분리시키지 않아야 한다.

해답 49.③ 50.① 51.① 52.③ 53.④ 54.② 55.③

문제 56. 마찰부분이 많은 부품에 내마모성과 인성이 풍부한 강을 만들기 위한 열처리 방법에 속하지 않는 것은?
① 침탄법
② 화염 경화법
③ 질화법
④ 저주파 경화법

문제 57. 코일 스프링에서 스프링 상수에 대한 설명으로 틀린 것은?
① 스프링 소재 지름의 4승에 비례한다.
② 스프링의 변형량에 비례한다.
③ 코일 평균 지름의 3승에 반비례한다.
④ 스프링 소재의 전단탄성계수에 비례한다.

문제 58. 기계재료에서 중금속을 구분하는 기준은?
① 비중이 0.5 이상인 금속
② 비중이 1 이상인 금속
③ 비중이 5 이상인 금속
④ 비중이 10 이상인 금속

문제 59. 지름 24mm의 환봉에 인장하중이 작용할 경우 최대 허용인장하중(N)은 약 얼마인가? (단, 환봉의 인장강도는 $45N/mm^2$ 이고, 안전율은 8이다.)
① 2544
② 5089
③ 8640
④ 20357

문제 60. 구성인선(built-up edge)의 방지대책으로 적절한 것은?
① 절삭 속도를 느리게 하고 이송 속도를 빠르게 한다.
② 절삭 속도를 빠르게 하고 윤활성이 좋은 절삭유를 사용한다.
③ 바이트의 윗면 경사각을 작게 하고 이송속도를 느리게 한다.
④ 질삭 깊이를 깊게 하고 이송 속도를 빠르게 한다.

전기제어공학

문제 61. 3상 유도전동기의 출력이 10kW, 슬립이 4.8% 일 때의 2차 동손은 약 몇 kW 인가?
① 0.24
② 0.36
③ 0.5
④ 0.8

해답 56.④ 57.② 58.③ 59.① 60.② 61.③

문제 62. 유도전동기에 인가되는 전압과 주파수의 비를 일정하게 제어하여 유도전동기의 속도를 정격속도 이하로 제어하는 방식은?
① CVCF 제어방식　　　　　　　② VVVF 제어방식
③ 교류 궤환 제어방식　　　　　　④ 교류 2단 속도 제어방식

문제 63. 전력(W)에 관한 설명으로 틀린 것은?
① 단위는 J/s 이다.
② 열량을 적분하면 전력이다.
③ 단위 시간에 대한 전기 에너지이다.
④ 공률(일률)과 같은 단위를 갖는다.

문제 64. 입력 A, B, C에 따라 Y를 출력하는 다음의 회로는 무접점 논리회로 중 어떤 회로인가?

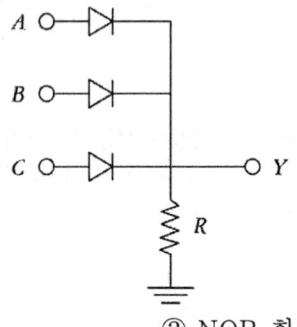

① OR 회로　　　　　　　　　　② NOR 회로
③ AND 회로　　　　　　　　　 ④ NAND 회로

문제 65. 제어편차가 검출될 때 편차가 변화하는 속도에 비례하여 조작량을 가감하도록 하는 제어로써 오차가 커지는 것을 미연에 방지하는 제어동작은?
① ON/OFF 제어 동작　　　　　② 미분 제어 동작
③ 적분 제어 동작　　　　　　　 ④ 비례 제어 동작

문제 66. 선간전압 200V의 3상 교류전원에 화물용 승강기를 접속하고 전력과 전류를 측정하였더니 2.77kW, 10A이었다. 이 화물용 승강기 모터의 역률은 약 얼마인가?
① 0.6　　　　　　　　　　　　 ② 0.7
③ 0.8　　　　　　　　　　　　 ④ 0.9

해답 62.② 63.② 64.① 65.② 66.③

문제 67. 그림의 논리회로에서 A, B, C, D를 입력, Y를 출력이라 할 때 출력 식은?

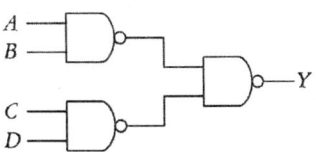

① A+B+C+D
② (A+B)(C+D)
③ AB+CD
④ ABCD

문제 68. 그림과 같은 회로에 흐르는 전류 I(A)는?

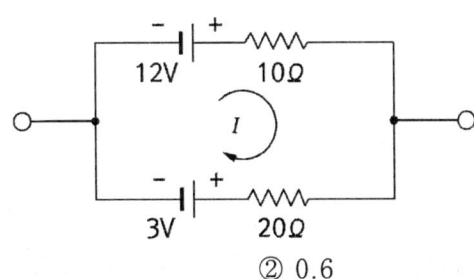

① 0.3
② 0.6
③ 0.9
④ 1.2

문제 69. 환상 솔레노이드 철심에 200회의 코일을 감고 2A의 전류를 흘릴 때 발생하는 기자력은 몇 AT인가?

① 50
② 100
③ 200
④ 400

문제 70. $e(t)=200\sin\omega t(V)$, $i(t)=4\sin(\omega t-\frac{\pi}{3})(A)$ 일 때 유효전력(W)은?

① 100
② 200
③ 300
④ 400

문제 71. 전기자 철심을 규소 강판으로 성층하는 주된 이유는?
① 정류자면의 손상이 적다.
② 가공하기 쉽다.
③ 철손을 적게 할 수 있다.
④ 기계손을 적게 할 수 있다.

해답 67.③ 68.① 69.④ 70.② 71.③

문제 72. 논리식 A+BC와 등가인 논리식은?
① AB+AC
② (A+B)(A+C)
③ (A+B)C
④ (A+C)B

문제 73. 그림과 같은 RL 직렬회로에서 공급전압의 크기가 10V일 때 $|V_R|=8V$이면 V_L의 크기는 몇 V인가?

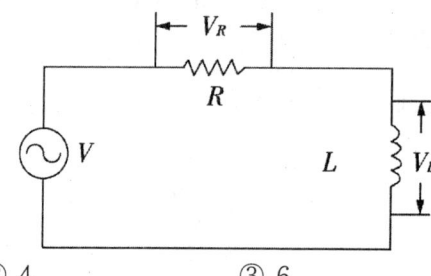

① 2　　② 4　　③ 6　　④ 8

문제 74. 그림과 같은 단위 피드백 제어시스템의 전달함수 C(s)/R(s)는?

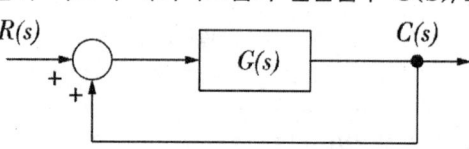

① $\dfrac{1}{1+G(s)}$
② $\dfrac{G(s)}{1+G(s)}$
③ $\dfrac{1}{1-G(s)}$
④ $\dfrac{G(s)}{1-G(s)}$

문제 75. 그림과 같은 회로에서 전달함수 G(s)=I(s)/V(s)를 구하면?

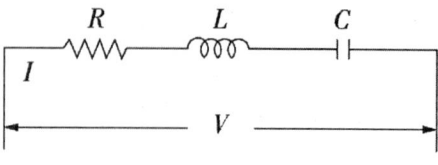

① $R+Ls+Cs$
② $\dfrac{1}{R+Ls+Cs}$
③ $R+Ls+\dfrac{1}{Cs}$
④ $\dfrac{1}{R+Ls+\dfrac{1}{Cs}}$

해답　72.②　73.③　74.④　75.④

문제 76. 회전각을 전압으로 변환시키는데 사용되는 위치 변환기는?
① 속도계 ② 증폭기
③ 변조기 ④ 전위차계

문제 77. 10μF의 콘덴서에 200V의 전압을 인가하였을 때 콘덴서에 축적되는 전하량은 몇 C 인가?
① 2×10^{-3} ② 2×10^{-4}
③ 2×10^{-5} ④ 2×10^{-6}

문제 78. 승강기나 에스컬레이터 등의 옥내 전선의 절연저항을 측정하는데 가장 적당한 측정기기는?
① 메거 ② 휘트스톤 브리지
③ 켈빈 더블 브리지 ④ 코올라우시 브리지

문제 79. 폐루프 제어시스템의 구성에서 조절부와 조작부를 합쳐서 무엇이라고 하는가?
① 보상요소 ② 제어요소
③ 기준입력요소 ④ 귀환요소

문제 80. 그림의 신호흐름선도에서 전달함수 C(s)/R(s)는?

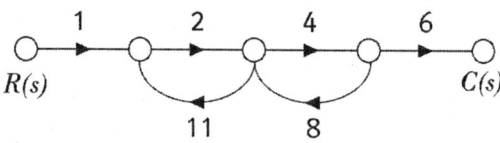

① $\dfrac{8}{9}$ ② $-\dfrac{13}{19}$
③ $-\dfrac{48}{53}$ ④ $-\dfrac{105}{77}$

해답 76.④ 77.① 78.① 79.② 80.③

승강기 개론
(2020. 9. 26 기사시행)

문제 1. 엘리베이터의 매다는 장치와 매다는 장치 끝부분 사이의 연결은 매다는 장치의 최소 파단하중의 최소 몇 % 이상을 견딜 수 있어야 하는가?
① 70
② 80
③ 90
④ 100

문제 2. 에스컬레이터의 과속역행방지장치의 종류가 아닌 것은?
① 폴 래칫 휠 방식
② 디스크 웨지 방식
③ 디스크 브레이크 방식
④ 다이나믹 브레이크 방식

문제 3. 호출버튼·조작반·통화장치 등 승강기의 안팎에 설치되는 모든 스위치의 높이 기준은? (단, 스위치 수가 많아 기준 높이 이내로 설치되는 것이 곤란한 경우는 제외한다.)
① 바닥면으로부터 0.8m 이상 1.2m 이하
② 바닥면으로부터 0.9m 이상 1.3m 이하
③ 바닥면으로부터 1.0m 이상 1.4m 이하
④ 바닥면으로부터 1.2m 이상 1.5m 이하

문제 4. 유압식 승강기에서 미터인 회로를 사용하는 유압회로의 특징으로 맞는 것은?
① 유량을 간접적으로 제어하므로 정확한 제어가 어렵다.
② 유량제어밸브를 주회로에서 분기된 바이패스회로에 삽입한 것으로 효율이 높다.
③ 릴리프밸브로 유량을 방출하지 않으므로 설정압력까지 오르지 않고 부하에 의해 압력이 결정된다.
④ 카를 기동할 때 유량 조정이 어렵고, 기동 쇼크가 발생하기 쉬우며, 상승 운전 시의 효율이 좋지 않다.

문제 5. 엘리베이터 승강로에 모든 출입문이 닫혔을 때 밝히기 위한 승강로 전 구간에 걸쳐 영구적으로 설치되는 전기조명의 조도 기준으로 틀린 것은?
① 카 지붕과 피트를 제외한 장소 : 20 Lx
② 카 지붕에서 수직 위로 1m 떨어진 곳 : 50 Lx
③ 사람이 서 있을 수 있는 공간의 바닥에서 수직 위로 1m 떨어진 곳 : 50 Lx
④ 작업구역 및 작업구역 간 이동 공간의 바닥에서 수직 위로 1m 떨어진 곳 : 80 Lx

해답 1.② 2.④ 3.① 4.④ 5.④

문제 6. 엘리베이터를 동력매체별로 구분한 것이 아닌 것은?
① 로프식 엘리베이터　　　　② 유압식 엘리베이터
③ 스크루식 엘리베이터　　　④ 더블테크 엘리베이터

문제 7. 직접식 유압 엘리베이터의 특징이 아닌 것은?
① 부하에 의한 카 바닥의 빠짐이 작다.
② 추락방지안전장치(비상정지장치)가 필요하지 않다.
③ 일반적으로 실린더의 점검이 간접식에 비해 쉽다.
④ 실린더를 설치하기 위한 보호관을 지중에 설치하여야 한다.

문제 8. 고속 또는 매다는 장치가 파단할 경우 카나 균형추의 자유낙하를 방지하는 장치는?
① 완충기　　　　　　　　　② 브레이크
③ 차단밸브　　　　　　　　④ 추락방지안전장치(비상정지장치)

문제 9. 엘리베이터의 카에는 자동으로 재충전되는 비상전원공급장치에 의해 5 Lx 이상의 조도로 얼마 동안 전원이 공급되는 비상등이 있어야 하는가?
① 30분　　　② 40분　　　③ 50분　　　④ 60분

문제 10. 주택용 엘리베이터에 대한 기준 중 (　　) 안에 들어갈 내용으로 맞는 것은?

> 카의 유효 면적은 $1.4m^2$ 이하이어야 하고, 다음과 같이 계산되어야 한다.
> 1) 유효면적이 $1.1m^2$ 이하인 것 : $1m^2$당 (㉠)kg으로 계산한 수치, 최소 159kg
> 2) 유효면적이 $1.1m^2$ 초과인 것 : $1m^2$당 (㉡)kg으로 계산한 수치

① ㉠ 179, ㉡ 305　　　　　② ㉠ 195, ㉡ 295
③ ㉠ 179, ㉡ 300　　　　　④ ㉠ 195, ㉡ 305

문제 11. 에스컬레이터의 안전장치가 아닌 것은?
① 오일 완충기　　　　　　② 스커트 가드
③ 핸드레일 안전장치　　　④ 인레트(Inlet) 스위치

문제 12. 균형추의 총중량은 빈 카의 자중에 그 엘리베이터의 사용 용도에 따라 적재하중의 35~55%의 중량을 더한 값으로 한다. 이때 적재하중의 몇 %를 더할 것인가를 나타내는 것은?
① 마찰률　　② 트랙션 비율　　③ 균형추 비율　　④ 오버 밸런스율

해답 6.④　7.③　8.④　9.④　10.④　11.①　12.④

문제 13. 엘리베이터의 자동 동력 작동식 문에 대한 기준 중 (   ) 안에 들어갈 내용으로 알맞은 것은?

> 문이 닫히는 중에 사람이 출입구를 통과하는 경우 자동으로 문이 열리는 장치(멀티빔 등)는 카문 문턱 위로 최소 (㉠)mm와 최대 (㉡)mm 사이의 전 구간에 걸쳐 감지할 수 있어야 한다.

① ㉠ 25, ㉡ 1400
② ㉠ 30, ㉡ 1500
③ ㉠ 25, ㉡ 1600
④ ㉠ 30, ㉡ 1600

문제 14. 에스컬레이터 또는 무빙워크의 스커트가 디딤판(스텝) 측면에 위치한 경우 수평 틈새는 각 측면에서 최대 몇 mm 이하이어야 하는가?
① 3
② 4
③ 5
④ 6

문제 15. 주차장법령상 주차구획이 3층 이상으로 배치되어 있고 출입구가 있는 층의 모든 주차구획을 주차장치 출입구로 사용할 수 있는 구조로서 그 주차구획을 아래·위 또는 수평으로 이동하여 자동차를 주차하는 주차장치는?
① 2단식 주차장치
② 다단식 주차장치
③ 수평이동식 주차장치
④ 수직순환식 주차장치

문제 16. 일반적으로 교류이단 속도제어에서 가장 많이 사용되는 이단속도 전동기의 속도비는?
① 8 : 1
② 6 : 1
③ 4 : 1
④ 2 : 1

문제 17. 엘리베이터용 전동기의 구비 조건이 아닌 것은?
① 소음이 적을 것
② 기동토크가 클 것
③ 기동전류가 적을 것
④ 회전속도가 느릴 것

문제 18. 엘리베이터 카의 상승과속방지장치에 대한 설명으로 틀린 것은?
① 이 장치가 작동되면 기준에 적합한 전기안전장치가 작동되어야 한다.
② 이 장치는 빈 카의 감속도가 정지단계 동안 1gn를 초과하는 것을 허용하지 않아야 한다.
③ 이 장치는 두 지점에서만 정적으로 지지되는 권상도르래와 동일한 축에 작동되지 않아야 한다.
④ 이 장치를 작동하기 위해 외부 에너지가 필요할 경우, 에너지가 없으면 엘리베이터는 정지되어야 하고 정지 상태가 유지되어야 한다.

해답 13.③ 14.② 15.② 16.③ 17.④ 18.③

문제 19. 기어드(Geard)형 권상기에서 엘리베이터의 속도를 결정하는 요소가 아닌 것은?
① 시브의 직경
② 로프의 직경
③ 기어의 감속비
④ 권상모터의 회전수

문제 20. 승강로 벽은 0.3m×0.3m 면적의 원형이나 사각의 단면에 몇 N의 힘을 균등하게 분산하여 벽의 어느 지점에 가할 때 1mm를 초과하는 영구적인 변형이 없어야 하고 15mm를 초과하는 탄성 변형이 없어야 하는가?
① 500
② 1000
③ 1500
④ 2000

승강기 설계

문제 21. 동력전원설비 용량의 계산에서 여러 대의 엘리베이터가 설치되어 있는 경우에 적용하는 부등률을 1로 하여야 하는 엘리베이터는?
① 침대용 엘리베이터
② 전망용 엘리베이터
③ 화물용 엘리베이터
④ 소방구조용(비상용) 엘리베이터

문제 22. 승객용 엘리베이터에서 카문과 문턱과 승강장문의 문턱 사이의 수평거리 기준은?
① 25mm 이하
② 30mm 이하
③ 35mm 이하
④ 40mm 이하

문제 23. 엘리베이터에서 정격하중을 적재한 카 또는 균형추/평형추가 자유 낙하할 때 점차 작동형 추락방지안전장치(비상정지장치)의 평균감속도 기준은?
① $0.1\ g_n \sim 1\ g_n$
② $0.1\ g_n \sim 1.25\ g_n$
③ $0.2\ g_n \sim 1\ g_n$
④ $0.2\ g_n \sim 1.25\ g_n$

문제 24. 유압 엘리베이터의 실린더와 체크밸브 또는 하강밸브 사이의 가요성 호스는 전부하 압력 및 파열 압력과 관련하여 안전율이 최소 얼마 이상이어야 하는가?
① 6
② 8
③ 10
④ 12

해답 19.② 20.② 21.④ 22.③ 23.③ 24.②

문제 25. 승객용 엘리베이터의 적재하중이 1000kgf, 카전자중이 2200kgf, 길이가 180 cm, 사용재료가 180×75×7, 단면계수가 306cm³일 경우 하부체대의 최대굽힘 모멘트 (kgf·cm)는? (단, 브레이스 로드가 분담하는 하중은 무시한다.)
① 72000 ② 75000 ③ 77000 ④ 80000

문제 26. 엘리베이터 안전기준상 소방구조용(비상용) 엘리베이터의 기본요건에 적합한 것은?
① 정격하중이 1000gkf 이상이어야 한다.
② 카의 운행속도는 0.5m/s 이상이어야 한다.
③ 카는 건물의 전 층에 대해 운행이 가능해야 한다.
④ 카의 폭이 1100mm, 깊이가 2100mm 이상이어야 한다.

문제 27. 에너지 축적형 완충기의 설계 기준 중 (   ) 안에 알맞은 내용은?

선형 특성을 갖는 완충기는 카 자중과 정격하중을 더한 값(또는 균형추의 무게)의 (㉠)배와 (㉡)배 사이의 정하중으로 관련 기준에 규정된 행정이 적용되도록 설계되어야 한다.

① ㉠ 2.0, ㉡ 4   ② ㉠ 2.0, ㉡ 5
③ ㉠ 2.5, ㉡ 4   ④ ㉠ 2.5, ㉡ 5

문제 28. 유압 엘리베이터에서 로프 또는 체인이 동기화 수단으로 사용될 경우의 기준에 대한 설명으로 틀린 것은?
① 체인의 안전율은 8 이상이어야 한다.
② 로프의 안전율은 12 이상이어야 한다.
③ 2개 이상의 독립된 로프 또는 체인이 있어야 한다.
④ 최대 힘은 전 부하 압력에서 발생하는 힘, 로프 또는 체인의 수를 고려하여 계산되어야 한다.

문제 29. 지진대책에 따른 엘리베이터의 구조에 대한 설명으로 틀린 것은?
① 지진이나 기타 진동에 의해 주로프가 도르래에서 이탈하지 않아야 한다.
② 엘리베이터의 균형추가 지진이나 기타 진동에 의하여 가이드 레일로부터 이탈하지 않아야 한다.
③ 승강로내에는 지진 시에 로프, 전선 등의 기능에 악영향이 발생하지 않도록 모든 돌출물을 설치하여서는 안 된다.
④ 엘리베이터의 진동기, 제어반 및 권상기는 카마다 설치하고, 또한 지진이나 기타 진동에 의해 전도 또는 이동하지 않아야 한다.

해답 25.① 26.③ 27.③ 28.① 29.③

문제 30. 사이리스터의 점호각을 바꿈으로써 승강기 속도를 제어하는 시스템은?
① 교류 귀환 제어방식 ② 워드 레오나드 방식
③ 정지 레오나드 방식 ④ 교류 2단 속도 제어방식

문제 31. 엘리베이터의 일주시간을 계산할 때 고려사항이 아닌 것은?
① 주행시간 ② 도어개폐시간
③ 승객출입시간 ④ 기준층 복귀시간

문제 32. 다음 그림과 같은 도르래에 매달려 있는 하중 W를 올리는 힘 P로 나타낸 것은?
① W = 2P
② W = 3P
③ W = 4P
④ W = 8P

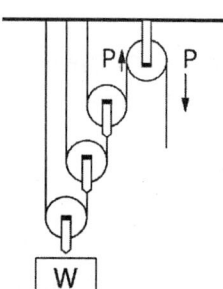

문제 33. 다음 중 추락방지안전장치(비상정지장치)의 성능 시험과 관계가 가장 적은 사항은?
① 적용중량 ② 작동속도
③ 평균감속도 ④ 주행안내(가이드) 레일의 규격

문제 34. 기어감속비 49:2, 도르래 지름 540mm, 전동기입력 주파수 60Hz, 극수 4, 진동기의 회선 수 슬립이 4% 일 때 엘리베이터의 정격속도는 약 몇 m/min 인가?
① 90 ② 105
③ 120 ④ 150

문제 35. 엘리베이터 승강로 점검문의 크기 기준은?
① 높이 0.6m 이하, 폭 0.6m 이하
② 높이 0.6m 이하, 폭 0.5m 이하
③ 높이 0.5m 이하, 폭 0.6m 이하
④ 높이 0.5m 이하, 폭 0.5m 이하

해답 30.①,③ 31.④ 32.④ 33.④ 34.③ 35.④

문제 36. 추락방지안전장치(비상정지장치)가 없는 균형추 또는 평형추의 T형 주행안내 레일에 대해 계산된 최대 허용 휨은?
① 한방향으로 3mm
② 양방향으로 5mm
③ 한방향으로 10mm
④ 양방향으로 10mm

문제 37. 교통수요 산출을 위해 이용자 인원을 산정할 때 하향방향승객을 고려하지 않는 경우는?
① 병원
② 아파트
③ 사무실
④ 백화점

문제 38. 정격속도 60m/min, 정격하중 1150kgf, 오버밸런스율 45%, 전체 효율이 0.6인 승강기용 전동기의 용량은 약 몇 kW인가?
① 5.5
② 7.5
③ 10.3
④ 13.3

문제 39. 수직 개폐식 문의 현수에 대한 기준으로 틀린 것은?
① 현수 로프·체인 및 벨트의 안전율은 8 이상으로 설계되어야 한다.
② 현수 로프 풀리의 피치 직경은 로프 직경의 35배 이상이어야 한다.
③ 수직 개폐식 승강장문 및 카문의 문짝은 2개의 독립된 현수 부품에 의해 고정되어야 한다.
④ 현수 로프/체인은 풀리 홈 또는 스프로킷에서 이탈되지 않도록 보호되어야 한다.

문제 40. 엘리베이터 브레이크의 능력에 대한 설명으로 틀린 것은?
① 제동력을 너무 작게 하면 제동 시 회전부분에 큰 응력을 발생시킨다.
② 브레이크는 카나 균형추 등 엘리베이터의 전 장치의 관성을 제지할 필요가 없다.
③ 정지 후 부하에 의한 언밸런스로 역구동되어 움직이는 일이 없도록 유지되어야 한다.
④ 화물용 엘리베이터는 정격의 120% 부하로 전속 하강 중 위험 없이 감속·정지할 수 있어야 한다.

해답 36.④ 37.③ 38.③ 39.② 40.①

일반기계공학

문제 41. 측정하고자 하는 축을 V블록 위에 올려놓은 뒤 다이얼 게이지를 설치하고 회전하였더니 눈금 값이 1mm라면 이 축의 진원도(mm)는?
① 2   ② 1   ③ 0.5   ④ 0.25

문제 42. 주축의 회전운동을 직선 왕복운동으로 바꾸는데 사용하는 밀링 머신의 부속장치는?
① 분할대
② 슬로팅 장치
③ 래크 절삭 장치
④ 로터리 밀링 헤드 장치

문제 43. 지름 2.5cm의 연강봉 양단을 강성벽에 고정한 후 30℃에서 0℃까지 냉각되었을 경우 연강봉에 생기는 압축응력(kPa)은? (단, 연강의 선팽창계수는 0.000012, 세로탄성계수는 210 MPa이다.)
① 37.1
② 75.6
③ 371
④ 756

문제 44. 정밀주조법 중 셸 몰드법의 특징이 아닌 것은?
① 치수 정밀도가 높다.
② 합성수지의 가격이 저가이다.
③ 제작이 용이하며 대량생산에 적합하다.
④ 모래가 적게 들고 주물의 뒤처리가 간단하다.

문제 45. KS규격에 의한 구름 베어링의 호칭번호 6200ZZ에서 "ZZ"의 의미로 옳은 것은?
① 한쪽 실붙이
② 링 홈붙이
③ 양쪽 실드붙이
④ 멈춤 링붙이

문제 46. 일반적인 구리의 특성으로 틀린 것은?
① 전기 및 열의 전도성이 우수하다.
② 아름다운 광택과 귀금속적 성질이 우수하다.
③ Zn, Sn, Ni, Ag 등과 쉽게 합금을 만들 수 있다.
④ 기계적 강도가 높아 공작기계의 주축으로 사용된다.

해답 41.③   42.②   43.②   44.②   45.③   46.④

문제 47. 유량이나 입구 측의 유압과는 관계없이 미리 설정한 2차측 압력을 일정하게 유지하는 것은?
① 체크 밸브 ② 리듀싱 밸브
③ 시퀀스 밸브 ④ 릴리프 밸브

문제 48. 일반적인 유량측정 기기에 해당하는 것은?
① 피토 정압관 ② 피토관
③ 시차 액주계 ④ 벤투리미터

문제 49. 송출량이 많고 저양정인 경우 적합하며 회전차의 날개가 선박의 스크루 프로펠러와 유사한 형상의 펌프는?
① 터빈 펌프 ② 기어 펌프
③ 축류 펌프 ④ 왕복 펌프

문제 50. 그림과 같은 블록 브레이크에서 드럼 축의 레버를 누르는 힘(F)을 우회전할 때는 F_1, 좌회전할 때는 F_2라고 하면 F_1/F_2의 값은? (단, 중력용선이며 모두 동일한 제동력을 발생시키는 것으로 가정한다.)

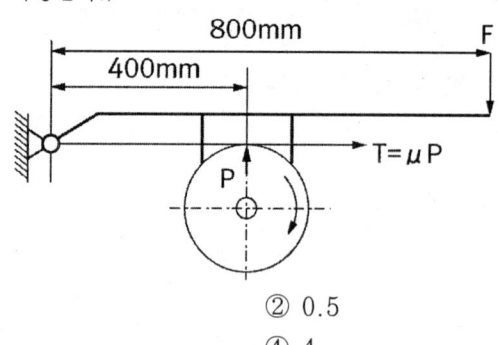

① 0.25 ② 0.5
③ 1 ④ 4

문제 51. 비틀림 모멘트를 받아 전단응력이 발생되는 원형 단면 축에 대한 설명으로 틀린 것은?
① 전단응력은 지름의 세제곱에 반비례한다..
② 전단응력은 비틀림 모멘트와 반비례한다.
③ 전단응력은 구할 때 극단면계수도 이용한다.
④ 중실 원형축의 지름을 2배로 증가시키면 비틀림 모멘트는 8배가 된다.

해답 47.② 48.④ 49.③ 50.③ 51.②

문제 52. 그림과 같은 외팔보의 끝단에 집중하중 P가 작용할 때 최소 처짐이 발생하는 단면은? (단, 보의 길이와 재질은 같다.)

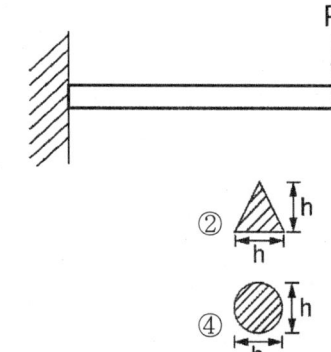

문제 53. 용접 이음의 장점이 아닌 것은?
① 자재가 절약된다.　　② 공정수가 증가된다.
③ 이음효율이 향상된다.　　④ 기밀 유지가성능이 좋다.

문제 54. 프레스 가공이나 주조 가공 등으로 생산된 제품의 불필요한 테두리나 핀 등을 잘라내거나 따내어 제품을 깨끗이 정형하는 작업은?
① 펀칭　　② 블랭킹
③ 세이빙　　④ 트리밍

문제 55. 지름 20mm, 인장강도 42MPa의 둥근 봉이 지탱할 수 있는 허용범위 내 최대 하중(N)은 약 얼마인가? (단, 안전율은 7이다.)
① 1884　　② 2235
③ 3524　　④ 4845

문제 56. 주로 나무나 가죽, 베크라이트 등 비금속이나 연한 금속의 거친 가공에 가장 적합한 줄(file)은?
① 귀목(rasp cut)　　② 단목(single cut)
③ 복목(double cut)　　④ 파목(curved cut)

문제 57. 키(key)의 설계에서 강도상 주로 고려해야 하는 것은?
① 키의 굽힘응력과 전단응력　　② 키의 전단응력과 인장응력
③ 키의 인장응력과 압축응력　　④ 키의 전단응력과 압축응력

해답　52.①　53.②　54.④　55.①　56.①　57.④

문제 58. 평벨트 전동장치와 비교한 V-벨트 전동장치의 특징으로 옳은 것은?
① 두 축의 회전방향이 다른 경우에 적합하다.
② 평벨트 전동에 비해 전동 효율이 나쁘다.
③ 축간거리가 짧고 큰 속도비에 적합하다.
④ 5m/s 이하의 저속으로만 운전이 가능하다.

문제 59. 구상 흑연 주철에 관한 설명으로 틀린 것은?
① 단조가 가능한 주철이다.
② 차량용 부품이나 내마모용으로 사용한다.
③ 노듈러 또는 덕타일 주철이라고도 한다.
④ 인장강도가 50~70kgf/mm^2 정도인 것도 있다.

문제 60. 동력 전달용 나사가 아닌 것은?
① 관용 나사   ② 사각 나사
③ 둥근 나사   ④ 톱니 나사

전기제어공학

문제 61. 코일에 단상 200V의 전압을 가하면 10A의 전류가 흐르고 1.6kw의 전력을 소비된다. 이 코일과 병렬로 콘덴서를 접속하여 회로의 합성역률을 100%로 하기 위한 용량 리액턴스(Ω)는 약 얼마인가?
① 11.1   ② 22.2
③ 33.3   ④ 44.4

문제 62. 영구자석의 재료로 요구되는 사항은?
① 잔류자기 및 보자력이 큰 것
② 잔류자기가 크고 보자력이 작은 것
③ 잔류자기는 작고 보자력이 큰 것
④ 잔류자기 및 보자력이 작은 것

해답 58.③ 59.① 60.① 61.③ 62.①

문제 63. 시퀀스 제어에 관한 설명으로 틀린 것은?
① 조합논리회로가 사용된다.
② 시간지연요소가 사용된다.
③ 제어용 계전기가 사용된다.
④ 폐회로 제어계로 사용된다.

문제 64. 피드백 제어에 관한 설명으로 틀린 것은?
① 정확성이 증가한다.
② 대역폭이 증가한다.
③ 입력과 출력의 비를 나타내는 전체이득이 증가한다.
④ 개루프 제어에 비해 구조가 비교적 복잡하고 설치비가 많이 든다.

문제 65. 다음 중 전류계에 대한 설명으로 틀린 것은?
① 전류계의 내부저항이 전압계의 내부저항보다 작다.
② 전류계를 회로에 병렬접속하면 계기가 손상될 수 있다.
③ 직류용 계기에는 (+), (-)의 단자가 구별되어 있다.
④ 전류계의 측정 범위를 확장하기 위해 직렬로 접속한 저항을 분류기라고 한다.

문제 66. 100V에서 500W를 소비하는 저항이 있다. 이 저항에 100V의 전원을 200V로 바꾸어 접속하면 소비되는 전력(W)은?
① 250 ② 500
③ 1000 ④ 2000

문제 67. 전압을 V, 전류를 I, 저항을 R, 그리고 도체의 비저항을 ρ라 할 때 옴의 법칙을 나타낸 식은?
① $V = \dfrac{R}{I}$ ② $V = \dfrac{I}{R}$
③ $V = IR$ ④ $V = IR\rho$

문제 68. 절연의 종류를 최고 허용온도가 낮을 것부터 높은 순서로 나열한 것은?
① A종 < Y종 < E종 < B종
② Y종 < A종 < E종 < B종
③ E종 < Y종 < B종 < A종
④ B종 < A종 < E종 < Y종

해답 63.④ 64.③ 65.④ 66.④ 67.③ 68.②

문제 69. 어떤 코일에 흐르는 전류가 0.01초 사이에 20A에서 10A로 변할 때 20V의 기전력이 발생한다고 하면 자기 인덕턴스(mH)는?
① 10   ② 20   ③ 30   ④ 50

문제 70. 아래 접점회로의 논리식으로 옳은 것은?

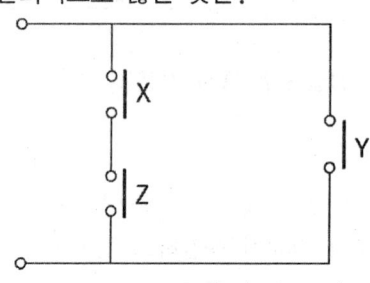

① X · Y · Z   ② (X + Y) · Z
③ (X · Z) + Y   ④ X + Y + Z

문제 71. 평형 3상 전원에서 각 상간 전압의 위상차(rad)는?
① π/2   ② π/3   ③ π/6   ④ 2π/3

문제 72. 두 대 이상의 변압기를 병렬 운전하고자 할 때 이상적인 조건으로 틀린 것은?
① 각 변압기의 극성이 같을 것
② 각 변압기의 손실이 같을 것
③ 정격용량에 비례해서 전류를 분담할 것
④ 변압기 상호간 순환전류가 흐르지 않을 것

문제 73. 다음 회로도를 보고 진리표를 채우고자 한다. 빈 칸에 알맞은 값은?

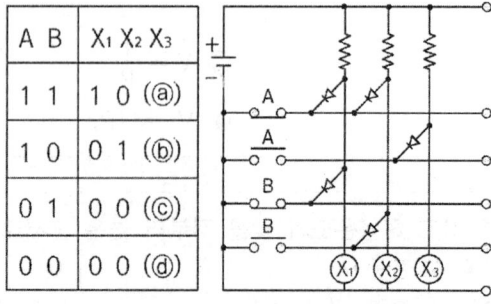

① ⓐ 1, ⓑ 1, ⓒ 0, ⓓ 0   ② ⓐ 0, ⓑ 0, ⓒ 1, ⓓ 1
③ ⓐ 0, ⓑ 1, ⓒ 0, ⓓ 1   ④ ⓐ 1, ⓑ 0, ⓒ 1, ⓓ 0

해답 69.② 70.③ 71.④ 72.② 73.②

문제 74. 다음 회로에서 E=100V, R=4Ω, X_L=5Ω, X_C=2Ω 일 때 이 회로에 흐르는 전류(A)는?

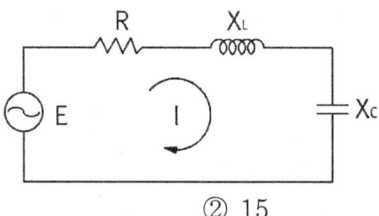

① 10　　　　　　　　　　② 15
③ 20　　　　　　　　　　④ 25

문제 75. 다음 블록선도의 전달함수 C(s)/R(s)는?

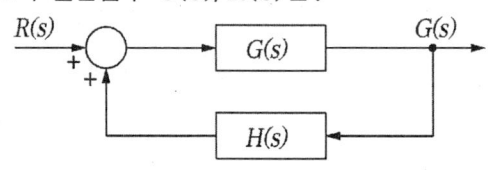

① $\dfrac{G(s)}{1-G(s)H(s)}$ 　　② $\dfrac{G(s)}{1+G(s)H(s)}$

③ $\dfrac{H(s)}{1-G(s)H(s)}$ 　　④ $\dfrac{H(s)}{1+G(s)H(s)}$

문제 76. 다음의 신호흐름선도에서 전달함수 C(s)/R(s)는?

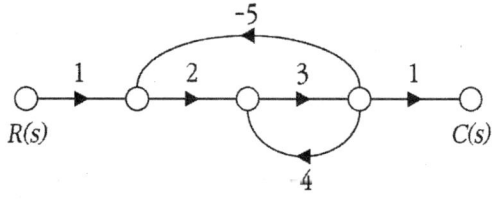

① $-\dfrac{6}{41}$ 　　② $\dfrac{6}{41}$

③ $-\dfrac{6}{43}$ 　　④ $\dfrac{6}{43}$

문제 77. 전동기를 전원에 접속한 상태에서 중력부하를 하강시킬 때 속도가 빨라지는 경우 전동기의 유기기전력이 전원전압보다 높아져서 발전기로 동작하고 발생전력을 전원으로 되돌려 줌과 동시에 속도를 감속하는 제동법은?
① 회생제동　　　　　　② 역전제동
③ 발전제동　　　　　　④ 유도제동

해답 74.③　75.①　76.④　77.①

문제 78. 전기기기 및 전로의 누전여부를 알아보기 위해 사용되는 계측기는?
① 메거　　　　　　　　② 전압계
③ 전류계　　　　　　　④ 검전기

문제 79. 입력에 대한 출력의 오차가 발생하는 제어시스템에서 오차가 변화하는 속도에 비례하여 조작량을 가변하는 제어방식은?
① 미분 제어　　　　　　② 정치 제어
③ on-off 제어　　　　　④ 시퀀스 제어

문제 80. 기계적 제어의 요소로서 변위를 공기압으로 변환하는 요소는?
① 벨로즈　　　　　　　② 트랜지스터
③ 다이아그램　　　　　④ 노즐 플래퍼

해답 78.①　79.①　80.④

승강기 개론
(2021. 3. 7 기사시행)

문제 1. 소형, 저속의 엘리베이터에서 로프에 걸리는 장력이 없어져 휘어짐이 생겼을 때 즉시 운전회로를 차단하고 추락방지안전장치를 작동시키는 것으로 과속조절기를 대체할 수 있는 장치는?
 ① 슬랙 로프 세이프티
 ② 플렉시블 웨지 클램프
 ③ 플렉시블 가이드 클램프
 ④ 점차 작동형 추락방지안전장치

문제 2. 권상기 주도르래의 로프홈으로 언더컷형을 사용하는 이유로 가장 적절한 것은?
 ① 마모를 줄이기 위하여
 ② 로프의 직경을 줄이기 위하여
 ③ 트랙션 능력을 키우기 위하여
 ④ 제조 시 가공을 용이하게 하기 위하여

문제 3. 기계적(마찰) 형식이며, 속도가 공칭속도의 1.4배의 값을 초과하기 전 또는 디딤판이 현재 운행방향에서 바뀔 때에 작동해야 하는 장치는?
 ① 손잡이
 ② 과속조절기
 ③ 보조 브레이크
 ④ 구동 체인 안전장치

문제 4. 에스컬레이터의 특징으로 틀린 것은?
 ① 기다리는 시간 없이 연속적으로 수송이 가능하다.
 ② 백화점과 마트 등 설치 장소에 따라 구매의욕을 높일 수 있다.
 ③ 전동기 기동 시 대전류에 의한 부하전류의 변화가 엘리베이터에 비하여 많아 전원 설비부담이 크다
 ④ 건축상으로 점유 면적이 적고 기계실이 필요하지 않으며, 건물에 걸리는 하중이 각 층에 분산되어 있다.

문제 5. 엘리베이터 안전기준상 승강로 출입문의 크기 기준으로 맞는 것은?
 ① 높이 1.5m 이상, 폭 0.5 이상
 ② 높이 1.5m 이상, 폭 0.7 이상
 ③ 높이 1.8m 이상, 폭 0.5 이상
 ④ 높이 1.8m 이상, 폭 0.7 이상

해답 1.① 2.③ 3.③ 4.③ 5.④

[문제] **6.** 다음 중 카의 상승과속방지장치가 작동될 수 있는 장치가 아닌 것은?
① 카　　　　　② 균형추　　　　③ 완충기　　　　④ 권상도르래

[문제] **7.** 엘리베이터에서 카 또는 승강장 출입구 문턱부터 아래로 평탄하게 내려진 수직부분의 앞 보호판을 나타내는 용어는?
① 슬링　　　　　　　　　　　② 피트
③ 스프로킷　　　　　　　　　④ 에이프런

[문제] **8.** 파이널 리미트 스위치에 대한 설명으로 틀린 것은?
① 유압식 엘리베이터의 경우, 주행로의 최상부에서만 작동하도록 설치되어야 한다.
② 권상 및 포지티브 구동식 엘리베이터의 경우, 주행로의 최상부 및 최하부에서 작동하도록 설치되어야 한다.
③ 파이널 리미트 스위치는 우발적인 작동의 위험 없이 가능한 최상층 및 최하층에 근접하여 작동하도록 설치되어야 한다.
④ 파이널 리미트 스위치는 램이 완충장치에 접촉되는 순간 일시적으로 작동되었다가 복구되어야 한다.

[문제] **9.** 직접식에 비교한 간접식 유압 엘리베이터의 특징으로 맞는 것은?
① 부하에 의한 카 바닥의 빠짐이 작다.
② 실린더 보호관이 필요 없다.
③ 일반적으로 실린더의 점검이 곤란하다.
④ 승강로 소요평면 치수가 작고 구조가 간단하다.

[문제] **10.** 권동식 권상기의 단점이 아닌 것은?
① 고양정 적용이 곤란하다.
② 큰 권상동력이 필요하다.
③ 지나치게 감기거나 풀릴 위험이 있다.
④ 감속기의 오일을 정기적으로 교환해야 하므로 환경오염물이 배출된다.

[해답] 6.③　7.④　8.④　9.②　10.④

문제 11. 기계실 작업구역의 유효 높이는 최소 몇 m 이상이어야 하는가?
① 1.6　　　② 1.8　　　③ 2.1　　　④ 2.5

문제 12. 트랙션비(traction ratio)에 대한 설명으로 맞는 것은?
① 카측 로프에 걸린 중량과 균형추측 로프에 걸린 중량의 합을 말한다.
② 무부하와 전부하 상태 모두 측정하여 트랙션비는 1.0 이하이어야 한다.
③ 카측과 균형추측의 중량 차이를 크게 할수록 로프의 수명이 길어진다.
④ 일반적으로 트랙션비가 작으면 전동기의 출력을 작게 할 수 있다.

문제 13. 소방구조용 엘리베이터의 운행속도는 최소 몇 m/s 이상이어야 하는가?
① 0.5　　　② 1　　　③ 2　　　④ 5

문제 14. 소방구조용 엘리베이터의 경우 정전시에는 보조 전원공급장치에 의하여 최대 몇 초 이내에 엘리베이터 운행에 필요한 전력용량을 자동으로 발생시키도록 해야 하는가?
① 60　　　② 120　　　③ 240　　　④ 360

문제 15. 전압과 주파수를 동시에 제어하는 속도제어방식은?
① VVVF 제어　　　　　　② 교류 1단 속도 제어
③ 교류 귀환 전압 제어　　④ 정지 레오나드 제어

문제 16. 승객이 출입하는 동안에 승객의 도어 끼임을 방지하기 위한 감지장치가 아닌 것은?
① 광전 장치　　② 세이프티 슈　　③ 초음파 장치　　④ 도어 스위치

문제 17. 1:1 로핑과 비교한 2:1 로핑의 로프 장력은?
① $\frac{1}{2}$로 감소한다.　② $\frac{1}{4}$로 감소한다.　③ 2배 증가한다.　④ 4배 증가한다.

해답 11.③　12.④　13.②　14.①　15.①　16.④　17.①

문제 **18.** 유압식 엘리베이터에서 램(실린더)또는 플런저의 직상부에 카를 설치하는 방식은?
① 직접식　　　② 간접식　　　③ 기어식　　　④ 팬터프래프식

문제 **19.** 주택용 엘리베이터에 대한 설명으로 틀린 것은?
① 승강행정이 12m 이하이다.
② 화물용 엘리베이터를 포함한다.
③ 정격속도가 0.25m/s 이하이다.
④ 단독주택에 설치되는 엘리베이터에 적용한다.

문제 **20.** 엘리베이터용 과속조절기의 종류가 아닌 것은?
① 디스크 형　　　② 플라이휠 형　　　③ 플라이볼 형　　　④ 마찰정지 형

승강기 설계

문제 **21.** 소방구조용 엘리베이터의 안전기준 중 괄호 안에 들어갈 수치는?

> 소방운전 시 건축물에서 요구되는 2시간 이상 동안 소방 접근 지정층을 제외한 승강장의 전기/전자장치는 0℃에서 ( )℃까지의 주위 온도 범위에서 정상적으로 작동될 수 있도록 설계한다.

① 45　　　② 55　　　③ 65　　　④ 100

문제 **22.** 엘리베이터 보호난간의 안전기준에 대한 설명으로 틀린 것은?
① 보호난간은 손잡이와 보호난간의 1/2 높이에 있는 중간 봉으로 구성되어야 한다.
② 보호난간은 카 지붕의 가장자리로부터 0.15m 이내에 위치되어야 한다.
③ 보호난간의 손잡이 바깥쪽 가장자리와 승강로의 부품(균형추 또는 평형추, 스위치, 레일, 브래킷 등) 사이의 수평거리는 0.1m 이상이어야 한다.
④ 보호난간 상부의 어느 지점마다 수직으로 1000N의 힘을 수평으로 가할 때, 30mm를 초과하는 탄성 변형 없이 견딜 수 있어야 한다.

해답　18.①　19.②　20.②　21.③　22.④

문제 23. 소방구조용 엘리베이터에 대한 우선호출(1단계) 시 보장되어야 하는 사항에 대한 설명으로 틀린 것은?
① 문 열림 버튼 및 비상통화 버튼은 작동이 가능한 상태이어야 한다.
② 승강로 및 기계류 공간의 조명은 소방운전스위치가 조작되면 자동으로 점등되어야 한다.
③ 그룹운전에서 소방구조용 엘리베이터는 다른 모든 엘리베이터와 독립적으로 기능되어야 한다.
④ 모든 승강장 호출 및 카 내의 등록버튼이 작동해야 하고, 미리 등록된 호출에 따라 먼저 작동되어야 한다.

문제 24. 다음과 같은 조건에서 유압식 엘리베이터의 실린더 내벽의 안전율은 약 얼마인가?
- 재료의 파괴강도 (f): 3800 kgf/cm²
- 상용압력 (P_w): 50 kgf/cm²
- 실린더 내경 (d_c): 20cm
- 실린더 두께 (t_c): 0.65cm

① 3.3   ② 4.9   ③ 6.5   ④ 7.9

문제 25. 엘리베이터 승강로에서 연속되는 상·하 승강장문의 문턱간 거리가 11m를 초과한 경우에 필요한 비상문의 규격은?
① 높이 1.8m 이상, 폭 0.5m 이상
② 높이 1.8m 이상, 폭 0.6m 이상
③ 높이 1.7m 이상, 폭 0.5m 이상
④ 높이 1.7m 이상, 폭 0.6m 이상

문제 26. 엘리베이터에 사용되는 와이어로프 중 소선의 표면에 아연도금을 실시한 로프로 다습한 환경에 설치되는 것은?
① E종   ② G종   ③ A종   ④ B종

문제 27. 베어링 메탈 재료의 구비조건으로 적절하지 않은 것은?
① 내식성이 좋아야 한다.
② 열전도도가 좋아야 한다.
③ 축의 재료보다 단단해야 한다.
④ 축과의 마찰계수가 작아야 한다.

해답 23.④ 24.② 25.① 26.② 27.③

문제 28. 정격속도 105m/min, 감속시간이 0.4초 일 때 점차작동형 추락방지 안전장치의 평균 감속도는? (단, 추락방지 안전장치는 하강방향의 속도가 정격속도의 1.4배에서 캣치가 작동하고, 중력가속도는 $9.8m/s^2$으로 한다.)
① $0.176g_n$ ② $0.446g_n$ ③ $0.625g_n$ ④ $2.679g_n$

문제 29. 주로프의 단말처리과정 순서를 바르게 나열한 것은?

㉠ 로프 끝 절단	㉡ 로프 끝 분산
㉢ 로프 끝 동여매기	㉣ 소켓 안에 삽입
㉤ 바빗 채우고 가열	㉥ 오일 성분 제거

① ㉢ → ㉠ → ㉡ → ㉥ → ㉤ → ㉣
② ㉢ → ㉠ → ㉣ → ㉡ → ㉥ → ㉤
③ ㉢ → ㉣ → ㉠ → ㉥ → ㉡ → ㉤
④ ㉢ → ㉥ → ㉤ → ㉡ → ㉠ → ㉣

문제 30. 동기 기어리스 권상기를 설계할 때 주도르래의 직경을 작게 설계할 경우에 대한 설명으로 틀린 것은?
① 소형화가 가능하다.
② 회전속도가 빨라진다.
③ 브레이크 제동 토크가 커진다.
④ 주로프의 지름이 작아질 수 있다.

문제 31. 다음 중 승강기 배치에 대한 설명으로 가장 적절하지 않은 것은?
① 2대의 그룹에 대해서는 서로 마주보게 배치하는 것이 가장 적합하다.
② 3대의 그룹에 대해서는 일렬로 3대를 배치하는 것이 가장 적합하다.
③ 1뱅크 4~8대 대면 배치의 대면 거리는 3.5~4.5m가 가장 적합하다.
④ 승강기로부터 가장 먼 사무실이나 객실까지 보행거리는 약 60m를 초과하지 않아야 하고, 선호하는 최대거리는 약 45m 정도이다.

문제 32. 다음 중 교통수요를 예측하기 위한 빌딩규모의 구분으로 가장 적절하지 않은 것은?
① 호텔인 경우 침실수
② 백화점인 경우 매장면적
③ 공동주택인 경우 전용면적
④ 오피스빌딩인 경우 사무실 유효면적

해답 28.③ 29.② 30.③ 31.① 32.③

문제 33. 에스컬레이터 설계 시 안전기준에 대한 설명으로 틀린 것은? (단, 설치검사를 기준으로 설계한다.)
① 승강장에 근접하여 설치한 방화셔터가 완전히 닫힌 후에 에스컬레이터의 운전이 정지하도록 한다.
② 손잡이는 정상운행 중 운행방향의 반대편에서 450N의 힘으로 당겨도 정지되지 않아야 한다.
③ 콤의 끝은 둥글게 하고 콤과 디딤판 사이에 끼이는 위험을 최소로 하는 형상이어야 한다.
④ 승강장 플레이트 및 플레이트는 눈·비 등에 젖었을 때 미끄러지지 않게 안전한 발판으로 설계되어야 한다.

문제 34. 무빙워크의 공칭속도가 0.75m/s인 경우 정지거리 기준은?
① 0.30m부터 1.50m까지
② 0.40m부터 1.50m까지
③ 0.40m부터 1.70m까지
④ 0.50m부터 1.50m까지

문제 35. 권상기 도르래와 로프의 미끄러짐 관계에 대한 설명으로 옳은 것은?
① 권부각이 작을수록 미끄러지기 어렵다.
② 카의 가감속도가 클수록 미끄러지기 어렵다.
③ 카측과 균형추측에 걸리는 중량비가 클수록 미끄러지기 어렵다.
④ 로프와 도르래 사이의 마찰계수가 클수록 미끄러지기 어렵다.

문제 36. 비선형 특성을 갖는 에너지 축적형 완충기가 카의 질량과 정격하중, 또는 균형추의 질량으로 정격속도의 115%의 속도로 완충기에 충돌할 때에 만족해야 하는 기준으로 틀린 것은?
① $2.5g_n$를 초과하는 감속도는 0.04초 보다 길지 않아야 한다.
② 카 또는 균형추의 복귀속도는 1m/s 이하이어야 한다.
③ 작동 후에는 영구적인 변형이 없어야 한다.
④ 최대 피크 감속도는 $7.5g_n$ 이하이어야 한다.

해답 33.① 34.② 35.④ 36.④

문제 37. 엘리베이터 카가 제어시스템에 의해 지정된 층에 도착하고 문이 완전히 열린 위치에 있을 때, 카 문턱과 승강장 문턱 사이의 수직거리인 착상 정확도는 몇 mm 이내이어야 하는가?
① ±5   ② ±10   ③ ±15   ④ ±20

문제 38. 유도전동기의 인버터 제어방식에서 10KHz의 캐리어 주파수(carrier frequency)를 발생하여 운전 시 전동기 소음을 줄일 수 있는 인버터 전력용 스위칭 소자는?
① SCR   ② IGBT
③ 다이오드   ④ 평활콘덴서

문제 39. 엘리베이터를 신호방식에 따라 분류할 때 먼저 눌려져 있는 버튼의 호출에 응답하고, 그 운전이 완료될 때까지 다른 호출을 일체 받지 않는 방식은?
① 군관리 방식   ② 승합 전자동식
③ 단식 자동 방식   ④ 내리는 승합 전자동식

문제 40. 적재하중이 1000kgf, 빈카의 자중이 900kgf, 속도가 90m/min인 승강기를 오버밸런스율 40%로 설정할 경우 균형추의 무게는 몇 kgf인가?
① 1300   ② 1600   ③ 1800   ④ 1900

일반기계공학

문제 41. 축 추력 방지방법으로 옳은 것은?
① 수직 공을 설치
② 평형 원판을 설치
③ 전면에 방사상 리브(Lib)를 설치
④ 다단 펌프의 회전차를 서로 같은 방향으로 설치

해답 37.② 38.② 39.③ 40.① 41.②

문제 42. 금속재료를 압축하여 눌렀을 때 넓게 퍼지는 성질은?
① 인성　　② 연성　　③ 취성　　④ 전성

문제 43. 지름 22mm인 구리선을 인발하여 20mm가 되었다. 구리의 단면을 축소시키는 데 필요한 응력을 303kgf/cm^2라고 할 때 이 인발에 필요한 인발력(kgf)은 약 얼마인가?
① 100　　② 200　　③ 300　　④ 952

문제 44. 다이얼 게이지의 보관 및 취급 시 주의사항으로 틀린 것은?
① 교정주기에 따라 교정 성적서를 발행한다.
② 측정 시 충격이 가지 않도록 한다.
③ 스핀들에 주유하여 보관한다.
④ 측정자를 잘 선택해야 한다.

문제 45. 보스에 홈을 판 후 키를 박아 마찰력을 이용하여 동력을 전달하는 키로서 큰 힘을 전달하는데 부적당한 것은?
① 평 키　　② 반달 키　　③ 안장 키　　④ 둥근 키

문제 46. TIG용접에 대한 설명으로 틀린 것은?
① GTAW라고도 부른다.
② 전자세의 용접이 가능하다.
③ 피복제 및 플럭스가 필요하다.
④ 용가재와 아크발생이 되는 전극을 별도로 사용한다.

문제 47. 황동을 냉간 가공하여 재결정온도 이하의 낮은 온도로 풀림하면 가공 상태보다 오히려 경화되는 현상은?
① 석출 경화　　　　　② 변형 경화
③ 저온풀림경화　　　④ 자연풀림경화

해답 42.④　43.②　44.③　45.③　46.③　47.③

문제 48. 유체기계에서 물속에 용해되어 있던 공기가 기포로 되어 펌프와 수차 등의 날개에 손상을 일으키는 현상은?
① 난류 현상　② 공동 현상　③ 맥동 현상　④ 수격 현상

문제 49. 원형 단면축의 비틀림 모멘트를 구할 때 관계없는 것은?
① 수직응력　② 전단응력　③ 극단면계수　④ 축 직경

문제 50. 보(beam)의 처짐 곡선 미분방정식을 나타낸 것은?(단, M: 보의 굽힘응력, V: 보의 전단응력, EI: 굽힘강성계수이다.)
① $\dfrac{d^2y}{dx^2}=\pm\dfrac{EI}{M}$　② $\dfrac{d^2y}{dx^2}=\pm\dfrac{M}{EI}$　③ $\dfrac{d^2y}{dx^2}=\pm\dfrac{EI}{V}$　④ $\dfrac{d^2y}{dx^2}=\pm\dfrac{V}{EI}$

문제 51. 너트의 풀림을 방지하는 방법으로 틀린 것은?
① 스프링 와셔를 사용
② 로크너트를 사용
③ 자동 죔 너트를 사용
④ 캡 너트를 사용

문제 52. 접촉면의 안지름 60mm, 바깥지름 100mm의 단판 클러치를 1kW, 1450rpm으로 전동할 때 클러치를 미는 힘(N)은?
① 823　② 411　③ 82　④ 41

문제 53. 금속을 용융 또는 반용융하여 금속주형 속에 고압으로 주입하는 특수주조법은?
① 다이캐스팅　② 원심주조법　③ 칠드주조법　④ 셀주조법

문제 54. 고온에 장시간 정하중을 받는 재료의 허용응력을 구하기 위한 기준강도로 가장 적합한 것은?
① 극한 강도　② 크리프 한도　③ 피로 한도　④ 최대 전단응력

해답 48.②　49.①　50.②　51.④　52.①　53.②　54.②

문제 55. 연삭숫돌 결합도에 대한 설명으로 틀린 것은?
① 결합도 기호는 알파벳 대문자로 표시한다.
② 결합도가 약하면 눈 메움(loading)현상이 발생하기 쉽다.
③ 결합도는 입자를 결합하고 있는 결합체의 결합상태 강약의 정도를 표시한다.
④ 가공물의 재질이 연질일수록 결합도가 높은 숫돌을 사용하는 것이 좋다.

문제 56. 브레이크 라이닝의 구비조건으로 틀린 것은?
① 내마멸성이 클 것   ② 내열성이 클 것
③ 마찰계수 변화가 클 것   ④ 기계적 강성이 클 것

문제 57. 치수가 동일한 강봉과 동봉에 동일한 인장력을 가하여 생기는 신장률 $\varepsilon_s : \varepsilon_c$ 가 8 : 17이라고 하면, 이 때 탄성계수(E_s/E_c)의 비는?
① $\frac{5}{6}$ ② $\frac{6}{5}$ ③ $\frac{8}{17}$ ④ $\frac{17}{8}$

문제 58. 굽힘모멘트 45000N·mm만 받는 연강재 축의 지름(mm)은 약 얼마인가? (단, 이 때 발생한 굽힘응력은 5 N/mm² 이다.)
① 35.8   ② 45.1   ③ 56.8   ④ 60.1

문제 59. 금속에 외력이 가해질 때, 결정격자가 불완전하거나 결함이 있어 이동이 발생하는 현상은?
① 트윈   ② 변태   ③ 응력   ④ 전위

문제 60. 용기 내의 압력을 대기압력 이하의 저압으로 유지하기 위해 대기압력 쪽으로 기체를 배출하는 것은?
① 진공펌프   ② 압축기   ③ 송풍기   ④ 제습기

해답 55.② 56.③ 57.③ 58.② 59.④ 60.①

전기제어공학

문제 61. 비전해콘덴서의 누설전류 유무를 알아보는데 사용될 수 있는 것은?
① 역률계 ② 전압계 ③ 분류기 ④ 자속계

문제 62. 입력이 $011_{(2)}$ 일때, 출력이 3V인 컴퓨터 제어의 D/A 변환기에서 입력을 $101_{(2)}$ 로 하였을 때 출력은 몇 V 인가? (단, 3bit 디지털 입력이 $011_{(2)}$ 은 off, on, on을 뜻하고 입력과 출력은 비례한다.)
① 3 ② 4 ③ 5 ④ 6

문제 63. 단상 교류전력을 측정하는 방법이 아닌 것은?
① 3전압계법 ② 3전류계법 ③ 단상전력계법 ④ 2전력계법

문제 64. 잔류편차와 사이클링이 없고, 간헐현상이 나타나는 것이 특징인 동작은?
① I 동작 ② D 동작 ③ P 동작 ④ PI 동작

문제 65. 전위의 분포가 $V = 15x + 4y^2$ 으로 주어질 때 점$((x = 3, y = 4)$에서 전계의 세기$((V/m)$는?
① $-15i + 32j$ ② $-15i - 32j$ ③ $15i + 32j$ ④ $15i - 32j$

문제 66. 다음 논리식 중 틀린 것은?
① $\overline{A \cdot B} = \overline{A} + \overline{B}$ ② $\overline{A+B} = \overline{A} \cdot \overline{B}$
③ $A + A = A$ ④ $A + \overline{A} \cdot B = A + \overline{B}$

문제 67. 교류를 직류로 변환하는 전기기기가 아닌 것은?
① 수은정류기 ② 단극발전기 ③ 회전변류기 ④ 컨버터

해답 61.② 62.③ 63.④ 64.④ 65.② 66.④ 67.②

문제 68. 피상전력이 Pa(KVA)이고 무효전력이 Pr(kvar)인 경우 유효전력 P(KW)를 나타낸 것은?

① $P = \sqrt{Pa - Pr}$
② $P = \sqrt{Pa^2 - Pr^2}$
③ $P = \sqrt{Pa + Pr}$
④ $P = \sqrt{Pa^2 + Pr^2}$

문제 69. PLC(Programmable Logic Controller)에 대한 설명 중 틀린 것은?
① 시퀀스제어 방식과는 함께 사용할 수 없다.
② 무접점 제어방식이다.
③ 산술연산, 비교연산을 처리할 수 있다.
④ 계전기, 타이머, 카운터의 기능까지 쉽게 프로그램 할 수 있다.

문제 70. 목표치가 시간에 관계없이 일정한 경우로 정전압 장치, 일정 속도제어 등에 해당하는 제어는?
① 정치제어 ② 비율제어 ③ 추종제어 ④ 프로그램제어

문제 71. 제어계의 구성도에서 개루프 제어계에는 없고 폐루프 제어계에만 있는 제어 구성요소는?
① 검출부 ② 조작량 ③ 목표값 ④ 제어대상

문제 72. 3상 교류에서 a, b, c상에 대한 전압을 기호법으로 표시하면 $Ea = E\angle 0°$, $Eb = E\angle -120°$, $Ec = E\angle 120°$ 로 표시된다. 여기서 $a = -\frac{1}{2} + j\frac{\sqrt{3}}{2}$ 라는 페이저 연산자를 이용하면 Ec는 어떻게 표시되는가?

① $Ec = E$
② $Ec = a^2 E$
③ $Ec = aE$
④ $Ec = (\frac{1}{a})E$

해답 68.② 69.① 70.① 71.① 72.③

문제 73. 그림과 같은 블록선도에서 $C(s)$는?
(단, $G_1(s)=5$, $G_2(s)=2$, $H(s)=0.1$, $R(s)=1$이다.)

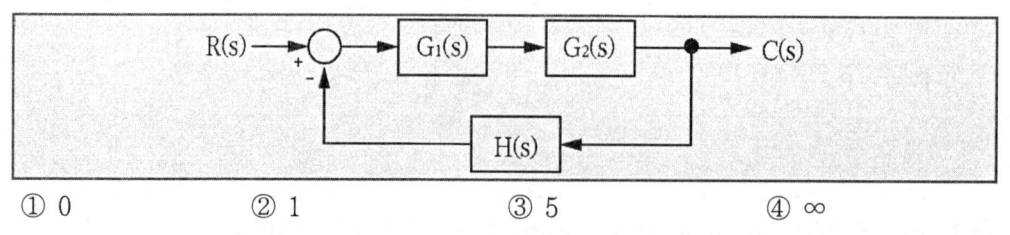

① 0　　　　② 1　　　　③ 5　　　　④ ∞

문제 74. 상호인덕턴스 150mH인 a, b 두 개의 코일이 있다. b의 코일에 전류를 균일한 변화율로 $\frac{1}{50}$초 동안에 10A변화시키면 a코일에 유기되는 기전력(V)의 크기는?

① 75　　　　② 100　　　　③ 150　　　　④ 200

문제 75. 어떤 전지에 연결된 외부회로의 저항은 4Ω이고, 전류는 5A가 흐른다. 외부회로에 4Ω 대신 8Ω의 저항을 접속하였더니 전류가 3A로 떨어졌다면, 이 전지의 기전력(V)은?

① 10　　　　② 20　　　　③ 30　　　　④ 40

문제 76. 그림과 같은 유접점 논리회로를 간단히 하면?

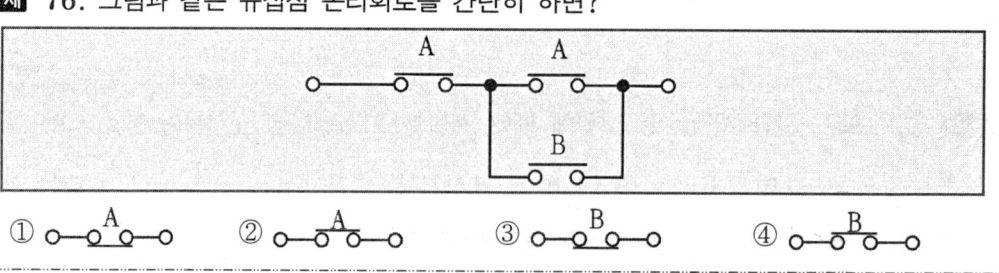

문제 77. 발열체의 구비조건으로 틀린 것은?
① 내열성이 클 것　　　　② 용융온도가 높을 것
③ 산화온도가 낮을 것　　④ 고온에서 기계적 강도가 클 것

해답 73.③　74.①　75.③　76.②　77.③

문제 78. R = 4Ω, X_L = 9Ω, X_C = 6Ω인 직렬접속회로의 어드미턴스(℧)는?
① 4 + j8   ② 0.16 − j0.12   ③ 4 − j8   ④ 0.16 + j0.12

문제 79. 스위치를 닫거나 열기만 하는 제어동작은?
① 비례동작   ② 미분동작   ③ 적분동작   ④ 2위치동작

문제 80. $G(s) = \dfrac{10}{S(S+1)(S+2)}$ 의 최종값은?
① 0   ② 1   ③ 5   ④ 10

해답 78.② 79.④ 80.③

승강기 개론

(2020. 5. 15 기사시행)

문제 1. 매다는 장치 중 체인에 의해 구동되는 엘리베이터의 경우 그 장치의 안전율이 최소 얼마 이상이어야 하는가?
① 7 ② 8 ③ 9 ④ 10

문제 2. 로프 마모 및 파손상태 검사의 합격기준으로 옳은 것은?
① 소선에 녹이 심한 경우 : 1구성 꼬임(스트랜드)의 1꼬임 피치 내에서 파단수 3 이하여야 한다.
② 소선의 파단이 균등하게 분포되어 있는 경우 : 1구성 꼬임(스트랜드)의 1꼬임 피치내에서 파단 수 5 이하여야 한다.
③ 소선의 파단이 1개소 또는 특정의 꼬임에 집중되어 있는 경우 : 소선의 파단총수가 1꼬임 피치 내에서 6꼬임 와이어로프이면 15 이하여야 한다.
④ 파단 소선의 단면적이 원래의 소선 단면적의 70% 이하로 되어 있는 경우 : 1구성 꼬임(스트랜드)의 1꼬임 피치 내에서 파단 수 2 이하여야 한다.

문제 3. 엘리베이터 안전기준상 과속조절기의 일반사항 및 로프 구비조건에 대한 설명으로 틀린 것은?
① 과속조절기 로프의 최소 파단하중은 10 이상의 안전율을 확보해야 한다.
② 과속조절기에는 추락방지안전장치의 작동과 일치하는 회전방향이 표시되어야 한다.
③ 과속조절기 로프 인장 풀리의 피치 직경과 과속조절기 로프의 공칭 지름의 비는 30 이상이어야 한다.
④ 과속조절기가 작동될 때, 과속조절기에 의해 발생되는 과속조절기 로프의 인장력은 추락방지안전장치가 작동하는 데 필요한 힘의 2배 또는 300N 중 큰 값 이상이어야 한다.

문제 4. 에스컬레이터의 경사도는 일반적으로 몇°를 초과하지 않아야 하는가? (단, 층고가 6m 초과인 경우로 한정한다.)
① 20° ② 30° ③ 40° ④ 50°

해답 1.④ 2.④ 3.① 4.②

문제 5. 소방구조용 엘리베이터는 일반적으로 소방관 접근 지정층에서 소방관이 조작하여 엘리베이터 문이 닫힌 이후부터 최대 몇 초 이내에 가장 먼 층에 도착되어야 하는가? (단, 승강행정이 200m 이상 운행될 경우는 제외한다.)
① 10   ② 20   ③ 30   ④ 60

문제 6. 일반적으로 기계실이 있는 엘리베이터에서 기계실에 설치되는 부품은?
① 완충기   ② 균형추   ③ 과속조절기   ④ 리밋 스위치

문제 7. 권상 도르래·풀리 또는 드럼의 피치직경과 로프의 공칭 직경 사이의 비율은 로프의 가닥수와 관계없이 최소 몇 이상이어야 하는가? (단, 주택용 엘리베이터는 제외한다.)
① 10   ② 20   ③ 30   ④ 40

문제 8. 즉시 작동형 추락방지안전장치가 작동할 때 정지력과 거리에 대한 그래프로 옳은 것은?

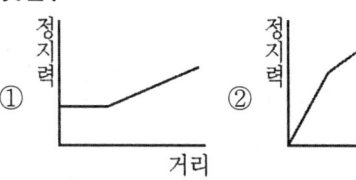
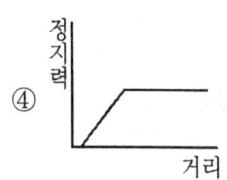

문제 9. 다음 중 수택용 엘리베이터의 정원을 일반적으로 산출하는 식으로 옳은 것은?
① 정원(인) = $\dfrac{정격하중(kg)}{70}$ ② 정원(인) = $\dfrac{정격하중(kg)}{75}$
③ 정원(인) = $\dfrac{정격하중(kg)}{80}$ ④ 정원(인) = $\dfrac{정격하중(kg)}{85}$

문제 10. 미리 설정한 방향으로 설정치를 초과한 상태로 과도하게 유체 흐름이 증가하여 밸브를 통과하는 압력이 떨어지는 경우 자동으로 차단하도록 설계된 밸브는?
① 체크 밸브   ② 럽처 밸브   ③ 차단 밸브   ④ 릴리프 밸브

해답 5.④ 6.③ 7.④ 8.③ 9.② 10.②

문제 11. 와이어로프를 소선강도에 따라 분류했을 때 다음 설명 중 옳은 것은?
① E종은 $1470N/mm^2$급 강도의 소선으로 구성된 로프이다.
② B종은 강도와 경도가 A종보다 낮아서 정격하중이 작은 엘리베이터에 주로 사용된다.
③ G종은 소선의 표면에 도금한 것으로 습기가 많은 장소에 사용하기에 적합하다.
④ A종은 다른 종류와 비교하여 탄소량을 적게하고 경도를 낮춘 것으로 소선강도가 $1320N/mm^2$급이다.

문제 12. 엘리베이터의 수평 개폐식 문 중 자동 동력 작동식 문에 대한 안전 기준으로 틀린 것은?
① 문이 닫히는 것을 막는데 필요한 힘은 문이 닫히기 시작하는 1/3구간을 제외하고 150N을 초과하지 않아야 한다.
② 접이식 문이 열리는 것을 막는데 필요한 힘은 150N을 초과하지 않아야 한다.
③ 승강장문 또는 카문과 문에 견고하게 연결된 기계적인 부품들의 운동에너지는 평균 닫힘 속도로 계산되거나 측정했을 때 100J 이하이어야 한다.
④ 접이식 카문이 닫힐 때 문틀 홈 안으로 들어가는 경우, 접힌 문의 외측 모서리와 문틀 홈 사이의 거리는 15mm 이상이어야 한다.

문제 13. 승강기의 안전검사 중 정기검사의 경우 기본적으로 검사 주기는 몇 년 이내여야 하는가?
① 1년   ② 2년   ③ 3년   ④ 4년

문제 14. 엘리베이터의 브레이크 시스템에 대한 설명으로 틀린 것은? (단, g_n는 중력가속도이다.)
① 브레이크로 감속하는 카의 감속도는 일반적으로 $1.0g_n$ 이상으로 설정한다.
② 주동력 전원공급, 제어회로에 전원공급이 차단될 경우 브레이크 시스템이 자동으로 작동해야 한다.
③ 브레이크 작동과 관련된 부품은 권상도르래, 드럼 또는 스프로킷에 직접적이고 확실한 장치에 의해 연결되어야 한다.
④ 전자-기계 브레이크는 자체적으로 카가 정격속도로 정격하중의 125%를 싣고 하강 방향으로 운행될 때 구동기를 정지시킬 수 있어야 한다.

해답 11.③ 12.③ 13.③ 14.①

문제 **15.** 일반적으로 무빙워크의 경사도는 최대 몇 도 이하이어야 하는가?
① 9° ② 12° ③ 15° ④ 25°

문제 **16.** 비선형 특성을 갖는 에너지 축적형 완충기에서 규정된 시험 방법에 따라 완충기에 충돌할 때 만족해야 하는 기준으로 틀린 것은? (단, g_n은 중력가속도를 나타낸다.)
① 최대 피크 감속도는 $8g_n$ 이하이어야 한다.
② 작도 후에는 영구적인 변형이 없어야 한다.
③ $2.5g_n$를 초과하는 감속도는 0.04초 보다 길지 않아야 한다.
④ 카 또는 균형추의 복귀속도는 1m/s 이하이어야 한다.

문제 **17.** 다음 괄호 안의 내용으로 옳은 것은?

> 승강로는 엘리베이터 전용으로 사용되어야 한다. 엘리베이터와 관계없는 배관, 전선 또는 그 밖에 다른 용도의 설비는 승강로에 설치되어서는 안된다. 다만, 엘리베이터의 안전한 운행에 지장을 주지 않는다면 소방 련 법령에 따라 기계실 천장에 설치되는 화재감지기 본체, (   ) 및 가스계 소화설비는 설치될 수 있다.

① 비상용 스피커 ② 비상용 소화기 ③ 비상용 전화기 ④ 비상용 경보기

문제 **18.** 주행안내 레일의 규격을 결정하기 위하여 고려사항으로 거리가 가장 먼 것은?
① 지진 발생 시 전달되는 수평 진동력
② 추락방지안전장치의 작동에 따른 좌굴하중
③ 불균형한 큰 차중 적재에 따른 회전 모멘트
④ 카의 급강하시 작동하는 완충기의 행정거리

문제 **19.** 기계식 주차장치에서 여러층으로 배치되어 있는 고정된 주차구획에 아래·위 및 옆으로 이동할 수 있는 운반기에 의하여 자동차를 자동으로 운반이동하여 주차하도록 설계한 주차장치 형식은?
① 2단 순환식
② 평면 왕복식
③ 수직 순환식
④ 승강기 슬라이드식

해답 15.② 16.① 17.① 18.④ 19.④

문제 **20.** 유압식 엘리베이터에 사용되는 체크밸브의 역할은?
① 오일이 역류하는 것을 방지한다.
② 오일에 있는 이물질을 걸러낸다.
③ 오일을 오직 하강 방향으로만 흐르도록 한다.
④ 오일의 최대 압력을 일정 압력 이하로 관리한다.

승강기 설계

문제 **21.** 엘리베이터의 자동 동력 작동식 문에서 문이 닫히는 중에 사람이 출입구를 통과하는 경우 자동으로 문이 열리는 장치가 있어야 한다. 이 장치의 요건에 관한 설명으로 옳지 않은 것은?
① 이 장치는 문이 닫히는 마지막 20mm구간에서는 무효화 될 수 있다.
② 이 장치는 카문 문턱 위로 최소 25mm, 최대 1600mm 사이의 전구간에서 감지될 수 있어야 한다.
③ 이 장치는 물체가 계속 감지되는 한 무효화 되어서는 안된다.
④ 이 장치가 고장난 경우 엘리베이터를 운행하려면, 문이 닫힐 때마다 음향신호장치가 작동되어야 하고, 문의 운동에너지는 4J 이하이어야 한다.

문제 **22.** 승강장문 및 카문이 닫혀 있을 때 문짝 간 틈새나 문짝과 문틀(측면) 또는 문턱 사이의 틈새는 최대 몇 mm 이하이어야 하는가? (단, 수직 개폐식 승강장문과 관련 부품이 마모된 경우 및 유리로 만든 문은 제외한다.)
① 6　　　　② 8　　　　③ 10　　　　④ 12

문제 **23.** 직접식 유압엘리베이터의 하부 프레임에 걸리는 최대굽힘 모멘트가 $2400N \cdot m$ 일 때 프레임의 안전율은 약 얼마인가? (단, 프레임의 단면계수는 $68cm^3$, 허용굽힘응력은 $410MPa$이다.)
① 4.9　　　② 6.8　　　③ 9.4　　　④ 11.6

해답　20.①　21.③　22.①　23.④

문제 **24.** 엘리베이터 파이널 리미트 스위치의 설치 및 작동 기준에 대한 설명으로 틀린 것은?
① 유압식 엘리베이터의 경우, 주행로의 최상부에서만 작동하도록 설치되어야 한다.
② 권상 및 포지티브 구동식 엘리베이터의 경우, 주행로의 최상부 및 최하부에서 작동하도록 설치되어야 한다.
③ 파이널 리미트 스위치와 일반 종단정지장치는 서로 연결되어 종속적으로 작동되어야 한다.
④ 파이널 리미트 스위치의 작동은 완충기가 압축되어 있거나, 램이 완충장치에 접촉되어 있는 동안 지속적으로 유지되어야 한다.

문제 **25.** 엘리베이터 주행안내 레일의 기준에 대한 설명으로 틀린 것은?
① 주행안내 레일은 압연강으로 만들어지거나 마찰 면이 기계 가공되어야 한다.
② 카, 균형추 또는 평행추는 2개 이상의 견고한 금속제 주행안내 레일에 의해 각각 안내되어야 한다.
③ 추락방지안전장치가 없는 균형추 또는 평형추의 주행안내 레일은 금속판을 성형하여 만들어서는 안된다.
④ 주행안내 레일의 브래킷 및 건축물에 고정하는 것은 정상적인 건축물의 침하 또는 콘크리트의 수축으로 인한 영향을 자동으로 또는 단순 조정에 의해 보상할 수 있어야 한다.

문제 **26.** 전동기의 특성을 나타내는 항목 중 GD^2에 대한 설명으로 옳은 것은?
① 주어진 전압의 파형이 전류보다 앞서는 정도를 나타내는 것이다.
② 일정한 토크로 전동기를 기동시켰을 때 빨리 기동하는가 또는 늦게 기동하는가의 정도를 나타내는 것이다.
③ 전동기의 출력이 회전수에 비례하여 변화하는 정도를 나타내는 것이다.
④ 교류에 있어서 전압과 전류 파장의 격차 정도를 나타내는 것이다.

문제 **27.** 가변전압 가변주파수 제어방식의 PWM에 관한 설명으로 틀린 것은?
① 펄스 폭 변조라는 의미이다.
② 입력측의 교류전압을 변화시킨다.
③ 전동기의 효율이 좋다.
④ 전동기의 토크 특성이 좋아 경제적이다.

해답 24.③ 25.③ 26.② 27.②

문제 28. 유압 엘리베이터 기계실의 조건이 다음과 같을 때 수냉식 열교환기의 환기량은 약 몇 m^3/h인가?

- 전동기 출력 : 11kW
- 기계실 온도 : 40℃
- 1행정당 전동기 구동시간 : 25s
- 외기온도 : 32℃
- 1시간당 왕복회수 : 50회
- 공기비열 : $1.21kJ/(m^3·℃)$ 또는 $0.29kcal/(m^3·℃)$

① 1260　　② 1320　　③ 1360　　④ 1420

문제 29. 일주시간(RTT)이 120초이고, 승객수가 12명일 경우 엘리베이터의 5분간 수송능력은 약 몇 명인가?
① 30명　　② 24명　　③ 20명　　④ 12명

문제 30. 다음 중 기어의 이(teeth) 줄이 나선인 원통형 기어로서 기어의 두 축이 서로 평행한 기어는?
① 스퍼 기어　　② 웜 기어　　③ 베벨 기어　　④ 헬리컬 기어

문제 31. 포지티브 구동 엘리베이터의 로프 감김에 대한 설명으로 틀린 것은?
① 로프는 드럼에 두 겹으로만 감겨야 된다.
② 드럼은 나선형으로 홈이 있어야 하고, 그 홈은 사용되는 로프에 적합해야 한다.
③ 홈에 대한 로프의 편향각(후미각)은 4°를 초과하지 않아야 한다.
④ 카가 완전히 압축된 완충기 위에 정지하고 있을 때, 드럼의 홈에는 한바퀴 반의 로프가 남아 있어야 한다.

문제 32. 건물 내에 승강기를 분산배치 하지 않고, 집중배치 할 경우 발생할 수 있는 현상이 아닌 것은?
① 운전능률 향상　　② 설비 투자비용 절감
③ 승객의 대기시간 단축　　④ 승객의 망설임현상 발생

해답　28.④　29.①　30.④　31.①　32.④

문제 33. 에스컬레이터 공칭속도가 0.5m/s인 경우 무부하 하강 시 에스컬레이터 정지거리의 범위로 옳은 것은?
① 0.10m부터 1.00m까지
② 0.10m부터 1.50m까지
③ 0.20m부터 1.00m까지
④ 0.20m부터 1.50m까지

문제 34. 엘리베이터의 매다는 장치(현수)에 관한 기준으로 틀린 것은?
① 로프 또는 체인 등의 가닥수는 2가닥 이상이어야 한다.
② 공칭 직경이 8mm 이상이고, 3가닥 이상의 로프에 의해 구동되는 권상 구동 엘리베이터의 경우 안전율이 12 이상이어야 한다.
③ 3가닥 이상의 6mm 이상 8mm 미만의 로프에 의해 구동되는 권상 구동 엘리베이터의 경우 안전율이 14 이상이어야 한다.
④ 매다는 장치 끝부분은 자체 조임 쐐기 형 소켓, 압착링 매듭법, 주물 단말처리에 의한 카, 균형추/평형추 또는 구멍에 꿰어 맨 매다는 장치 마감 부분의 지지대에 고정되어야 한다.

문제 35. 승강기용 3상 유도전동기의 역률 산출 공식은?
① 역률 $= \dfrac{\text{전압}(V) \times \text{입력}(kW) \times 10^3}{\sqrt{3} \times \text{전류}(A)} \times 100\%$
② 역률 $= \dfrac{\text{입력}(kW) \times 10^3}{\sqrt{3} \times \text{전류}(A) \times \text{전압}(V)} \times 100\%$
③ 역률 $= \dfrac{\sqrt{3} \times \text{입력}(kW) \times 10^3}{\text{전압}(V) \times \text{전류}(A)} \times 100\%$
④ 역률 $= \dfrac{\text{전압}(V) \times \text{전류}(A)}{\sqrt{3}} \times 100\%$

문제 36. 일반적으로 구름 베어링에 비교한 미끄럼 베어링의 장점은?
① 윤활유가 적게 필요하다.
② 초기 작동 시 마찰이 작다.
③ 표준화, 규격화가 되어 있어 호환성이 좋다.
④ 진동이 있는 기계류에 사용 시 효과가 좋다.

해답 33.③ 34.③ 35.② 36.④

문제 37. 일반적으로 엘리베이터 권상 도르래의 지름을 주로프 지름의 40배 이상으로 규정하는 이유로 가장 적절한 것은?
① 로프의 이탈을 방지하기 위하여
② 로프의 수명을 연장하기 위하여
③ 도르래의 수명을 연장하기 위하여
④ 도르래와 로프의 미끄러짐을 방지하기 위하여

문제 38. 엘리베이터용 전동기와 범용 전동기를 비교할 때 엘리베이터용 전동기에 요구되는 특성이 아닌 것은?
① 기동토크가 클 것
② 기동전류가 적을 것
③ 회전부분의 관성 모멘트가 클 것
④ 기동횟수가 많으므로 열적으로 견딜 것

문제 39. 권상 도르래의 로프 홈에서 재질과 권부각이 동일할 경우 트랙션 능력의 크기 순서를 올바르게 나타낸 것은?
① U홈 < 언더컷홈 < V홈
② 언더컷홈 < U홈 < V홈
③ V홈 < U홈 < 언더컷홈
④ U홈 < V홈 < 언더컷홈

문제 40. 수평 개폐식 중 중앙 개폐식 문에서 선행 문짝을 열리는 방향으로 가장 취약한 지점에 장비를 사용하지 않고 손으로 150N의 힘을 가할 때, 문의 틈새는 최대 몇 mm를 초과해서는 안 되는가?
① 30
② 35
③ 40
④ 45

일반기계공학

문제 41. 다음 중 각도 측정기는?
① 사인바
② 마이크로미터
③ 하이트게이지
④ 버니어캘리퍼스

해답 37.② 38.③ 39.① 40.④ 41.①

문제 42. 축 설계에 있어서 고려할 사항이 아닌 것은?
① 강도   ② 응력집중   ③ 열응력   ④ 전기 전도성

문제 43. 전위기어에 대한 설명으로 틀린 것은?
① 이의 강도를 개선한다.
② 이의 언더컷을 막는다.
③ 중심거리를 조절할 수 있다.
④ 기준 랙의 기준 피치선이 기어의 기준 피치원에 접하는 기어이다.

문제 44. 펌프나 관로에서 숨을 쉬는 것과 비슷한 진동과 소음이 발생하는 현상으로 송출 압력과 유량사이에 주기적인 변화가 발생하는 것은?
① 서징   ② 채터링   ③ 베이퍼 록   ④ 케비테이션

문제 45. 왕복 펌프의 과잉 배수(송출) 체적비에 대한 설명으로 옳은 것은?
① 배수고선의 산수가 많으면 많을수록 과잉 배수 체적비의 값은 크다.
② 과잉 배수 체적비가 크다는 것은 유량의 맥동이 작다는 것을 의미한다.
③ 평균 배수량을 넘어서 배수되는 양과 행정용적과의 곱으로 정의한다.
④ 배수량 변동의 정도를 나타내는 척도이다.

문제 46. 합금원소 중 구리(Cu)가 탄소강의 성질에 미치는 영향으로 틀린 것은?
① 내식성을 향상시킨다.
② A_1변태점을 저하시킨다.
③ 결정입자를 조대화시킨다.
④ 인장강도, 경도, 탄성한도 등을 증가시킨다.

문제 47. 주물에 사용되는 주물사의 구비조건으로 틀린 것은?
① 내화성이 클 것   ② 통기성이 좋을 것
③ 열전도성이 높을 것   ④ 주물표면에서 이탈이 용이할 것

해답 42.④ 43.④ 44.① 45.④ 46.③ 47.③

문제 48. 새들 키라고도 하며, 축에 키 홈 가공을 하지 않고 보스에만 키 홈을 가공한 것은?
① 묻힘 키　　② 반달 키　　③ 안장 키　　④ 접선 키

문제 49. 인장강도가 $200N/m^2$인 연강봉을 안전하게 사용하기 위한 최대허용응력(Pa)은? (단, 봉의 안전율은 4로 한다.)
① 20　　② 50　　③ 100　　④ 200

문제 50. 길이 4m인 단순보의 중앙에 1000N의 집중하중이 작용할 때, 최대 굽힘 모멘트(N·m)는?
① 250　　② 500　　③ 750　　④ 1000

문제 51. 연강봉의 단면적이 $40mm^2$, 온도변화가 20℃일 때, 20kN의 힘이 필요하다면, 선팽창계수는 약 얼마인가? (단, 재료의 세로탄성계수는 210GPa이다.)
① $0.83×10^{-5}$　　② $1.19×10^{-4}$　　③ $1.51×10^{-5}$　　④ $1.9×10^{-4}$

문제 52. 나사의 종류 중 정밀기계 이송나사에 사용되는 것은?
① 4각 나사　　② 볼 나사　　③ 너클 나사　　④ 미터 가는 나사

문제 53. 드릴로 뚫은 구멍의 내면을 매끈하고 정밀하게 가공하는 것은?
① 줄 가공　　② 탭 가공　　③ 리머 가공　　④ 다이스 가공

문제 54. 중실축에서 동일한 비틀림 모멘트를 작용시킬 때 지름이 2d에서 저장되는 탄성에너지가 E_2, 지름이 d에서 저장되는 탄성에너지가 E_1일 때, E_1과 E_2의 관계로 옳은 것은? (단, 지름 외의 조건은 동일하다.)
① $E_2 = \frac{1}{2}E_1$　　② $E_2 = \frac{1}{4}E_1$　　③ $E_2 = \frac{1}{8}E_1$　　④ $E_2 = \frac{1}{16}E_1$

해답 48.③　49.②　50.④　51.②　52.②　53.③　54.④

문제 **55.** 서브머지드 아크 용접에 대한 설명으로 옳은 것은?
① 아크가 보이지 않는 상태에서 용접이 진행
② 불활성 가스 대신에 탄산가스를 이용한 용극식 방식
③ 텅스텐, 몰리브덴과 같은 대기에서 반응하기 쉬운 금속도 용접 가능
④ 아크열에 의한 순간적인 국부 가열이므로 용접 응력이 대단히 작음

문제 **56.** 6·4 황동에 Sn을 1%정도 첨가한 합금으로 선박 기계용, 스프링용, 용접용 재료 등에 많이 사용되는 특수 황동은?
① 쾌삭 황동   ② 네이벌 황동   ③ 고강도 황동   ④ 알루미늄 황동

문제 **57.** 두 축이 평행하고 축의 중심선이 약간 어긋났을 때 가속도의 변동 없이 토크를 전달하는데 사용하는 축 이음은?
① 올덤 커플링   ② 머프 커플링   ③ 유니버설 조인트   ④ 플렉시블 커플링

문제 **58.** 코일 스프링의 처짐량에 관한 설명으로 옳은 것은?
① 코일 스프링 권수에 반비례한다.
② 코일 스프링의 전단탄성계수에 반비례한다.
③ 코일 스프링에 작용하는 하중의 제곱에 비례한다.
④ 코일 스프링 소선 지름의 제곱에 비례한다.

문제 **59.** 비절삭 가공에 해당하는 것은?
① 주조   ② 호닝   ③ 밀링   ④ 보링

문제 **60.** 유압 펌프 중 용적형 펌프가 아닌 것은?
① 기어 펌프   ② 베인 펌프   ③ 터빈 펌프   ④ 피스톤 펌프

해답 55.① 56.② 57.① 58.② 59.① 60.③

전기제어공학

문제 61. 다음 블록선도를 등가 합성 전달함수로 나타낸 것은?

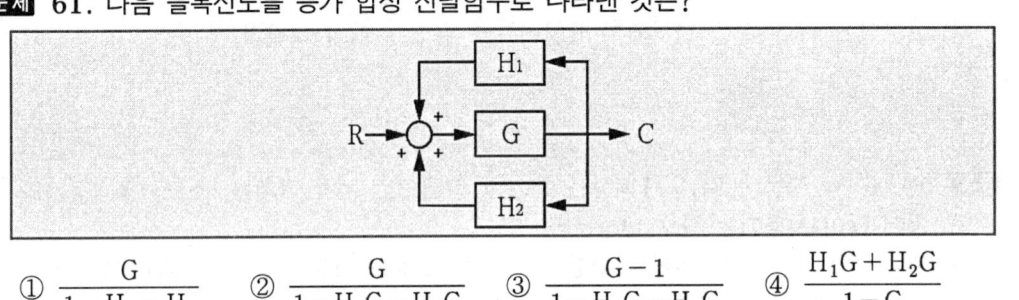

① $\dfrac{G}{1-H_1-H_2}$ ② $\dfrac{G}{1-H_1G-H_2G}$ ③ $\dfrac{G-1}{1-H_1G-H_2G}$ ④ $\dfrac{H_1G+H_2G}{1-G}$

문제 62. $R_1=100\Omega$, $R_2=1000\Omega$, $R_3=800\Omega$일 때 전류계의 지시가 0이 되었다. 이 때 저항 R_4는 몇 Ω인가?

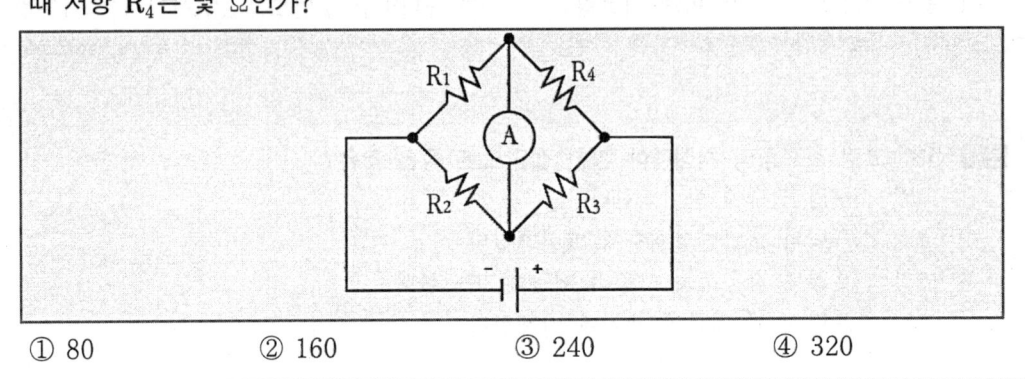

① 80   ② 160   ③ 240   ④ 320

문제 63. 저항에 전류가 흐르면 줄열이 발생하는데 저항에 흐르는 전류 I와 전력 P의 관계는?

① $I \propto P$ ② $I \propto P^{0.5}$ ③ $I \propto P^{1.5}$ ④ $I \propto P^2$

문제 64. 입력신호 중 어느 하나가 "1"일 때 출력이 "0"이 되는 회로는?
① AND 회로   ② OR 회로
③ NOT 회로   ④ NOR 회로

해답 61.② 62.① 63.② 64.④

문제 65. 전류계와 전압계는 내부저항이 존재한다. 이 내부저항은 전압 또는 전류를 측정하고자 하는 부하의 저항에 비하여 어떤 특성을 가져야 하는가?
① 내부저항이 전류계는 가능한 커야 하며, 전압계는 가능한 작아야 한다.
② 내부저항이 전류계는 가능한 커야 하며, 전압계도 가능한 커야 한다.
③ 내부저항이 전류계는 가능한 작아야 하며, 전압계는 가능한 커야 한다.
④ 내부저항이 전류계는 가능한 작아야 하며, 전압계도 가능한 작아야 한다.

문제 66. 지상 역률 80%, 1000kW의 3상 부하가 있다. 이것에 콘덴서를 설치하여 역률을 95%로 개선하려고 한다. 필요한 콘덴서의 용량(kvar)은 약 얼마인가?
① 421.3   ② 633.3   ③ 844.3   ④ 1266.3

문제 67. 전동기의 회전방향을 알기 위한 법칙은?
① 렌츠의 법칙
② 암페어의 법칙
③ 플레밍의 왼손법칙
④ 플레밍의 오른손법칙

문제 68. 100V용 전구 30W와 60W 두 개를 직렬로 연결하고 직류 100V 전원에 접속하였을 때 두 전구의 상태로 옳은 것은?
① 30W 전구가 더 밝다.
② 60W 전구가 더 밝다.
③ 두 전구의 밝기가 모두 같다.
④ 두 전구가 모두 켜지지 않는다.

문제 69. 다음 조건을 만족시키지 못하는 회로는?

어떤 회로에 흐르는 전류가 20A이고, 위상이 60도이며, 앞선 전류가 흐를 수 있는 조건

① RL병렬   ② RC병렬   ③ RLC병렬   ④ RLC직렬

문제 70. 콘덴서의 전위차와 축적되는 에너지와의 관계식을 그림으로 나타내면 어떤 그림이 되는가?
① 직선   ② 타원   ③ 쌍곡선   ④ 포물선

해답 65.③ 66.① 67.③ 68.① 69.① 70.④

문제 71. 제어량에 따른 분류 중 프로세스 제어에 속하지 않는 것은?
① 압력　　② 유량　　③ 온도　　④ 속도

문제 72. 열전대에 대한 설명이 아닌 것은?
① 열전대를 구성하는 소선은 열기전력이 커야한다.
② 철, 콘스탄탄 등의 금속을 이용한다.
③ 제벡효과를 이용한다.
④ 열팽창 계수에 따른 변형 또는 내부 응력을 이용한다.

문제 73. 피드백제어에서 제어요소에 대한 설명 중 옳은 것은?
① 조작부와 검출부로 구성되어 있다.
② 동작신호를 조작량으로 변화시키는 요소이다.
③ 제어를 받는 출력량으로 제어대상에 속하는 요소이다.
④ 제어량을 주궤환 신호로 변화시키는 요소이다.

문제 74. 워드 레오나드 속도 제어 방식이 속하는 제어 방법은?
① 저항제어　　② 계자제어　　③ 전압제어　　④ 직병렬제어

문제 75. 3상 유도전동기의 주파수가 60Hz, 극수가 6극, 전부하 시 회전수가 1160rpm이라면 슬립은 약 얼마인가?
① 0.03　　② 0.24　　③ 0.45　　④ 0.57

문제 76. 다음 논리기호의 논리식은?

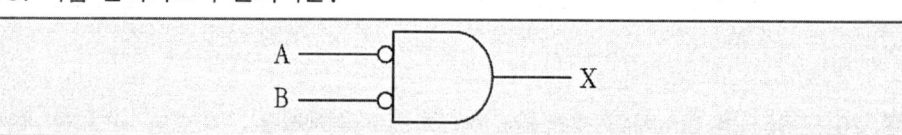

① $X = A + B$　　② $X = \overline{AB}$　　③ $X = AB$　　④ $X = \overline{A+B}$

해답 71.④　72.④　73.②　74.③　75.①　76.④

문제 77. $x_2 = ax_1 + cx_3 + bx_4$의 신호흐름 선도는?

①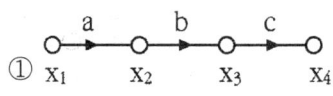
②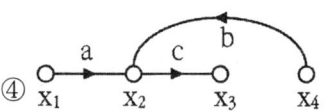
③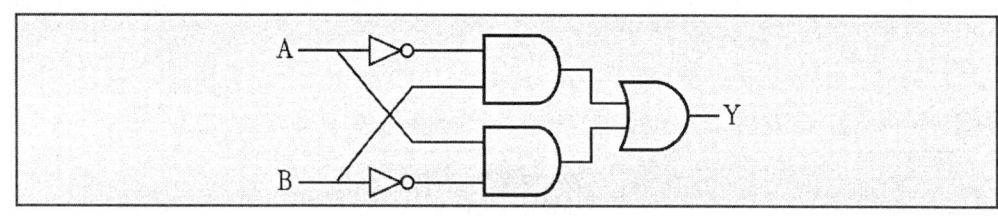

문제 78. 입력신호 $x(t)$와 출력신호 $y(t)$의 관계가 $y(t) = K\dfrac{dx(t)}{dt}$로 표현되는 것은 어떤 요소인가?
 ① 비례요소 ② 미분요소 ③ 적분요소 ④ 지연요소

문제 79. 다음 논리회로의 출력은?

① $Y = A\overline{B} + \overline{A}B$
② $Y = \overline{A}B + \overline{A}\,\overline{B}$
③ $Y = \overline{A}\,\overline{B} + A\overline{B}$
④ $Y = \overline{A} + \overline{B}$

문제 80. R, L, C가 서로 직렬로 연결되어 있는 회로에서 양단의 전압과 전류의 위상이 동상이 되는 조건은?

① $\omega = LC$ ② $\omega = L^2C$ ③ $\omega = \dfrac{1}{LC}$ ④ $\omega = \dfrac{1}{\sqrt{LC}}$

해답 77.③ 78.② 79.① 80.④

승강기 개론
(2020. 9. 12 기사시행)

문제 1. 카의 위치에 따라 발생하는 이동케이블과 로프의 무게 불균형을 보상하기 위하여 설치하는 것은?
① 균형추　　② 균형 체인　　③ 제어 케이블　　④ 균형 클로저

문제 2. 로프식 엘리베이터의 권상 도르래와 와이어로프의 미끄러짐 관계를 설명한 것 중 잘못된 것은?
① 로프가 감기는 각도(권부각)가 작을수록 미끄러지기 쉽다.
② 카의 가속도 및 감속도가 클수록 미끄러지기 쉽다.
③ 카측과 균형추측의 로프에 걸리는 장력비가 작을수록 미끄러지기가 쉽다.
④ 로프와 권상 도르래의 마찰계수가 작을수록 미끄러지기가 쉽다.

문제 3. 에스컬레이터의 디딤판(스텝)의 크기에 대한 설명 중 옳은 것은?

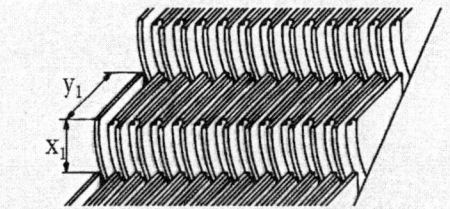

① 디딤판(스텝)의 깊이(y1)는 0.28m 이상이고, 디딤판(스텝)의 높이(x1)는 0.18m 이하이어야 한다.
② 디딤판(스텝)의 깊이(y1)는 0.36m 이상이고, 디딤판(스텝)의 높이(x1)는 0.22m 이하이어야 한다.
③ 디딤판(스텝)의 깊이(y1)는 0.38m 이상이고, 디딤판(스텝)의 높이(x1)는 0.24m 이하이어야 한다.
④ 디딤판(스텝)의 깊이(y1)는 0.42m 이상이고, 디딤판(스텝)의 높이(x1)는 0.28m 이하이어야 한다.

해답 1.②　2.③　3.③

문제 **4.** 균형추(Counter Weight)의 오버밸런스율을 적절하게 하여야 하는 이유로 가장 타당한 것은?
① 승강기의 출발을 원활하기 하기 위하여
② 승강기의 속도를 일정하게 하기 위하여
③ 승강기가 정지할 때 충격을 없애기 위하여
④ 트랙션비를 개선하여 와이어로프가 도르래에서 미끄러지지 않도록 하기 위하여

문제 **5.** 에스컬레이터를 하강방향으로 공칭속도 0.65m/s 로 움직일 때 전기적 정지장치가 작동된 시간부터 측정할 경우 정지거리는 얼마를 만족하여야 하는가?
① 0.1m에서 0.8m 사이
② 0.2m에서 1.0m 사이
③ 0.3m에서 1.3m 사이
④ 0.4m에서 1.5m 사이

문제 **6.** 승강기 안전관리법령에 따라 엘리베이터에서 정전시에 작동되는 비상등의 조도와 점등 시간에 관한 기준으로 옳은 것은?
① 10Lx 이상의 조도로 30분 이상 점등되어야 한다.
② 10Lx 이상의 조도로 1시간 이상 점등되어야 한다.
③ 5Lx 이상의 조도로 30분 이상 점등되어야 한다.
④ 5Lx 이상의 조도로 1시간 이상 점등되어야 한다.

문제 **7.** 유압식 엘리베이터 중 간접식과 비교하여 직접식의 일반적인 특징에 속하는 것은?
① 실린더의 점검이 용이하다.
② 부하에 의한 카바닥의 빠짐이 비교적 크다.
③ 실린더를 설치할 보호관이 불필요하다.
④ 승강로의 평면 치수를 작게 할 수 있다.

문제 **8.** 튀어오름 방지장치(제동 또는 록다운 장치)를 설치해야 하는 엘리베이터는 정격속도가 몇 m/s를 초과할 경우인가?
① 3.0
② 3.5
③ 4.0
④ 4.5

해답 4.④ 5.③ 6.④ 7.④ 8.②

문제 **9.** 완충기에 대한 설명으로 틀린 것은?
① 에너지 분산형 완충기는 작동 후에는 영구적인 변형이 없어야 한다.
② 에너지 분산형 완충기는 엘리베이터 정격속도와 상관없이 사용될 수 있다.
③ 에너지 축적형 완충기는 유체의 수위가 쉽게 확인될 수 있는 구조이어야 한다.
④ 정격속도 60m/min 이하의 엘리베이터는 운동에너지가 작아서 선형 또는 비선형 특성을 갖는 에너지 축적형 완충기를 사용하기에 적합하다.

문제 **10.** 로프 꼬임에 대한 설명으로 옳은 것은?
① 스트랜드의 꼬는 방향과 로프의 꼬는 방향을 반대로 한 것을 랭 꼬임이라 한다.
② 스트랜드의 꼬는 방향과 로프의 꼬는 방향이 동일한 것이 보통 꼬임이다.
③ 랭 꼬임은 보통 꼬임에 비하여 킹크(kink)를 잘 발생하지 않는다.
④ 보통 꼬임은 랭 꼬임에 비하여 국부적인 마모가 발생하여 수명이 다소 짧다.

문제 **11.** 자동차용이나 대형 화물용 엘리베이터에서 카실을 완전히 열 필요가 있어서 사용되는 개폐방식은?
① 상승 개폐(UP)
② 중앙 개폐(CO)
③ 측면 개폐(SO)
④ 여닫이 방식(SWING DOOR)

문제 **12.** 권동식 권상기에 비하여 트랙션 권상기의 장점이라고 볼 수 없는 것은?
① 소요 동력이 작다.
② 승강 행정에 제한이 비교적 적다.
③ 미끄러짐이나 마모가 잘 발생하지 않는다.
④ 권과(지나치게 감기는 현상)를 일으키지 않는다.

문제 **13.** 엘리베이터의 군관리 방식에 대한 설명으로 옳지 않은 것은?
① 위치표시기를 설치하지 않고, 대신에 홀랜턴으로 하기도 한다.
② 엘리베이터가 3~8대가 병설될 때 개개의 카를 합리적으로 운행·관리하는 방식이다.
③ 개개의 부름에 대하여 가장 가까이 있는 카가 응답한다.
④ 특정 층의 혼잡 등을 자동적으로 판단하여 서비스 층을 분할할 수도 있다.

해답 9.③ 10.④ 11.① 12.③ 13.③

문제 **14.** 유압회로의 부품에 대한 설명으로 틀린 것은?
① 체크밸브(checkvalve) : 오일이 실린더로 들어가는 곳에 설치되어 파이프나 호스가 파손되었을 경우 카가 추락하는 것을 방지하는 밸브
② 사이렌서(silencer) : 펌프나 제어밸브에서 발생한 진동과 소음을 흡수하기 위한 장치
③ 릴리프 밸브(relief valve) : 압력 조정 밸브로서 유압회로내의 압력이 이상 상승하는 것을 방지하는 밸브
④ 스트레이너(strainer) : 유압유 내의 이물질을 걸러내는 장치

문제 **15.** 구조가 간단하나 착상오차가 크므로 대략 정격속도 30m/min 이하의 엘리베이터에 적용하는 속도제어방식은?
① 교류 1단 속도제어
② 교류 2단 속도제어
③ 교류 귀환 제어
④ 가변전압 가변주파수 제어

문제 **16.** 엘리베이터가 과속된 경우, 과속스위치가 이를 검출하여 동력 전원 회로를 차단하고, 전자 브레이크를 작동시켜서 과속조절기 도르래의 회전을 정지시켜 과속조절기 도르래 홈과 로프 사이의 마찰력으로 비상 정지시키는 과속조절기의 종류는?
① 마찰정지형 과속조절기
② 디스크형 과속조절기
③ 플라이 볼형 과속조절기
④ 유압식 과속조절기

문제 **17.** 엘리베이터의 정격속도가 매 분당 180m이고, 제동소요 시간이 0.3초인 경우의 세동거리는 몇 m인가? (단, 엘리베이터 속도는 정격속도에서 선형적으로 감소한다.)
① 0.25
② 0.45
③ 0.65
④ 0.85

문제 **18.** 소방구조용 엘리베이터의 일반적인 요구조건에 관한 설명으로 옳지 않은 것은?
① 운행 속도는 0.8m/s 이상이어야 한다.
② 소방관이 조작하여 엘리베이터 문이 닫힌 이후부터 60초 이내에 가장 먼 층에 도착하여야 한다.
③ 정전 시에는 보조 전원공급장치에 의해 엘리베이터를 2시간 이상 운행시킬 수 있어야 한다.
④ 소방운전 시 모든 승강장의 출입구 마다 정지할 수 있어야 한다.

해답 14.① 15.① 16.① 17.② 18.①

문제 19. 카 내부에 있는 사람에 의한 카문의 개방을 제한하기 위해 엘리베이터 카가 운행 중일 때 카 문의 개방은 최소 몇 N 이상의 힘이 요구되어야 하는가?
① 40　　　　② 50　　　　③ 60　　　　④ 70

문제 20. 단일 승강로에 두 대의 엘리베이터를 이용하면서 각각 독립적으로 운행되는 고효율 엘리베이터는?
① 트윈 엘리베이터　　　　② 전망용 엘리베이터
③ 더블데크 엘리베이터　　　　④ 조닝방식 엘리베이터

승강기 설계

문제 21. 엘리베이터에서 피트 바닥은 전 부하 상태의 카가 완충기에 작용하였을 때 완충기 지지대 아래에 부과되는 정하중의 최소 몇 배를 지지할 수 있어야 하는가?
① 4배　　　　② 5배　　　　③ 8배　　　　④ 10배

문제 22. 엘리베이터의 수평 개폐식 문 중 자동 동력 작동식 문이 닫힐 경우 그 운동에너지는 몇 J 이하여야 하는가? (단, 승강기의 각종 안전장치는 이상 없이 정상 작동하는 경우로 한정한다.)
① 5J　　　　② 6J　　　　③ 8J　　　　④ 10J

문제 23. 권동식(드럼식) 권상기의 단점이 아닌 것은?
① 권상하중 대비하여 소요동력이 크다.
② 높은 행정에 적용하기 곤란하다.
③ 설치 면적을 과대하에 점유한다.
④ 지나치게 감기거나 풀릴 위험이 있다.

해답 19.② 20.① 21.① 22.④ 23.③

문제 24. 층고가 3.5m인 지상 10층 건물에 엘리베이터 1대가 설치되어 있다. 엘리베이터의 정격속도는 90m/min일 때 1층에서 10층까지 주행하는데 걸리는 주행시간은 약 몇 초인가? (단, 1층에서 10층 주행시 예상정지수는 5회, 정격속도에 따른 가속시간은 2.2초이고, 도어개폐시간, 승객출입시간, 그 외 각종 손실시간은 제외한다.)
① 28　　② 30　　③ 32　　④ 34

문제 25. 그림과 같은 도르래 장치에서 로핑 비율과 장력 P와 하중 W의 관계로 옳은 것은? (단, 로핑 비율은 "P의 하강거리 : W의 상승거리"로 나타낸다.)

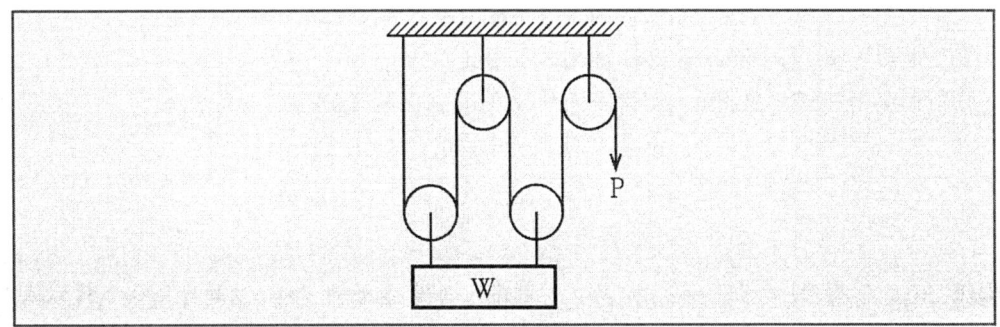

① 2:1로핑, P=W/2　　② 3:1로핑, P=W/3
③ 4:1로핑, P=W/4　　④ 5:1로핑, P=W/5

문제 26. 권상도르래의 지름이 720mm이고, 감속비가 45:1, 주파수 60Hz, 전동기 극수 4, 로핑은 1:1 일 경우, 이 엘리베이터의 속도는 약 몇 m/min 인가? (단, 슬립은 없는 것으로 한다.)
① 60　　② 75　　③ 90　　④ 105

문제 27. 파이널 리미트 스위치의 일반적인 요구조건에 관한 설명으로 틀린 것은?
① 권상구동식 및 유압식 엘리베이터의 경우 주행로의 최상부 및 최하부에서 작동하도록 설치되어야 한다.
② 파이널 리미트 스위치는 카 또는 균형추가 완충기에 충돌하기 전에 작동되어야 한다.
③ 파이널 리미트 스위치와 일반 종단정지장치는 독립적으로 작동되어야 한다.
④ 파이널 리미트 스위치는 우발적인 작동의 위험 없이 가능한 최상층 및 최하층에 근접하여 작동하도록 설치되어야 한다.

해답 24.③　25.③　26.③　27.①

문제 28. 길이 ℓ, 단면적 A인 균일 단면 봉이 인장하중 W를 받아 λ만큼 늘어났을 때 상관관계를 옳게 나타낸 것은? (단, E는 세로탄성계수이고, 후크의 법칙을 만족한다.)

① $E = \dfrac{A\lambda}{W\ell}$ ② $E = \dfrac{A\ell}{W\lambda}$ ③ $E = \dfrac{W\lambda}{A\ell}$ ④ $E = \dfrac{W\ell}{A\lambda}$

문제 29. 엘리베이터 피트의 피난공간 기준에서 피난 자세에 따라 피난 공간 높이의 기준이 달라지는데 각 자세별로 피난공간 높이 기준이 옳게 짝지어진 것은? (단, 주택용 엘리베이터는 제외한다.)
① 서 있는 자세 : 2m, 웅크린 자세 : 1m
② 서 있는 자세 : 2m, 웅크린 자세 : 1.2m
③ 서 있는 자세 : 1.8m, 웅크린 자세 : 1m
④ 서 있는 자세 : 1.8m, 웅크린 자세 : 1.2m

문제 30. 카 틀 상부체대 중앙에 현수 도르래가 1개 설치된 경우 그림과 같이 양단지지보 중앙에 하중(W)이 작용하는 것으로 볼 수 있다. 이때 상부체대의 최대 변형량(δ, m)을 구하는 식으로 옳은 것은? (단, W는 카 측 총 중량(N), E는 상부체대 재료의 세로탄성계수(N/m^2), L는 상부체대 전길이(m), I는 상부체대의 단면 2차 모멘트(m^4)이다. 또한 변형량은 W가 작용하는 방향으로의 변형량을 말한다.)

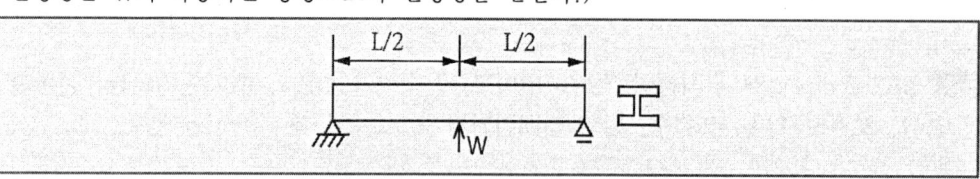

① $\delta = \dfrac{WL^3}{12EI}$ ② $\delta = \dfrac{WL^3}{24EI}$ ③ $\delta = \dfrac{WL^3}{48EI}$ ④ $\delta = \dfrac{5WL^3}{384EI}$

문제 31. 전동기 동력이 11kW인 3상 유도 전동기에 대하여 예비전원 소요 용량을 주어진 조건에 의하여 산출하면 약 몇 kVA가 되는가? (단, 전동기 역률은 55%, 최대 가속전류는 정격전류의 2.8배이고, 소요 예비전원 용량은 가속 시 용량의 1.6배를 적용하며, 주전압은 380V이다.)
① 76 ② 90 ③ 108 ④ 121

해답 28.④ 29.① 30.③ 31.②

문제 32. 과속조절기 로프에 대한 설명으로 틀린 것은?
① 과속조절기 로프의 최소 파단 하중은 권상 형식 과속조절기의 마찰 계수(μmax) 0.2를 고려하여 과속조절기가 작동될 때 로프에 발생하는 인장력에 8 이상의 안전율을 가져야 한다.
② 과속조절기의 도르래 피치 직경과 과속조절기 로프의 공칭 직경 사이의 비는 30 이상이어야 한다.
③ 과속조절기 로프 및 관련 부속부품은 추락방지안전장치가 작동하는 동안 제동거리가 정상적일 때보다 더 길더라도 손상되지 않아야 한다.
④ 과속조절기 로프는 추락방지안전장치로부터 쉽게 분리되지 않아야 한다.

문제 33. 소방구조용 엘리베이터는 갇힌 소방관을 구출하기 위한 비상구출문을 카 지붕에 설치해야 하는데, 비상구출문에 대한 각각의 이중천장을 열기 위해 가해야 하는 힘은 몇 N 이하여야 하는가?
① 200 ② 250 ③ 300 ④ 350

문제 34. 모듈이 4인 스퍼 외접기어의 잇수가 각각 30, 60이라고 할 때 양 축간의 중심 거리는?
① 90mm ② 180mm ③ 270mm ④ 360mm

문제 35. 공칭회로의 전압이 500V 초과인 경우 기준에 따라 절연 저항값을 측정할 때 그 값은 몇 MΩ 이상이어야 하는가?
① 0.3 ② 0.5 ③ 0.7 ④ 1.0

문제 36. 점차 작동형 추락방지안전장치가 적용된 엘리베이터의 정격속도가 150m/min이다. 이 엘리베이터의 과속조절기가 작동되어야 하는 엘리베이터 속도 구간으로 옳은 것은?
① 2.875 m/s 이상 3.225 m/s 미만
② 2.875 m/s 이상 3.125 m/s 미만
③ 2.750 m/s 이상 3.225 m/s 미만
④ 2.750 m/s 이상 3.125 m/s 미만

해답 32.④ 33.② 34.② 35.④ 36.①

문제 37. 장애인용 엘리베이터의 승강장 바닥과 승강기 바닥 사이의 틈새는 최대 몇 mm 이하이어야 하는가?
① 45　　② 40　　③ 35　　④ 30

문제 38. 로프식 엘리베이터의 속도제어 방식 중 기동과 주행은 고속권선으로, 감속과 착상은 저속권선으로 속도를 제어하는 방식은?
① 교류1단 속도제어　　② 교류2단 속도제어
③ 직류1단 속도제어　　④ 직류2단 속도제어

문제 39. 유도전동기가 엘리베이터의 동력용 전동기로 가장 많이 사용되는 이유가 아닌 것은?
① 속도 제어성이 우수하다.　　② 구조가 간단하고 견고하다.
③ 고장이 적고 가격이 싸다.　　④ 취급이 용이하다.

문제 40. 엘리베이터의 정격속도가 120m/min일 때 에너지 분산형 완충기의 행정(stroke)거리는 약 몇 mm 이상이어야 하는가?
① 270　　② 290　　③ 310　　④ 330

일반기계공학

문제 41. 그림과 같은 캠에서 ⓐ부분의 명칭으로 옳은 것은?

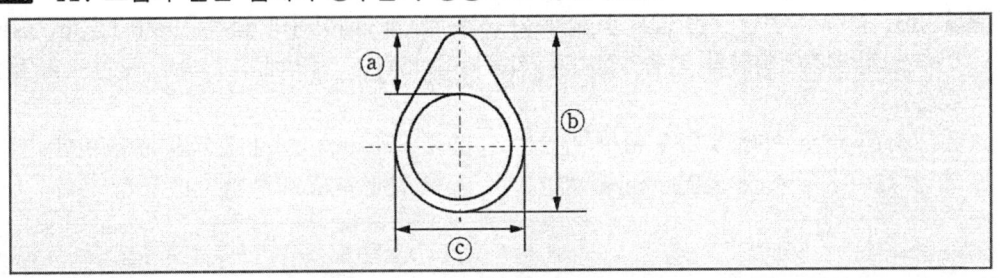

① 캠 로브　　② 캠 양정　　③ 캠 프로파일　　④ 캠 노즈

해답 37.③　38.①　39.①　40.①　41.②

문제 42. V벨트의 마찰계수가 0.4, V벨트의 단면 각도가 40° 일 때, 유효 마찰계수의 값은?
① 0.326　　② 0.378　　③ 0.459　　④ 0.557

문제 43. 펌프의 캐비테이션 방지대책으로 틀린 것은?
① 펌프의 설치위치를 될 수 있는 대로 낮춘다.
② 단 흡입이면 양 흡입으로 고친다.
③ 2대 이상의 펌프를 설치한다.
④ 펌프의 회전수를 높인다.

문제 44. 기계공작법의 소성가공에 대한 설명으로 틀린 것은?
① 소성변형을 주어 원형과 다른 제품을 만든다.
② 대량생산이 곤란하고 균일한 제품을 만들 수 없다.
③ 열간가공은 재결정 온도 이상으로 가열하여 가공한다.
④ 압연, 압출, 인발, 판금, 전조 가공 등이 있다.

문제 45. 브레이크의 마찰계수를 μ, 드럼의 원주 속도를 v, 접촉면의 압력을 p라 할 때 브레이크 용량을 계산하는 식은?
① μ/pv　　② $\pi\mu/pv$　　③ μpv　　④ $\pi\mu pv$

문제 46. 원형 단면의 단순보에 균일분포하중이 작용할 때 최대 처침량에 대한 설명 중 틀린 것은?
① 균일분포하중에 비례한다.　　② 보 길이의 4승에 비례한다.
③ 세로 탄성계수에 반비례한다.　　④ 단면관성모멘트의 4승에 반비례한다.

문제 47. 유압기기와 관련하여 체크밸브, 릴리프 밸브 등의 입구쪽 압력이 강하하고, 밸브가 닫히기 시작하여 밸브의 누설량이 어느 규정의 양까지 감소했을 때의 압력은? (단, 유압 및 공기압 용어 KS B 0120에 의한다.)
① 서지 압력　　② 파일럿 압력　　③ 리시트 압력　　④ 크랭킹 압력

해답　42.④　43.④　44.②　45.③　46.④　47.③

문제 48. 공작기계로 가공된 평면이나 원통면 등을 정밀하게 다듬질하기 위한 수공구는?
① 스크레이퍼　　② 다이스　　③ 정　　④ 탭

문제 49. 일반 주철에 관한 설명으로 틀린 것은?
① Fe-C 합금에서 C의 함량이 약 2.11 ~ 6.68%인 것을 말한다.
② 압축강도에 비해 인장강도가 크다.
③ 마찰저항이 크고 절삭성이 좋다.
④ 용융점이 낮고 유동성이 좋다.

문제 50. 압력제어밸브 중 회로 내의 압력이 설정값에 도달하면 오일의 일부 또는 전부를 배출구로 되돌려서 회로 내의 압력을 일정하게 유지되게 하는 역할을 하는 밸브는?
① 리듀싱 밸브(Reducing valve)　　② 시퀀스 밸브(Sequence valve)
③ 릴리프 밸브(Relief valve)　　　 ④ 언로더 밸브(Unloader valve)

문제 51. 원형 단면 봉에 비틀림 모멘트가 작용할 때 발생하는 비틀림 각에 대한 설명으로 옳은 것은?
① 축 길이에 반비례한다.　　　② 전단탄성계수에 비례한다.
③ 비틀림 모멘트에 반비례한다.　④ 축 지름의 4승에 반비례한다.

문제 52. 지름 110cm, 회전수 500rpm인 축에 묻힘 키를 폭 28mm, 높이 18mm, 길이 300mm로 설계하려고 한다면 키의 전단응력에 의한 최대전달동력(kW)은 약 얼마인가? (단, 키의 허용전단응력은 32MPa이다.)
① 314　　② 523　　③ 774　　④ 963

문제 53. 타이타늄 합금의 기계적 성질에 관한 설명으로 옳은 것은?
① 비중이 10으로 강보다 무겁다.
② 장시간 가열에 대한 열 안정성이 불량하다.
③ 항공기나 자동차 엔진 재료로 사용이 불가능하다.
④ 합금원소 첨가로 크리프강도와 피로강도가 높다.

해답 48.①　49.②　50.③　51.④　52.③　53.④

문제 54. 클러치, 캠, 기어 등의 소재 가공 시 강재의 표면만 경화시키는 표면경화법이 아닌 것은?
① 침탄법　　② 질화법　　③ 제강법　　④ 청화법

문제 55. 볼트 체결에 있어서 마찰각을 ρ, 리드각을 λ라고 할 때 나사의 효율(η)을 나타내는 식은?
① $\eta = \dfrac{\tan\lambda}{\tan(\lambda+\rho)}$　② $\eta = \dfrac{\tan(\lambda-\rho)}{\tan(\lambda+\rho)}$　③ $\eta = \dfrac{\tan(\lambda+\rho)}{\tan\lambda}$　④ $\eta = \dfrac{\tan(\lambda+\rho)}{\tan(\lambda-\rho)}$

문제 56. 다음 중 각 탄성계수와 푸와송의 비 μ, 푸아송의 수 m과의 관계를 나타낸 것으로 틀린 것은? (단, 가로 탄성계수는 G, 세로 탄성계수는 E, 체적 탄성계수는 K이다.)
① $G = \dfrac{E}{2(1+\mu)}$
② $E = \dfrac{m}{2G(m+1)}$
③ $m = \dfrac{2G}{E-2G}$
④ $K = \dfrac{E}{3(1-2\mu)}$

문제 57. 아크(arc)용접에서 언더 컷(undercut)을 방지하는 일반적인 방법으로 틀린 것은?
① 용접전류를 높인다.
② 용접속도를 낮춘다.
③ 짧은 아크 길이를 유지한다.
④ 모재 두께 및 폭에 대하여 적합한 용접봉을 선택한다.

문제 58. 다음 중 미세한 숫돌가루를 이용하여 표면을 매끈하게 만드는 가공법은?
① 선반　　② 래핑　　③ 호빙　　④ 밀링

문제 59. 양 끝을 고정한 연강 봉이 온도 22℃에서 가열되어 40℃가 되었다. 이때 재료 내부에 생기는 열응력(MPa)은 약 얼마인가? (단, 재료의 선팽창계수는 1.2×10^{-5}/℃, 세로탄성계수는 210GPa이다.)
① 45.4　　② 47.9　　③ 50.4　　④ 52.9

해답 54.③　55.①　56.②　57.①　58.②　59.①

문제 60. 주형 제작에 사용되는 탕구계(gating system)의 구성요소에 포함되지 않는 것은?
① 열풍로 ② 주입구 ③ 라이저 ④ 탕도

전기제어공학

문제 61. 어떤 물체가 1초 동안에 50회전할 때 각속도(rad/s)는?
① 50π ② 60π ③ 100π ④ 120π

문제 62. 어떤 전지에 5A의 전류가 10분간 흘렀다면 이 전지에서 발생한 전하량은 몇 C 인가?
① 1000 ② 2000 ③ 3000 ④ 4000

문제 63. 전압, 전류, 주파수 등의 양을 주로 제어하는 것으로 응답속도가 빨라야 하는 것이 특징이며, 정전압장치나 발전기 및 조속기의 제어 등에 활용하는 제어방법은?
① 서보기구 ② 비율제어 ③ 자동조정 ④ 프로세스제어

문제 64. 다음 블록선도로 제어계를 구성하여, 시간 t가 0일 때, 계단함수 $\frac{1}{s}$를 입력하였다. 이 때의 출력은?

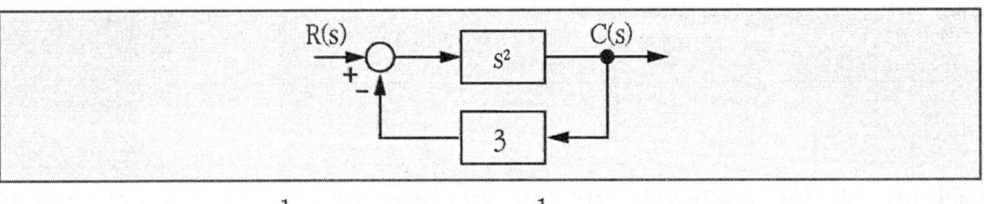

① 0 ② $\frac{1}{2}$ ③ $\frac{1}{3}$ ④ 3

해답 60.① 61.③ 62.③ 63.③ 64.③

문제 65. 150kVA 단상변압기의 철손이 1kW, 전 부하동손이 4kW이다. 이 변압기의 최대 효율은 몇 kVA의 부하에서 나타나는가?
① 25 ② 75 ③ 100 ④ 125

문제 66. 피드백 제어시스템의 피드백 효과로 옳지 않은 것은?
① 대역폭 증가 ② 정확도 개선
③ 시스템 간소화 및 비용 감소 ④ 외부 조건의 변화에 대한 영향 감소

문제 67. 다음 중 절연저항을 측정하는데 사용되는 계측기는?
① 메거 ② 저항계 ③ 켈빈브리지 ④ 휘스톤브리지

문제 68. 60Hz, 8극, 8500W의 유도전동기가 있다. 전부하 시의 회전수가 855rpm일 때 전동기의 토크(kg·m)는 약 얼마인가?
① 7.21 ② 8.43 ③ 8.92 ④ 9.35

문제 69. 교류(Alternating current)를 나타내는 값 중 임의의 순간의 크기를 나타내는 것은?
① 최대값 ② 평균값 ③ 실효값 ④ 순시값

문제 70. 다음 회로의 전달함수 $\dfrac{E_0(s)}{E_i(s)}$ 는? (단, 초기조건 $e_0(0) = 0$ 이다.)

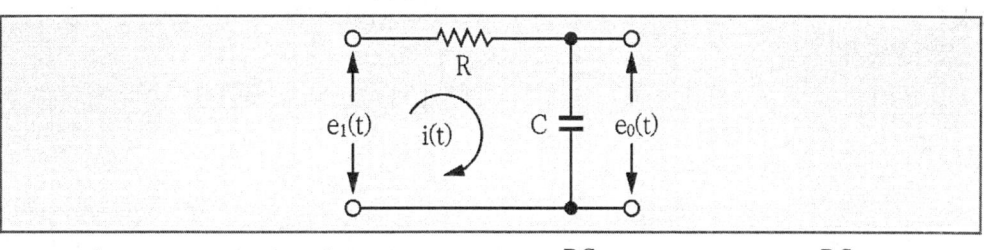

① $\dfrac{1}{RCs-1}$ ② $\dfrac{1}{RCs+1}$ ③ $\dfrac{RCs}{RCs-1}$ ④ $\dfrac{RCs}{RCs+1}$

해답 65.② 66.③ 67.① 68.④ 69.④ 70.②

문제 **71.** 그림과 같은 유접점 회로를 논리식으로 나타내면?

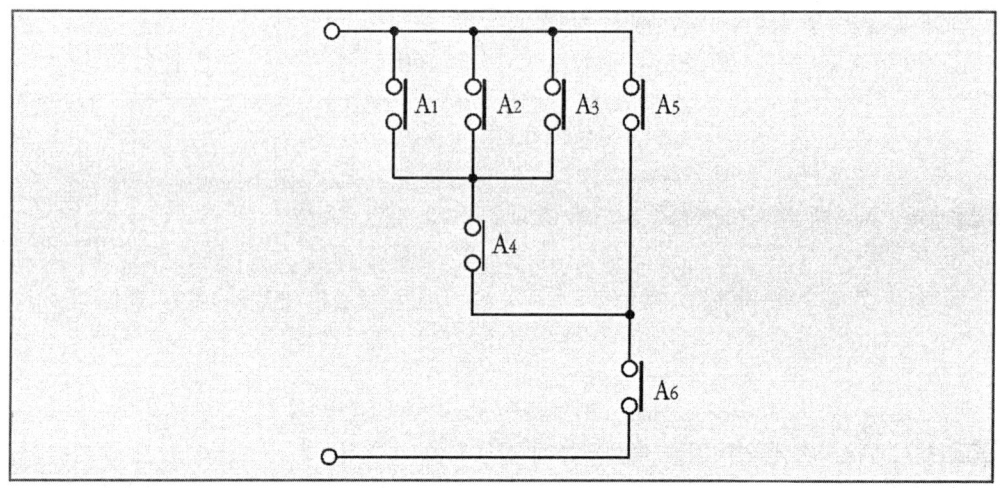

① $(A_1 \times A_2 \times A_3 + A_4) \times (A_5 + A_6)$
② $(A_1 \times A_2 \times A_3) + A_5 + A_6$
③ $[(A_1 + A_2 + A_3 + A_5) \times A_4] \times A_6$
④ $[(A_1 + A_2 + A_3) \times A_4 + A_5] \times A_6$

문제 **72.** 전기사용 장소의 사용전압이 380V인 전로의 전로와 대지 사이의 절연저항(MΩ)은 최소 얼마 이상이어야 하는가?
① 0.3 ② 0.6 ③ 0.9 ④ 1

문제 **73.** 피드백 제어계의 구성 요소 중 제어동작 신호를 받아 조작량으로 바꾸는 역할을 하는 것은?
① 설정부 ② 비교부 ③ 제어요소 ④ 검출부

문제 **74.** 세라믹 콘덴서 소자의 표면에 103K라고 적혀 있을 때 이 콘덴서의 용량은 약 몇 μF인가?
① 0.01 ② 0.1 ③ 103 ④ 10^3

문제 **75.** 저항에 전류가 흐르면 열이 발생하는 열작용과 가장 밀접한 관계가 있는 법칙은?
① 줄의 법칙 ② 쿨롱의 법칙 ③ 옴의 법칙 ④ 페러데이의 법칙

해답 71.④ 72.④ 73.③ 74.① 75.①

문제 76. 평형 3상회로에서 상당 저항이 40Ω, 리액턴스가 30Ω인 3상 유도성 부하를 Y결선으로 결선한 경우 복소전력(VA)은? (단, 선간전압의 크기는 $100\sqrt{3}$ V 이다.)
① 160 + j120 ② 480 + j360 ③ 960 + j720 ④ 1440 + j1080

문제 77. 논리식 $(A+B)(\overline{A}+B)$ 와 등가인 것은?
① A ② B ③ AB ④ $A\overline{B}$

문제 78. 다음 그림과 같은 다이오드 논리 게이트는?

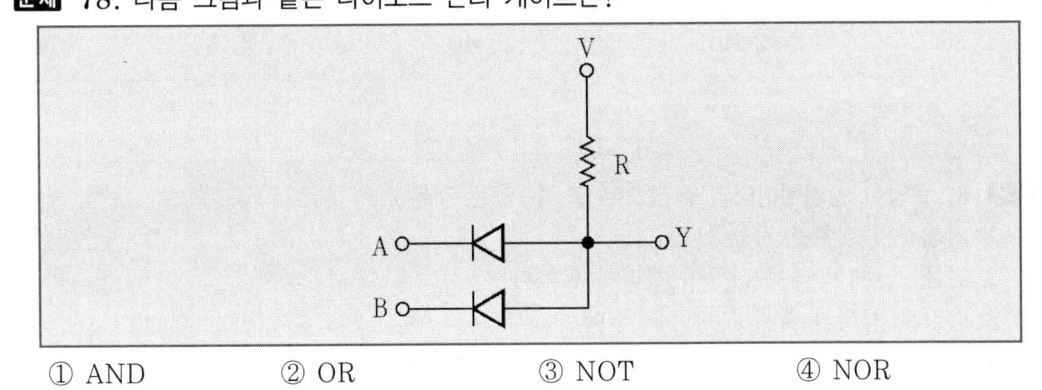

① AND ② OR ③ NOT ④ NOR

문제 79. 다음 중 옴의 법칙에 대한 설명으로 옳지 않은 것은?
① 저항에 전류가 흐를 때 전압, 전류, 저항의 관계를 설명해 준다.
② 옴의 법칙은 저항으로 전류의 크기를 조절할 수 있음을 보여준다.
③ 옴의 법칙은 저항에 의한 전압강하를 설명해 준다.
④ 옴의 법칙을 이용하여 임피던스에 의한 전압강하는 설명할 수 없다.

문제 80. 검출기기에서 검출된 온도를 전압으로 변환하는 요소의 종류는?
① 열전대 ② 전자석 ③ 벨로우즈 ④ 광전다이오드

해답 76.② 77.② 78.① 79.④ 80.①

승강기 개론
(2022. 3. 5 기사시행)

문제 1. 엘리베이터의 전자-기계 브레이크 시스템에서 브레이크는 카가 정격속도로 정격하중의 몇 %를 싣고 하강방향으로 운행될 때 구동기를 정지시킬 수 있어야 하는가?
① 110   ② 115   ③ 125   ④ 130

문제 2. 권상 도르래·풀리 또는 드럼의 피치직경과 로프(벨트)의 공칭 직경 사이의 비율은 로프(벨트)의 가닥수와 관계없이 몇 배 이상이어야 하는가?(단, 주택용 엘리베이터는 제외한다.)
① 36   ② 40   ③ 46   ④ 50

문제 3. 유압식 엘리베이터의 장점으로 볼 수 없는 것은?
① 기계실의 배치가 자유롭다.
② 건물 꼭대기부분에 하중이 걸리지 않는다.
③ 승강로 꼭대기 틈새가 작아도 좋다.
④ 전동기의 소요동력이 작아진다.

문제 4. 엘리베이터의 카에서 비상시 작동하는 비상등은 몇 Lx 이상이어야 하는가?
① 2   ② 5   ③ 10   ④ 20

문제 5. 소선의 강도에 의해서 E종으로 분류된 와이어로프의 소선의 공칭 인장강도는 몇 N/mm^2 인가?
① 1320   ② 1470   ③ 1620   ④ 1770

문제 6. 에스컬레이터의 경사도는 기본적으로 30°를 초과하지 않아야 하는데 특별한 경우 경사도를 35°까지 증가시킬 수 있다. 이 경우 공칭속도는 몇 m/s 이하여야 하는가? (단, 층고는 6m 이하이다.)
① 0.5   ② 0.75   ③ 1   ④ 1.5

해답 1.③ 2.② 3.④ 4.② 5.① 6.①

문제 7. 엘리베이터 조작방식에 대한 설명으로 옳은 것은?
① 먼저 눌러져 있는 호출에 응답하고, 그 운전이 완료될 때까지는 다른 호출에 일체 응답하지 않은 것을 단식 자동식이라 한다.
② 승강장의 누름버튼은 두 개가 있고, 동시에 기억시킬 수 있으며, 카는 그 진행방향의 카버튼과 승강장버튼에 응답하면서 승강하는 것을 군 관리방식이라 한다.
③ 먼저 눌러져 있는 호출에 응답하고, 그 운전이 완료되기 전에도 다른 호출에 응답하는 것을 카 스위치 방식이라 한다.
④ 승강장 누름버튼이 두 개인데 동시에 기억시킬 수 없으며, 카는 그 진행방향의 카버튼과 승강장버튼에 응답하는 것을 승합 전자동식이라 한다.

문제 8. 승객용 엘리베이터의 가이드 레일 규격이 "가이드 레일 ISO 7465-T85/A"라고 명시되어 있다. 여기서 "82"는 글미에서 어디 부분의 길이를 의미하는가? (단, 가이드 레일 규격은 KS B ISO 7465에 따른다.)

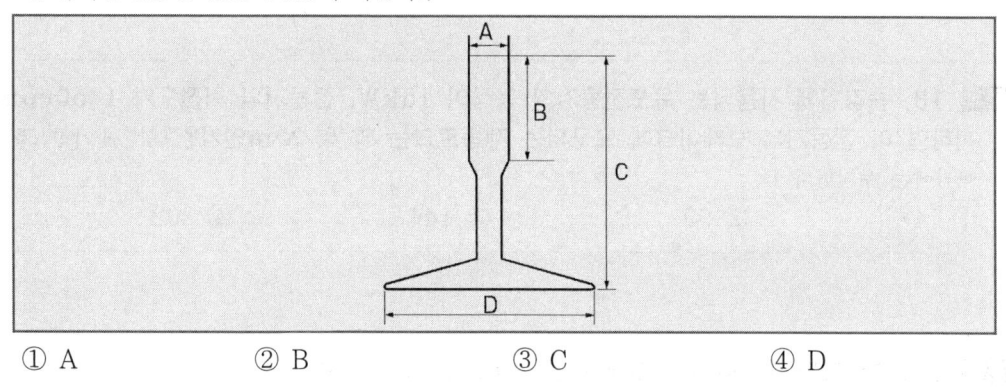

① A   ② B   ③ C   ④ D

문제 9. 카 출입구의 하단에 설치하며 승강로와 카 바닥면의 간격을 일정치 이하로 유지함으로써, 카가 층과 층의 중간에 정지 시 승객이 아래층 방향의 엘리베이터 밖으로 나오려고 할 때 추락을 방지하는 것은?
① 가이드 슈(guide shoe)   ② 에이프런(apron)
③ 하부체대(plank)   ④ 브레이스 로드(brace rod)

문제 10. 무빙워크의 경사도는 몇 ° 이내여야 하는가?
① 10   ② 12   ③ 15   ④ 20

해답 7.① 8.④ 9.② 10.②

문제 11. 소형 화물형 엘리베이터의 안전기준에 따라 카와 승강장문과의 거리는 몇 mm 이하여야 하는가?
① 10　　　② 20　　　③ 30　　　④ 40

문제 12. 에너지 분산형 완충기의 요구조건에 대한 설명으로 옳지 않은 것은? (단, gn은 중력가속도를 의미한다.)
① 완충기의 가능한 총 행정은 정격속도 115%에 상응하는 중력 정지거리 이상이어야 한다.
② 카에 정격하중을 싣고, 정격속도의 115%의 속도로 자유낙하하여 완충기에 충돌할 때 평균 감속도는 1gn 이하여야 한다.
③ 2.5 gn을 초과하는 감속도는 0.1초보다 길지 않아야 한다.
④ 완충기 작동 후에는 영구적인 변형이 없어야 한다.

문제 13. 승강기에 사용되는 유도전동기의 용량이 15kW, 전동기의 회전수가 1450rpm 이라면 이 전동기의 브레이크에 요구되는 제동토크는 약 몇 N·m인가? (단, 주어진 조건 이외에는 무시한다.)
① 74　　　② 99　　　③ 144　　　④ 202

문제 14. 승강로의 일반적인 구조에 관한 설명으로 틀린 것은?
① 승강로 내에는 각층을 나타내는 표기가 있어야 한다.
② 승강로 내에 설치되는 돌출물은 안전상 지장이 없어야 한다.
③ 엘리베이터의 균형추 또는 평형추는 카와 동일한 승강로에 있어야 한다.
④ 밀폐식 승강로에는 어떠한 환기구나 통풍구가 있어서는 안 된다.

문제 15. 엘리베이터의 기계실 출입문 크기 기준으로 옳은 것은? (단, 주택용 엘리베이터는 제외한다.)
① 폭 0.6m 이상, 높이 1.7m 이상　　② 폭 0.7m 이상, 높이 1.8m 이상
③ 폭 0.8m 이상, 높이 1.9m 이상　　④ 폭 0.9m 이상, 높이 2.0m 이상

해답 11.③　12.③　13.②　14.④　15.②

문제 16. 엘리베이터에서 카 내부의 유효높이는 일반적으로 몇 m 이상인가? (단, 주택용, 자동차용 엘리베이터는 제외한다.)
① 1.8　　　　② 1.9　　　　③ 2.0　　　　④ 2.1

문제 17. 엘리베이터가 "피난운전"시 특정 안전장치를 제외하고는 기본적으로 모두 작동상태여야 한다. 여기서 제외되는 안전장치는 다음 중 무엇인가?
① 문닫힘 안전장치　　　　② 과부하 감지장치
③ 추락방지 안전장치　　　　④ 상승과속 방지장치

문제 18. 소방구조용 엘리베이터의 보조 전원공급장치는 얼마 이상 엘리베이터 운전이 가능하여야 하는가?
① 30분　　　　② 1시간　　　　③ 1시간 30분　　　　④ 2시간

문제 19. 카의 상승과속방지장치에 대한 설명으로 틀린 것은?
① 상승과속방지장치를 작동하기 위해 외부 에너지가 필요할 경우, 외부 에너지가 공급되지 않으면 엘리베이터는 정지 및 그 상태를 유지해야 한다.(압축 스프링 방식 제외)
② 상승과속방지장치의 복귀를 위해서는 작업자가 승강로에 들어가서 직접 작업하도록 해야 한다.
③ 상승과속방지장치가 작동 후 복귀 후 엘리베이터가 정상 운행되기 위해서는 전문가(유지관리업자 등)의 개입이 요구되어야 하다
④ 상승과속방지장치는 빈 칸의 감속도가 정지단계 동안 1gn(중력가속도)을 초과하지 않아야 한다.

문제 20. 유압식엘리베이터에서 유압장치의 보수, 점검 또는 수리 등을 할 때 주로 사용하기 위하여 설치하는 밸브는?
① 스톱 밸브　　② 체크 밸브　　③ 안전 밸브　　④ 럽처 밸브

해답 16.③　17.①　18.④　19.②　20.①

승강기설계

문제 21. 엘리베이터의 설치 환경과 교통량에 관한 설명이다. 옳지 않은 것은?
① 대중교통이 발달한 중심상가지역의 사무용 건물에는 아침 출근 시간의 교통량이 상대적으로 많다.
② 사무실이 밀집되어 있는 건물에는 점심시간이 같아서 정오시간의 교통량이 증가한다.
③ 유연근무제, 시차출퇴근제의 확산은 출근시간의 교통량 집중도를 높였지만, 엘리베이터 하향방향의 교통량 집중은 감소시켰다.
④ 병원의 경우는 일반 사무실과는 다르게 환자의 왕진 및 치료와 수술이 행해지는 오전시간에 교통량이 집중되거나, 또는 환자방문시간이나 교대근무가 발생하는 오후의 특정시간에 교통량이 집중될 수도 있다.

문제 22. 엘리베이터의 적재중량(W)이 **3500kg**이고, 카 및 관련 부품들의 중량(W_p)이 **2000kg**일 때 하부체대에 발생하는 최대굽힘응력은 약 몇 **MPa** 인가? (단, 하부체대의 길이(L)은 3m, 하부체대의 총 단면계수는 498000mm³이며, 하부체대에 작용하는 최대 굽힘모멘트(M)는 다음과 같은 식(g는 중력가속도)을 적용한다.)

$$M = \frac{5}{64} \times (W + W_p) \times g \times L$$

① 48.8　　② 38.7　　③ 25.4　　④ 18.5

문제 23. 엘리베이터의 승강로 내부, 기계류 공간 및 풀리실에서 직접적인 접촉에 의한 전기설비의 보호를 위해 케이스를 설치하고자 한다. 이는 얼마 이상의 보호등급을 제공해야 하는가?
① IP 2X　　② IP 3X　　③ IP 4X　　④ IP 5X

문제 24. 엘리베이터 브레이크 장치에서 총 제동토크는 180 N·m이고, 브레이크 드럼의 지름은 260mm, 접촉부 마찰계수는 0.35일 때 드럼과 브레이크 슈가 만나는 곳에서의 드럼의 반력은 약 몇 N인가? (단, 브레이크 슈는 2개가 설치되어 있고, 양쪽 슈에서 작용하는 반력은 동일하며, 한쪽의 반력만 구한다.)
① 495　　② 989　　③ 1483　　④ 1978

해답 21.③　22.③　23.①　24.④

문제 25. 소방구조용 엘리베이터의 보조 전원공급장치에 관한 설명으로 옳지 않은 것은?
① 정전 시 60초 이내에 엘리베이터 운행에 필요한 전력용량을 자동적으로 발생시키도록 하되 수동으로 전원을 작동시킬 수 있어야 한다.
② 소방구조용 엘리베이터의 주 전원공급과 보조 전원공급의 전선은 방화구획이 되어야 하고 서로 구분되어야 하며, 다른 전원공급장치와도 구분되어야 한다.
③ 보조 전원공급장치는 방화구획 된 장소에 설치되어야 한다.
④ 소방구조용 엘리베이터를 위한 보조 전원공급장치에는 충분한 전력 용량을 제공할 수 있는 자가발전기를 예외 없이 설치해야 한다.

문제 26. 하중이 작용하는 방향에 의해 하중을 분류하였을 때 이에 해당되지 않는 것은?
① 정하중   ② 인장하중
③ 압축하중   ④ 전단하중

문제 27. 엘리베이터용 가이드 레일에 관한 사항으로 틀린 것은?
① 엘리베이터의 정격하중에 관계가 있다.
② 대형 화물용 엘리베이터의 경우 하중을 적재할 때 발생되는 카의 회전 모멘트는 무시한다.
③ 추락방지안전장치가 작동한 후에도 가이드 레일에는 좌굴이 없어야 한다.
④ 레일 브래킷의 간격을 작게 하면 동일한 하중에 대하여 응력과 휨은 작아진다.

문제 28. 적재중량 1200kg, 카 자중 2600kg, 로프 한가닥의 파단하중 60kN, 로프 가닥수 5, 로프 자중 250kg, 균형도르래 중량 500kg인 엘리베이터의 로핑방식이 2:1 싱글 랩 로핑일 때, 이 엘리베이터의 로프의 안전율은 약 얼마인가? (단, 안전율의 산정 시 균형 도르래의 중량은 1/2을 적용한다.)
① 13.2   ② 14.2   ③ 15.2   ④ 16.2

문제 29. 기계실이 있는 승강기에서 승강기에 대한 주요 부품 중 설치 위치가 다른 한 가지는?
① 균형추   ② 이동케이블   ③ 가이드레일   ④ 과속조절기

해답 25.④ 26.① 27.② 28.② 29.④

문제 30. 엘리베이터 운전제어 중 전기적 비상운전 제어에 관한 설명으로 틀린 것은?
① 비상운전 제어 시 카 속도는 0.30m/s 이하이어야 한다.
② 전기적 비상운전은 버튼의 순간적인 누름에 의해서도 작동되어야 한다.
③ 전기적 비상운전 스위치는 파이널 리미트 스위치를 무효화 시켜야 한다.
④ 전기적 비상운전 스위치의 작동 후, 이 스위치에 의한 움직임을 제외한 모든 카 움직임은 방지되어야 한다.

문제 31. 엘리베이터용 도어 인터로크에서 잠금장치에 대한 설명으로 옳지 않은 것은?
① 잠금장치 위치는 승강장 도어가 닫힐 때 승강장 측으로부터 접근할 수 있는 위치에 설치해야 한다.
② 안전 접점이 작동하기 전 잠김 상태를 유지하여야 하며, 외부 충격이나 진동에 의해 잠김 상태가 무효화되어서는 안 된다.
③ 중력, 스프링, 영구자석에 의해 작동하며, 영구 자석에 의해 잠기는 방식에서는 열이나 충격에 의해 기능을 상실해서는 안 된다.
④ 여러 짝의 조합에 의해 이루어진 도어에서는 특별한 경우를 제외하고는 각각의 도어(도어짝)에 잠금 장치를 설치하여야 한다.

문제 32. 그림과 같이 아랫부분이 고정되고 위가 자유단으로 된 기둥의 상단에 하중 P가 작용한다. 이 때 좌굴이 발생하는 좌굴 하중은 기둥의 높이와 어떤 관계가 되는가? (단, 기둥의 굽힘강성(EI)는 일정하다.)

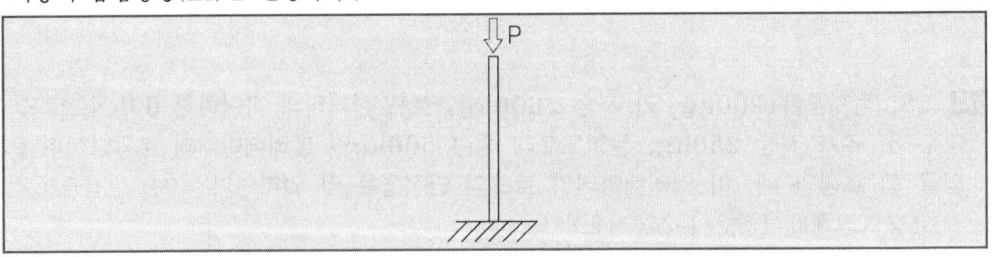

① 기둥의 높이의 제곱에 반비례한다.   ② 기둥의 높이에 반비례한다.
③ 기둥의 높이에 비례한다.   ④ 기둥의 높이의 제곱에 비례한다.

문제 33. 에너지 분산형 완충기가 적용된 엘리베이터의 정격속도가 80m/min이다. 규정된 시험조건으로 완충기에 충돌할 때 완충기의 행정은 약 몇 mm 이상이어야 하는가?
① 202   ② 188   ③ 172   ④ 158

해답 30.② 31.① 32.① 33.①②③④

문제 34. 완충기에 사용하는 코일 스프링을 설계하고자 한다. 스프링에 작용하는 하중은 18kN, 스프링 소선의 지름은 26mm, 코일의 평균지름은 122mm일 때 이 스프링에 발생하는 전단응력은 약 몇 MPa인가? (단, 응력수정계수는 1.33으로 한다.)
① 352　　② 386　　③ 423　　④ 469

문제 35. 엘리베이터 운행을 위해 전동기에서 요구되는 최대 토크가 42 N·m, 이 때 전동기 회전수는 2500rpm 이다. 이 전동기의 전체 효율이 약 75% 이면 전동기에서 요구되는 출력은 약 몇 kW 인가?
① 8.9　　② 10.8　　③ 12.4　　④ 14.7

문제 36. 승강기 설비계획을 할 때 고려해야 할 사항에 해당되지 않는 것은?
① 교통량 계산을 하여 그 건물의 교통수요에 적합하고 충분한 대수일 것
② 이용자의 대기시간이 허용치 이하가 되도록 고려할 것
③ 여러 대를 설치할 경우 가능한 건물 가운데로 배치할 것
④ 용도에 관계없이 반드시 서비스 층의 분할을 적용할 것

문제 37. 기어 방식의 권상기에서 웜기어와 비교하여 헬리컬 기어의 효율적인 소음을 옳게 설명한 것은?
① 효율은 높고 소음도 크다.　　② 효율은 높고 소음도 작다.
③ 효율은 낮고 소음도 크다.　　④ 효율은 낮고 소음도 작다.

문제 38. 승강로 최상층의 승강장 바닥면에서 승강로의 상부(기계실 바닥 슬래브 하부면)까지의 수직거리를 무엇이라고 하는가?
① 오버헤드　　② 꼭대기 틈새　　③ 주행여유　　④ 천장여유

문제 39. 승강로 벽의 내측과 카 문턱, 카 문틀 또는 카문의 닫히는 모서리 사이의 수평거리는 승강로 전체에 걸쳐서 기본적으로 몇 m 이하여야 하는가? (단, 특별한 경우를 제외한 일반적인 조건을 말한다.)
① 0.1　　② 0.12　　③ 0.15　　④ 0.2

해답 34.③　35.④　36.④　37.①　38.①　39.③

문제 40. 유압식 엘리베이터의 유압 제어 및 안전장치와 관련하여 릴리프 밸브를 압력을 전 부하 압력의 몇 %까지 제한하도록 맞추어 조절되어야 하는가?
① 125   ② 130   ③ 135   ④ 140

일반기계공학

문제 41. 회전수 1000rpm으로 716.2 N·m의 비틀림 모멘트를 전달하는 회전축의 전달 동력(kW)은?
① 약 749.9   ② 약 75.0   ③ 약 119   ④ 약 11.9

문제 42. 균일 단면 봉재에 작용하는 수직응력에 의한 탄성에너지를 구하는 식으로 옳은 것은? (단, 탄성에너지 U, 인장하중 P, 봉재길이 L, 세로탄성계수 E, 변형량 δ, 단면적은 A 이다.)
① $U = \dfrac{P^2 L}{2EA}$
② $U = \dfrac{PL}{2EA}$
③ $U = \dfrac{2EA\delta}{L}$
④ $U = \dfrac{EA\delta}{2L}$

문제 43. 셸 몰드법(Shell mold process)에 대한 설명으로 틀린 것은?
① 미숙련공도 작업이 가능하다.
② 작업공정을 자동화하기 쉽다.
③ 보통 소량생산 방식에 사용된다.
④ 짧은 시간 내에 정도가 높은 주물을 만들 수 있다.

문제 44. 나사에서 리드각은 나사의 골지름, 유효지름 및 바깥지름에서 각각 다르고 골지름에서 가장 크다. 나사의 비틀림각이 30°이면 리드각은?
① 30°   ② 45°   ③ 60°   ④ 90°

해답 40.④ 41.② 42.① 43.③ 44.③

문제 45. 주응력에 대한 설명으로 틀린 것은?
 ① 주응력은 전단응력이다.
 ② 평면응력에서 주응력은 2개이다.
 ③ 주평면 상태하의 응력을 의미한다.
 ④ 주응력 상태에서 수직응력은 최대와 최소를 나타낸다.

문제 46. 공기압 기술에 대한 특징으로 틀린 것은?
 ① 작동 매체를 쉽게 구할 수 있다.
 ② 정밀한 위치 및 속도제어가 가능하다.
 ③ 동력 전달이 간단하며 장거리 이송이 쉽다.
 ④ 폭발과 인화의 위험이 적으며 환경오염이 없다.

문제 47. 용접부의 시험을 파괴시험과 비파괴시험으로 분류할 때 비파괴시험이 아닌 것은?
 ① 인장시험   ② 음향시험   ③ 누설시험   ④ 형광시험

문제 48. 모듈 5, 잇수 52인 표준 스퍼기어의 외경(mm)은?
 ① 250   ② 260   ③ 270   ④ 280

문제 49. 체결용 기계요소인 코터에 대한 설명으로 틀린 것은?
 ① 코터의 자립조건에서 마찰각을 ρ, 기울기를 α라 할 때에 한쪽 기울기의 경우는 α≤2ρ 이어야 한다.
 ② 코터의 기울기는 한쪽 기울기와 양쪽 기울기가 있다.
 ③ 코터이음에서 코터는 주로 비틀림 모멘트를 받는다.
 ④ 코터는 로드와 소켓을 연결하는 기계요소이다.

문제 50. 냉간가공의 특징으로 틀린 것은?
 ① 정밀한 형상의 가공면을 얻을 수 있다. ② 가공경화로 강도가 증가한다.
 ③ 가공면이 아름답다.   ④ 연신율이 증가한다.

해답 45.① 46.② 47.① 48.③ 49.③ 50.④

문제 51. Ti의 특성에 대한 설명으로 틀린 것은?
① 열전도율이 높다. ② 내식성이 우수하다.
③ 비중은 약 4.5 정도이다. ④ Fe 보다 가벼운 경금속에 속한다.

문제 52. 주철의 물리적, 기계적 성질에 대한 설명으로 틀린 것은?
① 절삭성 및 내마모성이 우수하다.
② 강에 비해 일반적으로 인장강도와 충격값이 우수하다.
③ 탄소함유량이 약 2~6.7% 정도인 것을 주철이라 한다.
④ 주조성이 우수하여 복잡한 형상으로 제작이 가능하다.

문제 53. 탄성한도 이내에서 가로 변형률과 세로 변형률과의 비를 의미하는 용어는?
① 곡률 ② 세장비 ③ 단면수축률 ④ 프와송 비

문제 54. 연강인 공작물 재질이 드릴 작업을 하려고 할 때 가장 적합한 드릴의 선단각은?
① 70° ② 118° ③ 130° ④ 150°

문제 55. 그림과 같이 동일한 재료의 중실축과 중공축에 각각 T_A, T_B의 토크가 작용할 때 전달할 수 있는 토크 T_B는 T_A의 몇 배인가?

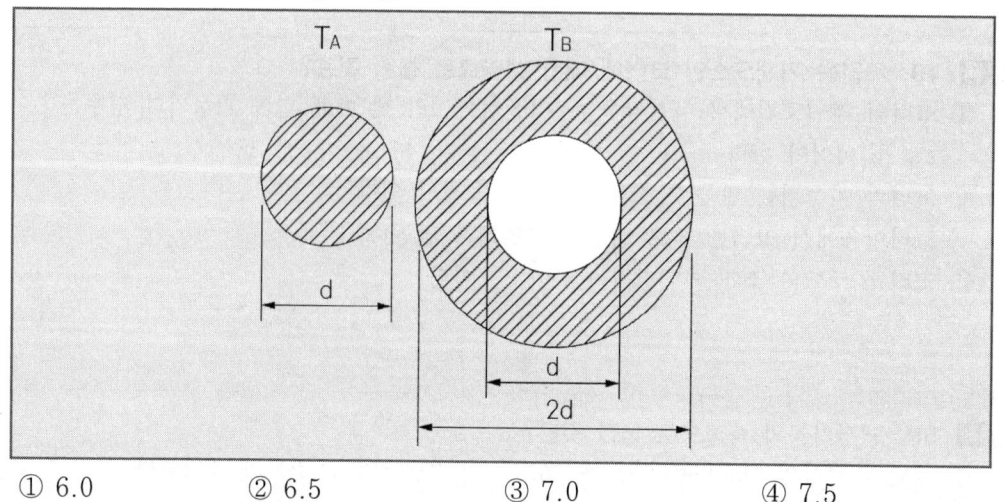

① 6.0 ② 6.5 ③ 7.0 ④ 7.5

해답 51.① 52.② 53.④ 54.② 55.④

문제 56. 0.01mm까지 측정할 수 있는 마이크로미터에서 나사의 피치와 딤블의 눈금에 대한 설명으로 옳은 것은?
① 피치는 0.25mm 이고, 딤블은 50등분이 되어 있다.
② 피치는 0.5mm 이고, 딤블은 100등분이 되어 있다.
③ 피치는 0.5mm 이고, 딤블은 50등분이 되어 있다.
④ 피치는 1mm 이고, 딤블은 50등분이 되어 있다.

문제 57. 회전수 1350rpm으로 회전하는 용적형 펌프의 송출량 $32\ell/min$, 송출압력이 $40\ kgf/cm^2$이다. 이 때 소비 동력이 3kW 라면 이 펌프의 전 효율은?
① 60.1%   ② 69.7%   ③ 75.3%   ④ 81.7%

문제 58. 제동장치에서 단식 블록 브레이크에 제동력에 대한 설명으로 옳은 것은?
① 제동 토크에 반비례한다.
② 마찰 계수에 반비례한다.
③ 브레이크 드럼의 지름에 비례한다.
④ 브레이크 드럼과 블록사이의 수직력에 비례한다.

문제 59. 크거나 두꺼운 재료를 담금질했을 때 외부는 냉각속도가 빠르고 내부는 냉각속도가 느려서 재료의 내부로 들어갈수록 경도가 저하되는 현상은?
① 노치효과   ② 질량효과   ③ 과커리어징   ④ 치수효과

문제 60. 유압 및 공기압 용어(KS B 0120)와 관련하여 다음이 설명하는 것은?

> 체크 밸브, 릴리프 밸브 등에서 압력이 상승하고 밸브가 열리기 시작하여 어느 일정한 흐름의 양이 인정되는 압력

① 크래킹 압력   ② 리시트 압력   ③ 오버라이드 압력   ④ 서지 압력

해답 56.③ 57.② 58.④ 59.② 60.①

전기제어공학

문제 61. 유량, 압력, 액위, 농도, 효율 등의 플랜트나 생산공정 중의 상태를 제어량으로 하는 제어는?
① 프로그램제어 ② 프로세스제어 ③ 비율제어 ④ 자동조정

문제 62. 5kVA, 3000/20V의 변압기가 단락시험을 통한 임피던스 전압이 100V, 동손이 100W라 할 때 퍼센트 저항강하는 몇 %인가?
① 2 ② 3 ③ 4 ④ 5

문제 63. 다음 중 2차 전지에 속하는 것은?
① 망간건전지 ② 공기전지 ③ 수은전지 ④ 납축전지

문제 64. 다음 블록선도와 등가인 블록선도로 알맞은 것은?

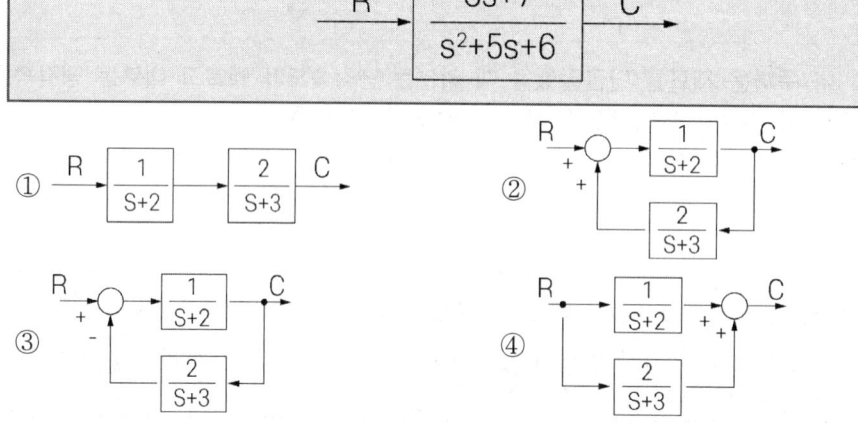

문제 65. 60Hz, 4극, 슬립 6%인 유도전동기를 어느 공장에서 운전하고자 할 때 예상되는 회전수는 약 몇 rpm인가?
① 240 ② 720 ③ 1690 ④ 1800

해답 61.② 62.① 63.④ 64.④ 65.③

문제 66. 그림과 같은 계전기 접점회로의 논리식은?

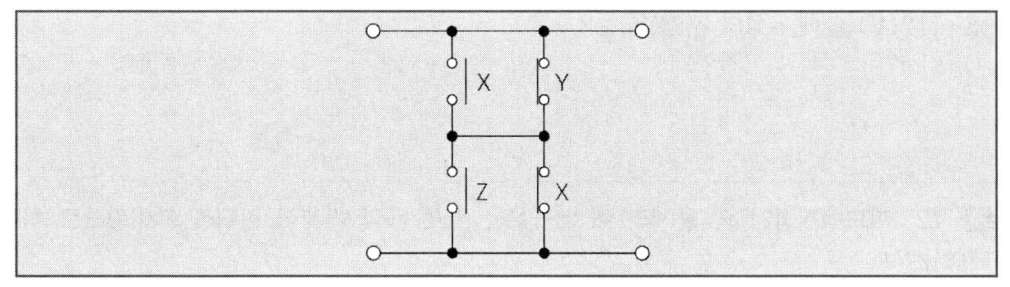

① $XZ + \overline{Y}\,\overline{X}$
② $XY + Z\,\overline{X}$
③ $(X + \overline{Y})(Z + \overline{X})$
④ $(X + Z)(\overline{Y} + \overline{X})$

문제 67. 림에 해당하는 함수를 라플라스 변환하면?

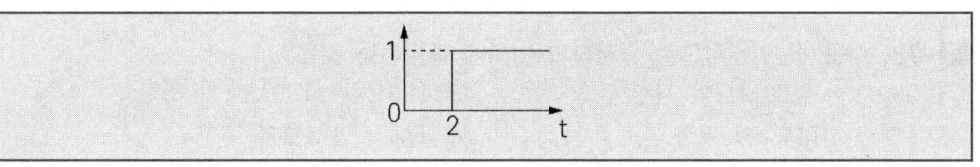

① $\dfrac{1}{s}$
② $\dfrac{1}{s-2}$
③ $\dfrac{1}{s}e^{-2s}$
④ $\dfrac{1}{s}(1-e)$

문제 68. 자기회로에서 도자율(permeance)에 대응하는 전기회로의 요소는?
① 릴럭턴스
② 컨덕턴스
③ 정전용량
④ 인덕턴스

문제 69. 어떤 회로에 정현파 전압을 가하니 90° 위상이 뒤진 전류가 흘렀다면 이 회로의 부하는?
① 저항
② 용량성
③ 무부하
④ 유도성

문제 70. 일정 전압의 직류전원 V에 저항 R을 접속하니 정격전류 I가 흘렀다. 정격전류 I의 130%를 흘리기 위해 필요한 저항은 약 얼마인가?
① 0.6R
② 0.77R
③ 1.3R
④ 3R

해답 66.③ 67.③ 68.② 69.④ 70.②

문제 71. 3상 회로에 있어서 대칭분 전압이 $V_0 = -8+j3(V)$, $V_1 = 6-j8(V)$, $V_2 = 8+j12(V)$일 때 a상의 전압(V)는?
① 6+j7   ② 8+j6   ③ 3+j12   ④ 6+j12

문제 72. 피드백제어계 중 물체의 위치, 방위, 자세 등의 기계적 변위를 제어량으로 하는 제어는?
① 서보기구(servo mechanism)
② 프로세스제어(process control)
③ 자동조정(automatic regulation)
④ 프로그램제어(program control)

문제 73. 다음 중 일반적으로 중저항의 범위에 해당되는 것은?
① 500Ω ~ 100MΩ의 저항   ② 100Ω ~ 100MΩ의 저항
③ 1Ω ~ 10MΩ의 저항   ④ 1Ω ~ 1MΩ의 저항

문제 74. SCR에 관한 설명으로 틀린 것은?
① PNPN 소자이다.
② 스위칭 소자이다.
③ 양방향성 사이리스터이다.
④ 직류나 교류의 전력제어용으로 사용된다.

문제 75. 분류기의 저항(R_s)은? (단, $n = \dfrac{I_o}{I_A}$ 이다.)

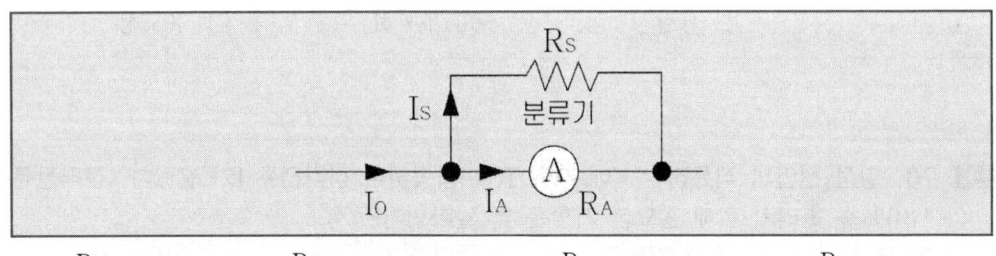

① $\dfrac{R_A}{n+1}$ ② $\dfrac{R_A}{n}$ ③ $\dfrac{R_A}{n-1}$ ④ $\dfrac{R_A}{n-2}$

해답 71.① 72.① 73.④ 74.③ 75.③

문제 76. $v = V_m \sin(wt+30°)$〔V〕와 $i = I_m \cos(wt-60°)$〔A〕와의 위상차는?
① 0°   ② 30°   ③ 60°   ④ 90°

문제 77. 아래 그림의 논리회로와 같은 진리값을 NAND소자만으로 구성하여 나타내려면 NAND소자는 최소 몇 개가 필요한가?

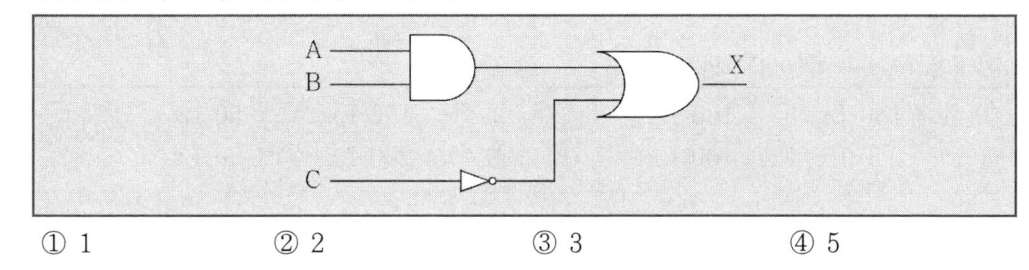

① 1   ② 2   ③ 3   ④ 5

문제 78. $V(V)$로 충전한 $C(F)$의 콘덴서를 $\frac{1}{3}V(V)$ 까지 방전하여 사용했을 때, 사용된 에너지(J)는?
① $\frac{1}{2}CV^2$ ② CV^2 ③ $\frac{5}{9}CV^2$ ④ $\frac{4}{9}CV^2$

문제 79. 특성방정식이 근이 복소평면의 좌반면에 있으면 이 계는?
① 불안정하다.   ② 조건부 안정이다.
③ 반안정이다.   ④ 안정하다.

문제 80. 그림과 같은 단자 1, 2 사이의 계전기 접점회로 논리식은?

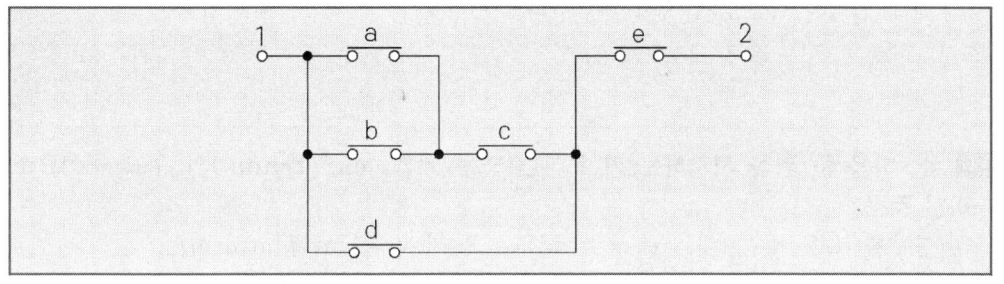

① $\{(a+b)d+c\}e$ ② $\{(ab+c)d\}+e$ ③ $\{(a+b)c+d\}e$ ④ $(ab+d)c+e$

해답 76.① 77.② 78.④ 79.④ 80.③

승강기 개론
(2022. 4. 24 기사시행)

문제 1. 기계실의 조명장치와 관련하여 다음 항목에 대한 조도 기준을 올바르게 나타낸 것은?

- 작업공간의 바닥 면 : (㉠) 이상
- 작업공간 간 이동 공간의 바닥 면 : (㉡) 이상

① ㉠ : 150 Lx, ㉡ : 100 Lx   ② ㉠ : 150 Lx, ㉡ : 50 Lx
③ ㉠ : 200 Lx, ㉡ : 100 Lx   ④ ㉠ : 200 Lx, ㉡ : 50 Lx

문제 2. 유압식 엘리베이터는 제약조건이 많아서 수요가 줄어들고 있는 추세인데, 다음 중 유압식 엘리베이터가 주로 이용되는 장소의 조건으로 거리가 먼 것은?
① 저층의 맨션에서 시가지 때문에 일광 제한과 사선 제한의 규제가 있을 경우
② 중심상가에 위치한 10층 상당의 업무용 빌딩에 엘리베이터를 설치할 경우
③ 공원 등에서 건물을 세울 시 높이 제한이 엄격한 경우
④ 대용량이고 승강 행정이 짧은 화물용 엘리베이터로 이용될 경우

문제 3. 엘리베이터의 상승과속방지장치에 대한 설명으로 옳지 않은 것은?
① 상승과속방지장치는 빈 카의 감속도가 정지단계 동안 1 g_n (중력가속도)를 초과하는 것을 허용하지 않아야 한다.
② 상승과속방지장치의 복귀를 위해서 승강로에 접근을 요구하지 않아야 한다.
③ 상승과속방지장치를 작동하기 위해 외부에너지가 필요한 경우, 에너지가 없으면 엘리베이터는 정지되어야 하고 정지 상태가 유지되어야 한다.(단, 압축스프링 방식은 제외)
④ 카의 상승과속을 감지하여 카를 정지시키거나 카가 카의 완충기에 충돌할 경우에 대해 설계된 속도로 감속시켜야 한다.

문제 4. 다음 중 카를 지지하는 카 프레임(또는 카틀, car frame)의 주요 구성요소가 아닌 것은?
① 상부틀(또는 상부체대, cross head)   ② 카 바닥(car platform)
③ 하부틀(또는 하부체대, flank)   ④ 브레이스 로드(brace road)

해답 1.④ 2.② 3.④ 4.②

문제 5. 승강기 안전관리법령에 따라 승강기의 정격속도에 따라서 고속 승강기와 중저속 승강기로 구분하는데 이를 구분하는 정격속도의 크기는?
① 3.5 m/s
② 4 m/s
③ 4.5 m/s
④ 5 m/s

문제 6. 주로 1대의 엘리베이터를 운행할 경우 적용되는 방식으로 승강장의 누름 버튼을 상승용, 하강용의 양쪽 모두 동작이 가능한 방식이며, 상승 또는 하강으로의 진행방향에 승객이 합승을 원할 경우 합승 호출에 응답하면서 운전하는 방식은?
① 단식자동식
② 하강 승합 전자동식
③ 승합 전자동식
④ 홀 랜턴 방식

문제 7. 적절한 권상능력 또는 전동기의 동력을 확보하기 위해 매다는 로프의 무게에 대한 보상수단을 적용해야 하는데, 이러한 보상수단 중 하나인 튀어 오름 방지장치를 설치해야 하는 엘리베이터 정격속도의 기준은?
① 1.75 m/s를 초과한 경우
② 2.5 m/s를 초과한 경우
③ 3.0 m/s를 초과한 경우
④ 3.5 m/s를 초과한 경우

문제 8. 카 자중 3500kg, 정격하중 2000kg, 승강행정 60m, 로프 6본, 균형추의 오버밸런스율이 40% 일 때 전부하시 카가 최상층에 있는 경우 트랙션비(권상비)는 약 얼마인가? (단, 로프는 1.2 kg/m 이고, 보상율이 90%가 되는 균형 체인을 설치한다.)
① 1.18
② 1.22
③ 1.27
④ 1.36

문제 9. 다음 로프 홈에 대한 설명으로 가장 옳지 않은 것은?
① V홈 - 가공이 쉽고 초기 마찰력도 우수하다.
② 포지티브 홈(나선형 홈) - 로프를 권동에 감기 때문에 고양정으로 사용하기에 유리하다.
③ 언더컷 형 - 트랙션 능력이 커서 가장 많이 사용된다.
④ U홈 - 로프와의 면압이 적으므로 로프의 수명이 길어진다.

해답 5.② 6.③ 7.④ 8.③ 9.②

문제 10. 유압식 엘리베이터에서 한쪽 방향으로만 기름이 흐르도록 하는 밸브로서 상승 방향에는 흐르지만 역방향으로는 흐르지 않게 하는 밸브는?
① 체크 밸브
② 스톱 밸브
③ 바이패스 밸브
④ 상승용 유량제어 밸브

문제 11. 엘리베이터 제어방식 중 카의 실속도와 지령속도를 비교하여 사이리스터 점호각을 바꿔 유도전동기의 속도를 제어하는 방식은?
① 교류1단 속도제어
② 교류2단 속도제어
③ 교류귀환제어
④ 가변전압 가변주파수 제어

문제 12. 에스컬레이터에 진입방지대가 설치되는 경우 그 설치요건에 관한 설명 중 옳지 않은 것은?
① 진입방지대는 입구에만 설치해야 하며, 자유구역에서는 출구에 설치할 수 없다.
② 뉴얼의 끝과 진입방지대 및 진입방지대와 진입방지대 사이의 자유로운 입구 폭은 500mm 이상이어야 하며, 사용되는 쇼핑 카트 또는 수하물 카트 유형의 폭보다 작아야 한다.
③ 진입방지대는 승강장 플레이트에 고정하는 것도 허용되지만, 가급적이면 건물 구조물에 고정되어야 한다.
④ 진입방지대의 높이는 700mm에서 900mm 사이이어야 한다.

문제 13. 권동식(확동구동식)과 비교하여 트랙션식(마찰구동식) 권상기의 특징에 대한 설명으로 옳지 않은 것은?
① 주 로프의 미끄러짐이나 주 로프 및 도르래에 마모가 거의 일어나지 않는다.
② 균형추를 사용하기 때문에 소요 동력이 작아진다.
③ 와이어로프의 안전율이 확보되면 승강 행정에는 제한이 없다.
④ 여러 가지 장점이 있어 저속에서 초고속까지 넓게 사용되고 있다.

문제 14. 하나의 승강로에 2대 이상의 엘리베이터가 있는 경우 카 벽에 비상구출문을 설치할 수 있다. 이 때 카 간의 수평거리는 몇 m를 초과하면 안 되는가?
① 0.8m
② 1.0m
③ 1.2m
④ 1.5m

해답 10.① 11.③ 12.④ 13.① 14.②

문제 15. 경사형 엘리베이터 안전기준에 따라 승강로 벽을 설계할 때 승강로 벽의 높이 기준은 경사 각도에 따라 달라지는데, 그 기준의 경계가 되는 경사각도는 약 몇 ° 인가?
① 35°   ② 40°   ③ 45°   ④ 50°

문제 16. 승강기의 정격속도에 관계없이 사용할 수 있는 완충기로 옳은 것은?
① 스프링 완충기   ② 유압 완충기
③ 우레탄 완충기   ④ 고무 완충기

문제 17. 에스컬레이터의 공칭속도에 대한 기준이다. 괄호 안의 내용이 옳게 짝지어진 것은?

- 경사도가 30° 이하인 경우 공칭속도는 (㉠)m/s 이하이어야 한다.
- 경사도가 30°를 초과하고 35° 이하인 경우 공칭속도는 (㉡) m/s 이하이어야 한다.

① ㉠ : 0.6, ㉡ : 0.4   ② ㉠ : 0.6, ㉡ : 0.5
③ ㉠ : 0.75, ㉡ : 0.4   ④ ㉠ : 0.75, ㉡ : 0.5

문제 18. 권상식 엘리베이터에서 주 로프의 미끄러짐 현상을 줄이는 방법으로 옳지 않은 것은?
① 권부각을 크게 한다.
② 속도 변화율을 크게 한다.
③ 균형체인이나 균형로프를 설치한다.
④ 로프와 도르래 사이의 마찰계수를 크게 한다.

문제 19. 엘리베이터 도어를 작동시키는 도어머신(door machine) 장치가 갖추어야 할 조건으로 가장 거리가 먼 것은?
① 도어용 모터는 토크가 크고 열이 많이 발생하므로 별도의 냉각시설이 필요하다.
② 동작회수가 승강기 기동빈도의 2배 정도이기 때문에 유지보수가 용이해야 한다.
③ 주로 엘리베이터 상단에 설치되어 있어서 소형이면서 경량일수록 좋다.
④ 도어 작동에 있어서 동작이 원활하고 소음이 적어야 한다.

해답 15.③ 16.② 17.④ 18.② 19.①

문제 20. 엘리베이터 안전기준에 따라 소방구조용 엘리베이터의 기본요건으로 틀린 것은?
① 소방구조용 엘리베이터 출입구의 유효폭은 0.7m 이상으로 한다.
② 소방구조용 엘리베이터는 소방운전 시 모든 승강장의 출입구마다 정지할 수 있어야 한다.
③ 소방구조용 엘리베이터는 소방관 접근 지정층에서 소방관이 조작하여 엘리베이터 문이 닫힌 이후부터 60초 이내에 가장 먼 층에 도착하여야 한다.
④ 소방구조용 엘리베이터의 운행속도는 1m/s 이상이어야 한다.

승강기설계

문제 21. 정격속도 90m/min 인 엘리베이터 에너지분산형 완충기에 필요한 최소 행정거리는 약 몇 mm인가?
① 121　　② 152　　③ 184　　④ 213

문제 22. 카 추락방지안전장치가 작동될 때, 무부하 상태의 카 바닥 또는 정격하중이 균일하게 분포된 부하 상태의 카 바닥은 정상적인 위치에서 몇 %를 초과하여 기울어지지 않아야 하는가?
① 3　　② 4　　③ 5　　④ 6

문제 23. 점차 작동형 추락방지안전장치를 사용하는 엘리베이터의 정격속도가 150m/min일 때 다음 중 과속조절기가 작동해야 하는 엘리베이터의 속도로 적절한 것은?
① 155m/min　　② 165m/min　　③ 190m/min　　④ 210m/min

문제 24. 전동기의 공칭회로 전압이 380V일 때 시험전압 500V 기준으로 절연 저항은 몇 MΩ 이상이어야 하는가?
① 0.3　　② 0.5　　③ 1.0　　④ 1.5

해답　20.①　21.②　22.③　23.③　24.③

문제 25. 엘리베이터 설비계획과 관련한 설명으로 옳지 않은 것은?
① 교통량 계산의 결과 해당 건물의 교통 수요에 적합한 충분한 대수를 설치한다.
② 엘리베이터를 기다리는 공간은 복도의 통로가 아닌 별도의 공간으로 구성한다.
③ 초고층 빌딩의 경우 서비스 층을 분할하는 것을 검토한다.
④ 여러 대를 설치할 경우 이용자의 접근을 쉽게 하기 위해 가능한 분산 배치한다.

문제 26. 비상통화장치에 대한 설명으로 옳지 않은 것은?
① 기계실 또는 비상구출운전을 위한 장소에는 카내와 통화할 수 있도록 규정된 비상전원 공급장치에 의해 전원을 공급받는 내부통화 시스템 또는 유사한 장치가 설치되어야 한다.
② 비상 시 안정적으로 이용자 상황을 전달할 수 있는 단방향 음성통신이어야 한다.
③ 카 내에 갇힌 이용자 등이 외부와 통화할 수 있는 비상통화장치가 엘리베이터가 있는 건축물이나 고정된 시설물의 관리 인력이 상주하는 장소에 2곳 이상에 설치되어야 한다.(단, 관리 인력이 상주하는 장소가 2곳 미만인 경우에는 1곳에만 설치될 수 있다.)
④ 비상통화장치는 비상통화 버튼을 한 번만 눌러도 작동되어야 하며, 비상통화가 연결되면 녹색 표시의 등이 점등되어야 한다.

문제 27. 엘리베이터용 전동기의 토크는 전동기의 속도가 증가함에 따라 차차 커지다가 최대 토크에 도달하면 그 이후 급격히 토크가 작아져 동기속도가 0이 된다. 이 과정에서 발생한 최대 토크를 무엇이라고 하는가?
① 풀업토크 ② 전부하토크 ③ 정동토크 ④ 기동토크

문제 28. 감아 걸기 전동장치에 대한 설명 중 틀린 것은?
① 평벨트를 사용하는 원통형 풀리는 벨트의 벗어짐을 방지하기 위하여 가운데 부분을 약간 오목하게 한다.
② V-벨트를 이용하면 평벨트를 이용하는 경우보다 비교적 소형으로 큰 동력을 전달할 수 있다.
③ 로프 풀리의 지름을 2배로 키우면 로프에 발생하는 굽힘응력은 1/2로 감소한다.
④ 체인과 스프로킷을 이용하면 벨트를 이용한 전동장치보다 정확한 속도비로 동력을 전달할 수 있다.

해답 25.④ 26.② 27.③ 28.①

문제 29. 엘리베이터에서 카의 자중 및 카에 의해 지지되는 부품의 중량은 1850kg, 정격하중은 1500kg이다. 전 부하 상태의 카가 완충기에 작용하였을 때 피트 바닥에 지지해야 하는 전체 수직력의 최소값은 약 몇 kN 인가?
① 107　　　② 114　　　③ 126　　　④ 131

문제 30. 자세 유형에 따른 피트 피난공간 크기의 최소 기준에 대한 설명 중 틀린 것은? (단, 주택용 엘리베이터는 제외한다.)
① 서있는 자세의 수평거리는 0.3m×0.4m이다.
② 웅크린 자세의 수평거리는 0.5m×0.7m이다.
③ 서있는 자세의 높이는 2m이다.
④ 웅크린 자세의 높이는 1m이다.

문제 31. 기어 전동의 특징을 벨트 및 로프 전동과 비교한 설명으로 옳은 것은?
① 효율이 낮다.
② 큰 감속비를 얻기 어렵다.
③ 소음과 진동이 큰 편이다.
④ 동력전달이 불확실하다.

문제 32. 엘리베이터용 전동기를 선정할 때 고려해야 할 조건으로 옳지 않은 것은?
① 회전부분의 관성모멘트가 커야 한다.
② 기동 토크가 커야 한다.
③ 기동 전류가 작은 편이 좋다.
④ 온도 상승에 대해 충분히 견디어야 한다.

문제 33. 카 내부에 있는 사람에 의한 카문의 개방을 제한하기 위해 카가 운행 중일 때, 카문의 개방은 몇 N 이상의 힘이 요구되어야 하는가? (단, 잠금해제구간 밖에 있을 때는 제외한다.)
① 30 N　　　② 50 N　　　③ 150 N　　　④ 300 N

해답 29.④　30.①　31.③　32.①　33.②

문제 34. 그림과 같은 가이드레일에서 x방향 수평하중(F_x)이 12kN 작용할 때 x방향 처짐량은 약 몇 mm인가? (단, 가이드 브래킷 사이 최대 거리는 250cm이고, y축 단면 2차 모멘트는 $26.48 cm^4$이며, 재료의 세로탄성계수는 210 GPa이다. 그리고, 건물 구조의 처짐량은 무시하고, 처짐 공식은 엘리베이터 안전기준에 따른다.)

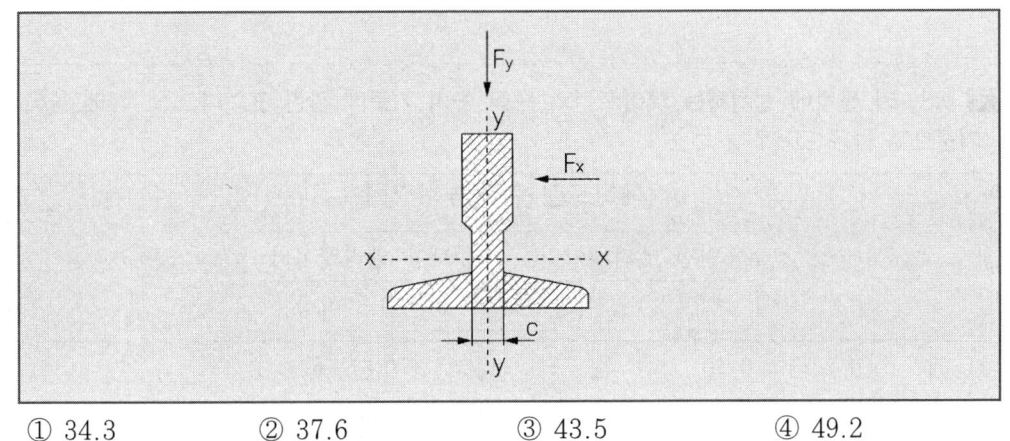

① 34.3 ② 37.6 ③ 43.5 ④ 49.2

문제 35. 엘리베이터 안전기준에 따라 기계실의 크기 및 치수의 기준에 관한 설명으로 옳은 것은?
① 작업구역의 유효 높이는 4m 이상이어야 한다.
② 작업구역 간 이동통로의 유효 폭은 0.3m 이상이어야 한다.
③ 기계실 바닥에 0.3m를 초과하는 단차가 있는 경우, 고정된 사다리 또는 보호난간이 있는 계단이나 발판이 있어야 한다.
④ 보호되지 않은 회전부품 위로 0.3m 이상의 유효 수직거리가 있어야 한다.

문제 36. 트랙션비(Traction ratio)에 대한 설명으로 틀린 것은?
① 트랙션비의 값이 낮아질수록 트랙션 능력은 좋아진다.
② 트랙션비의 값이 커질수록 전동기의 출력은 낮아질 수 있다.
③ 카측 로프가 매달고 있는 중량과 균형추측 로프가 매달고 있는 중량의 비를 말한다.
④ 트랙션비의 계산 시는 적재하중, 카 자중, 로프 중량, 오버밸런스율 등을 고려하여야 한다.

해답 34.④ 35.④ 36.②

문제 37. 엘리베이터에 사용되는 로프의 공칭지름이 **18mm**일 때 풀리의 피치원 지름은 몇 **mm** 이상이어야 하는가? (단, 해당 건물은 상업용 건물이다.)
① 540mm   ② 720mm   ③ 1080mm   ④ 1440mm

문제 38. 카 문턱에 설치하는 에이프런의 수직 높이 기준에 관한 표이다. ㉠, ㉡에 들어갈 기준으로 옳은 것은?

〈에이프런 수직 높이 기준〉

일반 엘리베이터	주택용 엘리베이터
(㉠)m 이상	(㉡)m 이상

① ㉠ : 0.55, ㉡ : 0.40   ② ㉠ : 0.65, ㉡ : 0.44
③ ㉠ : 0.75, ㉡ : 0.54   ④ ㉠ : 0.85, ㉡ : 0.60

문제 39. 에스컬레이터를 배치할 경우 고려할 사항 중 틀린 것은?
① 바닥 점유 면적은 되도록 크게 배치한다.
② 건물의 정면 출입구와 엘리베이터 설치 위치와의 중간이 좋다.
③ 백화점일 경우에는 가장 눈에 띄기 쉬운 위치가 좋다.
④ 사람의 움직임이 많은 곳에 설치되어야 한다.

문제 40. 60Hz, 4극 전동기의 슬립이 5%인 경우 전부하 회전수는 약 몇 **rpm**인가?
① 1710   ② 1890   ③ 3420   ④ 3780

일반기계공학

문제 41. 일반적으로 단면이 각형이며 스터핑 박스에 채워 넣어 사용되어지는 패킹의 총칭은?
① 브레이드 패킹   ② 코튼 패킹   ③ 금속박 패킹   ④ 글랜드 패킹

해답 37.② 38.③ 39.① 40.① 41.④

문제 42. 드릴링 머신에서 너트나 볼트의 머리와 접촉하는 면을 평면으로 파는 작업은?
① 리밍　　② 보링　　③ 태핑　　④ 스폿 페이싱

문제 43. 두 축이 만나지도 않고, 평행하지도 않는 기어는?
① 웜과 웜 기어　　② 베벨 기어　　③ 헬리컬 기어　　④ 스퍼 기어

문제 44. 알루미늄 합금인 두랄루민의 표준성분에 해당하지 않는 원소는?
① Co　　② Cu　　③ Mg　　④ Mn

문제 45. 하중을 물체에 작용하는 상태에 따라 분류할 때 해당하지 않는 것은?
① 인장하중　　② 압축하중　　③ 전단하중　　④ 교변하중

문제 46. 정밀 주조법의 일종으로 정밀한 금형에 용융금속을 고압, 고속으로 주입하여 주물을 얻는 방법으로 Al 합금, Mg 합금 등에 주로 사용되는 주조법은?
① 원심주조법　　② 다이캐스팅　　③ 셸 몰드법　　④ 연속주조법

문제 47. 그림과 같이 용접이음을 하였을 때 굽힘응력을 계산하는 식으로 옳은 것은? (단, L : 용접 길이, t : 용접치수(용접판 두께), ℓ : 용접부에서 하중 작용선까지 거리, W : 작용하중이다.)

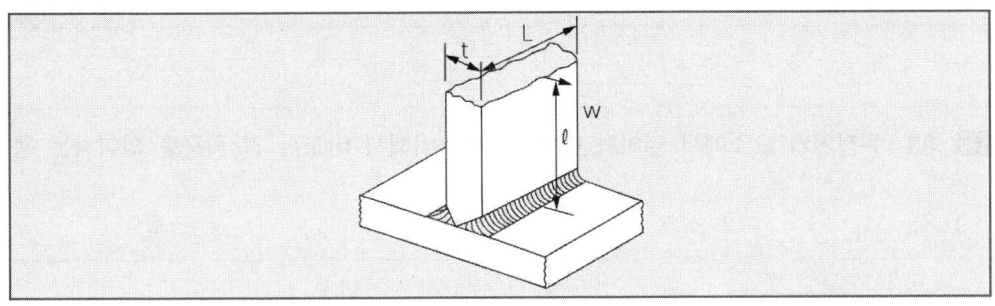

① $\dfrac{6W\ell}{tL^2}$　　② $\dfrac{12W\ell}{tL^2}$　　③ $\dfrac{6W\ell}{t^2L}$　　④ $\dfrac{12W\ell}{t^2L}$

해답 42.④　43.①　44.①　45.④　46.②　47.③

문제 48. 철강 시험편을 오스테나이트화한 후 시험편의 한 쪽 끝에 물을 분사하여 퀜칭하는 표준시험법은?
① 붕화 ② 복탄 ③ 조미니 ④ 마르에이징

문제 49. 호칭 지름이 50mm, 피치가 2mm인 미터 가는 나사가 2줄 왼나사로 암나사 등급이 6일 때 KS 나사 표시방법으로 옳은 것은?
① 왼 2줄 M50×2-6g
② 왼 2줄 M50×2-6H
③ 2줄 M50×2-6g
④ 2줄 M50×2-6H

문제 50. 코일의 유효권수 12, 코일의 평균지름 40mm, 소선의 지름 6mm인 압축 코일 스프링에 30N의 외력이 작용할 때, 변위(mm)는 약 얼마인가? (단, 코일 스프링 재질의 전단탄성계수는 $8 \times 10^3 \text{N/mm}^2$이다.)
① 9.35 ② 17.78 ③ 22.70 ④ 33.46

문제 51. 리벳이음에서 리벳의 지름이 d, 피치가 p 일 때 판 효율을 구하는 식으로 옳은 것은?
① $1 - \dfrac{d}{p}$ ② $1 - \dfrac{p}{d}$ ③ $\dfrac{d}{p} - 1$ ④ $\dfrac{p}{d} - 1$

문제 52. 다음 중 나사산을 가공하는데 적합한 가공법은?
① 전조 ② 압출 ③ 인발 ④ 압연

문제 53. 유압기기 요소에서 길이가 단면 치수에 비해서 비교적 긴 죔구를 의미하는 용어는?
① 램 ② 초크 ③ 오리피스 ④ 스풀

해답 48.③ 49.② 50.② 51.① 52.① 53.②

문제 54. 그림과 같은 균일분포하중이 작용하는 보의 최대 처짐량을 구하는 식으로 옳은 것은? (단, W : 균일분포하중, L : 보의 길이, E : 세로탄성계수, I : 단면 2차 모멘트이다.)

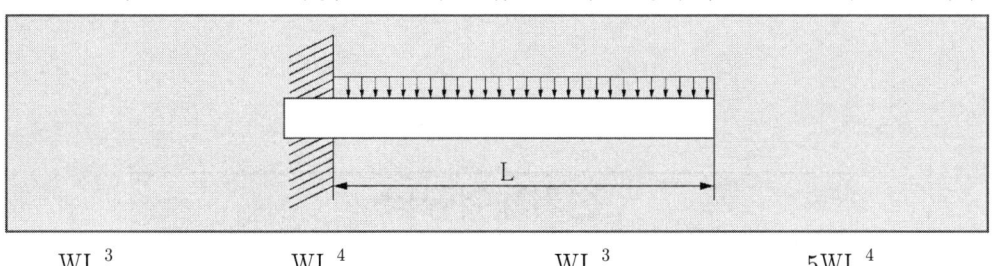

① $\dfrac{WL^3}{3EI}$ ② $\dfrac{WL^4}{8EI}$ ③ $\dfrac{WL^3}{216EI}$ ④ $\dfrac{5WL^4}{384EI}$

문제 55. 지름이 100mm인 유압 실린더의 이론 송출량이 830 cm³/s, 추력이 3kgf 일 때 이 유압실린더의 속도(cm/s)는 얼마인가? (단, 펌프의 용적효율은 90% 이다.)
① 7.5   ② 8.5   ③ 9.5   ④ 10.5

문제 56. 비틀림을 받는 원형 단면 봉에서 발생하는 비틀림 각에 대한 설명으로 옳은 것은?
① 봉의 길이에 반비례한다.   ② 전단 탄성계수에 비례한다.
③ 비틀림 모멘트에 반비례한다.   ④ 극단면 2차 모멘트에 반비례한다.

문제 57. 축에 직각인 하중을 지지하는 베어링은?
① 피벗 베어링   ② 칼라 베어링   ③ 레이디얼 베어링   ④ 스러스트 베어링

문제 58. 다음 중 버니어 캘리퍼스로 측정할 수 없는 것은?
① 구멍의 내경   ② 구멍의 깊이   ③ 축의 편심량   ④ 공작물의 두께

문제 59. 지름 8cm, 길이 200cm인 연강봉에 7000N 인장하중이 작용하였을 때 변형 량은?(단, 탄성한도 내에서 있다고 가정하며, 세로탄성계수는 2.1×10^6 N/cm² 이다.)
① 0.13mm   ② 0.52mm   ③ 0.33mm   ④ 0.62mm

해답 54.② 55.③ 56.④ 57.③ 58.③ 59.①

문제 60. 유압 회로 구성에 사용되는 어큐뮬레이터의 용도가 아닌 것은?
① 주 동력원 ② 비상동력원 ③ 누설 보상기 ④ 유압 완충기

전기제어공학

문제 61. 어느 코일에 흐르는 전류가 0.1초간에 1A 변화하여 6V의 기전력이 발생하였다. 이 코일의 자기 인덕턴스는 몇 H인가?
① 0.1 ② 0.6 ③ 1.0 ④ 1.2

문제 62. 어떤 장치에 원료를 넣어 이것을 물리적, 화학적 처리를 가하여 원하는 제품을 만들기 위해 사용하는 제어는?
① 서보제어 ② 추치제어 ③ 프로그램제어 ④ 프로세스제어

문제 63. 논리식 $L = X + \overline{X} + Y$를 부울대수의 정리를 이용하여 간단히 하면?
① Y ② 1 ③ 0 ④ X + Y

문제 64. 전동기의 기계방정식이 $J\dfrac{d\omega}{dt} + D\omega = \tau$ 일 때, 이 식으로 그린 블록선도는? (단, J는 관성계수, D는 마찰계수, τ는 전동기에서 발생되는 토크, ω는 전동기의 회전속도이다.)

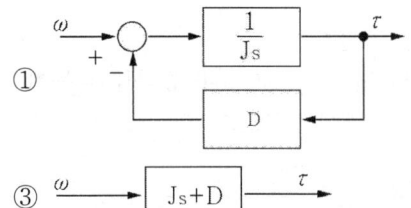

해답 60.① 61.② 62.④ 63.② 64.③

문제 65. $G(s) = \dfrac{1}{1+3s+3s^2}$ 일 때 이 요소의 단위 계단 응답의 특성은?
① 감쇠 진동(부족제동)　　　② 완전 진동(무제동)
③ 임계 진동(임계제동)　　　④ 비진동(과제동)

문제 66. $2\text{k}\Omega$의 저항에 25mA의 전류를 흘리는 데 필요한 전압(V)은?
① 50　　② 100　　③ 160　　④ 200

문제 67. 접점부분이 비활성 가스를 충전한 유리관 속에 봉입되어 있는 스위치 코일에 흐르는 전류로 고속 동작을 하는 입력기구는?
① 근접 스위치　　　② 광전 스위치
③ 플로트레스 스위치　　　④ 리드 스위치

문제 68. 그림과 같은 블록선도에서 X_3/X_1를 구하면?

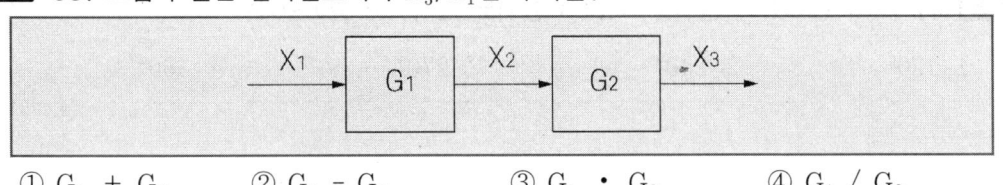

① $G_1 + G_2$　　② $G_1 - G_2$　　③ $G_1 \cdot G_2$　　④ G_1 / G_2

문제 69. 입력으로 단위 계단함수 $u(t)$를 가했을 때, 출력이 그림과 같은 조절계의 기본 동작은?

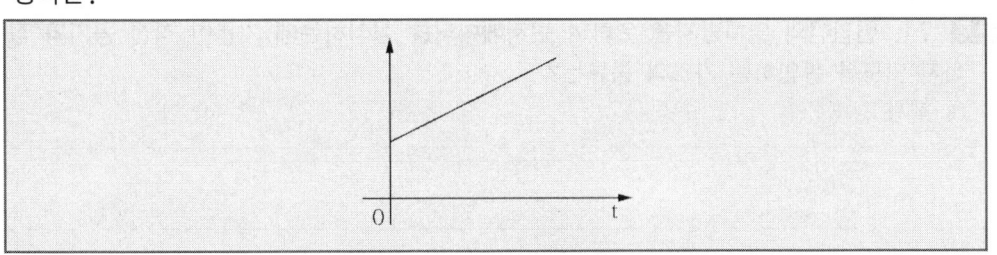

① 비례 동작　　　② 2위치 동작
③ 비례 적분 동작　　　④ 비례 미분 동작

해답 65.①　66.①　67.④　68.③　69.③

문제 70. 피드백 제어계의 제어장치에 속하지 않는 것은?
① 설정부 ② 조절부 ③ 검출부 ④ 제어대상

문제 71. 그림과 같은 미끄럼줄 브리지가 R = 10kΩ, X = 30kΩ에서 평형되었다. L_1과 L_2의 합이 100cm일 때 L_1의 길이(cm)는?

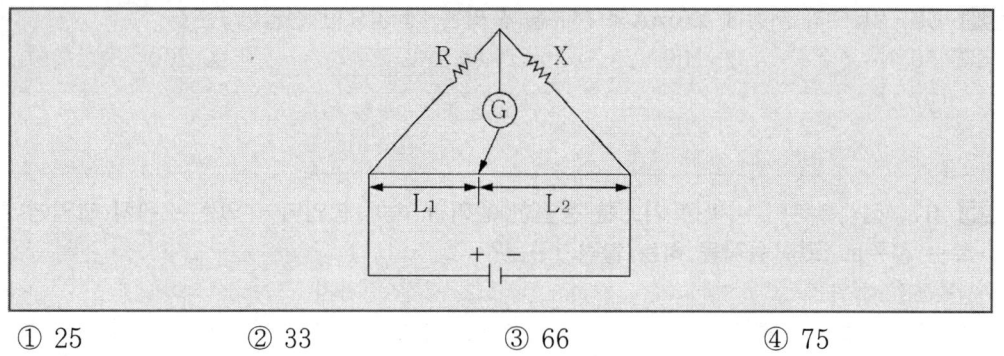

① 25 ② 33 ③ 66 ④ 75

문제 72. $\frac{3}{2}\pi$ (rad)의 단위를 각도(°) 단위로 표시하면 얼마인가?
① 120° ② 240° ③ 270° ④ 360°

문제 73. 논리식 $X = (A+B)(\overline{A}+B)$ 를 간단히 하면?
① A ② B ③ AB ④ A + B

문제 74. 변압기의 열화방지를 위하여 콘서베이터를 설치하는데 기름이 직접 공기와 접촉하지 않도록 봉입하는 가스의 종류는?
① 헬륨 ② 수소 ③ 유황 ④ 질소

문제 75. 전동기 온도 상승 시험 중 반환 부하법에 해당되지 않는 것은?
① 블론델법 ② 카프법 ③ 홉킨스법 ④ 등가저항측정법

해답 70.④ 71.① 72.③ 73.② 74.④ 75.④

문제 76. 저항 R(Ω)에 전류 I(A)를 일정 시간 동안 흘렸을 때 도선에 발생하는 열량의 크기로 옳은 것은?
① 전류의 세기에 비례
② 전류의 세기에 반비례
③ 전류의 세기의 제곱에 비례
④ 전류의 세기의 제곱에 반비례

문제 77. 그림과 같은 Y결선회로에서 X상에 걸리는 전압(V)은?

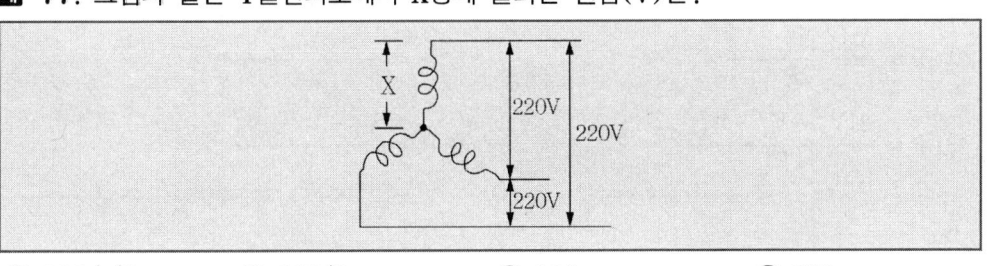

① $220/\sqrt{3}$
② $220/3$
③ 110
④ 220

문제 78. 다음 그림과 같은 회로가 있다. 이때 각 콘덴서에 걸리는 전압(V)은 약 얼마인가?

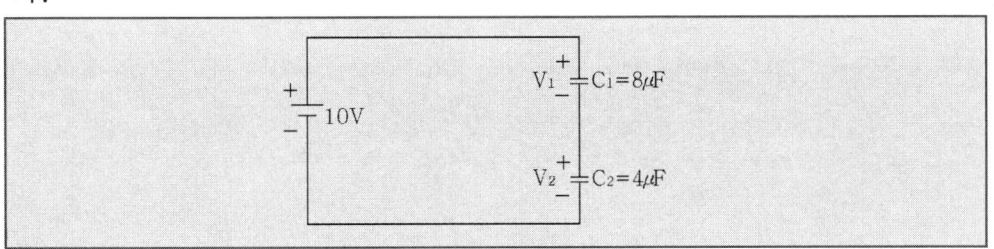

① $V_1 = 3.33$, $V_2 = 6.67$
② $V_1 = 6.67$, $V_2 = 3.33$
③ $V_1 = 3.34$, $V_2 = 1.66$
④ $V_1 = 1.66$, $V_2 = 3.34$

문제 79. 3상 불평형 회로가 있다. 각상 전압이 $V_a = 220(V)$, $V_b = 220\angle-140°(V)$, $V_c = 220\angle100°(V)$ 일 때 정상분전압 V_1은 약 몇 V 인가?
① $197.31\angle13.06°$
② $197.31\angle-13.36°$
③ $217.03\angle13.06°$
④ $217.03\angle-13.36°$

해답 76. ③ 77. ① 78. ① 79. ④

문제 80. 그림은 3개의 전압계를 사용하여 교류측정이 가능한 회로이다. 이 회로에서 부하의 소비전력을 구하면?

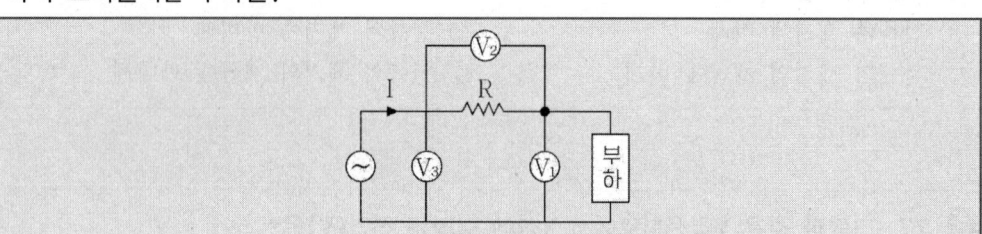

① $P = \dfrac{V_3^2 + V_1^2 + V_2^2}{2R}$
② $P = \dfrac{V_3^2 - V_1^2 - V_2^2}{2R}$
③ $P = \dfrac{2(V_2^2 - V_1^2 - V_3^2)}{R}$
④ $P = \dfrac{V_2^2 - V_1^2 - V_3^2}{R}$

해답 80. ②

승강기 개론
(2023년 제2회 기출복원문제)

문제 1. 장애인용 엘리베이터에 대한 설명 중 틀린 것은?
① 각층의 장애인용 엘리베이터 호출버튼의 0.4m 전면에는 점형블록을 설치하여야 한다.
② 카내 조작반 및 승강장의 호출버튼에 점자표시판을 부착하여야 한다.
③ 장애인용 호출버튼에 의하여 카가 정지하면 10초 이상 문이 열린채로 대기하여야 한다.
④ 엘리베이터 내부에는 운행상황을 표시하는 점멸등 및 음성신호장치를 설치하여야 한다.

문제 2. 비상정지 장치가 작동하여 감속 정지 후 승강기 바닥면의 수평도는 얼마 이내로 되어야 하는가?
① 1/20 이내　　　　　　② 1/30 이내
③ 1/40 이내　　　　　　④ 1/50 이내

문제 3. 적재하중 1000kg, 적정속도 60m/min, 오버밸런스율 40%, 총합효율 60%일 때 권상전동기의 용량은 약 몇 (kW)인가?
① 5.9　　② 6.5　　③ 7.5　　④ 9.8

문제 4. 승강기 정의에 대한 설명으로 가장 올바른 것은?
① 전용 승강로 내를 레일을 따라 동력에 의해 좌우로 움직이는 카로 사람 또는 물건을 운반하는 기계장치
② 전용 승강로 내를 레일을 따라 중력에 의해 상하로 움직이는 카로 사람 또는 물건을 운반하는 기계장치
③ 전용 승강로 내를 레일을 따라 동력에 의해 상하로 움직이는 카로 사람 또는 물건을 운반하는 기계장치
④ 전용 승강로 내를 레일 없이 동력에 의해 상하로 움직이는 카로 사람 또는 물건을 운반하는 기계장치

해답 1.① 2.② 3.④ 4.③

문제 5. 나선형 에스컬레이터라고도 하며 나선형으로 상승 또는 하강하는 에스컬레이터는?
① 옥내용 에스컬레이터　　　　② 모듈러 에스컬레이터
③ 옥외용 에스컬레이터　　　　④ 스파이럴 에스컬레이터

문제 6. 일종의 압력조절밸브로 회로의 압력이 설정값에 도달하면 밸브를 열어 기름을 탱크로 돌려보냄으로 압력이 과도하게 높아지는 것을 방지하기 위한 것은?
① 유량제어밸브　　② 안전밸브　　③ 역저지밸브　　④ 필터

문제 7. 비상용 엘리베이터에 대한 설명 중 옳지 않은 것은?
① 예비전원은 정전시 60초 이내에 엘리베이터 운행에 필요한 전력용량을 자동적으로 발생시켜야 한다.
② 정전시 예비전원에 의하여 2시간 이상 작동되어야 한다.
③ 엘리베이터의 운행속도는 45m/min 이상이어야 한다.
④ 카 내에는 중앙관리실 또는 경비실 등과 연락할 수 있는 통화장치를 설치하여야 한다.

문제 8. 비상용 엘리베이터의 운항속도 기준은?
① 120m/min 이상　② 60m/min 이상　③ 45m/min 이상　④ 30m/min 이상

문제 9. 카 위나 카 내부에서 동력을 차단하는 장치로, 카 내부에서는 카를 사용해 작동하게 하거나, 덮개가 있는 상자 내에 장치해야 하는 스위치는?
① 3로 스위치　　② 정지스위치　　③ 리미트 스위치　　④ 토글 스위치

문제 10. 비상용 엘리베이터에서 1차 소방스위치(키 스위치)를 조작한 후 동작 설명으로 옳은 것은?
① 행선층버튼을 계속 누르고 있을 때 문이 닫히지 않는다.
② 문닫힘 안전장치가 작동하여야 한다.
③ 과부하감지장치가 작동하지 않아야 한다.
④ 문닫힘버튼을 계속 누르고 있을 때 문이 닫히지 않는다.

해답 5.④　6.②　7.③　8.②　9.②　10.③

문제 **11.** 정지 레오나드 방식에서 정지형 반도체 소자를 이용하여 교류를 직류로 전환시킴과 동시에 무엇을 제어하여 직류 전압을 변화시키는가?
① 점호각　　② 주파수　　③ 전압　　④ 전류

문제 **12.** 조속기의 로프 및 도르래의 구비조건 중 틀린 것은?
① 조속기 로프의 공칭지름은 최소 6mm 이상이어야 한다.
② 조속기 도르래의 피치지름과 로프의 공칭지름의 비는 30배 이상이어야 한다.
③ 조속기 로프는 비상정지장치로부터 분리시킬 수 없어야 한다.
④ 조속기의 캣치가 작동되었을 때 조속기 로프가 갖추어야 할 인장력은 300N 이상이어야 한다.

문제 **13.** 전압과 주파수를 동시에 제어하는 속도 제어 방식은?
① 교류 1단 속도제어
② 교류 귀환 전압제어
③ 정지 레오나드 제어
④ VVVF 제어

문제 **14.** 유압식 승강기에서 압력배관이 파손되었을 때, 자동적으로 닫혀서 카가 급격히 떨어지는 것을 방지하는 장치는?
① 안전밸브　　② 저지밸브　　③ 럽쳐밸브　　④ 체크밸브

문제 **15.** 카의 구조 중 카틀의 구성요소에 포함되지 않는 것은?
① 상부 체대　　　　　② 브레이스 로드(Brace Rod)
③ 하부 체대　　　　　④ 기계대

문제 **16.** 과류 귀환제어방식에서 역행 토크를 변화시키는 사이리스터와 다이오드의 연결방식은?
① 직렬　　　　　　　② 병렬
③ 역병렬　　　　　　④ 역직렬

해답 11.① 12.③ 13.④ 14.③ 15.④ 16.③

문제 17. 카의 정격속도가 60(m/min)인 스프링 완충기의 최소행정(min)은?
① 150　　　② 125　　　③ 100　　　④ 64

문제 18. 엘리베이터의 설치형태 및 카 구조에 의한 분류에 적합하지 않은 것은?
① 더블 데크 엘리베이터　　② 전망용 엘리베이터
③ 셔틀 엘리베이터　　　　④ 장애인용 엘리베이터

문제 19 권상기의 주 도르래의 홈 밑을 도려낸 언더커트홈을 사용하는 이유로 가장 알맞은 것은?
① 제조시 가공을 편리하게 하기 위해서
② 로프와의 마찰계수를 크게 하기 위해서
③ 로프직경을 줄이기 위해서
④ 마모를 줄이기 위해서

문제 20. 균형추측에 비상정지장치를 설치하는 경우의 조속기 작동에 관한 설명으로 옳은 것은?
① 카측의 90% 속도에서 작동해야 한다.
② 카측보다 빠르거나 같을 때 작동해야 한다.
③ 카측보다 나중에 작동해야 한다.
④ 카측과 같은 속도로 동시에 작동해야 한다.

해답 17.③　18.④　19.②　20.③

승강기 설계
(2023년 제2회 기출복원문제)

문제 1. 도어클로저에 관하여 틀린 것은?
① 고속 도어장치에는 스프링클로저 방식이 적합하다.
② 웨이트클로저 방식은 도어의 닫힘이 끝날 때 힘이 약해진다.
③ 규제가 제거되면 자동적으로 닫히는 방식이 일반적이다.
④ 웨이트클로저 방식은 웨이트가 승강로 벽을 따라 내려 뜨리는 것과 도어판넬 자체에 달리는 것 2종이 있다.

문제 2. 유도전동기가 엘리베이터의 동력용 전동기로 가장 많이 사용되는 이유가 아닌 것은?
① 속도 제어성이 우수하다.
② 구조가 간단하고 견고하다.
③ 고장이 적고 가격이 싸다.
④ 유지보수의 필요성이 적고 취급이 용이하다.

문제 3. 정격속도 90m/min인 로프식 엘리베이터 카 꼭대기틈새 기준으로 적합한 것은?
① 1.8m 이상　② 1.6m 이상　③ 1.4m 이상　④ 1.2m 이상

문제 4. 군관리 승객용 엘리베이터 중 1대에만 전면과 후면 출입구를 설치하려고 한다. 틀린 것은?
① 문열림 특별장치가 필요하다.　② 파트타임 서비스에 적당하다.
③ 국내에서도 설치할 수 있다.　④ 동시에 양쪽문이 작동해도 된다.

문제 5. 길이가 40m인 로프에 250kg의 하중이 작용할 때 로프가 탄성한계 내에서 늘어나는 길이는?(단, 로프의 종탄성계수는 7000kg/mm^2, 로프본수는 1가닥, 로프단면적은 100mm^{2}이다.)
① 약 14.2(mm)　　　　　② 약 18.7(mm)
③ 약 32.6(mm)　　　　　④ 약 53.2(mm)

해답 1.② 2.① 3.② 4.④ 5.①

문제 6. 동기 기어레스 권상기를 설계하려고 한다. 주 도르래의 직경을 작게 설계할 경우에 대한 설명으로 틀린 것은?
① 소형화가 가능하다.
② 주 로프의 지름이 작아질 수 있다.
③ 회전수가 빨라진다.
④ 브레이크 제동 토크가 커진다.

문제 7. 복수의 엘리베이터를 능률이 좋게 운전하는 조작방식이 아닌 것은?
① 군승합자동식은 엘리베이터 2~3대가 병설되었을 때 주로 사용되는 방식이다.
② 승합자동식은 진행방향의 카버튼과 승강장버튼에 응답하면서 승강한다.
③ 군승합자동식은 부름이 없을 때는 다음 부름에 대비하여 분산대기 한다.
④ 군관리 방식은 3~8대를 병설할 때 각 카를 무리없이 합리적으로 운행, 관리할 수 있다.

문제 8. 정전시에 작동되는 케이지 내의 예비조명장치는 램프 중심에서 수직으로 2m 떨어진 지점에서 측정할 때 조도는 몇 (lx) 이상이어야 하는가?
① 1
② 2
③ 3
④ 4

문제 9. 정격하중 1000kgf, 카 자체하중 1300kgf, 속도 60m/min용 엘리베이터를 오버밸런스율 40%로 설정할 경우 균형추의 무게는?
① 1520(kgf)
② 1700(kgf)
③ 1920(kgf)
④ 2300(kgf)

문제 10. 건축법령상 비상용엘리베이터에 관한 설명으로 틀린 것은?
① 건물높이 41m 이상으로 각 층의 바닥면적 중 최대 바닥면적이 $1500m^2$ 이하인 건축물에는 1대 이상 설치하여야 한다.
② 건물높이 41m 이상으로 각 층의 바닥면적 중 최대 바닥면적의 합계가 $600m^2$ 이하인 건축물에는 설치하지 않아도 된다.
③ 건물높이 41m를 넘고 바닥면적 중 최대 바닥면적이 $1500m^2$를 넘는 경우에는 매 $3000m^2$ 이내마다 1대씩 가산하여 설치하여야 한다.
④ 2대 이상의 비상용 엘리베이터를 설치할 경우 소화에 지장이 없도록 일정간격을 두고 설치하여야 한다.

해답 6.④ 7.② 8.① 9.② 10.②

문제 11. 엘리베이터의 승강로에 관하여 틀린 것은?
① 비상용 엘리베이터의 승강로는 전층 단일구조로 연결하여야 한다.
② 꼭대기 틈새란 카가 정지했을 때 상부체대의 윗면에서 승강로 천정 사이의 수직거리이다.
③ 정격속도가 90m/min인 로프식 엘리베이터의 꼭대기 틈새는 1.6cm이상이면 된다.
④ 로프식 엘리베이터의 오버헤드는 출입구 높이+꼭대기 틈새이다.

문제 12. 기계실에 설치할 수 있는 설비로 적합한 것은?
① 급배수설비   ② 피뢰침선
③ 변압기   ④ 비상 방송용 스피커

문제 13. 층고 5.77m, 경사각 30°, 스텝체인스프로켓 반지름 460mm, 구동체인 스프로켓 반지름 540mm, 구동체인 보정 판단력이 12500kg인 1200형 에스컬레이터의 체인 안전율은?
① 0.87   ② 12.38   ③ 17.87   ④ 18.38

문제 14. 유압식 엘리베이터의 전동기 출력이 30kw, 1행정당 전동기의 구동시간이 20초, 1시간당 왕복횟수가 100일 때 유압기기의 발열량(kcal/h)은 얼마인가?
① 12333   ② 13333
③ 14333   ④ 15333

문제 15. 균형추에 비상정지 장치가 있는 경우 사용하지 않아야 하는 가이드 레일은?
① 5K   ② 8K   ③ 13K   ④ 18K

문제 16. 다음 중 와이어로프에 의해 카가 움직이는 것은?
① 유압 간접식   ② 유압 직접식
③ 유압 팬터 그래프식   ④ 에스컬레이터

해답 11.④ 12.④ 13.① 14.③ 15.① 16.①

문제 17. 방범설비인 연락 장치에 대한 설명으로 틀린 것은?
① 연락 장치는 정상전원으로만 작동하여도 된다.
② 비상시 카 내부에서 외부의 관계자에게 연락이 가능해야 한다.
③ 비상 요청시 카외부에서 카내의 적절한 지시를 할 수 있어야 한다.
④ 카내부, 기계실, 관리실, 동시통화가 가능해야 한다.

문제 18. 비상용 엘리베이터에서 1차 소방스위치(키 스위치)를 조작한 후의 작동사항으로 옳은 것은?
① 문닫힘 안전장치 및 과부하감지장치가 작동하지 않아야 한다.
② 승강자의 호출에는 카가 응답하여야 한다.
③ 문닫힘 버튼을 누르다가 손을 떼면 문은 닫히고 있는 상태로 유지되어야 한다.
④ 카 내에서의 행선층 등록은 일부 층만 등록이 있도록 한정되어야 한다.

문제 19. 엘리베이터용 감시반에 대한 설명 중 옳지 않은 것은?
① 감시반의 가장 큰 목적은 승객의 안전 확보 및 신속한 구출을 위한 것이다.
② 감시반의 기능에는 제어기능, 표시기능, 경보기능 및 승객감시기능이 있다.
③ 일반감시반에는 벽걸이형, 캐비닛형, 콘솔형, 탁상형이 있다.
④ 컴퓨터감시반은 고장검출 및 분석과 교통량분석도 가능하다.

문제 20. 유압실린더의 설계에 관한 사항으로 옳은 것은?(단, p : 사용압력(kg/cm²), d : 실린더내경(cm), s : 설계압력(kg/cm²), r : 오목면을 측정한 헤드반경)
① 실린더 설계시 안전율은 10 이상이어야 한다.
② 실린더 벽의 최소두께는 $t=\dfrac{pd}{2s}$에 의하여 구한다.
③ 평평한 플런저헤드의 최소두께는 $t=\sqrt{\dfrac{p}{2s}}$ 로 구한다.
④ 접시모양 플런저헤드의 최소두께는 $t=\dfrac{pr}{s}$로 구한다.

해답 17.① 18.① 19.② 20.②

일반기계공학
(2023년 제2회 기출복원문제)

문제 1. 전기 아크용접에서 언더 컷(under cut)이 가장 많이 나타나는 용접 조건은?
① 저전압, 저용접 속도
② 전류부족, 저용접 속도
③ 고용접속도, 전류 과대
④ 저용접속도, 전류 과대

문제 2. 밀링머신에서 새들과 테이블을 지지하며 승강 리드스크류에 의해 이송되는 밀링머신의 구성품은?
① 니(knee)
② 컬럼(column)
③ 스핀들(spindle)
④ 오버 암(over arm)

문제 3. V 벨트 전동과 비교한 체인전동의 특징을 설명한 것으로 틀린 것은?
① 전동 효율이 높다.
② 고속 회전에 적합하다.
③ 미끄럼이 없어 속도비가 일정하다.
④ V 벨트 길이보다는 체인길이를 쉽게 조절할 수 있다.

문제 4. 선삭가공이나 드릴로 뚫어진 구멍의 형상과 치수를 정밀하게 다듬질하는 작업은?
① 라밍
② 탭핑
③ 다이스 작업
④ 스크레이퍼 작업

문제 5. 절삭 가공 방식 중에서 절삭공구가 회전하지 않는 공작기계는?
① 선반
② 밀링 머신
③ 호빙 머신
④ 드릴링 머신

문제 6. 알루미늄-규소계 합금으로 실루민에 구리, 마그네슘, 니켈을 소량 첨가한 것으로 내열성이 좋고 열팽창 계수가 작은 금속은?
① 라우탈(Lautal)
② 로엑스(Lo-ex)
③ 알팩스(alpax)
④ 단련용 Y합금

해답 1.③ 2.① 3.④ 4.① 5.① 6.②

문제 7. 그림과 같이 주어진 단순보에서 최대 처짐에 대한 서술 중 틀린 것은?

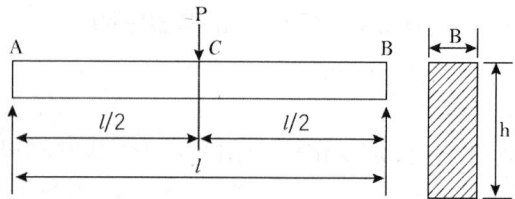

① 탄성계수(E)에 반비례한다.
② 하중(P)에 비례한다.
③ 길이(ℓ)의 3제곱에 비례한다.
④ 보의 단면 높이(h)의 제곱에 비례한다.

문제 8. 스프링의 일반적인 용도 설명으로 잘못된 것은?
① 하중 및 힘의 측정에 사용한다.
② 진동 또는 충격에너지를 흡수한다.
③ 운동에너지를 열에너지로 소비한다.
④ 에너지를 저축하여 놓고 이것을 동력원으로 사용한다.

문제 9. 알루미늄 분말, 산화철 분말과 점화제의 혼합 반응으로 열을 발생시켜 용접하는 방법은?
① 티르밋 용접
② 피복 아크 용접
③ 일렉트로 슬래그 용접
④ 불활성 가스 아크 용접

문제 10. 축의 허용전단응력이 $3N/mm^2$이고, 축의 비틀림모멘트가 $3.0 \times 10^5 N/mm^2$일 때 축의 지름은?
① 63.4 mm
② 72.6 mm
③ 79.9 mm
④ 83.4 mm

문제 11. 보통 주철에 대한 설명으로 틀린 것은?
① 흑연의 모양 및 분포에 따라 기계적 성질이 좌우된다.
② 가단 주철과 칠드 주철이 이에 속한다.
③ 인장강도는 100~196 MPa 정도이다.
④ 기계 가공성이 좋고 값이 싸다.

해답 7.④ 8.③ 9.① 10.③ 11.②

문제 12. 외접 원통마찰차의 축간거리가 300mm, 원동차의 회전수가 200rpm, 종동차의 회전수가 100rpm일 때 원동차의 지름(D_1), 종동차의 지름(D_2)는 각각 몇 mm인가?
① $D_1=400$, $D_2=200$　　　　② $D_1=200$, $D_2=400$
③ $D_1=200$, $D_2=100$　　　　④ $D_1=100$, $D_2=200$

문제 13. 펌프의 공동현상(caviation)의 방지법으로 거리가 먼 것은?
① 펌프의 설치높이를 되도록 낮추어 흡입 양정을 짧게 한다.
② 압축펌프를 사용하고, 회전차를 수중에 완전히 잠기게 한다.
③ 양흡입펌프를 사용한다.
④ 펌프의 회전수를 높여서 흡입 비속도를 크게 한다.

문제 14. 탄소강의 성질 중 아공석강(C < 0.77%) 영역에서는 탄소함유량이 증가할수록 인장강도와 연신율은 어떻게 변하는가?
① 인장강도와 연신율 모두 증가한다.
② 인장강도는 감소하고, 연신율은 증가한다.
③ 인장강도는 증가하고, 연신율은 감소한다.
④ 인장강도와 연신율 모두 감소한다.

문제 15. 연삭숫돌은 연삭이 계속 진행되면 자동적으로 입자가 탈락되면서 새로운 예리한 입자에 의해 연삭이 진행하게 되는데 이 현상을 무엇이라 하는가?
① 자생작용　　② 트루잉　　③ 글레이징　　④ 드레싱

문제 16. 알루미늄에 Cu, Ni, Mg 원소를 첨가하여 만든 알루미늄 합금으로 내열성이 우수하고 고온강도가 크므로 내연기관의 피스톤이나 실린더 헤드로 많이 사용되는 합금은?
① Y합금　　② 듀랄루민　　③ 실루민　　④ 톰백

문제 17. 담금질(Quenching)한 강을 A1 변태점 이하 온도로 가열하여 인성을 증가시키는 열처리는?
① 풀림(Annealing)　　　　② 불림(Normalizing)
③ 뜨임(Tempering)　　　　④ 서브 제로(Surzero)처리

해답 12.② 13.④ 14.③ 15.① 16.① 17.③

문제 18. 강철봉을 기온이 30°C인 상태에서 240N/cm²의 인장응력을 발생시켜 놓고 양단을 고정하였다. 이 봉을 60°C로 기온을 상승시키면 강철봉에 발생하는 응력은 어떻게 되는가?(단, 세로탄성계수는 $E=2\times10^6 N/cm^2$, 선팽창계수는 $a=1\times10^{-5}/°C$이다.)
① 840N/cm²의 인장응력이 발생한다. ② 360N/cm²의 압축응력이 발생한다.
③ 600N/cm²의 인장응력이 발생한다. ④ 600N/cm²의 압축응력이 발생한다.

문제 19. 그림과 같은 유압회로는 어떤 회로인가?

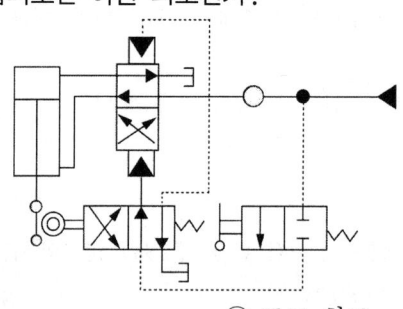

① 브레이크 회로 ② 로크 회로
③ 파일럿 조작 회로 ④ 정토크 구동 회로

문제 20. 직사각형 단면의 높이가 폭의 2배인 단순보에 굽힘 모멘트가 54n·m 작용할 때, 굽힘 응력이 200n/cm²인 경우 단면의 폭은 약 몇 cm인가?
① 2.2   ② 3.0   ③ 4.5   ④ 5.0

해답 18.① 19.③ 20.②

전기제어공학

(2023년 제2회 기출복원문제)

문제 1. 그림과 같은 회로에서 전달함수 $G(s) = \dfrac{I(s)}{V(s)}$ 를 구하면?

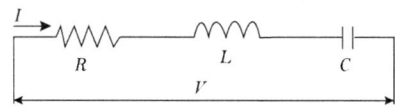

① $R + L_S + C_S$ ② $\dfrac{1}{R + L_S + C_S}$ ③ $R + L_S + \dfrac{1}{C_S}$ ④ $\dfrac{1}{R + L_S + \dfrac{1}{C_S}}$

문제 2. 권선형 유도전동기의 기동방법으로 가장 적당한 것은?
① 전전압기동법 ② 리액터기동법 ③ 기동보상기법 ④ 2차 저항법

문제 3. 어떤 제어계의 임펄스 응답이 sin ωt일 때 계의 전달함수는?

① $\dfrac{\omega}{s+\omega}$ ② $\dfrac{s}{s+\omega^2}$ ③ $\dfrac{\omega}{s+\omega^2}$ ④ $\dfrac{w^2}{s+\omega}$

문제 4. 아래의 가)그림과 같이 직렬결합되어 있는 블록선도를 등가변환한 나)그림의 ⓐ에 해당하는 것은?

가) A(S) → [G1(S)] → C(S) → [G2(S)] → B(S)

나) A(S) → [ⓐ] → B(S)

① G1(S)+G2(S) ② G1(S)-G2(S)
③ G1(S)·G2(S) ④ G1(S)/G2(S)

문제 5. 축전지의 용량은 어떤 단위로 나타내는가?
① A ② Ah ③ V ④ kW

해답 1.④ 2.④ 3.③ 4.③ 5.②

문제 6. $G(s) = \dfrac{2(s+2)}{(s^2+5s+6)}$의 특성 방정식 근은?
① 2, 3　　　　② -2, -3　　　　③ 2, -3　　　　④ -2, 3

문제 7. 논리식 A+AB를 간단히 하면?
① 0　　　　② 1　　　　③ A　　　　④ B

문제 8. 그림과 같은 블록선도를 등가 변환한 것은?

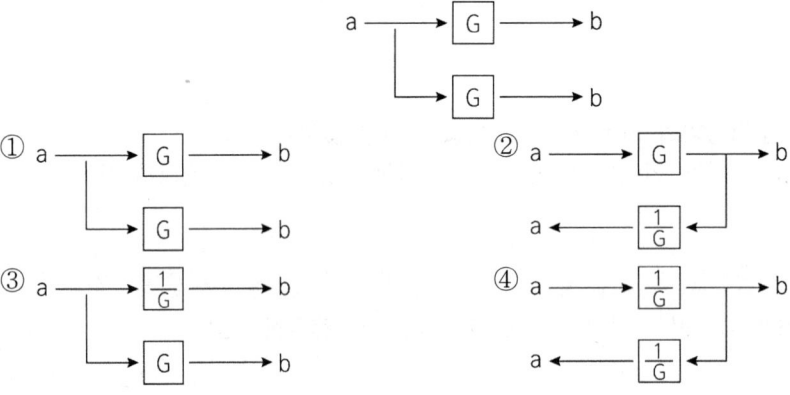

문제 9. 그림과 같은 회로의 합성저항은 몇 (Ω)인가?

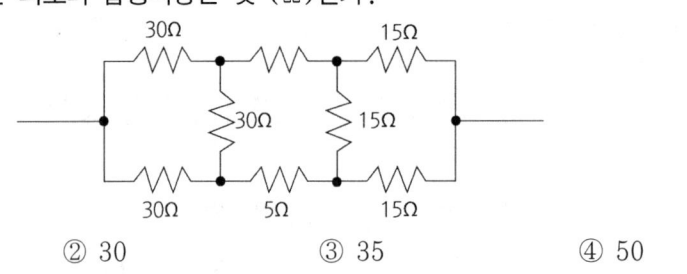

① 25　　　　② 30　　　　③ 35　　　　④ 50

문제 10. 목표치가 미리 정해진 시간적 변화를 하는 경우 제어량을 변화시키는 제어를 무엇이라고 하는가?
① 정치제어　　　　② 프로그래밍제어
③ 추종제어　　　　④ 비율제어

해답　6.②　7.③　8.①　9.①　10.③

문제 11. 발전기의 유기 기전력의 방향을 알기위한 법칙은?
① 렌츠의 법칙 ② 페러데이의 법칙
③ 플레밍의 왼손 법칙 ④ 플레밍의 오른손 법칙

문제 12. 피상전력이 Pa(kVA)이고 무효전력이 Pr(kvar)인 경우 유효전력 P(kW)를 나타낸 것은?
① $P = \sqrt{p_r^2 - p_a^2}$
② $P = \sqrt{p_a^2 - p_r^2}$
③ $P = \sqrt{p_r^2 + p_r^2}$
④ $P = \sqrt{p_a^2 + p_r^2}$

문제 13. A=6+j8, B=20∠60°일 때 A+B를 직각좌표형식으로 표현하면?
① 26+j25.32 ② 16+j25.32
③ 18+j25.32 ④ 28+j25.32

문제 14. 전기자철심을 규소 강판으로 성층하는 주된 이유는?
① 가공하기 쉽다. ② 가격이 싸다.
③ 기계손을 적게 할 수 있다. ④ 철손을 적게 할 수 있다.

문제 15. 다음 중 온도보상용으로 사용되는 것은?
① 다이오드 ② 다이액 ③ 서미스터 ④ SCR

문제 16. 피드백 제어계에서 주궤환 신호를 설명한 것은?
① 목표 값에 비례하는 기준 입력 신호를 발생하는 요소의 신호
② 제어량에서 주궤환을 생성하는 요소의 신호
③ 제어량의 값을 목표 값과 비교하여 동작 신호를 얻기 위해 궤환되는 신호
④ 제어계를 동작시키는 기준으로 목표 값에 비례하는 신호

문제 17. R=100(Ω), L=20(mH), C=47(uF)인 R-L-C 직렬회로에 순시전압 V=141.4sin 377t(V)를 인가하면 이 회로의 임피던스는 약 몇 (Ω)인가?
① 97 ② 111 ③ 122 ④ 130

해답 11.④ 12.② 13.② 14.④ 15.③ 16.③ 17.②

문제 18. 3상 유도전동기에서 일정 토크 제어를 위하여 인버터를 사용하여 속도제어를 하고자 할 때 고급전압과 주파수의 관계는 어떻게 해야 하는가?
① 공급전압과 주파수는 비례되어야 한다.
② 공급전압과 주파수는 반비례되어야 한다.
③ 공급전압이 항상 일정하여야 한다.
④ 공급전압의 제곱에 비례하여야 한다.

문제 19. 효율 80%, 출력 10(kW)인 전동기의 손실은 약 몇 (kW)인가?
① 2.0 ② 2.5 ③ 3.0 ④ 3.5

문제 20. 전달함수의 정의는?
① 모든 초기값을 0으로 하였을 때 계의 출력신호의 라플라스 변환과 입력신호의 라플라스 변환의 비
② 모든 초기값을 1로 하였을 때 계의 출력신호의 라플라스 변환과 입력신호의 라플라스 변환의 비
③ 모든 초기값을 ∞로 하였을 때 계의 출력신호의 라플라스 변환과 입력신호의 라플라스 변환의 비
④ 모든 초기값을 입력과 출력의 비로 한다.

해답 18.① 19.② 20.①

승강기 개론
(2024년 제2회 기출복원문제)

문제 1. 레일을 죄는 힘이 처음에는 약하게 작용하다가 하강함에 따라 점점 강해지다가 얼마 후 일정한 값에 도달하는 비상정지장치는?
① 플래시블 가이들 클램프(F.G.C)형
② 플랙시블 웨지 클램프(F.W.C)형
③ 즉시 작동형
④ 슬랙 로프 세이프티(Slack Rope Safety)형

문제 2. 3상 교류의 단속도 전동기에 전원을 공급하는 것으로 기동과 전속운전을 하고, 정지는 전원을 차단한 후 제동기가 작동하여 기계적으로 브레이크를 작동시키는 속도 제어 방식은?
① 교류 귀환 제어
② 교류 2단 속도 제어
③ 교류 1단 속도제어
④ WWF 제어

문제 3. 유압식 엘리베이터에서 유량제어밸브에 대한 설명으로 옳은 것은?
① 유압류가 역으로 이송되지 않게 하는 밸브이다.
② 탱크로 되돌려지는 일부 유량을 제어하는 밸브이다.
③ 미터인 회로는 분기된 바이패스 회로에서 처리한다.
④ 밸브를 잠그면 유류가 흐르지 않도록 하는 밸브이다.

문제 4. 장애인용 승강기에 대한 설명으로 틀린 것은?
① 승강장 바닥과 승강기바닥의 틈은 3센티미터 이하로 하여야 한다.
② 시각장애인이 감지할 수 있는 층수 등은 점자로 표시하지 않아도 된다.
③ 조작반, 통화장치 등에는 점자표지판을 부착하여야 한다.
④ 승강기내부의 유효바닥면적은 폭 1.1미터 이상, 깊이 1.35미터 이상으로 하여야 한다.

문제 5. 유압식 엘리베이터에서 유압장치의 보수, 점검, 수리 등을 할 때 주로 사용하는 장치는?
① 스톱밸브
② 블리드오프
③ 라인필터
④ 스트레이터

해답 1.② 2.③ 3.② 4.② 5.①

문제 6. 엘리베이터 안전장치 중 엘리베이터가 정격속도를 현저히 초과하여 과속으로 운전될 때 전원을 차단시켜 엘리베이터 운행을 정지시키는 안전장치는?
① 강제감속 스위치 ② 슬로우다운 스위치
③ 리미트 스위치 ④ 조속기

문제 7. 권상기 기계대 강도 계산시 환산동하중으로 계산되지 않는 항목은 무엇인가?
① 권상기 부품 자중 ② 정격 적재하중
③ 균형추 자중 ④ 도르래 자중

문제 8. 엘리베이터가 최상층에 있을 때 엘리베이트의 상부체대와 승강로 천장부와의 수직거리를 무엇이라 하는가?
① 피트깊이 ② 꼭대기 틈새 ③ 기계실 높이 ④ 오버헤드

문제 9. 덤 웨이터의 기계실에 설치될 수 있는 설비 및 장치로 틀린 것은?
① 환기를 위한 덕트
② 엘리베이터 또는 엘리베이터 등 승강기의 구동기
③ 증기난방 및 고압 온수난방을 제외한 기계실의 공조기 또는 냉난방을 위한 설비
④ 소방 관련법령에 따라 기계실 천장에 설치되는 화재감지기 본체, 비상용 스피커 및 제어장치

문제 10. 비상용 엘리베이터는 소방관이 조작하여 엘리베이터 문이 닫힌 이후부터 몇 초 이내에 가장 먼 층에 도착하여야 하는가?
① 30 ② 60 ③ 90 ④ 120

문제 11. 미리 설정한 방향으로 설정치를 초과한 상태로 과도하게 유체 흐름이 증가하여 밸브를 통과하는 압력이 떨어지는 경우 자동으로 차단하도록 설계된 밸브는?
① 체크 밸브 ② 럽처 밸브
③ 차단 밸브 ④ 릴리프 밸브

해답 6.④ 7.① 8.② 9.④ 10.② 11.②

문제 12. 에스컬레이터의 특징으로 틀린 것은?
① 기다리는 시간 없이 연속적으로 수송이 가능하다.
② 백화점과 마트 등 설치 장소에 따라 구매의욕을 높일 수 있다.
③ 전동기 가동 시 대전류에 의한 부하 전류의 변화가 엘리베이터에 비하여 많아 전원설비 부담이 크다.
④ 건축상으로 점유 면적이 적고 기계실이 필요하지 않으며 건물에 걸리는 하중이 각 층에 분산 분담되어 있다.

문제 13. 엘리베이터용으로 일반 와이어로프에 비해 소선의 탄소량이 적고, 경도가 낮으며 파단 강도가 $135 kgf/mm^2$인 와이어로프의 종은?
① E종　　　　　　　　　　② A종
③ B종　　　　　　　　　　④ C종

문제 14. 유압식 엘리베이터에 사용되는 체크밸브의 역할은?
① 기름을 하강방향으로만 흐르게 한다.
② 기름에 이물질이 있는지를 체크하여 동작한다.
③ 실린더의 기름을 파워 유니트로 역류하는 것을 방지한다.
④ 기름을 한쪽 방향으로만 흐르게 하고 정전이나 그 이외의 원인으로 토출 압력이 떨어져서 실린더내의 오일이 역류하여 급강하 하는 것을 방지한다.

문제 15. 다음 ( ) 안에 늘어살 내용으로 옳은 것은?
전자 - 기계 브레이크는 자체적으로 카가 정격속도로 정격 하중의 (　　)%를 싣고 하강방향으로 운행할 때 구동기를 정지시킬 수 있어야 한다.
① 165　　　② 145　　　③ 135　　　④ 125

문제 16. 승강기의 카와 균형추를 로프로 감는 방법 중 더블랩을 사용하는 승강기는?
① 저속 화물용 엘리베이터
② 중속 승객용 엘리베이터
③ 고속 승객용 엘리베이터
④ 저속 승객용 엘리베이터

해답 12.③ 13.① 14.④ 15.④ 16.③

문제 17. 직접식 유압엘리베이터의 특징으로 볼 수 없는 것은?
① 실린더의 점검이 용이하다.
② 비상정지장치가 필요하지 않다.
③ 승강로 소요면적 치수가 작고 구조가 간단하다.
④ 실린더를 설치하기 위한 보호관을 지중에 설치하여야 한다.

문제 18. 카 비상정치장치가 작동될 때, 부하가 없거나 부하가 균일하게 분포된 카의 바닥은 정상적인 위치에서 몇 %를 초과하여 기울어지지 않아야 하는가?
① 3   ② 5   ③ 10   ④ 20

문제 19. 유압식 엘리베이터에서 일반적으로 사용되는 펌프로 압력맥동, 진동, 소음이 작은 펌프는?
① 기어펌프   ② 베인펌프   ③ 원심식펌프   ④ 스크류 펌프

문제 20. 도어가 닫히는 도중, 도어 사이에 이물질 또는 사람의 신체 일부가 끼었을 때, 도어가 다시 열리게 하는 장치가 아닌 것은?
① 세이프티 슈(Safety Shoe)
② 세이프티 레이(Safety Ray)
③ 세이프티 디바이스(Safety Device)
④ 초음파 도어센서(Ultrasonic Door Sensor)

해답 17.① 18.② 19.④ 20.③

승강기 설계

(2024년 제2회 기출복원문제)

문제 1. 건물 내 승강기를 배치할 때 분산배치 하는 것보다 집중배치 할 경우 발생할 수 있는 형상이 아닌 것은?
① 운전능률 향상　　　　　　　② 승객의 대기시간 단축
③ 설비 투자비용 절감　　　　　④ 승객의 망설임현상 발생

문제 2. 완충기에 대한 설명 중 틀린 것은?
① 카나 균형추의 자유낙하를 정지시키기 위한 것이다.
② 에너지 축적형과 에너지 분산형이 있다.
③ 평균 감속도는 $1g(9.8m/sec^2)$ 이하이여야 한다.
④ 최대 감속도 2.5g를 초과하는 감속도가 1/25초를 넘지 않아야 한다.

문제 3. 엘리베이터의 운행상태를 감시, 파악 또는 제어할 수 있는 감시반의 가장 큰 설치 목적은?
① 승강기의 효율적인 운용
② 고장시 신속한 보수
③ 승객의 신속한 구출
④ 교통량분석 및 고장분석

문제 4. 비상용 엘리베이터의 운행속도는 얼마 이상이어야 하는가?
① 0.3 m/s　　　　　　　　　② 0.63 m/s
③ 1 m/s　　　　　　　　　　④ 1.5 m/s

문제 5. 유도전동기의 제동방법 중 1차권선 3단자 중 임의의 2단자의 접속을 바꾸어서 제동하는 방법은?
① 회생제동　　　　　　　　　② 발전제동
③ 역전제동　　　　　　　　　④ 단상제동

해답 1.④　2.①　3.③　4.③　5.③

문제 6. VVVF제어방식으로 속도를 제어할 수 있는 전동기를 〈보기〉에서 모두 고르면?

ⓐ 직류 직권전동기   ⓑ 직류 분권전동기
ⓒ 농형 유도전동기   ⓓ 권선형 유도전동기

① ⓐ   ② ⓑ   ③ ⓒ   ④ ⓒ, ⓓ

문제 7. 웜 기어와 헬리컬 기어의 차이점에 대한 설명으로 틀린 것은?
① 헬리컬 기어는 웜 기어에 비하여 비싸다.
② 헬리컬 기어는 웜 기어에 비하여 효율이 높다.
③ 헬리컬 기어는 웜 기어에 비하여 소음이 적다.
④ 헬리컬 기어는 웜 기어에 비하여 역구동이 쉽다.

문제 8. 엘리베이터를 설계할 때 고려할 사항으로 운행시간 단축에 대한 설명으로 틀린 것은?
① 카의 바닥면적과 구조는 운행시간 단축과 관련이 없다.
② 도어의 폭은 운행시간 단축과 상관이 있다.
③ 적재하중은 운행시간 단축과 상관이 있다.
④ 군관리는 일반적으로 운행시간을 단축시킨다.

문제 9. 엘리베이터용 전동기와 범용 전동기를 비교할 때 엘리베이터용 전동기에 요구되는 특성이 아닌 것은?
① 기동토크가 클 것   ② 기동전류가 적을 것
③ 회전부분의 관성 모멘트가 클 것   ④ 기동횟수가 많으므로 열적으로 견딜 것

문제 10. 종탄성 계수 $E=7,000kg/mm^2$, 직경 12mm인 로프를 6본 사용하는 엘리베이터의 적재하중이 1,150kg, 카 자중 1,700kg 일 때 권상로프의 늘어난 길이는 약 몇 mm인가? (단, 승강행정은 60m이다.)
① 30   ② 36   ③ 41   ④ 46

문제 11. 엘리베이터의 수송능력은 일반적으로 몇 분간의 수송능력을 기준으로 하는가?
① 5분   ② 10분   ③ 30분   ④ 60분

해답 6.④ 7.③ 8.① 9.③ 10.② 11.①

문제 12. 엘리베이터의 지진에 대한 대책 중 가장 우선적으로 고려하여야 할 사항은?
① 관제운전 장치의 설치
② 가이드 레일에 대한 보강대책
③ 승강로 내의 돌출물에 대한 대책
④ 주로프의 도르래로부터의 벗겨짐 방지대책

문제 13. 엘리베이터용 전동기가 갖추어야할 조건이 아닌 것은?
① 기동토크가 클 것
② 기동전류가 작을 것
③ 회전부분의 관성모멘트가 클 것
④ 온도상승에 대해 열적으로 견딜 것

문제 14. 전기식 엘리베이터의 검사기준에서 기계실의 실온은 얼마로 유지되어야 하는가?
① 0°C 이상
② 0°C ~ +40°C
③ +5°C ~ +40°C
④ +5°C ~ +60°C

문제 15. 후크의 법칙과 관련하여 관계식 $E=\sigma/\varepsilon$ 에 대한 설명으로 틀린 것은?
① σ는 응력이다.
② ϵ는 변형율이다.
③ E는 황탄성계수이다.
④ σ는 하중을 단면적으로 나눈 것이다.

문제 16. 스프링 복귀식 유입완충기를 정격속도 $90m/min$의 승강기에 사용하여 성능시험을 실시하였을 때 완충기의 평균 감속도는 약 몇 g_n인가? (단, 완충기가 동작한 시간은 0.3sec, 조속기의 트립속도는 정격속도의 1.4배이다.)
① 0.487
② 0.714
③ 0.687
④ 0.887

문제 17. 승강장문 잠금장치의 기능으로 틀린 것은?
① 잠금 부품이 5mm 이상 물려지기 전에는 카가 출발하지 않아야 한다.
② 잠금 작용은 중력, 영구자석 또는 스프링에 의해 이루어지고 유지되어야 한다.
③ 각 승강장문은 승강로 밖(승강장)에서 열쇠로 잠금이 해제되어야 한다.
④ 잠금 부품은 문이 열리는 방향으로 300N의 힘을 가할 때 잠금 효력이 감소되지 않는 방법으로 물려야 한다.

해답 12.① 13.③ 14.③ 15.③ 16.② 17.①

문제 18. 사이리스터를 사용하여 교류를 직류로 변환시켜 전동기에 공급하고 사이리스터의 점호각을 바꿈으로서 직류전압을 바꿔 직류 전동기의 회전수를 변경하는 승강기의 제어 방식은?
① 워드레오나드방식
② 정지레오나드방식
③ 교류궤환제어방식
④ PWM인버터제어방식

문제 19. 기어리스 권상기를 적용한 1:1 로핑 방식의 전기식 엘리베이터에서 도르래 직경이 400mm이고 전동기의 분당회전수는 84rpm일 경우에 엘리베이터의 정격속도(m/min)는?
① 60m/min
② 90m/min
③ 105m/min
④ 120m/min

문제 20. 즉시 작동형 비상정지장치가 설치된 엘리베이터에서 카의 자중과 승객의 중량을 합친 등가 중량이 3000kg이고 카의 속도가 45m/min일 경우, 비상정지장치가 작동하여 카가 정지하기까지의 거리가 4.5cm라고 하면 감속력은 약 몇 kgf인가?
① 4050
② 3827
③ 3056
④ 3000

해답 18.② 19.③ 20.②

일반기계공학

(2024년 제2회 기출복원문제)

문제 1. 연강재료에서 일반적으로 극한강도, 사용응력, 항복점, 탄성한도, 허용응력에 관한 크기 관계를 가장 적절히 표현한 것은?
① 극한강도 〉 사용응력 〉 항복점
② 항복점 〉 허용응력 〉 사용응력
③ 사용응력 〉 항복점 〉 탄성한도
④ 극한강도 〉 사용응력 〉 허용응력

문제 2. 주조품을 제조하기 위한 모형(pattern) 중 코어 모형을 사용해야 하는 주물로 적합한 것은?
① 크기가 큰 주물
② 크기가 작은 주물
③ 외형이 복잡한 주물
④ 내부에 구멍(hollow)이 있는 주물

문제 3. 주조할 때 주형에 접한 표면을 급랭시켜 표면은 시멘타이트가 되게 하고, 내부는 서서히 냉각시켜 펄라이트가 되게 한 주철은?
① 백주철   ② 회주철   ③ 칠드주철   ④ 가단주철

문제 4. 금속재료의 가공경화로 생긴 잔류응력 제거 및 절삭성 향상 등을 개선시키는 열처리 방법으로 가장 적합한 것은?
① 풀림   ② 뜨임   ③ 코팅   ④ 담금질

문제 5. 분사펌프(jet pump)에 관한 설명으로 옳은 것은?
① 일반펌프에 비하여 효율이 높다.
② 부식성 유체 등에는 사용할 수 없다.
③ 액체 분류로 유체를 수송할 수 없다.
④ 구조에 있어서의 동적부분이 없고 간단하다.

해답 1.② 2.④ 3.③ 4.① 5.④

문제 **6.** 속이 빈 모양의 목형(木型)을 주형 내부에서 지지할 수 있도록 목형에 덧붙여 만든 돌출부를 무엇이라고 하는가?
① 라운딩(rounding)
② 코어 프린트(core print)
③ 목형 기울기(draft taper)
④ 보정 여유(compensation allowance)

문제 **7.** 자동차 현가장치의 코일 스프링이 인장 또는 수축될 때 감겨 있는 코일 자체에 작용하는 가장 주된 응력은?
① 충격하중에 의한 전단응력
② 전단하중에 의한 전단응력
③ 굽힘 모멘트에 의한 굽힘응력
④ 비틀림 모멘트에 의한 전단응력

문제 **8.** 회전축의 흔들림 검사에 가장 적합한 측정기는?
① 게이지 블록
② 다이얼 게이지
③ 마이크로미터
④ 버니어 켈리퍼스

문제 **9.** 강재 표면에 Zn을 침투, 확산시키는 세라다이징법에 의해 개선되는 성질은?
① 전탄성
② 내열성
③ 내식성
④ 내충격성

문제 **10.** 유압 펌프의 실제 토출 압력이 $500 kgf/cm^2$, 실제 펌프 토출량이 $200 cm^2/s$, 펌프의 전 효율이 0.9일 때 펌프축이 구동하는데 필요한 동력은 약 몇 kW인가?
① 10.9
② 14.8
③ 21.8
④ 29.6

문제 **11.** 체인전동 장치의 일반적인 특징으로 틀린 것은?
① 윤활이 필요하다.
② 진동과 소음이 거의 없다.
③ 전동 효율이 95% 이상으로 좋다.
④ 미끄럼이 없는 일정한 속도비를 얻을 수 있다.

해답 6.② 7.④ 8.② 9.③ 10.① 11.②

문제 12. 주조할 때 금형에 접촉된 표면을 급냉시켜 표면은 백선화되어 단단한 층이 형성되고, 금속의 내부는 서냉되어 강인한 성질의 주철이 되는 것은?
① 회주철   ② 칠드 주철   ③ 가단 주철   ④ 구상 흑연 주찰

문제 13. 리벳이음에서 강판의 효율을 나타내는 식으로 옳은 것은? (단, p는 피치, d는 리벳구멍의 지름이다.)
① $\dfrac{p-d}{p}$ ② $\dfrac{d-p}{p}$ ③ $\dfrac{d-p}{d}$ ④ $\dfrac{p-d}{d}$

문제 14. 커터의 지름이 80mm이고 커터의 날수가 8개인 정면 밀링커터로 길이 300mm의 가공물 절삭할 때 가공시간은 약 얼마인가? (단, 절삭속도 100m/min, 1날 당 이송 0.08mm로 한다.)
① 1분 15초   ② 1분 29초   ③ 1분 52초   ④ 2분 20초

문제 15. 다음 중 감마(γ)철에 탄소가 최대 2.11% 고용된 고용체로 면심입방격자의 결정구조를 가지고 있는 것은?
① 펄라이트   ② 오스테나이트   ③ 마텐자이트   ④ 시멘타이트

문제 16. 산화철 분말과 알루미늄 분말을 혼합하여 연소시킬 때 발생하는 열에 의해 접합하는 용접은?
① 테르밋 용접   ② 탄산가스 아크용접
③ 원자수소 아크용접   ④ 불활성가스 금속 아크용접

문제 17. 구멍(축)의 허용한계치수의 해석에서 다음과 같은 원리를 무엇이라고 하는가?

> 통과측에는 모든 치수, 또는 결정량이 동시에 검사되고, 정지측에는 각 치수가 개개로 검사되어야 한다.

① 아베(Abbe)의 원리   ② 자콥스(Jacobs)의 원리
③ 테일러(Taylor)의 원리   ④ 브라운 샤프(Brown sharp)의 원리

해답 12.② 13.① 14.② 15.② 16.① 17.③

문제 **18.** 유압 작동유의 구비조건으로 옳지 않은 것은?
① 비압축성이어야 한다.
② 열을 방출시키지 않아야 한다.
③ 녹이나 부식 발생 등이 방지되어야 한다.
④ 장시간 사용하여도 화학적으로 안정적이어야 한다.

문제 **19.** 피복 아크 용접봉에서 피복제의 역할이 아닌 것은?
① 아크의 세기를 크게 한다.
② 용접금속의 탈산 및 정련 작용을 한다.
③ 용융점이 낮은 가벼운 슬래그를 만든다.
④ 용접 금속에 적당한 합금 원소를 첨가한다.

문제 **20.** 왁스, 파라핀 등으로 만든 주형재를 사용하여 치수가 정밀하고 면이 깨끗한 복잡한 주물을 얻을 수 있는 주조법은?
① 셀몰드법   ② 다이캐스팅법
③ 이산화탄소법   ④ 인베스트먼트법

해답 18.② 19.① 20.④

전기제어공학

(2024년 제2회 기출복원문제)

문제 1. 논리식 $L = \overline{x} \cdot \overline{y} \cdot z + \overline{x} \cdot y \cdot z + x \cdot \overline{y} \cdot z$ 를 간단히 한 식은?

① x ② z ③ x·y ④ x·z

문제 2. 뒤진 역률 80%, 100kW의 3상 부하가 있다. 이것에 콘덴서를 설치하여 역률을 95%로 개선하려고 한다. 필요한 콘덴서의 용량은 약 몇 (kVA)인가?

① 422 ② 633 ③ 844 ④ 1266

문제 3. 다음 블록선도의 입력 R에 5를 대입하면 C의 값은 얼마인가?

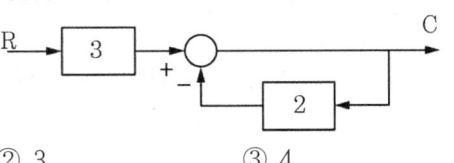

① 2 ② 3 ③ 4 ④ 5

문제 4. 전류에 의해 생기는 자속은 반드시 폐회로를 이루며, 자속이 전류와 쇄교하는 수를 자속 쇄교수라 한다. 자속 쇄교수의 단위에 해당되는 것은?

① Wb ② AT ③ WbT ④ H

문제 5. 잔류 편차(off-set)를 발생하는 제어는?

① 미분 제어 ② 적분 제어 ③ 비례 제어 ④ 비례 적분 미분 제어

문제 6. 그림과 같은 논리회로에서 출력 Y는?

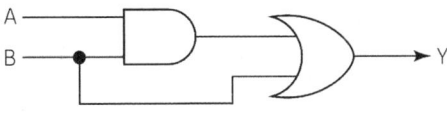

① Y = AB + A ② Y = AB + B
③ Y = AB ④ Y = A + B

해답 1.② 2.① 3.④ 4.③ 5.③ 6.②

문제 7. 전달함수를 정의할 때의 조건으로 옳은 것은?
① 모든 초기값을 고려한다. ② 모든 초기값을 0으로 한다.
③ 입력신호만을 고려한다. ④ 주파수 특성만을 고려한다.

문제 8. 교류에서 실효값과 최대값의 관계는?
① 실효값 = $\dfrac{최대값}{\sqrt{2}}$ ② 실효값 = $\dfrac{최대값}{\sqrt{3}}$
③ 실효값 = $\dfrac{최대값}{2}$ ④ 실효값 = $\dfrac{최대값}{3}$

문제 9. 정현파 전압 $V = 220\sqrt{2}\sin(wt+30°)V$ 보다 위상이 $90°$ 뒤지고, 최대값이 20 A인 정현파 전류의 순시값은 몇 A인가?
① $20\sin(wt-30°)$ ② $20\sin(wt-60°)$
③ $20\sqrt{2}\sin(wt+60°)$ ④ $20\sqrt{2}\sin(wt-60°)$

문제 10. 논리식 $\overline{X}\cdot Y + \overline{X}\cdot\overline{Y}$ 를 정리하면?
① $\overline{X}$ ② $\overline{Y}$ ③ 0 ④ X+Y

문제 11. 공작 기계를 이용한 제품 가공을 위해 프로그램을 이용하는 제어와 가장 관계 깊은 것은?
① 속도제어 ② 수치제어 ③ 공정제어 ④ 최적제어

문제 12. 그림과 같은 계전기 접점 회로의 논리식은?

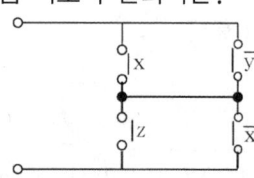

① $xz + \overline{yx}$ ② $xy + z\overline{x}$ ③ $(x+\overline{y})(z+\overline{x})$ ④ $(x+z)(\overline{y}+\overline{x})$

해답 7.② 8.① 9.④ 10.① 11.② 12.③

문제 13. 회로에서 A와 B간의 합성저항은 약 몇 Ω인가? (단, 각 저항의 단위는 모두 Ω이다.)

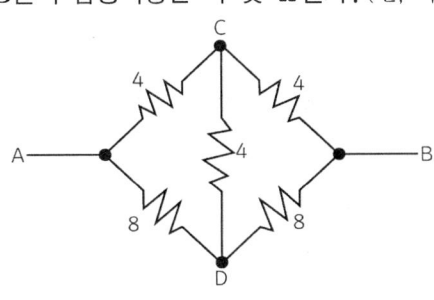

① 2.66 ② 3.2
③ 5.33 ④ 6.4

문제 14. 전동기에 일정 부하를 걸어 운전 시 전동기 온도 변화로 옳은 것은?

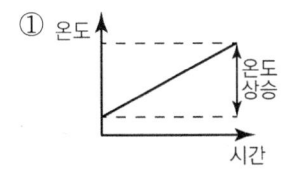

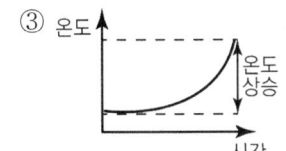
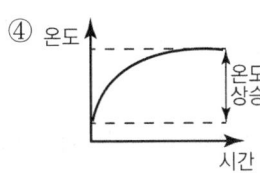

문제 15. 개루프 전달함수 $G(s) = \dfrac{1}{s^2+2s+3}$ 인 단위 궤환계에서 단위계단입력을 가하였을 때의 오프셋(off set)은?

① 0 ② 0.25
③ 0.5 ④ 0.75

문제 16. 공작기계의 물품 가공을 위하여 주로 펄스를 이용한 프로그램 제어를 하는 것은?

① 수치 제어 ② 속도 제어
③ PLC 제어 ④ 계산기 제어

해답 13.③ 14.② 15.④ 16.①

문제 17. 그림의 선도에서 전달함수 C(s)/R(s)는?

① $-\dfrac{8}{9}$ ② $\dfrac{4}{5}$ ③ $-\dfrac{48}{53}$ ④ $-\dfrac{105}{77}$

문제 18. 피드백 제어에서 반드시 필요한 장치는?
① 안정도를 좋게 하는 장치
② 대역폭을 감소시키는 장치
③ 응답속도를 빠르게 하는 장치
④ 입력과 출력을 비교하는 장치

문제 19. SCR에 관한 설명으로 틀린 것은?
① PNPN 소자이다.
② 스위칭 소자이다.
③ 양방향성 사이리스터이다.
④ 직류나 교류의 전력제어용으로 사용된다.

문제 20. 비례적분제어 동작의 특징으로 옳은 것은?
① 간헐현상이 있다.
② 잔류편차가 많이 생긴다.
③ 답의 안정성이 낮은 편이다.
④ 응답의 진동시간이 매우 길다.

해답 17.③ 18.④ 19.③ 20.①

● 최근 기출문제 수록!　　　　　　　　　　　　　　〈개정 증보판〉

승강기기사·산업기사

정가 30,000원

2025년 1월 10일 인쇄
2025년 1월 15일 발행
저 자 : 정　재　수
발행인 : 이　원　구

판권

발행처　　도서출판 남 양 문 화

０８８４２　서울 관악구 문성로 210(신림동)
전 화 : 864-9152~3
FAX : 864-9156
등 록 : 제3-489

☞ 파본이나 낙장이 있는 책은 교환해 드립니다.